空间结构系列丛书

固体和结构分析理论及有限元法

The Analysis Theory and Finite Element Method For Solid and Structure

钱若军　袁行飞　林智斌

东南大学出版社

Southeast University Press

内 容 提 要

作者用新的构思阐述固体和结构分析的有限单元法，概念清晰简单。全书分为五部分。第一部分是1～7章，主要涉及连续介质力学和塑性理论基础以及应用基础，详尽讨论了简单应力状态和复杂应力状态中固体和结构构件的变形关系和物理关系；第二部分是8～9章，简单地讨论有限元的数学基础和物理基础，然后阐述有限单元法的一般过程和方法；第三部分是10～13章，具体地讨论了固体和结构中常用的单元和分析空间及平面问题、板壳、空间杆、空间梁的方法；第四部分是14～15章，讨论自锁和有限单元法的实施；第五部分是16～21章，讨论结构的几何非线性分析、弹塑性分析、动力分析和固体与结构中的几何位移分析等以及有关的算法，此外还涉及一些特殊的问题，如接触与摩擦及随动有限元法。

本书可供结构、桥梁、水工、海工、航天航空、车辆和人体结构等工程技术人员、设计人员、研究人员和大学研究生参考，也可作为大学本科和研究生的教学参考书。

图书在版编目(CIP)数据

固体和结构分析理论及有限元法/钱若军，袁行飞，林智斌编著. —南京：东南大学出版社，2013.1
(空间结构系列丛书)
ISBN 978-7-5641-3692-5

Ⅰ.①固… Ⅱ.①钱… ②袁… ③林… Ⅲ.① 建筑结构-结构分析-有限元分析 Ⅳ.①TU311

中国版本图书馆CIP数据核字(2012)第188751号

固体和结构分析理论及有限元法

出版发行：东南大学出版社
出 版 人：江建中
社　　址：江苏省南京市四牌楼2号(210096)
经　　销：全国各地新华书店
网　　址：http://www.seupress.com
邮　　箱：press@seupress.com
印　　刷：南京京新印刷厂印刷
版　　次：2013年1月第1版　2013年1月第1次印刷
开　　本：787mm×1 092mm　1/16
印　　张：42
字　　数：1075千
书　　号：ISBN 978-7-5641-3692-5
定　　价：148.00元

(若有印装质量问题，请与营销部联系。电话 025-83791830)

前　言

有限元法的创始工作主要是由 John Argyris、Ray Clough 以及 O Zienkiewicz 等教授进行的。1960 年，Clough 在 ASCE 一篇有关二维应力问题中第一次提出有限单元法的概念。

有限单元法从提出到完善已有六十多年历史，在这期间美、英及其他国家学者如 J. T. Oden、卞学镄、K. Bathe、Crisfield、Wilson、Ramm 和 Kleiber 等对有限元理论和实施、对有限元法的数学基础和物理基础进行了研究并且取得了卓著的成果。国内许多学者和专家也作出了很大贡献。早在 1964 年，冯康教授就独立地进行了有限单元法的研究。有限单元法成功地应用于各种复杂结构的分析，现在已用于微观问题、超大规模问题、大转动-大变形问题、弹塑性开裂等问题的分析。

由于有限单元法明显的优点，显出了经典理论和方法的局限。但是传统的有限单元法主要是作为经典问题的数值方法，许多著作中所给出的也多是经典问题的有限元解，即经典问题控制微分方程的积分解。然而，如经典梁、板、壳的微分方程在很多假定下才能建立，因此有限元法也因经典理论的局限性而局限。

有限元基本方程可以根据变分原理和能量原理等基本原理求得，但是至今一些有限单元法的基本方程依然带有上述局限性。事实上固体和结构的应力状态十分复杂，梁、板、壳的应力状态也不是如经典理论中所作的假定那么简单，所以按照传统的有限单元法分析复杂结构时将产生误差是不言而喻的。

有限单元法应该作为一种固体和结构分析的方法而不仅仅是数值方法，作者在本书中根据固体和结构的变形规律，部分放弃和修正常用的基本假定，根据连续介质的力学理论建立固体和结构的几何变形关系；根据塑性理论建立固体和结构材料的本构关系。采用能量原理建立固体和结构的有限元基本方程，并且给出相应的单元刚度矩阵。在刚度矩阵中反映出拉压、弯剪和扭的耦合效应，使获得的解更为精确，更接近实际的应力状态。在本书中作者提出的根据变形理论建立有限元基本方程，可以精确地分析固体和结构，构思清晰，概念简单。这是与传统的有限单元法的不同之处。

O. C. Zienkiewicz、K. Bathe、J. T. Oden、Crisfield 等及国内学者出版并再版了许多有限单元法的专著，这些专著各具特点。Zienkiewicz 的专著全面系统地介绍了有限单元法的理论和方法，可谓博大；Bathe 的专著则非常系统地讨论了求解理论和技术，可谓精深；Oden 的专著则侧重于非线性理论；而 Crisfield 的专著在总结大量文献资料的基础上具体深入地讨论固体和结构的有限元分析方法和过程。这些专著所涉及的理论和方法是在一个相当长的科学发展阶段中经久不衰的经典，因此在本书中将予以介绍和引述。出于对知识的系统性和完整性的考虑，本书的内容组织和安排注意到对知识结构的构筑和方法的介绍，并且顺应推理规律。全书分为五部分。第一部分主要涉及连续介质力学和塑性基础及高等塑性理论基础、应用基础，详尽讨论了简单应力状态和复杂应力状态中固体和结构构件的变形关系和物理关系；第二部分首先简单地讨论有限元的数学基础和物理基础，然后阐述有限单元法的一般过程和方法；第三部分具体地讨论了固体和结构中常用的单元和分析空间及平面问题、板壳、空间杆及空间梁的方法；第四部分讨论自锁和有限单元法的实施和方程的求解技术及快速有限元(FFE)；第五部分讨论结构的几何非线性分析、弹塑性分析、动力分析和固体与结构中的几何位移分析等以及有关的算法，此外还涉及一些特殊的问题，如接触与摩擦及随动有限元法。

但是，本书仅限于结构分析所需要的基本知识，更为系统详尽的内容可参照有关专著。因为即使作为基础理论，连续介质力学和塑性理论也已经有相当大的进展。有限元理论已经在数学上得到了充分的证明，这里仅一般性地讨论有限元方程的建立；同样对这些很特殊的问题，读者可以从专门的著作中得到更广更深的理论。本书从理论基础到方程的建立和求解合成为一体，但是理论和方法的关系明确。对于每一类应用均可找到其理论支撑，也可了解问题求解的梗概。

本书涉及的内容中，作者比较侧重于提取具有一般性的规律。对于在有限元发展过程中所涉及的其他问题，如自适应有限元、网格技术、求解器等也未涉及，因为作为有限单元法的系统知识，这些都应作专门的讨论，并且随着所求解问题日趋复杂和精细以及规模越来越大，相应的理论和方法都在不断地推进。

本书在内容上紧紧扣住非线性环节。固体和结构的非线性具体反映在非线性控制方程上，也即控制方程中的未知数含有二阶以上的高阶量，而任何线性化都是一种近似。所以从非线性着手可以更清晰地知道结构性状，线性化只是一种按假定条件作的简化，当然只要有道理就是可以简化的。所以本书并没有像一般描述的那样从线性进入非线性，而是从非线性有条件地蜕化为线性。

本书是连续介质力学有限元法的一部分，涉及的介质是固体，而流体力学有限元法将另行撰文。连续介质力学有限元法用于问题的宏观分析，而很多问题的微观分析将借助量子力学有限元法。

本书可供结构、桥梁、水工、海工、航天航空、车辆和人体结构等工程技术人员、设计人员、研究人员和大学研究生参考，也可作为大学本科和研究生的教学参考书。

对于刚接触有限单元法的读者，如果对基础理论有一定了解，可以直接从第 9 章开始阅读。第 9 章给出了有限元的一般过程，而以后的固体或结构有限元只是重复这个过程。更简单的阅读可以跳过这些章节中的非线性部分，在熟悉有限元以后可以从第 5 章、第 6 章中找回本书中所介绍的有限元方程建立的依据，更进一步的基础知识可以从第 1 章到第 7 章中获得。

许多研究生做了大量的工作和参与了程序系统 AADS 的调试，对本书作了很多贡献。本书在撰写过程中还得到了同仁和同学的大量帮助，在此谨表谢忱。由于作者的水平有限，谬误之处在所难免，敬请读者批评指正。

钱若军　袁行飞　林智斌

2011 年春于上海枝经堂

目　录

引　言

有限元法有坚实的数学和物理基础，因此形成了成熟的理论和方法体系。传统的有限元法是作为解弹性力学问题的数值方法，而有限元法更可以作为固体/结构和流体的分析方法，针对一个具体的结构问题，而不是抽象成理想的弹性力学问题进行分析。

所以在传统的有限元法的基础上，现给出基于变形分析的有限单元法（Deformation Based Finite Element Methods，简称 DBFEM）。DBFEM 是根据弹塑性理论的结构变形分析，构造插值函数或扩展形式的基函数，构造单元的势能函数并按能量原理建立基本方程。

一般固体/结构因几何形状、边界条件和荷载类型总是处于复杂应力状态，特殊情况下才处于简单应力状态，而简单应力状态是出于便于分析的一种假定。通常梁、板、壳及结构的组合是处于复杂应力状态。

如空间梁-柱体系，必存在着拉压、弯剪、扭转的影响，梁-柱中任意一点的响应

$$\Delta q = f(\Delta q_t,\ \Delta q_b,\ \Delta q_{bs},\ \Delta q_s,\ \Delta q_\Delta,\ \Delta q_{\theta_x},\ \Delta q_w) \tag{a}$$

式中，Δq_t 为在单向或平面或空间作用下产生的一维或二维或三维响应；Δq_b 为在弯矩作用下产生的横向弯曲响应；Δq_{bs} 为因横向剪切影响截面抗弯模量而对弯曲响应的修正；Δq_s 为剪力产生响应；Δq_Δ 为梁柱因轴向力二次效应产生的响应；Δq_{θ_x} 为圣维南扭转产生的响应；Δq_w 为薄壁杆约束扭转引起的响应。

如果能给出式(a)所示的内力响应，那么可以建立平衡方程，但事实上是非常困难的，而给出任意一点的位移响应却是可能的。

DBFEM 中，根据梁-柱的应力状态并按照弹性阶段 Bernoulli-Euler 假定或塑性阶段的修正的 Bernoulli-Euler 假定，确定式(a)中梁-柱任意一点的因拉压、弯剪、扭转以及二阶效应而产生的位移，并对位移进行叠加；与此同时，建立梁-柱中任意一点位移与其中性轴所表示的弹性系之间的几何关系；接着选择独立自由度和广义自由度，构造代表单元弹性系变形的位移插值函数或扩展形式的基函数，给出梁-柱单元中任意一点的应变及虚应变，按照势能驻值原理或虚功原理即得考虑耦合效应的精确的有限元基本方程。

变形关系的建立和插值函数的选择就是固体和结构分析的 DBFEM 的两个主要组成部分。针对不同的处于复杂应力状态的固体/结构或结构不同的性状，即可得到不同问题的单元刚度矩阵，实现复杂结构的精确分析。

毫无疑问，如果忽略一些效应影响，那么分析模型可以得到，最后简化为传统的梁-柱模型。本书中给出的分析模型和算法大部分在程序系统 AADS 中实现。

1 应力状态

1.1 应力张量及其不变量

1.1.1 应力张量

在笛卡儿坐标系中，用六个平行于坐标面的截面在 M 点的领域内取出一个正六面体微元，如图 1.1.1 所示。其中外法线与坐标轴 x, y, z 同向的三个面元称为正面，记为 $\mathrm{d}s_i$，它们的单位法向向量即坐标轴的单位向量为 $\boldsymbol{e}_i$。另三个外法线与坐标轴反向的面元称为负面，它们的单位向量为 $-\boldsymbol{e}_i$。作用在正面 $\mathrm{d}s_i$ 上的九个应力分量为 σ_x，σ_y，σ_z，τ_{xy}，τ_{xz}，τ_{yx}，τ_{yz}，τ_{zx}，τ_{zy}。这九个应力分量包括三个正应力分量和六个剪应力分量，构成了应力张量 $\boldsymbol{\sigma}_{ij}$，描述了 M 点处的应力状态。用应力分量表示应力的矩阵形式为

$$\boldsymbol{\sigma} = \begin{bmatrix} \sigma_x & \tau_{xy} & \tau_{xz} \\ \tau_{yx} & \sigma_y & \tau_{yz} \\ \tau_{zx} & \tau_{zy} & \sigma_z \end{bmatrix} \tag{1.1.1}$$

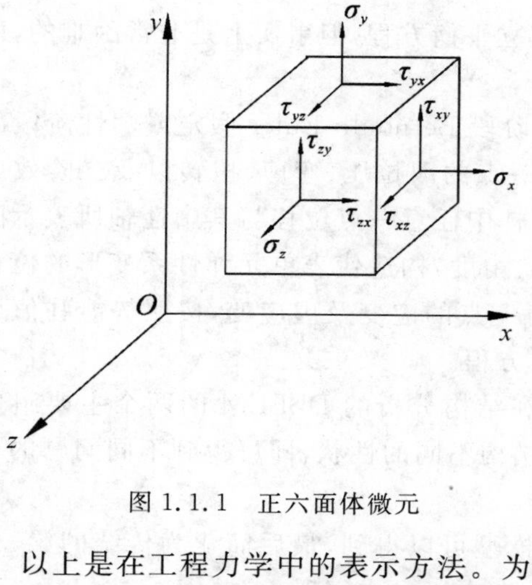

图 1.1.1 正六面体微元

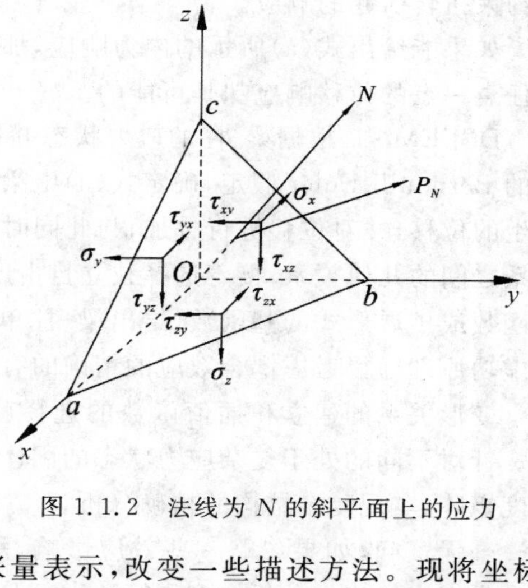

图 1.1.2 法线为 N 的斜平面上的应力

以上是在工程力学中的表示方法。为便于用张量表示，改变一些描述方法。现将坐标轴 x, y, z 用 x_i (i=1, 2, 3)表示，应力分量 σ_x，σ_y，σ_z，τ_{xy}，τ_{xz}，τ_{yx}，τ_{yz}，τ_{zx}，τ_{zy} 表示为

$$\sigma_{11}，\sigma_{22}，\sigma_{33}，\sigma_{12}，\sigma_{13}，\sigma_{21}，\sigma_{23}，\sigma_{31}，\sigma_{32}$$

于是，应力张量可表示为

$$\boldsymbol{\sigma}_{ij} = \begin{bmatrix} \sigma_{11} & \sigma_{12} & \sigma_{13} \\ \sigma_{21} & \sigma_{22} & \sigma_{23} \\ \sigma_{31} & \sigma_{32} & \sigma_{33} \end{bmatrix} \tag{1.1.2}$$

当坐标系转动时，固体内任一 M 点处的九个应力分量将随着改变。在坐标系不断转动的过程中，必然能找到一个方向使得 M 点在沿该方向定义的坐标系中只有正应力分量，而剪应力分量为零。此时对应的微分平面称为主平面，其上的应力称为主应力，记为

$$\boldsymbol{\sigma} = [\sigma_1 \quad \sigma_2 \quad \sigma_3]$$

主应力分量可表示为

$$\begin{bmatrix}\sigma_1\\ \sigma_2\\ \sigma_3\end{bmatrix} = \begin{bmatrix}\sigma_x l + \tau_{xy} m + \tau_{xz} n\\ \tau_{yx} l + \sigma_y m + \tau_{yz} n\\ \tau_{zx} l + \tau_{zy} m + \sigma_z n\end{bmatrix} = \begin{bmatrix}\sigma_{11} l + \sigma_{12} m + \sigma_{13} n\\ \sigma_{21} l + \sigma_{22} m + \sigma_{23} n\\ \sigma_{31} l + \sigma_{32} m + \sigma_{33} n\end{bmatrix}$$

以上九个应力分量中六个剪应力分量是成对的，即 $\tau_{xy} = \tau_{yx}$，$\tau_{yz} = \tau_{zy}$，$\tau_{zx} = \tau_{xz}$。

1.1.2 应力张量不变量

对于图 1.1.2 中法线为 N 的斜平面，法线 N 的方向余弦为 l，m，n，通过平衡条件可以求得该斜平面上的正应力向量 $\boldsymbol{\sigma}_N$ 的各分量与应力张量 $\boldsymbol{\sigma}_{ij}$ 之间的关系

$$\begin{bmatrix}\sigma_{1,N}\\ \sigma_{2,N}\\ \sigma_{3,N}\end{bmatrix} = \begin{bmatrix}\sigma_{11} l + \sigma_{12} m + \sigma_{13} n\\ \sigma_{21} l + \sigma_{22} m + \sigma_{23} n\\ \sigma_{31} l + \sigma_{32} m + \sigma_{33} n\end{bmatrix} \tag{1.1.3a}$$

斜平面上的法向应力为

$$\begin{aligned}\sigma_N &= \sigma_{1,N} l + \sigma_{2,N} m + \sigma_{3,N} n\\ &= \sigma_{11} l^2 + \sigma_{22} m^2 + \sigma_{33} n^2 + 2\sigma_{12} lm + 2\sigma_{23} mn + 2\sigma_{31} nl\end{aligned} \tag{1.1.3b}$$

如果斜平面上法线 N 的方向顺着某个主应力方向，则在该斜平面上 $\tau_N = 0$，主应力即斜平面上的法向应力的分量为

$$\begin{bmatrix}\sigma_1\\ \sigma_2\\ \sigma_3\end{bmatrix} = \begin{bmatrix}\sigma_{1,N}\\ \sigma_{2,N}\\ \sigma_{3,N}\end{bmatrix} = \begin{bmatrix}\sigma_N l\\ \sigma_N m\\ \sigma_N n\end{bmatrix} \tag{1.1.4}$$

将式(1.1.4)代入式(1.1.3a)，有

$$\begin{cases}(\sigma_{11} - \sigma_N) l + \sigma_{12} m + \sigma_{13} n = 0,\\ \sigma_{21} l + (\sigma_{22} - \sigma_N) m + \sigma_{23} n = 0,\\ \sigma_{31} l + \sigma_{32} m + (\sigma_{33} - \sigma_N) n = 0\end{cases} \tag{1.1.5}$$

此代数方程存在非零解的必要条件是方程系数行列式的值为零，即

$$\begin{vmatrix}\sigma_{11} - \sigma_N & \sigma_{12} & \sigma_{13}\\ \sigma_{21} & \sigma_{22} - \sigma_N & \sigma_{23}\\ \sigma_{31} & \sigma_{32} & \sigma_{33} - \sigma_N\end{vmatrix} = 0$$

展开行列式后得

$$\sigma_N^3 - I_1 \sigma_N^2 + I_2 \sigma_N - I_3 = 0 \tag{1.1.6}$$

其中

$$I_1 = \sigma_{11} + \sigma_{22} + \sigma_{33} = \sigma_{ij} \tag{1.1.7a}$$

$$I_2 = \begin{vmatrix} \sigma_{22} & \sigma_{23} \\ \sigma_{32} & \sigma_{33} \end{vmatrix} + \begin{vmatrix} \sigma_{11} & \sigma_{13} \\ \sigma_{31} & \sigma_{33} \end{vmatrix} + \begin{vmatrix} \sigma_{11} & \sigma_{12} \\ \sigma_{21} & \sigma_{22} \end{vmatrix} = \frac{1}{2}(\sigma_{ii}\sigma_{jj} - \sigma_{ij}\sigma_{ij})$$

即

$$I_2 = \sigma_{11}\sigma_{22} + \sigma_{22}\sigma_{33} + \sigma_{33}\sigma_{11} - \sigma_{12}^2 - \sigma_{23}^2 - \sigma_{31}^2 \tag{1.1.7b}$$

$$I_3 = \begin{vmatrix} \sigma_{11} & \sigma_{12} & \sigma_{13} \\ \sigma_{21} & \sigma_{22} & \sigma_{23} \\ \sigma_{31} & \sigma_{32} & \sigma_{33} \end{vmatrix} = e_{ijk}\sigma_{1i}\sigma_{2j}\sigma_{3k}$$

即

$$I_3 = \sigma_{11}\sigma_{22}\sigma_{33} + 2\sigma_{12}\sigma_{23}\sigma_{31} - \sigma_{11}\sigma_{23}^2 - \sigma_{22}\sigma_{31}^2 - \sigma_{33}\sigma_{12}^2 \tag{1.1.7c}$$

这里，I_1，I_2，I_3 分别称为应力张量第一、第二和第三不变量，其不变的含义是当坐标系转动时，虽然每个应力分量都随之改变，但这三个量是不变的。如果坐标轴与应力主轴重合，则在主平面上不存在剪应力，于是式(1.1.7)所示应力张量不变量可表示为

$$\begin{cases} I_1 = \sigma_1 + \sigma_2 + \sigma_3, \\ I_2 = \sigma_1\sigma_2 + \sigma_2\sigma_3 + \sigma_3\sigma_1, \\ I_3 = \sigma_1\sigma_2\sigma_3 \end{cases} \tag{1.1.8}$$

1.2 应力偏张量及其不变量

1.2.1 应力偏张量

现引入平均应力的概念，定义平均应力

$$\sigma_{\text{aver}} = \frac{1}{3}(\sigma_x + \sigma_y + \sigma_z) \tag{1.2.1a}$$

如用主应力表示，平均应力

$$\sigma_{\text{aver}} = \frac{1}{3}(\sigma_1 + \sigma_2 + \sigma_3) \tag{1.2.1b}$$

若当 $\sigma_1 = \sigma_2 = \sigma_3 = \sigma_{\text{aver}}$ 时，固体中任意 M 点处于均应力状态，类似于静水压力的情况，也可认为如球形应力状态，则其应力张量称为球形应力张量。球形应力张量可记为

$$\boldsymbol{\sigma}_{\text{aver}} = \begin{bmatrix} \sigma_{\text{aver}} & 0 & 0 \\ 0 & \sigma_{\text{aver}} & 0 \\ 0 & 0 & \sigma_{\text{aver}} \end{bmatrix} = \sigma_{\text{aver}}\delta_{ij} \tag{1.2.2}$$

其中，δ_{ij} 为克罗内克符号，定义为

$$\delta_{ij} = \begin{cases} 1, & i = j; \\ 0, & i \neq j \end{cases}$$

这里，δ_{ij} 亦即为单位球张量，即

$$\delta_{ij} = \begin{bmatrix} 1 & 0 & 0 \\ 0 & 1 & 0 \\ 0 & 0 & 1 \end{bmatrix}$$

在一般情况下，某一点的应力状态可以分解为如下两部分：

$$\boldsymbol{\sigma}_{ij} = \begin{bmatrix} \sigma_{\text{aver}} & 0 & 0 \\ 0 & \sigma_{\text{aver}} & 0 \\ 0 & 0 & \sigma_{\text{aver}} \end{bmatrix} + \begin{bmatrix} \sigma_{11} - \sigma_{\text{aver}} & \sigma_{12} & \sigma_{13} \\ \sigma_{21} & \sigma_{22} - \sigma_{\text{aver}} & \sigma_{23} \\ \sigma_{31} & \sigma_{32} & \sigma_{33} - \sigma_{\text{aver}} \end{bmatrix} \tag{1.2.3}$$

其中第一部分是各向等拉或等压的球形应力 $\boldsymbol{\sigma}_{\text{aver}}$；另一部分则称为偏斜应力张量，简称为应力偏量，记为$\boldsymbol{S}_{ij}$。则

$$\boldsymbol{S}_{ij} = \boldsymbol{\sigma}_{ij} - \sigma_{\text{aver}}\delta_{ij} = \begin{bmatrix} \sigma_{11} - \sigma_{\text{aver}} & \sigma_{12} & \sigma_{13} \\ \sigma_{21} & \sigma_{22} - \sigma_{\text{aver}} & \sigma_{23} \\ \sigma_{31} & \sigma_{32} & \sigma_{33} - \sigma_{\text{aver}} \end{bmatrix} \tag{1.2.4}$$

或者可记为

$$\begin{aligned} \boldsymbol{S}_{ij} &= \begin{bmatrix} S_{11} & S_{12} & S_{13} \\ S_{21} & S_{22} & S_{23} \\ S_{31} & S_{32} & S_{33} \end{bmatrix} = \begin{bmatrix} S_x & S_{xy} & S_{xz} \\ S_{yx} & S_y & S_{yz} \\ S_{zx} & S_{zy} & S_z \end{bmatrix} = \begin{bmatrix} S_x & \tau_{xy} & \tau_{xz} \\ \tau_{yx} & S_y & \tau_{yz} \\ \tau_{zx} & \tau_{zy} & S_z \end{bmatrix} \\ &= \begin{bmatrix} \sigma_x - \sigma_{\text{aver}} & \tau_{xy} & \tau_{xz} \\ \tau_{yx} & \sigma_y - \sigma_{\text{aver}} & \tau_{yz} \\ \tau_{zx} & \tau_{zy} & \sigma_z - \sigma_{\text{aver}} \end{bmatrix} \end{aligned} \tag{1.2.5}$$

应力偏量$\boldsymbol{S}_{ij}$也是二阶对称张量，它的主轴方向与应力主轴方向一致。

一点的应力状态可分解为式(1.2.4)所示的球形应力和偏斜应力两部分，试验表明球形应力即静水压力，不影响屈服，与塑性变形无关，而仅仅产生体积的改变。但应力偏量在研究塑性变形中有着重要作用，而且影响到形状的变化。

1.2.2 应力偏张量不变量

应力偏量也表征一种应力状态。同理只要将式(1.1.7)中 σ_{11}，σ_{22}，σ_{33} 用应力偏量的分量 S_{11}，S_{22}，S_{33} 代替，即可得应力偏量的三个不变量 J_1，J_2，J_3，即

$$J_1 = S_{11} + S_{22} + S_{33} = 0 \tag{1.2.6a}$$

$$J_2 = \frac{1}{6}[(\sigma_x - \sigma_y)^2 + (\sigma_y - \sigma_z)^2 + (\sigma_z - \sigma_x)^2 + 6(\tau_{xy}^2 + \tau_{yz}^2 + \tau_{zx}^2)]$$

即

$$J_2 = \frac{1}{6}[(\sigma_{11} - \sigma_{22})^2 + (\sigma_{22} - \sigma_{33})^2 + (\sigma_{33} - \sigma_{11})^2 + 6(\tau_{12}^2 + \tau_{23}^2 + \tau_{31}^2)]$$

或者

$$J_2 = \frac{1}{2}(S_{11}^2 + S_{22}^2 + S_{33}^2) + S_{12}^2 + S_{23}^2 + S_{31}^2 = \frac{1}{2}S_{ij}S_{ij} \tag{1.2.6b}$$

$$J_3 = S_{11}S_{22}S_{33} + 2S_{12}S_{23}S_{31} - S_{11}S_{23}^2 - S_{22}S_{31}^2 - S_{33}S_{12}^2 \tag{1.2.6c}$$

类似的，当坐标轴与应力主轴重合，则在主平面上不存在剪应力，此时式(1.2.6)所示应力偏量不变量可用主应力偏量分量 S_1，S_2，S_3 表示为

$$\begin{cases} J_1 = S_1 + S_2 + S_3 = 0, \\ J_2 = \frac{1}{6}[(\sigma_1 - \sigma_2)^2 + (\sigma_2 - \sigma_3)^2 + (\sigma_3 - \sigma_1)^2] = -S_2S_3 - S_3S_1 - S_1S_2, \\ J_3 = S_1S_2S_3 \end{cases} \tag{1.2.7}$$

1.3 应力强度

物体中一点的应力状态也可以用所谓的等斜面上的应力来表示。等斜面是物体中一点附近的一个斜面，如图 1.3.1 所示，该斜面外法线与该点各主轴之间的夹角相等，于是该斜面外法线的各方向余弦也相等，即

$$l = m = n$$

且因为

$$l^2 + m^2 + n^2 = 1$$

故有

$$l = m = n = \frac{\sqrt{3}}{3}$$

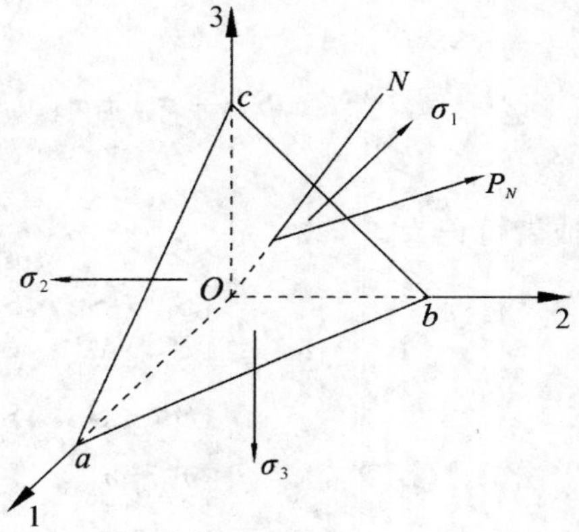

图 1.3.1　物体中一点附近的等斜面

如取主应力方向的主轴为坐标轴，由式(1.1.3a)可得等斜面法向应力的分量

$$\begin{bmatrix} \sigma_{1,N} \\ \sigma_{2,N} \\ \sigma_{3,N} \end{bmatrix} = \begin{bmatrix} \sigma_1 \frac{\sqrt{3}}{3} \\ \sigma_2 \frac{\sqrt{3}}{3} \\ \sigma_3 \frac{\sqrt{3}}{3} \end{bmatrix} \tag{1.3.1}$$

由式(1.1.3b)可求得等斜面上的正应力

$$\sigma_N = \sigma_1 l^2 + \sigma_2 m^2 + \sigma_3 n^2 = \frac{1}{3}(\sigma_1 + \sigma_2 + \sigma_3) = \sigma_{\text{aver}} \tag{1.3.2}$$

式(1.3.2)表明等斜面上的正应力等于平均应力。由斜面上应力的合力

$$\sigma = (\sigma_{1,N}^2 + \sigma_{2,N}^2 + \sigma_{3,N}^2)^{\frac{1}{2}} = \frac{1}{\sqrt{3}}(\sigma_1^2 + \sigma_2^2 + \sigma_3^2)^{\frac{1}{2}}$$

可求得等斜面上的剪应力

$$\tau_N = (\sigma^2 - \sigma_N^2)^{\frac{1}{2}} = \left[\frac{1}{3}(\sigma_1^2 + \sigma_2^2 + \sigma_3^2) - \frac{1}{9}(\sigma_1 + \sigma_2 + \sigma_3)^2\right]^{\frac{1}{2}}$$

展开后得

$$\tau_N = \frac{1}{3}\left[(\sigma_1 - \sigma_2)^2 + (\sigma_2 - \sigma_3)^2 + (\sigma_3 - \sigma_1)^2\right]^{\frac{1}{2}} \tag{1.3.3}$$

当与式(1.2.7)加以比较,可见等斜面上的剪应力为

$$\tau_N = \sqrt{\frac{2}{3}}\sqrt{J_2} \tag{1.3.4}$$

上式反映了应力偏量第二不变量与等斜面上的剪应力之间的关系。用上述八个等斜面可以围成一个正八面体,在塑性力学中等斜面上的正应力和剪应力也称八面体上的正应力和剪应力,分别记为 σ_8 和 τ_8。为便于以后本构关系的表示,现定义

$$\sigma_i = \frac{3}{\sqrt{2}}\tau_8 \tag{1.3.5}$$

为应力强度或称等效应力。用主应力表示的应力强度

$$\sigma_i = \frac{1}{\sqrt{2}}\sqrt{(\sigma_1 - \sigma_2)^2 + (\sigma_2 - \sigma_3)^2 + (\sigma_3 - \sigma_1)^2} \tag{1.3.6}$$

用直角坐标六个应力分量表示时,应力强度也可写为

$$\sigma_i = \frac{1}{\sqrt{2}}\sqrt{(\sigma_x - \sigma_y)^2 + (\sigma_y - \sigma_z)^2 + (\sigma_z - \sigma_x)^2 + 6(\tau_{xy}^2 + \tau_{yz}^2 + \tau_{zx}^2)} \tag{1.3.7}$$

用应力偏量表示时,应力强度

$$\sigma_i = \sqrt{\frac{3}{2}}\sqrt{(S_{11}^2 + S_{22}^2 + S_{33}^2) + 2(S_{12}^2 + S_{23}^2 + S_{31}^2)} \tag{1.3.8}$$

或

$$\sigma_i = \sqrt{\frac{3}{2}}\sqrt{S_x^2 + S_y^2 + S_z^2 + 2(\tau_{xy}^2 + \tau_{yz}^2 + \tau_{zx}^2)}$$

其中,$\boldsymbol{S}$ 为应力偏张量,即

$$\boldsymbol{S} = [S_x \quad S_y \quad S_z \quad \tau_{xy} \quad \tau_{yz} \quad \tau_{xz}]^{\mathrm{T}}$$

如定义

$$T = \sqrt{\frac{3}{2}}\tau_8 = \sqrt{J_2} \tag{1.3.9}$$

则称 T 为剪应力强度。

考察固体中任意一点的应力状态,任意选择坐标轴都不影响应力强度,即应力强度值是确定的。即使各正应力增加或减少一个平均应力,应力强度的数值是不变的,应力强度与应力球

张量无关。

1.4 应力空间

由各向同性材料制成的固体中任一点应力状态除上述表示之外还可以用主应力及应力主向来描述，即可以在三个主应力 σ_1，σ_2，σ_3 构成的三维应力空间中讨论一点应力状态，同时由于材料的各向同性的性质，可以忽略主应力的方向而着重研究主应力的大小。这样，在三维主应力空间中也可用几何来描述一点应力状态。

在图 1.4.1 所示三维主应力空间中，任意一点主应力向量

$$\boldsymbol{OM} = \sigma_1 \boldsymbol{e}_1 + \sigma_2 \boldsymbol{e}_2 + \sigma_3 \boldsymbol{e}_3 \tag{1.4.1}$$

其中，$\boldsymbol{e}_1$，$\boldsymbol{e}_2$，$\boldsymbol{e}_3$ 分别为三个应力主轴的单位向量。

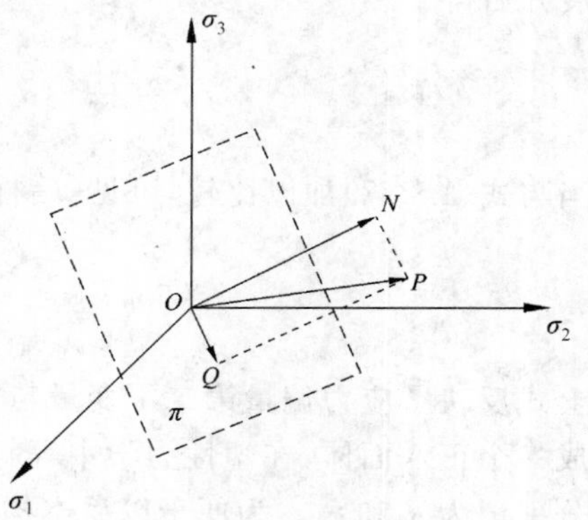

图 1.4.1　三维主应力空间中任意一点主应力向量

当向量 $\boldsymbol{ON}$ 与主轴 σ_1，σ_2，σ_3 的夹角相等时，则向量 $\boldsymbol{ON}$ 正交于平面

$$\sigma_1 + \sigma_2 + \sigma_3 = 0 \tag{1.4.2}$$

这是一个平均正应力等于零的平面，又称为 π 平面。而图中显示的向量 $\boldsymbol{OP}$ 是主应力偏向量，它一定在 π 平面内，它的三个分量 S_1，S_2，S_3 满足条件

$$S_1 + S_2 + S_3 = 0 \tag{1.4.3}$$

以上简单的讨论是为了便于采用几何来描述固体中任一点应力状态。众所周知，可以用莫尔圆图表示单向作用下的一点应力状态，当然也可用三维莫尔圆表示任一点三维应力状态。图 1.4.2 显示三维莫尔圆图，图中横坐标为主应力，纵坐标为主剪应力。主剪应力分量

$$\tau_1 = \frac{\sigma_2 - \sigma_3}{2}, \quad \tau_2 = \frac{\sigma_1 - \sigma_3}{2}, \quad \tau_3 = \frac{\sigma_1 - \sigma_2}{2} \tag{1.4.4}$$

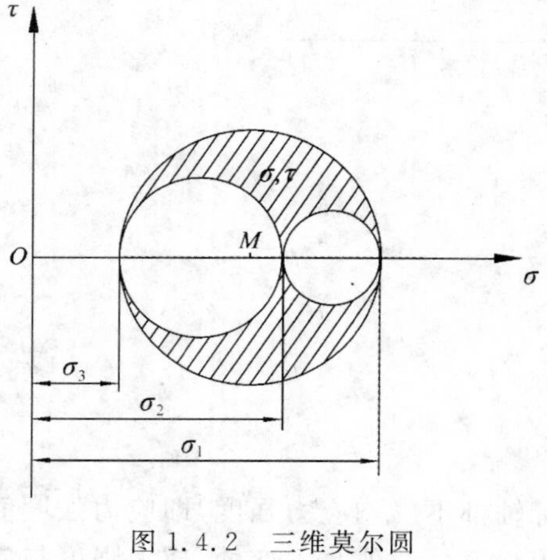

图 1.4.2　三维莫尔圆

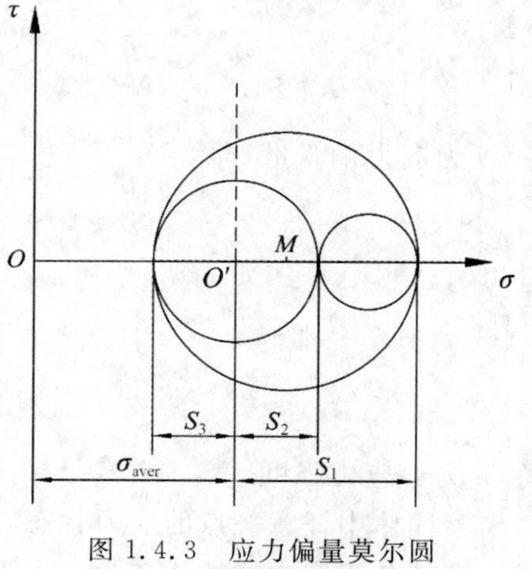

图 1.4.3　应力偏量莫尔圆

如将图 1.4.2 所示三维莫尔圆的圆心 O 移动到 O'（如图 1.4.3 所示），使

$$OO' = \frac{\sigma_1 + \sigma_2 + \sigma_3}{3} = \sigma_{\text{aver}}$$

图 1.4.3 所示三维莫尔圆为应力偏量莫尔圆，其描写任一点的应力偏量。由图可得

$$S_1 = \sigma_1 - \sigma_{\text{aver}}, \quad S_2 = \sigma_2 - \sigma_{\text{aver}}, \quad S_3 = \sigma_{\text{aver}} - \sigma_3 \tag{1.4.5}$$

如果将图 1.4.2 所示莫尔圆中的 τ 轴平移一个位置，相当于叠加一静水压力到原来的应力状态，这并不影响屈服或者塑性变形。如主应力分量

$$\sigma_1 > \sigma_2 > \sigma_3$$

定义应力张量的罗代(Lode)参数

$$\mu_\sigma = \frac{2\sigma_2 - \sigma_1 - \sigma_3}{\sigma_1 - \sigma_3} = 2\,\frac{\sigma_2 - \sigma_3}{\sigma_1 - \sigma_3} - 1 \tag{1.4.6}$$

罗代参数为主应力差之比，反映了主应力的比例关系，而与应力的值没关系。罗代参数的取值范围为

$$-1 \leqslant \mu_\sigma \leqslant 1$$

罗代参数的值表示了某种应力状态，当 $\mu_\sigma = -1$，表明该点处于单向拉伸状态，这时 $\sigma_2 = \sigma_3 = 0$；当 $\mu_\sigma = 0$，表明该点处于纯剪状态，这时 $\sigma_2 = 0$，$\sigma_1 = -\sigma_3$；而当 $\mu_\sigma = 1$，则表明该点处于纯压状态，这时 $\sigma_1 = \sigma_2 = 0$，$\sigma_3 < 0$。罗代参数也是描写应力偏量状态特征的值，即

$$\mu_\sigma = \frac{2(\sigma_2 - c) - (\sigma_1 - c) - (\sigma_3 - c)}{(\sigma_1 - c) - (\sigma_3 - c)} = \frac{2\sigma_2 - \sigma_1 - \sigma_3}{\sigma_1 - \sigma_3}$$

1.5 应力

任意一个连续介质体的力学性状都可以用应力和应变来描述，为了对固体进行分析，需要了解固体中的应力与应变的关系，为此除了以后将讨论应变的描述外尚需正确地表述应力，即描述固体内任一点附近的应力。

在连续介质力学中讨论了应力的基本概念。固体中任一点应力的定义是从研究该质点附近任一微元面上所承受的平均内力极限值提出的。图 1.5.1 显示了在 t_0 时刻的初始构形 Ω_0 和 t 时刻的现时构形 Ω，现以 N_i 和 ΔA_0 表示相对于初始构形即参考构形的量，而以 n_i 和 ΔA 表示相对于现时构形的量。

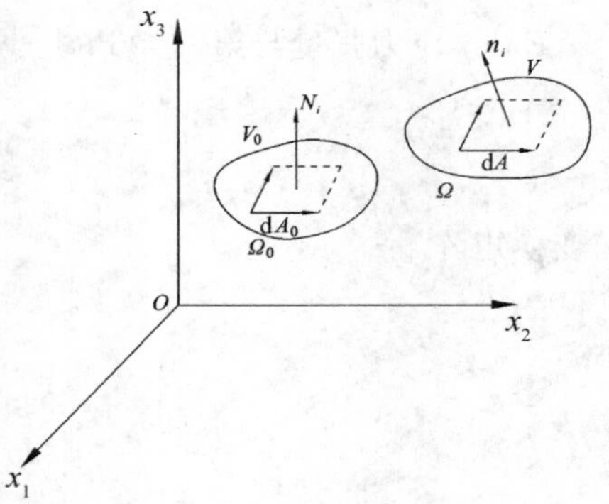

图 1.5.1　构形

1.5.1 欧拉(Euler)应力

现考虑固体域内的任意一个有向面元 $n_i\Delta A$，该面元两侧的介质通过面元相互作用，作用

力为 ΔT_t，这个力除以该面元面积，则在数值上定义了该面元上的应力向量 $\sigma_{i,n}$。

按上述应力的概念，当 $\Delta A \to 0$ 时，比值 $\Delta T_t/\Delta A$ 的极限就是任一微元面上的应力。故定义连续体现时构形上任一点的真实应力

$$\sigma_{i,n} = \lim_{\Delta A \to 0} \frac{\Delta T_t}{\Delta A} = \frac{\mathrm{d}T_t}{\mathrm{d}A} \tag{1.5.1}$$

式(1.5.1)所示应力为现时构形上的真实应力即欧拉(Euler)应力，亦称柯西(Cauchy)应力。式中下标 n 表示 ΔA 面的单位外法线向量。而垂直于坐标轴的三个面上的应力向量的九个分量 $\sigma_{ij,\mathrm{Eul}}$ 定义为欧拉应力张量

$$\sigma_{i,n} = \sigma_{ij,\mathrm{Eul}} n_i \tag{1.5.2}$$

1.5.2 第一类 Piola-Kirchhoff 应力

在求解固体力学或结构力学问题时一般都要预先给出边界条件，而现时构形的边界条件并不知道。此外为了避免在现时构形中直接求解 Euler 应力所出现的困难，类似的按上述应力的概念，定义了连续体初始构形上任一点的应力

$$\sigma_{i,K} = \lim_{\Delta A_0 \to 0} \frac{\Delta T_t}{\Delta A_0} = \frac{\mathrm{d}T_t}{\mathrm{d}A_0} \tag{1.5.3}$$

式(1.5.3)表示的应力称为第一类 Piola-Kirchhoff 应力，亦称 Lagrange 应力。第一类 Piola-Kirchhoff 应力是被定义在物质坐标系中的，也即是用现时构形中微元面积 $\mathrm{d}A$ 上的作用力 $\mathrm{d}T_t$ 和在初始构形中的相应微元面积 $\mathrm{d}A_0$ 来定义的。与之对应的应力张量 $\boldsymbol{\sigma}_{ij,K_{\mathrm{I}}}$ 称为第一类 Piola-Kirchhoff 应力张量，也称为 Lagrange 应力张量。连续体任一点的应力张量

$$\boldsymbol{\sigma}_{i,N} = \boldsymbol{\sigma}_{ij,K_{\mathrm{I}}} \boldsymbol{N}_i \tag{1.5.4}$$

即

$$\boldsymbol{\sigma} = \boldsymbol{\sigma}_K \boldsymbol{N} \tag{1.5.5}$$

Euler 应力张量与第一类 Piola-Kirchhoff 应力张量之间存在如下的变换：

$$\boldsymbol{\sigma}_{ij,K_{\mathrm{I}}} = \boldsymbol{J} \frac{\partial X_m}{\partial x_j} \boldsymbol{\sigma}_{ij,\mathrm{Eul}} \tag{1.5.6}$$

而变换矩阵

$$\boldsymbol{J} = \begin{bmatrix} \dfrac{\partial x_1}{\partial X_1} & \dfrac{\partial x_1}{\partial X_2} & \dfrac{\partial x_1}{\partial X_3} \\ \dfrac{\partial x_2}{\partial X_1} & \dfrac{\partial x_2}{\partial X_2} & \dfrac{\partial x_2}{\partial X_3} \\ \dfrac{\partial x_3}{\partial X_1} & \dfrac{\partial x_3}{\partial X_2} & \dfrac{\partial x_3}{\partial X_3} \end{bmatrix}$$

1.5.3 第二类 Piola-Kirchhoff 应力

第一类 Piola-Kirchhoff 应力张量 $\boldsymbol{\sigma}_{ij,K_{\mathrm{I}}}$ 一般不是对称的，这给实际的应用带来了一定的麻

烦。为了得到一个相对于初始构形定义的对称的应力张量，使其具有二阶张量的属性，于是又引入另一类 Piola-Kirchhoff 应力张量，称为第二类 Piola-Kirchhoff 应力张量，简称克希荷夫(Kirchhoff)应力张量。该应力张量在初始构形上定义，即

$$\boldsymbol{\sigma}_{ij,K_{\mathrm{II}}} = \frac{\partial X_l}{\partial x_i}\boldsymbol{\sigma}_{ij,K_{\mathrm{I}}} = \boldsymbol{J}\frac{\partial X_l}{\partial x_i}\frac{\partial X_l}{\partial x_i}\boldsymbol{\sigma}_{ij,\mathrm{Eul}} \tag{1.5.7}$$

故有

$$\frac{\mathrm{d}T_0}{\mathrm{d}A_0} = \boldsymbol{\sigma}_{ij,K_{\mathrm{II}}}\boldsymbol{N}_i \tag{1.5.8}$$

可见，在初始构形的微元面积 $N_l \mathrm{d}A_0$ 上定义的克希荷夫应力使用的力 $\mathrm{d}T_0$ 与现时构形上微元面积上的真实力 $\mathrm{d}T_i$ 之间的关系和初始构形上线元 $\mathrm{d}X_i$ 和现时构形上的线元 $\mathrm{d}x_i$ 之间的关系完全相同，即

$$\mathrm{d}X_i = \frac{\partial X_i}{\partial x_j}\mathrm{d}x_j \tag{1.5.9}$$

1.6 应力客观率

文[92][110]中指出，对于依赖于材料变形历史的非弹性问题，通常情况下需要采用增量理论进行分析。其中材料本构关系应采用微分型或速率型，因此在连续介质力学中还定义了几种其分量不随材料刚体转动而变化的速率型的应力张量。当物体发生刚体转动时，形变率张量 V_{ij} 为零，但应力的物质导数$\frac{\mathrm{D}\sigma_{ij}}{\mathrm{D}t}$却不是这样。以受拉直杆绕 z 轴转动为例，在某瞬时杆轴平行于 x 轴，此时 $\sigma_x \neq 0, \sigma_y = 0$；但在另一个瞬时，当杆转到其轴线平行于 y 轴时，则$\sigma_x = 0, \sigma_y \neq 0$。这样，从固结于物体的物质坐标上看，杆件中的应力状态没有变化，但从空间固定参考坐标系看，应力分量在发生变化，因而应力分量的物质导数$\frac{\mathrm{D}\sigma_{ij}}{\mathrm{D}t}$也在变化。

由此看来，应取跟随物体一起作刚体转动的物质坐标系 $Ox'y'z'$ 上观察到的应力分量 σ'_{ij} 对时间导数 σ^J_{ij} 作为应力率才是合适的。此应力率是焦曼(Jaumann)1911 年提出的，即

$$\sigma^J_{ij} = \lim_{\Delta t \to 0}\frac{1}{\Delta t}\left({}^{t+\Delta t}\sigma'_{ij} - {}^{t}\sigma'_{ij}\right) \tag{1.6.1}$$

物质坐标 $Ox'y'z'$ 上的应力分量可用固定参考坐标 $Oxyz$ 上的应力分量表示。根据应力张量的变换规律，有

$$\sigma'_{ij} = \sigma_{kl} n_{ik} n_{jl} \tag{1.6.2}$$

这里，$n_{ik} = \cos(x'_i, x_k)$为物质坐标的坐标轴与空间坐标的坐标轴之间夹角的方向余弦。

现求此方向余弦。注意到平移并不影响应力率，因而只需考虑转动。为此，取物体中任一质点 P，并以 P 作为两坐标公共原点，且在 t 瞬时两坐标重合，参考坐标 x_i 不动，物质坐标 x'_i随 P 点领域一起以角速度 ω 转动，在转动时 P 点领域内的一质点 Q 的物质坐标 $\mathrm{d}x'_i$不变，而 Q 质点的空间坐标 $\mathrm{d}x_i$ 则发生变化。由图 1.6.1 可得

$$\mathrm{d}r' = \mathrm{d}r - \omega \mathrm{d}t \times \mathrm{d}r \tag{1.6.3}$$

或

$$dx'_i = dx_i - e_{ijk}\omega_j dt dx_k = (\delta_{ik} - e_{ijk}\omega_j dt) dx_k \tag{1.6.4}$$

由此得

$$n_{ik} = \delta_{ik} - e_{ijk}\omega_j dt \tag{1.6.5}$$

在 $t+\Delta t$ 瞬时,参考系 x_i 中质点 P 的应力分量

$$^{t+\Delta t}\sigma_{ij} = {}^t\sigma_{ij} + \frac{D^t\sigma_{ij}}{Dt}dt \tag{1.6.6}$$

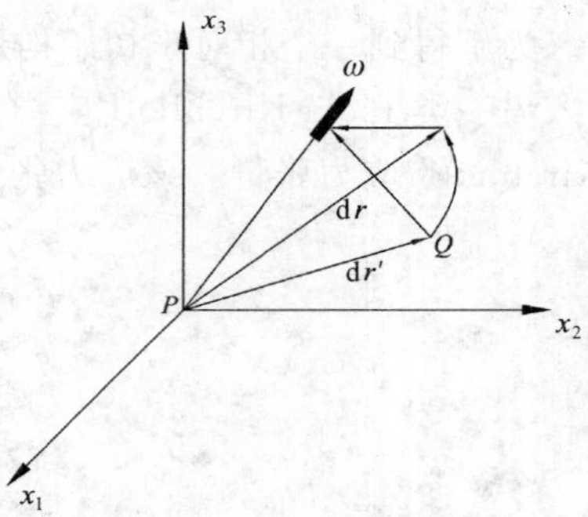

图 1.6.1 P 点领域的转动

由 $\sigma'_{ij} = \sigma_{kl} n_{ik} n_{jl}$ 有

$$\begin{aligned} ^{t+\Delta t}\sigma'_{ij} &= n_{ik} n_{jl} {}^{t+\Delta t}\sigma_{kl} = (\delta_{ik} - e_{imk}\omega_m dt)(\delta_{jl} - e_{jnl}\omega_n dt)\left({}^t\sigma_{kl} + \frac{D^t\sigma_{kl}}{Dt}dt\right) \\ &= {}^t\sigma'_{ij} + \left[\frac{D^t\sigma_{ij}}{Dt} - e_{imk}\omega_m {}^t\sigma_{kl} - e_{jnl}\omega^t_n \sigma_{il}\right]dt + O(dt^2) \end{aligned} \tag{1.6.7}$$

将上式代入式(1.6.1),并注意到 ${}^t\sigma_{ij} = {}^t\sigma_{ji}$,得

$$\begin{aligned} \sigma^J_{ij} &= \frac{D\sigma_{ij}}{Dt} - e_{imk}\omega_m\sigma_{kl} - e_{jnl}\omega_n\sigma_{il} \\ &= \frac{D\sigma_{ij}}{Dt} - \Omega_{ik}\sigma_{kj} - \Omega_{jl}\sigma_{li} \end{aligned} \tag{1.6.8}$$

或

$$\boldsymbol{\sigma}^J = \dot{\boldsymbol{\sigma}} - \boldsymbol{\Omega\sigma} - \boldsymbol{\sigma\Omega}^T \tag{1.6.9}$$

此即焦曼(Jaumann)应力率的表达式,它为二阶对称张量。应力率必须是关于刚体转动的不变量。但是,此一要求并没有唯一的解答。

特伦斯丹尔(Truesdell)给出了下列的应力率:

$$\sigma^T_{ij} = \frac{D\sigma_{ij}}{Dt} - \sigma_{ij}v_{p,p} - \sigma_{ip}v_{j,p} - \sigma_{jp}v_{i,p} \tag{1.6.10}$$

由 $v_{p,p} = V_{pp}$, $v_{j,p} = V_{jp} + \Omega_{jp}$ 得

$$\sigma^T_{ij} - \sigma^J_{ij} = \sigma_{ij}V_{pp} - \sigma_{ip}V_{jp} - \sigma_{jp}V_{ip} \tag{1.6.11}$$

当质点 P 领域只做刚体转动时,$V_{pp} = V_{ip} = 0$,这样 σ^T_{ij} 就简化为 σ^J_{ij},由于 σ^J_{ij} 不受刚体转动的影响,故 σ^T_{ij} 也不受刚体转动的影响。实际上,上式给出的 σ^T_{ij} 与 σ^J_{ij} 之差反映了质点领域变形速率的影响。

焦曼(Jaumann)应力率是直接由跟随质点领域作瞬时转动的物质坐标上观察到的应力分量对时间的变化率定义的,其力学意义比较明确。

2 应变状态

2.1 变形和应变的描述

2.1.1 欧拉(Euler)和拉格朗日(Lagrange)坐标

在固体的分析中涉及应力、变形与应变向量,为此必须明确定义应力与应变向量时的时空关系。

设时刻 $t=0$ 时为初始时刻,固体在初始时刻的域用 Ω_0 表示,而其在初始时刻的状态称之为初始状态(如图 2.1.1 所示),物体在初始状态的构形则称为初始构形。在描述物体的运动和变形时,往往还需要一个构形作为建立各种方程的参考构形。虽然在一般情况下仍可采用初始构形作为参考构形,然而在许多情况下也需要指定一个构形,并考虑将其作为相对于 Δt 时段前时刻 t 时未变形构形,它占据整个 Ω_0 域,除非另外指定,否则认为未变形构形与初始构形是相同的。经过变形后的构形称为现时构形,又称作变形构形,它占据整个 Ω 域。

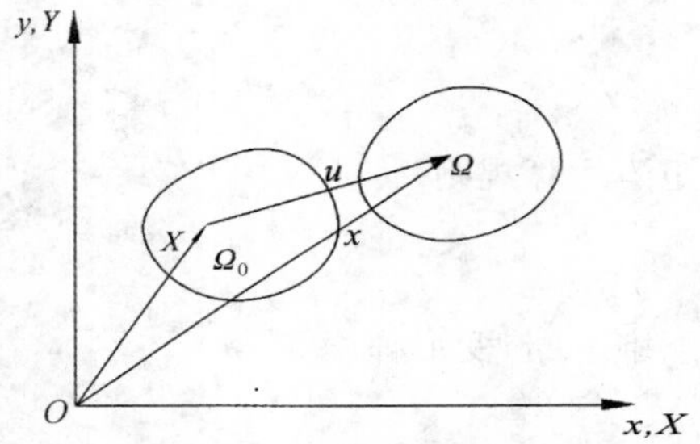

图 2.1.1 固体的初始构形和现时构形

在初始构形中固体材料点的位置向量

$$\boldsymbol{X} = \sum_{i=1} X_i e_i \tag{2.1.1}$$

式中,X_i 是材料点在初始构形中定义的位置向量的分量;e_i 是初始构形的直角坐标系的单位基向量。

对于一个给定的材料点,向量 $\boldsymbol{X}$ 并不随时间而变化。变量 X 称为材料坐标或拉格朗日(Lagrange)坐标,它提供了材料点的标识。因此,如果希望跟踪某一个给定材料点上的函数 $F(X, t)$,就可以简单地以 X 为常数来跟踪这个函数。

对于固体中一个给定的材料点,在现时构形中的位置向量

$$\boldsymbol{x} = \sum_{i=1} x_i e_i \tag{2.1.2}$$

式中,x_i 为在现时构形中定义的位置向量的分量。

坐标 $\boldsymbol{x}$ 给出了固体中一个给定点在空间的位置,称为空间坐标或欧拉(Euler)坐标。在现时构形中该材料点的运动描述,即材料点 X 在时间 t 的位置

$$\boldsymbol{x} = \Phi(X, t) \tag{2.1.3}$$

函数 $\Phi(X, t)$将初始构形映射到时刻 t 的现时构形,称作从初始构形到现时构形的映射,或简称为映射。

2.1.2 欧拉(Euler)和拉格朗日(Lagrange)描述

在连续介质力学[8][16][17][28][65][92]中,所有问题既可用物体变形前的初始构形作为参考构形来描述,也可用物体变形后的新构形为参考构形来描述。在前一种描述方式中,独立变量是材料坐标 X_i 和时间 t。用物体变形前的初始构形作为参考构形的描述称为材料描述,或称为拉格朗日描述。在后一种描述方式中,独立变量是空间坐标 x_i 和时间 t。以物体变形后的新构形作为参考构形的描述称为空间描述或称为欧拉描述。

2.1.3 变形梯度

固体中的任意一个在初始构形中定义的线元 $\mathrm{d}X$ 变为现时构形中的 $\mathrm{d}x$,则变形梯度为

$$\boldsymbol{F}_x = \frac{\partial x}{\partial X} \tag{2.1.4}$$

而

$$\boldsymbol{F}_x^{-1} = \frac{\partial X}{\partial x}$$

由矩阵运算规则

$$\boldsymbol{F}_x \boldsymbol{F}_x^{-1} = \boldsymbol{I}$$

在三维空间,变形梯度

$$\boldsymbol{F} = \begin{bmatrix} \dfrac{\partial x_1}{\partial X_1} & \dfrac{\partial x_1}{\partial X_2} & \dfrac{\partial x_1}{\partial X_3} \\ \dfrac{\partial x_2}{\partial X_1} & \dfrac{\partial x_2}{\partial X_2} & \dfrac{\partial x_2}{\partial X_3} \\ \dfrac{\partial x_3}{\partial X_1} & \dfrac{\partial x_3}{\partial X_2} & \dfrac{\partial x_3}{\partial X_3} \end{bmatrix} \tag{2.1.5}$$

变形梯度 $\boldsymbol{F}$ 的行列式为 $\det(\boldsymbol{F})$。

现定义右 Cauchy-Green 变形张量

$$\boldsymbol{C} = \boldsymbol{F}^{\mathrm{T}} \boldsymbol{F} \tag{2.1.6}$$

为初始构形上一点的变形张量。定义左 Cauchy-Green 变形张量

$$\boldsymbol{B} = \boldsymbol{F}\boldsymbol{F}^{\mathrm{T}}$$

为现时构形上一点的变形张量,则

$$\boldsymbol{B}^{-1} = (\boldsymbol{F}^{\mathrm{T}})^{-1} \boldsymbol{F}^{-1} \tag{2.1.7}$$

由矩阵理论可知一个非奇异矩阵恒可以分解为一个正交矩阵和一个对称正定矩阵之积,故可将变形张量 $\boldsymbol{F}$ 分解为

$$\boldsymbol{F} = \boldsymbol{R}\boldsymbol{U} = \boldsymbol{V}\boldsymbol{R} \tag{2.1.8}$$

其中,$\boldsymbol{R}$ 为正交矩阵,即正交张量,表示转动,称为整旋张量;$\boldsymbol{U}$, $\boldsymbol{V}$ 为对称正定矩阵,或对称正定张量,分别称为右伸长张量和左伸长张量。于是

$$C = U^{T}U, \quad B = VV^{T} \tag{2.1.9}$$

2.1.4 位移、位移梯度

在外荷载作用下，固体中某一材料点即质点 X 发生变形，变形产生后点 X 的位移

$$u = x - X \tag{2.1.10}$$

于是可得

$$x = X + u \quad 或 \quad X = x - u$$

由上述各个表达式可以求得

$$F = I + H \tag{2.1.11a}$$

及

$$F^{-1} = I - H^{*} \tag{2.1.11b}$$

这里，$\boldsymbol{H}$ 称为位移梯度张量，采用的是 Euler 描述。其中，$\boldsymbol{H}$ 的分量为 $H=\dfrac{\partial u}{\partial X}$，而 $\boldsymbol{H}^{*}$ 的分量为 $H^{*}=\dfrac{\partial u}{\partial x}$。

将上式代入式(2.1.6)和式(2.1.7)，得

$$C = I + H + H^{T} + H^{T}H \tag{2.1.12}$$

$$B^{-1} = I - H^{*} - H^{*T} + H^{*T}H^{*} \tag{2.1.13}$$

进一步将 $\boldsymbol{H}$ 分解为对称部分 $\boldsymbol{\varepsilon}$ 和反称部分 $\boldsymbol{W}$，于是得

$$\begin{cases} \boldsymbol{\varepsilon} = \dfrac{1}{2}(H + H^{T}), \\ W = \dfrac{1}{2}(H - H^{T}) \end{cases} \tag{2.1.14}$$

当位移较小时，高阶项可略去不计。

2.1.5 应变的描述

在外力作用下固体中任意一个线元产生变形，为此采用应变来表示变形的相对量。存在于固体中的应变主要由两部分组成，即正应变 ε 和剪应变 γ。固体中各点的位移是不一样的，现以正应变 ε 表示任一点附近的任一微分线段在变形之后长短的改变，以剪应变 γ_{xy}，γ_{xz}，γ_{yz} 表示方向的改变，即线段之间角度的改变。但是，应变的正确表示还应该根据变形和应变的量级来确定。

在小变形问题中，可以认为应变本身就是伸长度和角变度，即通常的工程应变。且在小变形小应变情况下，可根据弹性理论，认为弹性体内任一点的应变分量和位移分量为线性关系。

在大变形问题中，应变与其伸长度和角变度有关，但本身并非就是伸长度和角变度。于是在固体中更准确地描述真实应变，应考虑小变形和大变形下应变的不同。

描述大变形小应变情况下的应变，不能用小应变与位移的线性关系。当固体产生大变形

时，对于工程中常用的理想材料，材料已进入塑性变形范围，应变比较大，致使应变与位移之间不再保持线性关系。即使位移引起的应变不大，但转角很大，代表所研究的固体中的任意点附近微元在变形的同时可能产生较大的刚体旋转和刚体平移，以致在建立平衡方程时必须计及这种转动及平动，若仍用无限小应变，无法计及刚体运动则不能消除刚体运动的影响。无限小应变省略了位移的二阶项，不能度量大变形，无法反映结构中真实的应变值，大变形需用另行定义的应变来度量。

2.2 应变张量及其不变量

2.2.1 应变张量

在固体的分析中[8][16][17][28][65][92]，通常用应变来度量固体中一点的变形状态。在笛卡儿坐标系中，用六个平行于坐标面的分量 ε_x，ε_y，ε_z，γ_{xy}，γ_{xz}，γ_{yx}，γ_{yz}，γ_{zx}，γ_{zy} 来表示。以上九个应变分量构成了应变张量 $\boldsymbol{\varepsilon}_{ij}$，从而描述了该点处的应变状态，用应变分量表示应变的矩阵形式为

$$\boldsymbol{\varepsilon} = \begin{bmatrix} \varepsilon_x & \frac{1}{2}\gamma_{xy} & \frac{1}{2}\gamma_{xz} \\ \frac{1}{2}\gamma_{yx} & \varepsilon_y & \frac{1}{2}\gamma_{yz} \\ \frac{1}{2}\gamma_{zx} & \frac{1}{2}\gamma_{zy} & \varepsilon_z \end{bmatrix} \tag{2.2.1}$$

以上是在工程力学中的表示方法。为便于用张量表示，改变一些描述方法。现将坐标轴 x，y，z 用 x_i（$i=1, 2, 3$）表示，应变分量 ε_x，ε_y，ε_z，γ_{xy}，γ_{xz}，γ_{yx}，γ_{yz}，γ_{zx}，γ_{zy} 表示为

$$\varepsilon_{11}, \varepsilon_{22}, \varepsilon_{33}, \gamma_{12}, \gamma_{13}, \gamma_{21}, \gamma_{23}, \gamma_{31}, \gamma_{32}$$

于是，应变张量可表示为

$$\boldsymbol{\varepsilon}_{ij} = \begin{bmatrix} \varepsilon_{11} & \frac{1}{2}\gamma_{12} & \frac{1}{2}\gamma_{13} \\ \frac{1}{2}\gamma_{21} & \varepsilon_{22} & \frac{1}{2}\gamma_{23} \\ \frac{1}{2}\gamma_{31} & \frac{1}{2}\gamma_{32} & \varepsilon_{33} \end{bmatrix} \tag{2.2.2a}$$

当坐标系转动时，固体内任一 M 点处的九个应变分量将随着改变。在坐标系不断转动的过程中，必然能找到一个方向，使得 M 点在沿该方向定义的坐标系中只有正应变分量，而剪应变分量为零。此时对应的微分平面称为主平面，其上的应变称为主应变，记为

$$\boldsymbol{\varepsilon} = [\varepsilon_1 \quad \varepsilon_2 \quad \varepsilon_3] \tag{2.2.2b}$$

主应变的差称为主剪应变，写为

$$\gamma_1 = \varepsilon_2 - \varepsilon_3, \quad \gamma_2 = \varepsilon_3 - \varepsilon_1, \quad \gamma_3 = \varepsilon_1 - \varepsilon_2 \tag{2.2.2c}$$

2.2.2 应变张量不变量

对于法线为 N 的斜平面，法线 N 的方向余弦为 l, m, n，可以求得该斜平面上的正应变向量 $\boldsymbol{\varepsilon}_N$ 的各分量与应变张量 $\boldsymbol{\varepsilon}_{ij}$ 之间的关系为

$$\begin{bmatrix} \varepsilon_{1,N} \\ \varepsilon_{2,N} \\ \varepsilon_{3,N} \end{bmatrix} = \begin{bmatrix} \varepsilon_{11} l + \varepsilon_{12} m + \varepsilon_{13} n \\ \varepsilon_{21} l + \varepsilon_{22} m + \varepsilon_{23} n \\ \varepsilon_{31} l + \varepsilon_{32} m + \varepsilon_{33} n \end{bmatrix} \tag{2.2.3}$$

如果斜平面上法线 N 的方向顺着某个主应变方向量，则在该斜平面上 $\gamma_N = 0$，则主应变即斜平面上的法向应变的分量为

$$\begin{bmatrix} \varepsilon_{1,N} \\ \varepsilon_{2,N} \\ \varepsilon_{3,N} \end{bmatrix} = \begin{bmatrix} \varepsilon_N l \\ \varepsilon_N m \\ \varepsilon_N n \end{bmatrix} \tag{2.2.4}$$

将式(2.2.4)代入式(2.2.3)，有

$$\begin{cases} (\varepsilon_{11} - \varepsilon_N) l + \varepsilon_{12} m + \varepsilon_{13} n = 0, \\ \varepsilon_{21} l + (\varepsilon_{22} - \varepsilon_N) m + \varepsilon_{23} n = 0, \\ \varepsilon_{31} l + \varepsilon_{32} m + (\varepsilon_{33} - \varepsilon_N) n = 0 \end{cases} \tag{2.2.5}$$

此代数方程存在非零解的必要条件是方程系数行列式的值为零，即

$$\begin{vmatrix} \varepsilon_{11} - \varepsilon_N & \varepsilon_{12} & \varepsilon_{13} \\ \varepsilon_{21} & \varepsilon_{22} - \varepsilon_N & \varepsilon_{23} \\ \varepsilon_{31} & \varepsilon_{32} & \varepsilon_{33} - \varepsilon_N \end{vmatrix} = 0$$

展开行列式后得

$$\varepsilon_N^3 - I'_1 \varepsilon_N^2 + I'_2 \varepsilon_N - I'_3 = 0 \tag{2.2.6}$$

其中

$$I'_1 = \varepsilon_{11} + \varepsilon_{22} + \varepsilon_{33} = \boldsymbol{\varepsilon}_{ij} \tag{2.2.7a}$$

$$I'_2 = \begin{vmatrix} \varepsilon_{22} & \varepsilon_{23} \\ \varepsilon_{32} & \varepsilon_{33} \end{vmatrix} + \begin{vmatrix} \varepsilon_{11} & \varepsilon_{13} \\ \varepsilon_{31} & \varepsilon_{33} \end{vmatrix} + \begin{vmatrix} \varepsilon_{11} & \varepsilon_{12} \\ \varepsilon_{21} & \varepsilon_{22} \end{vmatrix} = \frac{1}{2}(\boldsymbol{\varepsilon}_{ii}\boldsymbol{\varepsilon}_{jj} - \boldsymbol{\varepsilon}_{ij}\boldsymbol{\varepsilon}_{ij})$$

即

$$I'_2 = \varepsilon_{11}\varepsilon_{22} + \varepsilon_{22}\varepsilon_{33} + \varepsilon_{33}\varepsilon_{11} - \varepsilon_{12}^2 - \varepsilon_{23}^2 - \varepsilon_{31}^2 \tag{2.2.7b}$$

$$I'_3 = \begin{vmatrix} \varepsilon_{11} & \varepsilon_{12} & \varepsilon_{13} \\ \varepsilon_{21} & \varepsilon_{22} & \varepsilon_{23} \\ \varepsilon_{31} & \varepsilon_{32} & \varepsilon_{33} \end{vmatrix} = e_{ijk}\boldsymbol{\varepsilon}_{1i}\boldsymbol{\varepsilon}_{2j}\boldsymbol{\varepsilon}_{3k}$$

即

$$I'_3 = \varepsilon_{11}\varepsilon_{22}\varepsilon_{33} + 2\varepsilon_{12}\varepsilon_{23}\varepsilon_{31} - \varepsilon_{11}\varepsilon_{23}^2 - \varepsilon_{22}\varepsilon_{31}^2 - \varepsilon_{33}\varepsilon_{12}^2 \tag{2.2.7c}$$

这里，I_1'、I_2'、I_3'分别称为应变张量第一、第二和第三不变量，其不变的含义是当坐标系转动时，虽然每个应变分量都随之改变，但这三个量是不变的。如果坐标轴与应变主轴重合，则在主平面上不存在剪应变，于是式(2.2.7)所示应变张量不变量可表示为

$$\begin{cases} I_1' = \varepsilon_1 + \varepsilon_2 + \varepsilon_3, \\ I_2' = \varepsilon_1\varepsilon_2 + \varepsilon_2\varepsilon_3 + \varepsilon_3\varepsilon_1, \\ I_3' = \varepsilon_1\varepsilon_2\varepsilon_3 \end{cases} \tag{2.2.8}$$

2.3 应变偏张量及其不变量

2.3.1 应变偏张量

现引入平均应变的概念，定义平均应变

$$\varepsilon_{aver} = \frac{1}{3}(\varepsilon_x + \varepsilon_y + \varepsilon_z) \tag{2.3.1a}$$

如用主应变表示，则平均应变记为

$$\varepsilon_{aver} = \frac{1}{3}(\varepsilon_1 + \varepsilon_2 + \varepsilon_3) \tag{2.3.1b}$$

当 $\varepsilon_1 = \varepsilon_2 = \varepsilon_3 = \varepsilon_{aver}$ 时，固体中任意 M 点处于均应变状态，可认为如球形应变状态，则其应变张量称为球形应变张量。球形应变张量

$$\boldsymbol{\varepsilon}_{aver} = \begin{bmatrix} \varepsilon_{aver} & 0 & 0 \\ 0 & \varepsilon_{aver} & 0 \\ 0 & 0 & \varepsilon_{aver} \end{bmatrix} = \varepsilon_{aver}\delta_{ij} \tag{2.3.2}$$

其中，δ_{ij} 为克罗内克符号，定义为

$$\delta_{ij} = \begin{cases} 1, & i = j; \\ 0, & i \neq j \end{cases}$$

这里，δ_{ij} 亦即为单位球张量，即

$$\delta_{ij} = \begin{bmatrix} 1 & 0 & 0 \\ 0 & 1 & 0 \\ 0 & 0 & 1 \end{bmatrix}$$

在一般情况下，某一点的应变状态可以分解为如下两部分

$$\boldsymbol{\varepsilon}_{ij} = \begin{bmatrix} \varepsilon_{aver} & 0 & 0 \\ 0 & \varepsilon_{aver} & 0 \\ 0 & 0 & \varepsilon_{aver} \end{bmatrix} + \begin{bmatrix} \varepsilon_{11} - \varepsilon_{aver} & \varepsilon_{12} & \varepsilon_{13} \\ \varepsilon_{21} & \varepsilon_{22} - \varepsilon_{aver} & \varepsilon_{23} \\ \varepsilon_{31} & \varepsilon_{32} & \varepsilon_{33} - \varepsilon_{aver} \end{bmatrix} \tag{2.3.3}$$

其中第一部分是各向等拉或等压的球形应变 $\boldsymbol{\varepsilon}_{aver}$，另一部分则称为偏斜应变张量，简称为应变偏量，记为$\boldsymbol{e}_{ij}$。则

$$e_{ij}=\varepsilon_{ij}-\varepsilon_{\text{aver}}\delta_{ij}=\begin{bmatrix}\varepsilon_{11}-\varepsilon_{\text{aver}} & \varepsilon_{12} & \varepsilon_{13}\\ \varepsilon_{21} & \varepsilon_{22}-\varepsilon_{\text{aver}} & \varepsilon_{23}\\ \varepsilon_{31} & \varepsilon_{32} & \varepsilon_{33}-\varepsilon_{\text{aver}}\end{bmatrix} \tag{2.3.4}$$

或者

$$e_{ij}=\begin{bmatrix}e_{11} & e_{12} & e_{13}\\ e_{21} & e_{22} & e_{23}\\ e_{31} & e_{32} & e_{33}\end{bmatrix} \tag{2.3.5}$$

一点的应变状态可分解为式(2.3.3)所示球形应变和偏斜应变两部分，试验表明球形应变仅仅反映体积的改变。但应变偏量在研究塑性变形中有着重要作用，并影响到形状的变化。

2.3.2 应变偏张量不变量

应变偏量也表征一种应变状态。同理只要将式(2.2.7)中 ε_{11}，ε_{22}，ε_{33} 用应变偏量的分量 e_{11}，e_{22}，e_{33} 代替，即可得应变偏量的不变量

$$J'_1=e_{11}+e_{22}+e_{33}=0 \tag{2.3.6a}$$

$$J'_2=\frac{1}{6}\left[(\varepsilon_x-\varepsilon_y)^2+(\varepsilon_y-\varepsilon_z)^2+(\varepsilon_z-\varepsilon_x)^2+\frac{3}{2}(\gamma_{xy}^2+\gamma_{yz}^2+\gamma_{zx}^2)\right]$$

即

$$J'_2=\frac{1}{6}[(\varepsilon_1-\varepsilon_2)^2+(\varepsilon_2-\varepsilon_3)^2+(\varepsilon_3-\varepsilon_1)^2]$$

或者

$$J'_2=\frac{1}{2}(e_1^2+e_2^2+e_3^2) \tag{2.3.6b}$$

2.4 应变强度

为便于以后的弹塑性分析，现定义应变强度

$$\varepsilon_i=\frac{\sqrt{2}}{2(1+\nu)}\left[(\varepsilon_x-\varepsilon_y)^2+(\varepsilon_y-\varepsilon_z)^2+(\varepsilon_z-\varepsilon_x)^2+\frac{3}{2}(\gamma_{xy}^2+\gamma_{yz}^2+\gamma_{zx}^2)\right]^{\frac{1}{2}} \tag{2.4.1}$$

应变强度亦称等效应变。如用主应变表示，应变强度记为

$$\varepsilon_i=\frac{\sqrt{2}}{2(1+\nu)}[(\varepsilon_1-\varepsilon_2)^2+(\varepsilon_2-\varepsilon_3)^2+(\varepsilon_3-\varepsilon_2)^2]^{\frac{1}{2}} \tag{2.4.2}$$

类似于在讨论等斜面上的应力时得到的八面体上的正应力和剪应力，也可以用八面体上的正应变和剪应变来表示一点的应变状态。八面体上的正应变为

$$\varepsilon_8=\frac{1}{3}(\varepsilon_1+\varepsilon_2+\varepsilon_3) \tag{2.4.3}$$

八面体上的剪应变为

$$\gamma_8 = \frac{2}{3}\left[(\varepsilon_1 - \varepsilon_2)^2 + (\varepsilon_2 - \varepsilon_3)^2 + (\varepsilon_3 - \varepsilon_1)^2\right]^{\frac{1}{2}} \tag{2.4.4}$$

同样可得到类似于应力罗代参数的应变罗代参数

$$\mu_\varepsilon = \frac{2\varepsilon_2 - \varepsilon_1 - \varepsilon_3}{\varepsilon_1 - \varepsilon_3} = 2\,\frac{\varepsilon_2 - \varepsilon_3}{\varepsilon_1 - \varepsilon_3} - 1 \tag{2.4.5}$$

该参数为主应变差之比，反映了应变的比例关系，而与应变的值没关系。该参数的取值范围为

$$-1 \leqslant \mu_\varepsilon \leqslant 1$$

参数的值表示了某种应变状态，当 $\mu_\varepsilon = -1$，则表明该点处于单向拉伸状态，这时 $\varepsilon_2 = \varepsilon_3 = -\nu\varepsilon_1$，$\varepsilon_1 > 0$；当 $\mu_\varepsilon = 0$，则表明该点处于纯剪状态，这时 $\varepsilon_2 = 0$，$\varepsilon_1 = -\varepsilon_3$；而当 $\mu_\varepsilon = 1$，则表明该点处于纯压状态，这时 $\varepsilon_1 = \varepsilon_2 = -\nu\varepsilon_3$，$\varepsilon_3 < 0$。

2.5 应变

2.5.1 应变的定义

为了表示固体的形变，出于一般性，往往先对物体中的质点的形变规律进行研究，然后推广到整个域内，所以必须根据描述的对象选择合适的系统来定义各种物理量。流体力学中通常采用空间位置描述法或 Euler 描述法；而在固体力学中一般采用物质描述法或 Lagrange 描述法，即借助于运动着的具体物质质点来考察运动和变形。显然，变形描述和变形度量不同，变形的描述既可以通过质点之间相互参照也可以在空间位置坐标系下进行。然而对运动和变形的度量，在物质坐标系下，需要参照初始和现时构形；在空间位置坐标系下，则需要参照不同的位置，即初始和现时位置。在具体的研究应变之前，明确以上概念很重要，因为这直接关系到运算。

对于在固定的空间坐标系中运动的固体，其中每一质点在空间的位置都可以用一组坐标表示。设在 $t_0 = 0$ 时的初始时刻，固体中一质点 i 的坐标是 $X_i (i = 1, 2, 3)$，任意 t 时刻该质点的坐标则是 $x_i (i = 1, 2, 3)$，于是该质点的运动方程

$$x_i = x_i(X_j, t) \qquad (i = 1,2,3) \tag{2.5.1}$$

如果知道物体中所有质点的运动方程，那么就可以确定整个固体在 t 时刻的现时构形。如前所说，相对于 $t_0 = 0$ 的初始时刻的构形为初始构形。固体的运动和变形的过程也就是构形随时间连续变化的过程。这种借助于运动着的固体中具体的质点来考察固体的运动和变形的方法称为拉格朗日描述。

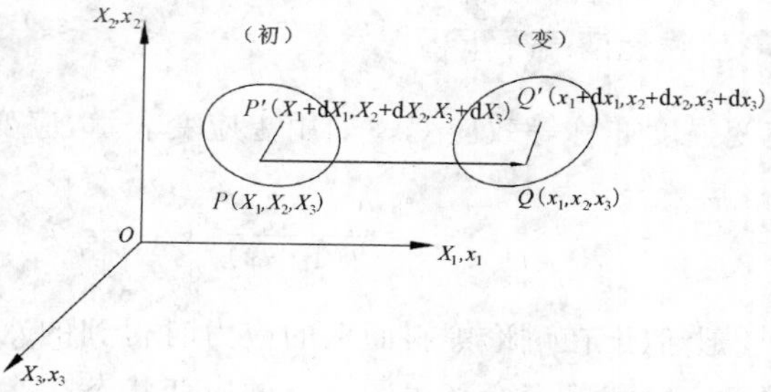

图 2.5.1　质点 p 和 p' 在直角坐标系中的初始构形

如图 2.5.1 所示，质点 p 和 p' 在直角坐标系中初始构形的描述为 $P(X_1, X_2, X_3)$ 和 $P'(X_1 + dX_1, X_2 + dX_2, X_3 + dX_3)$。经图示位移 $u(u_1, u_2, u_3)$ 后，到达变形后的现时构形，质点在现时构形上的描述为 $Q(x_1, x_2, x_3)$ 和 $Q'(x_1 + dx_1, x_2 + dx_2, x_3 + dx_3)$。这里

$$x_i = X_i + u_i(X_1, X_2, X_3)$$

或

$$X_i = x_i - u_i(x_1, x_2, x_3)$$

质点 p 和 p' 在初始构形及变形后的现时构形中的长度 dx 和 dx' 分别为

$$(dx)^2 = (PP')^2 = \delta_{ij} dX_i dX_j = \delta_{ij} \frac{\partial X_i}{\partial x_m} \frac{\partial X_j}{\partial x_n} dx_m dx_n$$

$$(dx')^2 = (QQ')^2 = \delta_{ij} dx_i dx_j = \delta_{ij} \frac{\partial x_i}{\partial X_m} \frac{\partial x_j}{\partial X_n} dX_m dX_n$$

$$\begin{aligned}(dx')^2 - (dx)^2 &= \left(\delta_{ij} - \delta_{kl} \frac{\partial X_k}{\partial x_i} \frac{\partial X_l}{\partial x_j}\right) dx_i dx_j \\ &= \left(\delta_{kl} \frac{\partial x_k}{\partial X_i} \frac{\partial x_l}{\partial X_j} - \delta_{ij}\right) da_i da_j\end{aligned}$$

上式可进一步表示为

$$(dx')^2 - (dx)^2 = 2\varepsilon_{ij,G} dX_i dX_j = 2\varepsilon_{ij,A} dx_i dx_j \tag{2.5.2}$$

其中，$\varepsilon_{ij,G}$ 或 $\varepsilon_{ij,A}$ 定义为应变。

2.5.2 线元的几何

如图 2.5.2 所示，设一维线元的初始长度为 l_0，线元的初始截面面积为 A_0，则线元的初始体积

$$V_0 = A_0 \cdot l_0$$

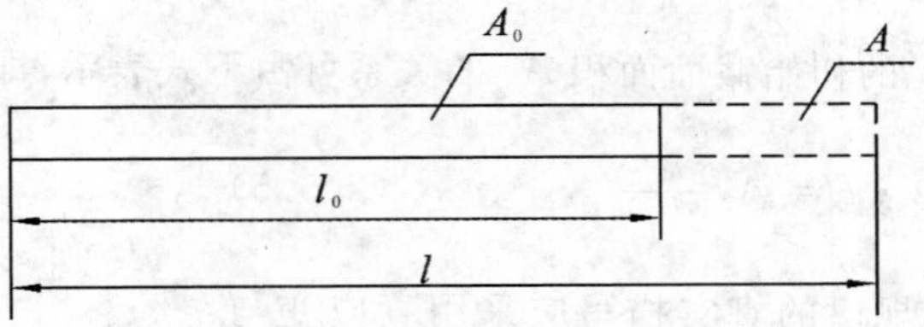

图 2.5.2 一维线元

变形后线元两端产生了相对位移 u，于是单元的长度

$$l = l_0 + \Delta u$$

变形后线元的截面面积

$$A = A_0 + dA$$

而变形后线元的体积

$$V = A \cdot l$$

由材料力学可知，单轴应力时单位体积的变化为

$$\frac{\Delta V}{V_0} = \varepsilon(1 - 2v) \tag{2.5.3}$$

即

$$\frac{(A_0+\mathrm{d}A)\cdot l - A_0\cdot l_0}{A_0\cdot l_0}=\frac{A_0+\mathrm{d}A}{A_0}\frac{l}{l_0}-1=\varepsilon(1-2v)$$

$$\left(1+\frac{\mathrm{d}A}{A_0}\right)\frac{l}{l_0}-1=\varepsilon(1-2v)$$

$$\left(1+\frac{\mathrm{d}A}{A_0}\right)(1+\varepsilon)-1=\varepsilon(1-2v)$$

$$\left(1+\frac{\mathrm{d}A}{A_0}+\varepsilon+\varepsilon\frac{\mathrm{d}A}{A_0}\right)-1=\frac{\mathrm{d}A}{A_0}+\varepsilon+\varepsilon\frac{\mathrm{d}A}{A_0}=\frac{\mathrm{d}A}{A_0}(1+\varepsilon)+\varepsilon=\varepsilon-2v\cdot\varepsilon$$

$$\frac{\mathrm{d}A}{A_0}=-\frac{2v\cdot\varepsilon}{1+\varepsilon}\approx-2v\cdot\varepsilon=-2v\frac{\mathrm{d}x}{x}$$

所以

$$\int_{A_0}^{A}\frac{\mathrm{d}A}{A}=-2v\int_{l_0}^{l}\frac{\mathrm{d}x}{x}$$

故

$$\ln\left(\frac{A}{A_0}\right)=-2v\ln\left(\frac{l}{l_0}\right)$$

从而

$$\frac{A}{A_0}=\left(\frac{l_0}{l}\right)^{2v}$$

变形后线元的截面面积 A 与线元的初始截面面积 A_0 有如下关系：

$$A=A_0\left(\frac{l_0}{l}\right)^{2v} \tag{2.5.4}$$

变形后线元的体积与线元的初始截面面积 A_0 的关系可由下式表示，即

$$V=A\cdot l=A_0\frac{l_0^{2v}}{l^{2v-1}} \tag{2.5.5}$$

由上可知，线元变形规律的真实描写应采用真应变与相应的真应力(如图 2.5.3 所示)。所谓的真应力

$$\sigma_T=\frac{P}{A}$$

如果在体积不变的情况下，真应力

$$\sigma_T=\frac{P}{A_0}\frac{l}{l_0}=\sigma_E(1+\varepsilon_E)$$

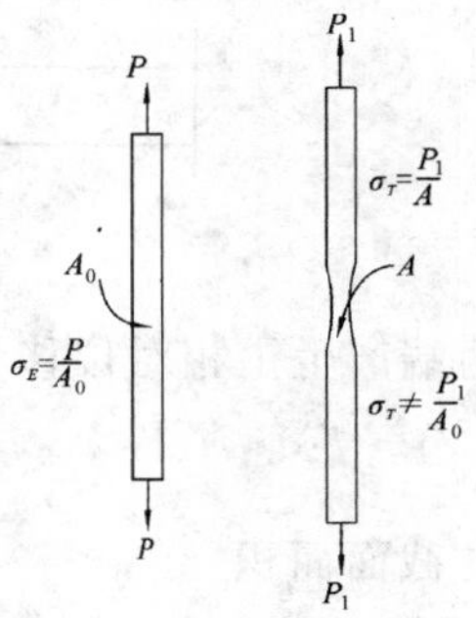

图 2.5.3 真应力和真应变

2.5.3 工程应变

固体分析中最常用的应变是根据固体微元或线元在变形前后的几何及变形定义的工程应变。现仍研究一维线元，设一维线元的初始长度为 $\mathrm{d}x$，变形后线元两端产生了相对位移 $\mathrm{d}u$，$\mathrm{d}v$，$\mathrm{d}w$。于是，变形后一维线元的长度

$$dx' = \sqrt{(dx + du)^2 + dv^2 + dw^2} \tag{2.5.6}$$

则工程正应变 ε_E 定义为线元单位长度的变化即伸长度，有

$$\varepsilon_E = \frac{dx' - dx}{dx} = \frac{dx'}{dx} - 1 \tag{2.5.7}$$

工程应变的变分

$$\delta\varepsilon_E = \frac{\delta dx'}{dx} = \frac{\delta_u}{dx} \tag{2.5.8}$$

将工程应变的表达式作如下变换：

$$\varepsilon_E = \frac{dx' - dx}{dx} = \frac{(dx' - dx)\cdot(dx' + dx)}{dx\cdot(dx' + dx)} = \frac{(dx')^2 - (dx)^2}{dx\cdot(dx' + dx)} \tag{2.5.9}$$

同时

$$dx' = (\varepsilon_E + 1)dx \quad 或 \quad dx = \frac{dx'}{1 + \varepsilon_E}$$

由上面关系可以得到

$$\varepsilon_E = \frac{(dx')^2 - (dx)^2}{(dx)^2(2 + \varepsilon_E)} \tag{2.5.10a}$$

或者

$$\varepsilon_E = \frac{dx' - dx}{dx} = \frac{(dx')^2 - (dx)^2}{(dx')^2(2 + \varepsilon_E)/(\varepsilon_E + 1)^2} \tag{2.5.10b}$$

2.5.4 格林(Green)应变

如图 2.5.1 所示，定义以初始构形为参考构形的应变张量

$$\varepsilon_{ij,G} = \frac{1}{2}\left(\frac{\partial x_k}{\partial X_i}\frac{\partial x_k}{\partial X_j} - \delta_{ij}\right) \tag{a}$$

为格林(Green)应变张量。展开后，得格林应变

$$\boldsymbol{\varepsilon}_G = \frac{1}{2}(\boldsymbol{F}\boldsymbol{F}^{\mathrm{T}} - \boldsymbol{I}) = \frac{1}{2}\left(\begin{bmatrix} \frac{\partial x_1}{\partial X_1} & \frac{\partial x_1}{\partial X_2} & \frac{\partial x_1}{\partial X_3} \\ \frac{\partial x_2}{\partial X_1} & \frac{\partial x_2}{\partial X_2} & \frac{\partial x_2}{\partial X_3} \\ \frac{\partial x_3}{\partial X_1} & \frac{\partial x_3}{\partial X_2} & \frac{\partial x_3}{\partial X_3} \end{bmatrix}\begin{bmatrix} \frac{\partial x_1}{\partial X_1} & \frac{\partial x_1}{\partial X_2} & \frac{\partial x_1}{\partial X_3} \\ \frac{\partial x_2}{\partial X_1} & \frac{\partial x_2}{\partial X_2} & \frac{\partial x_2}{\partial X_3} \\ \frac{\partial x_3}{\partial X_1} & \frac{\partial x_3}{\partial X_2} & \frac{\partial x_3}{\partial X_3} \end{bmatrix}^{\mathrm{T}} - \boldsymbol{I}\right) \tag{b}$$

格林应变张量可表示为位移的函数。假设一个质点的位移向量 u_i 相对于初始构形为

$$u_i = x_i(X_j, t) - X_i \tag{c}$$

这时相应的变形梯度是

$$\frac{\partial x_i}{\partial X_j} = \frac{\partial u_i}{\partial X_j} + \delta_{ij} \tag{d}$$

将上述式(d)代入式(a)便可得到用位移向量表示的应变张量。这时,格林应变张量

$$
\begin{aligned}
\boldsymbol{\varepsilon}_{ij,G} &= \frac{1}{2}\left[\left(\frac{\partial u_k}{\partial X_i}+\delta_{ki}\right)\left(\frac{\partial u_k}{\partial X_j}+\delta_{kj}\right)-\delta_{ij}\right] \\
&= \frac{1}{2}\left(\frac{\partial u_k}{\partial X_i}\delta_{kj}+\delta_{ki}\frac{\partial u_k}{\partial X_j}+\frac{\partial u_k}{\partial X_i}\frac{\partial u_k}{\partial X_j}+\delta_{ki}\delta_{kj}-\delta_{ij}\right) \\
&= \frac{1}{2}\left(\frac{\partial u_j}{\partial X_i}+\frac{\partial u_i}{\partial X_j}+\frac{\partial u_k}{\partial X_i}\frac{\partial u_k}{\partial X_j}\right)
\end{aligned}
\tag{2.5.11}
$$

如用矩阵表示,格林应变为

$$
\boldsymbol{\varepsilon}_G = \begin{bmatrix} \varepsilon_{11} & \varepsilon_{12} & \varepsilon_{13} \\ \varepsilon_{21} & \varepsilon_{22} & \varepsilon_{23} \\ \varepsilon_{31} & \varepsilon_{32} & \varepsilon_{33} \end{bmatrix}
$$

当物体处在小应变的情况时,式(2.5.11)中位移梯度的分量与单位长度相比极小,即

$$
\frac{\partial u_k}{\partial X_j} \ll 1, \quad \frac{\partial u_k}{\partial X_i} \ll 1
$$

于是,位移梯度分量的乘积$\frac{\partial u_k}{\partial X_i}\frac{\partial u_k}{\partial X_j}$与线性项相比可被略去。再进行如下运算,考虑作用在任意函数 F 的微商

$$
\begin{aligned}
\frac{\partial F}{\partial x_i} &= \frac{\partial F}{\partial X_j}\frac{\partial X_j}{\partial x_i} = \frac{\partial F}{\partial X_j}\frac{\partial}{\partial x_i}(x_j-u_j) \\
&= \frac{\partial F}{\partial X_j}\left(\delta_{ij}-\frac{\partial u_j}{\partial x_i}\right) = \frac{\partial F}{\partial X_i}-\frac{\partial F}{\partial X_j}\frac{\partial u_j}{\partial x_i} \approx \frac{\partial F}{\partial X_i}
\end{aligned}
$$

故有

$$
\frac{\partial \boldsymbol{F}}{\partial \boldsymbol{x}} \approx \frac{\partial \boldsymbol{F}}{\partial \boldsymbol{X}}
$$

亦即

$$
\frac{\partial}{\partial \boldsymbol{x}} \approx \frac{\partial}{\partial \boldsymbol{X}}
$$

这意味着在小应变情况下的微商运算不需要区别质点在现时构形中的坐标 x_i 和初始构形中的坐标 X_i。因此式中位移梯度分量的乘积与线性项相比可被略去,于是可得到如下小应变情况的应变表达式:

$$
\varepsilon_C = \frac{1}{2}\left(\frac{\partial \boldsymbol{u}}{\partial \boldsymbol{x}}+\frac{\partial \boldsymbol{u}^{\mathrm{T}}}{\partial \boldsymbol{x}}\right) \tag{2.5.12}
$$

对于一维线元,初始构形及变形后的现时构形中的长度分别为 $\mathrm{d}x$ 和 $\mathrm{d}x'$,按式(b)得格林应变

$$
\varepsilon_G = \frac{1}{2}\left[\frac{(\mathrm{d}x')^2}{(\mathrm{d}x)^2}-1\right] = \frac{(\mathrm{d}x')^2-(\mathrm{d}x)^2}{2(\mathrm{d}x)^2} \tag{e}
$$

小应变张量 $\boldsymbol{\varepsilon}_{ij}$ 也称为柯西(Cauchy)应变张量。在小变形条件下,格林应变蜕化为柯西应变,这就是在定义格林应变时要引入一个因子 1/2 的原因。柯西应变的对角分量 ε_{11} 表示平行

于坐标轴线元的伸长度，而非对角分量 ε_{12} 表示原来平行于坐标轴 X_1 和 X_2 的两线元夹角减小一半。

应变张量不随刚体运动而变化，即为所谓的客观张量。一个刚体的运动包括平动 $\boldsymbol{x}_T$ 和绕原点的转动，可以写为

$$\boldsymbol{x}(\boldsymbol{X},t) = \boldsymbol{R}(t)\cdot\boldsymbol{X} + \boldsymbol{x}_T(\boldsymbol{t}) \tag{f}$$

其中 $\boldsymbol{R}(t)$ 是转动张量，也称为转动矩阵。任何刚体运动都可表示为上面的形式。通过刚体转动时并不改变刚体中任意两点长度可以证明转动矩阵是一个正交矩阵。刚体中任意两点长度为 $\mathrm{d}\boldsymbol{x}$，所以

$$\mathrm{d}\boldsymbol{x}^{\mathrm{T}}\mathrm{d}\boldsymbol{x} = \mathrm{d}\boldsymbol{X}^{\mathrm{T}}(\boldsymbol{R}^{\mathrm{T}}\boldsymbol{R})\mathrm{d}\boldsymbol{X}$$

由于在刚体运动中长度不变，因此对于任意 $\mathrm{d}\boldsymbol{X}$ 有

$$\mathrm{d}\boldsymbol{x}^{\mathrm{T}}\mathrm{d}\boldsymbol{x} = \mathrm{d}\boldsymbol{x}^{\mathrm{T}}\mathrm{d}\boldsymbol{X}$$

所以

$$(\boldsymbol{R}^{\mathrm{T}}\boldsymbol{R}) = \boldsymbol{I}$$

上式说明 $\boldsymbol{R}$ 的逆是其转置，即

$$\boldsymbol{R}^{-1} = \boldsymbol{R}^{\mathrm{T}}$$

由此可以说明转动矩阵 $\boldsymbol{R}$ 是一个正交矩阵。考虑式(f)和变形梯度，故

$$\boldsymbol{F} = \boldsymbol{R}$$

所以

$$\boldsymbol{\varepsilon}_G = \frac{1}{2}(\boldsymbol{F}\boldsymbol{F}^{\mathrm{T}} - \boldsymbol{I}) = \frac{1}{2}(\boldsymbol{R}\boldsymbol{R}^{\mathrm{T}} - \boldsymbol{I}) = 0$$

上式说明了在任何刚体运动中格林应变张量为零，所以在满足大变形应变度量的一个重要要求是必须为客观张量。

由式(e)可得小应变时格林应变的变分

$$\delta\varepsilon_G = \frac{\mathrm{d}x'}{(\mathrm{d}x)^2}\delta\mathrm{d}x' = \frac{\mathrm{d}x'}{\mathrm{d}x}\delta\varepsilon_E \tag{2.5.13}$$

2.5.5 阿尔芒斯(Almansi)应变

仍如图 2.5.1 所示，进行类似以上的过程，定义以现时构形为参考构形的应变张量

$$\varepsilon_{ij,A} = \frac{1}{2}\left(\delta_{ij} - \frac{\partial X_k}{\partial x_i}\frac{\partial X_k}{\partial x_j}\right) \tag{a}$$

为阿尔芒斯(Almansi)应变张量。展开后，得

$$\boldsymbol{\varepsilon}_A = \frac{1}{2}[\boldsymbol{I} - \boldsymbol{F}^{-1}(\boldsymbol{F}^{-1})^{\mathrm{T}}] = \frac{1}{2}\left[\boldsymbol{I} - \begin{bmatrix} \frac{\partial X_1}{\partial x_1} & \frac{\partial X_1}{\partial x_2} & \frac{\partial X_1}{\partial x_3} \\ \frac{\partial X_2}{\partial x_1} & \frac{\partial X_2}{\partial x_2} & \frac{\partial X_2}{\partial x_3} \\ \frac{\partial X_3}{\partial x_1} & \frac{\partial X_3}{\partial x_2} & \frac{\partial X_3}{\partial x_3} \end{bmatrix}\begin{bmatrix} \frac{\partial X_1}{\partial x_1} & \frac{\partial X_1}{\partial x_2} & \frac{\partial X_1}{\partial x_3} \\ \frac{\partial X_2}{\partial x_1} & \frac{\partial X_2}{\partial x_2} & \frac{\partial X_2}{\partial x_3} \\ \frac{\partial X_3}{\partial x_1} & \frac{\partial X_3}{\partial x_2} & \frac{\partial X_3}{\partial x_3} \end{bmatrix}^{\mathrm{T}}\right] \tag{2.5.14}$$

如同格林应变，阿尔芒斯应变张量也可表示为位移的函数。假设一个质点的位移向量 u_i 相对于现构形

$$u_i = x_i - X_i(x_j, t)$$

这时相应的变形梯度是

$$\frac{\partial X_i}{\partial x_j} = \delta_{ij} - \frac{\partial u_i}{\partial x_j} \tag{b}$$

将式(b)代入式(a)，便可得到用位移向量表示的阿尔芒斯应变张量

$$\boldsymbol{\varepsilon}_{ij,A} = \frac{1}{2}\left(\frac{\partial u_j}{\partial x_i} + \frac{\partial u_i}{\partial x_j} - \frac{\partial u_k}{\partial x_i}\frac{\partial u_k}{\partial x_j}\right) \tag{2.5.15}$$

如用矩阵可表示为

$$\boldsymbol{\varepsilon}_A = \begin{bmatrix} \varepsilon_{11} & \varepsilon_{12} & \varepsilon_{13} \\ \varepsilon_{21} & \varepsilon_{22} & \varepsilon_{23} \\ \varepsilon_{31} & \varepsilon_{32} & \varepsilon_{33} \end{bmatrix}$$

同上，当物体发生小应变时，位移梯度的分量与单位值相比是很小，这意味着在小应变下的微商运算不需要区别质点在当前构形中的坐标 x_i 和初始构形中的坐标 X_i。因此式中位移梯度分量的乘积与线性项相比可以被略去，于是可得到小应变情况的应变

$$\varepsilon_{ij,A} = \frac{1}{2}\left(\frac{\partial u_i}{\partial X_j} + \frac{\partial u_j}{\partial X_i}\right) = \frac{1}{2}\left(\frac{\partial u_i}{\partial x_j} + \frac{\partial u_j}{\partial x_i}\right) \tag{2.5.16}$$

在小变形条件下，阿尔芒斯应变也可蜕化为柯西应变。

对于一维线元，初始构形及变形后的现时构形中的长度分别为 $\mathrm{d}x$ 和 $\mathrm{d}x'$，按式(a)得阿尔芒斯应变

$$\varepsilon_A = \frac{1}{2}\left[1 - \frac{(\mathrm{d}x)^2}{(\mathrm{d}x')^2}\right] = \frac{(\mathrm{d}x')^2 - (\mathrm{d}x)^2}{2(\mathrm{d}x')^2} \tag{2.5.17}$$

阿尔芒斯应变的变分

$$\delta\varepsilon_A = \frac{\mathrm{d}x^2 \cdot \delta \mathrm{d}x'}{(\mathrm{d}x')^3} = \frac{1}{(1+\varepsilon_E)^3}\delta\varepsilon_E \tag{2.5.18}$$

2.5.6 对数应变

在固体力学范围内，通常是通过参照系上某一时刻物形来描述现时构形，也就是通常的拉格朗日描述法，即多用格林应变。大应变问题中通常采用增量形式描述应变，即

$$\delta\varepsilon = \frac{\delta(\mathrm{d}x)}{\mathrm{d}x}$$

对上式积分，则得所谓的对数应变，即真应变

$$\varepsilon_{\ln} = \int_{\mathrm{d}x}^{\mathrm{d}x'} \delta\varepsilon = \ln\left(\frac{\mathrm{d}x'}{\mathrm{d}x}\right) \tag{2.5.19}$$

显然，对数应变与工程应变和格林应变有以下关系：

$$\varepsilon_{\ln}=\ln(1+\varepsilon_E)=\frac{1}{2}\ln(1+2\varepsilon_G) \tag{2.5.20}$$

将对数应变用工程应变展开，可表示为

$$\begin{aligned}\varepsilon_{\ln}&=\ln(1+\varepsilon_E)\\&=\varepsilon_E-\frac{1}{2}\varepsilon_E^2+\frac{1}{3}\varepsilon_E^3-\frac{1}{4}\varepsilon_E^4+\frac{1}{5}\varepsilon_E^5-\frac{1}{6}\varepsilon_E^6+\frac{1}{7}\varepsilon_E^7-\frac{1}{8}\varepsilon_E^8+\cdots\end{aligned} \tag{2.5.21a}$$

对数应变也可用格林应变表示，即

$$\begin{aligned}\varepsilon_{\ln}&=\frac{1}{2}\ln(1+2\varepsilon_G)\\&=\varepsilon_G-\varepsilon_G^2+\frac{4}{3}\varepsilon_G^3-2\varepsilon_G^4+\frac{16}{5}\varepsilon_G^5-\frac{16}{3}\varepsilon_G^6+\frac{64}{7}\varepsilon_G^7-16\varepsilon_G^8+\cdots\end{aligned} \tag{2.5.21b}$$

在大应变问题中，对数应变应该是描写增量应变的精确表达，与工程应变或格林应变有较大的差距，显然不可简单以工程应变或格林应变来直接表达增量应变。

2.6 应变之间的关系

以一维直线元为例分析各应变张量之间的关系。设一维线元的初始长度为 $\mathrm{d}x$，变形后线元两端产生了相对位移 $\mathrm{d}u,\mathrm{d}v,\mathrm{d}w$。工程正应变的定义如式(2.5.7)，工程应变的变分如式(2.5.8)，对工程应变的表达式作如式(2.5.9)所示的变换，即

$$\varepsilon_E=\frac{\mathrm{d}x'-\mathrm{d}x}{\mathrm{d}x}=\frac{(\mathrm{d}x'-\mathrm{d}x)\cdot(\mathrm{d}x'+\mathrm{d}x)}{\mathrm{d}x\cdot(\mathrm{d}x'+\mathrm{d}x)}=\frac{(\mathrm{d}x')^2-(\mathrm{d}x)^2}{\mathrm{d}x\cdot(\mathrm{d}x'+\mathrm{d}x)}$$

同时由式(2.5.7)及上面关系可以得到式(2.5.10a)或式(2.5.10b)。当应变 ε_E 很小时，格林应变

$$\varepsilon_G=\frac{(\mathrm{d}x')^2-(\mathrm{d}x)^2}{2(\mathrm{d}x)^2} \tag{a}$$

及阿尔芒斯应变

$$\varepsilon_A=\frac{(\mathrm{d}x')^2-(\mathrm{d}x)^2}{2(\mathrm{d}x')^2} \tag{b}$$

上式(a)也就是小应变时的格林应变，格林应变也可由工程应变 ε_E 表示为

$$\varepsilon_G=\varepsilon_E\left(1+\frac{1}{2}\varepsilon_E\right)$$

上式(b)也就是小应变时的阿尔芒斯应变，阿尔芒斯应变也可由工程应变 ε_E 表示为

$$\varepsilon_A=1-\frac{1}{(1+\varepsilon_E)^2}=\varepsilon_E\left(1-\frac{3}{2}\varepsilon_E\right)$$

无论格林应变还是阿尔芒斯应变均可由式(2.5.2)得到。格林应变和阿尔芒斯应变表达式右边的分子项为线段变形前后的长度平方差值，它是不会因坐标系统的改变而改变量值的

不变量。因此，格林应变和阿尔芒斯应变是不同度量参照系下的应变，前者的度量是参考初始构形，后者是参考现时构形。

格林应变和阿尔芒斯应变与工程应变含义是不同的。只有在小应变的情况下，才可以将格林应变或阿尔芒斯应变作为工程应变。也只有在小应变的情况下，从格林应变和阿尔芒斯应变的定义忽略应变中的二阶项，两应变均蜕化为一阶项，表现出与参考构形无关，此时的应变称作欧拉(Euler)应变。

比较格林应变和阿尔芒斯应变的变分可以看出，一维直线元的格林应变变分和三个方向位移变分之间是线性关系，阿尔芒斯应变的变分与实际应变的变分之间相差 $1/(1+\varepsilon_E)^3$ 倍。这同样表明大位移情况下，只有小应变时才可以用格林应变变分或阿尔芒斯应变变分来正确描述实际应变的变分。

显然如果是大变形情况，二阶项不能忽略，因此用 Euler 应变就不能正确反映实际应变，即欲确切地描述实际应变就不能采用格林应变或阿尔芒斯应变。因为在大应变时，采用格林应变或阿尔芒斯应变引起的误差是不可不计的。这也从某种意义上说明了在大变形即使是小应变情况下以增量位移来计算应变的理由。况且在大应变情况下，只有从工程应变的严格定义出发才有望获得精确的模型。

现对结构中所采用的应变表达式作一个简单的归纳：

在线弹性范围内可忽略应变中位移的高阶量，仅考虑最简单的情况，即用工程应变的线性项来表示。

若研究线弹性范围内的几何非线性，则应考虑应变中位移的二阶量及二阶量以上的高阶量，可采用工程应变的线性及非线性项来表示。

对于在弹性非线性范围内，同样具有线性和几何非线性两种几何关系，应变的表示同以上所述。

对于材料非线性，此时需考虑大位移以及几何非线性，并根据小应变和大应变分别采用合适的模型。对于小应变问题，可采用工程应变的线性及非线性项来表示；而对于大应变问题，则需要考虑面积的变化，应采用真应变即对数应变，同时考虑位移的高阶项。

对于各种情况下的几何关系，都可以在对数应变的展开式中找到，只是在不同的情况下做了简化。如在小应变的情况下，是忽略了应变的高阶项；在小位移的情况下，通常是不考虑应变中位移的高阶量。由此可以用对数应变这一统一的关系式来反应各种情况下的几何关系。

小变形用无限小应变度量，大变形则需用另行定义的应变来度量。用小应变不能度量大变形，即小应变与位移的线性关系不适用于大变形。为研究结构的大变形问题，需要给出大变形下的应变的度量。

2.7 应变率

2.7.1 物质导数和空间导数

现讨论物体在运动过程中某个物理量 ψ 关于时间的变化率。在物质描述中，该物理量 ψ 是以 $X_m(m=1,2,3)$ 和 t 为自变量的函数，即 $\psi=\psi(X_m,t)$；在空间描述中，该物理量 ψ 是以 x_n $(n=1,2,3)$ 和 t 为自变量的函数，即 $\psi=\psi(x_n,t)$。

当物体中某一固定的物质点运动，物理量 ψ 跟随一起运动，运动的时间变化率可通过固定

X_m(或参考构形中的物质点 X)求 ψ 关于 t 的偏导数得到。该偏导数称之为 ψ 的物质导数,表示为

$$\dot{\psi} = \frac{\mathrm{D}\psi}{\mathrm{D}t} = \left(\frac{\partial \psi(X,t)}{\partial t}\right)_X \tag{2.7.1}$$

ψ 对于空间中固定点 x 时间的变化率可由固定 x_n(或当前构形中的空间固定点 x)求 ψ 关于 t 的偏导数得到,称之为 ψ 的局部导数或空间时间导数,表示为

$$\psi' = \left(\frac{\partial \psi(x,t)}{\partial t}\right)_x \tag{2.7.2}$$

它与物质导数之间的关系可通过对复合函数 $\psi(X,t)=\psi(x(X,t),t)$ 的求导给出:

$$\frac{\mathrm{D}\psi}{\mathrm{D}t} = \left(\frac{\partial \psi(X,t)}{\partial t}\right)_X = \left(\frac{\partial \psi(x,t)}{\partial t}\right)_x + \frac{\partial \psi}{\partial x'}\left(\frac{\partial x'}{\partial t}\right)_X$$

所谓速度 $v(X,t)$ 指的是一个物质点的位置向量的变化率,为当 X 不变时对时间的导数。所以,速度可以写为

$$v(X,t) = \frac{\partial u(X,t)}{\partial t} = \dot{u} \tag{2.7.3}$$

2.7.2 速度梯度张量

在现时构形上质点速度 $\boldsymbol{v}=\dot{\boldsymbol{x}}$,则速度场相对于 $\boldsymbol{x}$ 的梯度为

$$L = \frac{\partial \boldsymbol{v}}{\partial \boldsymbol{x}} = (\mathrm{grad}\boldsymbol{v})^{\mathrm{T}} \tag{2.7.4}$$

或

$$\boldsymbol{L}_{ij} = \frac{\partial \boldsymbol{v}_i}{\partial \boldsymbol{x}_j} \tag{2.7.5}$$

$\boldsymbol{L}_{ij}$ 称为速度梯度张量,是 Euler 型张量。变形梯度 F_x 的物质导数为

$$\dot{F}_x \left(\frac{\partial x}{\partial X}\right)^{\cdot} = \frac{\partial \dot{x}}{\partial X} = \frac{\partial \dot{x}}{\partial x}\frac{\partial x}{\partial X} = LF_x \tag{2.7.6}$$

所以

$$L = \dot{F}_x F_x^{-1} \tag{2.7.7}$$

将速度梯度张量分解为对称部分和偏对称部分 Ω。对称部分

$$\boldsymbol{\varepsilon}_{ij}^{J} = \dot{\boldsymbol{\varepsilon}}_{ij} = \frac{1}{2}(\boldsymbol{L}+\boldsymbol{L}^{\mathrm{T}}) \tag{2.7.8}$$

或

$$\dot{\boldsymbol{\varepsilon}}_{ij} = \frac{1}{2}(\boldsymbol{v}_{i,j}+\boldsymbol{v}_{j,i}) \tag{2.7.9}$$

偏对称部分 Ω

$$\dot{\boldsymbol{\Omega}} = \frac{1}{2}(\boldsymbol{L} - \boldsymbol{L}^{\mathrm{T}}) \tag{2.7.10}$$

或

$$\dot{\boldsymbol{\Omega}}_{ij} = \frac{1}{2}(\boldsymbol{v}_{i,j} - \boldsymbol{v}_{j,i}) \tag{2.7.11}$$

其中，$\dot{\boldsymbol{\varepsilon}}_{ij}$为焦曼(Jaumann)应变速率张量，它是不受刚体转动影响的客观张量；$\dot{\boldsymbol{\Omega}}$为整旋率张量或旋转张量。在没有变形的情况下转动张量和角速度张量相等，即$\dot{\boldsymbol{\Omega}}=\dot{\boldsymbol{R}}$；当刚体除了转动之外还有变形时，转动张量一般区别于角速度张量。

变形率可表示为

$$\dot{\boldsymbol{\varepsilon}}_{ij} = \frac{1}{2}(\dot{\boldsymbol{F}}_x \boldsymbol{F}_x^{-1} + \boldsymbol{F}_x^{-1} \dot{\boldsymbol{F}}_x^{\mathrm{T}}) \tag{2.7.12}$$

Green 应变张量物质导数

$$\dot{\boldsymbol{\varepsilon}}_G = \frac{1}{2} \frac{\mathrm{D}}{\mathrm{D}t}(\boldsymbol{F}_x^{\mathrm{T}} \boldsymbol{F}_x - \boldsymbol{I}) = \frac{1}{2}(\dot{\boldsymbol{F}}_x^{\mathrm{T}} \boldsymbol{F}_x + \boldsymbol{F}_x^{\mathrm{T}} \dot{\boldsymbol{F}}_x) \tag{2.7.13}$$

对式(2.7.12)等号两边前面点积 $\boldsymbol{F}_x^{\mathrm{T}}$，后面点积 $\boldsymbol{F}_x$，得到

$$\boldsymbol{F}_x^{\mathrm{T}} \dot{\boldsymbol{\varepsilon}}_{ij} \boldsymbol{F}_x = \frac{1}{2}(\dot{\boldsymbol{F}}_x^{\mathrm{T}} \boldsymbol{F}_x + \boldsymbol{F}_x^{\mathrm{T}} \dot{\boldsymbol{F}}_x) \tag{2.7.14}$$

所以

$$\dot{\boldsymbol{\varepsilon}}_G = \boldsymbol{F}_x^{\mathrm{T}} \dot{\boldsymbol{\varepsilon}}_{ij} \boldsymbol{F}_x \tag{2.7.15}$$

3 物理关系

3.1 塑性基础

关于塑性基础的著作很多[4][26][29][39][46][53][54][64][66][72][74][77][110]，这里主要讨论一些基本概念，为对固体或结构的塑性分析作准备。

3.1.1 概述

3.1.1.1 塑性分析理论概况

Saint-Venant 所进行的关于弹性非线性材料梁的弯曲性能研究，被广泛认为是塑性弯曲理论的基础，因为杆件在加载过程中进入塑性阶段后的行为同弹性非线性材料杆件并没有差别，所以 Saint-Venant 的这一研究可直接用于梁的弹塑性弯曲在加载阶段的分析。19 世纪末到 20 世纪初，塑性理论开始建立并逐步发展。此后，法国、德国学者在这方面也作出了贡献。在这些研究中，他们假定材料是均匀各向同性的，并沿用了弹性弯曲工程理论的两条假定，即平截面假定和单向应力假定。采用这些假定建立起来的塑性弯曲理论简单，但是仅适合简单应用。在这个基础上建立的理论被称为初等塑性理论，也叫塑性的工程理论。在 20 世纪 40 年代，新兴的制造业极大地刺激了塑性理论研究和实验研究，并在初等塑性理论的基础上逐步形成了现代塑性理论[4][26][29][39][46][53][54][64][66][72][74][77][110]。塑性理论是研究加载或卸载时材料发生屈服的条件，强化规律和应力应变关系的理论。

目前，基于流动理论和线性屈服条件假定的塑性分析问题涉及增量（历史）分析。通常对没有滞回(holonomic)性能的材料，这就需要知道整个加载过程直至最后到达指定的荷载水平，这样才能完全描述分析过程；滞回分析即分析材料的滞回性状。而对于加载路径没有规律可循时，那么最后的荷载情况与“变形理论”相关。

3.1.1.2 塑性初步

在如图 3.1.1 所示简单的一维问题弹塑性应变曲线中，当到达平衡点 A 时，下一步可继续塑性流动，到 B 点或者以弹性卸载至 C 点。显然，两个路线各有不同的刚度。如果其荷载在 A 点反向，在未来增量过程中应用弹性刚度来代替原弹塑性切线刚度。但是，在没有事先知道荷载反复情况下，一般假定塑性流动将继续下去，切线刚度和 AB 有关。即使荷载单调增加，结构的某些部位仍能够卸载。在这种情况下，一般用迭代修正发现卸载区域。但是，如果考虑会有很多卸载发生，回复到弹性刚度可能是有利的。问题涉及几何及材料非线性，解决方案的稳定性就没有依据可循了。

对固体或结构逐步加载后，固体或结构中的每个微元或应力点从开始加载时所处的弹性状态逐步发生变化。当微元或应力点的应力达到某个界限时，一旦进一步加载就可能产生不可恢复的塑性变形。这个界限称为屈服点。确定这个界限的准则称为屈服准则，亦称屈服条件。一般，屈服条件是应力、应变、时间和温度的函数，而且与塑性变形的加载路径有关，屈服条件亦称屈服函数。

另外一个问题是实验表明某些金属材料在加载后出现的塑性变形。在塑性流动情况下，材料的屈服条件在不断地改变，随着塑性变形的发展材料的弹性极限即屈服应力也增大，这即为强化，随着塑性变形的发展屈服极限降低叫软化，而随着塑性变形的发展，屈服极限保持常数的性质叫做理想塑性。一般理想塑性材料的固体或结构随着加载其屈服轨迹的形状和大小保持不变，这意味着在材料达到塑性之后屈服条件是不变的。对于强化材料，上述屈服条件或准则只适用于初始屈服的判断。事实上初始屈服之后再继续加载，或卸载后重新加载时产生的应力-应变曲线，其形状和位置不是固定的，而是依赖于塑性变形的过程即塑性变形的大小和历史。而初始屈服之后再继续加载，或卸载后重新加载时，屈服条件会发生变化，这种进一步加载时屈服应力有所提高。初始屈服之后再继续屈服称为后继屈服，而因强化而增大的屈服应力为后继屈服应力。

上述塑性发展规律、屈服条件、材料强化、加载卸载条件和应力-应变模型等塑性理论是进行固体和结构塑性分析的基础。而塑性分析时一般采用流动理论，因为塑性流动法则是递增的。如果严格采用小平衡的步骤来求解，可以在一个增量步里满足流动法则和保持屈服面。

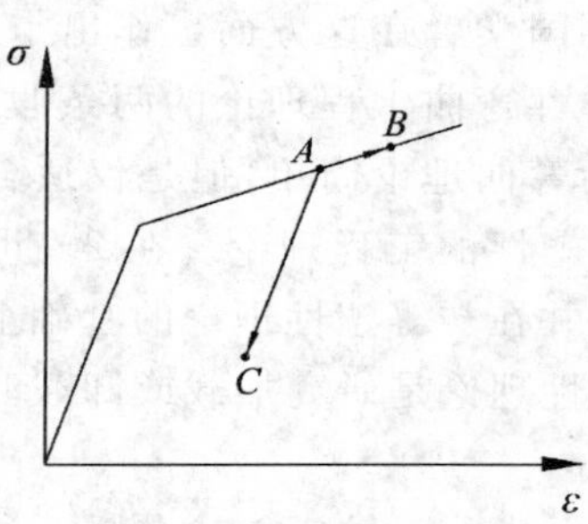

图 3.1.1　一维应力应变关系

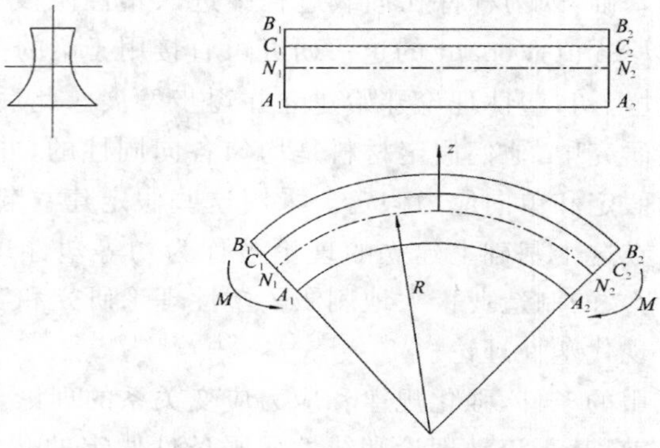

图 3.1.2　等截面直梁的纯弯曲

3.1.2　梁弯曲及回弹的概念

3.1.2.1　一般等截面直梁的纯弯曲及回弹

现先考虑简单而又典型的具有一个对称平面，高度为 h，宽度为 $b(z)$ 的等截面直梁的纯弯曲[77]。在平面内作用一对弯矩 M(如图 3.1.2 所示)，根据平截面假定，梁中任意两个横截面 A_1B_1 和 A_2B_2 在梁弯曲后仍皆垂直于梁的中和平面 N_1N_2，在弯曲时梁中和平面 N_1N_2 上纤维长度保持不变，为梁内受拉与受压区的分界。

按平截面假定，距中和轴 N_1N_2 的 z 处的纤维在梁弯曲后的工程应变为

$$\varepsilon = \frac{z}{\rho} \approx zk \tag{3.1.1}$$

其中 $k \approx \dfrac{1}{\rho}$ 是弯曲后梁中和轴的曲率。上式表明，在弹性范围内应变沿梁高度呈线性分布。具有任何本构关系的材料的应变在弹性范围内呈线性分布(如图 3.1.3(b)所示)。

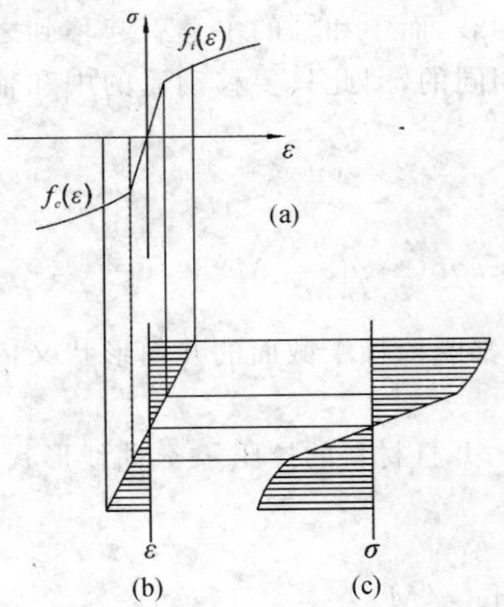

(a) 纵向纤维受简单拉伸时的应力-应变曲线
(b) 弹性范围内沿梁高度方向的应变分布
(c) 沿梁高度方向的应力分布

图 3.1.3　应力-应变曲线

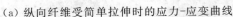

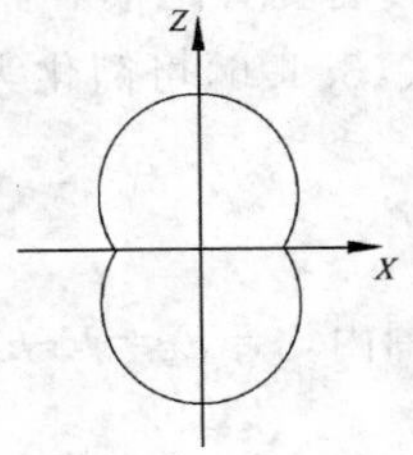

图 3.1.4　具有两根对称轴的梁截面

现假设在梁弯曲时，梁中距中和轴 z 处纤维的应力-应变关系和简单拉压时完全一样。如果在弯曲过程中，梁中距中和轴 z 处的纵向纤维没有发生卸载，则该处的应力为

$$\sigma=\begin{cases}\sigma_t(zk),\\ \sigma_c(zk)\end{cases} \tag{3.1.2}$$

式中，σ_t 为 $z\leqslant 0$ 处的拉应力；σ_c 为 $z\geqslant 0$ 处的压应力。显然，梁弯曲时，$z=0$ 的中和轴处纤维不伸长也不缩短，应变和应力都为零，所以梁中的应力分布应满足

$$\begin{cases}\iint_A \sigma \mathrm{d}A=0,\\ \iint_A \sigma z\,\mathrm{d}A=M\end{cases} \tag{3.1.3}$$

其中 A 为梁的横截面面积，M 为外荷载。则有

$$\begin{cases}\int_{h_2}^{h_1} \sigma b(z)\mathrm{d}z=0,\\ \int_{h_2}^{h_1} \sigma b(z)z\mathrm{d}z=M\end{cases} \tag{3.1.4}$$

其中 h_1 和 h_2 分别为最外受拉纤维和最外受压纤维到中和轴的距离。

式(3.1.4)的第一式可写为

$$\int_0^{h_1} \sigma_t(zk)b(z)\mathrm{d}z+\int_{h_2}^0 \sigma_c(zk)b(z)\mathrm{d}z=0 \tag{3.1.5}$$

当给定梁中和轴的曲率 k 时，用上式可以根据 h_1 或 h_2 确定中和轴的位置。事实上，即使梁的横截面上下对称，材料的拉压 $\sigma-\varepsilon$ 曲线实际上是不相同的，尤其当材料进入塑性。显然，h_1 或 h_2 随中和轴的曲率 k 而变化。所以，h_1 或 h_2 是 k 的函数。现设 $h_2=\psi(k)$。这表明，梁的中和轴的位置将随着梁的曲率的变化而平移。由式(3.1.5)确定函数 $h_2=\psi(k)$。

式(3.1.2)只是适用于加载情况,并不适用于卸载,而中和轴的平移引起移到之处局部卸载。由于在材料的弹性范围内卸载规律与加载是相同的,因此只要移动后的中和轴仍在弹性范围内,上述分析仍然可认为是正确的。

式(3.1.4)的第二式可写为

$$\int_0^{h_1}\sigma_t(zk)b(z)z\mathrm{d}z+\int_{h_2}^{0}\sigma_c(zk)b(z)z\mathrm{d}z=M \tag{3.1.6}$$

由式(3.1.6)确定函数 $M=\Phi(k)$。以上两函数都既依赖于截面的几何形状又依赖于材料的拉压性能曲线。

如果梁截面具有两根对称轴(如图 3.1.4 所示),并且材料的拉压 σ-ε 曲线形状相同,都为 $\sigma=\sigma(\varepsilon)$,则式(3.1.6)可简化为

$$2\int_0^{\frac{h}{2}}\sigma(zk)b(z)z\mathrm{d}z=M \tag{3.1.7}$$

当在弹性范围内,$\sigma=E\varepsilon=Ezk$,代入上式,得弯矩-曲率关系

$$EIk=M \tag{3.1.8}$$

其中 I 是截面的惯性矩,即 $I=2\int_0^{\frac{h}{2}}b(z)z^2\mathrm{d}z$。

当梁最外层的纤维发生屈服时,有

$$E\cdot\frac{h}{2}\cdot k=\sigma_{\text{yield}}$$

其中 σ_{yield} 为材料单向拉压时的初始屈服应力,由此确定最大弹性曲率

$$k_e=\frac{2\sigma_{\text{yield}}}{Eh} \tag{3.1.9}$$

而最大弹性弯矩

$$M_e=\frac{4\sigma_{\text{yield}}}{h}\int_0^{\frac{h}{2}}b(z)z^2\mathrm{d}z \tag{3.1.10}$$

如果应变 ε 充分大,曲率 k 也充分大时,应力 σ 趋于 σ_{const} (σ_{const} 是某个常值),如图 3.1.5(a)所示。由式(3.1.7)可得塑性极限弯矩

$$M_p=2\sigma_{\text{const}}\int_0^{\frac{h}{2}}b(z)z\mathrm{d}z \tag{3.1.11}$$

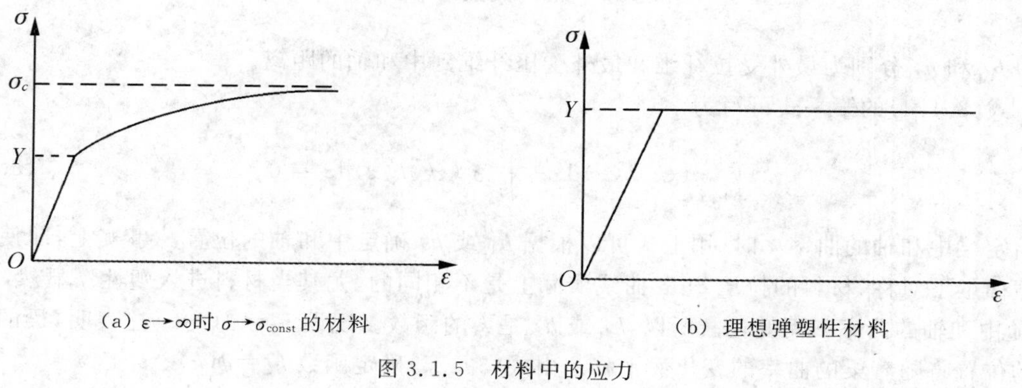

(a) $\varepsilon\to\infty$时 $\sigma\to\sigma_{\text{const}}$ 的材料　　(b) 理想弹塑性材料

图 3.1.5　材料中的应力

塑性极限弯矩 M_p 表示这种材料的梁所能承受的最大弯矩。当材料为理想弹塑性时，如图 3.1.5b 所示，$\sigma_{\mathrm{const}}=\sigma_{\mathrm{yield}}$。

对梁加弯矩 M 后卸载，若卸载不引起反向屈服，则卸载过程相当于对梁施加弯矩 $-M$，因而当 $0\leqslant M\leqslant M_e$，梁的最终曲率 $k_f=0$；当 $M_e\leqslant M<M_p$，梁的最终曲率 $k_f=\Phi^{-1}(M)-\dfrac{M}{EI}$。在卸载过程中梁的曲率减小，这种现象称为回弹。回弹后与回弹前的曲率之比为 $\eta=\dfrac{k_f}{k}$，称为回弹比。当 $0\leqslant M\leqslant M_e$，梁的回弹比 $\eta=0$；当 $M_e\leqslant M<M_p$，梁的回弹比 $\eta=1-\dfrac{M}{EI\Phi^{-1}(M)}$。

3.1.2.2 矩形截面梁的纯弯曲及回弹

现考虑理想弹塑性材料的矩形截面梁[77]，其应力-应变关系为

$$\sigma=\begin{cases}E\varepsilon, & |\varepsilon|\leqslant\varepsilon_{\mathrm{yield}};\\ \sigma_{\mathrm{yield}}\cdot\operatorname{sign}\varepsilon, & |\varepsilon|\geqslant\varepsilon_{\mathrm{yield}}\end{cases}\tag{3.1.12}$$

其中，$\varepsilon_{\mathrm{yield}}$是材料初始屈服应变，有 $\varepsilon_{\mathrm{yield}}=\dfrac{\sigma_{\mathrm{yield}}}{E}$。

对矩形截面梁有

$$k_e=\frac{2\sigma_{\mathrm{yield}}}{Eh}=\frac{2\varepsilon_{\mathrm{yield}}}{h}$$

$$M_e=\frac{1}{6}\sigma_{\mathrm{yield}}bh^2$$

$$M_p=\frac{1}{4}\sigma_{\mathrm{yield}}bh^2$$

及

$$\varsigma=1.5$$

对梁加弯矩 M，$M_e\leqslant M<M_p$，距中和轴 $z=\dfrac{\varepsilon_{\mathrm{yield}}}{k}=z_{\mathrm{yield}}$处的纤维达到初始屈服，有

$$M=2\int_0^{z_{\mathrm{yield}}}Ekbz^2\,\mathrm{d}z+2\int_{z_{\mathrm{yield}}}^{\frac{h}{2}}\sigma_{\mathrm{yield}}bz\,\mathrm{d}z=\frac{1}{4}\sigma_{\mathrm{yield}}bh^2-\frac{\sigma_{\mathrm{yield}}{}^3b}{3E^2k^2}$$

比较以上公式，得

$$\frac{M}{M_e}=\frac{3}{2}-\frac{1}{2}\left(\frac{k_e}{k}\right)^2,\quad 当\ M_e\leqslant M<M_p$$

引入无量纲弯矩和无量纲曲率

$$m\equiv\frac{M}{M_e},\quad \varphi\equiv\frac{k}{k_e}\tag{3.1.13}$$

当外加弯矩趋向于梁的塑限极限弯矩 M_p 时，理想弹塑性矩形截面梁的曲率可以无限增长。

矩形截面梁承受弹塑性弯曲后经过卸载和回弹，其最终的回弹比为

$$\eta=\begin{cases}0, & 0\leqslant m\leqslant 1;\\ 1-m\sqrt{3-2m}, & 1\leqslant m<\dfrac{3}{2}\end{cases}$$

或

$$\eta=1-3\,\frac{\sigma_{\text{yield}}R}{Eh}+4\left(\frac{\sigma_{\text{yield}}R}{Eh}\right)^3,\quad \frac{\sigma_{\text{yield}}R}{Eh}\leqslant\frac{1}{2} \tag{3.1.14}$$

其中 $R=\dfrac{1}{k}$ 为梁弯曲时的曲率半径。

称式(3.1.14)为 Gardiner(1957)公式。由式(3.1.14)看出，回弹比

$$\eta=\begin{cases}0, & \rho\geqslant\dfrac{1}{2};\\ 1-3\rho+4\rho^3, & \rho\leqslant\dfrac{1}{2}\end{cases}$$

η 仅仅取决于

$$\rho=\frac{\sigma_{\text{yield}}R}{Eh}=\frac{1}{2\varphi}$$

对于平板，b 比 h 大得多，其单向纯弯曲近似满足平面应变条件。这时，其弹性范围内的弯矩-曲率关系为

$$M=\frac{EI}{(1-\nu^2)}k=E'Ik$$

其中 ν 为 Poisson 比，$E'=\dfrac{E}{1-\nu^2}$。用 E' 代替 E，代入梁的回弹公式，可以用于板的回弹。对于板

$$k'_e=\frac{2\sigma_{\text{yield}}}{E'h}=\frac{2Y(1-\nu^2)}{Eh}=k_e(1-\nu^2)$$

$$\varphi'=\frac{k}{k'_e}=\frac{\varphi}{1-\nu^2}$$

$$\eta=\left(1+\frac{1}{2\varphi'}\right)\left(1-\frac{1}{\varphi'}\right)^2,\quad \varphi'\geqslant 1$$

$$\rho'=\frac{1}{2\varphi'}=\frac{\sigma_{\text{yield}}R(1-\nu^2)}{Eh}=\rho(1-\nu^2)$$

$$\eta=1-3\rho'+4\rho'^3,\quad \rho'\leqslant\frac{1}{2}$$

3.1.3 屈服面

在应力空间中屈服函数表示了一个空间曲面，该曲面称为屈服曲面或加载曲面，简称“屈服面”[54][64][66][72]。

现考虑应力空间中某点 P 的应力状态，P 点的主应力为 σ_1，σ_2，σ_3，如图 3.1.6 所示。P 点的应力向量

$$\overrightarrow{OP}=\overrightarrow{OS}+\overrightarrow{OQ} \tag{3.1.15}$$

式中，$\overrightarrow{OQ}$为沿等斜面法线 ON 的分向量；$\overrightarrow{OS}$为平行于等斜面的分量。

如点 P 处于静水压力状态，那么 $\sigma_1=\sigma_2=\sigma_3=\sigma_m$，则$\overrightarrow{OP}$与$\overrightarrow{ON}$同向，且$\overrightarrow{OQ}=\overrightarrow{OP}$，而$\overrightarrow{OS}=0$。故如果把应力状态分解为静水压力及应力偏量状态，静水压力部分用$\overrightarrow{OQ}$表示，而$\overrightarrow{OS}$代表应力偏量部分，也即以此确定材料是否屈服。向量$\overrightarrow{OS}$在应力轴上的分量为 S_1，S_2，S_3。$\overrightarrow{OS}$所在平面即平均应力为零的平面，即

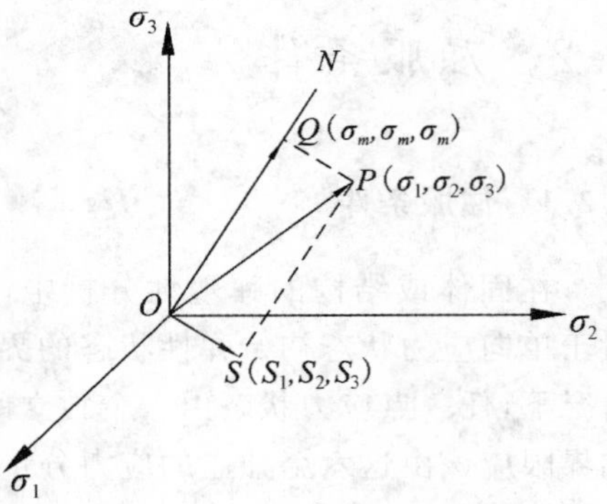

图 3.1.6　应力向量的分解

$$\sigma_1+\sigma_2+\sigma_3=0 \tag{3.1.16}$$

$\overrightarrow{OS}$所在平面称之为“π 平面”。π 平面平行于等斜面且通过坐标原点。

应力空间中初始屈服时的应力点构成的空间曲面就是屈服面。在屈服面内的应力点属弹性状态，在屈服面外的应力点则属塑性状态。屈服面是轴线为 ON，母线垂直于 π 平面的柱体(如图 3.1.7(b)所示)。屈服面的形状可用屈服轨迹 C 表示，屈服轨迹是屈服面与 π 平面的交线。于是，可以通过屈服轨迹的曲线图形来研究屈服条件。

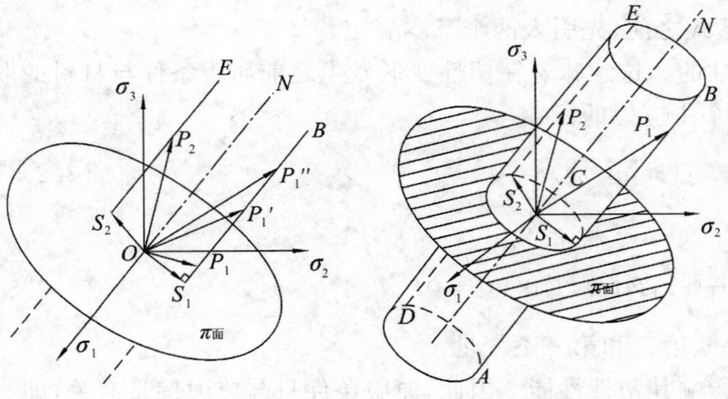

(a) π 面法线上应力点向量特征　(b) 屈服面柱形体

图 3.1.7　屈服面几何图形

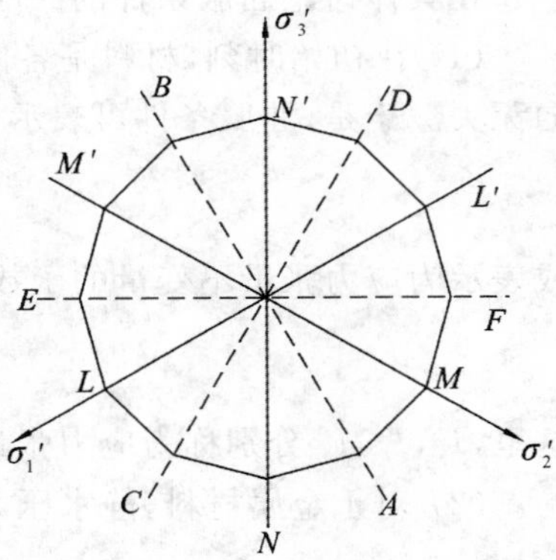

图 3.1.8　屈服轨迹的特性

由于不可能存在同时满足屈服条件的两个的应力状态，所以在图形上，自原点 O 出发的任一半径不能和曲线 C 相交两次(如图 3.1.7 和图 3.1.8 所示)。当材料为各向同性时，屈服轨迹 C 和图 3.1.8 中直线 LL' 及 MM'，NN'对称。假定材料的拉伸屈服极限与压缩相等，在屈服面上存在应力点(σ_1，σ_2，σ_3)，则应力点($-\sigma_1$，$-\sigma_2$，$-\sigma_3$)亦必在屈服面上。因此过 O 点作直线，与曲线 C 的两个交点与 O 点对称。这样，屈服轨迹就有 6 个对称轴。曲线 C 由 12 个相同的弧段组成。因此进行屈服条件的实验研究中，只要确定30°范围的弧段即可。

3.2 屈服条件

3.2.1 屈服条件

在固体或结构的弹塑性分析中，一个很重要的问题是区分弹性状态和塑性状态的界限。对于单向应力状态初始弹性状态的界限就是拉压初始屈服应力 σ_{yield}，但处于一般的复杂应力情况下，任一点应力状态由六个独立的应力分量确定，所以其屈服条件或者说其初始弹性状态的界限应该由这六个独立的应力分量以及材料的性质来确定。一般，屈服条件函数

$$f(\sigma_{ij}, \varepsilon_{ij}, t, T) = 0 \tag{3.2.1}$$

后继屈服条件可以表示为

$$f(\sigma_{ij}, \varepsilon_{ij}, K) = 0 \tag{3.2.2}$$

其中，K 是反映塑性变形大小及其历史的参数。因此，后继屈服面就是以 K 为参数的一族曲面。

上式(3.2.2)所示的屈服函数表示的空间曲面称为后继屈服面。简单的情况下，屈服条件在以应力分量为坐标的应力空间中可表示为一个曲面，当应力 σ_{ij} 位于屈服曲面

$$f(\sigma_{ij}) = 0 \tag{3.2.3}$$

之内，即当 $f(\sigma_{ij}) < 0$ 时，材料处于弹性状态；反之，则材料处于塑性状态。

在具体讨论屈服条件的一般表达式之前，先引入两个基本假定。

(1) 在初始时刻，材料是各向同性的。这意味着在塑性变形发生之前屈服条件与材料的取向无关。于是，屈服条件可表示为三个主应力的函数

$$f(\sigma_1, \sigma_2, \sigma_3) = 0 \tag{3.2.4}$$

或表示为应力张量不变量的函数

$$f(I_1(\varepsilon), I_2(\varepsilon), I_3(\varepsilon)) = 0 \tag{3.2.5}$$

这里，I_1, I_2, I_3 分别称为应力张量第一、第二和第三不变量。

(2) 对于金属材料，静水压力不影响其塑性性能。因此，屈服条件只与应力偏量有关，即

$$f(J_2, J_3) = 0 \tag{3.2.6}$$

式中，J_2, J_3 是应力偏张量的第二和第三不变量。

上述屈服条件仅解决了从无应力状态加载时的初始屈服问题。

适用于各种材料的屈服准则很多。各种不同的屈服条件可由不同的表达式表示，但不论如何表示，屈服函数必须是凸形的。

由上，可简单地概括为对理想各向同性或正交各向异性材料，确定单向应力状态初始屈服条件和后继屈服条件及复杂应力状态初始屈服条件和后继屈服条件。

3.2.2 各向同性材料的屈服条件

目前已经提出了多种形式的初始屈服条件[54][66][72][74][110]，但对各向同性材料应用较多的

是特雷斯卡(Tresca)条件和米赛斯(Mises)条件。它们都是在实验的基础上建立起来的。特雷斯卡条件说明屈服只决定于最小和最大主应力,而米赛斯条件考虑了中间应力对屈服的影响,但两者都没有考虑平均应力对屈服的影响。两个初始屈服条件主要是适用于延性金属材料。米赛斯条件不需要事先判定三个主应力的次序,给结构分析带来很大方便。

3.2.2.1 特雷斯卡(Tresca)屈服条件

特雷斯卡屈服条件即为最大剪应力准则,该初始屈服条件主要是适用于延性金属材料。它认为当最大剪应力达到材料所固有的某一定数值即某一极限 k_1 时,材料开始入塑性状态,即开始屈服。如规定 $\sigma_1 \geqslant \sigma_2 \geqslant \sigma_3$ 时,则特雷斯卡屈服条件可表示为

$$\tau_{\max} = \frac{\sigma_1 - \sigma_3}{2} = k_1 \tag{3.2.7}$$

式中,k_1 是与材料有关的常数。

但在一般情况下,主应力的次序是不知的,故上述准则应表示为

$$\begin{cases} \sigma_1 - \sigma_2 = \pm 2k_1 & (\sigma_3 \text{ 为中间主应力}), \\ \sigma_2 - \sigma_3 = \pm 2k_1 & (\sigma_1 \text{ 为中间主应力}), \\ \sigma_3 - \sigma_1 = \pm 2k_1 & (\sigma_2 \text{ 为中间主应力}) \end{cases} \tag{3.2.8}$$

其一般表达式可表示为

$$[(\sigma_1 - \sigma_2)^2 - 4k_1^2][(\sigma_2 - \sigma_3)^2 - 4k_1^2][(\sigma_3 - \sigma_1)^2 - 4k_1^2] = 0 \tag{3.2.9}$$

式(3.2.7)中常数 k_1 由实验确定。如采用简单拉伸实验,可得

$$k_1 = \frac{\sigma_{\text{yield}}}{2} \tag{3.2.10}$$

如采用纯剪实验,可得

$$k_1 = \tau_{\text{yield}} \tag{3.2.11}$$

上式说明,采用特雷斯卡屈服条件时,可以认为拉伸屈服应力与剪切屈服应力之间近似地有如下关系:

$$\tau_{\text{yield}} = \frac{\sigma_{\text{yield}}}{2} \tag{3.2.12}$$

在主应力方向已知的情况下,用特雷斯卡屈服准则来求解问题是比较简单方便的。而在主应力未知的情况下,屈服函数比较复杂。其一般表达式为

$$f = \frac{2\sqrt{J_2}}{\sigma_{\text{yield}}}\cos\left[\frac{1}{3}\sin^{-1}\left(\frac{-3\sqrt{3}J_3}{2(J_2)^{3/2}}\right)\right] - 1 = 0 \tag{3.2.13}$$

特雷斯卡屈服条件虽然在塑性理论中是常见的,然而因其函数表达式复杂且与米赛斯屈服条件差异不太大,故应用并不广泛。

3.2.2.2 米赛斯(Mises)屈服条件

米赛斯屈服条件考虑了中间应力对屈服的影响,但没有考虑平均应力对屈服的影响,因此在某些情况下使用该准则会有一定误差。该初始屈服条件主要是适用于延性金属材料。米赛斯条件不需要事先判定三个主应力的次序,给结构分析带来很大方便,其形式简单,因而获得

较广泛的应用。

对于各向同性的材料，米赛斯屈服条件是一种第二应力偏量(J_2)函数，在主应力面上可被描述为一圆柱体。应力偏量第二不变量等于某一定值的材料常数时，材料开始屈服。有

$$f(J_2, J_3) = J_2 - k_2^2 = 0 \tag{3.2.14}$$

式中，k_2 为与材料有关的量，可以通过简单拉伸或纯剪切等简单试验来加以确定。通过简单拉伸实验，得

$$k_2 = \frac{\sqrt{3}}{3}\sigma_{\text{yield}}$$

通过纯剪切实验，可得

$$k_2 = \tau_{\text{yield}}$$

这说明，根据米赛斯条件，材料的屈服应力和剪切屈服应力之间存在如下关系：

$$\sigma_{\text{yield}} = \sqrt{3}\tau_{\text{yield}}$$

对于一般的三维应力状态情况下，用直角坐标六个应力分量表示的米赛斯屈服准则是

$$\begin{aligned} f &= \sigma_i - \sigma_{\text{yield}} \qquad (3.2.15\text{a}) \\ &= \frac{1}{\sqrt{2}}\sqrt{(\sigma_x - \sigma_y)^2 + (\sigma_y - \sigma_z)^2 + (\sigma_z - \sigma_x)^2 + 6(\tau_{xy}^2 + \tau_{yz}^2 + \tau_{zx}^2)} - \sigma_{\text{yield}} \end{aligned}$$

或

$$f = \sqrt{\frac{3}{2}}\sqrt{S_x^2 + S_y^2 + S_z^2 + 2(\tau_{xy}^2 + \tau_{yz}^2 + \tau_{zx}^2)} - \sigma_{\text{yield}} = \sqrt{\frac{3}{2}}\sqrt{\boldsymbol{S}^{\mathrm{T}}\boldsymbol{LS}} - \sigma_{\text{yield}} \tag{3.2.15b}$$

其中，$\boldsymbol{S}^{\mathrm{T}}$ 是应力偏量。它们也可以写成张量形式，即有

$$\boldsymbol{L} = \begin{bmatrix} 1 & & & & & \\ & 1 & & & & \\ & & 1 & & & \\ & & & 2 & & \\ & & & & 2 & \\ & & & & & 2 \end{bmatrix}, \quad \boldsymbol{S}^{\mathrm{T}} = [S_x \quad S_y \quad S_z \quad \tau_{xy} \quad \tau_{yz} \quad \tau_{zx}]$$

图 3.2.1 显示了在主应力空间中的三维空间的米赛斯屈服准则，由屈服面图形可见米赛斯条件又可表示为

$$(\sigma_1 - \sigma_2)^2 + (\sigma_2 - \sigma_3)^2 + (\sigma_3 - \sigma_1)^2 = 2(2k_1)^2 \tag{3.2.16}$$

将式(3.2.10)代入，得用主应力表示的米赛斯准则

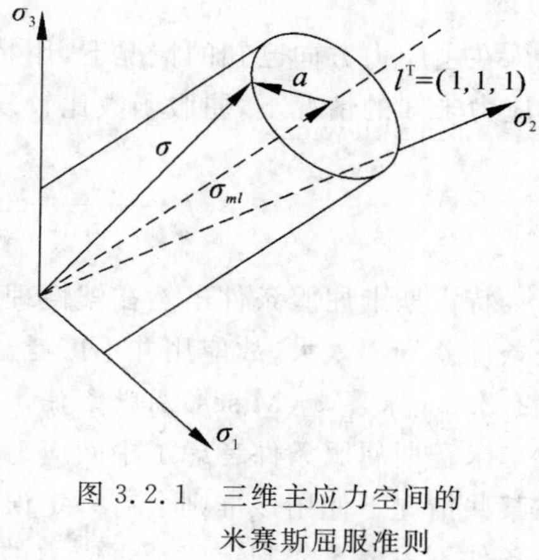

图 3.2.1　三维主应力空间的米赛斯屈服准则

$$(\sigma_1 - \sigma_2)^2 + (\sigma_2 - \sigma_3)^2 + (\sigma_3 - \sigma_1)^2 = 2\sigma_{\text{yield}}^2 \tag{3.2.17}$$

米赛斯柱面半径显然是$\sqrt{\frac{3}{2}\sigma_{\text{yield}}}$。

在三维应力状态下，位于过材料任意一点的平面上，其主应力 σ_1，σ_2 和 σ_3 与最大剪应力均方$\bar{\tau}^2$ 存在如下关系：

$$(\sigma_1 - \sigma_2)^2 + (\sigma_2 - \sigma_3)^2 + (\sigma_3 - \sigma_1)^2 = 15\,\bar{\tau}^2 \tag{3.2.18}$$

上式与式(3.2.17)所示的米赛斯条件有相似的形式。因此，米赛斯条件又可理解为过材料中一点的任意平面上最大剪应力的均方值$\bar{\tau}^2$ 达到一定数值时，材料开始屈服。

米赛斯屈服条件认为对于各向同性的材料，可叙述为当某点的应力强度达到一定数值，材料开始进入塑性状态。这个数值是与材料有关的量，可以通过简单拉伸或纯剪切等简单试验来加以确定。这个条件也称为应力强度不变条件，即

$$f = \sigma_i - \sigma_{\text{yield}} = 0 \tag{3.2.19}$$

用主应力表示的应力强度如式(1.3.6)；用应力分量表示的应力强度如式(1.3.7)；用应力偏量表示的应力强度如式(1.3.8)。

在简单加载情况下，满足上式则为塑性状态，否则为弹性状态。当复杂加载或有卸载情况出现时，尚需采用加载准则及后继屈服条件进行判断，即加载时满足后继屈服条件按塑性计算，不满足按弹性计算；而卸载时完全按弹性进行计算。

采用相当应变表示的屈服条件

$$\varepsilon_i = \frac{1}{\sqrt{2}(1+\nu)}\sqrt{(\varepsilon_x - \varepsilon_y)^2 + (\varepsilon_y - \varepsilon_z)^2 + (\varepsilon_z - \varepsilon_x)^2 + \frac{3}{2}(\gamma_{xy}^2 + \gamma_{yz}^2 + \gamma_{zx}^2)} \leqslant \varepsilon_{\text{yield}} = \frac{\sigma_{\text{yield}}}{E} \tag{3.2.20}$$

3.2.2.3　米赛斯(Mises)和特雷斯卡(Tresca)屈服条件

米赛斯屈服条件的一个可供选择的判别方法是特雷斯卡屈服条件(见图 3.2.2)。特雷斯卡屈服条件取决于主应力，这个准则表示为

$$f = (\sigma_1 - \sigma_3) - \sigma_{\text{yield}} = 0 \tag{3.2.21a}$$

$$\sigma_1 > \sigma_2 > \sigma_3 \tag{3.2.21b}$$

为了表达这个取决于应力常量的屈服准则，可以参考 Nayak、Zienkiewicz、Owen 和 Hinton 的方法，采用等式

$$\begin{bmatrix}\sigma_1\\ \sigma_2\\ \sigma_3\end{bmatrix} = \frac{2J_2^{1/2}}{\sqrt{3}}\begin{bmatrix}\sin(\theta + 2\pi/3)\\ \sin\theta\\ \sin(\theta - 2\pi/3)\end{bmatrix} + \frac{I_1}{3}\begin{bmatrix}1\\ 1\\ 1\end{bmatrix} \tag{3.2.22}$$

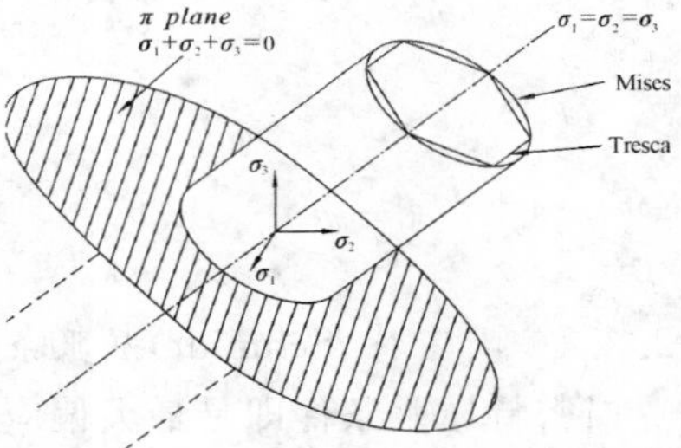

图 3.2.2　Mises 和 Tresca 函数

其中倾斜角 θ 如图 3.2.3 所示，与第三应力偏量

$$J_3 = \det[\boldsymbol{S}]$$

有关。其中 $\boldsymbol{S}$ 通过第三应力偏量

$$\boldsymbol{S}^{\mathrm{T}} = [S_x \quad S_y \quad S_z \quad \tau_{xy} \quad \tau_{yz} \quad \tau_{xz}]^{\mathrm{T}}$$

获得。而倾斜角

$$-\pi/6 \leqslant \theta = \frac{1}{3}\arcsin\left(\frac{-3\sqrt{3}J_3}{2J_2^{3/2}}\right) \leqslant \pi/6 \tag{3.2.23}$$

由式(3.2.23)可以让 Tresca 屈服条件表示为

$$f = 2\,(J_2)^{1/2}\cos\theta - \sigma_{\text{yield}} = \sigma_i - \sigma_{\text{yield}} \tag{3.2.24}$$

为了方便在二维空间上的应用，J_3 可表示为

$$J_3 = s_z(s_z^2 - J_2)$$

对照图 3.2.3，如果在定义主应力加以如式(3.2.21b)的限制，只需要在 OAB 上面做些变化。由式(3.2.22)可以让 Tresca 屈服准则表示为

$$f = 2\,(J_2)^{1/2}\cos\theta - \sigma_{\text{yield}} = \sigma_i - \sigma_{\text{yield}}$$

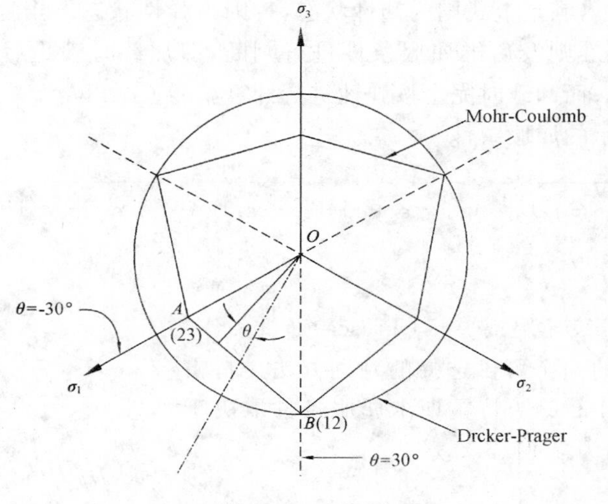

图 3.2.3　PL 面

3.2.2.4　斯密特(Schmidt)屈服条件

斯密特屈服条件即是最大偏应力屈服条件，也称双剪应力屈服条件。它可表示为

$$\max(|s_1|, |s_2|, |s_3|) = k_3 \tag{3.2.25}$$

式中，k_3 是材料常数，由简单拉伸实验可得

$$k_3 = \frac{2}{3}\sigma_{\text{yield}}$$

如果用主应力表示，则斯密特准则可写为

$$\begin{cases}2\sigma_1-(\sigma_2+\sigma_3)=\pm 2\sigma_{\text{yield}},\\ 2\sigma_2-(\sigma_1+\sigma_3)=\pm 2\sigma_{\text{yield}},\\ 2\sigma_3-(\sigma_1+\sigma_2)=\pm 2\sigma_{\text{yield}}\end{cases} \tag{3.2.26}$$

以上屈服条件也可用双剪应力屈服条件来解释。当两个主剪应力的绝对值之和达到某极限值时材料开始屈服。

3.2.3 其他各向同性材料的屈服条件

3.2.3.1 杜洛克-布朗哥(Drucker-Prager)屈服条件

米赛斯屈服条件是一种第二应力偏量(J_2)函数，在主应力面可被描述为一圆柱体(如图3.2.2所示)。为了使屈服应力值与体积或者平均应力值一起变化，故对屈服条件定义一个不变量

$$I_1 = J_1 \tag{3.2.27}$$

其中

$$I_1=(\sigma_1+\sigma_2+\sigma_3)=3\sigma_{\text{aver}}$$

因为 $f=f(I_1,J_2)$，于是可以构造

$$f=(DI_1+J_2^{1/2})-\sigma_{\text{yield}} \tag{3.2.28}$$

此为 Drucker-Prager 屈服条件，即如式(3.2.31)，见图 3.2.4。

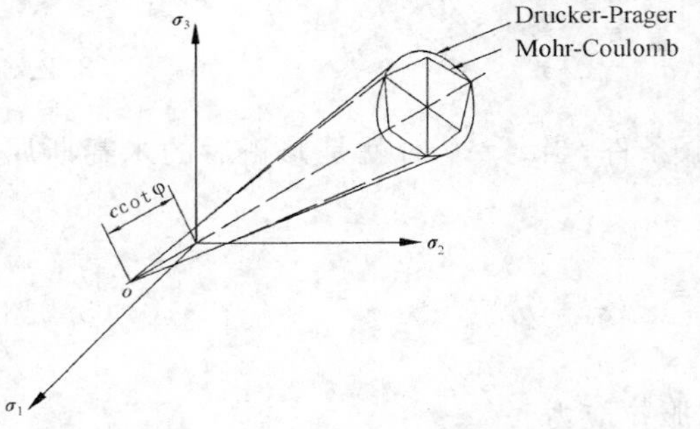

图 3.2.4 Drucker-Prager 和 Mohr-Coulomb 屈服函数

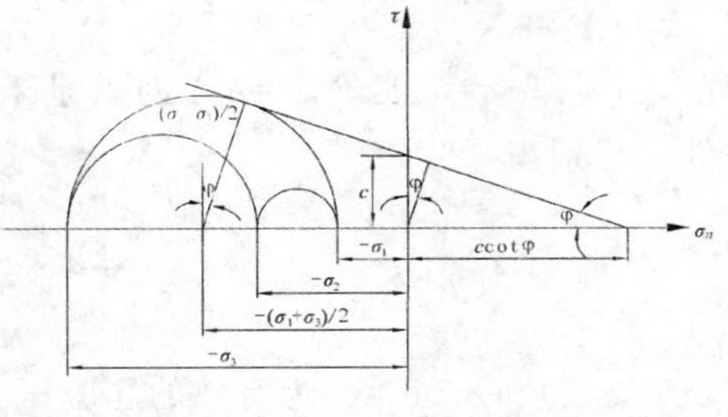

图 3.2.5 τ/σ_n 和 Mohr-Coulomb 屈服函数，Mohr 应力圆表示法

3.2.3.2 莫尔-库仑(Mohr-Coulomb)屈服条件

如图 3.2.5 所示，Mohr-Coulomb 屈服条件可以由粘性摩擦关系概括，即

$$f=\tau\cos\varphi+\sigma_n\sin\varphi-c\cos\varphi=0 \tag{3.2.29a}$$

其中，σ_n 代表滑动面的正应力，τ 代表滑动面的剪应力，常数 c 代表粘聚力，φ 表示摩擦角。不妨令 $\sigma_1>\sigma_2>\sigma_3$，则式(3.2.29a)等同于

$$f=\frac{1}{2}(\sigma_1-\sigma_3)+\frac{1}{2}(\sigma_1+\sigma_3)\sin\varphi-c\cos\varphi \tag{3.2.29b}$$

运用式(3.2.22)，Mohr-Coulomb 屈服条件式(3.2.29b)也可以表示为

$$f = \left(\frac{1}{3}I_1\sin\varphi + J_2^{1/2}A(\theta)\right) - c\cos\varphi = \sigma_i - \sigma_{\text{yield}} \tag{3.2.29c}$$

式中

$$A(\theta) = \cos\theta - \frac{\sin\theta\sin\varphi}{\sqrt{3}} \tag{3.2.30}$$

其中，θ 的定义见式(3.2.23)。Mohr-Coulomb 屈服条件如图3.2.4中的主应力面。

Drucker-Prager 屈服条件(见图 3.2.3 和图 3.2.4)可以被视为是对式(3.2.29c)的 Mohr-Coulomb 屈服条件一种平滑近似(见图 3.2.5)。图 3.2.6 显示了 Crushable Foam 模型的 τ/σ_m 关系。此时，Drucker-Prager 屈服条件可以表示为

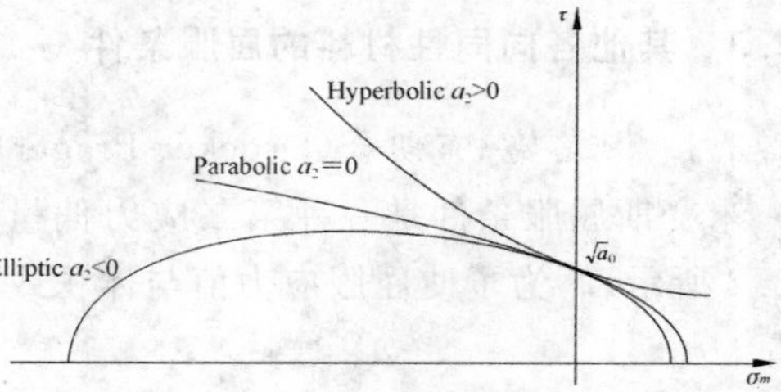

图 3.2.6 Crushable Foam 模型的 τ/σ_m 关系

$$f = \left(\frac{2\sin\varphi}{\sqrt{3}(3\pm\sin\varphi)}I_1 + J_2^{1/2}\right) - \frac{6c\cos\varphi}{\sqrt{3}(3\pm\sin\varphi)} \tag{3.2.31}$$

3.2.3.3 更精确的屈服条件

现简要讨论在压力下屈服准则。可以在图 3.2.4 中看到在压力下屈服准则是不收敛的。为了使屈服准则收敛，可采用在 Drucker-Prager 屈服准则上加个压力模型。在讨论这一类型的屈服准则中，用 σ_m 表示压应力，$\tau = J_2^{1/2}$ 表示剪应力。屈服准则为

$$f = \tau^2 - a_0 + a_1\sigma_m - a_2\sigma_m^2 \tag{3.2.32}$$

其中，当$a_1 = a_2 = 0$ 且 $3a_0 = \sigma_{\text{yield}}^2$时就是米赛斯屈服条件；当$a_2 = 0$ 时就是修正后的米赛斯屈服条件。特别当

$$a_0 = -\frac{\sigma_c\sigma_t}{3}, \quad a_1 = -(\sigma_c + \sigma_t) \tag{3.2.33}$$

时，σ_c(负数)和 σ_t(正数)为有效的屈服压应力和屈服拉应力。

如果$a_2 \neq 0$，则会得到椭圆($a_2 < 0$)，抛物线($a_2 = 0$)或双曲线($a_2 > 0$)的线形(如图 3.2.6 所示)。椭圆对应于修正过的 Cam 粘性模型。Tvergaard 通过对 Gurson 的模型的改进，将渗透材料的模型表示为

$$f = \tau^2 - a_0 + a_1\cosh(a_2\sigma_m) \tag{3.2.34}$$

这里，a_0 和a_1 的值与粘性模型的孔隙率有关。

现从对应流动法则来考虑，以便于在弹性势能作用下流动方向规则化。对此，首先需要表达流动向量，为此一般设柱向量

$$\boldsymbol{a} = \frac{\partial \boldsymbol{f}}{\partial \boldsymbol{\sigma}} \tag{3.2.35}$$

为了通过不同方法得到向量 $\boldsymbol{a}$，可采用

$$\frac{\partial \theta}{\partial \sigma}=\frac{-\sqrt{3}}{2\cos 3\theta}\left(J_2^{-3/2}\frac{\partial J_3}{\partial \sigma}-\frac{3}{2}J_3J_2^{-5/2}\frac{\partial J_2}{\partial \sigma}\right) \tag{3.2.36}$$

因此，众多的屈服模量可以通过

$$\boldsymbol{a}=C_1\boldsymbol{a}_1+C_2\boldsymbol{a}_2+C_3\boldsymbol{a}_3 \tag{3.2.37}$$

分类表达。其中

$$\boldsymbol{a}_1^{\mathrm{T}}=\left(\frac{\partial \boldsymbol{I}_1}{\partial \boldsymbol{\sigma}}\right)^{\mathrm{T}}=[1\quad 1\quad 1\quad 0\quad 0\quad 0] \tag{3.2.38}$$

$$\boldsymbol{a}_2^{\mathrm{T}}=\left(\frac{\partial \boldsymbol{J}_2}{\partial \boldsymbol{\sigma}}\right)^{\mathrm{T}}=[s_x\quad s_y\quad s_z\quad 2\tau_{xy}\quad 2\tau_{yz}\quad 2\tau_{zx}] \tag{3.2.39}$$

$$\begin{aligned}\boldsymbol{a}_3^{\mathrm{T}}&=\left(\frac{\partial \boldsymbol{J}_3}{\partial \boldsymbol{\sigma}}\right)^{\mathrm{T}}\\&=\Big[s_ys_z-\tau_{yz}^2+\frac{J_2}{3}\quad s_xs_z-\tau_{xz}^2+\frac{J_2}{3}\quad s_xs_y-\tau_{xy}^2+\frac{J_2}{3}\quad 2(\tau_{yz}\tau_{xz}-s_z\tau_{xy})\\&\qquad 2(\tau_{xz}\tau_{xy}-s_x\tau_{yz})\quad 2(\tau_{xy}\tau_{yz}-s_y\tau_{xz})\Big]\end{aligned} \tag{3.2.40}$$

为了准确得到向量 $\boldsymbol{a}$，需要得到式(3.2.37)中常数 C_1，C_2，C_3 的值如表 3.2.1 所示。

表 3.2.1　不同屈服准则下的 C_1，C_2，C_3 表达式

屈服条件	C_1	C_2	C_3
Mises	0	$\sqrt{\frac{3}{4}}J_2^{-1/2}$	0
Tresca	0	$\cos\theta(1+\tan\theta\tan 3\theta)J_2^{-1/2}$	$\frac{\sqrt{3}\sin\theta}{J_2\cos 3\theta}$
Drucker-Prager	$\frac{2\sin\varphi}{\sqrt{3}(3\pm\sin\varphi)}$	$\frac{1}{2}J_2^{-1/2}$	0
Mohr-Coulomb	$\sin(\varphi/3)$	$\frac{1}{2}J_2^{-1/2}\left(A(\theta)-\tan 3\theta\frac{\mathrm{d}A}{\mathrm{d}\theta}\right)$	$\frac{-\sqrt{3}}{2J_2\cos 3\theta}\frac{\mathrm{d}A}{\mathrm{d}\theta}$

按前面的定义使得通过切线模量矩阵可以使不同的屈服准则得以使用。然而，在应用向后欧拉差分公式时，要用到调和切线模量矩阵，这个矩阵$\frac{\partial \boldsymbol{a}}{\partial \boldsymbol{\sigma}}$必须首先得出。这个矩阵来源于米赛斯屈服准则。为了更加一般化，可以采用

$$\frac{\partial \boldsymbol{a}}{\partial \boldsymbol{\sigma}}=C_2\frac{\partial \boldsymbol{a}_2}{\partial \boldsymbol{\sigma}}+C_3\frac{\partial \boldsymbol{a}_3}{\partial \boldsymbol{\sigma}}+C_{22}\boldsymbol{a}_2\boldsymbol{a}_2^{\mathrm{T}}+C_{24}\boldsymbol{a}_2\boldsymbol{a}_3^{\mathrm{T}}+C_{32}\boldsymbol{a}_3\boldsymbol{a}_2^{\mathrm{T}}+C_{33}\boldsymbol{a}_3\boldsymbol{a}_3^{\mathrm{T}} \tag{3.2.41}$$

分类，其中

$$\frac{\partial \boldsymbol{a}_2}{\partial \boldsymbol{\sigma}}=\begin{bmatrix}2 & -1 & -1 & & & \\ -1 & 2 & -1 & & & \\ -1 & -1 & 2 & & & \\ & & & 6 & & \\ & & & & 6 & \\ & & & & & 6\end{bmatrix} \tag{3.2.42}$$

$$
\frac{\partial \boldsymbol{a}_3}{\partial \boldsymbol{\sigma}} = \begin{bmatrix} s_x & & & & & \\ s_z & s_y & & & & \\ s_y & s_x & s_z & & & \\ \tau_{xy} & \tau_{xy} & -2\tau_{xy} & -3s_z & & \\ -2\tau_{yz} & \tau_{yz} & \tau_{yz} & 3\tau_{xz} & -3s_x & \\ \tau_{xz} & 2\tau_{xz} & \tau_{xz} & 3\tau_{yz} & 3\tau_{xy} & -3s_y \end{bmatrix} \tag{3.2.43}
$$

式中，$C_{22} \sim C_{33}$ 的值如表 3.2.2 所示。表中的 $A(\theta)$ 可以参考式(3.2.30)，$\mathrm{d}A/\mathrm{d}\theta$ 和 $\mathrm{d}^2 A/\mathrm{d}\theta^2$ 分别是 $A(\theta)$ 对 θ 的一次导数和二次导数。表 3.2.2 中没有给出 Tresca 屈服准则的相关关系，这是因为该屈服准则可以从 Mohr-Coulomb 屈服准则中令其摩擦角 φ 为零时转化而来。

表 3.2.2　矩阵 $\frac{\partial \boldsymbol{a}}{\partial \boldsymbol{\sigma}}$ 各参数值

Mises	$C_{22} = -\frac{\sqrt{3}}{4} J_2^{-3/2}, C_{23} = C_{32} = C_{33} = 0$
Drucker-Prager	$C_{22} = -\frac{1}{4} J_2^{-3/2}, C_{23} = C_{32} = C_{33} = 0$
Mohr-Coulomb	$C_{23} = C_{32} = \left(\frac{1}{2}\tan(3\theta) C_4 + \frac{\mathrm{d}A}{\mathrm{d}\theta}\right) \frac{\sqrt{3}}{2J_2^2 \cos 3\theta}$ $C_{22} = -\left(A(\theta) - \tan^2(3\theta) C_4 - 3\tan 3\theta \frac{\mathrm{d}A}{\mathrm{d}\theta}\right) \Big/ (4J_2^{3/2})$ $C_{33} = \frac{3C_4}{4J_2^{5/2} \cos^2 3\theta}$ $C_4 = \frac{\mathrm{d}^2 A}{\mathrm{d}\theta^2} + 3\tan 3\theta \frac{\mathrm{d}A}{\mathrm{d}\theta}$

对于 Tresca 和 Mohr-Coulomb 或者其他屈服准则，对拐点需要特殊处理。对于上面的应用，只要得到向量 $\boldsymbol{a}$ 和矩阵 $\partial \boldsymbol{a}/\partial \boldsymbol{\sigma}$，这样就得到一个简单易懂的修正。特别的，运用向后欧拉差分公式可以得到恒定的三角矩阵。

3.2.4　正交各向异性材料的屈服条件

事实上严格地说，结构中用的金属材料都是各向异性材料，所以在描写材料屈服时应当采用各向异性的屈服条件。但是，对在轧制等工艺过程中形成明显各向异性性质的许多常用金属材料，在描写材料屈服时仍然理想化为正交各向异性材料。

通常，用三个正交的材料主轴表示材料的正交异性性质，在正交各向异性材料的物体内任一点都可在材料主轴上表示材料的性质，材料主轴以 x, y, z 表示。材料性能对这三个主轴是对称的，静水压力不影响屈服，并且不考虑 Bauschinger 效应，则关于正交各向异性材料的屈服条件为

$$
F(\sigma_y - \sigma_z)^2 + G(\sigma_z - \sigma_x)^2 + H(\sigma_x - \sigma_y)^2 + 2L\tau_{yz}^2 + 2M\tau_{zx}^2 + 2N\tau_{xy}^2 = 1 \tag{3.2.44}
$$

式中，F, G, H, L, M, N 为六个独立的材料常数，需要由实验确定。

设以 $\sigma_{x,\mathrm{yield}}$，$\sigma_{y,\mathrm{yield}}$，$\sigma_{z,\mathrm{yield}}$ 表示沿三个各向异性主轴方向的单向拉伸屈服应力，则可得

$$\lim_{\delta r\to 0}\begin{cases} G+H=\dfrac{1}{\sigma_{x,\text{yield}}^2}, \\ H+F=\dfrac{1}{\sigma_{y,\text{yield}}^2}, \\ F+G=\dfrac{1}{\sigma_{z,\text{yield}}^2} \end{cases} \tag{3.2.45}$$

因而由上式可得

$$\begin{cases} F=\dfrac{1}{2}\left(\dfrac{1}{\sigma_{y,\text{yield}}^2}+\dfrac{1}{\sigma_{z,\text{yield}}^2}-\dfrac{1}{\sigma_{x,\text{yield}}^2}\right), \\ G=\dfrac{1}{2}\left(\dfrac{1}{\sigma_{z,\text{yield}}^2}+\dfrac{1}{\sigma_{x,\text{yield}}^2}-\dfrac{1}{\sigma_{y,\text{yield}}^2}\right), \\ H=\dfrac{1}{2}\left(\dfrac{1}{\sigma_{x,\text{yield}}^2}+\dfrac{1}{\sigma_{y,\text{yield}}^2}-\dfrac{1}{\sigma_{z,\text{yield}}^2}\right) \end{cases} \tag{3.2.46}$$

设以 $\tau_{yz,\text{yield}}$，$\tau_{zx,\text{yield}}$，$\tau_{xy,\text{yield}}$ 为相应于各向异性主轴的剪切屈服应力，则有

$$\begin{cases} L=\dfrac{1}{2\tau_{yz,\text{yield}}^2}, \\ M=\dfrac{1}{2\tau_{zx,\text{yield}}^2}, \\ N=\dfrac{1}{2\tau_{xy,\text{yield}}^2} \end{cases} \tag{3.2.47}$$

因此，只要各向异性材料的三个主轴方向已知，可由单向拉伸实验确定 $\sigma_{x,\text{yield}}$，$\sigma_{y,\text{yield}}$，$\sigma_{z,\text{yield}}$ 以及纯剪切实验确定 $\tau_{yz,\text{yield}}$，$\tau_{zx,\text{yield}}$，$\tau_{xy,\text{yield}}$ 等六个参数，则可由式(3.2.46)和式(3.2.47)确定各常数 F, G, H, L, M, N，即可由正交各向异性材料的屈服条件式(3.2.44)判断是否屈服。

如果蜕化为各向同性情况，$\sigma_{x,\text{yield}}=\sigma_{y,\text{yield}}=\sigma_{z,\text{yield}}=\sigma_{\text{yield}}$，$\tau_{yz,\text{yield}}=\tau_{zx,\text{yield}}=\tau_{xy,\text{yield}}=\dfrac{\sigma_{\text{yield}}}{\sqrt{3}}$，代入式(3.2.46)和式(3.2.47)，即得 Mises 屈服条件。

在应力主轴方向与各向异性材料主轴方向一致时，式(3.2.44)化为

$$F(\sigma_2-\sigma_3)^2+G(\sigma_3-\sigma_1)^2+H(\sigma_1-\sigma_2)^2=1 \tag{3.2.48}$$

式中只有三个独立的常数，可由三个沿不同主轴方向的拉伸实验确定。

对于二维应力状态，设 $\sigma_z=\tau_{yz}=\tau_{zx}=0$，则式(3.2.44)为

$$G\sigma_x^2+H(\sigma_x-\sigma_y)^2+F\sigma_y^2+2N\tau_{xy}^2=1 \tag{3.2.49}$$

或

$$(G+H)\sigma_x^2-2H\sigma_x\sigma_y+(H+F)\sigma_y^2+2N\tau_{xy}^2=1$$

考虑到式(3.2.45)中第一式，上式为

$$\sigma_x^2-A\sigma_x\sigma_y+B\sigma_y^2+2C\tau_{xy}^2=X^2 \tag{3.2.50}$$

式中 A, B, C 均为常数，可由参数 F, G, H, N 确定。

以上正交各向异性材料的屈服条件是由 Hill 提出的。

3.2.5 后继屈服条件的基本概念

在单向拉伸的情况下，当材料进入塑性状态，卸载后再重新加载时，拉应力和应变的变化仍服从弹性关系，直至应力到达前次卸载前的最高应力时材料才产生新的塑性变形，再次进入塑性状态。材料经历了塑性变形后出现的新的屈服点，由于材料的强化特性，它比初始屈服点高。新的屈服点称为后继屈服点或强化点。后继屈服点在应力-应变曲线上的位置不是固定的，而是依赖于塑性变形的大小和历史。材料在经历一定的塑性变形后再次加载时，后继屈服点是按弹性变形还是塑性变形的区分点，即后继弹性状态的界限点[74]。

在复杂的应力状态下达到后继屈服时，由应力、塑性变形大小及其历史表示的曲面称为后继屈服曲面或后继屈服条件，又称为加载面。描述后继屈服曲面或后继屈服条件的函数亦即后继屈服面的方程就称为后继屈服函数或强化函数或加载函数。如果简单地以单向应力状态表示，后继屈服曲面相当于单向应力状态应力-应变曲线上的后继屈服点。

现讨论固体或结构中任意一点的应力状态，如图 3.2.7 所示。当加载后应力点由无应力状态的原点 O 移至初始屈服面 Σ_0 上一点 A 时，材料开始屈服。当继续加载使得材料产生塑性变形，应力点从初始屈服面 Σ_0 上 A 点移到后继屈服面 Σ_1 上的 B 点时，如果在 B 点卸载，应力点退回到后继屈服面内而进入后继弹性状态；如果再重新加载，当应力点重新达到卸载开始时曾达到过的后继屈服面 Σ_1 上的某点 C(C 和 B 不一定重合)时，重新进入塑性状态。继续加载，应力点会突破原来的后继屈服面 Σ_1 而到达另外一个相邻近的后继屈服面 Σ_2。

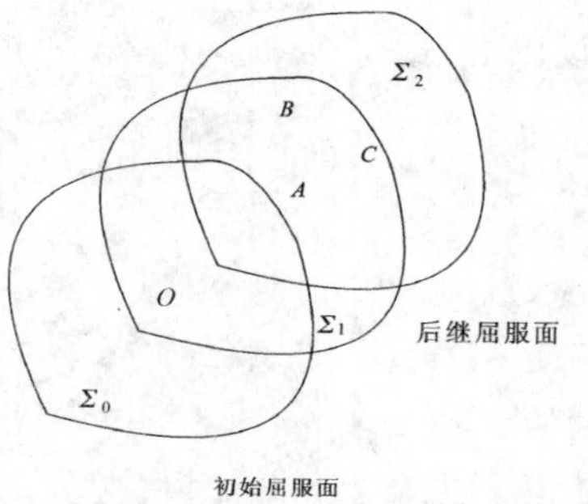

图 3.2.7 后继屈服面

对于理想弹塑性材料，后继屈服面和初始屈服面重合。对于强化材料，由于强化效应，随着塑性变形的发展后继屈服面不断变化，后继屈服面和初始屈服面是不重合的。后继屈服面是后继弹性阶段的界限面，是确定材料是处于后继弹性状态还是塑性状态的准则。后继屈服不仅与瞬时的应力状态有关，而且与塑性变形的加载路径有关。Mises 后继屈服条件(加载条件)如式(3.2.2)所示。

3.3 加载和卸载

在荷载作用下固体或结构受力很复杂，在多维应力状态下对材料强化而出现的塑性流动等的描述很复杂。对此，也只能仍然引用屈服函数的概念判断材料中一点是否处于弹性状态或塑性状态。对于强化材料，这个加载曲面不是固定不变的。材料强化后，加载曲面的形状和位置均发生改变，曲面也会发生膨胀。曲面的变化不仅与瞬时应力有关，而且也依赖于以前全部的变形历史。对于在应力空间中加载曲面的形式及其运动的描述，亦即材料的强化模式根据不同的简化和假定有不同的表达方式。

有了划分塑性区和弹性区范围的初始屈服条件，还需要建立与初始及后继加载面相关联的某一流动法则及其相应的加载和卸载条件。这样才能根据强化条件即硬化条件，描述并建立复杂应力状态下的塑性应力和应变之间的定性关系或它们的增量之间的定量关系，即 $d\sigma$ 和 $d\varepsilon$ 之间的关系。

3.3.1 加载方式和加载准则

在进一步讨论强化理论之前有必要先简单阐述加载方式和加载准则。通常，加载方式可以分为两类：一类是简单加载，另一类为复杂加载。

所谓简单加载即为一般的比例加载，即

$$\Delta p = \Delta\lambda p_{\text{ref}}$$

这里，$\Delta\lambda$ 为荷载系数，亦称荷载增量长度。在加载过程中，在线弹性范围内，应力张量各分量按比例增大，即

$$\Delta\sigma = \Delta\lambda\sigma_{\text{ref}}$$
$$\Delta\tau = \Delta\lambda\tau_{\text{ref}}$$

不仅如此，在加载过程中应力主轴方向保持不变；当然，应变分量也成比例增加，应变主轴也保持不变。

复杂加载过程则比较复杂。加载过程中应力分量之间无一定关系，应力分量之间的比例和应力主轴方向也会随荷载的变化而改变。但复杂加载也能服从一定的规则。如果依应力空间的轨迹，原则上复杂加载路线可分为正交直线加载路线、沿屈服面轨迹进行加载的加载路线和除此之外的其他加载路线。按正交直线加载路线加载的加载过程是分段进行，在同一时刻仅对一个分量加载，其他分量保持不变，如图 3.3.1(a)所示；加载途径沿屈服面轨道进行，即所谓的中性变载，如图 3.3.1(b)所示；当然还有其他的复杂加载路线，如图 3.3.1(c)所示。在复杂应力状态下，加载条件在应力空间中被描述为加载曲面。

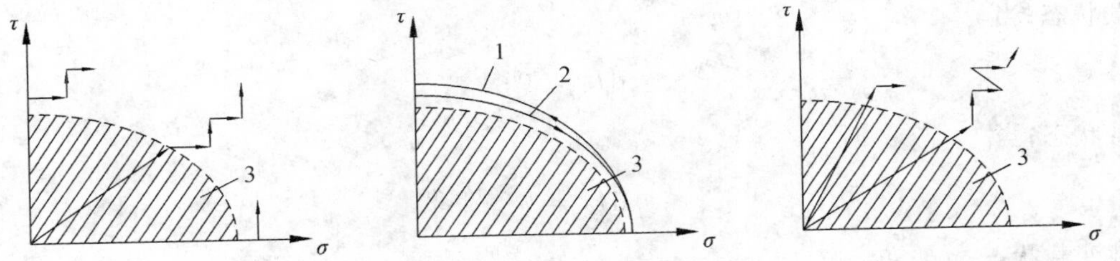

图 3.3.1 复杂加载过程

3.3.2 加载准则

实验表明，在材料屈服后加载和卸载情况下的应力和应变曲线的规律是不同的。在塑性状态，材料的应力应变关系与荷载状态有密切的关联。为此，要定出一个准则去判断究竟在什么情况下处于加载过程而其卸载又是怎样的。但是，加载准则却与应力的复杂情况又有关系。

3.3.2.1 强化材料的加载准则

在简单应力状态下，加载准则容易确定。此时，强化材料的应力随荷载的增加而增加，即 $d\sigma>0$。反之，卸载时应力下降，即 $d\sigma<0$。

考虑到一般情况，简单应力状态的加载准则为当

$$\sigma d\sigma > 0 \tag{3.3.1}$$

此为加载状态，这时应力应变关系按塑性应力-应变的变化规律；当

$$\sigma \mathrm{d}\sigma < 0 \tag{3.3.2}$$

此为卸载状态，这时应力应变关系按弹性应力-应变的变化规律；当

$$\sigma \mathrm{d}\sigma = 0 \tag{3.3.3}$$

此为荷载不变状态，这时应变维持不变。

在复杂应力状态下，可以折算到单向的应力强度 σ_i 来判断，因为即使微小加载也会导致应力分量的微小改变，当然应力强度也有变化 $\mathrm{d}\sigma_i$。于是，加载准则可类似地描述为当

$$\sigma_i \mathrm{d}\sigma_i > 0 \tag{3.3.4}$$

为加载状态；当

$$\sigma_i \mathrm{d}\sigma_i < 0 \tag{3.3.5}$$

为卸载状态；当

$$\sigma_i \mathrm{d}\sigma_i = 0 \tag{3.3.6}$$

为中性变载状态。

这里增加一个中性变载，所谓中性变载是指这种情况：当微小加载时导致各应力分量的微小改变，但应力强度不变，亦即 $\mathrm{d}\sigma_i = 0$，相当于应力点沿加载面切向变化而加载面并未扩大。

上述加载准则也可以用应力偏量第二不变量描述，即当

$$\mathrm{d}J_2 > 0$$

为加载状态；当

$$\mathrm{d}J_2 < 0$$

为卸载状态；当

$$\mathrm{d}J_2 = 0$$

为中性变载状态。

但为更便于适用一般情况下判别在加载曲面上增加应力增量 $\mathrm{d}\sigma_{ij}$ 后引起材料发生弹性应变（卸载）还是塑性应变（加载）或中性变载，可用加载曲面函数，即屈服函数的微分来表示加载准则。即当

$$\mathrm{d}f = \frac{\partial f}{\partial \sigma_{ij}} \mathrm{d}\sigma_{ij} > 0$$

为加载状态；当

$$\mathrm{d}f < 0$$

为卸载状态；当

$$\mathrm{d}f = 0$$

为中性变载状态。

作为更一般的情况，加载准则宜以塑性应变能来判断。由于加载时材料产生新的塑性变

形，故产生塑性比功增量（比功为单位体积所作之功），$dW_p=\sigma_{ij}\,d\varepsilon_{ij,p}>0$。而卸载或中性变载时，由于不产生新的塑性变形，即 $d\varepsilon_{ij,p}=0$，故 $dW_p=0$（由于塑性变形不能恢复，故塑性比功不可能为负）。所以也可以根据 dW_p 来判断加载或卸载，当

$$dW_p > 0$$

为加载状态；当

$$dW_p = 0$$

为卸载状态或中性变载状态。

3.3.2.2　理想弹塑性材料的加载准则

对理想塑性材料，当材料进入塑性阶段后，在应力空间中代表应力状态的点均位于屈服曲面 $f(\sigma_{ij})=C$ 上，材料屈服后折算应力为常数。由于没有产生强化现象，尽管塑性变形还可以不断增长，但屈服函数 $f(\sigma_{ij})$ 的值却不能再增长，即不可能出现 $df>0$ 的情况。代表应力状态的点只能在屈服面上移动，这时有 $df=0$，仍然处于加载状态。当代表应力状态的点移向屈服面以内时，$df<0$，则处于卸载状态。因此当荷载变化时，除了（$df<0$）卸载外，始终是加载情况。故对理想塑性材料，当

$$df > 0 \quad 或 \quad df = 0$$

为加载状态，且 $df>0$ 的情况仅出现在弹性阶段；当

$$df < 0$$

为卸载状态。

当采用 Mises 屈服条件时，屈服函数是应力偏张量第二不变量 J_2 或应力强度 σ_i，这时的加载准则如下：对理想塑性材料，当

$$d\sigma_i \geqslant 0 \quad 或 \quad dJ_2 \geqslant 0$$

为加载状态；当

$$d\sigma_i < 0 \quad 或 \quad dJ_2 < 0$$

为卸载状态。

最后应该提醒，加载或卸载都是对一个点上的整个应力状态而言。在加载过程中某些应力分量可能增加而另一些可能减小，但只要根据加载准则是加载，则就说在这个点是加载，而不能说这个点对某些应力分量是加载，而对另外的应力分量是卸载。如是加载，则在所有方向上都要使用塑性应力应变关系；如是卸载，则在所有方向上都要使用弹性应力应变关系。

3.3.3　按普朗特-路埃斯（Prandtl-Reuss）流动法则的加载准则

在库恩-塔克（Kunn-Drucker）公设成立的前提下，将屈服条件和塑性本构关系联系起来考虑，得到联合流动法则

$$d\varepsilon_{ij,p} = d\lambda \frac{\partial f}{\partial \sigma_{ij}} \tag{3.3.7}$$

其中，$d\lambda$ 是一个非负的比例系数，而 f 称为屈服函数。上式说明塑性应变增量向量的方向与塑

性势的梯度方向，即等势面的外法线方向一致。

对服从 Mises 条件的理想塑性材料，按普朗特-路埃斯(Prandtl-Reuss)流动法则

$$d\varepsilon_{ij,p} = d\lambda S_{ij} \tag{3.3.8}$$

表明塑性应变增量向量的方向是垂直于 Mises 圆的。只有当应力增量指向加载面外部时才产生塑性变形，所以通过加载面外法线方向来确定加载过程，这就是按普朗特-路埃斯流动法则的加载准则。

对于理想塑性材料，当

$$f(\sigma_{ij}) < 0$$

为弹性状态；当

$$f(\sigma_{ij}) = 0, \quad df = \frac{\partial f}{\partial \sigma_{ij}} d\sigma_{ij} > 0$$

为加载状态；当

$$f(\sigma_{ij}) = 0, \quad df = \frac{\partial f}{\partial \sigma_{ij}} d\sigma_{ij} < 0$$

为卸载状态。

对于强化材料，当

$$f(\sigma_{ij}, K) < 0$$

为弹性状态；当

$$f(\sigma_{ij}, K) = 0, \quad \frac{\partial f}{\partial \sigma_{ij}} d\sigma_{ij} > 0$$

为加载状态；当

$$f(\sigma_{ij}, K) = 0, \quad \frac{\partial f}{\partial \sigma_{ij}} d\sigma_{ij} < 0$$

为卸载状态；当

$$f(\sigma_{ij}, K) = 0$$

为中性变载。

3.4 强化(硬化)理论

3.4.1 强化(硬化)

事实上初始屈服之后再继续加载，或卸载后重新加载时产生的应力-应变曲线，其形状和位置不是固定的，而是依赖于塑性变形的过程即塑性变形的大小和历史。对于这种进一步加载时屈服应力提高的强化(或硬化)现象，有几种硬化模型。

(1) 单一曲线理论

单一曲线理论认为，对于塑性材料的变形中保持各向同性的材料，在简单加载的情况

下各应力分量成比例增加，其硬化特性可由应力强度 σ_i 和应变强度 ε_i 确定的函数关系来表示，即

$$\sigma_i = \varphi(\varepsilon_i)$$

并假定该函数的形式与应力状态形式无关，而仅与材料特性有关，可以根据简单应力状态下的材料试验如简单加载来确定。在简单拉伸的状态下，σ_i 就是拉应力 σ，ε_i 就是拉应变 ε，所以上式所示曲线和拉应力-应变曲线一致。如图 3.4.1，此时材料的硬化条件为 $\sigma_i - \varepsilon_i$ 曲线的切线模量为正，即

$$E_t = \frac{d\sigma_i}{d\varepsilon_i} > 0$$

另外，假定

$$E \geqslant E_c \geqslant E_t > 0$$

式中，E 为弹性模量，$E_c = \sigma_i / \varepsilon_i$ 为割线模量，E_t 为切线模量。对于体积不可压缩材料，塑性泊松比 $\nu = 0.5$，则弹性模量 E 和剪切模量 G 的关系为

$$E = 2(1+\nu)G = 3G$$

单一的曲线假设，可以用于全量理论。

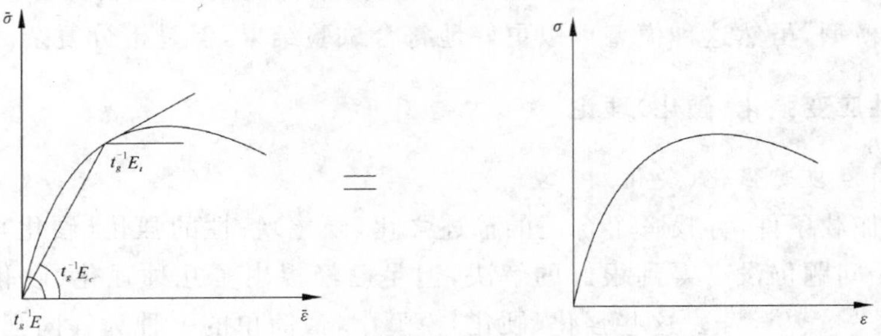

(a) 复杂状态应力　　　(b) 单向拉伸状态

图 3.4.1　$\sigma_i - \varepsilon_i$ 曲线的切线模量

(2) 各向同性强化理论

各向同性强化理论是解释强化(硬化)现象的一种理论。该理论认为屈服应力的数值提高了，而且反向加载时的屈服应力也有同样的提高。对于复杂的载荷条件，寻找一个合适的描述硬化特性的硬化条件相当复杂，到目前为止这个问题仍没有得到很好的解决，但是已经提出了几种硬化模型，并在实际中得到应用。

这些硬化模型中，最简单的一种为等向硬化模型。它不计静水应力的影响，也不考虑包辛格(Bauschinger)效应，该模型假定后继屈服面在应力空间中的形状和中心位置不变，随着塑性变形的增加，逐渐等向的扩大。若采用 Mises 条件，在 π 平面上就是一系列同心圆；若采用 Tresca 条件，就是一连串的同心正六边形(如图 3.4.2 所示)。实际上，试验表明塑性变形过程的本身具有各向异性的性质，甚至对初始各向同性材料也是如此。因此，不能简单地认为后继屈服曲线也与初始屈服曲线同样具有对称性。另外一方面，由于包辛格效应，使得屈服曲线在显著地向某一方向增长(硬化)的同时，也使其相对的一方收缩(软化)，因此屈服曲线形状逐渐

改变,而不会是均匀扩大的。

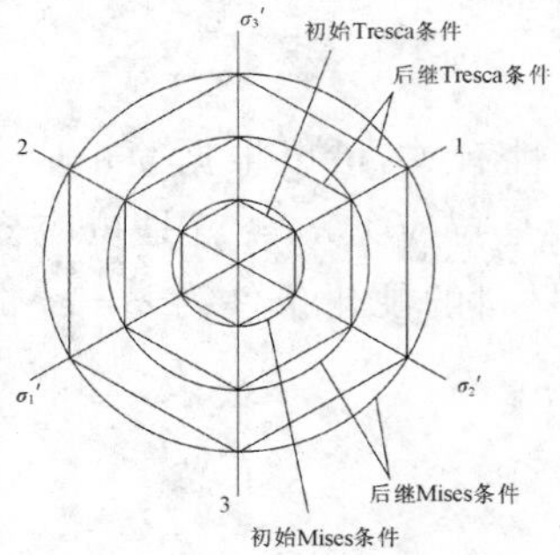

图 3.4.2　各向同性强化理论的后继屈服面

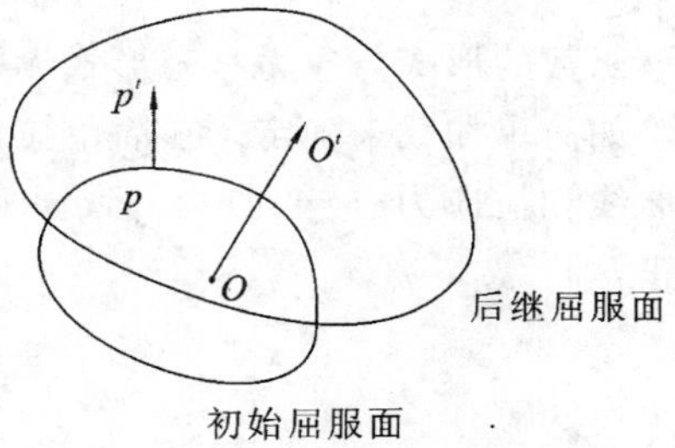

图 3.4.3　混合硬化模型

(3) 随动强化理论

随动强化理论是解释强化(硬化)现象的另一种理论。该理论认为屈服应力的值仍为 σ_{yield},但限制弹性反应的应力区间 $2\sigma_{yield}$ 发生了平行移动,即计入了由于塑性变形而引起各向异性的包辛格效应。

(4) 混合硬化理论

为了更好地反映材料的包辛格效应,可以将随动硬化模型和等向硬化模型综合起来,即认为后继屈服面的形状、大小和位置一起随塑性变形的发展而变化(如图 3.4.3 所示)。这种模型称为混合硬化模型,虽然这种模型可以更好地符合试验结果,但是十分复杂。

3.4.2　各向同性应变强化(硬化)理论

3.4.2.1　各向同性应变强化(硬化)模型

对于复杂的加载条件,寻找一个合适的描述强化(硬化)特性的强化(硬化)条件相当复杂,到目前为止,这个问题仍没有得到很好的解决,但是已经提出了几种强化(硬化)模型,并在实际中得到应用[54][66][72][74][110]。这些强化(硬化)模型中,最简单的一种为等向强化(硬化)模型。各向同性强化模型,不计静水应力的影响和不考虑包辛格(Bauschinger)效应,假定后继屈服面在应力空间中的形状和中心位置保持不变,但随着塑性变形的增加而逐渐等向地扩大,按各向同性均匀膨胀加载曲面在塑性变形的过程中始终保持相似的形状。对 Mises 屈服条件,在 π 平面上就是一系列的同心圆。

单向拉伸实验表明,当材料中的应力超过屈服应力后卸载,如果再重新加载,屈服极限将会有所提高。这种强化程度与应变历史有关。对于多维应力状态,材料类似地强化,其强化程度与瞬态应变有关。于是可以假设材料在初始状态是各向同性的,在到达塑性状态后材料开始强化,不过仍保持各向同性的性质。材料按这种假设规律强化即为等向强化。在这种各向同性的等向强化的假定下,应力和应变之间存在单一函数关系:

$$\sigma_i = \varphi(\varepsilon_i) \tag{3.4.1}$$

上式即为强化条件。这种强化模型是最基本的,也是最简单的。它反映了在瞬态变形时刻后继屈服条件,瞬态曲面在载荷过程中逐渐扩大,而判别瞬态的加载或卸载的准则依然如故。

强化条件中函数 φ 的表述式可由单向拉伸实验曲线确定。伊留申提出小变形情况下的强

化条件为

$$\sigma_i = E\varepsilon_i[1-\omega(\varepsilon_i)] \tag{3.4.2}$$

出于应用上的考虑，拉伸时的应力应变曲线可用二折线近似表示。这样，强化准则也得到了简化。

当 $0\leqslant\varepsilon_i\leqslant\varepsilon_{\text{yield}}$ 时，$\sigma_i=E\varepsilon$，为弹性阶段；当 $\varepsilon_i>\varepsilon_{\text{yield}}$ 时，$\sigma_i=\sigma_{\text{yield}}+E(\varepsilon_i-\varepsilon_{\text{yield}})$，为塑性阶段。其中，$\varepsilon_{\text{yield}}$ 是屈服极限时的应变，σ_{yield} 是屈服极限时的应力。

上述强化条件是最简单的表述。

在复杂应力状态下，后继屈服面如采用 Mises 条件，在 π 平面上就是一系列的同心圆；若采用 Tresca 条件，就是一族的同心正六边形。在 Mises 屈服条件下，相应的等向强化条件其加载面或屈服函数可表示为

$$f=\sigma_i-K(k)=0 \tag{3.4.3}$$

这里 σ_i 是决定屈服面形状的应力。在 π 平面内，它们是以 $K(k)$ 为参数的一族同心圆，而圆的半径是由函数 $K(k)$ 决定的，对初始屈服，$K(k)=\text{const.}=\sigma_{\text{yield}}$。随着塑性变形的发展和强化(硬化)程度的增加，$K(k)$ 从 σ_{yield} 按一定的函数关系递增。这种函数关系有下面两种。

(1) 强化(硬化)程度只是总塑性功的函数，而与应变路径无关。根据这一假设，强化条件可以写为

$$\sigma_i=F(W_p)\quad \text{或} \quad K=k\left(\int \mathrm{d}W_p\right) \tag{3.4.4}$$

式中，W_p 是系统在有限变形的某一过程中在单位体积上作的总塑性功，即塑性比功，有

$$\mathrm{d}W_p=\sigma_{ij}\,\mathrm{d}\varepsilon_{ij,p} \tag{3.4.5}$$

(2) 通过定义一个度量塑性变形的量来度量强化(硬化)程度。根据这一假设，强化条件可以写成

$$\sigma_i=H\left(\int \mathrm{d}\varepsilon_{i,p}\right)\quad \text{或} \quad K=k\left(\int \mathrm{d}\varepsilon_{i,p}\right) \tag{3.4.6}$$

式中，H 是依赖于材料的某一函数，它可以通过简单应力状态的材料的实验来确定。

现定义等效塑性应变增量为

$$\mathrm{d}\varepsilon_{i,p}=\sqrt{\frac{2}{3}}\sqrt{\mathrm{d}\varepsilon_{x,p}^2+\mathrm{d}\varepsilon_{y,p}^2+\mathrm{d}\varepsilon_{z,p}^2+\frac{1}{2}(\mathrm{d}\gamma_{xy,p}^2+\mathrm{d}\gamma_{yz,p}^2+\mathrm{d}\gamma_{zx,p}^2)}=\sqrt{\frac{2}{3}}\sqrt{\mathrm{d}\varepsilon_{ij,p}\mathrm{d}\varepsilon_{ij,p}} \tag{3.4.7}$$

通俗地说，强化(硬化)的引进可以通过改变固定的屈服应力来体现，把屈服条件中的固定的屈服应力 σ_{yield} 改为变化的应力 $\sigma_{\text{yield}}(\varepsilon_p)$。其中，塑性应变

$$\varepsilon_p=\sum\delta\varepsilon_p=\int \mathrm{d}\dot{\varepsilon}_p \tag{3.4.8}$$

由等效塑性应变的计算方法可得等效塑性应变率。

3.4.2.2　一维应力各向同性应变强化(硬化)

如图 3.4.4 所示,在一维应力情况下

$$f(\sigma, H') = \sigma^2 - \sigma_{\max}^2 = 0 \qquad (3.4.9)$$

其中 $\sigma_{\max}$ 为此前历史中应力在数值上曾达到的最大值,当 $\sigma^2 > \sigma_{\max}^2$ 取 $\sigma^2 = \sigma_{\max}^2$。此时加载和卸载法则为

$$\frac{\partial f}{\partial \sigma}\mathrm{d}\sigma > 0 \quad (加载)$$

$$\frac{\partial f}{\partial \sigma}\mathrm{d}\sigma < 0 \quad (卸载)$$

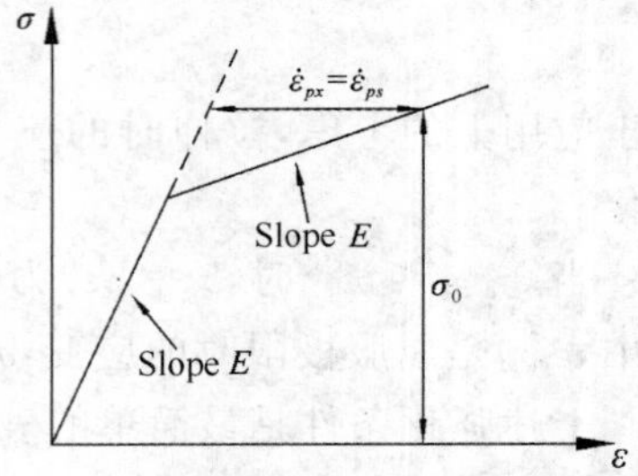

图 3.4.4　线性强化(硬化)的一维应力应变关系

若取塑性比功 W_p 或塑性应变强度 $\varepsilon_{i,p}$ 为记录参数,那么有

$$\begin{cases} W_p = \int_{\sigma_0}^{\sigma_{\max}} \sigma \mathrm{d}\varepsilon_p = \int_{\sigma_0}^{\sigma_{\max}} \dfrac{\sigma \mathrm{d}\sigma}{E_p}, \\ \varepsilon_p = \int |\mathrm{d}\varepsilon_p| \end{cases} \qquad (3.4.10)$$

加载和卸载函数分别为

$$\sigma^2 - F(W_p) = 0$$

及

$$\sigma^2 - g(\varepsilon_{i,p}) = 0$$

3.4.2.3　二维应力各向同性应变强化(硬化)

在某种意义上说,二维应力是一个比较困难的应力状态[110]。然而,二维应力的塑性分析具有一般性。虽然内容少,但是形式的矩阵,向量和张量方程也将适用于更广泛的应力状态。

结合 Prandtl-Reuss 流动法则,对于二维应力的应变率

$$\dot{\boldsymbol{\varepsilon}}_p = \begin{bmatrix} \dot{\varepsilon}_{x,p} \\ \dot{\varepsilon}_{y,p} \\ \dot{\varepsilon}_{xy}, p \end{bmatrix} = \dot{\lambda}\left(\frac{\partial \boldsymbol{f}}{\partial \boldsymbol{\sigma}}\right) = \dot{\lambda}\boldsymbol{a} = \frac{\dot{\lambda}}{2\sigma_i}\begin{bmatrix} 2\sigma_x - \sigma_y \\ 2\sigma_y - \sigma_x \\ 6\tau_{xy} \end{bmatrix} \qquad (3.4.11)$$

应力率和应变率有关,即

$$\dot{\boldsymbol{\sigma}} = \begin{bmatrix} \dot{\sigma}_x \\ \dot{\sigma}_y \\ \dot{\sigma}_{xy} \end{bmatrix} = \boldsymbol{D}\left(\begin{bmatrix} \dot{\varepsilon}_x \\ \dot{\varepsilon}_y \\ \dot{\varepsilon}_{xy} \end{bmatrix} - \begin{bmatrix} \dot{\varepsilon}_{x,p} \\ \dot{\varepsilon}_{y,p} \\ \dot{\varepsilon}_{z,p} \end{bmatrix}\right) = \boldsymbol{D}(\dot{\boldsymbol{\varepsilon}}_t - \dot{\boldsymbol{\varepsilon}}_p) = \boldsymbol{D}(\dot{\boldsymbol{\varepsilon}} - \dot{\lambda}\boldsymbol{a}) \qquad (3.4.12)$$

这里,$\dot{\lambda}$ 是一个正常数,通常被称为“塑性应变速率倍增器”。对式(3.4.12)把应力小的变化和弹性应变的小变化联系起来,$\dot{\varepsilon}_c = \dot{\varepsilon}_t - \dot{\varepsilon}_p$。负的“塑性应变速率倍增器”意味着从屈服面塑性卸载,然而后者不能发生,因此任何负的都应该改为零,使弹性卸载发生。塑性流动发生,但应力必须持续在屈服面上,因此

$$\dot{f} = \frac{\partial \boldsymbol{f}^{\mathrm{T}}}{\partial \boldsymbol{\sigma}}\dot{\boldsymbol{\sigma}} = \boldsymbol{a}^{\mathrm{T}}\dot{\boldsymbol{\sigma}} = 0 \qquad (3.4.13)$$

在式(3.4.13)中所述的情况如图 3.4.5 所示。在塑性流动时,应力变化是沿表面切向瞬间移动,与向量 $\boldsymbol{a}$ 正交,因此向量 $\boldsymbol{a}$ 垂直于屈服面,式(3.4.11)所示流动法则包含了正交性。由向量 $\boldsymbol{a}^{\mathrm{T}}$ 左乘式(3.4.12),根据式(3.4.13),得塑性应变率乘子

$$\dot{\lambda}=\frac{\boldsymbol{a}^{\mathrm{T}}\boldsymbol{D}\dot{\boldsymbol{\varepsilon}}}{\boldsymbol{a}^{\mathrm{T}}\boldsymbol{D}\boldsymbol{a}} \tag{3.4.14}$$

将此式代入式(3.4.12),得

$$\dot{\boldsymbol{\sigma}}=\boldsymbol{D}_t\dot{\boldsymbol{\varepsilon}}=\boldsymbol{D}\left(1-\frac{\boldsymbol{a}^{\mathrm{T}}\boldsymbol{D}}{\boldsymbol{a}^{\mathrm{T}}\boldsymbol{D}\boldsymbol{a}}\boldsymbol{a}\right)\dot{\boldsymbol{\varepsilon}} \tag{3.4.15}$$

其中,$\boldsymbol{D}_t$ 是切线模量矩阵,因为这不仅是一个 E 和 ν 的函数,也是当前应力 $\boldsymbol{\sigma}$ 的函数。这个矩阵可以用有限元形式表达。

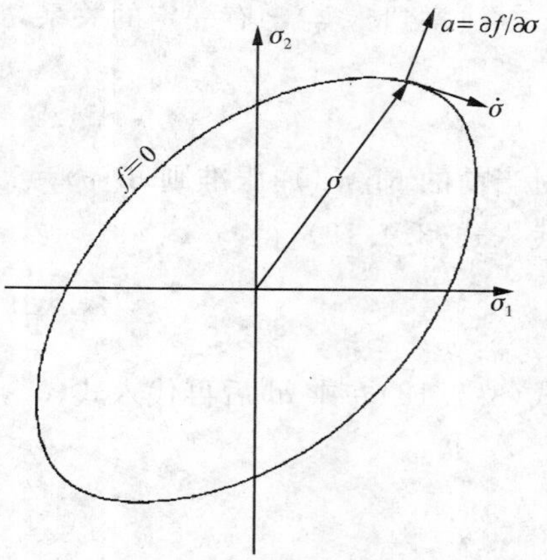

图 3.4.5　主应力和二维应力条件下的 Mises 屈服准则

简单的二维应力状态的 Mises 方程

$$f=\sigma_i-\sigma_{\text{yield}}=\sqrt{\sigma_x^2+\sigma_y^2-\sigma_x\sigma_y+3\tau_{xy}^2}-\sigma_{\text{yield}}$$

由于引进硬化,固定的屈服应力 σ_{yield} 变为变化的应力 $\sigma_{\text{yield}}(\varepsilon_p)$,于是有

$$f=\sigma_i-\sigma_{\text{yield}}(\varepsilon_p) \tag{3.4.16}$$

变化的屈服应力是等效屈服应变的函数,即

$$\varepsilon_{ps}=\sum\delta\varepsilon_{ps}=\int\dot{\varepsilon}_{ps}$$

对于二维应力问题,等效塑性应变率

$$\dot{\varepsilon}_p=\frac{2}{\sqrt{3}}\left(\dot{\varepsilon}_{x,p}^2+\dot{\varepsilon}_{y,p}^2+\dot{\varepsilon}_{x,p}^2\dot{\varepsilon}_{y,p}^2+\frac{1}{4}\dot{\gamma}_{xy,p}^2\right)^{1/2} \tag{3.4.17}$$

在单轴拉伸下

$$\dot{\varepsilon}_{y,p}=\dot{\varepsilon}_{z,p}=-\frac{1}{2}\dot{\varepsilon}_{x,p}$$

所以不存在塑性体积变化,当 $\sigma_i=\sigma_{\text{yield}}=\sigma_x$ 时,$\dot{\varepsilon}_p=\dot{\varepsilon}_{x,p}$,于是 σ_i 与 ε_p 的关系可以从单轴应力塑性应变的关系而得。特别是要用到的 $\frac{\partial\sigma_i}{\partial\varepsilon_p}$,可由下式给出:

$$H'=\frac{\partial\sigma_i}{\partial\varepsilon_p}=\frac{\partial\sigma_x}{\partial\varepsilon_{x,p}}=\frac{E_t}{1-E_t/E} \tag{3.4.18}$$

式中,E_t 为切线弹性模量。

但是一旦引进强化(硬化),式(3.4.13)的切线条件修正为

$$\dot{f}=\frac{\partial \boldsymbol{f}^{\mathrm{T}}}{\partial\boldsymbol{\sigma}}\dot{\boldsymbol{\sigma}}+\frac{\partial \boldsymbol{f}}{\partial\sigma_i}\frac{\partial\sigma_i}{\partial\boldsymbol{\varepsilon}_{x,p}}\dot{\boldsymbol{\varepsilon}}_p=\boldsymbol{a}^{\mathrm{T}}\dot{\boldsymbol{\sigma}}-H'\dot{\boldsymbol{\varepsilon}}_p=0 \tag{3.4.19}$$

注意到$\dot{\boldsymbol{\varepsilon}}_p$与$\boldsymbol{\sigma}$有一定的关系，式(3.4.11)可表示为

$$\dot{\boldsymbol{\varepsilon}}_p = \boldsymbol{B}(\sigma)\dot{\lambda} \tag{3.4.20}$$

对当前的 Mises 屈服准则，$\boldsymbol{B}(\sigma)=1$，但对于其他准则来说，这可能是并非如此。把式(3.4.20)代入式(3.4.19)，得

$$\dot{f} = \boldsymbol{a}^{\mathrm{T}}\dot{\boldsymbol{\sigma}} - H'\boldsymbol{B}\dot{\lambda} = \boldsymbol{a}^{\mathrm{T}}\dot{\boldsymbol{\sigma}} - \boldsymbol{A}'\dot{\lambda} = 0 \tag{3.4.21}$$

式(3.4.12)左乘$\boldsymbol{a}^{\mathrm{T}}$后再代入式(3.4.21)，得

$$\dot{\lambda} = \frac{\boldsymbol{a}^{\mathrm{T}}\boldsymbol{D}\dot{\boldsymbol{\varepsilon}}}{\boldsymbol{a}^{\mathrm{T}}\boldsymbol{D}\boldsymbol{a} + \boldsymbol{A}'} \tag{3.4.22}$$

而式(3.4.15)被代替为

$$\dot{\boldsymbol{\sigma}} = \boldsymbol{D}_t\dot{\boldsymbol{\varepsilon}} = \boldsymbol{D}\left(1 - \frac{\boldsymbol{a}\boldsymbol{a}^{\mathrm{T}}\boldsymbol{D}}{\boldsymbol{a}^{\mathrm{T}}\boldsymbol{D}\boldsymbol{a} + \boldsymbol{A}'}\right)\dot{\boldsymbol{\varepsilon}} \tag{3.4.23}$$

对于线性强化(硬化)，$\boldsymbol{A}$为 Skew 矩阵，$\boldsymbol{A}'$是一个单一的恒定的常数；对于非线性强化(硬化)，$\boldsymbol{A}'$随$\boldsymbol{\varepsilon}_p$变化而变化，事实上，更一般地说，$\sigma_i$随$\boldsymbol{\varepsilon}_p$变化而变化。

等效塑性应变可被视为一个内部变量，因为对于响应来讲这是内部的，使用这个术语，因为只有直接可测量的总应力和总应变是外部的。不过，为了定义整体的响应，塑性应变是需要的。强化(硬化)特性是内部变量的函数，对于更复杂的材料，可能需要更多的内部变量。

3.4.2.4　各向同性加工硬化

加工硬化比应变硬化更具有普遍的适用性[110]。对于加工硬化或强化，式(3.4.16)变为

$$f = \sigma_i - \sigma_{\text{yield}}(W_p) \tag{3.4.24}$$

其中，W_p是塑性功。注意到式(3.4.11)，有

$$W_p = \int \sigma_i \dot{\varepsilon}_{p0} = \int \boldsymbol{\sigma}^{\mathrm{T}}\dot{\boldsymbol{\varepsilon}}_p = \int \dot{\lambda}\boldsymbol{\sigma}^{\mathrm{T}}\boldsymbol{a} \tag{3.4.25}$$

式中，$\dot{\varepsilon}_{p0}$是指一维塑性应变率，塑性功率为

$$\dot{W}_p = \sigma_i \dot{\varepsilon}_{p0} = \boldsymbol{\sigma}^{\mathrm{T}}\dot{\boldsymbol{\varepsilon}}_p = \dot{\lambda}\boldsymbol{\sigma}^{\mathrm{T}}a \tag{3.4.26}$$

式(3.4.19)或式(3.4.21)变为

$$\begin{aligned}\dot{f} &= \boldsymbol{a}^{\mathrm{T}}\dot{\boldsymbol{\sigma}} + \frac{\partial f}{\partial \sigma_i}\frac{\partial \sigma_i}{\partial W_p}\dot{W}_p = \boldsymbol{a}^{\mathrm{T}}\dot{\boldsymbol{\sigma}} - \dot{\lambda}\frac{\partial \sigma_i}{\partial W_p}\boldsymbol{a}^{\mathrm{T}}\boldsymbol{\sigma} = \boldsymbol{a}^{\mathrm{T}}\dot{\boldsymbol{\sigma}} - \dot{\lambda}\frac{\partial \sigma_i}{\partial \varepsilon_{p0}}\frac{\partial \varepsilon_{p0}}{\partial W_p}\boldsymbol{a}^{\mathrm{T}}\boldsymbol{\sigma} \\ &= \boldsymbol{a}^{\mathrm{T}}\dot{\boldsymbol{\sigma}} - \dot{\lambda}\frac{H'}{\sigma_i}\boldsymbol{a}^{\mathrm{T}}\boldsymbol{\sigma} = \boldsymbol{a}^{\mathrm{T}}\dot{\boldsymbol{\sigma}} - \boldsymbol{A}'\dot{\lambda} = 0\end{aligned} \tag{3.4.27}$$

其中

$$\boldsymbol{A}' = \frac{H'}{\sigma_i}\boldsymbol{a}^{\mathrm{T}}\boldsymbol{\sigma} \tag{3.4.28}$$

是用于式(3.4.22)和式(3.4.23)的硬化常数。如果屈服函数可以写成一个类似于式(3.2.19)的形式，很容易得出

$$\frac{\partial \boldsymbol{f}^{\mathrm{T}}}{\partial \boldsymbol{\sigma}} = \boldsymbol{a}^{\mathrm{T}} \boldsymbol{\sigma} = \sigma_{\text{yield}} \tag{3.4.29}$$

所以 $\boldsymbol{A}' = H'$，对于 Mises 屈服函数，应变硬化和加工硬化形式不谋而合。但并不是总是如此。

3.4.2.5　三维应力状态各向同性应变强化(硬化)

对于一般的三维应力状态情况下[110]，Mises 屈服准则如式(3.2.15)，并如图 3.2.1 所示。图 3.2.1 中三维应力状态的 Mises 屈服准则是在主应力空间中的。

对于三维应力状态的等效塑性应变率

$$\begin{aligned}\dot{\boldsymbol{\varepsilon}}_p &= \sqrt{\frac{2}{3}}\left[\dot{\varepsilon}_{x,p}^2 + \dot{\varepsilon}_{y,p}^2 + \dot{\varepsilon}_{z,p}^2 + \frac{1}{2}(\dot{\gamma}_{xy}^2 + \dot{\gamma}_{yz}^2 + \dot{\gamma}_{zx}^2)\right]^{1/2} \\ &= \sqrt{\frac{2}{3}}\,(\dot{\boldsymbol{\varepsilon}}_p^{\mathrm{T}}\dot{\boldsymbol{\varepsilon}}_p)^{1/2} = \sqrt{\frac{2}{3}}\,(\dot{\boldsymbol{e}}_p^{\mathrm{T}}\dot{\boldsymbol{e}}_p)^{1/2}\end{aligned} \tag{3.4.30}$$

式中，$\boldsymbol{e}_p$ 是塑性应变偏量。三维应力状态中，在弹性范围内材料的应力-应变关系按式(6.1.1)考虑。其中的弹性矩阵 $\boldsymbol{D}_e$ 如式(3.5.3)。

而

$$\begin{aligned}\boldsymbol{a}^{\mathrm{T}} &= \frac{\partial \boldsymbol{f}^{\mathrm{T}}}{\partial \boldsymbol{\sigma}} = \frac{1}{2\sigma_i}[2\sigma_x - \sigma_y - \sigma_z \quad 2\sigma_y - \sigma_x - \sigma_z \quad 2\sigma_z - \sigma_x - \sigma_y \quad 6\tau_{xy} \quad 6\tau_{yz} \quad 6\tau_{zx}] \\ &= \frac{3}{2\sigma_i}[S_x \quad S_y \quad S_z \quad 2\tau_{xy} \quad 2\tau_{yz} \quad 2\tau_{zx}] = \frac{3}{2\sigma_i}(\boldsymbol{LS})^{\mathrm{T}} = \frac{\partial \boldsymbol{f}^{\mathrm{T}}}{\partial \boldsymbol{S}}\end{aligned} \tag{3.4.31}$$

或者用张量形式

$$\boldsymbol{a} = \frac{\partial \boldsymbol{f}}{\partial \boldsymbol{\sigma}} = \frac{\partial \boldsymbol{f}}{\partial \boldsymbol{S}} = \frac{3\boldsymbol{S}}{2\sigma_i} \tag{3.4.32}$$

如式(3.4.11)所示，$\dot{\boldsymbol{\varepsilon}}_p = \dot{\lambda}\boldsymbol{a}$，所以在式(3.4.30)中

$$\dot{\boldsymbol{\varepsilon}}_p = \sqrt{\frac{2}{3}}\,\dot{\lambda}\,(\boldsymbol{a}^{\mathrm{T}}\boldsymbol{L}^{-1}\boldsymbol{a})^{1/2} = \sqrt{\frac{2}{3}}\,\dot{\lambda}(\boldsymbol{a}^{\mathrm{T}}\boldsymbol{a})^{1/2} = \sqrt{\frac{2}{3}}\,\frac{\dot{\lambda}}{\sigma_i}\,(\boldsymbol{S}^{\mathrm{T}}\boldsymbol{LS})^{1/2} = \dot{\lambda} \tag{3.4.33}$$

其中，$\boldsymbol{L}$，$\boldsymbol{S}^{\mathrm{T}}$ 如式(3.2.15)所示。

3.4.3　随动强化(硬化)理论

3.4.3.1　随动强化(硬化)模型

上述各向同性强化规律由于其数学处理上比较容易，是广为采用的强化(硬化)模型。但是塑性变形过程的本身具有各向异性的性质，即使对于各向同性的材料也是如此，所以不能认为后继屈服曲线也和初始屈服面那样具有对称性，此外由于包辛格效应，将显著地使得当屈服曲线在某一方向增长(强化)时，同时使其相对的一方收缩(软化)，所以屈服曲线形状是逐渐改变的，不会是均匀扩大的。也就是说当前加载面是由初始屈服柱面在应力空间移动所得，这种移动相当于应力度量的原点发生了变化。反映这种变化的数学模型称为随动强化模型，即线性随动强化模型和增量随动强化模型。

对于理想塑性材料，后继屈服面是和初始屈服面重合的，其加载面即屈服函数表达为

$$f(\sigma_{ij}, \varepsilon_{ij,p}) = 0 \tag{3.4.34}$$

但对于硬化材料，后继屈服面是随塑性变形大小和历史的发展而不断变化的，其数学表达式如同式(3.2.2)，即为

$$f(\sigma_{ij},\varepsilon_{ij,p},K)=0 \tag{3.4.35}$$

其中 K 为体现塑性变形大小及其历史的参数，称为硬化参数。随着塑性变形的发展和硬化程度的增加，$K(k)$从初始值 σ_{yield} 按一定的函数关系递增。

随动硬化模型是考虑包辛格效应的简化模型，该模型假定材料在塑性变形的方向 OP^+ 上被硬化(即屈服值增加)，而在其反方向 OP^- 上被同等软化了(即屈服值减小)。这样在加载过程中，随着塑性变性的发展，屈服面的大小和形状都不变，只是整体的在应力空间中作平移(如图 3.4.6 所示)。所以，这个模型可在一定程度上反映包辛格效应。

随动强化理论假设加载曲面沿变形方向发生平动，但加载曲面的形状不改变。

类似的，对于 Mises 准则有

$$\sigma_i=\sigma_{\text{yield}}+\frac{3}{2}c\varepsilon_{i,p} \tag{3.4.36}$$

式中，$\varepsilon_{i,p}$为塑性应变；c 为材料常数。

对于线性强化问题

$$c=\frac{2}{3}E_p$$

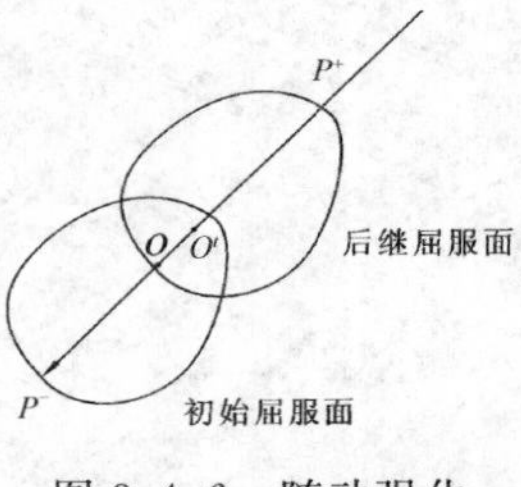

图 3.4.6　随动强化

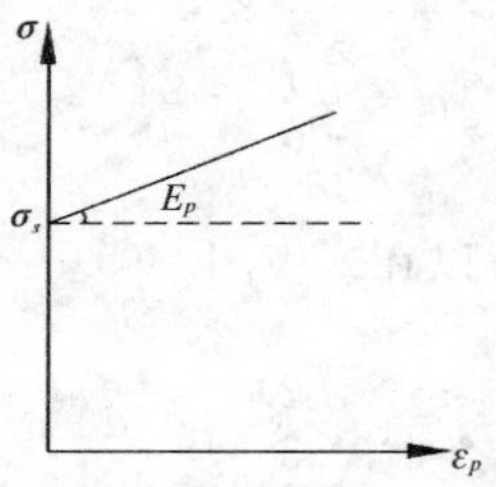

图 3.4.7　应力塑性应变曲线

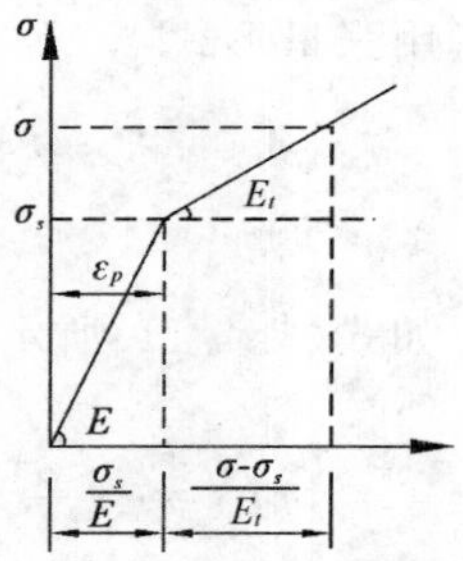

图 3.4.8　σ-ε 曲线

这里，E_p 是 $\sigma-\varepsilon_p$ 曲线的斜率(见图 3.4.7)。而总应变

$$\varepsilon=\frac{\sigma_{\text{yield}}}{E}+\frac{\sigma-\sigma_{\text{yield}}}{E_t} \tag{3.4.37}$$

由图 3.4.8 可见塑性应变

$$\varepsilon_p=\varepsilon-\frac{\sigma}{E} \tag{3.4.38}$$

则

$$E_p=\frac{EE_t}{E-E_t} \tag{3.4.39}$$

3.4.3.2　一维应力随动强化(硬化)

在一维应力情况下，限制弹性反应的应力区间为 $2\sigma_{\text{yield}}$，即

$$\sigma_{+\max} + |\sigma_{-\max}| = 2\sigma_{\text{yield}}$$

式中，$\sigma_{+\max}$，$\sigma_{-\max}$为此前加载和卸载历史中应力在数值上曾达到的最大值。

弹性反应的应力区间发生了平行移动，所以加载函数和卸载函数

$$f(\sigma, H') = (\sigma - \hat{\sigma}) - \sigma_{\text{yield}}^2 \tag{3.4.40}$$

式中，$\hat{\sigma}$为弹性范围的中心在应力轴上的移位，当 E_p 等于常数时有

$$\hat{\sigma} = E_p \varepsilon_p$$

$\hat{\sigma}$和ε_p 都可以作为随动强化材料的参数。

3.4.3.3　二维应力随动强化(硬化)

对于二维应力状态，假设

$$\sigma_{13} = S_{13} = \alpha_{13} = \alpha'_{13} = \alpha_{23} = S_{23} = \alpha'_{23} = \sigma_{33} = \alpha_{33} = 0 \tag{3.4.41}$$

一般，屈服函数为

$$f_6 = \sigma_i - \sigma_{\text{yield}} = \sqrt{\frac{3}{2}}\left((\boldsymbol{S} - \boldsymbol{\alpha}')^{\mathrm{T}}(\boldsymbol{S} - \boldsymbol{\alpha}')\right)^{\frac{1}{2}} - \sigma_{\text{yield}} = f_6(\boldsymbol{S} - \boldsymbol{\alpha}') = f_6(\xi) \tag{3.4.42}$$

式中，ξ为缩减应力(Reduced Stress)。对于二维应力状态变，屈服函数为

$$f_3 = \sigma_i - \sigma_{\text{yield}} = \bar{\sigma}_x^2 + \bar{\sigma}_y^2 - \bar{\sigma}_x \bar{\sigma}_y + 3\bar{\sigma}_{xy}^2 = f_3(\bar{\boldsymbol{\sigma}} - \boldsymbol{\alpha}) = f_3(\bar{\boldsymbol{\sigma}}) \tag{3.4.43}$$

式中

$$\bar{\boldsymbol{\sigma}}^{\mathrm{T}} = [\sigma_x - \alpha_x \quad \sigma_y - \alpha_y \quad \tau_{xy} - \alpha_{xy}] \tag{3.4.44}$$

在完全三维情况下，塑性流动准则为

$$\dot{\boldsymbol{\varepsilon}}_{p6} = \dot{\lambda}\frac{\partial \boldsymbol{f}}{\partial \boldsymbol{\sigma}} = \dot{\lambda}\boldsymbol{a} = \dot{\lambda}\frac{\partial \boldsymbol{f}}{\partial \boldsymbol{S}} = \frac{3}{2\sigma_i}\dot{\lambda}(\boldsymbol{S} - \boldsymbol{\alpha}') = \frac{3}{2\sigma_i}\dot{\lambda}\xi \tag{3.4.45}$$

式中，下标 6 表示 6 个分量。对于二维应力情况，运用张量符号，式(3.4.45)退化为

$$\dot{\boldsymbol{\varepsilon}}_{p4} = \begin{bmatrix} \dot{\varepsilon}_x \\ \dot{\varepsilon}_y \\ \dot{\varepsilon}_z \\ \gamma_{xy} \end{bmatrix}_p = \dot{\lambda}\frac{\partial \boldsymbol{f}}{\partial \boldsymbol{\sigma}} = \dot{\lambda}\boldsymbol{a} = \frac{1}{2\sigma_i}\dot{\lambda}\begin{bmatrix} 2\bar{\sigma}_x - \bar{\sigma}_y \\ -\bar{\sigma}_x + 2\bar{\sigma}_y \\ -\bar{\sigma}_x - \bar{\sigma}_y \\ 6\bar{\tau}_{xy} \end{bmatrix} \tag{3.4.46}$$

现在式中有 4 个分量，然而，为了能够在二维应力中仅使用三个分量，必须使其不包含第三项 z 向分量。在式(3.4.46)中同样考虑了工程应变$\dot{\gamma}_{xy}$，是张量应变的两倍。考虑 4 个分量，结合式(3.4.60)中$\boldsymbol{D}_p$ 和式(3.4.54a)中 Prager 关系，式中的$\dot{\boldsymbol{\alpha}}$可写为

$$\dot{\boldsymbol{\alpha}}_4 = \frac{2}{3}\boldsymbol{A}'\dot{\lambda}\,\boldsymbol{a}_4 = \frac{\boldsymbol{A}'\dot{\lambda}}{3\sigma_i}\begin{bmatrix} 2\bar{\sigma}_x - \bar{\sigma}_y \\ -\bar{\sigma}_x + 2\bar{\sigma}_y \\ -\bar{\sigma}_x - \bar{\sigma}_y \\ 3\bar{\tau}_{xy} \end{bmatrix} \tag{3.4.47}$$

此外，结合式(3.4.61)中$\boldsymbol{D}_z$，对于式(3.4.54b)的 Ziegler 法则，有

$$\dot{\boldsymbol{\alpha}}_4 = \frac{\mathbf{A}'}{\sigma_i}\dot{\lambda}\begin{bmatrix}\bar{\sigma}_x \\ \bar{\sigma}_y \\ \bar{\sigma}_z \\ \bar{\sigma}_{xy}\end{bmatrix} = \frac{\mathbf{A}'}{\sigma_i}\dot{\lambda}\,\bar{\boldsymbol{\sigma}}_4 \tag{3.4.48}$$

其中，$\bar{\sigma}_z = 0$。这样，结合式(3.4.47)，对于 4 分量情况，一致条件为

$$\dot{f}_{4p} = \boldsymbol{a}_4^T\dot{\boldsymbol{\sigma}}_4 - \boldsymbol{a}_4^T\dot{\boldsymbol{\alpha}}_4 = \boldsymbol{a}^T\boldsymbol{\sigma}_4 - \frac{2}{3}\mathbf{A}'\dot{\lambda}\,\boldsymbol{a}_4^T\boldsymbol{a}_4 = \boldsymbol{a}_4^T\dot{\boldsymbol{\sigma}}_4 - \mathbf{A}'\dot{\lambda} = 0 \tag{3.4.49a}$$

结合式(3.4.48)的法则，有相同的结果，如

$$\dot{f}_{4z} = \boldsymbol{a}_4^T\dot{\boldsymbol{\sigma}}_4 - \boldsymbol{a}_4^T\dot{\boldsymbol{\alpha}}_4 = \boldsymbol{a}_4^T\dot{\boldsymbol{\sigma}}_4 - \frac{\mathbf{A}'}{\boldsymbol{\sigma}_{\text{yield}}}\dot{\lambda}\,\boldsymbol{a}_4^T(\boldsymbol{\sigma}_4 - \boldsymbol{a}_4) = \boldsymbol{a}_4^T\dot{\boldsymbol{\sigma}}_4 - \mathbf{A}'\dot{\lambda} = 0 \tag{3.4.49b}$$

注意到$\dot{\boldsymbol{\sigma}}_4$ 和$\dot{\boldsymbol{\alpha}}_4$ 的第三分量为零（见式(3.4.48)），可以移去第三分量，即 z 向分量，而式(3.4.49b)为

$$\dot{f}_{4z} = \boldsymbol{a}_4^T\dot{\boldsymbol{\sigma}}_4 - \mathbf{A}'\dot{\lambda} = \dot{f}_{3z} = \boldsymbol{a}_3^T\dot{\boldsymbol{\sigma}}_3 - \mathbf{A}'\dot{\lambda} = 0 \tag{3.4.50}$$

对于这个硬化准则，可以避免考虑 z 向分量，而仅考虑三个分量。此外，如果采用式(3.4.47)的 Prager 准则，则不能得到一个相似的简化，因为式(3.4.47)的第三分量不为零。$\boldsymbol{a}$ 的相应分量

$$\boldsymbol{a}_4^T\dot{\boldsymbol{\alpha}}_4 \neq \boldsymbol{a}_3^T\dot{\boldsymbol{\alpha}}_3 \tag{3.4.51}$$

对于二维应力可应用 Prager 或 Ziegler 准则，也可以由 Mises 准则得到相同的结果，在上面的情况中，必须至少应用 4 个分量。

3.4.4 动态强化(硬化)理论

对于地震问题或低循环疲劳诱发循环加载可能导致塑性应变[110]。在这种情况下，包辛格效应可能是十分显著的。图 3.4.9 说明了一维问题的循环加载过程，图 3.4.10 显示了一维问题的线性硬化效应。在这里，抗拉屈服使得抗压承载力降低，所以有

$$(\sigma - \alpha) = \pm\,\sigma_{\text{yield}} \tag{3.4.52}$$

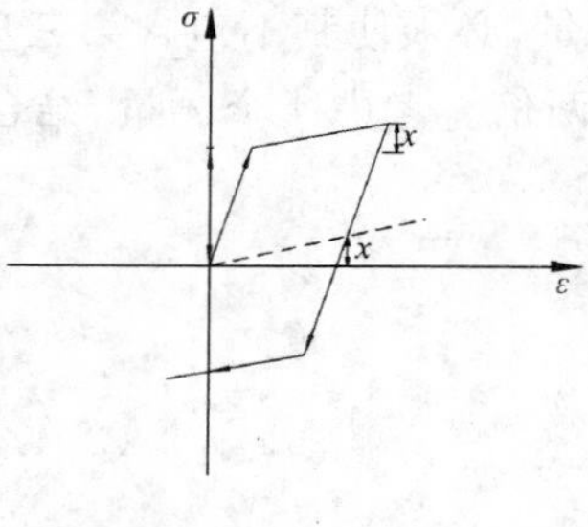

图 3.4.9 一维问题的循环加载过程

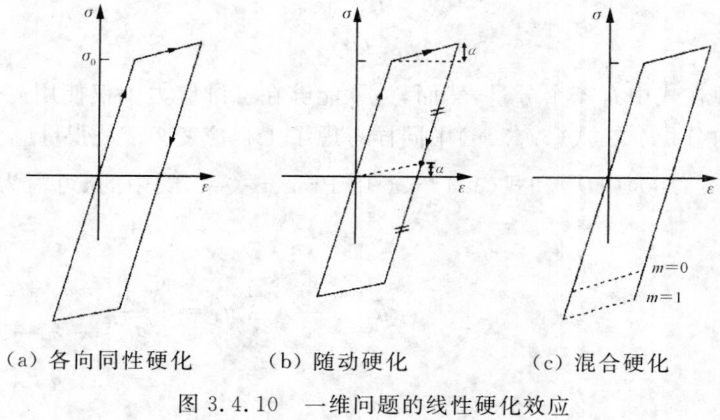

(a) 各向同性硬化 (b) 随动硬化 (c) 混合硬化

图 3.4.10 一维问题的线性硬化效应

式中，α 是在该屈服面中心应力的“随动改变”。如图 3.4.10 所示，由于这种改变，而 σ_{yield} 不变，将导致单轴应力 σ 方向的材料得到“硬化”，因而不能按各向同性应变硬化或各向同性加工硬化的方法考虑效应，故也不能用上述的方法考虑包辛格效应。

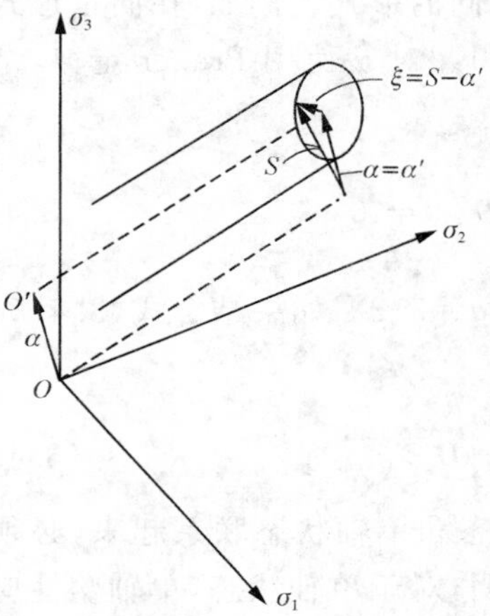

(a) Mises 圆柱体位移

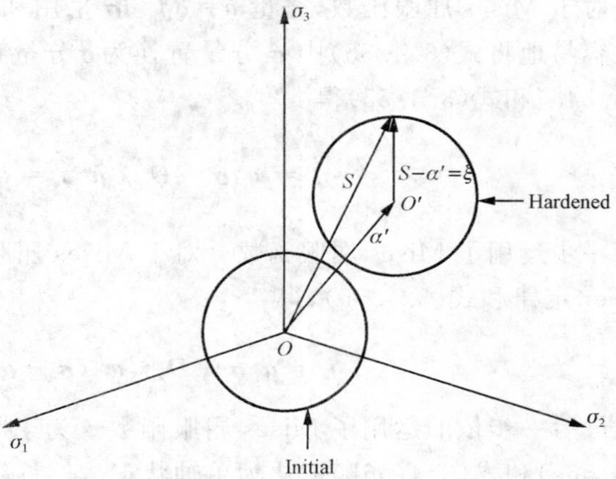

(b) 底部截面

图 3.4.11 Mises 移动硬化

因此，Prager 引进一个“随动模型”，根据 Mises 屈服准则，此模型假设为圆柱形屈服面平移(如图 3.4.11 所示)，可以通过简单地用 $\tilde{\boldsymbol{\sigma}}=\boldsymbol{\sigma}-\boldsymbol{\alpha}$ 置换标准 Mises 函数中的应力 $\boldsymbol{\sigma}$。此处张量 $\boldsymbol{\alpha}$ 定义了当前构形屈服面原点。因此

$$f=\sigma_i(\boldsymbol{\sigma})=\sigma_i(\boldsymbol{\sigma}-\boldsymbol{\alpha})-\sigma_{\text{yield}}=\sqrt{\frac{3}{2}}\left((\boldsymbol{S}-\boldsymbol{\alpha}')^{\mathrm{T}}(\boldsymbol{S}-\boldsymbol{\alpha}')\right)^{\frac{1}{2}}-\sigma_{\text{yield}} \tag{3.4.53}$$

上式为 Mises 屈服准则，$\boldsymbol{S}$ 为 $\boldsymbol{\sigma}$ 偏量部分，$\boldsymbol{\alpha}'$ 为 $\boldsymbol{\alpha}$ 偏量部分。与无随动硬化的式(3.2.15)对比，张量 $\boldsymbol{\alpha}$ 为返回应力(Back Stresses)(参见第 17 章中关于返回屈服面的讨论)，$\boldsymbol{\alpha}$ 与式(3.4.52)中标量 α 有关。

Prager 假定屈服面沿塑性应变方向移动，所以

$$\dot{\boldsymbol{\alpha}}=\boldsymbol{D}_p\,\dot{\boldsymbol{\varepsilon}}_p=\boldsymbol{D}_p\,\dot{\lambda}\,\frac{\partial f}{\partial \boldsymbol{\sigma}}=\boldsymbol{D}_p\,\dot{\lambda}\,\boldsymbol{a}=\boldsymbol{D}_p\,\frac{3\,\dot{\lambda}}{2\sigma_i}(\boldsymbol{S}-\boldsymbol{\alpha}') \tag{3.4.54a}$$

式中，最后一步运用了 Mises 屈服面。在式(3.4.54a)中对 $\dot{\boldsymbol{\varepsilon}}_p$ 使用了标准移动法则，并且采用和以前相同的约定，即 $\boldsymbol{a}=\partial \boldsymbol{f}/\partial\boldsymbol{\sigma}$。由式(3.4.53)，$\boldsymbol{a}$ 与 $-\partial \boldsymbol{f}/\partial \boldsymbol{\alpha}$ 相同。因为对于 Mises 函数，塑性应变 $\dot{\boldsymbol{\varepsilon}}_p$ 没有体积分量(Volumetric Component)，从式(3.4.54a)，根据 Prager 定律，$\dot{\boldsymbol{\alpha}}=\dot{\boldsymbol{\alpha}}'$，因此屈服面中心将从 O 移至 O'(如图 3.4.11)，而沿平均应力方向无移动。

当在应力子空间中工作时，如二维应力问题，Prager 模型会导致不连续，除非式(3.4.54a)在相应的子空间中重新建立。但可以通过采用 Ziegler 模型避免不连续，由此

$$\dot{\boldsymbol{\alpha}}=\boldsymbol{D}_Z\,\dot{\lambda}\,(\boldsymbol{\sigma}-\boldsymbol{\alpha}) \tag{3.4.54b}$$

然而，式(3.4.54b)采用 Mises 准则，屈服面中心沿平均应力方向将会有移动分量。因为屈服面是圆柱体，所以这不会影响结果。对于一般情况，两个公式的关系在二维应力中将十分明

了。式(3.4.52)的连续条件为

$$\dot{f}=\frac{\partial f}{\partial \boldsymbol{\sigma}}\dot{\boldsymbol{\sigma}}+\frac{\partial f}{\partial \boldsymbol{\alpha}}\dot{\boldsymbol{\alpha}}=\boldsymbol{a}^{\mathrm{T}}\dot{\boldsymbol{\sigma}}-\boldsymbol{a}^{\mathrm{T}}\dot{\boldsymbol{\alpha}}=0 \tag{3.4.55}$$

对于 Mises 屈服函数,张量 $\boldsymbol{a}=\partial \boldsymbol{f}/\partial \boldsymbol{\sigma}$ 采用和无硬化相同的形式。例如,在向量形式下可以很容易地将式(3.4.35)中 $\boldsymbol{\sigma}$ 分量置换为 $\bar{\boldsymbol{\sigma}}$ 分量($\bar{\boldsymbol{\sigma}}=\boldsymbol{\sigma}-\boldsymbol{\alpha}$)。对 $\dot{\boldsymbol{\alpha}}$ 使用 Prager 定律,结合式(3.4.54a)和式(3.4.55)得

$$\dot{f}=\boldsymbol{a}^{\mathrm{T}}\dot{\boldsymbol{\sigma}}-\boldsymbol{D}_p\dot{\lambda}\,\boldsymbol{a}^{\mathrm{T}}\boldsymbol{a}=\boldsymbol{a}^{\mathrm{T}}\dot{\boldsymbol{\sigma}}-\frac{3}{2}\boldsymbol{D}_p\dot{\lambda}=0 \tag{3.4.56a}$$

最后一步运用了 Mises 屈服函数。对于 Mises 屈服条件,$\boldsymbol{a}^{\mathrm{T}}\boldsymbol{a}=3/2$。如果结合式(3.4.54b)的 Ziegler 定律和式(3.4.55),得

$$\dot{f}=\boldsymbol{a}^{\mathrm{T}}\dot{\boldsymbol{\sigma}}-\boldsymbol{D}_z\dot{\lambda}\,\boldsymbol{a}^{\mathrm{T}}(\boldsymbol{\sigma}-\boldsymbol{\alpha})=\boldsymbol{a}^{\mathrm{T}}\dot{\boldsymbol{\sigma}}-\boldsymbol{D}_z\dot{\lambda}\sigma_{\mathrm{yield}} \tag{3.4.56b}$$

这里最后一步依旧运用了 Mises 屈服函数。为了将多维状态和单轴状态联系起来,必须将式(3.4.56a)和式(3.4.56b)退化为单轴状态。但首先必须说明,对于单轴状态,单轴塑性应变率如$\dot{\varepsilon}_{x,p}=\dot{\lambda}$。这样便可以采用和各向同性应变硬化同样的步骤,并且定义等效塑性应变率$\dot{\boldsymbol{\varepsilon}}_p$,如式(3.4.30)。这时可以从式(3.4.33)中看到$\dot{\boldsymbol{\varepsilon}}_p=\dot{\lambda}$和单轴时$\dot{\boldsymbol{\varepsilon}}_p=\dot{\varepsilon}_{x,p}$。

现将式(3.4.56a)和式(3.4.56b)退化为如 x 方向单轴状态。首先,考虑式(3.4.56a),有

$$\dot{f}=\dot{\sigma}_x-\frac{3}{2}\boldsymbol{D}_p\dot{\lambda}=H'\dot{\varepsilon}_{x,p}-\frac{3}{2}\boldsymbol{D}_p\dot{\varepsilon}_{x,p}=0 \tag{3.4.57a}$$

式中,H'为单轴应力-塑性应曲线的斜率(见式(3.4.18)和图 3.4.4)。另外,从式(3.4.56b)有

$$\dot{f}=\dot{\sigma}_x-\boldsymbol{D}_z\dot{\lambda}\sigma_{\mathrm{yield}}=H'\dot{\varepsilon}_{x,p}-\boldsymbol{D}_z\sigma_{\mathrm{yield}}\dot{\varepsilon}_{x,p}=0 \tag{3.4.57b}$$

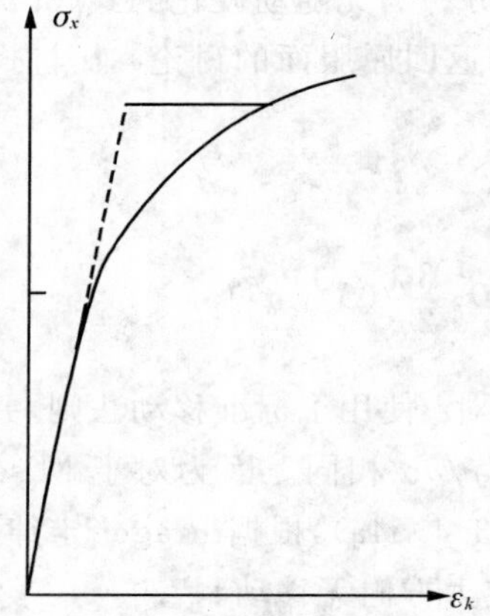

(a) 单轴(x 方向)应力应变关系

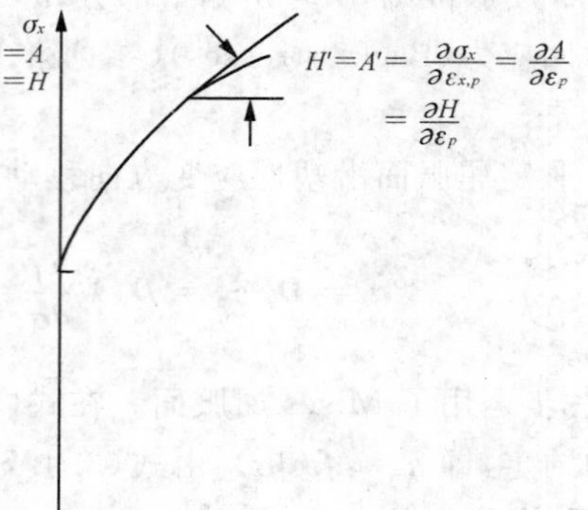

(b) 应力和等效应力关系及等效塑性应变

图 3.4.12 单轴应力应变关系和"塑性斜率"H'和 A'(Mises)

由式(3.4.57a)有

$$\boldsymbol{D}_p=\frac{2}{3}H' \tag{3.4.58a}$$

由式(3.4.57b)有

$$\boldsymbol{D}_z = \frac{H'}{\sigma_{\text{yield}}} \tag{3.4.58b}$$

采用 Prager 定律，将式(3.4.54a)或采用 Ziegler 定律，将式(3.4.54b)代入式(3.4.55)，并结合式(3.4.58a)或式(3.4.58b)，采用 Prager 定律和 Ziegler 定律，有

$$\dot{f} = \boldsymbol{a}^{\mathrm{T}}\dot{\boldsymbol{\sigma}} - \boldsymbol{A}'\dot{\lambda} = 0 \tag{3.4.59}$$

式中

$$A'_p = \boldsymbol{D}_p \boldsymbol{a}^{\mathrm{T}}\boldsymbol{a} = \frac{3}{2}\boldsymbol{D}_p = H' = \frac{\partial \sigma_x}{\partial \varepsilon_{x,p}} \tag{3.4.60}$$

$$A'_z = \boldsymbol{D}_z \boldsymbol{a}^{\mathrm{T}}(\boldsymbol{\sigma} - \boldsymbol{\alpha}) = \boldsymbol{D}_z \sigma_{\text{yield}} = H' = \frac{\partial \sigma_x}{\partial \varepsilon_{x,p}} \tag{3.4.61}$$

式(3.4.60)和式(3.4.61)最后的关系式都是和 Mises 屈服准则有关的。这里注意到对于采用不同的硬化准则结果是一样的。

式(3.4.59)和采用线性各向同性硬化准则的式(3.4.21)相同。其中 A' 由式(3.4.60)或式(3.4.61)给出，标准切线模量矩阵(The Standard Tangent Modular Matrix)将也相同，且采用式(3.4.23)形式。然而，更应该关注一致切线模量矩阵(The Consistent Tangent Modular Matrix)，以便用于后 Euler 公式(That Follows On From A Backward-Euler Return)。

为了应用非线性硬化，可以假设 $\boldsymbol{D}_p$ 或 $\boldsymbol{D}_z$ 为等效塑性应变 $\boldsymbol{\varepsilon}_p$ 的函数。考虑到 Mises 屈服准则，这时可以采用 $\sigma_x = H = A$ 和 ε_p 的单轴初始加载曲线(见图 3.4.12)，给定等效塑性应变 $\boldsymbol{\varepsilon}_p$ 的值，得到 $A' = H' = \partial\sigma_x/\partial\boldsymbol{\varepsilon}_p$。对于在 x 方向单轴初始加载曲线，后者与一维 $\boldsymbol{\varepsilon}_p$ 相等。

3.4.5 混合强化(硬化)理论

混合硬化为更加普遍的硬化，由 Hodge 提出，发展于 Mroz 和其他一些学者。其由随动硬化和各向同性硬化组合而成。随动硬化的屈服面中心移动，而各向同性硬化则扩大屈服面。为引进混合硬化，在此引进比例系数 m，其表示各向同性的塑性应变所占的比例，而 $(1-m)$ 则表示随动塑性应变所占的比例。故

$$\dot{\boldsymbol{\varepsilon}}_p = \dot{\varepsilon}_{i,p} + \dot{\varepsilon}_{k,p} = m\dot{\boldsymbol{\varepsilon}}_p + (1-m)\dot{\boldsymbol{\varepsilon}}_p \tag{3.4.62}$$

各向同性等效塑性应变率由式(3.4.30)给出，即

$$\dot{\varepsilon}_{i,p} = m\dot{\boldsymbol{\varepsilon}}_p = m\sqrt{\frac{3}{2}}\,(\dot{\boldsymbol{\varepsilon}}_p^{\mathrm{T}}\dot{\boldsymbol{\varepsilon}}_p)^{\frac{1}{2}} = m\dot{\lambda} \tag{3.4.63}$$

参考 J_2 塑性，屈服函数变为

$$f = \sigma_i(\boldsymbol{\sigma} - \boldsymbol{\alpha}) - \sigma_{\text{yield}} = \sqrt{\frac{3}{2}}\,((\boldsymbol{S} - \boldsymbol{\alpha}')^{\mathrm{T}}(\boldsymbol{S} - \boldsymbol{\alpha}'))^{\frac{1}{2}} - \sigma_{\text{yield}}(\varepsilon_{i,p}) \tag{3.4.64}$$

现在 σ_{yield} 随各向同性等效塑性应变 ε_{psi} 而改变。替代式(3.4.54a)和式(3.4.54b)，$\boldsymbol{\alpha}$ 现变为

$$\dot{\boldsymbol{\alpha}}_p = \boldsymbol{D}_p(1-m)\dot{\boldsymbol{\varepsilon}}_p = \boldsymbol{D}_p(1-m)\dot{\lambda}\boldsymbol{a} \tag{3.4.65a}$$

和

$$\dot{\boldsymbol{\alpha}}_z = \boldsymbol{D}_z(1-m)(\boldsymbol{\sigma}-\boldsymbol{\alpha}) = \boldsymbol{D}_z(1-m)\bar{\boldsymbol{\sigma}} \tag{3.4.65b}$$

同时，在式(3.4.59)中，连续条件变为

$$\dot{f} = \boldsymbol{a}^{\mathrm{T}}\dot{\boldsymbol{\sigma}} - \frac{\partial\sigma_{\text{yield}}}{\partial\varepsilon_{i,p}}\dot{\varepsilon}_{i,p} = \boldsymbol{a}^{\mathrm{T}}\dot{\boldsymbol{\sigma}} - \boldsymbol{a}^{\mathrm{T}}\dot{\boldsymbol{\alpha}} - \overline{H}'m\dot{\lambda} \tag{3.4.66}$$

式中，$\overline{H}'$为各向同性硬化的塑性“斜率”。对应 Prager 和 Ziegler 定律的式(3.4.56a)和式(3.4.56b)可替代为

$$\dot{f} = \boldsymbol{a}^{\mathrm{T}}\dot{\boldsymbol{\sigma}} - \boldsymbol{D}_p\dot{\lambda}(1-m)\boldsymbol{a}^{\mathrm{T}}\boldsymbol{a} - \overline{H}'m\dot{\lambda} = \boldsymbol{a}^{\mathrm{T}}\dot{\boldsymbol{\sigma}} - \frac{3}{2}\boldsymbol{D}_p\dot{\lambda}(1-m) - \overline{H}'m\dot{\lambda} = 0 \tag{3.4.67a}$$

和

$$\dot{f} = \boldsymbol{a}^{\mathrm{T}}\dot{\boldsymbol{\sigma}} - \boldsymbol{D}_z\dot{\lambda}(1-m)\boldsymbol{a}^{\mathrm{T}}(\boldsymbol{\sigma}-\boldsymbol{\alpha}) - \overline{H}'m\dot{\lambda} = \boldsymbol{a}^{\mathrm{T}}\dot{\boldsymbol{\sigma}} - \boldsymbol{D}_z\sigma_i\dot{\lambda}(1-m) - \overline{H}'m\dot{\lambda} = 0 \tag{3.4.67b}$$

式(3.4.67a)和式(3.4.67b)中，最后的关系式特指 Mises 屈服准则。

对于单轴条件和 Mises 屈服准则，式(3.4.67)替代(3.4.57a)和式(3.4.57b)，故

$$\dot{f} = \dot{\sigma}_x - \frac{3}{2}\boldsymbol{D}_p(1-m)\dot{\varepsilon}_{x,p} - \overline{H}'m\dot{\varepsilon}_{x,p} = H'\dot{\varepsilon}_{x,p} - \frac{3}{2}\boldsymbol{D}_p(1-m)\dot{\varepsilon}_{x,p} - \overline{H}'m\dot{\varepsilon}_{x,p} = 0 \tag{3.4.68a}$$

$$\dot{f} = \dot{\sigma}_x - \boldsymbol{D}_z\sigma_e(1-m)\dot{\varepsilon}_{x,p} - \overline{H}'m\dot{\varepsilon}_{x,p} = H'\dot{\varepsilon}_{x,p} - \boldsymbol{D}_z\sigma_e(1-m)\dot{\varepsilon}_{x,p} - \overline{H}'m\dot{\varepsilon}_{x,p} = 0 \tag{3.4.68b}$$

这些关系式必须与 m 无关，因此有

$$\boldsymbol{D}_p = \frac{2}{3}H' = \frac{2}{3}\overline{H}' \tag{3.4.69a}$$

$$\boldsymbol{D}_z = \frac{H'}{\sigma_i} = \frac{\overline{H}'}{\sigma_i} \tag{3.4.69b}$$

式中，由于 $\sigma_i = \sigma_{\text{yield}}$ 随$\varepsilon_{i,p}$而改变，因此$\boldsymbol{D}_z$ 不是常数，即使对于线性硬化也如此。

式(3.4.67)可以写为更一般的形式为

$$\dot{f} = \boldsymbol{a}^{\mathrm{T}}\dot{\boldsymbol{\sigma}} - \boldsymbol{A}'_k\dot{\lambda} - \boldsymbol{A}'_i\dot{\lambda} = \boldsymbol{a}^{\mathrm{T}}\dot{\boldsymbol{\sigma}} - \boldsymbol{A}'\dot{\lambda} \tag{3.4.70}$$

式中

$$\boldsymbol{A}' = \boldsymbol{A}'_k + \boldsymbol{A}'_i$$

采用 Prager 定律，$\boldsymbol{A}'_k$即为

$$\boldsymbol{A}'_{pk} = \boldsymbol{D}_p(1-m)\boldsymbol{\alpha}^{\mathrm{T}}\boldsymbol{\alpha} = \frac{3}{2}\boldsymbol{D}_p = H'(1-m) = \overline{H}'(1-m) = \boldsymbol{A}'(1-m) \tag{3.4.71a}$$

采用 Ziegler 定律，$\boldsymbol{A}'_k$即为

$$\begin{aligned}\boldsymbol{A}'_{zk} &= \boldsymbol{D}_z(1-m)\boldsymbol{a}(\boldsymbol{\sigma}-\boldsymbol{\alpha}) = \boldsymbol{D}_z(1-m)\sigma_{\text{yield}} = H'(1-m) \\ &= \overline{H}'(1-m) = \boldsymbol{A}'(1-m)\end{aligned} \tag{3.4.71b}$$

$$\boldsymbol{A}_i' = \overline{H}'m = H'm \tag{3.4.71c}$$

式(3.4.71a)和式(3.4.71b)中最后的关系式再一次特指了 Mises 屈服准则。这样,对于单纯随动硬化($m=0$),硬化参数$\boldsymbol{A}'_{pk}$和$\boldsymbol{A}'_{zk}$相同。因此,假设在完整的三维空间中,或者二维应力或轴对称,应用哪一规则将不再重要。式(3.4.70)为式(3.4.59)的标准形式。这里,式(3.4.23)应用标准切线模量矩阵

$$\boldsymbol{D} = \frac{E}{1-\nu^2}\begin{bmatrix} 1 & \nu & 0 \\ \nu & 1 & 0 \\ 0 & 0 & (1-\nu)/2 \end{bmatrix}$$

对于给定的等效塑性应变$\boldsymbol{\varepsilon}_p$,由 Mises 屈服准则,可以由初始单轴塑性应变关系(见图 3.4.12)得到$\boldsymbol{A}'$。

3.5 应力-应变关系

如果经过屈服条件的判断证实某一应力状态已进入塑性,再用加载准则判断证实此应力的进一步变化属于加载状态,那么它的应力和应变就应当服从塑性的应力-应变关系。

综上所述,屈服条件、强化条件及应力和应变之间的定性关系构成了所谓的本构关系的完整概念。而应力和应变之间的关系反映了本构关系的最重要的涵义。本构关系的确定是建立固体或结构非线性分析模型的重要环节,国内外学者对此进行了长期、广泛的研究[54][66][72][74][110]。

一般来说,在进入塑性阶段后应力与应变之间没有一一对应的关系,而和加载的历史有关。在某一状态下,给定一组应力增量可以得到一组相应的应变增量或应变率,因此可以建立应力与应变在增量之间的关系。这种关系称为流动理论或增量理论。主要有圣维南(S. Venant)、列维(Levy)-米赛斯(Mises)以及普朗特(Prandtl)-路埃斯(Reuss)理论。另外,在简单加载的特定条件下,也可以得到应力与应变之间的关系。这种关系称为形变理论或全量理论。这一类理论认为在塑性状态下仍是应力和应变全量之间的关系的全量理论,又称为形变理论,主要有伊留申(Illyushin)、汉基(Hencky)和那达依(Nadai)。

近百年来有各种理论(假设)来描述塑性本构关系,至今描述塑性变形规律的理论大致可以分为以上两大类。

3.5.1 弹性介质应力-应变的一般关系

3.5.1.1 单向应力与应变关系

材料的弹塑性特性应该通过双向拉伸试验来研究,由于双向拉伸试验比较复杂,所以对于理想弹塑性材料,材料的特性从单向拉伸试验得到图 3.5.1 所示的应力-应变试验曲线上观察到。曲线上的 A 点即为屈服极限σ_{yield},低于这个屈服极限时,应力-应变曲线的曲率很小,近似地认为呈线性关系;而超过这个极限时,例如到 B 点时,应力与应变之间不但不是线性关系,而且在外部作用卸载后,仅部分变形恢复,另一部分作为塑性变形被保留下来。因此应力应变之间不再像线性弹性那样是单值对应关系,应力-应变关系与变形的历史有关。随着塑性变形的出现和发展,材料对外部作用的反应也不同,某些材料会强化或软化,如图 3.5.1(a);某些材料则接近理想塑性,如图 3.5.1(b)。弹塑性材料的历史相关性以及加载和卸载时材料服从不同

的规律的特性，使得本构方程的表述比非线性弹性情况复杂得多。

为建立一般应力状态下弹塑性应力-应变关系的具体表示形式，需要首先讨论单向应力状态下的弹塑性应力-应变关系，进而推广得出一般应力状态下弹塑性应力-应变关系。而单向应力状态下的弹性应力-应变关系是基础。

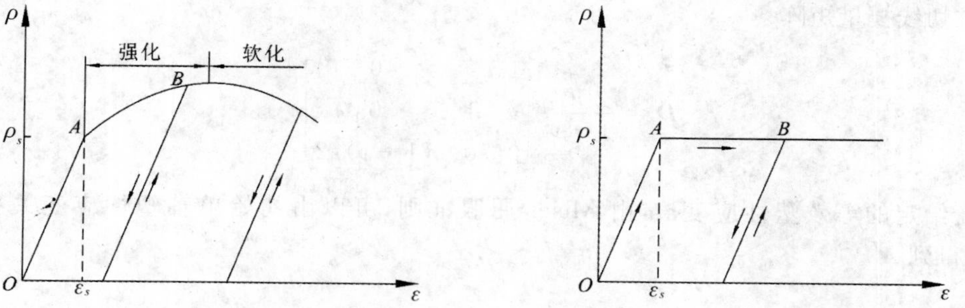

(a) 强化　　　(b) 理想塑性

图 3.5.1　弹塑性材料的应力-应变关系

3.5.1.2　一般应力状态下弹性应力-应变模型(广义 Hooke 定律)

对于弹性介质而言，材料的性质是关于应变或应力的状态函数，与变形历史无关。弹性介质的应力-应变关系，按照广义 Hooke 定律，有

$$\begin{cases} \varepsilon_x = \dfrac{1}{E}[\sigma_x - \nu(\sigma_y + \sigma_z)], \gamma_{xy} = \dfrac{1}{G}\tau_{xy}; \\ \varepsilon_y = \dfrac{1}{E}[\sigma_y - \nu(\sigma_z + \sigma_x)], \gamma_{yz} = \dfrac{1}{G}\tau_{yz}; \\ \varepsilon_z = \dfrac{1}{E}[\sigma_z - \nu(\sigma_x + \sigma_y)], \gamma_{zx} = \dfrac{1}{G}\tau_{zx} \end{cases} \tag{3.5.1}$$

式中，E 为弹性模量，G 为剪切模量，ν 为泊桑比。有

$$G = \frac{E}{2(1+\nu)}$$

或者写为

$$\sigma = \boldsymbol{D}_e \varepsilon \tag{3.5.2}$$

式中，$\boldsymbol{D}_e$ 为弹性矩阵，有

$$\boldsymbol{D}_e = \frac{E}{(1+\nu)(1-2\nu)} \cdot \begin{bmatrix} 1-\nu & & & & & \\ \nu & 1-\nu & & \text{对} & & \\ \nu & \nu & 1-\nu & & & \\ 0 & 0 & 0 & \dfrac{(1-2\nu)}{2} & & \text{称} \\ 0 & 0 & 0 & 0 & \dfrac{(1-2\nu)}{2} & \\ 0 & 0 & 0 & 0 & 0 & \dfrac{(1-2\nu)}{2} \end{bmatrix} \tag{3.5.3}$$

3.5.1.3 单向应力状态下塑性应力-应变模型

在简单加载的情况下，材料的单向应力-应变关系的建立是用数值方法拟合试验数据而得到的。考虑到材料屈服后的非线性特性，对该曲线简化处理(见图 3.5.2)，以简单的数学形式表达出来，便于工程结构的应用。目前，对一般金属材料的应力-应变有以下几种简化模型。

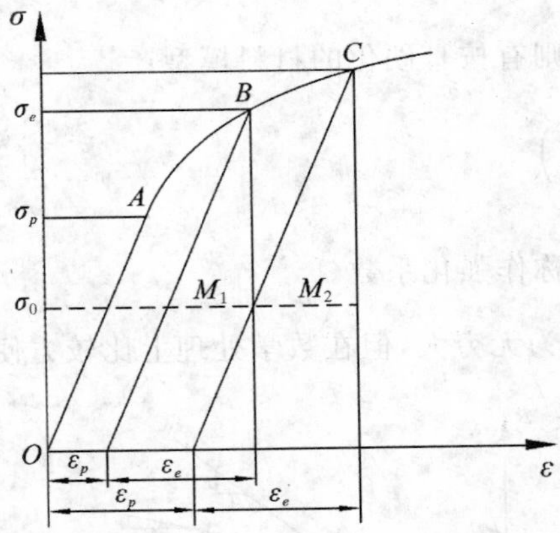

图 3.5.2 简单拉伸应力应变曲线

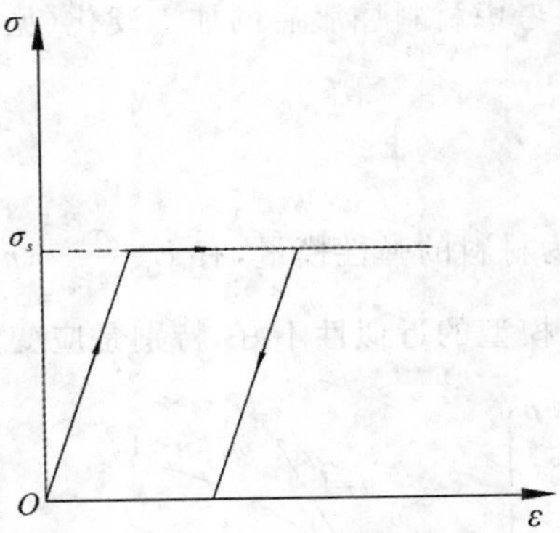

图 3.5.3 理想塑性曲线

(1) 理想弹塑性本构模型

对忽略材料屈服后的加工硬化的理想弹塑性材料，如图 3.5.3 所示，当材料的应力小于屈服应力，即 $\sigma<\sigma_{\text{yield}}$ 时的单向应力-应变关系

$$\sigma = E\varepsilon \tag{3.5.4a}$$

而当材料的应力大于或等于屈服应力，即 $\sigma\geqslant\sigma_{\text{yield}}$ 时的单向应力应变关系

$$\sigma = \sigma_{\text{yield}} \tag{3.5.4b}$$

式中，σ 为材料的单向应力；σ_{yield} 为简单加载的情况下材料的屈服应力；ε 为材料的应变；E 为材料的弹性模量。

(2) 线性强化本构模型

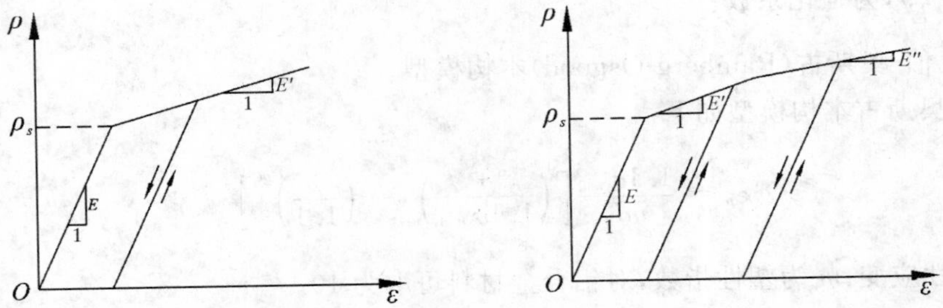

图 3.5.4 线性强化本构模型

如果考虑材料屈服后的加工硬化，包括单枝线性硬化和多枝线性硬化(见图 3.5.4)。对单枝线性硬化模型，则当材料的应变小于或等于屈服应变，即 $\varepsilon\leqslant\varepsilon_{\text{yield}}$ 时有线性强化弹塑性模型：

$$\sigma = E\varepsilon \tag{3.5.5a}$$

而当材料的应变大于屈服应变，即 $\varepsilon>\varepsilon_{\text{yield}}$ 时有线性强化弹塑性模型：

$$\sigma = E\varepsilon\left(1 - H'\left(1 - \frac{\varepsilon_{\text{yield}}}{\varepsilon}\right)\right) \tag{3.5.5b}$$

其中，$H' = \dfrac{E - E'}{E}$，称作强化参数；ε 为应变；$\varepsilon_{\text{yield}}$ 为与屈服极限相对应的应变，即屈服应变。

（3）幂硬化本构模型

如果考虑材料屈服后的加工硬化（见图 3.5.5），则有按幂硬化的材料模型：

$$\sigma = \sigma_{\text{yield}}\left(\frac{\varepsilon}{\varepsilon_{\text{yield}}}\right)^n \tag{3.5.6}$$

式中，E 为材料的弹性模量，有 $E=\dfrac{\sigma_{\text{yield}}}{\varepsilon_{\text{yield}}}$；$n(0<n<1)$ 称作强化系数。

幂次模型的近似性不好，特别是应变为零时斜率为无穷大，但在数学处理上比较方便。

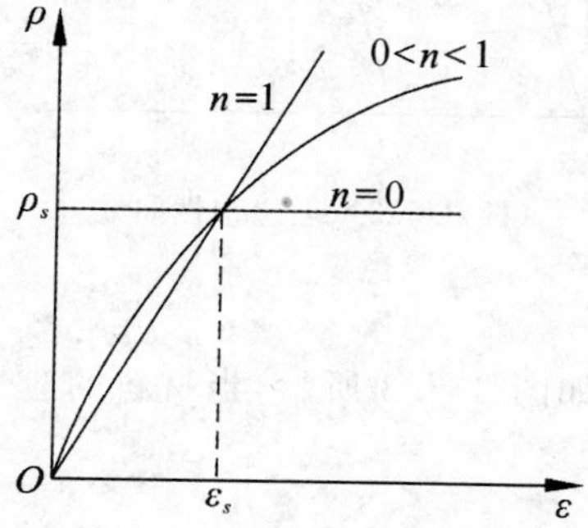

图 3.5.5　幂硬化本构模型

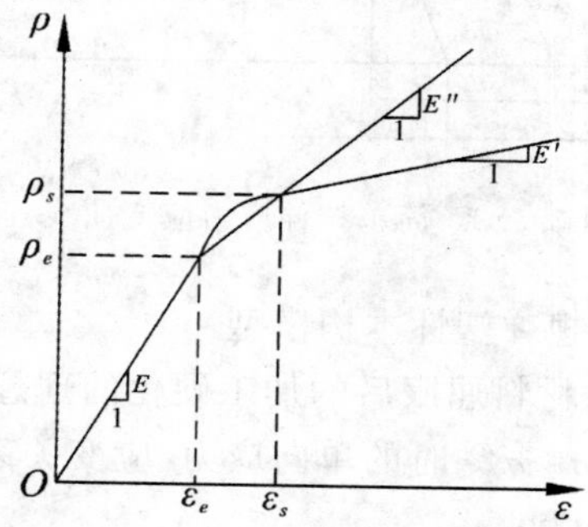

图 3.5.6　两段直线加过渡曲线本构模型

（4）两段直线间由过渡曲线相连的本构模型

两段直线间由过渡曲线相连的本构模型如图 3.5.6 所示，数学表达式为

$$\sigma = \sigma_{\text{yield}} - E'(\varepsilon_{\text{yield}} - \varepsilon) - (E'' - E')\frac{(\varepsilon_{\text{yield}} - \varepsilon)^n}{(\varepsilon_{\text{yield}} - \varepsilon_e)^{n-1}} \tag{3.5.7}$$

式中，$n=\dfrac{E-E'}{E''-E'}$，为强化系数。

（5）E. 兰伯-奥斯古（Ramberg-Osgood）本构模型

E. 兰伯-奥斯古本构模型如下：

$$\varepsilon_p = \frac{1.1\sigma_{\text{yield}}}{mE}\left[\left(\frac{\sigma}{1.1\sigma_{\text{yield}}}\right)^m - \left(\frac{1}{1.1}\right)^m\right] \tag{3.5.8}$$

式中，ε_p 为塑性应变；m 为塑性指数，对铝合金材料可取为 10。

该表达式给出了应力和塑性应变之间的关系，它可以直接应用于塑性增量理论的计算之中，使用方便，也有足够的精度，目前在结构的弹塑性分析中使用比较广泛。

（6）分段折线本构模型

分段折线本构模型如图 3.5.7 所示，这种模型可由单向拉伸试验的实测结果直接给出，最能逼近真实的 σ-ε 曲线。只要分界点数足够多，特别是在转折剧烈之处，这种模型可以达到很高的精度。

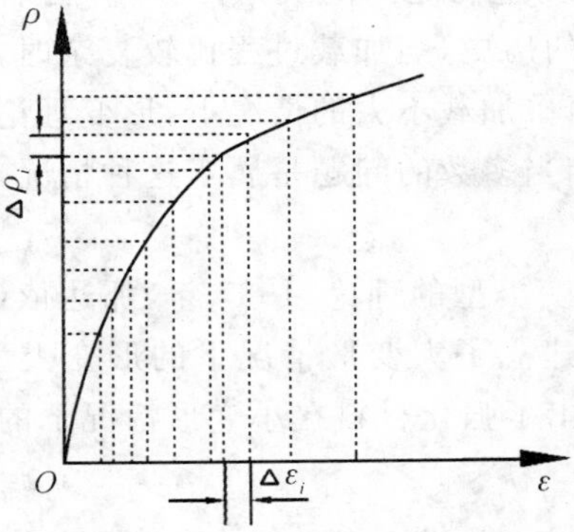

图 3.5.7　分段折线本构模型

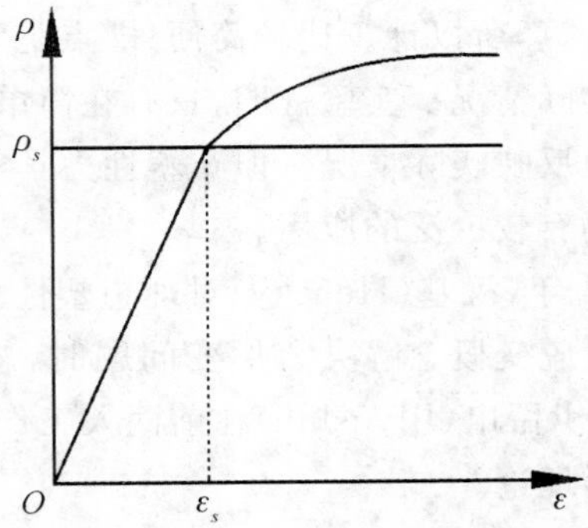

图 3.5.8　线弹性-幂强化本构模型

(7) 线弹性-幂强化本构模型

把一般非线性应力应变关系分成线性部分和偏离这部分的非线性部分，前者用线性关系式即虎克定律描述，后者用非线性关系式或幂次关系式描述作为前者的修正(见图 3.5.8)，则线性和幂次组合的应力应变关系表达式为

$$\sigma = A\varepsilon^m$$

或

$$\varepsilon = \left(\frac{\sigma}{A}\right)^{\frac{1}{m}} \tag{3.5.9}$$

式中，$A>0$ 为变形系数；$m<1$ 为硬化系数。

另外，把总应变 ε 分成与应力成线性关系的线性应变 ε_L 以及偏离线性应变的非线性应变 ε_{NL} 两部分，即把总的应力应变关系分呈线性部分即线性应力 σ_L 与线性应变 ε_L 的关系以及偏离线性部分的非线性应变 ε_{NL} 与非线性应力 σ_{NL} 的关系。线性应变 ε_L 与线性应力 σ_L 的关系采用线性虎克定律描述，偏离线性部分的非线性应变 ε_{NL} 与非线性应力 σ_{NL} 的关系采用幂次式描述，则总的非线性应力应变关系用线性和幂次关系的组合来表示，即

$$\varepsilon = \varepsilon_L + \varepsilon_{NL} = \frac{\sigma}{E_1} + \left(\frac{\sigma}{A}\right)^{1/m} = \frac{\sigma}{E_1} + \left(\frac{\sigma}{A}\right)^{n} \tag{3.5.10}$$

或可以写为

$$\sigma = \begin{cases} E_1\varepsilon & |\varepsilon| \leqslant \varepsilon_{\text{yield}}; \\ \text{sign}(\varepsilon)\left[\sigma_{\text{yield}} + E_2\ (|\varepsilon| - \varepsilon_{\text{yield}})^n\right] & |\varepsilon| > \varepsilon_{\text{yield}} \end{cases} \tag{3.5.11}$$

式中，E_1，E_2 为材料常数，且 $E_1 = \frac{\sigma_{\text{yield}}}{\varepsilon_{\text{yield}}}$；$n$ 为强化系数，介于 0 和 1 之间。

此外，还有考虑材料线性滞回以及软化性能的分段线性化关系等。

3.5.2　形变理论-弹塑性全量应力应变关系

3.5.2.1　形变理论一般概念

形变理论的基本观点是材料进入塑性阶段以后再继续加载时，其各应变分量与各应力分

量之间存在一定的关系。其优点是可以直接建立应变与应力之间的关系，无需分为若干加载步逐步计算，所以计算比较简便；缺点是不能反映加载的历史，当加载过程比较复杂时，往往不能符合实际情况。实验证明，只有在简单加载或偏离简单加载不大的情况下，形变理论才能比较准确地反映实际情况。但在塑性力学实际问题中，相当多数的问题是属于这种情况，因此形变理论仍有较广泛的应用。

1924 年，汉基(Hencky)对理想塑性材料建立了形变类型的理论；1937 年，那达依(Nadai)应用自然应变概念解决大形变问题时，忽略弹性变形建立了大变形情况下的形变类型理论；1934 年，伊留申(Illyushin)在前两人工作的基础上，提出了强化材料在小变形情况下的微小弹塑性变形理论。

现在以下列假设为基础来建立形变理论。

(1) 体积改变是弹性的，即

$$\varepsilon_{\text{aver}} = \frac{\sigma_{\text{aver}}}{3K} = \frac{1-2\nu}{E}\sigma_{\text{aver}} \tag{a}$$

(2) 应力偏量与应变偏量成正比，即

$$\boldsymbol{e}_{ij} = \psi \boldsymbol{S}_{ij} \tag{b}$$

式中，ψ 为一标量(也就是说，对 i,j 取不同值时，可以认为 ψ 是常数)。

(3) 对理想塑性材料采用 Mises 屈服条件，对强化材料采用单一曲线假设。

在式(b)中，为了分离开弹性应变与塑性应变，令

$$\psi = \frac{1}{2G} + \varphi \tag{c}$$

将式(c)代入式(b)，得

$$\boldsymbol{e}_{ij} = \frac{1}{2G}\boldsymbol{S}_{ij} + \varphi \boldsymbol{S}_{ij}$$

式中，右方第一项是弹性应变偏量$\boldsymbol{e}_{ij,e}$，第二项是塑性应变偏量$\boldsymbol{e}_{ij,p}$，即

$$\boldsymbol{e}_{ij,e} = \frac{1}{2G}\boldsymbol{S}_{ij}, \quad e_{ij,p} = \varphi \boldsymbol{S}_{ij}$$

在式(b)左方加入应变球张量，将式(a)代入，得

$$\varepsilon_{ij} = \varepsilon_{\text{aver}}\delta_{ij} + e_{ij} = \frac{\sigma_{\text{aver}}}{3K}\delta_{ij} + \psi \boldsymbol{S}_{ij}$$

在式(b)右方加入应力球张量，再将式(a)代入，得

$$\sigma_{ij} = \sigma_{\text{aver}}\delta_{ij} + S_{ij} = 3K\varepsilon_{\text{aver}}\delta_{ij} + \frac{1}{\psi}e_{ij}$$

现确定比例系数 ψ。将式(b)左方乘以 e_{ij}，右方乘以 ψS_{ij}，两方仍然相等，即

$$e_{ij}e_{ij} = \psi^2 \boldsymbol{S}_{ij}S_{ij} \tag{d}$$

于是可知

$$e_{ij}e_{ij} = \frac{3}{2}(\varepsilon_i)^2, \quad S_{ij}S_{ij} = \frac{2}{3}(\sigma_i)^2$$

故由式(d)得

$$\psi = \frac{3}{2}\frac{\varepsilon_i}{\sigma_i} \tag{e}$$

下面分别讨论理想弹塑性材料及强化材料。

(1) 理想弹塑性材料

采用 Mises 屈服条件,$\sigma_i = \sigma_{\text{yield}}$,代入式(e)得

$$\psi = \frac{3}{2}\frac{\varepsilon_i}{\sigma_{\text{yield}}}$$

将上式代入式(c)得

$$\sigma_{ij} = 3K\varepsilon_{\text{aver}}\delta_{ij} + \frac{2}{3}\frac{\sigma_{\text{yield}}}{\varepsilon_i}e_{ij} \tag{f}$$

这就是汉基理论(对理想塑性材料)的应力应变关系。

(2) 强化材料

采用单一曲线假设,可知

$$\frac{\varepsilon_i}{\sigma_i} = \frac{1}{g(\varepsilon_i)} = \bar{g}(\sigma_i)$$

进而可得

$$\varepsilon_{ij} = \frac{\sigma_{\text{aver}}}{3K}\delta_{ij} + \frac{3}{2}\bar{g}(\sigma_i)S_{ij} \tag{g}$$

及

$$\sigma_{ij} = 3K\varepsilon_{\text{aver}}\delta_{ij} + \frac{2}{3}g(\varepsilon_i)e_{ij} \tag{h}$$

上两式即为伊留申理论(对强化材料)的应力应变关系。伊留申理论中,如果给定应力可用式(g)求应变;如果给定应变可用式(h)求应力。汉基理论中,如果给定应变可求应力,但如果给定应力求应变时只能得到确定的应变球张量 $\varepsilon_{\text{aver}}$,而无法唯一地确定应变偏张量 e_{ij},这是因为在式(f)右方第二项中有比值$\frac{e_{ij}}{\varepsilon_i}$。当所有的应变量 e_{ij} 增加同样的倍数时,此比值不变。

3.5.2.2 伊留申(Illyushin)理论

在简单加载情况下,即加载时体内各点应力都同时增加,材料整体处于加载状态;反之,卸载亦然。通常,简单加载路径是已知的,这时可以通过对增量应力-应变关系的积分来得到全量应力-应变关系。全量型塑性应力-应变关系是 A. A. ИЛЮЩИН 在 1943 年提出的,他指出在小变形条件下,符合下列三个条件:包括体力在内的所有荷载按比例加载;材料是不可压缩的,即 $\nu=0.5$;应力强度和应变之间有幂函数的关系,即 $\sigma_i = E\varepsilon_i^m$,其中 E 是已知的材料常数。除此之外,伊留申还强调了卸载的规律。同样在简单加载情况下,以单向拉伸为例来说明伊留申提出的卸载规律。图 3.5.9 显示了弹性非线性材料的加载和卸载规律,而图 3.5.10 则为非

线性弹塑性材料的加载和卸载规律。加载过程中，在弹性非线性材料和非线性弹塑性材料中的加载路线并没有区别。外荷载的加载路线如图 3.5.9 和图 3.5.10 中的 $O-A-B$ 所示，当加载至图 3.5.10 中的 B 点时，相应的外荷载为 p_1，应力和应变分别为 σ_1 和 ε_1。此时，材料已经进入塑性，应力应变关系

$$\sigma_1 = E'\varepsilon_1$$

当卸载时，卸载路线如图 3.5.10 中所示的 BC，BC 平行于 OA。当外荷载 p_1 由 B 卸载至 C 点时，卸去的荷载为 $p_1 - p_2$，在卸载路线 BC 中，应力应变之间存在着线性关系

$$\sigma' = E\varepsilon$$

式中，E 为弹性模量。在到达 C 点时，相应的外荷载为 p_2，应力和应变分别为 σ_0 和 ε_0。应力和应变分别为

$$\sigma_0 = E'\varepsilon_1 - E\varepsilon$$

$$\varepsilon_0 = \varepsilon_1 - \varepsilon$$

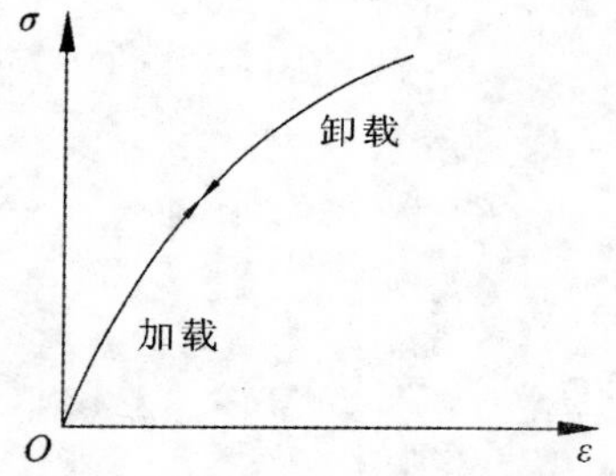

图 3.5.9　弹性非线性材料的卸载规律

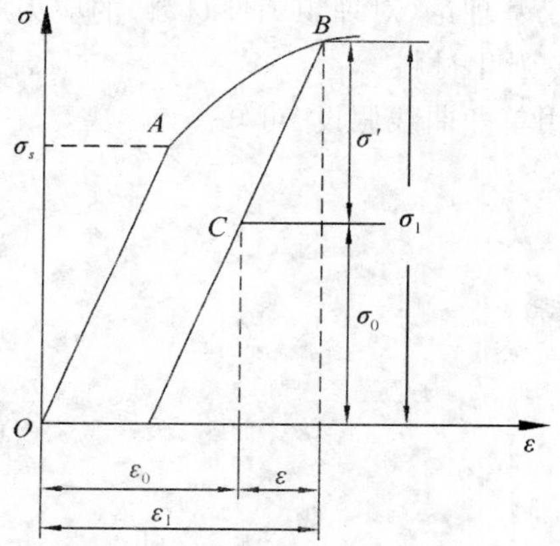

图 3.5.10　非线性弹塑性材料的卸载规律

对于一般应力状态，卸载后的应力和应变可以用卸载前的应力和应变减去卸载状态的应力和应变而得到，即简单地将卸去的荷载作为外荷载按弹性理论计算求得应力和应变的改变量。如用应力偏量和应变偏量表示时，有

$$S_{ij,0} = S_{ij} - S'_{ij} = 2G'e_{ij} - 2Ge'_{ij}$$

$$e_{ij,0} = e_{ij} - e'_{ij}$$

这里，S'_{ij} 和 e'_{ij} 为以卸去的荷载作为外荷载时，按弹性理论计算求得的应力偏量和应变偏量；S_{ij} 和 e_{ij} 为按塑性理论计算求得的卸载前的应力偏量和应变偏量。

由图 3.5.9 可见，对于弹性非线性材料，当完全卸去荷载后，材料中已经不存在残余应变。而由图 3.5.10 可见，即使完全卸去荷载后，材料中依然存在残余应变；同样，即使完全恢复变形后，材料中依然存在残余应力。当然，不得不指出的是伊留申理论属于小弹塑性理论，即使材料已经进入塑性状态，变形依然很小，接近于弹性阶段。在上述假定的基础上所提出的理论和方法是有一定的局限的。伊留申根据上述简单加载的规律，提出了硬化材料在弹塑性小变

形情况下的塑性应力-应变关系是最简单的弹塑性理论。

在加载过程中，建立一个反映弹、塑性状态的应力-应变关系是非常需要的。其中，在弹性阶段通常可以采用广义 Hooke 定律，有

$$\begin{cases}\varepsilon_{x,e}=\dfrac{1}{E}[\sigma_x-\nu(\sigma_y+\sigma_z)],\gamma_{xy,e}=\dfrac{1}{G}\tau_{xy};\\ \varepsilon_{y,e}=\dfrac{1}{E}[\sigma_y-\nu(\sigma_z+\sigma_x)],\gamma_{yz,e}=\dfrac{1}{G}\tau_{yz};\\ \varepsilon_{z,e}=\dfrac{1}{E}[\sigma_z-\nu(\sigma_x+\sigma_y)],\gamma_{zx,e}=\dfrac{1}{G}\tau_{zx}\end{cases}\tag{3.5.12}$$

式中，E 为弹性模量；ν 为泊松比；G 为剪切模量，有

$$G=\frac{E}{2(1+\nu)}$$

体积的变化

$$\theta=\varepsilon_{x,e}+\varepsilon_{y,e}+\varepsilon_{z,e}=\frac{1-2\nu}{E}(\sigma_x+\sigma_y+\sigma_z)\tag{3.5.13}$$

考虑到应力偏量

$$S_x=\frac{1}{3}(2\sigma_x-\sigma_y-\sigma_z)$$

$$S_y=\frac{1}{3}(2\sigma_y-\sigma_z-\sigma_x)$$

$$S_z=\frac{1}{3}(2\sigma_z-\sigma_x-\sigma_y)$$

得到在弹性阶段偏量形式的广义 Hooke 定律，即

$$\begin{cases}e_{x,e}=\dfrac{1+\nu}{3E}(2\sigma_x-\sigma_y-\sigma_z)=\dfrac{1}{2G}S_x,\\ e_{y,e}=\dfrac{1+\nu}{3E}(2\sigma_y-\sigma_z-\sigma_x)=\dfrac{1}{2G}S_y,\\ e_{z,e}=\dfrac{1+\nu}{3E}(2\sigma_z-\sigma_x-\sigma_y)=\dfrac{1}{2G}S_z,\\ \gamma_{xy,e}=\dfrac{1}{G}\tau_{xy},\gamma_{yz,e}=\dfrac{1}{G}\tau_{yz},\gamma_{zx,e}=\dfrac{1}{G}\tau_{zx}\end{cases}\tag{3.5.14}$$

而

$$e_{xy,e}=\frac{1}{2}\gamma_{xy,e},\quad e_{yz,e}=\frac{1}{2}\gamma_{yz,e},\quad e_{zx,e}=\frac{1}{2}\gamma_{zx,e}\tag{3.5.15}$$

以上也可用张量的形式来表示，即

$$S_{xy}=2Ge_{xy,e}\tag{3.5.16}$$

伊留申理论主要反映在材料进入塑性后的阶段。在材料进入塑性后应力和应变的一般关系可表示为

$$\sigma = \boldsymbol{\Phi}(\varepsilon)$$

或类似于 Hooke 定律，即

$$\sigma = E'\varepsilon$$

这样，在材料进入塑性阶段后，也用类似于弹性阶段的应力和应变的关系表达式来表示塑性阶段的应力和应变的关系：

$$S_{xy} = 2G'e_{xy,e} \tag{3.5.17}$$

这里 G'不是常数，且

$$G' = \frac{E'}{2(1+\nu')}$$

按假定，小变形情况下体积变化是弹性的，即塑性变形不引起体积的变化，由此

$$\varepsilon_p = \varepsilon_{x,p} + \varepsilon_{y,p} + \varepsilon_{z,p} = 0$$

$$\varepsilon = \varepsilon_e + \varepsilon_p = \varepsilon_e$$

平均应力与体积变化成正比，即有

$$\sigma_{\text{aver}} = \frac{E}{3(1-2\nu)}\theta \tag{3.5.18}$$

亦即应变球张量和应力球张量成正比，有

$$\varepsilon_{ii} = \frac{1-2\nu}{E}\sigma_{ii} \tag{3.5.19}$$

应力主轴和应变主轴位于同一轴上，应力偏张量和应变偏张量成比例，即

$$S_{ij} = 2G'e_{ij} \tag{3.5.20}$$

如取应力主向为坐标轴的方向，则

$$\begin{cases} e_x = \dfrac{3\varepsilon_i}{2\sigma_i}S_x, \gamma_{xy} = \dfrac{3\varepsilon_i}{2\sigma_i}\tau_{xy}; \\ e_y = \dfrac{3\varepsilon_i}{2\sigma_i}S_y, \gamma_{yz} = \dfrac{3\varepsilon_i}{2\sigma_i}\tau_{yz}; \\ e_z = \dfrac{3\varepsilon_i}{2\sigma_i}S_z, \gamma_{zx} = \dfrac{3\varepsilon_i}{2\sigma_i}\tau_{zx} \end{cases} \tag{3.5.21}$$

式中，σ_i 为应力强度或等效应力，当用主应力表示时如式(1.3.6)；ε_i 为应变强度或等效应变，当用主应变表示时如式(2.4.2)。

如果体积为不可压缩时，则

$$\begin{cases} \varepsilon_x = \dfrac{3\varepsilon_i}{2\sigma_i}S_x, \gamma_{xy} = \dfrac{3\varepsilon_i}{2\sigma_i}\tau_{xy}; \\ \varepsilon_y = \dfrac{3\varepsilon_i}{2\sigma_i}S_y, \gamma_{yz} = \dfrac{3\varepsilon_i}{2\sigma_i}\tau_{yz}; \\ \varepsilon_z = \dfrac{3\varepsilon_i}{2\sigma_i}S_z, \gamma_{zx} = \dfrac{3\varepsilon_i}{2\sigma_i}\tau_{zx} \end{cases} \tag{3.5.22}$$

应力强度是应变强度的确定函数，即

$$\sigma_i = \boldsymbol{\Phi}(\varepsilon_i)$$

所以上式表示了按单一曲线假定确立的硬化条件，是和 Mises 条件相应的，描述了加载过程中的弹塑性变形规律，构成了全量型塑性应力应变关系。引入如下各量：σ_{ii}代表$\sigma_x,\sigma_y,\sigma_z$；$\sigma_{ij}$代表$\tau_{xy},\tau_{yz},\tau_{xz}$；$\varepsilon_{ii}$代表$\varepsilon_x,\varepsilon_y,\varepsilon_z$；$\varepsilon_{ij}$代表$\frac{1}{2}\gamma_{xy},\frac{1}{2}\gamma_{yz},\frac{1}{2}\gamma_{xz}$。于是上述应力、应变关系表示为

$$\begin{cases}\sigma_{ij} = \sigma_{\text{aver}}\delta_{ij} + S_{ij}, \\ \varepsilon_{ij} = \varepsilon_{\text{aver}}\delta_{ij} + e_{ij}\end{cases} \tag{3.5.23}$$

式中，σ_{aver}，$\varepsilon_{\text{aver}}$分别为平均应力和平均应变，即

$$\begin{cases}\sigma_{\text{aver}} = (\sigma_x + \sigma_y + \sigma_z)/3, \\ \varepsilon_{\text{aver}} = (\varepsilon_x + \varepsilon_y + \varepsilon_z)/3\end{cases} \tag{3.5.24}$$

而

$$\delta_{ij} = \begin{cases}1, & i=j; \\ 0, & i\neq j\end{cases}$$

用矩阵可表示为

$$\boldsymbol{\sigma} = \boldsymbol{D}_{ep}\boldsymbol{\varepsilon} \tag{3.5.25}$$

式中

$$\boldsymbol{\sigma} = [\sigma_x \quad \sigma_y \quad \sigma_z \quad \tau_{xy} \quad \tau_{yz} \quad \tau_{xz}]^{\mathrm{T}} \tag{3.5.26}$$

$$\boldsymbol{\varepsilon} = [\varepsilon_x \quad \varepsilon_y \quad \varepsilon_z \quad \gamma_{xy} \quad \gamma_{yz} \quad \gamma_{xz}]^{\mathrm{T}} \tag{3.5.27}$$

$$\boldsymbol{D}_{ep} = \frac{E}{3(1-2\nu)}\begin{bmatrix}1+2\beta & & & & & \\ 1-\beta & 1+2\beta & & \text{对} & & \\ 1-\beta & 1-\beta & 1+2\beta & & \text{称} & \\ 0 & 0 & 0 & \frac{3}{2}\beta & & \\ 0 & 0 & 0 & 0 & \frac{3}{2}\beta & \\ 0 & 0 & 0 & 0 & 0 & \frac{3}{2}\beta\end{bmatrix} \tag{3.5.28}$$

由上式可见，$\boldsymbol{D}_{ep}$是σ_i的函数，其中

$$\beta = \frac{2(1-2\nu)}{3E}\frac{\sigma_i}{\varepsilon_i} \tag{3.5.29}$$

然而，在以上的讨论中没有考虑到变形的不可恢复性，即如图 3.5.10 所示。按形变理论，应力应变之间存在着简单的一一对应关系，而与加载历史无关。显然，对于弹塑性材料，以上规律是不完善的。

3.5.2.3　汉基(Hencky)的理论

汉基理论考虑的是理想塑性材料。当应力偏量与应变偏量同轴，考虑体积的变化，即

$$\varepsilon_{aver} = k_0\sigma_{aver}$$

汉基给出的应力应变关系如下：

$$\begin{cases} \varepsilon_x - \varepsilon_{aver} = \varphi(\sigma_x - \sigma_{aver}), \gamma_{xy} = 2\varphi\tau_{xy}; \\ \varepsilon_y - \varepsilon_{aver} = \varphi(\sigma_y - \sigma_{aver}), \gamma_{yz} = 2\varphi\tau_{yz}; \\ \varepsilon_z - \varepsilon_{aver} = \varphi(\sigma_z - \sigma_{aver}), \gamma_{zx} = 2\varphi\tau_{zx} \end{cases} \tag{3.5.30}$$

用应力偏量与应变偏量表示的应力应变关系如下：

$$\begin{cases} e_x = \varphi S_x, \gamma_{xy} = 2\varphi\tau_{xy}; \\ e_y = \varphi S_y, \gamma_{yz} = 2\varphi\tau_{yz}; \\ e_z = \varphi S_z, \gamma_{zx} = 2\varphi\tau_{zx} \end{cases} \tag{3.5.31}$$

如果假定材料的体积不可压缩，即 $\nu=\dfrac{1}{2}$，这样，$k_0=0$，则式(3.5.30)简化为

$$\begin{cases} \varepsilon_x = \varphi S_x, \gamma_{xy} = 2\varphi\tau_{xy}; \\ \varepsilon_y = \varphi S_y, \gamma_{yz} = 2\varphi\tau_{yz}; \\ \varepsilon_z = \varphi S_z, \gamma_{zx} = 2\varphi\tau_{zx} \end{cases} \tag{3.5.32}$$

以上各式中，系数 φ 由屈服条件确定，当采用 Mises 屈服准则，即

$$\sigma_i = \sigma_{yield}$$

则得

$$\varphi = \frac{3\varepsilon_i}{2\sigma_i} = \frac{3\varepsilon_i}{2\sigma_{yield}} \tag{3.5.33}$$

3.5.2.4 那达依(Nadai)理论

那达依理论是引用了大应变基本概念后建立的一类形变理论。那达依给出了形式上与伊留申理论相似的全量型塑性应力-应变关系，但是伊留申理论是基于小应变假定，考虑了弹性应变，其主要在小变形情况下才适用；而那达依理论与此相反，适用于大变形情况，采用了大应变的概念并考虑材料强化，但在总应变中忽略了弹性应变。

那达依认为平均应力并不影响屈服，此处可以仅以八面体剪应力 τ_8 来描述屈服。按式(1.2.1b)和式(1.3.3)，八面体正应力和剪应力分别为

$$\sigma_{8r} = \sigma_{aver} = \frac{1}{3}(\sigma_1 + \sigma_2 + \sigma_3)$$

及

$$\tau_8 = \tau_N = \frac{1}{3}\left[(\sigma_1 - \sigma_2)^2 + (\sigma_2 - \sigma_3)^2 + (\sigma_3 - \sigma_1)^2\right]^{\frac{1}{2}}$$

类似的，也用八面体剪应力 τ_8 来描述材料在强化过程中的强化程度，则强化条件为

$$\tau_8 = \varphi(\gamma_8) \tag{3.5.34}$$

其中，γ_8 为八面体上的剪应变，由式(2.4.4)，得

$$\gamma_8 = \frac{2}{3}\left[(\varepsilon_1-\varepsilon_2)^2+(\varepsilon_2-\varepsilon_3)^2+(\varepsilon_3-\varepsilon_1)^2\right]^{\frac{1}{2}} \tag{3.5.35}$$

根据大应变的概念,那达依采用了对数应变作为应变的表达式,即按式(2.5.20),有

$$\bar{\varepsilon} = \varepsilon_{\ln} = \ln(1+\varepsilon_E) \tag{3.5.36}$$

其中,ε_E 为仅适用于小应变的工程应变。在大应变的状态下,那达依仍认为体积是不可压缩的。所谓体积是不可压缩的,即是

$$\bar{\varepsilon}_1+\bar{\varepsilon}_2+\bar{\varepsilon}_3 = 0 \tag{3.5.37}$$

同样,按式(2.2.2c)的主剪应变写为

$$\begin{cases}\bar{\gamma}_1 = \bar{\varepsilon}_2-\bar{\varepsilon}_3 = \ln(1+\varepsilon_2)-\ln(1+\varepsilon_3),\\ \bar{\gamma}_2 = \bar{\varepsilon}_3-\bar{\varepsilon}_1 = \ln(1+\varepsilon_3)-\ln(1+\varepsilon_1),\\ \bar{\gamma}_3 = \bar{\varepsilon}_1-\bar{\varepsilon}_2 = \ln(1+\varepsilon_1)-\ln(1+\varepsilon_2)\end{cases} \tag{3.5.38}$$

考虑大应变的状态下八面体上的剪应变,有

$$\bar{\gamma}_8 = \frac{2}{3}\left[(\bar{\varepsilon}_1-\bar{\varepsilon}_2)^2+(\bar{\varepsilon}_2-\bar{\varepsilon}_3)^2+(\bar{\varepsilon}_3-\bar{\varepsilon}_1)^2\right]^{\frac{1}{2}} \tag{3.5.39}$$

在简单加载的情况下,也就是加载时应变主向始终不变,应变分量按比例增加或减少时,可由增量理论推得全量理论的应力应变关系。略去推导的过程,按那达依理论的形变类型,全量形式的应力应变关系为

$$\begin{cases}\bar{\varepsilon}_x = \dfrac{\bar{\gamma}_8}{2\tau_8}S_x,\bar{\gamma}_{xy} = \dfrac{\bar{\gamma}_8}{\tau_8}\tau_{xy};\\ \bar{\varepsilon}_y = \dfrac{\bar{\gamma}_8}{2\tau_8}S_y,\bar{\gamma}_{yz} = \dfrac{\bar{\gamma}_8}{\tau_8}\tau_{yz};\\ \bar{\varepsilon}_z = \dfrac{\bar{\gamma}_8}{2\tau_8}S_z,\bar{\gamma}_{zx} = \dfrac{\bar{\gamma}_8}{\tau_8}\tau_{zx}\end{cases} \tag{3.5.40}$$

如用主应力和主应变表示,有

$$\begin{cases}\bar{\varepsilon}_1 = \dfrac{\bar{\gamma}_8}{3\tau_8}\left[\sigma_1-\dfrac{1}{2}(\sigma_2+\sigma_3)\right],\\ \bar{\varepsilon}_2 = \dfrac{\bar{\gamma}_8}{3\tau_8}\left[\sigma_2-\dfrac{1}{2}(\sigma_3+\sigma_1)\right],\\ \bar{\varepsilon}_3 = \dfrac{\bar{\gamma}_8}{2\tau_8}\left[\sigma_3-\dfrac{1}{2}(\sigma_1+\sigma_2)\right]\end{cases} \tag{3.5.41}$$

相应的强化条件为

$$\tau_8 = \varphi(\bar{\gamma}_8) \tag{3.5.42}$$

3.5.3 流动理论-弹塑性增量应力应变关系

3.5.3.1 流动理论一般概念

基于流动理论又称增量理论的应力应变关系的建立需服从如下基本假定:

(1) 材料的主应变方向与主应力方向一致。

(2) 材料体积的变化与平均应力成正比,应力偏量与应变偏量成比例。

(3) 等效应力是等效应变增量的函数。对于理想弹塑性材料,进入塑性后等效应力是常量。

采用流动法则以便于在弹性势能作用下流动方向规则化。屈服函数应采用一种与压力无关的函数,如 Mises 屈服准则。

常用的增量理论有列维(Levy)-米赛斯(Mises)理论、普朗特(Prandtl)-路埃斯(Reuss)理论。

列维和米赛斯分别在 1871 年和 1913 年建立了忽略屈服后弹性应变的塑性流动理论,被称为列维-米赛斯理论。普朗特和路埃斯又分别在 1924 年和 1930 年提出了考虑弹性变形在内的三维塑性流动理论,被称为普朗特-路埃斯理论。1928 年米赛斯仿照弹性势函数的概念提出了塑性势理论。1953 年 Koiter 又提出了可以适用于屈服曲面有棱线或尖角时的广义塑性势理论。将应变增量 $d\varepsilon_{ij}$ 分解为弹性应变增量 $d\varepsilon_{ij,e}$ 和塑性应变增量 $d\varepsilon_{ij,p}$ 两部分,即

$$d\varepsilon_{ij} = d\varepsilon_{ij,e} + d\varepsilon_{ij,p}$$

现讨论弹、塑性应变增量和广义虎克定律的又一形式。

广义虎克定律如式(3.5.1),将式(3.5.1)中前三式相加即得体积应变

$$\theta = \varepsilon_x + \varepsilon_y + \varepsilon_z = \frac{1-2\nu}{E}(\sigma_x + \sigma_y + \sigma_z) = \frac{3(1-2\nu)}{E}\sigma_{\text{aver}} \tag{a}$$

式中,σ_{aver} 为平均应力。

现令

$$K = \frac{E}{3(1-2\nu)}$$

将上式代入式(a)得

$$\sigma_{\text{aver}} = K\theta \tag{b}$$

式中,K 称为体积弹性模量。

又可求得平均应变

$$\varepsilon_{\text{aver}} = \frac{\theta}{3} = \frac{\sigma_{\text{aver}}}{3K} = \frac{1-2\nu}{E}\sigma_{\text{aver}} \tag{c}$$

式(b)或式(c)为应力球形张量与应变球形张量之间的关系,或写成增量形式

$$d\varepsilon_{\text{aver}} = \frac{d\sigma_{\text{aver}}}{3K} = \frac{1-2\nu}{E}d\sigma_{\text{aver}} \tag{d}$$

由于球形张力(静水压力)不产生塑性变形,所以式(c)或式(d)也可以作为材料进入塑性状态后应变球形张力与应力球形张力之间的关系。

以式(3.5.1)中第一式减去式(c),即得应变偏量与应力偏量之间的关系如下:

$$\begin{aligned} e_x &= \varepsilon_x - \varepsilon_{\text{aver}} = \frac{1}{E}[\sigma_x - \nu(\sigma_y + \sigma_z)] = \frac{1-2\nu}{3E}(\sigma_x + \sigma_y + \sigma_z) \\ &= \frac{1+\nu}{E}(\sigma_x - \sigma_{\text{aver}}) = \frac{1}{2G}(\sigma_x - \sigma_{\text{aver}}) = \frac{1}{2G}S_x \end{aligned}$$

同理，对 y,z 方向也有

$$e_y = \frac{1}{2G}S_y,\quad e_z = \frac{1}{2G}S_z$$

对剪应变而言，应变偏量

$$e_{xy} = \frac{\gamma_{xy}}{2},\quad e_{yz} = \frac{\gamma_{yz}}{2},\quad e_{zx} = \frac{\gamma_{zx}}{2}$$

而剪应力偏量

$$S_{xy} = \tau_{xy},\quad S_{yz} = \tau_{zy},\quad S_{zx} = \tau_{zx}$$

故张量形式

$$e_{ij} = \frac{1}{2G}S_{ij} \tag{e}$$

而增量形式为

$$\mathrm{d}e_{ij} = \frac{1}{2G}\mathrm{d}S_{ij} \tag{f}$$

注意到

$$e_x + e_y + e_z = \frac{1}{2G}(S_x + S_y + S_z) = 0$$

因而式(e)或式(f)与式(c)或式(d)一起构成等价的广义虎克定律，成为广义虎克定律的另一种形式。

3.5.3.2 加载过程中的做功

如果固体或结构中任意一点的应力状态为 σ_{ij}，当有应变增量 $\mathrm{d}\varepsilon_{ij}$ 时，比功的增量

$$\mathrm{d}W = \sigma_{ij}\,\mathrm{d}\varepsilon_{ij} \tag{g}$$

如果单元体已进入塑性状态时，应变增量中包含弹性应变增量和塑性应变增量两部分，即

$$\mathrm{d}\varepsilon_{ij} = \mathrm{d}\varepsilon_{ij,e} + \mathrm{d}\varepsilon_{ij,p}$$

于是比功增量可进行分解，即

$$\mathrm{d}W = \sigma_{ij}(\mathrm{d}\varepsilon_{ij,e} + \mathrm{d}\varepsilon_{ij,p}) = \mathrm{d}W_e + \mathrm{d}W_p$$

其中，弹性比功增量

$$\mathrm{d}W_e = \sigma_{ij}\,\mathrm{d}\varepsilon_{ij,e}$$

塑性比功增量

$$\mathrm{d}W_p = \sigma_{ij}\,\mathrm{d}\varepsilon_{ij,p} \tag{h}$$

比功增量也可分解为体积改变比功增量和形态改变比功增量。为此，将应力张量和应变张量均分解为球形张量及偏张量。考虑到 $\delta_{ij}\delta_{ij}=3$，$\delta_{ij}S_{ij}=S_{ii}=0$ 以及 $\delta_{ij}\,\mathrm{d}e_{ij}=\mathrm{d}e_{ii}=0$，由式(g)有

$$dW = (\sigma_{aver}\delta_{ij} + S_{ij})(d\varepsilon_{aver}\delta_{ij} + de_{ij}) = 3\sigma_{aver}d\varepsilon_{aver} + S_{ij}de_{ij}$$

上式中的两项分别是体积改变比功增量

$$dW_v = 3\delta_{aver}d\varepsilon_{aver}$$

和形状改变比功增量

$$dW_d = S_{ij}de_{ij} \tag{i}$$

由于体积改变是弹性的，故 $d\varepsilon_{aver,p}=0$，于是 $d\varepsilon_{ij,p}=de_{ij,p}$。再将 σ_{ij} 分解为球张量及偏张量，由式(h)得

$$dW_p = (\sigma_{aver}\delta_{ij} + S_{ij})de_{ij,p} = S_{ij}de_{ij,p} \tag{j}$$

在式(i)中将 de_{ij} 分解为弹性的及塑性的两部分，即

$$de_{ij} = de_{ij,e} + de_{ij,p} \tag{k}$$

则

$$dW_d = S_{ij}de_{ij,e} + S_{ij}de_{ij,p} \tag{l}$$

又由式(f)有

$$de_{ij,e} = \frac{1}{2G}dS_{ij}$$

将上式代入式(l)并考虑式(j)得

$$dW_d = \frac{1}{2G}S_{ij}dS_{ij} + S_{ij}de_{ij,p} = \frac{1}{2G}S_{ij}dS_{ij} + dW_p$$

3.5.3.3　塑性势理论

设有函数 $f(\sigma_{ij},H)$，这里，H 为强化参数，对强化材料可以塑性功为强化参数。函数 f 满足

$$d\varepsilon_{ij,p} = \frac{\partial f}{\partial \sigma_{ij}}d\lambda$$

式中，$d\lambda$ 为非负比例系数。

如果 $d\lambda \geqslant 0$，则称 $f(\sigma_{ij},H)$ 为塑性势。对三个主方向有

$$d\varepsilon_{1,p} = \frac{\partial f}{\partial \sigma_1}d\lambda,\quad d\varepsilon_{2,p} = \frac{\partial f}{\partial \sigma_2}d\lambda,\quad d\varepsilon_{3,p} = \frac{\partial f}{\partial \sigma_3}d\lambda$$

故有

$$d\varepsilon_{1,p} : d\varepsilon_{2,p} : d\varepsilon_{3,p} = \frac{\partial f}{\partial \sigma_1} : \frac{\partial f}{\partial \sigma_2} : \frac{\partial f}{\partial \sigma_3}$$

对于应力空间中的曲面族 f 为常数，称为等势面。由上式可知，向量 $d\varepsilon_p$ 平行于 f 的梯度向量，即有

$$\text{grad}(f) = \frac{\partial f}{\partial \sigma_1}i + \frac{\partial f}{\partial \sigma_2}j + \frac{\partial f}{\partial \sigma_3}k$$

亦即塑性应变增量向量的方向垂直于等势面，因而塑性应变增量向量的方向垂直等势面 f。所以，屈服函数（或加载函数）φ 可以作为塑性势函数。于是

$$\mathrm{d}\varepsilon_{ij,p} = \frac{\partial \varphi}{\partial \sigma_{ij}} \mathrm{d}\lambda \tag{m}$$

这种以屈服函数（加载函数）为塑性势，由此得到了与屈服函数（加载函数）有关的流动法则，以流动法则研究塑性变形规律。

在等向强化假设条件下，Mises 后继屈服条件（加载条件）为

$$S_{ij} S_{ij} = C(H)$$

当 $C(H) = \frac{2}{3}\sigma_{\text{yield}}^2 = \text{Const.}$ 时，上式即为初始屈服条件。由于 $J_2 = \frac{1}{2} S_{ij} S_{ij}$，上式为 $J_2 = C_1(H)$，所以加载函数

$$\varphi = J_2 - C_1(H)$$

由于 $C_1(H)$ 仅是强化参数 H 的函数，其与应力状态 σ_{ij} 无关，于是

$$\frac{\partial \varphi}{\partial \sigma_{ij}} = \frac{\partial J_2}{\partial \sigma_{ij}}$$

由于 $\frac{\partial J_2}{\partial \sigma_{ij}} = S_{ij}$，将其代入上式，再代入式(m)即得塑性应变增量与应力偏量之间的关系为

$$\mathrm{d}\varepsilon_{ij,p} = \mathrm{d}\lambda S_{ij} \tag{n}$$

由于体积改变是弹性的，所以 $\mathrm{d}\varepsilon_{ij,p} = \mathrm{d}e_{ij,p}$。上式也可写为

$$\mathrm{d}e_{ij,p} = \mathrm{d}\lambda S_{ij} \tag{o}$$

上两式即为流动理论关系式。将 $\mathrm{d}e_{ij,e}$ 和式(n)代入式(k)得

$$\mathrm{d}e_{ij} = \frac{1}{2G}\mathrm{d}S_{ij} + \mathrm{d}\lambda S_{ij} \tag{p}$$

由式(o)得

$$\mathrm{d}e_{ij,p}\mathrm{d}e_{ij,p} = (\mathrm{d}\lambda)^2 S_{ij} S_{ij}$$

另有

$$\mathrm{d}e_{ij,p}\mathrm{d}e_{ij,p} = \frac{3}{2}(\mathrm{d}\varepsilon_{i,p})^2,\quad S_{ij} S_{ij} = \frac{2}{3}(\sigma_i)^2$$

式中，$\mathrm{d}\varepsilon_{i,p}$ 为塑性应变增量强度；σ_i 为应力强度。经整理得

$$\mathrm{d}\lambda = \frac{3}{2}\frac{\mathrm{d}\varepsilon_{i,p}}{\sigma_i}$$

及

$$\mathrm{d}W_p = S_{ij}\mathrm{d}e_{ij,p} = \mathrm{d}\lambda S_{ij} S_{ij} = \frac{2}{3}\mathrm{d}\lambda(\sigma_i)^2$$

即得

$$\mathrm{d}\lambda = \frac{3\mathrm{d}W_p}{2\ (\sigma_i)^2}$$

在理想弹塑性材料、理想刚塑性材料及考虑以塑性功为强化参数的等向强化材料的流动理论中，往往引入应变率$\dot{\varepsilon}_{ij}$，即应变增量除以时间 $\mathrm{d}t$。因为在塑性流动中，应力和应变展开过程与所经历的时间无关，故这里的 t 也可以是其他单调递增的函数。这样，可即采用应变增量。

3.5.3.4　应力与应变增量主轴方向重合判定

由式(1.4.6)定义了应力张量的罗代(Lode)参数，并由式(2.4.5)所示应变罗代参数再定义塑性应变增量张量罗代参数为

$$\mu_{\mathrm{d}\varepsilon,p} = \frac{2\mathrm{d}\varepsilon_{2,p} - \mathrm{d}\varepsilon_{1,p} - \mathrm{d}\varepsilon_{3,p}}{\mathrm{d}\varepsilon_{1,p} - \mathrm{d}\varepsilon_{3,p}}$$

不难看出上两罗代参数中包含主应力的差值及主应变增量的差值，所以当塑性应变增量偏量与应力偏量成正比时，必然有

$$\mu_{\mathrm{d}\varepsilon,p} = \mu_\sigma \tag{q}$$

反之，如果已知上式成立，可建立主应力空间及主应变增量空间，并使二者相对应的主轴重合，则在各自 π 平面上，表示应力偏量及应变增量偏量的向量具有相同的方向。因此，流动理论关系式(n)也可写为

$$\frac{\mathrm{d}\varepsilon_{x,p}}{S_x} = \frac{\mathrm{d}\varepsilon_{y,p}}{S_y} = \frac{\mathrm{d}\varepsilon_{z,p}}{S_z} = \frac{\mathrm{d}\gamma_{xy,p}}{2\tau_{xy}} = \frac{\mathrm{d}\gamma_{yz,p}}{2\tau_{yz}} = \frac{\mathrm{d}\gamma_{zx,p}}{2\tau_{zx}} \tag{r}$$

通过实验可证明式(r)是成立的。

3.5.3.5　列维(Levy)-米赛斯(Mises)理论

弹塑性材料在屈服后进入塑性，材料发生塑性流动，一些材料有比较长的流动阶段。据此，Levy-Mises 认为一些工程材料在屈服后进入塑性后的一小段范围内，应力与应变之间的关系接近于理想塑性材料，而又有一些塑性材料在屈服后的材料强化程度不高，其应力与应变之间的关系更接近于理想塑性。所以，Levy-Mises 理论主要适于大应变问题，除符合上述基本假定外尚须满足材料是理想塑性材料的假定，材料进入塑性之后可以忽略弹性变形部分，亦即认为总应变等于塑性应变，即为理想刚塑性材料流动理论。

按理想刚塑性材料的 Levy-Mises 理论，有

$$\begin{cases} \mathrm{d}\varepsilon_x = \mathrm{d}\varepsilon_{x,e} + \mathrm{d}\varepsilon_{x,p} \approx \mathrm{d}\varepsilon_{x,p}, \\ \mathrm{d}\varepsilon_y = \mathrm{d}\varepsilon_{y,e} + \mathrm{d}\varepsilon_{y,p} \approx \mathrm{d}\varepsilon_{y,p}, \\ \mathrm{d}\varepsilon_z = \mathrm{d}\varepsilon_{z,e} + \mathrm{d}\varepsilon_{z,p} \approx \mathrm{d}\varepsilon_{z,p}; \end{cases} \quad \begin{cases} \mathrm{d}\gamma_{xy} = \mathrm{d}\gamma_{xy,e} + \mathrm{d}\gamma_{xy,p} \approx \mathrm{d}\gamma_{xy,p}, \\ \mathrm{d}\gamma_{yz} = \mathrm{d}\gamma_{yz,e} + \mathrm{d}\gamma_{yz,p} \approx \mathrm{d}\gamma_{yz,p}, \\ \mathrm{d}\gamma_{zx} = \mathrm{d}\gamma_{zx,e} + \mathrm{d}\gamma_{zx,p} \approx \mathrm{d}\gamma_{zx,p} \end{cases} \tag{3.5.43}$$

式中，$\varepsilon_{x,e}$，$\varepsilon_{y,e}$，$\varepsilon_{z,e}$，$\varepsilon_{x,p}$，$\varepsilon_{y,p}$，$\varepsilon_{z,p}$分别为 x，y，z 方向的弹、塑性应变增量。

此外，Levy-Mises 还认为应变率与应力之间存在着一定的变换关系，具体地说就是塑性应式中增量的偏量与应力偏量之间存在着一定的关系，即

$$\mathrm{d}e_{ij,p} = \mathrm{d}\lambda S_{ij} \tag{3.5.44}$$

式中，$\mathrm{d}\lambda$ 是比例因子，随荷载大小及材料内各点的位置不同而改变。

如果认为材料体积的变化是弹性的，则在塑性区可以认为体积不发生变化，于是

$$d\varepsilon_{x,p} + d\varepsilon_{y,p} + d\varepsilon_{z,p} = 0 \tag{3.5.45}$$

而应变增量的偏量与应力偏量之间的关系可以表示为

$$de_{ij} = d\lambda S_{ij} \tag{3.5.46}$$

上述关系表明，塑性应变增量的偏量与应力偏量主轴重合，并且塑性应变增量偏量的分量与应力偏量的分量之间有一定的比例关系，即

$$\begin{cases} de_{x,p} = d\lambda S_x, \\ de_{y,p} = d\lambda S_y, \\ de_{z,p} = d\lambda S_z; \end{cases} \quad \begin{cases} d\gamma_{xy,p} = 2d\lambda\tau_{xy}, \\ d\gamma_{yz,p} = 2d\lambda\tau_{yz}, \\ d\gamma_{zx,p} = 2d\lambda\tau_{zx} \end{cases} \tag{3.5.47}$$

由此材料在进入塑性区后的应力和应变之间存在如下关系：

$$\begin{cases} d\varepsilon_{x,p} = d\lambda S_x, \\ d\varepsilon_{y,p} = d\lambda S_y, \\ d\varepsilon_{z,p} = d\lambda S_z; \end{cases} \quad \begin{cases} d\gamma_{xy,p} = 2d\lambda\tau_{xy}, \\ d\gamma_{yz,p} = 2d\lambda\tau_{yz}, \\ d\gamma_{zx,p} = 2d\lambda\tau_{zx} \end{cases} \tag{3.5.48}$$

式中，S_x，S_y，S_z 分别是应力偏量的分量。

如沿材料主轴建立坐标系，则

$$\begin{cases} d\varepsilon_{1,p} = d\lambda S_1, \\ d\varepsilon_{2,p} = d\lambda S_2, \\ d\varepsilon_{3,p} = d\lambda S_3; \end{cases} \quad \begin{cases} d\gamma_{12,p} = 2d\lambda\tau_{12}, \\ d\gamma_{23,p} = 2d\lambda\tau_{23}, \\ d\gamma_{31,p} = 2d\lambda\tau_{31} \end{cases} \tag{3.5.49}$$

考虑到用主应力表示的 Mises 屈服准则

$$(\sigma_1 - \sigma_2)^2 + (\sigma_2 - \sigma_3)^2 + (\sigma_3 - \sigma_1)^2 = 2\sigma_{\text{yield}}^2$$

即

$$\sigma_i = \sigma_{\text{yield}} \tag{3.5.50}$$

或

$$\begin{cases} J_2 = k^2, \\ \dfrac{1}{6}\left[(\sigma_1 - \sigma_2)^2 + (\sigma_2 - \sigma_3)^2 + (\sigma_3 - \sigma_1)^2\right] = k^2 \end{cases} \tag{3.5.51}$$

式中，J_2 是应力偏张量的第二不变量。于是

$$J_2 = \frac{1}{2}(S_x^2 + S_y^2 + S_z^2) + \tau_{xy}^2 + \tau_{yz}^2 + \tau_{zx}^2 = k^2$$

经对式(3.5.49)运算并代入式(3.5.50)，得

$$\sigma_i = \frac{1}{\sqrt{2}\,d\lambda}\left[(d\varepsilon_{1,p} - d\varepsilon_{2,p})^2 + (d\varepsilon_{2,p} - d\varepsilon_{3,p})^2 + (d\varepsilon_{3,p} - d\varepsilon_{1,p})^2\right]^{\frac{1}{2}} \tag{3.5.52}$$

则定义等效塑性应变增量

$$d\varepsilon_{i,p} = \frac{\sqrt{2}}{3}\left[(d\varepsilon_{1,p} - d\varepsilon_{2,p})^2 + (d\varepsilon_{2,p} - d\varepsilon_{3,p})^2 + (d\varepsilon_{3,p} - d\varepsilon_{1,p})^2\right]^{\frac{1}{2}} \tag{3.5.53}$$

将式(3.5.53)代入式(3.5.52),得

$$\sigma_i = \frac{3d\varepsilon_{i,p}}{2d\lambda}$$

注意到式(3.5.50)所表示的关系,可得比例因子

$$d\lambda = \frac{3d\varepsilon_{i,p}}{2\sigma_{\text{yield}}} \tag{3.5.54}$$

按 Levy-Mises 的理论,在总应变增量中可以忽略弹性应变增量,这样总应变增量亦即被认为等于塑性应变增量。于是

$$d\lambda = \frac{3d\varepsilon_i}{2\sigma_{\text{yield}}}$$

而将上式代入式(3.5.47),得应力应变关系

$$\begin{cases} d\varepsilon_x = \dfrac{3d\varepsilon_i}{2\sigma_{\text{yield}}}S_x, \\ d\varepsilon_y = \dfrac{3d\varepsilon_i}{2\sigma_{\text{yield}}}S_y, \\ d\varepsilon_z = \dfrac{3d\varepsilon_i}{2\sigma_{\text{yield}}}S_z; \end{cases} \quad \begin{cases} d\gamma_{xy} = \dfrac{3d\varepsilon_i}{\sigma_{\text{yield}}}\tau_{xy}, \\ d\gamma_{yz} = \dfrac{3d\varepsilon_i}{\sigma_{\text{yield}}}\tau_{yz}, \\ d\gamma_{zx} = \dfrac{3d\varepsilon_i}{2\sigma_{\text{yield}}}\tau_{zx} \end{cases} \tag{3.5.55}$$

这里

$$d\varepsilon_i = \frac{\sqrt{2}}{3}\left[(d\varepsilon_x - d\varepsilon_y)^2 + (d\varepsilon_y - d\varepsilon_z)^2 + (d\varepsilon_z - d\varepsilon_x)^2 + \frac{3}{2}(d\gamma_{xy}^2 + d\gamma_{yz}^2 + d\gamma_{zx}^2)\right]^{\frac{1}{2}} \tag{3.5.56}$$

且认为体积不发生变化,于是

$$d\varepsilon_x + d\varepsilon_y + d\varepsilon_z = 0 \tag{3.5.57}$$

以上为 Levy-Mises 理论关于应力-应变关系的完整描述。实际运算中,从已知的应变增量能求得应力偏量的分量,或可求得主应力之差 $\sigma_1-\sigma_2$,$\sigma_2-\sigma_3$,$\sigma_3-\sigma_1$。

3.5.3.6 普朗特(Prandtl)-路埃斯(Reuss)理论

对于变形较大的问题,当材料进入塑性区后忽略其弹性应变所带来误差尚可接受。但对于弹性应变与塑性应变相当时,或者对于小应变问题,Levy-Mises 理论所作的假设便显得不尽合理了。因为事实上即使在塑性区,材料的总应变增量应由弹性应变增量和塑性应变增量组成的。于是,在 Levy-Mises 理论的基础上发展了普朗特-路埃斯理论。普朗特-路埃斯认为材料总应变增量偏量的分量应由弹性应变增量偏量的分量和塑性应变增量偏量的分量组成的,即对理想弹塑性材料的应变率,有

$$\begin{cases} de_x = de_{x,e} + de_{x,p}, \\ de_y = de_{y,e} + de_{y,p}, \\ de_z = de_{z,e} + de_{z,p}; \end{cases} \quad \begin{cases} d\gamma_{xy} = d\gamma_{xy,e} + d\gamma_{xy,p} \approx d\gamma_{xy,p}, \\ d\gamma_{yz} = d\gamma_{yz,e} + d\gamma_{yz,p} \approx d\gamma_{yz,p}, \\ d\gamma_{zx} = d\gamma_{zx,e} + d\gamma_{zx,p} \approx d\gamma_{zx,p} \end{cases} \tag{3.5.58}$$

其中，弹性应变部分可按虎克定律，即

$$\begin{cases} de_{x,e} = \dfrac{1}{2G}dS_x, \\ de_{y,e} = \dfrac{1}{2G}dS_y, \\ de_{z,e} = \dfrac{1}{2G}dS_z; \end{cases} \quad \begin{cases} d\gamma_{xy,e} = \dfrac{1}{G}d\tau_{xy}, \\ d\gamma_{yz,e} = \dfrac{1}{G}d\tau_z, \\ d\gamma_{zx,e} = \dfrac{1}{G}d\tau_{zx} \end{cases} \tag{3.5.59}$$

而塑性应变部分仍可按 Levy-Mises 方程式(3.5.47)，于是材料总应变增量偏量的分量

$$\begin{cases} de_x = \dfrac{1}{2G}dS_x + d\lambda S_x, \\ de_y = \dfrac{1}{2G}dS_y + d\lambda S_y, \\ de_z = \dfrac{1}{2G}dS_z + d\lambda S_z; \end{cases} \quad \begin{cases} d\gamma_{xy} = \dfrac{1}{G}d\tau_{xy} + 2d\lambda\tau_{xy}, \\ d\gamma_{yz} = \dfrac{1}{G}d\tau_{yz} + 2d\lambda\tau_{yz}, \\ d\gamma_{zx} = \dfrac{1}{G}d\tau_{zx} + 2d\lambda\tau_{zx} \end{cases} \tag{3.5.60}$$

如果仍采用 Mises 屈服准则，则上式中的 $d\lambda$ 即可按式(3.5.54)计算。以上两个应力-应变关系都仅适用于加载的情况，在卸载时仍按弹性虎克定律进行。

对强化材料，普朗特-路埃斯理论以塑性功为强化参数和以积累塑性应变为强化参数时，有

$$de_{ij} = \frac{1}{2G}dS_{ij} + \frac{3}{2}\frac{\Phi'(\sigma_i)}{\sigma_i}d\sigma_i S_{ij}$$

式中，$d\sigma_i$ 为应力强度的变化率。

3.5.3.7　强化材料增量应力-应变关系

在增量过程中，在某加载步，当前加载面如式(3.2.2)所示，根据一致性条件，在加载之前落在当前加载面上的应力点，在加一增量载荷后从当前加载面出发落在新的加载面上。于是有

$$df = \frac{\partial \boldsymbol{f}}{\partial \boldsymbol{\sigma}_{ij}}d\boldsymbol{\sigma}_{ij} + \frac{\partial \boldsymbol{f}}{\partial \boldsymbol{\varepsilon}_{ij,p}}d\boldsymbol{\varepsilon}_{ij,p} + \frac{\partial \boldsymbol{f}}{\partial K}\frac{\partial K}{\partial \boldsymbol{\varepsilon}_{ij,p}}d\boldsymbol{\varepsilon}_{ij,p} = 0 \tag{3.5.61}$$

又根据如式(3.3.7)的流动法则，即可以解出

$$d\lambda = h\frac{\partial \boldsymbol{f}}{\partial \boldsymbol{\sigma}_{ij}}d\boldsymbol{\sigma}_{ij} \tag{3.5.62}$$

其中，$h = -\dfrac{1}{\left(\dfrac{\partial \boldsymbol{f}}{\partial \boldsymbol{\varepsilon}_{ij,p}} + \dfrac{\partial \boldsymbol{f}}{\partial K}\dfrac{\partial K}{\partial \boldsymbol{\varepsilon}_{ij,p}}\right)\dfrac{\partial \boldsymbol{f}}{\partial \boldsymbol{\sigma}_{ij}}}$。

将上式代入式(3.3.7)，于是有

$$d\boldsymbol{\varepsilon}_{ij,p} = h\frac{\partial \boldsymbol{f}}{\partial \boldsymbol{\sigma}_{ij}}\left(\frac{\partial \boldsymbol{f}}{\partial \boldsymbol{\sigma}_{ij}}d\boldsymbol{\sigma}_{ij}\right) \tag{3.5.63}$$

3.5.3.8　Mises 条件下各向同性强化材料增量应力-应变关系

对于在 Mises 屈服条件下各向同性强化材料，其加载面如式(3.4.5)，强化条件如式(3.4.8)。现定义如式(3.4.9)的等效塑性应变增量。相应的一致性条件

$$\mathrm{d}f = \mathrm{d}\sigma_i - \frac{\mathrm{d}K}{\mathrm{d}\varepsilon_{i,p}}\mathrm{d}\varepsilon_{i,p} = 0$$

可以得到

$$\frac{\partial \boldsymbol{f}}{\partial \boldsymbol{\sigma}_{ij}} = \frac{\partial \sigma_i}{\partial \boldsymbol{\sigma}_{ij}} \quad 及 \quad \mathrm{d}\varepsilon_{i,p} = \frac{\mathrm{d}\sigma_i}{\dfrac{\mathrm{d}K}{\mathrm{d}\varepsilon_{i,p}}}$$

于是,式(3.5.63)可以写成

$$\mathrm{d}\boldsymbol{\varepsilon}_{ij,p} = h\frac{\partial \sigma_i}{\partial \boldsymbol{\sigma}_{ij}}\left(\frac{\partial \sigma_i}{\partial \boldsymbol{\sigma}_{ij}}\mathrm{d}\boldsymbol{\sigma}_{ij}\right) = h\frac{\partial \sigma_i}{\partial \boldsymbol{\sigma}_{ij}}\mathrm{d}\sigma_i = h\frac{\partial \sigma_i}{\partial \boldsymbol{\sigma}_{ij}}\left(\frac{\mathrm{d}K}{\mathrm{d}\varepsilon_{i,p}}\mathrm{d}\boldsymbol{\varepsilon}_{ij,p}\right) \tag{3.5.64}$$

根据式(1.3.8),于是有

$$\mathrm{d}\boldsymbol{\varepsilon}_{ij,p} = \frac{3}{2}h\frac{\mathrm{d}K}{\mathrm{d}\varepsilon_{i,p}}\frac{\mathrm{d}\varepsilon_{i,p}}{\sigma_i}\boldsymbol{S}_{ij} \tag{3.5.65}$$

再根据式(2.4.1)所示应变强度得塑性($\nu=0.5$)等效应变增量

$$\begin{aligned}\mathrm{d}\varepsilon_{i,p} &= \sqrt{\frac{2}{3}}\sqrt{(\mathrm{d}\varepsilon_{x,p})^2 + (\mathrm{d}\varepsilon_{y,p})^2 + (\mathrm{d}\varepsilon_{z,p})^2 + \frac{1}{2}[(\mathrm{d}\gamma_{xy,p})^2 + (\mathrm{d}\gamma_{yz,p})^2 + (\mathrm{d}\gamma_{zx,p})^2]} \\ &= \sqrt{\frac{2}{3}}\sqrt{\mathrm{d}\boldsymbol{\varepsilon}_{ij,p}\mathrm{d}\boldsymbol{\varepsilon}_{ij,p}}\end{aligned}$$

所以

$$\frac{3}{2}(\mathrm{d}\varepsilon_{i,p})^2 = \mathrm{d}\boldsymbol{\varepsilon}_{ij,p}\mathrm{d}\boldsymbol{\varepsilon}_{ij,p} = \left(\frac{3}{2}h\frac{\mathrm{d}K}{\mathrm{d}\varepsilon_{i,p}}\frac{\mathrm{d}\varepsilon_{i,p}}{\sigma_i}\right)^2\boldsymbol{S}_{ij}\boldsymbol{S}_{ij} = \frac{3}{2}\left(h\frac{\mathrm{d}K}{\mathrm{d}\varepsilon_{i,p}}\mathrm{d}\varepsilon_{i,p}\right)^2 \tag{3.5.66}$$

可见 $h=\dfrac{1}{\dfrac{\mathrm{d}K}{\mathrm{d}\varepsilon_{i,p}}}$。于是可以得到强化材料增量的应力-应变关系为

$$\mathrm{d}\boldsymbol{\varepsilon}_{ij,p} = \frac{3}{2}\frac{1}{\dfrac{\mathrm{d}K}{\mathrm{d}\varepsilon_{i,p}}}\frac{\mathrm{d}\sigma_i}{\sigma_i}\boldsymbol{S}_{ij} \tag{3.5.67}$$

其中,$\dfrac{\mathrm{d}K}{\mathrm{d}\varepsilon_{i,p}}$可由简单拉伸曲线确定,为曲线 $\sigma=\sigma(\boldsymbol{\varepsilon}_p)$ 的斜率 $H'=\dfrac{\mathrm{d}\sigma}{\mathrm{d}\boldsymbol{\varepsilon}_p}$。

现进一步展开强化材料增量应力-应变关系。将式(3.5.61)表示为矩阵形式为

$$\mathrm{d}\boldsymbol{f} = \left[\frac{\partial \boldsymbol{f}}{\partial \boldsymbol{\sigma}}\right]^{\mathrm{T}}\mathrm{d}\boldsymbol{\sigma} + \left[\frac{\partial \boldsymbol{f}}{\partial \boldsymbol{\varepsilon}_p}\right]^{\mathrm{T}}\mathrm{d}\boldsymbol{\varepsilon}_p + \frac{\partial \boldsymbol{f}}{\partial K}\left[\frac{\partial K}{\partial \boldsymbol{\varepsilon}_p}\right]^{\mathrm{T}}\mathrm{d}\boldsymbol{\varepsilon}_p = 0 \tag{3.5.68}$$

在弹塑性变形中,弹性应变引起的应力

$$\mathrm{d}\boldsymbol{\sigma} = \boldsymbol{D}_e\mathrm{d}\boldsymbol{\varepsilon}_e \tag{3.5.69}$$

再根据应变关系

$$\mathrm{d}\boldsymbol{\varepsilon}_e = \mathrm{d}\boldsymbol{\varepsilon} - \mathrm{d}\boldsymbol{\varepsilon}_p \tag{3.5.70}$$

利用流动法则的矩阵形式

$$\mathrm{d}\boldsymbol{\varepsilon}_p = \mathrm{d}\lambda \frac{\partial \boldsymbol{f}}{\partial \boldsymbol{\sigma}} \tag{3.5.71}$$

可以求得

$$\mathrm{d}\lambda = \frac{1}{c_p}\left(\frac{\partial \boldsymbol{f}}{\partial \boldsymbol{\sigma}}\right)^{\mathrm{T}} \boldsymbol{D}_e \mathrm{d}\boldsymbol{\varepsilon} \tag{3.5.72}$$

其中

$$c_p = \left(\frac{\partial \boldsymbol{f}}{\partial \boldsymbol{\sigma}}\right)^{\mathrm{T}} \boldsymbol{D}_e \frac{\partial \boldsymbol{f}}{\partial \boldsymbol{\sigma}} - \left(\frac{\partial \boldsymbol{f}}{\partial \boldsymbol{\varepsilon}_p}\right)^{\mathrm{T}} \frac{\partial \boldsymbol{f}}{\partial \boldsymbol{\sigma}} - \frac{\partial \boldsymbol{f}}{\partial K}\left(\frac{\partial K}{\partial \boldsymbol{\varepsilon}_p}\right)^{\mathrm{T}} \frac{\partial \boldsymbol{f}}{\partial \boldsymbol{\sigma}} \tag{3.5.73}$$

将式(3.5.72)、式(3.5.70)与式(3.5.71)一并代入式(3.5.69)，经整理可得到弹塑性应力-应变的一般关系为

$$\mathrm{d}\boldsymbol{\sigma} = \boldsymbol{D}_{ep} \mathrm{d}\boldsymbol{\varepsilon} \tag{3.5.74}$$

式中，$\boldsymbol{D}_{ep}$ 为弹塑性矩阵，有

$$\boldsymbol{D}_{ep} = \boldsymbol{D}_e - \boldsymbol{D}_p \tag{3.5.75}$$

这里，$\boldsymbol{D}_p$ 为塑性矩阵，即

$$\boldsymbol{D}_p = \frac{1}{c_p}\left(\boldsymbol{D}_e \frac{\partial \boldsymbol{f}}{\partial \boldsymbol{\sigma}}\right)\left(\boldsymbol{D}_e \frac{\partial \boldsymbol{f}}{\partial \boldsymbol{\sigma}}\right)^{\mathrm{T}} \tag{3.5.76}$$

在 Mises 屈服条件下，根据各向同性强化材料的屈服条件有

$$\begin{cases} \dfrac{\partial \boldsymbol{f}}{\partial \boldsymbol{\sigma}} = \dfrac{\partial \sigma_i}{\partial \boldsymbol{\sigma}}, & (3.5.77\mathrm{a}) \\ \dfrac{\partial \boldsymbol{f}}{\partial \boldsymbol{\varepsilon}_p} = 0, & (3.5.77\mathrm{b}) \\ \dfrac{\partial \boldsymbol{f}}{\partial K} = -1, & (3.5.77\mathrm{c}) \\ \dfrac{\mathrm{d}\sigma_i}{\mathrm{d}\varepsilon_{i,p}} = \dfrac{\mathrm{d}K}{\mathrm{d}\varepsilon_{i,p}} = H' & (3.5.77\mathrm{d}) \end{cases}$$

将式(3.5.63)写成矩阵表达式，有

$$\mathrm{d}\boldsymbol{\varepsilon}_p = h \frac{\partial \sigma_i}{\partial \boldsymbol{\sigma}} \frac{\mathrm{d}K}{\mathrm{d}\varepsilon_{i,p}} \mathrm{d}\varepsilon_{i,p} \tag{3.5.78}$$

将 $h = \dfrac{1}{\dfrac{\mathrm{d}K}{\mathrm{d}\varepsilon_{i,p}}}$ 代入上式，有

$$\mathrm{d}\boldsymbol{\varepsilon}_p = \frac{\partial \sigma_i}{\partial \boldsymbol{\sigma}} \mathrm{d}\varepsilon_{i,p}$$

即

$$\left(\frac{\mathrm{d}\varepsilon_{i,p}}{\mathrm{d}\boldsymbol{\varepsilon}_p}\right)^{\mathrm{T}} \frac{\partial \sigma_i}{\partial \boldsymbol{\sigma}} = 1 \tag{3.5.79}$$

$$c_p = \left(\frac{\partial \sigma_i}{\partial \boldsymbol{\sigma}}\right)^{\mathrm{T}} \boldsymbol{D}_e \frac{\partial \sigma_i}{\partial \boldsymbol{\sigma}} + \left(\frac{\partial K}{\partial \varepsilon_{i,p}} \frac{\partial \varepsilon_{i,p}}{\partial \boldsymbol{\varepsilon}_p}\right)^{\mathrm{T}} \frac{\partial \sigma_i}{\partial \boldsymbol{\sigma}} = H' + \left(\frac{\partial \sigma_i}{\partial \boldsymbol{\sigma}}\right)^{\mathrm{T}} \boldsymbol{D}_e \frac{\partial \sigma_i}{\partial \boldsymbol{\sigma}} \tag{3.5.80}$$

代入到塑性矩阵中，得到相应于 Mises 屈服条件下各向同性强化材料的弹塑性矩阵

$$\boldsymbol{D}_{ep} = \boldsymbol{D}_e - \frac{\boldsymbol{D}_e \dfrac{\partial \sigma_i}{\partial \boldsymbol{\sigma}} \left(\boldsymbol{D}_e \dfrac{\partial \sigma_i}{\partial \boldsymbol{\sigma}} \right)^{\mathrm{T}}}{H' + \left(\dfrac{\partial \sigma_i}{\partial \boldsymbol{\sigma}} \right)^{\mathrm{T}} \boldsymbol{D}_e \dfrac{\partial \sigma_i}{\partial \boldsymbol{\sigma}}} \tag{3.5.81}$$

注意到

$$\frac{\partial \sigma_i}{\partial \boldsymbol{\sigma}} = \left[\frac{\partial \sigma_i}{\partial \sigma_{11}} \quad \frac{\partial \sigma_i}{\partial \sigma_{22}} \quad \frac{\partial \sigma_i}{\partial \sigma_{33}} \quad \frac{\partial \sigma_i}{\partial \sigma_{12}} \quad \frac{\partial \sigma_i}{\partial \sigma_{23}} \quad \frac{\partial \sigma_i}{\partial \sigma_{31}} \right]^{\mathrm{T}}$$

$$= \frac{3}{2\sigma_i} [S_{11} \quad S_{22} \quad S_{33} \quad 2S_{12} \quad 2S_{23} \quad 2S_{31}]^{\mathrm{T}}$$

以及 $S_{11} + S_{22} + S_{33} = 0$，可得

$$\boldsymbol{D}_e \frac{\partial \sigma_i}{\partial \boldsymbol{\sigma}} = \frac{3G}{\sigma_i} \boldsymbol{S} \tag{3.5.82}$$

其中，$\boldsymbol{S} = [S_{11} \quad S_{22} \quad S_{33} \quad S_{12} \quad S_{23} \quad S_{31}]^{\mathrm{T}}$。于是

$$\boldsymbol{D}_e \frac{\partial \sigma_i}{\partial \boldsymbol{\sigma}} \left(\boldsymbol{D}_e \frac{\partial \sigma_i}{\partial \boldsymbol{\sigma}} \right)^{\mathrm{T}} = \left(\frac{3G}{\sigma_i} \right)^2 \boldsymbol{S}\boldsymbol{S}^{\mathrm{T}}$$

又

$$\left(\frac{\partial \sigma_i}{\partial \boldsymbol{\sigma}} \right)^{\mathrm{T}} \boldsymbol{D}_e \frac{\partial \sigma_i}{\partial \boldsymbol{\sigma}} = \frac{9G}{2\sigma_i^2} [S_{11} \quad S_{22} \quad S_{33} \quad 2S_{12} \quad 2S_{23} \quad 2S_{31}] \boldsymbol{S} = 3G$$

将上两式代入塑性矩阵，有

$$\boldsymbol{D}_p = \frac{1}{H' + 3G} \left(\frac{3G}{\sigma_i} \right)^2 \boldsymbol{S}\boldsymbol{S}^{\mathrm{T}}$$

$$= \frac{9G^2}{(H' + 3G)\sigma_i^2} \begin{bmatrix} S_{11}^2 & & & & & \\ S_{11}S_{22} & S_{22}^2 & & & & \\ S_{11}S_{33} & S_{22}S_{33} & S_{33}^2 & \text{对} & & \\ S_{11}S_{12} & S_{22}S_{12} & S_{33}S_{12} & S_{12}^2 & \text{称} & \\ S_{11}S_{23} & S_{22}S_{23} & S_{33}S_{23} & S_{12}S_{23} & S_{23}^2 & \\ S_{11}S_{31} & S_{22}S_{31} & S_{33}S_{31} & S_{12}S_{31} & S_{23}S_{31} & S_{31}^2 \end{bmatrix} \tag{3.5.83}$$

进而可得在 Mises 屈服条件下各向同性强化材料的弹塑性矩阵

$$\boldsymbol{D}_{ep} = \boldsymbol{D}_e - \boldsymbol{D}_p = \boldsymbol{D}_e - \frac{1}{H' + 3G} \left(\frac{3G}{\sigma_i} \right)^2 \boldsymbol{S}\boldsymbol{S}^{\mathrm{T}}$$

$$= \frac{E}{1+\nu} \begin{bmatrix} \nu_1 - G'S_{11}^2 & & & & & \\ \nu_2 - G'S_{11}S_{22} & \nu_1 - G'S_{22}^2 & & & & \\ \nu_2 - G'S_{11}S_{33} & \nu_2 - G'S_{22}S_{33} & \nu_1 - G'S_{33}^2 & \text{对} & & \\ -G'S_{11}S_{12} & -G'S_{22}S_{12} & -G'S_{33}S_{12} & \dfrac{1}{2} - G'S_{12}^2 & \text{称} & \\ -G'S_{11}S_{23} & -G'S_{22}S_{23} & -G'S_{33}S_{23} & -G'S_{12}S_{23} & \dfrac{1}{2} - G'S_{23}^2 & \\ -G'S_{11}S_{31} & -G'S_{22}S_{31} & -G'S_{33}S_{31} & -G'S_{12}S_{31} & -G'S_{23}S_{31} & \dfrac{1}{2} - G'S_{31}^2 \end{bmatrix} \tag{3.5.84}$$

式中

$$\begin{cases} \nu_1 = \dfrac{1-\nu}{1-2\nu}, & (3.5.85a) \\ \nu_2 = \dfrac{\nu}{1-2\nu}, & (3.5.85b) \\ G' = \dfrac{9G}{2\sigma_i^2(H'+3G)} & (3.5.85c) \end{cases}$$

以上各式的物理意义可以看作当某一点进入塑性后，由于材料性态的改变使刚度有所下降，而$\boldsymbol{D}_p$ 正是与弹性状态相比较所下降的那部分。塑性矩阵与材料弹性状态时的特性参数 E，G，材料的加工硬化特性(H')以及当时材料在该点所处的应力水平(σ_i)有关。

切线模量 H'表示材料加工硬化性能的参数，根据微分形式的 Mises 屈服准则给出

$$H' = \frac{d\sigma_i}{d\varepsilon_{i,p}}$$

可以看出 H'是等效应力相对于塑性等效应变的变化率，必须通过单向拉伸试验所给出的 $\sigma-\varepsilon$ 曲线来确定(如图3.5.11所示)。假设单向拉伸试验时材料进入塑性后的应力应变关系式为

$$\sigma = f(\varepsilon) \tag{3.5.86}$$

由于单向拉伸试验给出的是全应变，为了建立与塑性应变之间的关系，必须将应变分解为弹性部分和塑性部分之和，且弹性部分服从 Hooke 定律，即

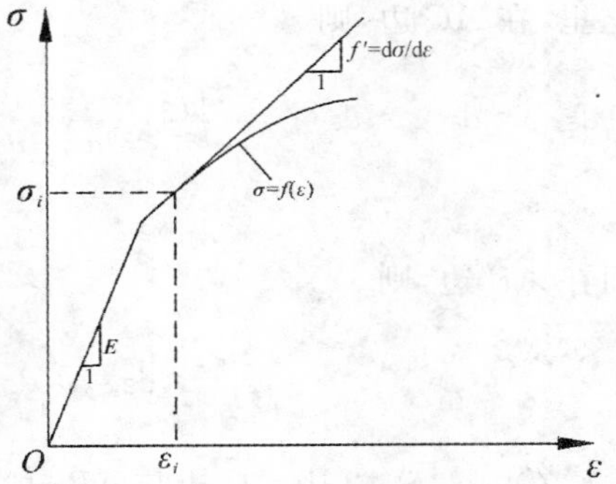

图 3.5.11　切线模量 H'的确定

$$\varepsilon = \varepsilon_p + \varepsilon_e = \varepsilon_p + \frac{\sigma}{E}$$

将上式代入到试验曲线并取微分

$$\frac{d\sigma}{d\varepsilon_p} = \frac{f'}{1-\dfrac{f'}{E}} \tag{3.5.87}$$

式中，$f'=\dfrac{d\sigma}{d\varepsilon}$代表 $\sigma-\varepsilon$ 曲线在 ε_i 点的斜率。对于单向拉伸，显然有

$$H' = \frac{d\sigma_i}{d\varepsilon_{i,p}} = \frac{d\sigma}{d\varepsilon_p}$$

于是

$$H' = \frac{f'}{1-\dfrac{f'}{E}} \tag{3.5.88}$$

所以首先求出该单元的等效应变 ε，然后在给定材料的 $\sigma-\varepsilon$ 曲线上求得该点所对应的曲线斜率值 f'，代入式(3.5.88)便可得到 H'。

3.5.3.9　特雷斯卡屈服函数为塑性势的流动理论

按照塑性势理论，如果取屈服函数作为塑性势，则可由屈服曲面的外法线确定塑性势应变增量向量的方向。但如果屈服曲面具有尖点或棱角，如特雷斯卡正六角柱，则在尖点或棱角上外法线的方向就不唯一。1953 年 Koiter 提出广义塑性势的概念，可以解决具有尖点或棱角的屈服曲面的问题。现针对这个问题，以理想塑性材料的情形讨论特雷斯卡屈服函数为塑性势的流动理论。

如果取特雷斯卡屈服函数作为塑性势由图 3.5.12 可见其屈服函数(即塑性势)为

$$f(\sigma_{ij})=\begin{cases}\sigma_1-\sigma_3, & GF\text{ 边};\\ \sigma_2-\sigma_3, & FD\text{ 边};\\ \sigma_2-\sigma_1, & DC\text{ 边};\\ \sigma_3-\sigma_1, & CA\text{ 边};\\ \sigma_3-\sigma_2, & AB\text{ 边};\\ \sigma_1-\sigma_2, & BG\text{ 边}\end{cases}\qquad(3.5.89)$$

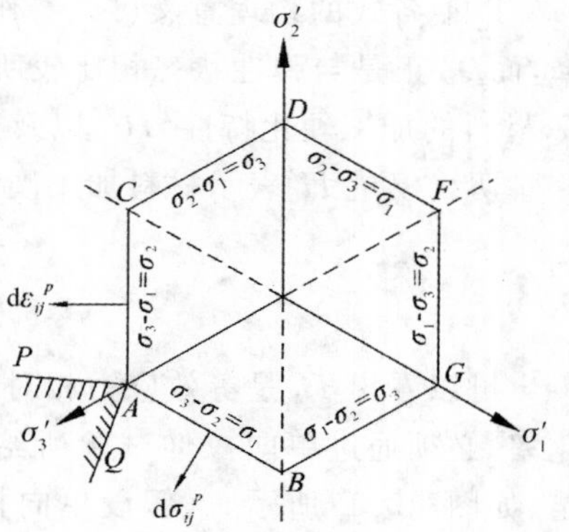

图 3.5.12　塑性势

这里，在 AC 边，则

$$d\varepsilon_{1.p}:d\varepsilon_{2.p}:d\varepsilon_{3.p}=\frac{\partial f}{\partial\sigma_1}:\frac{\partial f}{\partial\sigma_2}:\frac{\partial f}{\partial\sigma_3}=(-1):0:1\qquad(3.5.90)$$

而在 AB 边，则

$$d\varepsilon_{1.p}:d\varepsilon_{2.p}:d\varepsilon_{3.p}=\frac{\partial f}{\partial\sigma_1}:\frac{\partial f}{\partial\sigma_2}:\frac{\partial f}{\partial\sigma_3}=0:(-1):1\qquad(3.5.91)$$

在图 3.5.12 中 AC 边与 AB 边的交点为 A，若应力状态相当于 A 点的应力状态，设在 AC 边的 A 处法线为 AP，AB 边的法线为 AQ。实际上这时塑性应变增量向量 $d\varepsilon_{ij,p}$ 既不沿 AP 方向又不沿 AQ 方向，只能在 AP 与 AQ 的夹角区域(如图 3.5.8 中阴影部分)。可是，如按前面得到的正交性质，塑性应变增量向量 $d\varepsilon_{ij,p}$ 应当既沿 AP 方向又沿 AQ 方向，这当然是不可能的。只要在 AP 与 AQ 的夹角区域内，则由屈服曲面内到达屈服曲面上的任意应力向量都不会与它形成钝角，即不违反杜洛克公式。所以，塑性应变增量 $d\varepsilon_{ij,p}$ 可能在阴影区内的任意方向。这样，可以把式(3.5.90)乘以系数 $\lambda(0\leqslant\lambda\leqslant1)$，把式(3.5.91)乘以 $(1-\lambda)$，两者相加得

$$d\varepsilon_{1.p}:d\varepsilon_{2.p}:d\varepsilon_{3.p}=(-\lambda):[-(1-\lambda)]:1\qquad(3.5.92)$$

其中，λ 的值由与其他部分的连接条件或边界条件确定。

对更为一般的情况，设应力正好位于 n 个曲面 $\varphi_\alpha=0(\alpha=1,2,\cdots,n)$ 的相交处，则广义塑性势理论的流动法则为

$$d\varepsilon_{ij,p}=\sum_{\alpha=1}^{n}\lambda_\alpha\frac{\partial\varphi_\alpha}{\partial\sigma_{ij}}\qquad(3.5.93)$$

3.5.4　正交各向异性材料的流动理论

以 Hill 提出的正交各向异性材料的屈服条件式(3.2.44)左方的屈服函数的一半作为塑性势，即

$$g=\frac{F}{2}(\sigma_y-\sigma_z)^2+\frac{G}{2}(\sigma_z-\sigma_x)^2+\frac{H}{2}(\sigma_x-\sigma_y)^2+\frac{L}{2}(\tau_{yz}^2+\tau_{zy}^2)+\frac{M}{2}(\tau_{zx}^2+\tau_{xz}^2)+\frac{N}{2}(\tau_{xy}^2+\tau_{yx}^2) \tag{3.5.94}$$

则有

$$\begin{cases} d\varepsilon_{x,p}=\alpha\dfrac{\partial g}{\partial\sigma_x}=\alpha[H(\sigma_x-\sigma_y)+G(\sigma_x-\sigma_z)], \\ d\varepsilon_{y,p}=\alpha\dfrac{\partial g}{\partial\sigma_y}=\alpha[F(\sigma_y-\sigma_z)+H(\sigma_y-\sigma_x)], \\ d\varepsilon_{z,p}=\alpha\dfrac{\partial g}{\partial\sigma_z}=\alpha[G(\sigma_z-\sigma_x)+F(\sigma_z-\sigma_y)], \\ \dfrac{1}{2}\gamma_{yz,p}=\alpha\dfrac{\partial g}{\partial\tau_{yz}}=\alpha L\tau_{xy}, \\ \dfrac{1}{2}\gamma_{zx,p}=\alpha\dfrac{\partial g}{\partial\tau_{zx}}=\alpha M\tau_{zx}, \\ \dfrac{1}{2}\gamma_{xy,p}=\alpha\dfrac{\partial g}{\partial\tau_{xy}}=\alpha N\tau_{xy} \end{cases} \tag{3.5.95}$$

式(3.5.95)即是正交各向异性材料的流动理论。由式(3.5.95)可见满足

$$d\varepsilon_{x,p}+d\varepsilon_{y,p}+d\varepsilon_{z,p}=0 \tag{3.5.96}$$

即塑性变形后体积不变。

若应力主轴与材料的各向异性主轴方向一致,则流动理论可写为

$$\begin{cases} d\varepsilon_{1,p}=\alpha[H(\sigma_1-\sigma_2)+G(\sigma_1-\sigma_3)], \\ d\varepsilon_{2,p}=\alpha[F(\sigma_2-\sigma_3)+H(\sigma_2-\sigma_1)], \\ d\varepsilon_{3,p}=\alpha[G(\sigma_3-\sigma_1)+F(\sigma_3-\sigma_2)] \end{cases} \tag{3.5.97}$$

无疑,这时塑性应变增量主轴也和材料的各向异性主轴一致。

3.5.5 流动理论与形变理论的关系

流动理论与形变理论之间存在一定的关系。在简单加载条件下,从流动理论可以导出形变理论,简单加载下形变理论与流动理论是一致的。但是,实验结果表明,在加载路径偏离简单加载不大时,由形变理论得到的结果也与流动理论相差不多。不过,这里所说的偏离不大到目前为止还没有一个定量,即形变理论没有明确的适用范围。

Качанов 认为,在应变空间中变形路径如图 3.5.13 中的实线所示,从某一瞬间开始,变形路径趋近于图中虚线,用两种理论求出的应力状态趋于接近。以上的理论都是依据 Mises 屈服条件或以 Mises 屈服条件为基础的强化条件得到的。这时的屈服曲面或加载曲面都是光滑的。如果采用 Tresca 屈服曲面或以它为基础的加载曲面,屈服曲面具有奇异性,即带有棱或尖角。许多学者发现,可以找到某些非简单加载的加载路径,在这些路径上流动理论也能化为形变理论。

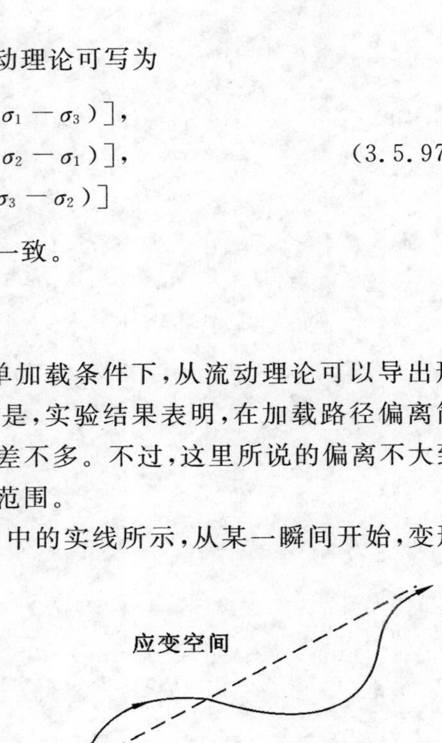

图 3.5.13 应变空间中变形路径

通过比较薄壁筒受拉扭算例可以看出，流动理论可以反映加载历史，但计算工作要比形变理论繁重。流动理论的关系式只适用于已进入塑性阶段的加载过程。在加载过程中，固体或结构中某一点的某加载状态下，流动理论

$$d\varepsilon_{ij,p} = d\lambda S_{ij}$$

中的比例系数 $d\lambda$ 对不同的应变增量分量是常数，即在上式中，下标 i,j 取不同值时，$d\lambda$ 不变。但在加载过程中，固体或结构中的不同点或某一点不同时刻，$d\lambda$ 是不同的，这由于应力状态不同。按流动理论计算的应变值不仅取决于加载路径的起点和终点，而且还依赖于加载路径。这是由于方程

$$de_{ij} = \frac{1}{2G}dS_{ij} + d\lambda S_{ij}$$

的求解，一般只能随加载过程逐段求增量。若在应力空间中从同一点开始，经过两条不同的加载路径最后达到相同的终点时，则得到的最终应变值是不同的。

4 大变形、大转动和塑性

4.1 大转动的基本概念

很多应用属于大变形小应变问题。在大变形发生时会伴有转动，这里的大变形或大位移和转动是刚体位移和转动，但与此同时，固体或结构仍然存在小应变。很多学者进行了研究，Crisfield 总结了很多学者大量的研究成果[110]。这里讨论分析大转动和大变形的基础。

4.1.1 非线性向量大转动

图 4.1.1 为与转动顺序有关的一系列大转动结果，这种转动不能被认为是向量转动。这种现象对于空间结构和壳体有限元分析具有重要的含义。

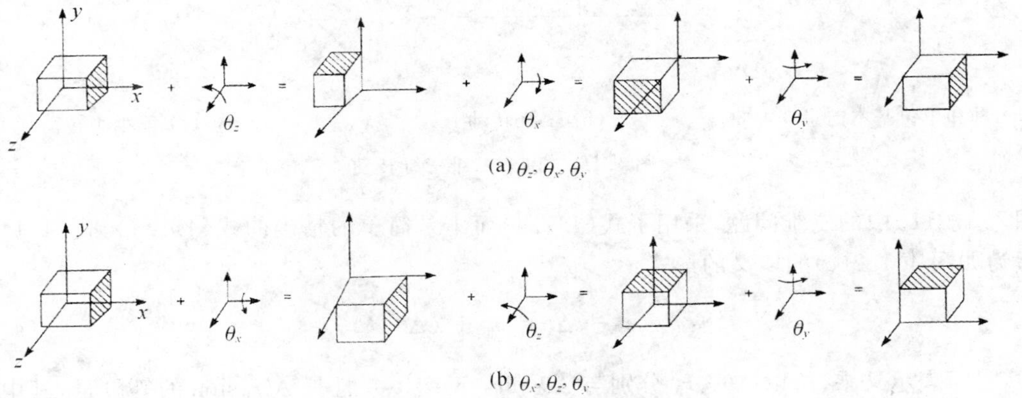

图 4.1.1 不服从交换律的向量转动

4.1.2 转动矩阵 $\boldsymbol{R}$

4.1.2.1 小转动的转动矩阵

如图 4.1.2(b)所示，向量$\boldsymbol{r}_0$ 在平面 1 - 2 中旋转 $\Delta\theta$ 后变为$\boldsymbol{r}_n$，这时有

$$\boldsymbol{r}_n^{\mathrm{T}} = r_0[\cos(\theta_0 + \Delta\theta) \quad \sin(\theta_0 + \Delta\theta) \quad 0] \tag{4.1.1}$$

或者有以下近似关系：

$$\boldsymbol{r}_n = \boldsymbol{r}_0 + \Delta\boldsymbol{r} = \boldsymbol{r}_0 t + r_0 \Delta\theta\boldsymbol{n} \tag{4.1.2}$$

式中，$r_0 = \| \boldsymbol{r}_0 \|$；$\boldsymbol{n}$ 为与$\boldsymbol{r}_0$ 和 z 方向(或者$\boldsymbol{e}_3$)正交的单位向量，所以有$\boldsymbol{t}^{\mathrm{T}}\boldsymbol{n} = \boldsymbol{e}_3^{\mathrm{T}}\boldsymbol{n} = 0$，因此

$$\boldsymbol{n}^{\mathrm{T}} = [-\sin\theta_0 \quad \cos\theta_0 \quad 0] \tag{4.1.3}$$

因此，式(4.1.2)可以重新写为

$$\boldsymbol{r}_n = \left(\begin{bmatrix} 1 & 0 & 0 \\ 0 & 1 & 0 \\ 0 & 0 & 1 \end{bmatrix} + \begin{bmatrix} 0 & -\Delta\theta & 0 \\ \Delta\theta & 0 & 0 \\ 0 & 0 & 0 \end{bmatrix} \right) \boldsymbol{r}_0 \tag{4.1.4}$$

或

$$\boldsymbol{r}_n = \boldsymbol{R}\boldsymbol{r}_0 = [\boldsymbol{I} + \boldsymbol{S}(\Delta\boldsymbol{\theta})]\boldsymbol{r}_0 \tag{4.1.5}$$

考虑到

$$\boldsymbol{\theta}_n = \boldsymbol{\theta}_0 + \Delta\boldsymbol{\theta} = \theta_0\boldsymbol{e}_3 + \Delta\theta\,\boldsymbol{e}_3 = (\theta_0 + \Delta\theta)\boldsymbol{e}_3 \tag{4.1.6}$$

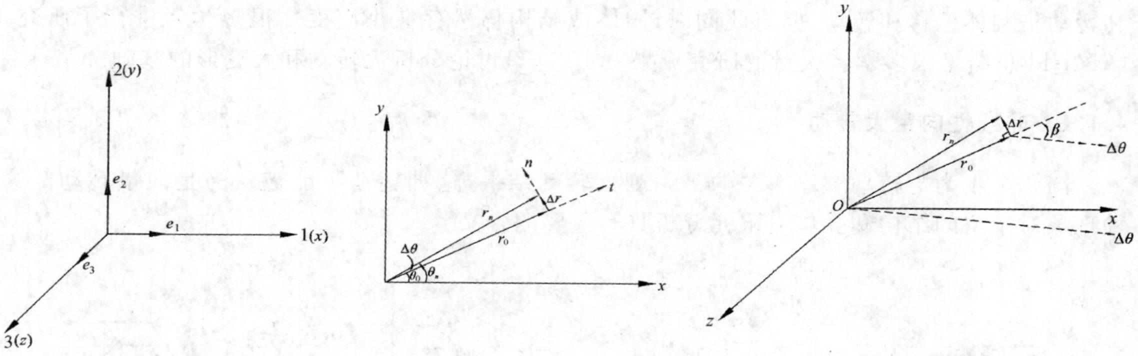

(a) 轴和单位基本向量　　(b) 二维转动　　(c) 三维小转动

图 4.1.2　轴和二维三维转动

上图 4.1.2(b)中的二维问题，采用了式(4.1.4)而不是简单的精确的式(4.1.1)，式(4.1.2)可以写为如图 4.1.2(c)的广义的形式：

$$\boldsymbol{r}_n = \boldsymbol{r}_0 + \Delta\boldsymbol{r} = \boldsymbol{r}_0 + (\Delta\boldsymbol{\theta} \times \boldsymbol{r}_0) \tag{4.1.7}$$

式中，"×"表示叉乘，所以 $\Delta\boldsymbol{\theta}\times\boldsymbol{r}_0$ 分别与 $\Delta\boldsymbol{\theta}$ 和$\boldsymbol{r}_0$ 正交，并且是 $\Delta\theta r_0 \sin\beta$ 的等阶量，其中 β 为 $\Delta\boldsymbol{\theta}$ 和$\boldsymbol{r}_0$ 之间的夹角(如图 4.1.2(c)所示)。方程式(4.1.5)中

$$\boldsymbol{S}(\Delta\boldsymbol{\theta}) = \begin{bmatrix} 0 & -\Delta\theta_3 & \Delta\theta_2 \\ \Delta\theta_3 & 0 & -\Delta\theta_1 \\ -\Delta\theta_2 & \Delta\theta_1 & 0 \end{bmatrix} \tag{4.1.8}$$

其中，无穷小转动 $\Delta\boldsymbol{\theta}$ 代表"旋转"。

4.1.2.2　大转动的转动矩阵

为推导与式(4.1.5)和式(4.1.8)等效的大转动表达式，假设从$\boldsymbol{r}_0$ 到$\boldsymbol{r}_n$ 的转动包含一个"虚拟向量"

$$\boldsymbol{\theta} = \begin{bmatrix} \theta_1 \\ \theta_2 \\ \theta_3 \end{bmatrix} = \theta_1\boldsymbol{e}_1 + \theta_2\boldsymbol{e}_2 + \theta_3\boldsymbol{e}_3 = \theta\,\boldsymbol{e} \tag{4.1.9}$$

式中，$\boldsymbol{e}$ 为转动方向的单位向量，并且如图 4.1.3 所示，有

$$\theta = \|\boldsymbol{\theta}\| = (\theta_1^2 + \theta_2^2 + \theta_3^2)^{1/2} = (\boldsymbol{\theta}^{\mathrm{T}}\boldsymbol{\theta})^{1/2} \tag{4.1.10}$$

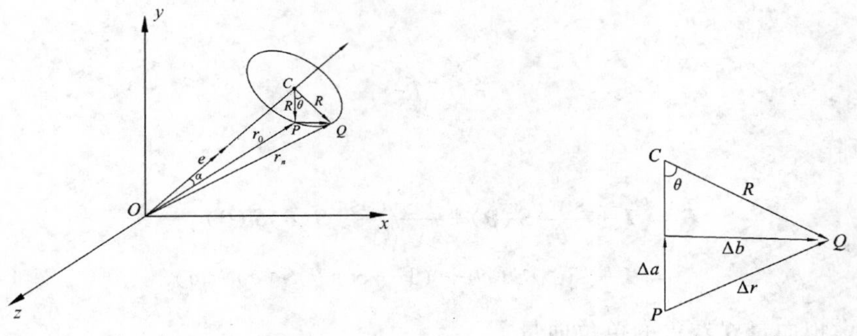

(a) 关于 OC 的转动　　　　(b) 细节

图 4.1.3　三维转动

由图 4.1.3(b)可以看出

$$\Delta \boldsymbol{r} = \Delta \boldsymbol{a} + \Delta \boldsymbol{b} \tag{4.1.11}$$

式中，$\Delta \boldsymbol{b}$ 与 $\Delta \boldsymbol{a}$ 正交。同样从图 4.1.3(b)可以看出，$\Delta \boldsymbol{b}(\Delta b)$的长度

$$\Delta b = R\sin\theta \tag{4.1.12}$$

所以

$$\Delta \boldsymbol{b} = \frac{\Delta b}{\|\boldsymbol{r}_0 \times \boldsymbol{e}\|}(\boldsymbol{e} \times \boldsymbol{r}_0) = \frac{R\sin\theta}{\|\boldsymbol{r}_0 \times \boldsymbol{e}\|}(\boldsymbol{e} \times \boldsymbol{r}_0) \tag{4.1.13}$$

由图 4.1.3(a)有

$$\|\boldsymbol{e} \times \boldsymbol{r}_0\| = \boldsymbol{r}_0 \sin\alpha = R \tag{4.1.14}$$

所以，式(4.1.13)可以重新写为

$$\Delta \boldsymbol{b} = \sin\theta(\boldsymbol{e} \times \boldsymbol{r}_0) = \frac{\sin\theta}{\theta}(\boldsymbol{\theta} \times \boldsymbol{r}_0) \tag{4.1.15}$$

由图 4.1.3，向量 $\Delta \boldsymbol{a}$ 正交于 $\boldsymbol{e}$ 和 $\Delta \boldsymbol{b}$，因此

$$\Delta \boldsymbol{a} = \frac{\Delta a}{\|\boldsymbol{e} \times \boldsymbol{r}_0\|}(\boldsymbol{e} \times (\boldsymbol{e} \times \boldsymbol{r}_0)) = \frac{\Delta a}{R}(\boldsymbol{e} \times (\boldsymbol{e} \times \boldsymbol{r}_0)) \tag{4.1.16}$$

但是由图 4.1.3(b)可得

$$\Delta a = R(1 - \cos\theta) \tag{4.1.17}$$

所以式(4.1.16)可以重新写为

$$\Delta \boldsymbol{a} = (1 - \cos\theta)(\boldsymbol{e} \times (\boldsymbol{e} \times \boldsymbol{r}_0)) = \frac{(1 - \cos\theta)}{\theta^2}(\boldsymbol{\theta} \times (\boldsymbol{\theta} \times \boldsymbol{r}_0)) \tag{4.1.18}$$

因此，从式(4.1.11)、式(4.1.15)和式(4.1.18)可得

$$\boldsymbol{r}_n = \boldsymbol{r}_0 + \Delta \boldsymbol{r} = \boldsymbol{r}_0 + \frac{\sin\theta}{\theta}(\boldsymbol{\theta} \times \boldsymbol{r}_0) + \frac{1 - \cos\theta}{\theta^2}(\boldsymbol{\theta} \times (\boldsymbol{\theta} \times \boldsymbol{r}_0)) \tag{4.1.19}$$

但是由式(4.1.7)和式(4.1.8)可知

$$\boldsymbol{\theta} \times \boldsymbol{r}_0 = \boldsymbol{S}(\boldsymbol{\theta})\boldsymbol{r}_0 \tag{4.1.20}$$

因此

$$\boldsymbol{r}_n = \boldsymbol{R}\boldsymbol{r}_0 \tag{4.1.21}$$

式中,转动矩阵

$$\begin{aligned} \boldsymbol{R} &= \boldsymbol{I} + \frac{\sin\theta}{\theta}\boldsymbol{S}(\boldsymbol{\theta}) + \frac{1-\cos\theta}{\theta^2}\boldsymbol{S}(\boldsymbol{\theta})\boldsymbol{S}(\boldsymbol{\theta}) \\ &= \boldsymbol{I} + \sin\theta\boldsymbol{S}(\boldsymbol{e}) + (1-\cos\theta)\boldsymbol{S}(\boldsymbol{e})\boldsymbol{S}(\boldsymbol{e}) \end{aligned} \tag{4.1.22}$$

式中,$\boldsymbol{e}$ 为由虚拟向量 $\boldsymbol{\theta}$ 获得的单位向量。

另一种转动和变形关系推导方法首先定义了三元“局部”单位向量$\boldsymbol{i}_1$ 作为转动主轴,$\boldsymbol{i}_1$ 与此前的 $\boldsymbol{e}$ 相等(见图 4.1.4),所以有

$$\boldsymbol{\theta} = \boldsymbol{\theta}\boldsymbol{i}_1 \tag{4.1.23}$$

于是可以组成三维向量的向量$\boldsymbol{i}_2$,$\boldsymbol{i}_3$ 为

$$\boldsymbol{i}_2^{\mathrm{T}} = \begin{bmatrix} \dfrac{\boldsymbol{i}_1(2)}{\alpha} & \dfrac{-\boldsymbol{i}_1(1)}{\alpha} & 0 \end{bmatrix} \tag{4.1.24}$$

$$\boldsymbol{i}_3^{\mathrm{T}} = \begin{bmatrix} \dfrac{-\boldsymbol{i}_1(1)\boldsymbol{i}_1(3)}{\alpha} & \dfrac{\boldsymbol{i}_1(2)\boldsymbol{i}_1(3)}{\alpha} & -\alpha \end{bmatrix} \tag{4.1.25}$$

式中,$\boldsymbol{i}_1(2)$为$\boldsymbol{i}_1$ 的第二个分量,同时

$$\alpha^2 = [\boldsymbol{i}_1(1)]^2 + [\boldsymbol{i}_1(2)]^2 \tag{4.1.26}$$

式(4.1.24)和式(4.1.25)中的单位向量$\boldsymbol{i}_1$ 和$\boldsymbol{i}_2-\boldsymbol{i}_3$ 满足正交条件$\boldsymbol{i}_1^{\mathrm{T}}\boldsymbol{i}_2=\boldsymbol{i}_1^{\mathrm{T}}\boldsymbol{i}_3=\boldsymbol{i}_2^{\mathrm{T}}\boldsymbol{i}_3=0$。

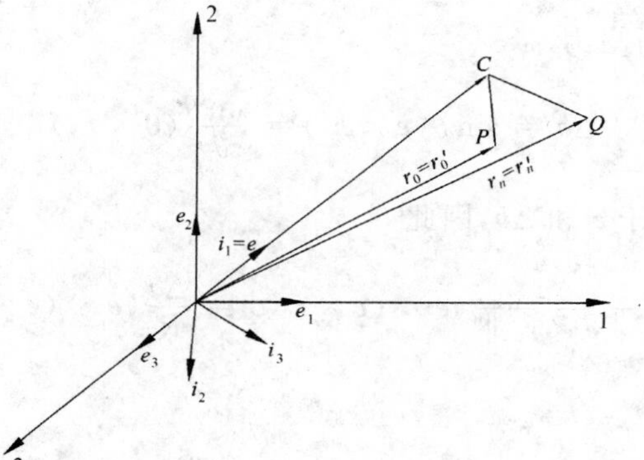

图 4.1.4　使用辅助三元向量$\boldsymbol{i}_1-\boldsymbol{i}_3$ 的三维转动

根据 Euler 定理,可以将向量$\boldsymbol{r}_0$ 沿着主轴$\boldsymbol{i}_1$ 转动,故如图 4.1.4 所示,有

$$\boldsymbol{r}'_n = \boldsymbol{R}'\boldsymbol{r}'_0 = \begin{bmatrix} 1 & 0 & 0 \\ 0 & \cos\theta & -\sin\theta \\ 0 & \sin\theta & \cos\theta \end{bmatrix}\boldsymbol{r}'_0 \tag{4.1.27}$$

式中，$\boldsymbol{r}'_0$和$\boldsymbol{r}'_n$为在“局部”坐标$\boldsymbol{i}_1-\boldsymbol{i}_3$ 表达的量。然而，由

$$\boldsymbol{r}_n = \boldsymbol{R}\boldsymbol{r}_0 = \boldsymbol{T}^{\mathrm{T}}\boldsymbol{R}'\boldsymbol{T}\boldsymbol{r}_0 \tag{4.1.28}$$

可以将 $\boldsymbol{R}'$ 由“局部”坐标转换为“整体”坐标。又

$$\boldsymbol{T}^{\mathrm{T}} = [\boldsymbol{i}_1 \quad \boldsymbol{i}_2 \quad \boldsymbol{i}_3] \tag{4.1.29}$$

如果将式(4.1.23)～(4.1.26)代入式(4.1.29)，然后将式(4.1.29)和式(4.1.27)再代入式(4.1.28)，将会发现式(4.1.28)中的转动矩阵 $\boldsymbol{R}$ 与式(4.1.22)中的表达式一致。

最后，利用 Euler 定理，即“如果一个刚体沿着一个固定点转动到一个新的构形，将会有一条通过该点的直线，该直线在转动过程中保持不变”。如图 4.1.3 和图 4.1.4 中的单位向量 $\boldsymbol{e}$，$\boldsymbol{e}$ 将随转动矩阵 $\boldsymbol{R}$ 自身转动，因此

$$\boldsymbol{R}(\boldsymbol{e},\boldsymbol{\theta})\boldsymbol{e} - \boldsymbol{e} = \boldsymbol{R}(\boldsymbol{\theta})\boldsymbol{\theta} - \boldsymbol{\theta} = 0 \tag{4.1.30}$$

所以，$\boldsymbol{e}$ 为具有正定的单位特征值的 $\boldsymbol{R}$ 的一个特征向量。

4.1.2.3　转动矩阵的指数形式

通过展开式(4.1.22)中 $\sin\theta$ 和 $\cos\theta$，即

$$\sin\theta = \theta - \frac{\theta^3}{3!} + \frac{\theta^5}{5!} \tag{4.1.31a}$$

$$\cos\theta = 1 - \frac{\theta^2}{2!} + \cdots \tag{4.1.31b}$$

利用下面的关系

$$[\boldsymbol{S}(\boldsymbol{\theta})]^3 = -\theta^2\boldsymbol{S}(\boldsymbol{\theta}), \quad [\boldsymbol{S}(\boldsymbol{\theta})]^4 = -\theta^2[\boldsymbol{S}(\boldsymbol{\theta})]^2, \quad \cdots \tag{4.1.32a}$$

或

$$[\boldsymbol{S}(\boldsymbol{\theta})]^{2n-1} = (-1)^{n-1}\theta^{2(n-1)}\boldsymbol{S}(\boldsymbol{\theta}), \quad [\boldsymbol{S}(\boldsymbol{\theta})]^{2n} = (-1)^{n-1}\theta^{2(n-1)}[\boldsymbol{S}(\boldsymbol{\theta})]^2 \tag{4.1.32b}$$

可以得到转动矩阵 $\boldsymbol{R}$ 的指数形式为

$$\boldsymbol{R} = \exp(\boldsymbol{S}(\boldsymbol{\theta})) = \boldsymbol{I} + \boldsymbol{S}(\boldsymbol{\theta}) + \frac{[\boldsymbol{S}(\boldsymbol{\theta})]^2}{2!} + \frac{[\boldsymbol{S}(\boldsymbol{\theta})]^3}{3!} + \cdots \tag{4.1.33}$$

4.1.2.4　转动矩阵的修正形式

将式(4.1.22)重新表达为略微不同的形式，对于复合转动是有用的。这种形式是关于虚拟向量的修正形式，例如用 $\boldsymbol{\omega}$ 替换式(4.1.9)的 $\boldsymbol{\theta}$，其中

$$\boldsymbol{\omega} = \omega\boldsymbol{e} = 2\tan(\theta/2)\boldsymbol{e} = \frac{2\tan(\theta/2)}{\theta}\boldsymbol{\theta} \tag{4.1.34}$$

并有时是罗德里格(Rodrigues)参数作为已知的部分。将式(4.1.34)代入式(4.1.22)，有

$$\boldsymbol{R} = \boldsymbol{I} + \frac{1}{1 + \frac{1}{4}\boldsymbol{\omega}^{\mathrm{T}}\boldsymbol{\omega}}\left[\boldsymbol{S}(\boldsymbol{\omega}) + \frac{1}{2}(\boldsymbol{S}(\boldsymbol{\omega}))^2\right] \tag{4.1.35}$$

式中，$\boldsymbol{S}(\boldsymbol{\omega})$与 $\boldsymbol{S}(\boldsymbol{\theta})$的形式相同，见式(4.1.8)。应该注意到虚拟向量 $\boldsymbol{\omega}$ 在式(4.1.34)中当 $\theta=$

±180°(或 180°的倍数)时为无穷大,同时式(4.1.35)中的 $\boldsymbol{R}$ 变为奇异。式(4.1.35)被 Hughes 和 Winger 在和大应变分析有关的问题中使用,见式(4.7.14)。

Rankin 和 Brogean 给出了更进一步 $\boldsymbol{R}$ 的修正形式,此形式中 $\boldsymbol{R}$ 不会变为奇异。出于此目的,他们用

$$\boldsymbol{\psi} = \psi \boldsymbol{e} = 2\sin(\theta/2)\boldsymbol{e} = \frac{2\sin(\theta/2)}{\theta}\boldsymbol{\theta} \tag{4.1.36}$$

代替式(4.1.34),并代入式(4.1.22),有

$$\boldsymbol{R} = \boldsymbol{I} + \left(1 - \frac{1}{4}\boldsymbol{\psi}^{\mathrm{T}}\boldsymbol{\psi}\right)^{1/2} \boldsymbol{S}(\boldsymbol{\psi}) + \frac{1}{2}[\boldsymbol{S}(\boldsymbol{\psi})]^2 \tag{4.1.37}$$

式中,$\boldsymbol{S}(\boldsymbol{\psi})$与式(4.1.8)的 $\boldsymbol{S}(\boldsymbol{\theta})$具有相同的形式。由式(4.1.34)和(4.1.36),虚拟向量 $\boldsymbol{\omega}$ 和 $\boldsymbol{\psi}$ 之间的关系为

$$\boldsymbol{\omega} = \left(1 - \frac{1}{4}\boldsymbol{\psi}^{\mathrm{T}}\boldsymbol{\psi}\right)^{-1/2} \boldsymbol{\psi}, \quad \boldsymbol{\psi} = \left(1 + \frac{1}{4}\boldsymbol{\omega}^{\mathrm{T}}\boldsymbol{\omega}\right)^{-1/2} \cdot \boldsymbol{\omega} \tag{4.1.38}$$

4.1.2.5 转动矩阵的近似形式

由式(4.1.5),可见 $\boldsymbol{R}$ 最低阶的近似形式为 $\boldsymbol{I}+\boldsymbol{S}(\boldsymbol{\theta})$。较好的近似可以通过在式(4.1.22)中用 θ 替代 $\sin\theta$ 和用 $1-\frac{1}{2}\theta^2$ 替代 $\cos\theta$ 获得,于是

$$\boldsymbol{R} \approx \boldsymbol{I} + \boldsymbol{S} + \frac{1}{2}\boldsymbol{S}^2 \tag{4.1.39}$$

由式(4.1.34),有

$$\frac{\theta}{2} = \arctan\left(\frac{\omega}{2}\right) = \frac{\omega}{2} - \frac{\omega^3}{24} + \frac{\omega^5}{160} - \cdots \tag{4.1.40}$$

所以

$$\theta = \omega - \frac{\omega^3}{12} + \cdots \tag{4.1.41}$$

其中,在直到30°时 ω 为 θ 的较好近似,所以 $\boldsymbol{S}(\boldsymbol{\theta})$为 $\boldsymbol{S}(\boldsymbol{\omega})$的较好近似,因此式(4.1.35)改为

$$\boldsymbol{R} \approx \boldsymbol{I} + \frac{1}{1+\frac{1}{4}\boldsymbol{\theta}^{\mathrm{T}}\boldsymbol{\theta}}\left[\boldsymbol{S}(\boldsymbol{\theta}) + \frac{1}{2}\left(\boldsymbol{S}(\boldsymbol{\theta})\right)^2\right] \tag{4.1.42}$$

成为式(4.1.22)的比式(4.1.39)更好的近似。并且不像式(4.1.22),不需要三角函数。

4.2 复合转动

在非线性梁或壳的分析中,有

$$\boldsymbol{\theta}_0^{\mathrm{T}} = [\theta_1 \quad \theta_2 \quad \theta_3] \tag{4.2.1}$$

对于上式

$$\boldsymbol{r}_1 = \boldsymbol{R}(\boldsymbol{\theta}_0)\boldsymbol{r}_0 \tag{4.2.2}$$

转动增量为

$$\Delta\boldsymbol{\theta}_0^{\mathrm{T}} = [\Delta\theta_1 \quad \Delta\theta_2 \quad \Delta\theta_3] \tag{4.2.3}$$

对于上式

$$\boldsymbol{r}_n = \Delta\boldsymbol{R}(\Delta\boldsymbol{\theta})\boldsymbol{r}_1 \tag{4.2.4}$$

式中，$\Delta\boldsymbol{R}(\Delta\boldsymbol{\theta})$可以通过式(4.1.22)或式(4.1.35)或式(4.1.37)求得，这时有

$$\boldsymbol{r}_n = \Delta\boldsymbol{R}(\Delta\boldsymbol{\theta})\boldsymbol{R}(\boldsymbol{\theta})\boldsymbol{r}_0 \tag{4.2.5}$$

这里应当强调的是虚拟向量 $\Delta\boldsymbol{\theta}$ 对于 $\boldsymbol{\theta}$ 并不可加，即使是当 $\delta\boldsymbol{\theta}$ 趋近于 0。更为普遍的复合转动为

$$\boldsymbol{r}_1 = \boldsymbol{R}(\boldsymbol{\omega}_1)\boldsymbol{r}_0, \quad \boldsymbol{r}_2 = \boldsymbol{R}(\boldsymbol{\omega}_2)\boldsymbol{r}_1 \tag{4.2.6}$$

所以

$$\boldsymbol{r}_2 = \boldsymbol{R}_2(\boldsymbol{\omega}_2)\boldsymbol{R}_1(\boldsymbol{\omega}_1)\boldsymbol{r}_0 \tag{4.2.7}$$

式中，使用了 $\boldsymbol{\omega}$ 而不是虚拟向量 $\boldsymbol{\theta}$ 的形式与含有 $\tan(\theta/2)$的常数有关(见式(4.1.34))，这是因为后者更为方便，特别如果式(4.2.7)用

$$\boldsymbol{r}_2 = \boldsymbol{R}_{12}(\boldsymbol{\omega}_{12})\boldsymbol{r}_0 \tag{4.2.8}$$

替换，可以节约时间和内存。上式中，$\boldsymbol{\omega}_{12}$ 为由 $\boldsymbol{\omega}_1$ 引起的 $\boldsymbol{\omega}_2$ 的虚拟向量，用式(4.1.35)表示 $\boldsymbol{R}(\boldsymbol{\omega})$，可以得

$$\boldsymbol{\omega}_{12} = \frac{\boldsymbol{\omega}_1 + \boldsymbol{\omega}_2 - \frac{1}{2}\boldsymbol{\omega}_1 \times \boldsymbol{\omega}_2}{1 - \frac{1}{4}\boldsymbol{\omega}_1^{\mathrm{T}}\boldsymbol{\omega}_2} \tag{4.2.9}$$

此外，如果将式(4.1.36)中的 $\boldsymbol{\psi}$ 作为虚拟向量，将式(4.1.38)代入式(4.2.9)，经过整理有

$$\boldsymbol{\psi}_{12} = \pm\left(\left(1 - \frac{1}{4}\boldsymbol{\psi}_2^{\mathrm{T}}\boldsymbol{\psi}_2\right)^{1/2}\boldsymbol{\psi}_1 + \left(1 - \frac{1}{4}\boldsymbol{\psi}_1^{\mathrm{T}}\boldsymbol{\psi}_1\right)^{1/2}\boldsymbol{\psi}_2 - \frac{1}{2}\boldsymbol{\psi}_1 \times \boldsymbol{\psi}_2\right) \tag{4.2.10}$$

式中的“±”符号由

$$\left(1 - \frac{1}{4}\boldsymbol{\psi}_2^{\mathrm{T}}\boldsymbol{\psi}_2\right)^{1/2}\left(1 - \frac{1}{4}\boldsymbol{\psi}_1^{\mathrm{T}}\boldsymbol{\psi}_1\right)^{1/2} - \frac{1}{4}\boldsymbol{\psi}_1^{\mathrm{T}}\boldsymbol{\psi}_2 \tag{4.2.11}$$

确定。

二维形式的式(4.2.7)中含有一个绕固定轴的转动，这种情况下，由式(4.1.36)有

$$\boldsymbol{\psi}_1 = 2\sin(\theta_1/2), \quad \boldsymbol{\psi}_2 = 2\sin(\theta_2/2) \tag{4.2.12}$$

这里引进 $\Delta\boldsymbol{R}(\Delta\boldsymbol{\theta})$的标记来表示由虚拟向量 $\Delta\boldsymbol{\theta}$ 获得的转动矩阵 $\Delta\boldsymbol{R}$，其中 Δ 表示 $\Delta\boldsymbol{\theta}$ 为增量。在 $\boldsymbol{R}$ 之前引入 Δ 可以使得以后的表达式更加简洁。通过在式(4.1.22)的右端的 $\boldsymbol{\theta}$ 插入 $\Delta\boldsymbol{\theta}$ 计算 $\Delta\boldsymbol{R}(\Delta\boldsymbol{\theta})$。因此，由式(4.2.10)有

$$\psi_{12} = 2\sin\left(\frac{\theta_1 + \theta_2}{2}\right) = \pm 2[c(\theta_1/2)\sin(\theta_2/2) + c(\theta_2/2)\sin(\theta_1/2)] \tag{4.2.13}$$

其中

$$c(\theta_1) = (1 - \sin^2\theta_1)^{1/2} \tag{4.2.14}$$

式(4.2.13)的"±"符号由

$$c\left(\frac{\theta_1 + \theta_2}{2}\right) = c(\theta_1/2)c(\theta_2/2) - \sin(\theta_1/2)\sin(\theta_2/2) \tag{4.2.15}$$

确定。

在这些式子中,使用符号$c(\theta)$而不是$\cos(\theta)$,这是因为式(4.2.14)确定了$\cos(\theta)$的符号。然而,在二维问题中,上述提出的方法只适应于$|\theta_1+\theta_2|<180°$。如果将$\sin(\theta/2)$和$\cos(\theta/2)$储存,则式(4.2.13)在使用$\cos(\theta/2)$代替$c(\theta/2)$并且没有"±"符号的情况下成立,且与向量的象限无关。这样一个方法同四元数(quaternions)和欧拉参数紧密相关。

4.3 求虚拟速度向量和四元数

4.3.1 由转动矩阵 R 获得虚拟速度向量

由式(4.1.22),$\boldsymbol{R}$的反对称部分为

$$\boldsymbol{R}^a = \frac{1}{2}(\boldsymbol{R} - \boldsymbol{R}^{\mathrm{T}}) = \sin\theta \boldsymbol{S}(\boldsymbol{e}) = \frac{\sin\theta}{\theta}\boldsymbol{S}(\boldsymbol{\theta}) \tag{4.3.1}$$

由上式可知式(4.1.8)的$\boldsymbol{S}$的反对称形式。在$0<|\theta|<\pi$时,$\boldsymbol{e}$或$\boldsymbol{\theta}$可以通过

$$\sin\theta\boldsymbol{e} = \frac{\sin\theta}{\theta}\boldsymbol{\theta} = \frac{1}{2}\begin{bmatrix} R_{32} - R_{23} \\ R_{13} - R_{31} \\ R_{21} - R_{12} \end{bmatrix} \tag{4.3.2}$$

求得。偏对称矩阵$\boldsymbol{S}(\boldsymbol{\theta})$可以较为简单地求得,即

$$\boldsymbol{S}(\boldsymbol{\theta}) = \boldsymbol{R}^a = \frac{1}{2}(\boldsymbol{R} - \boldsymbol{R}^{\mathrm{T}}) \tag{4.3.3}$$

当$\sin\theta\approx\theta$时,上式与式(4.3.1)相等。

使用近似表达式(4.1.42),矩阵$\boldsymbol{R}$的反对称部分为

$$\boldsymbol{R}^a = \frac{1}{2}(\boldsymbol{R} - \boldsymbol{R}^{\mathrm{T}}) = \frac{\boldsymbol{S}(\boldsymbol{\theta})}{1 + \frac{1}{4}\boldsymbol{\theta}^{\mathrm{T}}\boldsymbol{\theta}} \tag{4.3.4}$$

通过求解式(4.1.42)两端的迹,即

$$1 + \frac{1}{4}\boldsymbol{\theta}^{\mathrm{T}}\boldsymbol{\theta} = \frac{4}{1 + \mathrm{Tr}(\boldsymbol{R})} \tag{4.3.5}$$

式中,$\mathrm{Tr}(\boldsymbol{R})$为$\boldsymbol{R}$的迹,所以

$$\mathrm{Tr}(\boldsymbol{R}) = R_{11} + R_{22} + R_{33} \tag{4.3.6}$$

由式(4.3.4)和式(4.3.5),一个较式(4.3.3)精确的近似为

$$\boldsymbol{S}(\boldsymbol{\theta}) = \frac{4\boldsymbol{R}^a}{1+\mathrm{Tr}(\boldsymbol{R})} = \frac{2(\boldsymbol{R}-\boldsymbol{R}^{\mathrm{T}})}{1+\mathrm{Tr}(\boldsymbol{R})} \tag{4.3.7}$$

4.3.2 四元数和欧拉参数

前面曾指出使用虚拟向量的一些限制。各种虚拟向量更新,和正弦缩放有关的式(4.1.36)具有一定的优点,但是当角度大于180°时,是不唯一的。在二维问题中,可以通过 $\sin(\theta/2)$ 和 $\cos(\theta/2)$ 解决。可以运用相似的方法到三维问题中,但是需要 4 个参数,即正规化四元数或者欧拉参数,而不是三个参数,即虚拟向量分量。关于四元数的进一步内容可以参考相关资料。

现将式(4.1.22)写为半角的形式

$$\boldsymbol{R} = [\cos^2(\theta/2) - \sin^2(\theta/2)]\boldsymbol{I} + 2\cos(\theta/2)\sin(\theta/2)\boldsymbol{S}(\boldsymbol{e}) + 2\sin^2(\theta/2)\boldsymbol{e}\boldsymbol{e}^{\mathrm{T}} \tag{4.3.8}$$

由式(4.1.22)推导式(4.3.8)过程中,不但使用了半角的形式,还运用到如下关系式:

$$\boldsymbol{S}(\boldsymbol{e})\boldsymbol{S}(\boldsymbol{e}) = [\boldsymbol{S}(\boldsymbol{e})]^2 = \boldsymbol{e}\boldsymbol{e}^{\mathrm{T}} - \boldsymbol{I} \tag{4.3.9}$$

这通过式(4.1.8)可以证明。一个单位四元数可以通过四个欧拉参数定义($q_0 \sim q_3$),所以

$$\hat{\boldsymbol{q}} = \cos(\theta/2) + \sin(\theta/2)\boldsymbol{e} = \begin{bmatrix} \boldsymbol{q} \\ q_0 \end{bmatrix} = \begin{bmatrix} \sin(\theta/2)\boldsymbol{e} \\ \cos(\theta/2) \end{bmatrix} = \begin{bmatrix} \boldsymbol{\psi}/2 \\ \cos(\theta/2) \end{bmatrix} \tag{4.3.10}$$

式中,$\boldsymbol{\psi}$ 为式(4.1.36)的虚拟向量。由式(4.3.10),$\hat{\boldsymbol{q}}$ 的“长度”为单位长度,即

$$\hat{\boldsymbol{q}}^{\mathrm{T}}\hat{\boldsymbol{q}} = q_0^2 + q_1^2 + q_2^2 + q_3^2 = 1 \tag{4.3.11}$$

参考二维例子,注意到式(4.3.10)包括 $\cos(\theta/2)$,将式(4.3.10)代入式(4.3.8)可以推出

$$\boldsymbol{R} = 2\begin{bmatrix} q_0^2 + q_1^2 - 1/2 & q_1q_2 - q_3q_0 & q_1q_3 + q_2q_0 \\ q_2q_1 + q_3q_0 & q_0^2 + q_2^2 - 1/2 & q_2q_3 + q_1q_0 \\ q_3q_1 + q_2q_0 & q_3q_2 + q_1q_0 & q_0^2 + q_3^2 - 1/2 \end{bmatrix} \tag{4.3.12}$$

方程可以重新表达为

$$\boldsymbol{R} = (q_0^2 - \boldsymbol{q}^{\mathrm{T}}\boldsymbol{q})\boldsymbol{I} + 2\boldsymbol{q}\boldsymbol{q}^{\mathrm{T}} + 2q_0\boldsymbol{S}(\boldsymbol{q}) \tag{4.3.13}$$

现给出代替式(4.2.9)或式(4.2.10)的四元数混合转动:

$$\hat{\boldsymbol{q}}_{12} = \hat{\boldsymbol{q}}_2\,\hat{\boldsymbol{q}}_1 \tag{4.3.14}$$

式中,$\hat{\boldsymbol{q}}_2\,\hat{\boldsymbol{q}}_1$ 涉及四元数乘积(Quaternion Product),有

$$\boldsymbol{b}\boldsymbol{a} = b_0a_0 - \boldsymbol{a}^{\mathrm{T}}\boldsymbol{b} + a_0\boldsymbol{b} + b_0\boldsymbol{a} - \boldsymbol{a}\times\boldsymbol{b} \tag{4.3.15}$$

上式是不可交换(Non-Commutative)的,因为

$$\boldsymbol{a}\boldsymbol{b} = a_0b_0 - \boldsymbol{a}^{\mathrm{T}}\boldsymbol{b} + a_0\boldsymbol{b} + b_0\boldsymbol{a} + \boldsymbol{a}\times\boldsymbol{b} \tag{4.3.16}$$

可以发现关系式(4.3.14)和式(4.2.10)及式(4.2.11)中的虚拟向量更新极为相似。不像后面,式(4.3.14)可以在任意角度下使用。

4.3.3 由转动矩阵 *R* 获得四元数

在4.3.1节讨论了从旋转矩阵获得虚拟(伪向量)向量的计算。一个更普遍的方法包括欧拉参数 $q_0 \sim q_3$ 的计算。这通过式(4.3.12)中描述 $\boldsymbol{R}$ 组成部分的代数操作实现。思普瑞尔提出的算法包括

$$a = \max(\mathrm{Tr}(R), R_{11}, R_{22}, R_{33}) \tag{4.3.17}$$

如果

$$a = \mathrm{tr}(R) = R_{11} + R_{22} + R_{33} \tag{4.3.18}$$

有

$$q_0 = \frac{1}{2}(1+a)^{1/2} \tag{4.3.19}$$

$$q_i = (R_{kj} - R_{jk})/(4q_0) \quad (i = 1, 2, 3) \tag{4.3.20}$$

其中 i,j,k 是1,2,3的循环组合。

如果 $a \neq \mathrm{tr}(R)$ 但是 $a = R_{ii}$,有

$$\begin{cases} q_i = \left(\dfrac{1}{2}a + \dfrac{1}{4}(1 - \mathrm{tr}(R))\right)^{1/2}, \\ q_0 = (R_{kj} - R_{jk})/(4q_i), \\ q_l = (R_{li} + R_{il})/(4q_i) \quad (l = j,k) \end{cases} \tag{4.3.21}$$

按照式(4.3.10)中 $q_0 \sim q_3$ 的定义,方程式(4.3.19)和式(4.3.2)中的 $\boldsymbol{e}$ 或者 $\boldsymbol{\theta}$ 的早期关系能符合。得到 $q_0 \sim q_3$ 以后,对于旋转幅度小于180°,式(4.1.34)的非伪向量可以得到为

$$\boldsymbol{\omega} = 2\tan\left(\frac{\theta}{2}\right)\boldsymbol{e} = \frac{2}{q_0}\boldsymbol{q} \tag{4.3.22}$$

4.4 转动矩阵增量

4.4.1 增加和非增加的转动矩阵增量

前面已经讨论过复合旋转,并表明不能简单地添加一个伪向量的组成部分。这限制也适用于在第二次旋转时涉及一个非常小的变化。这个点现在将扩增,这个关系在添加和非加(旋转)的变化之间将会成立。

假设按式(4.1.21)的旋转,即

$$\boldsymbol{r}_n = \boldsymbol{R}\boldsymbol{r}_0$$

$\boldsymbol{r}_n$ 进一步旋转为 $\boldsymbol{r}_m$,通过一个和非增加的伪向量相关的新的小的旋转 $\delta\boldsymbol{\theta}$,新的变化所相应的旋转矩阵

$$\boldsymbol{R}(\delta\bar{\boldsymbol{\theta}})=\boldsymbol{I}+\boldsymbol{S}(\delta\bar{\boldsymbol{\theta}}) \tag{4.4.1}$$

根据式(4.2.2),有

$$\boldsymbol{r}_m=\boldsymbol{R}(\delta\bar{\boldsymbol{\theta}})\boldsymbol{r}_n=\boldsymbol{R}(\delta\bar{\boldsymbol{\theta}})\boldsymbol{R}(\boldsymbol{\theta})\boldsymbol{r}_0=[\boldsymbol{I}+\boldsymbol{S}(\delta\bar{\boldsymbol{\theta}})]\boldsymbol{R}(\boldsymbol{\theta})\boldsymbol{r}_0=\boldsymbol{R}(\boldsymbol{\theta}+\delta\boldsymbol{\theta}_a)\boldsymbol{r}_0 \tag{4.4.2a}$$

其中最后一项包含增量向量 $\delta\boldsymbol{\theta}_a$。从式(4.4.2a)中可以得到

$$\boldsymbol{R}(\delta\bar{\boldsymbol{\theta}})\boldsymbol{R}(\boldsymbol{\theta})=\boldsymbol{R}(\boldsymbol{\theta})+\delta\boldsymbol{R}=\boldsymbol{R}(\boldsymbol{\theta})+\boldsymbol{S}(\delta\bar{\boldsymbol{\theta}})\boldsymbol{R}(\boldsymbol{\theta}) \tag{4.4.2b}$$

$$\delta\boldsymbol{R}=\boldsymbol{S}(\delta\bar{\boldsymbol{\theta}})\boldsymbol{R} \tag{4.4.2c}$$

以后会要用到这个关系。

进一步,需要考虑非增量 $\delta\bar{\boldsymbol{\theta}}$ 和增量 $\delta\boldsymbol{\theta}_a$ 之间的关系。由式(4.2.9)得

$$\boldsymbol{\omega}-\frac{1}{4}(\boldsymbol{\omega}^{\mathrm{T}}\delta\bar{\boldsymbol{\theta}})\boldsymbol{\omega}+\delta\boldsymbol{\omega}_a-\frac{1}{4}(\boldsymbol{\omega}^{\mathrm{T}}\delta\bar{\boldsymbol{\theta}})\delta\boldsymbol{\omega}_a=\boldsymbol{\omega}+\delta\bar{\boldsymbol{\theta}}-\frac{1}{2}\boldsymbol{\omega}\times\delta\bar{\boldsymbol{\theta}} \tag{4.4.3}$$

随着 $\delta\bar{\boldsymbol{\theta}},\delta\boldsymbol{\omega}_a$ 趋于 0,可以忽略式(4.4.3)中左边的最后一项,于是有

$$\delta\boldsymbol{\omega}_a=\delta\bar{\boldsymbol{\theta}}-\frac{1}{2}\boldsymbol{\omega}\times\delta\bar{\boldsymbol{\theta}}+\frac{1}{4}(\boldsymbol{\omega}^{\mathrm{T}}\delta\bar{\boldsymbol{\theta}})\boldsymbol{\omega} \tag{4.4.4}$$

式(4.4.3)和式(4.4.4)中的 $\delta\boldsymbol{\omega}_a$ 项通过式(4.1.34)的微分,得

$$\delta\boldsymbol{\omega}_a=\frac{2\tan(\theta/2)}{\theta}\left[\boldsymbol{I}-\left(1-\frac{\theta}{\sin\theta}\right)\boldsymbol{e}\boldsymbol{e}^{\mathrm{T}}\right]\delta\boldsymbol{\theta}_a \tag{4.4.5}$$

式(4.4.4)重新表达为

$$\delta\boldsymbol{\omega}_a=\left[\boldsymbol{I}-\frac{1}{2}\boldsymbol{S}(\boldsymbol{\omega})+\frac{1}{4}\boldsymbol{\omega}\boldsymbol{\omega}^{\mathrm{T}}\right]\delta\bar{\boldsymbol{\theta}}=\boldsymbol{C}(\boldsymbol{\omega})^{-1}\delta\bar{\boldsymbol{\theta}} \tag{4.4.6}$$

应用关系

$$\boldsymbol{S}(\boldsymbol{a})\boldsymbol{S}(\boldsymbol{b})=\boldsymbol{b}\boldsymbol{a}^{\mathrm{T}}-(\boldsymbol{a}^{\mathrm{T}}\boldsymbol{b})\boldsymbol{I} \tag{4.4.7}$$

由式(4.4.4)和式(4.4.6)的逆可以得

$$\delta\bar{\boldsymbol{\theta}}=\frac{1}{1+\frac{1}{4}\boldsymbol{\omega}^{\mathrm{T}}\boldsymbol{\omega}}\left(\delta\omega_a+\frac{1}{2}\boldsymbol{\omega}\times\delta\omega_a\right) \tag{4.4.8}$$

$$\delta\bar{\boldsymbol{\theta}}=\frac{1}{1+\frac{1}{4}\boldsymbol{\omega}^{\mathrm{T}}\boldsymbol{\omega}}\left[\boldsymbol{I}+\frac{1}{2}\boldsymbol{S}(\boldsymbol{\omega})\right]\delta\boldsymbol{\omega}_a=\boldsymbol{C}(\boldsymbol{\omega})\delta\boldsymbol{\omega}_a \tag{4.4.9}$$

将式(4.4.5)代入式(4.4.9)可得 $\delta\bar{\boldsymbol{\theta}}$ 和 $\delta\boldsymbol{\theta}_a$ 之间的关系为

$$\delta\bar{\boldsymbol{\theta}}=\boldsymbol{H}(\boldsymbol{\theta})\delta\boldsymbol{\theta}_a \tag{4.4.10}$$

其中

$$\boldsymbol{H}(\boldsymbol{\theta})=\frac{\sin\theta}{\theta}\boldsymbol{I}+\frac{1}{\theta^2}\left(1-\frac{\sin\theta}{\theta}\right)\boldsymbol{\theta}\boldsymbol{\theta}^{\mathrm{T}}+\frac{1}{2}\left(\frac{\sin(\theta/2)}{\theta/2}\right)^2\boldsymbol{S}(\boldsymbol{\theta}) \tag{4.4.11}$$

从式(4.4.11)中,当 θ 趋于 0 时 $\boldsymbol{H}(\boldsymbol{\theta})$ 等于单位矩阵。在这种情况下,$\delta\bar{\boldsymbol{\theta}}$ 和 $\delta\boldsymbol{\theta}_a$ 相等。

为了得到式(4.4.11)的逆,首先,通过如下关系找到式(4.4.5)的逆:

$$[\boldsymbol{I}+\alpha\boldsymbol{e}\boldsymbol{e}^{\mathrm{T}}]^{-1}=\boldsymbol{I}-\frac{\alpha}{1+\alpha}\boldsymbol{e}\boldsymbol{e}^{\mathrm{T}} \tag{4.4.12}$$

其中 $\boldsymbol{e}$ 是单位向量。于是有

$$\delta\boldsymbol{\theta}_a=\frac{\theta}{2}\cot\frac{\theta}{2}\left[\boldsymbol{I}-\left(1-\frac{\sin\theta}{\theta}\right)\boldsymbol{e}\boldsymbol{e}^{\mathrm{T}}\right]\delta\boldsymbol{\omega}_a \tag{4.4.13}$$

$\delta\bar{\boldsymbol{\theta}}$和 $\delta\boldsymbol{\theta}_a$ 的直接关系可以通过将式(4.4.6)代入式(4.4.13)得

$$\delta\boldsymbol{\theta}_a=[\boldsymbol{H}(\theta)]^{-1}\delta\bar{\boldsymbol{\theta}} \tag{4.4.14}$$

其中

$$[\boldsymbol{H}(\boldsymbol{\theta})]^{-1}=\frac{\theta}{2}\cot\frac{\theta}{2}\boldsymbol{I}-\boldsymbol{S}\left(\frac{\boldsymbol{\theta}}{2}\right)+\left(1-\frac{\theta}{2}\cot\left(\frac{\theta}{2}\right)\right)\frac{\boldsymbol{\theta}\boldsymbol{\theta}^{\mathrm{T}}}{\theta^2} \tag{4.4.15}$$

以及

$$\begin{aligned}\delta\boldsymbol{H}(\boldsymbol{\theta})=&\left(\cos\theta-\frac{\sin\theta}{\theta}\right)\frac{\boldsymbol{\theta}^{\mathrm{T}}\delta\boldsymbol{\theta}_a}{\theta^2}+\left(1-\frac{\sin\theta}{\theta}\right)\left(\frac{\boldsymbol{\theta}\delta\boldsymbol{\theta}_a^{\mathrm{T}}+\delta\boldsymbol{\theta}_a\boldsymbol{\theta}^{\mathrm{T}}}{\theta}\right)\\&+\left(3\frac{\sin\theta}{\theta}-\cos\theta-2\right)\frac{\boldsymbol{\theta}^{\mathrm{T}}\delta\boldsymbol{\theta}_a}{\theta^2}\left(\frac{\boldsymbol{\theta}\boldsymbol{\theta}^{\mathrm{T}}}{\theta^2}\right)\\&-\left(\left(\frac{\sin(\theta/2)}{\theta/2}\right)^2-\frac{\sin\theta}{2}\right)\frac{\boldsymbol{\theta}^{\mathrm{T}}\delta\boldsymbol{\theta}_a}{\theta^2}\boldsymbol{S}(\boldsymbol{\theta})+\frac{1}{2}\left(\frac{\sin(\theta/2)}{\theta/2}\right)^2\boldsymbol{S}(\delta\boldsymbol{\theta}_a)\end{aligned} \tag{4.4.16}$$

当 $\boldsymbol{\theta}=0$ 时,简化为

$$\delta\boldsymbol{H}(\boldsymbol{\theta})\big|_{\theta=0}=\frac{1}{2}\boldsymbol{S}(\delta\boldsymbol{\theta}_a) \tag{4.4.17}$$

4.4.2 转动矩阵的导数

为了得到 $\delta\boldsymbol{R}=\boldsymbol{R}(\delta\boldsymbol{\theta})$,可将其写为 $\delta\boldsymbol{R}(\delta\boldsymbol{\theta}_a)$来强调 $\delta\boldsymbol{\theta}$ 是 $\boldsymbol{\theta}$ 的增量,也可直接对式(4.1.22)微分。这样,用之前的推导求 $\delta\boldsymbol{R}(\delta\boldsymbol{\theta}_a)$和 $\delta\boldsymbol{\theta}$。采用后者方法,可用式(4.4.2a)得

$$\delta\boldsymbol{r}_n=\boldsymbol{r}_m-\boldsymbol{r}_n=\boldsymbol{S}(\delta\bar{\boldsymbol{\theta}})\boldsymbol{r}_n=[\boldsymbol{R}(\boldsymbol{\theta}+\delta\boldsymbol{\theta}_a)-\boldsymbol{R}(\boldsymbol{\theta})]\boldsymbol{r}_0=[\boldsymbol{R}(\boldsymbol{\theta}+\delta\boldsymbol{\theta}_a)-\boldsymbol{R}(\boldsymbol{\theta})]\boldsymbol{R}_0^{\mathrm{T}}\boldsymbol{r}_n \tag{4.4.18a}$$

或者

$$\boldsymbol{S}(\delta\bar{\boldsymbol{\theta}})\boldsymbol{r}_n=[\boldsymbol{R}(\boldsymbol{\theta}+\delta\boldsymbol{\theta}_a)-\boldsymbol{R}(\boldsymbol{\theta})]\boldsymbol{R}_0^{\mathrm{T}}\boldsymbol{r}_n=\delta\boldsymbol{R}(\delta\boldsymbol{\theta}_a)\boldsymbol{R}_0^{\mathrm{T}}\boldsymbol{r}_n \tag{4.4.18b}$$

由此可见 $\delta\boldsymbol{R}\boldsymbol{R}^{\mathrm{T}}$是斜对称矩阵。这可以从 $\boldsymbol{R}\boldsymbol{R}^{\mathrm{T}}=\boldsymbol{I}$ 直接微分得到。

$$\delta\boldsymbol{R}\boldsymbol{R}^{\mathrm{T}}=-\boldsymbol{R}\delta\boldsymbol{R}^{\mathrm{T}}=-(\delta\boldsymbol{R}\boldsymbol{R}^{\mathrm{T}})^{\mathrm{T}} \tag{4.4.19}$$

根据式(4.4.18b),并且利用式(4.4.8),可得

$$\begin{aligned}\delta\boldsymbol{R}(\delta\boldsymbol{\omega}_a)[\boldsymbol{R}(\boldsymbol{\omega})]^{\mathrm{T}}=\boldsymbol{S}(\delta\bar{\boldsymbol{\theta}})&=\frac{1}{1+\frac{1}{4}\boldsymbol{\omega}^{\mathrm{T}}\boldsymbol{\omega}}\left[\boldsymbol{S}(\delta\boldsymbol{\omega}_a)+\frac{1}{2}\boldsymbol{S}(\boldsymbol{\omega}\times\delta\boldsymbol{\omega}_a)\right]\\&=\frac{1}{1+\frac{1}{4}\boldsymbol{\omega}^{\mathrm{T}}\boldsymbol{\omega}}\left[\boldsymbol{S}(\delta\boldsymbol{\omega}_a)-\frac{1}{2}\boldsymbol{\omega}\delta\boldsymbol{\omega}_a^{\mathrm{T}}+\frac{1}{2}\delta\boldsymbol{\omega}_a\boldsymbol{\omega}^{\mathrm{T}}\right]\end{aligned} \tag{4.4.20}$$

在式(4.4.20)的最后表达中,应用了如下关系:

$$\boldsymbol{S}(\boldsymbol{a}\times\boldsymbol{b})=\boldsymbol{b}\boldsymbol{a}^{\mathrm{T}}-\boldsymbol{a}\boldsymbol{b}^{\mathrm{T}} \tag{4.4.21}$$

通过利用式(4.4.7),式(4.4.20)可以重写为

$$\delta\boldsymbol{R}(\delta\boldsymbol{\omega}_a)[\boldsymbol{R}(\boldsymbol{\omega})]^{\mathrm{T}}=\boldsymbol{S}(\delta\bar{\boldsymbol{\theta}})=\frac{1}{1+\frac{1}{4}\boldsymbol{\omega}^{\mathrm{T}}\boldsymbol{\omega}}\left[\boldsymbol{S}(\delta\boldsymbol{\omega}_a)+\frac{1}{2}\boldsymbol{S}(\boldsymbol{\omega})\boldsymbol{S}(\delta\boldsymbol{\omega}_a)-\frac{1}{2}\boldsymbol{S}(\delta\boldsymbol{\omega}_a)\boldsymbol{S}(\boldsymbol{\omega})\right] \tag{4.4.22}$$

4.5 三维体的旋转

对于研究三维梁和壳的工作,需要旋转一个三维体,方式是初始单位向量通过最小旋转移动到指定的单位向量。在图 4.1.3 中,这个三维体的轴是正交于初始向量$\boldsymbol{r}_0$ 和最终向量$\boldsymbol{r}_n$。根据图 4.1.3 和式(4.1.22),得出

$$\boldsymbol{\theta}=\boldsymbol{e}\theta=\theta\frac{\boldsymbol{r}_0\times\boldsymbol{r}_n}{\|\boldsymbol{r}_0\times\boldsymbol{r}_n\|} \tag{4.5.1}$$

这里

$$\cos\theta=\boldsymbol{r}_0^{\mathrm{T}}\boldsymbol{r}_n \tag{4.5.2a}$$

$$\boldsymbol{r}_0\times\boldsymbol{r}_n=\frac{\sin\theta}{\theta}\boldsymbol{\theta} \tag{4.5.2b}$$

可以得出在这种情况下,式(4.5.1)和式(4.5.2)可与式(4.1.22)结合得出

$$\boldsymbol{R}(\boldsymbol{r}_0,\boldsymbol{r}_n)=\boldsymbol{I}+\boldsymbol{S}(\boldsymbol{r}_0\times\boldsymbol{r}_n)+\frac{1}{1+\boldsymbol{r}_0^{\mathrm{T}}\boldsymbol{r}_n}\boldsymbol{S}(\boldsymbol{r}_0\times\boldsymbol{r}_n)^2 \tag{4.5.3}$$

利用式(4.4.7)可以写成等价形式为

$$\boldsymbol{R}(\boldsymbol{r}_0,\boldsymbol{r}_n)=(\boldsymbol{r}_0^{\mathrm{T}}\boldsymbol{r}_n)\boldsymbol{I}+\boldsymbol{S}(\boldsymbol{r}_0\times\boldsymbol{r}_n)+\frac{1}{1+\boldsymbol{r}_0^{\mathrm{T}}\boldsymbol{r}_n}(\boldsymbol{r}_0\times\boldsymbol{r}_n)(\boldsymbol{r}_0\times\boldsymbol{r}_n)^{\mathrm{T}} \tag{4.5.4}$$

现有初始三维向量 $\boldsymbol{P}=[\boldsymbol{p}_1\quad\boldsymbol{p}_2\quad\boldsymbol{p}_3]$,希望通过彼此垂直的轴旋转到新的向量 $\boldsymbol{Q}=[\boldsymbol{q}_1\quad\boldsymbol{q}_2\quad\boldsymbol{q}_3]$,即 $\boldsymbol{p}_2$ 到$\boldsymbol{q}_2$。当应用式(4.5.3)时,令式中的$\boldsymbol{r}_0=\boldsymbol{p}_2$,$\boldsymbol{r}_n=\boldsymbol{q}_2$,通过如下关系

$$\boldsymbol{S}(\boldsymbol{a}\times\boldsymbol{b})=(\boldsymbol{a}\times\boldsymbol{b})\times\boldsymbol{c}=(\boldsymbol{a}^{\mathrm{T}}\boldsymbol{c})\boldsymbol{b}-(\boldsymbol{b}^{\mathrm{T}}\boldsymbol{c})\boldsymbol{a} \tag{4.5.5}$$

得到所需结果

$$\boldsymbol{q}_2=\boldsymbol{R}(\boldsymbol{p}_2,\boldsymbol{q}_2)\boldsymbol{p}_2$$

其中

$$\boldsymbol{q}_1=\boldsymbol{p}_1-\frac{b_1}{1+b_2}(\boldsymbol{p}_2+\boldsymbol{q}_2) \tag{4.5.6a}$$

$$\boldsymbol{q}_3=\boldsymbol{p}_3-\frac{b_3}{1+b_2}(\boldsymbol{p}_2+\boldsymbol{q}_2) \tag{4.5.6b}$$

这里

$$b_k = \boldsymbol{p}_k^{\mathrm{T}} \boldsymbol{q}_2 \quad (k=1,2,3) \tag{4.5.7}$$

关于梁的工作中，两个向量之间的转动只包含小的旋转。在这种情况下，可通过

$$\boldsymbol{q}_1 = \boldsymbol{p}_1 - \frac{b_2}{2}(\boldsymbol{p}_2 + \boldsymbol{q}_2) \tag{4.5.8a}$$

$$\boldsymbol{q}_3 = \boldsymbol{p}_3 - \frac{b_3}{2}(\boldsymbol{p}_2 + \boldsymbol{q}_2) \tag{4.5.8b}$$

求得式(4.5.6)的近似。由于近似，向量 $\boldsymbol{Q}=[\boldsymbol{q}_1 \quad \boldsymbol{q}_2 \quad \boldsymbol{q}_3]$不再精确的正交。尤其是

$$\boldsymbol{q}_1^{\mathrm{T}} \boldsymbol{q}_2 = \frac{1}{2} \boldsymbol{p}_1^{\mathrm{T}} \boldsymbol{q}_2 (1 - \boldsymbol{p}_2^{\mathrm{T}} \boldsymbol{q}_2) \tag{4.5.9}$$

如果向量是合理的封闭的，数量将会非常小，应用式(4.5.8)可以看到$\boldsymbol{q}_1^{\mathrm{T}} \boldsymbol{q}_3$ 会更小。当 $\boldsymbol{p}_2$ 和 $\boldsymbol{q}_2$ 之间的夹角为 30°时，式(4.5.9)中缺少正交量为 1.9°；对于 15°角，正交缺少角度为 0.25°。

4.6 变形梯度乘法分解

4.6.1 变 a 形梯度$\boldsymbol{F}_e\boldsymbol{F}_p$乘法分解

Lee 最早介绍了$\boldsymbol{F}_e\boldsymbol{F}_p$乘法分解[110]。设线元初始构形 d$X$ 经塑性变形成为中间构形，即

$$\mathrm{d}\hat{\boldsymbol{x}} = \frac{\partial \hat{\boldsymbol{x}}}{\partial \boldsymbol{X}} \mathrm{d}\boldsymbol{X} = \boldsymbol{F}_p \mathrm{d}\boldsymbol{X}, \quad \dot{\boldsymbol{F}}_x \left(\frac{\partial \boldsymbol{x}}{\partial \boldsymbol{X}}\right)' = \frac{\partial \dot{\boldsymbol{x}}}{\partial \boldsymbol{X}} = \frac{\partial \dot{\boldsymbol{x}}}{\partial \boldsymbol{x}} \frac{\partial \boldsymbol{x}}{\partial \boldsymbol{X}} = \boldsymbol{L}\boldsymbol{F}_x \tag{4.6.1}$$

这里，$\boldsymbol{L}$为速度梯度张量。然后弹性变形进入最后的构形(见图 4.6.1)，即

$$\mathrm{d}\boldsymbol{x} = \frac{\partial \boldsymbol{x}}{\partial \hat{\boldsymbol{x}}} \mathrm{d}\hat{\boldsymbol{x}} = \boldsymbol{F}_e \mathrm{d}\hat{\boldsymbol{x}} \tag{4.6.2}$$

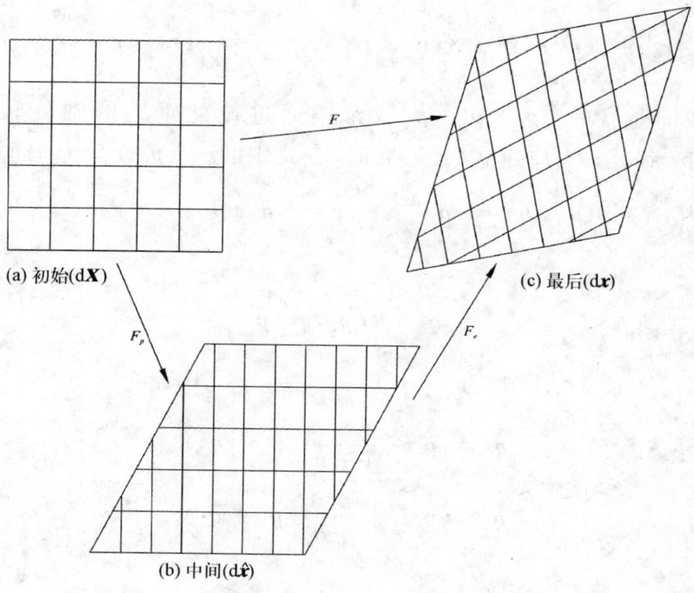

图 4.6.1 $\boldsymbol{F}_e \boldsymbol{F}_p$ 分解

因此总的过程为

$$\mathrm{d}\boldsymbol{x}=\frac{\partial \boldsymbol{x}}{\partial \boldsymbol{X}}\mathrm{d}\boldsymbol{X}=\boldsymbol{F}\mathrm{d}\boldsymbol{X}=\boldsymbol{F}_e\boldsymbol{F}_p\mathrm{d}\boldsymbol{X} \tag{4.6.3}$$

这里

$$\boldsymbol{F}=\boldsymbol{F}_e\boldsymbol{F}_p \tag{4.6.4}$$

为变形梯度的乘积分解(Multiplicative Decomposition)。

对于理想一维问题的变形梯度

$$\lambda=\frac{l_n}{l_0}=\frac{l_n}{l_p}\frac{l_p}{l_0}=\lambda_e\lambda_p$$

式中,λ 为伸长率(Stretch Ratios)。如图 4.6.2 所示,l_0 为初始长度,l_n 为最后的长度,l_p 为塑性长度。

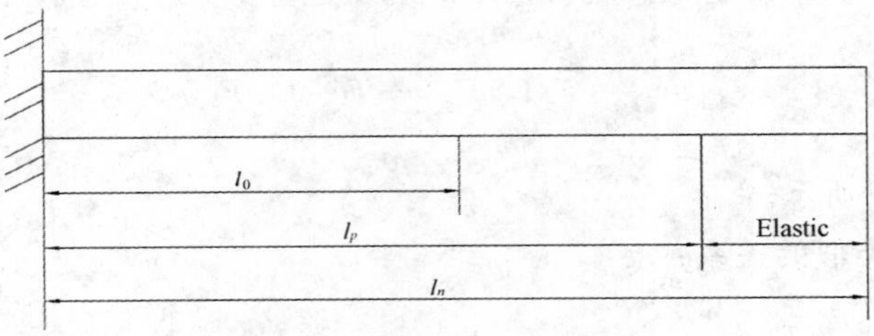

图 4.6.2 一维问题乘积分解

但是,分解并不是唯一的,在旋转时中间构形

$$\mathrm{d}\boldsymbol{x}=\frac{\partial \boldsymbol{x}}{\partial \hat{\boldsymbol{x}}}\frac{\partial \hat{\boldsymbol{x}}}{\partial \breve{\boldsymbol{x}}}\mathrm{d}\breve{\boldsymbol{x}}=\boldsymbol{F}_e\boldsymbol{R}^{\mathrm{T}}\mathrm{d}\breve{\boldsymbol{x}}=\boldsymbol{F}'_e\mathrm{d}\breve{\boldsymbol{x}} \tag{4.6.5}$$

式中

$$\mathrm{d}\breve{x}=\frac{\partial \breve{\boldsymbol{x}}}{\partial \hat{\boldsymbol{x}}}\mathrm{d}\hat{x}=\boldsymbol{R}\mathrm{d}\hat{x},\quad \mathrm{d}\breve{x}=\boldsymbol{R}\boldsymbol{F}_p\mathrm{d}\boldsymbol{X}=\boldsymbol{F}'_p\mathrm{d}\boldsymbol{X}$$

因此

$$\mathrm{d}\boldsymbol{x}=\boldsymbol{F}_e\boldsymbol{F}_p\mathrm{d}\boldsymbol{X}=\boldsymbol{F}'_e\boldsymbol{F}'_p\mathrm{d}\boldsymbol{X} \tag{4.6.6}$$

使用式(4.6.2),有

$$\mathrm{d}\boldsymbol{x}=\frac{\partial \boldsymbol{x}}{\partial \hat{\boldsymbol{x}}}\frac{\partial \hat{\boldsymbol{x}}}{\partial \breve{\boldsymbol{x}}}\mathrm{d}\breve{x}=\boldsymbol{F}'_e\boldsymbol{R}^{\mathrm{T}}\mathrm{d}\breve{x}=\boldsymbol{F}_e\mathrm{d}\breve{x}$$

所以

$$\mathrm{d}\boldsymbol{x}=\boldsymbol{F}_e\boldsymbol{F}_p\mathrm{d}\boldsymbol{X}=\boldsymbol{F}'_e\boldsymbol{F}'_p\mathrm{d}\boldsymbol{X}=\boldsymbol{F}\mathrm{d}\boldsymbol{X}$$

Lee 在塑性变形梯度中引入了旋转,而 Simo 和 Hughes 认为 F_e 包含了伸长和旋转(如图 4.6.1 所示)。

根据上面的过程,对于通常的材料,在联系到中间构形的应力时有一个问题,即对于旋转中间构形 $\boldsymbol{\varepsilon}$ 是不变的。特别会得到

$$\boldsymbol{E}_e' = \boldsymbol{R}\boldsymbol{E}_e\boldsymbol{R}^{\mathrm{T}} \tag{4.6.7}$$

然而,如果材料是各向同性,可得

$$\boldsymbol{S}' = \boldsymbol{R}\boldsymbol{S}\boldsymbol{R}^{\mathrm{T}} \tag{4.6.8}$$

因此在中间构形上的应力不会受到影响。而速度梯度和最后构形相关,所以可以用

$$\boldsymbol{L} = \frac{\partial \boldsymbol{v}}{\partial \boldsymbol{x}} = \dot{\boldsymbol{F}}\boldsymbol{F}^{-1} = \dot{\boldsymbol{F}}_e\boldsymbol{F}_e^{-1} + \boldsymbol{F}_e\dot{\boldsymbol{F}}_p\boldsymbol{F}_p^{-1}\boldsymbol{F}_e^{-1} = \boldsymbol{L}_e + \boldsymbol{L}_p \tag{4.6.9}$$

表示速度梯度。尽管开始使用了式(4.6.4)所示的乘法分解,以及应变率的附加的分解(Additive Decomposition Of The Strain Rates),然而$\boldsymbol{L}_p$不是决定于下式

$$\boldsymbol{L}_p = \dot{\boldsymbol{F}}_p\boldsymbol{F}_p^{-1} \tag{4.6.10}$$

而是决定于式(4.6.9)中$\boldsymbol{L}_p$的定义。现时构形的应变速率

$$\dot{\boldsymbol{\varepsilon}}_p = \frac{1}{2}(\boldsymbol{F}_e\boldsymbol{L}_p\boldsymbol{F}_e^{-1} + \boldsymbol{F}_e^{-\mathrm{T}}\boldsymbol{L}_p^{\mathrm{T}}\boldsymbol{F}_e^{\mathrm{T}}) \tag{4.6.11}$$

其中,$\boldsymbol{L}_p$如式(4.6.10)所示。

对于中间构形有类似的关系:

$$\dot{\boldsymbol{E}}_p = \boldsymbol{F}_e^{\mathrm{T}}\dot{\boldsymbol{\varepsilon}}_p\boldsymbol{F}_e = \frac{1}{2}(\boldsymbol{C}_e\boldsymbol{L}_p + \boldsymbol{L}_p^{\mathrm{T}}\boldsymbol{C}_e) \tag{4.6.12}$$

Lubliner 认为塑性变形率有一个明确的定义。在这些提到的问题中,他用

$$\dot{\boldsymbol{E}}_p = \frac{1}{2}(\boldsymbol{L}_p + \boldsymbol{L}_p^{\mathrm{T}}) \tag{4.6.13}$$

表示塑性变形率,从而

$$\dot{\boldsymbol{\varepsilon}}_p = \boldsymbol{F}_e^{-\mathrm{T}}\left(\frac{\boldsymbol{L}_p + \boldsymbol{L}_p^{\mathrm{T}}}{2}\right)\boldsymbol{F}_e^{-1} \tag{4.6.14}$$

在 Simo 最近的工作中,使用

$$\dot{\boldsymbol{\varepsilon}}_p = -\frac{1}{2}\boldsymbol{L}_v(b_e)b_e^{-1} = \boldsymbol{F}_e\left(\frac{\boldsymbol{L}_p + \boldsymbol{L}_p^{\mathrm{T}}}{2}\right)\boldsymbol{F}_e^{-1} \tag{4.6.15}$$

式中,$\boldsymbol{L}_v()$是 Lee 导数;$b_e = F_eF_e^{\mathrm{T}}$。对于小弹性应变有 $F_e = F_e^{-\mathrm{T}}$,因此上述两式同时成立。同时,对于小的弹性应变有$\boldsymbol{C}_e = \boldsymbol{L}$。

4.6.2 传统焦曼率和基于$\boldsymbol{F}_e\boldsymbol{F}_p$分解的解法

大多数早期的分析公式开始于焦曼速率公式,根据 Needleman 的工作[110],可认为弹性行为主要取决于弹性能,从而关于中间构形的第二克希荷夫应力可以求得

$$\boldsymbol{S} = \frac{\partial \varphi}{\partial \boldsymbol{E}_e} \tag{4.6.16}$$

其中中间构形的弹性格林应变为

$$E_e = \frac{1}{2}(F_e^{\mathrm{T}} F_e - I) \tag{4.6.17}$$

如果认为塑性应变对弹性模量无影响，则

$$\dot{S} = D_{tK2} \dot{E}_e \tag{4.6.18}$$

最终构形的克希荷夫应力为

$$\sigma_K = F_e S F_e^{\mathrm{T}} \tag{4.6.19}$$

由前面的讨论可知

$$\dot{\sigma}_K = D_e \dot{\varepsilon}_e + L_e \sigma + \sigma L_e^{\mathrm{T}} \tag{4.6.20}$$

若相对于弹性模量，应力较小，塑性旋转因素影响为零，则用焦曼速率表示的应力率

$$\dot{\sigma}_K = \dot{\sigma}_J + \dot{\Omega}_e \sigma + \sigma \dot{\Omega}_e^{\mathrm{T}} = D_e \dot{\varepsilon}_e + \dot{\Omega}_e \sigma + \sigma \dot{\Omega}_e^{\mathrm{T}} \tag{4.6.21}$$

式中，D_e 包含切线模量，最简单的形式是固定的线弹性模量矩阵；$\dot{\Omega}$ 为整旋率张量或旋转张量，如式(2.7.10)。

现引进屈服准则和塑性流动。塑性流动容易与柯西应力 σ 相联系，而不易用克希荷夫应力。然而使用柯西应力并采用焦曼率会导致非对称切线刚度矩阵，而使用克希荷夫应力不会出现这种情况。幸运的是由于 $\sigma_K = J\sigma$，两者的区别在于出现了 J 项，即现时构形体积与初始体积之比。对于 Mises 屈服准则，屈服与应力偏张量的第二不变量 J_2 有关，塑性体积改变只和弹性变形有关，因此可大约认为 J 为 1，并且将现时构形定义为参考构形。事实上，如果有大的塑性体积改变而弹性应变小的话可估计

$$\sigma = \sigma_K / J_e \tag{4.6.22}$$

其中 J_e 是由中间态的构形到现时构形之比。

如果用全应变速率 $\dot{\varepsilon}$ 替代弹性应变速率 $\dot{\varepsilon}_e$，式(4.6.21)表示为

$$\dot{\sigma}_K = \dot{\sigma}_J + \dot{\Omega}\sigma + \sigma\dot{\Omega}^{\mathrm{T}} = D\dot{\varepsilon} + \dot{\Omega}\sigma + \sigma\dot{\Omega}^{\mathrm{T}} \tag{4.6.23}$$

这样，方便于使用有限元法。

前面采用的屈服方程为式(3.2.15)。这里采用了克希荷夫应力而不是柯西应力，当然对于金属的塑性来说两者没什么区别。现将应变率分解为

$$\dot{\varepsilon}_e = \dot{\varepsilon} - \dot{\varepsilon}_p \tag{4.6.24}$$

塑性应变速率为

$$\dot{\varepsilon}_p = \dot{\eta} \frac{\partial f}{\partial \sigma} = \dot{\eta} a \tag{4.6.25}$$

因此

$$\dot{\sigma}_K = \dot{\sigma}_J + \dot{\Omega}\sigma - \sigma\dot{\Omega}^{\mathrm{T}} = D(\dot{\varepsilon} - \dot{\eta} a) + \dot{\Omega}\sigma - \sigma\dot{\Omega}^{\mathrm{T}} \tag{4.6.26}$$

由一致性条件

$$\dot{f} = a \dot{\sigma}_K + A' \dot{\eta} = 0 \tag{4.6.27}$$

其中 A' 为 Skew 矩阵，是硬化参数。

将式(4.6.26)代入到式(4.6.27)，对于

$$\boldsymbol{a}(\dot{\boldsymbol{\Omega}}\boldsymbol{\sigma}+\boldsymbol{\sigma}\dot{\boldsymbol{\Omega}}^{\mathrm{T}})=0$$

有

$$\boldsymbol{a}\dot{\boldsymbol{\sigma}}_J+A'\dot{\eta}=\boldsymbol{a}\boldsymbol{D}(\dot{\boldsymbol{\varepsilon}}-\dot{\eta}\boldsymbol{a})=0 \tag{4.6.28}$$

将上述两式联立得

$$\boldsymbol{a}(\dot{\boldsymbol{\Omega}}\boldsymbol{\sigma}-\boldsymbol{\sigma}\dot{\boldsymbol{\Omega}})=0 \tag{4.6.29}$$

通过这一步可以使用小应变方程求 $\boldsymbol{D}$，从而有

$$\dot{\boldsymbol{\sigma}}_{\text{yield}}=\dot{\boldsymbol{\sigma}}_K-\boldsymbol{A}\boldsymbol{\sigma}+\boldsymbol{\sigma}\boldsymbol{A}=0$$

和

$$\dot{\sigma}_J=D\left(1-\frac{\boldsymbol{a}\boldsymbol{a}^{\mathrm{T}}D}{\boldsymbol{a}^{\mathrm{T}}D\boldsymbol{a}+A'}\right)\dot{\varepsilon} \tag{4.6.30}$$

总之，说明了传统焦曼率和基于 $\boldsymbol{F}_e\boldsymbol{F}_p$ 分解的解法在弹性应变较小时是一致的。

4.7 大变形中全应变率和算法及极分解

4.7.1 大变形中全应变率和 Hughes-Winget 算法

上述方法对于迭代步长很小时是十分有效的。在大变形发生时，会有转动的问题。如果使用焦曼速率且为纯转动，就不会产生应变[110]。然而，这只是对于无限小速率是正确的，对于从隐式有限元中获得的“增量”不是真实的。因此，通常更应给出精确的“速率完整形式”，需要一些简单的过程，至少保证在发生刚体转动时不会产生应变。由此，Hughes 和 Winget 提出了算法。Hughes-Winget 算法将

$${}^{t+\Delta t}\boldsymbol{\sigma}=\boldsymbol{R}^{t}\boldsymbol{\sigma}\boldsymbol{R}^{\mathrm{T}}+\Delta t\,\boldsymbol{D}_t\,\dot{\boldsymbol{\varepsilon}} \tag{4.7.1}$$

替换其中的量后变为

$${}^{t+\Delta t}\boldsymbol{\sigma}=\boldsymbol{Q}(\boldsymbol{\Omega}_m)^{t}\boldsymbol{\sigma}\boldsymbol{Q}(\boldsymbol{\Omega}_m)^{\mathrm{T}}+\boldsymbol{D}_{tm}\Delta\boldsymbol{\varepsilon}_m \tag{4.7.2}$$

和

$$\boldsymbol{I}_m=\frac{\partial\Delta\boldsymbol{u}}{\partial x_m} \tag{4.7.3}$$

在有限元中，$\boldsymbol{I}_m$ 将从 $\Delta\boldsymbol{\theta}$ 中获得

$$\Delta\boldsymbol{\theta}=\boldsymbol{G}(x_m)\Delta\boldsymbol{u}_e \tag{4.7.4}$$

式(4.7.2)中 $\Delta\boldsymbol{\varepsilon}_m$ 和 $\boldsymbol{\Omega}_m$ 可由下式求得，即

$$\Delta\boldsymbol{\varepsilon}_m=\frac{1}{2}(\boldsymbol{I}_m+\boldsymbol{I}_m^{\mathrm{T}}),\quad \boldsymbol{\Omega}_m=\frac{1}{2}(\boldsymbol{I}_m-\boldsymbol{I}_m^{\mathrm{T}}) \tag{4.7.5}$$

其中 m 表示中间点。

算法应保证纯刚体转动时，$\Delta\boldsymbol{\varepsilon}_m$ 为零，且应力应随 $\boldsymbol{Q}(\boldsymbol{\Omega}_m)=\boldsymbol{R}$ 而更新。对于刚体转动有

$$^{t+\Delta t}\boldsymbol{x} = \boldsymbol{R}^t\boldsymbol{x} = {}^t\boldsymbol{x} + \Delta\boldsymbol{u} \tag{4.7.6}$$

$$2\boldsymbol{x}_m = {}^t\boldsymbol{x} + {}^{t+\Delta t}\boldsymbol{x} = (\boldsymbol{I}+\boldsymbol{R})^t\boldsymbol{x} \tag{4.7.7}$$

从而可得

$$\Delta\boldsymbol{u} = (\boldsymbol{R}-\boldsymbol{I})^t\boldsymbol{x} = 2(\boldsymbol{R}-\boldsymbol{I})(\boldsymbol{R}+\boldsymbol{I})^{-1}\boldsymbol{x}_m \tag{4.7.8}$$

$$\frac{\partial\Delta\boldsymbol{u}}{\partial\boldsymbol{x}_m} = \boldsymbol{I}_m = 2(\boldsymbol{R}-\boldsymbol{I})(\boldsymbol{R}+\boldsymbol{I})^{-1} \tag{4.7.9}$$

由

$$\Delta\boldsymbol{\varepsilon}_m = (\boldsymbol{R}-\boldsymbol{I})(\boldsymbol{R}+\boldsymbol{I})^{-1} + (\boldsymbol{R}+\boldsymbol{I})^{-\mathrm{T}}(\boldsymbol{R}-\boldsymbol{I})^{\mathrm{T}} = 0 \tag{4.7.10a}$$

$$\Delta\boldsymbol{\varepsilon}_m = \boldsymbol{R}(\boldsymbol{R}+\boldsymbol{I})^{-1}(\boldsymbol{R}+\boldsymbol{I})^{-\mathrm{T}} - (\boldsymbol{R}+\boldsymbol{I})^{-1} + (\boldsymbol{R}+\boldsymbol{I})^{-\mathrm{T}}\boldsymbol{R}^{\mathrm{T}} \tag{4.7.10b}$$

及$\boldsymbol{R}^{\mathrm{T}}\boldsymbol{R}=\boldsymbol{R}\boldsymbol{R}^{\mathrm{T}}=\boldsymbol{I}$，得

$$(\boldsymbol{R}+\boldsymbol{I})^{\mathrm{T}} = (\boldsymbol{I}+\boldsymbol{R})\boldsymbol{R}^{\mathrm{T}} = \boldsymbol{R}^{\mathrm{T}}(\boldsymbol{I}+\boldsymbol{R})$$

后面需要用到

$$(\boldsymbol{I}+\boldsymbol{A}^{\mathrm{T}})^{-1} = (\boldsymbol{I}+\boldsymbol{A})^{-1}\boldsymbol{A} = \boldsymbol{A}(\boldsymbol{I}+\boldsymbol{A})^{-1} \tag{4.7.11}$$

当 $\boldsymbol{A}$ 为 Skew-Symmetric 矩阵时，可以应用上式，得

$$\boldsymbol{\Omega}_m = \boldsymbol{I}_m = 2(\boldsymbol{R}-\boldsymbol{I})(\boldsymbol{R}+\boldsymbol{I})^{-1} \tag{4.7.12}$$

或者

$$\boldsymbol{\Omega}_m(\boldsymbol{R}+\boldsymbol{I}) = 2(\boldsymbol{R}-\boldsymbol{I})$$

由上可得

$$\boldsymbol{R} = \left(\boldsymbol{I}-\frac{1}{2}\boldsymbol{\Omega}_m\right)^{-1}\left(\boldsymbol{I}+\frac{1}{2}\boldsymbol{\Omega}_m\right) = \boldsymbol{I}+\left(\boldsymbol{I}-\frac{1}{2}\boldsymbol{\Omega}_m\right)^{-1}\boldsymbol{\Omega}_m \tag{4.7.13}$$

实际上算法没有必要包括矩阵分解，解法表示为

$$\boldsymbol{Q} = \boldsymbol{I} + \frac{1}{1+\frac{1}{4}\boldsymbol{\omega}_m^{\mathrm{T}}\boldsymbol{\omega}_m}\left(\boldsymbol{\Omega}_m + \frac{1}{2}\boldsymbol{\Omega}_m\boldsymbol{\Omega}_m\right) \tag{4.7.14}$$

其中

$$\boldsymbol{\Omega}_m = \begin{bmatrix} 0 & -\omega_3 & \omega_2 \\ \omega_3 & 0 & -\omega_1 \\ -\omega_2 & \omega_1 & 0 \end{bmatrix} \tag{4.7.15}$$

如令

$$\boldsymbol{\omega}_m^{\mathrm{T}} = [\omega_1 \quad \omega_2 \quad \omega_3] \tag{4.7.16}$$

上式为$\boldsymbol{\Omega}_m$ 的等同向量。事实上式(4.7.14)为式(4.1.35)转动矩阵的形式，而 ω_m 为切线化虚

拟向量(Tangent Scaled Pseudo Vector)。

现以图 4.7.1 的方体为例,从构形 $OABC$ 沿点 O 通过中间构形 $OA''B''C''$ 转动 90°到构形 $OA'B'C'$,使用标准的双线性形函数,其中点 Jacobian 矩阵

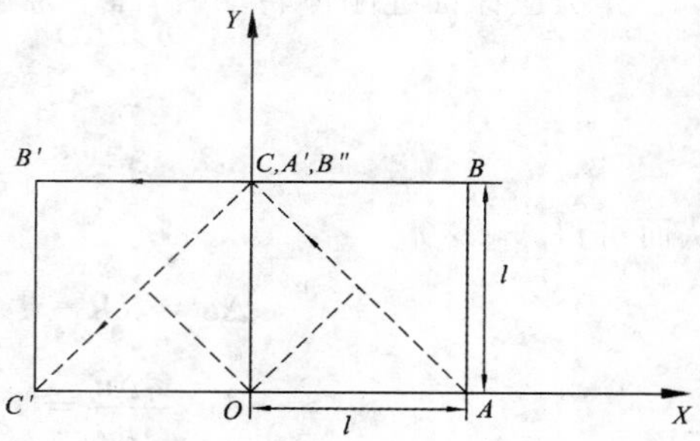

图 4.7.1 Hughes-Winget 算法

$$\boldsymbol{J}_m = \begin{bmatrix} \dfrac{\partial x}{\partial \xi} & \dfrac{\partial y}{\partial \xi} \\ \dfrac{\partial x}{\partial \eta} & \dfrac{\partial y}{\partial \eta} \end{bmatrix}_m = \frac{1}{4}\begin{bmatrix} 1 & 1 \\ -1 & 1 \end{bmatrix}$$

其中无量纲化的位移全导数

$$\begin{bmatrix} \dfrac{\partial u}{\partial \xi} & \dfrac{\partial v}{\partial \xi} \\ \dfrac{\partial u}{\partial \eta} & \dfrac{\partial v}{\partial \eta} \end{bmatrix}_m = \frac{1}{2}\begin{bmatrix} -1 & -1 \\ 1 & -1 \end{bmatrix}$$

所以有

$$\boldsymbol{I}_m = \frac{\partial \boldsymbol{u}}{\partial \boldsymbol{x}_m} = \begin{bmatrix} 0 & -2 & 0 \\ 2 & 0 & 0 \\ 0 & 0 & 0 \end{bmatrix} \tag{4.7.17}$$

利用式(4.7.5),由上式和 $\Delta \boldsymbol{\varepsilon}_m = 0$,而$\boldsymbol{\Omega}_m = \boldsymbol{I}_m$。现按式(4.7.13),且 $\boldsymbol{Q} = \boldsymbol{R}$ 或者式(4.7.14)得

$$\boldsymbol{Q}(\boldsymbol{\Omega}_m) = \begin{bmatrix} 0 & -1 & 0 \\ 1 & 0 & 0 \\ 0 & 0 & 0 \end{bmatrix} \tag{4.7.18}$$

上式为转动修正矩阵。

如果方体转动 180°,使用相同的步骤,可以发现中点构形缩减到一个点,同时$\boldsymbol{J}_m$ 从数值上将为奇异,转动和伸长可以通过极分解(Polar Decomposition)获得。

Hughes-Winget 算法给出了纯转动的修正算法,它可能在伸长和转动的增量运动中导致不精确。更为精确的中点方法(Mid-Point Procedures)由 Key 和 Winget 等提出[110]。实际上,这些技巧首先包括将应力转动到中点构形(Mid-Point Configuration),然后运用应力更新,最后在最终构形上转动。因此,这些技巧需要全量或增量的中点转动矩阵。在任意情况,对知道 $\boldsymbol{R}$ 需要$\boldsymbol{R}^{1/2}$,即

$$\boldsymbol{R}^{1/2}\,\boldsymbol{R}^{1/2} = \boldsymbol{R} \tag{4.7.19}$$

对二维情况,由转动角 θ 得

$$\boldsymbol{R}(\theta) = \begin{bmatrix} 1 & 0 & 0 \\ 0 & \cos\theta & -\sin\theta \\ 0 & \sin\theta & \cos\theta \end{bmatrix} \tag{4.7.20}$$

而

$$\boldsymbol{R}(\theta/2) = \begin{bmatrix} 1 & 0 & 0 \\ 0 & \cos(\theta/2) & -\sin(\theta/2) \\ 0 & \sin(\theta/2) & \cos(\theta/2) \end{bmatrix} \tag{4.7.21}$$

对三维情况，有

$$\boldsymbol{R}(\theta)=\boldsymbol{R}(\theta\boldsymbol{e})=\boldsymbol{I}+\frac{\sin\theta}{\theta}\boldsymbol{S}(\boldsymbol{\theta})+\frac{1-\cos\theta}{\theta^2}\boldsymbol{S}(\boldsymbol{\theta})\boldsymbol{S}(\boldsymbol{\theta}) \tag{4.7.22}$$

$$\boldsymbol{R}^{1/2}=\boldsymbol{R}(\theta/2)=\boldsymbol{R}\left(\frac{\theta}{2}\boldsymbol{e}\right)=\boldsymbol{I}+\frac{\sin(\theta/2)}{\theta}\boldsymbol{S}(\boldsymbol{\theta})+\frac{1-\cos(\theta/2)}{\theta^2}\boldsymbol{S}(\boldsymbol{\theta})\boldsymbol{S}(\boldsymbol{\theta}) \tag{4.7.23}$$

$\boldsymbol{R}^{1/2}$ 最简单的方式是使用 4.3.3 节中的方法，由 $\boldsymbol{R}$ 获得单位四元数 $\hat{\boldsymbol{q}}$，其中

$$\hat{\boldsymbol{q}}=\begin{pmatrix}\sin(\theta/2)\boldsymbol{e}\\ \cos(\theta/2)\end{pmatrix} \tag{4.7.24}$$

4.7.2 极分解(Polar Decomposition)

极分解定理可应用于大变形和大转动、共旋或对流等分析，它也可以用来对第二 Piola-Kirchhoff 应力提供一个简单的物理展开。该定理指出的可变形梯度

$$\mathrm{d}x=\boldsymbol{F}\mathrm{d}\boldsymbol{X}=\begin{bmatrix}\dfrac{\partial \boldsymbol{x}}{\partial \boldsymbol{X}} & \dfrac{\partial \boldsymbol{x}}{\partial \boldsymbol{Y}} & \dfrac{\partial \boldsymbol{x}}{\partial \boldsymbol{Z}}\\ \dfrac{\partial \boldsymbol{y}}{\partial \boldsymbol{X}} & \dfrac{\partial \boldsymbol{y}}{\partial \boldsymbol{Y}} & \dfrac{\partial \boldsymbol{y}}{\partial \boldsymbol{Z}}\\ \dfrac{\partial \boldsymbol{z}}{\partial \boldsymbol{X}} & \dfrac{\partial \boldsymbol{z}}{\partial \boldsymbol{Y}} & \dfrac{\partial \boldsymbol{z}}{\partial \boldsymbol{Z}}\end{bmatrix}\begin{bmatrix}\mathrm{d}\boldsymbol{X}\\ \mathrm{d}\boldsymbol{Y}\\ \mathrm{d}\boldsymbol{Z}\end{bmatrix} \tag{4.7.25}$$

$$=\begin{bmatrix}1+\dfrac{\partial \boldsymbol{u}}{\partial \boldsymbol{X}} & \dfrac{\partial \boldsymbol{u}}{\partial \boldsymbol{Y}} & \dfrac{\partial \boldsymbol{u}}{\partial \boldsymbol{Z}}\\ \dfrac{\partial \boldsymbol{v}}{\partial \boldsymbol{X}} & 1+\dfrac{\partial \boldsymbol{v}}{\partial \boldsymbol{Y}} & \dfrac{\partial \boldsymbol{v}}{\partial \boldsymbol{Z}}\\ \dfrac{\partial \boldsymbol{w}}{\partial \boldsymbol{X}} & \dfrac{\partial \boldsymbol{w}}{\partial \boldsymbol{Y}} & 1+\dfrac{\partial \boldsymbol{w}}{\partial \boldsymbol{Z}}\end{bmatrix}\begin{bmatrix}\mathrm{d}\boldsymbol{X}\\ \mathrm{d}\boldsymbol{Y}\\ \mathrm{d}\boldsymbol{Z}\end{bmatrix}=(\boldsymbol{I}+\boldsymbol{D})\mathrm{d}\boldsymbol{X}$$

可被分解为一个刚性旋转后的延伸集，见图 4.7.2 和图 4.7.3。如图 4.7.3 所示，图中

$$\boldsymbol{N}_1^{\mathrm{T}}=\frac{1}{\sqrt{2}}[1\quad 1],\quad \boldsymbol{N}_2^{\mathrm{T}}=\frac{1}{\sqrt{2}}[-1\quad 1]$$

这个延伸包括

$$A'B'=2.0AB,\quad C'D'=0.5CD,\quad A''B''=A'B',\quad C''D''=C'D'$$

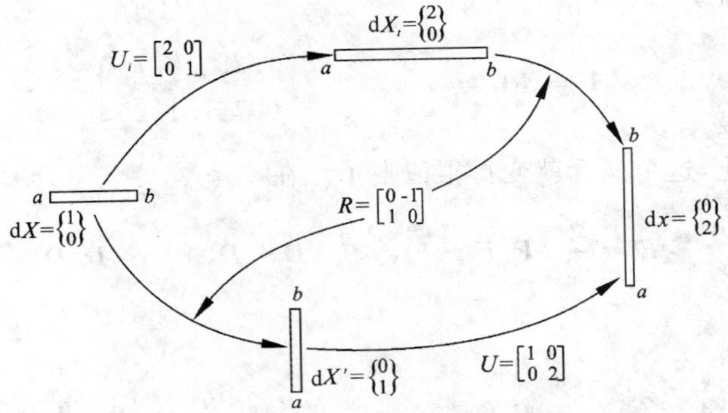

图 4.7.2 极分解的一个简单的例子

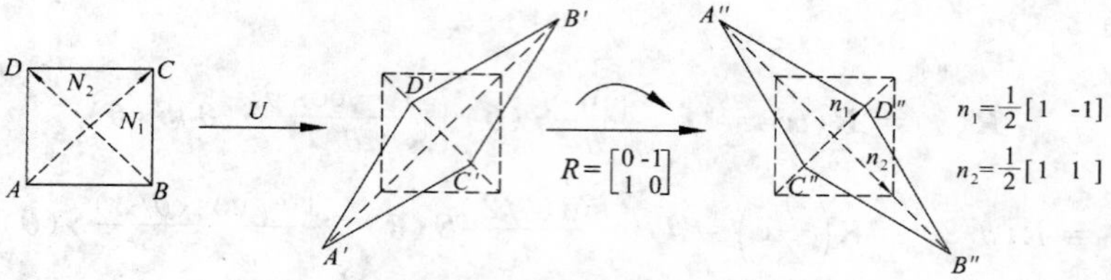

图 4.7.3　极分解的比较复杂的例子

$$\mathrm{d}\boldsymbol{x}_r = \frac{\mathrm{d}\boldsymbol{x}_r}{\mathrm{d}\boldsymbol{X}}\mathrm{d}\boldsymbol{X} = \boldsymbol{U}_R\mathrm{d}\boldsymbol{X} \tag{4.7.26}$$

通过如下旋转

$$\mathrm{d}\boldsymbol{x} = \frac{\partial \boldsymbol{x}_r}{\mathrm{d}\boldsymbol{x}_r}\mathrm{d}\boldsymbol{x}_r = \boldsymbol{R}\mathrm{d}\boldsymbol{x}_r \tag{4.7.27}$$

所以有

$$\mathrm{d}\boldsymbol{x} = \frac{\partial \boldsymbol{x}}{\mathrm{d}\boldsymbol{X}}\mathrm{d}\boldsymbol{X} = \boldsymbol{F}\mathrm{d}\boldsymbol{X} = \frac{\partial \boldsymbol{x}}{\mathrm{d}\boldsymbol{x}_r}\frac{\partial \boldsymbol{x}_r}{\mathbf{d}\boldsymbol{X}}\mathrm{d}\boldsymbol{X} = \boldsymbol{R}\boldsymbol{U}_R\mathrm{d}\boldsymbol{X} \tag{4.7.28}$$

同样的如图 4.7.2，旋转变换可以用在这种延伸上，于是有

$$\boldsymbol{F} = \boldsymbol{R}\boldsymbol{U}_R = \boldsymbol{U}_L\boldsymbol{R} = \boldsymbol{V}\boldsymbol{R} \tag{4.7.29}$$

通常，应用式(4.7.29)的第一部分，省略下标 R，对于图 4.7.2 中的一个简单的二维的例子，有

$$\boldsymbol{F} = \boldsymbol{R}\boldsymbol{U}_R = \begin{bmatrix} 0 & -1 \\ 2 & 0 \end{bmatrix} = \begin{bmatrix} 0 & -1 \\ 1 & 0 \end{bmatrix}\begin{bmatrix} 2 & 0 \\ 0 & 1 \end{bmatrix} \tag{4.7.30}$$

一般，分解是比较复杂的(如图 4.7.3 所示)，因为主拉伸方向必须计算。在图 4.7.3 中，材料是剪切和旋转的。和初始体相关的是主方向，包括 AB(或 $A'B'$)和 CD(或 $C'D'$)，单位向量

$$\boldsymbol{N}_1^{\mathrm{T}} = \frac{1}{\sqrt{2}}[1 \quad 1], \quad \boldsymbol{N}_2^{\mathrm{T}} = \frac{1}{\sqrt{2}}[-1 \quad 1] \tag{4.7.31}$$

$\boldsymbol{N}_1$ 方向被因子 2.0 拉伸，$\boldsymbol{N}_2$ 方向被因子 0.5 拉伸，所以拉伸矩阵 $\boldsymbol{U}$ 为

$$\boldsymbol{U} = 2.0\,\boldsymbol{N}_1\boldsymbol{N}_1^{\mathrm{T}} + 0.5\,\boldsymbol{N}_2\boldsymbol{N}_2^{\mathrm{T}} = \begin{bmatrix} 1.25 & 0.75 \\ 0.75 & 1.25 \end{bmatrix} \tag{4.7.32}$$

最后的变形梯度矩阵 $\boldsymbol{F}$ 为

$$\boldsymbol{F} = \boldsymbol{R}\boldsymbol{U} = \begin{bmatrix} 0 & -1 \\ 1 & 0 \end{bmatrix}\begin{bmatrix} 1.25 & 0.75 \\ 0.75 & 1.25 \end{bmatrix} \tag{4.7.33}$$

一旦该理论被公式化，这个概念就变得很清晰了。在

$$\boldsymbol{E} = \frac{1}{2}(\boldsymbol{F}^{\mathrm{T}}\boldsymbol{F} - \boldsymbol{I}) = \frac{1}{2}(\boldsymbol{D} + \boldsymbol{D}^{\mathrm{T}}) + \frac{1}{2}\boldsymbol{D}^{\mathrm{T}}\boldsymbol{D} \tag{4.7.34}$$

和

$$\boldsymbol{A} = \frac{1}{2}(1 - \boldsymbol{F}^{-\mathrm{T}}\,\boldsymbol{F}^{-1}) = \frac{1}{2}\left(\frac{\partial \boldsymbol{u}}{\partial \boldsymbol{x}} + \frac{\partial \boldsymbol{u}^{\mathrm{T}}}{\partial \boldsymbol{x}}\right) - \frac{1}{2}\frac{\partial \boldsymbol{u}^{\mathrm{T}}}{\partial \boldsymbol{x}}\frac{\partial \boldsymbol{u}}{\partial \boldsymbol{x}} \tag{4.7.35}$$

中引进应变度量值 $\boldsymbol{E}$(Green)和 $\boldsymbol{A}$(Almansi)。一个更加直接的拉伸由

$$\lambda = \frac{\mathrm{d}\boldsymbol{r}_n}{\mathrm{d}\boldsymbol{r}_0}\left(\frac{\mathrm{d}\boldsymbol{x}^{\mathrm{T}}}{\mathrm{d}\boldsymbol{X}^{\mathrm{T}}}\frac{\mathrm{d}\boldsymbol{x}}{\mathrm{d}\boldsymbol{X}}\right)^{\frac{1}{2}} = \left\|\frac{\mathrm{d}\boldsymbol{x}}{\mathrm{d}\boldsymbol{X}}\right\| \tag{4.7.36}$$

给出,于是

$$\lambda^2 = \frac{\mathrm{d}\boldsymbol{x}^{\mathrm{T}}}{\mathrm{d}\boldsymbol{X}^{\mathrm{T}}}\frac{\mathrm{d}\boldsymbol{x}}{\mathrm{d}\boldsymbol{X}} = \boldsymbol{N}^{\mathrm{T}}\boldsymbol{F}^{\mathrm{T}}\boldsymbol{F}\boldsymbol{N} \tag{4.7.37}$$

其中

$$\boldsymbol{N} = \frac{\mathrm{d}\boldsymbol{X}}{(\mathrm{d}\boldsymbol{X}^{\mathrm{T}}\mathrm{d}\boldsymbol{X})^{\frac{1}{2}}} = \frac{\mathrm{d}\boldsymbol{X}}{\|\mathrm{d}\boldsymbol{X}\|} \tag{4.7.38}$$

上面 $\boldsymbol{N}$ 为 $\mathrm{d}\boldsymbol{X}$ 方向的单位向量,拉伸度量 λ 对刚体转动是单位量。变化 $\boldsymbol{N}$ 的方向找到一个主拉伸值以及相关的方向。最后,考虑函数

$$\varphi = \boldsymbol{N}^{\mathrm{T}}\boldsymbol{F}^{\mathrm{T}}\boldsymbol{F}\boldsymbol{N} - \alpha(\boldsymbol{N}^{\mathrm{T}}\boldsymbol{N} - 1) \tag{4.7.39}$$

其中,α 是一个拉格朗日乘子。假定满足 $\boldsymbol{N}$ 为单位向量,对于 $\delta\varphi=0$,关于 $\boldsymbol{N}$ 的变化为

$$(\boldsymbol{F}^{\mathrm{T}}\boldsymbol{F} - \alpha\boldsymbol{I})\boldsymbol{N} = 0 \tag{4.7.40}$$

将式(4.7.40)乘以$\boldsymbol{N}^{\mathrm{T}}$并和式(4.7.37)比较,结果表明 $\alpha=\lambda^2$,所以由式(4.7.40)得

$$(\boldsymbol{F}^{\mathrm{T}}\boldsymbol{F} - \lambda^2\boldsymbol{I})\boldsymbol{N} = (\boldsymbol{U}^{\mathrm{T}}\boldsymbol{U} - \lambda^2\boldsymbol{I})\boldsymbol{N} \tag{4.7.41}$$

式(4.7.29)最后一个关系已经给出 $\boldsymbol{R}$ 是一个旋转矩阵,从而$\boldsymbol{R}^{\mathrm{T}}=\boldsymbol{R}^{-1}$。式(4.7.41)是一个特征值问题,其中 $\lambda_1^2\sim\lambda_3^2$ 和 $\lambda_1\sim\lambda_3$ 可以沿着主方向$\boldsymbol{N}_1\sim\boldsymbol{N}_3$。所以,可以写出

$$\boldsymbol{F}^{\mathrm{T}}\boldsymbol{F} = \boldsymbol{U}^{\mathrm{T}}\boldsymbol{U} = \lambda_1^2\,\boldsymbol{N}_1\boldsymbol{N}_1^{\mathrm{T}} + \lambda_2^2\,\boldsymbol{N}_2\boldsymbol{N}_2^{\mathrm{T}} + \lambda_3^2\,\boldsymbol{N}_3\boldsymbol{N}_3^{\mathrm{T}} = \boldsymbol{Q}(\boldsymbol{N})\mathrm{Diag}(\lambda^2)[\boldsymbol{Q}(\boldsymbol{N})]^{\mathrm{T}} \tag{4.7.42}$$

其中

$$\boldsymbol{Q}(\boldsymbol{N}) = [\boldsymbol{N}_1 \quad \boldsymbol{N}_2 \quad \boldsymbol{N}_3] \tag{4.7.43}$$

包含了$\boldsymbol{N}_1\sim\boldsymbol{N}_3$ 的特征值。这些特征值可以用 $\lambda_1\sim\lambda_3$ 和$\boldsymbol{N}_1\sim\boldsymbol{N}_3$ 的形式来描述拉伸矩阵 $\boldsymbol{U}$,而

$$\boldsymbol{U} = \lambda_1\boldsymbol{N}_1\boldsymbol{N}_1^{\mathrm{T}} + \lambda_2\boldsymbol{N}_2\boldsymbol{N}_2^{\mathrm{T}} + \lambda_3\boldsymbol{N}_3\boldsymbol{N}_3^{\mathrm{T}} = \boldsymbol{Q}(\boldsymbol{N})\mathrm{Diag}(\lambda)[\boldsymbol{Q}(\boldsymbol{N})]^{\mathrm{T}} = \boldsymbol{Q}(\boldsymbol{N})\begin{bmatrix}\lambda_1 & & \\ & \lambda_2 & \\ & & \lambda_3\end{bmatrix}[\boldsymbol{Q}(\boldsymbol{N})]^{\mathrm{T}} \tag{4.7.44}$$

的解就是特征值问题

$$(\boldsymbol{U} - \lambda\boldsymbol{I})\boldsymbol{N} = 0 \tag{4.7.45}$$

的解。很明显,式(4.7.44)和式(4.7.42)是兼容的。特征值或者主拉伸方向$\boldsymbol{N}_1\sim\boldsymbol{N}_3$满足

$$\boldsymbol{N}_1\boldsymbol{N}_1^{\mathrm{T}} = \boldsymbol{N}_2\boldsymbol{N}_2^{\mathrm{T}} = \boldsymbol{N}_3\boldsymbol{N}_3^{\mathrm{T}}$$

并且定义了一个单位向量的矩形正交系统,被称作拉格朗日三元组或者材料轴。在当前的空间构造中,式(4.7.38)的等价形式为

$$\boldsymbol{n} = \frac{\mathrm{d}\boldsymbol{x}}{(\mathrm{d}\boldsymbol{x}^{\mathrm{T}}\mathrm{d}\boldsymbol{x})^{\frac{1}{2}}} = \frac{\mathrm{d}\boldsymbol{x}}{\|\mathrm{d}\boldsymbol{x}\|} \tag{4.7.46}$$

从式(4.7.46)、式(4.7.38)和

$$\mathrm{d}\boldsymbol{x} = \frac{\partial \boldsymbol{x}}{\partial \boldsymbol{X}}\mathrm{d}\boldsymbol{X} = \boldsymbol{F}\mathrm{d}\boldsymbol{X} = \frac{\partial(\boldsymbol{X}+\boldsymbol{u})}{\partial \boldsymbol{X}}\mathrm{d}\boldsymbol{X} \tag{4.7.47}$$

可以得

$$\boldsymbol{n} = \frac{\mathrm{d}\boldsymbol{x}}{\|\mathrm{d}\boldsymbol{x}\|} = \frac{\boldsymbol{F}\mathrm{d}\boldsymbol{X}}{\|\mathrm{d}\boldsymbol{x}\|} = \left\|\frac{\mathrm{d}\boldsymbol{X}}{\mathrm{d}\boldsymbol{x}}\right\|\boldsymbol{F}\boldsymbol{N} = \frac{1}{\lambda}\boldsymbol{F}\boldsymbol{N} \tag{4.7.48}$$

将式(4.7.48)代入式(4.7.41)，得

$$\lambda \boldsymbol{F}^{\mathrm{T}}\boldsymbol{n} - \lambda^3 \boldsymbol{F}^{-1}\boldsymbol{n} = 0 \tag{4.7.49}$$

将式(4.7.49)乘以$\frac{1}{\lambda}\boldsymbol{F}$ 并假设$\lambda \neq 0$，得

$$(\boldsymbol{F}\boldsymbol{F}^{\mathrm{T}} - \lambda^2\boldsymbol{I})n = (\boldsymbol{V}^{\mathrm{T}}\boldsymbol{V} - \lambda^2\boldsymbol{I})\boldsymbol{n} \tag{4.7.50}$$

式(4.7.50)中第二个关系用了 ***VR*** 分解。式(4.7.50)与式(4.7.41)空间等价，而式(4.7.44)和式(4.7.45)的等价式为

$$\boldsymbol{V} = \lambda_1\boldsymbol{n}_1\boldsymbol{n}_1^{\mathrm{T}} + \lambda_2\boldsymbol{n}_2\boldsymbol{n}_2^{\mathrm{T}} + \lambda_3\boldsymbol{n}_3\boldsymbol{n}_3^{\mathrm{T}} = \boldsymbol{Q}(\boldsymbol{n})\mathrm{Diag}(\lambda)[\boldsymbol{Q}(\boldsymbol{n})]^{\mathrm{T}} \tag{4.7.51}$$

及

$$(\boldsymbol{V} - \lambda\boldsymbol{I})\boldsymbol{n} = 0 \tag{4.7.52}$$

单位向量$\boldsymbol{n}_1 \sim \boldsymbol{n}_3$ 定义欧拉三元组。因为旋转矩阵 $\boldsymbol{R}$ 从

$$\boldsymbol{R} = \boldsymbol{e}_{1n}\,\boldsymbol{e}_{1o}^{\mathrm{T}} + \boldsymbol{e}_{2n}\,\boldsymbol{e}_{2o}^{\mathrm{T}} + \boldsymbol{e}_{3n}\,\boldsymbol{e}_{3o}^{\mathrm{T}}$$

定义了从 $\boldsymbol{N}_i$ 到 $\boldsymbol{n}_i$ 的移动，由下式给出

$$\boldsymbol{R} = \boldsymbol{Q}(\boldsymbol{n})[\boldsymbol{Q}(\boldsymbol{N})]^{\mathrm{T}} \tag{4.7.53}$$

所以，从式(4.7.29)、式(4.7.44)和式(4.7.53)可以得到

$$\boldsymbol{F} = \boldsymbol{R}\boldsymbol{U} = \boldsymbol{Q}(\boldsymbol{n})\mathrm{Diag}(\lambda)[\boldsymbol{Q}(\boldsymbol{N})]^{\mathrm{T}} = \lambda_1\boldsymbol{n}_1\boldsymbol{n}_1^{\mathrm{T}} + \lambda_2\boldsymbol{n}_2\boldsymbol{n}_2^{\mathrm{T}} + \lambda_3\boldsymbol{n}_3\boldsymbol{n}_3^{\mathrm{T}} \tag{4.7.54}$$

为了帮助理解这些概念，可以图 4.7.3 为例，假定

$$\boldsymbol{D} = \begin{bmatrix} \dfrac{\partial u}{\partial \boldsymbol{X}} & \dfrac{\partial u}{\partial \boldsymbol{Y}} \\ \dfrac{\partial v}{\partial \boldsymbol{X}} & \dfrac{\partial v}{\partial \boldsymbol{Y}} \end{bmatrix} = \begin{bmatrix} 0.25 & 0.75 \\ 0.75 & 0.26 \end{bmatrix} \tag{4.7.55}$$

按以下次序计算：

(a) $\boldsymbol{F}$ 和$\boldsymbol{F}^{\mathrm{T}}\boldsymbol{F}$；

(b) 从式(4.7.41)的特征问题计算 $\lambda_1^2, \lambda_2^2, \boldsymbol{N}_1, \boldsymbol{N}_2$；

(c) 从式(4.7.44)中计算 $\boldsymbol{U}$；

(d) 间接从式(4.7.44)计算$\boldsymbol{U}^{-1}$，即

$$U^{-1}=\frac{1}{\lambda_1}N_1N_1^{\mathrm{T}}+\frac{1}{\lambda_2}N_2N_2^{\mathrm{T}}=Q(N)\mathrm{Diag}\left(\frac{1}{\lambda}\right)[Q(N)]^{\mathrm{T}} \tag{4.7.56}$$

(e) 从式(4.7.29)计算 $\boldsymbol{R}$,$\boldsymbol{R}=\boldsymbol{F}\boldsymbol{U}^{-1}$；

(f) 由 $\boldsymbol{Q}(\boldsymbol{n})$,$\boldsymbol{n}_1$,$\boldsymbol{n}_2$,按式(4.7.53)得 $\boldsymbol{Q}(\boldsymbol{n})=\boldsymbol{R}\boldsymbol{Q}(\boldsymbol{N})$；

(g) 根据式(4.7.51)中计算 $\boldsymbol{V}$,该解在图 4.7.3 和式(4.7.30)～(4.7.33)中已经给出,已经得到的信息可以计算；

(h) 从式(4.7.50)的特征问题中计算 $\boldsymbol{F}\boldsymbol{F}^{\mathrm{T}}$,$\lambda_1^2$,$\lambda_2^2$,$\boldsymbol{N}_1$,$\boldsymbol{N}_2$。

4.8 中间和现时构形变形梯度乘法分解

4.8.1 基于中间构形运用$\boldsymbol{F}_e\boldsymbol{F}_p$分解

很多学者将$\boldsymbol{F}_e\boldsymbol{F}_p$分解法应用于基于中间构形的修正法。这种方法通常用在静力学中,以避免对速度方程的积分。这里在塑性分析时,主要讨论对称强化的简化 J_2 塑性方程,并且会继续研究主要用于 log 应变的超弹性模型。运用这些方法会得到一个与小应变径向返回法则十分相似的修正法则。目前主要研究大部分是基于 Eterovic 和 Bathe 的理论,但是也有源自于 Cuitino 和 Ortiz 对于单元的一些近似方法。

在大应变问题中,基于对数应变的公式,如果变形沿主方向进行可以得到 $\lambda=\lambda_e\lambda_p$,$\varepsilon_e=\log\lambda_e$,$\varepsilon_p=\log\lambda_p$。考虑到主方向的变化,采用"分离法"计算试探点 B。在 B 点塑性构形$\boldsymbol{F}_{\mathrm{pold}}$,$\boldsymbol{F}_{\mathrm{pold}}$被认为是 o(在前一个增量的尾部)点的变形梯度,另外知道当前 $\boldsymbol{F}$ 值,因此可以计算 B 点的$\boldsymbol{F}_B$ 值,有

$$\boldsymbol{F}_B=\boldsymbol{F}_n\boldsymbol{F}_{po}^{-1} \tag{4.8.1}$$

在这里相同伸长量的主方向为$\boldsymbol{C}_B=\boldsymbol{F}_B^{\mathrm{T}}\boldsymbol{F}_B$,因此由 $\lambda_{\boldsymbol{B}}$得

$$\boldsymbol{C}_B=\sum\lambda_{iB}^2\boldsymbol{N}_{iB}\otimes\boldsymbol{N}_{iB} \tag{4.8.2}$$

这里,$\otimes$为矩阵的 kronecker 直积(Direct Product)。因此

$$\log_e\boldsymbol{U}_B=\sum\log_e\lambda_{iB}\boldsymbol{N}_{iB}\otimes\boldsymbol{N}_{iB} \tag{4.8.3}$$

等价旋转矩阵为

$$\boldsymbol{R}_{\boldsymbol{B}}=\boldsymbol{F}_B\boldsymbol{U}_B^{-1}=\boldsymbol{F}_B\boldsymbol{Q}(\boldsymbol{N}_B)\mathrm{Diag}(\lambda_B^{-1})[\boldsymbol{Q}(\boldsymbol{N}_B)]^{\mathrm{T}} \tag{4.8.4}$$

在应力和旋转应力

$$p=\frac{-K\log_eJ}{J},\quad \boldsymbol{O}=2\mu\,\mathrm{dev}(\log_e\boldsymbol{U})-pJ\boldsymbol{I}$$

中,等价"log 应力"与瞬态有关的旋转应力$\boldsymbol{O}_B$如下：

$$\boldsymbol{O}_B=\sum O_{iB}\boldsymbol{N}_{iB}\otimes\boldsymbol{N}_{iB}=\sum O'_{iB}\boldsymbol{N}_{iB}\otimes\boldsymbol{N}_{iB}+K\log_eJ_B\boldsymbol{I} \tag{4.8.5}$$

其中,上标一撇表示导数项。并且

$$O_{iB} = O'_{iB} + K \log_e J_B = O'_{iB} + K \sum \log_e (\lambda_{iB}) \tag{4.8.6}$$

这里

$$O'_{iB} = 2\mu \log_e \lambda'_{iB} = 2\mu \log_e \lambda_{iB} - \frac{2}{3}\mu \log_e J_B \tag{4.8.7}$$

考虑到屈服函数不是柯西应力表达，而采用克希荷夫应力来表达，即有

$$f = \sigma_i - \sigma_{\text{yield}} = \sqrt{\frac{3}{2}}\ (\boldsymbol{\sigma}'^{\mathrm{T}}\boldsymbol{\sigma}')^{1/2} - \sigma_{\text{yield}} \tag{4.8.8}$$

克希荷夫应力 σ 与旋转应力 $\boldsymbol{O}$（这里与瞬态有关）通过旋转关系得到

$$\boldsymbol{\sigma} = \boldsymbol{R}_B \boldsymbol{O} \boldsymbol{R}_B^{\mathrm{T}} \tag{4.8.9}$$

式(4.8.9)也可以适用于偏应力。等价于式(4.8.8)的屈服函数可以直接转化为

$$f = O_i - O_{\text{yield}} = \sqrt{\frac{3}{2}}\ (\boldsymbol{O}'^{\mathrm{T}}\boldsymbol{O}')^{1/2} - \boldsymbol{O}_{\text{yield}} \tag{4.8.10}$$

式(4.8.10)的屈服应力可以写为O_{yield}，但是$O_{\text{yield}} \approx \sigma_{\text{yield}}$。塑性应变率

$$\dot{\boldsymbol{E}}_p = \boldsymbol{L}_p = \dot{\boldsymbol{F}}_p \boldsymbol{F}_p^{-1} = \dot{\eta}\boldsymbol{A} = \dot{\eta}\frac{\partial \boldsymbol{O}}{\partial \log_e \boldsymbol{U}} = \dot{\eta}\frac{3}{2O_i}\boldsymbol{O}' \tag{4.8.11}$$

式(4.6.13)可用于塑性变形率中，同时瞬态中塑性假设为零。塑性功

$$\dot{W}_p = \boldsymbol{S}^{\mathrm{T}}\dot{\boldsymbol{E}}_p = (\boldsymbol{F}_e^{\mathrm{T}}\boldsymbol{\sigma}\boldsymbol{F}_e^{-\mathrm{T}})^{\mathrm{T}}\,\dot{\boldsymbol{E}}_p = (\boldsymbol{U}_e\boldsymbol{O}\boldsymbol{U}_e^{-1})^{\mathrm{T}}\,\dot{\boldsymbol{E}}_p = \boldsymbol{O}^{\mathrm{T}}\,\dot{\boldsymbol{E}}_p = O_e\dot{E}_{ps} \tag{4.8.12}$$

其中 $\boldsymbol{O}$ 和$\boldsymbol{U}_e$是共轴的，并且

$$\dot{\eta} = \dot{E}_{ps} = \sqrt{\frac{2}{3}}(\dot{\boldsymbol{E}}_p^{\mathrm{T}}\dot{\boldsymbol{E}}_p) = \sqrt{\frac{2}{3}}(\boldsymbol{A}^{\mathrm{T}}\boldsymbol{A}) \tag{4.8.13}$$

是等价塑性变形率。在对称塑性情况下功不会改变，如果反对称塑性，式(4.8.11)定义的$\dot{\boldsymbol{E}}_p$用到式(4.8.12)中。如果假设塑性流动方向的增量中 $\boldsymbol{A}$ 保持固定，为 $\boldsymbol{A}_B$，式(4.8.11)可以转化为 B 点，且到最后

$$\boldsymbol{F}_{pn} = \boldsymbol{F}_{pC} = \exp(\Delta\eta\boldsymbol{A}_B)\boldsymbol{F}_{pB} = \exp(\Delta\eta\boldsymbol{A}_B)\boldsymbol{F}_{po} \tag{4.8.14}$$

因此，回代点 C 弹性柯西-格林张量的最后值表示为

$$C_C = (\boldsymbol{F}\boldsymbol{F}_{CC}^{-1})^{\mathrm{T}}\,\boldsymbol{F}\boldsymbol{F}_{pC}^{-1} = \exp(-\Delta\eta\boldsymbol{A}_B^{\mathrm{T}})\boldsymbol{C}_B\exp(-\Delta\eta\boldsymbol{A}_B) \tag{4.8.15}$$

假设流动方向在 B 点固定，流动方向的主方向与$\boldsymbol{O}_B$，$\log_e\boldsymbol{U}_B$，式(4.8.3)，式(4.8.5)，$\boldsymbol{C}_B$，式(4.8.2)相协调。在式(4.8.15)后面一项与$\boldsymbol{C}_C$的主方向相协调($\boldsymbol{O}_C$也一样)，例如$\boldsymbol{N}_C = \boldsymbol{N}_B$，因此在式(4.8.15)中，可以得到

$$\lambda_{iC}^2 = \exp(-2\Delta\eta\boldsymbol{A}_{iB})\lambda_{iB}^2 \tag{4.8.16}$$

其中$\boldsymbol{A}_{iB}$表示在 B 点流动张量的初始值$\boldsymbol{A}$。由式(4.8.16)可以得

$$\log_e\lambda_{iC} = \log_e\lambda_{iB} - \Delta\eta A_{iB} \tag{4.8.17}$$

在 B 点到 C 点的过程中只包括塑性，且体积不变。为了证明这一点，通过式(4.8.17)可以得到

$$C_C = \sum \lambda_{iC}^2 \boldsymbol{N}_{iB} \otimes \boldsymbol{N}_{iB} = \sum \lambda_{iC}^2 \exp(-2\Delta\eta A_{iB}) \boldsymbol{N}_{iB} \otimes \boldsymbol{N}_{iB} \tag{4.8.18}$$

于是

$$\det|\boldsymbol{C}_C| = \lambda_{1B}^2 \lambda_{2B}^2 \lambda_{3B}^2 \exp(-2\Delta\eta(A_{1B} + A_{2B} + A_{3B})) = \lambda_{1B}^2 \lambda_{2B}^2 \lambda_{3B}^2 = \det|\boldsymbol{C}_B| \tag{4.8.19}$$

流动方向 A 是偏的(和 $\boldsymbol{O}'$ 成比例)，于是

$$A_{1B} + A_{2B} + A_{3B} = 0 \tag{4.8.20}$$

然后可以写为

$$\log_e \lambda'_{iC} = \log_e \lambda'_{iB} - \Delta\eta A_{iB} \tag{4.8.21}$$

$$J_C = \det|\boldsymbol{F}_C| = J_B = \det|\boldsymbol{F}_B| \tag{4.8.22}$$

最后

$$\boldsymbol{O}_C = \sum O_{iC} \boldsymbol{N}_{iB} \otimes \boldsymbol{N}_{iB} = \sum O'_{iC} \boldsymbol{N}_{iB} \otimes \boldsymbol{N}_{iB} + K \log_e J_B \boldsymbol{I} \tag{4.8.23}$$

其中

$$O_{iC} = O'_{iC} + K \log_e J_B = O'_{iC} + K \sum \log_e \lambda_{iB} \tag{4.8.24}$$

用符号′表示偏部分，有

$$\begin{aligned} O'_{iC} &= 2\mu \log_e \lambda'_{iC} = 2\mu(\log_e \lambda'_{iB} - \Delta\eta A_{iB}) \\ &= 2\mu\left(\log_e \lambda'_{iB} - \frac{3\Delta\eta}{2O_{cB}} O'_{iB}\right) = \alpha O'_{iB} \end{aligned} \tag{4.8.25}$$

其中

$$\alpha = 1 - \frac{3\mu\Delta\eta}{2\,O_{cB}} \tag{4.8.26}$$

式(4.8.26)是小应变表达形式。为了得到 $\Delta\eta$，在 C 点把式(4.8.22)～(4.8.24)代入屈服函数 f，得

$$f_c = O_{C,i}(O'_C) - O_{C,\text{yield}}(E_{C,p}) \tag{4.8.27}$$

对于线性硬化，有

$$\Delta\eta = \frac{f_B}{3\mu + A'} \tag{4.8.28}$$

其中，f_B 为试验点 B 的屈服函数值。

对于非线性硬化，可以用 Newton - Raphson 迭代。算法如下：

(1) 计算

$$\boldsymbol{F}_B = \boldsymbol{F}\boldsymbol{F}_{po}^{-1} = \boldsymbol{F}\boldsymbol{F}_{pB}^{-1} \tag{4.8.29a}$$

(2) 在 $\boldsymbol{C}_B = \boldsymbol{F}_B^{\mathrm{T}} \boldsymbol{F}_B$ 应用极分解来得到 λ_{iB}，$\boldsymbol{N}_{iB}$，$\boldsymbol{R}_B$。

(3) 通过如下公式得到主方向的弹性试应力：

$$O_{iB} = O'_{iB} + O_{imB} = O'_{iB} + K \log_e J_B \tag{4.8.29b}$$

$$O'_{iB} = 2\mu \log_e \lambda'_{iB} = 2\mu \log_e \lambda_{iB} - \frac{2}{3}\mu \log_e J_B \tag{4.8.29c}$$

(4) 检验是否屈服，如果不屈服，应用步骤(7)，然后结束。

(5) 应用标准小应变来更新得到

$$O_{iC} = \alpha O'_{iB} + O_{imB} \tag{4.8.29d}$$

其中，参数 α 通过应用对小应变更新的相同的步骤得到。

(6) 令 $\boldsymbol{N}_{iC} = \boldsymbol{N}_{iB}$，然后得到

$$\boldsymbol{O}_C = \sum O_{iC} \boldsymbol{N}_{iC} \otimes \boldsymbol{N}_{iC} \tag{4.8.29e}$$

(7) 转换应力，从而得到克希荷夫应力

$$\boldsymbol{\sigma}_C = \boldsymbol{R}_B \boldsymbol{O}_C \boldsymbol{R}_B^{\mathrm{T}} \tag{4.8.29f}$$

其中，$\boldsymbol{R}_B$ 在步骤(2)中已经得到。

(8) 通过

$$\boldsymbol{F}_{pC} = \boldsymbol{F}_{pn} = \exp(\Delta\eta \boldsymbol{A}_B) \boldsymbol{F}_{po} \tag{4.8.29g}$$

更新塑性变形梯度 $\boldsymbol{F}_p$，其中

$$\boldsymbol{A}_B = \sum \frac{3}{2O_{eB}} O'_{iB} \boldsymbol{N}_{iB} \otimes \boldsymbol{N}_{iB} = \frac{3}{2O_{eB}} \boldsymbol{O}'_B \tag{4.8.29h}$$

$$\exp(\Delta\eta \boldsymbol{A}_B) = \sum \exp((1-\alpha)\lambda'_{iB}) \boldsymbol{N}_{iB} \otimes \boldsymbol{N}_{iB} \tag{4.8.29i}$$

值得注意的是，在上面步骤(3)得到了 B 处的主方向的试应力，如果用这些主方向应力折算到全应力，可以应用全部这段小应变塑性算法来得到返回应力。

Cuitino 和 Ortiz 已经给出了一致切线模量，用的是一个非常相似的算法。现在考虑一种更新的可直接应用于现时构造中的方法，从中可以得到一致切线张量。

4.8.2 基于现时构形的应力更新

Simo 描述了一种在现时构形上直接运用克希荷夫应力的更新格式，柯西-格林变形张量为

$$\boldsymbol{b}_B = \boldsymbol{F}_B \boldsymbol{F}_B^{\mathrm{T}} = \boldsymbol{F}\boldsymbol{C}_{po}^{-1} \boldsymbol{F}^{\mathrm{T}} \tag{4.8.30}$$

$$\boldsymbol{b}_B = \sum \lambda_{iB}^2 \boldsymbol{n}_{iB} \otimes \boldsymbol{n}_{iB} \tag{4.8.31}$$

由于 $\boldsymbol{\sigma}_B$ 和 $\boldsymbol{b}_B$ 同轴，可得

$$\boldsymbol{\sigma}_B = \sum \sigma_{iB} \boldsymbol{n}_{iB} \otimes \boldsymbol{n}_{iB} = \sum \sigma'_{iB} \boldsymbol{n}_{iB} \otimes \boldsymbol{n}_{iB} + K \log_e J_B \boldsymbol{I} \tag{4.8.32}$$

及

$$\sigma'_{iB} = 2\mu \log_e \lambda'_{iB} = 2\mu \log_e \lambda_{iB} - \frac{2}{3}\mu \log_e J_B \tag{4.8.33}$$

屈服方程

$$f_B = \sigma_{iB} - \sigma_{\text{yield}} = \sqrt{\frac{3}{2}}(\boldsymbol{\sigma}'^{\mathrm{T}}\boldsymbol{\sigma}')^{1/2} - \sigma_{\text{yield}} \tag{4.8.34}$$

在现时构形上直接运用克希荷夫应力的更新算法：

(1) 计算

$$\boldsymbol{F}_B = \boldsymbol{F}\boldsymbol{F}_{po}^{-1} = \boldsymbol{F}\boldsymbol{F}_{pB}^{-1} \tag{4.8.35a}$$

(2) 运用极分解$\boldsymbol{b}_B = \boldsymbol{F}_B \boldsymbol{F}_B^{\mathrm{T}}$ 得到λ_{iB}和$\boldsymbol{n}_{iB}$及

$$\boldsymbol{R}_B = \boldsymbol{Q}(\boldsymbol{n}_B)\mathrm{Diag}(\lambda_B^{-1})[\boldsymbol{Q}(\boldsymbol{n}_B)]^{\mathrm{T}}\boldsymbol{F}_B \tag{4.8.35b}$$

(3) 获得主方向的弹性应力

$$\sigma_{iB} = \sigma'_{iB} + \sigma_{imB} = \sigma'_{iB} + K\log_e J_B \tag{4.8.35c}$$

$$\sigma'_{iB} = 2\mu\log_e\lambda'_{iB} = 2\mu\log_e\lambda_{iB} - \frac{2}{3}\mu\log_e J_B \tag{4.8.35d}$$

(4) 检查是否屈服。如未屈服，设置$\boldsymbol{\sigma}_C = \boldsymbol{\sigma}_B$ 并且结束。

(5) 运用标准小应变更新得到

$$\sigma_{iC} = \alpha\sigma'_{iB} + \sigma_{imB} \tag{4.8.35e}$$

(6) 设$\boldsymbol{n}_{iC} = \boldsymbol{n}_{iB}$并得到

$$\boldsymbol{\sigma}_C = \sum \sigma_{iC}\boldsymbol{n}_{iC} \otimes \boldsymbol{n}_{iC} \tag{4.8.35f}$$

(7) 更新塑性变形梯度

$$\boldsymbol{F}_{pC} = \boldsymbol{F}_{pn} = \left[\sum \exp((1-\alpha)\lambda'_{iB})\boldsymbol{N}_{iB} \otimes \boldsymbol{N}_{iB}\right]\boldsymbol{F}_{pB} \tag{4.8.35g}$$

其中，$\boldsymbol{N}_{iB}$由

$$\boldsymbol{Q}(\boldsymbol{N}_B) = \boldsymbol{R}_B^{\mathrm{T}}\boldsymbol{Q}(\boldsymbol{n}_B) \tag{4.8.35h}$$

得到。

需要强调的是在上面的第(3)步得到 B 点的主要试应力之后，如果采用主方向返回全应力状态，可以在第(7)步前对试应力结果$\boldsymbol{\sigma}_B$ 施加完整的一般小应变塑性法则来得到应力$\boldsymbol{\sigma}_C$。

5 固体和结构的变形关系

5.1 概论

5.1.1 概述

固体和结构中非线性问题主要涉及三个方面，即几何非线性、材料非线性以及非线性边界。但是，问题的基本理论都有很明确的假定和适用范围。这些假定通常只适用于小应变的情况，因为只有在小应变状态下才可以采用线性理论分析。那么线性分析和非线性分析的区别何在？所谓的非线性是指问题的控制方程中含有未知量一阶量以上的高阶量，也就是，所谓的非线性是指控制方程是一个非线性方程。当采用位移法时，控制方程中如果含有位移的高阶量，那么才是呈非线性的。分析结构中任意一个微元，可以给出微元含有位移的高阶量的几何方程，而传统上总是将几何方程线性化。此外，由于材料弹性常数的确定是通过以简单拉伸试验来代替复杂应力状态下的材料特性，试验方法和材料弹性常数的确定也近似了，忽略了弹性非线性。方程中出现的位移高阶量除了在几何关系中客观存在，在材料本构关系中也客观存在。

事实上所有的结构都是非线性的，只不过当采用线性分析时其产生的误差可以接受时才采用线性的假定。如果准确地反映材料的应力应变关系可以清楚地看到，材料的弹性常数与其应力水平或应变水平有关。如果正确和精确表示的话，材料常数与变形有关。另外，当材料进入塑性后，材料显然处于大应变状态，这时材料的应变只能用真应变才能客观衡量，也就是应该计入高阶量的影响。所以从以上的简单描述中可以看到，控制方程中由几何和材料两个方面形成的位移高阶量是客观存在。

一个非线性方程组的求解是十分困难，一般采用传统的迭代方法求解，首先需要将一个非线性方程组线性化。对非线性方程组

$$f(x) = 0 \tag{5.1.1}$$

在关于 $x=x_0$ 处按泰勒级数展开，则式(5.1.1)可表示为

$$\begin{aligned} f(x) &= f(a) + f'(a)(x-a) + \frac{1}{2!}f''(a)(x-a)^2 + \cdots \\ &\quad + \frac{1}{n!}f^{(n)}(a)(x-a)^n + o(|x-a|^n) \\ &= \sum_{k=0}^{n} \frac{f^{(k)}(a)}{k!}(x-a)^k + o(|x-a|^n) \end{aligned} \tag{5.1.2}$$

如果略去方程式(5.1.2)未知数 x 的二阶以上的高阶量后，则上述方程就简化为一个线性方程，这就是通常所使用的线性化过程。那么对一个非线性方程是否可以采用线性化过程取决于被略去的高阶量是否是一个高阶无穷小。

5.1.2 结构理论中的基本假定

至今的结构分析仍基于 20 世纪 20 年代以来逐步建立的理论，满足这些理论的基本假定，简化计算模型和计算方法。对于在复杂应力状态，必须选择合理的分析模型，为此应该了解传统分析中遵循的各种假定和原理。这些假定和原理主要有工程梁理论，包括平截面(平法线)假定及单向应力假定、小挠度及纯弯曲假定、圣维南原理、叠加原理、理想次弹性材料假定以及忽略结构杆件中实际存在的拉、压、弯、剪和扭的耦合作用及 $P-\Delta$ 效应。

5.1.2.1 小挠度及小应变假定

按传统的方法，在结构分析中特别在结构线性分析理论中，通常采用结构的初始构形来描写结构的几何与变形，在初始构形上建立平衡方程，当采用小挠度假定时，假定结构的位移和形变是微小的。这就是说假定结构受力以后，整个结构所有各点的位移都远远小于结构原来的尺寸，如梁变形后的轴线长度的改变与初始的长度相比是可以忽略不计的(见图 5.1.1)，并且应变和转角都远小于 1。这样，在结构变形以后建立平衡方程时就可以用变形以前的尺寸来代替变形以后的尺寸，而不致引起显著误差。在考察结构变形和位移建立几何方程时，转角和应变的二阶量及其乘积都可以略去不计，这才可能使得控制方程简化为线性方程。

按工程梁理论，还规定梁的高度和其跨度相比，梁高是极小于梁的跨度，因此梁上任意一点的变形可用梁的弹性主轴的变形来代替。

基于上述的假定，通常梁被假定为纯弯曲梁，对于同时发生轴向变形和弯曲变形的构件被称为梁-柱。对于普遍存在的梁-柱，则按上述假定简化为一个受单向拉压的杆和纯弯曲梁的线性叠加(见图 5.1.2)。

在工程梁理论的范畴内，不论在弹性还是在塑性阶段，都作了小应变假定。事实上任何关于应变的假定都必然与材料的有关假定相符。小应变假定给出了应变定义的近似表示，它是相对于真应变而言。此外，通常还同时作了线性位移的假定，使其成为常应变。

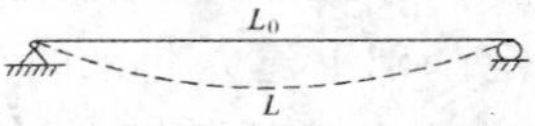

图 5.1.1 梁变形后的轴线

图 5.1.2 梁-柱

5.1.2.2 理想次弹性材料假定

在对结构进行分析时除了必须建立平衡方程、协调方程外，还需考虑物理方程，为此对材料特性也需给出一些基本假定。

首先，假定固体和结构的材料是连续的，这样结构内的应力、形变、位移等量才可能是连续的，从而才可能用坐标的连续函数来表示它们的变化规律。

其次，假定固体和结构采用的是理想次弹性材料，材料屈服之前是完全弹性的，也就是假定固体和结构的材料服从虎克定律，即应变与引起该应变的应力成正比例。反映这种比例关系的常数即所谓弹性常数，并不随应力或应变的大小和符号而变。当应力减小为零时，应变也减小为零，并没有任何残余变形。脆性材料在应力未达到屈服极限以前，也可以认为是近似的完全弹性体。

第三，假定固体和结构的材料是均匀的，即整个结构构件是由同一材料组成的，这样结构的所有构件才具有相同的弹性，弹性常数才不随位置坐标而变。这样可以取出构件中任意一个微元或单元来加以分析，然后把分析的结果应用于整个构件乃至结构中。

第四，假定材料是各向同性的，也就是说材料的弹性在所有各个方向都相同，这样材料的弹性常数才不随方向而变。显然，木材和竹材都不能当做各向同性体。至于钢材，虽然它具有各向异性晶体，但由于晶体很微小，而且是随机排列的，所以钢材的弹性大致是各向相同的。

理想弹塑性材料在复杂应力状态中，假定受拉和受压状态下材料的特性是相等的，用单一的弹性模量和泊桑比来描述材料的弹性特性。事实上，材料受压区和受拉区的弹性模量是不同的，泊桑比也不同，应力-应变关系也不相同。理想弹塑性材料假定中，用单向拉伸实验的结果来代替双向拉伸实验的结果来表示复杂应力状态。

凡是符合以上假定的材料就称为理想弹性体。只有理想的次弹性材料在弹性阶段材料的应力应变关系可简化为纯线性关系。实际上工程中所采用的不是理想的次弹性材料，但在一般的应用中作了简化。

5.1.2.3　单向应力假定

梁的弹性弯曲的工程理论即现今材料力学中的梁的弯曲理论，弹性弯曲工程理论包括上述的平截面假定和单向应力假定。

按单向应力假定，在弯曲过程中梁的纵向纤维之间无挤压，因而不存在纤维之间的横向应力，梁内每根纤维都处于单向拉伸或单向压缩的应力状态。

采用这些假定建立起来的弹塑性弯曲理论简单，但只适合于简单的应用。

5.1.2.4　欧拉-伯努利(Euler-Bernoulli)假定

Mariotte 在研究梁的变形规律时提出了关于中性轴位置的假定，其后 Euler 和 Bernoulli 等人在研究计算梁的挠度的方法时，沿用了 Mariotte 假定并假设弯曲和曲率成正比。Euler 和 Bernoulli 对梁的挠度的研究主要在数学推导中，在计算方法的表示中明确地采用了梁的横截面在弯曲后仍保持为平面的变形假定。这个假定被后人称为欧拉-伯努利(Euler-Bernoulli)假定或平截面(平法线)假定，它在梁弯曲的工程理论中成为一个经典的假定，一直起着基石的作用。

在 18 世纪，Coulomb 以及在 Coulomb 工作的基础上，Navie 等人研究了梁的弯曲理论，当时梁的弯曲理论已被认为是在纵向纤维间无挤压假定和平截面假定基础上建立起来的。对此假定，是圣维南(Saint-Venant)第一个加以证明的，验证了这些基本假定的精确性。Saint-Venant 认为只有当梁承受纯弯曲时这两个假定才能严格成立；对于在横向载荷作用下的梁的弯曲的一般情形，横截面可能会发生翘曲。这已经指出了纵向纤维间无挤压假定和平截面假定的局限性。在对弯曲理论的研究中，Saint-Venant 另一个重要贡献是研究了非线性弹性材料，即当材料不服从 Hooke 定律时梁的弯曲。

从以上简要的讨论中可见，在引用平截面假定时并没有探讨材料的物理性能，这意味着在涉及基于平截面假定的分析研究时不言而喻地同时采用了理想材料的假定，这理想材料的假定也是满足平截面假定的一个条件。

按平截面假定，一根直线梁在弯曲以后梁任意截面仍处于一个平面，由于变形前垂直于梁轴的横截平面在弯曲后仍为平面并且横截面在弯曲后仍垂直于弯曲后的梁轴，表明梁截面上沿梁高度垂直于梁截面的纵向变形呈线性关系，同时横截面的形状和大小在弯曲后不变。平截面假定是一种关于梁纵向位移的简化，对理想次弹性材料，其材料在屈服前呈线弹性规律时，按平截面假定可简单地确定梁截面上任意一点和梁的弹性主轴之间的线性关系。

5.1.2.5　静力等效及圣维南(Saint-Venant)原理

静力等效原理是指对作用在结构一小部分边界上的面力，可以变换为分布不同但面力主向量相同、对于同一点的主矩也有相同的分量，这样在远离面力作用处的效应没有显著的不同。

在求解弹性力学问题时，使应力分量、形变分量、位移分量完全满足域内基本方程并不困难，但是要使得边界条件也得到完全满足，却往往发生很大的困难。在上述情况下，圣维南原理有时可以提供很大帮助。

圣维南原理可以表述如下：如果把结构一小部分边界上的面力按静力等效原理进行变换，那么近处的应力分布将有显著的改变，但是远处所受的影响可以不计。

如文献[67]和图 5.1.3 所示。图中构件横截面面积为 A，构件两端截面的形心处受到大小相等而方向相反的拉力 P（见图 5.1.3a）；如果把一端或两端的拉力按静力等效原理变换为等效的力（如图 5.1.3b 或 c 所示），则应力分布有显著的改变的部分仅发生在虚线划出的部分，而其余部分所受的影响是可以忽略不计的；如果再把两端的集中拉力变换为集度等于 P/A 的均匀分布的拉力（见图5.1.3d），则应力受到显著的影响的部分仍然只靠近两端。这说明在这四种作用下，离两端较远部分的应力分布并没有显著的差别。

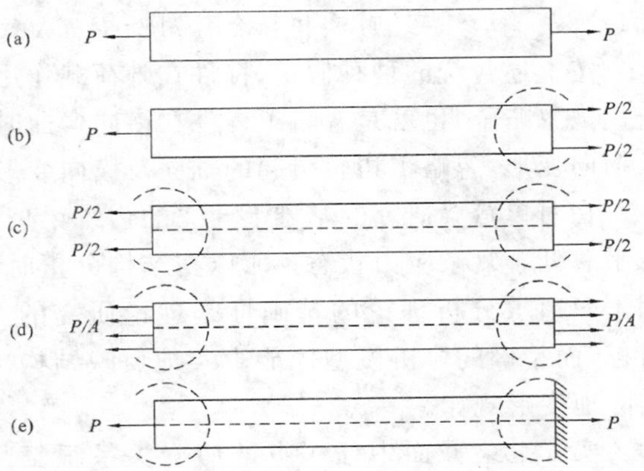

图 5.1.3　圣维南原理示意

如图 5.1.3d 所示，对于面力连续均匀分布，边界条件简单的应力是很容易求得的。但是在其余三种情况下，由于面力不是连续分布的，甚至只知其合力为 P 而不知其分布方式，应力是难以求得或无法求解的。根据圣维南原理，将图 5.1.3d 所示情况下的应力解答推广到其余三种情况，可以表明离杆端较远处的应力状态没有显著的误差，但不能完全满足两端的应力边界条件。

当结构的部分边界上的位移边界条件不能精确满足时，也可以应用圣维南原理。当如图 5.1.3e 所示的构件的右端固定时，即构件的右端的位移边界条件 $u=\bar{u}=0$ 和 $v=\bar{v}=0$，显然图 5.1.3d 所示的简单解是不满足位移边界条件的。但同样显然可见，作用在右端的面力的合力 P 和左端的面力平衡。根据圣维南原理，可以把上述简单解应用于这一情况，只是在接近两端处有显著的误差，而在离两端较远处误差是可以不计的。

圣维南在 19 世纪 50 年代研究等截面直杆的扭转问题时提出了这个著名的圣维南原理。但是，它并没有确切的数学表达式，也没有得到理论证明。然而圣维南原理所说明的这一力学原理确实可以正确地指导着结构分析，因为一百多年来各种实际的分析结果都得到了实验的证实。圣维南原理所揭示的边缘效应在结构分析中应该得到认真的估计。

5.1.2.6　叠加原理

所谓叠加原理是指在小变形和线弹性情况下，几组同时作用在结构上的荷载所产生的总效应等于每组载荷单独作用下产生的效应的总和。

实际结构中通常同时承受几种荷载，往往分别求得每种荷载单独作用下产生的效应然后加以叠加，从而得到所有荷载同时作用下产生的总效应。

叠加原理只有在所有方程和边界条件都是线性的情况下才能成立，亦即材料必须是线弹性的，变形必须是微小的，对于非线性弹性材料或是有限变形的情况就不适用。此外，它还要求一种荷载的作用不会引起另一种荷载的作用发生变化，例如对于同时承受纵横弯曲的梁-柱，横向荷载引起了弯曲变形将使轴向荷载引起附加的弯曲效应，对这种二阶效应叠加原理就不太适用。

叠加原理是适合于线性分析的，如结构在荷载作用下所产生的效应的叠加，不仅如此，叠加原理还被引用于对结构变形规律的描述中。但叠加原理只适用于小应变的情况，只适用于线性理论。当杆件产生大应变时叠加原理是不成立的，或者在对一个非线性结构或结构的非线性分析中，关于随动标架所定义的各向量也不能叠加。

5.1.2.7　拉压、弯、剪和扭耦合作用及 $P-\Delta$ 效应

按上述传统的种种假定，杆件在外荷载作用下实际存在的拉压、弯、剪、扭之间相互的耦合作用被忽略了，也就是忽略了杆件在横向弯曲时引起的轴向变形，忽略了横向剪切引起的轴向及横向变形，忽略了扭转引起的轴向及横向变形以及 $P-\Delta$ 效应。

在对单跨梁研究的基础上建立的传统梁理论被引入结构体系的分析，在一个结构体系中几乎总处于复杂应力状态。所以在结构分析时，并不是任何情况下都能忽略那些实际存在的因素。追求分析理论的精确性是理论研究的目标，而精确的分析模型才能真实地反映结构实际地变形规律。

实际上梁截面中任一点的应变关系很复杂，应包括轴向力、弯矩、剪力、扭矩等的相互作用（如图 5.1.4 所示）。因此比较完备地说，梁中任一点的应变应包括轴向、弯曲、剪切、扭转、翘曲等因素。

二阶效应是指结构变形对力的效应，如结构水平位移对竖向力的效应，$P-\Delta$ 是一种二阶效应。如图 5.1.5 所示，由于忽略了上述的耦合影响，那么 $P-\Delta$ 效应就自然地被忽略了。在梁-柱中，当同时承受轴向力和弯矩时，轴向力对横向变形产生的附加效应往往被忽略。

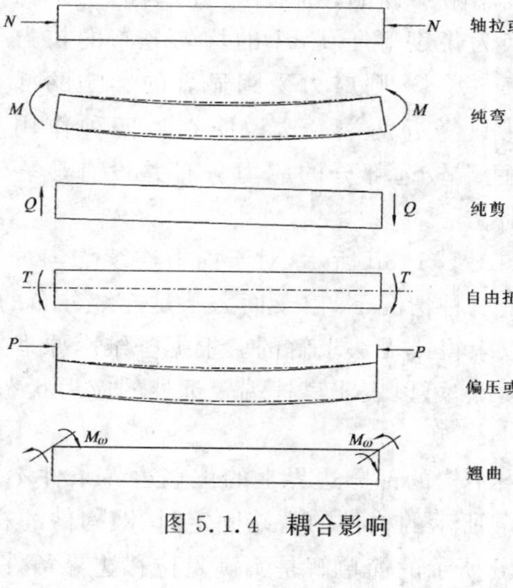

图 5.1.4　耦合影响

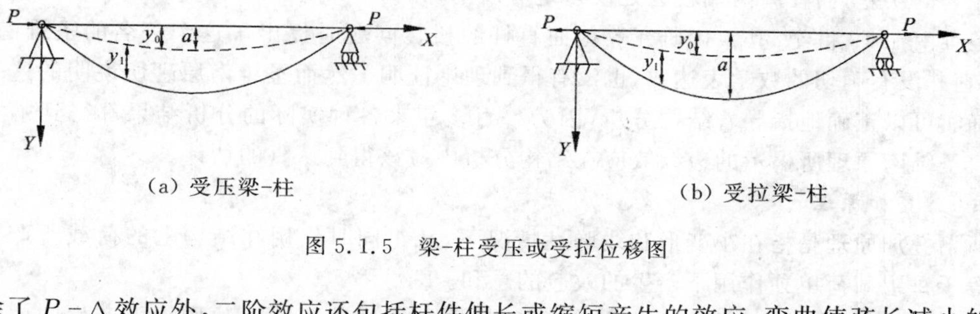

(a) 受压梁-柱　　(b) 受拉梁-柱

图 5.1.5　梁-柱受压或受拉位移图

除了 $P-\Delta$ 效应外，二阶效应还包括杆件伸长或缩短产生的效应、弯曲使弦长减小的效应以及初始弯曲、初始弯折产生的效应等。结构由此引起附加内力，而附加内力的产生将会进一步导致附加变形，如此往复。对空间梁-柱计及二阶效应则可望得到更为精确的模型。

5.2 处于三维应力状态的固体的几何关系

5.2.1 固体中任意一点的位移

现考察图 5.2.1 所示一般处于三维应力状态的固体中任一点 i 的位置及位移。通常，对通过 i 点的微元 ij 的变形来描写任一点 i 的变形。在笛卡儿坐标系中现定义通过固体中任一点 i 并沿着三个坐标轴 x, y, z 的微元为 ij, ik 和 il。微元长度分别为 $\mathrm{d}x$, $\mathrm{d}y$ 和 $\mathrm{d}z$，现先研究微元 $\mathrm{d}x$ 的变形。变形前，微元 $\mathrm{d}x$ 两端 i 和 j 点在笛卡儿坐标系中的坐标分别为 x_i, y_i, z_i 和 x_j, y_j, z_j，这里 $x_j = x_i + \mathrm{d}x$，变形后 i 和 j 点沿着三个坐标轴 x, y, z 方向产生了位移，其中 i 点的位移分别为 Δu, Δv, Δw，以沿坐标轴正方向的为正，沿负方向的为负。Δu, Δv, Δw 为该点的位移分量。如图 5.2.1 所示，i 点移动到 i'，而 j 点移动到 j'。变形后 i'点的坐标为 $x_i + \Delta u$, $y_i + \Delta v$, $z_i + \Delta w$，与此同时，j' 点的坐标为 $x_j + \Delta u + \frac{\partial \Delta u}{\partial x}\mathrm{d}x$, $y_j + \Delta v + \frac{\partial \Delta v}{\partial x}\mathrm{d}x$, $z_j + \Delta w + \frac{\partial \Delta w}{\partial x}\mathrm{d}x$。变形后微元 $i'j'$ 也可用向量表示，即

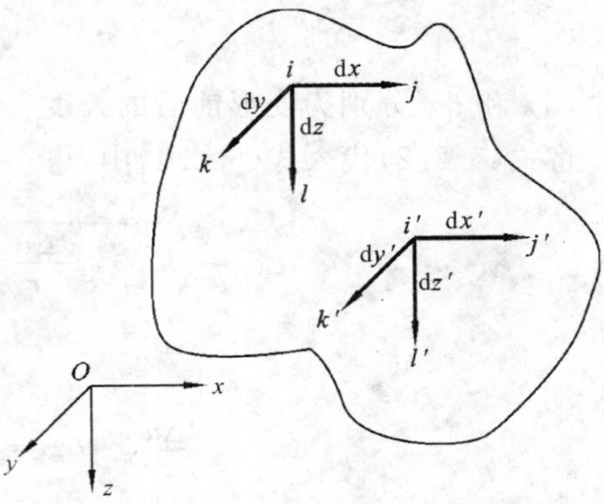

图 5.2.1 固体中任一点 i 的位置及位移

$$\boldsymbol{i'j'} = \mathrm{d}\boldsymbol{x}' = \left[\mathrm{d}x + \frac{\partial \Delta u}{\partial x}\mathrm{d}x \quad \frac{\partial \Delta v}{\partial x}\mathrm{d}x \quad \frac{\partial \Delta w}{\partial x}\mathrm{d}x \right] \tag{5.2.1}$$

于是，可以求得变形后的微元 $i'j'$ 的长度为

$$\mathrm{d}x' = \sqrt{(\mathrm{d}x)^2 + 2\frac{\partial \Delta u}{\partial x}(\mathrm{d}x)^2 + \left(\frac{\partial \Delta u}{\partial x}\mathrm{d}x\right)^2 + \left(\frac{\partial \Delta v}{\partial x}\mathrm{d}x\right)^2 + \left(\frac{\partial \Delta w}{\partial x}\mathrm{d}x\right)^2} \tag{5.2.2}$$

同理，可以得到变形后的微元 $\boldsymbol{i'k'}$ 和 $\boldsymbol{i'l'}$ 的向量及其长度分别为

$$\boldsymbol{i'k'} = \mathrm{d}\boldsymbol{y}' = \left[\frac{\partial \Delta u}{\partial y}\mathrm{d}y \quad \mathrm{d}y + \frac{\partial \Delta v}{\partial y}\mathrm{d}y \quad \frac{\partial \Delta w}{\partial y}\mathrm{d}y \right]$$

$$\mathrm{d}y' = \sqrt{(\mathrm{d}y)^2 + 2\frac{\partial \Delta v}{\partial y}(\mathrm{d}y)^2 + \left(\frac{\partial \Delta v}{\partial y}\mathrm{d}y\right)^2 + \left(\frac{\partial \Delta u}{\partial y}\mathrm{d}y\right)^2 + \left(\frac{\partial \Delta w}{\partial y}\mathrm{d}y\right)^2}$$

及

$$\boldsymbol{i'l'} = \mathrm{d}\boldsymbol{z}' = \left[\frac{\partial \Delta u}{\partial z}\mathrm{d}z \quad \frac{\partial \Delta v}{\partial z}\mathrm{d}z \quad \mathrm{d}z + \frac{\partial \Delta w}{\partial z}\mathrm{d}z \right]$$

$$\mathrm{d}z' = \sqrt{(\mathrm{d}z)^2 + 2\frac{\partial \Delta w}{\partial z}(\mathrm{d}z)^2 + \left(\frac{\partial \Delta w}{\partial z}\mathrm{d}z\right)^2 + \left(\frac{\partial \Delta u}{\partial z}\mathrm{d}z\right)^2 + \left(\frac{\partial \Delta v}{\partial z}\mathrm{d}z\right)^2}$$

上述固体中任一点发生的位移是荷载作用的反应。荷载作用下固体会发生拉、压、弯、剪和扭。事实上拉、压、弯、剪和扭都可能导致固体中任一点发生位移，不过由于荷载类型的不同

以及固体形状和边界的不同，如果忽略其中弯和扭所产生的位移是可以接受的。

5.2.2 固体中任意一点的应变

固体中任一点 i 的正应变可对通过 i 点沿着三个坐标轴 x，y，z 的微元 $\mathrm{d}x$，$\mathrm{d}y$ 和 $\mathrm{d}z$ 的正应变来描写，即

$$\Delta\varepsilon = [\Delta\varepsilon_x \quad \Delta\varepsilon_y \quad \Delta\varepsilon_z] \tag{5.2.3}$$

按照定义，微元 $\mathrm{d}x$ 的应变

$$\Delta\varepsilon_x = \frac{\mathrm{d}x' - \mathrm{d}x}{\mathrm{d}x} \tag{5.2.4}$$

式中，$\mathrm{d}x$ 和 $\mathrm{d}x'$分别为变形前后的长度。

将式(5.2.2)代入式(5.2.4)中，得

$$\Delta\varepsilon_x = \sqrt{1 + 2\frac{\partial\Delta u}{\partial x} + \left(\frac{\partial\Delta u}{\partial x}\right)^2 + \left(\frac{\partial\Delta v}{\partial x}\right)^2 + \left(\frac{\partial\Delta w}{\partial x}\right)^2} - 1 \tag{5.2.5}$$

令

$$a_x = \frac{\partial\Delta u}{\partial x},\quad b_x = \left(\frac{\partial\Delta u}{\partial x}\right)^2 + \left(\frac{\partial\Delta v}{\partial x}\right)^2 + \left(\frac{\partial\Delta w}{\partial x}\right)^2 \tag{5.2.6}$$

则微元 $\mathrm{d}x$ 的应变可表示为

$$\Delta\varepsilon_x = \sqrt{1 + 2a_x + b_x} - 1 \tag{5.2.7}$$

利用泰勒公式将上式展开得

$$\begin{aligned}\Delta\varepsilon_x = {} & a_x + \frac{1}{2}b_x - \frac{1}{2}a_x^2 - \frac{1}{2}a_x b_x + \frac{1}{2}a_x^3 + \frac{3}{4}a_x^2 b_x - \frac{1}{8}b_x^2 - \frac{5}{8}a_x^4 \\ & + \frac{3}{8}a_x b_x^2 - \frac{5}{4}a_x^3 b_x - \frac{15}{16}a_x^2 b_x^2 + \frac{1}{16}b_x^3 - \frac{5}{16}a_x b_x^3 - \frac{5}{128}b_x^4 + \cdots\end{aligned} \tag{5.2.8a}$$

如果略去高阶量，微元 $\mathrm{d}x$ 的正应变近似地表示为

$$\Delta\varepsilon_x = a_x + \frac{b_x}{2} + \cdots$$

或

$$\Delta\varepsilon_x = \frac{\partial\Delta u}{\partial x} + \frac{1}{2}\left[\left(\frac{\partial\Delta u}{\partial x}\right)^2 + \left(\frac{\partial\Delta v}{\partial x}\right)^2 + \left(\frac{\partial\Delta w}{\partial x}\right)^2\right] + \cdots$$

同理可得微元 $\mathrm{d}y$，$\mathrm{d}z$ 的应变

$$\Delta\varepsilon_y = a_y + \frac{b_y}{2} - \frac{1}{2}a_y^2 - \frac{1}{2}a_y b_y + \frac{a_y^3}{2} + \frac{3}{4}a_y^2 b_y - \frac{b_y^2}{8} - \frac{5}{8}a_y^4 + \cdots \tag{5.2.8b}$$

及

$$\Delta\varepsilon_z = a_z + \frac{b_z}{2} - \frac{1}{2}a_z^2 - \frac{1}{2}a_z b_z + \frac{a_z^3}{2} + \frac{3}{4}a_z^2 b_z - \frac{b_z^2}{8} - \frac{5}{8}a_z^4 + \cdots \tag{5.2.8c}$$

固体中任一点 i 的剪应变可对通过 i 点沿着三个坐标轴 x，y，z 的微元 $\mathrm{d}x$，$\mathrm{d}y$ 和 $\mathrm{d}z$ 之间的夹角在变形前后的变化来描写。在 xy 面内，变形前微元 $\mathrm{d}x$，$\mathrm{d}y$ 之间的夹角 $\alpha_{xy}=90°$，变形后微元 $\mathrm{d}x'$，$\mathrm{d}y'$ 之间的夹角的余弦值为

$$\cos\alpha'_{xy}=\frac{\mathrm{d}\boldsymbol{x}'\cdot\mathrm{d}\boldsymbol{y}'}{|\mathrm{d}\boldsymbol{x}'|\cdot|\mathrm{d}\boldsymbol{y}'|}$$

将式(5.2.1)及(5.2.2)等代入上式，得

$$\cos\alpha'_{xy}\approx\frac{\mathrm{d}x\mathrm{d}y\dfrac{\partial\Delta u}{\partial y}+\mathrm{d}x\mathrm{d}y\dfrac{\partial\Delta v}{\partial x}+\dfrac{\partial\Delta u}{\partial x}\dfrac{\partial\Delta u}{\partial y}\mathrm{d}x\mathrm{d}y+\dfrac{\partial\Delta v}{\partial y}\dfrac{\partial\Delta v}{\partial x}\mathrm{d}y\mathrm{d}x+\dfrac{\partial\Delta w}{\partial x}\dfrac{\partial\Delta w}{\partial y}\mathrm{d}x\mathrm{d}y}{\mathrm{d}x\mathrm{d}y}$$

剪应变

$$\Delta\gamma_{xy}=\alpha_{xy}-\alpha'_{xy}=90°-\alpha'_{xy}\approx\sin(90°-\alpha'_{xy})$$

即

$$\Delta\gamma_{xy}\approx\cos\alpha'_{xy}=\frac{\partial\Delta u}{\partial y}+\frac{\partial\Delta v}{\partial x}+\frac{\partial\Delta u}{\partial x}\frac{\partial\Delta u}{\partial y}+\frac{\partial\Delta v}{\partial y}\frac{\partial\Delta v}{\partial x}+\frac{\partial\Delta w}{\partial x}\frac{\partial\Delta w}{\partial y}\tag{5.2.9a}$$

同理可得

$$\Delta\gamma_{yz}=\frac{\partial\Delta w}{\partial y}+\frac{\partial\Delta v}{\partial z}+\frac{\partial\Delta u}{\partial z}\frac{\partial\Delta u}{\partial y}+\frac{\partial\Delta v}{\partial z}\frac{\partial\Delta v}{\partial y}+\frac{\partial\Delta w}{\partial z}\frac{\partial\Delta w}{\partial y}\tag{5.2.9b}$$

$$\Delta\gamma_{xz}=\frac{\partial\Delta w}{\partial x}+\frac{\partial\Delta u}{\partial z}+\frac{\partial\Delta u}{\partial z}\frac{\partial\Delta u}{\partial x}+\frac{\partial\Delta v}{\partial z}\frac{\partial\Delta v}{\partial x}+\frac{\partial\Delta w}{\partial z}\frac{\partial\Delta w}{\partial x}\tag{5.2.9c}$$

表示固体应变的几何方程可写成矩阵的形式为

$$\Delta\boldsymbol{\varepsilon}=\begin{bmatrix}\Delta\boldsymbol{\varepsilon}_x\\\Delta\boldsymbol{\varepsilon}_y\\\Delta\boldsymbol{\varepsilon}_z\\\Delta\boldsymbol{\gamma}_{xy}\\\Delta\boldsymbol{\gamma}_{yz}\\\Delta\boldsymbol{\gamma}_{xz}\end{bmatrix}=\begin{bmatrix}\frac{\partial}{\partial x}&0&0\\0&\frac{\partial}{\partial y}&0\\0&0&\frac{\partial}{\partial z}\\\frac{\partial}{\partial y}&\frac{\partial}{\partial x}&0\\0&\frac{\partial}{\partial z}&\frac{\partial}{\partial y}\\\frac{\partial}{\partial z}&0&\frac{\partial}{\partial x}\end{bmatrix}\begin{bmatrix}\Delta u\\\Delta v\\\Delta w\end{bmatrix}+\begin{bmatrix}\frac{1}{2}\left(\frac{\partial}{\partial x}\right)^2&\frac{1}{2}\left(\frac{\partial}{\partial x}\right)^2&\frac{1}{2}\left(\frac{\partial}{\partial x}\right)^2\\\frac{1}{2}\left(\frac{\partial}{\partial y}\right)^2&\frac{1}{2}\left(\frac{\partial}{\partial y}\right)^2&\frac{1}{2}\left(\frac{\partial}{\partial y}\right)^2\\\frac{1}{2}\left(\frac{\partial}{\partial z}\right)^2&\frac{1}{2}\left(\frac{\partial}{\partial z}\right)^2&\frac{1}{2}\left(\frac{\partial}{\partial z}\right)^2\\\frac{\partial}{\partial x}\frac{\partial}{\partial y}&\frac{\partial}{\partial x}\frac{\partial}{\partial y}&\frac{\partial}{\partial x}\frac{\partial}{\partial y}\\\frac{\partial}{\partial z}\frac{\partial}{\partial y}&\frac{\partial}{\partial z}\frac{\partial}{\partial y}&\frac{\partial}{\partial z}\frac{\partial}{\partial y}\\\frac{\partial}{\partial x}\frac{\partial}{\partial z}&\frac{\partial}{\partial x}\frac{\partial}{\partial z}&\frac{\partial}{\partial x}\frac{\partial}{\partial z}\end{bmatrix}\begin{bmatrix}(\Delta u)^2\\(\Delta v)^2\\(\Delta w)^2\end{bmatrix}+\cdots\tag{5.2.10}$$

显然，以上所示的应变由两部分组成，一部分只包括位移的线性分量，而另一部分则包括位移分量的高阶量。上式又可简单表示为

$$\Delta\boldsymbol{\varepsilon}=\Delta\boldsymbol{\varepsilon}_L+\Delta\boldsymbol{\varepsilon}_{NL}+\cdots$$

5.3 处于二维应力状态的固体的几何关系

5.3.1 二维应力状态的固体中任意一点位移

二维平面问题是三维空间问题的蜕化。对图 5.2.1 所示一般处于三维应力状态的固体，如果可以忽略一个方向的变形的影响，那么就可以将一般的空间问题简化为平面问题。

现考察图 5.3.1 所示处于二维应力状态的固体中任一点 i 的位置及位移。在荷载作用下固体中任一点发生了位移。类似的对通过 i 点的微元 ij 的变形来描写任一点 i 的变形。在笛卡儿坐标系中定义通过固体中任一点 i 并沿着两个坐标轴 x，y 的微元为 ij，ik，微元长度分别为 $\mathrm{d}x$，$\mathrm{d}y$，现先研究微元 $\mathrm{d}x$ 的变形。变形前微元 $\mathrm{d}x$ 两端 i 和 j 点在的坐标分别为 x_i，y_i 和 x_j，y_j，这里有 $x_j=x_i+\mathrm{d}x$。变形后 i 和 j 点沿着两个坐标轴 x，y 方向产生了位移，其中 i 点的位移分别为 Δu，Δv，Δu，Δv 即为该点的位移分量。i 点移动到 i'，而 j 点移动到 j'（如图 5.3.1 所示）。变形后 i'点的坐标为 $x_i+\Delta u$，$y_i+\Delta v$，j'点的坐标为 $x_j+\Delta u+\dfrac{\partial \Delta u}{\partial x}\mathrm{d}x$，$y_j+\Delta v+\dfrac{\partial \Delta v}{\partial x}\mathrm{d}x$。变形后的微元 $\boldsymbol{i'j'}$ 也可用向量表示，即

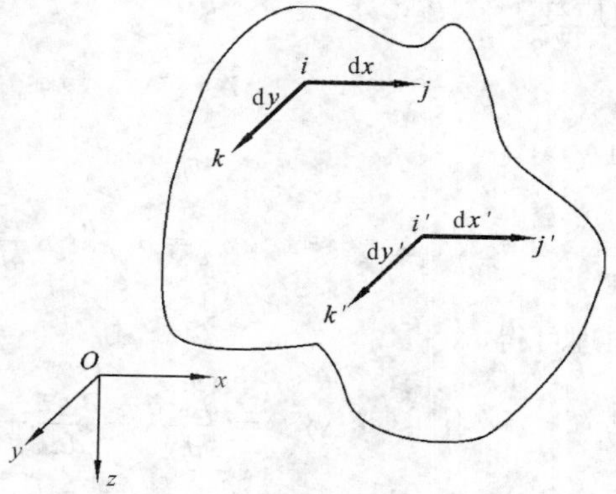

图 5.3.1 平面中任一点 i 的位置及位移

$$\boldsymbol{i'j'}=\mathrm{d}\boldsymbol{x}'=\begin{bmatrix}\mathrm{d}x+\dfrac{\partial \Delta u}{\partial x}\mathrm{d}x & \dfrac{\partial \Delta v}{\partial x}\mathrm{d}x\end{bmatrix} \tag{5.3.1}$$

于是，可以求得变形后的微元 $\boldsymbol{i'j'}$的长度为

$$\mathrm{d}x'=\sqrt{(\mathrm{d}x)^2+2\frac{\partial \Delta u}{\partial x}(\mathrm{d}x)^2+\left(\frac{\partial \Delta u}{\partial x}\mathrm{d}x\right)^2+\left(\frac{\partial \Delta v}{\partial x}\mathrm{d}x\right)^2} \tag{5.3.2}$$

同理，可以得到变形后的微元 $\boldsymbol{i'k'}$的向量及其长度分别为

$$\boldsymbol{i'k'}=\mathrm{d}\boldsymbol{y}'=\begin{bmatrix}\dfrac{\partial \Delta u}{\partial y}\mathrm{d}y & \mathrm{d}y+\dfrac{\partial \Delta v}{\partial y}\mathrm{d}y\end{bmatrix}$$

及

$$\mathrm{d}y'=\sqrt{(\mathrm{d}y)^2+2\frac{\partial \Delta v}{\partial y}(\mathrm{d}y)^2+\left(\frac{\partial \Delta v}{\partial y}\mathrm{d}y\right)^2+\left(\frac{\partial \Delta u}{\partial y}\mathrm{d}y\right)'^2}$$

上述固体中任一点发生的位移是荷载作用的反映。荷载作用下固体会发生拉、压、弯和剪。如果荷载作用下只存在平面内的应力，则平面中任一点发生位移都是面力产生的。

5.3.2 二维应力状态的固体中任意一点应变

同样，处于二维应力状态的固体中任意一点的正应变可对通过 i 点沿着两个坐标轴 x，y

的微元 dx,dy 的正应变来描写,即

$$\Delta\varepsilon = [\Delta\varepsilon_x \quad \Delta\varepsilon_y] \tag{5.3.3}$$

按照定义,微元 dx 的应变

$$\Delta\varepsilon_x = \frac{dx' - dx}{dx} \tag{5.3.4}$$

式中,dx 和 dx'分别为微元 dx 变形前后的长度。

将式(5.3.2)代入式(5.3.4)中,得

$$\Delta\varepsilon_x = \sqrt{1 + 2\frac{\partial \Delta u}{\partial x} + \left(\frac{\partial \Delta u}{\partial x}\right)^2 + \left(\frac{\partial \Delta v}{\partial x}\right)^2} - 1 \tag{5.3.5}$$

令

$$a_x = \frac{\partial \Delta u}{\partial x}, \quad b_x = \left(\frac{\partial \Delta u}{\partial x}\right)^2 + \left(\frac{\partial \Delta v}{\partial x}\right)^2 \tag{5.3.6}$$

则微元 dx 的应变可表示为

$$\Delta\varepsilon_x = \sqrt{1 + 2a_x + b_x} - 1 \tag{5.3.7}$$

利用泰勒公式将上式展开得

$$\begin{aligned}\Delta\varepsilon_x = {} & a_x + \frac{1}{2}b_x - \frac{1}{2}a_x^2 - \frac{1}{2}a_x b_x + \frac{1}{2}a_x^3 + \frac{3}{4}a_x^2 b_x - \frac{1}{8}b_x^2 - \frac{5}{8}a_x^4 \\ & + \frac{3}{8}a_x b_x^2 - \frac{5}{4}a_x^3 b_x - \frac{15}{16}a_x^2 b_x^2 + \frac{1}{16}b_x^3 - \frac{5}{16}a_x b_x^3 - \frac{5}{128}b_x^4 + \cdots\end{aligned} \tag{5.3.8a}$$

如果略去高阶量,微元 dx 的正应变近似地表示为

$$\Delta\varepsilon_x = a_x + \frac{b_x}{2} + \cdots$$

或

$$\Delta\varepsilon_x = \frac{\partial \Delta u}{\partial x} + \frac{1}{2}\left[\left(\frac{\partial \Delta u}{\partial x}\right)^2 + \left(\frac{\partial \Delta v}{\partial x}\right)^2\right] + \cdots$$

同理可得微元 dy 的应变为

$$\Delta\varepsilon_y = a_y + \frac{b_y}{2} - \frac{1}{2}a_y^2 - \frac{1}{2}a_y b_y + \frac{a_y^3}{2} + \frac{3}{4}a_y^2 b_y - \frac{b_y^2}{8} - \frac{5}{8}a_y^4 + \cdots \tag{5.3.8b}$$

固体中任一点 i 的剪应变可对通过 i 点沿着二个坐标轴 x, y 的微元 dx, dy 之间的夹角在变形前后的变化来描写。在 xy 面内,变形前微元 dx, dy 之间的夹角 $\alpha_{xy} = 90°$,变形后微元 dx', dy' 之间的夹角的余弦值为

$$\cos\alpha'_{xy} = \frac{d\boldsymbol{x}' \cdot d\boldsymbol{y}'}{|d\boldsymbol{x}'| \cdot |d\boldsymbol{y}'|}$$

将式(5.3.1)及(5.3.2)等代入上式,得

$$\cos\alpha'_{xy} \approx \frac{dx dy\dfrac{\partial \Delta u}{\partial y} + dx dy\dfrac{\partial \Delta v}{\partial x} + \dfrac{\partial \Delta u}{\partial x}\dfrac{\partial \Delta u}{\partial y}dx dy + \dfrac{\partial \Delta v}{\partial y}\dfrac{\partial \Delta v}{\partial x}dy dx}{dx dy}$$

剪应变

$$\Delta\gamma_{xy}=\alpha_{xy}-\alpha'_{xy}=90^\circ-\alpha'_{xy}\approx\sin(90^\circ-\alpha'_{xy})$$

即

$$\Delta\gamma_{xy}\approx\cos\alpha'_{xy}=\frac{\partial\Delta u}{\partial y}+\frac{\partial\Delta v}{\partial x}+\frac{\partial\Delta u}{\partial x}\frac{\partial\Delta u}{\partial y}+\frac{\partial\Delta v}{\partial y}\frac{\partial\Delta v}{\partial x}\tag{5.3.9}$$

表示应变的几何方程可写成矩阵的形式为

$$\Delta\boldsymbol{\varepsilon}=\begin{bmatrix}\Delta\boldsymbol{\varepsilon}_x\\\Delta\boldsymbol{\varepsilon}_y\\\Delta\boldsymbol{\gamma}_{xy}\end{bmatrix}=\begin{bmatrix}\frac{\partial}{\partial x}&0\\0&\frac{\partial}{\partial y}\\\frac{\partial}{\partial y}&\frac{\partial}{\partial x}\end{bmatrix}\begin{bmatrix}\Delta u\\\Delta v\end{bmatrix}+\begin{bmatrix}\frac{1}{2}\left(\frac{\partial}{\partial x}\right)^2&\frac{1}{2}\left(\frac{\partial}{\partial x}\right)^2\\\frac{1}{2}\left(\frac{\partial}{\partial y}\right)^2&\frac{1}{2}\left(\frac{\partial}{\partial y}\right)^2\\\frac{\partial}{\partial x}\frac{\partial}{\partial y}&\frac{\partial}{\partial x}\frac{\partial}{\partial y}\end{bmatrix}\begin{bmatrix}(\Delta u)^2\\(\Delta v)^2\end{bmatrix}+\cdots\tag{5.3.10}$$

显然，以上所示的应变由两部分组成，一部分只包括位移的线性分量，而另一部分则包括位移分量的高阶量。上式又可简单表示为

$$\Delta\boldsymbol{\varepsilon}=\Delta\boldsymbol{\varepsilon}_L+\Delta\boldsymbol{\varepsilon}_{NL}+\cdots\tag{5.3.11}$$

5.4 板-壳的几何关系

5.4.1 概论

很多学者基于弹性力学经典理论研究板的理论，其中著名的有 Kirchhoff 理论和 Reissner 理论，以及 Nelson 和 Lorch 理论、Essenberg 理论、Naghdi 理论、Lo 理论等。这些是板理论的经典。

5.4.1.1 板-壳及其应力状态

对于一个固体，如果在几何上一个方向的尺度远小于另外两个方向的尺度，这种固体称为板。或者可以这样理解，由两个平行平面和垂直于它们的柱面或棱柱面所围成的固体，当其高度远小于其底面尺度时称为板（如图 5.4.1a 所示）。两平行面称为板面，柱面或棱柱面称为板边，两平行面之间的距离为板厚 h，而平分板厚的平面称为板的中面。传统弹性理论按照几何尺寸将板区分为薄板与厚板，当板厚与板面内的最小特征尺寸即最小跨度之比大于 $\frac{1}{5}$ 时，称为厚板；在 $\frac{1}{80}$ 和 $\frac{1}{5}$ 之间时，则称为薄板。

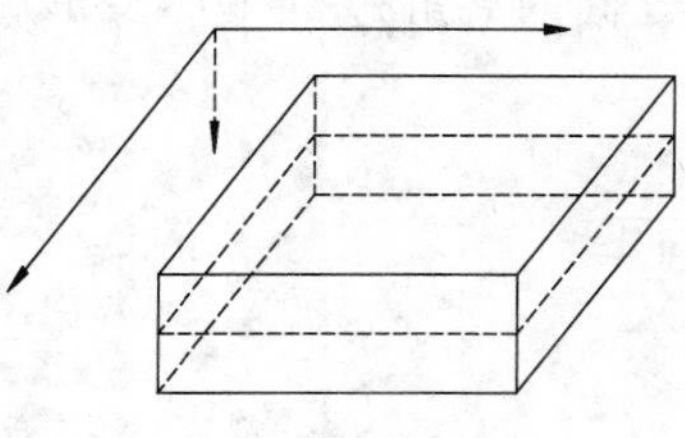

(a) 空间板

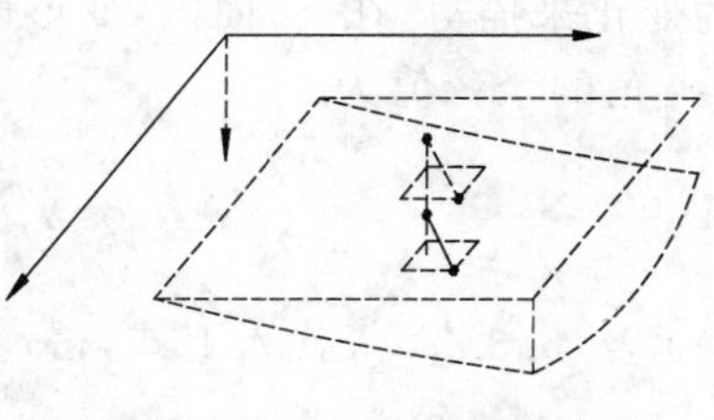

(b) 板中任意一点的真实位移

图 5.4.1 空间板的真实位移

空间板是在三维空间坐标系下定义的板，在受到复杂力系即平行于中面的纵向荷载及垂直于中面的横向荷载作用下，其变形包括平行于中面的拉伸、压缩及剪切变形，和垂直于中面的横向弯曲变形与剪切变形，即拉、压、弯和剪。空间板中任意一点的真实位移如图 5.4.1(b) 所示。

如果空间平板只承受面内荷载，那么平板呈现的将是面内薄膜应力即二维薄膜应力状态；如果空间平板只承受横向荷载，平板将呈现弯曲应力状态，确切地说就是平板将因弯曲而产生平行于中面的正应力，而呈二维弯曲应力状态。这里忽略了板的厚度的变化，从而忽略板厚度方向的正应力。事实上，板同时呈现二维应力和剪切应力状态，只不过剪切的影响被忽略而已。所以一个空间平板在复杂外荷载作用下，也将呈现出复杂应力状态。

如果板的上下面是平面，则称为平板；如果板的上下面是曲面，则称为曲面板。在曲面板中，如果曲面具有一定曲率，则在一定的规则的横向荷载作用和边界条件下，曲面板就呈现出壳的性质，即主要呈现二维薄膜应力状态，同时也呈现弯曲应力和剪切应力状态。只不过在薄壳理论中剪应力被忽略而已。如果这个曲面是球面，就呈现出球面壳的性质；如果这个曲面是柱面，就呈现出柱面壳的性质。壳是一个呈现出薄膜应力为主，弯曲和剪切应力为次的很特殊的结构。

板-壳的应力状态是与外形、荷载及边界条件有关，即使在简单荷载条件下，板-壳总是呈相同的复杂的应力状态。在传统的分析理论中，往往将一个复杂应力状态分解为简单应力状态进行叠加。复杂的应力状态是板-壳固有的力学属性，是本质。

板-壳中任意一点位移都不尽相同，但可以通过中面的变形来描写。根据一定的几何关系、材料本构关系等，可确定板-壳中任意一点因弯曲、剪切而产生的平行于中面的位移与中面的弯曲变形的关系。

5.4.1.2　板-壳的基本假定

对于板-壳，不再按照传统的弹性理论将板-壳区分为厚板-壳与薄板-壳，而是考虑剪切变形影响，且计及平行于中面的位移。对于板-壳可作以下假设：

(1) 假定板-壳的厚度没有变化，忽略板-壳厚度方向的正应力及正应变；

(2) 板-壳中面的法线在产生变形后不再垂直于变形后中面，且不再保持为直线，而是为三次抛物线形状；

(3) 板-壳可为正交各向异性材料，有三个弹性性质的对称面。

5.4.2　板-壳的位移

薄板在垂直于中面的荷载的作用下，会产生平行于中面的拉伸或压缩、剪切变形和垂直于中面的弯曲变形与剪切变形。变形的大小可以用位移来度量。板中任意一点的位移应包括平行于中面的纵向位移、垂直于中面的横向位移和剪切位移。平行于中面的纵向位移是由横向荷载引起的弯曲和剪切产生的。平板中任意一点 x, y, z 沿着 x, y 和 z 坐标方向的位移 $\Delta u(x, y, z)$, $\Delta v(x, y, z)$ 和 $\Delta w(x, y, z)$ 分别为

$$\begin{cases} \Delta u(x, y, z) = \Delta u_b + \Delta u_s, \\ \Delta v(x, y, z) = \Delta v_b + \Delta v_s, \\ \Delta w(x, y, z) = \Delta w_b + \Delta w_s \end{cases} \tag{5.4.1a}$$

式中，Δu_b, Δv_b 为因横向荷载作用而弯曲产生的平板中距离中面为 z 的那一点分别沿 x, y 坐

标方向的位移；Δw_b 为因横向荷载作用而弯曲产生的平板中面上任意一点(x, y)沿 z 坐标方向的弯曲位移；Δu_s 和 Δv_s 为剪切产生的平板中距离中面为 z 的任意一点分别沿着 x，y 坐标方向的位移；Δw_s 为因横向荷载作用而剪切产生的平板中面上任意一点(x, y)沿 z 坐标方向的剪切位移。

通常，在传统的薄板理论中，沿 x，y 和 z 坐标方向的剪切位移 Δu_s，Δv_s 和 Δw_s 被忽略，即

$$\begin{cases}\Delta u(x, y, z)=\Delta u_b, \\ \Delta v(x, y, z)=\Delta v_b, \\ \Delta w(x, y, z)=\Delta w_b\end{cases} \tag{5.4.1b}$$

对于空间平板，同时在位于中面和垂直于中面的荷载作用下，会产生位于中面的拉伸或压缩、剪切变形和垂直于中面的弯曲变形与剪切变形。空间平板中平行于中面的纵向位移以及垂直于中面的横向位移和剪切位移分别为

$$\begin{cases}\Delta u(x, y, z)=\Delta u_t+\Delta u_b+\Delta u_s, \\ \Delta v(x, y, z)=\Delta v_t+\Delta v_b+\Delta v_s, \\ \Delta w(x, y, z)=\Delta w_b+\Delta w_s\end{cases} \tag{5.4.1c}$$

式中，Δu_t，Δv_t 为在面内荷载作用下，板中面内一点(x, y)沿着 x，y 坐标方向的线位移。

对于壳体，仅在垂直于中面的荷载作用下，或同时在位于中面和垂直于中面的荷载作用下，会产生位于中面的拉伸或压缩、剪切变形和垂直于中面的弯曲变形与剪切变形。壳体中任意一点的平行于中面的纵向位移以及垂直于中面的横向位移和剪切位移分别为

$$\begin{cases}\Delta u(x, y, z)=\Delta u_t+\Delta u_b+\Delta u_s+\Delta u_{\theta_z}, \\ \Delta v(x, y, z)=\Delta v_t+\Delta v_b+\Delta v_s+\Delta v_{\theta_z}, \\ \Delta w(x, y, z)=\Delta w_b+\Delta w_s\end{cases} \tag{5.4.1d}$$

式中，Δu_{θ_z}，Δv_{θ_z} 为面内扭转角 $\Delta\theta_z$ 引起的壳体中面任意一点(x, y)沿着 x，y 坐标方向的线位移。

显然，简化式(5.4.1d)，可得式(5.4.1a)，(5.4.1b)，(5.4.1c) 各式，因此式(5.4.1d) 可以作为板-壳位移的一般表达式。

按弹性阶段平截面假定，在图 5.6.6 所示坐标系中，根据图 5.6.4 所示曲率符号的约定，则曲率 $K_x=-\dfrac{\Delta\theta_y}{\Delta x}$ 及 $K_y=-\dfrac{\Delta\theta_x}{\Delta y}$。在横向荷载作用下，板-壳中距离中面为 z 的任意一点因弯曲而产生的沿着 x，y 坐标方向的位移分别为

$$\Delta u_b=-z\tan(\Delta\theta_y'), \quad \Delta v_b=-z\tan(\Delta\theta_x')$$

式中，$\Delta\theta_x'$，$\Delta\theta_y'$分别为板-壳中坐标为 y 或 x 处中面横截面关于 x 或 y 的转角。仅当小转角时有

$$\Delta u_b=-z\Delta\theta_y', \quad \Delta v_b=-z\Delta\theta_x'$$

如果板-壳弯曲变形前后其截面与中面保持垂直，则有

$$\Delta\theta_x'=\Delta\theta_x, \quad \Delta\theta_y'=\Delta\theta_y$$

其中，$\Delta\theta_x$ 与 $\Delta\theta_y$ 为板-壳弯曲变形后中面的倾角，所以

$$\Delta u_b = -z\Delta\theta_y, \Delta v_b = -z\Delta\theta_x \tag{5.4.2a}$$

板-壳中面弯曲变形后曲面的斜率分别为

$$\tan\Delta\theta_y = \frac{\partial \Delta w}{\partial x} \approx \Delta\theta_y + \frac{1}{3}(\Delta\theta_y)^3 + \frac{2}{15}(\Delta\theta_y)^5 + \frac{17}{315}(\Delta\theta_y)^7 + \frac{62}{2835}(\Delta\theta_y)^9 + \cdots$$

$$\tan\Delta\theta_x = \frac{\partial \Delta w}{\partial y} \approx \Delta\theta_x + \frac{1}{3}(\Delta\theta_x)^3 + \frac{2}{15}(\Delta\theta_x)^5 + \frac{17}{315}(\Delta\theta_x)^7 + \frac{62}{2835}(\Delta\theta_x)^9 + \cdots$$

仅在小变形,即中面变形曲线的斜率很小时才有

$$\frac{\partial \Delta w}{\partial x} \approx \Delta\theta_y, \quad \frac{\partial \Delta w}{\partial y} \approx \Delta\theta_x$$

故

$$\Delta u_b = -z\frac{\partial \Delta w}{\partial x}, \quad \Delta v_b = -z\frac{\partial \Delta w}{\partial y} \tag{5.4.2b}$$

而

$$\Delta u_{\theta_z} = -y\sin(\Delta\theta_z) + x\cos(\Delta\theta_z) - x, \quad \Delta v_{\theta_z} = x\sin(\Delta\theta_z) + y\cos(\Delta\theta_z) - y$$

如果认为

$$\sin(\Delta\theta_z) \approx \Delta\theta_z, \quad \cos(\Delta\theta_z) \approx 1$$

则

$$\Delta u_{\theta_z} = -y\Delta\theta_z, \quad \Delta v_{\theta_z} = x\Delta\theta_z \tag{5.4.3}$$

将式(5.4.2)及式(5.1.3)代入式(5.4.1d),有

$$\begin{cases}\Delta u = \Delta u_t - z\Delta\theta_y + \Delta u_s - y\Delta\theta_z, \\ \Delta v = \Delta v_t - z\Delta\theta_x + \Delta v_s + x\Delta\theta_z, \\ \Delta w = \Delta w_b + \Delta w_s\end{cases} \tag{5.4.4}$$

或

$$\begin{cases}\Delta u = \Delta u_t - z\dfrac{\partial \Delta w_b}{\partial x} + \Delta u_s - y\Delta\theta_z, \\ \Delta v = \Delta v_t - z\dfrac{\partial \Delta w_b}{\partial y} + \Delta v_s + x\Delta\theta_z, \\ \Delta w = \Delta w_b + \Delta w_s\end{cases} \tag{5.4.5}$$

5.4.3 剪切变形的影响

5.4.3.1 考虑剪切变形影响的位移一般表达式

考虑剪切变形的影响[125],根据板-壳中横截面的剪应力的分布规律,板-壳中面的法线变形不再是直线。假定中面法线变形后为抛物线,展开到 z 的三阶量,所以将式(5.4.1)中的 Δu_s,Δv_s 可分别假定为

$$\begin{cases}\Delta u_s = z^2\phi_x(x, y) + z^3\varphi_x(x, y), \\ \Delta v_s = z^2\phi_y(x, y) + z^3\varphi_y(x, y)\end{cases} \tag{5.4.6}$$

将式(5.4.6)代入式(5.4.4)或式(5.4.5)，板-壳中任意一点位移

$$\begin{cases}\Delta u=\Delta u_t-z\Delta\theta_y+z^2\phi_x(x,y)+z^3\varphi_x(x,y)-y\Delta\theta_z,\\ \Delta v=\Delta v_t-z\Delta\theta_x+z^2\phi_y(x,y)+z^3\varphi_y(x,y)+x\Delta\theta_z,\\ \Delta w=\Delta w_b+\Delta w_s\end{cases}\tag{5.4.7}$$

或

$$\begin{cases}\Delta u=\Delta u_t-z\dfrac{\partial\Delta w_b}{\partial x}+z^2\phi_x(x,y)+z^3\varphi_x(x,y)-y\Delta\theta_z,\\ \Delta v=\Delta v_t-z\dfrac{\partial\Delta w_b}{\partial y}+z^2\phi_y(x,y)+z^3\varphi_y(x,y)+x\Delta\theta_z,\\ \Delta w=\Delta w_b+\Delta w_s\end{cases}\tag{5.4.8}$$

5.4.3.2　引入剪切位移

现利用板的边界条件来确定式(5.4.5)中高阶位移量的表达形式。当材料处于线弹性状态时，其应变与位移的关系可以表达为

$$\Delta\gamma_{s,yz}=\frac{\partial\Delta w_s}{\partial y}+\frac{\partial\Delta v_s}{\partial z}$$

$$\Delta\gamma_{s,zx}=\frac{\partial\Delta u_s}{\partial z}+\frac{\partial\Delta w_s}{\partial x}$$

将位移模式(5.4.6)代入上式，可得

$$\Delta\gamma_{s,yz}=\frac{\partial\Delta w_s}{\partial y}+2z\phi_y+3z^2\varphi_y^2\tag{a}$$

$$\Delta\gamma_{s,xz}=\frac{\partial\Delta w_s}{\partial x}+2z\phi_x+3z^2\varphi_x^2\tag{b}$$

考虑到板上下表面的剪应变为零的边界条件

$$\begin{cases}\Delta\gamma_{s,xz}\left(x,y,\pm\dfrac{h}{2}\right)=0,\\ \Delta\gamma_{s,yz}\left(x,y,\pm\dfrac{h}{2}\right)=0\end{cases}\tag{c}$$

将式(a)和(b)代入式(c)可得

$$\begin{cases}\Delta\gamma_{s,yz}\left(x,y,\dfrac{h}{2}\right)=\dfrac{\partial\Delta w_s}{\partial y}+h\phi_y+\dfrac{3h^2}{4}\varphi_y,\\ \Delta\gamma_{s,yz}\left(x,y,-\dfrac{h}{2}\right)=\dfrac{\partial\Delta w_s}{\partial y}-h\phi_y+\dfrac{3h^2}{4}\varphi_y\end{cases}\tag{d}$$

及

$$\begin{cases}\Delta\gamma_{s,xz}\left(x,y,\dfrac{h}{2}\right)=\dfrac{\partial\Delta w_s}{\partial x}+h\phi_x+\dfrac{3h^2}{4}\varphi_x,\\ \Delta\gamma_{s,xz}\left(x,y,-\dfrac{h}{2}\right)=\dfrac{\partial\Delta w_s}{\partial x}-h\phi_x+\dfrac{3h^2}{4}\varphi_x\end{cases}\tag{e}$$

分别对式(d)和(e)进行比较可得

$$\begin{cases}\phi_x = \phi_y = 0, \\ \varphi_x = -\dfrac{4}{3h^2}\dfrac{\partial \Delta w_s}{\partial x}, \\ \varphi_y = -\dfrac{4}{3h^2}\dfrac{\partial \Delta w_s}{\partial y}\end{cases} \tag{f}$$

将式(f) 代入式(5.4.7) 或式(5.4.8)，则得考虑剪切高阶影响的位移

$$\begin{cases}\Delta u = \Delta u_t - z\Delta\theta_y - z^3 \dfrac{4}{3h^2}\dfrac{\partial \Delta w_s}{\partial x} - y\Delta\theta_z, \\ \Delta v = \Delta v_t - z\Delta\theta_x - z^3 \dfrac{4}{3h^2}\dfrac{\partial \Delta w_s}{\partial y} + x\Delta\theta_z, \\ \Delta w = \Delta w_b + \Delta w_s\end{cases} \tag{5.4.9}$$

或

$$\begin{cases}\Delta u = \Delta u_t - z\dfrac{\partial \Delta w_b}{\partial x} - z^3 \dfrac{4}{3h^2}\dfrac{\partial \Delta w_s}{\partial x} - y\Delta\theta_z, \\ \Delta v = \Delta v_t - z\dfrac{\partial \Delta w_b}{\partial y} - z^3 \dfrac{4}{3h^2}\dfrac{\partial \Delta w_s}{\partial y} + x\Delta\theta_z, \\ \Delta w = \Delta w_b + \Delta w_s\end{cases} \tag{5.4.10}$$

5.4.3.3　关于板中位移模式的讨论

(1) Kirchhoff 薄板理论

上述位移模式是从传统的 Kirchhoff 薄板理论出发，引入了高阶量的影响，作为 Kirchhoff 薄板理论的一个修正，当忽略掉位移的高阶量，则可蜕化为薄板理论。

Kirchhoff 的薄板理论只考虑垂直于板中面的弯曲位移 w_b，没有考虑板厚方向的剪切位移，也没有考虑板平行于中面方向的位移，即板中的全部应力应变分量都可以用板的挠度 Δw 表示。如不计及 $\Delta w_s(x, y)$，Δu_t 及 Δv_t，则式(5.4.10) 便蜕化为一般的薄板的位移模式，即

$$\begin{cases}\Delta u = -z\dfrac{\partial \Delta w_b(x, y)}{\partial x}, \\ \Delta v = -z\dfrac{\partial \Delta w_b(x, y)}{\partial y}, \\ \Delta w = \Delta w_b(x, y)\end{cases}$$

(2) Reissener-Mindlin 中厚板理论

厚板理论的基本方程是由 Reissner 于 20 世纪 40 年代提出的。与 Kirchhoff 薄板理论相比，Reissener-Mindlin 中厚板理论主要特点是考虑横向剪切应变 γ_{xz}，γ_{yz} 的影响，因此厚板理论也可称为考虑剪切变形的板弯曲理论。

厚板理论采用 Reissner-Mindlin 直线假设，即变形前中面的法线在变形后仍保持为直线，但一般并非如此。取板的中面为 xy 平面，z 轴垂直于 xy 平面按右手法则确定，假设：

① 挤压应力是次要的，它所引起的变形可以不计，挤压应变极小，可以不计；

② 应力分量 τ_{zx}，τ_{zy} 比较小，其形变分量 γ_{xz}，γ_{yz} 的二阶导数可不计，在板厚方向保持不变；

③ 不计中面面内位移。

现考虑位移分量，由弹性力学的应变位移关系可得

$$\frac{\partial \Delta u}{\partial z}+\frac{\partial \Delta w}{\partial x}=\Delta\gamma_{zx}, \quad \frac{\partial \Delta v}{\partial z}+\frac{\partial \Delta w}{\partial y}=\Delta\gamma_{zy} \tag{a}$$

根据假设①和②，Δw，$\Delta\gamma_{zy}$，$\Delta\gamma_{zx}$ 与 z 无关，即有

$$\Delta u = z\left(\Delta\gamma_{zx}-\frac{\partial \Delta w}{\partial x}\right)+f_1(x, y), \quad \Delta v = z\left(\Delta\gamma_{zy}-\frac{\partial \Delta w}{\partial y}\right)+f_2(x, y) \tag{b}$$

由假设③有 $f_1=f_2=0$，因此

$$\Delta u = z\Delta\psi_x, \quad \Delta v = z\Delta\psi_y \tag{c}$$

在厚板理论中，剪应变可用挠度 Δw 和法向转角 $\Delta\psi_x$，$\Delta\psi_y$ 表示为

$$\Delta\gamma_{zx} = \frac{\partial \Delta w}{\partial x}+\Delta\psi_x, \quad \Delta\gamma_{zy} = \frac{\partial \Delta w}{\partial y}+\Delta\psi_y \tag{d}$$

这里的 Δw 和法向转角 $\Delta\psi_x$，$\Delta\psi_y$ 是 3 个独立的广义位移，因此厚板理论也叫做具有 3 个广义位移的板弯曲理论。

5.4.4 板-壳中任意一点应变

5.4.4.1 板-壳中任意一点应变的一般表达式

板-壳中任意一点应变的一般表达式为

$$\Delta\boldsymbol{\varepsilon} = \Delta\boldsymbol{\varepsilon}_L + \Delta\boldsymbol{\varepsilon}_{NL} + \cdots \tag{5.4.11}$$

其中，$\Delta\boldsymbol{\varepsilon}_L$ 和 $\Delta\boldsymbol{\varepsilon}_{NL}$ 分别为应变的线性和非线性部分。板-壳中的线性应变

$$\Delta\boldsymbol{\varepsilon}_L = \begin{bmatrix}\Delta\boldsymbol{\varepsilon}_{x,L}\\ \Delta\boldsymbol{\varepsilon}_{y,L}\\ \Delta\boldsymbol{\gamma}_{xy,L}\\ \Delta\boldsymbol{\gamma}_{yz,L}\\ \Delta\boldsymbol{\gamma}_{xz,L}\end{bmatrix} = \begin{bmatrix}\frac{\partial}{\partial x} & 0 & 0\\ 0 & \frac{\partial}{\partial y} & 0\\ \frac{\partial}{\partial y} & \frac{\partial}{\partial x} & 0\\ 0 & \frac{\partial}{\partial z} & \frac{\partial}{\partial y}\\ \frac{\partial}{\partial z} & 0 & \frac{\partial}{\partial x}\end{bmatrix}\begin{bmatrix}\Delta u\\ \Delta v\\ \Delta w\end{bmatrix} \tag{5.4.12}$$

而非线性部分为

$$\Delta\boldsymbol{\varepsilon}_{NL} = \begin{bmatrix}\Delta\boldsymbol{\varepsilon}_{x,NL}\\ \Delta\boldsymbol{\varepsilon}_{y,NL}\\ \Delta\boldsymbol{\gamma}_{xy,NL}\\ \Delta\boldsymbol{\gamma}_{yz,NL}\\ \Delta\boldsymbol{\gamma}_{xz,NL}\end{bmatrix} = \begin{bmatrix}\frac{1}{2}\left(\frac{\partial}{\partial x}\right)^2 & \frac{1}{2}\left(\frac{\partial}{\partial x}\right)^2 & \frac{1}{2}\left(\frac{\partial}{\partial x}\right)^2\\ \frac{1}{2}\left(\frac{\partial}{\partial y}\right)^2 & \frac{1}{2}\left(\frac{\partial}{\partial y}\right)^2 & \frac{1}{2}\left(\frac{\partial}{\partial y}\right)^2\\ \frac{\partial}{\partial x}\frac{\partial}{\partial y} & \frac{\partial}{\partial x}\frac{\partial}{\partial y} & \frac{\partial}{\partial x}\frac{\partial}{\partial y}\\ \frac{\partial}{\partial z}\frac{\partial}{\partial y} & \frac{\partial}{\partial z}\frac{\partial}{\partial y} & \frac{\partial}{\partial z}\frac{\partial}{\partial y}\\ \frac{\partial}{\partial x}\frac{\partial}{\partial z} & \frac{\partial}{\partial x}\frac{\partial}{\partial z} & \frac{\partial}{\partial x}\frac{\partial}{\partial z}\end{bmatrix}\begin{bmatrix}(\Delta u)^2\\ (\Delta v)^2\\ (\Delta w)^2\end{bmatrix} + \cdots \tag{5.4.13}$$

板-壳中,忽略了 z 方向的正应变。

5.4.4.2　板-壳中任意一点的线性应变

将式(5.4.9)代入式(5.4.12)展开后有

$$\Delta\boldsymbol{\varepsilon}_{x,L}=\frac{\partial\Delta u_t}{\partial x}-z\frac{\partial\Delta\theta_y}{\partial x}-z^3\frac{4}{3h^2}\frac{\partial^2\Delta w_s}{\partial x^2}-y\frac{\partial\Delta\theta_z}{\partial x}\tag{5.4.14a}$$

$$\Delta\boldsymbol{\varepsilon}_{y,L}=\frac{\partial\Delta v_t}{\partial y}-z\frac{\partial\Delta\theta_x}{\partial y}-z^3\frac{4}{3h^2}\frac{\partial^2\Delta w_s}{\partial y^2}+x\frac{\partial\theta_z}{\partial y}\tag{5.4.14b}$$

$$\begin{aligned}\Delta\boldsymbol{\gamma}_{xy,L}=&\frac{\partial\Delta u_t}{\partial y}-z\frac{\partial\Delta\theta_y}{\partial y}+\frac{\partial\Delta v_t}{\partial x}-z\frac{\partial\Delta\theta_x}{\partial x}-z^3\frac{8}{3h^2}\frac{\partial^2\Delta w_s}{\partial x\partial y}\\&-y\frac{\partial\Delta\theta_z}{\partial y}+x\frac{\partial\Delta\theta_z}{\partial x}\end{aligned}\tag{5.4.14c}$$

$$\Delta\boldsymbol{\gamma}_{xz,L}=\frac{\partial\Delta w_b}{\partial x}-\Delta\theta_y+\frac{\partial\Delta w_s}{\partial x}\left(1-4\frac{z^2}{h^2}\right)\tag{5.4.14d}$$

$$\Delta\boldsymbol{\gamma}_{yz,L}=\frac{\partial\Delta w_b}{\partial y}-\Delta\theta_x+\frac{\partial\Delta w_s}{\partial y}\left(1-4\frac{z^2}{h^2}\right)\tag{5.4.14e}$$

将式(5.4.10)代入式(5.4.12)展开后有

$$\Delta\boldsymbol{\varepsilon}_{x,L}=\frac{\partial\Delta u_t}{\partial x}-z\frac{\partial^2\Delta w_b}{\partial x^2}-z^3\frac{4}{3h^2}\frac{\partial^2\Delta w_s}{\partial x^2}-y\frac{\partial\Delta\theta_z}{\partial x}\tag{5.4.15a}$$

$$\Delta\boldsymbol{\varepsilon}_{y,L}=\frac{\partial\Delta v_t}{\partial y}-z\frac{\partial^2\Delta w_b}{\partial y^2}-z^3\frac{4}{3h^2}\frac{\partial^2\Delta w_s}{\partial y^2}+x\frac{\partial\Delta\theta_z}{\partial y}\tag{5.4.15b}$$

$$\begin{aligned}\Delta\boldsymbol{\gamma}_{xy,L}=&\frac{\partial\Delta u_t}{\partial y}+\frac{\partial\Delta v_t}{\partial x}-2z\frac{\partial^2\Delta w_b}{\partial x\partial y}-z^3\frac{8}{3h^2}\frac{\partial^2\Delta w_s}{\partial x\partial y}\\&-y\frac{\partial\Delta\theta_z}{\partial y}+x\frac{\partial\Delta\theta_z}{\partial x}\end{aligned}\tag{5.4.15c}$$

$$\Delta\boldsymbol{\gamma}_{xz,L}=\frac{\partial\Delta w_s}{\partial x}\left(1-4\frac{z^2}{h^2}\right)\tag{5.4.15d}$$

$$\Delta\boldsymbol{\gamma}_{yz,L}=\frac{\partial\Delta w_s}{\partial y}\left(1-4\frac{z^2}{h^2}\right)\tag{5.4.15e}$$

考虑到一般性,以上应变表达式均采用式(5.4.1d)所示的位移模式。不言而喻,可以对式(5.4.14)或式(5.4.15)进行简化。

5.4.4.3　板-壳中任意一点的非线性应变

将式(5.4.9)代入式(5.4.13)展开后有

$$\begin{aligned}\Delta\boldsymbol{\varepsilon}_{x,NL}=&\frac{1}{2}\left[\left(\frac{\partial\Delta u_t}{\partial x}\right)^2+\left(\frac{\partial\Delta v_t}{\partial x}\right)^2+\left(\frac{\partial\Delta w_b}{\partial x}\right)^2+\left(\frac{\partial\Delta w_s}{\partial x}\right)^2\right]+\frac{\partial\Delta w_b}{\partial x}\frac{\partial\Delta w_s}{\partial x}\\&-z\left(\frac{\partial\Delta u_t}{\partial x}\frac{\partial\Delta\theta_y}{\partial x}+\frac{\partial\Delta v_t}{\partial x}\frac{\partial\Delta\theta_x}{\partial x}\right)+\frac{1}{2}z^2\left[\left(\frac{\partial\Delta\theta_y}{\partial x}\right)^2+\left(\frac{\partial\Delta\theta_x}{\partial x}\right)^2\right]\\&-\frac{4}{3h^2}z^3\left(\frac{\partial\Delta u_t}{\partial x}\frac{\partial^2\Delta w_s}{\partial x^2}+\frac{\partial\Delta v_t}{\partial x}\frac{\partial^2\Delta w_s}{\partial x\partial y}\right)\\&+\frac{4}{3h^2}z^4\left(\frac{\partial\Delta\theta_y}{\partial x}\frac{\partial^2\Delta w_s}{\partial x^2}+\frac{\partial\Delta\theta_x}{\partial x}\frac{\partial^2\Delta w_s}{\partial x\partial y}\right)\\&+\frac{8}{9h^4}z^6\left[\left(\frac{\partial^2\Delta w_s}{\partial x^2}\right)^2+\left(\frac{\partial^2\Delta w_s}{\partial x\partial y}\right)^2\right]\end{aligned}\tag{5.4.16a}$$

$$\Delta\boldsymbol{\varepsilon}_{y,\,NL}=\frac{1}{2}\left[\left(\frac{\partial\Delta u_t}{\partial y}\right)^2+\left(\frac{\partial\Delta v_t}{\partial y}\right)^2+\left(\frac{\partial\Delta w_b}{\partial y}\right)^2+\left(\frac{\partial\Delta w_s}{\partial y}\right)^2\right]+\frac{\partial\Delta w_b}{\partial y}\frac{\partial\Delta w_s}{\partial y}$$
$$-z\left(\frac{\partial\Delta u_t}{\partial y}\frac{\partial\Delta\theta_y}{\partial y}+\frac{\partial\Delta v_t}{\partial y}\frac{\partial\Delta\theta_x}{\partial y}\right)+\frac{1}{2}z^2\left[\left(\frac{\partial\Delta\theta_y}{\partial y}\right)^2+\left(\frac{\partial\Delta\theta_x}{\partial y}\right)^2\right]$$
$$-\frac{4}{3h^2}z^3\left(\frac{\partial\Delta u_t}{\partial y}\frac{\partial^2\Delta w_s}{\partial x\partial y}+\frac{\partial\Delta v_t}{\partial y}\frac{\partial^2\Delta w_s}{\partial y^2}\right)\tag{5.4.16b}$$
$$+\frac{4}{3h^2}z^4\left(\frac{\partial\Delta\theta_y}{\partial y}\frac{\partial^2\Delta w_s}{\partial x\partial y}+\frac{\partial\Delta\theta_x}{\partial y}\frac{\partial^2\Delta w_s}{\partial y^2}\right)$$
$$+\frac{8}{9h^4}z^6\left[\left(\frac{\partial^2\Delta w_s}{\partial x\partial y}\right)^2+\left(\frac{\partial^2\Delta w_s}{\partial y^2}\right)^2\right]$$

$$\Delta\boldsymbol{\gamma}_{xy,\,NL}=\frac{\partial\Delta u_t}{\partial x}\frac{\partial\Delta u_t}{\partial y}+\frac{\partial\Delta v_t}{\partial x}\frac{\partial\Delta v_t}{\partial y}+\frac{\partial w_b}{\partial x}\frac{\partial w_b}{\partial y}+\frac{\partial w_b}{\partial x}\frac{\partial w_s}{\partial y}+\frac{\partial w_s}{\partial x}\frac{\partial w_b}{\partial y}+\frac{\partial w_s}{\partial x}\frac{\partial w_s}{\partial y}$$
$$-z\left(\frac{\partial\Delta u_t}{\partial x}\frac{\partial\Delta\theta_y}{\partial y}+\frac{\partial\Delta\theta_y}{\partial x}\frac{\partial\Delta u_t}{\partial y}+\frac{\partial\Delta v_t}{\partial x}\frac{\partial\Delta\theta_x}{\partial y}+\frac{\partial\Delta\theta_x}{\partial x}\frac{\partial\Delta v_t}{\partial y}\right)$$
$$+z^2\left(\frac{\partial\Delta\theta_y}{\partial x}\frac{\partial\Delta\theta_y}{\partial y}+\frac{\partial\Delta\theta_x}{\partial x}\frac{\partial\Delta\theta_x}{\partial y}\right)+z^3\ \frac{4}{3h^2}\left(-\frac{\partial\Delta u_t}{\partial x}\frac{\partial^2\Delta w_s}{\partial x\partial y}\right.$$
$$\left.-\frac{\partial^2\Delta w_s}{\partial x^2}\frac{\partial\Delta u_t}{\partial y}-\frac{\partial\Delta v_t}{\partial x}\frac{\partial^2\Delta w_s}{\partial y^2}-\frac{\partial^2\Delta w_s}{\partial x\partial y}\frac{\partial\Delta v_t}{\partial y}\right)\tag{5.4.16c}$$
$$+z^4\ \frac{4}{3h^2}\left(\frac{\partial\Delta\theta_y}{\partial x}\frac{\partial^2\Delta w_s}{\partial x\partial y}+\frac{\partial^2\Delta w_s}{\partial x^2}\frac{\partial\Delta\theta_y}{\partial y}+\frac{\partial\Delta\theta_x}{\partial x}\frac{\partial^2\Delta w_s}{\partial y^2}+\frac{\partial^2\Delta w_s}{\partial x\partial y}\frac{\partial\Delta\theta_x}{\partial y}\right)$$
$$+z^6\ \frac{16}{9h^4}\frac{\partial^2\Delta w_s}{\partial x\partial y}\left(\frac{\partial^2\Delta w_s}{\partial x^2}+\frac{\partial^2\Delta w_s}{\partial y^2}\right)$$

$$\Delta\boldsymbol{\gamma}_{xz,\,NL}=-\frac{\partial\Delta u_t}{\partial x}\Delta\theta_y-\frac{\partial\Delta v_t}{\partial x}\Delta\theta_x+z\left(\frac{\partial\Delta\theta_y}{\partial x}\Delta\theta_y+\frac{\partial\Delta\theta_x}{\partial x}\Delta\theta_x\right)$$
$$-z^2\ \frac{4}{h^2}\left(\frac{\partial\Delta u_t}{\partial x}\frac{\partial\Delta w_s}{\partial x}+\frac{\partial\Delta v_t}{\partial x}\frac{\partial\Delta w_s}{\partial y}\right)+z^3\ \frac{4}{3h^2}\left(3\ \frac{\partial\Delta\theta_y}{\partial x}\frac{\partial\Delta w_s}{\partial x}\right.$$
$$\left.+\frac{\partial^2\Delta w_s}{\partial x^2}\Delta\theta_y+3\ \frac{\partial\Delta\theta_x}{\partial x}\frac{\partial\Delta w_s}{\partial y}+\frac{\partial^2\Delta w_s}{\partial x\partial y}\Delta\theta_x\right)\tag{5.4.16d}$$
$$+z^5\ \frac{16}{3h^4}\left(\frac{\partial^2\Delta w_s}{\partial x^2}\frac{\partial\Delta w_s}{\partial x}+\frac{\partial^2\Delta w_s}{\partial x\partial y}\frac{\partial\Delta w_s}{\partial y}\right)$$

$$\Delta\boldsymbol{\gamma}_{yz,\,NL}=-\frac{\partial\Delta u_t}{\partial y}\Delta\theta_y-\frac{\partial\Delta v_t}{\partial y}\Delta\theta_x+z\left(\frac{\partial\Delta\theta_y}{\partial y}\Delta\theta_y+\frac{\partial\Delta\theta_x}{\partial y}\Delta\theta_x\right)$$
$$-z^2\ \frac{4}{h^2}\left(\frac{\partial\Delta u_t}{\partial y}\frac{\partial\Delta w_s}{\partial x}+\frac{\partial\Delta v_t}{\partial y}\frac{\partial\Delta w_s}{\partial y}\right)+z^3\ \frac{4}{3h^2}\left(3\ \frac{\partial\Delta\theta_y}{\partial y}\frac{\partial\Delta w_s}{\partial x}\right.$$
$$\left.+\frac{\partial^2\Delta w_s}{\partial x\partial y}\Delta\theta_y+3\ \frac{\partial\Delta\theta_x}{\partial y}\frac{\partial\Delta w_s}{\partial y}+\frac{\partial^2\Delta w_s}{\partial y^2}\Delta\theta_x\right)\tag{5.4.16e}$$
$$+z^5\ \frac{16}{3h^4}\left(\frac{\partial^2\Delta w_s}{\partial x\partial y}\frac{\partial\Delta w_s}{\partial x}+\frac{\partial^2\Delta w_s}{\partial y^2}\frac{\partial\Delta w_s}{\partial y}\right)$$

将式(5.4.10)代入式(5.4.13)展开后有

$$\Delta\boldsymbol{\varepsilon}_{x,\,NL}=\frac{1}{2}\left[\left(\frac{\partial\Delta u_t}{\partial x}\right)^2+\left(\frac{\partial\Delta v_t}{\partial x}\right)^2+\left(\frac{\partial\Delta w_b}{\partial x}\right)^2+\left(\frac{\partial\Delta w_s}{\partial x}\right)^2\right]+\frac{\partial\Delta w_b}{\partial x}\frac{\partial\Delta w_s}{\partial x}$$
$$-z\left(\frac{\partial\Delta u_t}{\partial x}\ \frac{\partial^2\Delta w_b}{\partial x^2}+\frac{\partial\Delta v_t}{\partial x}\ \frac{\partial^2\Delta w_b}{\partial x\partial y}\right)+\frac{1}{2}z^2\left[\left(\frac{\partial^2\Delta w_b}{\partial x^2}\right)^2+\left(\frac{\partial^2\Delta w_b}{\partial x\partial y}\right)^2\right]\tag{5.4.17a}$$

$$-\frac{4}{3h^2}z^3\left(\frac{\partial\Delta u_t}{\partial x}\frac{\partial^2\Delta w_s}{\partial x^2}+\frac{\partial\Delta v_t}{\partial x}\frac{\partial^2\Delta w_s}{\partial x\partial y}\right)$$
$$+\frac{4}{3h^2}z^4\left(\frac{\partial^2\Delta w_b}{\partial x^2}\frac{\partial^2\Delta w_s}{\partial x^2}+\frac{\partial^2\Delta w_b}{\partial x\partial y}\frac{\partial^2\Delta w_s}{\partial x\partial y}\right)$$
$$+\frac{8}{9h^4}z^6\left[\left(\frac{\partial^2\Delta w_s}{\partial x^2}\right)^2+\left(\frac{\partial^2\Delta w_s}{\partial x\partial y}\right)^2\right]$$

$$\Delta\boldsymbol{\varepsilon}_{y.NL}=\frac{1}{2}\left[\left(\frac{\partial\Delta u_t}{\partial y}\right)^2+\left(\frac{\partial\Delta v_t}{\partial y}\right)^2+\left(\frac{\partial\Delta w_b}{\partial y}\right)^2+\left(\frac{\partial\Delta w_s}{\partial y}\right)^2\right]+\frac{\partial\Delta w_b}{\partial y}\frac{\partial\Delta w_s}{\partial y}$$
$$-z\left(\frac{\partial\Delta u_t}{\partial y}\frac{\partial^2\Delta w_b}{\partial x\partial y}+\frac{\partial\Delta v_t}{\partial y}\frac{\partial^2\Delta w_b}{\partial y^2}\right)+\frac{1}{2}z^2\left[\left(\frac{\partial^2\Delta w_b}{\partial x\partial y}\right)^2+\left(\frac{\partial^2\Delta w_b}{\partial y^2}\right)^2\right]$$
$$-\frac{4}{3h^2}z^3\left(\frac{\partial\Delta u_t}{\partial y}\frac{\partial^2\Delta w_s}{\partial x\partial y}+\frac{\partial\Delta v_t}{\partial y}\frac{\partial^2\Delta w_s}{\partial y^2}\right)\tag{5.4.17b}$$
$$+\frac{4}{3h^2}z^4\left(\frac{\partial^2\Delta w_b}{\partial x\partial y}\frac{\partial^2\Delta w_s}{\partial x\partial y}+\frac{\partial^2\Delta w_b}{\partial y^2}\frac{\partial^2\Delta w_s}{\partial y^2}\right)$$
$$+\frac{8}{9h^4}z^6\left[\left(\frac{\partial^2\Delta w_s}{\partial x\partial y}\right)^2+\left(\frac{\partial^2\Delta w_s}{\partial y^2}\right)^2\right]$$

$$\Delta\boldsymbol{\gamma}_{xy.NL}=\frac{\partial\Delta u_t}{\partial x}\frac{\partial\Delta u_t}{\partial y}+\frac{\partial\Delta v_t}{\partial x}\frac{\partial\Delta v_t}{\partial y}+\frac{\partial\Delta w_b}{\partial x}\frac{\partial\Delta w_b}{\partial y}+\frac{\partial\Delta w_s}{\partial x}\frac{\partial\Delta w_b}{\partial y}+\frac{\partial\Delta w_s}{\partial x}\frac{\partial\Delta w_s}{\partial y}+\frac{\partial\Delta w_b}{\partial x}\frac{\partial\Delta w_s}{\partial y}$$
$$-z\left(\frac{\partial\Delta u_t}{\partial x}\frac{\partial^2\Delta w_b}{\partial x\partial y}+\frac{\partial\Delta u_t}{\partial y}\frac{\partial^2\Delta w_b}{\partial x^2}+\frac{\partial\Delta v_t}{\partial x}\frac{\partial^2\Delta w_b}{\partial y^2}+\frac{\partial\Delta v_t}{\partial y}\frac{\partial^2\Delta w_b}{\partial x\partial y}\right)$$
$$+z^2\left(\frac{\partial^2\Delta w_b}{\partial x^2}\frac{\partial^2\Delta w_b}{\partial x\partial y}+\frac{\partial^2\Delta w_b}{\partial y^2}\frac{\partial^2\Delta w_b}{\partial x\partial y}\right)-z^3\frac{4}{3h^2}\left(\frac{\partial\Delta u_t}{\partial x}\frac{\partial^2\Delta w_s}{\partial x\partial y}\right.\tag{5.4.17c}$$
$$\left.+\frac{\partial\Delta u_t}{\partial y}\frac{\partial^2\Delta w_s}{\partial x^2}+\frac{\partial\Delta v_t}{\partial x}\frac{\partial^2\Delta w_s}{\partial y^2}+\frac{\partial\Delta v_t}{\partial y}\frac{\partial^2\Delta w_s}{\partial x\partial y}\right)$$
$$+z^4\frac{4}{3h^2}\left(\frac{\partial^2\Delta w_b}{\partial x^2}\frac{\partial^2\Delta w_s}{\partial x\partial y}+\frac{\partial^2\Delta w_s}{\partial x^2}\frac{\partial^2\Delta w_b}{\partial x\partial y}+\frac{\partial^2\Delta w_b}{\partial x\partial y}\frac{\partial^2\Delta w_s}{\partial y^2}+\frac{\partial^2\Delta w_b}{\partial y^2}\frac{\partial^2\Delta w_s}{\partial x\partial y}\right)$$
$$+z^6\frac{16}{9h^4}\left(\frac{\partial^2\Delta w_s}{\partial x^2}\frac{\partial^2\Delta w_s}{\partial x\partial y}+\frac{\partial^2\Delta w_s}{\partial y^2}\frac{\partial^2\Delta w_s}{\partial x\partial y}\right)$$

$$\Delta\boldsymbol{\gamma}_{xz.NL}=-\frac{\partial\Delta u_t}{\partial x}\frac{\partial\Delta w_b}{\partial x}-\frac{\partial\Delta v_t}{\partial x}\frac{\partial\Delta w_b}{\partial y}+z\left(\frac{\partial^2\Delta w_b}{\partial x^2}\frac{\partial\Delta w_b}{\partial x}+\frac{\partial^2\Delta w_b}{\partial x\partial y}\frac{\partial\Delta w_b}{\partial y}\right)$$
$$-z^2\frac{4}{h^2}\left(\frac{\partial\Delta u_t}{\partial x}\frac{\partial\Delta w_s}{\partial x}+\frac{\partial\Delta v_t}{\partial x}\frac{\partial\Delta w_s}{\partial y}\right)+z^3\frac{4}{3h^2}\left(3\frac{\partial^2\Delta w_b}{\partial x^2}\frac{\partial\Delta w_s}{\partial x}\right.$$
$$\left.+\frac{\partial^2\Delta w_s}{\partial x^2}\frac{\partial\Delta w_b}{\partial x}+3\frac{\partial^2\Delta w_b}{\partial x\partial y}\frac{\partial\Delta w_s}{\partial y}+\frac{\partial^2\Delta w_s}{\partial x\partial y}\frac{\partial\Delta w_b}{\partial y}\right)\tag{5.4.17d}$$
$$+z^5\frac{16}{3h^4}\left(\frac{\partial^2\Delta w_s}{\partial x^2}\frac{\partial\Delta w_s}{\partial x}+\frac{\partial^2\Delta w_s}{\partial x\partial y}\frac{\partial\Delta w_s}{\partial y}\right)$$

$$\Delta\boldsymbol{\gamma}_{yz.NL}=-\frac{\partial\Delta u_t}{\partial y}\frac{\partial\Delta w_b}{\partial x}-\frac{\partial\Delta v_t}{\partial y}\frac{\partial\Delta w_b}{\partial y}+z\left(\frac{\partial\Delta w_b}{\partial x}\frac{\partial^2\Delta w_b}{\partial x\partial y}+\frac{\partial\Delta w_b}{\partial y}\frac{\partial^2\Delta w_b}{\partial y^2}\right)$$
$$-z^2\frac{4}{h^2}\left(\frac{\partial\Delta u_t}{\partial y}\frac{\partial\Delta w_s}{\partial x}+\frac{\partial\Delta v_t}{\partial y}\frac{\partial\Delta w_s}{\partial y}\right)\tag{5.4.17e}$$
$$+z^3\frac{4}{3h^2}\left(3\frac{\partial^2\Delta w_b}{\partial x\partial y}\frac{\partial\Delta w_s}{\partial x}+\frac{\partial\Delta w_b}{\partial x}\frac{\partial^2\Delta w_s}{\partial x\partial y}+3\frac{\partial^2\Delta w_b}{\partial y^2}\frac{\partial\Delta w_s}{\partial y}+\frac{\partial\Delta w_b}{\partial y}\frac{\partial^2\Delta w_s}{\partial y^2}\right)$$

$$+z^5\frac{16}{3h^4}\left(\frac{\partial \Delta w_s}{\partial x}\frac{\partial^2 \Delta w_s}{\partial x\partial y}+\frac{\partial \Delta w_s}{\partial y}\frac{\partial^2 \Delta w_s}{\partial y^2}\right)$$

考虑到一般性，以上应变表达式均采用式(5.4.1d)所示的位移模式。不言而喻，可以对式(5.4.16)或式(5.4.17)进行简化。这里未考虑式(5.4.3)的影响。

5.4.4.4 关于板-壳中应变讨论

板-壳中任意一点的应变由面内荷载及横向荷载作用下板-壳发生拉压、弯曲和剪切而产生，在式(5.4.14)，(5.4.15)，(5.4.16)和式(5.4.17)所示的应变中反映了这些因素。式(5.4.14)中的剪应变分别为弯矩和剪力产生的，如果不考虑剪切的作用，则式(5.4.14)简化为

$$\begin{cases}\Delta\boldsymbol{\varepsilon}_{x,L}=\dfrac{\partial \Delta u_t}{\partial x}-z\dfrac{\partial \Delta\theta_y}{\partial x}-y\dfrac{\partial \Delta\theta_z}{\partial x},\\[2mm]\Delta\boldsymbol{\varepsilon}_{y,L}=\dfrac{\partial \Delta v_t}{\partial y}-z\dfrac{\partial \Delta\theta_x}{\partial y}+x\dfrac{\partial \theta_z}{\partial y},\\[2mm]\Delta\boldsymbol{\gamma}_{xy,L}=\dfrac{\partial \Delta u_t}{\partial y}-z\dfrac{\partial \Delta\theta_y}{\partial y}+\dfrac{\partial \Delta v_t}{\partial x}-z\dfrac{\partial \Delta\theta_x}{\partial x}-y\dfrac{\partial \Delta\theta_z}{\partial y}+x\dfrac{\partial \Delta\theta_z}{\partial x}\end{cases}\tag{5.4.18}$$

而弯矩产生的剪应变

$$\begin{cases}\Delta\boldsymbol{\gamma}_{xz,L}=\dfrac{\partial \Delta w_b}{\partial x}-\Delta\theta_y,\\[2mm]\Delta\boldsymbol{\gamma}_{yz,L}=\dfrac{\partial \Delta w_b}{\partial y}-\Delta\theta_x\end{cases}$$

通常被假设为按线性分布。同样，式(5.4.15)简化为

$$\begin{cases}\Delta\boldsymbol{\varepsilon}_{x,L}=\dfrac{\partial \Delta u_t}{\partial x}-z\dfrac{\partial^2 \Delta w_b}{\partial x^2}-y\dfrac{\partial \Delta\theta_z}{\partial x},\\[2mm]\Delta\boldsymbol{\varepsilon}_{y,L}=\dfrac{\partial \Delta v_t}{\partial y}-z\dfrac{\partial^2 \Delta w_b}{\partial y^2}+x\dfrac{\partial \theta_z}{\partial y},\\[2mm]\Delta\boldsymbol{\gamma}_{xy,L}=\dfrac{\partial \Delta u_t}{\partial y}+\dfrac{\partial \Delta v_t}{\partial x}-2z\dfrac{\partial^2 \Delta w_b}{\partial x\partial y}-y\dfrac{\partial \Delta\theta_z}{\partial y}+x\dfrac{\partial \Delta\theta_z}{\partial x}\end{cases}\tag{5.4.19}$$

而弯矩产生的剪应变

$$\Delta\boldsymbol{\gamma}_{xz,L}=0,\quad \Delta\boldsymbol{\gamma}_{yz,L}=0$$

这表明纯弯曲时弯矩不产生剪应变。至于剪力产生的剪应变

$$\begin{cases}\Delta\boldsymbol{\gamma}_{xz,L}=-z^2\dfrac{4}{h^2}\dfrac{\partial \Delta w_s}{\partial x}+\dfrac{\partial \Delta w_s}{\partial x},\\[2mm]\Delta\boldsymbol{\gamma}_{yz,L}=-z^2\dfrac{4}{h^2}\dfrac{\partial \Delta w_s}{\partial y}+\dfrac{\partial \Delta w_s}{\partial y}\end{cases}$$

如果剪切位移 Δw_s 按线性分布，剪切角为常量，即为纯剪状态。

类似的，式(5.4.16)和式(5.4.17)简化为

$$\begin{cases}\Delta\boldsymbol{\varepsilon}_{x,NL}=\dfrac{1}{2}\left(\dfrac{\partial \Delta u_t}{\partial x}+z\dfrac{\partial \Delta\theta_y}{\partial x}\right)^2+\dfrac{1}{2}\left(\dfrac{\partial \Delta v_t}{\partial x}-z\dfrac{\partial \Delta\theta_x}{\partial x}\right)^2+\dfrac{1}{2}\left(\dfrac{\partial \Delta w_b}{\partial x}\right)^2,\\[2mm]\Delta\boldsymbol{\varepsilon}_{y,NL}=\dfrac{1}{2}\left(\dfrac{\partial \Delta u_t}{\partial y}+z\dfrac{\partial \Delta\theta_y}{\partial y}\right)^2+\dfrac{1}{2}\left(\dfrac{\partial \Delta v_t}{\partial y}-z\dfrac{\partial \Delta\theta_x}{\partial y}\right)^2+\dfrac{1}{2}\left(\dfrac{\partial \Delta w_b}{\partial y}\right)^2\end{cases}\tag{5.4.20}$$

及

$$
\begin{cases}
\Delta\boldsymbol{\varepsilon}_{x,NL}=\dfrac{1}{2}\left(\dfrac{\partial\Delta u_t}{\partial x}-z\dfrac{\partial^2\Delta w_b}{\partial x^2}\right)^2+\dfrac{1}{2}\left(\dfrac{\partial\Delta v_t}{\partial x}-z\dfrac{\partial^2\Delta w_b}{\partial x\partial y}\right)^2+\dfrac{1}{2}\left(\dfrac{\partial\Delta w_b}{\partial x}\right)^2, \\
\Delta\boldsymbol{\varepsilon}_{y,NL}=\dfrac{1}{2}\left(\dfrac{\partial\Delta u_t}{\partial y}-z\dfrac{\partial^2\Delta w_b}{\partial x\partial y}\right)^2+\dfrac{1}{2}\left(\dfrac{\partial\Delta v_t}{\partial y}-z\dfrac{\partial^2\Delta w_b}{\partial y^2}\right)^2+\dfrac{1}{2}\left(\dfrac{\partial\Delta w_b}{\partial y}\right)^2
\end{cases}
\tag{5.4.21}
$$

剪应变 $\boldsymbol{\gamma}_{xy,NL}$，$\Delta\boldsymbol{\gamma}_{xz,NL}$ 和 $\Delta\boldsymbol{\gamma}_{yz,NL}$ 中消去 Δw_s 项。

如果横向荷载作用下板-壳呈纯剪应力状态，Δw_s 为线性函数，纯剪不引起线性正应变；当 Δw_s 为三次函数，才反映剪切引起线性正应变。

总而言之，薄板、厚板和空间平板的应变都可以由式(5.4.14)，(5.4.15)，(5.4.16)和(5.4.17)所示的应变中简化而得。

5.5 空间杆的几何关系

5.5.1 一维问题中任意一点位移

同样，一维问题也是三维空间问题的蜕化。对图 5.2.1 所示一般实体，如果可以忽略二个方向的变形的影响，那么就可以将一般的三维问题简化为一维问题。

现考察图 5.5.1 所示一维线元的轴线上任一点 i 的位置及位移。在荷载作用下，一维线元的轴线上任一点发生了位移。类似于三维空间问题，用通过 i 点的微元 ij 的变形来描写任一点 i 的变形。在一维笛卡儿坐标系中，现定义通过 i 点并沿着 x 坐标轴的微元为 ij，微元长度为 dx。现先研究微元 ij 的变形。变形前，微元 ij 两端 i 和 j 点在一维笛卡儿坐标系中的坐标分别为 x_i 和 x_j，这里有 $x_j=x_i+dx$；变形后 i 点沿着 x 坐标轴方向产生了位移，其中 i 点的位移为 Δu。

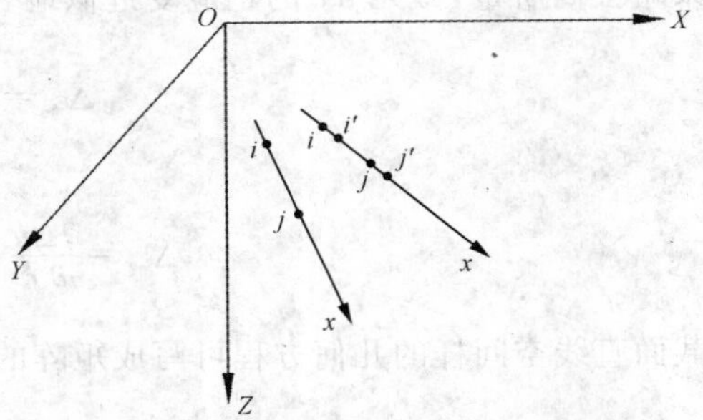

图 5.5.1 一维线元中 i 点的位置及位移

如图 5.5.1 所示，i 点移动到 i' 点。变形后 i' 点的坐标为 $x_i+\Delta u$，而变形后的微元 $i'j'$ 的长度为

$$
dx'=\sqrt{(dx)^2+2\frac{\partial\Delta u}{\partial x}(dx)^2+\left(\frac{\partial\Delta u}{\partial x}dx\right)^2}
\tag{5.5.1}
$$

传统的铰接杆的变形都是属于这类一维问题。

5.5.2 直线空间杆中任意一点应变

等截面直线空间杆中任意一点的正应变可用通过杆中 i 点微元 dx 沿着 x 坐标的正应变，即

$$
\Delta\varepsilon=\Delta\varepsilon_x
\tag{5.5.2}
$$

来表示。按照定义，微元 dx 的应变

$$\Delta\varepsilon_x = \frac{\mathrm{d}x' - \mathrm{d}x}{\mathrm{d}x} \tag{5.5.3}$$

式中，$\mathrm{d}x$ 和 $\mathrm{d}x'$ 分别为变形前后的长度。

将式(5.5.1)代入式(5.5.3)中，得

$$\Delta\varepsilon_x = \sqrt{1 + 2\frac{\partial \Delta u}{\partial x} + \left(\frac{\partial \Delta u}{\partial x}\right)^2} - 1 \tag{5.5.4}$$

令

$$a_x = \frac{\partial \Delta u}{\partial x}, \quad b_x = \left(\frac{\partial \Delta u}{\partial x}\right)^2 \tag{5.5.5}$$

则微元 $\mathrm{d}x$ 的应变

$$\Delta\varepsilon_x = \sqrt{1+2a_x+b_x} - 1 \tag{5.5.6}$$

利用泰勒公式将上式展开得

$$\begin{aligned}\Delta\varepsilon_x = {} & a_x + \frac{1}{2}b_x - \frac{1}{2}a_x^2 - \frac{1}{2}a_x b_x + \frac{1}{2}a_x^3 + \frac{3}{4}a_x^2 b_x - \frac{1}{8}b_x^2 - \frac{5}{8}a_x^4 \\ & + \frac{3}{8}a_x b_x^2 - \frac{5}{4}a_x^3 b_x - \frac{15}{16}a_x^2 b_x^2 + \frac{1}{16}b_x^3 - \frac{5}{16}a_x b_x^3 - \frac{5}{128}b_x^4 + \cdots\end{aligned} \tag{5.5.7}$$

如果略去高阶量，微元 $\mathrm{d}x$ 的正应变近似地表示为

$$\Delta\varepsilon_x = a_x + \frac{b_x}{2} + \cdots$$

或

$$\Delta\varepsilon_x = \frac{\partial \Delta u}{\partial x} + \frac{1}{2}\left(\frac{\partial \Delta u}{\partial x}\right)^2 + \cdots$$

等截面直线空间杆的几何方程可写成矩阵的形式，即

$$\Delta\boldsymbol{\varepsilon} = \Delta\boldsymbol{\varepsilon}_x = \frac{\partial \Delta\boldsymbol{u}}{\partial x} + \frac{1}{2}\left(\frac{\partial \Delta\boldsymbol{u}}{\partial x}\right)^2 + \cdots \tag{5.5.8}$$

显然，以上所示的应变由两部分组成，一部分只包括位移的线性分量，而另一部分则包括位移分量的高阶量。上式又可简单表示为

$$\Delta\boldsymbol{\varepsilon} = \Delta\boldsymbol{\varepsilon}_L + \Delta\boldsymbol{\varepsilon}_{NL} + \cdots$$

5.5.3　曲线元中任意一点应变

5.5.3.1　两端不等高曲线元的几何

对任意空间曲线元 ij 建立坐标系 $O-x'z'$ 及沿 ij 方向的坐标系 $O-xz$，曲线元 ij 在图 5.5.2 所示 $O-x'z'$ 坐标系中描述。在 $O-x'z'$ 坐标系中曲线元的跨度为 l；h 为曲线元在坐标系 $O-x'z'$ 中的两端节点的高差。

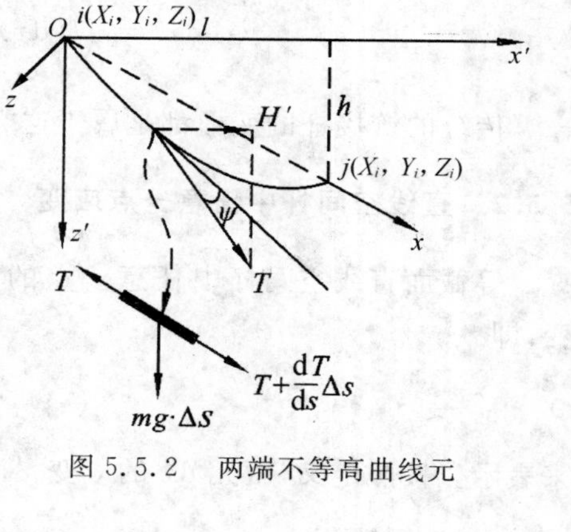

图 5.5.2　两端不等高曲线元

曲线元单位长度的重量为

$$q = mg$$

其中，m 为曲线元单位长度的质量；g 为重力加速度。

自重作用下在坐标系 $O-x'z'$ 中定义的两端不等高曲线元通过引入边界条件后解微分方程

$$H'\frac{\mathrm{d}^2 z'}{\mathrm{d}x'^2} = -mg\frac{\mathrm{d}s}{\mathrm{d}x'} = -mg\left[1+\left(\frac{\mathrm{d}z'}{\mathrm{d}x'}\right)^2\right]^{\frac{1}{2}}$$

得几何的解析表达式

$$z' = \frac{H'}{q}\cdot\left[\mathrm{ch}(C_1)-\mathrm{ch}\left(\frac{2C_2x'}{l}-C_1\right)\right] \tag{5.5.9}$$

其中，C_1，C_2 是常数，有

$$C_1 = \mathrm{arcsh}[C_2(h/l)/\mathrm{sh}C_2]+C_2,\quad C_2 = \frac{mgl}{2H'}$$

而 H' 为曲线元张力在坐标系 $O-x'z'$ 中的 x' 轴方向的分力。该几何曲线是悬链线。在坐标系 $O-x'z'$ 中可求得导数

$$\frac{\mathrm{d}z'}{\mathrm{d}x'} = \frac{2H'C_2\,\mathrm{sh}\left(C_1-\frac{2C_2x'}{l}\right)}{lq} \tag{5.5.10}$$

如图 5.5.2 所示，坐标向量在 $O-x'z'$ 坐标系与坐标系 $O-xz$ 中存在如下变换关系：

$$\begin{cases} x' = x\cos\varphi - z\sin\varphi, \\ z' = x\sin\varphi + z\cos\varphi \end{cases} \tag{5.5.11}$$

其中，$\varphi = \arctan(h/l)$。进行上述变换后得坐标系 $O-xz$ 中曲线元的几何

$$z = \frac{-hl}{h^2+l^2}x + \frac{lH'}{q\sqrt{h^2+l^2}}\left[\mathrm{ch}(C_1)-\mathrm{ch}\left(C_1-\frac{2C_2}{\sqrt{h^2+l^2}}x\right)\right] \tag{5.5.12}$$

和导数

$$\frac{\mathrm{d}z}{\mathrm{d}x} = -\frac{hl}{h^2+l^2} + \frac{2lH'C_2\,\mathrm{sh}\left(C_1-\frac{2C_2}{\sqrt{h^2+l^2}}x\right)}{(h^2+l^2)q} \tag{5.5.13}$$

此外，如图 5.5.2 所示，自重作用下曲线元张力 T_g 在坐标系 $O-x'z'$ 中的水平分量

$$H' = T_g\cos(\varphi+\psi) \tag{5.5.14}$$

其中

$$\psi = \arctan\left(\frac{\mathrm{d}z}{\mathrm{d}x}\right)$$

把 φ，ψ 的表达式代入求(5.5.14)得

$$H' = T_g\cos\left[\arctan\left(\frac{h}{l}\right)+\arctan\left(\frac{\mathrm{d}z}{\mathrm{d}x}\right)\right] \tag{5.5.15}$$

自重作用下曲线元张力 T_g 应引入几何和物理条件后按直杆问题求解。

5.5.3.2 曲线元微元长度

根据微元几何的关系可得在自重作用下曲线元微元的长度为

$$\mathrm{d}s_0=\sqrt{1+\left(\frac{\mathrm{d}z}{\mathrm{d}x}\right)^2}\mathrm{d}x\approx\left[1+\frac{1}{2}\left(\frac{\mathrm{d}z}{\mathrm{d}x}\right)^2\right]\mathrm{d}x$$

将式(5.5.13)代入上式，展开得到

$$\mathrm{d}s_0=\mathrm{d}x+\frac{\left[hlq-2Hl'C_2\,\mathrm{sh}\left(C_1-\frac{2C_2}{\sqrt{h^2+l^2}}x\right)\right]^2}{2(h^2+l^2)^2q^2}\mathrm{d}x \tag{5.5.16}$$

在荷载作用下，曲线元微元的长度

$$\begin{aligned}\mathrm{d}s&=\sqrt{(\mathrm{d}s_0)^2+2\frac{\partial\Delta u}{\partial s_0}(\mathrm{d}s_0)^2+\left(\frac{\partial\Delta u}{\partial s_0}\mathrm{d}s_0\right)^2}\\&=\sqrt{(\mathrm{d}s_0)^2+2\left[1-\frac{1}{2}\left(\frac{\mathrm{d}z}{\mathrm{d}x}\right)^2\right]\frac{\partial\Delta u}{\partial x}(\mathrm{d}s_0)^2+\left[\left(1-\frac{1}{2}\left(\frac{\mathrm{d}z}{\mathrm{d}x}\right)^2\right)\frac{\partial\Delta u}{\partial x}\mathrm{d}s_0\right]^2}\end{aligned} \tag{5.5.17}$$

5.5.3.3 曲线元的应变

根据应变的定义，曲线元的应变增量

$$\Delta\varepsilon=\frac{\mathrm{d}s-\mathrm{d}s_0}{\mathrm{d}s_0}=\frac{\mathrm{d}s}{\mathrm{d}s_0}-1$$

把式(5.5.16)和式(5.5.17)代入上式，整理得

$$\Delta\varepsilon=\sqrt{1+2a+b}-1 \tag{5.5.18}$$

式中

$$a=\left[1-\frac{1}{2}\left(\frac{\mathrm{d}z}{\mathrm{d}x}\right)^2\right]\frac{\partial\Delta u}{\partial x} \tag{5.5.19}$$

$$b=\left[\left(1-\frac{1}{2}\left(\frac{\mathrm{d}z}{\mathrm{d}x}\right)^2\right)\frac{\partial\Delta u}{\partial x}\right]^2 \tag{5.5.20}$$

将式(5.5.18)按级数展开，忽略五阶以上的高阶量，得

$$\Delta\varepsilon=a-\frac{a^2}{2}+\frac{a^3}{2}-\frac{5a^4}{8}+\frac{b}{2}-\frac{ab}{2}+\frac{3a^2b}{4}-\frac{5a^3b}{4}-\frac{b^2}{8} \tag{5.5.21}$$

显然应变是由线性应变和非线性应变组成，即

$$\Delta\varepsilon=\Delta\varepsilon_L+\Delta\varepsilon_{NL} \tag{5.5.22}$$

其中，线性应变

$$\Delta\varepsilon_L=a \tag{5.5.23}$$

非线性应变

$$\Delta\varepsilon_{NL}=\frac{b}{2}-\frac{1}{2}a^2-\frac{1}{2}ab+\frac{a^3}{2}+\frac{3}{4}a^2b-\frac{5a^3b}{4}-\frac{b^2}{8}-\frac{5}{8}a^4 \tag{5.5.24}$$

5.5.4 空间杆中任意一点位移

对于杆件体系，经典理论对于杆件模型以形心主轴上的应变替代截面上的应变，这对于小应变情形比较适合，当考虑大应变时，此时不能以截面上一点的应变代替整个截面应变。对于截面上的位移 Δu 可以用一个关于 yz 的函数 $F(y, z)$ 和主轴的位移 Δu_0 的乘积来表示，从而使得截面的应变更接近于真实情况，特别是在塑性条件下。此时可以设截面上任一点位移 Δu 与主轴上点的位移 Δu_0 的关系为

$$\Delta u = \Delta u_0 F(y, z) \tag{5.5.25}$$

如图 5.5.3 所示，对于圆形截面和方形截面可设

$$F(y,z) = A_1 y^2 + A_2 z^2 + A_3 yz + A_4 y + A_5 z + 1 \tag{5.5.26}$$

上式中的常数可通过计算求得。

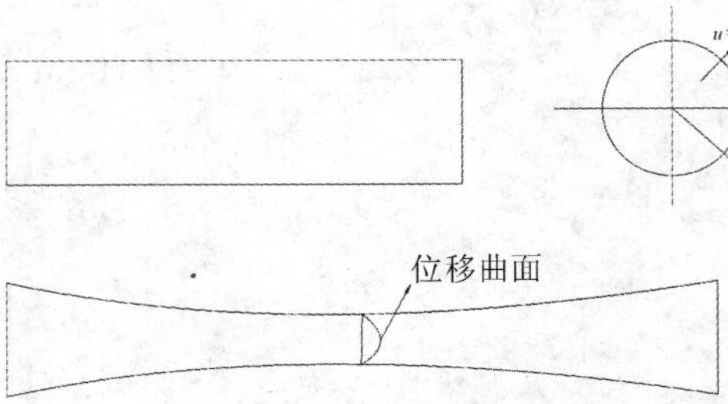

图 5.5.3 圆形截面的位移

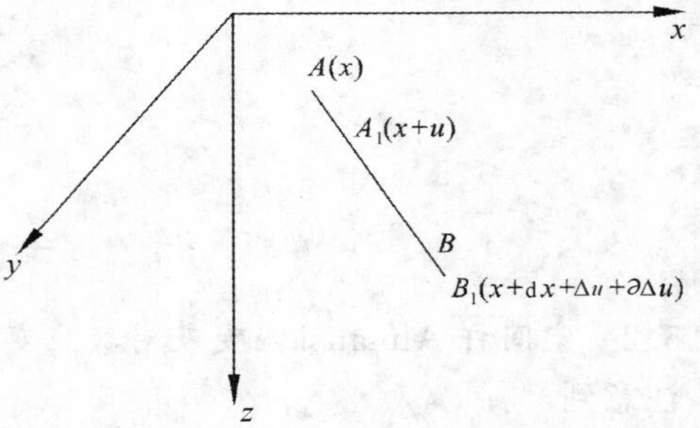

图 5.5.4 空间杆元 AB

设在空间中有两点 A 和 B(如图 5.5.4 所示)，A 点的坐标为 x，B 点坐标为 $x+\mathrm{d}x$，A 移动到 A_1，B 移动到 B_1，A_1 点的坐标为 $x+\Delta u$，B_1 点的坐标为 $x+\mathrm{d}x+\Delta u+\partial\Delta u$，则杆件初始长度的平方为

$$(\mathrm{d}s)^2 = |AB|^2 = (\mathrm{d}x)^2 \tag{5.5.27}$$

伸长后变为

$$(\mathrm{d}s_1)^2 = |A_1B_1|^2 = (\mathrm{d}s + \partial\Delta u)^2 \tag{5.5.28}$$

5.5.5 空间杆中任意一点应变

5.5.5.1 空间杆工程应变及 Green 应变表达式

空间杆元仍见图 5.5.4，令 $\mathrm{d}s = \mathrm{d}x$，则工程应变表达式为

$$\Delta\varepsilon_x = \sqrt{\frac{(\mathrm{d}s_1)^2}{(\mathrm{d}s)^2}} - 1 = \sqrt{1 + 2\frac{\partial\Delta u}{\partial x} + \left(\frac{\partial\Delta u}{\partial x}\right)^2} - 1 \tag{5.5.29}$$

令 $a = \dfrac{\partial\Delta u}{\partial x}$，$b = \left(\dfrac{\partial\Delta u}{\partial x}\right)^2$，则

$$\Delta\varepsilon_x = \sqrt{1 + 2a + b} - 1 \tag{5.5.30}$$

利用泰勒公式展开得

$$\Delta\varepsilon_E = \Delta\varepsilon_x = a + \frac{1}{2}b - \frac{1}{2}a^2 - \frac{1}{2}ab - \frac{1}{8}b^2 + \frac{1}{2}a^3 + \frac{3}{4}a^2b + \frac{3}{8}ab^2 + \frac{1}{16}b^3 + \cdots \tag{5.5.31}$$

注意到

$$(\mathrm{d}s)^2 = (\mathrm{d}x)^2 \tag{5.5.32}$$

$$(\mathrm{d}s_1)^2 = (\mathrm{d}x')^2 = (\partial\Delta u + \mathrm{d}x)^2 \tag{5.5.33}$$

由式(5.5.32)、式(5.5.33)可以得到格林应变的表达式为

$$\Delta\varepsilon_G = \frac{(\mathrm{d}x')^2 - (\mathrm{d}x)^2}{2(\mathrm{d}x)^2} = \frac{\partial\Delta u}{\partial x} + \frac{1}{2}\left(\frac{\partial\Delta u}{\partial x}\right)^2 \tag{5.5.34}$$

可以将杆件的应变分解为线性项和非线性项，即

$$\Delta\varepsilon_G = \Delta\varepsilon_L + \Delta\varepsilon_{NL} \tag{5.5.35}$$

其中

$$\Delta\varepsilon_L = \frac{\partial\Delta u}{\partial x} \tag{5.5.36}$$

$$\Delta\varepsilon_{NL} = \frac{1}{2}\left(\frac{\partial\Delta u}{\partial x}\right)^2 \tag{5.5.37}$$

5.5.5.2 空间杆 Almansi 应变及对数应变表达式

注意到

$$(\mathrm{d}x')^2 = (\partial\Delta u + \mathrm{d}x)^2$$

空间杆的 Almansi 应变

$$\Delta\varepsilon_A = \frac{(\mathrm{d}x')^2 - (\mathrm{d}x)^2}{2(\mathrm{d}x')^2} = \frac{\partial\Delta u}{\partial x} + \frac{1}{2}\left(\frac{\partial\Delta u}{\partial x}\right)^2 \tag{5.5.38}$$

大应变问题中通常采用增量形式描述应变，由式(2.5.20)可得空间杆的对数应变，且可用工程应变或格林应变表示。如令 $a = \frac{\mathrm{d}u}{\mathrm{d}x}$，则空间杆的对数应变展开的表达式为

$$\Delta\varepsilon_{\ln} = a - \frac{1}{2}a^2 + \frac{1}{3}a^3 - \frac{1}{4}a^4 + \frac{1}{5}a^5 - \frac{1}{6}a^6 + \frac{1}{7}a^7 - \frac{1}{8}a^8 + \cdots \tag{5.5.39}$$

可以将杆件的应变分解为线性项和非线性项，即

$$\Delta\varepsilon_{\ln} = \Delta\varepsilon_L + \Delta\varepsilon_{NL1} + \Delta\varepsilon_{NL2} \tag{5.5.40}$$

其中

$$\Delta\varepsilon_L = a = \frac{\partial\Delta u}{\partial x} \tag{5.5.41}$$

$$\Delta\varepsilon_{NL1} = -\frac{1}{2}a^2 = -\frac{1}{2}\left(\frac{\partial\Delta u}{\partial x}\right)^2 \tag{5.5.42}$$

$$\Delta\varepsilon_{NL2} = \frac{1}{3}a^3 - \frac{1}{4}a^4 + \frac{1}{5}a^5 - \frac{1}{6}a^6 + \frac{1}{7}a^7 - \frac{1}{8}a^8 + \cdots \tag{5.5.43}$$

5.6 空间梁-柱的变形

5.6.1 经典梁理论

5.6.1.1 伯努利-欧拉(Bernoulli-Euler)梁理论

当梁的高度远小于跨度，且可忽略梁的横向剪切变形的影响时，经典的 Bernoulli-Euler 梁理论的基本假定如下：

(1) 梁变形前垂直梁轴线的横截面，变形后仍为平面，即所谓刚性横截面假定；

(2) 梁变形后，其截面的平面仍与梁轴线相垂直。

满足伯努利-欧拉假定的传统的梁理论在实际中得到广泛的应用，一般情况下也能得到比较满意的结果。但是由于忽略了梁的横向剪切变形，所以横向剪应力由平衡条件确定。事实上，若符合这一假定的梁是纯弯曲梁，横向挠度只由弯矩产生，那么对应于横截面的转角 θ 是挠度的一阶导数。假设空间梁中轴线挠度为 $w(x)$，那么对应的横截面转角

$$\theta = \frac{\partial w(x)}{\partial x}$$

5.6.1.2 铁木辛柯(Timoshenko)梁理论

在梁的高度和跨度相差不大的情况下，剪切变形不可忽略，此时梁内的横向剪切力 Q 所产生的剪切变形将引起梁的附加挠度，并使得原来垂直于中面的截面变形后不再和中面垂直，且发生翘曲。为了能够反映剪切的影响，1921 年 Timoshenko 提出了计及剪切变形的梁修正理论，它只保留了经典梁假定(1)，而让剪力的应力-应变关系得到满足。但是在考虑剪切变形的 Timoshenko 梁弯曲理论中，仍假设原来垂直于中面的截面在变形后仍保持平面。这实际上也就同时引入了剪应力和剪应变在截面上均匀分布的假设，这显然与实际的剪应力和剪应变在梁截面上的分布不符合，因为剪应变和剪应力在截面上不是均匀分布的，而是按照抛物线分布，在中面达到最大值，在上下表面等于 0，因此变形后的截面不再是平面。为了利用 Timoshenko 梁理论能够比较好地反映剪切的影响，需引进一个修正系数。

5.6.1.3 分析空间梁-柱的基本假定

以上讨论了 Bernoulli-Euler 梁理论和 Timoshenko 梁理论的适用范围及局限性。实际上在各种外荷载作用下，空间梁-柱同时发生轴向拉伸或轴向压缩、弯曲、剪切和扭转，相应会产生轴向、弯曲和剪切变形，以及横截面的翘曲变形(如图 5.6.1 所示)。因此，分析空间梁-柱时必须对经典梁理论作适当的修改，并引入必要的假定。所作的修改和假定如下：

(1) 当小位移、小应变和材料在理想弹性范围内，按弹性阶段平截面假定分别考虑梁-柱在拉压、弯剪、扭和翘曲作用下产生的变形，叠加各种变形；

(2) 考虑横向剪切变形的影响，不考虑顺剪的影响；

(3) 在分析空间梁-柱的弯曲变形时忽略横截面翘曲变形的影响；

(4) 在塑性阶段对平截面假定加以修正；

(5) 在塑性阶段符合小变形条件，按修正的平截面假定分别考虑梁-柱在拉压、弯剪、扭和翘曲作用下产生的变形，叠加各种变形；

(6) 在塑性阶段，中和轴与中性轴不重合，受拉与受压区弹性模量不等。

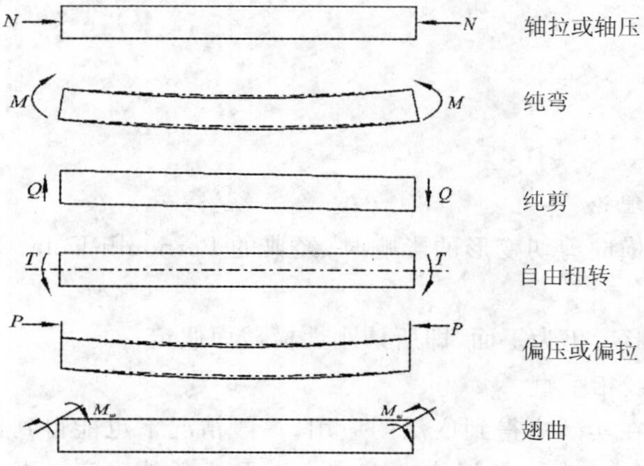

图 5.6.1　梁的受力状态

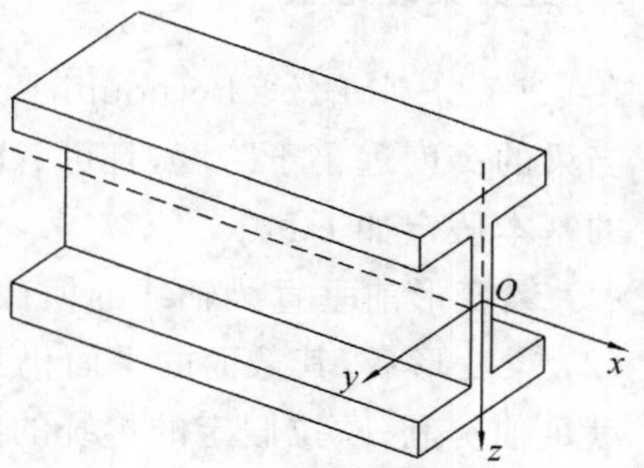

图 5.6.2　等截面梁-柱的主惯性系

5.6.1.4　梁变形曲线的曲率及相应的符号规定

在分析梁之前，先就某些有关的符号作一说明。

(1) 关于曲率 K 的正负号的约定

梁在荷载作用下发生弯曲，一般可以用如图 5.6.2 所示梁的轴线的变形表示梁的变形。在如图 5.6.3 所示坐标系中梁轴线 ij，按小挠度理论，梁的曲率

$$K=\frac{1}{\rho}=\frac{\mathrm{d}\theta}{\mathrm{d}x}=\frac{\mathrm{d}^2 y}{\mathrm{d}x^2}$$

在符合右手螺旋法则的正交坐标系中，曲线 ij 上有两点 A 和 B。当 A 趋于 B，即当 $\Delta x\to 0$ 时有 $\alpha\to\alpha+\Delta\alpha$，则 $K=\frac{\Delta\alpha}{\Delta x}$ 为正（见图 5.6.3）；而当 A 趋于 B，即当 $\Delta x\to 0$ 时有 $\alpha\to\alpha-\Delta\alpha$，则 $K=-\frac{\Delta\alpha}{\Delta x}$ 为负（见图 5.6.4）。α 角度的度量是从 x 轴的正向向 y 轴的正向转动来度量的。

(2) 关于弯曲应变 ε 的符号

任意截取一个梁的微元，如图 5.6.5 所示坐标系下梁的曲率 K 为正，梁的微元长度为 $\mathrm{d}x_0$。梁受弯后发生变形，微元在距离轴线 y 处的长度为 $\mathrm{d}x'$，微元在距离轴线 y 处的应变根据应变的定义为

$$\varepsilon_x=\frac{\mathrm{d}x'-\mathrm{d}x_0}{\mathrm{d}x_0} \tag{a}$$

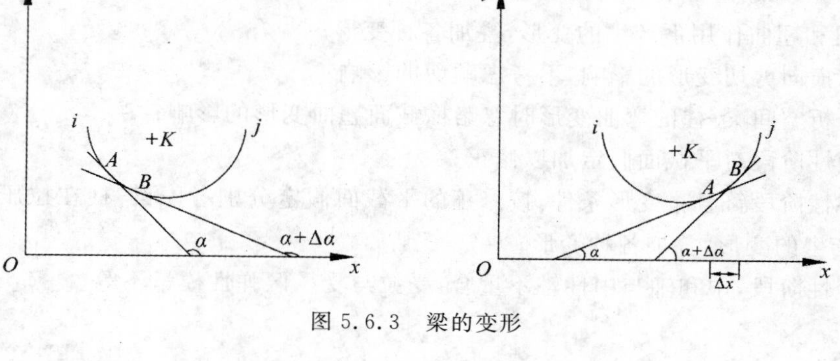

图 5.6.3　梁的变形

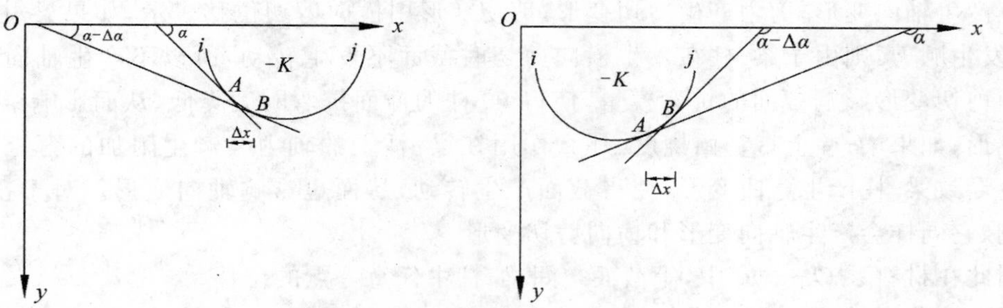

图 5.6.4　α 角度的度量

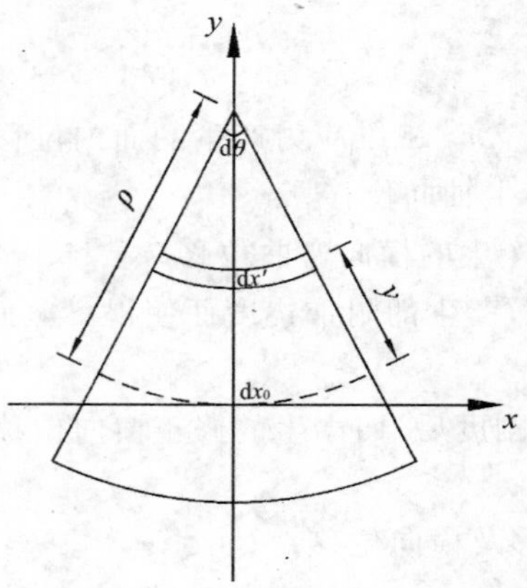

图 5.6.5　应变符号

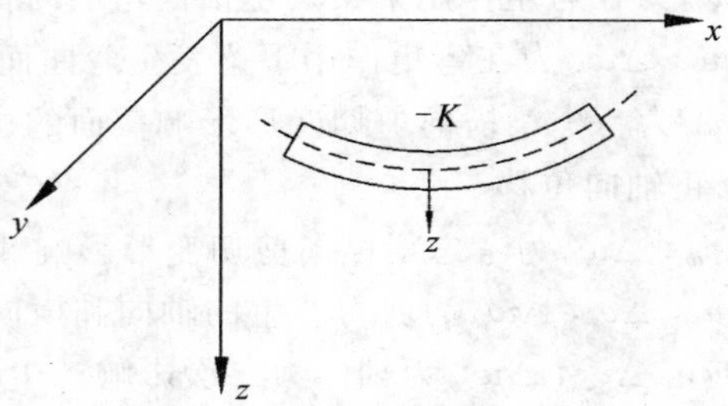

图 5.6.6　梁中正应变

由于 $dx'=(\rho-y)d\theta$，$dx_0=\rho d\theta$，将此两式代入式(a)，得

$$\varepsilon_x=-\frac{y}{\rho}=-Ky \tag{b}$$

而此时梁的曲率 K 为正的。式(b)表示位于 $+y$ 处的纤维 dx' 处于受压状态。所以根据上述条件来约定弯曲应变 ε 的符号，当梁发生弯曲变形且有正曲率($+K$)的变形曲线时，对于梁截面中从中和轴度量为 $+y$ 处的纤维处于受压状态时弯曲应变 ε 为正。在分析中，往往定义如图 5.6.6 所示的右手系。此时梁在 $+z$ 方向度量时该处的纤维处于受拉状态，所以 $\varepsilon_z=z\frac{\partial^2 w}{\partial x^2}=zK$，但此时梁轴线的曲率 K 为负，所以 $\varepsilon_z=-z\frac{\partial^2 w}{\partial x^2}$。

5.6.2　空间梁-柱中任意一点位移

第 5.2.2 节中讨论了固体中任意一点的位移，这种一般表示显然也能用以说明空间梁-柱中一点的位移。注意到空间梁-柱的力学特性，荷载作用下空间梁-柱产生轴向拉压力、弯矩、剪力、扭矩和翘曲应力，此外还有轴力和剪力的二次效应。与此同时，产生相应轴向拉压、弯曲、剪切、扭转和翘曲变形。

轴向拉力或压力使得梁-柱产生拉伸或压缩的轴向变形，传统的理论认为截面的变形是均匀的。轴向变形用轴向位移表示；弯矩产生弯曲变形，弯曲变形用横向弯曲位移表示，由于梁-柱在发生横向弯曲时截面转动，截面转动的量值用截面转角表示，截面转动也同时使位于截面上的点产生轴向变形；剪力产生剪切变形，剪切变形用横向剪切位移表示，如果梁-柱只发生横剪，不发生顺剪，则由于梁-柱在发生横向剪切时截面不发生转动，所以不产生轴向变形，但由于截面剪切变形影响截面的抗弯模量，使得梁-柱的截面抗弯刚度降低，从而影响梁-柱的横向弯曲变形；如果梁-柱上有初始挠度，那么作用在梁-柱上的轴力会产生附加的弯矩，该附加弯矩也会导致梁-柱产生弯曲变形，使得截面产生转动，从而也影响轴向变形。对于扭转和翘曲的影响，它同样会产生轴向变形和横向剪切变形。

因此在材料系 $O-xyz$ 中，等截面空间梁-柱中任意一点的位移

$$\begin{cases}\Delta u = \Delta u_t + \Delta u_b + \Delta u_{bs} + \Delta u_s + \Delta u_\Delta + \Delta u_\omega, \\ \Delta v = \Delta v_t + \Delta v_b + \Delta v_{bs} + \Delta v_s + \Delta v_\Delta + \Delta v_{\theta_x}, \\ \Delta w = \Delta w_t + \Delta w_b + \Delta w_{bs} + \Delta w_s + \Delta w_\Delta + \Delta w_{\theta_x}\end{cases} \tag{5.6.1}$$

式中，Δu_t 和 Δv_t，Δw_t 分别为轴力产生的轴向位移和 xy，xz 二维应力产生的面内位移；

Δu_b 为在弯矩作用下梁发生横向弯曲时截面转动产生轴向位移；

Δv_b，Δw_b 为在弯矩作用下梁发生弯曲而使中和轴产生的横向弯曲位移；

Δu_{bs} 为考虑梁横向剪切变形影响截面的抗弯刚度后，产生的附加挠度而使得梁截面转动产生的修正轴向位移；

Δv_{bs}，Δw_{bs} 为考虑梁横向剪切变形影响截面的抗弯刚度后，而产生的修正横向位移；

Δu_s，Δv_s，Δw_s 为剪力产生的轴向和横向剪切位移；

Δu_Δ，Δv_Δ，Δw_Δ 为轴向力二次影响产生的轴向位移及横向位移；

Δu_ω 为约束扭转引起的轴向位移；

Δv_{θ_x}，Δw_{θ_x} 为圣维南扭转引起的横向位移。

5.6.2.1 轴向力作用下的位移

由作用在梁-柱轴线上的轴力引起的沿 x 轴方向的位移 Δu_t，在传统的理论中轴向位移被假定为按线性变化。实际上，轴向位移沿 x 轴的变化是非线性的，沿 x 轴的应变也非常量。对于薄壁的梁-柱，横向荷载作用引起的梁-柱中 xy，xz 平面内位移分别为 x，y 或 x，z 的函数，即 $\Delta v_t = \Delta v_t(x, y)$，$\Delta w_t = \Delta w_t(x, z)$，不然为空间位移。但在传统的理论中，梁-柱的平面内位移和空间位移都不考虑。

5.6.2.2 弯矩作用下的位移

如图 5.6.1 所示，按工程梁理论，梁-柱中离梁端点的距离为 x 的截面上任意一点由于弯矩作用而产生的横向的位移用该截面与梁-柱中和轴交点的横向位移表示。沿 y，z 轴方向的中和轴横向位移分别为 Δv_b 及 Δw_b。按在弹性阶段平截面假定，且在图 5.6.6 所示坐标系中，梁-柱中任意截面上与中和轴相距为 y 或 z 的任意一点因弯曲而产生的沿 x 轴方向的位移

$$\Delta u_{vb} = -y\tan(\Delta\theta'_{zb}) \quad 及 \quad \Delta u_{wb} = -z\tan(\Delta\theta'_{yb})$$

式中，$\Delta\theta'_{zb}$，$\Delta\theta'_{yb}$ 为坐标为 x 处空间梁-柱横截面的转角。当小转角时

$$\tan(\Delta\theta'_{zb}) \approx \Delta\theta'_{zb}, \quad \tan(\Delta\theta'_{yb}) \approx \Delta\theta'_{yb}$$

所以

$$\Delta u_{vb} = -y\Delta\theta'_{zb}, \quad \Delta u_{wb} = -z\Delta\theta'_{yb}$$

如果梁-柱弯曲变形前后其截面与中和轴保持垂直，则有

$$\Delta\theta'_{zb} = \Delta\theta_{zb}, \quad \Delta\theta'_{yb} = \Delta\theta_{yb}$$

式中，$\Delta\theta_{zb}$ 与 $\Delta\theta_{yb}$ 为空间梁-柱弯曲变形后中和轴的倾角。所以

$$\Delta u_{vb} = -y\Delta\theta_{zb}, \quad \Delta u_{wb} = -z\Delta\theta_{yb} \tag{5.6.2a}$$

空间梁-柱弯曲变形后，中和轴的斜率

$$\tan\Delta\theta_{yb} = \frac{\partial\Delta w_b}{\partial x} \approx \Delta\theta_{yb} + \frac{1}{3}\Delta\theta_{yb}^3 + \frac{2}{15}\Delta\theta_{yb}^5 + \frac{17}{315}\Delta\theta_{yb}^7 + \frac{62}{2835}\Delta\theta_{yb}^9 + \cdots$$

$$\tan\Delta\theta_{zb} = \frac{\partial\Delta v_b}{\partial x} \approx \Delta\theta_{zb} + \frac{1}{3}\Delta\theta_{zb}^3 + \frac{2}{15}\Delta\theta_{zb}^5 + \frac{17}{315}\Delta\theta_{zb}^7 + \frac{62}{2835}\Delta\theta_{zb}^9 + \cdots$$

仅在小变形，即中和轴变形曲线的斜率很小时才有

$$\frac{\partial\Delta w_b}{\partial x} \approx \Delta\theta_{yb}, \quad \frac{\partial\Delta v_b}{\partial x} \approx \Delta\theta_{zb}$$

故

$$\Delta u_{vb} = -y\frac{\partial\Delta v_b}{\partial x}, \quad \Delta u_{wb} = -z\frac{\partial\Delta w_b}{\partial x} \tag{5.6.2b}$$

显然，以上的变形关系仅适用于平截面假定，在塑性阶段，对以上的变形关系应按对平截面假定的修正而修正。

由于梁-柱在发生横向弯曲时截面转动使位于截面上的点产生轴向位移，有

$$\Delta u_b = \Delta u_{vb} + \Delta u_{wb} = -y\Delta\theta_{zb} - z\Delta\theta_{yb} \tag{5.6.3a}$$

或

$$\Delta u_b = -y\frac{\partial\Delta v_b}{\partial x} - z\frac{\partial\Delta w_b}{\partial x} \tag{5.6.3b}$$

5.6.2.3 剪力作用下的位移

Bernoulli-Euler 经典的梁理论基于平截面假定，忽略横截面剪切的影响，因此 Timoshenko (Timoshenko，1921 和 1922) 把剪切引起的转角作为一个独立变量，同时相应的工作包括 Reissner(1947) 和 Mindlin(1951)，同时引入剪切系数 k(Timoshenko Shear Coefficient) 作为一种平均来修正由于考虑截面沿高度常应变变形而不是非线性变形所带来的误差。相关的可见 Cowper(1966) 和 Hutchinson(2001)。为了克服 Timoshenko 梁常剪切应变这个假定，不少学者投入研究，这其中包括 Reissner(1947，1983)、Levinson(1980，1981) 和 Murthy(1981)、Reddy(1984，1990) 和 Bhimaraddi(1993) 等分别考虑上下表面剪切为零的更加准确的多项式曲线分布剪切模式。其中，尤其是 Reddy 教授提出三次位移模式 (High-Order Shear Deformation) 来考虑上下表面剪切为零的事实。

注意到工程梁理论的局限性，应该考虑横向剪切的作用。当选择的剪切位移为线性模式时，只能适用于纯剪状态，横截面并不因为剪切而引起纵向变形，在剪切后两横截面则上下错动，所以剪切并不引起截面转动。只有当选择了两次或三次位移模式，即剪切模式是非线性时才能正确地考虑剪切的影响，显然截面无法维持平截面。

另一个方面，在梁高度相比其跨度远小于 0.1 时候，横向剪切影响微小，近乎为零。但是当考虑剪切变形作为一个独立变量时，无论是常剪切位移模式或者是三次位移的高阶剪切模

式，都将导致剪力自锁，从而导致结构“过刚”使计算结果失真。通常解决办法是通过采用缩减高斯积分点策略(Reduced Integration)来实现。

(1) 剪切引起的轴向和横向位移

剪切引起的沿 x，y，z 轴的轴向和横向剪切位移为 Δu_s，Δv_s，Δw_s。两端等剪力作用下的梁微段截面剪应力

$$\tau = G\gamma$$

由

$$Q = -\int_{A_s} \tau \mathrm{d}A = -\int_{A_s} G\gamma \mathrm{d}A = -GA_s\gamma$$

可得到在沿 y 方向的剪力 ΔQ_y 作用下剪应变

$$\Delta\gamma_y = \frac{\Delta Q_y}{GA_{sy}} \tag{5.6.4}$$

又由几何关系：$\mathrm{d}\Delta v_s = \Delta\gamma_y \mathrm{d}x$，得

$$\frac{\mathrm{d}\Delta v_s}{\mathrm{d}x} = \frac{\Delta Q_y}{GA_{sy}} \tag{5.6.5}$$

将上式积分，得到由于剪切变形引起的沿 y 轴的剪切位移

$$\Delta v_s = \frac{\Delta Q_y}{GA_{sy}} x + C_1 \tag{5.6.6}$$

同理，在 z 方向剪力 ΔQ_z 作用下的剪切位移

$$\Delta w_s = \frac{\Delta Q_z}{GA_{sz}} x + D_1 \tag{5.6.7}$$

图 5.6.7 显示剪切角与剪切引起的横向剪切位移之间的关系。上式中 A_{sy}，A_{sz} 表示等效截面积或者抗剪截面面积，它考虑了剪切效应的截面影响。截面影响用截面影响系数 k 来反映。式(5.6.6)和式(5.6.7)显示的是剪切位移的线性模式。

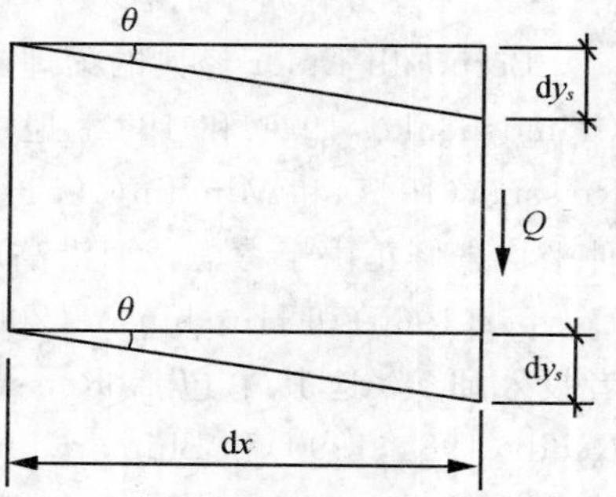

图 5.6.7　剪切角与横向剪切位移

(2) 截面影响系数 k

对于表示剪切效应的截面影响系数 k 的计算方法和公式比较多，这里采用胡海昌[14](1981)的方法计算。剪力在梁内产生剪应力 τ_{xy}，τ_{xz} 和剪应变 γ_{xy}，γ_{xz}，因此梁内产生剪切应变能。令 U_s 为梁单位长度内的剪切应变能，如果 U_s 用剪应力 τ_{xy}，τ_{xz} 来表示，可以写为

$$U_s = \frac{1}{2}\iint(\tau_{xy}\gamma_{xy} + \tau_{xz}\gamma_{xz})\mathrm{d}y\mathrm{d}z = \frac{1}{2G}\iint(\tau_{xy}^2 + \tau_{xz}^2)\mathrm{d}y\mathrm{d}z \tag{5.6.8}$$

这里 G 是材料的剪切模量。如果 U_s 用剪力 Q 来表示，可以写为

$$U_s=\frac{1}{2}Q\times\gamma=\frac{1}{2}Q\times\frac{Qk}{GA}=\frac{Q^2k}{2GA} \tag{5.6.9}$$

根据能量等效原理,可以得到

$$k=A\iint\left[\left(\frac{\tau_{xy}}{Q}\right)^2+\left(\frac{\tau_{xz}}{Q}\right)^2\right]\mathrm{d}y\mathrm{d}z \tag{5.6.10}$$

式中,$\frac{\tau_{xy}}{Q}$,$\frac{\tau_{xz}}{Q}$是单位剪力产生的剪应力;A 是截面面积。为利用上式计算剪切效应的截面影响系数 k,须对截面上各点的剪应力分布作一定的假设。譬如矩形截面,剪应力为

$$\tau_{xy}=\frac{QS_z}{I_zb}=\frac{6Q}{bh^3}\left(\frac{h^2}{4}-y^2\right)$$

根据上式可以计算得到 $k=\frac{6}{5}$。同样对各种不同的截面假设剪应力分布状态,那么可以求得各种截面的截面影响系数(如表 5.6.1 所示)。

表 5.6.1　常用截面影响系数

截面形状	剪切效应的截面影响系数 k 公式
圆	$\frac{1}{k}=\frac{6(1+\nu)}{7+6\nu}$
圆环	$\frac{1}{k}=\frac{6(1+\nu)(1+m^2)^2}{(7+6\nu)(1+m^2)^2+(20+12\nu)m^2}$,　其中,$m=\frac{b}{a}$
矩形	$\frac{1}{k}=\frac{10(1+\nu)}{12+11\nu}$
椭圆	$\frac{1}{k}=\frac{12(1+\nu)a^2(3a^2+b^2)}{(40+37\nu)a^4+(16+10\nu)a^2b^2+\nu b^4}$,　其中 a 可以大于或小于 b
半圆	$\frac{1}{k}=\frac{1+\nu}{1.305+1.273\nu}$
薄壁圆管	$\frac{1}{k}=\frac{2(1+\nu)}{4+3\nu}$
薄壁方管	$\frac{1}{k}=\frac{20(1+\nu)}{48+39\nu}$

截面形状	剪切效应的截面影响系数 k 公式
薄壁盒形	$m=\frac{bt_1}{ht}$，$n=\frac{b}{h}$ $\frac{1}{k}=\frac{10}{d}(1+\nu)(1+3m)^2$ $d=12+72m+150m^2+90m^3+\nu(11+66m+135m^2+90m^3)$ $+10n^2[(3+\nu)m+3m^2]$
薄壁工字形	$m=\frac{2bt_f}{ht_w}$，$n=\frac{b}{h}$ $\frac{1}{k}=\frac{10}{d}(1+\nu)(1+3m)^2$ $d=12+72m+150m^2+90m^3+\nu(11+66m+135m^2+90m^3)$ $+30n^2(m+m^2)+5\nu n^2(8m+9m^2)$
带圆头的腹板	$m=\frac{2A_s}{ht}$， 其中 A_s 表示一个圆头的面积 $\frac{1}{k}=\frac{10(1+\nu)(1+3m)^2}{12+72m+150m^2+90m^3+\nu(11+66m+135m^2+90m^3)}$
薄壁丁字形	$m=\frac{bt_1}{ht}$，$n=\frac{b}{h}$ $\frac{1}{k}=\frac{10}{d}(1+\nu)(1+4m)^2$ $d=12+96m+276m^2+192m^3$ $+\nu(11+88m+248m^2+216m^3)$ $+30n^2(m+m^2)+10\nu n^2(4m+5m^2+m^3)$

表中 ν 为泊松系数。在实际计算中，也可以选择图 5.6.8 给出的常用截面形式的 k 值。

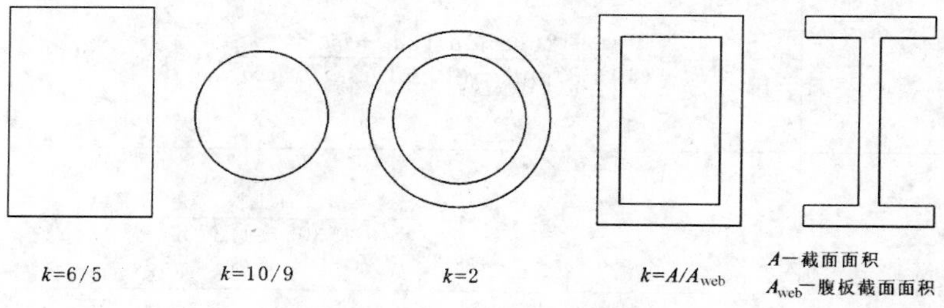

图 5.6.8 常用截面形式的 k 值

(3) 剪力作用下截面抗弯刚度降低的折算

根据材料力学知道，两端固定的梁的弯曲位移方程

$$EIy=EI(y_b+y_s)=\frac{Qx^3}{6}-\frac{Mx^2}{2}-\frac{kEI}{GA}Qx+\frac{Ql^3}{12}(1+\phi) \tag{5.6.11}$$

或

$$EI\Delta\theta = EI(\Delta\theta_b + \Delta\theta_s) = \frac{Qx^2}{2} - Mx - \frac{kEI}{GA}Q \tag{5.6.12}$$

式中，y_b，y_s 分别为弯矩产生的弯曲位移和剪力产生的附加弯曲位移；$\Delta\theta_b$，$\Delta\theta_s$ 为相应的转角。

根据两端固定的位移边界条件：$x=l$，$y=0$ 时有 $M=\frac{Ql}{2}$，于是有

$$12EIy = [2x^3 - 3lx^2 - \phi l^2 x + l^3(1+\phi)]Q \tag{5.6.13}$$

又由于

$$EIy_s = -\frac{kEI}{GA}Ql \tag{5.6.14}$$

化简得

$$y_s = \left(-\frac{\phi}{1+2\phi} - \frac{\phi^2 x}{l(1+2\phi)^2}\right)y_b \tag{5.6.15}$$

为满足位移函数为三次多项式，剪切影响产生的附加弯曲位移与弯曲位移应保持相同的次数，故在 y_s 的系数中只保留常数项。

令

$$\beta_s = -\frac{\phi}{1+2\phi} \tag{5.6.16}$$

可得剪切影响产生的附加弯曲和弯曲位移之间的关系为

$$y_s = \beta_s y_b \tag{5.6.17}$$

对于 y 轴方向有 $\beta_{ys} = \frac{-\phi_y}{1+2\phi_y}$，则

$$\Delta v_{bs} = \beta_{ys}\Delta v_b \tag{5.6.18}$$

对于 z 轴方向有 $\beta_{zs} = \frac{-\phi_z}{1+2\phi_z}$，则

$$\Delta w_{bs} = \beta_{zs}\Delta w_b \tag{5.6.19}$$

其中，ϕ_y，ϕ_z 是由于剪切影响对 y 轴和 z 轴方向抗弯刚度的影响系数，有

$$\phi_y = \frac{12kEI_z}{GA_{sy}l^2},\quad \phi_z = \frac{12kEI_y}{GA_{sz}l^2} \tag{5.6.20}$$

式中，A_{sy}，A_{sz} 分别为杆截面沿 y 轴和 z 轴方向的有效抗剪面积；I_y，I_z 是对 y 轴和 z 轴的主惯性矩；Δv_b，Δw_b 分别为沿 y 轴和 z 轴方向的弯曲位移；Δv_{bs}，Δw_{bs} 分别为沿 y 轴和 z 轴方向的剪切影响产生的附加弯曲位移。

相应的附加弯曲位移曲线的斜率或剪切效应引起的截面转角分别为

$$\Delta\theta_{zs} = \frac{\partial\Delta v_{bs}}{\partial x} = \beta_{ys}\frac{\partial\Delta v_b}{\partial x},\quad \Delta\theta_{ys} = \frac{\partial\Delta w_{bs}}{\partial x} = \beta_{zs}\frac{\partial\Delta w_b}{\partial x} \tag{5.6.21}$$

于是，可求得 y，z 两个方向的剪切变形所产生的附加弯曲而引起的轴向位移为

$$\Delta u_{vs} = -y\Delta\theta_{zs} = -y\beta_{ys}\frac{\partial \Delta v_b}{\partial x},\quad \Delta u_{ws} = -z\Delta\theta_{ys} = -z\beta_{zs}\frac{\partial \Delta w_b}{\partial x} \tag{5.6.22}$$

则剪切变形所产生的附加弯曲而引起的轴向位移为

$$\Delta u_{bs} = \Delta u_{vs} + \Delta u_{ws} \tag{5.6.23}$$

(4) 剪切变形引起的沿 x 轴的位移

梁-柱的剪切变形使原来垂直于中和轴的截面在变形后不再和中和轴垂直，剪切变形引起的沿 x 轴的位移沿截面高度和宽度按三次曲线变化，即

$$\begin{cases}\Delta u_{s,z} = z^3\varphi_{xz}(x,z),\\ \Delta u_{s,y} = y^3\varphi_{xy}(x,y)\end{cases} \tag{a}$$

梁-柱的剪应变

$$\begin{cases}\Delta\gamma_{s,yx} = \dfrac{\partial \Delta u_{s,y}}{\partial y} + \dfrac{\partial \Delta v_s}{\partial x},\\ \Delta\gamma_{s,zx} = \dfrac{\partial \Delta u_{s,z}}{\partial z} + \dfrac{\partial \Delta w_s}{\partial x}\end{cases} \tag{b}$$

将位移模式(a)代入上式，可得

$$\begin{cases}\Delta\gamma_{s,yx} = 3y^2\varphi_{xy}(x,y) + \dfrac{\partial \Delta v_s}{\partial x},\\ \Delta\gamma_{s,zx} = 3z^2\varphi_{xz}(x,z) + \dfrac{\partial \Delta w_s}{\partial x}\end{cases} \tag{c}$$

根据梁-柱的边界条件

$$\begin{cases}\Delta\gamma_{s,zx}\left(x, z = \pm\dfrac{h}{2}\right) = 0,\\ \Delta\gamma_{s,yx}\left(x, y = \pm\dfrac{b}{2}\right) = 0\end{cases} \tag{d}$$

式中，h，b 分别为截面高度和宽度，于是可得

$$\begin{cases}\Delta\gamma_{s,yx} = \dfrac{3b^2}{4}\varphi_{xy}(x,y) + \dfrac{\partial \Delta v_s}{\partial x} = 0,\\ \Delta\gamma_{s,zx} = \dfrac{3h^2}{4}\varphi_{xz}(x,z) + \dfrac{\partial \Delta w_s}{\partial x} = 0\end{cases} \tag{e}$$

所以

$$\begin{cases}\varphi_{xy}(x,y) = -\dfrac{4}{3b^2}\dfrac{\partial \Delta v_s}{\partial x},\\ \varphi_{xz}(x,z) = -\dfrac{4}{3h^2}\dfrac{\partial \Delta w_s}{\partial x}\end{cases} \tag{f}$$

将式(f)代入式(a)，则得考虑剪切变形引起的沿 x 轴的位移

$$\begin{cases}\Delta u_{s,z} = -z^3\dfrac{4}{3h^2}\dfrac{\partial \Delta w_s}{\partial x},\\ \Delta u_{s,y} = -y^3\dfrac{4}{3b^2}\dfrac{\partial \Delta v_s}{\partial x}\end{cases} \tag{5.6.24}$$

剪切变形引起的沿 x 轴的总位移

$$\Delta u_s = \Delta u_{s,z} + \Delta u_{s,y} \tag{5.6.25}$$

5.6.2.4　轴向力的二阶效应产生的位移

在同时作用轴向力和弯矩的梁-柱中，拉、压和弯曲的耦合作用产生轴向位移。轴向力二阶效应体现在轴向力引起附加弯曲变形，因弯曲变形进而再产生轴向位移。轴向效应可以借助于具有初弯曲梁的变形来分析。设有横向荷载作用于一有初弯曲的受拉或受压梁，则总挠度为初弯曲产生的挠度及横向荷载对该梁产生的挠度叠加。这里所谓的初弯曲可以理解为该梁受横向荷载作用时所产生的一定量的横向位移。

现记 Δu_{Δ} 为由于 $p-\Delta$ 效应对轴向位移的二阶影响，Δv_{Δ}，Δw_{Δ} 为 $p-\Delta$ 效应的横向位移的影响。轴向力对轴向位移和横向位移二阶效应的分析过程是首先计算轴向力考虑二阶效应的等效弯矩，其次建立在等效弯矩作用下梁的位移方程，最后求得轴向力二阶效应产生的位移。

(1) 轴向力二阶效应的等效弯矩

如图 5.6.9 所示，假定梁的初弯曲方程为

$$y_0 = a\sin\frac{\pi x}{l}$$

式中，a 为该梁最大的初始挠度；l 为梁的跨度。

此时仅考虑在横向荷载的作用。梁在轴向压力作用下将产生附加挠度 y_1，y_1 沿 y 轴的正向为正。故挠曲线最后的几何

$$y = y_0 + y_1$$

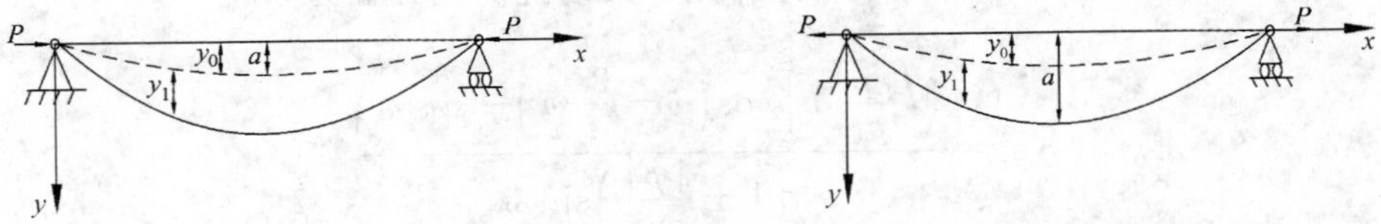

(a) 受压梁　　(b) 受拉梁

图 5.6.9　梁受压或受拉位移图

假如轴向拉力的作用产生反方向挠度，故此时 y_1 为负。于是梁弯曲微分方程

$$EI\frac{\mathrm{d}^2 y_1}{\mathrm{d}x^2} = \mp p(y_0 + y_1)$$

上式中，负号指受压，正号指受拉。p 为轴向力，当 p 为拉力时取正，为压力时取负。

现设 $k^2 = \frac{|p|}{EI}$，且令 $\frac{\pi^2}{k^2 l^2} = \frac{1}{\alpha}$。考虑到对于任何的 k 值都要满足边界条件，即当 $x=0$ 及 $x=l$ 时，均有 $y=0$，则得

$$y_1 = \frac{\alpha}{1 \pm \alpha} a\sin\frac{\pi x}{l} \tag{5.6.26}$$

上式中，受拉时取负号。其中

$$\alpha = \frac{|p| l^2}{\pi^2 EI} = \frac{|p|}{p_{\mathrm{cr}}}$$

这里，p_{cr}为压杆的临界力，且有 $p_{cr}=\frac{\pi^2 EI}{l^2}$。

当梁的两端固定，则受轴向力时两端将产生弯矩，此时弯矩的大小可得自两端固定的条件。据上述挠曲线方程可求得两端转角

$$\left(\frac{\mathrm{d}y_1}{\mathrm{d}x}\right)_{x=0,x=l}=\frac{\alpha}{1\pm\alpha}\frac{\pi a}{l} \tag{5.6.27}$$

这样，应该有一个等效弯矩作用在梁的两端以消除此转角，由此条件可求得等效弯矩

$$M=\frac{\alpha}{1\pm\alpha}\frac{2\pi aEI}{l^2}\frac{\widetilde{\omega}}{\tan\widetilde{\omega}} \tag{5.6.28}$$

式中

$$\widetilde{\omega}=\frac{\pi}{2}\sqrt{\frac{|p|}{p_{cr}}}$$

于是，梁的总挠度便是初弯曲产生的挠度和等效弯矩 M 产生的挠度的叠加。梁的 $p-\Delta$ 作用影响是需要迭代分析才能求得。

(2) 等效弯矩作用下梁的挠度方程

由经典力学，在两端弯矩作用下梁的挠曲方程为

$$y_m=\frac{Ml^2}{8EI}\frac{2}{\widetilde{\omega}^2\cos\widetilde{\omega}}\left[\cos\widetilde{\omega}\left(1-\frac{2x}{l}\right)-\cos\widetilde{\omega}\right] \tag{5.6.29}$$

将式(5.6.28)代入式(5.6.29)，得等效弯矩作用下梁的挠曲线方程为

$$y_m=\frac{\sqrt{\frac{|p|}{p_{cr}}}a\left[\cos\left(\widetilde{\omega}-\frac{2x}{l}\widetilde{\omega}\right)-\cos\widetilde{\omega}\right]}{\left(1\pm\frac{|p|}{p_{cr}}\right)\sin\widetilde{\omega}} \tag{5.6.30}$$

这里，受拉取负号，受压取正号。将上式按级数展开，并取 x 的二次项，则得

$$y_m=a\pi\left(\frac{x}{l}-\frac{x^2}{l^2}\right)\frac{|p|}{p_{cr}}+\left[\frac{a\pi^3 x}{12l^2}\mp a\pi\left(\frac{x}{l}-\frac{x^2}{l^2}\right)\right]\frac{p^2}{p_{cr}^2} \tag{5.6.31}$$

(3) 轴向力二阶效应产生的挠度

由上分析，受弯曲的梁在轴向力作用下，其轴向力的作用等效于上述等效弯矩的作用，变形曲线与梁的轴向力有关。如果取梁轴向力等于临界状态下梁的真实压力，则将给出变形曲线的精确解。但梁真实轴向力事先并不知道，因而求精确解将是一个非线性迭代问题。为简化分析，可以令轴向力为某一个具体常数，从而得到近似的但却只含轴向力的线性函数。

现将式(5.6.31)中的 p^2 分解为 $|p|\times|p_0|$，其中 p_0 为梁的上一次压力或拉力，拉力为正，压力为负。轴向力作用下产生的附加挠度为

$$y_\Delta=\frac{1}{12p_{cr}^2 l^2}\left[(12a\pi l(p_{cr}\mp|p_0|)+a\pi^3|p_0|)x-a\pi(p_{cr}\mp|p_0|)x^2\right]|p| \tag{5.6.32}$$

将物理条件 $p=EA\frac{\partial u_x}{\partial x}$ 代入上式，并令

$$\beta_{\Delta 1}=\frac{EA\,|a|\,\pi[12l(p_{\mathrm{cr}}\mp|p_0|)+|a|\pi^2|p_0|]}{12p_{\mathrm{cr}}^2l^2} \tag{5.6.33}$$

$$\beta_{\Delta 2}=\frac{\mp EA\,|a|\,\pi(p_{\mathrm{cr}}\mp|p_0|)}{p_{\mathrm{cr}}^2l^2} \tag{5.6.34}$$

式中，受拉取负号，受压取正号。

于是得到梁的挠曲方程

$$y_\Delta=(\beta_{\Delta 1}x-\beta_{\Delta 2}x^2)\frac{\partial \Delta u_t}{\partial x} \tag{5.6.35}$$

式中，Δu_t 为梁轴线上的轴向位移。

在三维空间梁-柱中，轴向力对梁-柱产生的附加的横向变形

$$\Delta v_\Delta=(\beta_{y\Delta 1}x-\beta_{y\Delta 2}x^2)\frac{\partial \Delta u_t}{\partial x},\quad \Delta w_\Delta=(\beta_{z\Delta 1}x-\beta_{z\Delta 2}x^2)\frac{\partial \Delta u_t}{\partial x} \tag{5.6.36}$$

相应的转角

$$\Delta\theta_{y\Delta}=\frac{\partial \Delta w_\Delta}{\partial x}=(\beta_{z\Delta 1}-2\beta_{z\Delta 2}x)\frac{\partial \Delta u_t}{\partial x}+(\beta_{z\Delta 1}x-\beta_{z\Delta 2}x^2)\frac{\partial^2 \Delta u_t}{\partial x^2}$$

$$\Delta\theta_{z\Delta}=\frac{\partial \Delta v_\Delta}{\partial x}=(\beta_{y\Delta 1}-2\beta_{y\Delta 2}x)\frac{\partial \Delta u_t}{\partial x}+(\beta_{y\Delta 1}x-\beta_{y\Delta 2}x^2)\frac{\partial^2 \Delta u_t}{\partial x^2} \tag{5.6.37}$$

这里，对 y 轴方向

$$\beta_{y\Delta 1}=\frac{EA\pi\,|a_y|\,(12l(p_{\mathrm{cry}}\mp|p_0|)+|a_y|\pi^2|p_0|)}{12p_{\mathrm{cry}}^2l^2} \tag{5.6.38a}$$

$$\beta_{y\Delta 2}=\frac{\mp EA\pi\,|a_y|\,(p_{\mathrm{cry}}\mp|p_0|)}{12p_{\mathrm{cry}}^2l^2} \tag{5.6.38b}$$

对 z 轴方向

$$\beta_{z\Delta 1}=\frac{EA\pi\,|a_z|\,(12l(p_{\mathrm{crz}}\mp|p_0|)+|a_z|\pi^2|p_0|)}{12p_{\mathrm{crz}}^2l^2} \tag{5.6.39a}$$

$$\beta_{z\Delta 2}=\frac{\mp EA\pi\,|a_z|\,(p_{\mathrm{crz}}\mp|p_0|)}{12p_{\mathrm{crz}}^2l^2} \tag{5.6.39b}$$

式中的符号，以受拉时取负，受压时取正。

轴向力二阶效应的附加横向变形对轴向位移的影响可以分别表达为

$$\Delta u_{v\Delta}=-y\Delta\theta_{z\Delta}=y(-\beta_{y\Delta 1}+2\beta_{y\Delta 2}x)\frac{\partial \Delta u_t}{\partial x}+y(-\beta_{y\Delta 1}x+\beta_{y\Delta 2}x^2)\frac{\partial^2 \Delta u_t}{\partial x^2} \tag{5.6.40a}$$

$$\Delta u_{w\Delta}=-z\Delta\theta_{y\Delta}=z(-\beta_{z\Delta 1}+2\beta_{z\Delta 2}x)\frac{\partial \Delta u_t}{\partial x}+z(-\beta_{z\Delta 1}x+\beta_{z\Delta 2}x^2)\frac{\partial^2 \Delta u_t}{\partial x^2} \tag{5.6.40b}$$

总的轴向位移

$$\Delta u_{\Delta} = \Delta u_{v\Delta} + \Delta u_{w\Delta} \tag{5.6.41}$$

5.6.2.5　*薄壁杆件的基本理论*

圣维南扭转是杆件自由扭转的基础。而在薄壁杆的研究中[2][5][10][12][15][30][36]，前苏联学者符拉索夫[12]和 A. A. 乌曼斯基作出了重大贡献，奠定了薄壁杆件结构力学的基础。

(1) 圣维南扭转(St. Venant Torsion)

圣维南扭转是指等截面直杆两端仅受扭矩作用，并不受其他任何约束，杆件在扭转时可以自由变形。即位移分量

$$\Delta v_{\theta_x} = -z\sin(\Delta\theta_x) + y - y\cos(\Delta\theta_x), \quad \Delta w_{\theta_x} = y\sin(\Delta\theta_x) + z - z\cos(\Delta\theta_x)$$

如果认为 $\sin(\Delta\theta_x) \approx \Delta\theta_x$，$\cos(\Delta\theta_x) \approx 1$，则

$$\Delta v_{\theta_x} = -z\Delta\theta_x, \quad \Delta w_{\theta_x} = y\Delta\theta_x$$

其中，$\Delta\theta_x$ 为相对截面的转角，在圣维南扭转中认为扭转角为常数。

如果截面的扭转角为 $\Delta\theta_x$，那么截面的扭转率为 $\varphi = \Delta\theta'_x$。所以轴向变形或翘曲位移

$$\Delta u_{\omega} = \Delta\theta'_x F(y, z)$$

这里，$F(y, z)$称为翘曲函数。因此杆件的圣维南扭转应变

$$\Delta\varepsilon_x = 0$$

$$\Delta\gamma_{xy} = -\Delta\theta'_x z + \Delta\theta'_x \frac{\partial F}{\partial y} = \Delta\theta'_x\left(\frac{\partial F}{\partial x} - z\right)$$

$$\Delta\gamma_{xz} = \Delta\theta'_x y + \Delta\theta'_x \frac{\partial F}{\partial z} = \Delta\theta'_x\left(\frac{\partial F}{\partial x} + y\right)$$

因此只需要求出翘曲函数，杆件的应变就可以表达。而翘曲函数可以通过引入应力函数求解。

(2) 约束扭转基本理论和基本假定

当薄壁杆件发生扭转时，截面将发生翘曲，若翘曲受到约束，则杆件内就将出现因翘曲而产生正应力以及与之平衡的二次剪应力，伴随着二次剪应力的附加剪应变又进一步对翘曲产生影响。但是经典的薄壁杆件约束扭转理论假设杆件内的翘曲分布规律与自由扭转时相同，而忽略了二次剪应力对翘曲变形的影响。在薄壁杆件中，因约束扭转而使截面翘曲从而沿杆的纵向产生显著的纵向位移 $\Delta u_{\omega}(s, x)$，以及沿杆的横向产生显著的横向位移 $\Delta\xi(s, x)$。

图 5.6.10(a)为薄壁梁的坐标系，图 5.6.10(b)为薄壁梁剖面中的流动坐标系。在图 5.6.10(b)中，A 为剖面周线上任意一点，n，s 为沿剖面周线变化的流动直角坐标系，n 为点 A 处剖面周线的法线方向，s 为周线切线方向，θ 为剖面周线切线 s 与 x 轴正向夹角。

开口薄壁杆的自由和约束扭转理论是基于以下三个关于变形的基本假定：横截面周边不变形，虽然截面发生翘曲，但周边上任何两点间的距离在原平面上的投影等于原长；开口薄壁杆的中面(壁厚中间层)无剪应变，约束扭转时，中间层材料不承受剪切；杆件变形微小，且处于线性阶段。

符拉索夫等学者在“刚性周边”假定和“中面剪应变为零”假定的基础上建立了开口薄壁杆件中约束扭转产生的翘曲变形的实用计算理论。在该理论中，用双力矩表达引起翘曲变形的力因素。

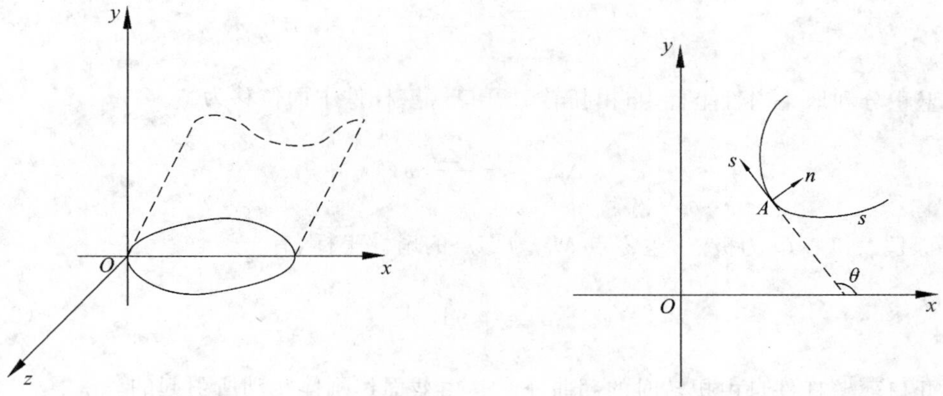

(a) 薄壁梁的固定坐标系

(b) 周线流动坐标

图 5.6.10　薄壁梁坐标系

A. A. 乌曼斯基于 1939 年提出了一套闭口截面薄壁杆件约束扭转实用的计算理论，这一计算理论放弃了符拉索夫开口截面杆件的"中面剪应变为零"的假定，而保留了"刚性周边"假定，即忽略了外形轮廓线的变形，这对于闭口截面杆件理论至关重要。这一理论简单，适应性强，尤其可用于很薄或由非平板围成的没有刚结棱角的闭口截面，如圆钢管。

符拉索夫于 1949 年又提出了广义坐标法，用于对由平板围成的闭口截面杆件考虑截面外形轮廓线变形的约束扭转的分析。这是一种物理概念明确而适用范围较广的分析解法，已成为箱形梁分析的基础。

5.6.2.6　*薄壁杆件的自由扭转产生的位移*

对于约束扭转来说，翘曲是一个十分重要的量，但在自由扭转的情况下截面翘曲一般没有必要计算，所以需要清楚开、闭口截面对于翘曲计算的不同。

(1) 开口薄壁杆件

图 5.6.11 所示是一开口薄壁构件，左端固定，右端是自由端，作用有扭矩 M_x。扭矩 M_x 由右手螺旋法则确定向量方向，指向截面外法线方向时取正号，反之取负号。此时，薄壁杆件截面将绕该截面所在平面内某一不动点，即扭转中心 O 转动。各个截面扭心的连线是一条与杆轴平行的直线。

开口薄壁构件的自由扭转是建立在狭长矩形截面直杆自由扭转计算理论基础之上，但在应用时需引入刚性周边假定，在小变形情况下可以认为扭转变形后杆件的截面在其原来平面上的投影形状与原截面形状相同。根据刚性周边假定，开口薄壁杆件扭转时截面如刚体般转动，截面各个组成部分的扭角都相同。薄壁杆件截面上任意点在扭转时的切向位移为

$$\Delta\xi = \rho\Delta\theta_x$$

式中，ρ 为截面上任意点 P 的切线距扭心的距离。ρ 是一个带有正负号的量，当 P 点至扭心的连线沿 S 方向顺时针转动时为正，反之为负。

剪应变几何定义

$$\Delta\gamma_\omega = \frac{\partial\Delta\xi}{\partial x} + \frac{\partial\Delta u_\omega}{\partial s} \tag{5.6.42}$$

根据在开口薄壁杆件中中面剪应变为 0 的假定，有

$$\frac{\partial \Delta u_{\omega}}{\partial s}=-\rho\frac{\partial \Delta\theta_{x}(x)}{\partial x}$$

通过截面上积分和取主扇性坐标，自由扭转时开口薄壁杆件中面位移为

$$\Delta u_{\omega}=-\frac{\partial \Delta\theta_{x}}{\partial x}\omega \tag{5.6.43}$$

上式中的 ω 是以扭心 O 为极点，主零点 M_0 为零点的扇性坐标，有

$$\omega=\int_{0}^{s}\rho \mathrm{d}s \tag{5.6.44}$$

可见开口薄壁杆件自由扭转时的翘曲完全是由截面作刚体转动所引起的。

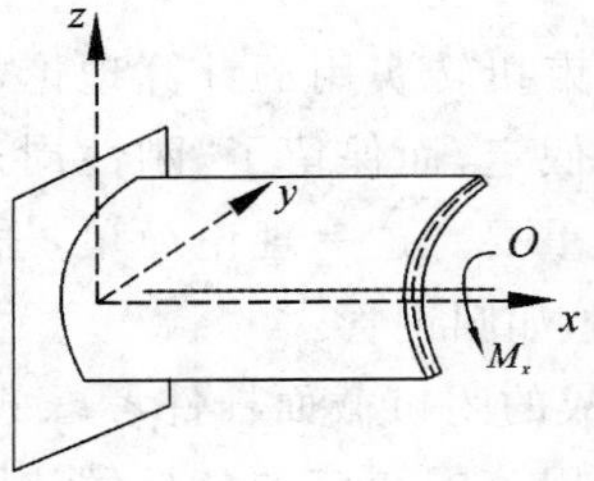

图 5.6.11　任意开口薄壁杆件

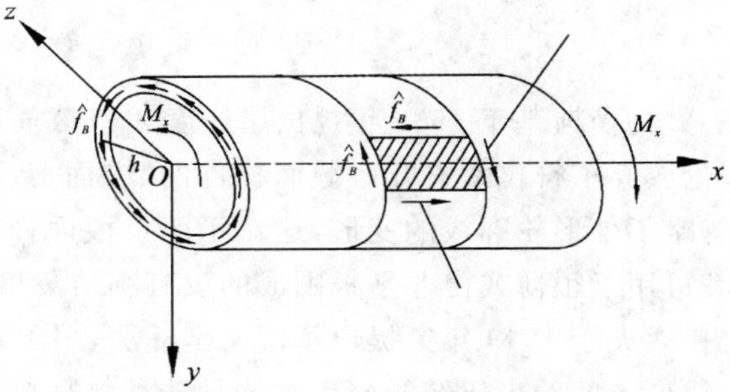

图 5.6.12　闭口薄壁杆件的自由扭转

(2) 闭口薄壁杆件截面翘曲

如图 5.6.12 所示，当闭口薄壁杆件在自由扭转时，可认为截面中的布雷特(Bredt)剪应力沿壁厚均匀分布，剪应力沿着截面形成剪流，这个剪流常称为布雷特剪流 $\Delta\hat{f}_B$。对于等截面的闭口薄壁杆件，自由扭转时其剪流 $\Delta\hat{f}_B$ 等于常数，即截面上任意点的剪应力与壁厚的乘积始终不变。据此，最大剪应力将发生在壁厚最小的地方，最小剪应力将发生在壁厚最大的地方，对应的剪应力即是布雷特剪应力 $\Delta\tau_B$。

由于闭口薄壁杆件截面上的剪应力沿壁厚均匀分布，所以中间层剪应力不为零，即 $\Delta\gamma_{\omega}\neq 0$，利用虎克定律，将 $\Delta\tau_B=G\Delta\gamma_{\omega}$ 代入式(5.6.42)有

$$\frac{\Delta\tau_B}{G}=\frac{\partial \Delta u_{\omega}}{\partial s}+\rho\frac{\partial \Delta\theta_{x}}{\partial x} \tag{5.6.45}$$

从而得

$$\Delta u_{\omega}(x)=\int_{0}^{s}\left(\frac{\Delta\tau_B}{G}-\rho\Delta\theta_{x}\right)\mathrm{d}s+\Delta u_{\omega(0)}(x)$$

如果选定 S 的坐标起点后使得 $\Delta u_{\omega(0)}(x)=0$，那么上式可以变为

$$\Delta u_{\omega}(x)=\int_{0}^{s}\left(\frac{\Delta\tau_B}{G}-\rho\Delta\theta_{x}\right)\mathrm{d}s \tag{5.6.46}$$

式中，$\Delta\tau_B$ 表示截面上均匀分布的布雷特剪应力。

通过变换可以再将上式改变为

$$\Delta u_{\omega}(x) = -\frac{\partial \Delta\theta_x}{\partial x}\int_0^s\left(\rho - \frac{\Delta\tau_B}{G\Delta\theta'_x}\right)\mathrm{d}s = -\frac{\partial\Delta\theta_x}{\partial x}\omega \tag{5.6.47}$$

$$\omega = \int_0^s\left(\rho - \frac{\Delta\tau_B}{G\theta'_x}\right)\mathrm{d}s = \int_0^s\left(\rho - \frac{\psi}{t}\right)\mathrm{d}s \tag{5.6.48}$$

式中

$$\psi = \frac{J_B}{2\hat{A}} \tag{5.6.49}$$

其中，$\hat{A}$ 为中面所围成的截面面积，J_B 称为闭口薄壁杆件的“相当惯性矩”，且有

$$J_B = \frac{4\hat{A}^2}{\int\frac{\mathrm{d}s}{t}} = \frac{4\hat{A}^2}{s_0} \tag{5.6.50}$$

比较开口截面与闭口截面的翘曲公式可以看出，两者形式一样，但是闭口截面的翘曲总是比开口截面的小，这是因为闭口截面壁厚中心线上的剪应力所对应的剪应变抵消了一部分截面作刚体转动引起的翘曲。

5.6.2.7　薄壁杆件的约束扭转产生的位移

薄壁构件在扭转时，若由于支座约束或其他原因，如外扭矩沿杆长不均匀分布、非等截面杆件等，使得截面不能自由翘曲，那么杆件就发生约束扭转，或称为翘曲约束扭转。约束扭转由于截面不能自由翘曲，于是在杆件中产生正应力。这时，沿杆轴线方向的各个截面的翘曲不相等，杆件单位长度的扭角(扭率)沿杆长不是一个常量，杆件的纵向纤维发生伸长或缩短。而且这种正应力沿截面的分布不是均匀的，这就引起了杆件的弯曲。因此，约束扭转有时亦称为弯曲扭转。约束扭转时截面上发生三种应力，即扇性正应力 σ_{ω}、扇性剪应力 τ_{ω} 和自由扭转剪应力(见图 5.6.13)。

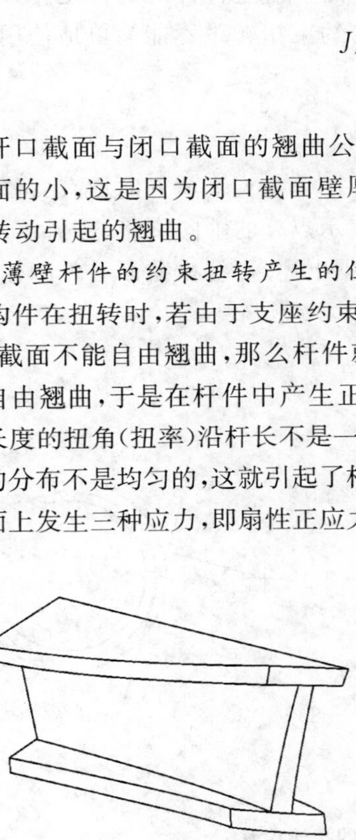

(a) 工字形构件

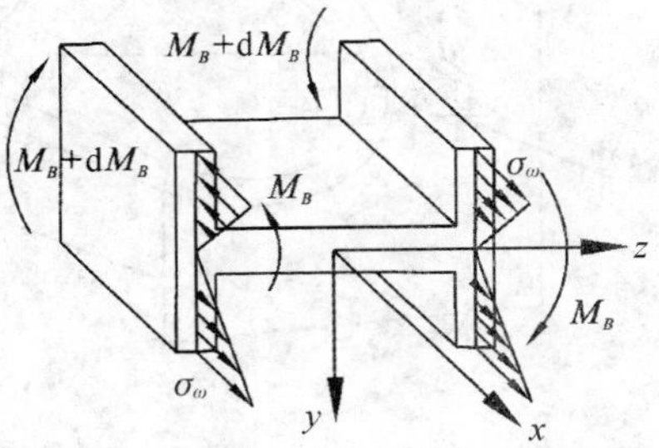

(b) 截面扇性正应力和双力矩

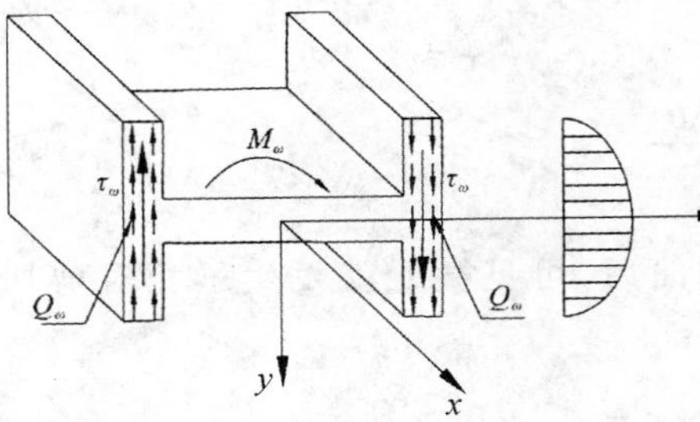

(c) 截面扇性剪应力和剪力

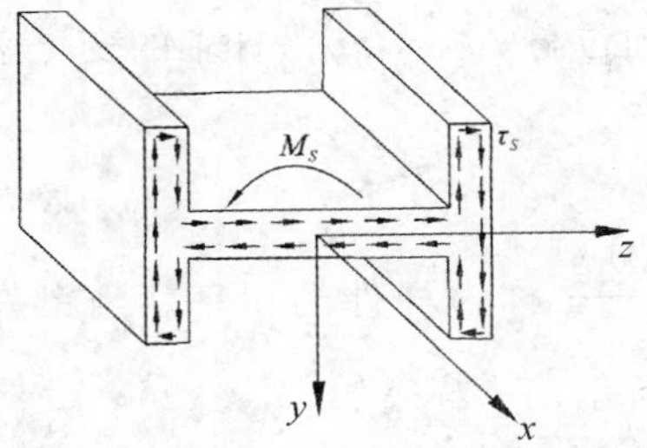

(d) 截面自由扭转扭矩和剪应力

图 5.6.13　工字形构件约束扭转

(1) 开口薄壁杆件的约束扭转

为研究开口薄壁杆件的约束扭转，现作以下基本假定：刚性周边假定，杆件截面外形轮廓线在其自身平面内保持刚性，在出平面方向可以翘曲；杆件中面上的剪应变为零，即 $\gamma=0$。通常认为，开口截面薄壁杆件自由扭转引起的翘曲位移或纵向位移

$$\Delta u_{\omega}(s,x)=-\Delta\theta'_{x}\omega(s)+\omega_{0}(z) \tag{a}$$

在约束扭转时亦成立。这称为经典的薄壁杆件约束扭转理论。但是，由于式(a)是在自由扭转的情况下推导出来的，这时截面上没有二次剪应力存在。实际上在约束扭转时，除了自由扭转剪应力外，还有二次剪应力，因此说式(a)显然是近似的。然而分析表明，这样近似引起的误差可以忽略不计，因此在工程实际中是可行的。但是对于闭口薄壁杆件的约束扭转，忽略二次剪应力的影响将引起显著的误差，因此在闭口薄壁杆件的约束扭转中不能简单地使用式(a)。当选择合适的扇性坐标原点的时候，式(a)可以写成

$$\Delta u_{\omega}(s,\ x)=-\Delta\theta'_{x}\omega(s) \tag{b}$$

如图 5.6.14 所示，若在点 n 的附近取出中面微元，在 x 方向和 s 方向均有变位，发生了扭转角位移 $\Delta\theta(x)$，θ 以顺时针向为正，现以 $\Delta u_{\omega}(x,\ s)$ 表示点 n 的轴向位移。图 5.6.14(b)表示从杆件左端坐标原点向 x 轴正方向看到的截面和段。据上述，可将横截面看作刚体，壁中线上所有各点均绕扭心发生切向位移

$$\Delta\xi(s,\ x)=\rho\Delta\theta_{x}(x) \tag{5.6.51}$$

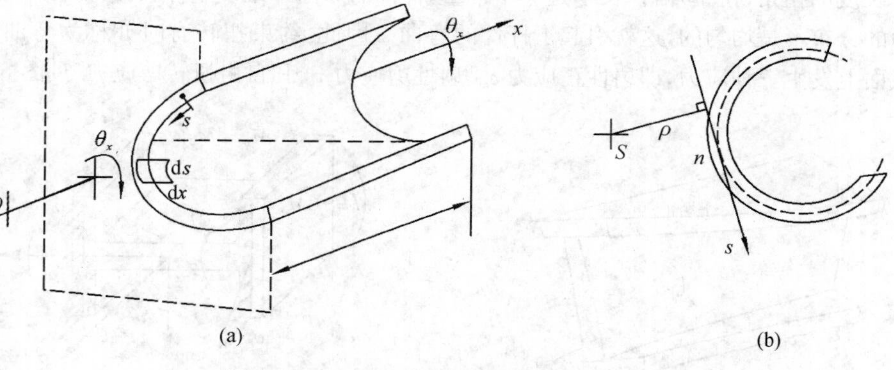

图 5.6.14　开口薄壁截面梁的扭转位移

式中，ρ 为扭心至壁中线上点 n 的切线之垂直距离。

切向位移 $\Delta\xi(s,\ x)$沿杆轴的变化率

$$\frac{\partial\Delta\xi}{\partial x}=\rho\frac{\partial\Delta\theta_{x}}{\partial x} \tag{5.6.52}$$

式中，$\rho\dfrac{\partial\Delta\theta_{x}}{\partial x}$ 称为杆件的扭率。当梁发生扭转、翘曲后，可见微元就发生了相对剪切（如图 5.6.14所示）。

① 扇性正应力

如果式(a)成立，约束扭转的轴向应变

$$\Delta\varepsilon_\omega = \frac{\partial \Delta u_\omega}{\partial x} = - \Delta\theta''_x\omega + \omega'_0$$

可以认为杆件在变形时纵向纤维间无挤压，故可以根据单向虎克定律得正应力

$$\Delta\sigma_\omega = E\Delta\varepsilon_\omega = E - \Delta\theta''_x\omega + E\omega'_0$$

当选定特定的扇性坐标后 $\omega'_0(x)=0$，因此上式可以得到简化。

② 扇性剪应力

扇性剪应力沿壁厚均匀分布，故可以用剪应力流表示，称为扇性剪流或二次剪流。可以从静力平衡方程导出，即有

$$\frac{\partial \Delta\sigma_\omega}{\partial x}\mathrm{d}x \cdot t \cdot \mathrm{d}s = -\frac{\partial(\Delta\tau_\omega t)}{\partial s}\mathrm{d}s \cdot \mathrm{d}x$$

把扇性正应力的表达式代入，并进行积分后有

$$f_\omega = \Delta\tau_\omega t = E\Delta\theta''_x\int_0^s \omega t\,\mathrm{d}s = E\Delta\theta'''_x S_\omega$$

上式在积分时因开口截面端点无剪应力，因而不出现积分常数。将沿截面壁厚均匀分布的二次剪应力与沿截面壁厚线性分布的自由扭转剪应力相加，即可以得到开口截面约束扭转的总剪应力。

(2) 闭口薄壁杆件约束扭转

对于闭口薄壁杆件，约束扭转时若不计二次剪应力的影响将会引起较大的误差，因此要对自由扭转的翘曲公式 $\Delta u_\omega = -\frac{\partial \Delta\theta_x}{\partial x}\bar{\omega}$ 加以修正。目前的做法是在自由扭转翘曲公式中不改变扇性坐标 $\bar{\omega}$，而用另一个函数 $\Delta\theta_\omega(x)$ 来代替扭率 $\frac{\partial \Delta\theta_x(x)}{\partial x}$，于是得到闭口薄壁杆件约束扭转的翘曲公式

$$\Delta u_\omega = - \Delta\theta_\omega(x)\bar{\omega}(s)$$

更为一般的表达为

$$\Delta u_\omega = - \Delta\theta_\omega(x)\bar{\omega}(s) + \Delta u_{\omega 0} \tag{a}$$

这里，$\Delta\theta_\omega(x)$ 称为翘曲函数。

上式表明：闭口截面约束扭转时翘曲沿截面的分布规律与自由扭转时相同，但翘曲沿杆件长度的变化则与自由扭转时不同。这修正理论称为库尔布鲁纳-哈丁(Kollbrunner-Hajdin)修正理论，或乌曼斯基(A. A. Умаиский)理论。

将自由扭转扭率 $\frac{\partial \Delta\theta_x(x)}{\partial x}$ 用函数 $\Delta\theta_\omega(x)$ 来代替，就可以进行约束扭转分析。根据式(a)选取适当的扇性坐标起点使得 $\Delta u_{\omega 0}=0$，那么

$$\Delta u_\omega = - \Delta\theta_\omega(x)\bar{\omega}(s) \tag{5.6.53}$$

式中，$\bar{\omega}(s) = \int_0^s\left(\rho - \frac{\psi}{t}\right)\mathrm{d}s$，$\psi = \frac{\int \rho \mathrm{d}s}{\int \frac{\mathrm{d}s}{t}}$。

在现有关闭口薄壁杆件理论的文献中，存在着不同的翘曲函数的表达式[2][5]。有的采用一个函数来表达扭转和畸变(即横截面周边的变形)两种翘曲变形；有的则采用两个函数来表

达;有的用扭转角的一阶导数表示扭转翘曲,用畸变角的一阶导数表示畸变翘曲;有的则另外选用两个独立的函数表示。对于闭口薄壁杆件,有的文献[2]认为一般情况下不能用扭转角和畸变角的一阶导数作为翘曲函数。只有当杆轴为直线且横截面无开口部分时才能只用一个函数来表达翘曲变形,其余情况下都必须采用两个函数分别表达扭转和畸变翘曲。实际上,无论是开口还是闭口薄壁杆件,上述的关系都是建立在约束扭转剪应变和畸变剪应变的影响可以忽略不计的假设之上,所以其准确与否取决于约束扭转剪应变和畸变剪应变实际影响的大小。开口薄壁杆件的约束扭转问题中采用了自由扭转时的翘曲公式,即忽略了二次剪应力对扭转变形的影响。

(3) 翘曲函数

在以上分析基础上,Kollbrunner 和 Hajdin 等人对翘曲分布作了新的假设,引进了一个表征翘曲沿杆长分布的翘曲函数来代替扭率,用以计及二次剪应力对翘曲的影响,使薄壁杆件约束扭转理论得到了改进。

在闭口薄壁截面扭转中,引入翘曲函数 $\Delta\theta_\omega$ 代替扭率$\dfrac{\partial \Delta\theta_x}{\partial x}$来表示翘曲位移。假定扭角 $\Delta\theta_x$ 与翘曲角 $\Delta\theta_\omega$ 之间的关系为

$$\Delta\theta_\omega = \frac{\partial \Delta\theta_x}{\partial x} + \lambda \frac{\partial^3 \Delta\theta_x}{\partial x^3} \tag{5.6.54}$$

式中

$$\lambda = \frac{1}{\mu_1 \cdot \mu_2} \cdot \frac{EI_\omega}{GI_\rho}, \quad \mu_1 = 1 - \frac{J_B + J_s}{I_\rho + J_s}, \quad \mu_2 = 1 - \frac{J_B}{I_\rho} \tag{5.6.55}$$

式中,I_ω 为以 s 为极点的扇性惯性矩,有

$$I_\omega = \int_A \bar{\omega}^2 \, \mathrm{d}A \tag{5.6.56}$$

$\bar{\omega}$ 为闭口截面扇性坐标,有

$$\bar{\omega}(s) = \int_0^s \left(\rho - \frac{\psi}{t}\right) \mathrm{d}s \tag{5.6.57}$$

I_ρ 为以 s 为极点的极惯性矩,即对扭心的极惯性矩为

$$I_\rho = \int_A \rho^2 \, \mathrm{d}A \tag{5.6.58}$$

J_B 为与闭口薄壁上均匀分布的 Bredt 剪流相对应的扭转惯性矩,有

$$J_B = \int_A \rho \frac{\psi}{t} \mathrm{d}A = \int_A \frac{\psi^2}{t^2} \mathrm{d}A \tag{5.6.59}$$

ψ 表征 Bredt 剪应力 $\Delta\tau_B$ 沿截面分布规律,是一个固定值,仅由剖面的几何形状决定,有

$$\psi = \frac{\Delta\tau_B t}{G \dfrac{\partial \Delta\theta_x}{\partial x}} \tag{5.6.60}$$

其值可以反映出开口和闭口截面的区别。对于开口薄壁杆件,令 $J_B = 0$ 即可。

J_s 为与薄壁截面上线性分布的剪力流相对应的扭转常数,有

$$J_s = \frac{1}{3}\int_A t^2 \mathrm{d}A \tag{5.6.61}$$

J 为剖面的总扭转惯性矩：$J = J_B + J_s$。

翘曲函数 $\Delta\theta_\omega$ 反映出翘曲规律的变化，区别于单纯以扭率$\dfrac{\partial \Delta\theta_x}{\partial x}$来表示翘曲位移，以$\lambda\ \dfrac{\partial^3 \Delta\theta_x}{\partial x^3}$计及二次剪应力，表示次翘曲的影响。

于是综上所述，薄壁杆件约束扭转时中面任意点的轴向位移和切向位移分别表示为

$$\begin{cases} \Delta u_\omega(s,x) = -\bar{\omega}(s)\Delta\theta_\omega(x) \\ \Delta\xi(s,x) = \rho(s)\Delta\theta_x(x) \end{cases} \tag{5.6.62}$$

5.6.3 空间梁-柱的位移

基于叠加原理，空间梁-柱在外力作用下发生的变形是拉伸或压缩、弯曲、剪切、扭转等基本的平面变形和可能的翘曲变形的组合。截面变形形式如图 5.6.15 所示。

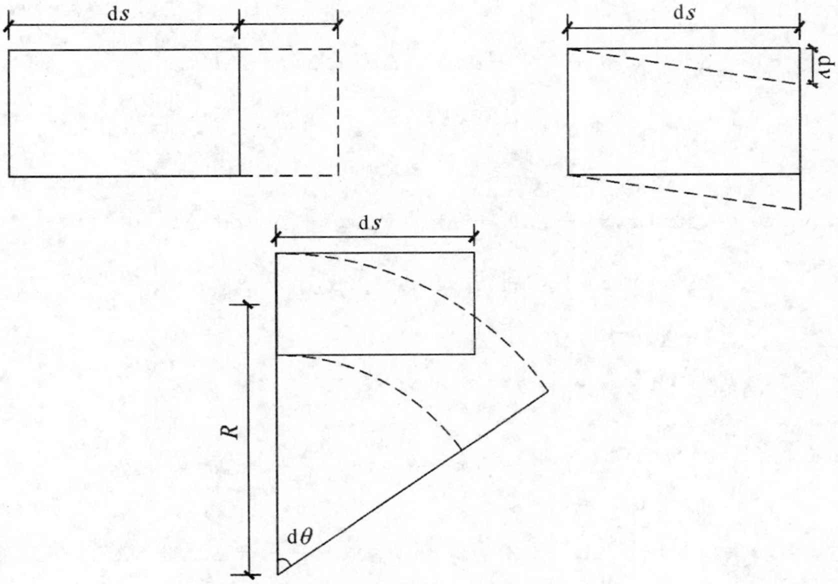

图 5.6.15 截面的变形

为以后的讨论，设

$$\Delta u_1 = \Delta u_b + \Delta u_{bs},\quad \Delta v_1 = \Delta v_b + \Delta v_{bs},\quad \Delta w_1 = \Delta w_b + \Delta w_{bs} \tag{5.6.63}$$

描述空间梁-柱中任一点(x, y, z)的位移 $\Delta u(x, y, z)$，$\Delta v(x, y, z)$和 $\Delta w(x, y, z)$的式(5.6.1)可表示为

$$\begin{aligned} \Delta u(x, y, z) &= \Delta u_t + \Delta u_b + \Delta u_{bs} + \Delta u_s + \Delta u_\Delta + \Delta u_\omega \\ &= \Delta u_t - y(1+\beta_{ys})\Delta\theta_{zb} - z(1+\beta_{zs})\Delta\theta_{yb} \\ &\quad - y(\beta_{y\Delta 1} - 2\beta_{y\Delta 2}x)\frac{\partial \Delta u_t}{\partial x} - y(\beta_{y\Delta 1}x - \beta_{y\Delta 2}x^2)\frac{\partial^2 \Delta u_t}{\partial x^2} \end{aligned} \tag{5.6.64a}$$

$$-z(\beta_{z\Delta1}-2\beta_{z\Delta2}x)\frac{\partial\Delta u_t}{\partial x}-z(\beta_{z\Delta1}x-\beta_{z\Delta2}x^2)\frac{\partial^2\Delta u_t}{\partial x^2}$$

$$-z^3\frac{4}{3h^2}\frac{\partial\Delta w_s}{\partial x}-y^3\frac{4}{3b^2}\frac{\partial\Delta v_s}{\partial x}-\bar{\omega}\left(\frac{\partial\Delta\theta_x}{\partial x}+\lambda\frac{\partial^3\Delta\theta_x}{\partial x^3}\right)$$

或

$$\begin{aligned}\Delta u(x,\ y,\ z)&=\Delta u_t+\Delta u_b+\Delta u_{bs}+\Delta u_s+\Delta u_\Delta+\Delta u_\omega\\&=\Delta u_t-y(1+\beta_{ys})\frac{\partial\Delta v_b}{\partial x}-z(1+\beta_{zs})\frac{\partial\Delta w_b}{\partial x}\\&\quad-y(\beta_{y\Delta1}-2\beta_{y\Delta2}x)\frac{\partial\Delta u_t}{\partial x}-y(\beta_{y\Delta1}x-\beta_{y\Delta2}x^2)\frac{\partial^2\Delta u_t}{\partial x^2}\\&\quad-z(\beta_{z\Delta1}-2\beta_{z\Delta2}x)\frac{\partial\Delta u_t}{\partial x}-z(\beta_{z\Delta1}x-\beta_{z\Delta2}x^2)\frac{\partial^2\Delta u_t}{\partial x^2}\\&\quad-z^3\frac{4}{3h^2}\frac{\partial\Delta w_s}{\partial x}-y^3\frac{4}{3b^2}\frac{\partial\Delta v_s}{\partial x}-\bar{\omega}\left(\frac{\partial\Delta\theta_x}{\partial x}+\lambda\frac{\partial^3\Delta\theta_x}{\partial x^3}\right)\end{aligned}\tag{5.6.64b}$$

及

$$\begin{cases}\Delta v(x,\ y,\ z)=\Delta v_t(x,y)+\Delta v_b+\Delta v_{bs}+\Delta v_s+\Delta v_\Delta+\Delta v_{\theta_x}\\\qquad=\Delta v_t(x,y)+(1+\beta_{ys})\Delta v_b+(\beta_{y\Delta1}x-\beta_{y\Delta2}x^2)\dfrac{\partial\Delta u_t}{\partial x}\\\qquad\quad+\Delta v_s-z\Delta\theta_x\ ,\\\Delta w(x,\ y,\ z)=\Delta w_t(x,z)+\Delta w_b+\Delta w_{bs}+\Delta w_s+\Delta w_\Delta+\Delta w_{\theta_x}\\\qquad=\Delta w_t(x,z)+(1+\beta_{zs})\Delta w_b+(\beta_{z\Delta1}x-\beta_{z\Delta2}x^2)\dfrac{\partial\Delta u_t}{\partial x}\\\qquad\quad+\Delta w_s+y\Delta\theta_x\end{cases}\tag{5.6.65a}$$

当不考虑 $\Delta v_t(x,\ y)$和 $\Delta w_t(x,\ z)$时,有

$$\begin{cases}\Delta v(x,\ y,\ z)=(1+\beta_{ys})\Delta v_b+(\beta_{y\Delta1}x-\beta_{y\Delta2}x^2)\dfrac{\partial\Delta u_t}{\partial x}+\Delta v_s-z\Delta\theta_x,\\\Delta w(x,\ y,\ z)=(1+\beta_{zs})\Delta w_b+(\beta_{z\Delta1}x-\beta_{z\Delta2}x^2)\dfrac{\partial\Delta u_t}{\partial x}+\Delta w_s+y\Delta\theta_x\end{cases}\tag{5.6.65b}$$

式中,Δu_t, $\Delta v_t(x,\ y)$, $\Delta w_t(x,\ z)$, Δv_b, Δw_b, $\Delta\theta_x$, Δv_s, Δw_s 为空间梁-柱的弹性坐标系变形的基本变量。

式(5.6.1)所示的位移是引用了线性叠加原理。叠加原理可以在不同的层面上引入,譬如叠加不同荷载的响应、叠加拉压和弯剪应变能。而现在拉压、弯剪、扭和翘曲作用下,将梁-柱中任意一点产生的变形加以叠加,并反映在势能函数中,这样可以反映耦合效应。从上述讨论中也可知道分析模型的误差所在。因为在变形分析中仍然主要依赖 Bernoulli-Euler 假定,但 Bernoulli-Euler 假定的局限也是明显的,因此对变形尤其当材料进入塑性后的变形分析的研究仍然需要进行。尽管如此,通过变形分析可得到比弹性力学更多且更接近实际的问题的分析模型。

虽然在理想的模型中考虑了轴向拉伸或压缩、弯曲、剪切、轴向力二阶效应和扭转、翘曲而产生的变形和 y, z 向面内变形,但是针对具体实际问题,应根据存在这些因素的理论依据来取

或舍其中某些变形。譬如不是薄壁杆件，薄壁杆的理论就不适用；考虑二阶效应必须存在产生二阶效应的条件；考虑或忽略剪切变形应该根据实际问题，而不是经典理论的结果。

如果不是薄壁杆件，则不必考虑翘曲变形，式(5.6.1)改为

$$\begin{cases}\Delta u=\Delta u_t+\Delta u_1+\Delta u_s+\Delta u_\Delta,\\ \Delta v=\Delta v_t+\Delta v_1+\Delta v_s+\Delta v_\Delta+\Delta v_{\theta_x},\\ \Delta w=\Delta w_t+\Delta w_1+\Delta w_s+\Delta w_\Delta+\Delta w_{\theta_x}\end{cases}\tag{5.6.66}$$

如果不考虑 y, z 向面内变形，则式(5.6.66)改为

$$\begin{cases}\Delta u=\Delta u_t+\Delta u_1+\Delta u_s+\Delta u_\Delta,\\ \Delta v=\Delta v_1+\Delta v_s+\Delta v_\Delta+\Delta v_{\theta_x},\\ \Delta w=\Delta w_1+\Delta w_s+\Delta w_\Delta+\Delta w_{\theta_x}\end{cases}\tag{5.6.67}$$

如果为 Timoshenko 梁，则

$$\begin{cases}\Delta u=\Delta u_t+\Delta u_1,\\ \Delta v=\Delta v_1+\Delta v_{\theta_x},\\ \Delta w=\Delta w_1+\Delta w_{\theta_x}\end{cases}\tag{5.6.68}$$

如果仅为 Bernoulli-Euler 梁，则

$$\begin{cases}\Delta u=\Delta u_t+\Delta u_b,\\ \Delta v=\Delta v_b+\Delta v_{\theta_x},\\ \Delta w=\Delta w_b+\Delta w_{\theta_x}\end{cases}\tag{5.6.69}$$

对于不符合经典梁理论的深梁，则

$$\begin{cases}\Delta u=\Delta u_t+\Delta u_b+\Delta u_{bs}+\Delta u_s,\\ \Delta v=\Delta v_t+\Delta v_b+\Delta v_{bs}+\Delta v_s+\Delta v_{\theta_x},\\ \Delta w=\Delta w_t+\Delta w_b+\Delta w_{bs}+\Delta w_s+\Delta w_{\theta_x}\end{cases}$$

对于筒体，则

$$\begin{cases}\Delta u=\Delta u_t+\Delta u_b+\Delta u_{bs}+\Delta u_s+\Delta u_\omega,\\ \Delta v=\Delta v_t+\Delta v_b+\Delta v_{bs}+\Delta v_s+\Delta v_{\theta_x},\\ \Delta w=\Delta w_t+\Delta w_b+\Delta w_{bs}+\Delta w_s+\Delta w_{\theta_x}\end{cases}$$

5.7 伯努利-欧拉(Bernoulli-Euler)假定的修正

在第 5.6 节中讨论了梁因弯曲引起的轴向变形时计算，在线弹性范围可按式(5.6.2)确定弯曲所引起的轴向变形。但在材料进入塑性后，随着应变的增加，梁截面变形后将不再保持为平截面，由平截面假定带来的误差将不可忽略。此外，当考虑梁的弯、剪、扭耦合效应时，即便是弹性阶段，平截面假定都将带来一定的误差。

为了研究在进入塑性后梁在弯曲后截面纵向位移的变化规律，分别对圆管、矩形、工字形和箱形截面的梁弯曲所引起的轴向变形进行了理论分析，在分析研究的基础上给出修正平截

面假定的公式。

5.7.1 梁截面纵向变形的分析研究

根据弹塑性理论，采用有限元法对圆管、矩形、工字形以及箱形截面的梁进行几何和材料双非线性分析，研究其截面纵向变形规律。

图 5.7.1 和图 5.7.2 分别为工字形截面梁加载情况及网格划分，图 5.7.3 为截面纵向应力曲线，图 5.7.4 为截面上纵向位移分布。分析结果如下。

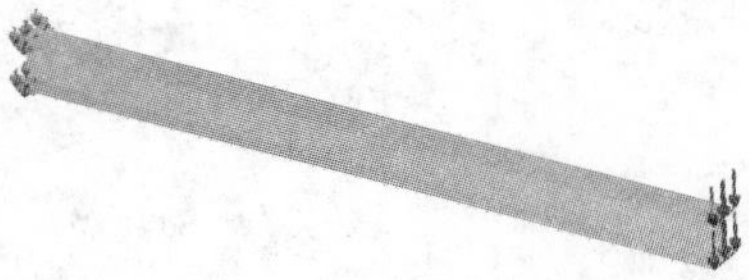

图 5.7.1 工字形截面构件加载情况

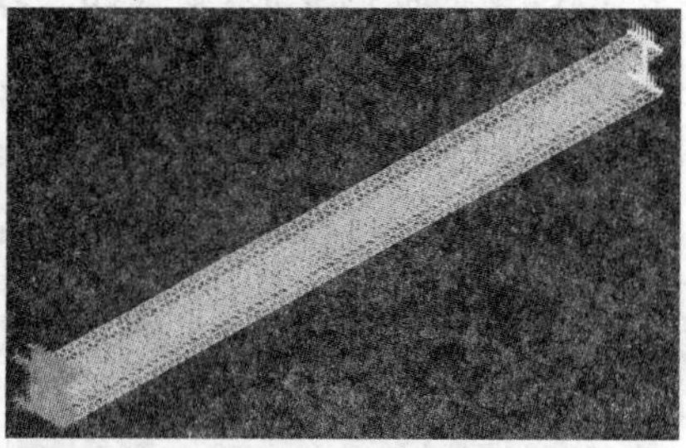

图 5.7.2 网格划分

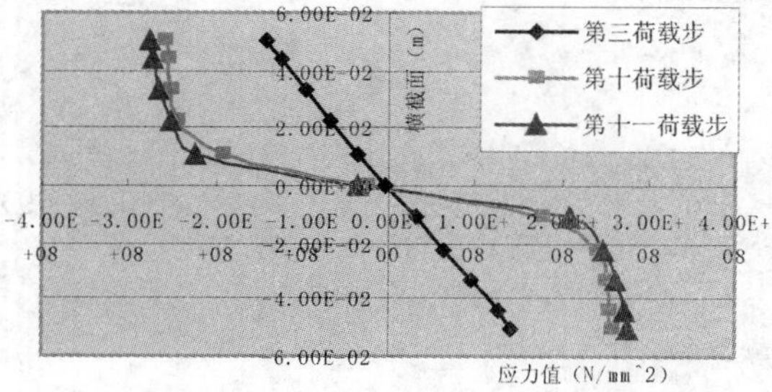

图 5.7.3 截面上纵向应力曲线

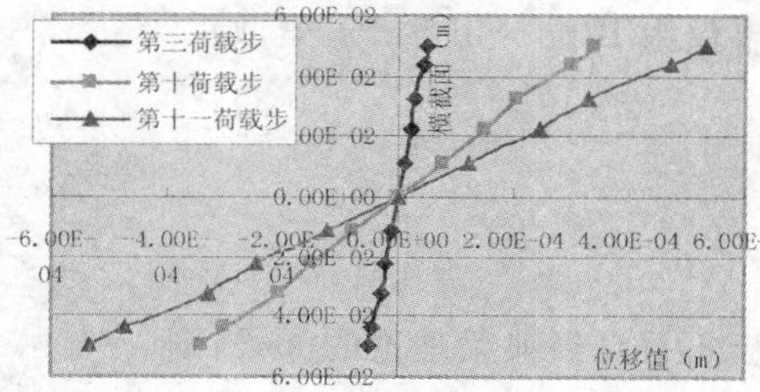

图 5.7.4 截面上纵向位移

(1) 梁在不同荷载阶段应力变化情况不同，在第七荷载步时梁横截面边缘点开始进入屈服，当加载为第十或第十一步时梁横截面上大多数点已经进入了屈服，应力曲线不再是直线。同时随着外荷载的增加，截面纵向位移成折线分布。

(2) 矩形截面和圆管截面

图 5.7.5 为矩形截面和圆管截面上的纵向应力和纵向位移曲线，实线表示为截面上位移曲线，虚线为应力曲线。当梁处在弹性阶段，即任一截面上纵向应力小于屈服应力。图 5.7.5(a)中点 a_0 及 b_0 仍然处在弹性阶段，因而此时的 a_2 及 b_2 是线性关系。相应此时的纵向位移，点 a_1 和 b_1 也是线性关系，即呈现相同的转角，符合平截面假定。当荷载加大后，图 5.7.5(b)显示了相应的纵向应力和位移都在增大，但是截面各点还处于弹性范围。荷载继续增加，此时梁截面最外边缘的应力达到屈服应力，这些点进入塑性。如图 5.7.5(c)所示，点 b_2 应力达到屈服应力，点 b_2 以下截面应力值仍然是直线段。此时 a_2 还处在弹性区，因而 b_2 与 a_2 不再呈线性关系。b_2 以上截面区域进入了塑性，应力曲线不再为一条直线，而是一条光滑曲线。同时 a_2 处在弹性阶段，即此区域仍然是线性关系。随着纵向应力点进入塑性，截面转角发生改变。对应于点 b_2，纵向位移点 b_1 为拐点，不再与下部区域有相同的转角。此时塑性区的截面转角相对于弹性直线叠加了一个很小的转角，对于弹性区域仍然保持为一条直线，即维持一个相同的转角，但是整个截面纵向位移为两折线段，不再保持为平截面。随着应力不断增

大,梁的屈服区不断向截面内部发展。屈服点不断向中和轴靠近,应力曲线段增加。同时对应的纵向位移也不断增大,相应的拐点向中和轴移动,折线段趋于明显(如图 5.7.5(d)所示)。

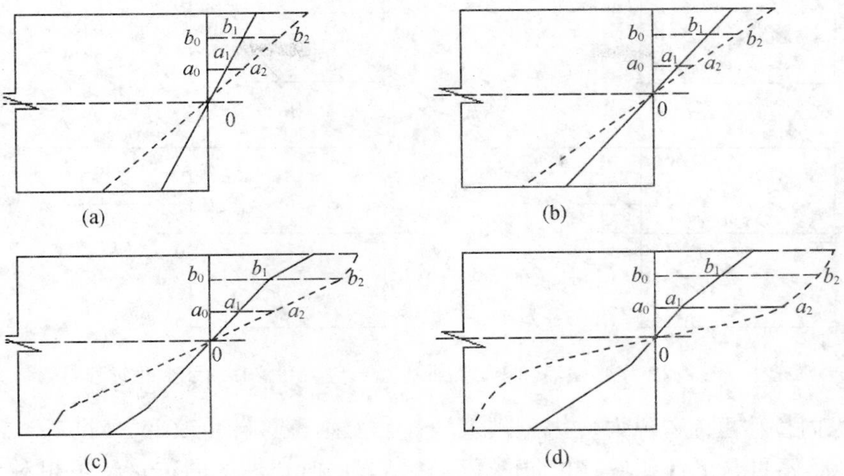

图 5.7.5　矩形截面和圆管截面上的纵向应力和纵向位移

(3) 工字形截面和箱形截面

图 5.7.6 示为工字形截面和箱形截面纵向应力和位移曲线,图中取横截面的一半来说明曲线变化规律。其中,虚线是应力曲线,点划线为纵向位移二次拟合,实线为计算所得纵向位移曲线。同样,当截面上点进入塑性,相应在塑性区域的纵向位移则相对弹性阶段发生曲折。但是有别于矩形截面和圆管截面形式,当截面塑性区域继续发展,达到某应力值时相应的纵向位移将向相反方向曲折。因而对梁上任一截面,其相应的纵向应力和纵向位移的发展过程类似矩形截面和圆管截面形式,即当梁处在弹性阶段时,任一截面上的纵向应力应小于屈服应力(如图 5.7.7 所示),其中虚线代表截面纵向应力,实线为纵向位移。

图 5.7.7(a)中,a_0 及 b_0 点仍然处在弹性阶段,因而此时纵向应力点 a_2 及 b_2 是线性关系。相应此时的纵向位移点 a_1 和 b_1 也是线性关系,呈现相同的位移转角,即符合平截面假定。图 5.7.7(b)为外加荷载加大,相应的纵向应力和位移都在增大,但是还是弹性范围。外加荷载继续增加,此时梁截面最外边缘的应力达到屈服应力,边缘点进入塑性。

图 5.7.7(c)显示应力点 b_2 达到屈服,b_2 点以下截面应力值小于屈服应力,应力曲线仍然是直线段。此时 a_2 还处在弹性区,因而 b_2 与 a_2 不再呈线性关系。点 b_2 以上截面区域进入了塑性,应力曲线不再为一条直线,而是一条光滑曲线。同时 a_2 处在弹性,即此区域仍然是线性

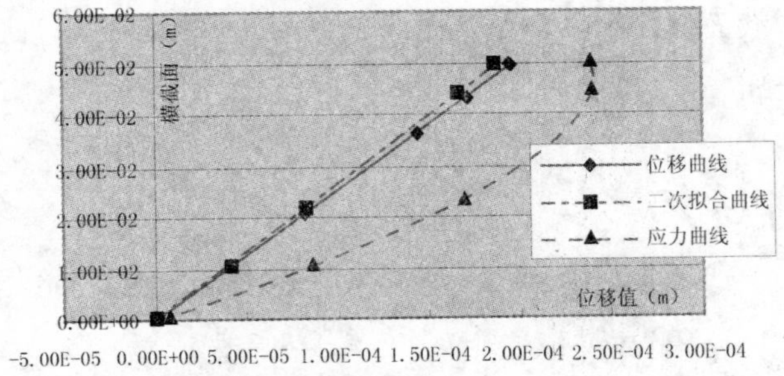

图 5.7.6　工字形截面和箱形截面纵向应力和位移曲线

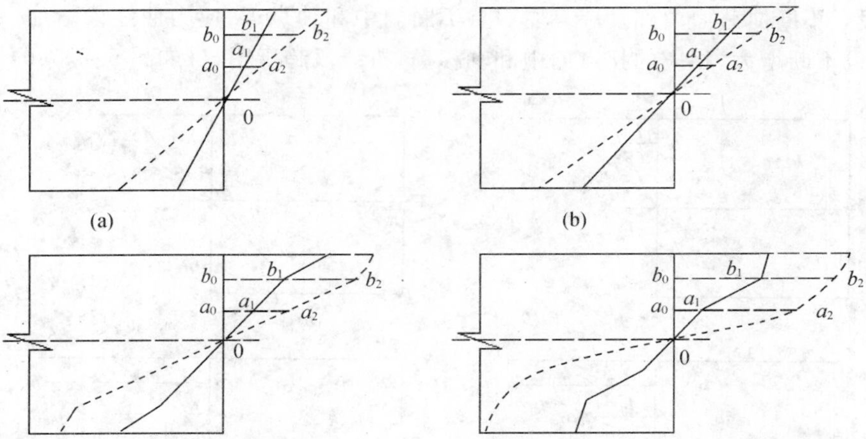

图 5.7.7 工字形截面和箱形截面上纵向应力和位移曲线变化过程

关系。同时纵向位移也随着纵向应力点进入塑性而发生位移转角改变。对应于点 b_2，纵向位移点 b_1 为拐点，不再与下部区域有相同的位移转角。此时塑性区的位移转角相对于弹性直线叠加了一个很小的转角，但塑性区域为一条直线，即维持一个相同的转角，致使整个截面纵向位移成为两折线段，不再保持为平截面。

随着应力不断增大，塑性不断向梁截面内部发展。屈服点不断向中和轴靠近，应力曲线段增加。同时对应的纵向位移也不断增大，相应的拐点向中和轴靠近。但是当塑性区中纵向应力值达到某一值时，位移线却向相反方向折曲，即相应弹性阶段的位移转角相对减小。此时出现了三折线，有两个拐点（如图 5.7.7d 所示）。

5.7.2 转角模型及位移修正

根据以上论述，纵向位移曲线在弹性区域位移成线性，保持一致的位移转角，在塑性区相对应弹性区有一个折曲，位移转角与弹性区域有一定差别。据此，需确定当结构进入塑性后截面纵向位移的变化趋势来对纵向位移进行修正。

考虑 xOy 平面，在 y 方向上假定梁变形中存在位移转角的那部分纵向位移为

$$u = y\theta \tag{5.7.1}$$

式中，θ 即为对应于梁的纵向位移的修正转角。

5.7.2.1 转角模型

（1）矩形截面和圆管截面的修正转角

如图 5.7.8 所示，截面弹性区纵向位移曲线斜率为 θ_e，即 $\theta_e = \dfrac{\partial v_b}{\partial x}$；截面塑性区纵向位移曲线斜率为 θ_p，经整理后可得

$$\theta_p = \eta \times \theta_e \tag{5.7.2}$$

则位移曲线的修正转角

$$\theta(y) = \begin{cases} \theta_e, & y < y_0; \\ \eta \times \theta_e, & y \geqslant y_0 \end{cases} \tag{5.7.3}$$

式中，y_0 为截面上达到屈服所对应的位置；η 为修正因子，经过计算分析可以得到分别对于矩

形截面和圆管截面的 η 值。

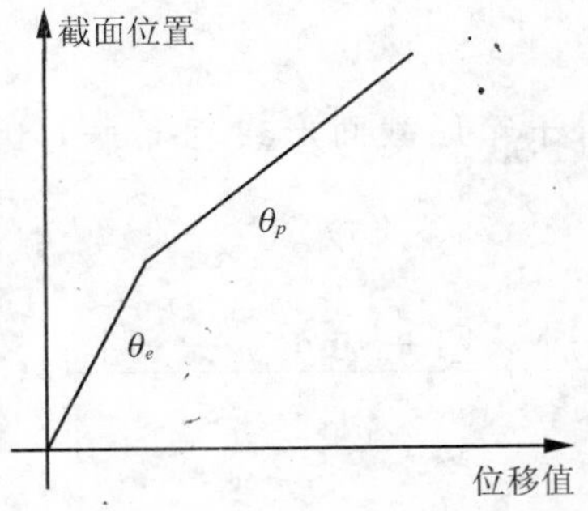

图 5.7.8　矩形和圆管截面位移转角曲线

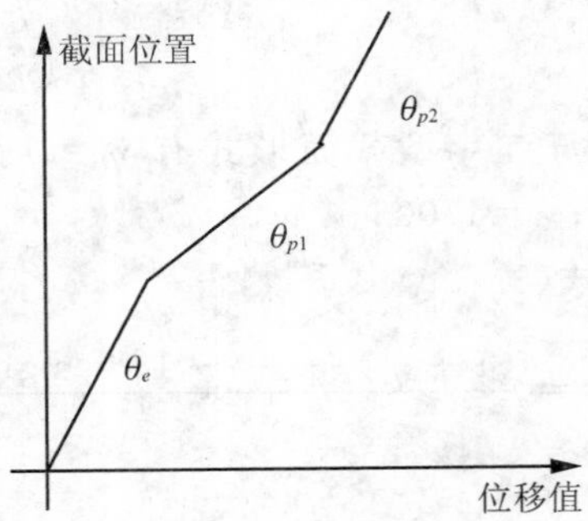

图 5.7.9　工字形和箱形截面位移转角曲线

根据截面上某一点纵向应力与纵向位移的关系,可得由等效应力为变量的转角函数

$$\theta(\sigma_i)=\begin{cases}\theta_e, & \sigma_i<\sigma_{\text{yield}};\\ \eta\times\theta_e, & \sigma_i>\sigma_{\text{yield}}\end{cases}\tag{5.7.4}$$

式中,σ_{yield} 为材料的屈服应力;σ_i 为截面上该点等效应力。对于圆管,$\eta=1.0714$,对于矩形截面,η 的取值为 1.022 3～1.023 8。

在上述基础上,可将式(5.7.3)改写为

$$\theta(y)=\eta(y)\times\theta_e\tag{5.7.5a}$$

或

$$\theta(\sigma_i)=\eta(\sigma_i)\times\theta_e\tag{5.7.5b}$$

其中

$$\eta(y)=\frac{(1+\eta)+(\eta-1)\times\text{sign}(y-y_0)}{2}\tag{5.7.6}$$

$$\eta(\sigma_i)=\frac{(1+\eta)+(\eta-1)\times\text{sign}(\sigma_i-\sigma_{\text{yield}})}{2}\tag{5.7.7}$$

(2) 工字形截面和箱形截面的修正转角

工字形截面和箱形截面梁不同于上述两种形式,在截面上一点等效应力超过屈服应力时,其纵向位移曲线同样有个转角,比弹性时要大;当外荷载继续增加,使塑性区上一点等效应力很大且超过某一应力值时,相对应的该点的纵向位移却反而比按弹性状态计算的位移值小,即存在两个拐点(见图 5.7.9)。据此纵向位移曲线修正转角

$$\theta(y)=\begin{cases}\theta_e, & y<y_1;\\ \eta_1\times\theta_e, & y_1<y<y_2;\\ \eta_2\times\theta_e, & y>y_2\end{cases}\tag{5.7.8}$$

式中,y_1, y_2 为截面上分别相对应于屈服应力 σ_{yield} 和 $\alpha\times\sigma_{\text{yield}}$ 的两个拐点的位置;η_1, η_2 分别为修正因子。

根据截面上某一点纵向应力与纵向位移的关系,可得由等效应力为变量的转角

$$\theta(\sigma_i)=\begin{cases}\theta_e, & \sigma_i<\sigma_{\text{yield}}\text{;}\\ \eta_1\times\theta_e, & \sigma_{\text{yield}}<\sigma_i<\alpha\times\sigma_{\text{yieldy}}\text{;}\\ \eta_2\times\theta_e, & \sigma_i>\alpha\times\sigma_{\text{yieldy}}\end{cases} \tag{5.7.9}$$

式中，对于工字型截面形式有 $\eta_1=1.05$，$\eta_2=0.951$；对于箱形截面形式有 $\eta_1=1.04$，$\eta_2=0.938\,2$；$\alpha=1.003$。

由式(5.7.9)中系数，得

$$\eta(y)=\frac{(1+\eta_1)+(\eta_1-1)\times\operatorname{sign}(y-y_1)+(\eta_2-\eta_1)\times[1-\operatorname{sign}(y_2-y)]}{2} \tag{5.7.10}$$

或

$$\eta(\sigma_i)=\frac{(1+\eta_1)+(\eta_1-1)\times\operatorname{sign}(\sigma_i-\sigma_{\text{yield}})+(\eta_2-\eta_1)\times[1-\operatorname{sign}(\alpha\times\sigma_{\text{yield}}-\sigma_i)]}{2} \tag{5.7.11}$$

把式(5.7.10)或者式(5.7.11)代入式(5.7.8)或式(5.7.9)中即可确定转角。同时注意到式(5.7.10)和式(5.7.11)中 η_1，η_2，α 针对不同的截面形式取为不同的常数，由此可得各截面形式的修正因子。

5.7.2.2　位移修正

如前所述，由于弯矩作用而引起的纵向位移

$$\Delta u_b=-y\frac{\partial\Delta v_b}{\partial x}-z\frac{\partial\Delta w_b}{\partial x}$$

当截面进入塑性后，应对纵向位移进行修正，即

$$\Delta u_b=-y\eta(\sigma_i)\frac{\partial\Delta v_b}{\partial x}-z(I_1\eta(\sigma_i)+I_2)\frac{\partial\Delta w_b}{\partial x} \tag{5.7.12}$$

式中，I_1，I_2 是截面形状调整系数，对于矩形、圆管和箱形截面，y 方向与 z 方向是类似的，取 $I_1=1$，$I_2=0$；而对于工字形截面，因为其弱轴引起的纵向位移影响很小，在此不考虑它的修正，所以 $I_1=0$，$I_2=1$，但 z 方向仍然取 $I_1=1$，$I_2=0$；$\eta(\sigma_i)$ 为各截面形式的修正系数，即如式(5.7.7)或式(5.7.11)所得到的转角系数。

5.8　基于修正的伯努利-欧拉(Bernoulli-Euler)假定的梁-柱位移

根据以上的分析可得到基于修正的 Bernoulli-Euler 假定的梁-柱纵向位移模式，即如式(5.6.64)所示的梁-柱中任一点纵向位移修正为

$$\begin{aligned}\Delta u(x,y,z)&=\Delta u_t+\Delta u_b+\Delta u_{bs}+\Delta u_s+\Delta u_\Delta+\Delta u_\omega\\&=\Delta u_t-y(1+\beta_{ys})\eta(\sigma_i)\Delta\theta_{zb}-z(1+\beta_{zs})(I_1\eta(\sigma_i)+I_2)\Delta\theta_{yb}\\&\quad-y(\beta_{y\Delta1}-2\beta_{y\Delta2}x)\frac{\partial\Delta u_t}{\partial x}-y(\beta_{y\Delta1}x-\beta_{y\Delta2}x^2)\frac{\partial^2\Delta u_t}{\partial x^2}\\&\quad-z(\beta_{z\Delta1}-2\beta_{z\Delta2}x)\frac{\partial\Delta u_t}{\partial x}-z(\beta_{z\Delta1}x-\beta_{z\Delta2}x^2)\frac{\partial^2\Delta u_t}{\partial x^2}\\&\quad-z^3\frac{4}{3h^2}\frac{\partial\Delta w_s}{\partial x}-y^3\frac{4}{3b^2}\frac{\partial\Delta v_s}{\partial x}-\bar{\omega}\left(\frac{\partial\Delta\theta_x}{\partial x}+\lambda\frac{\partial^3\Delta\theta_x}{\partial x^3}\right)\end{aligned} \tag{5.8.1a}$$

或

$$
\begin{aligned}
\Delta u(x,\ y,\ z) = & \Delta u_t - y(1+\beta_{ys})\eta(\sigma_i)\frac{\partial \Delta v_b}{\partial x} - z(1+\beta_{zs})(I_1\eta(\sigma_i)+I_2)\frac{\partial \Delta w_b}{\partial x} \\
& - y(\beta_{y\Delta 1} - 2\beta_{y\Delta 2}x)\frac{\partial \Delta u_t}{\partial x} - y(\beta_{y\Delta 1}x - \beta_{y\Delta 2}x^2)\frac{\partial^2 \Delta u_t}{\partial x^2} \\
& - z(\beta_{z\Delta 1} - 2\beta_{z\Delta 2}x)\frac{\partial \Delta u_t}{\partial x} - z(\beta_{z\Delta 1}x - \beta_{z\Delta 2}x^2)\frac{\partial^2 \Delta u_t}{\partial x^2} \\
& - z^3\frac{4}{3h^2}\frac{\partial \Delta w_s}{\partial x} - y^3\frac{4}{3b^2}\frac{\partial \Delta v_s}{\partial x} - \bar{\omega}\left(\frac{\partial \Delta\theta_x}{\partial x} + \lambda\frac{\partial^3 \Delta\theta_x}{\partial x^3}\right)
\end{aligned}
\tag{5.8.1b}
$$

梁-柱中任一点横向位移仍如式(5.6.65)所示。

5.9 空间梁-柱的应变

对大多数符合工程梁假定的空间梁-柱可以简化为一维问题来处理，这样研究梁-柱的变形时可以理解为三维空间问题的蜕化，不计沿 y 和 z 方向变形，忽略正应变 ε_y，ε_z 及相应的剪应变 γ_{yz}。此时，即简化为一维梁-柱的应变。在梁-柱弹性坐标系即材料坐标系中任一点的应变

$$
\Delta\boldsymbol{\varepsilon} = \begin{bmatrix} \Delta\boldsymbol{\varepsilon}_x \\ \Delta\boldsymbol{\gamma}_{xy} \\ \Delta\boldsymbol{\gamma}_{xz} \end{bmatrix} = \begin{bmatrix} \frac{\partial}{\partial x} & 0 & 0 \\ \frac{\partial}{\partial y} & \frac{\partial}{\partial x} & 0 \\ \frac{\partial}{\partial z} & 0 & \frac{\partial}{\partial x} \end{bmatrix} \begin{bmatrix} \Delta u \\ \Delta v \\ \Delta w \end{bmatrix} + \begin{bmatrix} \frac{1}{2}\left(\frac{\partial}{\partial x}\right)^2 & \frac{1}{2}\left(\frac{\partial}{\partial x}\right)^2 & \frac{1}{2}\left(\frac{\partial}{\partial x}\right)^2 \\ \frac{\partial}{\partial x}\frac{\partial}{\partial y} & \frac{\partial}{\partial x}\frac{\partial}{\partial y} & \frac{\partial}{\partial x}\frac{\partial}{\partial y} \\ \frac{\partial}{\partial x}\frac{\partial}{\partial z} & \frac{\partial}{\partial x}\frac{\partial}{\partial z} & \frac{\partial}{\partial x}\frac{\partial}{\partial z} \end{bmatrix} \begin{bmatrix} (\Delta u)^2 \\ (\Delta v)^2 \\ (\Delta w)^2 \end{bmatrix} + \cdots
\tag{5.9.1}
$$

显然，如果仍考虑沿 y 和 z 方向变形的影响，那么三维梁-柱弹性坐标系中任一点的应变应按式(5.2.10)计算。

空间梁-柱因扭转引起的近似的剪应变

$$
\Delta\gamma_{\omega} = \frac{\partial \Delta u_{\omega}}{\partial s} + \frac{\partial \Delta\xi}{\partial x} + \frac{\partial \Delta u_{\omega}}{\partial x}\frac{\partial \Delta u_{\omega}}{\partial s} + \frac{\partial \Delta\xi}{\partial x}\frac{\partial \Delta\xi}{\partial s} + \cdots
\tag{5.9.2}
$$

这里，$\Delta\gamma_{\omega}$ 为沿切向即 s 方向的剪切应变。

5.9.1 空间梁-柱的正应变

一维空间梁-柱的正应变

$$
\Delta\varepsilon_x = \frac{\partial \Delta u}{\partial x} + \frac{1}{2}\left(\frac{\partial \Delta u}{\partial x}\right)^2 + \frac{1}{2}\left(\frac{\partial \Delta v}{\partial x}\right)^2 + \frac{1}{2}\left(\frac{\partial \Delta w}{\partial x}\right)^2 + \cdots
\tag{5.9.3}
$$

按式(5.2.6)有

$$
a = \frac{\partial \Delta u}{\partial x},\quad b = \left(\frac{\partial \Delta u}{\partial x}\right)^2 + \left(\frac{\partial \Delta v}{\partial x}\right)^2 + \left(\frac{\partial \Delta w}{\partial x}\right)^2
$$

按修正的 Bernoulli-Euler 假定的式(5.8.1)所示梁-柱轴向位移及按式(5.6.65b)所示横向位移，有

$$a_x = \frac{\partial \Delta u_t}{\partial x} + \frac{\partial \Delta u_1}{\partial x} + \frac{\partial \Delta u_\Delta}{\partial x} + \frac{\partial \Delta u_s}{\partial x} + \frac{\partial \Delta u_\omega}{\partial x} \tag{5.9.4}$$

及

$$\begin{aligned} b_x = & \left(\frac{\partial \Delta u_t}{\partial x} + \frac{\partial \Delta u_1}{\partial x} + \frac{\partial \Delta u_\Delta}{\partial x} + \frac{\partial \Delta u_s}{\partial x} + \frac{\partial \Delta u_\omega}{\partial x}\right)^2 \\ & + \left(\frac{\partial \Delta v_1}{\partial x} + \frac{\partial \Delta v_s}{\partial x} + \frac{\partial \Delta v_\Delta}{\partial x} + \frac{\partial \Delta v_{\theta_x}}{\partial x}\right)^2 \\ & + \left(\frac{\partial \Delta w_1}{\partial x} + \frac{\partial \Delta w_s}{\partial x} + \frac{\partial \Delta w_\Delta}{\partial x} + \frac{\partial \Delta w_{\theta_x}}{\partial x}\right)^2 \end{aligned} \tag{5.9.5}$$

这里，Δu_1，Δv_1，Δw_1 可按式(5.6.63)计算。

对考虑平面位移 Δv_t，Δw_t 的三维空空间梁-柱，可按式(5.9.2)计算正应变 $\Delta \boldsymbol{\varepsilon}_x$，而

$$\begin{aligned} \Delta \boldsymbol{\varepsilon}_y &= \frac{\partial \Delta v}{\partial y} + \frac{1}{2}\left(\frac{\partial \Delta u}{\partial y}\right)^2 + \frac{1}{2}\left(\frac{\partial \Delta v}{\partial y}\right)^2 + \frac{1}{2}\left(\frac{\partial \Delta w}{\partial y}\right)^2 + \cdots = a_y + \frac{1}{2} b_y + \cdots \\ \Delta \boldsymbol{\varepsilon}_z &= \frac{\partial \Delta w}{\partial z} + \frac{1}{2}\left(\frac{\partial \Delta u}{\partial z}\right)^2 + \frac{1}{2}\left(\frac{\partial \Delta v}{\partial z}\right)^2 + \frac{1}{2}\left(\frac{\partial \Delta w}{\partial z}\right)^2 + \cdots = a_z + \frac{1}{2} b_z + \cdots \end{aligned} \tag{5.9.6}$$

a_x 仍然可按式(5.9.4)计算，而按式(5.6.65a)所示梁-柱横向位移，有

$$a_y = \frac{\partial \Delta v_t}{\partial y}, \quad a_z = \frac{\partial \Delta w_t}{\partial z} \tag{5.9.7}$$

以及

$$\begin{cases} b_x = \left(\frac{\partial \Delta u_t}{\partial x} + \frac{\partial \Delta u_1}{\partial x} + \frac{\partial \Delta u_\Delta}{\partial x} + \frac{\partial \Delta u_s}{\partial x} + \frac{\partial \Delta u_\omega}{\partial x}\right)^2 + \left(\frac{\partial \Delta v_t}{\partial x} + \frac{\partial \Delta v_1}{\partial x} + \frac{\partial \Delta v_s}{\partial x} + \frac{\partial \Delta v_\Delta}{\partial x} + \frac{\partial \Delta v_{\theta_x}}{\partial x}\right)^2 \\ \qquad + \left(\frac{\partial \Delta w_t}{\partial x} + \frac{\partial \Delta w_1}{\partial x} + \frac{\partial \Delta w_s}{\partial x} + \frac{\partial \Delta w_\Delta}{\partial x} + \frac{\partial \Delta w_{\theta_x}}{\partial x}\right)^2, \\ b_y = \left(\frac{\partial \Delta u_1}{\partial y} + \frac{\partial \Delta u_\Delta}{\partial y} + \frac{\partial \Delta u_s}{\partial y}\right)^2 + \left(\frac{\partial \Delta v_t(x,y)}{\partial y}\right)^2 + \left(\frac{\partial \Delta w_{\theta_x}}{\partial y}\right)^2, \\ b_z = \left(\frac{\partial \Delta u_1}{\partial z} + \frac{\partial \Delta u_\Delta}{\partial z} + \frac{\partial \Delta u_s}{\partial z}\right)^2 + \left(\frac{\partial \Delta v_{\theta_x}}{\partial z}\right)^2 + \left(\frac{\partial \Delta w_t(x,z)}{\partial z}\right)^2 \end{cases} \tag{5.9.8}$$

将式(5.8.1)所示梁-柱轴向位移和式(5.6.65)所示梁-柱横向位移代入以上各式可得应变表式。

5.9.1.1 空间梁-柱正应变的线性部分

将式(5.8.1)所示按修正的 Bernoulli-Euler 假定所得梁-柱轴向位移代入式(5.9.4)，得一维和三维空间梁-柱正应变的线性部分为

$$\begin{aligned} \Delta\varepsilon_{x,L} = a_x = & \frac{\partial \Delta u_t}{\partial x} - y(1+\beta_{ys})\eta(\sigma_i)\frac{\partial \Delta\theta_{zb}}{\partial x} - z(1+\beta_{zs})(I_1\eta(\sigma_i)+I_2)\frac{\partial \Delta\theta_{yb}}{\partial x} \\ & + y2\beta_{y\Delta 2}\frac{\partial \Delta u_t}{\partial x} - y2(\beta_{y\Delta 1} - 2\beta_{y\Delta 2}x)\frac{\partial^2 \Delta u_t}{\partial x^2} - y(\beta_{y\Delta 1}x - \beta_{y\Delta 2}x^2)\frac{\partial^3 \Delta u_t}{\partial x^3} \\ & + z2\beta_{z\Delta 2}\frac{\partial \Delta u_t}{\partial x} - z2(\beta_{z\Delta 1} - 2\beta_{z\Delta 2}x)\frac{\partial^2 \Delta u_t}{\partial x^2} - z(\beta_{z\Delta 1}x - \beta_{z\Delta 2}x^2)\frac{\partial^3 \Delta u_t}{\partial x^3} \\ & - z^3\frac{4}{3h^2}\frac{\partial \Delta^2 w_s}{\partial x^2} - y^3\frac{4}{3b^2}\frac{\partial^2 \Delta v_s}{\partial x^2} - \bar{\omega}\left(\frac{\partial^2 \Delta\theta_x}{\partial x^2} + \lambda\frac{\partial^4 \Delta\theta_x}{\partial x^4}\right) \end{aligned} \tag{5.9.9a}$$

或

$$\Delta\varepsilon_{x,L}=a_x=\frac{\partial\Delta u_t}{\partial x}-y(1+\beta_{ys})\eta(\sigma_i)\frac{\partial^2\Delta v_b}{\partial x^2}-z(1+\beta_{zs})(I_1\eta(\sigma_i)+I_2)\frac{\partial^2\Delta w_b}{\partial x^2}+y2\beta_{y\Delta 2}\frac{\partial\Delta u_t}{\partial x}$$
$$-y2(\beta_{y\Delta 1}-2\beta_{y\Delta 2}x)\frac{\partial^2\Delta u_t}{\partial x^2}-y(\beta_{y\Delta 1}x-\beta_{y\Delta 2}x^2)\frac{\partial^3\Delta u_t}{\partial x^3}+z2\beta_{z\Delta 2}\frac{\partial\Delta u_t}{\partial x}$$
$$-z2(\beta_{z\Delta 1}-2\beta_{z\Delta 2}x)\frac{\partial^2\Delta u_t}{\partial x^2}-z(\beta_{z\Delta 1}x-\beta_{z\Delta 2}x^2)\frac{\partial^3\Delta u_t}{\partial x^3} \tag{5.9.9b}$$
$$-z^3\frac{4}{3h^2}\frac{\partial\Delta^2 w_s}{\partial x^2}-y^3\frac{4}{3b^2}\frac{\partial^2\Delta v_s}{\partial x^2}-\bar{\omega}\left(\frac{\partial^2\Delta\theta_x}{\partial x^2}+\lambda\frac{\partial^4\Delta\theta_x}{\partial x^4}\right)$$

仅三维空空间梁-柱,有

$$\Delta\varepsilon_{y,L}=a_y=\frac{\partial\Delta v_t(x,y)}{\partial y},\quad \Delta\varepsilon_{z,L}=a_z=\frac{\partial\Delta w_t(x,z)}{\partial z} \tag{5.9.10}$$

根据变形分析,上式可以蜕化。如果为 Timoshenko 梁,则

$$\Delta\varepsilon_{x,L}=a_x=\frac{\partial\Delta u_t}{\partial x}-y(1+\beta_{ys})\frac{\partial^2\Delta v_b}{\partial x^2}-z(1+\beta_{zs})\frac{\partial^2\Delta w_b}{\partial x^2} \tag{5.9.11}$$

如果为 Bernoulli-Euler 梁,则

$$\Delta\varepsilon_{x,L}=a_x=\frac{\partial\Delta u_t}{\partial x}-y\frac{\partial^2\Delta v_b}{\partial x^2}-z\frac{\partial^2\Delta w_b}{\partial x^2} \tag{5.9.12}$$

5.9.1.2　空间梁-柱正应变的非线性部分

将式(5.8.1)所示轴向位移及按式(5.6.65b)所示横向位移代入式(5.9.5),可求得一维空空间梁-柱 x 向正应变的非线性部分为

$$\Delta\varepsilon_{x,NL}=b_x \tag{5.9.13}$$

展开后

$$\Delta\varepsilon_{x,NL}=\frac{1}{2}\Big[\frac{\partial\Delta u_t}{\partial x}-y(1+\beta_{ys})\eta(\sigma_i)\frac{\partial\Delta\theta_{zb}}{\partial x}-z(1+\beta_{zs})(I_1\eta(\sigma_i)+I_2)\frac{\partial\Delta\theta_{yb}}{\partial x}+y2\beta_{y\Delta 2}\frac{\partial\Delta u_t}{\partial x}$$
$$-y2(\beta_{y\Delta 1}-2\beta_{y\Delta 2}x)\frac{\partial^2\Delta u_t}{\partial x^2}-y(\beta_{y\Delta 1}x-\beta_{y\Delta 2}x^2)\frac{\partial^3\Delta u_t}{\partial x^3}+z2\beta_{z\Delta 2}\frac{\partial\Delta u_t}{\partial x}$$
$$-z2(\beta_{z\Delta 1}-2\beta_{z\Delta 2}x)\frac{\partial^2\Delta u_t}{\partial x^2}-z(\beta_{z\Delta 1}x-\beta_{z\Delta 2}x^2)\frac{\partial^3\Delta u_t}{\partial x^3} \tag{5.9.14a}$$
$$-z^3\frac{4}{3h^2}\frac{\partial\Delta^2 w_s}{\partial x^2}-y^3\frac{4}{3b^2}\frac{\partial^2\Delta v_s}{\partial x^2}-\bar{\omega}\left(\frac{\partial^2\Delta\theta_x}{\partial x^2}+\lambda\frac{\partial^4\Delta\theta_x}{\partial x^4}\right)\Big]^2$$
$$+\frac{1}{2}\Big[(1+\beta_{ys})\frac{\partial\Delta v_b}{\partial x}+(\beta_{y\Delta 1}-2\beta_{y\Delta 2}x)\frac{\partial\Delta u_t}{\partial x}+(\beta_{y\Delta 1}x-\beta_{y\Delta 2}x^2)\frac{\partial^2\Delta u_t}{\partial x^2}+\frac{\partial\Delta v_s}{\partial x}-z\frac{\partial\Delta\theta_x}{\partial x}\Big]^2$$
$$+\frac{1}{2}\Big[(1+\beta_{zs})\frac{\partial\Delta w_b}{\partial x}+(\beta_{z\Delta 1}-2\beta_{z\Delta 2}x)\frac{\partial\Delta u_t}{\partial x}+(\beta_{z\Delta 1}x-\beta_{z\Delta 2}x^2)\frac{\partial^2\Delta u_t}{\partial x^2}+\frac{\partial\Delta w_s}{\partial x}+y\frac{\partial\Delta\theta_x}{\partial x}\Big]^2$$

或

$$\Delta\varepsilon_{x,NL} = \frac{1}{2}\Big[\frac{\partial \Delta u_t}{\partial x} - y(1+\beta_{ys})\eta(\sigma_i)\frac{\partial^2 \Delta v_b}{\partial x^2} - z(1+\beta_{zs})(I_1\eta(\sigma_i)+I_2)\frac{\partial^2 \Delta w_b}{\partial x^2} + y2\beta_{y\Delta 2}\frac{\partial \Delta u_t}{\partial x}$$

$$- y2(\beta_{y\Delta 1} - 2\beta_{y\Delta 2}x)\frac{\partial^2 \Delta u_t}{\partial x^2} - y(\beta_{y\Delta 1}x - \beta_{y\Delta 2}x^2)\frac{\partial^3 \Delta u_t}{\partial x^3} + z2\beta_{z\Delta 2}\frac{\partial \Delta u_t}{\partial x}$$

$$- z2(\beta_{z\Delta 1} - 2\beta_{z\Delta 2}x)\frac{\partial^2 \Delta u_t}{\partial x^2} - z(\beta_{z\Delta 1}x - \beta_{z\Delta 2}x^2)\frac{\partial^3 \Delta u_t}{\partial x^3} \tag{5.9.14b}$$

$$- z^3\frac{4}{3h^2}\frac{\partial \Delta^2 w_s}{\partial x^2} - y^3\frac{4}{3b^2}\frac{\partial^2 \Delta v_s}{\partial x^2} - \bar{\omega}\Big(\frac{\partial^2 \Delta\theta_x}{\partial x^2} + \lambda\frac{\partial^4 \Delta\theta_x}{\partial x^4}\Big)\Big]^2$$

$$+ \frac{1}{2}\Big[(1+\beta_{ys})\frac{\partial \Delta v_b}{\partial x} + (\beta_{y\Delta 1} - 2\beta_{y\Delta 2}x)\frac{\partial \Delta u_t}{\partial x} + (\beta_{y\Delta 1}x - \beta_{y\Delta 2}x^2)\frac{\partial^2 \Delta u_t}{\partial x^2} + \frac{\partial \Delta v_s}{\partial x} - z\frac{\partial \Delta\theta_x}{\partial x}\Big]^2$$

$$+ \frac{1}{2}\Big[(1+\beta_{zs})\frac{\partial \Delta w_b}{\partial x} + (\beta_{z\Delta 1} - 2\beta_{z\Delta 2}x)\frac{\partial \Delta u_t}{\partial x} + (\beta_{z\Delta 1}x - \beta_{z\Delta 2}x^2)\frac{\partial^2 \Delta u_t}{\partial x^2} + \frac{\partial \Delta w_s}{\partial x} + y\frac{\partial \Delta\theta_x}{\partial x}\Big]^2$$

将式(5.8.1)所示轴向位移及按式(5.6.65a)所示横向位移代入式(5.9.8),可得三维空间梁-柱 x 向正应变的非线性部分为

$$\Delta\varepsilon_{x,NL} = \frac{1}{2}\Big(\frac{\partial \Delta u_t}{\partial x} + \frac{\partial \Delta u_1}{\partial x} + \frac{\partial \Delta u_\Delta}{\partial x} + \frac{\partial \Delta u_s}{\partial x} + \frac{\partial \Delta u_\omega}{\partial x}\Big)^2$$

$$+ \frac{1}{2}\Big(\frac{\partial \Delta v_t(x,z)}{\partial x} + \frac{\partial \Delta v_1}{\partial x} + \frac{\partial \Delta v_s}{\partial x} + \frac{\partial \Delta v_\Delta}{\partial x} + \frac{\partial \Delta v_{\theta_x}}{\partial x}\Big)^2$$

$$+ \frac{1}{2}\Big(\frac{\partial \Delta w_t(x,z)}{\partial x} + \frac{\partial \Delta w_1}{\partial x} + \frac{\partial \Delta w_s}{\partial x} + \frac{\partial \Delta w_\Delta}{\partial x} + \frac{\partial \Delta w_{\theta_x}}{\partial x}\Big)^2$$

展开后有

$$\Delta\varepsilon_{x,NL} = \frac{1}{2}\Big[\frac{\partial \Delta u_t}{\partial x} - y(1+\beta_{ys})\eta(\sigma_i)\frac{\partial \Delta\theta_{zb}}{\partial x} - z(1+\beta_{zs})(I_1\eta(\sigma_i)+I_2)\frac{\partial \Delta\theta_{yb}}{\partial x} + y2\beta_{y\Delta 2}\frac{\partial \Delta u_t}{\partial x}$$

$$- y2(\beta_{y\Delta 1} - 2\beta_{y\Delta 2}x)\frac{\partial^2 \Delta u_t}{\partial x^2} - y(\beta_{y\Delta 1}x - \beta_{y\Delta 2}x^2)\frac{\partial^3 \Delta u_t}{\partial x^3} + z2\beta_{z\Delta 2}\frac{\partial \Delta u_t}{\partial x}$$

$$- z2(\beta_{z\Delta 1} - 2\beta_{z\Delta 2}x)\frac{\partial^2 \Delta u_t}{\partial x^2} - z(\beta_{z\Delta 1}x - \beta_{z\Delta 2}x^2)\frac{\partial^3 \Delta u_t}{\partial x^3}$$

$$- z^3\frac{4}{3h^2}\frac{\partial \Delta^2 w_s}{\partial x^2} - y^3\frac{4}{3b^2}\frac{\partial^2 \Delta v_s}{\partial x^2} - \bar{\omega}\Big(\frac{\partial^2 \Delta\theta_x}{\partial x^2} + \lambda\frac{\partial^4 \Delta\theta_x}{\partial x^4}\Big)\Big]^2 \tag{5.9.15a}$$

$$+ \frac{1}{2}\Big[\frac{\partial \Delta v_t}{\partial x} + (1+\beta_{ys})\frac{\partial \Delta v_b}{\partial x} + (\beta_{y\Delta 1} - 2\beta_{y\Delta 2}x)\frac{\partial \Delta u_t}{\partial x}$$

$$+ (\beta_{y\Delta 1}x - \beta_{y\Delta 2}x^2)\frac{\partial^2 \Delta u_t}{\partial x^2} + \frac{\partial \Delta v_s}{\partial x} - z\frac{\partial \Delta\theta_x}{\partial x}\Big]^2$$

$$+ \frac{1}{2}\Big[\frac{\partial \Delta w_t}{\partial x} + (1+\beta_{zs})\frac{\partial \Delta w_b}{\partial x} + (\beta_{z\Delta 1} - 2\beta_{z\Delta 2}x)\frac{\partial \Delta u_t}{\partial x}$$

$$+ (\beta_{z\Delta 1}x - \beta_{z\Delta 2}x^2)\frac{\partial^2 \Delta u_t}{\partial x^2} + \frac{\partial \Delta w_s}{\partial x} + y\frac{\partial \Delta\theta_x}{\partial x}\Big]^2$$

或

$$\Delta\varepsilon_{x,NL} = \frac{1}{2}\Big[\frac{\partial \Delta u_t}{\partial x} - y(1+\beta_{ys})\eta(\sigma_i)\frac{\partial^2 \Delta v_b}{\partial x^2} - z(1+\beta_{zs})(I_1\eta(\sigma_i)+I_2)\frac{\partial^2 \Delta w_b}{\partial x^2} + y2\beta_{y\Delta 2}\frac{\partial \Delta u_t}{\partial x}$$

$$- y2(\beta_{y\Delta 1} - 2\beta_{y\Delta 2}x)\frac{\partial^2 \Delta u_t}{\partial x^2} - y(\beta_{y\Delta 1}x - \beta_{y\Delta 2}x^2)\frac{\partial^3 \Delta u_t}{\partial x^3} + z2\beta_{z\Delta 2}\frac{\partial \Delta u_t}{\partial x}$$

$$
\begin{aligned}
& -z2(\beta_{z\Delta 1}-2\beta_{z\Delta 2}x)\frac{\partial^2\Delta u_t}{\partial x^2}-z(\beta_{z\Delta 1}x-\beta_{z\Delta 2}x^2)\frac{\partial^3\Delta u_t}{\partial x^3} \\
& -z^3\frac{4}{3h^2}\frac{\partial\Delta^2 w_s}{\partial x^2}-y^3\frac{4}{3b^2}\frac{\partial^2\Delta v_s}{\partial x^2}-\bar{\omega}\left(\frac{\partial^2\Delta\theta_x}{\partial x^2}+\lambda\frac{\partial^4\Delta\theta_x}{\partial x^4}\right)\bigg]^2 \qquad (5.9.15b) \\
& +\frac{1}{2}\bigg[\frac{\partial\Delta v_t}{\partial x}+(1+\beta_{ys})\frac{\partial\Delta v_b}{\partial x}+(\beta_{y\Delta 1}-2\beta_{y\Delta 2}x)\frac{\partial\Delta u_t}{\partial x} \\
& +(\beta_{y\Delta 1}x-\beta_{y\Delta 2}x^2)\frac{\partial^2\Delta u_t}{\partial x^2}+\frac{\partial\Delta v_s}{\partial x}-z\frac{\partial\Delta\theta_x}{\partial x}\bigg]^2 \\
& +\frac{1}{2}\bigg[\frac{\partial\Delta w_t}{\partial x}+(1+\beta_{zs})\frac{\partial\Delta w_b}{\partial x}+(\beta_{z\Delta 1}-2\beta_{z\Delta 2}x)\frac{\partial\Delta u_t}{\partial x} \\
& +(\beta_{z\Delta 1}x-\beta_{z\Delta 2}x^2)\frac{\partial^2\Delta u_t}{\partial x^2}+\frac{\partial\Delta w_s}{\partial x}+y\frac{\partial\Delta\theta_x}{\partial x}\bigg]^2
\end{aligned}
$$

y 向正应变的非线性部分为

$$
\Delta\varepsilon_{y,NL}=\frac{1}{2}\left(\frac{\partial\Delta u_1}{\partial y}+\frac{\partial\Delta u_\Delta}{\partial y}+\frac{\partial\Delta u_s}{\partial y}\right)^2+\frac{1}{2}\left(\frac{\partial\Delta v_t(x,y)}{\partial y}\right)^2+\frac{1}{2}\left(\frac{\partial\Delta w_{\theta_x}}{\partial y}\right)^2
$$

展开后有

$$
\begin{aligned}
\Delta\varepsilon_{y,NL}= & \frac{1}{2}\bigg[-(1+\beta_{ys})\eta(\sigma_i)\Delta\theta_{zb}-(\beta_{y\Delta 1}-2\beta_{y\Delta 2}x)\frac{\partial\Delta u_t}{\partial x}-(\beta_{y\Delta 1}x-\beta_{y\Delta 2}x^2)\frac{\partial^2\Delta u_t}{\partial x^2} \\
& -3y^2\frac{4}{3b^2}\frac{\partial\Delta v_s}{\partial x}\bigg]^2+\frac{1}{2}\left(\frac{\partial\Delta v_t(x,y)}{\partial y}\right)^2+\frac{1}{2}(\Delta\theta_x)^2 \qquad (5.9.16a)
\end{aligned}
$$

或

$$
\begin{aligned}
\Delta\varepsilon_{y,NL}= & \frac{1}{2}\bigg[-(1+\beta_{ys})\eta(\sigma_i)\frac{\partial\Delta v_b}{\partial x}-(\beta_{y\Delta 1}-2\beta_{y\Delta 2}x)\frac{\partial\Delta u_t}{\partial x}-(\beta_{y\Delta 1}x-\beta_{y\Delta 2}x^2)\frac{\partial^2\Delta u_t}{\partial x^2} \\
& -3y^2\frac{4}{3b^2}\frac{\partial\Delta v_s}{\partial x}\bigg]^2+\frac{1}{2}\left(\frac{\partial\Delta v_t(x,y)}{\partial y}\right)^2+\frac{1}{2}(\Delta\theta_x)^2 \qquad (5.9.16b)
\end{aligned}
$$

z 向正应变的非线性部分为

$$
\Delta\varepsilon_{z,NL}=\frac{1}{2}\left(\frac{\partial\Delta u_1}{\partial z}+\frac{\partial\Delta u_\Delta}{\partial z}+\frac{\partial\Delta u_s}{\partial z}\right)^2+\frac{1}{2}\left(\frac{\partial\Delta u_{\theta_x}}{\partial z}\right)^2+\frac{1}{2}\left(\frac{\partial\Delta w_t(x,z)}{\partial z}\right)^2
$$

展开后有

$$
\begin{aligned}
\Delta\varepsilon_{z,NL}= & \frac{1}{2}\bigg[-(1+\beta_{zs})(I_1\eta(\sigma_i)+I_2)\Delta\theta_{yb}-(\beta_{z\Delta 1}-2\beta_{z\Delta 2}x)\frac{\partial\Delta u_t}{\partial x}-(\beta_{z\Delta 1}x-\beta_{z\Delta 2}x^2)\frac{\partial^2\Delta u_t}{\partial x^2} \\
& -3z^2\frac{4}{3h^2}\frac{\partial\Delta w_s}{\partial x}\bigg]^2+\frac{1}{2}(-\Delta\theta_x)^2+\frac{1}{2}\left(\frac{\partial\Delta w_t(x,z)}{\partial z}\right)^2 \qquad (5.9.17a)
\end{aligned}
$$

或

$$
\begin{aligned}
\Delta\varepsilon_{z,NL}= & \frac{1}{2}\bigg[-(1+\beta_{zs})(I_1\eta(\sigma_i)+I_2)\frac{\partial\Delta w_b}{\partial x}-(\beta_{z\Delta 1}-2\beta_{z\Delta 2}x)\frac{\partial\Delta u_t}{\partial x}-(\beta_{z\Delta 1}x-\beta_{z\Delta 2}x^2)\frac{\partial^2\Delta u_t}{\partial x^2} \\
& -3z^2\frac{4}{3h^2}\frac{\partial\Delta w_s}{\partial x}\bigg]^2+\frac{1}{2}(-\Delta\theta_x)^2+\frac{1}{2}\left(\frac{\partial\Delta w_t(x,z)}{\partial z}\right)^2 \qquad (5.9.17b)
\end{aligned}
$$

5.9.2 空间梁-柱的剪切应变

根据向量之间夹角的计算,可得一维空间梁-柱因弯曲引起的近似的剪应变为

$$\Delta\boldsymbol{\gamma}_{xy}=\Delta\boldsymbol{\gamma}_{xy,L}+\Delta\boldsymbol{\gamma}_{xy,NL}$$

其中

$$\Delta\boldsymbol{\gamma}_{xy,L}=\frac{\partial\Delta u}{\partial y}+\frac{\partial\Delta v}{\partial x} \tag{5.9.18}$$

$$\Delta\boldsymbol{\gamma}_{xy,NL}=\frac{\partial\Delta u}{\partial x}\frac{\partial\Delta u}{\partial y}+\frac{\partial\Delta v}{\partial x}\frac{\partial\Delta v}{\partial y}+\frac{\partial\Delta w}{\partial x}\frac{\partial\Delta w}{\partial y} \tag{5.9.19}$$

$$\Delta\boldsymbol{\gamma}_{xz}=\Delta\boldsymbol{\gamma}_{xz,L}+\Delta\boldsymbol{\gamma}_{xz,NL}$$

其中

$$\Delta\boldsymbol{\gamma}_{xz,L}=\frac{\partial\Delta u}{\partial z}+\frac{\partial\Delta w}{\partial x} \tag{5.9.20}$$

$$\Delta\boldsymbol{\gamma}_{xz,NL}=\frac{\partial\Delta u}{\partial x}\frac{\partial\Delta u}{\partial z}+\frac{\partial\Delta v}{\partial x}\frac{\partial\Delta v}{\partial z}+\frac{\partial\Delta w}{\partial x}\frac{\partial\Delta w}{\partial z} \tag{5.9.21}$$

三维空间梁-柱因弯曲引起的近似的剪应变除 $\Delta\boldsymbol{\gamma}_{xy}$ 和 $\Delta\boldsymbol{\gamma}_{xz}$ 外,还有

$$\Delta\boldsymbol{\gamma}_{yz}=\Delta\boldsymbol{\gamma}_{yz,L}+\Delta\boldsymbol{\gamma}_{yz,NL}$$

其中

$$\Delta\boldsymbol{\gamma}_{yz,L}=\frac{\partial\Delta v}{\partial z}+\frac{\partial\Delta w}{\partial y} \tag{5.9.22}$$

$$\Delta\boldsymbol{\gamma}_{yz,NL}=\frac{\partial\Delta u}{\partial z}\frac{\partial\Delta u}{\partial y}+\frac{\partial\Delta v}{\partial z}\frac{\partial\Delta v}{\partial y}+\frac{\partial\Delta w}{\partial z}\frac{\partial\Delta w}{\partial y} \tag{5.9.23}$$

空间梁-柱中的剪切应变因弯曲、剪切和扭转产生的,由于扭转引起轴向位移和横向位移,因此扭转无疑会产生剪切应变。然而,由于扭转引起的轴向位移 $\Delta u_\omega(s,x)$是 s 和 x 的函数,考虑到$\frac{\partial\Delta u_\omega}{\partial y}=0$,$\frac{\partial\Delta u_\omega}{\partial z}=0$,因此在式(5.9.18)~(5.9.21)中不存在扭转的影响。

5.9.2.1 空间梁-柱弯曲剪切应变的线性部分

将式(5.8.1)所示的轴向位移及按式(5.6.65b)所示的横向位移代入式(5.9.18)及式(5.9.20),可求得一维空间梁-柱剪切应变的线性部分为

$$\begin{aligned}\Delta\boldsymbol{\gamma}_{xy,L}=&\left[-(1+\beta_{ys})\eta(\sigma_i)\Delta\theta_{zb}-(\beta_{y\Delta1}-2\beta_{y\Delta2}x)\frac{\partial\Delta u_t}{\partial x}-(\beta_{y\Delta1}x-\beta_{y\Delta2}x^2)\frac{\partial^2\Delta u_t}{\partial x^2}-3y^2\frac{4}{3b^2}\frac{\partial\Delta v_s}{\partial x}\right]\\&+\left[(1+\beta_{ys})\Delta\theta_{zb}+(\beta_{y\Delta1}-2\beta_{y\Delta2}x)\frac{\partial\Delta u_t}{\partial x}+(\beta_{y\Delta1}x-\beta_{y\Delta2}x^2)\frac{\partial^2\Delta u_t}{\partial x^2}+\frac{\partial\Delta v_s}{\partial x}-z\frac{\partial\Delta\theta_x}{\partial x}\right]\end{aligned} \tag{5.9.24a}$$

或

$$\begin{aligned}\Delta\boldsymbol{\gamma}_{xy,L}=&\left[-(1+\beta_{ys})\eta(\sigma_i)\frac{\partial\Delta v_b}{\partial x}-(\beta_{y\Delta1}-2\beta_{y\Delta2}x)\frac{\partial\Delta u_t}{\partial x}\right.\\&\left.-(\beta_{y\Delta1}x-\beta_{y\Delta2}x^2)\frac{\partial^2\Delta u_t}{\partial x^2}-3y^2\frac{4}{3b^2}\frac{\partial\Delta v_s}{\partial x}\right]\\&+\left[(1+\beta_{ys})\frac{\partial\Delta v_b}{\partial x}+(\beta_{y\Delta1}-2\beta_{y\Delta2}x)\frac{\partial\Delta u_t}{\partial x}\right.\\&\left.+(\beta_{y\Delta1}x-\beta_{y\Delta2}x^2)\frac{\partial^2\Delta u_t}{\partial x^2}+\frac{\partial\Delta v_s}{\partial x}-z\frac{\partial\Delta\theta_x}{\partial x}\right]\end{aligned} \tag{5.9.24b}$$

及

$$\Delta \boldsymbol{\gamma}_{xz.L}=\Big[-(1+\beta_{zs})(I_1\eta(\sigma_i)+I_2)\Delta\theta_{yb}-(\beta_{z\Delta1}-2\beta_{z\Delta2}x)\frac{\partial \Delta u_t}{\partial x}-(\beta_{z\Delta1}x-\beta_{z\Delta2}x^2)\frac{\partial^2\Delta u_t}{\partial x^2}-3z^2\frac{4}{3h^2}\frac{\partial \Delta w_s}{\partial x}\Big]+\Big[(1+\beta_{zs})\Delta\theta_{yb}+(\beta_{z\Delta1}-2\beta_{z\Delta2}x)\frac{\partial \Delta u_t}{\partial x}+(\beta_{z\Delta1}x-\beta_{z\Delta2}x^2)\frac{\partial^2\Delta u_t}{\partial x^2}+\frac{\partial \Delta w_s}{\partial x}+y\frac{\partial \Delta\theta_x}{\partial x}\Big] \tag{5.9.25a}$$

或

$$\Delta \boldsymbol{\gamma}_{xz.L}=\Big[-(1+\beta_{zs})(I_1\eta(\sigma_i)+I_2)\frac{\partial \Delta w_b}{\partial x}-(\beta_{z\Delta1}-2\beta_{z\Delta2}x)\frac{\partial \Delta u_t}{\partial x}-(\beta_{z\Delta1}x-\beta_{z\Delta2}x^2)\frac{\partial^2\Delta u_t}{\partial x^2}-3z^2\frac{4}{3h^2}\frac{\partial \Delta w_s}{\partial x}\Big]+\Big[(1+\beta_{zs})\frac{\partial \Delta w_b}{\partial x}+(\beta_{z\Delta1}-2\beta_{z\Delta2}x)\frac{\partial \Delta u_t}{\partial x}+(\beta_{z\Delta1}x-\beta_{z\Delta2}x^2)\frac{\partial^2\Delta u_t}{\partial x^2}+\frac{\partial \Delta w_s}{\partial x}+y\frac{\partial \Delta\theta_x}{\partial x}\Big] \tag{5.9.25b}$$

三维空间梁-柱剪切应变的线性部分为

$$\Delta \boldsymbol{\gamma}_{xy.L}=\Big[-(1+\beta_{ys})\eta(\sigma_i)\Delta\theta_{zb}-(\beta_{y\Delta1}-2\beta_{y\Delta2}x)\frac{\partial \Delta u_t}{\partial x}-(\beta_{y\Delta1}x-\beta_{y\Delta2}x^2)\frac{\partial^2\Delta u_t}{\partial x^2}-3y^2\frac{4}{3b^2}\frac{\partial \Delta v_s}{\partial x}\Big]+\Big[\frac{\partial \Delta v_t(x,\ y)}{\partial x}+(1+\beta_{ys})\Delta\theta_{zb}+(\beta_{y\Delta1}-2\beta_{y\Delta2}x)\frac{\partial \Delta u_t}{\partial x}+(\beta_{y\Delta1}x-\beta_{y\Delta2}x^2)\frac{\partial^2\Delta u_t}{\partial x^2}+\frac{\partial \Delta v_s}{\partial x}-z\frac{\partial \Delta\theta_x}{\partial x}\Big] \tag{5.9.26a}$$

或

$$\Delta \boldsymbol{\gamma}_{xy.L}=\Big[-(1+\beta_{ys})\eta(\sigma_i)\frac{\partial \Delta v_b}{\partial x}-(\beta_{y\Delta1}-2\beta_{y\Delta2}x)\frac{\partial \Delta u_t}{\partial x}-(\beta_{y\Delta1}x-\beta_{y\Delta2}x^2)\frac{\partial^2\Delta u_t}{\partial x^2}-3y^2\frac{4}{3b^2}\frac{\partial \Delta v_s}{\partial x}\Big]+\Big[\frac{\partial \Delta v_t(x,\ y)}{\partial x}+(1+\beta_{ys})\frac{\partial \Delta v_b}{\partial x}+(\beta_{y\Delta1}-2\beta_{y\Delta2}x)\frac{\partial \Delta u_t}{\partial x}+(\beta_{y\Delta1}x-\beta_{y\Delta2}x^2)\frac{\partial^2\Delta u_t}{\partial x^2}+\frac{\partial \Delta v_s}{\partial x}-z\frac{\partial \Delta\theta_x}{\partial x}\Big] \tag{5.9.26b}$$

及

$$\Delta \boldsymbol{\gamma}_{xz.L}=\Big[-(1+\beta_{zs})(I_1\eta(\sigma_i)+I_2)\Delta\theta_{yb}-(\beta_{z\Delta1}-2\beta_{z\Delta2}x)\frac{\partial \Delta u_t}{\partial x}-(\beta_{z\Delta1}x-\beta_{z\Delta2}x^2)\frac{\partial^2\Delta u_t}{\partial x^2}-3z^2\frac{4}{3h^2}\frac{\partial \Delta w_s}{\partial x}\Big]+\Big[\frac{\partial \Delta w_t(x,\ z)}{\partial x}+(1+\beta_{zs})\Delta\theta_{yb}+(\beta_{z\Delta1}-2\beta_{z\Delta2}x)\frac{\partial \Delta u_t}{\partial x}+(\beta_{z\Delta1}x-\beta_{z\Delta2}x^2)\frac{\partial^2\Delta u_t}{\partial x^2}+\frac{\partial \Delta w_s}{\partial x}+y\frac{\partial \Delta\theta_x}{\partial x}\Big] \tag{5.9.27a}$$

或

$$
\begin{aligned}
\Delta \boldsymbol{\gamma}_{xz,L}=&\Big[-(1+\beta_{zs})(I_1\eta(\sigma_i)+I_2)\frac{\partial \Delta w_b}{\partial x}-(\beta_{z\Delta 1}-2\beta_{z\Delta 2}x)\frac{\partial \Delta u_t}{\partial x}\\
&-(\beta_{z\Delta 1}x-\beta_{z\Delta 2}x^2)\frac{\partial^2 \Delta u_t}{\partial x^2}-3z^2\frac{4}{3h^2}\frac{\partial \Delta w_s}{\partial x}\Big]\\
&+\Big[\frac{\partial \Delta w_t(x,z)}{\partial x}+(1+\beta_{zs})\frac{\partial \Delta w_b}{\partial x}+(\beta_{z\Delta 1}-2\beta_{z\Delta 2}x)\frac{\partial \Delta u_t}{\partial x}\\
&+(\beta_{z\Delta 1}x-\beta_{z\Delta 2}x^2)\frac{\partial^2 \Delta u_t}{\partial x^2}+\frac{\partial \Delta w_s}{\partial x}+y\frac{\partial \Delta \theta_x}{\partial x}\Big]
\end{aligned}
\tag{5.9.27b}
$$

此外,有

$$
\Delta \boldsymbol{\gamma}_{yz,L}=-\Delta\theta_x+\Delta\theta_x=0 \tag{5.9.28}
$$

由上面可以看出,在线性弹性部分,如果不引入剪切位移 Δv_s 和 Δw_s,不考虑圣维南扭转,截面上的剪应变为 0,即 $\Delta\boldsymbol{\gamma}_{xy,L}=0$, $\Delta\boldsymbol{\gamma}_{xz,L}=0$。这看起来不太符合实际的情形,而实际上上面计算的剪切应变是以剪切效应不引起截面转角为假定的基础上进行的,即是以传统平截面假定为理论基础,但是实际上由于剪切变形的影响,变形后的截面不再保持平面,因此传统的剪切应变表达是有误差的。为了能够正确地反映截面上剪应变的情形,应该考虑剪切效应引起的横向剪切位移的影响。

5.9.2.2 空间梁-柱扭转剪切应变的线性部分

在剪切应变中,由于扭转产生的剪应变如式(5.9.2)所示,见图 5.9.1。对于扭转的薄壁杆件,应分别计算开口、闭口薄壁杆件的自由扭转、约束扭转的剪切应变。

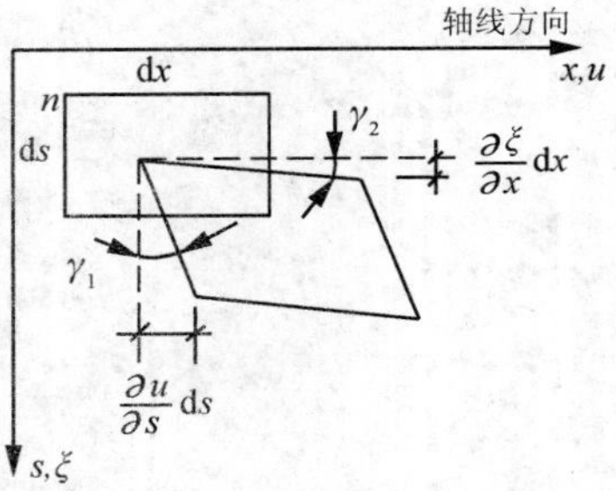

图 5.9.1 约束扭转时单元体剪切应变

(1) 开口薄壁杆件自由扭转的剪切应变

根据刚性周边假定,开口薄壁杆件自由扭转时截面如刚体转动,其各个组成部分的扭角都相同。且开口截面中面剪应变为 0,即开口薄壁杆件自由扭转的扇性剪切应变

$$
\Delta\gamma_{\omega,L}=\frac{\partial \Delta\xi}{\partial x}+\frac{\partial \Delta u_\omega}{\partial s}=0 \tag{5.9.29}
$$

但是开口截面上存在自由扭转的圣维南剪应变

$$
\begin{aligned}
\gamma_{xy}&=-z\frac{\partial\Delta\theta_x}{\partial x}+\frac{\partial\Delta\theta_x}{\partial x}\frac{\partial F}{\partial y}=\frac{\partial\Delta\theta_x}{\partial x}\left(\frac{\partial F}{\partial x}-z\right)\\
\gamma_{xz}&=y\frac{\partial\Delta\theta_x}{\partial x}+\frac{\partial\Delta\theta_x}{\partial x}\frac{\partial F}{\partial z}=\frac{\partial\Delta\theta_x}{\partial x}\left(\frac{\partial F}{\partial x}+y\right)
\end{aligned}
\tag{5.9.30}
$$

截面的剪应力 τ_s 与狭长矩形截面的情况一样,沿壁厚为线性分布,在中心线处为 0,在截面周界上最大,剪应力的最大值

$$
(\tau_s)_{\max}=\frac{M_z t}{J} \tag{5.9.31}
$$

(2) 闭口薄壁杆件自由扭转的剪切应变

闭口薄壁杆件在自由扭转时,可认为截面中的布雷特剪应力沿壁厚均匀分布,剪应力沿着

截面形成剪流，根据虎克定律，那么剪应变在截面上也是均匀分布的。考虑到

$$\Delta u_{\omega} = -\Delta\theta_{\omega}(x)\bar{\omega}(s)$$

所以

$$\Delta\gamma_{\omega,L} = \frac{\partial \Delta\xi}{\partial x} + \frac{\partial \Delta u_{\omega}}{\partial s} = \frac{\partial \Delta\xi}{\partial x} - \frac{\partial \bar{\omega}}{\partial s}\Delta\theta_{\omega}$$

式中，$\bar{\omega}$ 为广义扇性坐标，有

$$\bar{\omega} = \int_0^s \left(\rho - \frac{\psi}{t}\right)\mathrm{d}s, \quad \text{其中 } \psi = \frac{\Delta\tau_B t}{G\dfrac{\partial \Delta\theta_x}{\partial x}} \quad \text{或者} \quad \psi = \frac{\int \rho \mathrm{d}s}{\int \dfrac{\mathrm{d}s}{t}}$$

于是有

$$\Delta\gamma_{\omega,L} = \frac{\partial \Delta\xi}{\partial x} + \frac{\partial \Delta u_{\omega}}{\partial s} = \rho\frac{\partial \Delta\theta_x}{\partial x} - \left(\rho - \frac{\psi}{t}\right)\Delta\theta_{\omega} \tag{5.9.32}$$

(3) 开口薄壁杆件约束扭转的剪切应变

开口薄壁杆件的约束扭转问题中采用了自由扭转时的翘曲公式，即忽略了二次剪应力对扭转变形的影响。认为开口截面约束扭转的翘曲位移与自由扭转的翘曲位移相同，即翘曲位移可以表示为

$$\Delta u_{\omega}(s, x) = -\Delta\theta_x{}'\omega(s)$$

其中，$\omega = \int_0^s \rho \mathrm{d}s$。那么剪应变

$$\Delta\gamma_{\omega,L} = \frac{\partial \Delta\xi}{\partial x} + \frac{\partial \Delta u_{\omega}}{\partial s} = \rho\left(\frac{\partial \Delta\theta_x}{\partial x} - \frac{\partial \Delta\theta_x}{\partial x}\right) = 0 \tag{5.9.33}$$

(4) 闭口薄壁杆件约束扭转的剪切应变

$$\begin{aligned}\Delta\gamma_{\omega,L} &= \frac{\partial \Delta\xi}{\partial x} + \frac{\partial \Delta u_{\omega}}{\partial s} = \rho\frac{\partial \Delta\theta_x}{\partial_x} - \left(\rho - \frac{\psi}{t}\right)\Delta\theta_{\omega} \\ &= \rho\frac{\partial \Delta\theta_x}{\partial_x} - \left(\rho - \frac{\psi}{t}\right)\left(\frac{\partial \Delta\theta_x}{\partial x} - \lambda\frac{\partial^3 \Delta\theta_x}{\partial x^3}\right)\end{aligned} \tag{5.9.34}$$

以上各式中，$\Delta\theta_{\omega}$ 是翘曲函数，$\Delta\theta_x$ 是扭转角，它们之间的关系如式(5.6.54)所示。薄壁杆件扭转产生的剪切应变的线性部分可以一个公式表示，即

$$\Delta\gamma_{\omega,L} = \rho(s)\frac{\partial \Delta\theta_x(x)}{\partial x} - \left(\rho(s) - \frac{\psi}{t}\right)\Delta\theta_{x\omega}(x) \tag{5.9.35}$$

对于闭口薄壁截面，ψ 随 x 坐标而变化；对于开口截面，$\psi=0$。

对于闭口薄壁杆件自由扭转或开口薄壁杆件约束扭转时，$\Delta\theta_{x\omega}(x)=\Delta\theta_x(x)$。

对于闭口薄壁杆件约束扭转时，$\Delta\theta_{x\omega}(x)=\Delta\theta_{\omega}(x)$。

5.9.2.3 空间梁-柱弯曲剪切应变的非线性部分

根据式(5.9.19)和式(5.9.21)，可以求得一维空空间梁-柱剪切应变的非线性项即

$$\Delta \gamma_{xy,NL}=\frac{\partial \Delta u}{\partial x}\frac{\partial \Delta u}{\partial y}+\frac{\partial \Delta v}{\partial x}\frac{\partial \Delta v}{\partial y}+\frac{\partial \Delta w}{\partial x}\frac{\partial \Delta w}{\partial y} \tag{5.9.36}$$

其中

$$\begin{aligned}\frac{\partial \Delta u}{\partial x}\frac{\partial \Delta u}{\partial y}=&\Big[\frac{\partial \Delta u_t}{\partial x}-y(1+\beta_{ys})\eta(\sigma_i)\frac{\partial \Delta\theta_{zb}}{\partial x}-z(1+\beta_{zs})(I_1\eta(\sigma_i)+I_2)\frac{\partial \Delta\theta_{yb}}{\partial x}\\&+y2\beta_{y\Delta 2}\frac{\partial \Delta u_t}{\partial x}-y2(\beta_{y\Delta 1}-2\beta_{y\Delta 2}x)\frac{\partial^2 \Delta u_t}{\partial x^2}-y(\beta_{y\Delta 1}x-\beta_{y\Delta 2}x^2)\frac{\partial^3 \Delta u_t}{\partial x^3}\\&+z2\beta_{z\Delta 2}\frac{\partial \Delta u_t}{\partial x}-z2(\beta_{z\Delta 1}-2\beta_{z\Delta 2}x)\frac{\partial^2 \Delta u_t}{\partial x^2}-z(\beta_{z\Delta 1}x-\beta_{z\Delta 2}x^2)\frac{\partial^3 \Delta u_t}{\partial x^3}\\&-z^3\frac{4}{3h^2}\frac{\partial \Delta^2 w_s}{\partial x^2}-y^3\frac{4}{3b^2}\frac{\partial^2 \Delta v_s}{\partial x^2}-\bar{\omega}\Big(\frac{\partial^2 \Delta\theta_x}{\partial x^2}+\lambda\frac{\partial^4 \Delta\theta_x}{\partial x^4}\Big)\Big]\\&\times\Big[-(1+\beta_{ys})\eta(\sigma_i)\Delta\theta_{zb}-(\beta_{y\Delta 1}-2\beta_{y\Delta 2}x)\frac{\partial \Delta u_t}{\partial x}\\&-(\beta_{y\Delta 1}x-\beta_{y\Delta 2}x^2)\frac{\partial^2 \Delta u_t}{\partial x^2}-3y^2\frac{4}{3b^2}\frac{\partial \Delta v_s}{\partial x}\Big]\end{aligned} \tag{5.9.37a}$$

或

$$\begin{aligned}\frac{\partial \Delta u}{\partial x}\frac{\partial \Delta u}{\partial y}=&\Big[\frac{\partial \Delta u_t}{\partial x}-y(1+\beta_{ys})\eta(\sigma_i)\frac{\partial^2 \Delta v_b}{\partial x^2}-z(1+\beta_{zs})(I_1\eta(\sigma_i)+I_2)\frac{\partial^2 \Delta w_b}{\partial x^2}\\&+y2\beta_{y\Delta 2}\frac{\partial \Delta u_t}{\partial x}-y2(\beta_{y\Delta 1}-2\beta_{y\Delta 2}x)\frac{\partial^2 \Delta u_t}{\partial x^2}-y(\beta_{y\Delta 1}x-\beta_{y\Delta 2}x^2)\frac{\partial^3 \Delta u_t}{\partial x^3}\\&+z2\beta_{z\Delta 2}\frac{\partial \Delta u_t}{\partial x}-z2(\beta_{z\Delta 1}-2\beta_{z\Delta 2}x)\frac{\partial^2 \Delta u_t}{\partial x^2}-z(\beta_{z\Delta 1}x-\beta_{z\Delta 2}x^2)\frac{\partial^3 \Delta u_t}{\partial x^3}\\&-z^3\frac{4}{3h^2}\frac{\partial \Delta^2 w_s}{\partial x^2}-y^3\frac{4}{3b^2}\frac{\partial^2 \Delta v_s}{\partial x^2}-\bar{\omega}\Big(\frac{\partial^2 \Delta\theta_x}{\partial x^2}+\lambda\frac{\partial^4 \Delta\theta_x}{\partial x^4}\Big)\Big]\\&\times\Big[-(1+\beta_{ys})\eta(\sigma_i)\frac{\partial \Delta v_b}{\partial x}-(\beta_{y\Delta 1}-2\beta_{y\Delta 2}x)\frac{\partial \Delta u_t}{\partial x}\\&-(\beta_{y\Delta 1}x-\beta_{y\Delta 2}x^2)\frac{\partial^2 \Delta u_t}{\partial x^2}-3y^2\frac{4}{3b^2}\frac{\partial \Delta v_s}{\partial x}\Big]\end{aligned} \tag{5.9.37b}$$

$$\frac{\partial \Delta v}{\partial x}\frac{\partial \Delta v}{\partial y}=0 \tag{5.9.38}$$

$$\begin{aligned}\frac{\partial \Delta w}{\partial x}\frac{\partial \Delta w}{\partial y}=&\Big[(1+\beta_{zs})\Delta\theta_{yb}+(\beta_{z\Delta 1}-2\beta_{z\Delta 2}x)\frac{\partial \Delta u_t}{\partial x}\\&+(\beta_{z\Delta 1}x-\beta_{z\Delta 2}x^2)\frac{\partial^2 \Delta u_t}{\partial x^2}+\frac{\partial \Delta w_s}{\partial x}+y\frac{\partial \Delta\theta_x}{\partial x}\Big]\Delta\theta_x\end{aligned} \tag{5.9.39a}$$

或

$$\begin{aligned}\frac{\partial \Delta w}{\partial x}\frac{\partial \Delta w}{\partial y}=&\Big[(1+\beta_{zs})\frac{\partial \Delta w_b}{\partial x}+(\beta_{z\Delta 1}-2\beta_{z\Delta 2}x)\frac{\partial \Delta u_t}{\partial x}\\&+(\beta_{z\Delta 1}x-\beta_{z\Delta 2}x^2)\frac{\partial^2 \Delta u_t}{\partial x^2}+\frac{\partial \Delta w_s}{\partial x}+y\frac{\partial \Delta\theta_x}{\partial x}\Big]\Delta\theta_x\end{aligned} \tag{5.9.39b}$$

和

$$\Delta \boldsymbol{\gamma}_{xz,NL} = \frac{\partial \Delta u}{\partial x}\frac{\partial \Delta u}{\partial z} + \frac{\partial \Delta v}{\partial x}\frac{\partial \Delta v}{\partial z} + \frac{\partial \Delta w}{\partial x}\frac{\partial \Delta w}{\partial z} \tag{5.9.40}$$

其中

$$\begin{aligned}
\frac{\partial \Delta u}{\partial x}\frac{\partial \Delta u}{\partial z} = & \Big[\frac{\partial \Delta u_t}{\partial x} - y(1+\beta_{ys})\eta(\sigma_i)\frac{\partial \Delta \theta_{zb}}{\partial x} - z(1+\beta_{zs})(I_1\eta(\sigma_i)+I_2)\frac{\partial \Delta \theta_{yb}}{\partial x} \\
& + y2\beta_{y\Delta 2}\frac{\partial \Delta u_t}{\partial x} - y2(\beta_{y\Delta 1} - 2\beta_{y\Delta 2}x)\frac{\partial^2 \Delta u_t}{\partial x^2} - y(\beta_{y\Delta 1}x - \beta_{y\Delta 2}x^2)\frac{\partial^3 \Delta u_t}{\partial x^3} \\
& + z2\beta_{z\Delta 2}\frac{\partial \Delta u_t}{\partial x} - z2(\beta_{z\Delta 1} - 2\beta_{z\Delta 2}x)\frac{\partial^2 \Delta u_t}{\partial x^2} - z(\beta_{z\Delta 1}x - \beta_{z\Delta 2}x^2)\frac{\partial^3 \Delta u_t}{\partial x^3} \\
& - z^3\frac{4}{3h^2}\frac{\partial \Delta^2 w_s}{\partial x^2} - y^3\frac{4}{3b^2}\frac{\partial^2 \Delta v_s}{\partial x^2} - \bar{\omega}\Big(\frac{\partial^2 \Delta \theta_x}{\partial x^2} + \lambda\frac{\partial^4 \Delta \theta_x}{\partial x^4}\Big)\Big] \\
& \times\Big[-(1+\beta_{zs})(I_1\eta(\sigma_i)+I_2)\Delta\theta_{yb} - (\beta_{z\Delta 1} - 2\beta_{z\Delta 2}x)\frac{\partial \Delta u_t}{\partial x} \\
& - (\beta_{z\Delta 1}x - \beta_{z\Delta 2}x^2)\frac{\partial^2 \Delta u_t}{\partial x^2} - 3z^2\frac{4}{3h^2}\frac{\partial \Delta w_s}{\partial x}\Big]
\end{aligned} \tag{5.9.41a}$$

或

$$\begin{aligned}
\frac{\partial \Delta u}{\partial x}\frac{\partial \Delta u}{\partial z} = & \Big[\frac{\partial \Delta u_t}{\partial x} - y(1+\beta_{ys})\eta(\sigma_i)\frac{\partial^2 \Delta v_b}{\partial x^2} - z(1+\beta_{zs})(I_1\eta(\sigma_i)+I_2)\frac{\partial^2 \Delta w_b}{\partial x^2} \\
& + y2\beta_{y\Delta 2}\frac{\partial \Delta u_t}{\partial x} - y2(\beta_{y\Delta 1} - 2\beta_{y\Delta 2}x)\frac{\partial^2 \Delta u_t}{\partial x^2} - y(\beta_{y\Delta 1}x - \beta_{y\Delta 2}x^2)\frac{\partial^3 \Delta u_t}{\partial x^3} \\
& + z2\beta_{z\Delta 2}\frac{\partial \Delta u_t}{\partial x} - z2(\beta_{z\Delta 1} - 2\beta_{z\Delta 2}x)\frac{\partial^2 \Delta u_t}{\partial x^2} - z(\beta_{z\Delta 1}x - \beta_{z\Delta 2}x^2)\frac{\partial^3 \Delta u_t}{\partial x^3} \\
& - z^3\frac{4}{3h^2}\frac{\partial \Delta^2 w_s}{\partial x^2} - y^3\frac{4}{3b^2}\frac{\partial^2 \Delta v_s}{\partial x^2} - \bar{\omega}\Big(\frac{\partial^2 \Delta \theta_x}{\partial x^2} + \lambda\frac{\partial^4 \Delta \theta_x}{\partial x^4}\Big)\Big] \\
& \times\Big[-(1+\beta_{zs})(I_1\eta(\sigma_i)+I_2)\frac{\partial \Delta w_b}{\partial x} - (\beta_{z\Delta 1} - 2\beta_{z\Delta 2}x)\frac{\partial \Delta u_t}{\partial x} \\
& - (\beta_{z\Delta 1}x - \beta_{z\Delta 2}x^2)\frac{\partial^2 \Delta u_t}{\partial x^2} - 3z^2\frac{4}{3h^2}\frac{\partial \Delta w_s}{\partial x}\Big]
\end{aligned} \tag{5.9.41b}$$

$$\begin{aligned}
\frac{\partial \Delta v}{\partial x}\frac{\partial \Delta v}{\partial z} = & \Big[(1+\beta_{ys})\Delta\theta_{zb} + (\beta_{y\Delta 1} - 2\beta_{y\Delta 2}x)\frac{\partial \Delta u_t}{\partial x} \\
& + (\beta_{y\Delta 1}x - \beta_{y\Delta 2}x^2)\frac{\partial^2 \Delta u_t}{\partial x^2} + \frac{\partial \Delta v_s}{\partial x} - z\frac{\partial \Delta \theta_x}{\partial x}\Big](-\Delta\theta_x)
\end{aligned} \tag{5.9.42a}$$

或

$$\begin{aligned}
\frac{\partial \Delta v}{\partial x}\frac{\partial \Delta v}{\partial z} = & \Big[(1+\beta_{ys})\frac{\partial \Delta v_b}{\partial x} + (\beta_{y\Delta 1} - 2\beta_{y\Delta 2}x)\frac{\partial \Delta u_t}{\partial x} \\
& + (\beta_{y\Delta 1}x - \beta_{y\Delta 2}x^2)\frac{\partial^2 \Delta u_t}{\partial x^2} + \frac{\partial \Delta v_s}{\partial x} - z\frac{\partial \Delta \theta_x}{\partial x}\Big](-\Delta\theta_x)
\end{aligned} \tag{5.9.42b}$$

$$\frac{\partial \Delta w}{\partial x}\frac{\partial \Delta w}{\partial z} = 0 \tag{5.9.43}$$

三维空间梁-柱因弯曲引起的近似的剪应变，$\Delta\boldsymbol{\gamma}_{xy}$ 按式(5.9.36)计算，$\Delta\boldsymbol{\gamma}_{xz}$ 按式(5.9.40)计算。

其中，$\frac{\partial \Delta u}{\partial x}\frac{\partial \Delta u}{\partial y}$按式(5.9.37)计算；

$$\frac{\partial \Delta v}{\partial x}\frac{\partial \Delta v}{\partial y}=\Big[\frac{\partial \Delta v_t(x,y)}{\partial x}+(1+\beta_{ys})\Delta\theta_{zb}+(\beta_{y\Delta1}-2\beta_{y\Delta2}x)\frac{\partial \Delta u_t}{\partial x}+(\beta_{y\Delta1}x-\beta_{y\Delta2}x^2)\frac{\partial^2 \Delta u_t}{\partial x^2}+\frac{\partial \Delta v_s}{\partial x}-z\frac{\partial \Delta\theta_x}{\partial x}\Big]\times\frac{\partial \Delta v_t(x,y)}{\partial y} \tag{5.9.44a}$$

或

$$\frac{\partial \Delta v}{\partial x}\frac{\partial \Delta v}{\partial y}=\Big[\frac{\partial \Delta v_t(x,y)}{\partial x}+(1+\beta_{ys})\frac{\partial \Delta v_b}{\partial x}+(\beta_{y\Delta1}-2\beta_{y\Delta2}x)\frac{\partial \Delta u_t}{\partial x}+(\beta_{y\Delta1}x-\beta_{y\Delta2}x^2)\frac{\partial^2 \Delta u_t}{\partial x^2}+\frac{\partial \Delta v_s}{\partial x}-z\frac{\partial \Delta\theta_x}{\partial x}\Big]\times\frac{\partial \Delta v_t(x,y)}{\partial y} \tag{5.9.44b}$$

$\frac{\partial \Delta w}{\partial x}\frac{\partial \Delta w}{\partial y}$可按式(5.9.39)计算；

$\frac{\partial \Delta u}{\partial x}\frac{\partial \Delta u}{\partial z}$可按式(5.9.41)计算；

$\frac{\partial \Delta v}{\partial x}\frac{\partial \Delta v}{\partial z}$可按式(5.9.42)计算；

$$\frac{\partial \Delta w}{\partial x}\frac{\partial \Delta w}{\partial z}=\Big[\frac{\partial \Delta w_t(x,z)}{\partial x}+(1+\beta_{zs})\Delta\theta_{yb}+(\beta_{z\Delta1}-2\beta_{z\Delta2}x)\frac{\partial \Delta u_t}{\partial x}+(\beta_{z\Delta1}x-\beta_{z\Delta2}x^2)\frac{\partial^2 \Delta u_t}{\partial x^2}+\frac{\partial \Delta w_s}{\partial x}+y\frac{\partial \Delta\theta_x}{\partial x}\Big]\frac{\partial \Delta w_t(x,z)}{\partial z} \tag{5.9.45a}$$

或

$$\frac{\partial \Delta w}{\partial x}\frac{\partial \Delta w}{\partial z}=\Big[\frac{\partial \Delta w_t(x,z)}{\partial x}+(1+\beta_{zs})\frac{\partial \Delta w_b}{\partial x}+(\beta_{z\Delta1}-2\beta_{z\Delta2}x)\frac{\partial \Delta u_t}{\partial x}+(\beta_{z\Delta1}x-\beta_{z\Delta2}x^2)\frac{\partial^2 \Delta u_t}{\partial x^2}+\frac{\partial \Delta w_s}{\partial x}+y\frac{\partial \Delta\theta_x}{\partial x}\Big]\frac{\partial \Delta w_t(x,z)}{\partial z} \tag{5.9.45b}$$

除 $\Delta\boldsymbol{\gamma}_{xy}$ 和 $\Delta\boldsymbol{\gamma}_{xz}$ 外，还有

$$\Delta\boldsymbol{\gamma}_{yz,NL}=\frac{\partial \Delta u}{\partial y}\frac{\partial \Delta u}{\partial z}+\frac{\partial \Delta v}{\partial y}\frac{\partial \Delta v}{\partial z}+\frac{\partial \Delta w}{\partial y}\frac{\partial \Delta w}{\partial z} \tag{5.9.46}$$

其中

$$\frac{\partial \Delta u}{\partial y}\frac{\partial \Delta u}{\partial z}=\Big[-(1+\beta_{ys})\eta(\sigma_i)\Delta\theta_{zb}-(\beta_{y\Delta1}-2\beta_{y\Delta2}x)\frac{\partial \Delta u_t}{\partial x}-(\beta_{y\Delta1}x-\beta_{y\Delta2}x^2)\frac{\partial^2 \Delta u_t}{\partial x^2}-3y^2\frac{4}{3b^2}\frac{\partial \Delta v_s}{\partial x}\Big]\times\Big[(-(1+\beta_{zs})(I_1\eta(\sigma_i)+I_2)\Delta\theta_{yb}-(\beta_{z\Delta1}-2\beta_{z\Delta2}x)\frac{\partial \Delta u_t}{\partial x}-(\beta_{z\Delta1}x-\beta_{z\Delta2}x^2)\frac{\partial^2 \Delta u_t}{\partial x^2}-3z^2\frac{4}{3h^2}\frac{\partial \Delta w_s}{\partial x}\Big] \tag{5.9.47a}$$

或

$$\frac{\partial \Delta u}{\partial y}\frac{\partial \Delta u}{\partial z}=\Big[-(1+\beta_{ys})\eta(\sigma_i)\frac{\partial \Delta v_b}{\partial x}-(\beta_{y\Delta 1}-2\beta_{y\Delta 2}x)\frac{\partial \Delta u_t}{\partial x}$$

$$-(\beta_{y\Delta 1}x-\beta_{y\Delta 2}x^2)\frac{\partial^2 \Delta u_t}{\partial x^2}-3y^2\frac{4}{3b^2}\frac{\partial \Delta v_s}{\partial x}\Big] \tag{5.9.47b}$$

$$\times\Big[(-(1+\beta_{zs})(I_1\eta(\sigma_i)+I_2)\frac{\partial \Delta w_b}{\partial x}-(\beta_{z\Delta 1}-2\beta_{z\Delta 2}x)\frac{\partial \Delta u_t}{\partial x}$$

$$-(\beta_{z\Delta 1}x-\beta_{z\Delta 2}x^2)\frac{\partial^2 \Delta u_t}{\partial x^2}-3z^2\frac{4}{3h^2}\frac{\partial \Delta w_s}{\partial x}\Big]$$

$$\frac{\partial \Delta v}{\partial y}\frac{\partial \Delta v}{\partial z}=-\frac{\partial \Delta v_t(x,y)}{\partial y}\Delta\theta_x \tag{5.9.48a}$$

$$\frac{\partial \Delta w}{\partial y}\frac{\partial \Delta w}{\partial z}=\frac{\partial \Delta w_t(x,z)}{\partial z}\Delta\theta_x \tag{5.9.48b}$$

6 固体和结构的物理关系

6.1 三维应力状态的物理关系

6.1.1 三维应力状态的应力-应变关系和弹性矩阵

假定处于三维应力状态的固体中任一点的应力向量为

$$\boldsymbol{\sigma} = [\sigma_x \quad \sigma_y \quad \sigma_z \quad \tau_{xy} \quad \tau_{yz} \quad \tau_{zx}]^{\mathrm{T}}$$

固体上任一点的应变

$$\boldsymbol{\varepsilon} = [\varepsilon_x \quad \varepsilon_y \quad \varepsilon_z \quad \gamma_{xy} \quad \gamma_{yz} \quad \gamma_{zx}]^{\mathrm{T}}$$

对弹性介质而言，三维应力状态中材料的性质与变形历史无关。在弹性范围内，材料的应力-应变关系按照广义 Hooke 定律如式(3.5.1)所示，或

$$\sigma = \boldsymbol{D}_e \varepsilon \tag{6.1.1}$$

式中，$\boldsymbol{D}_e$ 为弹性矩阵，有

$$\boldsymbol{D}_e = \begin{bmatrix} D_{11} & D_{12} & D_{12} & 0 & 0 & 0 \\ D_{12} & D_{11} & D_{12} & 0 & 0 & 0 \\ D_{12} & D_{12} & D_{11} & 0 & 0 & 0 \\ 0 & 0 & 0 & D_{44} & 0 & 0 \\ 0 & 0 & 0 & 0 & D_{44} & 0 \\ 0 & 0 & 0 & 0 & 0 & D_{44} \end{bmatrix} \tag{6.1.2}$$

式中的元素如式(3.5.3)。

6.1.2 三维应力状态的增量应力-应变关系和弹塑性矩阵

基于基本塑性理论，因多数材料具有加工硬化性质，所以处于三维应力状态的固体的弹塑性应力-应变关系可以采用普朗特-路埃斯理论所描述的应力应变关系、具有加工硬化的等向强化材料和符合米赛斯屈服条件的加载规律。普朗特-路埃斯认为材料总应变增量偏量的分量应由弹性应变增量偏量的分量和塑性应变增量偏量的分量组成的，其中，弹性应变部分可按虎克定律，而塑性应变部分仍可按列维-米赛斯方程式。由此材料在进入塑性后的应力-应变关系是关于应变或应力的状态函数，与变形历史有关。相应于 Mises 屈服条件下各向同性强化材料在弹塑性范围内，材料的增量应力-应变关系为

$$\mathrm{d}\boldsymbol{\sigma} = \boldsymbol{D}_{ep}\,\mathrm{d}\boldsymbol{\varepsilon} \tag{6.1.3}$$

式中，$\boldsymbol{D}_{ep}$ 通常称为弹塑性矩阵。

实体上任一点的平均应力为

$$\sigma_{\text{aver}} = (\sigma_x + \sigma_y + \sigma_z)/3 \tag{6.1.4}$$

实体上任一点的应力偏张量分量为

$$\begin{gathered} S_{11} = \sigma'_x = \sigma_x - \sigma_{\text{aver}}, \quad S_{22} = \sigma'_y = \sigma_y - \sigma_{\text{aver}}, \quad S_{33} = \sigma'_z = \sigma_z - \sigma_{\text{aver}} \\ S_{12} = \tau_{xy}, \quad S_{23} = \tau_{zy}, \quad S_{13} = \tau_{zx} \end{gathered} \tag{6.1.5}$$

用直角坐标六个应力分量表示时,等效应力即应力强度

$$\sigma_i = \frac{1}{\sqrt{2}} \sqrt{(\sigma_x - \sigma_y)^2 + (\sigma_y - \sigma_z)^2 + (\sigma_z - \sigma_x)^2 + 6(\tau_{xy}^2 + \tau_{yz}^2 + \tau_{zx}^2)} \tag{6.1.6}$$

用应力偏量表示时,应力强度

$$\sigma_i = \sqrt{\frac{3}{2}} \sqrt{(S_{11}^2 + S_{22}^2 + S_{33}^2) + 2[(\tau'_{xy})^2 + (\tau'_{zy})^2 + (\tau'_{zx})^2]} \tag{6.1.7}$$

对应于等效应力,定义等效应变

$$\varepsilon_i = \frac{\sqrt{2}}{2(1+\nu)} \left[(\varepsilon_x - \varepsilon_y)^2 + (\varepsilon_y - \varepsilon_z)^2 + (\varepsilon_z - \varepsilon_x)^2 + \frac{3}{2}(\gamma_{xy}^2 + \gamma_{yz}^2 + \gamma_{zx}^2) \right]^{\frac{1}{2}} \tag{6.1.8}$$

则处于三维应力状态的固体的弹塑性矩阵

$$\boldsymbol{D}_{ep} = \frac{E}{1+\nu} \begin{bmatrix} \nu_1 - G'(\sigma'_x)^2 & & & & & \\ \nu_2 - G'\sigma'_x\sigma'_y & \nu_1 - G'(\sigma'_y)^2 & & & & \\ \nu_2 - G'\sigma'_x\sigma'_z & \nu_2 - G'\sigma'_y\sigma'_z & \nu_1 - G'(\sigma'_z)^2 & \text{对} & & \\ -G'\sigma'_x\tau_{xy} & -G'\sigma'_y\tau_{xy} & -G'\sigma'_z\tau_{xy} & \frac{1}{2} - G'\tau_{xy}^2 & \text{称} & \\ -G'\sigma'_x\tau_{zy} & -G'\sigma'_y\tau_{zy} & -G'\sigma'_z\tau_{zy} & -G'\tau_{xy}\tau_{zy} & \frac{1}{2} - G'\tau_{zy}^2 & \\ -G'\sigma'_x\tau_{zx} & -G'\sigma'_y\tau_{zx} & -G'\sigma'_z\tau_{zx} & -G'\tau_{xy}\tau_{zx} & -G'\tau_{zy}\tau_{zx} & \frac{1}{2} - G'\tau_{zx}^2 \end{bmatrix} \tag{6.1.9}$$

式中,ν_1, ν_2 和 G' 如式(3.5.85)所示。

6.2 二维应力状态的物理关系

6.2.1 二维应力状态的应力-应变关系和弹性矩阵

6.2.1.1 二维应力状态的弹性矩阵

不考虑材料的非线性,正交坐标系中处于二维应力状态的固体的应力与应变之间按照广义 Hooke 定律存在如下关系:

$$\Delta\boldsymbol{\sigma} = \boldsymbol{D}\Delta\boldsymbol{\varepsilon} \tag{6.2.1}$$

式中,$\Delta\boldsymbol{\sigma}$ 为应力增量,有 $\Delta\boldsymbol{\sigma} = [\Delta\sigma_x \quad \Delta\sigma_y \quad \Delta\tau_{xy}]^{\mathrm{T}}$;$\boldsymbol{D}$ 为弹性矩阵。

在主惯性坐标系即材料系中的应力与应变之间存在如下关系：

$$\Delta\boldsymbol{\sigma}' = \boldsymbol{D}'\Delta\boldsymbol{\varepsilon}' \tag{6.2.2}$$

式中，$\boldsymbol{D}'$为主惯性坐标系即材料系中的弹性矩阵。根据式(3.5.3)，有

$$\boldsymbol{D}' = \boldsymbol{D}_e = \frac{E}{(1+\nu)(1-2\nu)}\begin{bmatrix}1-\nu & 0 & 0\\ \nu & 1-\nu & 0\\ 0 & 0 & (1-2\nu)/2\end{bmatrix} \tag{6.2.3}$$

6.2.1.2　二维应力状态中正交异性材料的弹性矩阵

处于二维应力状态的固体，正交异性材料的弹性矩阵

$$\boldsymbol{D}' = \begin{bmatrix}d_{11} & & \\ d_{21} & d_{22} & \\ 0 & 0 & d_{33}\end{bmatrix} \tag{6.2.4}$$

式中

$$\begin{cases} d_{11} = \dfrac{E'_x}{1-\nu_x\nu_y}, \\ d_{22} = \dfrac{E'_y}{1-\nu_x\nu_y}, \\ d_{21} = \dfrac{\nu_2 E'_x}{1-\nu_x\nu_y} = \dfrac{\nu_1 E'_y}{1-\nu_x\nu_y}, \\ d_{33} = G'_{xy} \end{cases} \tag{6.2.5}$$

其中，E'_x，E'_y为两个弹性主向的杨氏弹性模量；ν_x，ν_y 为两个弹性主向的泊桑比；G'_{xy}为材料的剪切模量，由计算得到

$$G'_{xy} = \frac{4}{E'_{45}} - \frac{1}{E'_x} - \frac{1}{E'_y} + \frac{2\nu_x}{E'_x} \tag{6.2.6}$$

这里，E'_{45}为 45°方向的杨氏弹性模量。

6.2.1.3　正交异性材料的弹性矩阵

如正交坐标系 i-xyz 和主惯性坐标系即材料系 i-$x'y'z'$之间有夹角θ(见图 6.2.1)，则在正交坐标系 i-xyz 和主惯性坐标系即材料系 i-$x'y'z'$中的应变向量有如下变换：

$$\Delta\boldsymbol{\varepsilon} = \boldsymbol{T}_\varepsilon\Delta\boldsymbol{\varepsilon}' \tag{6.2.7}$$

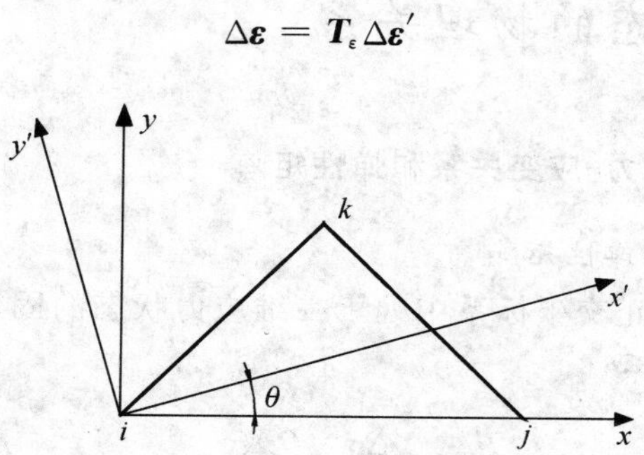

图 6.2.1　角 θ

其中，$\boldsymbol{T}_{\varepsilon}$为应变变换矩阵，有

$$\boldsymbol{T}_{\varepsilon}=\begin{bmatrix}\cos^2\theta & \sin^2\theta & \cos\theta\sin\theta\\ \sin^2\theta & \cos^2\theta & -\cos\theta\sin\theta\\ -2\cos\theta\sin\theta & 2\cos\theta\sin\theta & \cos^2\theta-\sin^2\theta\end{bmatrix} \tag{6.2.8}$$

当知道正交坐标系中任意一点的应变，通过上式可以求出固体或结构中该点任意方向的应变。

类似，在正交坐标系 $i-xyz$ 和主惯性坐标系 $i-x'y'z'$ 中的薄膜应力向量有如下变换：

$$\Delta\boldsymbol{\sigma}=\boldsymbol{T}_{\sigma}\Delta\boldsymbol{\sigma}' \tag{6.2.9}$$

其中，$\boldsymbol{T}_{\sigma}$ 为应力变换矩阵，有

$$\boldsymbol{T}_{\sigma}=\begin{bmatrix}\cos^2\theta & \sin^2\theta & 2\cos\theta\sin\theta\\ \sin^2\theta & \cos^2\theta & -2\cos\theta\sin\theta\\ -\cos\theta\sin\theta & \cos\theta\sin\theta & \cos^2\theta-\sin^2\theta\end{bmatrix} \tag{6.2.10}$$

应力变换矩阵和应变变换矩阵有如下关系：

$$\boldsymbol{T}_{\sigma}=(\boldsymbol{T}_{\varepsilon}^{\mathrm{T}})^{-1}=(\boldsymbol{T}_{\varepsilon}^{-1})^{\mathrm{T}} \tag{6.2.11}$$

$$\boldsymbol{T}_{\sigma}^{\mathrm{T}}=\boldsymbol{T}_{\varepsilon}^{-1} \tag{6.2.12}$$

将式(6.2.7)和式(6.2.9)代入式(6.2.1)，作变换并将式(6.2.12)代入得

$$\Delta\boldsymbol{\sigma}=\boldsymbol{T}_{\sigma}\boldsymbol{D}'\boldsymbol{T}_{\sigma}^{\mathrm{T}}\Delta\boldsymbol{\varepsilon} \tag{6.2.13}$$

则正交坐标系下，处于二维应力状态的固体中正交异性材料的弹性矩阵

$$\boldsymbol{D}=\boldsymbol{T}_{\sigma}\boldsymbol{D}'\boldsymbol{T}_{\sigma}^{\mathrm{T}} \tag{6.2.14}$$

简单记为

$$\boldsymbol{D}=\begin{bmatrix}D_{11} & D_{21} & D_{31}\\ D_{21} & D_{22} & D_{32}\\ D_{31} & D_{32} & D_{33}\end{bmatrix} \tag{6.2.15}$$

其中

$$D_{11}=\frac{1}{-1+\nu'_x\nu'_y}[-E'_x\cos^4\theta+(-4G'_{xy}-E'_y\nu'_x-E'_x\nu'_y+4G'_{xy}\nu'_x\nu'_y)\cos^2\theta\sin^2\theta-E'_y\sin^4\theta]$$

$$D_{21}=\frac{1}{1-\nu'_x\nu'_y}[E'_x\nu'_y\cos^4\theta+(E'_x+E'_y-4G'_{xy}+4G'_{xy}\nu'_x\nu'_y)\cos^2\theta\sin^2\theta+E'_y\nu'_x\sin^4\theta]$$

$$D_{22}=\frac{1}{-1+\nu'_x\nu'_y}[-E'_y\cos^4\theta+(-4G'_{xy}-E'_y\nu'_x-E'_x\nu'_y+4G'_{xy}\nu'_x\nu'_y)\cos^2\theta\sin^2\theta-E'_x\sin^4\theta]$$

其他元素不一一给出。

6.2.1.4 膜材的弹性矩阵

结构工程中采用的是以玻璃纤维或纺织纤维编织而成的薄膜材料——膜材。膜材是一种复合材料，也不是理想弹性的弹性材料，虽然当前工程应用中通常仍被假定为正交异性材料，但是其常数应该通过双向拉伸试验来确定。此外，膜材是一种只拉材料，它不能受压，一旦受压即会松弛。膜材料的应力-应变如图 6.2.2 所示。

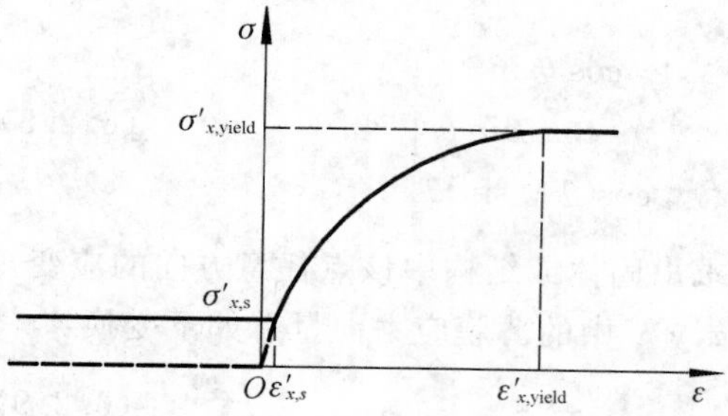

(a) 主方向 1

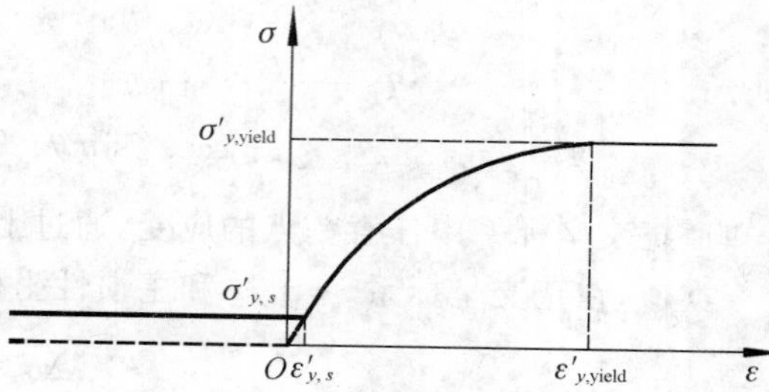

(b) 主方向 2

图 6.2.2 膜材料的应力-应变

图中，$\sigma'_{x,\text{yield}}$，$\sigma'_{y,\text{yield}}$ 分别为材料坐标系 x' 和 y' 方向的屈服应力；$\varepsilon'_{x,\text{yield}}$，$\varepsilon'_{y,\text{yield}}$ 分别为材料坐标系 x' 和 y' 方向的屈服应变；$\sigma'_{x,s}$，$\sigma'_{y,s}$ 分别为材料坐标系 x' 和 y' 方向的松弛应力；$\varepsilon'_{x,s}$，$\varepsilon'_{y,s}$ 分别为材料坐标系 x' 和 y' 方向的松弛应变。

于是，由式(6.2.4)所示的弹性矩阵中的系数

$$\begin{cases} d_{11} = \dfrac{C_1 E'_x}{1-\nu'_x\nu'_y}, \\ d_{22} = \dfrac{C_2 E'_y}{1-\nu'_x\nu'_y}, \\ d_{21} = \dfrac{\nu'_2 C_1 E'_x}{1-\nu'_x\nu'_y} = \dfrac{\nu'_1 C_2 E'_y}{1-\nu'_x\nu'_y}, \\ d_{33} = C_3 G'_{xy} \end{cases} \tag{6.2.16}$$

其中，C_1，C_2，C_3 为考虑材料松弛的折减系数；ν'_x，ν'_y 为两个弹性主向的折算泊松比，有

$$\nu'_x = \nu_x C_1, \quad \nu'_y = \nu_y C_2$$

C_1，C_2，C_3 的取值如下：

(1) 当 $\sigma'_x > 0$，$\sigma'_y > 0$ 或 $\varepsilon'_x > 0$，$\varepsilon'_y > 0$ 时，$C_1 = C_2 = C_3 = 1.0$；

(2) 当 $\sigma'_x \leqslant 0$，$\sigma'_y > 0$ 或 $\varepsilon'_x \leqslant 0$，$\varepsilon'_y > 0$ 时，$C_2 = 1.0, C_1 = C_3 = \alpha$；

(3) 当 $\sigma'_x > 0$，$\sigma'_y \leqslant 0$ 或 $\varepsilon'_x > 0$，$\varepsilon'_y \leqslant 0$ 时，$C_1 = 1.0, C_2 = C_3 = \alpha$；

(4) 当 $\varepsilon'_x \leqslant 0$，$\varepsilon'_y \leqslant 0$ 或 $\varepsilon'_x \leqslant 0$，$\varepsilon'_y \leqslant 0$ 时，$C_1 = C_2 = C_3 = \alpha$。

上面 α 是膜材料松弛控制参数，其取值需经过试算结合收敛、精确度等条件确定。

6.2.2 二维应力状态的增量应力-应变关系和弹塑性矩阵

对于弹塑性介质，处于二维应力状态的固体材料的性质是关于应变或应力的状态函数，与变形历史有关。相应于 Mises 屈服条件下各向同性强化材料在弹塑性范围内，材料的增量应力-应变关系如式(6.1.3)所示。式中的 $\boldsymbol{D}_{ep}$ 为处于二维应力状态的固体的塑性矩阵。

处于二维应力状态的固体中一点的平均应力为

$$\sigma_{\text{aver}} = (\sigma_x + \sigma_y)/3 \tag{6.2.17}$$

任一点的应力偏张量分量为

$$S_{11} = \sigma'_x = \sigma_x - \sigma_{\text{aver}}, \quad S_{22} = \sigma'_y = \sigma_y - \sigma_{\text{aver}}, \quad S_{33} = \sigma'_z = -\sigma_{\text{aver}}, \quad S_{12} = \tau_{xy} \tag{6.2.18}$$

用直角坐标应力分量表示时,等效应力即应力强度

$$\sigma_i = \frac{1}{\sqrt{2}} \sqrt{(\sigma_x - \sigma_y)^2 + \sigma_y^2 + \sigma_x^2 + 6\tau_{xy}^2} \tag{6.2.19}$$

用应力偏量表示时,应力强度

$$\sigma_i = \sqrt{\frac{3}{2}} \sqrt{(S_{11}^2 + S_{22}^2 + S_{33}^2) + 2(\tau'_{xy})^2} \tag{6.2.20}$$

对应于等效应力,定义等效应变

$$\varepsilon_i = \frac{\sqrt{2}}{2(1+\nu)} \left[(\varepsilon_x - \varepsilon_y)^2 + \varepsilon_y^2 + \varepsilon_x^2 + \frac{3}{2}\gamma_{xy}^2 \right]^{\frac{1}{2}} \tag{6.2.21}$$

则处于二维应力状态的固体的弹塑性矩阵

$$\boldsymbol{D}_{ep} = \frac{E}{1+\nu} \begin{bmatrix} \nu_1 - G'(\sigma'_x)^2 & & \\ \nu_2 - G'\sigma'_x\sigma'_y & \nu_1 - G'(\sigma'_y)^2 & \\ -G'\sigma'_x\tau_{xy} & -G'\sigma'_y\tau_{xy} & \frac{1}{2} - G'\tau_{xy}^2 \end{bmatrix} \tag{6.2.22}$$

式中,ν_1,ν_2 和 G' 如式(3.5.85)所示。

6.3 空间板壳的物理关系

6.3.1 空间板壳的应力-应变关系和弹性矩阵

空间板壳的应力和应变为

$$\boldsymbol{\sigma} = [\sigma_x \quad \sigma_y \quad \tau_{xy} \quad \tau_{yz} \quad \tau_{xz}]^{\mathrm{T}} \quad 及 \quad \boldsymbol{\varepsilon} = [\varepsilon_x \quad \varepsilon_y \quad \gamma_{xy} \quad \gamma_{yz} \quad \gamma_{xz}]^{\mathrm{T}}$$

对于弹性介质,空间板壳中材料的性质与变形历史无关。在弹性范围内,材料的应力-应变关系按照广义 Hooke 定律如式(3.5.1) 所示,或

$$\sigma = \boldsymbol{D}_e \varepsilon \tag{6.3.1}$$

式中,$\boldsymbol{D}_e$ 为板壳的弹性矩阵,有

$$\boldsymbol{D}_e = \begin{bmatrix} D_{11} & D_{12} & 0 & 0 & 0 \\ D_{12} & D_{11} & 0 & 0 & 0 \\ 0 & 0 & D_{44} & 0 & 0 \\ 0 & 0 & 0 & D_{44} & 0 \\ 0 & 0 & 0 & 0 & D_{44} \end{bmatrix} \tag{6.3.2}$$

式中的元素如式(3.5.3)。

6.3.2 空间板壳的增量应力-应变关系和弹塑性矩阵

对于弹塑性介质，空间板壳中材料的性质是关于应变或应力的状态函数，与变形历史有关。相应于Mises屈服条件下各向同性强化材料在弹塑性范围内，材料的增量应力-应变关系为

$$\mathrm{d}\boldsymbol{\sigma}=\boldsymbol{D}_{ep}\,\mathrm{d}\boldsymbol{\varepsilon} \tag{6.3.3}$$

其中，$\boldsymbol{D}_{ep}$ 为空间板壳弹塑性矩阵。

空间板壳上任一点的平均应力为

$$\sigma_{\text{aver}}=(\sigma_x+\sigma_y)/3 \tag{6.3.4}$$

空间板壳上任一点的应力偏张量分量为

$$\begin{gathered}S_{11}=\sigma'_x=\sigma_x-\sigma_{\text{aver}},\quad S_{22}=\sigma'_y=\sigma_y-\sigma_{\text{aver}},\quad S_{33}=\sigma'_z=-\sigma_{\text{aver}}\\ S_{12}=\tau_{xy},\quad S_{23}=\tau_{zy},\quad S_{13}=\tau_{zx}\end{gathered} \tag{6.3.5}$$

用直角坐标应力分量表示时，等效应力即应力强度

$$\sigma_i=\frac{1}{\sqrt{2}}\sqrt{(\sigma_x-\sigma_y)^2+\sigma_y^2+\sigma_x^2+6(\tau_{xy}^2+\tau_{yz}^2+\tau_{zx}^2)} \tag{6.3.6}$$

用应力偏量表示时，应力强度

$$\sigma_i=\sqrt{\frac{3}{2}}\sqrt{(S_{11}^2+S_{22}^2+S_{33}^2)+2[(\tau'_{xy})^2+(\tau'_{zy})^2+(\tau'_{zx})^2]} \tag{6.3.7}$$

对应于等效应力，定义等效应变

$$\varepsilon_i=\frac{\sqrt{2}}{2(1+\nu)}\left[(\varepsilon_x-\varepsilon_y)^2+\varepsilon_y^2+\varepsilon_x^2+\frac{3}{2}(\gamma_{xy}^2+\gamma_{yz}^2+\gamma_{zx}^2)\right]^{\frac{1}{2}} \tag{6.3.8}$$

则空间板壳的弹塑性矩阵

$$\boldsymbol{D}_{ep}=\frac{E}{1+\nu}\begin{bmatrix}\nu_1-G'(\sigma'_x)^2 & & & & \\ \nu_2-G'\sigma'_x\sigma'_y & \nu_1-G'(\sigma'_y)^2 & & & \\ -G'\sigma'_x\tau_{xy} & -G'\sigma'_y\tau_{xy} & \frac{1}{2}-G'\tau_{xy}^2 & & \\ -G'\sigma'_x\tau_{zy} & -G'\sigma'_y\tau_{zy} & -G'\tau_{xy}\tau_{zy} & \frac{1}{2}-G'\tau_{zy}^2 & \\ -G'\sigma'_x\tau_{zx} & -G'\sigma'_y\tau_{zx} & -G'\tau_{xy}\tau_{zx} & -G'\tau_{zy}\tau_{zx} & \frac{1}{2}-G'\tau_{zx}^2\end{bmatrix} \tag{6.3.9}$$

式中，ν_1，ν_2 和 G' 如式(3.5.85)。

6.4 空间杆的物理关系

6.4.1 空间杆的应力-应变关系和弹性矩阵

空间杆的应力和应变为

$$\boldsymbol{\sigma}=\sigma_x \quad \text{及} \quad \boldsymbol{\varepsilon}=\varepsilon_x$$

对于弹性介质，空间杆中材料的性质与变形历史无关。在弹性范围内，材料的应力-应变关系按照广义 Hooke 定律如式(3.5.1) 所示，或

$$\sigma=E\varepsilon \tag{6.4.1}$$

式中，E 为弹性模量。

6.4.2 空间杆的增量应力-应变关系和弹塑性矩阵

对于弹塑性介质，空间杆中材料的性质是关于应变或应力的状态函数，与变形历史有关。相应于 Mises 屈服条件下各向同性强化材料在弹塑性范围内，材料的增量应力-应变关系为

$$\mathrm{d}\boldsymbol{\sigma}=D_{ep}\,\mathrm{d}\boldsymbol{\varepsilon} \tag{6.4.2}$$

其中，D_{ep} 为空间杆弹塑性模量。

空间杆上任一点的平均应力为

$$\sigma_{\text{aver}}=\sigma_x/3 \tag{6.4.3}$$

空间杆上任一点的应力偏张量分量为

$$S_{11}=\sigma'_x=\sigma_x-\sigma_{\text{aver}}, \quad S_{22}=\sigma'_y=-\sigma_{\text{aver}}, \quad S_{33}=\sigma'_z=-\sigma_{\text{aver}} \tag{6.4.4}$$

用直角坐标应力分量表示时，等效应力即应力强度

$$\sigma_i=\sigma_x \tag{6.4.5}$$

用应力偏量表示时，应力强度

$$\sigma_i=\sqrt{\frac{3}{2}}\sqrt{S_{11}^2+S_{22}^2+S_{33}^2} \tag{6.4.6}$$

对应于等效应力，定义等效应变

$$\varepsilon_i=\frac{\varepsilon_x}{1+\nu} \tag{6.4.7}$$

则空间杆的弹塑性矩阵

$$D_{ep}=\frac{E}{1+\nu}\left[\nu_1-G'(\sigma'_x)^2\right] \tag{6.4.8}$$

式中，ν_1 和 G' 如式(3.5.85)。

6.5 空间梁-柱的物理关系

6.5.1 空间梁-柱的应力-应变关系和弹性矩阵

对于弹性阶段空间梁-柱，材料的应力-应变关系如式(3.5.1) 所示，即

$$\boldsymbol{\sigma}=\boldsymbol{D}_e\boldsymbol{\varepsilon} \tag{6.5.1}$$

按照广义 Hooke 定律，其中弹性矩阵

$$\boldsymbol{D}_e = \begin{bmatrix} \dfrac{E(1-\nu)}{(1+\nu)(1-2\nu)} & 0 & 0 \\ 0 & G & 0 \\ 0 & 0 & G \end{bmatrix} \tag{6.5.2}$$

式中，E 为弹性模量；G 为剪切模量。

6.5.2 空间梁-柱的增量应力-应变关系和弹塑性矩阵

现考虑对具有加工硬化的等向强化材料和符合米塞斯屈服条件的加载规律，空间梁-柱截面上任一点的弹塑性应力-应变关系采用普朗特-路埃斯理论。按式(3.5.74) 所示的空间梁-柱的弹塑性应力-应变的一般关系为

$$\Delta\boldsymbol{\sigma} = \boldsymbol{D}_{ep}\Delta\boldsymbol{\varepsilon} \tag{6.5.3}$$

对于空间梁-柱截面上任一点的应力向量和应力偏张量分别为

$$\boldsymbol{\sigma} = [\sigma_x \quad \tau_{xy} \quad \tau_{zx}]^{\mathrm{T}} \tag{6.5.4}$$

和

$$\boldsymbol{S} = [S_{11} \quad S_{22} \quad S_{33} \quad S_{12} \quad S_{31}]^{\mathrm{T}} \tag{6.5.5}$$

截面上任一点相应的应变

$$\boldsymbol{\varepsilon} = [\varepsilon_x \quad \gamma_{xy} \quad \gamma_{zx}]^{\mathrm{T}}$$

空间梁-柱截面上任一点的按式(1.3.8)和式(2.4.1)所示的用应力偏量表示的应力强度及应变强度分别为

$$\sigma_i = \sqrt{\frac{3}{2}}\sqrt{S_{11}^2 + S_{22}^2 + S_{33}^2 + 2(S_{12}^2 + S_{31}^2)} \tag{6.5.6}$$

和

$$\varepsilon_i = \frac{\sqrt{2}}{2(1+\nu)}\left[2\varepsilon_x^2 + \frac{3}{2}(\gamma_{xy}^2 + \gamma_{zx}^2)\right]^{\frac{1}{2}} \tag{6.5.7}$$

空间梁-柱用应力强度表示的米赛斯屈服条件为

$$\sigma_i = \sigma_{\text{yield}} \tag{6.5.8}$$

根据应力张量的第一不变量，任一点的平均应力

$$\sigma_{\text{aver}} = \frac{1}{3}\sigma_x$$

根据应力偏张量和应力张量之间的关系有

$$S_{11} = \frac{2}{3}\sigma_x, \quad S_{22} = S_{33} = -\frac{1}{3}\sigma_x \tag{6.5.9}$$

于是，应力强度

$$\sigma_i = \sqrt{\sigma_x^2 + 3(\tau_{xy}^2 + \tau_{zx}^2)}$$

将各量代入空间梁-柱弹塑性应力-应变本构方程式(6.5.3)中，有

$$\begin{bmatrix} \Delta\boldsymbol{\sigma}_x \\ \Delta\boldsymbol{\tau}_{xy} \\ \Delta\boldsymbol{\tau}_{xz} \end{bmatrix} = \boldsymbol{D}_{ep} \cdot \begin{bmatrix} \Delta\boldsymbol{\varepsilon}_x \\ \Delta\boldsymbol{\gamma}_{xy} \\ \Delta\boldsymbol{\gamma}_{xz} \end{bmatrix}$$

其中，$\boldsymbol{D}_{ep}$为空间梁-柱弹塑性矩阵，有

$$\boldsymbol{D}_{ep} = \boldsymbol{D}_e - \boldsymbol{D}_p \tag{6.5.10}$$

按式(3.5.83)可得在 Mises 屈服条件下各向同性强化材料的空间梁-柱截面上任一点的塑性矩阵

$$\boldsymbol{D}_p = \frac{9G^2}{(H' + 3G)\sigma_i^2} \begin{bmatrix} S_{11}^2 & S_{11}S_{12} & S_{11}S_{31} \\ S_{11}S_{12} & S_{12}^2 & S_{12}S_{31} \\ S_{11}S_{31} & S_{12}S_{31} & S_{31}^2 \end{bmatrix} \tag{6.5.11}$$

按式(3.5.84)可得在 Mises 屈服条件下各向同性强化材料的空间梁-柱截面上任一点的弹塑性矩阵

$$\boldsymbol{D}_{ep} = \frac{E}{1+\nu} \begin{bmatrix} \nu_1 - G'S_{11}^2 & -G'S_{11}S_{12} & -G'S_{11}S_{31} \\ -G'S_{11}S_{12} & \frac{1}{2} - G'S_{12}^2 & -G'S_{12}S_{31} \\ -G'S_{11}S_{31} & -G'S_{12}S_{31} & \frac{1}{2} - G'S_{31}^2 \end{bmatrix} \tag{6.5.12}$$

式中，ν_1，ν_2，G'按式(3.5.85a)，(3.5.85b)，(3.5.85c)计算；材料的加工硬化特性参数 H'可按式(3.5.88)计算。于是空间梁-柱截面上任一点用应力表示的塑性矩阵

$$\boldsymbol{D}_p = \frac{G^2}{(H' + 3G)\sigma_i^2} \begin{bmatrix} 4\sigma_x^2 & 6\sigma_x\tau_{xy} & 6\sigma_x\tau_{zx} \\ 6\sigma_x\tau_{xy} & 9\tau_{xy}^2 & 9\tau_{xy}\tau_{zx} \\ 6\sigma_x\tau_{zx} & 9\tau_{xy}\tau_{zx} & 9\tau_{zx}^2 \end{bmatrix} \tag{6.5.13}$$

空间梁-柱截面上任一点用应力表示的弹塑性矩阵

$$\boldsymbol{D}_{ep} = \frac{E}{1+\nu} \begin{bmatrix} \nu_1 - \frac{4}{9}G'\sigma_x^2 & -\frac{2}{3}G'\sigma_x\tau_{xy} & -\frac{2}{3}G'\sigma_x\tau_{zx} \\ -\frac{2}{3}G'\sigma_x\tau_{xy} & \frac{1}{2} - G'\tau_{xy}^2 & -G'\tau_{xy}\tau_{zx} \\ -\frac{2}{3}G'\sigma_x\tau_{zx} & -G'\tau_{xy}\tau_{zx} & \frac{1}{2} - G'\tau_{zx}^2 \end{bmatrix} \tag{6.5.14}$$

对于理想的弹塑性材料进入塑性后，泊松比 $\nu=0.5$，$G=\dfrac{E}{3}$，$H'=0$ 时，于是塑性矩阵

$$\boldsymbol{D}_p = \frac{G}{3\sigma_i^2} \begin{bmatrix} 4\sigma_x^2 & 6\sigma_x\tau_{xy} & 6\sigma_x\tau_{zx} \\ 6\sigma_x\tau_{xy} & 9\tau_{xy}^2 & 9\tau_{xy}\tau_{zx} \\ 6\sigma_x\tau_{zx} & 9\tau_{xy}\tau_{zx} & 9\tau_{zx}^2 \end{bmatrix} \tag{6.5.15}$$

而弹塑性矩阵

$$\boldsymbol{D}_{ep}=\frac{E}{3}\begin{bmatrix}\nu_1-\frac{4}{9}G'\sigma_x^2 & -\frac{2}{3}G'\sigma_x\tau_{xy} & -\frac{2}{3}G'\sigma_x\tau_{zx}\\ -\frac{2}{3}G'\sigma_x\tau_{xy} & \frac{1}{2}-G'\tau_{xy}^2 & -G'\tau_{xy}\tau_{zx}\\ -\frac{2}{3}G'\sigma_x\tau_{zx} & -G'\tau_{xy}\tau_{zx} & \frac{1}{2}-G'\tau_{zx}^2\end{bmatrix} \tag{6.5.16}$$

式中

$$G'=\frac{3}{2\sigma_i^2}$$

6.5.3 空间梁-柱的材料加工硬化特性参数 H' 的计算

空间梁-柱的切线模量 H' 表示材料加工硬化性能的参数的计算，需通过单向拉伸试验或通过理论所给出的如图 3.5.11 所示的 $\sigma-\varepsilon$ 曲线来确定。所以首先求出梁-柱的等效应变 ε_i，然后根据给定材料的 $\sigma-\varepsilon$ 曲线求得所对应的曲线斜率值 f'，代入式(3.5.88)便可得到 H'。

材料的强化模型以折线表示，现采用五折线表示的强化模型如图 6.5.1 所示。对于 $f(\varepsilon)$，有

$$f(\varepsilon_i)=\begin{cases}\sigma_{\text{yield}}+E_1(\varepsilon_i-\varepsilon_{\text{yield}}), & \varepsilon_{\text{yield}}\leqslant\varepsilon_i\leqslant\varepsilon_1;\\ \sigma_2+E_2(\varepsilon_i-\varepsilon_1), & \varepsilon_1<\varepsilon_i<\varepsilon_2;\\ \sigma_3+E_3(\varepsilon_i-\varepsilon_2), & \varepsilon_2<\varepsilon_i<\varepsilon_3;\\ \sigma_4+E_4(\varepsilon_i-\varepsilon_3), & \varepsilon_3<\varepsilon_i<\varepsilon_u;\\ \sigma_u+E_5(\varepsilon_i-\varepsilon_4), & \varepsilon_u<\varepsilon_i\end{cases} \tag{6.5.17}$$

上式对 ε 求导，即可以得到强化段的 f'，即有

$$f'=\begin{cases}E_1, & \varepsilon_{\text{yield}}\leqslant\varepsilon\leqslant\varepsilon_1;\\ E_2, & \varepsilon_1<\varepsilon<\varepsilon_2;\\ E_3, & \varepsilon_2<\varepsilon<\varepsilon_3;\\ E_4, & \varepsilon_3<\varepsilon<\varepsilon_u;\\ E_5, & \varepsilon_u<\varepsilon\end{cases} \tag{6.5.18}$$

因此根据式(3.5.88)即可求得五折线强化模型的硬化参数 H'。

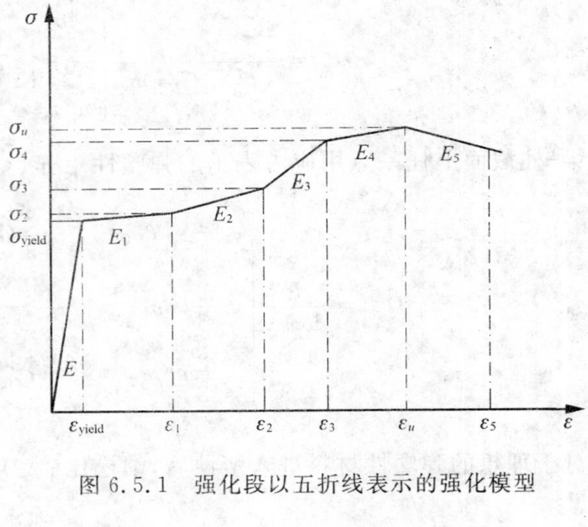

图 6.5.1 强化段以五折线表示的强化模型

7 接触和摩擦

7.1 概论

摩擦问题早期工作主要关于几何线性并考虑节点间接触。引入非线性接触概念后，问题就转至点-线(Node On Segment)或点-面(Node On Surface)接触。对接触和摩擦问题，Oden、Mantins、Zong 和 Mackele 等作了详细评述。这里仅作简单讨论[59][110]。

7.1.1 接触与摩擦的分类

根据接触体的材料性质，接触(contact)主要有以下几种。(1) 弹性物体和弹性物体或弹性物体和刚性物体之间的接触。在这种情况下，虽然本构关系是线性的，但却存在着表面非线性。塑性接触主要涉及材料屈服后的接触，应力应变之间的关系十分复杂，属于材料非线性和边界非线性的耦合问题，包括弹塑性接触、刚性物体和塑性物体之间的接触、塑性物体与塑性物体之间的接触等等。例如齿轮及蜗轮的啮合，轴承、发动机中叶片与轮盘的榫接，直升机中旋翼桨叶与桨毂的连接等。(2) 线性粘弹性物体的接触，包括粘弹性物体同刚性物体的接触，粘弹性物体之间的接触等。此时应力和应变仍然是线性，但其系数和时间、速率有关。(3) 可变形固体同液体之间的接触。如机械零件和润滑油膜之间的接触，属于固体和液体之间的耦合问题。

根据接触边界的协调情况，接触问题可分为以下几种。(1) 协调接触：两个物体的表面在无变形的情况下相当接近地贴合在一起，这种接触是协调的。例如平的滑动轴承及轴承颈之间的接触，基础梁与地基之间的接触等等。(2) 非协调接触：具有不相似外形的物体当无变形地接触时，该接触体首先在一个点或一条线相接触，分别成为“点接触”与“线接触”。例如滚珠轴承中，滚珠与座圈为点接触，滚柱与座圈为线接触。当物体的外形在一个方向是协调的，但在其正交方向不协调时，一般发生线接触。与物体本身的尺寸相比，非协调物体之间的接触面积通常是很小的，应力高度集中在靠近接触面的区域中，并且不大受远离接触面的物体形状的影响。

摩擦(friction)是两个物体相对运动或具有相对运动趋势时在其接触面上发生的切向阻抗现象。摩擦现象普遍存在，并且摩擦常常与接触同时发生。任何两个具有相对运动或相对运动趋势的相互作用表面都存在摩擦。但即使现在，摩擦机理仍然众说纷纭，至今尚无一个公认的统一结论。

摩擦按运动形式的不同，可分为：(1) 滑动摩擦，即接触表面相对滑动或有相对滑动趋势的摩擦；(2) 滚动摩擦，即物体在力矩作用下沿接触表面滚动的摩擦。

按摩擦表面润滑状况的不同，摩擦可分为：(1) 干摩擦，即摩擦面间无任何润滑介质的摩擦；(2) 边界摩擦，即两接触面间有一层极薄的润滑膜时的摩擦；(3) 流体摩擦，即两摩擦面完全被一层流体所隔开时的摩擦，这时摩擦由流体的粘度(内摩擦)引起。

介于上述情况之间的摩擦称为混合摩擦，包括：(1) 半流体摩擦，即一部分接触点处于边界摩擦,另一部分处于流体摩擦;(2) 半干摩擦,即一部分接触点是干摩擦,而另一部分点处于边界摩擦。

7.1.2 接触面积

接触面看起来非常光滑,其接触表面微凸体的形状和高度分布也随机变化。固体表面间的接触是发生在一系列形状和大小都不相同的微凸体上,接触面间的应力、变形和间隙距离就是这些接触微凸体共同作用而在宏观上表现出的结果。如图 7.1.1 所示,两固体之间的接触面积可分为名义接触面积、轮廓接触面积和真实接触面积。

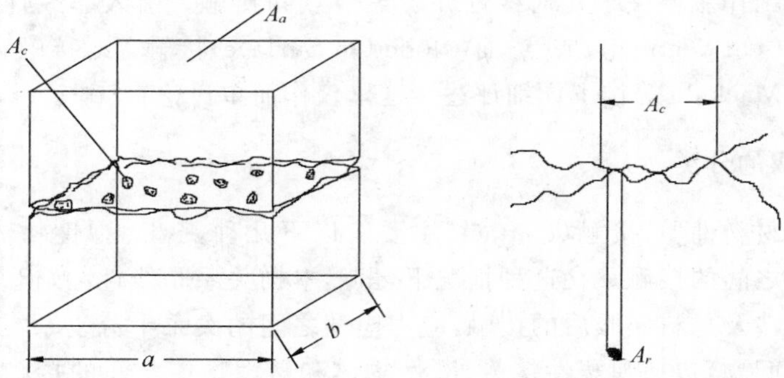

图 7.1.1 三种接触面积

(1) 名义(几何)接触面积 A_a(Nominal Contact Area):又称几何接触面积,是指接触表面的表观面积,相当于两表面为理想平面接触时的面积。如图 7.1.1 所示,有 $A_a = a \times b$。

(2) 轮廓接触面积 A_c(Profile Contact Area):由于固体表面存在波纹,故在波纹顶部的一些固体表面微凸体才发生接触形成一些离散的接触面积,称为轮廓接触面积。轮廓接触面积仍然是一种假设的接触面积,约占名义接触面积的 5%～15%。

(3) 真实接触面积 A_r(Real Contact Area):由粗糙表面较高微凸体接触形成的微观接触面积,从接触角度考虑,只有在真实接触面积上才有接触应力传递,包括法向应力和切向应力,即摩擦应力。真实接触面积的大小与许多因素(如作用的荷载大小)有关。在一般情况下,真实接触面积只占名义接触面积很小的一部分,约为名义接触面积的百分之几至万分之几,集中在轮廓接触面积内,其余表面之间存在着 10^{-2} 微米或更大的间隙。真实接触面积的计算是摩擦磨损计算的一个主要组成部分。

由于真实接触面积很小,故在此面积上的接触压力远远大于名义接触面积上的计算压力。由于接触体表面形状的随机性,真实的接触面积很难准确表达,在分析上为简便起见,可将接触表面简化为规则形状加以分析。为了计算真实接触面积的压力,首先将微凸体的形状转化为宏观的规则几何形状,一般可假设为球体、圆柱体、椭圆体和锥体等几种形状的组合接触。在实际应用中,椭圆体模型虽然较接近实际表面微凸体的形状,但由于椭圆体的接触计算比较复杂,而球体具有对称特性,接触计算比较容易,因此在多数情况下都按球状微凸体进行分析和计算。

两固体接触时,由于表面粗糙度,最先接触的是两表面之间微凸体高度之和最大的部位。随着荷载增加,其他成对的微凸体也相应地接触。每一微凸体开始接触后首先是发生弹性变形,当荷载超过某一临界值时则发生塑性变形,或者处于弹塑性变形状态。实际上,由于接触表面在微观上总是凹凸不平，几乎在任何接触情况下，都有某些接触微凸体发生塑性变形。

7.2 接触和摩擦理论

7.2.1 古典和现代摩擦理论

科学工作者一直试图通过研究观察到的摩擦现象给出各种关于摩擦的理论与假说。早期摩擦理论有以下几种。

(1) 库仑(Coulomb)古典摩擦定律

对于摩擦现象进行科学研究起始于15世纪意大利文艺复兴时期。达·芬奇最早对固体摩擦进行了试验研究，于1509年提出摩擦力与法向压力成正比的规律。后来，法国工程师Amontons G利用光学透镜研磨工具实测了摩擦力与法向压力的关系，于1699年进一步弄清了固体摩擦的规律。库仑对滑动摩擦、滚动摩擦都进行了试验，发展了Amontons G的成果，于1785年完成了现在所称的古典摩擦定律。认为摩擦力的方向总是与接触表面相对运动的方向相反，其大小与接触物体间的法向压力成正比，即

$$F = \mu W \tag{7.2.1}$$

式中，F为摩擦力；W为法向荷载；μ为摩擦系数。

库仑摩擦定律较为适合具有一定屈服极限的材料，如金属材料。

(2) 机械互锁学说

Amontons G和Hire P等人提出了机械互锁学说，认为摩擦是由于表面粗糙不平的机械互锁作用引起的。当两表面相对滑动时，由于粗糙不平的表面在不平处相互嵌入，因而产生阻抗物体运动的阻力。机械互锁学说似能解释表面愈粗糙摩擦系数愈大，以及提高表面粗糙度等级可以降低摩擦系数等现象，但对于经过超精加工的非常光洁表面摩擦系数反而很大、表面覆盖一层极薄的(其厚度比微凸体高度小得多)润滑剂即能显著降低摩擦力等现象，就难以解释。

(3) 分子引力学说

17世纪30年代，英国物理学家Desaguliers J T提出了分子引力学说，认为固体产生摩擦阻力的真正原因是摩擦表面的分子引力作用，由此认为表面愈光洁摩擦力就愈大。后来Hardy W B和Tomlinson G A发展了这一学说，导出了摩擦系数与接触面积成正比的公式。

这一学说能解释前述机械互锁学说不能解释的问题。但根据此学说，荷载不大时表面愈粗糙，实际接触面积愈小，摩擦力愈小，这与实际情况不相符合。

(4) 分子-机械学说

20世纪30年代，前苏联科学家克拉盖尔斯基等人把上述学说结合起来，提出摩擦的双重本质，认为两接触表面做相对运动时，既要克服机械变形的阻力，又要克服分子相互作用的阻力，摩擦力即为接触面积上分子和机械作用所产生的阻力之和，因而被称为分子-机械学说。该理论结果与试验结果比较，又有进一步的接近。

而现代摩擦理论又有以下几种。

(1) 摩擦的粘着理论

英国学者Bowden F P和Tabor D于20世纪40年代后期提出了摩擦的粘着理论及其修

正理论，认为摩擦力由剪切微凸体粘着接触点的力和产生犁沟的力组成，并且考虑了结点增大效应、表面膜效应和犁沟效应。该理论可以解释很多摩擦现象，如摩擦力与名义接触面积无关、纯净金属的摩擦系数大、表面膜的减磨作用以及粘着磨损、材料转移等现象。但是，该理论是建立在实际接触面积由塑性变形决定，摩擦力是切断强度较低的表面材料所需的力这样一些假设的基础之上，简化了实际摩擦中的复杂现象，因而还有不够完善之处。例如实际摩擦表面相接触是处于弹塑性变形状态，摩擦系数随法向荷载变化；极软材料和极光滑表面的粘着现象；以及粘着与犁沟之间是否有内在联系等，都有待于进一步研究。

(2) 摩擦的滑移线场综合理论

Green A P 最早把滑移线场(Slip-Line Field)分析方法应用于金属表面滑动接触的研究，提出微凸体滑动接触模式。他采用与初始表面粗糙度相关的角的变化来描述节点的形成、变形和断裂过程。Challen J M 等人又应用滑移线场分析方法对滑动中硬滑块前有塑性材料堆积时的各种参数进行了分析和考察。Suh N P 等人综合考虑微凸体变形、粘着和犁沟的作用对金属滑动摩擦进行研究，形成了摩擦的滑移线场综合理论。该理论认为两相对滑动表面之间的摩擦系数是由于微凸体变形、磨粒和表面硬微凸体的犁沟以及平坦表面粘着三种因素综合作用的结果，这三方面因素对摩擦的影响程度则决定于滑动界面的条件。总摩擦系数 μ 表示为微凸体变形、粘着、犁沟三个分量的函数，而各个分量又随个别参数而变化，故总摩擦系数值可用一空间曲面来表示。

摩擦的滑移线场综合理论能解释粘着理论所不能解释的实验结果，它表明摩擦系数不是材料的固有特性，而与滑动条件、材料组合、表面几何形状和界面状态等诸多因素有关系，而且其值随滑动过程的不同阶段而异。按此理论计算结果在一定范围内与实验结果相吻合，适用于大部分金属材料。但在实际应用中，许多数值还要由实验确定。在摩擦研究中，应避免把单一的机理孤立起来，而要重视实际工况中摩擦系数往往同时受到几种相互影响的机理支配的事实；对于特定的机理应有它起主要作用的条件范围。这一点应予注意。

从上述接触现象的本质可知，接触与摩擦现象在微观上涉及分子力学、晶体物理学等复杂的学科领域，在宏观上表现为复杂的接触应力在一定区域上的统计平均。在结构工程中如果对所有的接触摩擦问题都采取微观分析方法，将是一件工作量很大的工作，这不仅是难以实现的，同时也是没有必要的。因此在结构工程中处理接触问题时，需要针对具体的问题确定考虑接触摩擦问题的角度。一般来说，在对结构整体分析时，可以将接触问题抽象为对作用在一定结构构件上的物理量的约束。例如考虑对整个空间桁架与基础发生接触的模型时，边界上的接触可以表示为边界处节点位移与节点力必须满足一定的力平衡条件与位移协调条件，而摩擦可以表示为接触面上法向接触力与切向接触力必须满足的比例关系。

7.2.2 库仑(Coulomb)摩擦定律和粘着理论

摩擦问题涉及固体力学、流体力学、流变学、热物理、应用数学、材料科学、物理化学等多门学科，而且摩擦学的影响因素繁多，使得关于摩擦的理论分析和试验研究都较为困难。在以上古典和现代摩擦理论中，以粘着理论的结果与试验结果最为接近，同时库仑理论又具有较为简单的形式，便于应用。因此，可以将库仑理论与粘着理论结合起来，将摩擦的宏观表现与微观机理结合起来。

库仑摩擦定律主要认为：

(1) 摩擦力的方向总是与接触表面相对运动的趋势或速度的方向相反，其大小与接触物体间的法向压力成正比，即如式(7.2.1)。

(2) 摩擦力大小与相接触物体间的表面名义接触面积无关。

(3) 静摩擦系数大于动摩擦系数。

摩擦的粘着理论认为：

(1) 摩擦表面处于塑性接触状态。两表面接触时，界面由若干相接触的微凸体组成。由于两平面的初始接触只发生在少数表面微凸体的顶部，因而单位应力很大，在荷载作用下峰点接触处的应力达到受压屈服极限 σ_{cyield} 而产生塑性变形。此后接触点的应力不再改变，只能依靠扩大接触面积来承受继续增加的荷载，直到能支承所受荷载为止。

(2) 滑动摩擦是粘着与滑动交替发生的跃动过程。由于接触点的金属处于塑性流动状态，在摩擦中接触点还可能产生瞬时高温，使相接触金属产生粘着(即冷焊)，粘着节点具有很强的粘着力。随着两表面摩擦力增大，粘着点被剪切而导致两表面相互滑动。因此滑动摩擦就是粘着节点形成和剪切交替发生的过程。

(3) 摩擦力是粘着效应和犁沟效应产生阻力的总和。如果一个表面比另一个表面硬，则较硬的微凸体顶峰在法向荷载作用下嵌入软表面中，在较软的表面上产生犁沟。这样，接触表面由两部分组成：一为发生粘着效应的面积，滑动时发生剪切；另一为犁沟端面，即犁沟效应作用的面积。摩擦阻力表现为硬峰推挤软材料。剪切这些粘着点的力和产生犁沟的力之和就是摩擦力。对于金属材料来说犁沟阻力一般远小于粘着力，可以忽略不计，此时摩擦力可表示为

$$F_f = A\tau_{u\text{Soft Base}} \tag{7.2.2}$$

式中，$\tau_{\text{uSoftBase}}$ 为较软材料的剪切强度极限；A 为当量真实接触面积，是考虑法向力与剪切力共同作用而对真实接触面积 A_r 的修正，其值为

$$A = \frac{W}{\sigma_{cyield}} \tag{7.2.3}$$

其中，σ_{cyield} 为材料接触时的抗压屈服极限。

将式(7.2.3)代入式(7.2.2)，可得摩擦力与摩擦系数分别为

$$F_f = \frac{\tau_{u\text{Soft Base}}}{\sigma_{cyield}}W \tag{7.2.4}$$

和

$$\mu = \frac{F_f}{W} = \frac{\tau_{u\text{Soft Base}}}{\sigma_{cyield}} \tag{7.2.5}$$

在摩擦作用的一般情况下，接触面上的应力为法向接触力产生的压应力 σ_c 和切向力产生的剪应力 τ 的联合作用。为表示这种联合作用，可以根据强度理论的一般规律，假设当量应力 σ_{res} 为

$$\sigma_c^2 + \alpha\tau^2 = \sigma_{res}^2 \tag{7.2.6}$$

式中，α 为待定常数，试验证明 $\alpha<25$，Bowden 等人取 $\alpha=9$。

在空气中金属表面自然形成的氧化膜或其他污染膜会使摩擦系数显著降低。这是因为具有软材料表面膜的摩擦滑动时，粘着点的剪切发生在膜内，其剪切强度 τ_{uSf} 较低。又由于表面膜一般很薄，实际接触面积由软基体材料的受压屈服极限 $\sigma_{cy\text{Soft Base}}$ 控制决定。

对于常见的摩擦副，其摩擦系数可以表示为

$$\mu = \frac{\tau_{u\text{Soft Base}}}{\sigma_{cy\text{Soft Base}}} = \frac{\dfrac{\tau_{u\text{Sf}}}{\tau_{u\text{Soft Base}}}}{\sqrt{\alpha\left[1-\left(\dfrac{\tau_{u\text{Sf}}}{\tau_{u\text{Soft Base}}}\right)^2\right]}} \tag{7.2.7}$$

式中，$\tau_{u\text{Sf}}$为表面膜材料的剪切强度极限；$\sigma_{cy\text{Soft Base}}$为较软基体材料的受压屈服极限；$\tau_{u\text{Soft Base}}$为较软基体材料的剪切强度极限。

7.2.3 影响摩擦的因素

摩擦系数并不是材料的固有特性，它受到许多因素的影响。一般认为，荷载条件、材料性质、滑动速度、温度、表面粗糙度是影响摩擦的重要因素。

(1) 荷载对摩擦系数的影响

试验表明，通常加工表面的粗糙峰高度小于 80 μm，而峰顶直径从不足 1 μm 变化到 30～50 μm，摩擦总是发生在一部分接触峰点上。接触点数目和各接触点尺寸随荷载增加而增加，最初是接触点尺寸增加，随后荷载增加引起接触点数目增加。从试验还可以进一步得知：光滑表面在接触面上的应力约为材料硬度值的一半，而粗糙表面的接触应力可达到硬度的 2～3 倍，即出现表面塑性变形。

当表面是塑性接触时，摩擦系数与荷载无关。在一般情况下，金属接触表面处于弹塑性接触状态，此时接触荷载对摩擦系数的影响与真实接触面积的大小有关系，由于实际接触面积与荷载的非线性关系，一般是摩擦系数随荷载增大而降低，然后趋于稳定。如图 7.2.1 所示为典型摩擦系数与法向荷载关系曲线。

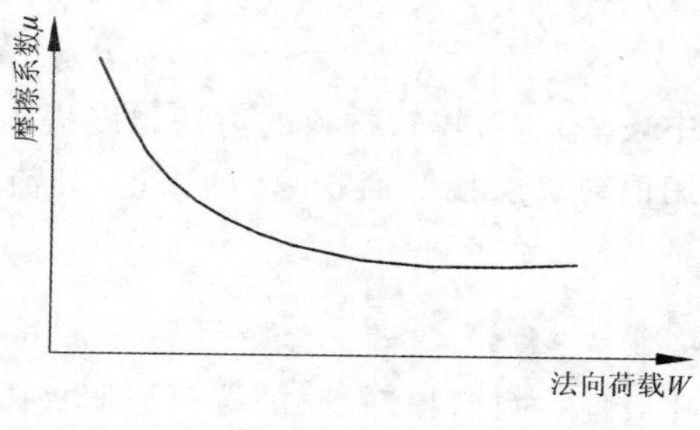

图 7.2.1 典型摩擦系数与法向荷载关系曲线

摩擦系数随荷载增大下降而后趋于稳定的变化关系可以用粘着理论解释。当荷载很小时，两表面接触处于弹性状态，这时真实接触面积与荷载2/3次方成正比。按粘着理论，摩擦力与真实接触面积成正比，因此摩擦系数就与荷载的1/3次方成反比。当荷载较大时，两表面接触处于弹塑性状态，真实接触面积随荷载的变化相对较小，故摩擦系数值随荷载的增大降低较慢并趋向稳定值。当荷载大到使两表面的接触面积与法向荷载成正比时，摩擦系数就与荷载无关。

(2) 材料性质对摩擦系数的影响

金属材料的摩擦系数随配对材料的性质不同而异。一般情况下，相同金属或互溶性较大金属的摩擦副，其摩擦系数较大；反之，摩擦系数较小。这一现象可以用粘着理论来解释：互溶性大容易发生粘着，互溶性小不容易发生粘着。

各种材料的摩擦系数可参阅相关手册，但应用时必须注意材料状态和工作条件。

(3) 温度对摩擦系数的影响

周围介质温度对摩擦系数的影响主要是由于表面材料性质随温度变化而变化引起的。试验表明，许多金属及其化合物随周围介质温度升高，摩擦系数先慢慢降低，随后又急剧上升。处于室外自然条件下结构的摩擦装置，温度变化范围约为数十度，在这种温度变化范围内，钢、铝等材料之间的摩擦系数随温度变化很小，可忽略不计。但对于在特殊工作条件下的摩擦装置，则有可能处在温度变化较大的环境中，需要考虑摩擦系数在高温中的变化。

(4) 表面粗糙度对摩擦系数的影响

当两表面接触时微凸体相互嵌入，微凸体接触处的变形和相互作用都与表面粗糙度特征密切相关，而加工表面的原始粗糙度与表面滑动时的实际粗糙度的区别使得上述问题更为复杂。试验表明，表面粗糙度对摩擦系数的影响取决于实际接触处的变形特征。对于弹性或弹塑性接触摩擦，摩擦系数随表面粗糙度的增大而降低，通过一最小值，随后逐步升高（如图 7.2.2a 所示）。这可以解释为当表面过于粗糙时，机械变形引起的阻力将起控制作用，表面愈粗糙，摩擦系数也愈大，因而存在一个获得最小摩擦系数的粗糙度，如图 7.2.2a 中的 R_0。但这一现象在塑性接触情况下不存在。因为在这种情况下，不论表面粗糙度如何，真实接触面积总与荷载成正比，表面粗糙度对真实接触面积的影响并不大，只是由于机械变形阻力仍起一定作用，使得摩擦系数随表面粗糙度的增大而略有上升（如图 7.2.2b 所示）。

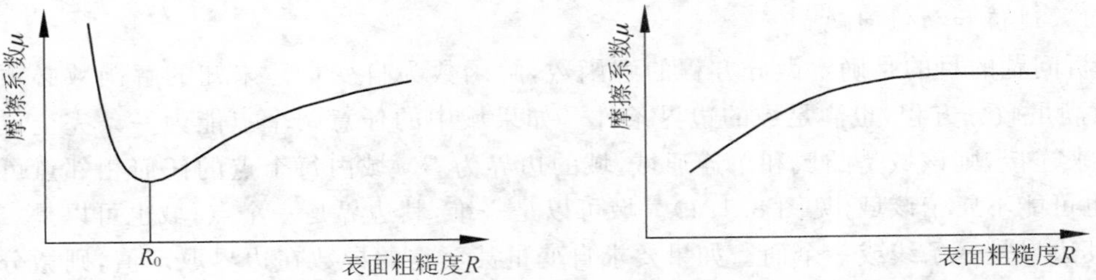

(a) 弹性、弹塑性接触时　　(b) 塑性接触时

图 7.2.2　表面粗糙度与摩擦系数关系曲线

(5) 表面膜对摩擦系数的影响

金属表面通常都有一层氧化膜或吸附气体膜或污染膜。大多数金属当其置于大气中时，金属表面几乎立刻会被氧化。例如在干燥空气中，纯净的铁表面上生成一层 0.01 μm 厚度的氧化层只需要 0.05 s 的时间。摩擦过程中的表面温升又促进表面膜的形成，使表面性质发生变化。试验表明，这些表面膜对摩擦性能的影响十分明显，使摩擦系数显著降低。同时，表面膜的厚度对摩擦系数也有很大的影响，表面膜过厚过薄都会增大摩擦系数，摩擦系数随膜厚的变化有一最小值。这是由于表面膜太薄时，一方面其作用不明显，另一方面表面膜很薄时剪切强度增大。表面膜过厚时，由于表面膜本身硬度较低，会使真实接触面积增大，摩擦系数反而增大。

8 有限单元法基础

8.1 有限单元法的数学基础——变分法

8.1.1 变分法

求解问题的微分方程是寻找一个函数。在微分方程的变分解中应首先使微分方程成为变分式，即等效的积分，通过交换试函数和自变量之间的导数而求微分方程的等效积分；然后用如李兹(Ritz)法、伽辽金(Galerkin)法或其他变分法求近似解[14][24][47][67][68][92]。

8.1.1.1 边值和初值问题

分析问题的目的是确定微分方程的解函数，解函数为自变量。未知的解函数必须在定义域 Ω 内满足微分方程，也满足域的边界条件。如果域中的任意两个点能为一条完全位于该域内的线来连接，则该域是凸域和单连通域，域的边界为 S。域内每个点的任何相邻点可能属于该域，也可能不属于该域(见图 8.1.1)。域可以是一维，其边界是一个点；域也可以是二维或三维的，其边界是一条线或一个面。如果要求自变量甚至它的导数在边界取定值，则微分方程是描述边界值问题。

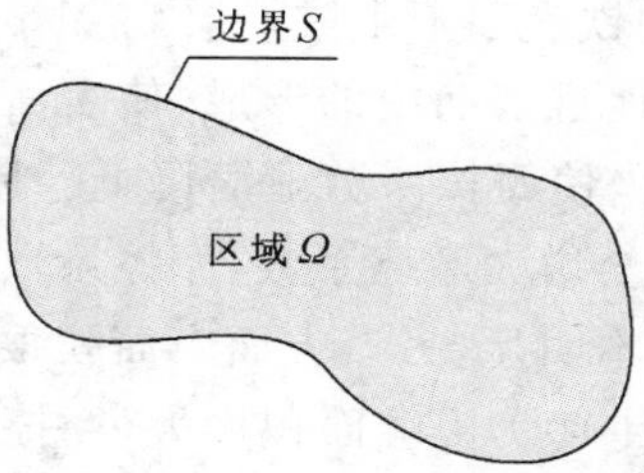

(a) 单连通域

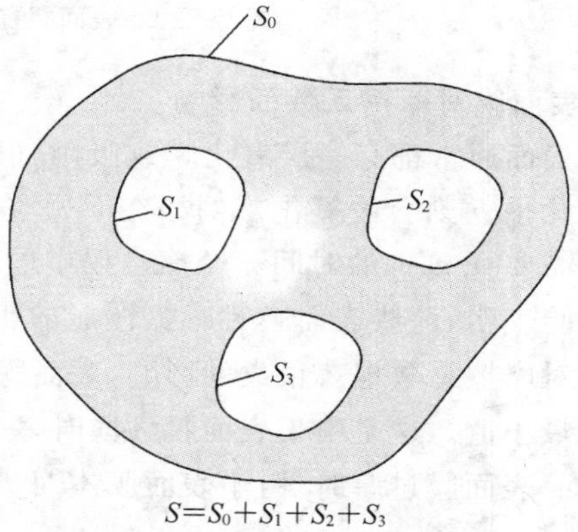

(b) 多连通域

图 8.1.1 单连通和多连通域

如果在开始时刻自变量甚至其导数就要求给定，该问题为初值问题。初值问题是与时间有关的问题。

同时满足微分方程、特定的边界条件和初始条件的函数为微分方程的经典或精确解。微分方程的变分解是指与变分问题有关的解。虽然变分解不足以满足微分方程的可微性，但它足以满足一个与微分方程等效的变分方程的可微性。

8.1.1.2 泛函和变分

(1) 泛函

现有函数 $F(x, u, u')$, x, u, $\dfrac{du}{dx}$为其自变量,这些函数的自变量也是函数,如 $u=u(x)$。现考虑积分

$$I(u) = \int_a^b F(x, u, u')\mathrm{d}x \tag{8.1.1}$$

积分 $I(u)$的值取决于自变量 u。由积分定义的函数称为泛函。通俗地说,泛函是"函数的函数"。在数学上,泛函是将 u 变换成标量 $I(u)$的算子 I。

对于自变量为 u 和 v 的泛函 $I(u)$和 $I(v)$, α 和 β 为任一常数,当且仅当

$$I(\alpha u + \beta v) = \alpha I(u) + \beta I(v)$$

时,称泛函 $I(u)$为 u 的线性函数。如果泛函 $B(u, v)$关于自变量 u 和 v 为线性,则认为它是双线性的。

(2) 变分

现有函数 $F(x, u, u')$,当任意自变量 x 确定时,F 取决于 u 和 u'。u 的变化称为 u 的变分,记为 δu。算子 δ 称为变分符号。δu 表示函数 $u(x)$的容许变化。如果函数 $u(x)$不可能变化,则 δu 为零。对于某些问题,如果给定的边界点上 u 的变分 δu 为零,而在别的地方是随机的,则 δu 是一个虚拟的变化。当 u 变为 $u+\delta u$,F 有一个变化 δF。在 u 处函数 F 的一阶变分类似于两个变量的函数的全微分,即

$$\delta F = \frac{\partial F}{\partial u}\delta u + \frac{\partial F}{\partial u'}\delta u' \tag{8.1.2}$$

注意到 F 的全微分

$$\mathrm{d}F = \frac{\partial F}{\partial x}\mathrm{d}x + \frac{\partial F}{\partial u}\mathrm{d}u + \frac{\partial F}{\partial u'}\mathrm{d}u' \tag{8.1.3}$$

当 u 变为 $u+\delta u$ 时,由于 x 不变,$\mathrm{d}x=0$, δF 和 $\mathrm{d}F$ 相似。δF 相当于对应变量的微分。

对任意函数 $F_1(u)$和 $F_2(u)$,有

$$\delta(F_1 \pm F_2) = \delta F_1 \pm \delta F_2, \quad \delta(F_1 F_2) = F_2\delta F_1 + F_1\delta F_2$$

$$\delta\left(\frac{F_1}{F_2}\right) = \frac{F_2\delta F_1 - F_1\delta F_2}{F_2^2}, \quad \delta(F_1)^n = n(F_1)^{n-1}\delta F_1$$

及

$$\frac{\mathrm{d}}{\mathrm{d}x}(\delta u) = \delta\left(\frac{\mathrm{d}u}{\mathrm{d}x}\right), \quad \delta\int_a^b u(x)\mathrm{d}x = \int_a^b \delta u(x)\mathrm{d}x \tag{8.1.4}$$

8.1.2 边值问题的变分公式

对大多数二维二次边值问题,有函数 $F(x, y, u, u_x, u_y)$的二阶偏微分方程

$$A(u) = L(u) - f = \frac{\partial}{\partial x}\left(\frac{\partial F}{\partial u_x}\right) + \frac{\partial}{\partial y}\left(\frac{\partial F}{\partial u_y}\right) - \frac{\partial F}{\partial u} = 0 \quad (\text{在 } \Omega \text{ 中}) \tag{8.1.5a}$$

在边界 S_σ 和 S_u 上分别满足条件

$$\frac{\partial F}{\partial u_x}n_x+\frac{\partial F}{\partial u_y}n_y=\hat{q} \quad 和 \quad u=\hat{u} \tag{8.1.5b}$$

或表示为

$$B(u)=0$$

式中，$n_x=\dfrac{\partial u}{\partial x}$, $n_y=\dfrac{\partial u}{\partial y}$; n_x 和 n_y 是垂直于边界的单位向量的方向余弦。

求偏微分方程的变分公式可分为三个基本步骤。首先，选择试函数 v，乘该方程式等式一边的所有项，建立该乘积在域内的积分，即

$$\int_\Omega v[L(u)-f]\mathrm{d}x\mathrm{d}y=\int_\Omega v\left[\frac{\partial}{\partial x}\left(\frac{\partial F}{\partial u_x}\right)+\frac{\partial}{\partial y}\left(\frac{\partial F}{\partial u_y}\right)-\frac{\partial F}{\partial u}\right]\mathrm{d}x\mathrm{d}y \tag{8.1.6}$$

试函数 v 是任意的连续函数，满足方程式(8.1.5b)中第二个边界条件的齐次形式，该试函数可看作是 u 的变分。注意积分式(8.1.6)与原问题的微分方程具有相同阶次的导数。

然后，对自变量 u 及试函数 v 的微分式进行变换，同时判别满足变分式允许的边界条件类型。由于$\dfrac{\partial F}{\partial u_x}$中包含 $u_x=\dfrac{\partial u}{\partial x}$，$\dfrac{\partial F}{\partial u_y}$中包含 $u_y=\dfrac{\partial u}{\partial y}$及可能的 u, u_x, u_y 的乘积，因此希望将对 x 和 y 的偏微分变换为对 v 的微分，使最终的变分式仅包括 u 和 v 的一阶导数。为了均衡对 u 和 v 的连续性，需要将 u 变换到 v。这将导致在变分问题中对解 u 的连续性要求比原方程中的要弱。在微分的变换过程中还得到边界项，它确定解中边界条件的性质。

对于方程式(8.1.6)方括号内的第一项和第二项，经分部积分变换后可得

$$0=\int_\Omega\left[\frac{\partial v}{\partial x}\frac{\partial F}{\partial u_x}+\frac{\partial v}{\partial y}\frac{\partial F}{\partial u_y}+v\frac{\partial F}{\partial u}\right]\mathrm{d}x\mathrm{d}y-\int_S v\left(\frac{\partial F}{\partial u_x}n_x+\frac{\partial F}{\partial u_y}n_y\right)\mathrm{d}s \tag{8.1.7}$$

作为构造试函数 v 的原则，试函数 v 应满足自然边界条件。在边界积分中 u 应满足基本的边界条件，但是在积分中采用了 u 的试函数 v，因此试函数应如同方程式(8.1.5)要求的是可微的，并且满足给定的基本的边界条件齐次式。满足基本边界条件的变量为初始变量，而满足自然边界条件的变量为次变量。初始变量是连续的，而次变量在一个问题中可能不连续。

将式(8.1.7)的边界项分为 S_σ 和 S_u，并且将自然边界条件代入 S_σ，可得

$$0=\int_\Omega\left(\frac{\partial v}{\partial x}\frac{\partial F}{\partial u_x}+\frac{\partial v}{\partial y}\frac{\partial F}{\partial u_y}+v\frac{\partial F}{\partial u}\right)\mathrm{d}x\mathrm{d}y-\int_{S_\sigma}v\hat{q}\mathrm{d}s-\int_{S_u}v\left(\frac{\partial F}{\partial u_x}n_x+\frac{\partial F}{\partial u_y}n_y\right)\mathrm{d}s \tag{8.1.8}$$

由于 S_u 上 $v=0$，相当于 $\hat{u}=0$，所以

$$\int_{S_u}v\left(\frac{\partial F}{\partial u_x}n_x+\frac{\partial F}{\partial u_y}n_y\right)\mathrm{d}s=0$$

于是得

$$0=\int_\Omega\left(\frac{\partial v}{\partial x}\frac{\partial F}{\partial u_x}+\frac{\partial v}{\partial y}\frac{\partial F}{\partial u_y}+v\frac{\partial F}{\partial u}\right)\mathrm{d}x\mathrm{d}y-\int_{S_\sigma}v\hat{q}\mathrm{d}s \tag{8.1.9}$$

基本方程对 u 所要求的连续性 C^2 在变分方程中降低为 C^1。式(8.1.9)即所谓的“弱公式”，为近似变分法的基础，也为有限元法的基础。

上述过程简单归结为定义 $L(u)$ 和任意函数的内积

$$\int_{\Omega} L(u) v \mathrm{d}\Omega$$

对上式分部积分直至 u 的导数消失，可以得到转化后的内积并伴随有边界项，即

$$\int_{\Omega} L(u) v \mathrm{d}\Omega = \int_{\Omega} u L^{*}(v) \mathrm{d}\Omega + b.t.(u, v)$$

上式中，右端 $b.t.(u, v)$ 表示在 Ω 的边界 S 上由 u 和 v 及其导数组成的积分项。算子 L^{*} 称为 L 的伴随算子。若 $L^{*}=L$，则称算子是自伴随的。称原方程(8.1.5)为线性、自伴随的微分方程。

对于大多数线性问题 $\frac{\partial F}{\partial u}=f(x, y)$，弱公式与二次泛函的最小值等价，即

$$I(u) = \frac{1}{2} B(u, u) - L(u) \tag{8.1.10}$$

在固体力学问题中，该二次泛函称为总势能。与普通函数最小值的必要条件相似，二次泛函的最小值的必要条件是它对自变量的一阶变分为零。上式中

$$B(v, u) = \int_{\Omega} v \left(\frac{\partial}{\partial x} \frac{\partial F}{\partial u_x} + \frac{\partial}{\partial y} \frac{\partial F}{\partial u_y} \right) \mathrm{d}x \mathrm{d}y$$

$$L(v) = -\int_{\Omega} v f \mathrm{d}x \mathrm{d}y + \int_{S_{\sigma}} v \hat{q} \mathrm{d}s$$

原问题的微分方程和边界条件等价于泛函的变分等于零，亦即泛函取驻值；反之，泛函取驻值则等价于满足问题的微分方程和边界条件。泛函可以通过原问题的等价积分的伽辽金法得到，称这样得到的变分原理为自然变分原理。

8.1.3 近似变分法

变分法是通过弱公式寻找原问题近似解。用适当函数的线性组合表示的近似解应满足弱公式的二次泛函为最小。近似的变分法包括李兹(Ritz)法、伽辽金(Galerkin)法、Petrov-Galerkin 法、最小二乘法、配点法和 Courant 法。这些方法选择了各种彼此不同的近似函数。虽然有限元法中近似函数的选择与传统的变分法中不同，但是传统的变分法毕竟是基础。

8.1.3.1 李兹(Ritz)法

考虑如式(8.1.10)的变分问题，问题等效于使二次泛函为最小。李兹法对式(8.1.10)寻找有限级数形式的近似解，即

$$\tilde{u} = \varphi_0 + \sum_{j=1}^{N} c_j \varphi_j \tag{8.1.11}$$

式中，c_j 为常数，称为李兹系数。所选择的 φ_0 要满足该问题所规定的基本边界条件。若规定的基本边界条件均为齐次，则 $\varphi_0=0$。$\varphi_i(i=1,2,\cdots,N)$ 为满足基本边界条件的齐次式，以便在规定的基本边界条件的点上有 $\tilde{u}=\varphi_0$。此外，还要求 φ_i 可微分；φ_i 及 $B(\varphi_i, \varphi_j)$ 的列和行同时线性无关；φ 完备。由于 φ_i 符合齐次基本边界条件，因此可选 $v=\varphi_i$ 为试函数。

对于对称的双线性形式，可将李兹法看做是求式(8.1.11)的解，以式(8.1.10)中的泛函

$I(u)$为最小来确定该式中的参数。将式(8.1.11)代入泛函方程并积分，泛函 $I(u)$成为参数 c_1，c_2，…的函数。$I(c_1, c_2, \cdots, c_N)$极小的必要条件是它对每一个参数的偏导数为零，即

$$\frac{\partial I(c_j)}{\partial c_1}=0, \quad \frac{\partial I(c_j)}{\partial c_2}=0, \quad \cdots, \quad \frac{\partial I(c_j)}{\partial c_N}=0 \tag{8.1.12}$$

因此，可得有 N 个未知数 $c_j(c_j=1, 2, \cdots, N)$的线性代数方程。对于线性问题，上述对近似函数的要求随 N 值增加以保证李兹法解收敛于精确解。

本质上，变分问题的有限元法和李兹法相同，其差别在于有限元法的近似函数在单元内，不在整个求解域上定义，也不需要满足问题的全部边界条件。有限元法用简单形状的单元以组成全域的复杂几何形状，然后满足全域的边界条件。

8.1.3.2　伽辽金(Galerkin)法

与以上微分方程及边界条件等效的伽辽金方法为

$$\int_\Omega \delta u^{\mathrm{T}}[L(u)+f]\mathrm{d}\Omega-\int_s \delta u^{\mathrm{T}}B(u)\mathrm{d}s=0 \tag{8.1.13}$$

考虑算子是线性、自伴随的性质，得

$$\int_\Omega \delta u^{\mathrm{T}}L(u)\mathrm{d}\Omega=\delta\int_\Omega \frac{1}{2}u^{\mathrm{T}}L(u)\mathrm{d}\Omega+b.t.(\delta u, u)$$

将上式代入(8.1.13)，按原问题的变分原理，有

$$\delta\pi(u)=0$$

这里

$$\pi(u)=\int_\Omega\left[\frac{1}{2}u^{\mathrm{T}}L(u)+u^{\mathrm{T}}f\right]\mathrm{d}\Omega+b.t.(u)$$

是原问题的泛函，上式右端

$$b.t.(u)=b.t.(\delta u, u)-\int_s \delta u^{\mathrm{T}}B(u)\mathrm{d}s$$

如果场函数 u 及其变分 δu 满足一定的条件，则两部分合成后能将变分号提到边界积分项之外，即形成一个全变分，从而得到泛函的变分。

原问题的微分方程和边界条件的等效积分的伽辽金法等价于泛函的变分等于零，亦即泛函取驻值。而泛函可以通过原问题的等效积分的伽辽金方法得到。如果线性自伴随算子 L 是偶数($2m$)阶的，在利用伽辽金方法构造问题的泛函时，假设近似函数 $\tilde{u}$ 事先满足强制边界条件，对应于自然边界条件的任意函数 W 按一定的方法选取，则可以得到泛函的变分。同时所构造的二次泛函不仅取驻值，而且是极值。

对于 $2m$ 阶微分方程，含 $0\sim(m-1)$阶导数的边界条件称为强制边界条件，近似函数应事先满足；含 $m\sim(2m-1)$阶导数的边界条件称为自然边界条件，近似函数不必事先满足。在伽辽金方法中，从含$(2m-1)$阶导数的边界条件开始，任意函数 W 依次取 $-\delta\tilde{u}$，$\delta\frac{\partial\tilde{u}}{\partial n}$，$-\delta\frac{\partial^2\tilde{u}}{\partial n^2}$，…。在此情况下，按伽辽金方法对原问题进行 m 次分部积分后，仍然可得

$$\delta\pi(\tilde{u})=0$$

如果 u 是问题的真正解，$\pi(u)$是解的泛函，δu 是解的变分，而 $\tilde{u}=u+\delta u$ 为近似函数，于是可得

$$\pi(\tilde{u})=\pi(u)+\delta\pi(u)+\frac{1}{2}\delta^2\pi(u)$$

其中，$\delta\pi(u)$是原问题微分方程和边界条件的等效积分伽辽金方法的弱形式。

8.1.4 加权余量法

不管是线性还是非线性微分方程，总可以写出对应的积分，但当微分方程是非线性时，不是总能建立对称的变分式和有关的泛函。当微分方程不能构成弱形式时，可采用加权余量法近似表示方程的积分式。加权余量法是李兹法的推广，其试函数可从一组独立的函数中选定。由于用加权余量法近似表示方程的积分式不包括问题的自然边界条件，所以应按问题的边界条件来选择近似函数。

众所周知的加权余量法有伽辽金(Galerkin)法、Petrov-Galerkin 法、最小二乘法、配点法和 Courant 法等。现已有不少加权余量法的著作，这里仅择其要者加以讨论，以了解其方法和原理。

现考虑如式(8.1.5a)所示算子，式中的 L 是作用未知量 u 的微分算子，f 是一个已知的位置函数。对于任何常量 α 和 β 以及变量 u 和 v，当且仅当

$$L(\alpha u+\beta v)=\alpha L(u)+\beta L(v)$$

时，L 为线性算子，不然为非线性算子。

加权余量法采用与李兹法相似的近似解，即

$$\tilde{u}=\varphi_0+\sum_{j=1}^{N}c_j\varphi_j \tag{8.1.14}$$

式中，φ_0 必须满足问题的所有边界条件；φ_j 应满足式(8.1.11)中 φ_j 的条件，φ_j 的连续性要求与微分方程相同。

将式(8.1.14)代入算子方程式(8.1.5a)得到的误差即余量

$$R\equiv L(\tilde{u})-f\neq 0 \tag{8.1.15}$$

式中，R 是自变量和参数 c_j 的函数。在加权余量法中，假设近似式(8.1.15)的加权余量的积分

$$\int_\Omega W_i(x,\ y)R(x,\ y,\ c_j)\mathrm{d}x\mathrm{d}y=0\quad(i=1,\ 2,\ \cdots,\ N) \tag{8.1.16}$$

式中，W_i 是权函数。W_i 应是一个线性独立的集，通常它与近似函数 φ_i 不同。

式(8.1.14)中的参数可由式(8.1.16)确定。实际上式(8.1.16)和式(8.1.6)是同等的，即 $v=W_i$。如果算子容许，可将解的微分式变换成权函数，从而取消近似函数的连续性要求。

当算子 L 是线性时，式(8.1.16)简化为

$$\sum_{j=1}^{N}A_{ij}c_j=f_i \tag{8.1.17}$$

其中

$$A_{ij}=\int_\Omega W_iL(\varphi_j)\mathrm{d}x\mathrm{d}y\quad 及\quad f=\int_\Omega W_i[f-L(\varphi_0)]\mathrm{d}x\mathrm{d}y \tag{8.1.18}$$

应该注意系数矩阵 **A** 是不对称的，即 $A_{ij} \neq A_{ji}$。

加权余量法中，选择不同的 W_i 就有不同的具体方法。当 $W_i = \varphi_i$ 时，即是伽辽金法。当算子是线性偶次可微分算子时，伽辽金法可归结为李兹法，所得的系数矩阵是对称的。当$W_i \neq \varphi_i$ 时，加权余量法即是 Petrov-Galerkin 法。其他方法可参考加权余量法的专著。

如果没有数学分析，要推断出一个方法较另外的方法更精确是困难的。当已知的微分方程式存在对称的弱公式，李兹法、伽辽金法可以简化 φ_i 的选择。即使对于非线性问题，也可使自变量的可微分的要求变弱，即使二次泛函不存在，李兹法、伽辽金法也是适宜的。

8.1.5 标准伽辽金(Standard Galerkin，简称 SG)法

现考虑微分方程

$$A(u) = L(u) - f = 0 \quad (\text{在 } \Omega \text{ 内}) \tag{8.1.19}$$

满足位移和应力边界条件

$$B_u(u) = 0, \quad B_\sigma(u) = 0 \quad (\text{在边界 } S_u,\ S_\sigma \text{ 内}) \tag{8.1.20}$$

式中，L 为微分算子；u 为微分方程的解，$u = u(x, y, z)$；f 为常数。

关于原问题的伽辽金方程为

$$\int_\Omega A(u)\varphi_j \mathrm{d}\Omega = \int_\Omega (L(u) - f)\varphi_j \mathrm{d}\Omega = 0 \tag{8.1.21}$$

现取微分方程式(8.1.19)的近似解

$$\tilde{u} = \sum_{j=1}^{n} a_j \varphi_j \tag{8.1.22}$$

其中，a_j 为待定系数；φ_j 为取自完备函数系列的线性独立函数，称为基函数。

近似解(8.1.22)应满足边界条件

$$B(\tilde{u}) = 0$$

但因产生余量

$$R = L(\tilde{u}) - f \neq 0 \tag{8.1.23}$$

不一定满足式(8.1.19)。因此将近似解代入微分方程式(8.1.19)，原问题的伽辽金方程

$$\int_\Omega A(\tilde{u})\varphi_j \mathrm{d}\Omega = \int_\Omega (L(\tilde{u}) - f)\varphi_j \mathrm{d}\Omega \neq 0$$

如果上式中解 $\tilde{u}$ 为精确解，则余量 R 等于零。原问题的伽辽金方程为

$$\int_\Omega R\varphi_j \mathrm{d}\Omega = 0 \tag{8.1.24}$$

其中 φ_j 起到了权的作用，即 $W_j = \varphi_j$，所以有

$$\int_\Omega RW_j \mathrm{d}\Omega = 0 \tag{8.1.25}$$

其中，RW_j 为 R 和 W_j 的内积。在加权余量法中，当采用伽辽金法时基函数为权函数。选择 n

个权函数 $W_j(j=1, 2, \cdots, n)$，可形成 $a_1, a_2, \cdots, a_n$ 为未知量的代数方程组。求解

$$\int_{\Omega}\left(L\left(\sum_{j=1}^{n} a_j\varphi_j\right)-f\right)\varphi_j \mathrm{d}\Omega = 0 \tag{8.1.26}$$

得系数 $a_j(j=1, 2, \cdots, n)$，代回式(8.1.22)可得方程的近似解。与此同时，近似解(8.1.22)应满足位移和应力边界条件，以及在单元之间的平衡或者协调条件，即

$$\int_{S_u} B_u(\tilde{u})\varphi_j \mathrm{d}s = 0,\quad \int_{S_\sigma} B_\sigma(\tilde{u})\varphi_j \mathrm{d}s = 0,\quad \sum_{j=1}^{m}\int_{S} F(\tilde{u})\varphi_j \mathrm{d}s = 0 \tag{8.1.27}$$

式(8.1.26)和式(8.1.27)即为标准伽辽金法采用的公式，它是加权余量法的一种。

8.1.6 时间离散问题

非稳定的与时间有关的问题一般可用近似法分两步求解，在式(8.1.11)中的待定参数 c_j 可假定为时间的函数，而 φ_j 取决于坐标。在这类问题的求解中，先考虑空间近似，再考虑时间近似。按空间的变分近似法得到一组时间的微分方程，然后再近似以得到一组代数方程。对时间一阶求导，可得

$$\boldsymbol{A}\frac{\partial c}{\partial t} + \boldsymbol{B}c = \boldsymbol{P} \tag{8.1.28}$$

对时间二阶求导，可得

$$\boldsymbol{A}\frac{\partial^2 c}{\partial t^2} + \boldsymbol{B}c = \boldsymbol{P} \tag{8.1.29}$$

式中

$$A_{ij} = \int_{\Omega}\varphi_i\varphi_j \mathrm{d}x\mathrm{d}y$$

对于任意时间 $t>0$，关于时间一阶导数的问题，有

$$\boldsymbol{A}\frac{\partial^2 c}{\partial t^2} + \boldsymbol{B}c = \boldsymbol{P}\ (0 < t \leqslant T) \tag{8.1.30}$$

现引入 θ，这里 θ 为两个时间间隔上变量值的线性插值。两个相邻时间间隔上自变量关于时间导数可近似表示为

$$\theta^{t+\Delta t}\dot{c} + (1-\theta)^{t}\dot{c} = \frac{{}^{t+\Delta t}c - {}^{t}c}{\Delta t}\quad (\text{对于 } 0 \leqslant \theta \leqslant 1) \tag{8.1.31}$$

式中，Δt 为两个时间间隔；t 为时间，有 $t = \sum_{i=1}^{n}\Delta t_i$。

一般可将时段 $[0, T_0]$ 划分成相等，这样可选择不同的 θ。如 $\theta=0$，即为向前差分的 Euler 法；如 $\theta=\frac{1}{2}$，即为 Grank-Nicolson 法；如 $\theta=\frac{2}{3}$，即为 Galerkin 法；如 $\theta=1$，即为向后差分法。于是式(8.1.30)可表示为

$$(\boldsymbol{A} + \theta\Delta t\boldsymbol{B})^{t+\Delta t}c = (\boldsymbol{A} - (1-\theta)\Delta t\boldsymbol{B})^{t}c + \Delta t(\theta^{t+\Delta t}\boldsymbol{P} + (1-\theta)^{t}\boldsymbol{P})$$

或

$$\hat{\boldsymbol{A}}\,{}^{t+\Delta t}c = \hat{\boldsymbol{B}}\,{}^{t}c + \Delta t(\theta\,{}^{t+\Delta t}\boldsymbol{P} + (1-\theta)\,{}^{t}\boldsymbol{P}) \tag{8.1.32}$$

式中

$$\hat{\boldsymbol{A}} = \boldsymbol{A} + \theta\Delta t\boldsymbol{B}, \quad \hat{\boldsymbol{B}} = \boldsymbol{A} - (1-\theta)\Delta t\boldsymbol{B} \tag{8.1.33}$$

根据给出的 $t=0$ 时问题已知的初始条件，解式(8.1.32)得${}^{t+\Delta t}c$。如取用较小的时间间隔 Δt，可得较好的结果。但为了减少计算量希望取大的时间间隔，因此会降低解的精度及导致解的波动。对此，如果

$$\det(\hat{\boldsymbol{B}} - \lambda\hat{\boldsymbol{A}}) = 0 \tag{8.1.34}$$

的最小特征值为 $0<\lambda_{\min}<1$，式(8.1.32)没有波动并且稳定的，当 $-1<\lambda_{\min}<0$ 有波动但稳定，当 $\lambda_{\min}<-1$ 不稳定。Crank-Nicolson 法和 Galerkin 法是稳定的。

结构运动可归结为关于时间二阶导数的问题。运动方程在空间离散后近似表示为

$$\boldsymbol{A}\ddot{\boldsymbol{c}} + \boldsymbol{B}\boldsymbol{c} = \boldsymbol{P} \quad (0<t<T) \tag{8.1.35}$$

求解式(8.1.35)的常用的方法有 Newmark 直接积分法等。Newmark 法对任何 Δt 值是无条件稳定的。现有

$$\begin{cases} {}^{t+\Delta t}\dot{c} = {}^{t}\dot{c} + [(1-\alpha)\,{}^{t}\ddot{c} + \alpha\,{}^{t+\Delta t}\ddot{c}]\Delta t, \\ {}^{t+\Delta t}c = {}^{t}c + {}^{t}\dot{c}\Delta t + \left[\left(\dfrac{1}{2}-\beta\right){}^{t}\ddot{c} + \beta\,{}^{t+\Delta t}\ddot{c}\right](\Delta t)^2 \end{cases} \tag{8.1.36}$$

式中，α 和 β 是控制方案的精确性和稳定性参数。研究表明在线性问题中，如选择 $\alpha=\dfrac{1}{2}$ 和 $\beta=\dfrac{1}{4}$ 可得到无条件的稳定，相当于等平均加速度法；而选择 $\alpha=\dfrac{1}{2}$ 和 $\beta=\dfrac{1}{6}$，相当于线性加速度法。

由式(8.1.35)和式(8.1.36)得迭代式

$$\hat{\boldsymbol{A}}\,{}^{t+\Delta t}c = \boldsymbol{P}\hat{F} \tag{8.1.37}$$

式中

$$\hat{\boldsymbol{A}} = \boldsymbol{B} + a_0\boldsymbol{A}$$
$$\boldsymbol{P}\hat{F} = {}^{t+\Delta t}\boldsymbol{P} + \hat{\boldsymbol{A}}(a_0\,{}^{t}c + a_1\,{}^{t}\dot{c} + a_2\,{}^{t}\ddot{c})$$

当求得在 $t+\Delta t$ 时的解${}^{t+\Delta t}c$，那么

$$\begin{cases} {}^{t+\Delta t}\ddot{c} = a_0({}^{t+\Delta t}c - {}^{t}c) - a_1\,{}^{t}\dot{c} - a_2\,{}^{t}\ddot{c}, \\ {}^{t+\Delta t}\dot{c} = {}^{t}\dot{c} + a_3\,{}^{t}\ddot{c} + a_4\,{}^{t+\Delta t}\ddot{c} \end{cases} \tag{8.1.38}$$

其中

$$a_0 = \frac{1}{\beta\Delta t^2}, \quad a_1 = a_0\Delta t, \quad a_2 = \frac{1}{2\beta} - 1, \quad a_3 = (1-\alpha)\Delta t, \quad a_4 = \alpha\Delta t$$

对于给定的初始条件${}^{0}c$，${}^{0}\dot{c}$ 和${}^{0}\ddot{c}$，即可迭代解式(8.1.37)，求出任一时间 $t+\Delta t$ 的解${}^{t+\Delta t}c$ 和它的时间导数${}^{t+\Delta t}\dot{c}$，${}^{t+\Delta t}\ddot{c}$。

选择时间间隔和判断初始条件是非常重要的，合适的时间间隔为

$$\Delta t=\frac{T_{\min}}{\pi}$$

式中，$T_{\min}$是与近似问题有关的最小自振周期。

Δt 也可按特征值问题

$$(a_0\mathbf{A}-\lambda\hat{\mathbf{A}})\boldsymbol{\varphi}=0$$

求得。

8.2 有限单元法的物理基础——能量原理

有限单元法有它坚实的理论基础，即能量原理。因此，先说明与能量原理有关的概念。

8.2.1 功和能

在固体和结构分析的范畴内，所谓的功和能是指机械功和机械能，而并不涉及非机械能（如声、光、电等）。机械功是体系在力的作用下产生位移的一种效应，力必须与位移相应。功是反映体系在力作用下的运动过程，所以它是一种运动变量。通常用力乘位移来定义功。机械能包括动能和势能。由于在静力问题中动能为零，所以一般在静力问题中只考虑势能。而相对于外力所具有的势能称位置势能，亦即外力势能；相对于内力所具有的势能称应变势能，即内力势能。能量是反映物体或者作用力所处的状态的一种变量，即是一种状态变量。所以要衡量一个体系所具有的能量必须先假定一个能量的零状态，或称能量坐标的零点。用使体系从某状态回复到原来的初始状态（初始位置）时（也就是回复到能量零状态时）所做的功来定义体系在该状态时的势能，由于假定的能量坐标的零点不同，定义的势能也不同，所以体系的势能是一个相对量。在实际过程中令人感兴趣的还有能量的吸收和释放，而能量的吸收和释放是以做功的形式体现的。所以应该明确功的计算，这样才能度量体系的势能以及转换。

功和能的计算是根据其定义给定的。根据功的定义：功＝力×位移，则对以上定义加以推广可得

广义力作的功＝广义力×广义位移

8.2.1.1 外力功和外力势能

(1) 外力功

如果作用一体系的力 P 是一个集中力，并且是常力，体系在力 P 作用下产生位移 u，那么力 P 在 u 距离上做的常力功

$$W=P\cdot u \tag{8.2.1}$$

如果体系在变力的作用下产生位移，那么变力所做的功可以看作微小时段内常力所做功的叠加。

当外力是从零开始逐渐平稳地作用在体系上，则位移也是由零逐渐增加到 u，在线弹性的情况下，外力和位移呈线性关系如图 8.2.1 所示，即

$$P=ku \tag{a}$$

外力做的功为

$$W_e = \int_0^u P\mathrm{d}u = \int_0^u ku\,\mathrm{d}u = \frac{1}{2}ku^2 \tag{b}$$

所以变化外力的功

$$W_e = \frac{1}{2}Pu \tag{8.2.2}$$

(2) 外力势能

体系在外力作用前不产生应力，也不发生应变和位移，现将应力、应变或位移为零的状态作为能量零状态。根据势能的定义可知当体系在外力作用下产生了变形 u，直至平衡状态，体系在平衡状态时所具有的外力势能为使体系回复到能量零状态时外力所做的功。所以相对于能量零状态体系的外力势能

$$E_e = -Pu \tag{8.2.3}$$

式(8.2.3)说明体系从变形后的平衡状态回复到能量零状态的过程中，作为一个已经作用于体系上的外力是个常力，所以它所做的功是 $P\times u$，前面没有 1/2 的系数。而这个力的运动方向与力本身的指向相反，所以要冠以负号。式(8.2.3)反映了体系释放能量是以成为常力的外力做功的形式来体现。当成为常力的外力做正功，体系释放能量，外力势能减少；反之，做负功，体系吸收能量，外力势能增加。

一般作用在体系上的外力有体力 X, Y, Z 以及面力 $\overline{X}$, $\overline{Y}$, $\overline{Z}$。当 $X=Y=Z=0$ 及 $\overline{X}=\overline{Y}=\overline{Z}=0$ 时，体系的应力应变均为零，这时定为体系能量的零状态，即能量坐标的零点。当体系在体力和面力作用下产生位移 u_i 时，体系的外力势能

$$E_e = -\left(\int_v X_i u_i \,\mathrm{d}x\mathrm{d}y\mathrm{d}z + \int_{s\sigma} \overline{X}_i\, \overline{u}_i \mathrm{d}s\right) \tag{8.2.4}$$

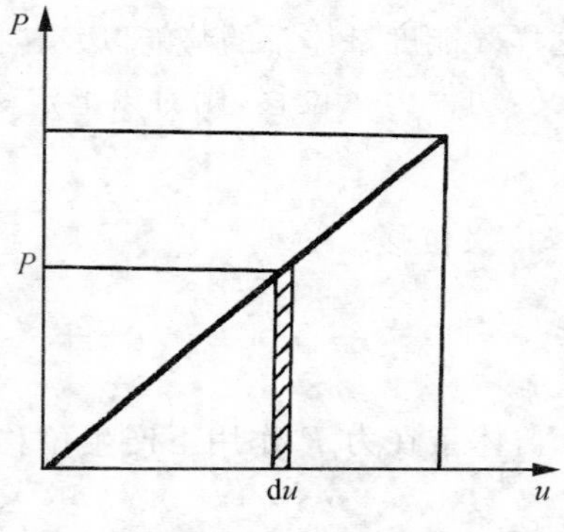

图 8.2.1　外力和位移

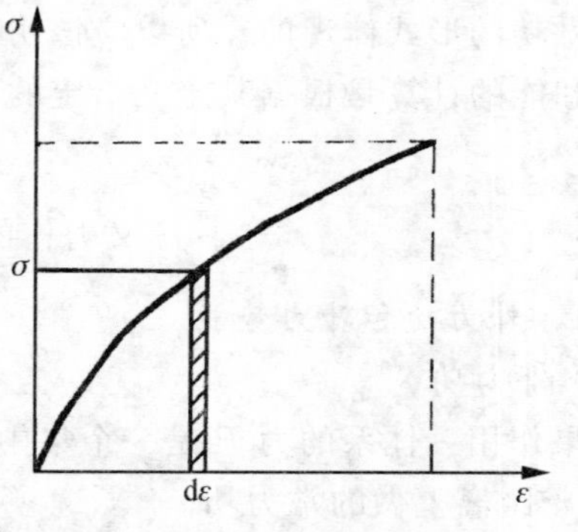

图 8.2.2　微元上是常应力做的功

8.2.1.2　内力功和内力势能

(1) 内力功

体系在外力作用下产生应力 σ 和应变 ε，由于外力是从零开始逐渐平稳地作用在体系上，体系的应力由零逐渐增加到 σ，应变也是由零逐渐增加到 ε。从应力-应变关系(见图 8.2.2)，可认为图中的微元上是常应力做的功。于是变化的应力做的功

$$W = \int \sigma \mathrm{d}\varepsilon \tag{c}$$

在线弹性状态时，应力-应变呈线性关系（见图 8.2.3）。即根据虎克定律有 $\sigma_x = E\varepsilon_x$，于是应力功

$$W = \int_0^{\varepsilon} E\varepsilon_x \mathrm{d}\varepsilon_x = \frac{1}{2}E\varepsilon_x^2 = \frac{1}{2}\sigma_x\varepsilon_x \tag{8.2.5}$$

式(8.2.5)是 σ 在单位体积上所做的功。

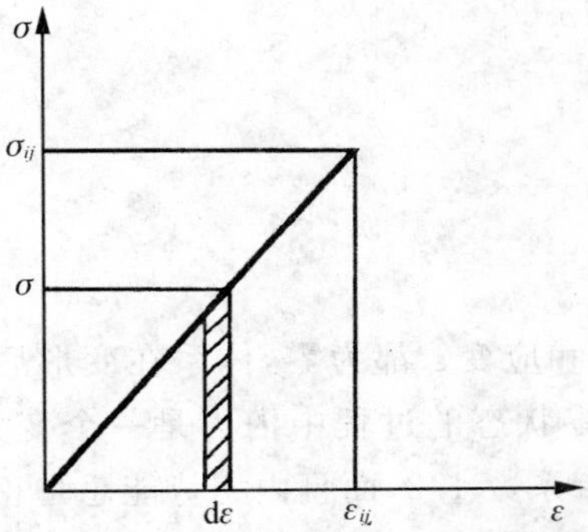

图 8.2.3　线弹性状态时应力-应变关系

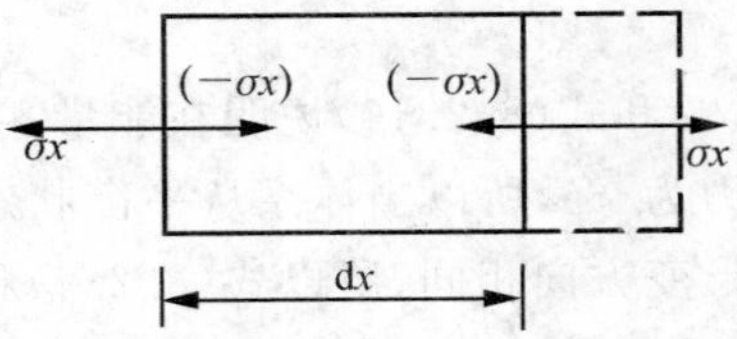

图 8.2.4　微元体上内力

体系在外力作用下产生应力和应变，这个应力可以视为微元体以外的其它部分物体作用于该微元体上的外力。图 8.2.4 所示的内力是在外力作用下产生变形而在物体内部产生抵抗变形的力，它的方向应与应力（也就是作用于微元体上的外力）相反，也与变形方向相反。内力又称恢复力，在弹性体中称弹性力。内力在客观上是存在的，当外力消失时物体在内力的作用下恢复变形。外力是主动力而内力是被动力，在变形发生时作用于微元体上的外力方向与变形方向一致，所以做正功，而内力因为它的方向与变形方向相反，所以做负功。也就是内力做功等于应力做的负功。根据式(8.2.5)可知内力功

$$W_I = -\frac{1}{2}\sigma_x\varepsilon_x \tag{8.2.6}$$

式(8.2.6)是单位体积上内力做的功，而微元体上内力所做的功为

$$\frac{1}{2}(-\sigma_x)\varepsilon_x \mathrm{d}v$$

同样，在体系的整个体积上内力做的功为

$$\int_v \frac{1}{2}(-\sigma_x)\varepsilon_x \mathrm{d}v$$

对于内力功更为一般的表达是单位体积上内力功是

$$W_I = -\frac{1}{2}\sigma_{ij}\varepsilon_{ij} \tag{8.2.7}$$

而体系的整个体积上内力所做的功为

$$W_I = -\frac{1}{2}\int_v \sigma_{ij}\varepsilon_{ij} \mathrm{d}v \tag{8.2.8}$$

(2) 内力势能(应变能)

可以类似地定义内力势能:体系在外力作用下产生应力和应变,在体系发生变形的同时也产生了抵抗变形的弹性恢复力——内力。当体系在外力作用下产生变形直到平衡状态时,体系在平衡状态时所具有的内力势能即为使体系回复到能量零状态时内力所做的功。所以,相对于能量零状态时微元体上的内力势能

$$e_I = \frac{1}{2}\sigma_{ij}\varepsilon_{ij}\,\mathrm{d}v \tag{8.2.9}$$

而体系的内力势能

$$E_I = \frac{1}{2}\int_v \sigma_{ij}\varepsilon_{ij}\,\mathrm{d}v \tag{8.2.10}$$

式(8.2.9)和式(8.2.10)说明在能量零状态时内力 σ 和应变 ε 都为零,体系在变形后的平衡状态时内力为 $-\sigma$,所以当体系从平衡状态回复到能量零状态的过程中内力是一个变力,而内力方向与形变方向相同,所以式(8.2.9)和式(8.2.10)带系数 1/2,而且内力势能总是正的。

从能量的转换关系中看到功和能的一些关系。能量的吸收和释放是通过做功来实现的,作用在体系上的力如果做的是正功,则体系要释放能量,势能减少;而反之如果做的是负功,则体系吸收能量,势能增加。

势能是与状态有关的量,而与其他因素无关,与从这一状态进入到另一状态时的过程也无关。如果作用于体系的外力是体力或其他常力,则在数值上外力势能正好等于外力功,但符号相反,即外力势能等于负的外力功。它表示外力做了正功,则体系的势能减少。如果外力是变力,应将平衡状态或所欲求的某一状态时变力所具有的数值来度量该状态的外力势能。可将该状态时的变力看作为一个常力来计算这个常力功,所以外力势能等于这个常力功,当然符号也相反。但不能说外力势能等于负外力功,因为外力不是常力而是变力。当体系承受外力后发生变形,体系内产生应力和应变,体系在外力作用下而处于平衡状态时的内力势能即应变能正好等于内力功,或者说等于负的应力功,即应变能等于内力功,它总是正的。它说明了作用于微元体上的外力或者说应力做的功转化为内力势能,即应变能。当然在体系上也是这样。体系的内力势能(应变能)可用应力和应变来表达,如式(8.2.10)。根据虎克定律,有

$$E_I = \frac{1}{2}\int E\varepsilon_{ij}^2\,\mathrm{d}v \tag{8.2.11}$$

或

$$E_I = \frac{1}{2}\int \frac{1}{E}\sigma_{ij}^2\,\mathrm{d}v \tag{8.2.12}$$

根据弹性体的几何关系

$$e_{ij} = \frac{1}{2}(u_{i,j} + u_{j,i})$$

或

$$\varepsilon_{ij} = \frac{1}{2}(u_{i,j} + u_{j,i})$$

应力或应变可用位移 u_i 来表示，体系的应变能可以用应力 σ_{ij} 或应变 ε_{ij} 或位移 u_{ij} 来表示。内力势能(应变能)具有以下性质：(1) 从式(8.2.11)或式(8.2.12)可见，应变能是应力 σ 或应变 ε 或位移 u 的二次函数，所以对于应变能叠加原理不适用。在一组力系作用下，各单独一个力所作用的结果之和不等于这组力系作用的结果，这个性质也可以从对势能的定义得到。(2) 由于应变能只是与体系的状态有关，所以应变能的大小只与最后的应力、应变和位移有关。(3) 由于应变能是应力 σ_{ij}、应变 ε_{ij} 和位移 u_{ij} 的函数，应力、应变和位移可以表示为坐标 X，Y，Z 的函数，所以应变能是坐标函数的函数，即是泛函，或者称能量泛函。(4) 如果体系在外力作用下产生应变，应变能总是正的，这也可以从应变能是应变的二次式中看出。正应变是由于体系在外力的作用下才产生的，所以体系的应变能是由于外力做功而转换的，外力做的功以应变能的形式贮存于体系内，所以在数量上外力功等于应变能。而不论作用于体系的外力是常力还是变力，以上关系只是说明外力功和内力势能(应变能)之间的转换关系。(5) 单位体积的应变能 $e_I=\frac{1}{2}\sigma_{ij}\varepsilon_{ij}$ 对应变 ε_{ij} 求导为应力 σ_{ij}，即

$$\frac{\partial e_I}{\partial \varepsilon_{ij}}=\sigma_{ij} \tag{8.2.13}$$

体系的总势能为外力势能和内力势能即应变能之和，即

$$\pi=\frac{1}{2}\int_v \sigma_{ij}\varepsilon_{ij}\,\mathrm{d}v-\int_v X_i u_i\,\mathrm{d}v-\int_s \overline{X}_i\,\bar{u}_i\,\mathrm{d}s$$

或用矩阵的形式表示为

$$\pi=\frac{1}{2}\int_v \boldsymbol{\sigma\varepsilon}\,\mathrm{d}v-\left(\int_v \boldsymbol{Xu}\,\mathrm{d}v+\int_s \overline{\boldsymbol{X}}\overline{\boldsymbol{u}}\,\mathrm{d}s\right) \tag{8.2.14}$$

在建立总势能的过程中引用了线弹性的假定，所以式(8.2.14)只适用于线性问题。式(8.2.14)可简单地写为

$$\delta W_e=\boldsymbol{P}\delta\boldsymbol{u} \tag{8.2.15}$$

8.2.2 虚位移状态

8.2.2.1 虚位移

为了说明体系发生的虚位移，现先将实位移和虚位移加以对照。弹性体实位移 u 是体系在外力作用下相应于实际平衡状态时的位移。实位移 u 是相对于体系的零状态，它在体系内满足静力平衡条件和变形协调条件即相容条件，同时也满足应力和位移边界条件。如受集中力作用下的简支梁在集中力 P 作用下产生位移 u，图 8.2.5 中位移 u 相对于坐标零点。所谓的虚位移 δu 为发生在平衡状态附近的为约束所容许的任意假想的微小位移。弹性体的虚位移 δu 是相对于平衡状态而言的，是平衡状态邻近的一种位移状态。力学上所说的虚位移在数学上称为位移变分。

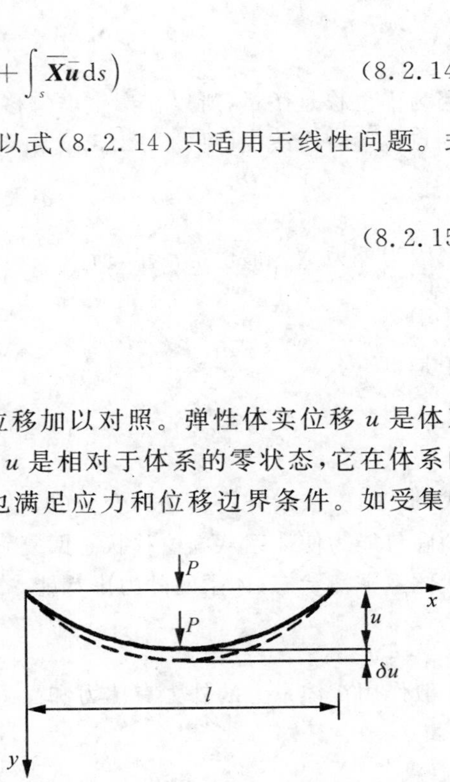

图 8.2.5　虚位移和实位移

如图 8.2.5 所示，虚位移有几个特点：(1) 虚位移是约束条件所容许的，也就是必须满足位移边界

条件，它虽然不一定是实际所发生的，但却是可能会发生的任意位移。(2) 虚位移 δu 是实际平衡状态附近的微小位移，它是以平衡状态为基准状态，即这时为虚能量零状态。当体系处在虚位移状态时，实际作用的外力及由此外力作用而产生的应力、应变和位移都已经存在。由于虚位移是很微小的位移，所以当外力从平衡状态进入虚位移状态的过程中认为是常力。(3) 虚位移 δu 不是外力作用下产生的，是由其他原因产生的假想的位移。与相应于实际的平衡状态的位移 u 一样，相应于虚位移状态时的位移为 $u+\delta u$，这也就是实际平衡状态附近位移（变分状态）。从中可见由于不同的 δu 即可得到不同的邻近的变分状态。虚状态可有无数多个，而实际的平衡状态只有一个。变分法就是研究在平衡状态附近的无穷多个虚状态中寻求实际的位移状态和虚位移之间的关系，从而求得实际发生的位移。

明确了虚位移后，就可以求得外力或内力在虚位移或虚应变上所做的功，以及在虚位移状态 $u+\delta u$ 时的势能。

体系的势能是以能量零状态即体系在未受力变形前的初始状态为基准状态，而求体系在虚位移状态时的势能是以实际的平衡状态为基准状态。

8.2.2.2 外力的虚功和虚势能

根据虚位移的特点，外力不论是常力还是变力，当从平衡状态进入虚位移状态的过程中外力都可以认为是常力，于是外力虚功

$$\delta W_e = P\delta u \tag{8.2.16}$$

一般，作用在体系上的外力有体力和面力，故体系上的外力虚功

$$\delta W_e = \int_v X_i \delta u_i \mathrm{d}v + \int_s \overline{X}_i \delta \bar{u}_i \mathrm{d}s \tag{8.2.17}$$

因为虚位移是微量，所以在产生虚位移的过程中外力的方向和数量都不改变，而仅是外力的作用点位置有所改变（见图 8.2.5）。由于

$$\delta(X_i u_i) = u_i \delta X_i + X_i \delta u_i$$

且因为外力 X_i 和 $\overline{X}_i$ 是常量，所以

$$\delta(X_i u_i) = X_i \delta u_i$$

于是

$$\delta W_e = \delta\left(\int_v X_i u_i \mathrm{d}v + \int_s \overline{X}_i \bar{u}_i \mathrm{d}s\right) \tag{8.2.18}$$

式(8.2.18)表示外力实功的变分（增量），即外力在虚位移上所做的功。根据势能的定义，外力的虚势能为使体系从虚位移状态回复到基准状态即体系平衡状态时外力所做的功。所以相对于体系平衡状态，体系的外力虚势能

$$\delta E_e = -P\delta u \tag{8.2.19}$$

一般作用在体系上的外力有体力和面力，所以作用在体系上的外力的虚势能

$$\delta E_e = -\left(\int_v X_i \delta u_i \mathrm{d}v + \int_s \overline{X}_i \delta \bar{u}_i \mathrm{d}s\right) \tag{8.2.20}$$

因为在发生虚位移的过程中，外力的大小和方向可以认为不变，所以 X 和 $\overline{X}$ 是常数，可将变分

符号提出。于是得

$$\delta E_e = -\delta\left(\int_v X_i u_i \mathrm{d}v + \int_s \overline{X}_i \bar{u}_i \mathrm{d}s\right)$$

所以

$$\delta E_e = -\delta W_e \tag{8.2.21}$$

式(8.2.21)说明当体系上外力在虚位移 δu_i 上做正功,则外力的虚势能减少。

8.2.2.3　内力的虚功和虚应变能

处于平衡状态的体系,当发生任意微小的虚位移 δu_i 也会产生微小的虚应变 $\delta\varepsilon_i$。根据弹性力学中的几何条件,虚应变

$$\delta\varepsilon_{ij} = \frac{1}{2}(\delta u_{i,j} + \delta u_{j,i})$$

虚应变是微量,当体系从平衡状态进入虚状态的过程中,体系内的应力 σ 或抵抗体系产生应变的弹性恢复力——内力($-\sigma_{ij}$)是常量。按常力功,内力在虚应变上所做的功

$$\delta W_I = \int_v (-\sigma_{ij})\delta\varepsilon_{ij}\mathrm{d}v = -\int_v \sigma_{ij}\delta\varepsilon_{ij}\mathrm{d}v \tag{8.2.22}$$

同样,根据势能的定义可知体系的虚应变能为使体系从虚应变状态回复到体系的基准状态时内力所做的功。在这个过程中体系的内力和应变的方向一致,所以体系的虚应变能

$$\delta E_I = \int_v \sigma_{ij}\delta\varepsilon_{ij}\mathrm{d}v \tag{8.2.23}$$

虚应变能始终为正值,于是

$$\delta E_I = -\delta W_I \tag{8.2.24}$$

式(8.2.24)说明体系的应力在虚应变上做正功,内力的虚应变能减少。

8.2.2.4　位移变分方程

在封闭系统中机械能不能转化为非机械能,因此势能是不会转化为光、声、热、化学能等。在稳态问题中,势能也不会转化为动能。根据能量守恒原理,当体系从平衡状态到它邻近的虚位移状态时,体系的外力势能的减少等于它的内力势能(应变能)的增加,而总势能不变,所以

$$\delta E_I = -\delta E_e \tag{8.2.25}$$

它表示在平衡状态附近由于位移的增加(变分)引起的内力势能的增加(变分)等于外力势能的减少(变分)。注意到外力虚势能和外力虚功的关系,于是

$$\delta E_I = \delta W_e \tag{8.2.26}$$

这说明在平衡状态附近应变能的增加等于外力在虚位移上所做的功。对于受体力和面力作用的体系,有

$$\delta E_I = \delta\left(\int_v X_i u_i \mathrm{d}v + \int_s \overline{X}_i \bar{u}_i \mathrm{d}s\right) \tag{8.2.27}$$

式(8.2.27)为位移变分方程或称为 Lagrange 变分方程,表示位移变分应满足的方程。v 为定

义域，s 为边界，见图 8.2.6。

位移变分方程可用另一种形式表示，即

$$\delta E_I=\int_v\sigma_{ij}\delta\varepsilon_{ij}\,\mathrm{d}v=\int_v\sigma_{ij}\ \frac{1}{2}(\delta u_{i,j}+\delta u_{j,i})\mathrm{d}v=\int_v\sigma_{ij}\delta u_{i,j}\,\mathrm{d}v \tag{a}$$

根据分部积分，因为 $(uv)'=u'v+uv'$，所以 $uv'=(uv)'-vu'$。令 $u=\sigma_{ij}$，则 $u'=\sigma_{ij,j}$，而 $v'=\delta u_{i,j}$，则 $v=\delta u_i$。代入式(a)得

$$\delta E_I=\int_v[(\sigma_{ij}\delta u_i),j-\sigma_{ij,j}\delta u_i]\mathrm{d}v \tag{b}$$

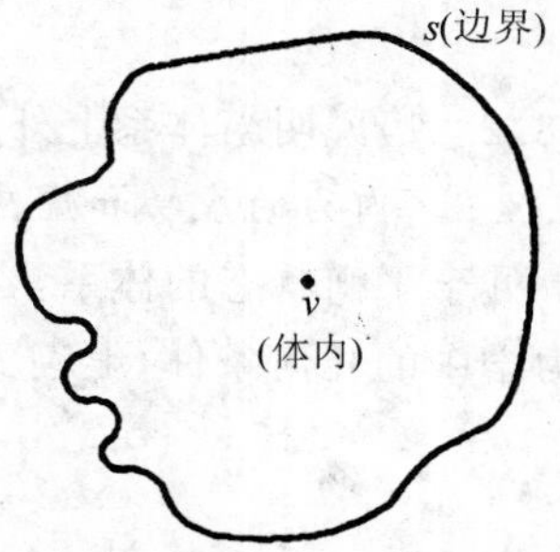

图 8.2.6 定义域和边界

根据高斯公式

$$\int_v\left(\frac{\partial L}{\partial x}+\frac{\partial M}{\partial y}+\frac{\partial N}{\partial z}\right)\mathrm{d}v=\int_s(Ll+Mm+Nn)\mathrm{d}s \tag{c}$$

式(c) 也可简单写为

$$\int_v L_{i,j}\,\mathrm{d}v=\int_s L_i n_j\,\mathrm{d}s \tag{d}$$

其中，l，m，n，n_i 为方向余弦。应用式(c)或(d)将式(b)中右边第一项的体积分化为边界的面积分，于是式(b)为

$$\delta E_I=\int_s\sigma_{ij}\delta u_i n_j\,\mathrm{d}s-\int_v\sigma_{ij}\delta u_i\,\mathrm{d}v \tag{8.2.28}$$

式(8.2.28)中第一项的积分下标 s 包括应力边界和位移边界，即 $s=s_\sigma+s_u$，由于 $u_i+\delta u_i$ 是满足约束条件的虚位移状态，所以

$$u_i\,|_{s_u}=\bar{u}_i$$

则

$$\delta u_i\,|_{s_u}=0$$

而

$$\delta u_i\,|_{s_\sigma}\neq 0$$

于是式(8.2.28)中的边界条件 s 仅是应力边界条件。将修改了积分区间的式(8.2.28)代入(8.2.27)得

$$\int_{s_\sigma}\sigma_{ij}\delta u_i n_j\,\mathrm{d}s-\int_v\sigma_{ij,j}\delta u_i\,\mathrm{d}v=\int_v X_i\delta u_i\,\mathrm{d}v+\int_{s_\sigma}\overline{X}_i\delta u_i\,\mathrm{d}s \tag{8.2.29}$$

于是得

$$-\int_v(\sigma_{ij,j}+X_i)\delta u_i\,\mathrm{d}v+\int_{s_\sigma}(\sigma_{ij}n_j-\overline{X}_i)\delta u_i\,\mathrm{d}s=0 \tag{8.2.30}$$

注意到 δu_i 是任意变化且不为零的微小位移，为使式(8.2.30)满足，必须使上式括号中

$$\sigma_{ij,j}+X_i=0\quad（在体积内）$$

$$\sigma_{ij}n_j-\overline{X}_i=0\quad（在应力边界条件\ s_\sigma\ 上）$$

由此可见位移变分方程等价于弹性体的平衡条件和应力边界条件，而它的位移边界条件根据虚位移的定义当首先得到满足。从上面也可以看到变分的形式实质上是积分的形式。如果应力边界条件得到满足，则式(8.2.30)可简化为

$$\int_v (\sigma_{ij,j} + X_i)\delta u_i \mathrm{d}v = 0 \tag{8.2.31}$$

这就是满足位移边界及应力边界条件时位移变分所应当满足的方程，称为伽辽金变分方程。

8.2.3 虚功原理和最小总势能原理

将式(8.2.23)代入位移变分方程式(8.2.27)，得虚功方程

$$\int_v \sigma_{ij}\delta\varepsilon_{ij}\mathrm{d}v = \delta\left(\int_v X_i u_i \mathrm{d}v + \int_s \overline{X}_i \bar{u}_i \mathrm{d}s\right) \tag{8.2.32}$$

式(8.2.32)表示体系在平衡状态附近发生虚位移时应力在虚应变上做的功等于外力在虚位移上做的功。由于应力可看作作用于微元体上的外力，而内力与应力的方向相反，所以更确切地说，体系受体力和面力作用而产生位移 u_i、应变 ε_{ij} 和应力 σ_{ij}。在平衡状态附近，由任意微小的虚位移 δu_i，体系内产生微小的虚应变 $\delta\varepsilon_{ij}$，应力作为作用于微元上的外力在虚应变 $\delta\varepsilon_{ij}$ 上做的功等于外力在虚位移 δu_i 上做的功。虚功方程表示任何体系在虚位移状态时的特性，而对于几何条件和物理条件没有作任何假定。因此它不仅适用于线性问题，也适用于非线性问题。

对于动力作用下产生变形的弹性体，在任一特定的瞬时产生位移和应力，则相对于瞬间平衡状态可以得到相应的虚位移和虚应变。这样可以计算该瞬态的虚应变能和相应的外力虚功。所不同的是，此时的外力虚功不仅应包括面力和体力，还应包括惯性力的虚功。因此，考虑动力作用的虚功方程为

$$\int_v \sigma_{ij}\delta\varepsilon_{ij}\mathrm{d}v = \int_v X_i\delta u_i \mathrm{d}v + \int_{s_\sigma} \overline{X}_i\delta u_i \mathrm{d}s - \int_v \rho\delta u_i^{\mathrm{T}}\ddot{u}\mathrm{d}v \tag{8.2.33a}$$

上式也可简写为

$$\delta E_I = \delta E_e - \int_v \rho\delta u_i^{\mathrm{T}}\ddot{u}\mathrm{d}v \tag{8.2.33b}$$

从能量原理得到的位移变分方程也可以得出最小总势能原理。式(8.2.25)中 δE_I 和 δE_e 是体系在平衡状态附近的内力势能增量和外力势能的增量，它们是由于虚位移 δu_i 引起，以平衡状态为基准状态。于是得

$$\delta(E_I + E_e) = 0 \tag{8.2.34}$$

即记

$$\pi = E_I + E_e \tag{8.2.35}$$

为以体系的初始状态即能量零状态为基准状态的体系总势能，则

$$\delta\pi = 0 \tag{8.2.36}$$

式(8.2.34)或式(8.2.36)即为最小总势能原理，它说明了体系在平衡状态由于虚位移(位移变分)δu_i 而引起的总势能的增量(变分)$\delta\pi=0$。在给定的外力条件下，体系在满足约束条件的各组位移中，实际发生的位移应使体系的总势能为极值(驻值)。如果考虑二阶变分，对于稳定的

平衡状态，这个极值是极小值。

由

$$\delta\pi = \frac{\partial\pi}{\partial u_i}\delta u_i$$

则

$$\delta^2\pi = \frac{\partial^2\pi}{\partial u_i^2}\delta^2 u_i + \frac{\partial\pi}{\partial u_i}\delta \frac{\partial u_i}{\partial u_i}\delta u_i$$

所以

$$\delta^2\pi = \frac{\partial^2\pi}{\partial u_i^2}\delta^2 u_i$$

如

$$\delta^2\pi > 0$$

那么 π 是极小值。

虚功原理和最小总势能原理是建立有限单元法基本方程的重要理论根据。

8.2.4 位移变分法的解法——李兹法和伽辽金法

在弹性力学中，位移分量 u_i 应当满足体内的平衡条件、位移边界条件 s_u 和应力边界条件 s_σ。由于从虚位移的定义出发推导位移变分方程就已经确定位移 u_i 是满足位移约束，即位移边界条件的，所以从采用求解微分方程的解析法来看还需满足平衡条件和应力边界条件。而从变分法来看还必须满足位移变分方程(8.2.30)，所以位移变分方程等价于体内的平衡条件和应力边界条件。

如前所述，变分法是通过从平衡状态的邻近状态去寻求真正的状态。首先必须使假定的位移函数 u_i 满足位移边界条件 s_u，根据所假定的位移函数 u_i 求得应力 σ_{ij}。如果所选定的位移函数是近似值，在位移变分方程中 $\sigma_{ij,j}+X_i\neq 0$ 及 $\sigma_{ij}n_j-\overline{X}_i\neq 0$，该应力是不平衡力，而假定的位移状态是平衡状态附近一个邻近状态。由于所选择的位移函数 u 是坐标(X, Y, Z)的某种函数，u 由坐标 X, Y, Z 及待定的系数(变分系数)A_m, B_m, C_m 构成。位移状态的改变(变分)通过待定系数的改变(变分)来实现，于是问题就归结为使位移函数满足体内平衡条件和应力边界条件或者说满足等价位移变分方程(求解弹性力学问题的充分条件)前提下来求待定系数，也就是利用位移变分方程来求待定系数 A_m, B_m, C_m。根据得到的待定系数 A_m, B_m, C_m 所求得的位移函数便是趋于实际的平衡状态时的位移。

理论上，用变分法求解弹性力学问题得到的应该是精确解。但是在实际求解过程中，假定的位移函数 $u(X, Y, Z)$ 有一定的范围而不是任意的。由于这个局限，使得到的变分有一定的近似性。

位移变分法的解法有李兹(Ritz)法、伽辽金法和列宾逊法。李兹法是假定的位移函数必须预先满足位移边界条件 s_u，然后使它满足位移变分方程，求得位移函数 u；伽辽金法是假定的位移函数必须预先满足位移边界条件 s_u 以及应力边界条件 s_σ，然后使它满足伽辽金位移变分方程，求得位移函数 u。

(1) 李兹法

设位移函数为

$$\begin{cases} u = u_0 + \sum_m A_m u_m, \\ v = v_0 + \sum_m B_m v_m, \\ w = w_0 + \sum_m C_m w_m \end{cases} \tag{8.2.37}$$

式中，u_0，v_0，w_0 为设定的(X, Y, Z)的函数，它们在边界上的值等于已知的边界位移，即

$$u_0 \big|_{s_u} = \bar{u}, \quad v_0 \big|_{s_u} = \bar{v}, \quad w_0 \big|_{s_u} = \bar{w} \tag{a}$$

u_m，v_m，w_m 是假定的(X, Y, Z)的函数，它们在边界上为零，即

$$u_m \big|_{s_u} = 0, \quad v_m \big|_{s_u} = 0, \quad w_m \big|_{s_u} = 0 \tag{b}$$

A_m，B_m，C_m 为待定系数，是反映各种虚位移状态变化的状态系数，即数学上的变分系数。

不论 A_m，B_m，C_m 取何值，式(8.2.37)可以永远满足位移边界条件。从式(8.2.37)可见位移的变分通过待定系数 A_m，B_m，C_m 的变分来实现，所以

$$\delta u = \sum_m u_m \delta A_m, \quad \delta v = \sum_m v_m \delta B_m, \quad \delta w = \sum_m w_m \delta C_m \tag{8.2.38}$$

A_m，B_m，C_m 任意微小改变引起位移状态微小改变，将上式代入位移变分方程(8.2.27)，得

$$\begin{aligned} \delta E_I = & \int_v \left(X \sum_m u_m \delta A_m + Y \sum_m v_m \delta B_m + Z \sum_m w_m \delta C_m \right) \mathrm{d}v \\ & + \int_s \left(\overline{X} \sum_m u_m \delta A_m + \overline{Y} \sum_m v_m \delta B_m + \overline{Z} \sum_m w_m \delta C_m \right) \mathrm{d}s \end{aligned} \tag{c}$$

因为体系的应变能可表示为位移的函数，所以

$$\delta E_I = \sum \left(\frac{\partial E_I}{\partial u} \delta u + \frac{\partial E_I}{\partial v} \delta v + \frac{\partial E_I}{\partial w} \delta w \right) = \sum \left(\frac{\partial E_I}{\partial A_m} \delta A_m + \frac{\partial E_I}{\partial B_m} \delta B_m + \frac{\partial E_I}{\partial C_m} \delta C_m \right) \tag{d}$$

于是

$$\begin{aligned} \sum \left(\frac{\partial E_I}{\partial A_m} \delta A_m + \frac{\partial E_I}{\partial B_m} \delta B_m + \frac{\partial E_I}{\partial C_m} \delta C_m \right) = & \sum \int_v (X u_m \delta A_m + Y v_m \delta B_m + Z w_m \delta C_m) \mathrm{d}v \\ & + \sum \int_s (\overline{X} u_m \delta A_m + \overline{Y} v_m \delta B_m + \overline{Z} w_m \delta C_m) \mathrm{d}s \end{aligned}$$

由于 A_m，B_m，C_m 是独立的变量，比较上式两边得

$$\begin{cases} \dfrac{\partial E_I}{\partial A_m} = \displaystyle\int_v X u_m \mathrm{d}v + \int_s \overline{X} u_m \mathrm{d}s, \\ \dfrac{\partial E_I}{\partial B_m} = \displaystyle\int_v Y v_m \mathrm{d}v + \int_s \overline{Y} v_m \mathrm{d}s, \\ \dfrac{\partial E_I}{\partial C_m} = \displaystyle\int_v Z w_m \mathrm{d}v + \int_s \overline{Z} w_m \mathrm{d}s \end{cases} \tag{8.2.39}$$

由于应变能 E_I 是位移的二次函数，也就是 A_m，B_m，C_m 的二次函数，所以上式左边对 A_m，

B_m，C_m 求导后为 A_m，B_m，C_m 的一次函数，右边为 A_m，B_m，C_m 的零次函数。所以方程组(8.2.39)中三式分别是 A_m，B_m，C_m 的线性联立方程。

(2) 伽辽金法

设位移函数 u，v，w 预先满足位移边界条件 s_u 和应力边界条件 s_σ，同样可得式(8.2.38)，将式(8.2.38)代入伽辽金位移变分方程式(8.2.31)得

$$\sum_m \int_v \delta A_m \left(\frac{\partial \sigma_{xy}}{\partial x} + X\right) u_m \mathrm{d}v + \sum_m \int_v \delta B_m \left(\frac{\partial \sigma_{xy}}{\partial y} + Y\right) v_m \mathrm{d}v + \sum_m \int_v \delta C_m \left(\frac{\partial \sigma_{xy}}{\partial z} + Z\right) w_m \mathrm{d}v = 0$$

由于 A_m，B_m，C_m 是任意的待定系数，所以

$$\begin{cases} \sum_m \int_v \left(\frac{\partial \sigma_{xy}}{\partial x} + X\right) u_m \mathrm{d}v = 0, \\ \sum_m \int_v \left(\frac{\partial \sigma_{xy}}{\partial y} + Y\right) v_m \mathrm{d}v = 0, \\ \sum_m \int_v \left(\frac{\partial \sigma_{xy}}{\partial z} + Z\right) w_m \mathrm{d}v = 0 \end{cases}$$

上式中的应力根据物理方程用应变来表示，再根据几何方程用位移来表示，化简后得

$$\begin{cases} \int_v DL(\sum_m A_m u_m) u_m \mathrm{d}v = 0, \\ \int_v DL(\sum_m B_m v_m) v_m \mathrm{d}v = 0, \\ \int_v DL(\sum_m C_m w_m) w_m \mathrm{d}v = 0 \end{cases} \tag{8.2.40}$$

上式中，D 为弹性矩阵，L 为微分算子。

假定的位移函数 u，v，w 是 A_m，B_m，C_m 的一次函数，所以式(8.2.40)是 A_m，B_m，C_m 的一次方程，求解这些 m 个线性方程可以求得待定系数 A_m，B_m，C_m，然后可以求得位移分量。

由于伽辽金法不必计算应变能，也就不必计算位移的二次式，所以计算较李兹法简单。

8.2.5 虚应力状态、余功和余能

(1) 虚应力

现将虚应力与实应力加以对照。所谓实应力 σ_{ij} 是相对于体系的能量零状态而言的，它在体系内满足静力平衡条件和变形协调条件，即相容条件，同时也满足应力和位移边界条件。

相应于实际的平衡状态时的应力 σ_{ij}，$\sigma_{ij}+\delta\sigma_{ij}$ 是平衡状态附近的虚应力状态(见图 8.2.7)。根据虚应力的特点，它必须满足静力平衡条件和应力边界条件。因为实应力满足体系内有体力 X_i 的平衡方程 $\sigma_{ij,j}+X_i=0$，所以应力变分必须满足体系内无体力 X_i 的平衡方程 $\sigma_{ij,j}=0$。

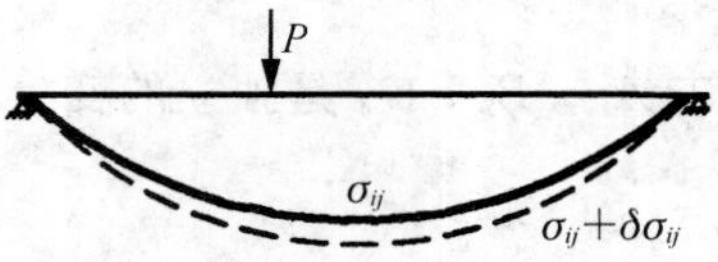

图 8.2.7 虚应力状态

又因为实应力满足 s_σ 上有面力 $\overline{X}_i$ 的边界条件，所以应力变分必须满足 s_σ 上无面力 $\overline{X}_i$ 的边界条件

$$\delta\sigma_{ij} n_j = 0$$

体系在位移边界条件 s_u 上满足给定的位移而应力变分 $\delta\sigma_{ij}$ 没有满足位移边界条件，因此必然会引起面力增量 δX_i。即

$$\delta X_i = \delta\sigma_{ij} n_j$$

（2）余功和余能

体系在外力的作用下产生应力 σ_{ij} 和应变 ε_{ij}。如前，体系内单位体积中内力所做的功

$$W_I = \int_0^{\varepsilon_{ij}} (-\sigma_{ij})\,\mathrm{d}\varepsilon_{ij}$$

而单位体积中的内力势能（应变能密度）为

$$e_I = \int_0^{\varepsilon_{ij}} \sigma_{ij}\,\mathrm{d}\varepsilon_{ij}$$

由于应力随着应变的改变而改变，因此正内力的功和内力势能的表达式中应变 ε_{ij} 是自变量，σ_{ij} 是应变量。显然

$$\frac{\partial e_I}{\partial \varepsilon_{ij}} = \sigma_{ij} = f(\varepsilon_{ij})$$

在图 8.2.8 所示的应力与应变关系图中，可以很清楚地表示出余应变能的意义，定义

$$e_I^* = \sigma_{ij}\varepsilon_{ij} - e_I$$

为单元体积内的余应变能。

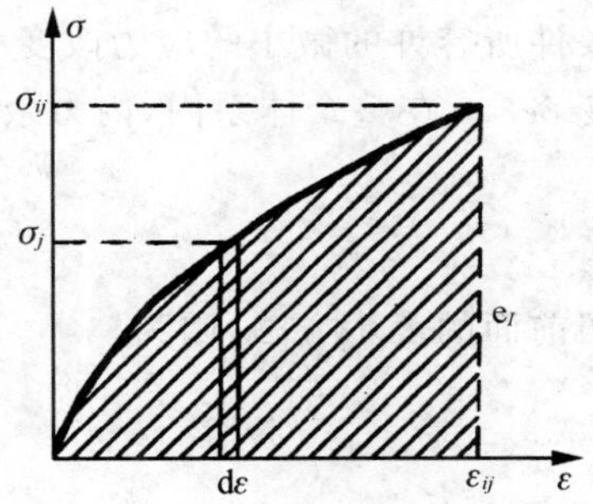

图 8.2.8　应力与应变的关系

与内力功和内力势能的计算相同，单位体积内内力的余功为

$$W_I^* = \int_0^{\sigma_{ij}} \varepsilon_{ij}\,\mathrm{d}(-\sigma_{ij}) = -\int_0^{\sigma_{ij}} \varepsilon_{ij}\,\mathrm{d}(\sigma_{ij})$$

单位体积内的内力余势能为

$$e_I^* = \int_0^{\sigma_{ij}} \varepsilon_{ij}\,\mathrm{d}\sigma_{ij}$$

同样应力与应变存在着一定的关系，那么应力的改变也会引起应变的改变。在内力余功和余势能的表达式中应力 σ_{ij} 是自变量，应变 ε_{ij} 是应变量。显然

$$\frac{\partial e_I^*}{\partial \sigma_{ij}} = \varepsilon_{ij} = f(\sigma_{ij})$$

在线性问题中 $e_I = e_I^*$

对于线弹性体系，根据物理条件 $\varepsilon E = \sigma$ 可以求得体系内单位体积上的内力余势能

$$e_I^* = \int_0^{\sigma_{ij}} \frac{\sigma}{E}\,\mathrm{d}\sigma = \frac{1}{2}\varepsilon_{ij}\sigma_{ij}$$

于是在体系的整个体积内内力的余功为

$$W_I^* = \frac{1}{2}\int_v \varepsilon_{ij}\sigma_{ij}\,\mathrm{d}v \tag{8.2.41}$$

而整个体系内，内力的余势能为

$$E_I^* = \frac{1}{2}\int_v \varepsilon_{ij}\sigma_{ij}\,\mathrm{d}v \tag{8.2.42}$$

同样可以求得外力的余功为

$$W_e^* = \int \bar{u}\,\mathrm{d}p \tag{8.2.43}$$

外力的余势能为

$$E_e^* = -W_e^* \tag{8.2.44}$$

8.2.6 最小总余能原理

体系在外力作用下处于平衡状态，如果在平衡状态附近发生了为静力平衡条件和应力边界条件所容许的微小的应力改变 $\delta\sigma_{ij}$，那么必将引起单位体积内内力余功和内力余势能的微小改变 δe_I^* 。在整个体系内，内力余势能的改变为

$$\delta E_I^* = \int_v \delta e_I^*\,\mathrm{d}v = \int_v \varepsilon_{ij}\delta\sigma_{ij}\,\mathrm{d}v$$

参照前面的表示方法，因为

$$\varepsilon_{ij} = \frac{1}{2}(u_{i,j} + u_{j,i})$$

所以

$$\delta E_I^* = \int_v \frac{1}{2}(u_{i,j} + u_{j,i})\delta\sigma_{ij}\,\mathrm{d}v = \int_v u_{i,j}\delta\sigma_{ij}\,\mathrm{d}v$$

利用分部积分，设

$$u = u_{ij},\quad u' = u_{i,j},\quad v = \delta\sigma_{ij},\quad v' = (\delta\sigma_{ij})'_j$$

因为

$$(uv)' = u'v + v'u$$

所以

$$u'v = (uv)' - v'u$$

于是

$$u_{i,j}\delta\sigma_{ij} = (u_{ij}\delta\sigma_{ij})'_j - u_{ij}(\delta\sigma_{ij})'_j$$

所以

$$\delta E_I^* = \int_v [(u_{ij}\delta\sigma_{ij})'_j - u_{ij}(\delta\sigma_{ij})'_j]\mathrm{d}v$$

利用高斯散度定理，将体积分化为面积分，于是

$$\delta E_I^* = \int_s (u_{ij}\delta\sigma_{ij})n_j\,\mathrm{d}s - \int_v u_{ij}\delta\sigma_{ij,j}\,\mathrm{d}v$$

虚应力 $\delta\sigma_{ij}$ 应该预先满足静力平衡条件，即在体系内部无体力，在应力边界无面力。

于是

$$\delta\sigma_{ij,j} = 0 \quad (\text{在体内})$$

$$\delta\sigma_{ij} n_j = \delta \overline{X}_i = 0 \quad (\text{在应力边界面 } s_\sigma \text{ 内})$$

所以

$$\int_v u_{ij}\delta\sigma_{ij,j}\,\mathrm{d}v = 0, \quad \int_{s_\sigma} (u_{ij}\delta\sigma_{ij})n_j\,\mathrm{d}s = 0$$

位移边界条件 s_u 未满足，所以在位移边界面 s_u 上由于虚应力 $\delta\sigma_{ij}$ 而引起的面力的微小改变（面力变分）$\delta\overline{X}_i$ 不为零，即

$$\delta\sigma_{ij} n_j = \delta\overline{X}_i \neq 0 \quad (\text{在位移边界面上})$$

如果固定边界，即 $\bar{u}_{ij} = 0$，那么

$$\int_{s_u} (\bar{u}_{ij}\delta\sigma_{ij})n_j\,\mathrm{d}s = 0$$

如果不是固定边界，即 $\bar{u}_{ij} \neq 0$，则由于在平衡状态附近应力的任意微小改变 $\delta\sigma_{ij}$ 而引起内力余势能的微小改变 δE_I^* 为

$$\delta E_I^* = \int_{s_u} \bar{u}_{ij}\delta\sigma_{ij}n_j\,\mathrm{d}s = \int_{s_u} \bar{u}_{ij}\delta\overline{X}_i\,\mathrm{d}s \tag{8.2.45}$$

式(8.2.45)称为应力变分方程，它表示了在实际应力状态附近由于应力变分引起的内力余势能的变分等于外力余功的变分。

外力的余功或余势能只有在位移边界上才存在，在应力边界上不存在，所以外力的余功也就是面力变分在实际给定的边界位移上所做的功。式(8.2.45)也可以这样表示，即

$$\delta E_I^* = \delta W_e^* \tag{8.2.46}$$

而根据应变能的定义，外力的余势能应等于负的外力的余功，即如式(8.2.44)，所以

$$\delta E_e^* = -\delta W_e^*$$

将上式代入式(8.2.46)即得

$$\delta E_I^* + \delta E_e^* = 0$$

于是

$$\delta(E_I^* + E_e^*) = 0 \tag{8.2.47}$$

记

$$\pi^* = E_I^* + E_e^* \tag{8.2.48}$$

为总余势能，E_I^*，E_e^* 分别为在实际应力状态附近的内力余势能和外力余势能，于是

$$\delta\pi^* = 0 \tag{8.2.49}$$

由二阶变分得 $\delta^2\pi^* > 0$，所以 π^* 应为极小值。

式(8.2.47)或式(8.2.49)即为最小总余能原理，它说明了体系在满足平衡方程和应力边界条件的各组应力中(各种虚应力状态，$\sigma_{ij}+\delta\sigma_{ij}$)实际存在的应力对应于体系的总余能为极值(驻值)。

在有限单元法中，如果假定单元的应力状态(函数)就可以利用最小总余能原理推导出单元或体系的节点力和节点位移之间的关系，求出单元的柔度矩阵。

最后简单地说一下最小总势能原理和最小总余能原理的区别。最小总势能原理对应于体系的静力平衡条件，它是以位移 u_{ij} 或应变 ε_{ij} 作为自变量，泛函(总势能)是位移 u_{ij} 或应变 ε_{ij} 的函数，位移函数 u_{ij} 应该预先满足位移边界条件 s_u；而最小总余能原理是对应于体系的变形协调条件，它是以应力 σ_{ij} 作为自变量，泛函(总余能)是应力 σ_{ij} 的函数，应力函数 σ_{ij} 应该预先满足体系内和应力边界面 s_σ 上的静力平衡条件。

8.3 有限元基本方程和单元刚度矩阵

有限元基本方程及单元刚度矩阵可以根据虚功原理、总势能驻值(极值)原理、卡斯提也诺定理和能量泛函变分原理来推导。

8.3.1 利用虚功原理推导有限元基本方程和单元刚度矩阵

按式(8.2.32)，有固体或结构单元的虚功方程

$$\int_v \boldsymbol{\sigma}^{\mathrm{T}}\delta\boldsymbol{\varepsilon}\,\mathrm{d}v = \int_v \boldsymbol{X}^{\mathrm{T}}\delta\boldsymbol{u}\,\mathrm{d}v + \int_s \overline{\boldsymbol{X}}^{\mathrm{T}}\delta\boldsymbol{u}\,\mathrm{d}s \tag{8.3.1}$$

根据物理条件

$$\boldsymbol{\sigma} = \boldsymbol{D}(\boldsymbol{\varepsilon} - \boldsymbol{\varepsilon}_0) \tag{8.3.2}$$

式中，$\boldsymbol{\varepsilon}_0$ 为与真实应力状态无关的初应变；$\boldsymbol{D}$ 为弹性矩阵。所以

$$\boldsymbol{\sigma}^{\mathrm{T}} = \boldsymbol{\varepsilon}^{\mathrm{T}}\boldsymbol{D}^{\mathrm{T}} - \boldsymbol{\varepsilon}_0^{\mathrm{T}}\boldsymbol{D}^{\mathrm{T}}$$

代入式(8.3.1)并转置，得

$$\int_v \delta\boldsymbol{\varepsilon}^{\mathrm{T}}\boldsymbol{D}\boldsymbol{\varepsilon}\,\mathrm{d}v = \int_v \delta\boldsymbol{\varepsilon}^{\mathrm{T}}\boldsymbol{D}\boldsymbol{\varepsilon}_0\,\mathrm{d}v + \int_v \delta\boldsymbol{u}^{\mathrm{T}}\boldsymbol{X}\,\mathrm{d}v + \int_s \delta\boldsymbol{u}^{\mathrm{T}}\overline{\boldsymbol{X}}\,\mathrm{d}s \tag{8.3.3}$$

在有限单元法中，利用单元节点的位移值来构造该单元的位移函数，从而可根据单元节点的位移来求出单元内各点的位移。现设假定的单元节点位移为

$$\boldsymbol{u}_e^{\mathrm{T}} = [u_i \quad u_j \quad \cdots]^{\mathrm{T}}$$

并设单元真实的位移函数 $u(x, y, z)$ 是连续单值函数，则假定的单元节点位移与单元真实的位移函数之间的关系为

$$\boldsymbol{u} = \boldsymbol{N}\boldsymbol{u}_e \tag{8.3.4}$$

在采用位移法的结构分析中 $\boldsymbol{N}$ 称为形函数，显然

$$\delta\boldsymbol{u} = \boldsymbol{N}\delta\boldsymbol{u}_e \tag{8.3.5}$$

同样，根据几何条件

$$\boldsymbol{\varepsilon}=\frac{1}{2}(\boldsymbol{u}_{i,j}+\boldsymbol{u}_{j,i}) \tag{8.3.6}$$

将式(8.3.4)代入上式得应变用节点位移表示的表达式

$$\boldsymbol{\varepsilon}=\boldsymbol{B}\boldsymbol{u}_e \tag{8.3.7}$$

其中，$\boldsymbol{B}$ 为关于形函数 $\boldsymbol{N}$ 的微分运算。式(8.3.7)表示单元节点位移与单元真实应变之间的必然存在的关系，而

$$\delta\boldsymbol{\varepsilon}=\boldsymbol{B}\delta\boldsymbol{u}_e \tag{8.3.8}$$

根据矩阵转置的逆序法则

$$\delta\boldsymbol{u}^{\mathrm{T}}=\delta\boldsymbol{u}_e^{\mathrm{T}}\boldsymbol{N}^{\mathrm{T}} \tag{8.3.9}$$

$$\delta\boldsymbol{\varepsilon}^{\mathrm{T}}=\delta\boldsymbol{u}_e^{\mathrm{T}}\boldsymbol{B}^{\mathrm{T}} \tag{8.3.10}$$

将式(8.3.7)，(8.3.9)，(8.3.10)代入式(8.3.3)得

$$\int_v\delta\boldsymbol{u}_e^{\mathrm{T}}\boldsymbol{B}^{\mathrm{T}}\boldsymbol{D}\boldsymbol{B}\boldsymbol{u}_e\mathrm{d}v=\int_v\delta\boldsymbol{u}_e^{\mathrm{T}}\boldsymbol{B}^{\mathrm{T}}\boldsymbol{D}\boldsymbol{\varepsilon}_0\mathrm{d}v+\int_v\delta\boldsymbol{u}_e^{\mathrm{T}}\boldsymbol{N}^{\mathrm{T}}\boldsymbol{X}\mathrm{d}v+\int_s\delta\boldsymbol{u}_e^{\mathrm{T}}\boldsymbol{N}^{\mathrm{T}}\overline{\boldsymbol{X}}\mathrm{d}s \tag{8.3.11}$$

因为 $\delta\boldsymbol{u}_e^{\mathrm{T}}$ 是任意的虚位移，所以

$$\int_v\boldsymbol{B}^{\mathrm{T}}\boldsymbol{D}\boldsymbol{B}\boldsymbol{u}_e\mathrm{d}v=\int_v\boldsymbol{B}^{\mathrm{T}}\boldsymbol{D}\boldsymbol{\varepsilon}_0\mathrm{d}v+\int_v\boldsymbol{N}^{\mathrm{T}}\boldsymbol{X}\mathrm{d}v+\int_s\boldsymbol{N}^{\mathrm{T}}\overline{\boldsymbol{X}}\mathrm{d}s \tag{8.3.12}$$

上式即为有限元基本方程，可以简单地表示为

$$\boldsymbol{k}_e\boldsymbol{u}_e=\boldsymbol{P}_\varepsilon+\boldsymbol{P}_q+\boldsymbol{P}_s \tag{8.3.13}$$

其中

$$\boldsymbol{k}_e=\int_v\boldsymbol{B}^{\mathrm{T}}\boldsymbol{D}\boldsymbol{B}\mathrm{d}v \tag{8.3.14}$$

式中，$\boldsymbol{k}_e$ 为单元刚度矩阵；$\boldsymbol{P}_\varepsilon$ 为由于初应变引起的单元节点力列阵，且 $\boldsymbol{P}_\varepsilon=\int_v\boldsymbol{B}^{\mathrm{T}}\boldsymbol{D}\boldsymbol{\varepsilon}_0\mathrm{d}v$；$\boldsymbol{P}_q$ 为由于体积力引起的单元节点力列阵，且 $\boldsymbol{P}_q=\int_v\boldsymbol{N}^{\mathrm{T}}\boldsymbol{X}\mathrm{d}v$；$\boldsymbol{P}_s$ 为由于面力引起的单元节点力列阵，且 $\boldsymbol{P}_s=\int_s\boldsymbol{N}^{\mathrm{T}}\overline{\boldsymbol{X}}\mathrm{d}s$。

式(8.3.13)可以更为简单地表示为

$$\boldsymbol{k}_e\boldsymbol{u}_e=\boldsymbol{P}_e \tag{8.3.15}$$

式(8.3.15)是有限元法中的基本方程，它表示了单元节点位移与节点力之间的关系。

8.3.2 利用总势能驻值(极值)原理推导有限元基本方程和单元刚度矩阵

结构单元在体力和面力的作用下所具有的总势能为

$$\pi_e=\frac{1}{2}\int_v\boldsymbol{\sigma\varepsilon}\mathrm{d}v-\int_v\boldsymbol{u}^{\mathrm{T}}\boldsymbol{X}\mathrm{d}v-\int_s\boldsymbol{u}^{\mathrm{T}}\overline{\boldsymbol{X}}\mathrm{d}s \tag{8.3.16}$$

根据单元位移与单元节点位移之间的关系如式(8.3.4),及几何条件如式(8.3.7)和物理条件如式(8.3.2),可得

$$\pi_e = \frac{1}{2}\int_v \boldsymbol{u}_e^{\mathrm{T}}\boldsymbol{B}^{\mathrm{T}}\boldsymbol{D}\boldsymbol{B}\,\mathrm{d}v\,\boldsymbol{u}_e - \int_v \boldsymbol{u}_e^{\mathrm{T}}\boldsymbol{B}^{\mathrm{T}}\boldsymbol{D}\boldsymbol{\varepsilon}_0\,\mathrm{d}v - \int_v \boldsymbol{u}_e^{\mathrm{T}}\boldsymbol{N}^{\mathrm{T}}\boldsymbol{X}\mathrm{d}v - \int_s \boldsymbol{u}_e^{\mathrm{T}}\boldsymbol{N}^{\mathrm{T}}\overline{\boldsymbol{X}}\mathrm{d}s \tag{8.3.17}$$

又因

$$\delta\varphi = \frac{\partial\varphi}{\partial u_1}\delta u_1 + \frac{\partial\varphi}{\partial u_2}\delta u_2 + \cdots + \frac{\partial\varphi}{\partial u_i}\delta u_i + \cdots + \frac{\partial\varphi}{\partial u_n}\delta u_n$$

若 $\delta u_1 \neq 0$, $\delta u_2 \neq 0$, …, $\delta u_i \neq 0$, …, $\delta u_n \neq 0$,根据如式(8.2.36)的总势能驻值(极值)原理,单元总势能的变分为零,即

$$\delta\pi_e = \int_v \boldsymbol{B}^{\mathrm{T}}\boldsymbol{D}\boldsymbol{B}\,\mathrm{d}v\,\boldsymbol{u}_e - \int_v \boldsymbol{B}^{\mathrm{T}}\boldsymbol{D}\boldsymbol{\varepsilon}_0\,\mathrm{d}v - \int_v \boldsymbol{N}^{\mathrm{T}}\boldsymbol{X}\mathrm{d}v - \int_s \boldsymbol{N}^{\mathrm{T}}\overline{\boldsymbol{X}}\mathrm{d}s = 0$$

即

$$\int_v \boldsymbol{B}^{\mathrm{T}}\boldsymbol{D}\boldsymbol{B}\,\mathrm{d}v\,\boldsymbol{u}_e = \int_v \boldsymbol{B}^{\mathrm{T}}\boldsymbol{D}\boldsymbol{\varepsilon}_0\,\mathrm{d}v + \int_v \boldsymbol{N}^{\mathrm{T}}X\mathrm{d}v + \int_s \boldsymbol{N}^{\mathrm{T}}\overline{\boldsymbol{X}}\mathrm{d}s$$

上式即为有限元基本方程,如同式(8.3.13)。

8.3.3 利用卡斯提也诺定理推导有限元基本方程和单元刚度矩阵

卡氏第一定理可以阐述如下:如果结构在一组集中力的作用下产生位移,结构内发生应变,如果将应变能表达为位移的应变能函数 $E_1 = E(u_1, u_2, \cdots, u_i)$,那么应变能对任意点的任意位移的一阶偏导数等于需要作用在该点上沿位移方向的力,即

$$\frac{\partial E_1}{\partial u_i} = P_i \tag{8.3.18}$$

根据能量原理,当结构承受外力而产生变形,外力在结构的变形方向所做的功以应变能的形式储存在结构内,所以根据卡氏定理,则

$$P_i = \frac{1}{2}\frac{\partial(P_j u_j)}{\partial u_i} = \frac{1}{2}\left(\frac{\partial P_j}{\partial u_i}u_j + \frac{\partial u_j}{\partial u_i}P_j\right)$$

因为

$$\frac{\partial u_j}{\partial u_i} = \begin{cases} 0, & i \neq j; \\ 1, & i = j \end{cases}$$

所以

$$P_i = \frac{1}{2}\frac{\partial P_j}{\partial u_i}u_j + \frac{1}{2}P_i$$

即

$$P_i = \frac{\partial P_j}{\partial u_i}u_j \quad (i, j = 1, 2, \cdots, n) \tag{8.3.19}$$

式(8.3.19)式(8.3.18)虽然是一样的,但是物理意义更为明显。如令

$$k_{ij} = \frac{\partial P_j}{\partial u_i} \tag{8.3.20}$$

则

$$P_i = k_{ij} u_j \tag{8.3.21}$$

式(8.3.20)表示刚度矩阵的元素，即是力对位移的变化，确切地说是当结构在 i 点发生单元位移，而同时保持 j 点不动时所需要的力。显然，如果 i 和 j 点之间没有单元，则 $k_{ij}=0$，因此刚度矩阵成为带状矩阵。

上述刚度矩阵的物理解释在式(8.3.21)和(8.3.18)中并不明显，因为其中有未定义的变换

$$\boldsymbol{B} = \frac{1}{2}\left(\frac{\partial}{\partial x_i} + \frac{\partial}{\partial x_j}\right)\boldsymbol{N}$$

式中，$\boldsymbol{N}$ 对应于刚度法称为“位移函数”或“形函数”，对应于柔度法称为“应力函数”。

此外，还可以直接从结构的应变能

$$E_I = \int_v \frac{1}{2}\boldsymbol{\varepsilon}^{\mathrm{T}}\boldsymbol{\sigma}\mathrm{d}v$$

根据卡氏定理推导出单元刚度矩阵。现将式(8.3.2)和式(8.3.7)代入上式，得

$$E_I = \int_v \frac{1}{2}(\boldsymbol{B}\boldsymbol{u}_e)^{\mathrm{T}}\boldsymbol{D}(\boldsymbol{\varepsilon}-\boldsymbol{\varepsilon}_0)\mathrm{d}v = \frac{1}{2}\int_v \boldsymbol{u}_e^{\mathrm{T}}\boldsymbol{B}^{\mathrm{T}}\boldsymbol{D}\boldsymbol{B}\mathrm{d}v\boldsymbol{u}_e - \int_v \boldsymbol{u}_e^{\mathrm{T}}\boldsymbol{B}^{\mathrm{T}}\boldsymbol{D}\boldsymbol{\varepsilon}_0\mathrm{d}v$$

由式(8.3.18)得

$$\boldsymbol{P} = \int_v \boldsymbol{B}^{\mathrm{T}}\boldsymbol{D}\boldsymbol{B}\mathrm{d}v\boldsymbol{u}_e - \int_v \boldsymbol{B}^{\mathrm{T}}\boldsymbol{D}\boldsymbol{\varepsilon}_0\mathrm{d}v$$

上式即为有限元基本方程，如同式(8.3.13)。

8.3.4 利用能量泛函变分原理推导有限元基本方程和单元刚度矩阵

对于连续体问题除了用控制微分方程来描写微元体的固有的特性外，还可以用某些泛函的极小值来确定。所谓泛函就是流动场的总势能。在弹性力学问题中，泛函即是体系的总势能，它可以用待定的节点位移来表示。能量泛函变分原理等价于微分方程的边值问题。当求解微分方程有困难时，可以构造一个泛函 π。下面从两个例子来说明利用能量泛函变分原理推导单元刚度矩阵。

(1) 受均布荷载的简支梁

受均布荷载的简支梁如图 8.3.1 所示，如忽略它的剪切变形，那么体系的总势能即能量泛函

$$\pi = \int_0^l \frac{M^2\mathrm{d}x}{2EI} - \int_0^l qu\mathrm{d}x \tag{8.3.22}$$

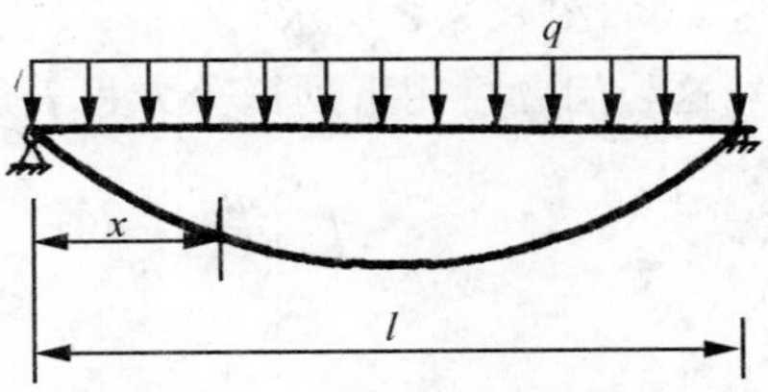

图 8.3.1　受均布荷载的简支梁

根据能量泛函变分原理，$\delta\pi=0$ 等价于梁的基本微分方程和边界条件

$$EI\frac{\mathrm{d}^4u}{\mathrm{d}x^4}=q(x) \tag{8.3.23a}$$

$$u\Big|_{x=0,l}=0,\quad M=EI\frac{\mathrm{d}^2u}{\mathrm{d}x^2}\Big|_{x=0,l}=0 \tag{8.3.23b}$$

上式就是受均布荷载的简支梁相对应于泛函(8.3.22)的 Euler-Lagrange 方程,使泛函为极小的位移函数必然满足这个方程。因为

$$M=EIu''$$

代入式(8.3.22),则

$$\begin{aligned}\pi&=\int_0^l\frac{EI}{2}(u'')^2\mathrm{d}x-\int_0^l qu\,\mathrm{d}x\\&=\int_0^l\frac{EI}{2}(u'')^{\mathrm{T}}(u'')\mathrm{d}x-\int_0^l u^{\mathrm{T}}q\mathrm{d}x\end{aligned}$$

根据式(8.3.4)得

$$\boldsymbol{u}''=\boldsymbol{N}''\boldsymbol{u}_e$$

代入上式则

$$\pi=\int_0^l\frac{EI}{2}(\boldsymbol{N}''\boldsymbol{u}_e)^{\mathrm{T}}(\boldsymbol{N}''\boldsymbol{u}_e)\mathrm{d}x-\int_0^l(\boldsymbol{N}\boldsymbol{u}_e)^{\mathrm{T}}q\mathrm{d}x=\int_0^l\frac{EI}{2}\boldsymbol{u}_e^{\mathrm{T}}(\boldsymbol{N}'')^{\mathrm{T}}\boldsymbol{N}''\boldsymbol{u}_e\mathrm{d}x-\int_0^l\boldsymbol{u}_e^{\mathrm{T}}\boldsymbol{N}^{\mathrm{T}}q\mathrm{d}x \tag{8.3.24}$$

因为泛函 π 表示为位移的函数,所以当 $\delta\pi=0$ 即得

$$\int_0^l(\boldsymbol{N}'')^{\mathrm{T}}EI\boldsymbol{N}''\boldsymbol{u}_e\mathrm{d}x=\int_0^l\boldsymbol{N}^{\mathrm{T}}q\mathrm{d}x \tag{8.3.25}$$

上式也可以写为

$$\boldsymbol{k}_e\boldsymbol{u}_e=\boldsymbol{P}_e \tag{8.3.26}$$

式中,$\boldsymbol{k}_e$ 为结构单元的刚度矩阵,且 $\boldsymbol{k}_e=\int_0^l(\boldsymbol{N}'')^{\mathrm{T}}EI\boldsymbol{N}''\mathrm{d}x$;$\boldsymbol{P}_e$ 为由于均布荷载引起的节点力列阵,且 $\boldsymbol{P}_e=\int_0^l\boldsymbol{N}^{\mathrm{T}}q\mathrm{d}x$。

(2) 受横向荷载的悬索

长度为 l 的悬索在横向荷载和拉力 T 的作用下产生挠度 u(如图 8.3.2 所示)。

这个问题可用下列微分方程表达,即

$$T\frac{\mathrm{d}^2u}{\mathrm{d}x^2}=p(x) \tag{8.3.27a}$$

$$u\Big|_{x=0,l}=0 \tag{8.3.27b}$$

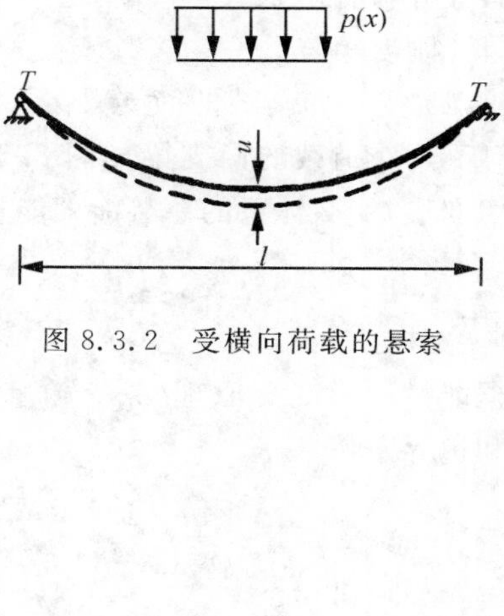

图 8.3.2 受横向荷载的悬索

或者也可用能量泛函的极小值来描述。体系的能量积分为

$$\pi = \int_0^l F(x, u, u')\mathrm{d}x = \int_0^l \frac{1}{2}T\left(\frac{\mathrm{d}u}{\mathrm{d}x}\right)^2\mathrm{d}x + \int_0^l p(x)u\mathrm{d}x \tag{8.3.28}$$

然后的问题是在满足约束条件各种可能的位移函数中求得使上述能量泛函为极小的函数。根据式(8.3.4)得

$$\boldsymbol{u}' = \boldsymbol{N}'\boldsymbol{u}_e$$

代入式(8.3.28),则

$$\pi = \int_0^l \frac{1}{2}\boldsymbol{u}_e^{\mathrm{T}}(\boldsymbol{N}')^{\mathrm{T}}T\boldsymbol{N}'\mathrm{d}x\boldsymbol{u}_e + \int_0^l \boldsymbol{u}_e^{\mathrm{T}}\boldsymbol{N}^{\mathrm{T}}p(x)\mathrm{d}x \tag{8.3.29}$$

所以当 $\delta\pi=0$ 时,有

$$\int_0^l (\boldsymbol{N}')^{\mathrm{T}}T\boldsymbol{N}'\mathrm{d}x\boldsymbol{u}_e = -\int_0^l \boldsymbol{N}^{\mathrm{T}}p(x)\mathrm{d}x \tag{8.3.30}$$

上式也可以写成

$$\boldsymbol{k}_e\boldsymbol{u}_e = \boldsymbol{P}_e \tag{8.3.31}$$

式中,$\boldsymbol{k}_e$ 为结构单元的刚度矩阵;$\boldsymbol{P}_e$ 为均布荷载引起的节点力列阵,有 $\boldsymbol{P}_e = -\int_0^l \boldsymbol{N}^{\mathrm{T}}p(x)\mathrm{d}x$。

在有限单元法中并不是在全域上求泛函 $\pi = \int_v F(x, y, u, u', \cdots)\mathrm{d}v$ 的极小值,而是把全域划分为很多子域,利用各子域间相同的参数 u_e 求泛函的极小值。即令

$$\frac{\partial\pi}{\partial\boldsymbol{u}_e} = \left(\frac{\partial\pi}{\partial u_1} \quad \frac{\partial\pi}{\partial u_2} \quad \cdots \quad \frac{\partial\pi}{\partial u_i}\right)^{\mathrm{T}} = \boldsymbol{0}$$

因为总的能量泛函是各单元的能量泛函之和,如果对于各个泛函取极小值,当然必然使总泛函为极小。对于能量泛函,π 是 u_e 的二次函数,而 π 对于这些参数的变分是线性函数。

8.4 位移协调元的变分原理

8.4.1 协调元的势能泛函及变分

对于弹性力学问题,固体或结构系统满足最小势能原理的泛函

$$\pi = \int_v (\boldsymbol{E}(\varepsilon) - \overline{F}_i u_i)\mathrm{d}v - \int_s \overline{p}_i u_i \mathrm{d}s \tag{8.4.1}$$

其中,$E(\varepsilon)$ 为应变能密度,这里应变

$$\varepsilon_{ij} = \frac{1}{2}\left(\frac{\partial u_i}{\partial x_j} + \frac{\partial u_j}{\partial x_i}\right) \tag{8.4.2}$$

而应力

$$\frac{\partial\boldsymbol{E}}{\partial\varepsilon_{ij}} = \sigma_{ij} \tag{8.4.3}$$

并且满足位移边界条件

$$u_i = \bar{u}_i \quad (\text{在 } \boldsymbol{S} = \boldsymbol{S}_u) \tag{8.4.4}$$

现将定义域分为 N 个单元,设单元位移函数 u_i 满足连续和单值条件,在两个相邻单元 m 和 m' 的交界面 $\boldsymbol{S}_{mm'}$ 上是协调的,即

$$u_m = u_{m'} \quad (\text{在 } \boldsymbol{S}_{mm'} \text{ 上})$$

协调元的位移函数应该满足式(8.4.4)。如果适当选择位移函数使其满足式(8.4.1)、式(8.4.2)及式(8.4.3)的要求,则系统泛函

$$\pi = \sum_{m=1}^{N}\int_v (\boldsymbol{E}_m(\varepsilon) - \overline{F}_{mi}u_{mi})\,\mathrm{d}V - \int_{s_p} \bar{p}_{mi}u_{mi}\,\mathrm{d}s \tag{8.4.5}$$

式中,m 为单元号。对式(8.4.5)变分得

$$\delta\pi = \sum_{m=1}^{N}\left[\int_v \left(\frac{\partial \boldsymbol{E}_m}{\partial \varepsilon_{ij}}\delta\varepsilon_{ij} - \overline{F}_{mi}\delta u_{mi}\right)\mathrm{d}v - \int_s \bar{p}_{mi}\delta u_{mi}\,\mathrm{d}s\right] \tag{8.4.6}$$

对 i 和 j,$\dfrac{\partial \boldsymbol{E}_m}{\partial \varepsilon_{ij}}$是对称的,所以对单元 m 有

$$\int_v \frac{\partial \boldsymbol{E}_m}{\partial \varepsilon_{mij}}\delta\varepsilon_{mij}\,\mathrm{d}v = \int_v \frac{\partial \boldsymbol{E}_m}{\partial \varepsilon_{mij}}\delta u_{mi,j}\,\mathrm{d}v \tag{8.4.7}$$

利用伽辽金公式,上式可化为

$$\int_v \frac{\partial \boldsymbol{E}_m}{\partial \varepsilon_{mij}}\delta\varepsilon_{mij}\,\mathrm{d}v = \int_v \left(\frac{\partial \boldsymbol{E}_m}{\partial \varepsilon_{mij}}\delta u_{mi}\right)_{,j}\mathrm{d}v - \int_v \left(\frac{\partial \boldsymbol{E}_m}{\partial \varepsilon_{mij}}\right)_{,j}\delta u_{mi}\,\mathrm{d}v = \int_s \frac{\partial \boldsymbol{E}_m}{\partial \varepsilon_{mij}}n_{mj}\delta u_{mi}\,\mathrm{d}s - \int_v \left(\frac{\partial \boldsymbol{E}_m}{\partial \varepsilon_{mij}}\right)_{,j}\delta u_{mi}\,\mathrm{d}v \tag{8.4.8}$$

对于任意单元 m 的边界,有

$$S_m = S_{mp} + S_{mu} + \boldsymbol{S}_{mm'}$$

其中,S_{mp} 为外力作用界面;S_{mu} 为位移边界面;$\boldsymbol{S}_{mm'}$ 为相邻单元之间的交界面。则式(8.4.8)可写为

$$\int_v \frac{\partial \boldsymbol{E}_m}{\partial \varepsilon_{mij}}\delta\varepsilon_{mij}\,\mathrm{d}v = \int_{S_{mp}+S_{mu}+S_{mm'}} \frac{\partial \boldsymbol{E}_m}{\partial \varepsilon_{mij}}n_{mj}\delta u_{mi}\,\mathrm{d}s - \int_v \left(\frac{\partial \boldsymbol{E}_m}{\partial \varepsilon_{mij}}\right)_{,j}\delta u_{mi}\,\mathrm{d}v \tag{8.4.9}$$

对于位移协调元,在边界 $\boldsymbol{S}_{in}$ 上有

$$u_{mi} = u_{m'i} = u_{mm'i} \quad \text{及} \quad \delta u_{mi} = \delta u_{m'i} = \delta u_{mm'i}$$

则系统泛函的变分式(8.4.6)可写为

$$\begin{aligned}\delta\pi = &\sum_{m=1}^{N}\left\{\int_v \left[-\left(\frac{\partial \boldsymbol{E}_m}{\partial \varepsilon_{mij}}\right)_{,j} - \overline{F}_{mi}\right]\delta u_{mi}\,\mathrm{d}v + \int_s \left(\frac{\partial \boldsymbol{E}_m}{\partial \varepsilon_{mij}}n_{mi} - \bar{p}_{mi}\right)\delta u_{mi}\,\mathrm{d}s\right\} \\ &+ \sum_{in}\int_{s_{in}} \left(\frac{\partial \boldsymbol{E}_m}{\partial \varepsilon_{mij}}n_{mj} + \frac{\partial \boldsymbol{E}_m}{\partial \varepsilon_{mij}}n_{m'j}\right)\delta u_{ini}\,\mathrm{d}s\end{aligned} \tag{8.4.10}$$

8.4.2 协调元的平衡方程

由于 δu_{mi},$\delta u_{mm'i}$ 都是独立变量,所以根据泛函极值条件 $\delta\pi = 0$ 可得弹性体的各个单元的

平衡方程和外力已知条件以及相邻单元交界面上应力连续条件。有限元平衡方程

$$-\left(\frac{\partial \boldsymbol{E}_m}{\partial \varepsilon_{mij}}\right)_{,j}-\overline{F}_{mi}=0 \quad (\text{在 } \Omega_m \text{ 内})$$

外力已知边界条件

$$\frac{\partial \boldsymbol{E}_m}{\partial \varepsilon_{mij}} n_{mi}-\bar{p}_{mi}=0$$

及相邻交界面上有

$$\frac{\partial \boldsymbol{E}_m}{\partial \varepsilon_{mij}} n_{mj}+\frac{\partial \boldsymbol{E}_m}{\partial \varepsilon_{mij}} n_{m'j}=0$$

由式(8.4.10)可以看出,在相邻单元的交界面上应力是大小相等而方向相反的,且应力是连续的。但是,所选单元位移函数不仅要在单元间的交界面上是协调的,而且要使它能满足有限元平衡方程和外力已知边界条件。

8.5 拉格朗日(Lagrange)格式

迄今为止,在固体力学中欧拉(Euler)有限元很少被采用。而拉格朗日格式可容易地处理复杂的边界条件,跟踪材料点,能精确地描述依赖于历史的材料,因此被普遍采用。拉格朗日有限元有两种方法:一种称为完全的(Total Lagrange,简称 TL)格式,即是在初始构形上描述变量,以拉格朗日度量形式表述应力和应变,采用应变的完全度量,导数和积分运算采用相应的拉格朗日(材料)坐标 X;另一种称为更新的(Update Lagrange,简称 UL)格式,即是在当前构形上描述变量,以欧拉度量形式表述应力和应变,常采用应变率度量,导数和积分运算采用相应的欧拉(空间)坐标 x。

尽管表面看来完全的和更新的拉格朗日格式有很大区别,但这两种格式的力学本质是相同的。因此,完全的拉格朗日格式可以转换为更新的拉格朗日格式,反之亦然。

对于与变形历史有关的大变形问题,通常必须分成若干荷载步,按增量荷载求解。

8.5.1 完全的拉格朗日(TL)格式

以 $t=0$ 时刻的状态为度量基准,单元从 t 到 $t+\Delta t$ 时刻的增量虚功方程

$$\int_v {}^{t+\Delta t}\sigma^{\mathrm{T}} \delta \Delta \varepsilon \mathrm{d} v=\int_v x^{\mathrm{T}} \delta \Delta u \mathrm{d} v+\int_s \bar{x}^{\mathrm{T}} \delta \Delta u \mathrm{d} s \tag{8.5.1}$$

式中,$\delta \Delta u$ 为虚位移增量,即单元位移增量的变分;x 和 $\bar{x}$ 分别为现时构形单位体积的体力荷载和面力荷载。

上式中左边表示虚应变能,右边表示外力包括体力和面力做的虚功。式中的应力、应变、位移都是以($t=0$)零时刻即以初始态为基准描述。应力、应变和位移分别为

$${}^{t+\Delta t}\varepsilon={}^{t}\varepsilon+\Delta \varepsilon, \quad {}^{t+\Delta t}\sigma={}^{t}\sigma+\Delta \sigma, \quad {}^{t+\Delta t}u={}^{t}u+\Delta u \tag{8.5.2}$$

上式表示 $t+\Delta t$ 时刻的应力、应变及位移分别是 t 时刻的应力、应变及位移和应力、应变及位移增量之和。应变增量是由线性和非线性两部分组成,则

$$\Delta \varepsilon=\Delta \varepsilon_L+\Delta \varepsilon_{NL}$$

如暂不考虑物理非线性，Kichhoff 应力和 Green 应变之间呈线性关系，故

$$\Delta\boldsymbol{\sigma} = \boldsymbol{D}\Delta\varepsilon$$

所以，得

$$\begin{aligned}&\int_v (\delta\Delta\boldsymbol{\varepsilon}_L + \delta\Delta\boldsymbol{\varepsilon}_{NL})^{\mathrm{T}\,t}\boldsymbol{\sigma}\mathrm{d}v + \int_v (\delta\Delta\boldsymbol{\varepsilon}_L + \delta\Delta\boldsymbol{\varepsilon}_{NL})^{\mathrm{T}}\boldsymbol{D}(\Delta\boldsymbol{\varepsilon}_L + \Delta\boldsymbol{\varepsilon}_{NL})\mathrm{d}v \\ &\quad = \int_v (\delta\Delta\boldsymbol{u})^{\mathrm{T}} x\mathrm{d}v + \int_s (\delta\Delta\boldsymbol{u})^{\mathrm{T}}\bar{\boldsymbol{x}}\mathrm{d}s\end{aligned} \tag{8.5.3}$$

展开并简化为

$$\begin{aligned}&\int_v (\delta\Delta\boldsymbol{\varepsilon}_L)^{\mathrm{T}}\boldsymbol{D}\Delta\boldsymbol{\varepsilon}_L\mathrm{d}v + \int_v (\delta\Delta\boldsymbol{\varepsilon}_L)^{\mathrm{T}}\boldsymbol{D}\Delta\boldsymbol{\varepsilon}_{NL}\mathrm{d}v + \int_v (\delta\Delta\boldsymbol{\varepsilon}_{NL})^{\mathrm{T}\,t+\Delta t}\boldsymbol{\sigma}\mathrm{d}v \\ &\quad = \int_v (\delta\Delta\boldsymbol{u})^{\mathrm{T}} x\mathrm{d}v + \int_s (\delta\Delta\boldsymbol{u})^{\mathrm{T}}\bar{x}\mathrm{d}s - \int_v (\delta\Delta\boldsymbol{\varepsilon}_L)^{\mathrm{T}\,t}\boldsymbol{\sigma}\mathrm{d}v\end{aligned} \tag{8.5.4}$$

上式为 $t+\Delta t$ 时刻增量形式的方程，是一个非线性方程，不能直接求解。略去表示现时的角标 $t+\Delta t$，增量形式的完全拉格朗日(TL)方程可简化为

$$\begin{aligned}&\int_v (\delta\Delta\boldsymbol{\varepsilon}_L)^{\mathrm{T}}\boldsymbol{D}\Delta\boldsymbol{\varepsilon}_L\mathrm{d}v + \int_v (\delta\Delta\boldsymbol{\varepsilon}_L)^{\mathrm{T}}\boldsymbol{D}\Delta\boldsymbol{\varepsilon}_{NL}\mathrm{d}v + \int_v (\delta\Delta\boldsymbol{\varepsilon}_{NL})^{\mathrm{T}}\boldsymbol{\sigma}\mathrm{d}v \\ &\quad = \int_v (\delta\Delta\boldsymbol{u})^{\mathrm{T}} x\mathrm{d}v + \int_s (\delta\Delta\boldsymbol{u})^{\mathrm{T}}\bar{x}\mathrm{d}s - \int_v (\delta\Delta\boldsymbol{\varepsilon}_L)^{\mathrm{T}\,t}\boldsymbol{\sigma}\mathrm{d}v\end{aligned} \tag{8.5.5}$$

8.5.2 更新的拉格朗日(UL)格式

采用更新的拉格朗日(UL)推导增量形式的平衡方程的过程同上，所不同的是以 t 时刻的状态作为度量基准(见图 8.5.1)。也即求解 $t+\Delta t$ 时刻的构形时，不考虑 t 时刻迭代计算所得构形的变形。迭代公式为

$${}^{t+\Delta t}\varepsilon = \Delta\varepsilon, \quad {}^{t+\Delta t}\sigma = {}^{t}\sigma + \Delta\sigma, \quad {}^{t+\Delta t}u = \Delta u$$

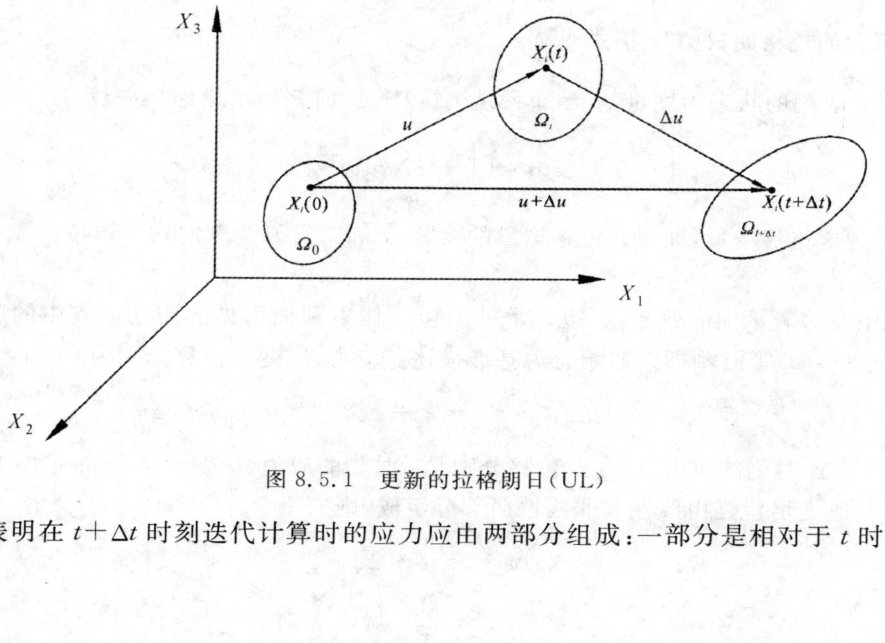

图 8.5.1 更新的拉格朗日(UL)

上式表明在 $t+\Delta t$ 时刻迭代计算时的应力应由两部分组成：一部分是相对于 t 时刻构形的

Euler 应力，也即以初始时刻为参考构形的 t 时刻的 Kichhoff 应力；另一部分是相对于 t 时刻构形的 Kichhoff 应力增量 $\Delta\sigma$。二者相加必须统一到同一参照系。

将 $\Delta\boldsymbol{\sigma}=\boldsymbol{D}\Delta\boldsymbol{\varepsilon}$ 及 $\Delta\boldsymbol{\varepsilon}=\Delta\boldsymbol{\varepsilon}_L+\Delta\boldsymbol{\varepsilon}_{NL}$ 代入增量基本方程中，得

$$\int_v ({}^t\boldsymbol{\sigma}+\boldsymbol{D}\Delta\boldsymbol{\varepsilon})^{\mathrm{T}}\delta(\Delta\boldsymbol{\varepsilon}_L+\Delta\boldsymbol{\varepsilon}_{NL})\mathrm{d}v=\int_v \boldsymbol{x}^{\mathrm{T}}\delta\Delta\boldsymbol{u}\mathrm{d}v+\int_s \bar{\boldsymbol{x}}^{\mathrm{T}}\delta\Delta u\mathrm{d}s \tag{8.5.6}$$

展开并简化为

$$\begin{aligned}&\int_v (\delta\Delta\boldsymbol{\varepsilon}_L)^{\mathrm{T}}\boldsymbol{D}\Delta\boldsymbol{\varepsilon}_L\mathrm{d}v+\int_v (\delta\Delta\boldsymbol{\varepsilon}_{NL})^{\mathrm{T}\,t}\boldsymbol{\sigma}\mathrm{d}v+\Big(\int_v (\delta\Delta\boldsymbol{\varepsilon}_{NL})^{\mathrm{T}}\boldsymbol{D}\Delta\boldsymbol{\varepsilon}_{NL}\mathrm{d}v+\int_v (\delta\Delta\boldsymbol{\varepsilon}_{NL})^{\mathrm{T}}\boldsymbol{D}\Delta\boldsymbol{\varepsilon}_L\mathrm{d}v\\&+\int_v (\delta\Delta\boldsymbol{\varepsilon}_L)^{\mathrm{T}}\boldsymbol{D}\Delta\boldsymbol{\varepsilon}_{NL}\mathrm{d}v\Big)=\int_v \boldsymbol{x}^{\mathrm{T}}\delta\Delta\boldsymbol{u}\mathrm{d}v+\int_s \bar{\boldsymbol{x}}^{\mathrm{T}}\delta\Delta\boldsymbol{u}\mathrm{d}s-\int_v (\delta\Delta\boldsymbol{\varepsilon}_L)^{\mathrm{T}\,t}\boldsymbol{\sigma}\mathrm{d}v\end{aligned} \tag{8.5.7}$$

UL 公式形式与 TL 法描述是一致的，只是参考物形不同，应变、位移直接为 t 到 $t+\Delta t$ 时刻的增量，但反映到公式中的应力确是对于 t 时刻的应力，说明增量都是参照 t 时刻，而相应的应力确是参照初始时刻的 Langrange 应力，或是参照 t 时刻的 Euler 应力，计算时需要转化为参照同一参照系，体积、面积均是参照于 t 时刻。

8.5.3 增量形式的 TL 和 UL 公式的比较

二方法都是以已知构形为参考构形的 Lagrange 描述方法，都是用 Kichhoff 应力和 Green 应变表示的基本方程形成有限元方程，因而二者没有本质上的区别。

TL 法是以初始构形为参考构形，在计算初应力刚度矩阵 $\boldsymbol{k}_\sigma$ 和初应力节点力 $\boldsymbol{f}_e$ 时，因为应力是相对于初始构形描绘出，因而直接用 t 时刻的 Kichhoff 应力。在求解过程中用的是初始节点的坐标值，计算单元刚度矩阵和单元节点力时 V 是初始构形的单元体积。

UL 法是以前一个相邻构形为参考构形，故在求解过程中初始构形不变，相邻构形在改变，相邻构形的一些量均需要不断调整。在计算初应力刚度矩阵 $\boldsymbol{k}_\sigma$ 和初应力节点力 $\boldsymbol{f}_e$ 时，由于平衡方程是相对于 t 时刻列出的，应力是相对于 t 时刻的量，也即反映到下一时刻的切线刚度矩阵和初应力节点力中的应力应该是欧拉应力而不是 Kichhoff 应力，在上一步求出的应力却是 Kichhoff 应力，由于 t 时刻对应的构形在不断地改变，因而用于计算初应力矩阵和计算初应力节点力时需要将应力再次转换到欧拉坐标系下。在求解过程中用的是不断改变的节点坐标值，计算单元刚度矩阵和单元节点力时 V 是前一相邻构形的单元体积。

8.6 动力问题的有限元基本方程

进行结构动力分析的首要目的是计算承受随时间变化荷载的结构的位移-时间过程。在大多数情况下，应用包含有限个自由度的近似分析方法就足够精确了。这样，问题就变为求出这些选定位移分量的时间过程。描述动力位移的数学表达式称为结构的运动方程，而这些运动方程的解就提供了所求的位移过程。

动力体系的运动方程的建立也许是整个分析过程中最重要，有时也是最困难的，在这里将用三种不同的方法建立这些方程，在研究不同的特殊问题时每种方法都各有其优点。这里将叙述与每种方法有关的基本概念。

8.6.1 利用达朗贝尔(D'Alembert)原理建立运动方程

8.6.1.1 达朗贝尔原理和动力学平衡微分方程

任何动力体系的运动方程都可代表牛顿的第二运动定律,即任何质量 m 的动量变化率等于作用在这个质量上的力。这个关系在数学上可用微分方程来表达,即

$$\boldsymbol{P}(t)=\frac{\mathrm{d}}{\mathrm{d}t}\left(m\frac{\mathrm{d}\boldsymbol{u}}{\mathrm{d}t}\right) \tag{8.6.1}$$

其中,$\boldsymbol{P}(t)$为作用力向量;$\boldsymbol{u}(t)$为质量 m 的位置向量。对于大多数的结构动力学问题,可以假设质量是不随时间变化的,这时方程可改写为

$$\boldsymbol{P}(t)=m\frac{\mathrm{d}^2\boldsymbol{u}}{\mathrm{d}t^2}=m\ddot{\boldsymbol{u}}(t) \tag{8.6.2}$$

其中,圆点表示对时间的导数。上述众所周知的方程式表示力为质量与加速度的乘积,也可改写为

$$\boldsymbol{P}(t)-m\ddot{\boldsymbol{u}}(t)=0 \tag{8.6.3}$$

此时第二项 $m\ddot{\boldsymbol{u}}(t)$ 被称为抵抗质量加速度的惯性力。

质量所产生的惯性力与它的加速度成正比,但方向相反,这个概念称为达朗贝尔原理,因而是结构动力学中一个很方便的方法。由于它可以把运动方程表示为动力平衡方程,可以认为力 $\boldsymbol{P}(t)$包括许多种作用于质量上的力:抵抗位移的弹性约束力、抵抗速度的粘滞力以及独立确定的外荷载。因此如果引入抵抗加速度的惯性力,则运动方程的表达式仅仅是作用于质量上所有力的平衡表达式。在许多简单问题中,最直接而且方便地建立运动方程的方法就是采用这种直接平衡的方法。

根据达朗贝尔原理,三维弹性系统动力学的平衡微分方程

$$\sigma_{ij,j}+f_i=\rho u_{i,tt}+cu_{i,t}\quad(\text{在 }V\text{ 域内}) \tag{8.6.4}$$

式中,$\sigma_{ij,j}$为应力张量对坐标的导数;f_i 为 i 方向的单位体积力;ρ 为密度;c 为阻尼系数;$u_{i,tt}$和 $u_{i,t}$分别是位移 u_i 对 t 二次导数和一次导数,即分别表示 i 方向的加速度和速度。

平衡方程中出现惯性力和阻尼力是弹性系统动力学的基本待点。荷载是时间的函数,因此位移、应变、应力也是时间的函数。

8.6.1.2 基于伽辽金法的有限元动力方程

根据变分原理,平衡方程式(8.6.4)及应力的边界条件为

$$\sigma_{ij}n_j=\overline{T}_i$$

可写成等效的积分形式。采用 Galerkin 法时的等效积分

$$\int_v\delta u_i(\sigma_{ij,j}+f_i-\rho u_{i,tt}-cu_{i,t})\mathrm{d}v-\int_{s_\sigma}\delta u_i(\sigma_{ij}n_j-\overline{T}_i)\mathrm{d}s=0 \tag{8.6.5}$$

将上式展开为

$$\int_v(\delta u_i\sigma_{ij,j}+\delta u_if_i-\delta u_i\rho u_{i,tt}-\delta u_icu_{i,t})\mathrm{d}v-\int_{s_\sigma}(\delta u_i\sigma_{ij}n_j-\delta u_i\overline{T}_i)\mathrm{d}s=0$$

上式中的第一项 $\int_v \delta u_i \sigma_{ij,j} \mathrm{d}v$ 进行分部积分，并将物理方程代入，则可以得

$$\int_v (\delta\varepsilon_{ij} D_{ijkl} \varepsilon_{kl} + \delta u_i \delta u_{i,tt} + \delta u_i c u_{i,t}) \mathrm{d}v = \int_V \delta u_i f_i \mathrm{d}v + \int_{s_\sigma} \delta u_i \overline{T} \mathrm{d}s = 0 \tag{8.6.6}$$

将结构离散，根据上式可得到弹性结构系统离散后的有限元运动方程

$$\boldsymbol{M}\ddot{\boldsymbol{U}} + \boldsymbol{C}\dot{\boldsymbol{U}} + \boldsymbol{K}\boldsymbol{U} = \boldsymbol{P}(t) \tag{8.6.7}$$

式中，$\ddot{\boldsymbol{U}}$，$\dot{\boldsymbol{U}}$，$\boldsymbol{U}$ 分别系统的加速度、速度和位移；$\boldsymbol{M}$，$\boldsymbol{C}$ 分别为结构的质量矩阵和阻尼矩阵；$\boldsymbol{K}$ 为切线刚度矩阵；$\boldsymbol{P}$ 为节点动荷载向量。质量矩阵 $\boldsymbol{M}$、阻尼矩阵 $\boldsymbol{C}$、切线刚度矩阵 $\boldsymbol{K}$、节点动荷载向量 $\boldsymbol{P}$ 分别由局部坐标系下的单元质量矩阵 $\boldsymbol{m}_e$、单元阻尼矩阵 $\boldsymbol{c}_e$、单元切线刚度矩阵 $\boldsymbol{k}_e$、单元荷载向量 $\boldsymbol{p}_e$ 集成。$\boldsymbol{m}_e$，$\boldsymbol{c}_e$，$\boldsymbol{k}_e$，$\boldsymbol{p}_e$ 可分别表示为

$$\boldsymbol{m}_e = \int_{v_e} \rho \boldsymbol{N}^{\mathrm{T}} \boldsymbol{N} \mathrm{d}v \tag{8.6.8}$$

$$\boldsymbol{c}_e = \int_{v_e} c \boldsymbol{N}^{\mathrm{T}} \boldsymbol{N} \mathrm{d}v \tag{8.6.9}$$

$$\boldsymbol{k}_e = \int_{v_e} \boldsymbol{B}^{\mathrm{T}} \boldsymbol{D} \boldsymbol{B} \mathrm{d}v$$

$$\boldsymbol{p}_e = \int_{v_e} \boldsymbol{N}^{\mathrm{T}} \boldsymbol{f} \mathrm{d}v + \int_{s_e} \boldsymbol{N}^{\mathrm{T}} \overline{T} \mathrm{d}s \tag{8.6.10}$$

8.6.2 利用虚位移原理建立运动方程

8.6.2.1 基本概念

如果结构体系相当复杂，而且包含许多彼此联系的质量点或有限尺寸的质量块，则直接写出作用于体系上所有力的平衡方程可能是困难的。此时，虚位移原理就可用来代替平衡规律建立运动方程。

虚位移原理可阐述如下：如果一个平衡的体系在一组力的作用下承受一个虚位移，即体系约束所允许的任何微小位移，则这些力所做的总功将等于零。按这个原理，很明显虚位移时所做的功为零是和平衡等价的。因此在建立动力体系的反应方程时，首先要搞清作用于体系质量上的所有的力，包括按照 D′Alembert 原理所定义的惯性力；然后引入相应于每个自由度的虚位移，并使所做的功等于零，这样就得到运动方程。这个方法的主要优点是：虚功为标量，可以按代数方式相加，而作用于结构上的力为向量，它只能按向量而叠加。

8.6.2.2 基于虚位移原理的有限元动力方程

如以 t 时刻的状态为度量基准，引入惯性力和阻尼力（与相对速度成正比），则 $t+\Delta t$ 时刻系统的虚功方程

$$\int_v \delta\Delta^{t+\Delta t} \boldsymbol{\varepsilon}^{\mathrm{T}\,t} \boldsymbol{\sigma} \mathrm{d}v = \int_v \delta\Delta^{t+\Delta t} \boldsymbol{u}^{\mathrm{T}} \Delta^t \boldsymbol{p}_e \mathrm{d}v + \int_s \delta\Delta^{t+\Delta t} \boldsymbol{u}^{\mathrm{T}} \Delta^t \boldsymbol{q} \mathrm{d}s \tag{8.6.11}$$

式中，$\delta\Delta^{t+\Delta t}\varepsilon$ 为 $t+\Delta t$ 时刻的虚应变，即应变的变分，应变应包括正应变和剪应变。一般地，应变可简单表示为

$$\Delta^{t+\Delta t}\boldsymbol{\varepsilon} = \Delta\boldsymbol{\varepsilon} = [\Delta\varepsilon \quad \Delta\gamma]^{\mathrm{T}} = [\Delta\boldsymbol{\varepsilon}_x \quad \Delta\boldsymbol{\varepsilon}_y \quad \Delta\boldsymbol{\varepsilon}_z \quad \Delta\gamma_{xy} \quad \Delta\gamma_{yz} \quad \Delta\gamma_{xz}]^{\mathrm{T}}$$

$\delta \Delta^{t+\Delta t} \boldsymbol{u}^{\mathrm{T}}$ 为 $t+\Delta t$ 时刻的虚位移，即单元位移的变分；

${}^{t}\boldsymbol{\sigma}$ 为 t 时刻的单元应力，应力应包括正应力和剪应力，即

$$
{}^{t}\boldsymbol{\sigma}=\boldsymbol{\sigma}=[\boldsymbol{\sigma} \quad \boldsymbol{\tau}]=[\boldsymbol{\sigma}_x \quad \boldsymbol{\sigma}_y \quad \boldsymbol{\sigma}_z \quad \boldsymbol{\tau}_{xy} \quad \boldsymbol{\tau}_{yz} \quad \boldsymbol{\tau}_{xz}]^{\mathrm{T}}
$$

$$
\boldsymbol{p}_e=\boldsymbol{p}-\rho \frac{\partial^2}{\partial t^2} \Delta^{t+\Delta t} \boldsymbol{u}-v \frac{\partial}{\partial t} \Delta^{t+\Delta t} \boldsymbol{u} \tag{8.6.12}
$$

上式中第二项为惯性力，第三项为阻尼力；

ρ 为质量密度，v 为阻尼系数，P 和 q 分别为作用在单元上的节点力和面力。

在式(8.6.11)中代入物理条件以及式(8.6.12)，得

$$
\begin{aligned}
& \int_v \delta \Delta \boldsymbol{\varepsilon}^{\mathrm{T}}(\boldsymbol{\sigma}_0+\boldsymbol{D} \Delta \boldsymbol{\varepsilon}) \mathrm{d} v+\int_v \delta \Delta^{t+\Delta t} \boldsymbol{u}^{\mathrm{T}} \rho \Delta^{t+\Delta t} \ddot{\boldsymbol{u}} \mathrm{d} v+\int_v \delta \Delta^{t+\Delta t} \boldsymbol{u}^{\mathrm{T}} v \Delta^{t+\Delta t} \dot{\boldsymbol{u}} \mathrm{d} v \\
& =\int_v \delta \Delta^{t+\Delta t} \boldsymbol{u}^{\mathrm{T}} \Delta^t \boldsymbol{p} \mathrm{d} v+\int_s \delta \Delta^{t+\Delta t} \boldsymbol{u}^{\mathrm{T}} \Delta^t \boldsymbol{q} \mathrm{d} s
\end{aligned}
$$

如果考虑非线性，那么可得有限元动力方程

$$
\begin{aligned}
& \int_v \delta(\Delta \boldsymbol{\varepsilon}_L+\Delta \boldsymbol{\varepsilon}_{NL})^{\mathrm{T}}[\boldsymbol{\sigma}_0+\boldsymbol{D}(\Delta \boldsymbol{\varepsilon}_L+\Delta \boldsymbol{\varepsilon}_{NL})] \mathrm{d} v+\int_v \delta \Delta^{t+\Delta t} \ddot{\boldsymbol{u}}^{\mathrm{T}} \rho \Delta^{t+\Delta t} \ddot{\boldsymbol{u}} \mathrm{d} v+\int_v \delta \Delta^{t+\Delta t} \dot{\boldsymbol{u}}^{\mathrm{T}} v \Delta^{t+\Delta t} \dot{\boldsymbol{u}} \mathrm{d} v \\
& =\int_v \delta \Delta^{t+\Delta t} \boldsymbol{u}^{\mathrm{T}} \Delta^t \boldsymbol{p} \mathrm{d} v+\int_s \delta \Delta^{t+\Delta t} \boldsymbol{u}^{TT} \Delta^t \boldsymbol{q} \mathrm{d} s
\end{aligned} \tag{8.6.13}
$$

8.6.3 利用哈密尔顿(Hamilton)原理建立运动方程

8.6.3.1 基本概念

避免建立平衡向量方程的另一方法是使用以变分形式表示的能量(标量)。通常最广泛使用的变分概念为哈密尔顿原理，此原理可表达为

$$
\int_{t_1}^{t_2} \delta(T-V) \mathrm{d} t+\int_{t_1}^{t_2} \delta W_{nc} \mathrm{d} t=0 \tag{8.6.14}
$$

其中，T 为体系的总动能；V 为体系的位能，包括应变能及任何保守外力的势能；W_{nc} 是作用于体系上的非保守力(包括阻尼力及任意外荷)所做的功；δ 是在指定时间区间内所取的变分。

哈密尔顿原理说明在任何时间区间 t_1 到 t_2 内，动能和位能的变分加上所考虑的非保守力所做的功的变分必须等于零。这个原理的应用直接导出任何给定体系的运动方程。这个方法和虚功方法的不同在于在这个方法中，不明显使用惯性力和弹性力，而分别被动能和位能的变分的项所代替。因此，这种方法的优点是它只和纯粹的标量——能量有关。而在虚功分析中，尽管功的本身是标量，但是被用来计算功的力和位移却都是向量。

哈密尔顿原理可用于静力问题。此时动能项 T 消失，而方程(8.6.14)的积分中剩余的项是不随时间变化的，于是方程简化为

$$
\delta(V-W_{nc})=0 \tag{8.6.15}
$$

这就是广泛应用在静力分析中的著名的最小位能原理。

8.6.3.2 拉格朗日方程

推导动力方程可以由哈密尔顿原理导出的拉格朗日方程得到。单元的动能可表示为

$$
T=\int_v \frac{1}{2} \rho \Delta^{t+\Delta t} \dot{\boldsymbol{u}}^{\mathrm{T}} \Delta^{t+\Delta t} \dot{\boldsymbol{u}} \mathrm{d} v \tag{8.6.16}
$$

同时存在与相对速度成正比的耗散力

$$F=\int_{v}\frac{1}{2}v\Delta^{t+\Delta t}\dot{\boldsymbol{u}}^{\mathrm{T}}\Delta^{t+\Delta t}\dot{\boldsymbol{u}}\,\mathrm{d}v \tag{8.6.17}$$

单元的总位能

$$\pi=V-W=\int_{v}\delta\Delta^{t+\Delta t}\boldsymbol{\varepsilon}^{\mathrm{T}\,t}\boldsymbol{\sigma}\,\mathrm{d}v-\int_{v}\delta\Delta^{t+\Delta t}\boldsymbol{u}^{\mathrm{T}}\Delta^{t}\boldsymbol{p}\,\mathrm{d}v-\int_{s}\delta\Delta^{t+\Delta t}\boldsymbol{u}^{\mathrm{T}}\Delta^{t}\boldsymbol{q}\,\mathrm{d}s \tag{8.6.18}$$

由哈密尔顿原理导出的拉格朗日方程

$$\frac{\mathrm{d}}{\mathrm{d}t}\frac{\partial L}{\partial\dot{u}_{e}}-\frac{\partial L}{\partial u_{e}}+\frac{\partial F}{\partial\dot{u}_{e}}=0 \tag{8.6.19}$$

式中，L 是拉格朗日函数，有

$$L=T-\pi$$

u_e 为节点位移，当引入节点位移函数后式(8.6.19)即可化解为动力方程。

9　固体和结构分析的有限单元法

9.1　有限单元法的建模

传统的有限单元法作为一种求解微分方程的数值方法，已经成功地应用于固体和流体力学以及热传导、电学等问题[3][7][19][20][22][27][31][32][45][57][58][72][78][88][90][92][110][117]125][145][172]。但是，有限单元法也可成功地应用于各种复杂结构的分析。结构分析的有限单元法包括建立描述结构行为的几何关系和物理关系、建立有限元模型和有限元法的实施。

由于采用有限单元法必须凭借计算机技术，因此分析的过程中需要首先建立分析模型以及算法。有限单元法的建模涉及定义和构造各单元坐标系；在坐标系中定义向量及其变换；选择位移插值函数；计算各单元的线性应变矩阵和非线性应变矩阵；计算局部坐标系中有限元基本方程的单元线弹性刚度矩阵和弹、塑性刚度矩阵；经向量变换得整体坐标系中的单元刚度矩阵；集成整体坐标系中单元刚度矩阵为总刚度矩阵，同时形成节点力向量；根据边界条件修正总刚度矩阵及节点力向量；解整体坐标系中的有限元基本方程得位移向量；最后根据几何关系和物理关系计算单元的应力和内力。

9.2　单元的形态和坐标系及变换

前面讨论了有限单元法的基本概念。由于在有限单元法中是将整个固体和结构离散为若干个单元，数学上称为将整个定解区域进行几何剖分，即将整个定义域离散为子域，然后对每个单元选取适当的位移函数 u（在位移法中）或应力函数 σ（在力法中）来代替单元的真正位移或应力。单元的位移或应力是用单元节点的位移或应力来表示。单元位移或应力函数在数学上称为分片插值函数。对于整个结构，位移函数 u 或应力函数 σ 是一个光滑的函数。确定单元的形状、坐标系的定义、节点数、节点自由度及位移函数即是单元的形态分析。

在有限单元法中所选用的位移函数可以是多项式或其他函数，如三角函数、样条函数等，但大多数是多项式。这是因为多项式容易处理，并且所有光滑函数的局部组成看来都像多项式或不完全的泰勒（Taylor）级数，故在以后的讨论中都采用多项式。

9.2.1　单元的形状和剖分

单元剖分是固体或结构系统的离散，它不同于差分法的离散方程。固体或结构系统的离散是所分析问题的定义域的离散，离散后固体或结构系统的单元不是固体或结构的本身。譬如梁单元不等于梁，只是采用了所给出的梁单元的位移插值函数去逼近梁的真实的位移。显然，对固体或结构系统作一定的足够的剖分才能获得足够的精度。

单元的剖分要考虑固体或结构的几何和边界，在杆系结构中常采用线单元，如空间杆单元或空间梁-柱单元。线单元的形状和剖分非常简单，一般以每个杆件作为一个单元。当然，也可以将一个杆件剖分成几个单元，这在跨中有集中荷载或稳定分析中是必需的。

具有一定的外形和边界，在一定的荷载条件下处于二维应力或平面应变状态的固体或结构，考虑到结构的形状和单元的形态，通常可将该固体或结构剖分为平面三角形、曲面三角形、矩形、任意平面四边形、曲面四边形单元等(见图 9.2.1)。其中三角形单元可以适合不同的几何形状以及不同的边界，也比较简单。

分析具有一定的外形和边界，在一定的荷载作用下处于三维应力状态的固体或结构时，考虑到固体或结构的形状和单元的形态，通常可将固体或结构剖分为四面体单元、六面体单元或其他多面体单元等(见图 9.2.2)。其中四面体单元可以适合不同的几何形状以及不同的边界，也比较简单。

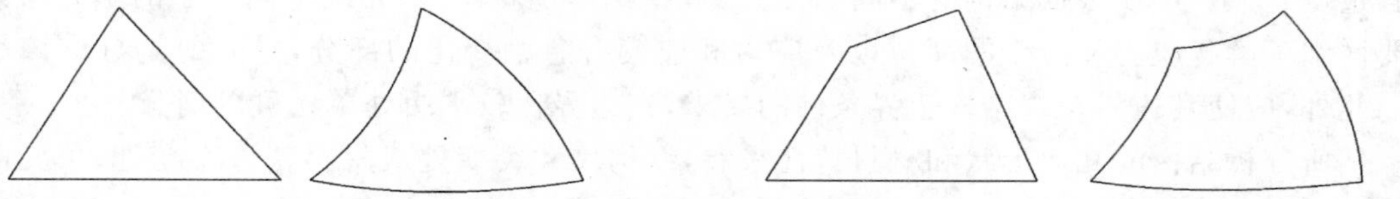

(a) 三角形单元　　(b) 四边形单元

图 9.2.1　二维平面单元

(a) 四面体单元　　(b) 六面体单元

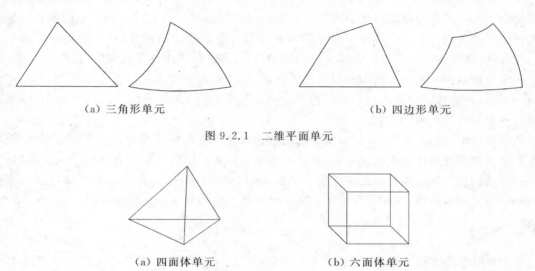

图 9.2.2　三维空间单元

一般说来，传统的矩形单元或正六面体单元的剖分比较方便，尤其适用于比较规则的几何和边界。这种单元具有较高次位移模式，能更好地反映单元中的位移或应力。单元的位移函数是不完整的二次多项式，因此不能适应有任意几何外形的问题，而且往往由于限定它的局部坐标只能平行于整体坐标，因此无法反映任意各向异性材料的性能。这种单元的应用受到较大的限制。而三角形或四面体单元可以不受任意几何形状的限制，能很好地凑合边界的几何形状，亦能就应力变化的缓骤而改变单元的大小。它的位移函数具有完整的多项式形式，能自由地选择局部坐标系以反映材料不均匀的各向异性。但这类形状的单元因它的位移函数的次数较低，只适用于常应变状态，精度相对较差，且当求得各单元节点处的位移和应力后需进行较复杂的处理才能进一步反映单元的变形和内力。当然这四种单元可混合使用。

除此以外，还有一种方法是利用等参数单元，也就是容许单元是任意的三角形、四边形或任意曲面四面体、六面体，利用坐标变换将原有的坐标表示为一个局部曲线坐标的函数，使得在这种新坐标系中原来具有任意边界的四边形或六面体变换为标准的正方形或立方体，这样原来的曲线边变化为平行于新坐标的直线边。等参数单元的应用是一个很重要的方法。计算单元的刚度矩阵只是位移函数的微分和积分以及矩阵的乘法运算，这些工作可以人工进行或采用符号运算，推导出各种基本单元的刚度矩阵的显式，以供编程序之用。采用等参数单元时，单元刚度矩阵的元素宜采用数值积分的方法求得。

还必须注意，单元形状的选择应不使单位形状函数(基函数)的微分所构成的应变矩阵 $\boldsymbol{B}$

病态，如果矩阵 $\boldsymbol{B}$ 病态，则计算的结果将会产生过大误差。为此，当采用矩形单元时不应使单元两边长度相差过甚，当采用三角形单元时单元的最小内角不应过小。上述情况导致单元刚度矩阵接近线性相关，并且根据误差分析，应力和位移的误差都和单元最小内角的正弦成反比。

在剖分单元时，单元的大小应根据精度的要求和计算机的功能（如内存容量和运算速度）等具体情况来分析决定，但是随着计算技术和计算机功能的提高，这已经不太成问题了。根据误差分析，一般位移的误差与单元尺寸的平方成正比，而应力的误差与单元的尺寸成正比，所以单元剖分的越小越好。单元越小，计算结果越精确，当然相应的运算时间也越长，要求计算机容量也越大。可以根据结构的不同部位分别采用不同形状的单元或不同大小的单元。如在需要详细了解各应力和应变的部位以及应力和应变有急剧变化的部分，单元的剖分应该小一些。此外，应使其边界符合结构边界条件的要求，在边界比较平缓处单元可以剖分大些。

从所分析结构的几何形状和材料特性来看，结构尺寸突变处或材料特性突变处，单元的剖分应小而密，还应将突变处理为单元的边界，也就是不应让一个单元的几何尺寸有突变，或不应使一个单元有两种弹性常数。

从结构所承受的荷载来看，如果所分析的结构承受的荷载集度有突变或作用有集中荷载，那么也应该在突变处使单元的剖分小而密，并在突变处或集中力处布置节点。

固体或结构系统的离散涉及单元类型的选择，而单元类型的选择应考虑固体或结构系统内力的分布和变形规律，在相当程度上取决于对固体或结构系统的性状的掌握。

9.2.2 坐标系

采用有限单元法分析固体或结构系统时主要需定义三个坐标系，即整体坐标系、局部坐标系和材料坐标系。在整体坐标系中给出系统的定义域，定义固体或结构的几何、位移及荷载向量等。在单元中需要建立单元的局部坐标系，在局部坐标系中定义单元的几何属性、节点的坐标向量、单元节点的位移、应力向量及等效节点力向量、荷载向量等。在单元中需要建立单元的材料坐标系，材料坐标系的坐标轴必须是材料主轴。在材料坐标系中定义单元的力学属性、单元节点的位移、单元的应力和内力向量及等效节点力向量。如果不加特别的说明，几何关系、物理关系等都在材料坐标系中建立的。在材料坐标系中根据所定义的单元位移进行单元的应变和应力计算。

此外，利用等参数单元时，需要定义面积坐标系或体积坐标系。

在空间梁-柱单元的描述中有时还需要定义更多的坐标系，如扇性坐标系；以及由于在实际结构中存在单元的偏置，单元与单元之间的材料主轴并不相交，于是通常在主要受力构件中定义主、从节点，计算位于主、从节点上向量的变换，所以更为一般地应建立空间梁-柱单元主、从节点局部坐标系。通常将空间梁-柱单元的局部坐标系的主轴位于梁-柱的形心轴即中和轴，单元的材料坐标系主轴位于梁-柱的材料主轴即中性轴。对于对称截面及理想弹塑性材料的梁-柱，中和轴和中性轴重合，单元的局部坐标系与材料坐标系重合。单元的材料坐标系主轴作为单元的特征线，单元的变形由材料主轴的变形来描写。

在空间板-壳单元的描述中，单元局部坐标系的主轴位于板-壳的中面，单元材料坐标系主轴位于板-壳的中性面。对于等截面及理想弹塑性材料的板-壳，单元的局部坐标系与材料坐标系重合且位于中面。单元的中面作为单元的特征面，单元的变形由中面的变形来描写。

单元中定义坐标系没有规定，只要便于坐标系的构造和单元变形曲线的描述即可，但无论坐标系的构造还是向量变换，即定义向量的坐标系之间的变换，均采用向量运算法则。为此，所构造的坐标系如整体坐标系、材料坐标系、局部坐标系等等都应符合右手螺旋法则。

9.2.3 固体和结构的整体坐标系及向量定义

9.2.3.1 整体坐标系及向量定义

对任意固体或结构系统都必须建立整体坐标系。一般,对空间问题建立三维正交右手坐标系 $O-xyz$ 作为结构的整体坐标系。整体坐标系可用单位向量

$$X = 1e_1 + 0e_2 + 0e_3, \quad Y = 0e_1 + 1e_2 + 0e_3, \quad Z = 0e_1 + 0e_2 + 1e_3$$

表示。整体坐标系的原点和坐标轴的方向可以任意设置,无论坐标原点的设置还是坐标轴方向的规定以便于结构描述为宜。通常设定 Oz 为铅垂方向。

在整体坐标系中用固体或结构的节点坐标

$$\boldsymbol{X} = [\boldsymbol{X}_1 \quad \boldsymbol{X}_2 \quad \cdots \quad \boldsymbol{X}_i \quad \cdots \quad \boldsymbol{X}_j \quad \cdots \quad \boldsymbol{X}_K]^{\mathrm{T}}$$

定义固体或结构。其中,节点 i 的坐标

$$\boldsymbol{X}_i = [X_i \quad Y_i \quad Z_i]^{\mathrm{T}}$$

此外,定义固体或结构节点的位移向量

$$\boldsymbol{U} = [\boldsymbol{U}_1 \quad \boldsymbol{U}_2 \quad \cdots \quad \boldsymbol{U}_i \quad \cdots \quad \boldsymbol{U}_j \quad \cdots \quad \boldsymbol{U}_K]^{\mathrm{T}}$$

和节点力向量

$$\boldsymbol{P} = [\boldsymbol{P}_1 \quad \boldsymbol{P}_2 \quad \cdots \quad \boldsymbol{P}_i \quad \cdots \quad \boldsymbol{P}_j \quad \cdots \quad \boldsymbol{P}_K]^{\mathrm{T}}$$

整体坐标系原点的设定应便于边界约束条件以及荷载向量的描述。图 9.2.3 为具有矩形平面结构的整体坐标系;图 9.2.4 为圆柱形结构的整体坐标系;图 9.2.5—9.2.7为各类结构的整体坐标系。

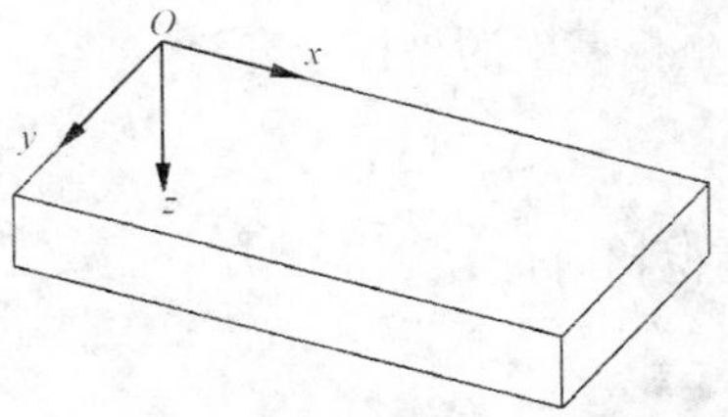

图 9.2.3 矩形平面结构的整体坐标系

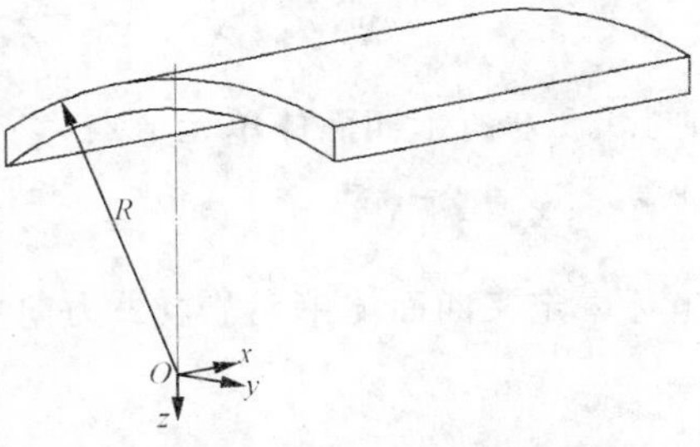

图 9.2.4 圆柱形结构的整体坐标系

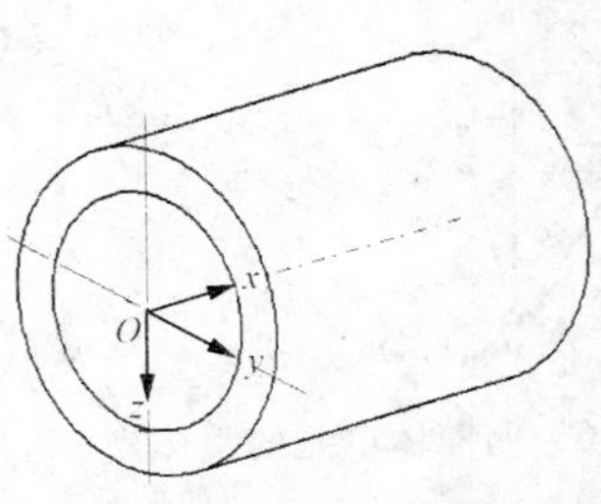

图9.2.5 单、双层圆筒形结构的整体坐标系

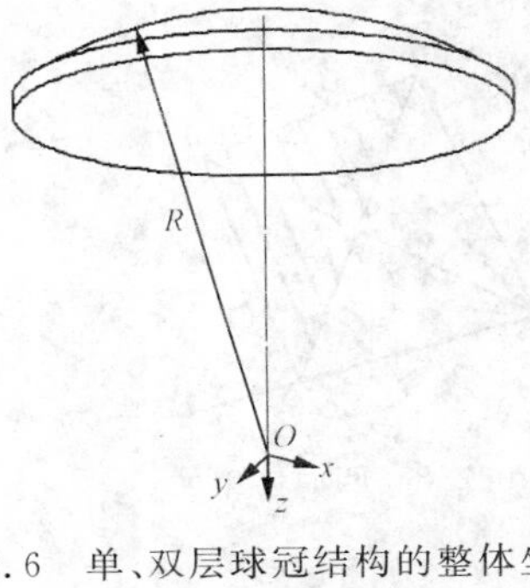

图 9.2.6 单、双层球冠结构的整体坐标系

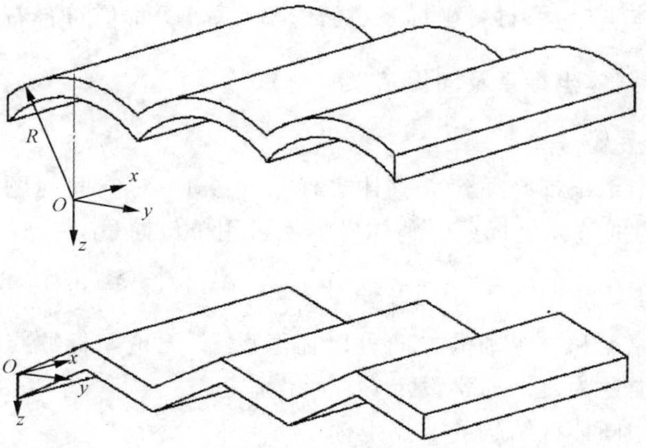

图 9.2.7　多跨单、双层圆柱形结构的整体坐标系

在整体坐标系中还定义边界约束的方向，如果边界约束的方向与整体坐标系的各坐标轴不一致，则需在边界约束的方向建立斜边界坐标系。斜边界坐标系定义边界的斜向约束向量。

9.2.3.2　四面体单元的整体坐标

对于任意空间四面体单元，由四条边构成单元的几何。四面体的顶点分别为 i,j,k,l，即 i,j,k,l 为空间四面体单元的节点(见图 9.2.8)。对固体的四面体适当编号，使单元的节点号 $ijkl$ 以由小到大的顺序排列。然而，四面体单元的节点数尚应与节点自由度及插值函数有关。

在整体坐标系 $O-xyz$ 中，四面体单元坐标向量

$$\boldsymbol{X}_e = [\boldsymbol{X}_i \quad \boldsymbol{X}_j \quad \boldsymbol{X}_k \quad \boldsymbol{X}_l]^{\mathrm{T}}$$

其中，$\boldsymbol{X}_i$，$\boldsymbol{X}_j$，$\boldsymbol{X}_k$，$\boldsymbol{X}_l$ 分别为节点坐标向量，即

$$\boldsymbol{X}_i = [X_i \quad Y_i \quad Z_i]^{\mathrm{T}}, \quad \boldsymbol{X}_j = [X_j \quad Y_j \quad Z_j]^{\mathrm{T}}$$
$$\boldsymbol{X}_k = [X_k \quad Y_k \quad Z_k]^{\mathrm{T}}, \quad \boldsymbol{X}_l = [X_l \quad Y_l \quad Z_l]^{\mathrm{T}}$$

所以，如图 9.2.9 所示四面体单元节点 i，j，k，l 在整体坐标系中的坐标

$$\boldsymbol{X}_e = [X_i \quad Y_i \quad Z_i \quad X_j \quad Y_j \quad Z_j \quad X_k \quad Y_k \quad Z_k \quad X_l \quad Y_l \quad Z_l]^{\mathrm{T}} \qquad (9.2.1)$$

在整体坐标中定义四面体单元节点外力向量 $\boldsymbol{P}_e$ 和对应的位移向量 $\boldsymbol{U}_e$。

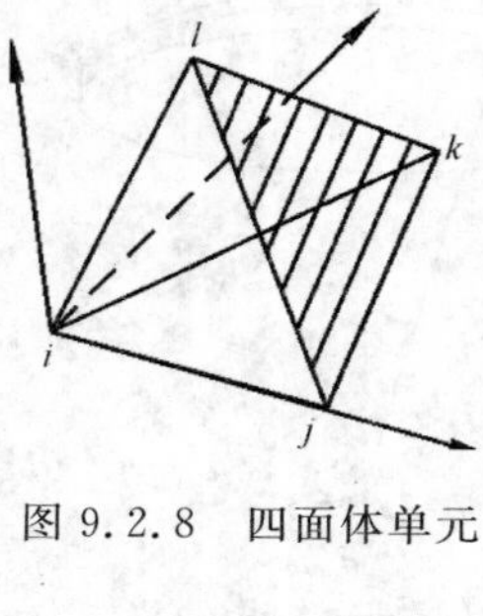

图 9.2.8　四面体单元

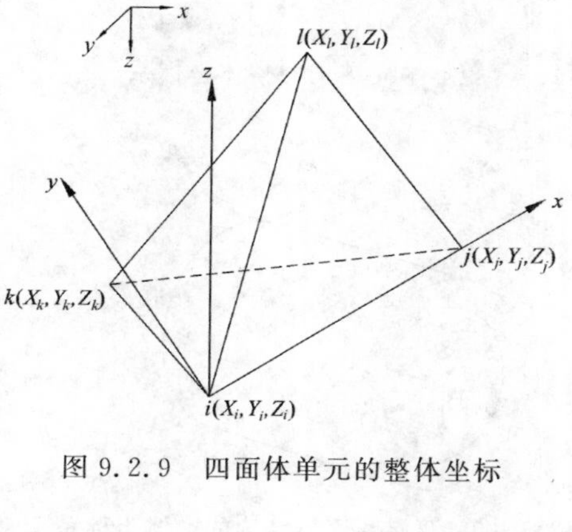

图 9.2.9　四面体单元的整体坐标

9.2.3.3　空间三角形平面单元的整体坐标

对于任意空间三角形平面单元，由三条边构成单元的几何。空间三角形平面单元的顶点分别为 i,j,k（见图 9.2.10）。对固体或结构适当编号，使单元的节点号 i,j,k 以由小到大的顺序排列。

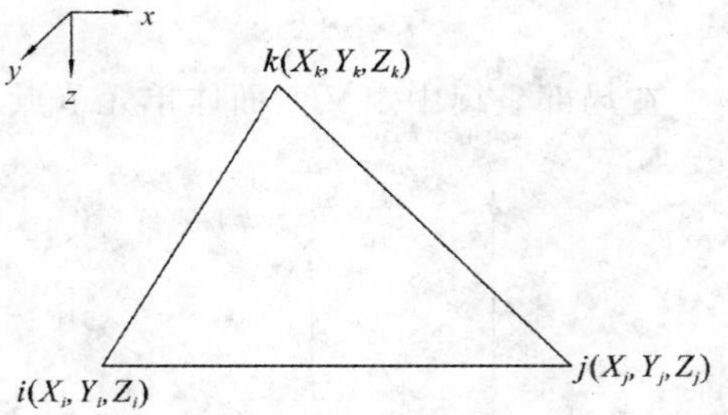

图 9.2.10　空间三角形平面单元的整体坐标

在整体坐标系 $O-xyz$ 中，任意空间三角形平面单元的整体坐标向量

$$\boldsymbol{X}_e = [\boldsymbol{X}_i \quad \boldsymbol{X}_j \quad \boldsymbol{X}_k]^{\mathrm{T}}$$

其中，$\boldsymbol{X}_i$，$\boldsymbol{X}_j$，$\boldsymbol{X}_k$ 分别为节点坐标向量，即

$$\boldsymbol{X}_i = [X_i \quad Y_i \quad Z_i]^{\mathrm{T}}, \quad \boldsymbol{X}_j = [X_j \quad Y_j \quad Z_j]^{\mathrm{T}}, \quad \boldsymbol{X}_k = [X_k \quad Y_k \quad Z_k]^{\mathrm{T}}$$

所以，三角形单元节点 i，j，k 在整体坐标系中的坐标

$$\boldsymbol{X}_e = [X_i \quad Y_i \quad Z_i \quad X_j \quad Y_j \quad Z_j \quad X_k \quad Y_k \quad Z_k]^{\mathrm{T}} \tag{9.2.2}$$

在整体坐标中定义空间三角形平面单元节点外力向量 $\boldsymbol{P}_e$ 和对应的位移向量 $\boldsymbol{U}_e$。

9.2.3.4　空间线元的整体坐标

在整体坐标系 $O-xyz$ 中，空间杆、空间梁-柱等空间线元 ij，两个节点 i 和 j 的坐标

$$\boldsymbol{X}_e = [X_i \quad Y_i \quad Z_i \quad X_j \quad Y_j \quad Z_j]^{\mathrm{T}} \tag{9.2.3}$$

其中，$\boldsymbol{X}_e$ 为单元节点坐标向量；X_i, Y_i, Z_i 和 X_j, Y_j，Z_j 分别为节点 i 和 j 在整体坐标系中的坐标（见图 9.2.11）。

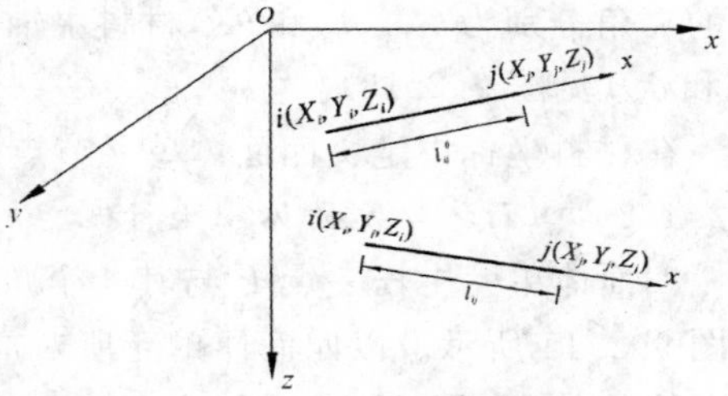

图 9.2.11　空间线元的整体坐标

在整体坐标中定义空间杆或空间梁-柱单元节点外力向量 $\boldsymbol{P}_e$ 和对应的位移向量 $\boldsymbol{U}_e$。

9.2.4　四面体单元的局部坐标系及向量定义

9.2.4.1　四面体单元的局部和材料坐标系及向量定义

现在 4 节点四面体单元 $ijkl$ 中建立局部坐标系 $i-xyz$，这里 $i-xyz$ 为正交坐标系。局部坐标系的原点设在节点 i，坐标轴 ix，iy 和 iz 分别为三个局部坐标主轴，ix 轴与向量 ij 重合。现约定局部坐标系 $i-xyz$ 的 ix 轴的正方向为从节点 i 指向节点 j，iy 轴的正方向指向节点 k（见图9.2.12）。局部坐标系中的四面体单元节点坐标

$$\boldsymbol{x}_e = [\boldsymbol{x}_i \quad \boldsymbol{x}_j \quad \boldsymbol{x}_k \quad \boldsymbol{x}_l]^{\mathrm{T}}$$

其中，$\boldsymbol{x}_i$，$\boldsymbol{x}_j$，$\boldsymbol{x}_k$，$\boldsymbol{x}_l$ 分别为节点局部坐标向量，即

$$\boldsymbol{x}_i = [x_i \quad y_i \quad z_i]^{\mathrm{T}}, \quad \boldsymbol{x}_j = [x_j \quad y_j \quad z_j]^{\mathrm{T}}$$
$$\boldsymbol{x}_k = [x_k \quad y_k \quad z_k]^{\mathrm{T}}, \quad \boldsymbol{x}_l = [x_l \quad y_l \quad z_l]^{\mathrm{T}}$$

所以，四面体单元节点 i，j，k，l 在局部坐标系中的坐标

$$\boldsymbol{x}_e = [x_i \quad y_i \quad z_i \quad x_j \quad y_j \quad z_j \quad x_k \quad y_k \quad z_k \quad x_l \quad y_l \quad z_l]^{\mathrm{T}} \tag{9.2.4}$$

在局部坐标中定义四面体单元节点外力向量 $\boldsymbol{p}_e$ 和对应的位移向量 $\boldsymbol{u}_e$。

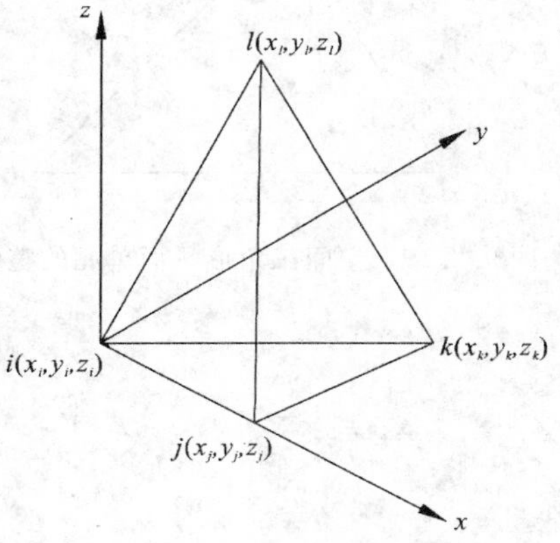

图 9.2.12　四面体单元的局部坐标

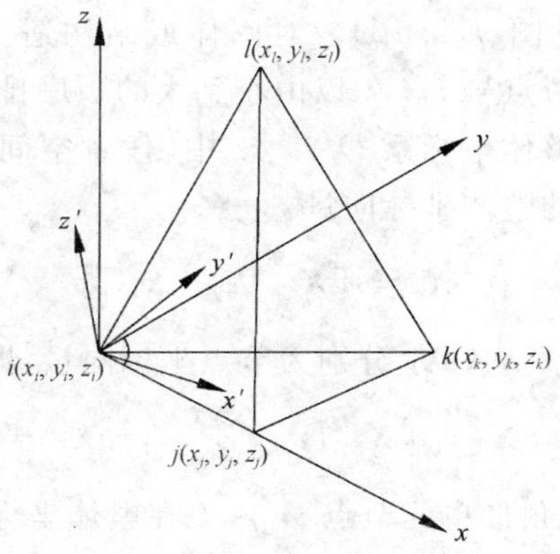

图 9.2.13　四面体单元的材料坐标

现在四面体单元中建立材料坐标系 $i-x'y'z'$，这里 $i-x'y'z'$ 为正交坐标系。材料坐标系的原点设在节点 i，坐标轴 ix'，iy' 和 iz' 分别为三个材料坐标主轴。材料主轴 ix' 和局部坐标系的 ix，iy 和 iz 之间的夹角分别为 θ_{11}，θ_{12} 和 θ_{13}，材料主轴 iy' 和局部坐标系的 ix，iy 和 iz 之间的夹角分别为 θ_{21}，θ_{22} 和 θ_{23}，材料主轴 iz' 和局部坐标系的 ix，iy 和 iz 之间的夹角分别为 θ_{31}，θ_{32} 和 θ_{33}（见图 9.2.13）。

在材料坐标中定义四面体单元节点外力向量 $\boldsymbol{p}_e'$ 和对应的位移向量 $\boldsymbol{u}_e'$。

9.2.4.2　四面体单元的体积坐标

四面体单元中任一点 P 与其 4 个角点相连形成 4 个子四面体，如图 9.2.14 所示。以四面体单元所对应的节点号来命名此 4 个子四面体的体积，即 $Pijk$ 体积为 V_l，$Pjkl$ 体积为 V_i，$Pkli$ 体积为 V_j，$Plij$ 体积为 V_k。表示四面体单元中任一 $P(L_i, L_j, L_k, L_l)$ 点的体积坐标 L_i，L_j，L_k，L_l 可由 4 个比值来确定，即

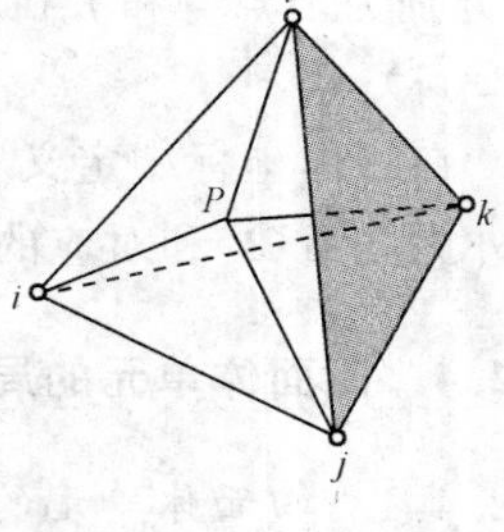

图 9.2.14　四面体单元体积坐标

$$L_i = \frac{V_i}{V}, \quad L_j = \frac{V_j}{V}, \quad L_k = \frac{V_k}{V}, \quad L_l = \frac{V_l}{V} \tag{9.2.5}$$

其中，V 为四面体单元的体积，即

$$V = \frac{1}{6}\begin{vmatrix} 1 & x_i & y_i & z_i \\ 1 & x_j & y_j & z_j \\ 1 & x_k & y_k & z_k \\ 1 & x_l & y_l & z_l \end{vmatrix} \tag{9.2.6}$$

在四面体单元的局部坐标系 $i-xyz$ 中，四面体单元的体积

$$V = \frac{1}{6}x_j y_k z_l \tag{9.2.7}$$

显然

$$V_i + V_j + V_k + V_l = V$$

而体积坐标和直角坐标的转换关系为

$$
\begin{cases}
L_i = \dfrac{1}{6V}(a_i + b_i x + c_i y + d_i z), \\
L_j = -\dfrac{1}{6V}(a_j + b_j x + c_j y + d_j z), \\
L_k = \dfrac{1}{6V}(a_k + b_k x + c_k y + d_k z), \\
L_l = -\dfrac{1}{6V}(a_l + b_l x + c_l y + d_l z)
\end{cases}
\tag{9.2.8}
$$

其中，a_i，b_i，c_i，d_i，a_j，b_j，c_j，d_j，a_k，b_k，c_k，d_k，a_l，b_l，c_l，d_l 的表达式分别为

$$
\begin{cases}
a_i = -x_l y_k z_j + x_k y_l z_j + x_l y_j z_k - x_j y_l z_k - x_k y_j z_l + x_j y_k z_l, \\
b_i = y_k z_j - y_l z_j - y_j z_k + y_l z_k + y_j z_l - y_k z_l, \\
c_i = -x_k z_j + x_l z_j + x_j z_k - x_l z_k - x_j z_l + x_k z_l, \\
d_i = x_k y_j - x_l y_j - x_j y_k + x_l y_k + x_j y_l - x_k y_l, \\
a_j = x_l y_k z_i + x_k y_l z_i - x_l y_i z_k + x_i y_l z_k + x_k y_i z_l - x_i y_k z_l, \\
b_j = -y_k z_i + y_l z_i + y_i z_k - y_l z_k - y_i z_l + y_k z_l, \\
c_j = x_k z_i - x_l z_i - x_i z_k + x_l z_k + x_i z_l - x_k z_l, \\
d_j = -x_k y_i + x_l y_i + x_i y_k - x_l y_k - x_i y_l + x_k y_l, \\
a_k = -x_l y_j z_i + x_j y_l z_i + x_l y_i z_j - x_i y_l z_j - x_j y_i z_l + x_i y_j z_l, \\
b_k = y_j z_i - y_l z_i - y_i z_j + y_l z_j + y_i z_l - y_j z_l, \\
c_k = -x_j z_i + x_l z_i + x_i z_j - x_l z_j - x_i z_l + x_j z_l, \\
d_k = x_j y_i - x_l y_i - x_i y_j + x_l y_j + x_i y_l - x_j y_l, \\
a_l = x_k y_j z_i - x_j y_k z_i - x_k y_i z_j + x_i y_k z_j + x_j y_i z_k - x_i y_j z_k, \\
b_l = -y_j z_i + y_k z_i + y_i z_j - y_k z_j - y_i z_k + y_j z_k, \\
c_l = x_j z_i - x_k z_i - x_i z_j + x_k z_j + x_i z_k - x_j z_k, \\
d_l = -x_j y_i + x_k y_i + x_i y_j - x_k y_j - x_i y_k + x_j y_k,
\end{cases}
\tag{9.2.9}
$$

在四面体单元的局部坐标系 i-xyz 中，以上参数简化为

$$
\begin{cases}
a_i = x_j y_k z_l,\ b_i = -y_k z_l,\ c_i = x_k z_l - x_j z_l,\ d_i = x_l y_k + x_j y_l - x_k y_l - x_j y_k; \\
a_j = 0,\ b_j = y_k z_l,\ c_j = -x_k z_l,\ d_j = x_k y_l - x_l y_k; \\
a_k = 0,\ b_k = 0,\ c_k = x_j z_l,\ d_k = -x_j y_l; \\
a_l = 0,\ b_l = 0,\ c_l = 0,\ d_l = x_j y_k
\end{cases}
\tag{9.2.10}
$$

其中，x_i，y_i，z_i，x_j，y_j，z_j，x_k，y_k，z_k，x_l，y_l，z_l 为四面体单元节点 i，j，k，l 在局部坐标系中的坐标。

体积坐标不是完全独立的，它们之间存在如下关系：

$$
L_i + L_j + L_k + L_l = 1
$$

在局部坐标系中，四面体 4 个角点的坐标分别为 $i(x_i, y_i, z_i)$，$j(x_j, y_j, z_j)$，$k(x_k, y_k, z_k)$，$l(x_l, y_l, z_l)$，四面体中任一点 P 的坐标为 $P(x, y, z)$，将 L_i，L_j，L_k，L_l 等用直角坐标表

示，就可以建立体积坐标和直角坐标的如下关系：

$$\begin{cases}x = x_iL_i + x_jL_j + x_kL_k + x_lL_l = x_iL_i + x_jL_j + x_kL_k + x_l(1 - L_i - L_j - L_k),\\ y = y_iL_i + y_jL_j + y_kL_k + y_lL_l = y_iL_i + y_jL_j + y_kL_k + y_l(1 - L_i - L_j - L_k),\\ z = z_iL_i + z_jL_j + z_kL_k + z_lL_l = z_iL_i + z_jL_j + z_kL_k + z_l(1 - L_i - L_j - L_k)\end{cases} \tag{9.2.11}$$

即

$$\begin{bmatrix}1\\x\\y\\z\end{bmatrix} = \begin{bmatrix}1 & 1 & 1 & 1\\ x_i & x_j & x_k & x_l\\ y_i & y_j & y_k & y_l\\ z_i & z_j & z_k & z_l\end{bmatrix}\begin{bmatrix}L_i\\L_j\\L_k\\L_l\end{bmatrix}$$

9.2.4.3　四面体单元局部和材料坐标系的构造及变换矩阵

坐标系中的坐标轴用向量表示，所以构造坐标系即是构造坐标轴向量。当定义的坐标系是右手系，则坐标轴向量的构造以及坐标系的变换均可采用向量运算法则进行。

现定义四面体单元局部坐标系的坐标轴 ix，这里 ix 可用向量 ij 表示，即

$$\boldsymbol{ix} = \boldsymbol{ij} = (X_j - X_i)\boldsymbol{e}_1 + (Y_j - Y_i)\boldsymbol{e}_2 + (Z_j - Z_i)\boldsymbol{e}_3$$

单元局部坐标系的坐标轴 ix 与整体坐标系的坐标轴 OX, OY, OZ 之间的方向余弦

$$l_1 = \frac{X_j - X_i}{l_{ij}},\quad m_1 = \frac{Y_j - Y_i}{l_{ij}},\quad n_1 = \frac{Z_j - Z_i}{l_{ij}} \tag{9.2.12}$$

其中，$\boldsymbol{ix}$ 即 $\boldsymbol{ij}$ 向量长度，而

$$l_{ij} = \sqrt{(X_j - X_i)^2 + (Y_j - Y_i)^2 + (Z_j - Z_i)^2}$$

类似可定义向量

$$\boldsymbol{ik} = (X_k - X_i)\boldsymbol{e}_1 + (Y_k - Y_i)\boldsymbol{e}_2 + (Z_k - Z_i)\boldsymbol{e}_3$$

由向量的矢积构造向量 $\boldsymbol{iz}$，即

$$\boldsymbol{iz} = \boldsymbol{ix} \times \boldsymbol{ik} = \begin{vmatrix}\boldsymbol{e}_1 & \boldsymbol{e}_2 & \boldsymbol{e}_3\\ DX_{ji} & DY_{ji} & DZ_{ji}\\ DX_{ki} & DY_{ki} & DZ_{ki}\end{vmatrix} = DX_{iz}\boldsymbol{e}_1 + DY_{iz}\boldsymbol{e}_2 + DZ_{iz}\boldsymbol{e}_3$$

式中

$$DX_{ji} = X_j - X_i,\quad DY_{ji} = Y_j - Y_i,\quad DZ_{ji} = Z_j - Z_i$$
$$DX_{ki} = X_k - X_i,\quad DY_{ki} = Y_k - Y_i,\quad DZ_{ki} = Z_k - Z_i$$
$$DX_{iz} = DY_{ji}DZ_{ki} - DZ_{ji}DY_{ki},\quad DY_{iz} = DZ_{ji}DX_{ki} - DX_{ji}DZ_{ki}$$
$$DZ_{iz} = DX_{ji}DY_{ki} - DY_{ji}DX_{ki}$$

$\boldsymbol{iz}$ 向量长度

$$l_{iz} = \sqrt{(DX_{iz})^2 + (DY_{iz})^2 + (DZ_{iz})^2}$$

单元局部坐标系的坐标轴 iz 与整体坐标系的坐标轴 OX, OY, OZ 之间的方向余弦分

别为

$$l_3 = \frac{m_1 n_4 - m_4 n_1}{D}, \quad m_3 = \frac{l_4 n_1 - l_1 n_4}{D}, \quad n_3 = \frac{l_1 m_4 - m_1 l_4}{D} \tag{9.2.13}$$

式中

$$l_4 = \frac{X_k - X_i}{l_{ik}}, \quad m_4 = \frac{Y_k - Y_i}{l_{ik}}, \quad n_4 = \frac{Z_k - Z_i}{l_{ik}}$$

$$D = \sqrt{(m_1 n_4 - m_4 n_1)^2 + (l_4 n_1 - l_1 n_4)^2 + (l_1 m_4 - m_1 l_4)^2}$$

而四面体单元局部坐标系的坐标轴 iy,有

$$\boldsymbol{iy} = \boldsymbol{iz} \times \boldsymbol{ix} = \begin{vmatrix} \boldsymbol{e}_1 & \boldsymbol{e}_2 & \boldsymbol{e}_3 \\ DX_{iz} & DY_{iz} & DZ_{iz} \\ DX_{ji} & DY_{ji} & DZ_{ji} \end{vmatrix} = DX_{iy}\boldsymbol{e}_1 + DY_{iy}\boldsymbol{e}_2 + DZ_{iy}\boldsymbol{e}_3$$

式中

$$DX_{iy} = DY_{iz}DZ_{ji} - DZ_{iz}DY_{ji}, \quad DY_{iy} = DZ_{iz}DX_{ji} - DX_{iz}DZ_{ji}$$
$$DZ_{iy} = DX_{iz}DY_{ji} - DY_{iz}DX_{ji}$$

$\boldsymbol{iy}$ 向量长度

$$l_{iy} = \sqrt{(DX_{iy})^2 + (DY_{iy})^2 + (DZ_{iy})^2}$$

单元局部坐标系的坐标轴 iy 与整体坐标系的坐标轴 OX, OY, OZ 之间的方向余弦

$$l_2 = \frac{m_3 n_1 - n_3 m_1}{S}, \quad m_2 = \frac{l_1 n_3 - n_1 l_3}{S}, \quad n_2 = \frac{l_3 m_1 - m_3 l_1}{S} \tag{9.2.14}$$

式中

$$S = \sqrt{(m_3 n_1 - n_3 m_1)^2 + (l_1 n_3 - n_1 l_3)^2 + (l_3 m_1 - m_3 l_1)^2}$$

对于正交异性材料,材料坐标系为正交坐标系。设 m, n 分别为位于材料主轴 ix'和 iy'上的参考点,m, n 的坐标分别为 X_m, Y_m, Z_m 和 X_n, Y_n, Z_n。由此,可构造材料坐标轴向量

$$\boldsymbol{ix}' = (X_m - X_i)\boldsymbol{e}_1 + (Y_m - Y_i)\boldsymbol{e}_2 + (Z_m - Z_i)\boldsymbol{e}_3$$

和

$$\boldsymbol{iy}' = (X_n - X_i)\boldsymbol{e}_1 + (Y_n - Y_i)\boldsymbol{e}_2 + (Z_n - Z_i)\boldsymbol{e}_3$$

材料主轴向量

$$\boldsymbol{iz}' = \boldsymbol{ix}' \times \boldsymbol{iy}' = \begin{vmatrix} \boldsymbol{e}_1 & \boldsymbol{e}_2 & \boldsymbol{e}_3 \\ X_m - X_i & Y_m - Y_i & Z_m - Z_i \\ X_n - X_i & Y_n - Y_i & Z_n - Z_i \end{vmatrix} = DX'_{iz}\boldsymbol{e}_1 + DY'_{iz}\boldsymbol{e}_2 + DZ'_{iz}\boldsymbol{e}_3$$

式中

$$DX'_{iz} = (Y_m - Y_i)(Z_n - Z_i) - (Z_m - Z_i)(Y_n - Y_i)$$
$$DY'_{iz} = (Z_m - Z_i)(X_n - X_i) - (X_m - X_i)(Z_n - Z_i)$$
$$DZ'_{iz} = (X_m - X_i)(Y_n - Y_i) - (Y_m - Y_i)(X_n - X_i)$$

单元材料坐标系的坐标轴 ix' 与局部坐标系的坐标轴 ix，iy，iz 之间的方向余弦 l'_1，m'_1，n'_1 分别为

$$l'_1 = \cos\theta_{11},\quad m'_1 = \cos\theta_{12},\quad n'_1 = \cos\theta_{13} \tag{9.2.15}$$

单元材料坐标系的坐标轴 iy' 与局部坐标系的坐标轴 ix，iy，iz 之间的方向余弦 l'_2，m'_2，n'_2 分别为

$$l'_2 = \cos\theta_{21},\quad m'_2 = \cos\theta_{22},\quad n'_2 = \cos\theta_{23} \tag{9.2.16}$$

单元材料坐标系的坐标轴 iz' 与局部坐标系的坐标轴 ix，iy，iz 之间的方向余弦 l'_3，m'_3，n'_3 分别为

$$l'_3 = \cos\theta_{31},\quad m'_3 = \cos\theta_{32},\quad n'_3 = \cos\theta_{33} \tag{9.2.17}$$

四面体单元局部坐标系与整体坐标系的变换矩阵

$$\boldsymbol{t}_2 = \begin{bmatrix} l_1 & m_1 & n_1 \\ l_2 & m_2 & n_2 \\ l_3 & m_3 & n_3 \end{bmatrix} \tag{9.2.18}$$

式中，l_1，m_1，n_1 为四面体单元局部坐标系的坐标轴 ix 与整体坐标系的坐标轴 OX，OY，OZ 之间的方向余弦，可按式(9.2.12)计算；l_2，m_2，n_2 为四面体单元局部坐标系的坐标轴 iy 与整体坐标系的坐标轴 OX，OY，OZ 之间的方向余弦，可按式(9.2.14)计算；l_3，m_3，n_3 为四面体单元局部坐标系的坐标轴 iz 与整体坐标系的坐标轴 OX，OY，OZ 之间的方向余弦，可按式(9.2.13)计算。

四面体单元材料坐标系与局部坐标系的变换矩阵

$$\boldsymbol{t}_1 = \begin{bmatrix} l'_1 & m'_1 & n'_1 \\ l'_2 & m'_2 & n'_2 \\ l'_3 & m'_3 & n'_3 \end{bmatrix} \tag{9.2.19}$$

式中，l'_1，m'_1，n'_1 为四面体单元材料坐标系的坐标轴 ix' 与局部坐标系的坐标轴 ix，iy，iz 之间的方向余弦，可按式(9.2.15)计算；l'_2，m'_2，n'_2 为四面体单元材料坐标系的坐标轴 iy' 与局部坐标系的坐标轴 ix，iy，iz 之间的方向余弦，可按式(9.2.16)计算；l'_3，m'_3，n'_3 为四面体单元材料坐标系的坐标轴 iz' 与局部坐标系的坐标轴 ix，iy，iz 之间的方向余弦，可按式(9.2.17)计算。

9.2.5 三角形平面单元的局部坐标系及向量定义

9.2.5.1 三角形平面单元的局部和材料坐标系及向量定义

现在空间三角形平面单元中建立局部坐标系 $i-xy$。局部坐标系的原点设在节点 i，ix 轴与向量 ij 重合。现约定局部坐标系 $i-xy$ 的 ix 轴的正方向为从节点 i 指向节点 j，iy 轴垂直于 ix 轴，且 iy 轴的正向指向节点 k。

三角形单元的几何在单元局部坐标系 $i-xy$ 中定义(见图 9.2.15)。单元几何的定义体现在单元节点在局部坐标系中的坐标。局部坐标系中的单元节点坐标

$$\boldsymbol{x}_e = [\boldsymbol{x}_i \quad \boldsymbol{x}_j \quad \boldsymbol{x}_k \quad \boldsymbol{x}_l]^{\mathrm{T}}$$

其中,$\boldsymbol{x}_i$, $\boldsymbol{x}_j$, $\boldsymbol{x}_k$, $\boldsymbol{x}_l$ 分别为节点局部坐标向量,即

$$\boldsymbol{x}_i = [x_i \quad y_i \quad z_i]^{\mathrm{T}}, \quad \boldsymbol{x}_j = [x_j \quad y_j \quad z_j]^{\mathrm{T}}$$
$$\boldsymbol{x}_k = [x_k \quad y_k \quad z_k]^{\mathrm{T}}, \quad \boldsymbol{x}_l = [x_l \quad y_l \quad z_l]^{\mathrm{T}}$$

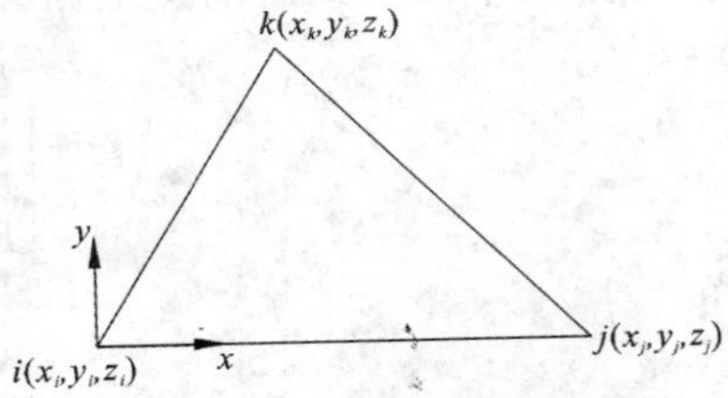

图 9.2.15 三角形平面单元的局部坐标

所以,空间三角形平面单元坐标向量

$$\boldsymbol{x}_e = [x_i \quad y_i \quad x_j \quad y_j \quad x_k \quad y_k]^{\mathrm{T}} \tag{9.2.20}$$

在局部坐标中定义空间三角形平面单元节点外力向量 $\boldsymbol{p}_e$ 和对应的位移向量 $\boldsymbol{u}_e$。

现在空间平面三角形单元中建立材料坐标系 $i-x'y'$。材料坐标系的原点设在在节点 i,坐标轴 ix' 和 iy' 分别位于两个材料主轴。对于正交异性材料,材料坐标系为直角坐标系。材料主轴 ix' 和局部坐标系的 ix 之间的夹角为 θ(见图 9.2.16)。

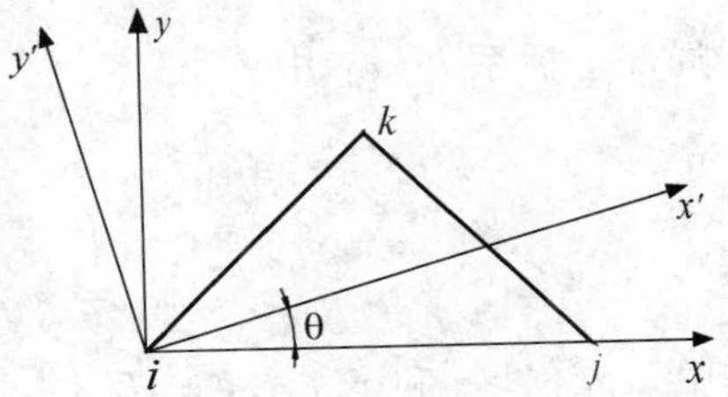

图 9.2.16 三角形平面单元材料坐标

在材料坐标中定义空间三角形平面单元节点外力向量 $\boldsymbol{p}'_e$ 和对应的位移向量 $\boldsymbol{u}'_e$。

9.2.5.2 三角形平面单元的面积坐标

三角形平面单元中任一点 P 与其 3 个角点相连形成 3 个子三角形(如图 9.2.17 所示)。图中 ΔPjk 面积为 A_i,ΔPki 面积为 A_j,ΔPij 面积为 A_k。表示三角形单元中任一 $P(L_i, L_j, L_k)$ 点的面积坐标 L_i, L_j, L_k 可由 3 个比值来确定,即

$$L_i = \frac{A_i}{A}, \quad L_j = \frac{A_j}{A}, \quad L_k = \frac{A_k}{A}$$

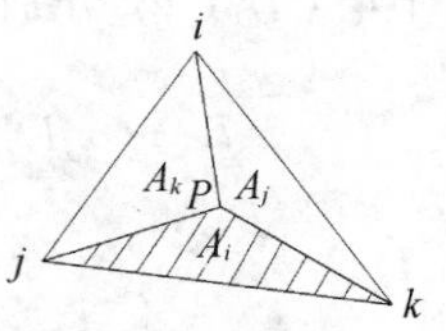

图 9.2.17 三角形平面单元面积坐标

其中,A 是三角形面积。在局部坐标中

$$A = \frac{1}{2}\begin{vmatrix} 1 & x_i & y_i \\ 1 & x_j & y_j \\ 1 & x_k & y_k \end{vmatrix} = \frac{1}{2}x_j y_k \tag{9.2.21a}$$

因此显然有

$$A_i + A_j + A_k = A$$

三角形的 3 个角点在直角坐标系中的位置是 $i(x_i, y_i)$, $j(x_j, y_j)$, $k(x_k, y_k)$,其中任一点 P 在直角坐标系中的位置为 $P(x, y)$。将 A, A_i, A_j, A_k 等用直角坐标表示,即

$$A_i = \frac{1}{2}\begin{vmatrix} 1 & x & y \\ 1 & x_j & y_j \\ 1 & x_k & y_k \end{vmatrix} = \frac{1}{2}[(x_j y_k - y_j x_k) + (y_j - y_k)x + (x_k - x_j)y] = \frac{1}{2}(a_i + b_i x + c_i y)$$

根据三角形平面单元的面积坐标的定义，有

$$\begin{bmatrix} L_i \\ L_j \\ L_k \end{bmatrix} = \frac{1}{2A} \begin{bmatrix} a_i & b_i & c_i \\ a_j & b_j & c_j \\ a_k & b_k & c_k \end{bmatrix} \begin{bmatrix} 1 \\ x \\ y \end{bmatrix} \tag{9.2.21b}$$

这里

$$a_i = \begin{vmatrix} x_j & y_j \\ x_k & y_k \end{vmatrix} = x_j y_k - x_k y_j, \quad a_j = \begin{vmatrix} x_k & y_k \\ x_i & y_i \end{vmatrix} = x_k y_i - x_i y_k, \quad a_k = \begin{vmatrix} x_i & y_i \\ x_j & y_j \end{vmatrix} = x_i y_j - x_j y_i$$

$$b_i = -\begin{vmatrix} 1 & y_j \\ 1 & y_k \end{vmatrix} = y_j - y_k, \quad b_j = -\begin{vmatrix} 1 & y_k \\ 1 & y_i \end{vmatrix} = y_k - y_i, \quad b_k = -\begin{vmatrix} 1 & y_i \\ 1 & y_j \end{vmatrix} = y_i - y_j$$

$$c_i = \begin{vmatrix} 1 & x_j \\ 1 & x_k \end{vmatrix} = -x_j + x_k, \quad c_j = \begin{vmatrix} 1 & x_k \\ 1 & x_i \end{vmatrix} = -x_k + x_i, \quad c_k = \begin{vmatrix} 1 & x_i \\ 1 & x_j \end{vmatrix} = -x_i + x_j \tag{9.2.22}$$

在局部坐标系 $i\text{-}xy$ 中

$$a_i = x_j y_k, \quad a_j = 0, \quad a_k = 0$$
$$b_i = -y_k, \quad b_j = y_k, \quad b_k = 0$$
$$c_i = x_k - x_j, \quad c_j = -x_k, \quad c_k = x_j$$

其中，x_i，y_i，z_i 和 x_j，y_j，z_j 及 x_k，y_k，z_k 分别为三角形单元节点 i，j，k 在局部坐标系中的坐标。

三角形内与节点 i 的对边 $j\text{-}k$ 平行的直线上的诸点有相同的 L_i 坐标。3 个面积坐标并不相互独立，满足 $L_i + L_j + L_k = 1$。

将 L_i，L_j，L_k 分别乘以 x_i，x_j，x_k，然后相加，有

$$\begin{aligned}
x_i L_i + x_j L_j + x_k L_k &= x_i \frac{1}{2A}(a_i + b_i x + c_i y) + x_j \frac{1}{2A}(a_j + b_j x + c_j y) \\
&\quad + x_k \frac{1}{2A}(a_k + b_k x + c_k y) \\
&= x_i \frac{1}{2A}[(x_j y_k - x_k y_j) + (y_j - y_k)x + (x_k - x_j)y] \\
&\quad + x_j \frac{1}{2A}[(x_k y_i - x_i y_k) + (y_k - y_i)x + (x_i - x_k)y] \\
&\quad + x_k \frac{1}{2A}[(x_i y_j - x_j y_i) + (y_i - y_j)x + (x_j - x_i)y] \\
&= \frac{1}{2A}(x_i x_j y_k - x_i x_k y_j + x_i y_j x - x_i y_k x + x_i x_k y - x_i x_j y \\
&\quad + x_j x_k y_i - x_j x_i y_k + x_j y_k x - x_j y_i x + x_j x_i y - x_j x_k y \\
&\quad + x_k x_i y_j - x_k x_j y_i + x_k y_i x - x_k y_j x + x_k x_j y - x_k x_i y) \\
&= \frac{1}{2A}(x_i y_j x - x_i y_k x + x_j y_k x - x_j y_i x + x_k y_i x - x_k y_j x) \\
&= x \frac{1}{2A}(x_i y_j - x_i y_k + x_j y_k - x_j y_i + x_k y_i - x_k y_j) \\
&= x \frac{1}{2A}(2A) = x
\end{aligned}$$

同理有

$$y_iL_i + y_jL_j + y_kL_k = y$$

则局部坐标与面积坐标关系为

$$\begin{bmatrix} x \\ y \end{bmatrix} = \begin{bmatrix} x_i & x_j & x_k \\ y_i & y_j & y_k \end{bmatrix} \begin{bmatrix} L_i \\ L_j \\ L_k \end{bmatrix}$$

9.2.5.3 三角形平面单元局部和材料坐标系的构造及变换矩阵

现定义三角形平面单元局部坐标系的坐标轴 ix,这里 ix 可用向量 ij 表示,即

$$\boldsymbol{ix} = \boldsymbol{ij} = DX_{ji}\boldsymbol{e}_1 + DY_{ji}\boldsymbol{e}_2 + DZ_{ji}\boldsymbol{e}_3$$

式中

$$DX_{ji} = X_j - X_i,\quad DY_{ji} = Y_j - Y_i,\quad DZ_{ji} = Z_j - Z_i$$

三角形单元局部坐标系的坐标轴 ix 与整体坐标系的坐标轴 OX, OY, OZ 之间的方向余弦 l_1, m_1, n_1 分别为

$$l_1 = \frac{X_j - X_i}{l_{ij}},\quad m_1 = \frac{Y_j - Y_i}{l_{ij}},\quad n_1 = \frac{Z_j - Z_i}{l_{ij}} \tag{9.2.23}$$

式中

$$l_{ij} = \sqrt{(X_j - X_i)^2 + (Y_j - Y_i)^2 + (Z_j - Z_i)^2}$$

类似可定义向量

$$\boldsymbol{ik} = DX_{ki}\boldsymbol{e}_1 + DY_{ki}\boldsymbol{e}_2 + DZ_{ki}\boldsymbol{e}_3$$

这里

$$DX_{ki} = X_k - X_i,\quad DY_{ki} = Y_k - Y_i,\quad DZ_{ki} = Z_k - Z_i$$

由向量的矢积构造向量 $\boldsymbol{iz}$,即

$$\boldsymbol{iz} = \boldsymbol{ix} \times \boldsymbol{ik} = \begin{vmatrix} \boldsymbol{e}_1 & \boldsymbol{e}_2 & \boldsymbol{e}_3 \\ DX_{ji} & DY_{ji} & DZ_{ji} \\ DX_{ki} & DY_{ki} & DZ_{ki} \end{vmatrix} = DX_{iz}\boldsymbol{e}_1 + DY_{iz}\boldsymbol{e}_2 + DZ_{iz}\boldsymbol{e}_3$$

式中

$$DX_{iz} = DY_{ji}DZ_{ki} - DZ_{ji}DY_{ki},\quad DY_{iz} = DZ_{ji}DX_{ki} - DX_{ji}DZ_{ki}$$
$$DZ_{iz} = DX_{ji}DY_{ki} - DY_{ji}DX_{ki}$$

而

$$l_{iz} = \sqrt{(DX_{iz})^2 + (DY_{iz})^2 + (DZ_{iz})^2}$$

三角形单元局部坐标系的坐标轴 iz 与整体坐标系的坐标轴 OX, OY, OZ 之间的方向余弦分别为

$$l_3 = \frac{DX_{iz}}{l_{iz}}, \quad m_3 = \frac{DY_{iz}}{l_{iz}}, \quad n_3 = \frac{DZ_{iz}}{l_{iz}}$$

三角形平面单元局部坐标系的坐标轴 iy 的向量

$$\boldsymbol{iy} = \boldsymbol{iz} \times \boldsymbol{ix} = \begin{vmatrix} \boldsymbol{e}_1 & \boldsymbol{e}_2 & \boldsymbol{e}_3 \\ DX_{iz} & DY_{iz} & DZ_{iz} \\ DX_{ji} & DY_{ji} & DZ_{ji} \end{vmatrix} = DX_{iy}\boldsymbol{e}_1 + DY_{iy}\boldsymbol{e}_2 + DZ_{iy}\boldsymbol{e}_3$$

式中

$$DX_{iy} = DY_{iz}DZ_{ji} - DZ_{iz}DY_{ji}, \quad DY_{iy} = DZ_{iz}DX_{ji} - DX_{iz}DZ_{ji}$$
$$DZ_{iy} = DX_{iz}DY_{ji} - DY_{iz}DX_{ji}$$

三角形单元局部坐标系的坐标轴 iy 与整体坐标系的坐标轴 OX，OY,OZ 之间的方向余弦分别为

$$l_2 = \frac{DX_{iy}}{l_{iy}}, \quad m_2 = \frac{DY_{iy}}{l_{iy}}, \quad n_2 = \frac{DZ_{iy}}{l_{iy}} \tag{9.2.24}$$

式中

$$l_{iy} = \sqrt{(DX_{iy})^2 + (DY_{iy})^2 + (DZ_{iy})^2}$$

对于正交异性材料，材料坐标系为正交坐标系。材料主轴 ix' 位于三角形单元 ijk 平面内，材料主轴 ix' 和局部坐标系的 ix 之间的夹角为 θ，这里 θ 即为欧拉角。如以单位向量 $\boldsymbol{e}'$ 表示 $\boldsymbol{ix}'$，则在局部坐标系中

$$\boldsymbol{e}' = \boldsymbol{ix}' = \cos\theta\boldsymbol{e}_1 + \sin\theta\boldsymbol{e}_2$$

而

$$\boldsymbol{iy}' = -\sin\theta\boldsymbol{e}_1 + \cos\theta\boldsymbol{e}_2$$

那么，三角形单元材料坐标系的坐标轴 ix' 和 iy' 与局部坐标系的坐标轴 ix，iy，iz 间的方向余弦分别为

$$\begin{cases} l'_1 = \cos\theta, & m'_1 = \sin\theta; \\ l'_2 = -\sin\theta, & m'_2 = \cos\theta \end{cases} \tag{9.2.25}$$

三角形平面单元局部坐标系与整体坐标系的变换矩阵

$$\boldsymbol{t}_2 = \begin{bmatrix} l_1 & m_1 & n_1 \\ l_2 & m_2 & n_2 \end{bmatrix} \tag{9.2.26}$$

式中，l_1，m_1，n_1 为三角形单元局部坐标系的坐标轴 ix 与整体坐标系的坐标轴 OX，OY，OZ 之间的方向余弦，可按式(9.2.23)计算；l_2，m_2，n_2 为三角形单元局部坐标系的坐标轴 iy 与整体坐标系的坐标轴 OX，OY，OZ 之间的方向余弦，可按式(9.2.24)计算。

三角形平面单元材料坐标系与局部坐标系的变换矩阵

$$t_1 = \begin{bmatrix} l'_1 & m'_1 \\ l'_2 & m' \end{bmatrix} = \begin{bmatrix} \cos\theta & \sin\theta \\ -\sin\theta & \cos\theta \end{bmatrix} \tag{9.2.27}$$

式中，l'_1，m'_1为三角形平面单元材料坐标系的坐标轴 ix'与局部坐标系的坐标轴 ix，iy 之间的方向余弦，可按式(9.2.25)计算；l'_2，m'_2为三角形平面单元材料坐标系的坐标轴 iy'与局部坐标系的坐标轴 ix，iy 之间的方向余弦，可按式(9.2.25)计算。

9.2.6 空间杆单元的局部坐标系及向量定义

9.2.6.1 空间杆单元的局部坐标系及向量定义

现在空间杆单元 ij 中建立局部坐标系 $i-x$。局部坐标系的原点设在节点 i，并且规定局部坐标系中的 x 轴的正向为从 i 到 j 且位于杆的中和轴(如图 9.2.18 所示)。

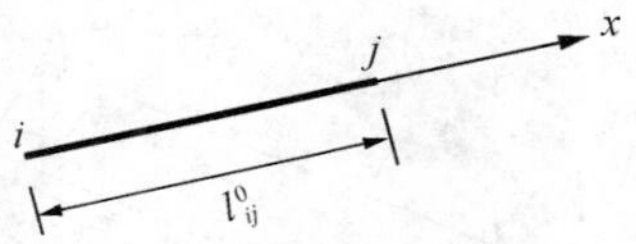

图 9.2.18 空间杆单元的局部坐标

2 节点空间铰接杆单元 ij 的 2 个节点 i 和 j 在局部坐标系中定义的坐标

$$\boldsymbol{x}_e = [x_i \quad x_j]^{\mathrm{T}} \tag{9.2.28}$$

其中，$\boldsymbol{x}_e$ 为单元节点坐标向量；x_i，x_j 分别为节点 i 和 j 在局部坐标系中的坐标。

在局部坐标中定义空间杆单元节点外力向量 $\boldsymbol{p}_e$ 和对应的位移向量 $\boldsymbol{u}_e$。

9.2.6.2 空间杆单元局部坐标系的构造及变换矩阵

现定义空间杆单元局部坐标系的坐标轴 ix，这里 $\boldsymbol{ix}$ 可用向量 $\boldsymbol{ij}$ 表示，即

$$\boldsymbol{ix} = \boldsymbol{ij} = (X_j - X_i)\boldsymbol{e}_1 + (Y_j - Y_i)\boldsymbol{e}_2 + (Z_j - Z_i)\boldsymbol{e}_3$$

其中，X_i，Y_i，Z_i 和 X_j，Y_j，Z_j 分别为节点 i 和 j 在整体坐标系中的坐标；$\boldsymbol{e}_1$，$\boldsymbol{e}_2$，$\boldsymbol{e}_3$ 为单位向量。

空间杆单元坐标轴 ix 与整体坐标系的坐标轴 OX，OY，OZ 之间的方向余弦 l，m，n 分别为

$$l = \frac{X_j - X_i}{l_{ij}}, \quad m = \frac{Y_j - Y_i}{l_{ij}}, \quad n = \frac{Z_j - Z_i}{l_{ij}} \tag{9.2.29}$$

式中

$$l_{ij} = \sqrt{(X_j - X_i)^2 + (Y_j - Y_i)^2 + (Z_j - Z_i)^2}$$

空间杆单元局部坐标系与整体坐标系的变换矩阵

$$\boldsymbol{t}_2 = [l \quad m \quad n] \tag{9.2.30}$$

式中，l，m，n 为空间杆单元局部坐标系的坐标轴 ix 与整体坐标系的坐标轴 OX，OY，OZ 之间的方向余弦，可按式(9.2.29)计算。

9.2.7 空间梁-柱单元的局部坐标系及向量定义

9.2.7.1 空间梁-柱单元的局部和材料坐标系及向量定义

现有空间梁-柱单元 ij，其中 i 和 j 分别为单元的两个节点，在单元 ij 中建立局部坐标系 $i-xyz$。局部坐标系的原点设在在节点 i，x 轴的正向为从 i 到 j 且位于梁的中性轴，y 及 z 轴需

要分别构造。局部坐标系为右手直角坐标系。

空间梁-柱单元 ij 的 2 个节点 i 和 j 在局部坐标系中定义的坐标

$$\boldsymbol{x}_e = [x_i \quad y_i \quad z_i \quad x_j \quad y_j \quad z_j]^{\mathrm{T}} \tag{9.2.31}$$

其中，$\boldsymbol{x}_e$ 为单元节点坐标向量；x_i，y_i，z_i，x_j，y_j，z_j 为节点 i 和 j 在局部坐标系中的坐标(见图 9.2.19)。

在局部坐标中定义空间梁-柱单元节点外力向量 $\boldsymbol{p}_e$ 和对应的位移向量 $\boldsymbol{u}_e$。

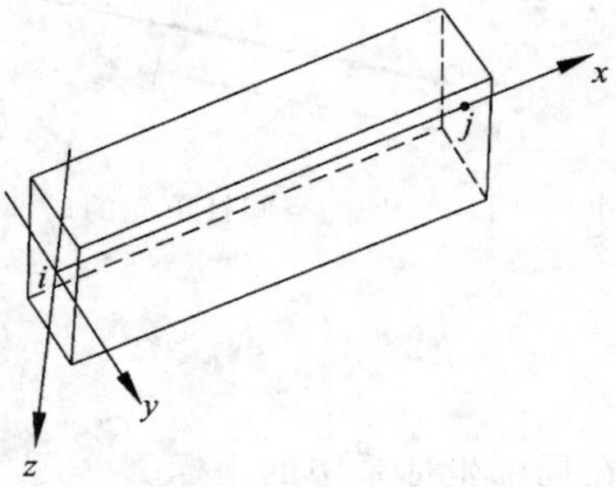

图 9.2.19 空间梁-柱单元的局部坐标

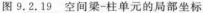

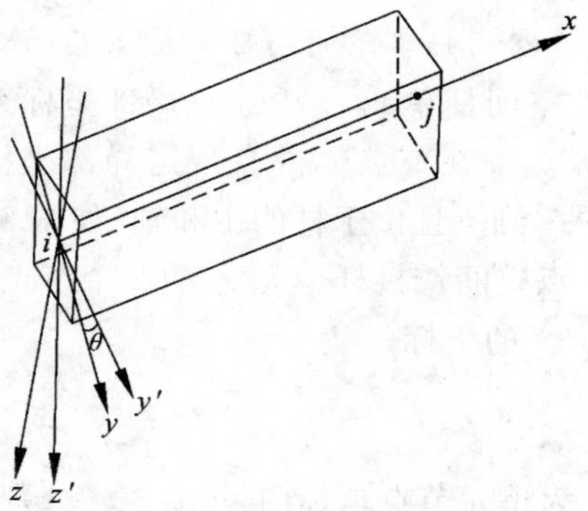

图 9.2.20 空间梁-柱单元的材料坐标系

现在空间梁-柱单元 ij 中建立材料坐标系 $i-xy'z'$。材料坐标系的原点设在在节点 i，坐标轴 ix，iy' 和 iz' 分别位于 3 个材料主轴。ix 为沿 ij 方向的材料主轴，即为中性轴，其方向以从 i 到 j 为正，且材料主轴 ix 与局部坐标系的坐标轴 ix 一致。iy' 和 iz' 分别为位于截面上的材料主轴。对于正交同性材料，材料坐标系为右手直角坐标系。截面特性在材料坐标系中计算。如果单元的材料坐标系与单元的局部坐标系不一致，则规定从材料轴出发，围绕 ix 轴以右手螺旋方向旋转为正，转动 θ 角后和局部坐标系 x，y，z 重合。θ 称为欧拉角且 $-90° \leqslant \theta \leqslant 90°$(如图 9.2.20 所示)。

在材料坐标中定义空间梁-柱单元节点外力向量 $\boldsymbol{p}'_e$ 和对应的位移向量 $\boldsymbol{u}'_e$。

9.2.7.2 空间梁-柱单元局部和材料坐标系的构造及变换矩阵

如上，空间梁-柱单元 ij 的局部坐标系 $i-xyz$ 中的 ix 轴的正向为从 i 到 j 且位于梁-柱的中和轴。ix 轴可表示为

$$\boldsymbol{ix} = (X_j - X_i)\boldsymbol{e}_1 + (Y_j - Y_i)\boldsymbol{e}_2 + (Z_j - Z_i)\boldsymbol{e}_3$$

现进一步构造局部坐标向量 $\boldsymbol{iy}$ 和 $\boldsymbol{iz}$。$\boldsymbol{iy}$ 和 $\boldsymbol{iz}$ 的构造有两种方法。

方法一：除了对 $\boldsymbol{ix}$ 作了以上规定外，ix 轴尚有两种情况。

(1) ix 轴平行于整体坐标系的 OZ 轴，则此时单元 ij 为铅垂杆。对于铅垂杆规定 iy 轴与整体坐标系的 OY 轴一致，而 iz 轴仍由右手螺旋法则确定。

(2) ix 轴不平行于 OZ 轴，则此时单元 ij 为非铅垂杆。对于非铅垂杆，通过 ix 可唯一地作一个平面 P 垂直于整体坐标系中的 XOY 平面，显然 ix 在 P 平面内，并定义局部坐标系的 iz 轴也在 P 平面内。约定 iz 轴的正向使 iz 轴和 OZ 轴正向的夹角小于 90°。确定了 ix 及 iz 轴后再按右手螺旋系定义 iy 轴，iy 轴垂直于 P 平面(见图 9.2.21)。

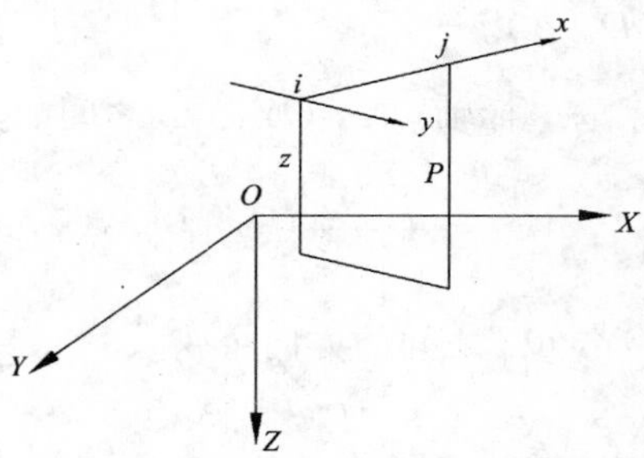

(a) 非铅垂杆

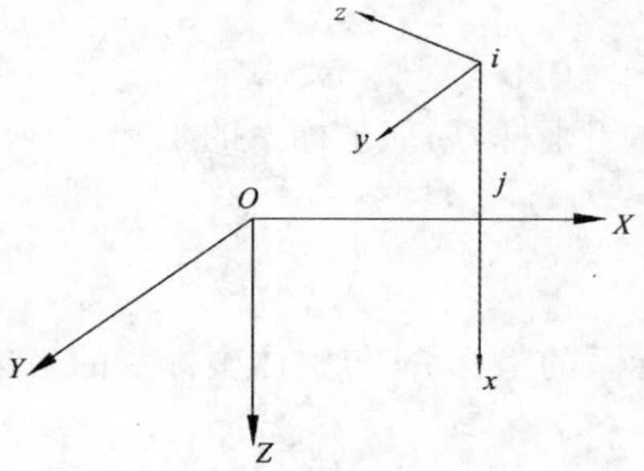

(b) 铅垂杆

图 9.2.21 铅垂杆与非铅垂杆

对于非铅垂杆，因 iy 垂直于 ix 和 OZ，所以

$$\boldsymbol{iy} = \boldsymbol{OZ} \times \boldsymbol{ix}$$

即

$$\boldsymbol{iy} = -(Y_j - Y_i)\boldsymbol{e}_1 + (X_j - X_i)\boldsymbol{e}_2$$

iz 在 P 平面内，必然垂直于 xiy 平面。同样由向量的矢积构造

$$\boldsymbol{iz} = \boldsymbol{ix} \times \boldsymbol{iy}$$

将上式展开并表示成分量的形式，得

$$\boldsymbol{iz} = -(X_j - X_i)(Z_j - Z_i)\boldsymbol{e}_1 - (Y_j - Y_i)(Z_j - Z_i)\boldsymbol{e}_2 + [(X_j - X_i)^2 + (Y_j - Y_i)^2]\boldsymbol{e}_3$$

方法二：设 xiz 平面为材料主平面，k 为位于 xiz 平面内的任意一参考点，k 在整体坐标系中的坐标为(X_k，Y_k，Z_k)，且 k 不在 ix 轴内（见图 9.2.22）。向量 $\boldsymbol{ik}$ 分量的形式表示为

$$\boldsymbol{ik} = (X_k - X_i)\boldsymbol{e}_1 + (Y_k - Y_i)\boldsymbol{e}_2 + (Z_k - Z_i)\boldsymbol{e}_3$$

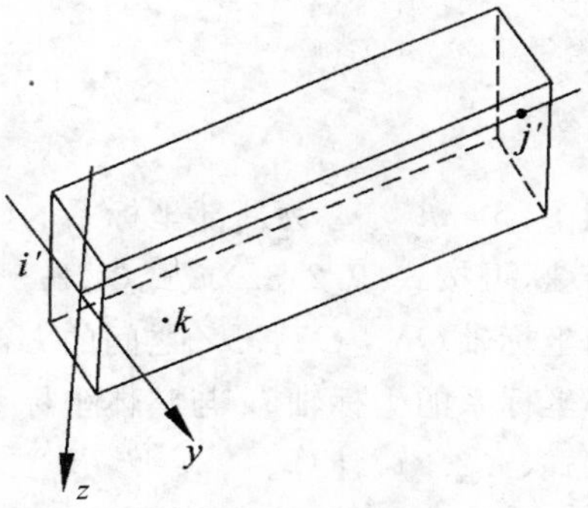

图 9.2.22 参考点

根据向量的矢积可构成向量

$$\boldsymbol{iy} = \boldsymbol{ik} \times \boldsymbol{ix} = D_{x,y}\boldsymbol{e}_1 + D_{y,y}\boldsymbol{e}_2 + D_{z,y}\boldsymbol{e}_3$$

其中

$$D_{x,y} = (Y_k - Y_i)(Z_j - Z_i) - (Y_j - Y_i)(X_k - X_i)$$
$$D_{y,y} = (Z_k - Z_i)(X_j - X_i) - (X_k - X_i)(Z_j - Z_i)$$
$$D_{z,y} = (X_k - X_i)(Y_j - Y_i) - (X_j - X_i)(Y_k - Y_i)$$

则向量

$$\boldsymbol{iz} = \boldsymbol{ix} \times \boldsymbol{iy} = D_{x,z}\boldsymbol{e}_1 + D_{y,z}\boldsymbol{e}_2 + D_{z,z}\boldsymbol{e}_3$$

其中

$$D_{x,z} = (Y_j - Y_i)D_{z,y} - D_{y,y}(Z_j - Z_i),\quad D_{y,z} = (Z_j - Z_i)D_{x,y} - (X_j - X_i)D_{z,y}$$

$$D_{z,z} = (X_j - X_i)D_{y,y} - D_{x,y}(Y_j - Y_i)$$

对非铅垂杆,局部坐标系的坐标 ix 与整体坐标系的坐标轴 OX, OY, OZ 之间的方向余弦

$$l_1 = \frac{X_j - X_i}{l_{ij}},\quad m_1 = \frac{Y_j - Y_i}{l_{ij}},\quad n_1 = \frac{Z_j - Z_i}{l_{ij}} \tag{9.2.32}$$

局部坐标系的坐标 iy 与整体坐标系的坐标轴 OX, OY, OZ 之间的方向余弦

$$l_2 = \frac{-(Y_j - Y_i)}{S},\quad m_2 = \frac{X_j - X_i}{S},\quad n_2 = 0 \tag{9.2.33}$$

局部坐标系的坐标 iz 与整体坐标系的坐标轴 OX, OY, OZ 之间的方向余弦

$$l_3 = -m_2 n_1,\quad m_3 = l_2 n_1,\quad n_3 = \frac{S}{l_{ij}} \tag{9.2.34}$$

其中

$$l_{ij} = \sqrt{(X_j - X_i)^2 + (Y_j - Y_i)^2 + (Z_j - Z_i)^2},\quad S = \sqrt{(X_j - X_i)^2 + (Y_j - Y_i)^2}$$

对于铅垂杆也同样可根据上述运算法则进行计算,得

$$\begin{cases} l_1 = 0,\quad m_1 = 0,\quad n_1 = 1; \\ l_2 = 0,\quad m_2 = 1,\quad n_2 = 0; \\ l_3 = -1,\quad m_3 = 0,\quad n_3 = 0 \end{cases} \tag{9.2.35}$$

空间梁-柱单元局部坐标系与整体坐标系之间的坐标变换矩阵

$$\boldsymbol{t}_2 = \begin{bmatrix} l_1 & m_1 & n_1 \\ l_2 & m_2 & n_2 \\ l_3 & m_3 & n_3 \end{bmatrix} \tag{9.2.36}$$

其中,l_1, m_1, n_1 为局部坐标系的坐标轴 ix 与整体坐标系的坐标轴 OX, OY, OZ 之间的方向余弦,可按式(9.2.32)或式(9.2.35)计算;l_2, m_2, n_2 为局部坐标系的坐标轴 iy 与整体坐标系的坐标轴 OX, OY, OZ 之间的方向余弦,可按式(9.2.33)或式(9.2.35)计算;l_3, m_3, n_3 为局部坐标系的坐标轴 iz 与整体坐标系的坐标轴 OX, OY, OZ 之间的方向余弦,可按式(9.2.34)或式(9.2.35)计算。

对于空间梁-柱单元,通常材料主轴 ix 与局部坐标系的坐标轴 ix 一致。空间梁-柱单元材料坐标系与局部坐标系之间的坐标变换矩阵

$$\boldsymbol{t}_1 = \begin{bmatrix} 1 & 0 & 0 \\ 0 & \cos\theta & -\sin\theta \\ 0 & \sin\theta & \cos\theta \end{bmatrix} \tag{9.2.37}$$

式中,θ 为单元的材料坐标系关于局部坐标系绕 ix 轴的转角。

9.2.8 固体及结构的斜边界坐标系

如果边界约束节点 i 有 6 个自由度,当边界约束的方向与整体坐标系的各坐标轴一致(见

图 9.2.23a)，那么即可采用整体坐标系中定义边界约束向量

$$\overline{\boldsymbol{U}}_i = \left[\overline{U}_i \quad \overline{V}_i \quad \overline{W}_i \quad \bar{\theta}_{Xi} \quad \bar{\theta}_{Yi} \quad \bar{\theta}_{Zi}\right]^{\mathrm{T}} \tag{9.2.38}$$

其中，$\overline{\boldsymbol{U}}_i$ 为节点 i 在整体坐标系中边界位约束向量；$\overline{U}_i$，$\overline{V}_i$，$\overline{W}_i$ 分别为节点 i 沿整体坐标系中 X，Y，Z 方向的线位移约束量；$\bar{\theta}_{Xi}$，$\bar{\theta}_{Yi}$，$\bar{\theta}_{Zi}$ 分别为节点 i 关于整体坐标 X，Y，Z 轴的转角即角位移约束量。

如果边界约束的方向与整体坐标系的各坐标轴不一致，则需在边界约束的方向建立斜边界坐标系 $i-xyz$（见图 9.2.23b)。在斜边界坐标系中定义边界的斜向约束向量

$$\bar{\boldsymbol{u}}_i = \left[\bar{u}_i \quad \bar{v}_i \quad \bar{w}_i \quad \bar{\theta}_{xi} \quad \bar{\theta}_{yi} \quad \bar{\theta}_{zi}\right]^{\mathrm{T}} \tag{9.2.39}$$

其中，$\bar{\boldsymbol{u}}_i$ 为节点 i 在斜边界坐标系中位向量；$\bar{u}_i$，$\bar{v}_i$，$\bar{w}_i$ 分别为节点 i 沿斜边界坐标系中 x，y，z 方向的线位移约束量；$\bar{\theta}_{xi}$，$\bar{\theta}_{yi}$，$\bar{\theta}_{zi}$ 分别为节点 i 关于斜边界坐标 x，y，z 轴的转角即角位移约束量。

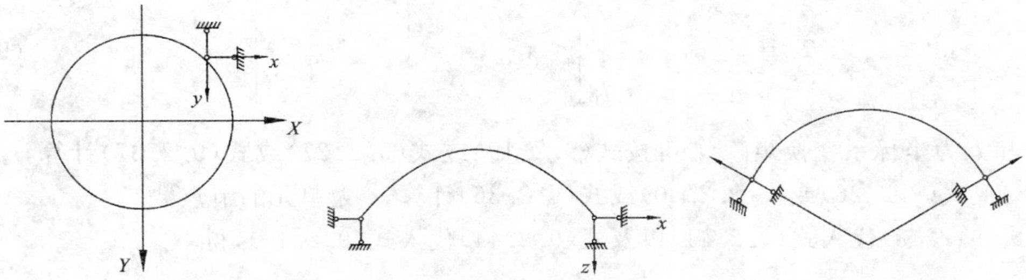

(a) 约束的方向与整体坐标一致

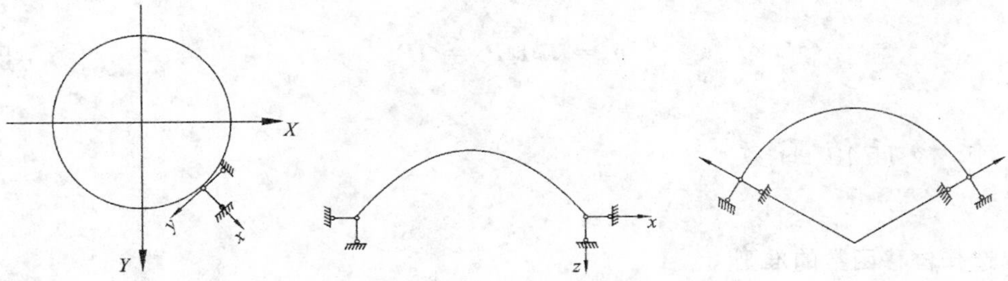

(b) 约束的方向与整体坐标不一致

图 9.2.23 斜边界坐标

9.2.9 向量变换

由于向量的变换即为定义向量的坐标系之间的变换，在不同坐标系中向量的变换

$$\boldsymbol{v} = \boldsymbol{T}\boldsymbol{V} \tag{9.2.40}$$

式中，$\boldsymbol{v}$ 和 $\mathbf{V}$ 为不同坐标系中定义的向量；$\boldsymbol{T}$ 为定义向量的坐标系之间的变换矩阵。其中，各个坐标系之间的变换包括材料坐标系与单元的局部坐标系之间的变换以及局部坐标系与整体坐标系之间的变换等。

材料坐标系中定义的位移向量 $\boldsymbol{u}'_e$ 和荷载向量 $\boldsymbol{p}'_e$ 与局部坐标系中定义的位移向量 $\boldsymbol{u}_e$ 和荷载向量 $\boldsymbol{p}_e$ 之间的变换分别为

$$\boldsymbol{u}'_e = \boldsymbol{T}_1 \boldsymbol{u}_e \tag{9.2.41}$$

和

$$\boldsymbol{p}'_e = \boldsymbol{T}_1 \boldsymbol{p}_e \tag{9.2.42}$$

在局部坐标系中定义的位移向量 $\boldsymbol{u}_e$ 和荷载向量 $\boldsymbol{p}_e$ 与在整体坐标系中定义的位移向量 $\boldsymbol{U}_e$ 和荷载向量 $\boldsymbol{P}_e$ 之间的变换分别为

$$\boldsymbol{u}_e = \boldsymbol{T}_2 \boldsymbol{U}_e \tag{9.2.43}$$

和

$$\boldsymbol{p}_e = \boldsymbol{T}_2 \boldsymbol{P}_e \tag{9.2.44}$$

式中，$\boldsymbol{T}_1$，$\boldsymbol{T}_2$ 为向量变换矩阵，有

$$\boldsymbol{T}_1 = \begin{bmatrix} t_1 & & \\ & \ddots & \\ & & t_1 \end{bmatrix}_{n\times n},\quad \boldsymbol{T}_2 = \begin{bmatrix} t_2 & & \\ & \ddots & \\ & & t_2 \end{bmatrix}_{n\times n} \tag{9.2.45}$$

这里，$\boldsymbol{t}_1$ 和 $\boldsymbol{t}_2$ 为坐标系变换矩阵，$\boldsymbol{t}_1$ 可按式(9.2.19)或式(9.2.27)或式(9.2.37)计算，$\boldsymbol{t}_2$ 可按式(9.2.18)或式(9.2.26)或式(9.2.30)或式(9.2.36)计算；n 为单元的节点数。

将式(9.2.43)代入式(9.2.41)以及式(9.2.44)代入式(9.2.42)，得

$$\boldsymbol{u}'_e = \boldsymbol{T}_1 \boldsymbol{T}_2 \boldsymbol{U}_e = \boldsymbol{T}\boldsymbol{U}_e \tag{9.2.46}$$

及

$$\boldsymbol{p}'_e = \boldsymbol{T}_1 \boldsymbol{T}_2 \boldsymbol{P}_e = \boldsymbol{T}\boldsymbol{P}_e \tag{9.2.47}$$

9.3 位移插值函数

9.3.1 选择位移函数的准则

在有限单元法中迄今大量采用的是位移法，所以下面主要讨论单元位移函数的选择准则。

(1) 相容和完整条件

在弹性力学问题中，位移必须满足变形连续条件即相容条件。将固体和结构离散为各个单元后，如果出现在泛函中场函数的最高阶导数是 p 阶，则有限元解收敛的条件之一是单元内场函数的试函数至少是 p 次完全多项式，或者说试函数中必须包括本身和直至 p 阶导数为常数的项。单元的插值函数满足上述要求时，称单元是完备的。

将固体和结构离散为各个单元后，沿各单元之间的公共边界的位移必须协调。即如果出现在泛函中的最高阶导数是 p 阶，则试函数在单元交界面上必须具有 C^{p-1} 连续性，即在相邻单元的交界面上应有函数直至(p—1)阶的连续导数。当单元的插值函数满足上述要求时，称为单元是协调的。当选取的单元既完备又协调时，有限元解是收敛的，这种单元为协调元。

现用单元节点的位移值来构造位移函数以逼近真正的位移。构造的位移函数是分片光滑的函数，各单元之间的公共节点的位移值是唯一的。通过边界节点的位移值应唯一地确定沿该边界的位移变化。但是由此得到的应力(或应变)一般在边界上不连续，它们与位移的一阶偏导数成正比。所以在选择位移插值函数时，有时还必须考虑在单元的边界使位移函数至少到某一阶是可微的。假定 p 是问题中以位移表示的总势能表达式中位移导数的最高阶次数，那么当单元的类型和单元节点的自由度确定后使插值函数 u 尽可能为一个完整的 p 阶多项式，这个完整的阶数也取决于控制微分方程的阶数。为了能保证达到这样一个完整的阶数，一个单元必须具有足够自由度。所以单元是否考虑内插点也是出于这一原则。单元的节点数直接与完整性有关，完整性准则在力学上常以常应变状态来表示，即所选取的位移函数应当能够反映出任意的常应变状态。虽然体系内的每个单元的应变不应该是常量，但是如果单元无限缩小，单元的应变可以看作趋于常量。

(2) 几何不变性

在选取多项式的各个项时，为了避免要进行坐标方向的取舍，应使插值与局部坐标的取向无关，这就是所谓的几何不变性。为此，在选择多项式的各项时考虑运用 Pascal 三角形(如图 9.3.1a 所示)。为了保证几何不变性，选取的多项式的各项要对称于中心轴。例如在二项式中，如果含有 x^2 项，那么也必须含有 y^2 项。但是与相容性和完整性相比，保持几何不变性是次要的。因为如果选用的三角形单元不是等边三角形或者四边形单元不是正方形，那么实际上已存在一个方向。

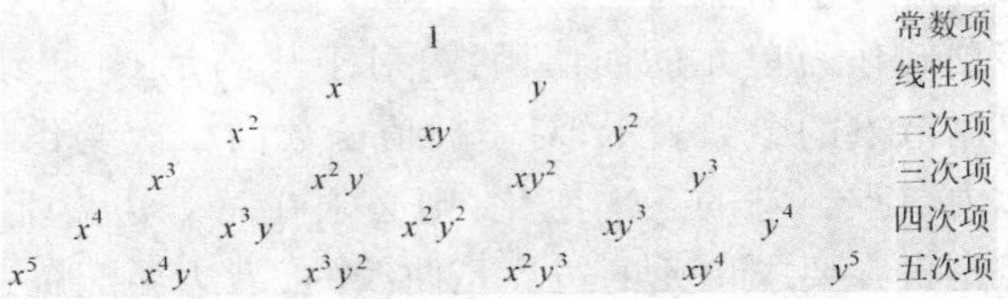

(a) 二维问题

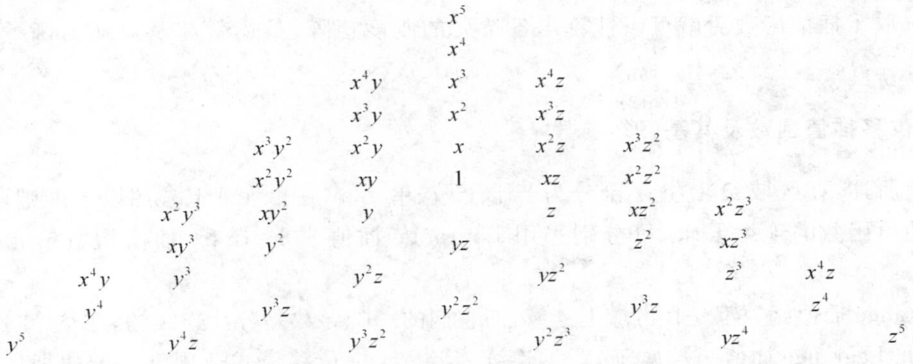

(b) 三维问题

图 9.3.1 Pascal 三角形

(3) 收敛性

有限单元法的解是否收敛于精确解，可以从两方面衡量：一是单元的数量一定时，单元的自由度是否能无限的增加；二是单元的自由度一定时，各单元的尺寸是否能无限缩小，也就是单元数量无限增加，从而收敛于精确解。为此所选取的位移插值函数应使体系的能量泛函随着单元尺寸的缩小而收敛。这个问题也可以这样来理解：由于有限单元法是用每个单元的近似解（位移插值函数）来构成整体解，它的特点是将定义域进行离散，从而构成各个子域。那么体系的总能量泛函也是由各单元（子域）的能量泛函组合叠加而成，即

$$\pi = \sum_{e=1}^{n} \pi_e$$

如果被剖分成的子域无限缩小，单元无限缩小，只要各单元在子域中的能量泛函 π_e 存在，那么有限单元法的解收敛于精确解。

位移函数的这两个准则从力学上来理解是很明显的，就是各单元与单元之间的变形（位移、转角）必须协调。从数学上说，函数和函数的一阶导数在整个定义域必须连续，二阶导数在各子域分片连续。对于各种不同的变形协调的要求，可以分别选取不同位移模式的单元。对于只要求位移协调的问题，例如铰接杆系或二维应力或平面应变问题，可以选取拉伸（薄膜）单元，适用于这类单元的位移插值函数是 Lagrange 插值函数。对于除了要求位移协调以外，还要求转角（一阶导数甚至二阶导数）协调的问题（例如梁、板和壳的弯曲问题），必须选取弯曲单元。适用于这类单元的位移插值函数是 Hermite 插值函数。

至于连续性的要求，当试函数是多项式，单元内部函数的连续性显然是满足的，如试函数是 m 次多项式，则单元内部满足 C^{m-1} 连续性要求。因此需要特别注意的是单元交界面上的连续性，这就提出了另一个收敛准则。

由于多项式便于运算和易于满足收敛性，有限单元法中几乎全部采用不同阶次幂的多项式。如果采用幂函数多项式作为单元的插值函数，对于只满足 C^0 连续性的单元，单元内的插值函数的线性变化能仅用节点的参数表示；对于插值函数的二次变化，则必须在角节点之间的边界上适当配置一个边内节点。它的三次变化，则必须在每个边界上配置两个边内节点。配置边内节点的另一原因是常常要求单元的边界是曲线的，沿边界配置适当的边内节点，从而可能构成二次或更高次多项式来描述它们。有时为使插值函数保持为一定阶次的完全多项式，可能还需要在单元内部配置节点。

在选取了插值函数后就可以计算出各单元的刚度矩阵，具体就涉及对插值函数的微分运算和积分运算。

9.3.2 位移插值函数及其基（形）函数

综上所述，在区域 Ω 上将 Ω 剖分为若干子域（单元）e，在单元 e 上参照以上准则，同时考虑多项式插值函数的连续要求，可分别采用 Lagrange 插值或 Hermite 插值构造单元插值函数 $u(x, y, z)$。

Lagrange 插值函数都是在区域上连续，而它们的一阶导数是分片连续的，在整个区域上并不连续，因此 Lagrange 插值函数属于 C^0 类连续。Lagrange 位移模式适用于一维的杆件拉伸或扭曲、二维应力或平面应变以及一般的三维空间问题，并不适用于梁、板和壳的弯曲等问题。Lagrange 插值函数仅要求插值函数 $u(x, y, z)$ 在插值点处与被插值函数 $U(x, y, z)$ 有相同的函数值。单元的位移插值函数由该单元中各节点的真实位移值来构造，而与节点处的转角无关。

为了使位移插值函数满足相容条件和完整性条件，很重要的一点是单元必须有足够的自由度。由于每个各种体系中节点的自由度是确定的，因此为了使单元具有足够的自由度就必须选取恰当的节点数。同时采用线性插值函数时，在整个域上的插值函数由分片的线性函数

构成，因为通过二点只能唯一地决定一根直线，显然它是不够光滑的。所以如果在单元的节点之间增加一个内插点，那么通过三点可以唯一地决定一根曲线。因此，整个位移插值函数的逼近程度也接近了。虽然应用二次插值总体自由度要增加，也就是刚度矩阵的阶数要提高，但是精度提高了，那么相对来说剖分的单元可以大一些。

通过增加自由度提高插值函数的阶数从而达到提高精度的目的，而这时单元可以分得大一些，数量少一些；采用线性插值函数而把单元分得小一些，数量多一些，从而也可以提高计算的精度。这二者之间各有利弊，一般来说这与计算机的内存容量和速度很有关系。当然提高插值函数的阶数也不仅仅只是二阶，也可以是更高阶。

采用 Lagrange 二次插值时一般是将单元的节点之间的中点再增加为一个节点。位移函数 U 的插值函数 u 可以是个多片连续的二次多项式的组合，且它在单元各节点包括各节点之间的内插点处的位移值正好等于该节点处真正的位移。

但是应用二次或偏二次插值函数纵然可以增加单元中的节点，从而提高插值函数的逼近精度，然而函数的光滑度并未改进，并不能改善曲线的整体光滑度。

Hermite 插值函数都是在区域 e 上连续，它们的一阶导数也处处连续，在整个区域 Ω 上二阶导数分片连续或处处连续，因此 Hermite 插值函数属于 C^1 或 C^2 类连续。Hermite 位移模式适用于梁、板和壳的弯曲问题。梁、板和壳的位移函数除了它必须在整个结构上连续外，还要求在各单元之间的公共节点上转角也连续。

Hermite 插值函数仅要求插值函数 $u(x, y, z)$ 在插值点处与被插值函数 $U(x, y, z)$ 有相同的函数值。单元的位移插值函数由该单元中各节点的真实位移值来构造，而且还要有相同的转角（一阶导数）乃至弯曲（二阶导数）。

由上，在单元 e 上构造单元插值函数

$$u(x, y, z) = \sum_{i=1}^{M} \varphi_i u_i$$

式中，φ_i 为局部坐标系中表示的基函数；u_i 为单元中第 i 个节点位移。

上式用矩阵表示即为

$$\boldsymbol{u}(x, y, z) = \boldsymbol{N}\boldsymbol{u}_e$$

式中，$\boldsymbol{u}_e$ 为单元节点位移向量；而

$$\boldsymbol{N} = [N_1 \quad N_2 \quad N_3 \quad \cdots \quad N_i \quad \cdots \quad N_M]$$

其中，$N_1, \cdots, N_i, \cdots$ 称为在局部坐标系中表示的形函数；下标 $1, 2, 3\cdots, i, \cdots, M$ 对应单元的 $i, m, j, \cdots, r, \cdots, l$ 节点号。

显然，有 $\varphi_i = N_i$

单元插值函数 $u(x, y, z)$ 可组合成整个域上的插值函数 $U(x, y, z)$。

9.3.3 Laglange 偏插值函数及 Hermite 插值函数

按 C^0 类连续要求的 Lagrange 线性插值主要有以下几种。

(1) 一维线性插值，直线单元

一维线性插值函数可以作为一维直线单元如杆、梁拉伸或扭转时的位移函数，采用线性模式插值函数。一维线性插值函数是一种基本的插值函数，根据一维插值函数的乘积可以推广

作为二维以及三维插值函数。

单元的插值函数在每个单元内连续，并且每个单元内的应变为常量。整个域上的插值函数 $U(x)$ 由各单元分片连续的插值函数 $u(x)$ 组合而成。

(2) 二维线性插值函数，三角形单元

二维线性插值函数可以作为处于二维应力或平面应变状态的固体或结构，经三角剖分得到的三角形单元简单拉或压时的位移函数。在单元 e 构造插值函数，其插值函数采用二维线性模式。

在区域 Ω 上，其他各单元的插值函数的构造与 e 一样，因此在整个区域 Ω 上固体和结构的插值函数由各单元的插值函数组合而成。可以看出，这样构造的整个域上的插值函数 $U(x)$ 在任意节点 i 处，其值即为该点的位移 u_i。单元的插值函数在每个单元内连续，并且每个单元内的应变为常量。各单元的插值函数组合成的整个域上的插值函数 $u(x, y)$ 是个分片连续的函数。

(3) 三维线性插值函数，四面体单元

三维线性插值函数可以作为处于三维应力状态的固体或结构，经三角剖分得到的四面体单元简单拉或压时的位移函数。在单元 e 构造插值函数，其插值函数采用三维线性模式。

按 C^0 类连续要求的 Lagrange 二次插值主要有以下几种。

(1) 一维二次插值，直线单元

将采用一维二次插值的单元节点之间的中点再增加为一个节点。一维二次插值函数可以作为一维直线单元如杆、梁拉伸或扭转时的位移函数，其插值函数采用二次模式。

(2) 二维二次插值函数，三角形单元

二维二次插值函数可以作为处于二维应力或二维应变状态的固体或结构，经三角剖分得到的三角形单元简单拉或压时的位移函数。与线性插值的不同之处在于除了三角形单元的三个角节点外，在三条边的中点也分别设立 3 个节点。采用二维二次插值时，在单元 e 构造插值函数，其如式(9.3.1)的插值函数采用二维二次模式。

二维二次插值函数的形函数是关于 x, y 的二次多项式，因而 $u(x, y)$ 也是关于 x, y 的二次多项式。在整个区域 Ω 上其他各单元的插值函数的构造都类似，因此在整个区域 Ω 上的插值函数由各单元的插值函数组合而成，显然整个区域 Ω 上的插值函数 $U(x, y)$ 的一阶导数分片连续。

(3) 三维二次插值函数，四面体单元

三维二次插值函数可以作为处于三维应力状态的固体或结构经三角剖分得到的四面体单元简单拉或压时的位移函数。与线性插值的不同之处在于除了四面体单元的 4 个角节点外，在四面体的各条棱的中点分别设立了 6 个节点。在单元 e 构造插值函数，其如式(9.3.1)的插值函数采用三维二次模式。

三维二次插值函数的形函数是关于 x, y, z 的二次多项式，因而 $u(x, y, z)$ 也是关于 x, y, z 的二次多项式。在整个区域 Ω 上其他各单元的插值函数的构造都类似，因此在整个区域 Ω 上的插值函数由各单元的插值函数组合而成，显然整个区域 Ω 上的插值函数 $U(x, y, z)$ 的一阶导数分片连续。

按 C^0 类连续要求的 Lagrange 偏线性插值主要有以下几种。

(1) 二维偏线性插值函数，矩形单元

二维偏线性插值函数可以作为处于二维应力或平面应变状态的二维矩形区域中固体或结构，经矩形剖分得到的矩形单元简单拉或压时的位移函数。在单元 e 构造插值函数，其如式(9.3.1)的插值函数采用二维偏线性模式。

(2) 三维偏线性插值函数,长方体单元

三维偏线性插值函数可以作为处于三维应力状态的三维长方体区域中固体或结构,经剖分得到的长方体单元简单拉或压时的位移函数。在单元 e 构造插值函数,其如式(9.3.1)的插值函数采用三维偏线性模式。

按 C^0 类连续要求的 Lagrange 偏二次插值主要有以下几种。

(1) 二维偏二次插值函数,矩形单元

二维偏二次插值函数可以作为处于二维应力或二维应变状态的二维矩形区域中固体或结构,经矩形剖分得到的矩形单元简单拉或压时的位移函数。与二维偏线性插值的不同之处在于除了矩形单元的 4 个角节点外,在 4 条边的中点也分别设立 4 个节点。在单元 e 构造插值函数,其插值函数采用不完全的二维偏二次多项式。

(2) 三维偏二次插值函数,长方体单元

三维偏二次插值函数可以作为处于三维应力状态的三维长方体区域中固体或结构,经剖分得到的长方体单元简单拉或压时的位移函数。与三维偏线性插值的不同之处在于除了长方体单元的 8 个角节点外,在 12 条边的中点也分别设立 12 个节点。在单元 e 构造插值函数,其插值函数采用不完全的二维偏二次多项式。

按 C^1 类连续要求的 Hermite 插值主要有以下几种。

(1) 一维插值函数,梁单元

一维 Hermite 插值函数可以作为处于弯曲状态的结构经剖分得到一维线单元弯曲时的位移函数。但是对于像梁的弯曲问题,Lagrange 插值函数就并不适用,因为作为梁的位移函数除了它必须在整个结构上连续外,还要求在各单元之间的公共节点上转角也连续,也就是应使位移函数的一阶导数也处处连续,而二阶导数分片连续。在单元 e 构造插值函数,其如式(9.3.1)的插值函数采用一维三次多项式。

(2) 二维插值函数,三角形单元

二维 Hermite 插值函数可以作为处于弯曲状态的固体或结构,经剖分得到二维三角形单元弯曲时的位移函数。在单元 e 构造插值函数,其插值函数采用五次多项式(协调板元)或者不完全的三次多项式(非协调板元)或双三次多项式(矩形协调板元)或其他。

9.4 单元形函数的微分

9.4.1 函数微分之间的变换

对于三维问题,根据微分运算规则,任意函数 $\varphi(x, y, z)$关于自然坐标 ξ 的偏微分为

$$\frac{\partial\varphi}{\partial\xi}=\frac{\partial\varphi}{\partial x}\frac{\partial x}{\partial\xi}+\frac{\partial\varphi}{\partial y}\frac{\partial y}{\partial\xi}+\frac{\partial\varphi}{\partial z}\frac{\partial z}{\partial\xi} \tag{9.4.1}$$

类似的,可以写出关于其他两个坐标 η, ζ 的偏微分,将它们集成用矩阵表示,则有

$$\begin{bmatrix}\dfrac{\partial\varphi}{\partial\xi}\\[2mm]\dfrac{\partial\varphi}{\partial\eta}\\[2mm]\dfrac{\partial\varphi}{\partial\zeta}\end{bmatrix}=\boldsymbol{J}\begin{bmatrix}\dfrac{\partial\varphi}{\partial x}\\[2mm]\dfrac{\partial\varphi}{\partial y}\\[2mm]\dfrac{\partial\varphi}{\partial z}\end{bmatrix} \tag{9.4.2}$$

式中,$\boldsymbol{J}$ 称为雅可比(Jacobi)矩阵,即

$$\boldsymbol{J}=\begin{bmatrix}\frac{\partial x}{\partial \xi} & \frac{\partial y}{\partial \xi} & \frac{\partial z}{\partial \xi}\\ \frac{\partial x}{\partial \eta} & \frac{\partial y}{\partial \eta} & \frac{\partial z}{\partial \eta}\\ \frac{\partial x}{\partial \zeta} & \frac{\partial y}{\partial \zeta} & \frac{\partial z}{\partial \zeta}\end{bmatrix} \tag{9.4.3a}$$

记雅可比矩阵为$\frac{\partial(x,\ y,\ z)}{\partial(\xi,\ \eta,\ \zeta)}$。

如采用等参变换,注意到体积坐标不是完全独立的。现定义自然坐标

$$\xi=L_i,\quad \eta=L_j,\quad \zeta=L_k$$

于是有 $L_l=1-\xi-\eta-\zeta$,所以,雅可比矩阵

$$\boldsymbol{J}=\begin{bmatrix}\frac{\partial x}{\partial L_i} & \frac{\partial y}{\partial L_i} & \frac{\partial z}{\partial L_i}\\ \frac{\partial x}{\partial L_j} & \frac{\partial y}{\partial L_j} & \frac{\partial z}{\partial L_j}\\ \frac{\partial x}{\partial L_k} & \frac{\partial y}{\partial L_k} & \frac{\partial z}{\partial L_k}\end{bmatrix} \tag{9.4.3b}$$

局部坐标系中单元坐标用单元节点坐标表示,即

$$\boldsymbol{x}=\boldsymbol{N}_x\boldsymbol{x}_e$$

雅可比矩阵 $\boldsymbol{J}$ 可以表示为

$$\boldsymbol{J}=\begin{bmatrix}\sum_{t=1}^{M}\frac{\partial N_t}{\partial \xi}x_t & \sum_{t=1}^{M}\frac{\partial N_t}{\partial \xi}y_t & \sum_{t=1}^{M}\frac{\partial N_t}{\partial \xi}z_t\\ \sum_{t=1}^{M}\frac{\partial N_t}{\partial \eta}x_t & \sum_{t=1}^{M}\frac{\partial N_t}{\partial \eta}y_t & \sum_{t=1}^{M}\frac{\partial N_t}{\partial \eta}z_t\\ \sum_{t=1}^{M}\frac{\partial N_t}{\partial \zeta}x_t & \sum_{t=1}^{M}\frac{\partial N_t}{\partial \zeta}y_t & \sum_{t=1}^{M}\frac{\partial N_t}{\partial \zeta}z_t\end{bmatrix}=\begin{bmatrix}\frac{\partial N_1}{\partial \xi} & \frac{\partial N_2}{\partial \xi} & \cdots & \frac{\partial N_M}{\partial \xi}\\ \frac{\partial N_1}{\partial \eta} & \frac{\partial N_2}{\partial \eta} & \cdots & \frac{\partial N_M}{\partial \eta}\\ \frac{\partial N_1}{\partial \zeta} & \frac{\partial N_2}{\partial \zeta} & \cdots & \frac{\partial N_M}{\partial \zeta}\end{bmatrix}\begin{bmatrix}x_1 & y_1 & z_1\\ x_2 & y_2 & z_2\\ \vdots & \vdots & \vdots\\ x_M & y_M & z_M\end{bmatrix} \tag{9.4.4}$$

式中,M 为单元节点数;$\boldsymbol{N}_x$ 为采用线性插值或二次插值的形函数;下标 1, 2, 3, 4,…相应节点 i, j, k, l,…。

由式(9.4.2),可得

$$\begin{bmatrix}\frac{\partial \varphi}{\partial x}\\ \frac{\partial \varphi}{\partial y}\\ \frac{\partial \varphi}{\partial z}\end{bmatrix}=\boldsymbol{J}^{-1}\begin{bmatrix}\frac{\partial \varphi}{\partial \xi}\\ \frac{\partial \varphi}{\partial \eta}\\ \frac{\partial \varphi}{\partial \zeta}\end{bmatrix} \tag{9.4.5}$$

其中,$\boldsymbol{J}^{-1}$ 是 $\boldsymbol{J}$ 的逆矩阵。于是

$$
\begin{cases}
\dfrac{\partial \varphi}{\partial \xi} = \dfrac{\partial \varphi}{\partial L_i}\dfrac{\partial L_i}{\partial \xi} + \dfrac{\partial \varphi}{\partial L_j}\dfrac{\partial L_j}{\partial \xi} + \dfrac{\partial \varphi}{\partial L_k}\dfrac{\partial L_k}{\partial \xi} + \dfrac{\partial \varphi}{\partial L_l}\dfrac{\partial L_l}{\partial \xi} = \dfrac{\partial \varphi}{\partial L_i} - \dfrac{\partial \varphi}{\partial L_l}, \\
\dfrac{\partial \varphi}{\partial \eta} = \dfrac{\partial \varphi}{\partial L_j} - \dfrac{\partial \varphi}{\partial L_l}, \\
\dfrac{\partial \varphi}{\partial \zeta} = \dfrac{\partial \varphi}{\partial L_k} - \dfrac{\partial \varphi}{\partial L_l}
\end{cases} \tag{9.4.6}
$$

所以对于四面体单元,函数 $\varphi(x, y, z)$关于 x, y, z 的偏微分与关于体积坐标 L_i, L_j, L_k 的偏微分为

$$
\begin{bmatrix} \dfrac{\partial \varphi}{\partial x} \\ \dfrac{\partial \varphi}{\partial y} \\ \dfrac{\partial \varphi}{\partial z} \end{bmatrix} = \boldsymbol{J}^{-1} \begin{bmatrix} \dfrac{\partial \varphi}{\partial L_i} - \dfrac{\partial \varphi}{\partial L_l} \\ \dfrac{\partial \varphi}{\partial L_j} - \dfrac{\partial \varphi}{\partial L_l} \\ \dfrac{\partial \varphi}{\partial L_k} - \dfrac{\partial \varphi}{\partial L_l} \end{bmatrix} \tag{9.4.7}
$$

对于二维问题,雅可比矩阵

$$
\begin{aligned}
\boldsymbol{J} = \frac{\partial (x,y)}{\partial (\xi,\eta)} &= \begin{bmatrix} \dfrac{\partial x}{\partial \xi} & \dfrac{\partial y}{\partial \xi} \\ \dfrac{\partial x}{\partial \eta} & \dfrac{\partial y}{\partial \eta} \end{bmatrix} = \begin{bmatrix} \sum\limits_{i=1}^{m} \dfrac{\partial N_i'}{\partial \xi} x_i & \sum\limits_{i=1}^{m} \dfrac{\partial N_i'}{\partial \xi} y_i \\ \sum\limits_{i=1}^{m} \dfrac{\partial N_i'}{\partial \eta} x_i & \sum\limits_{i=1}^{m} \dfrac{\partial N_i'}{\partial \eta} y_i \end{bmatrix} \\
&= \begin{bmatrix} \dfrac{\partial N_1'}{\partial \xi} & \dfrac{\partial N_2'}{\partial \xi} & \cdots & \dfrac{\partial N_m'}{\partial \xi} \\ \dfrac{\partial N_1'}{\partial \eta} & \dfrac{\partial N_2'}{\partial \eta} & \cdots & \dfrac{\partial N_m'}{\partial \eta} \end{bmatrix} \begin{bmatrix} x_1 & y_1 \\ x_2 & y_2 \\ \vdots & \vdots \\ x_m & y_m \end{bmatrix}
\end{aligned} \tag{9.4.8}
$$

考虑一般自然坐标和面积坐标关系,当采用面积坐标时可令 L_i, L_j 为相对应于 ξ, η 的独立变量$L_i = \xi, L_j = \eta$,且有 $L_k = 1 - L_i - L_j = 1 - \xi - \eta$,所以对于二维三角形单元,函数 $\varphi(x, y)$关于 x, y 的偏微分与关于自然坐标 ξ, η 和面积坐标 L_i, L_j 的偏微分为

$$
\begin{bmatrix} \dfrac{\varphi}{\partial x} \\ \dfrac{\partial \varphi}{\partial y} \end{bmatrix} = \boldsymbol{J}^{-1} \begin{bmatrix} \dfrac{\partial \varphi}{\partial \xi} \\ \dfrac{\partial \varphi}{\partial \eta} \end{bmatrix} = \boldsymbol{J}^{-1} \begin{bmatrix} \dfrac{\partial \varphi}{\partial L_i} - \dfrac{\partial \varphi}{\partial L_k} \\ \dfrac{\partial \varphi}{\partial L_j} - \dfrac{\partial \varphi}{\partial L_k} \end{bmatrix} \tag{9.4.9}
$$

9.4.2 体积微元、面积微元的变换

笛卡儿坐标系内单元的体积微元为

$$
\mathrm{d}V = \mathrm{d}\boldsymbol{\xi} \cdot (\mathrm{d}\boldsymbol{\eta} \times \mathrm{d}\boldsymbol{\zeta}) \tag{9.4.10}
$$

其中

$$
\mathrm{d}\boldsymbol{\xi} = \frac{\partial x}{\partial \xi}\mathrm{d}\xi \boldsymbol{e}_1 + \frac{\partial y}{\partial \xi}\mathrm{d}\xi \boldsymbol{e}_2 + \frac{\partial z}{\partial \xi}\mathrm{d}\xi \boldsymbol{e}_3
$$

$$d\eta = \frac{\partial x}{\partial \eta}d\eta \boldsymbol{e}_1 + \frac{\partial y}{\partial \eta}d\eta \boldsymbol{e}_2 + \frac{\partial z}{\partial \eta}d\eta \boldsymbol{e}_3$$

$$d\zeta = \frac{\partial x}{\partial \zeta}d\zeta \boldsymbol{e}_1 + \frac{\partial y}{\partial \zeta}d\zeta \boldsymbol{e}_2 + \frac{\partial z}{\partial \zeta}d\zeta \boldsymbol{e}_3$$

式中，$\boldsymbol{e}_1$，$\boldsymbol{e}_2$，$\boldsymbol{e}_3$ 是笛卡儿坐标 x，y，z 方向的单位向量。

于是，得

$$dV = \begin{vmatrix} \frac{\partial x}{\partial \xi} & \frac{\partial y}{\partial \xi} & \frac{\partial z}{\partial \xi} \\ \frac{\partial x}{\partial \eta} & \frac{\partial y}{\partial \eta} & \frac{\partial z}{\partial \eta} \\ \frac{\partial x}{\partial \zeta} & \frac{\partial y}{\partial \zeta} & \frac{\partial z}{\partial \zeta} \end{vmatrix} d\xi d\eta d\zeta = |\boldsymbol{J}| d\xi d\eta d\zeta \tag{9.4.11}$$

类似的，可得在 $\xi=c$（常数）处的微元面积

$$\begin{aligned} dS &= |d\eta \times d\zeta|_{\xi=c} \\ &= \left[\left(\frac{\partial y}{\partial \eta}\frac{\partial z}{\partial \zeta} - \frac{\partial y}{\partial \zeta}\frac{\partial z}{\partial \eta}\right)^2 + \left(\frac{\partial z}{\partial \eta}\frac{\partial x}{\partial \zeta} - \frac{\partial z}{\partial \zeta}\frac{\partial x}{\partial \eta}\right)^2 + \left(\frac{\partial x}{\partial \eta}\frac{\partial y}{\partial \zeta} - \frac{\partial x}{\partial \zeta}\frac{\partial y}{\partial \eta}\right)^2\right]^{\frac{1}{2}} d\eta d\zeta \end{aligned} \tag{9.4.12}$$

其它面上的 dS 可以通过轮换 ξ，η，ζ 得到。

$d\xi$，$d\eta$ 在笛卡儿坐标内的面积微元为

$$dA = \begin{vmatrix} \frac{\partial x}{\partial \xi} & \frac{\partial y}{\partial \xi} \\ \frac{\partial x}{\partial \eta} & \frac{\partial y}{\partial \eta} \end{vmatrix} d\xi d\eta = |\boldsymbol{J}| d\xi d\eta \tag{9.4.13}$$

9.4.3 四面体和三角形单元形函数的微分

如果函数 $\varphi(x, y, z)$ 为单元形函数

$$\varphi_t = N_t \quad (t = i, j, k, l)$$

对于四面体单元，形函数 N_t 关于 x，y，z 的偏微分与关于体积坐标的偏微分

$$\begin{bmatrix} \frac{\partial N}{\partial x} \\ \frac{\partial N}{\partial y} \\ \frac{\partial N}{\partial z} \end{bmatrix} = \boldsymbol{J}^{-1} \begin{bmatrix} \frac{\partial N}{\partial L_i} - \frac{\partial N}{\partial L_l} \\ \frac{\partial N}{\partial L_j} - \frac{\partial N}{\partial L_l} \\ \frac{\partial N}{\partial L_k} - \frac{\partial N}{\partial L_l} \end{bmatrix} \tag{9.4.14}$$

按上式可求采用线性插值 4 节点四面体单元形函数的微分和采用二次插值 10 节点四面体单元形函数的微分。

对于二维三角形单元，形函数 N_t 关于 x，y 的偏微分与关于面积坐标 L_i，L_j 的偏微分

$$\begin{bmatrix} \frac{\partial \boldsymbol{N}}{\partial x} \\ \frac{\partial \boldsymbol{N}}{\partial y} \end{bmatrix} = \boldsymbol{J}^{-1} \begin{bmatrix} \frac{\partial \boldsymbol{N}}{\partial L_i} - \frac{\partial \boldsymbol{N}}{\partial L_k} \\ \frac{\partial \boldsymbol{N}}{\partial L_j} - \frac{\partial \boldsymbol{N}}{\partial L_k} \end{bmatrix} \tag{9.4.15}$$

9.5 单元的几何关系

9.5.1 单元的位移函数

已知位移 u 是坐标 x 的函数，但不知这个函数真实表达式。如果知道单元的几个节点处的位移值，就可利用这几个点的位移值作出一个 n 阶多项式来逼近真实的位移函数，而节点间的任意点位移的近似值可以用这插值函数求得。

现根据选择位移函数的准则及固体和结构的变形，在单元 e 上构造真实的位移函数 $\boldsymbol{U}$ 的插值函数，有

$$u(x, y, z) = C_1 + C_2 x + C_3 y + C_4 z + C_5 xy + C_6 xz + C_7 yz + C_8 x^2 + C_9 y^2 + C_{10} z^2 + \cdots \tag{9.5.1}$$

如用矩阵表示即为

$$\boldsymbol{u} = \boldsymbol{L}\boldsymbol{C} \tag{9.5.2}$$

这里

$$\boldsymbol{L} = [1 \quad x \quad y \quad z \quad xy \quad xz \quad yz \quad x^2 \quad y^2 \quad z^2 \quad xy^2 \quad x^2y \quad \cdots \quad xyz \quad x^3 \quad y^3 \quad z^3 \quad \cdots]$$

$$\boldsymbol{C} = [C_1 \quad C_2 \quad C_3 \quad C_4 \quad C_5 \quad C_6 \quad C_7 \quad C_8 \quad C_9 \quad C_{10} \quad C_{11} \quad C_{12} \quad \cdots \quad C_{17} \quad C_{18} \quad C_{19} \quad C_{20} \quad \cdots]^{\mathrm{T}}$$

按式(9.5.1)计算单元节点处的位移值或转角(一阶导数)或弯曲(二阶导数)应该等于该单元节点处真实的位移值或转角(一阶导数)或弯曲(二阶导数)，即将单元节点坐标以及该节点位移值或转角(一阶导数)或弯曲(二阶导数)$\boldsymbol{u}_e$ 代入上式，得

$$\boldsymbol{u}_e = \boldsymbol{L}_x \boldsymbol{C} \tag{9.5.3}$$

其中，$\boldsymbol{L}_x$ 是将单元节点坐标代入 $\boldsymbol{L}$ 后得到的矩阵；$\boldsymbol{u}_e$ 为单元节点位移向量，有

$$\boldsymbol{u}_e = [u_i \quad u_m \quad u_j \quad \cdots \quad u_r \quad \cdots \quad u_l]^{\mathrm{T}}$$

解方程(9.5.3)，得

$$\boldsymbol{C} = \boldsymbol{L}_x^{-1} \boldsymbol{u}_e$$

将上式代入式(9.5.2)，得在局部坐标系中表示的插值函数

$$\boldsymbol{u} = \boldsymbol{L}\boldsymbol{L}_x^{-1} \boldsymbol{u}_e \tag{9.5.4}$$

令

$$\boldsymbol{N} = \boldsymbol{L}\boldsymbol{L}_x^{-1} = [N_i \quad N_m \quad N_j \quad \cdots \quad N_r \quad \cdots \quad N_l] \tag{9.5.5}$$

式中，$N_i, N_m, \cdots$称为在局部坐标系中表示的基函数或形函数；$i, m, j, \cdots, r, \cdots, l$ 为单元节点号。

如果引入局部坐标与面积坐标或体积坐标之间的变换，可得到用面积坐标或体积坐标表

示的插值函数以及基函数或形函数。

于是

$$\boldsymbol{u} = \boldsymbol{N}\boldsymbol{u}_e \tag{9.5.6}$$

或以增量形式表示，即

$$\Delta\boldsymbol{u} = N\Delta\boldsymbol{u}_e \tag{9.5.7}$$

式中，$\boldsymbol{u}$ 为单元位移向量。

式(9.5.6)或式(9.5.7)为用单元节点位移向量 $\boldsymbol{u}_e$ 表示的单元位移向量 $\boldsymbol{u}$。

9.5.2 单元的应变

以上讨论了固体或结构中的杆、梁、板壳或膜、实体中任意一点的位移，建立了固体或结构任一点在材料坐标系中的应变和位移之间的关系，并通过变换可以将体内任一点的应变用单元的位移表示。一般，应变由线性应变和非线性应变组成，即

$$\boldsymbol{\varepsilon} = \boldsymbol{\varepsilon}_L + \boldsymbol{\varepsilon}_{NL} \tag{9.5.8a}$$

或以增量形式表示，即

$$\Delta\boldsymbol{\varepsilon} = \Delta\boldsymbol{\varepsilon}_L + \Delta\boldsymbol{\varepsilon}_{NL} \tag{9.5.8b}$$

9.5.2.1 应变矩阵

如果把单元位移插值函数式(9.5.6)或式(9.5.7)代入上述应变中，得用单元节点位移表示的单元中任一点的应变

$$\boldsymbol{\varepsilon} = \boldsymbol{B}\boldsymbol{u}_e \tag{9.5.9a}$$

或

$$\Delta\boldsymbol{\varepsilon} = \boldsymbol{B}\Delta\boldsymbol{u}_e \tag{9.5.9b}$$

其中 $\boldsymbol{B}$ 是应变矩阵。应变矩阵反映了应变与单元节点位移之间的变换。考虑到实际的应变是由线性应变和非线性应变组成，故式(9.5.9)可表示为

$$\boldsymbol{\varepsilon}_L = \boldsymbol{B}_L\boldsymbol{u}_e \quad 或 \quad \Delta\boldsymbol{\varepsilon}_L = \boldsymbol{B}_L\Delta\boldsymbol{u}_e \tag{9.5.10a}$$

或

$$\boldsymbol{\varepsilon}_{NL} = \boldsymbol{B}_{NL}\boldsymbol{u}_e \quad 或 \quad \Delta\boldsymbol{\varepsilon}_{NL} = \boldsymbol{B}_{NL}\Delta\boldsymbol{u}_e \tag{9.5.10b}$$

其中，$\boldsymbol{B}_L$ 和 $\boldsymbol{B}_{NL}$ 分别为线性应变矩阵和非线性应变矩阵，应变矩阵是关于形函数的微分。

相应正应变与剪切应变，线性应变矩阵可表示为

$$\boldsymbol{B}_L = [\boldsymbol{B}_L \quad \boldsymbol{H}_L]^{\mathrm{T}} \tag{9.5.11}$$

式(9.5.11)所表示的线性应变矩阵具有一般意义，适用于所有单元。

现按式(9.5.8)所示单元的应变，考虑单元的非线性应变

$$\Delta\boldsymbol{\varepsilon}_{NL} = \frac{1}{2}\Delta\boldsymbol{A}\boldsymbol{\theta} \tag{9.5.12}$$

式中，$\Delta \boldsymbol{A}$ 为根据非线性应变 $\Delta \boldsymbol{\varepsilon}_{NL}$ 展开后得到的关于位移的微分；出于一般

$$\boldsymbol{\theta} = [\boldsymbol{\theta}_x \quad \boldsymbol{\theta}_y \quad \boldsymbol{\theta}_z]^{\mathrm{T}} \tag{9.5.13}$$

其中

$$\boldsymbol{\theta}_x = \begin{bmatrix} \frac{\partial \Delta u}{\partial x} & \frac{\partial \Delta v}{\partial x} & \frac{\partial \Delta w}{\partial x} \end{bmatrix}^{\mathrm{T}}, \quad \boldsymbol{\theta}_y = \begin{bmatrix} \frac{\partial \Delta u}{\partial y} & \frac{\partial \Delta v}{\partial y} & \frac{\partial \Delta w}{\partial y} \end{bmatrix}^{\mathrm{T}}, \quad \boldsymbol{\theta}_z = \begin{bmatrix} \frac{\partial \Delta u}{\partial z} & \frac{\partial \Delta v}{\partial z} & \frac{\partial \Delta w}{\partial z} \end{bmatrix}^{\mathrm{T}} \tag{9.5.14}$$

将式(9.5.7)所示位移函数代入 $\boldsymbol{\theta}$，并引入形函数，有

$$\boldsymbol{\theta} = \boldsymbol{G} \Delta \boldsymbol{u}_e \tag{9.5.15}$$

这里

$$\boldsymbol{G} = \begin{bmatrix} \frac{\partial}{\partial x} & \frac{\partial}{\partial x} & \frac{\partial}{\partial x} & \frac{\partial}{\partial y} & \frac{\partial}{\partial y} & \frac{\partial}{\partial y} & \frac{\partial}{\partial z} & \frac{\partial}{\partial z} & \frac{\partial}{\partial z} \end{bmatrix}^{\mathrm{T}} \boldsymbol{N} \tag{9.5.16}$$

上式中，$\boldsymbol{N}$ 为形函数。将式(9.5.15)代入式(9.5.12)，可得非线性应变

$$\Delta \boldsymbol{\varepsilon}_{NL} = \boldsymbol{B}_{NL} \Delta \boldsymbol{u}_e \tag{9.5.17}$$

非线性应变矩阵

$$\boldsymbol{B}_{NL} = \frac{1}{2} \Delta \boldsymbol{A} \boldsymbol{G} \tag{9.5.18}$$

相应正应变与剪切应变，非线性应变矩阵可表示为

$$\boldsymbol{B}_{NL} = [\boldsymbol{B}_{NL} \quad \boldsymbol{H}_{NL}]^{\mathrm{T}} \tag{9.5.19}$$

9.5.2.2 应变的变分

由线性应变的表达式(9.5.10)可以得到线性应变的变分

$$\delta \Delta \boldsymbol{\varepsilon}_L = \boldsymbol{B}_L \delta \Delta \boldsymbol{u}_e \tag{9.5.20}$$

由非线性线性应变的表达式(9.5.17)可以得到非线性应变的变分

$$\delta \Delta \boldsymbol{\varepsilon}_{NL} = \frac{1}{2} \delta \Delta \boldsymbol{A} \boldsymbol{G} \Delta \boldsymbol{u}_e + \frac{1}{2} \Delta \boldsymbol{A} \boldsymbol{G} \delta \Delta \boldsymbol{u}_e = \Delta \boldsymbol{A} \boldsymbol{G} \delta \Delta \boldsymbol{u}_e \tag{9.5.21}$$

即

$$\delta \Delta \boldsymbol{\varepsilon}_{NL} = \widetilde{\boldsymbol{B}}_{NL} \delta \Delta \boldsymbol{u}_e \tag{9.5.22}$$

这里

$$\widetilde{\boldsymbol{B}}_{NL} = \Delta \boldsymbol{A} \boldsymbol{G} = 2 \boldsymbol{B}_{NL} \tag{9.5.23}$$

相应正应变与剪切应变，上式表示为

$$\widetilde{\boldsymbol{B}}_{NL} = [\widetilde{\boldsymbol{B}}_{NL} \quad \widetilde{\boldsymbol{H}}_{NL}]^{\mathrm{T}} \tag{9.5.24}$$

而非线性应变又可表示为

$$\Delta \boldsymbol{\varepsilon}_{NL} = \frac{1}{2}\widetilde{\boldsymbol{B}}_{NL}\Delta \boldsymbol{u}_e \tag{9.5.25}$$

注意到式(9.5.8)所示的应变是忽略了位移的更高阶量后的近似表达式。如果在应变中考虑了位移的更高阶量，则固体或结构中任意一点沿正交坐标系的 x 方向的正应变 $\Delta\boldsymbol{\varepsilon}_x$，有

$$\begin{aligned}\Delta\varepsilon_x = {} & a_x + \frac{1}{2}b_x - \frac{1}{2}a_x^2 - \frac{1}{2}a_x b_x + \frac{1}{2}a_x^3 + \frac{3}{4}a_x^2 b_x - \frac{1}{8}b_x^2 - \frac{5}{8}a_x^4 \\ & + \frac{3}{8}a_x b_x^2 - \frac{5}{4}a_x^3 b_x - \frac{15}{16}a_x^2 b_x^2 + \frac{1}{16}b_x^3 - \frac{5}{16}a_x b_x^3 - \frac{5}{128}b_x^4 + \cdots\end{aligned} \tag{9.5.26}$$

类似，有沿正交坐标系的 y，z 方向的正应变 $\Delta\varepsilon_y$ 和 $\Delta\varepsilon_z$。按式(9.5.8)，则

$$\Delta\boldsymbol{\varepsilon}_x = \Delta\boldsymbol{\varepsilon}_{xL} + \Delta\boldsymbol{\varepsilon}_{xNL} + (\Delta\boldsymbol{\varepsilon}_{xNL})^n + \cdots \tag{9.5.27}$$

非线性应变的变分又可表示为

$$\delta\Delta\boldsymbol{\varepsilon}_{NL} = \left(\frac{\partial\Delta\varepsilon_{NL}}{\partial a}\frac{\partial a}{\partial\Delta\boldsymbol{u}_e} + \frac{\partial\Delta\varepsilon_{NL}}{\partial b}\frac{\partial b}{\partial\Delta\boldsymbol{u}_e}\right)\delta\Delta u_e = \widetilde{\boldsymbol{B}}_{NL}\delta\Delta\boldsymbol{u}_e \tag{9.5.28}$$

$$\delta(\Delta\boldsymbol{\varepsilon}_{NL})^n = \left(\frac{\partial(\Delta\boldsymbol{\varepsilon}_{NL})^n}{\partial a}\frac{\partial a}{\partial\Delta u_e} + \frac{\partial(\Delta\boldsymbol{\varepsilon}_{NL})^n}{\partial b}\frac{\partial b}{\partial\Delta u_e}\right)\delta\Delta\boldsymbol{u}_e$$

9.6 静、动力问题的有限元基本方程

9.6.1 固体和结构中单元的虚功方程

现采用更新的拉格朗日(UL)推导固体或结构增量形式的基本方程。如以 t 时刻的状态为度量基准，则考虑 $t+\Delta t$ 时刻固体或结构中单元的虚功方程

$$\int_v \delta^{t+\Delta t}(\Delta\boldsymbol{\varepsilon})^{\mathrm{T}\,t}\boldsymbol{\sigma}\,\mathrm{d}v = \int_v \delta^{t+\Delta t}(\Delta\boldsymbol{u})^{\mathrm{T}\,t+\Delta t}\boldsymbol{p}\,\mathrm{d}v + \int_s \delta^{t+\Delta t}(\Delta\boldsymbol{u})^{\mathrm{T}\,t+\Delta t}\boldsymbol{q}\,\mathrm{d}s \tag{9.6.1}$$

式中，${}^{t+\Delta t}\boldsymbol{p}$，${}^{t+\Delta t}\boldsymbol{q}$ 分别为作用在单元上的体力和面力。

$\delta^{t+\Delta t}\boldsymbol{\varepsilon}$ 为 $t+\Delta t$ 时刻单元的虚应变增量，即应变增量的变分。应变包括正应变和剪应变，简单表示为

$${}^{t+\Delta t}\Delta\boldsymbol{\varepsilon} = [\Delta\boldsymbol{\varepsilon} \quad \Delta\boldsymbol{\gamma}]^{\mathrm{T}} \tag{9.6.2}$$

考虑到应变由线性和非线性两部分组成，即

$${}^{t+\Delta t}\Delta\boldsymbol{\varepsilon} = \begin{bmatrix}\Delta\boldsymbol{\varepsilon}_L \\ \Delta\boldsymbol{\gamma}_L\end{bmatrix} + \begin{bmatrix}\Delta\boldsymbol{\varepsilon}_{NL} \\ \Delta\boldsymbol{\gamma}_{NL}\end{bmatrix}$$

$\delta^{t+\Delta t}(\Delta\boldsymbol{u})^{\mathrm{T}}$ 为 $t+\Delta t$ 时刻单元的虚位移增量，即单元位移增量的变分。整体坐标系中，$t+\Delta t$ 时刻固体或结构中单元的位移是 t 时刻的初位移和 $t+\Delta t$ 时刻的位移增量之向量和，即

$${}^{t+\Delta t}\boldsymbol{u} = {}^{t}\boldsymbol{u} + {}^{t+\Delta t}\Delta\boldsymbol{u} \quad 或 \quad \boldsymbol{u} = \boldsymbol{u}_0 + \Delta\boldsymbol{u} \tag{9.6.3}$$

${}^{t}\boldsymbol{\sigma}$ 为 t 时刻固体或结构中单元的应力，应力包括正应力和剪应力，简单表示为

$${}^{t}\boldsymbol{\sigma} = [\boldsymbol{\sigma} \quad \boldsymbol{\tau}] \tag{9.6.4}$$

$t+\Delta t$ 时刻固体或结构中的单元的应力是 t 时刻初应力和 $t+\Delta t$ 时刻应力增量之向量和，即

$$^{t+\Delta t}\boldsymbol{\sigma} = {}^{t}\boldsymbol{\sigma} + {}^{t+\Delta t}\Delta\boldsymbol{\sigma} \quad \text{或} \quad \boldsymbol{\sigma} = \boldsymbol{\sigma}_0 + \Delta\boldsymbol{\sigma} \tag{9.6.5}$$

在 $t+\Delta t$ 时刻时，固体或结构中单元的几何构形

$$^{t+\Delta t}\boldsymbol{x} = {}^{t}\boldsymbol{x} + {}^{t+\Delta t}\Delta\boldsymbol{u} \quad \text{或} \quad \boldsymbol{x} = \boldsymbol{x}_0 + \Delta\boldsymbol{u} \tag{9.6.6}$$

在式(9.6.1)中代入式(9.6.5)，得

$$\int_v \delta(\Delta\boldsymbol{\varepsilon})^{\mathrm{T}}(\boldsymbol{\sigma}_0 + \Delta\boldsymbol{\sigma})\,\mathrm{d}v = \int_v \delta(\Delta\boldsymbol{u})^{\mathrm{T}}\mathrm{d}v + \int_s \delta(\Delta\boldsymbol{u})^{\mathrm{T}}\mathrm{d}s$$

在上式中代入上述应变的表达式和物理条件，得

$$\int_v \delta\,(\Delta\boldsymbol{\varepsilon}_L + \Delta\boldsymbol{\varepsilon}_{NL})^{\mathrm{T}}(\boldsymbol{\sigma}_0 + \boldsymbol{D}(\Delta\boldsymbol{\varepsilon}_L + \Delta\boldsymbol{\varepsilon}_{NL}))\,\mathrm{d}v = \int_v \delta(\Delta^{t+\Delta t}\boldsymbol{u})^{\mathrm{T}\,t}\boldsymbol{p}\,\mathrm{d}v + \int_s \delta(\Delta^{t+\Delta t}\boldsymbol{u})^{\mathrm{T}\,t}\boldsymbol{q}\,\mathrm{d}s$$

式中，$\boldsymbol{D}$ 为材料的弹性或弹塑性矩阵。

将上式展开，得

$$\begin{aligned}
&\int_v \delta(\Delta\boldsymbol{\varepsilon}_L)^{\mathrm{T}}\boldsymbol{\sigma}_0\,\mathrm{d}v + \int_v \delta(\Delta\boldsymbol{\varepsilon}_{NL})^{\mathrm{T}}\boldsymbol{\sigma}_0\,\mathrm{d}v + \int_v \delta(\Delta\boldsymbol{\varepsilon}_L)^{\mathrm{T}}\boldsymbol{D}\Delta\boldsymbol{\varepsilon}_L\,\mathrm{d}v + \int_v \delta(\Delta\boldsymbol{\varepsilon}_L)^{\mathrm{T}}\boldsymbol{D}\Delta\boldsymbol{\varepsilon}_{NL}\,\mathrm{d}v \\
&\quad + \int_v \delta(\Delta\boldsymbol{\varepsilon}_{NL})^{\mathrm{T}}\boldsymbol{D}\Delta\boldsymbol{\varepsilon}_L\,\mathrm{d}v + \int_v \delta(\Delta\boldsymbol{\varepsilon}_{NL})^{\mathrm{T}}\boldsymbol{D}\Delta\boldsymbol{\varepsilon}_{NL}\,\mathrm{d}v = \int_v \delta(\Delta\boldsymbol{u})^{\mathrm{T}\,t}\boldsymbol{p}\,\mathrm{d}v + \int_s \delta(\Delta\boldsymbol{u})^{\mathrm{T}\,t}\boldsymbol{q}\,\mathrm{d}s
\end{aligned} \tag{9.6.7}$$

将式(9.6.2)和(9.6.4)代入式(9.6.7)，得固体或结构中单元的虚功方程

$$\begin{aligned}
&\int_v \begin{bmatrix}\delta\Delta\boldsymbol{\varepsilon}_L \\ \delta\Delta\boldsymbol{\gamma}_L\end{bmatrix}^{\mathrm{T}}\begin{bmatrix}\boldsymbol{\sigma}_0 \\ \boldsymbol{\tau}_0\end{bmatrix}\mathrm{d}v + \int_v \begin{bmatrix}\delta\Delta\boldsymbol{\varepsilon}_{NL} \\ \delta\Delta\boldsymbol{\gamma}_{NL}\end{bmatrix}^{\mathrm{T}}\begin{bmatrix}\boldsymbol{\sigma}_0 \\ \boldsymbol{\tau}_0\end{bmatrix}\mathrm{d}v + \int_v \begin{bmatrix}\delta\Delta\boldsymbol{\varepsilon}_L \\ \delta\Delta\boldsymbol{\gamma}_L\end{bmatrix}^{\mathrm{T}}\boldsymbol{D}\begin{bmatrix}\Delta\boldsymbol{\varepsilon}_L \\ \Delta\boldsymbol{\gamma}_L\end{bmatrix}\mathrm{d}v + \int_v \begin{bmatrix}\delta\Delta\boldsymbol{\varepsilon}_L \\ \delta\Delta\boldsymbol{\gamma}_L\end{bmatrix}^{\mathrm{T}}\boldsymbol{D}\begin{bmatrix}\Delta\boldsymbol{\varepsilon}_{NL} \\ \Delta\boldsymbol{\gamma}_{NL}\end{bmatrix}\mathrm{d}v \\
&+ \int_v \begin{bmatrix}\delta\Delta\boldsymbol{\varepsilon}_{NL} \\ \delta\Delta\boldsymbol{\gamma}_{NL}\end{bmatrix}^{\mathrm{T}}\boldsymbol{D}\begin{bmatrix}\Delta\boldsymbol{\varepsilon}_L \\ \Delta\boldsymbol{\gamma}_L\end{bmatrix}\mathrm{d}v + \int_v \begin{bmatrix}\delta\Delta\boldsymbol{\varepsilon}_{NL} \\ \delta\Delta\boldsymbol{\gamma}_{NL}\end{bmatrix}^{\mathrm{T}}\boldsymbol{D}\begin{bmatrix}\Delta\boldsymbol{\varepsilon}_{NL} \\ \Delta\boldsymbol{\gamma}_{NL}\end{bmatrix}\mathrm{d}v = \int_v \delta(\Delta\boldsymbol{u})^{\mathrm{T}\,t}\boldsymbol{p}\,\mathrm{d}v + \int_s \delta(\Delta\boldsymbol{u})^{\mathrm{T}\,t}\boldsymbol{q}\,\mathrm{d}s
\end{aligned} \tag{9.6.8}$$

9.6.2 局部坐标系中单元有限元方程

将单元线性应变式(9.5.10)和非线性应变式(9.5.17)以及单元线性应变的变分式(9.5.20)和非线性应变的变分式(9.5.22)代入式(9.6.8)，经整理后有

$$\begin{aligned}
&\delta\boldsymbol{u}_e^{\mathrm{T}}\left(\int_v \begin{bmatrix}\boldsymbol{B}_L \\ \boldsymbol{H}_L\end{bmatrix}^{\mathrm{T}}\begin{bmatrix}\boldsymbol{\sigma}_0 \\ \boldsymbol{\tau}_0\end{bmatrix}\mathrm{d}v + \int_v \begin{bmatrix}\widetilde{\boldsymbol{B}}_{NL} \\ \widetilde{\boldsymbol{H}}_{NL}\end{bmatrix}^{\mathrm{T}}\begin{bmatrix}\boldsymbol{\sigma}_0 \\ \boldsymbol{\tau}_0\end{bmatrix}\mathrm{d}v\right) + \delta\boldsymbol{u}_e^{\mathrm{T}}\left(\int_v \begin{bmatrix}\boldsymbol{B}_L \\ \boldsymbol{H}_L\end{bmatrix}^{\mathrm{T}}\boldsymbol{D}\begin{bmatrix}\boldsymbol{B}_L \\ \boldsymbol{H}_L\end{bmatrix}\mathrm{d}v\right. \\
&\left.+ \frac{1}{2}\int_v \begin{bmatrix}\boldsymbol{B}_L \\ \boldsymbol{H}_L\end{bmatrix}^{\mathrm{T}}\boldsymbol{D}\begin{bmatrix}\widetilde{\boldsymbol{B}}_{NL} \\ \widetilde{\boldsymbol{H}}_{NL}\end{bmatrix}\mathrm{d}v + \int_v \begin{bmatrix}\widetilde{\boldsymbol{B}}_{NL} \\ \widetilde{\boldsymbol{H}}_{NL}\end{bmatrix}^{\mathrm{T}}\boldsymbol{D}\begin{bmatrix}\boldsymbol{B}_L \\ \boldsymbol{H}_L\end{bmatrix}\mathrm{d}v + \frac{1}{2}\int_v \begin{bmatrix}\widetilde{\boldsymbol{B}}_{NL} \\ \widetilde{\boldsymbol{H}}_{NL}\end{bmatrix}^{\mathrm{T}}\boldsymbol{D}\begin{bmatrix}\widetilde{\boldsymbol{B}}_{NL} \\ \widetilde{\boldsymbol{H}}_{NL}\end{bmatrix}\mathrm{d}v\right)\Delta\boldsymbol{u}_e \\
&= \delta(\Delta\boldsymbol{u}_e)^{\mathrm{T}}\left(\int_v \boldsymbol{N}^{\mathrm{T}}\boldsymbol{p}\,\mathrm{d}v + \int_s \boldsymbol{N}^{\mathrm{T}}\boldsymbol{q}\,\mathrm{d}s\right)
\end{aligned}$$

若上式成立，则

$$\int_v \begin{bmatrix} \boldsymbol{B}_L \\ \boldsymbol{H}_L \end{bmatrix}^{\mathrm{T}} \boldsymbol{D} \begin{bmatrix} \boldsymbol{B}_L \\ \boldsymbol{H}_L \end{bmatrix} \mathrm{d}v \Delta \boldsymbol{u}_e + \int_v \begin{bmatrix} \widetilde{\boldsymbol{B}}_{NL} \\ \widetilde{\boldsymbol{H}}_{NL} \end{bmatrix}^{\mathrm{T}} \begin{bmatrix} \boldsymbol{\sigma}_0 \\ \boldsymbol{\tau}_0 \end{bmatrix} \mathrm{d}v + \left(\frac{1}{2} \int_v \begin{bmatrix} \boldsymbol{B}_L \\ \boldsymbol{H}_L \end{bmatrix}^{\mathrm{T}} \boldsymbol{D} \begin{bmatrix} \widetilde{\boldsymbol{B}}_{NL} \\ \widetilde{\boldsymbol{H}}_{NL} \end{bmatrix} \mathrm{d}v \right.$$

$$\left. + \int_v \begin{bmatrix} \widetilde{\boldsymbol{B}}_{NL} \\ \widetilde{\boldsymbol{H}}_{NL} \end{bmatrix}^{\mathrm{T}} \boldsymbol{D} \begin{bmatrix} \boldsymbol{B}_L \\ \boldsymbol{H}_L \end{bmatrix} \mathrm{d}v + \frac{1}{2} \int_v \begin{bmatrix} \widetilde{\boldsymbol{B}}_{NL} \\ \widetilde{\boldsymbol{H}}_{NL} \end{bmatrix}^{\mathrm{T}} \boldsymbol{D} \begin{bmatrix} \widetilde{\boldsymbol{B}}_{NL} \\ \widetilde{\boldsymbol{H}}_{NL} \end{bmatrix} \right) \mathrm{d}v \Delta \boldsymbol{u}_e \tag{9.6.9}$$

$$= -\int_v \begin{bmatrix} \boldsymbol{B}_L \\ \boldsymbol{H}_L \end{bmatrix}^{\mathrm{T}} \begin{bmatrix} \boldsymbol{\sigma}_0 \\ \boldsymbol{\tau}_0 \end{bmatrix} \mathrm{d}v + \int_v \boldsymbol{N}^{\mathrm{T}} \boldsymbol{p} \mathrm{d}v + \int_s \boldsymbol{N}^{\mathrm{T}} \boldsymbol{q} \mathrm{d}s$$

式(9.6.9)为局部坐标系中有限元基本方程的近似表达式，在应变中考虑了位移的高阶量。此方程为 $t+\Delta t$ 时刻增量形式的方程，是一个非线性方程，不能直接求解。等式的左边第一及第三至第五项是应力增量在虚应变增量上所做的虚功；第二项和等式的右边第一项是反映 t 时刻的总应力在虚应变非线性部分和线性部分所做的虚功，类似于初应力做的虚功。

上述方程由于包含未知量的高阶项，所以很难直接求解。通常应该根据方程的性质选择合理的解法。

将式(9.6.9)展开可得非线性方程

$$\begin{cases} k_{1,1}\Delta u_1 + k_{1,2}\Delta u_2 + \cdots + k_{1,n}\Delta u_n + k_{1,n+1}(\Delta u_1)^2 + k_{1,n+2}(\Delta u_2)^2 + \cdots + k_{1,2n}(\Delta u_n)^2 + \cdots = \Delta p_1, \\ k_{2,1}\Delta u_1 + k_{2,2}\Delta u_2 + \cdots + k_{2,n}\Delta u_n + k_{2,n+1}(\Delta u_1)^2 + k_{2,n+2}(\Delta u_2)^2 + \cdots + k_{2,2n}(\Delta u_n)^2 + \cdots = \Delta p_2, \\ \vdots \\ k_{n,1}\Delta u_1 + k_{n,2}\Delta u_2 + \cdots + k_{n,n}\Delta u_n + k_{n,n+1}(\Delta u_1)^2 + k_{n,n+2}(\Delta u_2)^2 + \cdots + k_{n,2n}(\Delta u_n)^2 + \cdots = \Delta p_n \end{cases}$$

有限元基本方程式(9.6.9)也可简单地表示为

$$\boldsymbol{k}_t \Delta \boldsymbol{u}_e = \boldsymbol{p}_e - \boldsymbol{f}_e \tag{9.6.10}$$

式中，$\boldsymbol{p}_e$ 为作用于单元节点的等效节点外荷载向量；$\boldsymbol{f}_e$ 为初应力等效节点力向量；$\boldsymbol{k}_t$ 为局部坐标系中的单元的切线刚度矩阵。

9.6.3 局部坐标系中单元动力有限元方程

如前，利用达朗贝尔原理、虚位移原理或哈密尔顿原理都可得

$$\delta(\Delta \boldsymbol{u}_e)^{\mathrm{T}} \left(\int_v \begin{bmatrix} \boldsymbol{B}_L \\ \boldsymbol{H}_L \end{bmatrix}^{\mathrm{T}} [\boldsymbol{\sigma}_0 \quad \boldsymbol{\tau}_0]^{\mathrm{T}} \mathrm{d}v + \int_v \begin{bmatrix} \boldsymbol{B}_{NL} \\ \boldsymbol{H}_{NL} \end{bmatrix}^{\mathrm{T}} [\boldsymbol{\sigma}_0 \quad \boldsymbol{\tau}_0]^{\mathrm{T}} \mathrm{d}v \right)$$

$$+ \delta(\Delta \boldsymbol{u}_e)^{\mathrm{T}} \left(\int_v \begin{bmatrix} \boldsymbol{B}_L \\ \boldsymbol{H}_L \end{bmatrix}^{\mathrm{T}} \boldsymbol{D} [\boldsymbol{B}_L \quad \boldsymbol{H}_L]^{\mathrm{T}} \mathrm{d}v + \int_v \begin{bmatrix} \boldsymbol{B}_{NL} \\ \boldsymbol{H}_{NL} \end{bmatrix}^{\mathrm{T}} \boldsymbol{D} [\widetilde{\boldsymbol{B}}_{NL} \quad \widetilde{\boldsymbol{H}}_{NL}]^{\mathrm{T}} \mathrm{d}v \right.$$

$$\left. + \int_v \begin{bmatrix} \boldsymbol{B}_L \\ \boldsymbol{H}_L \end{bmatrix}^{\mathrm{T}} \boldsymbol{D} [\widetilde{\boldsymbol{B}}_{NL} \quad \widetilde{\boldsymbol{H}}_{NL}]^{\mathrm{T}} \mathrm{d}v + \int_v \begin{bmatrix} \boldsymbol{B}_{NL} \\ \boldsymbol{H}_{NL} \end{bmatrix}^{\mathrm{T}} \boldsymbol{D} [\boldsymbol{B}_L \quad \boldsymbol{H}_L]^{\mathrm{T}} \mathrm{d}v \right) \Delta \boldsymbol{u}_e$$

$$+ \int_v \delta \Delta^{t+\Delta t} \boldsymbol{u}_e^{\mathrm{T}} \boldsymbol{N}^{\mathrm{T}} \rho N \Delta^{t+\Delta t} \ddot{\boldsymbol{u}}_e \mathrm{d}v + \int_v \delta \Delta^{t+\Delta t} \boldsymbol{u}_e^{\mathrm{T}} \boldsymbol{N}^{\mathrm{T}} v N \Delta^{t+\Delta t} \dot{\boldsymbol{u}}_e \mathrm{d}v$$

$$= \delta(\Delta \boldsymbol{u}_e) \sum \boldsymbol{P}_e$$

如果上式成立，则可得动力问题的有限元动力方程

$$\boldsymbol{m}_e \Delta \ddot{\boldsymbol{u}}_e + \boldsymbol{c}_e \Delta \dot{\boldsymbol{u}}_e + \boldsymbol{k}_t \Delta \boldsymbol{u}_e = \sum \boldsymbol{p}_e - \boldsymbol{f}_e \tag{9.6.11}$$

其中，$\boldsymbol{p}_e$ 为作用于单元节点的等效节点外荷载向量；$\boldsymbol{k}_t$ 为单元的刚度矩阵；$\boldsymbol{m}_e$，$\boldsymbol{c}_e$ 分别为单元的质量矩阵和阻尼矩阵，有

$$\boldsymbol{m}_e = \int_v \boldsymbol{N}^{\mathrm{T}} \rho N \mathrm{d}v \tag{9.6.12}$$

$$\boldsymbol{c}_e = \int_v \boldsymbol{N}^{\mathrm{T}} v N \mathrm{d}v \tag{9.6.13}$$

9.6.4 局部坐标系中单元刚度矩阵

有限元基本方程式(9.6.10)中的局部坐标系中的单元切线刚度矩阵

$$\boldsymbol{k}_t = \boldsymbol{k}_L + \boldsymbol{k}_\varepsilon + \boldsymbol{k}_\sigma \tag{9.6.14}$$

其中，$\boldsymbol{k}_L$ 为线性刚度矩阵，它只考虑了应变中位移的一阶量。如果在加载过程中，处于弹性区域的单元材料的应力-应变关系也近似地认为线性的，这便是符合小应变假定的弹性刚度矩阵，即

$$\boldsymbol{k}_L = \boldsymbol{k}_e = \int_v \begin{bmatrix} \boldsymbol{B}_L \\ \boldsymbol{H}_L \end{bmatrix}^{\mathrm{T}} \boldsymbol{D}_e \begin{bmatrix} \boldsymbol{B}_L \\ \boldsymbol{H}_L \end{bmatrix} \mathrm{d}v \tag{9.6.15a}$$

式中，$\boldsymbol{D}_e$ 为弹性矩阵。在加载过程中，处于塑性区域的单元按弹塑性公式形成单元刚度矩阵，即

$$\boldsymbol{k}_L = \boldsymbol{k}_{ep} = \int_v \begin{bmatrix} \boldsymbol{B}_L \\ \boldsymbol{H}_L \end{bmatrix}^{\mathrm{T}} \boldsymbol{D}_{ep} \begin{bmatrix} \boldsymbol{B}_L \\ \boldsymbol{H}_L \end{bmatrix} \mathrm{d}v \tag{9.6.15b}$$

式中，$\boldsymbol{D}_{ep}$ 为弹塑性矩阵。

$\boldsymbol{k}_\varepsilon$ 为初应变矩阵，它反映了应变的高阶量对刚度的贡献，有

$$\boldsymbol{k}_\varepsilon = \frac{1}{2}\int_v \begin{bmatrix} \boldsymbol{B}_L \\ \boldsymbol{H}_L \end{bmatrix}^{\mathrm{T}} \boldsymbol{D} \begin{bmatrix} \widetilde{\boldsymbol{B}}_{NL} \\ \widetilde{\boldsymbol{H}}_{NL} \end{bmatrix} \mathrm{d}v + \int_v \begin{bmatrix} \widetilde{\boldsymbol{B}}_{NL} \\ \widetilde{\boldsymbol{H}}_{NL} \end{bmatrix}^{\mathrm{T}} \boldsymbol{D} \begin{bmatrix} \boldsymbol{B}_L \\ \boldsymbol{H}_L \end{bmatrix} \mathrm{d}v + \frac{1}{2}\int_v \begin{bmatrix} \widetilde{\boldsymbol{B}}_{NL} \\ \widetilde{\boldsymbol{H}}_{NL} \end{bmatrix}^{\mathrm{T}} \boldsymbol{D} \begin{bmatrix} \widetilde{\boldsymbol{B}}_{NL} \\ \widetilde{\boldsymbol{H}}_{NL} \end{bmatrix} \mathrm{d}v \tag{9.6.16}$$

上面的公式中第一项和第二项所形成的矩阵是不对称的，第三项所形成的矩阵是对称的。在实际应用中，为保持对称性一般并不考虑初应变矩阵中第一项和第二项，或者不考虑初应变矩阵，而将其作为不平衡力。

$\boldsymbol{k}_\sigma$ 为初应力刚度矩阵，它反映了初应力对刚度的贡献，又称几何刚度矩阵。由式(9.6.9)中第二项

$$\int_v \begin{bmatrix} \widetilde{\boldsymbol{B}}_{NL} \\ \widetilde{\boldsymbol{H}}_{NL} \end{bmatrix}^{\mathrm{T}} \begin{bmatrix} \boldsymbol{\sigma}_0 \\ \boldsymbol{\tau}_0 \end{bmatrix} \mathrm{d}v = \int_v \boldsymbol{G}^{\mathrm{T}} (\Delta \boldsymbol{A})^{\mathrm{T}} \begin{bmatrix} \boldsymbol{\sigma}_0 \\ \boldsymbol{\tau}_0 \end{bmatrix} \mathrm{d}v$$

而

$$(\Delta \boldsymbol{A})^{\mathrm{T}} \begin{bmatrix} \boldsymbol{\sigma}_0 \\ \boldsymbol{\tau}_0 \end{bmatrix} = \boldsymbol{M}\boldsymbol{\theta} = \boldsymbol{M}\boldsymbol{G}\Delta \boldsymbol{u}_e$$

所以

$$\int_v \begin{bmatrix} \widetilde{\boldsymbol{B}}_{NL} \\ \widetilde{\boldsymbol{H}}_{NL} \end{bmatrix}^{\mathrm{T}} \begin{bmatrix} \boldsymbol{\sigma}_0 \\ \boldsymbol{\tau}_0 \end{bmatrix} \mathrm{d}v = \int_v \boldsymbol{G}^{\mathrm{T}} \boldsymbol{M} \boldsymbol{G} \Delta \boldsymbol{u}_e \mathrm{d}v$$

于是，初应力刚度矩阵

$$\boldsymbol{k}_\sigma = \int_v \boldsymbol{G}^{\mathrm{T}} \boldsymbol{M} \boldsymbol{G} \mathrm{d}v \tag{9.6.17}$$

f_e 为单元的初应力等效节点力向量，有

$$\boldsymbol{f}_e = \int_v \begin{bmatrix} \boldsymbol{B}_L \\ \boldsymbol{H}_L \end{bmatrix}^{\mathrm{T}} \begin{bmatrix} \boldsymbol{\sigma}_0 \\ \boldsymbol{\tau}_0 \end{bmatrix} \mathrm{d}v \tag{9.6.18}$$

通常，式(9.6.10)表示为

$$(\boldsymbol{k}_L + \boldsymbol{k}_\sigma) \Delta \boldsymbol{u}_e = \boldsymbol{p}_e - \boldsymbol{f}_e - \boldsymbol{r}_e \tag{9.6.19a}$$

如果忽略应变中的非线性应变，则局部坐标系中的线性有限元基本方程为

$$\boldsymbol{k}_L \boldsymbol{u}_e = \boldsymbol{p}_e \tag{9.6.19b}$$

式(9.6.19a)中，$\boldsymbol{r}_e$ 为单元应变的高阶量所产生的等效节点力向量，即不平衡力。譬如，处于三维应力状态的固体应变如式(5.2.8a)、式(5.2.8b)和式(5.2.8c)。该式可表示为

$$\Delta \varepsilon_x = a_x + \frac{1}{2} b_x + (\Delta \boldsymbol{\varepsilon}_{xNL})^n$$

这里，$(\Delta \boldsymbol{\varepsilon}_{xNL})^n$ 为应变的高阶量。由于代入式(9.6.8)的应变是略去高阶量的部分，所以由 $(\Delta \boldsymbol{\varepsilon}_{xNL})^n$ 产生的不平衡力

$$\boldsymbol{r}_e = -\int_v \left(\frac{\partial (\Delta \boldsymbol{\varepsilon}_{NL})^n}{\partial a} \frac{\partial a}{\partial \Delta u_e} + \frac{\partial (\Delta \boldsymbol{\varepsilon}_{NL})^n}{\partial b} \frac{\partial b}{\partial \Delta u_e} \right)^{\mathrm{T}} {}^t\sigma \mathrm{d}v \tag{9.6.20}$$

9.6.5 整体坐标系中单元有限元方程及刚度矩阵和荷载

在局部坐标系中的有限元基本方程式(9.6.10)中引入向量的变换，将式(9.2.43)和式(9.2.44)或式(9.2.46)和式(9.2.47)所示变换代入式(9.6.10)，并整理后得整体坐标系中的有限元基本方程

$$\boldsymbol{T}^{\mathrm{T}} \boldsymbol{k}_t \boldsymbol{T} \Delta \boldsymbol{U}_e = \boldsymbol{T}(\boldsymbol{p}_e - \boldsymbol{f}_e) \tag{9.6.21a}$$

其中，$\Delta \boldsymbol{U}_e$ 为整体坐标系中单元节点位移向量。

如果忽略应变中的非线性应变，则整体坐标系中的线性有限元基本方程为

$$\boldsymbol{T}^{\mathrm{T}} \boldsymbol{k}_L \boldsymbol{T} \boldsymbol{U}_e = \boldsymbol{T} \boldsymbol{p}_e \tag{9.6.21b}$$

由式(9.6.21)可定义整体坐标系中的单元刚度矩阵

$$\boldsymbol{K}_t = \boldsymbol{T}^{\mathrm{T}} \boldsymbol{k}_t \boldsymbol{T} \tag{9.6.22a}$$

及

$$\boldsymbol{K}_e = \boldsymbol{T}^{\mathrm{T}} \boldsymbol{k}_L \boldsymbol{T} \tag{9.6.22b}$$

式中，$\boldsymbol{T}$ 为向量变换矩阵。

由式(9.6.10)所示局部坐标系中有限元基本方程，有局部坐标系中单元的等效节点力

$$\boldsymbol{p}_e = \int_v \boldsymbol{N}^{\mathrm{T}} \boldsymbol{p} \mathrm{d}v + \int_s \boldsymbol{N}^{\mathrm{T}} \boldsymbol{q} \mathrm{d}s \tag{9.6.23}$$

式中，$\boldsymbol{N}$ 为单元的形函数；$\boldsymbol{p}$ 和 $\boldsymbol{q}$ 分别为体力和面力。

整体坐标系中定义的单元等效节点力

$$\boldsymbol{P}_e = \boldsymbol{T} \boldsymbol{p}_e \tag{9.6.24}$$

式中，$\boldsymbol{T}$ 为向量变换矩阵。

在局部坐标系中的动力有限元基本方程式(9.6.11)中引入向量的变换，将式(9.2.43)和式(9.2.44)或式(9.2.46)和式(9.2.47)所示变换代入式(9.6.11)，并整理后得整体坐标系中的动力有限元基本方程

$$\boldsymbol{M}_e \Delta \ddot{\boldsymbol{U}}_e + \boldsymbol{C}_e \Delta \dot{\boldsymbol{U}}_e + \boldsymbol{K}_t \Delta \boldsymbol{U}_e = \sum \boldsymbol{P}_e - \boldsymbol{F}_e \tag{9.6.25}$$

式中，$\boldsymbol{M}_e$ 为整体坐标系中定义的单元质量矩阵，有

$$\boldsymbol{M}_e = \boldsymbol{T}^{\mathrm{T}} \boldsymbol{m}_e \boldsymbol{T} \tag{9.6.26}$$

$\boldsymbol{C}_e$ 为整体坐标系中定义的单元阻尼矩阵

$$\boldsymbol{C}_e = \boldsymbol{T}^{\mathrm{T}} \boldsymbol{c}_e \boldsymbol{T} \tag{9.6.27}$$

9.6.6 节点自由度及自由度凝聚

采用静力凝聚法，可在单元刚度矩阵和固端力列阵中消去松弛了的自由度，而把它们贡献给提供刚度的自由度，以形成新的单元刚度矩阵和固端力列阵。现将有限元基本方程

$$\boldsymbol{k}_e \boldsymbol{u}_e = \boldsymbol{p}_e + \boldsymbol{f}_e$$

改写为

$$\boldsymbol{f}_e = \boldsymbol{k}_e \boldsymbol{u}_e - \boldsymbol{p}_e \tag{9.6.28}$$

上式中，$\boldsymbol{p}_e$ 和 $\boldsymbol{f}_e$ 分别为单元的固端力向量和节点力向量。

如单元中有某几个自由度松弛，则将上式分块，在分块形式的平衡方程中，下标 r 表示松弛自由度，下标 e 表示未松弛的自由度。则

$$\begin{bmatrix} \boldsymbol{f}_e \\ \boldsymbol{f}_r \end{bmatrix} = \begin{bmatrix} \boldsymbol{k}_e & \boldsymbol{k}_{er} \\ \boldsymbol{k}_{re} & \boldsymbol{k}_r \end{bmatrix} \begin{bmatrix} \boldsymbol{u}_e \\ \boldsymbol{u}_r \end{bmatrix} - \begin{bmatrix} \boldsymbol{p}_e \\ \boldsymbol{p}_r \end{bmatrix} \tag{9.6.29}$$

由于松弛的自由度不传递节点力，故 $\boldsymbol{f}_r = 0$。将上式展开，有

$$\boldsymbol{f}_r = \boldsymbol{k}_{re} \cdot \boldsymbol{u}_e + \boldsymbol{k}_r \boldsymbol{u}_r - \boldsymbol{p}_r = 0$$

于是

$$\boldsymbol{u}_r = (\boldsymbol{p}_r - \boldsymbol{k}_{re} \boldsymbol{u}_e) \boldsymbol{k}_r^{-1} \tag{9.6.30}$$

同样

$$\boldsymbol{f}_e = \boldsymbol{k}_e\boldsymbol{u}_e + \boldsymbol{k}_{er}\boldsymbol{u}_r - \boldsymbol{p}_e$$

将式(9.6.30)代入上式,得

$$\boldsymbol{f}_e = \boldsymbol{k}_e^*\boldsymbol{u}_e - \boldsymbol{p}_e^* \tag{9.6.31}$$

式中,$\boldsymbol{k}_e^*$ 等效刚度矩阵,有

$$\boldsymbol{k}_e^* = \boldsymbol{k}_e - \boldsymbol{k}_{er}\boldsymbol{k}_r^{-1}\boldsymbol{k}_{re} \tag{9.6.32}$$

$\boldsymbol{p}_e^*$ 等效固端反力,有

$$\boldsymbol{p}_e^* = \boldsymbol{p}_e - \boldsymbol{k}_{er}\boldsymbol{k}_r^{-1}\boldsymbol{p}_r \tag{9.6.33}$$

采用以上凝聚的方法可消去松弛自由度。

9.7 刚度矩阵的计算

如果不能给出单元刚度矩阵的被积函数的显式,或被积函数非常复杂,则直接对其积分运算相当困难,因此一般都采用数值积分。即在单元内选出某些积分点,计算出被积函数在这些点处的函数值,然后用一些加权系数乘上这些函数值,再求出总和而作为积分的近似值。不同的数值积分方法将有不同的选择积分点的方法和得到不同的权重值。而高斯积分法是有限元法中最常用的具有较高精度的数值积分法。

此外,对四面体单元和三角形单元进行体积内和面积的积分,需变换为自然坐标系中的数值积分。

9.7.1 自然坐标系下空间四面体单元的数值积分

对被积函数为 $f(x, y, z)$的积分,有

$$\int_{z_1}^{z_2}\int_{y_1}^{y_2}\int_{x_1}^{x_2} f(x, y, z)\mathrm{d}x\mathrm{d}y\mathrm{d}z = \int_0^1\int_0^{1-L_i}\int_0^{1-L_j-L_i} g(L_i, L_j, L_k, L_l)\det[\boldsymbol{J}]\mathrm{d}L_k\mathrm{d}L_j\mathrm{d}L_i \tag{9.7.1}$$

其中,$\boldsymbol{J}$ 为雅可比矩阵,有

$$\boldsymbol{J} = \begin{bmatrix} \dfrac{\partial x}{\partial L_i} & \dfrac{\partial y}{\partial L_i} & \dfrac{\partial z}{\partial L_i} \\ \dfrac{\partial x}{\partial L_j} & \dfrac{\partial y}{\partial L_j} & \dfrac{\partial z}{\partial L_j} \\ \dfrac{\partial x}{\partial L_k} & \dfrac{\partial y}{\partial L_k} & \dfrac{\partial z}{\partial L_k} \end{bmatrix} \tag{9.7.2}$$

四面体单元的坐标向量与体积坐标为线性关系,即

$$\begin{cases} x = (x_i - x_l)L_i + (x_j - x_l)L_j + (x_k - x_l)L_k + x_l, \\ y = (y_i - y_l)L_i + (y_j - y_l)L_j + (y_k - y_l)L_k + y_l, \\ z = (z_i - z_l)L_i + (z_j - z_l)L_j + (z_k - z_l)L_k + z_l \end{cases} \tag{9.7.3}$$

于是有

$$\frac{\partial x}{\partial L_i}=x_i-x_l,\quad \frac{\partial x}{\partial L_j}=x_j-x_l,\quad \frac{\partial x}{\partial L_k}=x_k-x_l$$

类似地有

$$\frac{\partial y}{\partial L_i}=y_i-y_l,\quad \frac{\partial y}{\partial L_j}=y_j-y_l,\quad \frac{\partial y}{\partial L_k}=y_k-y_l$$

$$\frac{\partial z}{\partial L_i}=z_i-z_l,\quad \frac{\partial z}{\partial L_j}=z_j-z_l,\quad \frac{\partial z}{\partial L_k}=z_k-z_l$$

四面体单元雅可比矩阵

$$\boldsymbol{J}=\begin{bmatrix}\frac{\partial x}{\partial L_i} & \frac{\partial y}{\partial L_i} & \frac{\partial z}{\partial L_i}\\ \frac{\partial x}{\partial L_j} & \frac{\partial y}{\partial L_j} & \frac{\partial z}{\partial L_j}\\ \frac{\partial x}{\partial L_k} & \frac{\partial y}{\partial L_k} & \frac{\partial z}{\partial L_k}\end{bmatrix}=\begin{bmatrix}x_i-x_l & y_i-y_l & z_i-z_l\\ x_j-x_l & y_j-y_l & z_j-z_l\\ x_k-x_l & y_k-y_l & z_k-z_l\end{bmatrix}\tag{9.7.4}$$

四面体单元雅可比矩阵 $\boldsymbol{J}$ 的逆矩阵为

$$\boldsymbol{J}^{-1}=\begin{bmatrix}J_{11} & J_{12} & J_{13}\\ J_{21} & J_{22} & J_{23}\\ J_{31} & J_{32} & J_{33}\end{bmatrix}\tag{9.7.5}$$

其中

$$\begin{aligned}J_{11}=&(-y_kz_j+y_lz_j+y_jz_k-y_lz_k-y_jz_l+y_kz_l)/(-x_ky_jz_i+x_ly_jz_i+x_jy_kz_i-x_ly_kz_i\\&-x_jy_lz_i+x_ky_lz_i+x_ky_iz_j-x_ly_iz_j-x_iy_kz_j+x_ly_kz_j+x_iy_lz_j-x_ky_lz_j-x_jy_iz_k\\&+x_ly_iz_k+x_iy_jz_k-x_ly_jz_k-x_iy_lz_k+x_jy_lz_k+x_jy_iz_l-x_ky_iz_l-x_iy_jz_l+x_ky_jz_l\\&+x_iy_kz_l-x_jy_kz_l)\end{aligned}$$

$$\begin{aligned}J_{12}=&(y_kz_i-y_lz_i-y_iz_k+y_lz_k+y_iz_l-y_kz_l)/(-x_ky_jz_i+x_ly_jz_i+x_jy_kz_i-x_ly_kz_i\\&-x_jy_lz_i+x_ky_lz_i+x_ky_iz_j-x_ly_iz_j-x_iy_kz_j+x_ly_kz_j+x_iy_lz_j-x_ky_lz_j-x_jy_iz_k\\&+x_ly_iz_k+x_iy_jz_k-x_ly_jz_k-x_iy_lz_k+x_jy_lz_k+x_jy_iz_l-x_ky_iz_l-x_iy_jz_l+x_ky_jz_l\\&+x_iy_kz_l-x_jy_kz_l)\end{aligned}$$

$$\begin{aligned}J_{13}=&(-y_jz_i+y_lz_i+y_iz_j-y_lz_j-y_iz_l+y_jz_l)/(-x_ky_jz_i+x_ly_jz_i+x_jy_kz_i-x_ly_kz_i\\&-x_jy_lz_i+x_ky_lz_i+x_ky_iz_j-x_ly_iz_j-x_iy_kz_j+x_ly_kz_j+x_iy_lz_j-x_ky_lz_j-x_jy_iz_k\\&+x_ly_iz_k+x_iy_jz_k-x_ly_jz_k-x_iy_lz_k+x_jy_lz_k+x_jy_iz_l-x_ky_iz_l-x_iy_jz_l+x_ky_jz_l\\&+x_iy_kz_l-x_jy_kz_l)\end{aligned}$$

$$\begin{aligned}J_{21}=&(x_kz_j-x_lz_j-x_jz_k+x_lz_k+x_jz_l-x_kz_l)/(-x_ky_jz_i+x_ly_jz_i+x_jy_kz_i-x_ly_kz_i\\&-x_jy_lz_i+x_ky_lz_i+x_ky_iz_j-x_ly_iz_j-x_iy_kz_j+x_ly_kz_j+x_iy_lz_j-x_ky_lz_j-x_jy_iz_k\\&+x_ly_iz_k+x_iy_jz_k-x_ly_jz_k-x_iy_lz_k+x_jy_lz_k+x_jy_iz_l-x_ky_iz_l-x_iy_jz_l+x_ky_jz_l\\&+x_iy_kz_l-x_jy_kz_l)\end{aligned}$$

$$J_{22} = (-x_kz_i + x_lz_i + x_iz_k - x_lz_k - x_iz_l + x_kz_l)/(-x_ky_jz_i + x_ly_jz_i + x_jy_kz_i - x_ly_kz_i - x_jy_lz_i + x_ky_lz_i + x_ky_iz_j - x_ly_iz_j - x_iy_kz_j + x_ly_kz_j + x_iy_lz_j - x_ky_lz_j - x_jy_iz_k + x_ly_iz_k + x_iy_jz_k - x_ly_jz_k - x_iy_lz_k + x_jy_lz_k + x_jy_iz_l - x_ky_iz_l - x_iy_jz_l + x_ky_jz_l + x_iy_kz_l - x_jy_kz_l)$$

$$J_{23} = (x_jz_i - x_lz_i - x_iz_j + x_lz_j + x_iz_l - x_jz_l)/(-x_ky_jz_i + x_ly_jz_i + x_jy_kz_i - x_ly_kz_i - x_jy_lz_i + x_ky_lz_i + x_ky_iz_j - x_ly_iz_j - x_iy_kz_j + x_ly_kz_j + x_iy_lz_j - x_ky_lz_j - x_jy_iz_k + x_ly_iz_k + x_iy_jz_k - x_ly_jz_k - x_iy_lz_k + x_jy_lz_k + x_jy_iz_l - x_ky_iz_l - x_iy_jz_l + x_ky_jz_l + x_iy_kz_l - x_jy_kz_l)$$

$$J_{31} = (-x_ky_j + x_ly_j + x_jy_k - x_ly_k - x_jy_l + x_ky_l)/(-x_ky_jz_i + x_ly_jz_i + x_jy_kz_i - x_ly_kz_i - x_jy_lz_i + x_ky_lz_i + x_ky_iz_j - x_ly_iz_j - x_iy_kz_j + x_ly_kz_j + x_iy_lz_j - x_ky_lz_j - x_jy_iz_k + x_ly_iz_k + x_iy_jz_k - x_ly_jz_k - x_iy_lz_k + x_jy_lz_k + x_jy_iz_l - x_ky_iz_l - x_iy_jz_l + x_ky_jz_l + x_iy_kz_l - x_jy_kz_l)$$

$$J_{32} = (x_ky_i - x_ly_i - x_iy_k + x_ly_k + x_iy_l - x_ky_l)/(-x_ky_jz_i + x_ly_jz_i + x_jy_kz_i - x_ly_kz_i - x_jy_lz_i + x_ky_lz_i + x_ky_iz_j - x_ly_iz_j - x_iy_kz_j + x_ly_kz_j + x_iy_lz_j - x_ky_lz_j - x_jy_iz_k + x_ly_iz_k + x_iy_jz_k - x_ly_jz_k - x_iy_lz_k + x_jy_lz_k + x_jy_iz_l - x_ky_iz_l - x_iy_jz_l + x_ky_jz_l + x_iy_kz_l - x_jy_kz_l)$$

$$J_{33} = (-x_jy_i + x_ly_i + x_iy_j - x_ly_j - x_iy_l + x_jy_l)/(-x_ky_jz_i + x_ly_jz_i + x_jy_kz_i - x_ly_kz_i - x_jy_lz_i + x_ky_lz_i + x_ky_iz_j - x_ly_iz_j - x_iy_kz_j + x_ly_kz_j + x_iy_lz_j - x_ky_lz_j - x_jy_iz_k + x_ly_iz_k + x_iy_jz_k - x_ly_jz_k - x_iy_lz_k + x_jy_lz_k + x_jy_iz_l - x_ky_iz_l - x_iy_jz_l + x_ky_jz_l + x_iy_kz_l - x_jy_kz_l)$$

在四面体单元 $ijkl$ 的局部坐标系 $i-xyz$ 中

$$\boldsymbol{J}^{-1} = \frac{1}{6V}\begin{bmatrix} b_i & b_j & 0 \\ c_i & c_j & c_k \\ d_i & d_j & d_k \end{bmatrix}$$

雅可比矩阵 $\boldsymbol{J}$ 的行列式

$$\det|\boldsymbol{J}| = \det\begin{vmatrix} x_i - x_l & y_i - y_l & z_i - z_l \\ x_j - x_l & y_j - y_l & z_j - z_l \\ x_k - x_l & y_k - y_l & z_k - z_l \end{vmatrix} = 6V \tag{9.7.6}$$

故空间四面体单元在自然坐标系下的数值积分为

$$\begin{aligned} \int_{z_1}^{z_2}\int_{y_1}^{y_2}\int_{x_1}^{x_2} f(x,y,z)\mathrm{d}x\mathrm{d}y\mathrm{d}z &= 6V\int_0^1\int_0^{1-L_i}\int_0^{1-L_j-L_i} g(L_i,L_j,L_k,L_l)\mathrm{d}L_k\mathrm{d}L_j\mathrm{d}L_i \\ &= V\sum_{i=1}^{n} w_i g(L_i,L_j,L_k,L_l) \end{aligned} \tag{9.7.7}$$

式中,w_i 为权函数。

9.7.2 自然坐标系下三角形单元的数值积分

对被积函数为 $f(x, y)$的积分,有

$$\int_{y_1}^{y_2}\int_{x_1}^{x_2} f(x, y)\mathrm{d}x\mathrm{d}y = \int_0^1\int_0^{1-L_i} g(L_i, L_j, L_k)\det[\boldsymbol{J}]\mathrm{d}L_j\mathrm{d}L_i \tag{9.7.8}$$

其中,雅可比矩阵为

$$\boldsymbol{J} = \begin{bmatrix} \dfrac{\partial x}{\partial L_i} & \dfrac{\partial y}{\partial L_i} \\ \dfrac{\partial x}{\partial L_j} & \dfrac{\partial y}{\partial L_j} \end{bmatrix} \tag{9.7.9}$$

三角形单元的坐标向量与面积坐标为线性关系,即

$$\begin{cases} x = x_iL_i + x_jL_j + x_kL_k, \\ y = y_iL_i + y_jL_j + y_kL_k \end{cases} \tag{9.7.10}$$

三角形单元雅可比矩阵

$$\boldsymbol{J} = \begin{bmatrix} 1 & 0 & -1 \\ 0 & 1 & -1 \end{bmatrix}\begin{bmatrix} x_i & y_i \\ x_j & y_j \\ x_k & y_k \end{bmatrix} = \begin{bmatrix} x_i - x_k & y_i - y_k \\ x_j - x_k & y_j - y_k \end{bmatrix} \tag{9.7.11}$$

雅可比矩阵 $\boldsymbol{J}$ 的逆矩阵

$$\boldsymbol{J}^{-1} = \begin{bmatrix} J_{11} & J_{12} \\ J_{21} & J_{22} \end{bmatrix} \tag{9.7.12}$$

其中

$$\begin{aligned} J_{11} &= (y_j - y_k)/(-x_jy_i + x_ky_i + x_iy_j - x_ky_j - x_iy_k + x_jy_k) \\ J_{12} &= (-y_i + y_k)/(-x_jy_i + x_ky_i + x_iy_j - x_ky_j - x_iy_k + x_jy_k) \\ J_{21} &= (-x_j + x_k)/(-x_jy_i + x_ky_i + x_iy_j - x_ky_j - x_iy_k + x_jy_k) \\ J_{22} &= (x_i - x_k)/(-x_jy_i + x_ky_i + x_iy_j - x_ky_j - x_iy_k + x_jy_k) \end{aligned}$$

在三角形单元 ijk 的局部坐标系 $i-xy$ 中

$$\boldsymbol{J}^{-1} = \frac{1}{2A}\begin{bmatrix} b_i & b_j \\ c_i & c_j \end{bmatrix}$$

雅可比矩阵 $\boldsymbol{J}$ 的行列式

$$|\boldsymbol{J}| = \begin{vmatrix} x_i - x_k & y_i - y_k \\ x_j - x_k & y_j - y_k \end{vmatrix} = (x_i - x_k)(y_j - y_k) - (x_j - x_k)(y_i - y_k) = 2A \tag{9.7.13}$$

根据 Hammer 数值积分,式(9.7.8)可写为

$$\int_0^1\int_0^{1-L_i} g(L_i, L_j, L_k)\det[\boldsymbol{J}]\mathrm{d}L_j\mathrm{d}L_i = A\sum_{i=1}^{n} w_i g(L_j, L_k) \tag{9.7.14}$$

式中，w_i 为权函数。

9.7.3 四面体单元外法线向量

为进行式(9.6.9)中的面积分 $\int_s \boldsymbol{N}^{\mathrm{T}}\boldsymbol{q}\mathrm{d}s$，需要计算单元的面内坐标轴向量和外法线向量及其与局部坐标系的坐标轴 x，y，z 之间的方向余弦。

对于四面体单元共有四个面，四面体单元的节点排序为右手系(如图 9.7.1 所示)。

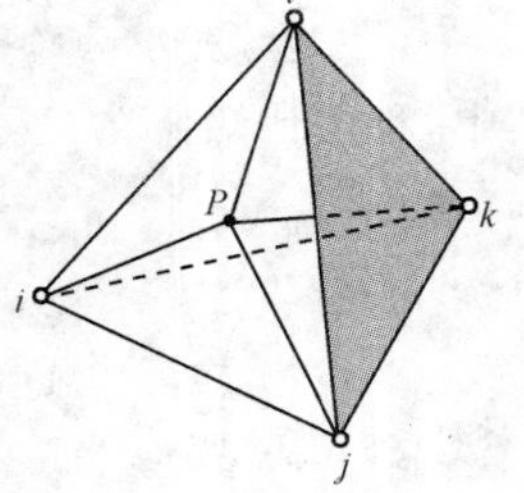

图 9.7.1 四面体单元节点排序

(1) ijk 面的外法线向量 $\boldsymbol{n}_{ijk}$ 及关于局部坐标的方向余弦

对 ijk 面可以构造该面内的两个向量 $\boldsymbol{ki}$ 及 $\boldsymbol{ji}$，通过向量运算获得 ijk 面的外法线向量

$$\boldsymbol{n}_{ijk} = DX_{ijk}\boldsymbol{e}_1 + DY_{ijk}\boldsymbol{e}_2 + DZ_{ijk}\boldsymbol{e}_3$$

式中

$$DX_{ijk} = DY_{ki}DZ_{ji} - DZ_{ki}DY_{ji},\quad DY_{ijk} = DZ_{ki}DX_{ji} - DX_{ki}DZ_{ji}$$
$$DZ_{ijk} = DX_{ki}DY_{ji} - DY_{ki}DX_{ji}$$

$\boldsymbol{n}_{ijk}$ 向量长度

$$l_{ijk} = \sqrt{(DX_{ijk})^2 + (DY_{ijk})^2 + (DZ_{ijk})^2}$$

则向量 $\boldsymbol{n}_{ijk}$ 与局部坐标系的坐标轴 x，y，z 之间的方向余弦分别为

$$\begin{aligned} l_{\boldsymbol{n}_{ijk}} &= \frac{DX_{ijk}DX_{ji} + DY_{ijk}DY_{ji} + DZ_{ijk}DZ_{ji}}{l_{ijk}l_{ix}} \\ m_{\boldsymbol{n}_{ijk}} &= \frac{DX_{ijk}DX_{iy} + DY_{ijk}DY_{iy} + DZ_{ijk}DZ_{iy}}{l_{ijk}l_{iy}} \\ n_{\boldsymbol{n}_{ijk}} &= \frac{DX_{ijk}DX_{iz} + DY_{ijk}DY_{iz} + DZ_{ijk}DZ_{iz}}{l_{ijk}l_{iz}} \end{aligned} \tag{9.7.15}$$

ijk 平面三角形单元的局部坐标系的原点为 i，x 坐标轴向量即为

$$\boldsymbol{x}_{ijk} = \boldsymbol{ix} = DX_{ji}\boldsymbol{e}_1 + DY_{ji}\boldsymbol{e}_2 + DZ_{ji}\boldsymbol{e}_3$$

y 坐标轴向量即为

$$\boldsymbol{y}_{ijk} = \boldsymbol{iy} = DX_{iy}\boldsymbol{e}_1 + DY_{iy}\boldsymbol{e}_2 + DZ_{iy}\boldsymbol{e}_3$$

$\boldsymbol{x}_{ijk}$ 及 $\boldsymbol{y}_{ijk}$ 关于四面体单元局部坐标系 x，y，z 坐标轴向量 $\boldsymbol{ix}$，$\boldsymbol{iy}$ 和 $\boldsymbol{iz}$ 之间的方向余弦分别为

$$l_{x_{ijk}} = 1.0,\quad m_{x_{ijk}} = 0.0,\quad n_{x_{ijk}} = 0.0$$
$$l_{y_{ijk}} = 0.0,\quad m_{y_{ijk}} = 1.0,\quad n_{y_{ijk}} = 0.0$$

(2) ijl 面的外法线向量 $\boldsymbol{n}_{ijl}$ 及关于局部坐标的方向余弦

对 ijl 面可以通过向量运算获得 ijl 面的外法线向量

$$\boldsymbol{n}_{ijl} = DX_{ijl}\boldsymbol{e}_1 + DY_{ijl}\boldsymbol{e}_2 + DZ_{ijl}\boldsymbol{e}_3$$

其中

$$DX_{ijl} = DY_{ji}DZ_{li} - DZ_{ji}DY_{li}, \quad DY_{ijl} = DZ_{ji}DX_{li} - DX_{ji}DZ_{li}$$
$$DZ_{ijl}DX_{ji}DY_{li} - DY_{ji}DX_{li}$$

$\boldsymbol{n}_{ijl}$ 向量长度

$$l_{ijl} = \sqrt{(DX_{ijl})^2 + (DY_{ijl})^2 + (DZ_{ijl})^2}$$

则向量 $\boldsymbol{n}_{ijl}$ 与局部坐标系的坐标轴 x，y，z 之间的方向余弦分别为

$$\begin{aligned} l_{\boldsymbol{n}_{ijl}} &= \frac{DX_{ijl}DX_{ji} + DY_{ijl}DY_{ji} + DZ_{ijl}DZ_{ji}}{l_{ijl}l_{ix}} \\ m_{\boldsymbol{n}_{ijl}} &= \frac{DX_{ijl}DX_{iy} + DY_{ijl}DY_{iy} + DZ_{ijl}DZ_{iy}}{l_{ijl}l_{iy}} \\ n_{\boldsymbol{n}_{ijl}} &= \frac{DX_{ijl}DX_{iz} + DY_{ijl}DY_{iz} + DZ_{ijl}DZ_{iz}}{l_{ijl}l_{iz}} \end{aligned} \tag{9.7.16}$$

ijl 平面三角形单元的局部坐标系的原点为 i，x 坐标轴向量即为

$$\boldsymbol{x}_{ijl} = \boldsymbol{ix} = DX_{ji}\boldsymbol{e}_1 + DY_{ji}\boldsymbol{e}_2 + DZ_{ji}\boldsymbol{e}_3$$

y 坐标轴向量即为

$$\boldsymbol{y}_{ijl} = \boldsymbol{n}_{ijl} \times \boldsymbol{ix} = DX_{y_{ijl}}\boldsymbol{e}_1 + DY_{y_{ijl}}\boldsymbol{e}_2 + DZ_{y_{ijl}}\boldsymbol{e}_3$$

其中

$$DX_{y_{ijl}} = DY_{ijl}DZ_{ji} - DZ_{ijl}DY_{ji}, \quad DY_{y_{ijl}} = DZ_{ijl}DX_{ji} - DX_{ijl}DZ_{ji}$$
$$DZ_{y_{ijl}} = DX_{ijl}DY_{ji} - DY_{ijl}DX_{ji}$$

$\boldsymbol{y}_{ijl}$ 向量长度

$$s_{y_{ijl}} = \sqrt{(DX_{y_{ijl}})^2 + (DY_{y_{ijl}})^2 + (DZ_{y_{ijl}})^2}$$

则向量 $\boldsymbol{x}_{ijl}$ 及 $\boldsymbol{y}_{ijl}$ 关于四面体单元局部坐标系 x，y，z 坐标向量 $\boldsymbol{ix}$，$\boldsymbol{iy}$ 和 $\boldsymbol{iz}$ 之间的方向余弦分别为

$$l_{x_{ijl}} = 1.0, \quad m_{x_{ijl}} = 0.0, \quad n_{x_{ijl}} = 0.0$$

$$\begin{aligned} l_{y_{ijl}} &= \frac{DX_{y_{ijl}}DX_{ji} + DY_{y_{ijl}}DY_{ji} + DZ_{y_{ijl}}DZ_{ji}}{s_{y_{ijl}}l_{ix}} \\ m_{y_{ijl}} &= \frac{DX_{y_{ijl}}DX_{iy} + DY_{y_{ijl}}DY_{iy} + DZ_{y_{ijl}}DZ_{iy}}{s_{y_{ijl}}l_{iy}} \\ n_{y_{ijl}} &= \frac{DX_{y_{ijl}}DX_{iz} + DY_{y_{ijl}}DY_{iz} + DZ_{y_{ijl}}DZ_{iz}}{s_{y_{ijl}}l_{iz}} \end{aligned}$$

(3) jkl 面的外法线向量 $\boldsymbol{n}_{jkl}$ 及关于局部坐标的方向余弦

对 jkl 面可以通过向量运算获得 jkl 面的外法线向量

$$\boldsymbol{n}_{jkl} = DX_{jkl}\boldsymbol{e}_1 + DY_{jkl}\boldsymbol{e}_2 + DZ_{jkl}\boldsymbol{e}_3$$

其中

$$DX_{jkl}=DY_{kj}DZ_{lj}-DZ_{kj}DY_{lj},\quad DY_{jkl}=DZ_{kj}DX_{lj}-DX_{kj}DZ_{lj}$$
$$DZ_{jkl}=DX_{kj}DY_{lj}-DY_{kj}DX_{lj}$$

$\boldsymbol{n}_{jkl}$向量长度

$$l_{jkl}=\sqrt{(DX_{jkl})^2+(DY_{jkl})^2+(DZ_{jkl})^2}$$

则向量 $\boldsymbol{n}_{jkl}$ 与局部坐标系的坐标轴 x，y，z 之间的方向余弦分别为

$$\begin{aligned}
l_{n_{jkl}}&=\frac{DX_{jkl}DX_{ji}+DY_{jkl}DY_{ji}+DZ_{jkl}DZ_{ji}}{l_{jkl}l_{ix}}\\
m_{n_{jkl}}&=\frac{DX_{jkl}DX_{iy}+DY_{jkl}DY_{iy}+DZ_{jkl}DZ_{iy}}{l_{jkl}l_{iy}}\\
n_{n_{jkl}}&=\frac{DX_{jkl}DX_{iz}+DY_{jkl}DY_{iz}+DZ_{jkl}DZ_{iz}}{l_{jkl}l_{iz}}
\end{aligned}\tag{9.7.17}$$

jkl 平面三角形单元的局部坐标系的原点为 j，x 坐标轴向量即为

$$\boldsymbol{x}_{jkl}=\boldsymbol{jk}=DX_{kj}\boldsymbol{e}_1+DY_{kj}\boldsymbol{e}_2+DZ_{kj}\boldsymbol{e}_3$$

y 坐标轴向量即为

$$\boldsymbol{y}_{jkl}=DX_{y_{jkl}}\boldsymbol{e}_1+DY_{y_{jkl}}\boldsymbol{e}_2+DZ_{y_{jkl}}\boldsymbol{e}_3$$

其中

$$DX_{y_{jkl}}=DY_{jkl}DZ_{kj}-DZ_{jkl}DY_{kj},\quad DY_{y_{jkl}}=DZ_{jkl}DX_{kj}-DX_{jkl}DZ_{kj}$$
$$DZ_{y_{jkl}}=DX_{jkl}DY_{kj}-DY_{jkl}DX_{kj}$$

$\boldsymbol{y}_{jkl}$向量长度

$$s_{y_{jkl}}=\sqrt{(DX_{y_{jkl}})^2+(DY_{y_{jkl}})^2+(DZ_{y_{jkl}})^2}$$

则向量 $\boldsymbol{x}_{jkl}$ 及 $\boldsymbol{y}_{jkl}$ 关于四面体单元局部坐标系 x，y，z 坐标向量 $\boldsymbol{ix}$，$\boldsymbol{iy}$ 和 $\boldsymbol{iz}$ 之间的方向余弦分别为

$$\begin{aligned}
l_{x_{jkl}}&=\frac{DX_{x_{jkl}}DX_{ji}+DY_{x_{jkl}}DY_{ji}+DZ_{x_{jkl}}DZ_{ji}}{s_{x_{jkl}}l_{ix}}\\
m_{x_{jkl}}&=\frac{DX_{x_{jkl}}DX_{iy}+DY_{x_{jkl}}DY_{iy}+DZ_{x_{jkl}}DZ_{iy}}{s_{x_{jkl}}l_{iy}}\\
n_{x_{jkl}}&==\frac{DX_{x_{jkl}}DX_{iz}+DY_{x_{jkl}}DY_{iz}+DZ_{x_{jkl}}DZ_{iz}}{s_{x_{jkl}}l_{iz}}\\
l_{y_{jkl}}&=\frac{DX_{y_{jkl}}DX_{ji}+DY_{y_{jkl}}DY_{ji}+DZ_{y_{jkl}}DZ_{ji}}{s_{y_{jkl}}l_{ix}}\\
m_{y_{jkl}}&=\frac{DX_{y_{jkl}}DX_{iy}+DY_{y_{jkl}}DY_{iy}+DZ_{y_{jkl}}DZ_{iy}}{s_{y_{jkl}}l_{iy}}\\
n_{y_{jkl}}&=\frac{DX_{y_{jkl}}DX_{iz}+DY_{y_{jkl}}DY_{iz}+DZ_{y_{jkl}}DZ_{iz}}{s_{y_{jkl}}l_{iz}}
\end{aligned}$$

（4）ikl 的外法线向量 $\boldsymbol{n}_{ikl}$ 及关于局部坐标的方向余弦

对 ikl 面可以通过向量运算获得 ikl 面的外法线向量

$$\boldsymbol{n}_{ikl} = DX_{ikl}\boldsymbol{e}_1 + DY_{ikl}\boldsymbol{e}_2 + DZ_{ikl}\boldsymbol{e}_3$$

其中

$$DX_{ikl} = DY_{li}DZ_{ki} - DZ_{li}DY_{ki}, \quad DY_{ikl} = DZ_{li}DX_{ki} - DX_{li}DZ_{ki}$$
$$DZ_{ikl} = DX_{li}DY_{ki} - DY_{li}DX_{ki}$$

$\boldsymbol{n}_{ikl}$ 向量长度

$$l_{ikl} = \sqrt{(DX_{ikl})^2 + (DY_{ikl})^2 + (DZ_{ikl})^2}$$

则向量 $\boldsymbol{n}_{ikl}$ 与局部坐标系的坐标轴 x，y，z 之间的方向余弦分别为

$$\begin{aligned} l_{\boldsymbol{n}_{ikl}} &= \frac{DX_{ikl}DX_{ji} + DY_{ikl}DY_{ji} + DZ_{ikl}DZ_{ji}}{l_{ikl}l_{ix}} \\ m_{\boldsymbol{n}_{ikl}} &= \frac{DX_{ikl}DX_{iy} + DY_{ikl}DY_{iy} + DZ_{ikl}DZ_{iy}}{l_{ikl}l_{iy}} \\ n_{\boldsymbol{n}_{ikl}} &= \frac{DX_{ikl}DX_{iz} + DY_{ikl}DY_{iz} + DZ_{ikl}DZ_{iz}}{l_{ikl}l_{iz}} \end{aligned} \tag{9.7.18}$$

ikl 平面三角形单元的局部坐标系的原点为 i，x 坐标轴向量即为

$$\boldsymbol{x}_{ikl} = \boldsymbol{ik} = DX_{ki}\boldsymbol{e}_1 + DY_{ki}\boldsymbol{e}_2 + DZ_{ki}\boldsymbol{e}_3$$

y 坐标轴向量即为

$$\boldsymbol{y}_{ikl} = \boldsymbol{ik} \times \boldsymbol{n}_{ikl} = DX_{\boldsymbol{y}_{ikl}}\boldsymbol{e}_1 + DY_{\boldsymbol{y}_{ikl}}\boldsymbol{e}_2 + DZ_{\boldsymbol{y}_{ikl}}\boldsymbol{e}_3$$

其中

$$DX_{\boldsymbol{y}_{ikl}} = DY_{ki}DZ_{ikl} - DZ_{ki}DY_{ikl}, \quad DY_{\boldsymbol{y}_{ikl}} = DZ_{ki}DX_{ikl} - DX_{ki}DZ_{ikl}$$
$$DZ_{\boldsymbol{y}_{ikl}} = DX_{ki}DY_{ikl} - DY_{ki}DX_{ikl}$$

$\boldsymbol{y}_{ikl}$ 向量长度

$$s_{\boldsymbol{y}_{ikl}} = \sqrt{(DX_{\boldsymbol{y}_{ikl}})^2 + (DY_{\boldsymbol{y}_{ikl}})^2 + (DZ_{\boldsymbol{y}_{ikl}})^2}$$

则向量 $\boldsymbol{x}_{ikl}$ 及 $\boldsymbol{y}_{ikl}$ 关于四面体单元局部坐标系 x，y，z 坐标向量 $\boldsymbol{ix}$，$\boldsymbol{iy}$ 和 $\boldsymbol{iz}$ 之间的方向余弦分别为

$$\begin{aligned} l_{x_{ikl}} &= \frac{DX_{ki}DX_{ji} + DY_{ki}DY_{ji} + DZ_{ki}DZ_{ji}}{l_{ik}l_{ix}} \\ m_{x_{ikl}} &= \frac{DX_{ki}DX_{iy} + DY_{ki}DY_{iy} + DZ_{ki}DZ_{iy}}{l_{ik}l_{iy}} \\ n_{x_{ikl}} &= \frac{DX_{ki}DX_{iz} + DY_{ki}DY_{iz} + DZ_{ki}DZ_{iz}}{l_{ik}l_{iz}} \\ l_{y_{ikl}} &= \frac{DX_{y_{ikl}}DX_{ji} + DY_{y_{ikl}}DY_{ji} + DZ_{y_{ijl}}DZ_{ji}}{s_{y_{ikl}}l_{ix}} \\ m_{y_{ijl}} &= \frac{DX_{y_{ikl}}DX_{iy} + DY_{y_{ikl}}DY_{iy} + DZ_{y_{ikl}}DZ_{iy}}{s_{y_{ikl}}l_{iy}} \\ n_{y_{ijl}} &= \frac{DX_{y_{ikl}}DX_{iz} + DY_{y_{ikl}}DY_{iz} + DZ_{y_{ikl}}DZ_{iz}}{s_{y_{ikl}}l_{iz}} \end{aligned}$$

9.7.4 空间梁-柱单元的数值积分

对空间梁-柱,可根据其截面型式划分截面为几部分,对各部分按高斯积分法分别进行积分,求各单元的弹塑性刚度矩阵。

空间梁-柱单元刚度矩阵的积分是在笛卡儿坐标系中定义的,而高斯积分法则是在重心坐标中进行的,所以积分之前需采用积分换限法则进行坐标变换。现将定积分

$$g = \int_a^b f(x)\,\mathrm{d}x$$

化为在区间[−1, 1]上的积分,即

$$g = \frac{b-a}{2}\int_{-1}^{1} f\left(\frac{b-a}{2}t + \frac{b+a}{2}\right)\mathrm{d}t = \frac{b-a}{2}\int_{-1}^{1}\varphi(t)\,\mathrm{d}t \tag{9.7.19}$$

再根据插值求积公式有

$$\int_{-1}^{1}\varphi(t)\,\mathrm{d}t = \sum_{k=1}^{n}\lambda_k\varphi(t_k) \tag{9.7.20}$$

其中,$\lambda_k = \int_{-1}^{1} A_k(t)\,\mathrm{d}t$, $A_k(t) = \prod_{\substack{j=1\\ j\neq k}}^{n}\left(\frac{t-t_j}{t_k-t_j}\right)$

高斯求积公式中 n 个插值点取勒让德(Legendre)多项式

$$\frac{1}{2^n n!}\frac{\mathrm{d}^n}{\mathrm{d}t^n}[(t^2-1)^n]$$

在区间[−1, 1]上的 n 个零点,其代数精确度为 $2n-1$。

根据以上积分换限法则,可采用高斯积分方法计算各多重积分的近似值。设多重积分

$$I = \int_a^b \mathrm{d}x_1\int_{a_1(x_1)}^{b_1(x_1)}\mathrm{d}x_2\cdots\int_{a_{n-1}(x_1,\cdots,x_{n-1})}^{b_{n-1}(x_1,\cdots,x_{n-1})} f(x_1, x_2, \cdots, x_n)\,\mathrm{d}x_n \tag{9.7.21}$$

在计算 n 重积分时,分别将 1, 2, …, n 层区间分为 JS_1, JS_2, …, JS_n 个子区间。首先求出各积分区间上的第一个子区间中第一个高斯型点 $\bar{x}_1$, $\bar{x}_2$, …, $\bar{x}_n$;然后固定 $\bar{x}_1$, $\bar{x}_2$, …, $\bar{x}_n$,按高斯方法计算最内层(即第 n 层)积分,再从内到外计算各层积分值;最后就得到所求的 n 重积分的近似值。

关于空间梁-柱单元弹塑性切线刚度矩阵元素的积分计算,积分点数目的选取是影响计算精度的主要原因。根据高斯积分的计算原则,选取 n 个插值点,其代数精确度可达到 $(2n-1)$ 次,也就是说最低阶数取决于被积函数表达式中变量的次数。但是在空间梁-柱系结构的弹塑性非线性分析中,被积函数沿空间梁-柱长度和截面高度是变化的,采用高斯积分法计算单刚元素时应选取较多的积分点数,以反应塑性沿空间梁-柱长和截面的发展。

9.8 系统有限元基本方程及总刚度矩阵

9.8.1 系统有限元基本方程

与推导单元有限元基本方程一样,根据虚功原理可以知道体系的虚功方程

$$\delta\boldsymbol{U}^{\mathrm{T}}\boldsymbol{X}+\delta\boldsymbol{U}^{\mathrm{T}}\overline{\boldsymbol{X}}=\sum_{m}\int_{V}\boldsymbol{\sigma}^{\mathrm{T}}\delta\boldsymbol{\varepsilon}\,\mathrm{d}V \tag{9.8.1}$$

式中，$\delta\boldsymbol{U}^{\mathrm{T}}$ 是体系在整体坐标系中节点的虚位移向量；$\boldsymbol{X}$，$\overline{\boldsymbol{X}}$ 是作用在体系上的外力。

式(9.8.1)的右边是各单元的虚应变能之和，也就是体系的总虚应变能。根据弹性力学中物理方程和几何方程，体系的总虚应变能为

$$\sum_{m}\int_{V}\boldsymbol{\sigma}^{\mathrm{T}}\delta\boldsymbol{\varepsilon}\,\mathrm{d}V=\sum_{m}\int_{V}\delta\boldsymbol{u}_{e}^{\mathrm{T}}\boldsymbol{B}^{\mathrm{T}}\boldsymbol{D}\boldsymbol{B}\,\mathrm{d}V\boldsymbol{u}_{e}$$

将局部坐标系中的单元节点位移转换到整体坐标系中，则在整体坐标系中体系总虚应变能

$$\sum_{m}\int_{V}\delta\boldsymbol{u}_{e}^{\mathrm{T}}\boldsymbol{T}^{\mathrm{T}}\boldsymbol{B}^{\mathrm{T}}\boldsymbol{D}\boldsymbol{B}\boldsymbol{T}\,\mathrm{d}V\boldsymbol{u}_{e}=\delta\boldsymbol{U}^{\mathrm{T}}\boldsymbol{K}\boldsymbol{U}$$

总外力虚功是 $\delta\boldsymbol{U}^{\mathrm{T}}(\boldsymbol{X}+\overline{\boldsymbol{X}})$，在整体坐标系中体系的虚功方程

$$\delta\boldsymbol{U}^{\mathrm{T}}(\boldsymbol{X}+\overline{\boldsymbol{X}})=\delta\boldsymbol{U}^{\mathrm{T}}\boldsymbol{K}\boldsymbol{U}$$

因为 $\delta\boldsymbol{U}^{\mathrm{T}}$ 是体系节点任意的虚位移，所以

$$\boldsymbol{K}\boldsymbol{U}=\boldsymbol{X}+\overline{\boldsymbol{X}} \tag{9.8.2}$$

式(9.8.2)是体系在整体坐标系中的有限元基本方程，$\boldsymbol{K}$ 为体系在整体坐标系中的总刚度矩阵。

在实际中，总刚度矩阵是通过将如式(9.6.21a)或式(9.6.21b)所示整体坐标系中的单元刚度矩阵集成而成的。集成过程应考虑刚度矩阵的储存和有限元基本方程的求解技术。一般，有限元基本方程是线性代数方程。当采用直接法解方程，按单元的序号集成单元；当采用迭代法解方程，按节点的序号将与该节点关联的各单元刚度集成为系统的总刚度矩阵。在集成总刚度矩阵过程，同时叠加荷载向量，得非线性代数方程组

$$\boldsymbol{K}_{t}\Delta\boldsymbol{U}=\boldsymbol{P}-\boldsymbol{F} \tag{9.8.3}$$

及线性代数方程组

$$\boldsymbol{K}\boldsymbol{U}=\boldsymbol{P} \tag{9.8.4}$$

9.8.2 总刚度矩阵的集成

根据解析几何中的向量运算，两个向量的数积为一标量，即 $\boldsymbol{u}\cdot\boldsymbol{v}=s$，乘数降阶。两个向量的矢积仍为一个向量，即 $\boldsymbol{u}\times\boldsymbol{v}=\boldsymbol{s}$，乘数的阶不变。而两个向量的并积为一矩阵，即 $\boldsymbol{u}\odot\boldsymbol{v}=s$，乘数的阶提高一阶，有

$$\begin{bmatrix}u_1\\u_2\\\vdots\\u_n\end{bmatrix}\odot\begin{bmatrix}v_1 & v_2 & \cdots & v_n\end{bmatrix}=\begin{bmatrix}u_1v_1 & u_1v_2 & \cdots & u_1v_n\\u_2v_1 & u_2v_2 & \cdots & u_2v_n\\\vdots & \vdots & & \vdots\\u_nv_1 & u_nv_2 & \cdots & u_nv_n\end{bmatrix}$$

应用指标并集成总刚度矩阵是用单元节点编号来表示的单元连接信息，对每个单元根据向量并积的定义，得 $u_i\odot v_j=w_{ij}$，则根据 w_{ij} 可确定单元刚度矩阵在总刚度矩阵中的位置。即

$$\boldsymbol{k}_{ijqr} = r_{ij}^{ab}\boldsymbol{K}_{e,abqr} \tag{9.8.5}$$

式中，i，j 为下标，表示单元编号；q，r 是 $\boldsymbol{k}$ 矩阵的行号和列号，也就是单元节点的自由度序号；r_{ij}^{ab} 是单元连接信息，有

$$r_{ij}^{ab} = \begin{cases} 1, & ij = ab, \\ 0, & ij \neq ab \end{cases}$$

$\boldsymbol{K}_{e,abqr}$ 是整体坐标系中的单元刚度矩阵。

现以图 9.8.1 的平面体系为例。

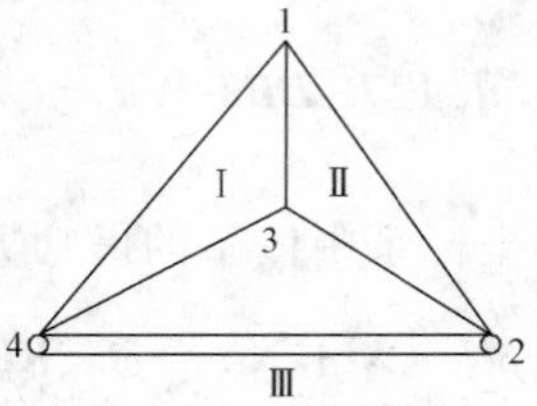

图 9.8.1 平面体系

节点号		i	j	m
单元号	Ⅰ	1	4	3
	Ⅱ	3	2	1
	Ⅲ	2	4	

对于单元Ⅰ，$u_i = [1 \quad 4 \quad 3]$，$u_j = [1 \quad 4 \quad 3]^{\mathrm{T}}$，有

$$K_e^{\mathrm{I}} = \begin{bmatrix} 1 \\ 4 \\ 3 \end{bmatrix} [1 \quad 4 \quad 3] = \begin{bmatrix} 11 & 14 & 13 \\ 41 & 44 & 43 \\ 31 & 34 & 33 \end{bmatrix}$$

所以

$$K_e^{\mathrm{I}} = \begin{bmatrix} K_{11} & \text{对} & \\ K_{41} & K_{44} & \text{称} \\ K_{31} & K_{34} & K_{33} \end{bmatrix} = \begin{bmatrix} K_{(1,1,q,r)} & \text{对} & \\ K_{(4,1,q,r)} & K_{(4,4,q,r)} & \text{称} \\ K_{(3,1,q,r)} & K_{(3,4,q,r)} & K_{(3,3,q,r)} \end{bmatrix}$$

对于单元Ⅱ和单元Ⅲ，有

$$K_e^{\mathrm{II}} = \begin{bmatrix} K_{33} & & \\ K_{23} & K_{22} & \\ K_{13} & K_{12} & K_{11} \end{bmatrix}, \quad K_e^{\mathrm{III}} = \begin{bmatrix} K_{22} & \\ K_{42} & K_{44} \end{bmatrix}$$

由式(9.8.5)可以确定刚度矩阵中各元素在总刚度矩阵中的位置，即

$$K(m,\ n) = K_{i,j,q,r} \quad (m = (i-1)\times s + q,\ n = (j-1)\times s + r;\ q,\ r = 1,\ 2,\cdots,s) \tag{9.8.6}$$

式中，m，n 是元素在总刚度矩阵中的行号和列号；i，j 是单元的节点号；s 是单元节点的自

由度。

9.8.3 刚度矩阵的特点和物理意义

当符合弹、塑性基本理论的一般假定时，局部坐标系中单元的线性刚度矩阵 $\boldsymbol{k}_L$ 和初应力刚度矩阵 $\boldsymbol{k}_\sigma$ 是对称的。当然，集成后整体坐标系中系统的总刚度矩阵(如式(9.8.2))也是对称的，即 $K_{ij}=K_{ji}$。此外，总刚度矩阵中的元素密集于矩阵的对角元附近。总刚度矩阵是对称稀疏的。但是，初应变矩阵 $\boldsymbol{k}_\varepsilon$ 是不对称的。事实上，一旦材料进入塑性，处于塑性区域的单元按弹塑性公式形成单元刚度矩阵也是不对称的。

如果考虑应变中的非线性应变，则用单元应变的高阶量所产生的等效节点力向量反映应变的高阶量对刚度的贡献 $\boldsymbol{r}_e$。这样，保持了刚度矩阵的对称性。然而，进行弹塑性分析时宜细分单元。

刚度矩阵中的元素是单元或系统的刚度。按刚度的定义，主元 k_{jj} 表示在 j 自由度方向产生单位位移需要在 j 自由度方向施加的力；副元 k_{ij} 表示在 i 自由度方向产生单位位移需要在 j 自由度方向施加的力。

如果刚度矩阵中的元素无法计算求得，可通过实验确定。在实验有限单元法中和有限元模型修正时，根据刚度矩阵的特点和物理意义，通过实验确定刚度矩阵中的元素。一般先通过实验确定柔度，再计算刚度。

9.9 边界条件

固体和结构在整体坐标系中装配而成的总刚度矩阵 $\boldsymbol{K}$ 是奇异的，尚需引入边界条件以消除刚体位移。根据边界条件来修正总刚度矩阵以使总刚度矩阵成为正定矩阵。同时，边界对固体和结构的约束作用也通过边界条件得以估计。

一般结构的边界约束可分为自由、弹性、固定、强迫位移及接触五种。而边界条件的处理是基于计算的目的，处理的结果可得到边界约束的效果。此外必须明白，当采用的分析方法是位移法时，所给定边界条件是位移边界条件，而当采用的分析方法是力法时，所给定边界条件是应力边界条件。

9.9.1 弹性约束

弹性约束是结构中经常存在的一种边界支承条件，事实上不可能存在绝对理想的固定和自由，除非支座得到极其精心的制作。如果能计算出结构支承系统在某自由度方向的刚度，将此刚度系数作为结构的弹性约束量，这样可以近似地认为考虑了结构与支承系统之间的共同工作。可以认为弹性约束是较为确切地描述结构支承状况的一种边界条件。

根据弹性约束这样的边界条件来修正总刚度矩阵的方法很简单。如果某自由度 i 方向有弹性约束且刚度系数为 S_i，则只需将刚度系数 S_i 叠加到总刚度矩阵中相应自由度方向的主元素 k_{ii} 上。

9.9.2 强迫位移

固定和强迫位移可以采用相同的处理方法，固定约束可以视为位移量 $\Delta=0$ 时的强迫位移，而处理强迫位移的方法有三种。现设有限元基本方程

$$
\begin{bmatrix} k_{11} & k_{12} & \cdots & k_{1i} & \cdots & k_{1n} \\ k_{21} & k_{22} & \cdots & k_{2i} & \cdots & k_{2n} \\ \vdots & \vdots & & \vdots & & \vdots \\ k_{i1} & k_{i2} & \cdots & k_{ii} & \cdots & k_{in} \\ \vdots & \vdots & & \vdots & & \vdots \\ k_{n1} & k_{n2} & \cdots & k_{ni} & \cdots & k_{nn} \end{bmatrix} \begin{bmatrix} U_1 \\ U_2 \\ \vdots \\ U_i \\ \vdots \\ U_n \end{bmatrix} = \begin{bmatrix} P_1 \\ P_2 \\ \vdots \\ P_i \\ \vdots \\ P_n \end{bmatrix} \tag{9.9.1}
$$

如在第 i 个自由度方向有强迫位移 Δ_i，则可将刚度矩阵中相应于该自由度的第 i 行主元 k_{ii} 乘以一个充分大的数 R，R 为 $10^8 \sim 10^{12}$，并将该行右端荷载项 P_i 改为 $k_{ii}\Delta_i R$。于是该第 i 行方程为

$$
k_{i1}U_1 + k_{i2}U_2 + \cdots + k_{ii}RU_i + \cdots + k_{in}U_n = k_{ii}R\Delta_i \tag{9.9.2}
$$

上式中各项与 $k_{ii}R$ 相比值极小，因此可近似地认为 $U_i \approx \Delta_i$。

这样的处理编程最为简单，但是大数 R 的选取应充分考虑计算机的字长。R 取得过小会影响解的精度；反之，R 取得过大，在运算中容易发生下溢。

如令刚度矩阵中相应于该自由度的第 i 行主元素 $k_{ii}=1$，且第 i 行和第 i 列的所有其他元素都为零。方程的右端项也作对应的运算，第 i 行的右端项即为 Δ_i。经过修改后的有限元基本方程

$$
\begin{cases} k_{11}U_1 + k_{12}U_2 + \cdots + k_{1,i-1}U_{i-1} + 0 + k_{1,i+1}U_{i+1} + \cdots + k_{1n}U_n = P_1 - k_{1i}\Delta_i \,, \\ k_{21}U_1 + k_{22}U_2 + \cdots + k_{2,i-1}U_{i-1} + 0 + k_{2,i+1}U_{i+1} + \cdots + k_{2n}U_n = P_2 - k_{2i}\Delta_i \,, \\ \vdots \\ 0 + 0 + \cdots + U_i + \cdots + 0 + 0 = \Delta_i \,, \\ \vdots \\ k_{n1}U_1 + k_{n2}U_2 + \cdots + k_{n,i-1}U_{i-1} + 0 + k_{n,i+1}U_{i+1} + \cdots + k_{nn}U_n = P_n - k_{ni}\Delta_i \end{cases} \tag{9.9.3}
$$

显然有 $U_i = \Delta_i$。

对于固定约束，可将刚度矩阵中相应于该自由度的第 i 行和第 i 列的各元素及对应的右端项全部划去，消去第 i 个自由度。并且将总刚度矩阵压缩。

根据给定的边界条件不论按照上述哪一个方法来修正总刚度矩阵，被约束节点的自由度方向应该与结构的整体坐标系一致。若节点沿某个方向受到约束，而该约束的方向与整体坐标系中任一坐标轴皆不一致，那么就不能直接采用上述第一、二种方法。沿着与整体坐标系斜交的方向给予的约束称为斜向约束或斜边界条件。在某些平面为圆形、六边形、三边形或其他任意多边形的结构中，一般都存在斜边界条件（如图 9.9.1 所示）。

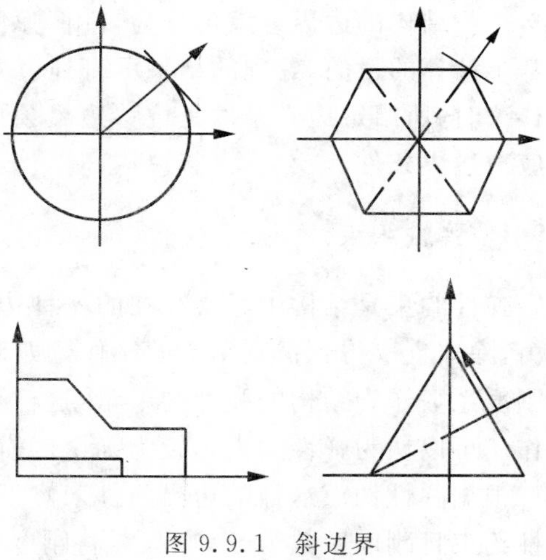

图 9.9.1　斜边界

9.9.3　斜边界

9.9.3.1　斜边界的基本概念

处理斜边界的一个简单易行的方法是将斜边界点处的位移向量作一变换，使在整体坐标

系下的该点位移向量变换到任意的斜方向，然后按一般的边界条件处理。

设结构的整体坐标系为 $O-XYZ$，坐标系 $O-x'y'z'$ 为一斜向坐标系，M 是斜边界点，$\overrightarrow{OM}$ 是一个向量。在整体总坐标系中位移向量沿 X,Y,Z 坐标方向的分量分别为 U, V, W，而位移向量在任一斜坐标系 $O-x'y'z'$ 的三个坐标方向的分量分别为 u', v', w'。于是位移向量在整体总坐标系 $O-XYZ$ 和任意斜向坐标系 $O-x'y'z'$ 的分量之间具有如下的关系(见图 9.9.2)：

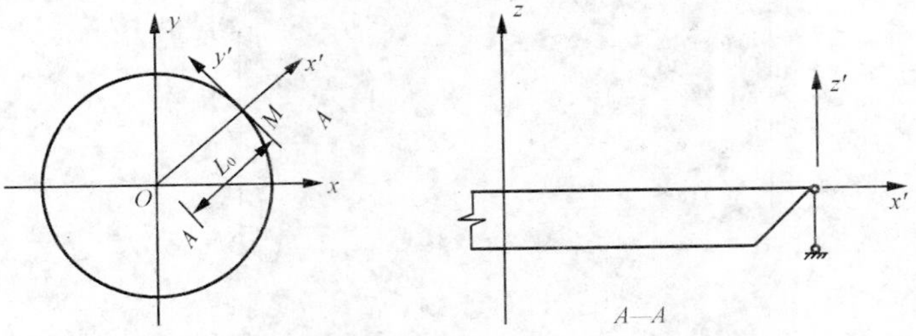

图 9.9.2　斜坐标系

$$\begin{bmatrix} u' \\ v' \\ w' \end{bmatrix} = \begin{bmatrix} \cos(x', X) & \cos(x', Y) & \cos(x', Z) \\ \cos(y', X) & \cos(y', Y) & \cos(y', Z) \\ \cos(z', X) & \cos(z', Y) & \cos(z', Z) \end{bmatrix} \begin{bmatrix} U \\ V \\ W \end{bmatrix} \tag{9.9.4}$$

其中，$\cos(x', X)$，$\cos(x', Y)$，$\cos(x', Z)$ 分别为斜坐标 x' 与整体坐标系 X, Y, Z 坐标之间的方向余弦；其余类同。上式可简化为

$$\boldsymbol{U}' = \boldsymbol{R}\boldsymbol{U} \tag{9.9.5}$$

其中，$\boldsymbol{R}$ 即为变换矩阵，且 $\boldsymbol{R}$ 是正交矩阵。由正交矩阵的性质可知

$$\boldsymbol{R}^{-1} = \boldsymbol{R}^{\mathrm{T}}$$

因此，由式(9.9.5)所示变换的逆变换为

$$\boldsymbol{U} = \boldsymbol{R}^{\mathrm{T}}\boldsymbol{U}' \tag{9.9.6}$$

上式表示了任意向量在整体总坐标系和任意斜向坐标系之间的变换关系。根据上述变换关系可逐次对斜边界点的位移向量进行变换。现构造如下向量：

$$\boldsymbol{U}' = \begin{bmatrix} u_1' \\ v_1' \\ w_1' \\ \vdots \\ u_i' \\ v_i' \\ w_i' \\ \vdots \\ u_n' \\ v_n' \\ w_n' \end{bmatrix} = \begin{bmatrix} U_1 \\ V_1 \\ W_1 \\ \vdots \\ \cos(x', X)U_i + \cos(x', Y)V_i + \cos(x', Z)W_i \\ \cos(y', X)U_i + \cos(y', Y)V_i + \cos(y', Z)W_i \\ \cos(z', X)U_i + \cos(z', Y)V_i + \cos(z', Z)W_i \\ \vdots \\ U_n \\ V_n \\ W_n \end{bmatrix} \tag{9.9.7}$$

即

$$\boldsymbol{U}' = \begin{bmatrix} 1 & & & & & & & \\ & 1 & & & & & & \\ & & 1 & & & & & \\ & & & \ddots & & & & \\ & & & & R & & & \\ & & & & & \ddots & & \\ & & & & & & 1 & \\ & & & & & & & 1 \\ & & & & & & & & 1 \end{bmatrix} \boldsymbol{U} = \boldsymbol{TU} \tag{9.9.8}$$

于是有

$$\boldsymbol{U} = \boldsymbol{T}^{\mathrm{T}}\boldsymbol{U}' \tag{9.9.9}$$

类似地可得

$$\boldsymbol{P} = \boldsymbol{T}^{\mathrm{T}}\boldsymbol{P}' \tag{9.9.10}$$

将上述变换引入有限元基本方程中，对于整体坐标系下的有限元基本方程

$$\boldsymbol{KU} = \boldsymbol{P} \tag{9.9.11}$$

将式(9.9.9)及式(9.9.10)代入上式，得

$$\boldsymbol{KT}^{\mathrm{T}}\boldsymbol{U}' = \boldsymbol{T}^{\mathrm{T}}\boldsymbol{P}' \tag{9.9.12}$$

上式两边左乘 $\boldsymbol{T}$，得

$$\boldsymbol{TKT}^{\mathrm{T}}\boldsymbol{U}' = \boldsymbol{TT}^{\mathrm{T}}\boldsymbol{P}' \tag{9.9.13}$$

令

$$\boldsymbol{K}' = \boldsymbol{TKT}^{\mathrm{T}}$$

于是有

$$\boldsymbol{K}'\boldsymbol{U}' = \boldsymbol{P}' \tag{9.9.14}$$

解上述方程组得位移向量 $\boldsymbol{U}'$，再由式(9.9.9)可计算整体坐标系下的结构位移向量 $\boldsymbol{U}$。

现设任意节点 i 为斜边界点。沿斜边节点建立局部斜向坐标系 $O-x'y'z'$，并计算经变换后的刚度矩阵

$$\boldsymbol{K}' = \begin{bmatrix} K_{11} & K_{12} & \cdots & K_{1,i-1} & K_{1i}R^{\mathrm{T}} & K_{1,i+1} & \cdots & K_{1n} \\ K_{21} & K_{22} & \cdots & K_{2,i-1} & K_{2i}R^{\mathrm{T}} & K_{2,i+1} & \cdots & K_{2n} \\ \vdots & \vdots & & \vdots & \vdots & \vdots & & \vdots \\ RK_{i1} & RK_{i2} & \cdots & RK_{i,i-1} & RK_{ii}R^{\mathrm{T}} & RK_{i,i+1} & \cdots & RK_{in} \\ K_{i+1,1} & K_{i+1,2} & \cdots & K_{i+1,i-1} & K_{i+1,i}R^{\mathrm{T}} & K_{i+1,i+1} & \cdots & K_{i+1,n} \\ \vdots & \vdots & & \vdots & \vdots & \vdots & & \vdots \\ K_{n1} & K_{n2} & \cdots & K_{n,i-1} & K_{ni}R^{\mathrm{T}} & K_{n,i+1} & \cdots & K_{nn} \end{bmatrix} \tag{9.9.15}$$

显而易见，经过变换后的刚度矩阵 $\boldsymbol{K}'$ 仍然保持原来的对称稀疏的特性，其意义是很明显的。式(9.9.15)也表明了当结构系统中第 i 个节点为斜边界点，当对该点 i 所相关的自由度方向进行局部的变换后，由此而定义的新的刚度矩阵 $\boldsymbol{K}'$ 的计算只需在与 i 节点相关的行列中进行变换运算。

9.9.3.2　壳体的斜边界

归结起来，球面壳和柱面壳的边界条件有三种。图 9.9.3 显示了与整体坐标系一致的约束，其中图 9.9.3(a)为约束的平面，图 9.9.3(b)和(c)为约束的剖面。图 9.9.4 显示了径向约束坐标系，其中图 9.9.4(a)为约束的平面，图 9.9.4(b)和(c)为约束的剖面。图 9.9.5 显示了任意方向的约束坐标系，其中图 9.9.5(a)为约束的平面，图 9.9.5(b)和(c)为约束的剖面。

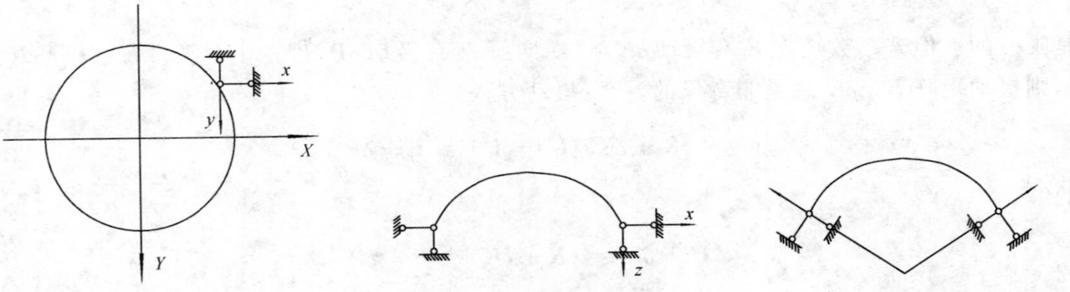

(a) 约束的平面　　(b) 水平约束的剖面　　(c) 约束的剖面

图 9.9.3　与整体坐标系一致的约束

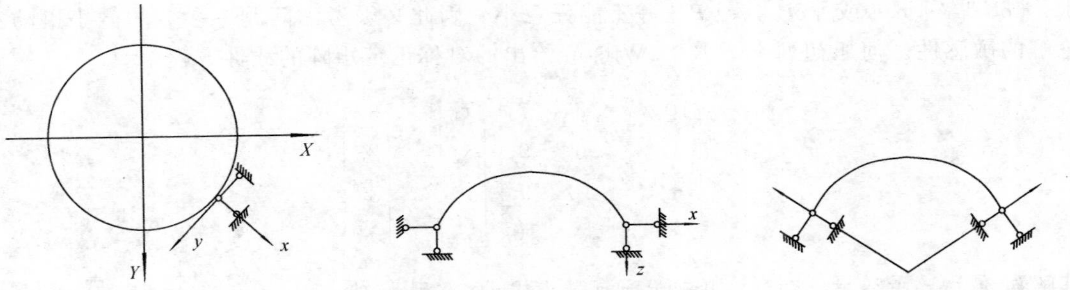

(a) 约束的平面　　(b) 水平约束的剖面　　(c) 约束的剖面

图 9.9.4　径向约束坐标系

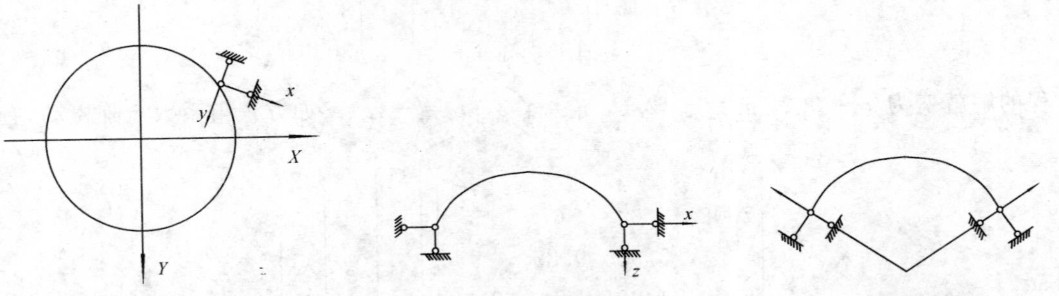

(a) 约束的平面　　(b) 水平约束的剖面　　(c) 约束的剖面

图 9.9.5　任意方向的约束坐标系

9.10 结构病态

9.10.1 问题的病态和良态

如果 $\boldsymbol{K}$ 是 $n\times n$ 阶方阵，有线性方程组

$$\boldsymbol{KU}=\boldsymbol{P}\quad(\boldsymbol{U},\boldsymbol{P}\in\boldsymbol{R}^n)\tag{9.10.1}$$

如果矩阵 $\boldsymbol{K}$ 为非奇异，则逆矩阵 $\boldsymbol{K}^{-1}$ 存在，方程组(9.10.1)的解

$$\boldsymbol{U}=\boldsymbol{K}^{-1}\boldsymbol{P}$$

是唯一的。但若系数矩阵 $\boldsymbol{K}$ 有摄动 $\delta\boldsymbol{K}$，右端向量 $\boldsymbol{P}$ 有摄动 $\delta\boldsymbol{P}$，理论上只要 $\|\boldsymbol{K}^{-1}\|\,\|\delta\boldsymbol{K}\|<1$，则摄动矩阵 $\boldsymbol{K}+\delta\boldsymbol{K}$ 总是非奇异的，所以摄动方程

$$(\boldsymbol{K}+\delta\boldsymbol{K})(\boldsymbol{U}+\delta\boldsymbol{U})=\boldsymbol{P}+\delta\boldsymbol{P}\tag{9.10.2}$$

的解

$$\boldsymbol{U}+\delta\boldsymbol{U}=(\boldsymbol{K}+\delta\boldsymbol{K})^{-1}(\boldsymbol{P}+\delta\boldsymbol{P})\tag{9.10.3}$$

理论上，只要 $\|\delta\boldsymbol{K}\|$ 和 $\|\delta\boldsymbol{P}\|$ 足够小，解的摄动量 $\|\delta\boldsymbol{U}\|$ 也足够小。但是实际上并不是这样简单的。这是因为摄动值是由实验或计算得到，都有观测误差或计算误差；同时计算机的不可避免的舍入误差相当于原始数据的摄动。此外，由于计算机字长有限，摄动量的相对精度也有限，$\|\delta\boldsymbol{K}\|/\|\boldsymbol{K}\|$ 或 $\|\delta\boldsymbol{P}\|/\|\boldsymbol{P}\|$ 并不能任意小。因此必须考虑问题中参数的微小摄动对理论解的敏感性。何旭初列举了 R. S. Wilson 给出的对称正定矩阵的线性方程组

$$\begin{bmatrix}10&7&8&7\\7&5&6&5\\8&6&10&9\\7&5&9&10\end{bmatrix}\begin{bmatrix}x_1\\x_2\\x_3\\x_4\end{bmatrix}=\begin{bmatrix}32\\23\\33\\31\end{bmatrix}\tag{a}$$

其解为 $x_1=x_2=x_3=x_4=1$。如右端项有微小摄动，方程为

$$\begin{bmatrix}10&7&8&7\\7&5&6&5\\8&6&10&9\\7&5&9&10\end{bmatrix}\begin{bmatrix}x_1+\delta x_1\\x_2+\delta x_2\\x_3+\delta x_3\\x_4+\delta x_4\end{bmatrix}=\begin{bmatrix}32.1\\22.9\\33.1\\30.9\end{bmatrix}\tag{b}$$

方程的解就变为 $x_1=9.2$，$x_2=-12.6$，$x_3=4.5$，$x_4=-1.1$。如方程组系数矩阵摄动，有

$$\begin{bmatrix}10&7&8.1&7.2\\7.08&5.04&6&5\\8&5.98&9.89&9\\6.99&4.99&9&9.98\end{bmatrix}\begin{bmatrix}\tilde{x}_1\\\tilde{x}_2\\\tilde{x}_3\\\tilde{x}_4\end{bmatrix}=\begin{bmatrix}32\\23\\33\\31\end{bmatrix}\tag{c}$$

其解为 $x_1=-81$，$x_2=137$，$x_3=-34$，$x_4=22$。

以 Hilbert 矩阵 $\boldsymbol{H}_n$ 为系数矩阵，或以其前 k 列组成的矩阵作为系数矩阵的线性方程组，也具有式(a)类似的性质。阶数越高，微小摄动对解的影响也就越为严重。

如果问题的参数有微小的相对摄动，解有“巨大”的相对摄动。这种问题是病态的，反之是良态的。

病态或良态是问题固有的属性，它们之间并没有明显的界限，问题的病态并不影响计算的算法，但是会带来困难。

必须指出，奇异性和病态性属于两种完全不同的概念范畴。奇异不是病态的结果。如果方阵 $\boldsymbol{K}$ 非奇异，必存在逆矩阵 $\boldsymbol{K}^{-1}$。至于病态，是计算问题的属性，如果矩阵 $\boldsymbol{K}$ 为非奇异，计算 $\boldsymbol{K}^{-1}$ 问题的病态程度表现在是否容易实现计算 $\boldsymbol{K}^{-1}$。

对以非奇异矩阵 $\boldsymbol{K}$ 为系数矩阵的线性方程组而摄动矩阵 $\boldsymbol{K}+\delta\boldsymbol{K}$ 也是非奇异的，似乎方程组求解问题的病态和矩阵 $\boldsymbol{K}$ 的非奇异性有关，其实不然，即使矩阵 $\boldsymbol{K}$ 为奇异，仍然存在着这样的线性方程组的求解问题。虽然系数矩阵 $\boldsymbol{K}$ 为奇异，但它和这个求解问题是否病态毫无关系。

9.10.2 病态问题的病态度及其度量

现考虑定量估计问题的病态程度，解方程

$$f(\boldsymbol{x},\ \boldsymbol{\beta}) = 0 \tag{9.10.4}$$

其中，$\boldsymbol{\beta}$ 为问题的参数向量，$\boldsymbol{x}$ 是待定向量。假定 $\boldsymbol{x}$ 就是方程(9.10.4)的理论解，若参数 $\boldsymbol{\beta}$ 有摄动 $\delta\boldsymbol{\beta}$，设 $\boldsymbol{x}+\delta\boldsymbol{x}$ 为摄动问题

$$f(\boldsymbol{x}+\delta\boldsymbol{x},\ \boldsymbol{\beta}+\delta\boldsymbol{\beta}) = 0 \tag{9.10.5}$$

的理论解。现用相对摄动量 $\|\delta\boldsymbol{\beta}\|/\|\boldsymbol{\beta}\|$ 表示参数的相对误差，$\|\delta\boldsymbol{x}\|/\|\boldsymbol{x}\|$ 或 $\|\delta\boldsymbol{x}\|/\|\boldsymbol{x}+\delta\boldsymbol{x}\|$ 为解的相对误差。如果 $\|\boldsymbol{\beta}\|\neq 0$，解的相对摄动

$$\frac{\|\delta\boldsymbol{x}\|}{\|\boldsymbol{x}+\delta\boldsymbol{x}\|} \approx c\,\frac{\|\delta\boldsymbol{\beta}\|}{\|\boldsymbol{\beta}\|} \tag{9.10.6}$$

式中，c 是一个正常数，它表示参数的相对摄动量对解的相对摄动量影响的程度，或是相对误差的放大率。只有相对摄动才能反映计算结果的精度。因子 c 就是反映问题的病态程度，是问题(9.10.4)的条件数。

应当指出，一般求得近似等式(9.10.6)是非常困难的，实际上一般能得到的估计

$$\frac{\|\delta\boldsymbol{x}\|}{\|\boldsymbol{x}+\delta\boldsymbol{x}\|} \leqslant c\,\frac{\|\delta\boldsymbol{\beta}\|}{\|\boldsymbol{\beta}\|} \tag{9.10.7}$$

现在以求解线性方程组

$$\boldsymbol{A}\boldsymbol{x} = \boldsymbol{b}$$

为例来给出条件数的具体估计。当 $\|\boldsymbol{A}^{-1}\|\,\|\delta\boldsymbol{A}\|<1$ 时

$$\boldsymbol{B}^{-1} - \boldsymbol{A}^{-1} = -\boldsymbol{B}^{-1}(\delta\boldsymbol{A})\boldsymbol{A}^{-1},\quad \boldsymbol{B} = \boldsymbol{A}+\delta\boldsymbol{A}$$

假定 $\boldsymbol{b}$ 无摄动，两端右乘 $\boldsymbol{b}$，得

$$\|\delta\boldsymbol{x}\| \leqslant \|\boldsymbol{B}^{-1}\|\,\|\delta\boldsymbol{A}\|\,\|\boldsymbol{x}\|$$

或

$$\frac{\|\delta x\|}{\|x\|} \leqslant \frac{\|\delta A\|\|A^{-1}\|}{1-\|\delta A\|\|A^{-1}\|} = \|A\|\|A^{-1}\| / \frac{1}{1-\|\delta A\|\|A^{-1}\|} \frac{\|\delta A\|}{\|A\|} \tag{9.10.8}$$

如果 $\|\delta x\|$ 与 $\|x\|$ 相比很小，则从

$$(A+\delta A)(x+\delta x)=b$$

可得与式(9.10.7)近似的不等式

$$\frac{\|\delta x\|}{\|x+\delta x\|} \leqslant \|A\|\|A^{-1}\| \frac{\|\delta A\|}{\|A\|} \tag{9.10.9}$$

在特殊的情况下，有

$$\frac{\|\delta x\|}{\|x+\delta x\|} = \|A\|\|A^{-1}\| \frac{\|\delta A\|}{\|A\|} \tag{9.10.10}$$

其次，如果矩阵 A 没有摄动，而只有 b 有摄动 δb，则

$$\frac{\|\delta x\|}{\|x\|} \leqslant \|A^{-1}\|\|A\| \frac{\|\delta b\|}{\|b\|} \tag{9.10.11}$$

成立，这里 $x \neq 0$，$b \neq 0$。在特殊情况，式(9.10.11)也会变成等式

$$\frac{\|\delta x\|}{\|x\|} = \|A^{-1}\|\|A\| \frac{\|\delta b\|}{\|b\|} \tag{9.10.12}$$

由此可见，在式(9.10.8)、式(9.10.9)和式(9.10.11)中都出现了因子 $\|A^{-1}\|\|A\|$，这相当于式(9.10.7)中的因子 c。

现定义 $\|A\|\|A^{-1}\|$ 为线性方程组求解问题的条件数，记为

$$k(A) = \|A^{-1}\|\|A\| \tag{9.10.13}$$

条件数反映参数的相对摄动对解的相对摄动的影响。

结构的病态度在数学上是可以度量的，当刚度矩阵按三角因子分解后，即

$$K = LDL^{\mathrm{T}}$$

可以以稳定因子 K_s 来度量。上式中，L 是下三角阵；D 是对角阵，有

$$D = \mathrm{diag}(d_1, d_2, \cdots, d_i, \cdots, d_n) \quad (d_i > 0,\ i=1,2,\cdots,n)$$

现定义稳定因子

$$K_s = \mathrm{sign}(d_{i,\min}) \frac{|d_{i,\min}|}{\bar{d}_i} \tag{9.10.14}$$

式中，$d_{i,\min}$ 为最小对角元；$\bar{d}_i$ 为对角元的平均值。稳定因子的数值范围为 $0 \leqslant K_s \leqslant 1$，当 $K_s = 0$ 时矩阵 K 为奇异。

9.10.3 结构病态

严格地讲，结构病态是指结构的控制方程的病态。对于病态方程，如果方程的右端项有一个微小的变化，那么方程的解就会有很大的变化，显然这时方程的解是不稳定的，病态解也不

是所希望的。在采用有限元法分析结构时可以得到有限元基本方程

$$\boldsymbol{K}\cdot\boldsymbol{U}=\boldsymbol{P}$$

对于上式中如果荷载有一个微小的扰动,那么位移就会有很大的变动,这样的方程是病态的。在数值分析中如果方程是病态的,那么由于计算机截断误差也可以明显地使方程的解不稳定,所以在结构分析中是不能接受的。导致控制方程的病态的直接原因是刚度矩阵的性状,如果在刚度矩阵的主元中出现大数小乘、出现接近线性相关的状况或者矩阵的主元很小,都可能导致控制方程病态。通常情况下,方程的求解是采用基于高斯消去法的三角因子分解法,采用这种方法的前提是系数矩阵必定是正定矩阵,如果是病态方程,那么采用三角因子分解法所求的解就不是一个正确的解。

在采用有限单元法分析结构时导致方程病态的主要原因是单元的形态分析中的问题,如果单元出现很小的锐角,或者在杆件系统中杆件之间的夹角很小,都是造成病态的原因。但是在结构分析中定性地分析方程的病态或良态是非常困难的,所以事实上也给不出小夹角的限度。但是意识到这一点仍然是很重要的。正因为如此,在固体力学的分析中当对所分析的固体进行剖分后,应检查所获得的解的收敛性,单元的剖分对解的精度有很大关系,所以在结构的细部分析时就应该意识到方程的性态,通过多次分析逼近于正确解。

为了说明结构病态而带来数值分析上的偏差,现以周边支承平面桁架系网架为例:网架两个方向的跨度为 30 m,作用 2.0 kN/m^2 的均布荷载,在均布荷载作用下网架跨中最大挠度与结构高度有关,表 9.10.1 为网架高度 H 和竖向位移 w 的关系。在正常情况下,网架高度愈高,跨中挠度就愈小。如果不断地增加网架高度,当网架高度达到一定值后,如当高度为 8.5 m 以上时,网架跨中挠度反而增大了。导致这个结果的原因是,当网架高度达到一定值后网架的斜腹杆与竖杆之间夹角形成一个很小的锐角,这时结构的刚度矩阵就趋于严重病态,当然平衡方程也严重病态了,所以这时所得到的位移属于病态解,这个位移已不是结构的真实解,但它反映了结构的刚度矩阵的不正定性。在结构设计时要避免单元出现锐角,避免杆件之间出现小夹角,避免杆件构成矩形或接近矩形的网格而同时又缺乏网格平面内的约束,保证结构的良态性能是获得分析正确解的前提。

表 9.10.1　网架高度 H 和竖向位移 w

H(m)	2.5	3.5	4.5	5.5	6.5	7.5	8.5	9.5
w(cm)	7.01	4.17	3.12	2.68	2.52	2.50	2.55	2.65

9.11　单元的应力和内力

解非线性代数方程式(9.8.3)或线性代数方程式(9.8.4),得整体坐标系中单元节点位移向量 $\Delta\boldsymbol{U}_e$ 或 $\boldsymbol{U}_e$。根据材料坐标系中定义的单元节点位移向量 $\boldsymbol{u}'_e$ 与局部坐标系中定义的单元节点位移向量 $\boldsymbol{u}_e$ 之间的变换(见式(9.2.41)),以及局部坐标系中定义的单元节点位移向量 $\boldsymbol{u}_e$ 与整体坐标系中定义的单元节点位移向量 $\boldsymbol{U}_e$ 之间的变换(见式(9.2.43)),得

$$\boldsymbol{u}'_e=\boldsymbol{T}_1\boldsymbol{T}_2\boldsymbol{U}_e=\boldsymbol{T}\boldsymbol{U}_e \quad 或 \quad \Delta\boldsymbol{u}'_e=\boldsymbol{T}_1\boldsymbol{T}_2\Delta\boldsymbol{U}_e=\boldsymbol{T}\Delta\boldsymbol{U}_e$$

仅当材料坐标系与局部坐标系一致时,有

$$\boldsymbol{u}_e = \boldsymbol{T}_2\boldsymbol{U}_e \quad 或 \quad \Delta\boldsymbol{u}_e = \boldsymbol{T}_2\Delta\boldsymbol{U}_e$$

式中，$\boldsymbol{T}_1$，$\boldsymbol{T}_2$ 为向量变换矩阵，如式(9.2.45)所示。

由物理条件可计算单元的应力

$$\Delta\boldsymbol{\sigma} = \boldsymbol{D}\Delta\boldsymbol{\varepsilon} = \boldsymbol{D}(\Delta\boldsymbol{\varepsilon}_L + \Delta\boldsymbol{\varepsilon}_{NL}) \tag{9.11.1}$$

即

$$\Delta\boldsymbol{\sigma} = \begin{bmatrix}\Delta\boldsymbol{\sigma}\\ \Delta\boldsymbol{\tau}\end{bmatrix} = \boldsymbol{D}\begin{bmatrix}\Delta\boldsymbol{\varepsilon}\\ \Delta\boldsymbol{\gamma}\end{bmatrix} = \boldsymbol{D}\begin{bmatrix}\Delta\boldsymbol{\varepsilon}_L + \Delta\boldsymbol{\varepsilon}_{NL}\\ \Delta\boldsymbol{\gamma}_L + \Delta\boldsymbol{\gamma}_{NL}\end{bmatrix}$$

将应变矩阵及弹塑性矩阵代入上式，得单元中任意一点处的应力增量

$$\Delta\boldsymbol{\sigma} = \begin{bmatrix}\Delta\boldsymbol{\sigma}\\ \Delta\boldsymbol{\tau}\end{bmatrix} = \boldsymbol{D}\left(\begin{bmatrix}\boldsymbol{B}_L\\ \boldsymbol{H}_L\end{bmatrix}^{\mathrm{T}} + \begin{bmatrix}\boldsymbol{B}_{NL}\\ \boldsymbol{H}_{NL}\end{bmatrix}^{\mathrm{T}}\right)\Delta\boldsymbol{u}_e \tag{9.11.2}$$

而

$$\boldsymbol{\sigma} = \boldsymbol{\sigma}_0 + \Delta\boldsymbol{\sigma} \tag{9.11.3}$$

对于线性问题，解线性代数方程式(9.8.4)得整体坐标系中单元节点位移向量 $\boldsymbol{U}_e$。进行类似变换，可得单元中任意一点处的应力

$$\boldsymbol{\sigma} = \begin{bmatrix}\boldsymbol{\sigma}\\ \boldsymbol{\tau}\end{bmatrix} = \boldsymbol{D}\begin{bmatrix}\boldsymbol{B}_L\\ \boldsymbol{H}_L\end{bmatrix}^{\mathrm{T}}\boldsymbol{u}_e \tag{9.11.4}$$

单元中任意一点处的轴力或薄膜力

$$N = \int_A \boldsymbol{\sigma}\,\mathrm{d}A \tag{9.11.5}$$

弯矩

$$M_y = \int_A \boldsymbol{\sigma}_x z\,\mathrm{d}A,\quad M_z = \int_A \boldsymbol{\sigma}_x y\,\mathrm{d}A \tag{9.11.6}$$

剪力

$$Q = \int_A \boldsymbol{\tau}\,\mathrm{d}A \tag{9.11.7}$$

10 三维和二维应力问题的有限单元法

10.1 三维应力单元

10.1.1 三维 Lagrange 四面体和六面体单元

具有一定外形和边界的固体，在荷载作用下一般都处于三维应力状态。通常可将固体或结构剖分为四面体单元、六面体单元和八面体单元等，而其中四面体单元可以适合不同的几何形状以及不同的边界，也比较简单。下面将着重讨论四面体单元，同时也将一般性地介绍其它单元。

对于三维 Lagrange 四面体单元，有 4 节点线性单元(见图 10.1.1a)、10 节点二次单元(见图 10.1.1b)和 20 节点三次单元(见图 10.1.1c)。图 10.1.1 所示三维 Lagrange 四面体单元由四条边构成单元的几何。四面体的顶点为 $ijkl$，即 $ijkl$ 为四面体单元的 4 个节点。对固体中的四面体单元节点适当编号，使单元的节点号 $ijkl$ 以由小到大的顺序排列。

对三维 Lagrange 六面体单元，有 8 节点线性单元(见图 10.1.2a)、20 节点二次单元(见图 10.1.2b)和 32 节点三次单元(见图 10.1.2c)。

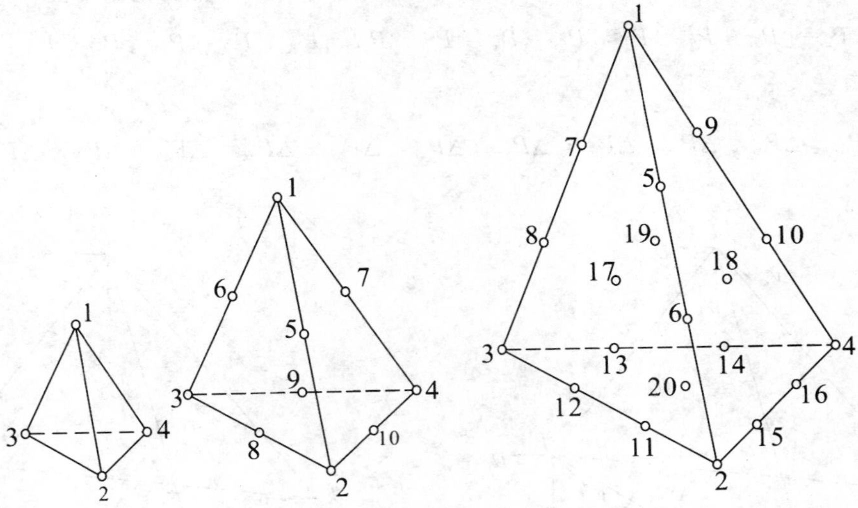

(a) 4 节点线性单元　(b) 10 节点二次单元　(c) 20 节点三次单元

图 10.1.1　Lagrange 四面体单元

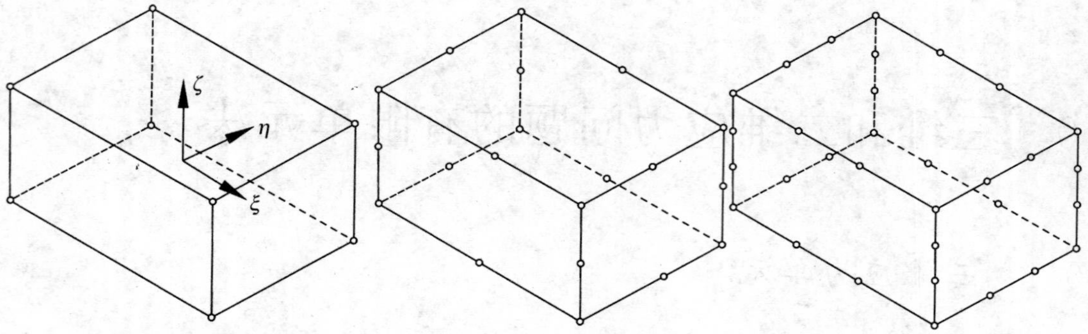

(a) 8 节点线性单元　　(b) 20 节点二次单元　　(c) 32 节点三次单元

图 10.1.2　Lagrange 六面体单元

10.1.2　三维线性 Lagrange 四面体单元的向量定义

在整体坐标系中 4 节点四面体单元的每个节点有 3 个自由度，即每个节点沿整体坐标有 3 个线位移和对应的 3 个节点外力。在整体坐标系中每个节点的 3 个位移分量 U,V,W 分别沿着整体坐标系的 OX,OY,OZ 坐标，与 OX,OY,OZ 坐标的正向一致为正。如图 10.1.3 所示，在整体坐标系中，4 节点四面体单元节点 i,j,k,l 的位移向量

$$\boldsymbol{U}_e=[U_i \quad V_i \quad W_i \quad U_j \quad V_j \quad W_j \quad U_k \quad V_k \quad W_k \quad U_l \quad V_l \quad W_l]^{\mathrm{T}} \tag{10.1.1}$$

及增量

$$\boldsymbol{\Delta U}_e=[\Delta U_i \quad \Delta V_i \quad \Delta W_i \quad \Delta U_j \quad \Delta V_j \quad \Delta W_j \quad \Delta U_k \quad \Delta V_k \quad \Delta W_k \quad \Delta U_l \quad \Delta V_l \quad \Delta W_l]^{\mathrm{T}}$$

相应在整体坐标系中（如图 10.1.4 所示），节点 i,j,k,l 的节点力向量

$$\boldsymbol{P}_e=[P_{xi} \quad P_{yi} \quad P_{zi} \quad P_{xj} \quad P_{yj} \quad P_{zj} \quad P_{xk} \quad P_{yk} \quad P_{zk} \quad P_{xl} \quad P_{yl} \quad P_{zl}]^{\mathrm{T}} \tag{10.1.2}$$

及增量

$$\boldsymbol{\Delta P}_e=[\Delta P_{xi} \quad \Delta P_{yi} \quad \Delta P_{zi} \quad \Delta P_{xj} \quad \Delta P_{yj} \quad \Delta P_{zj} \quad \Delta P_{xk} \quad \Delta P_{yk} \quad \Delta P_{zk} \quad \Delta P_{xl} \quad \Delta P_{yl} \quad \Delta P_{zl}]^{\mathrm{T}}$$

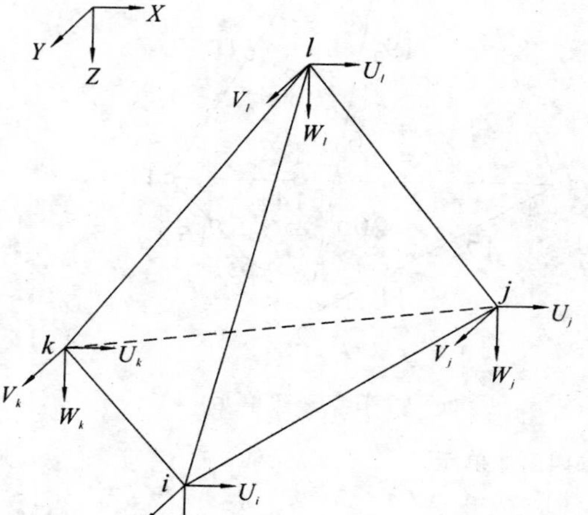

图 10.1.3　4 节点四面体单元整体坐标系中位移

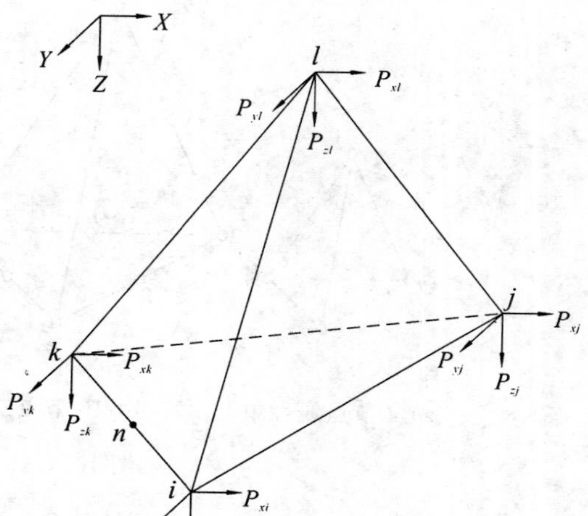

图 10.1.4　4 节点四面体单元整体坐标系中节点力

4 节点四面体单元的局部坐标系中(见图 10.1.5),单元的位移向量

$$\boldsymbol{u}=[u \quad v \quad w]^{\mathrm{T}}$$

单元的每个节点有三个自由度,即每个节点分别沿着局部坐标系的 ix,iy,iz 坐标有三个线位移分量 u,v,w 和对应的三个节点力。位移和节点力与 ix,iy,iz 坐标的正向一致为正。如图 10.1.6 所示,4 节点四面体单元的节点 i,j,k,l 在局部坐标系中的位移向量

$$\boldsymbol{u}_e=[u_i \quad v_i \quad w_i \quad u_j \quad v_j \quad w_j \quad u_k \quad v_k \quad w_k \quad u_l \quad v_l \quad w_l]^{\mathrm{T}} \tag{10.1.3}$$

及增量

$$\Delta\boldsymbol{u}_e=[\Delta u_i \quad \Delta v_i \quad \Delta w_i \quad \Delta u_j \quad \Delta v_j \quad \Delta w_j \quad \Delta u_k \quad \Delta v_k \quad \Delta w_k \quad \Delta u_l \quad \Delta v_l \quad \Delta w_l]^{\mathrm{T}}$$

如图 10.1.7 所示,4 节点四面体单元节点力向量

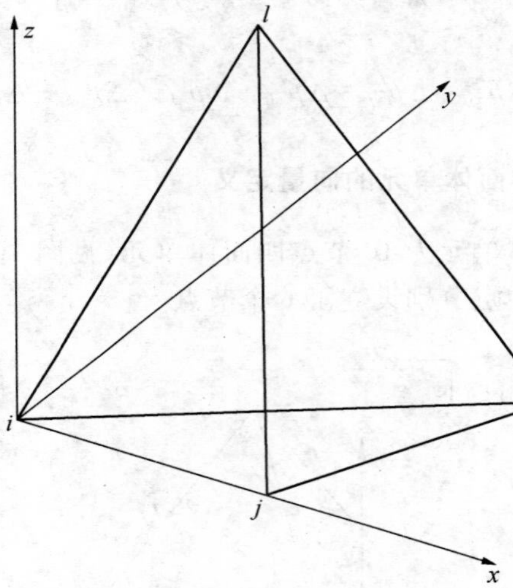

图 10.1.5　4 节点四面体单元局部坐标系

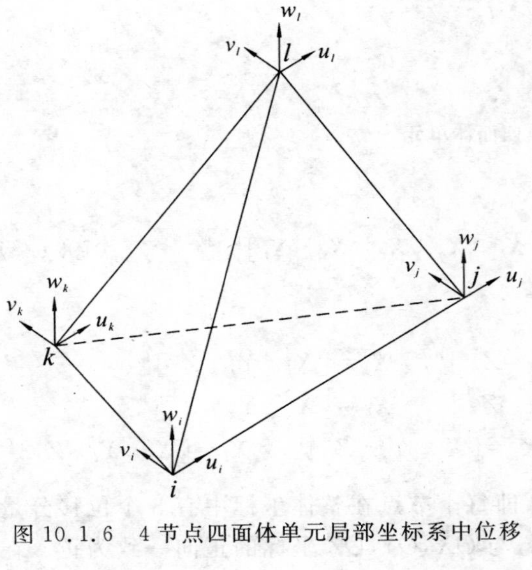

图 10.1.6　4 节点四面体单元局部坐标系中位移

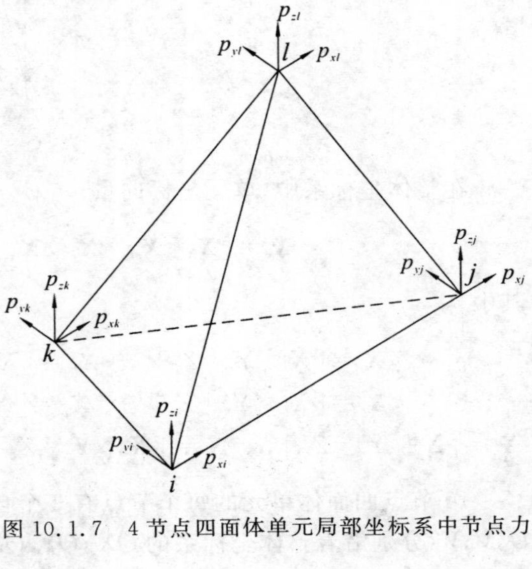

图 10.1.7　4 节点四面体单元局部坐标系中节点力

$$\boldsymbol{p}_e=[p_{xi} \quad p_{yi} \quad p_{zi} \quad p_{xj} \quad p_{yj} \quad p_{zj} \quad p_{xk} \quad p_{yk} \quad p_{zk} \quad p_{xl} \quad p_{yl} \quad p_{zl}]^{\mathrm{T}} \tag{10.1.4}$$

及增量

$$\Delta\boldsymbol{p}_e=[\Delta p_{xi} \quad \Delta p_{yi} \quad \Delta p_{zi} \quad \Delta p_{xj} \quad \Delta p_{yj} \quad \Delta p_{zj} \quad \Delta p_{xk} \quad \Delta p_{yk} \quad \Delta p_{zk} \quad \Delta p_{xl} \quad \Delta p_{yl} \quad \Delta p_{zl}]^{\mathrm{T}}$$

材料坐标系中单元节点位移向量

$$\boldsymbol{u}'_e=[u'_i \quad v'_i \quad w'_i \quad u'_j \quad v'_j \quad w'_j \quad u'_k \quad v'_k \quad w'_k \quad u'_l \quad v'_l \quad w'_l]^{\mathrm{T}} \tag{10.1.5}$$

及增量

$$\Delta\boldsymbol{u}'_e=[\Delta u'_i \quad \Delta v'_i \quad \Delta w'_i \quad \Delta u'_j \quad \Delta v'_j \quad \Delta w'_j \quad \Delta u'_k \quad \Delta v'_k \quad \Delta w'_k \quad \Delta u'_l \quad \Delta v'_l \quad \Delta w'_l]^{\mathrm{T}}$$

材料坐标系中 4 节点四面体单元节点力向量

$$\boldsymbol{p}'_e=[p'_{xi} \quad p'_{yi} \quad p'_{zi} \quad p'_{xj} \quad p'_{yj} \quad p'_{zj} \quad p'_{xk} \quad p'_{yk} \quad p'_{zk} \quad p'_{xl} \quad p'_{yl} \quad p'_{zl}]^{\mathrm{T}} \tag{10.1.6}$$

及增量

$$\Delta\boldsymbol{p}'_e=[\Delta p'_{xi} \quad \Delta p'_{yi} \quad \Delta p'_{zi} \quad \Delta p'_{xj} \quad \Delta p'_{yj} \quad \Delta p'_{zj} \quad \Delta p'_{xk} \quad \Delta p'_{yk} \quad \Delta p'_{zk} \quad \Delta p'_{xl} \quad \Delta p'_{yl} \quad \Delta p'_{zl}]^{\mathrm{T}}$$

10.1.3 三维二次 Lagrange 四面体单元的向量定义

三维二次 Lagrange 四面体单元为 10 节点四面体单元(见图 10.1.8),即除了单元的 4 个角节点外,在四面体各条棱的中点分别设立了 6 个节点。

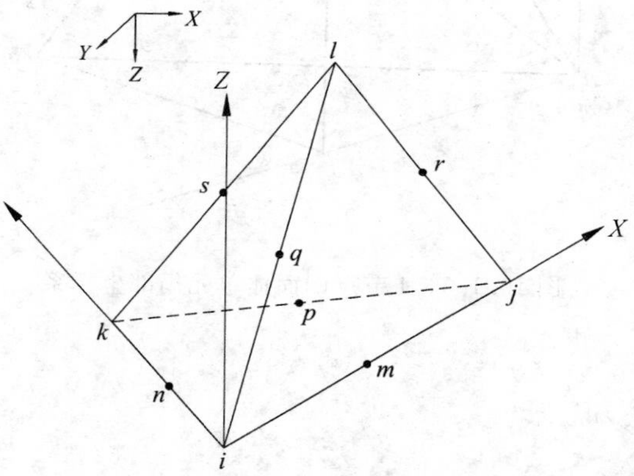

图 10.1.8 10 节点四面体单元

在整体坐标系中,单元坐标向量

$$\boldsymbol{X}_e=[\boldsymbol{X}_i \quad \boldsymbol{X}_m \quad \boldsymbol{X}_j \quad \boldsymbol{X}_n \quad \boldsymbol{X}_p \quad \boldsymbol{X}_k \quad \boldsymbol{X}_q \quad \boldsymbol{X}_r \quad \boldsymbol{X}_s \quad \boldsymbol{X}_l]^{\mathrm{T}} \tag{10.1.7}$$

其中

$$\boldsymbol{X}_i=[X_i \quad Y_i \quad Z_i]^{\mathrm{T}},\quad \boldsymbol{X}_m=[X_m \quad Y_m \quad Z_m]^{\mathrm{T}},\quad \boldsymbol{X}_j=[X_j \quad Y_j \quad Z_j]^{\mathrm{T}}$$
$$\boldsymbol{X}_n=[X_n \quad Y_n \quad Z_n]^{\mathrm{T}},\quad \boldsymbol{X}_p=[X_p \quad Y_p \quad Z_p]^{\mathrm{T}},\quad \boldsymbol{X}_k=[X_k \quad Y_k \quad Z_k]^{\mathrm{T}}$$
$$\boldsymbol{X}_q=[X_q \quad Y_q \quad Z_q]^{\mathrm{T}},\quad \boldsymbol{X}_r=[X_r \quad Y_r \quad Z_r]^{\mathrm{T}},\quad \boldsymbol{X}_s=[X_s \quad Y_s \quad Z_s]^{\mathrm{T}},\quad \boldsymbol{X}_l=[X_l \quad Y_l \quad Z_l]^{\mathrm{T}}$$

10 节点四面体单元的每个节点有 3 个自由度,即每个节点在整体坐标中有 3 个位移分量 U,V,W 分别沿着整体坐标系的 OX,OY,OZ 坐标,与 OX,OY,OZ 坐标的正向一致为正。在

整体坐标系中,10 节点四面体单元的节点位移向量

$$\boldsymbol{U_e}=[\boldsymbol{U}_i \quad \boldsymbol{U}_m \quad \boldsymbol{U}_j \quad \boldsymbol{U}_n \quad \boldsymbol{U}_p \quad \boldsymbol{U}_k \quad \boldsymbol{U}_q \quad \boldsymbol{U}_r \quad \boldsymbol{U}_s \quad \boldsymbol{U}_l]^{\mathrm{T}} \tag{10.1.8}$$

及增量

$$\Delta\boldsymbol{U_e}=[\Delta\boldsymbol{U}_i \quad \Delta\boldsymbol{U}_m \quad \Delta\boldsymbol{U}_j \quad \Delta\boldsymbol{U}_n \quad \Delta\boldsymbol{U}_p \quad \Delta\boldsymbol{U}_k \quad \Delta\boldsymbol{U}_q \quad \Delta\boldsymbol{U}_r \quad \Delta\boldsymbol{U}_s \quad \Delta\boldsymbol{U}_l]^{\mathrm{T}}$$

其中,单元节点的位移向量

$$\boldsymbol{U}_i=[U_i \quad V_i \quad W_i]^{\mathrm{T}},\quad \boldsymbol{U}_m=[U_m \quad V_m \quad W_m]^{\mathrm{T}},\quad \boldsymbol{U}_j=[U_j \quad V_j \quad W_j]^{\mathrm{T}}$$

$$\boldsymbol{U}_n=[U_n \quad V_n \quad W_n]^{\mathrm{T}},\quad \boldsymbol{U}_p=[U_p \quad V_p \quad W_p]^{\mathrm{T}},\quad \boldsymbol{U}_k=[U_k \quad V_k \quad W_k]^{\mathrm{T}}$$

$$\boldsymbol{U}_q=[U_q \quad V_q \quad W_q]^{\mathrm{T}},\quad \boldsymbol{U}_r=[U_r \quad V_r \quad W_r]^{\mathrm{T}},\quad \boldsymbol{U}_s=[U_s \quad V_s \quad W_s]^{\mathrm{T}},\quad \boldsymbol{U}_l=[U_l \quad V_l \quad W_l]^{\mathrm{T}}$$

相应在整体坐标系中,10 节点四面体单元节点力向量

$$\boldsymbol{P_e}=[\boldsymbol{P}_i \quad \boldsymbol{P}_m \quad \boldsymbol{P}_j \quad \boldsymbol{P}_n \quad \boldsymbol{P}_p \quad \boldsymbol{P}_k \quad \boldsymbol{P}_q \quad \boldsymbol{P}_r \quad \boldsymbol{P}_s \quad \boldsymbol{P}_l]^{\mathrm{T}} \tag{10.1.9}$$

及增量

$$\Delta\boldsymbol{P_e}=[\Delta\boldsymbol{P}_i \quad \Delta\boldsymbol{P}_m \quad \Delta\boldsymbol{P}_j \quad \Delta\boldsymbol{P}_n \quad \Delta\boldsymbol{P}_p \quad \Delta\boldsymbol{P}_k \quad \Delta\boldsymbol{P}_q \quad \Delta\boldsymbol{P}_r \quad \Delta\boldsymbol{P}_s \quad \Delta\boldsymbol{P}_l]^{\mathrm{T}}$$

在四面体单元局部坐标系 $i-xyz$ 中,单元节点的坐标

$$\boldsymbol{x_e}=[\boldsymbol{x}_i \quad \boldsymbol{x}_m \quad \boldsymbol{x}_j \quad \boldsymbol{x}_n \quad \boldsymbol{x}_p \quad \boldsymbol{x}_k \quad \boldsymbol{x}_q \quad \boldsymbol{x}_r \quad \boldsymbol{x}_s \quad \boldsymbol{x}_l]^{\mathrm{T}} \tag{10.1.10}$$

其中,节点局部坐标向量

$$\boldsymbol{x}_i=[x_i \quad y_i \quad z_i]^{\mathrm{T}},\quad \boldsymbol{x}_m=[x_m \quad y_m \quad z_m]^{\mathrm{T}},\quad \boldsymbol{x}_j=[x_j \quad y_j \quad z_j]^{\mathrm{T}},\quad \boldsymbol{x}_n=[x_n \quad y_n \quad z_n]^{\mathrm{T}}$$

$$\boldsymbol{x}_p=[x_p \quad y_p \quad z_p]^{\mathrm{T}},\quad \boldsymbol{x}_k=[x_k \quad y_k \quad z_k]^{\mathrm{T}},\quad \boldsymbol{x}_q=[x_q \quad y_q \quad z_q]^{\mathrm{T}},\quad \boldsymbol{x}_r=[x_r \quad y_r \quad z_r]^{\mathrm{T}}$$

$$\boldsymbol{x}_s=[x_s \quad y_s \quad z_s]^{\mathrm{T}},\quad \boldsymbol{x}_l=[x_l \quad y_l \quad z_l]^{\mathrm{T}}$$

10 节点四面体单元的每个节点有 3 个自由度,即每个节点沿局部坐标的 ix,iy,iz 坐标有 3 个位移分量 u,v,w,与 ix,iy,iz 坐标的正向一致为正。单元的节点位移向量

$$\boldsymbol{u_e}=[\boldsymbol{u}_i \quad \boldsymbol{u}_m \quad \boldsymbol{u}_j \quad \boldsymbol{u}_n \quad \boldsymbol{u}_p \quad \boldsymbol{u}_k \quad \boldsymbol{u}_q \quad \boldsymbol{u}_r \quad \boldsymbol{u}_s \quad \boldsymbol{u}_l]^{\mathrm{T}} \tag{10.1.11}$$

及增量

$$\Delta\boldsymbol{u_e}=[\Delta\boldsymbol{u}_i \quad \Delta\boldsymbol{u}_m \quad \Delta\boldsymbol{u}_j \quad \Delta\boldsymbol{u}_n \quad \Delta\boldsymbol{u}_p \quad \Delta\boldsymbol{u}_k \quad \Delta\boldsymbol{u}_q \quad \Delta\boldsymbol{u}_r \quad \Delta\boldsymbol{u}_s \quad \Delta\boldsymbol{u}_l]^{\mathrm{T}}$$

其中,节点的位移向量

$$\boldsymbol{u}_i=[u_i \quad v_i \quad w_i]^{\mathrm{T}},\quad \boldsymbol{u}_m=[u_m \quad v_m \quad w_m]^{\mathrm{T}},\quad \boldsymbol{u}_j=[u_j \quad v_j \quad w_j]^{\mathrm{T}},\quad \boldsymbol{u}_n=[u_n \quad v_n \quad w_n]^{\mathrm{T}}$$

$$\boldsymbol{u}_p=[u_p \quad v_p \quad w_p]^{\mathrm{T}},\quad \boldsymbol{u}_k=[u_k \quad v_k \quad w_k]^{\mathrm{T}},\quad \boldsymbol{u}_q=[u_q \quad v_q \quad w_q]^{\mathrm{T}},\quad \boldsymbol{u}_r=[u_r \quad v_r \quad w_r]^{\mathrm{T}}$$

$$\boldsymbol{u}_s=[u_s \quad v_s \quad w_s]^{\mathrm{T}},\quad \boldsymbol{u}_l=[u_l \quad v_l \quad w_l]^{\mathrm{T}}$$

相应在局部坐标系中,单元节点力向量

$$\boldsymbol{p_e}=[\boldsymbol{p}_i \quad \boldsymbol{p}_m \quad \boldsymbol{p}_j \quad \boldsymbol{p}_n \quad \boldsymbol{p}_p \quad \boldsymbol{p}_k \quad \boldsymbol{p}_q \quad \boldsymbol{p}_r \quad \boldsymbol{p}_s \quad \boldsymbol{p}_l]^{\mathrm{T}} \tag{10.1.12}$$

及增量

$$\Delta \boldsymbol{p}_e = [\Delta \boldsymbol{p}_i \quad \Delta \boldsymbol{p}_m \quad \Delta \boldsymbol{p}_j \quad \Delta \boldsymbol{p}_n \quad \Delta \boldsymbol{p}_p \quad \Delta \boldsymbol{p}_k \quad \Delta \boldsymbol{p}_q \quad \Delta \boldsymbol{p}_r \quad \Delta \boldsymbol{p}_s \quad \Delta \boldsymbol{p}_l]^{\mathrm{T}}$$

其中，节点力向量

$$\boldsymbol{p}_i = [p_{xi} \quad p_{yi} \quad p_{zi}], \quad \boldsymbol{p}_m = [p_{xm} \quad p_{ym} \quad p_{zm}], \quad \boldsymbol{p}_j = [p_{xj} \quad p_{yj} \quad p_{zj}], \quad \boldsymbol{p}_n = [p_{xn} \quad p_{yn} \quad p_{zn}]$$

$$\boldsymbol{p}_p = [p_{xp} \quad p_{yp} \quad p_{zp}], \quad \boldsymbol{p}_k = [p_{xk} \quad p_{yk} \quad p_{zk}], \quad \boldsymbol{p}_q = [p_{xq} \quad p_{yq} \quad p_{zq}], \quad \boldsymbol{p}_r = [p_{xr} \quad p_{yr} \quad p_{zr}]$$

$$\boldsymbol{p}_s = [p_{xs} \quad p_{ys} \quad p_{zs}], \quad \boldsymbol{p}_l = [p_{xl} \quad p_{yl} \quad p_{zl}]$$

10.1.4 四面体单元的向量变换

10.1.4.1 四面体单元的向量在材料坐标系与局部坐标系之间的变换

由上述向量的变换关系

$$\boldsymbol{v} = \boldsymbol{T}\boldsymbol{V} \tag{10.1.13}$$

可知 4 节点和 10 节点四面体单元的向量在材料坐标系与局部坐标系之间的变换矩阵

$$\boldsymbol{T}_1 = \begin{bmatrix} \boldsymbol{t}_1 & 0 & 0 & 0 \\ 0 & \boldsymbol{t}_1 & 0 & 0 \\ 0 & 0 & \boldsymbol{t}_1 & 0 \\ 0 & 0 & 0 & \boldsymbol{t}_1 \end{bmatrix} \quad 和 \quad \boldsymbol{T}_1 = \begin{bmatrix} \boldsymbol{t}_1 & & & & & & & & & \\ 0 & \boldsymbol{t}_1 & & & & & & & & \\ 0 & 0 & \boldsymbol{t}_1 & & & & & & & \\ 0 & 0 & 0 & \boldsymbol{t}_1 & & 对 & & & & \\ 0 & 0 & 0 & 0 & \boldsymbol{t}_1 & & & & & \\ 0 & 0 & 0 & 0 & 0 & \boldsymbol{t}_1 & & 称 & & \\ 0 & 0 & 0 & 0 & 0 & 0 & \boldsymbol{t}_1 & & & \\ 0 & 0 & 0 & 0 & 0 & 0 & 0 & \boldsymbol{t}_1 & & \\ 0 & 0 & 0 & 0 & 0 & 0 & 0 & 0 & \boldsymbol{t}_1 & \\ 0 & 0 & 0 & 0 & 0 & 0 & 0 & 0 & 0 & \boldsymbol{t}_1 \end{bmatrix} \tag{10.1.14}$$

式中，$\boldsymbol{t}_1$ 为四面体单元材料坐标系与局部坐标系的变换矩阵，按式(9.2.19)计算。

在单元材料坐标系中定义的位移向量$\boldsymbol{u}'_e$及增量 $\Delta \boldsymbol{u}'_e$与在局部坐标系中定义的位移向量 $\boldsymbol{u}_e$ 及增量 $\Delta \boldsymbol{u}_e$ 存在变换

$$\boldsymbol{u}'_e = \boldsymbol{T}_1 \boldsymbol{u}_e \quad 及 \quad \Delta \boldsymbol{u}'_e = \boldsymbol{T}_1 \Delta \boldsymbol{u}_e \tag{10.1.15}$$

相应的等效节点内力向量及增量在单元材料坐标系与在局部坐标系之间存在变换

$$\boldsymbol{f}'_e = \boldsymbol{T}_1 \boldsymbol{f}_e \quad 及 \quad \Delta \boldsymbol{f}'_e = \boldsymbol{T}_1 \Delta \boldsymbol{f}_e \tag{10.1.16}$$

相应的等效节点外力向量及增量在单元材料坐标系与在局部坐标系之间存在变换

$$\boldsymbol{p}'_e = \boldsymbol{T}_1 \boldsymbol{p}_e \ 及 \ \Delta \boldsymbol{p}'_e = \boldsymbol{T}_1 \Delta \boldsymbol{p}_e \tag{10.1.17}$$

10.1.4.2 四面体单元的向量在局部坐标系与整体坐标系之间的变换

由上述坐标系的变换关系，可得 4 节点和 10 节点四面体单元的向量在局部坐标系与整体坐标系之间的变换矩阵

$$
\boldsymbol{T}_2=\begin{bmatrix}\boldsymbol{t}_2&0&0&0\\0&\boldsymbol{t}_2&0&0\\0&0&\boldsymbol{t}_2&0\\0&0&0&\boldsymbol{t}_2\end{bmatrix}\quad \text{和}\quad \boldsymbol{T}_2=\begin{bmatrix}\boldsymbol{t}_2&&&&&&&&&\\0&\boldsymbol{t}_2&&&&&&&&\\0&0&\boldsymbol{t}_2&&&&&&&\\0&0&0&\boldsymbol{t}_2&&\text{对}&&&&\\0&0&0&0&\boldsymbol{t}_2&&&&&\\0&0&0&0&0&\boldsymbol{t}_2&&\text{称}&&\\0&0&0&0&0&0&\boldsymbol{t}_2&&&\\0&0&0&0&0&0&0&\boldsymbol{t}_2&&\\0&0&0&0&0&0&0&0&\boldsymbol{t}_2&\\0&0&0&0&0&0&0&0&0&\boldsymbol{t}_2\end{bmatrix}\tag{10.1.18}
$$

式中，$\boldsymbol{t}_2$ 为四面体单元局部坐标系与整体坐标系的变换矩阵，按式(9.2.18)计算。

四面体单元的坐标向量在局部坐标系与整体坐标系之间的变换

$$
\boldsymbol{x}=\boldsymbol{t}_2\boldsymbol{X}\tag{10.1.19}
$$

四面体单元的位移向量及增量在局部坐标系与整体坐标系之间的变换

$$
\boldsymbol{u}_e=\boldsymbol{T}_2\boldsymbol{U}_e\quad \text{及}\quad \Delta\boldsymbol{u}_e=\boldsymbol{T}_2\Delta\boldsymbol{U}_e\tag{10.1.20}
$$

四面体单元的节点力向量及增量，即等效节点外力向量及增量在局部坐标系与整体坐标系之间的变换

$$
\boldsymbol{p}_e=\boldsymbol{T}_2\boldsymbol{P}_e\quad \text{及}\quad \Delta\boldsymbol{p}_e=\boldsymbol{T}_2\Delta\boldsymbol{P}_e\tag{10.1.21}
$$

10.1.4.3 四面体单元节点在局部坐标系中的坐标

在结构整体坐标系 $O-XYZ$ 中，四面体单元节点 i,j,k,l 各坐标分别为 $i(X_i,Y_i,Z_i)$，$j(X_j,Y_j,Z_j)$，$k(X_k,Y_k,Z_k)$，$l(X_l,Y_l,Z_l)$，根据以上的定义可知在单元局部坐标系 $i-xyz$ 中，各节点坐标分别为 $i(0,0,0)$，$j(x_j,0,0)$，$k(x_k,y_k,0)$，$l(x_l,y_l,z_l)$。

4 节点四面体单元的坐标向量在局部坐标系与整体坐标系之间的变换为

$$
\boldsymbol{x}_{ij}=\boldsymbol{t}_2\boldsymbol{X}_{ij},\quad \boldsymbol{x}_{ik}=\boldsymbol{t}_2\boldsymbol{X}_{ik},\quad \boldsymbol{x}_{il}=\boldsymbol{t}_2\boldsymbol{X}_{il}
$$

将上式展开，得局部坐标系中四面体单元的节点坐标

$$
\begin{cases}x_j=l_{ij},\\x_k=l_1(X_k-X_i)+m_1(Y_k-Y_i)+n_1(Z_k-Z_i),\\y_k=l_2(X_k-X_i)+m_2(Y_k-Y_i)+n_2(Z_k-Z_i),\\x_l=l_1(X_l-X_i)+m_1(Y_l-Y_i)+n_1(Z_l-Z_i),\\y_l=l_2(X_l-X_i)+m_2(Y_l-Y_i)+n_2(Z_l-Z_i),\\z_l=l_3(X_l-X_i)+m_3(Y_l-Y_i)+n_3(Z_l-Z_i)\end{cases}\tag{10.1.22}
$$

10.1.5 三维 Lagrange 六面体单元

三维偏线性 Lagrange 单元是六面体单元。通常，在整体坐标系 $O-XYZ$ 中，对三维长方体区域进行剖分，剖分为长方体单元。长方体单元有 8 个节点，即 $e(A_1,A_2,A_3,A_4,A_5,A_6,A_7,A_8)$。整体坐标系为正交坐标系。整体坐标系 OX，OY 和 OZ 轴的正方向为从节点 A_1 指

向节点 A_2,A_4 和 A_5(见图 10.1.9)。节点 $A_i(i=1,2,\cdots,8)$在整体坐标系 $O-XYZ$ 中的坐标为 X_i,Y_i,$Z_i(i=1,2,\cdots,8)$。

现在 8 节点长方体单元 $e(A_1,A_2,A_3,A_4,A_5,A_6,A_7,A_8)$中建立局部坐标系,局部坐标系的原点设在节点 A_1,局部坐标系 A_1-xyz 为正交坐标系。坐标轴 A_1x,A_1y 和 A_1z 分别为三个局部坐标主轴,局部坐标系 A_1-xyz 与整体坐标系 $O-XYZ$ 的方向一致。

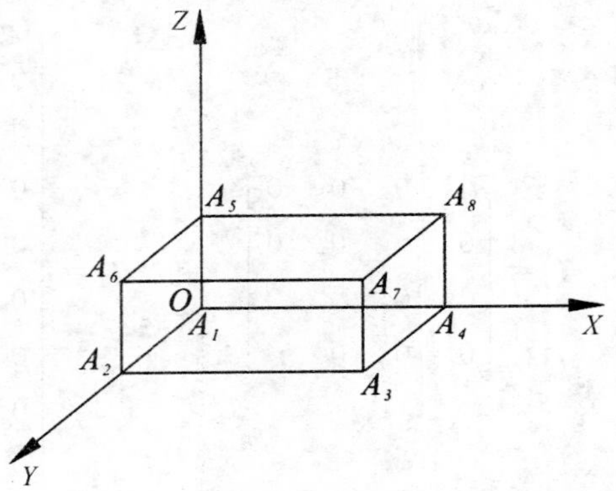

图 10.1.9　8 节点六面体单元整体坐标系

8 节点长方体单元的每个节点有 3 个自由度,即每个节点沿局部坐标有 3 个线位移和对应的 3 个节点力。在局部坐标系中每个节点有 3 个位移分量 u,v,w 分别沿着局部坐标系的 A_1x,A_1y 和 A_1z 坐标,与 A_1x,A_1y 和 A_1z 坐标的正向一致为正。在局部坐标系中,8 节点长方体单元节点的位移向量

$$\boldsymbol{u}_e=[\boldsymbol{u}_1\quad \boldsymbol{u}_2\quad \boldsymbol{u}_3\quad \boldsymbol{u}_4\quad \boldsymbol{u}_5\quad \boldsymbol{u}_6\quad \boldsymbol{u}_7\quad \boldsymbol{u}_8]^{\mathrm{T}} \tag{10.1.23}$$

其中

$$\boldsymbol{u}_i=[u_i\quad v_i\quad w_i]\quad (i=1,2,\cdots,8)$$

而单元的节点增量位移向量

$$\Delta\boldsymbol{u}_e=[\Delta\boldsymbol{u}_1\quad \Delta\boldsymbol{u}_2\quad \Delta\boldsymbol{u}_3\quad \Delta\boldsymbol{u}_4\quad \Delta\boldsymbol{u}_5\quad \Delta\boldsymbol{u}_6\quad \Delta\boldsymbol{u}_7\quad \Delta\boldsymbol{u}_8]^{\mathrm{T}}$$

相应在局部坐标系中每个节点有 3 个节点力分量 p_x,p_y,p_z。在局部坐标系中,8 节点长方体单元的节点力向量

$$\boldsymbol{p}_e=[\boldsymbol{p}_1\quad \boldsymbol{p}_2\quad \boldsymbol{p}_3\quad \boldsymbol{p}_4\quad \boldsymbol{p}_5\quad \boldsymbol{p}_6\quad \boldsymbol{p}_7\quad \boldsymbol{p}_8]^{\mathrm{T}}$$

其中

$$\boldsymbol{p}_i=[p_{xi}\quad p_{yi}\quad p_{zi}]\quad (i=1,2,\cdots,8)$$

而单元的节点增量节点力向量

$$\Delta\boldsymbol{p}_e=[\Delta\boldsymbol{p}_1\quad \Delta\boldsymbol{p}_2\quad \Delta\boldsymbol{p}_3\quad \Delta\boldsymbol{p}_4\quad \Delta\boldsymbol{p}_5\quad \Delta\boldsymbol{p}_6\quad \Delta\boldsymbol{p}_7\quad \Delta\boldsymbol{p}_8]^{\mathrm{T}}$$

三维偏二次 Lagrange 单元是六面体单元。通常,在整体坐标系 $O-XYZ$ 中对三维长方体区域进行剖分,剖分为长方体单元。与三维偏线性插值的不同之处在于除了长方体单元的 8 个角节点外,在 12 条边的中点也分别设立 12 个节点。

10.2　三维 Lagrange 四面体和六面体单元的位移插值函数

10.2.1　三维线性 Lagrange 位移插值函数

在局部坐标系中,受空间作用的三维应力四面体单元有 3 个独立的位移

$$\boldsymbol{u}=[u \quad v \quad w]^{\mathrm{T}}$$

在三维应力状态，可设如图 10.1.1(a)所示 4 节点线性单元，单元的每个节点有 3 个独立的自由度，单元位移 u,v,w 采用三维 Lagrange 线性插值函数

$$u=C_1+C_2x+C_3y+C_4z \tag{10.2.1}$$

现将上式写成矩阵形式，即

$$\boldsymbol{u}=\boldsymbol{LC} \tag{10.2.2}$$

其中

$$\boldsymbol{L}=[1 \quad x \quad y \quad z],\quad \boldsymbol{C}=[C_1 \quad C_2 \quad C_3 \quad C_4]^{\mathrm{T}}$$

式中有 4 个待常数。将单元节点在局部坐标系中的坐标(见式(9.2.4))代入上式，得到单元节点的位移

$$\boldsymbol{u}_e=\boldsymbol{L}_x\boldsymbol{C}$$

其中

$$\boldsymbol{L}_x=\begin{bmatrix}1 & 0 & 0 & 0\\ 1 & x_j & 0 & 0\\ 1 & x_k & y_k & 0\\ 1 & x_l & y_l & z_l\end{bmatrix}$$

经运算得

$$\boldsymbol{C}=\boldsymbol{L}_x^{-1}\boldsymbol{u}_e$$

将上式代入式(10.2.2)，得到用单元节点位移表示的单元位移

$$\boldsymbol{u}=[N_i \quad N_j \quad N_k \quad N_l]\boldsymbol{u}_e$$

其中

$$N_i=\frac{1}{6V}(a_i+b_ix+c_iy+d_iz),\quad N_j=-\frac{1}{6V}(a_j+b_jx+c_jy+d_jz)$$

$$N_k=\frac{1}{6V}(a_k+b_kx+c_ky+d_kz),\quad N_l=-\frac{1}{6V}(a_l+b_lx+c_ly+d_lz) \tag{10.2.3}$$

于是得 4 节点四面体单元的位移

$$\boldsymbol{u}=[\boldsymbol{N}_x \quad \boldsymbol{N}_y \quad \boldsymbol{N}_z]^{\mathrm{T}}\boldsymbol{u}_e=\boldsymbol{N}\boldsymbol{u}_e \tag{10.2.4}$$

或增量

$$\Delta\boldsymbol{u}=\boldsymbol{N}\Delta\boldsymbol{u}_e$$

式中，$\boldsymbol{u}_e$ 或 $\Delta\boldsymbol{u}_e$ 为 4 节点四面体单元节点在局部坐标系中的位移向量或增量；$\boldsymbol{N}$ 为形函数，有

$$\boldsymbol{N}=[\boldsymbol{N}_x \quad \boldsymbol{N}_y \quad \boldsymbol{N}_z]^{\mathrm{T}}$$

即

$$\boldsymbol{N}=\begin{bmatrix} N_i & 0 & 0 & N_j & 0 & 0 & N_k & 0 & 0 & N_l & 0 & 0 \\ 0 & N_i & 0 & 0 & N_j & 0 & 0 & N_k & 0 & 0 & N_l & 0 \\ 0 & 0 & N_i & 0 & 0 & N_j & 0 & 0 & N_k & 0 & 0 & N_l \end{bmatrix} \tag{10.2.5}$$

按式(9.2.8)引进体积坐标，得线性单元的形函数

$$N_i=L_i,\quad N_j=L_j,\quad N_k=L_k,\quad N_l=L_l \tag{10.2.6}$$

所以

$$\boldsymbol{N}=\begin{bmatrix} L_i & 0 & 0 & L_j & 0 & 0 & L_k & 0 & 0 & L_l & 0 & 0 \\ 0 & L_i & 0 & 0 & L_j & 0 & 0 & L_k & 0 & 0 & L_l & 0 \\ 0 & 0 & L_i & 0 & 0 & L_j & 0 & 0 & L_k & 0 & 0 & L_l \end{bmatrix}$$

这里，a_i,b_i,c_i,d_i 等按式(9.2.10)计算；V 为四面体单元的体积，按式(9.2.7)计算。

10.2.2 三维二次 Lagrange 位移插值函数

如图 10.1.1(b)所示 10 节点二次单元，单元位移的三维二次 Lagrange 插值函数

$$u=C_1+C_2x+C_3y+C_4z+C_5xy+C_6xz+C_7yz+C_8x^2+C_9y^2+C_{10}z^2$$

经类似的运算得到如式(10.2.4)所示的用单元节点位移表示的单元位移

$$\boldsymbol{u}=\boldsymbol{N}\boldsymbol{u}_e$$

式中，$\boldsymbol{u}_e$ 为 10 节点四面体单元节点在局部坐标系中的位移向量；$\boldsymbol{N}$ 为形函数，有

$$\boldsymbol{N}=[\boldsymbol{N}_x \quad \boldsymbol{N}_y \quad \boldsymbol{N}_z]^{\mathrm{T}}$$

即

$$\boldsymbol{N}=[\boldsymbol{N}_i \quad \boldsymbol{N}_m \quad \boldsymbol{N}_j \quad \boldsymbol{N}_n \quad \boldsymbol{N}_p \quad \boldsymbol{N}_k \quad \boldsymbol{N}_q \quad \boldsymbol{N}_r \quad \boldsymbol{N}_s \quad \boldsymbol{N}_l]^{\mathrm{T}}$$

或

$$\boldsymbol{N}=\begin{bmatrix} N_i & N_m & N_j & N_n & N_p & N_k & N_q & N_r & N_s & N_l & & \\ & N_i & N_m & N_j & N_n & N_p & N_k & N_q & N_r & N_s & N_l & \\ & & N_i & N_m & N_j & N_n & N_p & N_k & N_q & N_r & N_s & N_l \end{bmatrix} \tag{10.2.7}$$

按式(9.2.8)引进体积坐标 L_i,L_j,L_k,L_l，得角节点和棱内节点

$$N_i=2(L_i-1)L_i,\quad N_j=2(L_j-1)L_j,\quad N_k=2(L_k-1)L_k,\quad N_l=2(L_l-1)L_l$$

$$N_m=4L_iL_j,\quad N_n=4L_iL_k,\quad N_p=4L_jL_k,\quad N_q=4L_iL_l,\quad N_r=4L_jL_l,\quad N_s=4L_kL_l$$

这里，$L_l=1-L_i-L_j-L_k$。

10.2.3 三维三次 Lagrange 位移插值函数

如图 10.1.1(c)所示 20 节点三次单元，单元位移的三维 Lagrange 三次插值函数为完全的三次多项式。经类似的运算得到如式(10.2.4)所示的用单元节点位移表示的单元位移

$$u=Nu_e$$

式中，u_e 为 20 节点四面体单元节点在局部坐标系中的位移向量；N 为形函数。

按式(9.2.8)所示，引进体积坐标 L_i, L_j, L_k, L_l，得角节点

$$\begin{cases} N_i=\dfrac{1}{2}(3L_i-1)(3L_i-2)L_i, \\ N_j=\dfrac{1}{2}(3L_j-1)(3L_j-2)L_j, \\ N_k=\dfrac{1}{2}(3L_k-1)(3L_k-2)L_k, \\ N_l=\dfrac{1}{2}(3L_l-1)(3L_l-2)L_l \end{cases} \tag{10.2.8}$$

棱内节点

$$N_5=\frac{9}{2}L_iL_j(3L_i-1),\quad N_6=\frac{9}{2}L_iL_j(3L_j-1),\quad N_7=\frac{9}{2}L_iL_k(3L_i-1)$$

$$N_8=\frac{9}{2}L_iL_k(3L_k-1),\quad \cdots$$

面内节点

$$N_{17}=27L_iL_jL_k,\quad N_{18}=27L_iL_jL_l,\quad N_{19}=27L_iL_kL_l,\quad N_{20}=27L_jL_kL_l,\quad \cdots$$

10.2.4 三维偏线性 Lagrange 位移插值函数

在图 10.1.9 所示的 8 节点长方体单元 $e(A_1, A_2, A_3, A_4, A_5, A_6, A_7, A_8)$ 上构造真实的位移函数 $\bar{u}$ 的三维偏线性 Lagrange 插值函数

$$u(x,y,z)=c_1+c_2x+c_3y+c_4z+c_5xy+c_6xz+c_7yz+c_8xyz \tag{10.2.9}$$

按上式所得单元节点处的位移值应该等于该单元节点处真实的位移值。

现引入 3 个自然坐标 $\xi, \eta, \zeta(-1\leqslant\xi, \eta, \zeta\leqslant1)$，通过变换

$$\begin{cases} \xi=\dfrac{1}{l_1}(2x-x_1-x_2), \\ \eta=\dfrac{1}{l_2}(2y-y_1-y_4), \\ \zeta=\dfrac{1}{l_3}(2z-z_1-z_5) \end{cases} \tag{10.2.10}$$

把(x,y,z)空间中的单元 e 变成(ξ,η,ζ)空间中的正方体 e'(图 10.2.1)。式中

$$l_1=x_2-x_1,\quad l_2=y_4-y_1,\quad l_3=z_5-z_1$$

单元 e 的体积 $V=l_1l_2l_3$，坐标(x,y,z)与(ξ,η,ζ)之间的反变换为

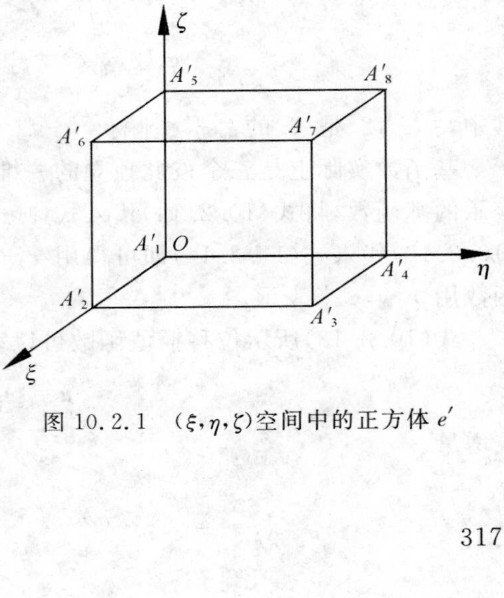

图 10.2.1 (ξ,η,ζ)空间中的正方体 e'

$$
\begin{cases}
x=\frac{1}{2}(l_1\xi+x_1+x_2), \\
y=\frac{1}{2}(l_2\eta+y_1+y_4), \\
z=\frac{1}{2}(l_3\zeta+z_1+z_5)
\end{cases}
\tag{10.2.11}
$$

单元 e 的节点坐标在两个坐标系中有如下一一对应的关系：

$$A_1(x_1,y_1,z_1)\leftrightarrow A'_1(-1,-1,-1)$$
$$A_2(x_2,y_2,z_2)\leftrightarrow A'_2(1,-1,-1)$$
$$A_3(x_3,y_3,z_3)\leftrightarrow A'_3(1,1,-1)$$
$$A_4(x_4,y_4,z_4)\leftrightarrow A'_4(-1,1,-1)$$
$$A_5(x_5,y_5,z_5)\leftrightarrow A'_5(-1,-1,1)$$
$$A_6(x_6,y_6,z_6)\leftrightarrow A'_6(1,-1,1)$$
$$A_7(x_7,y_7,z_7)\leftrightarrow A'_7(1,1,1)$$
$$A_8(x_8,y_8,z_8)\leftrightarrow A'_8(-1,1,1)$$

(x,y,z)与(ξ,η,ζ)之间的微分关系，即变换式(10.2.11)的雅可比行列式为

$$\frac{\partial(x,y,z)}{\partial(\xi,\eta,\zeta)}=\frac{1}{8}V \tag{10.2.12}$$

现在 ξ,η,ζ 坐标上构造单元 e 的插值函数

$$u(\xi,\eta,\zeta)=\sum_{i=1}^{8}\varphi_i(\xi,\eta,\zeta)u_i \tag{10.2.13}$$

式中，φ_i 是(ξ,η,ζ)的偏线性函数，称为基函数。它满足条件

$$\varphi_i(A_j)=\delta_{ij}\quad (i,j=1,2,\cdots,8)$$

现根据上述条件设基函数

$$\varphi_1=\frac{1}{l}(1-\xi)(1-\eta)(1-\zeta)$$

同样可得到其他几个形函数，简单地可以表示为

$$\varphi_i(\xi,\eta,\zeta)=\frac{1}{8}(1+\xi\xi_i)(1+\eta\eta_i)(1+\zeta\zeta_i) \tag{10.2.14}$$

其中，ξ_i,η_i,ζ_i 是 A_i 的 ξ,η,ζ 坐标。

基函数实际上是三个彼此独立的一维线性插值函数的乘积。式(10.2.14)是用 ξ,η,ζ 坐标表示的基函数，将式(10.2.14)代入式(10.2.13)即得用 ξ,η,ζ 坐标表示的位移插值函数，将式(10.2.10)代入式(10.2.14)即可得用 x,y,z 坐标来表示的基函数函数，于是进而可以将插值函数用 x,y,z 来表示。

式(10.2.13)所示位移插值函数可以表示为

$$\boldsymbol{u}=[u\quad v\quad w]^{\mathrm{T}}=\boldsymbol{N}\boldsymbol{u}_e \tag{10.2.15}$$

或增量

$$\Delta\boldsymbol{u}=\boldsymbol{N}\Delta\boldsymbol{u}_e$$

式中，$\boldsymbol{u}_e$ 或 $\Delta\boldsymbol{u}_e$ 为 8 节点长方体单元节点在局部坐标系中的位移向量或增量；$\boldsymbol{N}$ 为形函数，有

$$\boldsymbol{N}=[\boldsymbol{N}_x \quad \boldsymbol{N}_y \quad \boldsymbol{N}_z]^{\mathrm{T}}$$

即

$$\boldsymbol{N}=[\boldsymbol{N}_1 \quad \boldsymbol{N}_2 \quad \boldsymbol{N}_3 \quad \boldsymbol{N}_4 \quad \boldsymbol{N}_5 \quad \boldsymbol{N}_6 \quad \boldsymbol{N}_7 \quad \boldsymbol{N}_8] \tag{10.2.16}$$

其中

$$\boldsymbol{N}_i=\begin{bmatrix} N_i & 0 & 0 \\ 0 & N_i & 0 \\ 0 & 0 & N_i \end{bmatrix} \quad (i=1,2,\cdots,8)$$

这里，$N_i=\varphi_i$

类似的，可对 20 节点长方体单元采用三维偏二次插值函数，并得到相应的角节点形函数

$$N_i=\frac{1}{8}(1+\xi_i\xi)(1+\eta_i\eta)(1+\zeta_i\zeta)(\xi_i\xi+\eta_i\eta+\zeta_i\zeta-2)$$

典型的棱内节点，$\xi_i=0$，$\eta_i=\pm1$，$\zeta_i=\pm1$ 的形函数

$$N_i=\frac{1}{4}(1-\xi^2)(1+\eta_i\eta)(1+\zeta_i\zeta)$$

对 32 节点长方体单元采用三维偏三次插值函数，并得到相应的单元角节点形函数

$$N_i=\frac{1}{64}(1+\xi_i\xi)(1+\eta_i\eta)(1+\zeta_i\zeta)[9(\xi^2+\eta^2+\zeta^2)-19]$$

典型的棱内节点，$\xi_i=\pm\frac{1}{3}$，$\eta_i=\pm1$，$\zeta_i=\pm1$ 的形函数

$$N_i=\frac{9}{64}(1-\xi^2)(1+9\xi_i\xi)(1+\eta_i\eta)(1+\zeta_i\zeta)$$

10.3 三维应力单元的应变矩阵

10.3.1 三维应力单元的应变

空间单元的应变可按式(5.2.10)考虑。应变由线性应变和非线性应变组成，线性应变增量

$$\Delta\boldsymbol{\varepsilon}_L=\begin{bmatrix} \Delta\boldsymbol{\varepsilon}_{x,L} \\ \Delta\boldsymbol{\varepsilon}_{y,L} \\ \Delta\boldsymbol{\varepsilon}_{z,L} \\ \Delta\boldsymbol{\gamma}_{xy,L} \\ \Delta\boldsymbol{\gamma}_{yz,L} \\ \Delta\boldsymbol{\gamma}_{xz,L} \end{bmatrix}=\begin{bmatrix} \frac{\partial}{\partial x} & 0 & 0 \\ 0 & \frac{\partial}{\partial y} & 0 \\ 0 & 0 & \frac{\partial}{\partial z} \\ \frac{\partial}{\partial y} & \frac{\partial}{\partial x} & 0 \\ 0 & \frac{\partial}{\partial z} & \frac{\partial}{\partial y} \\ \frac{\partial}{\partial z} & 0 & \frac{\partial}{\partial x} \end{bmatrix}\begin{bmatrix} \Delta u \\ \Delta v \\ \Delta w \end{bmatrix} \tag{10.3.1}$$

非线性应变增量

$$\Delta\boldsymbol{\varepsilon}_{NL}=\begin{bmatrix}\Delta\boldsymbol{\varepsilon}_{x,NL,N}\\ \Delta\boldsymbol{\varepsilon}_{y,NL}\\ \Delta\boldsymbol{\varepsilon}_{z,NL}\\ \Delta\boldsymbol{\gamma}_{xy,NL}\\ \Delta\boldsymbol{\gamma}_{yz,NL}\\ \Delta\boldsymbol{\gamma}_{xz,NL}\end{bmatrix}=\begin{bmatrix}\frac{1}{2}\left(\frac{\partial}{\partial x}\right)^2 & \frac{1}{2}\left(\frac{\partial}{\partial x}\right)^2 & \frac{1}{2}\left(\frac{\partial}{\partial x}\right)^2\\ \frac{1}{2}\left(\frac{\partial}{\partial y}\right)^2 & \frac{1}{2}\left(\frac{\partial}{\partial y}\right)^2 & \frac{1}{2}\left(\frac{\partial}{\partial y}\right)^2\\ \frac{1}{2}\left(\frac{\partial}{\partial z}\right)^2 & \frac{1}{2}\left(\frac{\partial}{\partial z}\right)^2 & \frac{1}{2}\left(\frac{\partial}{\partial z}\right)^2\\ \frac{\partial}{\partial x}\frac{\partial}{\partial y} & \frac{\partial}{\partial x}\frac{\partial}{\partial y} & \frac{\partial}{\partial x}\frac{\partial}{\partial y}\\ \frac{\partial}{\partial z}\frac{\partial}{\partial y} & \frac{\partial}{\partial z}\frac{\partial}{\partial y} & \frac{\partial}{\partial z}\frac{\partial}{\partial y}\\ \frac{\partial}{\partial x}\frac{\partial}{\partial z} & \frac{\partial}{\partial x}\frac{\partial}{\partial z} & \frac{\partial}{\partial x}\frac{\partial}{\partial z}\end{bmatrix}\begin{bmatrix}(\Delta u)^2\\ (\Delta v)^2\\ (\Delta w)^2\end{bmatrix}+\cdots \tag{10.3.2}$$

10.3.2　4节点四面体单元的线性应变矩阵

将式(10.2.4)代入式(10.3.1),可得用节点位移表示的线性应变

$$\Delta\boldsymbol{\varepsilon}_L=[\boldsymbol{B}_L\quad \boldsymbol{H}_L]^{\mathrm{T}}\Delta\boldsymbol{u}_e \tag{10.3.3}$$

其中,$\boldsymbol{B}_L$,$\boldsymbol{H}_L$ 分别为线性正应变矩阵和线性剪应变矩阵,有

$$\begin{bmatrix}\boldsymbol{B}_L\\ \boldsymbol{H}_L\end{bmatrix}=\begin{bmatrix}\frac{\partial}{\partial x} & 0 & 0\\ 0 & \frac{\partial}{\partial y} & 0\\ 0 & 0 & \frac{\partial}{\partial z}\\ \frac{\partial}{\partial y} & \frac{\partial}{\partial x} & 0\\ 0 & \frac{\partial}{\partial z} & \frac{\partial}{\partial y}\\ \frac{\partial}{\partial z} & 0 & \frac{\partial}{\partial x}\end{bmatrix}\boldsymbol{N}$$

将式(10.2.5)所示形函数代入上式,得应变矩阵

$$\begin{bmatrix}\boldsymbol{B}_L\\ \boldsymbol{H}_L\end{bmatrix}=\frac{1}{6V}\begin{bmatrix}b_i & 0 & 0 & -b_j & 0 & 0 & b_k & 0 & 0 & -b_l & 0 & 0\\ 0 & c_i & 0 & 0 & -c_j & 0 & 0 & c_k & 0 & 0 & -c_l & 0\\ 0 & 0 & d_i & 0 & 0 & -d_j & 0 & 0 & d_k & 0 & 0 & -d_l\\ c_i & b_i & 0 & -c_j & -b_j & 0 & c_k & b_k & 0 & -c_l & -b_l & 0\\ 0 & d_i & c_i & 0 & -d_j & -c_j & 0 & d_k & c_k & 0 & -d_l & -c_l\\ d_i & 0 & b_i & -d_j & 0 & -b_j & d_k & 0 & b_k & -d_l & 0 & -b_l\end{bmatrix} \tag{10.3.4}$$

10.3.3 4节点四面体单元的非线性应变矩阵

将式(10.3.2)展开后，得非线性应变

$$\Delta\boldsymbol{\varepsilon}_{NL}=\frac{1}{2}\begin{bmatrix}\frac{\partial\Delta u}{\partial x} & \frac{\partial\Delta v}{\partial x} & \frac{\partial\Delta w}{\partial x} & 0 & 0 & 0 & 0 & 0 & 0\\ 0 & 0 & 0 & \frac{\partial\Delta u}{\partial y} & \frac{\partial\Delta v}{\partial y} & \frac{\partial\Delta w}{\partial y} & 0 & 0 & 0\\ 0 & 0 & 0 & 0 & 0 & 0 & \frac{\partial\Delta u}{\partial z} & \frac{\partial\Delta v}{\partial z} & \frac{\partial\Delta w}{\partial z}\\ \frac{\partial\Delta u}{\partial y} & \frac{\partial\Delta v}{\partial y} & \frac{\partial\Delta w}{\partial y} & \frac{\partial\Delta u}{\partial x} & \frac{\partial\Delta v}{\partial x} & \frac{\partial\Delta w}{\partial x} & 0 & 0 & 0\\ 0 & 0 & 0 & \frac{\partial\Delta u}{\partial z} & \frac{\partial\Delta v}{\partial z} & \frac{\partial\Delta w}{\partial z} & \frac{\partial\Delta u}{\partial y} & \frac{\partial\Delta v}{\partial y} & \frac{\partial\Delta w}{\partial y}\\ \frac{\partial\Delta u}{\partial z} & \frac{\partial\Delta v}{\partial z} & \frac{\partial\Delta w}{\partial z} & 0 & 0 & 0 & \frac{\partial\Delta u}{\partial x} & \frac{\partial\Delta v}{\partial x} & \frac{\partial\Delta w}{\partial x}\end{bmatrix}\cdot\begin{bmatrix}\frac{\partial\Delta u}{\partial x}\\ \frac{\partial\Delta v}{\partial x}\\ \frac{\partial\Delta w}{\partial x}\\ \frac{\partial\Delta u}{\partial y}\\ \frac{\partial\Delta v}{\partial y}\\ \frac{\partial\Delta w}{\partial y}\\ \frac{\partial\Delta u}{\partial z}\\ \frac{\partial\Delta v}{\partial z}\\ \frac{\partial\Delta w}{\partial z}\end{bmatrix}\tag{10.3.5}$$

令

$$\boldsymbol{\theta}_x=\begin{bmatrix}\frac{\partial\Delta u}{\partial x} & \frac{\partial\Delta v}{\partial x} & \frac{\partial\Delta w}{\partial x}\end{bmatrix}^{\mathrm{T}},\quad \boldsymbol{\theta}_y=\begin{bmatrix}\frac{\partial\Delta u}{\partial y} & \frac{\partial\Delta v}{\partial y} & \frac{\partial\Delta w}{\partial y}\end{bmatrix}^{\mathrm{T}},\quad \boldsymbol{\theta}_z=\begin{bmatrix}\frac{\partial\Delta u}{\partial z} & \frac{\partial\Delta v}{\partial z} & \frac{\partial\Delta w}{\partial z}\end{bmatrix}^{\mathrm{T}}$$

即有

$$\boldsymbol{\theta}=[\boldsymbol{\theta}_x\quad\boldsymbol{\theta}_y\quad\boldsymbol{\theta}_z]^{\mathrm{T}}$$

于是，非线性应变可简单地写为

$$\Delta\boldsymbol{\varepsilon}_{NL}=\frac{1}{2}\Delta\boldsymbol{A}\boldsymbol{\theta}\tag{10.3.6}$$

这里，$\Delta\boldsymbol{A}$ 为 6×9 矩阵，有

$$\Delta\boldsymbol{A}=\begin{bmatrix}\boldsymbol{\theta}_x & 0 & 0\\ 0 & \boldsymbol{\theta}_y & 0\\ 0 & 0 & \boldsymbol{\theta}_z\\ \boldsymbol{\theta}_y & \boldsymbol{\theta}_x & 0\\ 0 & \boldsymbol{\theta}_z & \boldsymbol{\theta}_y\\ \boldsymbol{\theta}_z & 0 & \boldsymbol{\theta}_x\end{bmatrix}$$

将式(10.2.5)所示形函数代入 $\boldsymbol{\theta}$，有

$$\boldsymbol{\theta}=\boldsymbol{G}\Delta\boldsymbol{u}_e\tag{10.3.7}$$

其中

$$\boldsymbol{G}=\begin{bmatrix}\frac{\partial N_i}{\partial x} & 0 & 0 & \frac{\partial N_j}{\partial x} & 0 & 0 & \frac{\partial N_k}{\partial x} & 0 & 0 & \frac{\partial N_l}{\partial x} & 0 & 0\\ 0 & \frac{\partial N_i}{\partial x} & 0 & 0 & \frac{\partial N_j}{\partial x} & 0 & 0 & \frac{\partial N_k}{\partial x} & 0 & 0 & \frac{\partial N_l}{\partial x} & 0\\ 0 & 0 & \frac{\partial N_i}{\partial x} & 0 & 0 & \frac{\partial N_j}{\partial x} & 0 & 0 & \frac{\partial N_k}{\partial x} & 0 & 0 & \frac{\partial N_l}{\partial x}\\ \frac{\partial N_i}{\partial y} & 0 & 0 & \frac{\partial N_j}{\partial y} & 0 & 0 & \frac{\partial N_k}{\partial y} & 0 & 0 & \frac{\partial N_l}{\partial y} & 0 & 0\\ 0 & \frac{\partial N_i}{\partial y} & 0 & 0 & \frac{\partial N_j}{\partial y} & 0 & 0 & \frac{\partial N_k}{\partial y} & 0 & 0 & \frac{\partial N_l}{\partial y} & 0\\ 0 & 0 & \frac{\partial N_i}{\partial y} & 0 & 0 & \frac{\partial N_j}{\partial y} & 0 & 0 & \frac{\partial N_k}{\partial y} & 0 & 0 & \frac{\partial N_l}{\partial y}\\ \frac{\partial N_i}{\partial z} & 0 & 0 & \frac{\partial N_j}{\partial z} & 0 & 0 & \frac{\partial N_k}{\partial z} & 0 & 0 & \frac{\partial N_l}{\partial z} & 0 & 0\\ 0 & \frac{\partial N_i}{\partial z} & 0 & 0 & \frac{\partial N_j}{\partial z} & 0 & 0 & \frac{\partial N_k}{\partial z} & 0 & 0 & \frac{\partial N_l}{\partial z} & 0\\ 0 & 0 & \frac{\partial N_i}{\partial z} & 0 & 0 & \frac{\partial N_j}{\partial z} & 0 & 0 & \frac{\partial N_k}{\partial z} & 0 & 0 & \frac{\partial N_l}{\partial z}\end{bmatrix} \tag{10.3.8}$$

上式矩阵 $\boldsymbol{G}$ 中的元素，有

$$\boldsymbol{G}=\frac{1}{6V}\begin{bmatrix}b_i & 0 & 0 & -b_j & 0 & 0 & b_k & 0 & 0 & -b_l & 0 & 0\\ 0 & b_i & 0 & 0 & -b_j & 0 & 0 & b_k & 0 & 0 & -b_l & 0\\ 0 & 0 & b_i & 0 & 0 & -b_j & 0 & 0 & b_k & 0 & 0 & -b_l\\ c_i & 0 & 0 & -c_j & 0 & 0 & c_k & 0 & 0 & -c_l & 0 & 0\\ 0 & c_i & 0 & 0 & -c_j & 0 & 0 & c_k & 0 & 0 & -c_l & 0\\ 0 & 0 & c_i & 0 & 0 & -c_j & 0 & 0 & c_k & 0 & 0 & -c_l\\ d_i & 0 & 0 & -d_j & 0 & 0 & d_k & 0 & 0 & -d_l & 0 & 0\\ 0 & d_i & 0 & 0 & -d_j & 0 & 0 & d_k & 0 & 0 & -d_l & 0\\ 0 & 0 & d_i & 0 & 0 & -d_j & 0 & 0 & d_k & 0 & 0 & -d_l\end{bmatrix} \tag{10.3.9}$$

而矩阵 $\Delta\boldsymbol{A}$ 中

$$\frac{\partial\Delta u}{\partial x}=\frac{1}{6V}(b_i\Delta u_i-b_j\Delta u_j+b_k\Delta u_k-b_l\Delta u_l),\quad \frac{\partial\Delta u}{\partial y}=\frac{1}{6V}(c_i\Delta u_i-c_j\Delta u_j+c_k\Delta u_k-c_l\Delta u_l)$$

$$\frac{\partial\Delta u}{\partial z}=\frac{1}{6V}(d_i\Delta u_i-d_j\Delta u_j+d_k\Delta u_k-d_l\Delta u_l),\quad \frac{\partial\Delta v}{\partial x}=\frac{1}{6V}(b_i\Delta v_i-b_j\Delta v_j+b_k\Delta v_k-b_l\Delta v_l)$$

$$\frac{\partial\Delta v}{\partial y}=\frac{1}{6V}(c_i\Delta v_i-c_j\Delta v_j+c_k\Delta v_k-c_l\Delta v_l),\quad \frac{\partial\Delta v}{\partial z}=\frac{1}{6V}(d_i\Delta v_i-d_j\Delta v_j+d_k\Delta v_k-d_l\Delta v_l)$$

$$\frac{\partial\Delta w}{\partial x}=\frac{1}{6V}(b_i\Delta w_i-b_j\Delta w_j+b_k\Delta w_k-b_l\Delta w_l),\quad \frac{\partial\Delta w}{\partial y}=\frac{1}{6V}(c_i\Delta w_i-c_j\Delta w_j+c_k\Delta w_k-c_l\Delta w_l)$$

$$\frac{\partial\Delta w}{\partial z}=\frac{1}{6V}(d_i\Delta w_i-d_j\Delta w_j+d_k\Delta w_k-d_l\Delta w_l)$$

将式(10.3.7)代入式(10.3.6)可得

$$\Delta\boldsymbol{\varepsilon}_{NL}=\frac{1}{2}\Delta\boldsymbol{AG}\Delta\boldsymbol{u}_e \tag{10.3.10}$$

于是可得非线性正应变矩阵和非线性剪应变矩阵

$$[\boldsymbol{B}_{NL} \quad \boldsymbol{H}_{NL}]^{\mathrm{T}}=\frac{1}{2}\Delta\boldsymbol{AG} \tag{10.3.11}$$

当采用三维 Lagrange 线性插值函数而得到如式(10.2.5)的形函数,无论式(10.3.4)和式(10.3.11)所示应变矩阵的元素是常数,4 节点四面体单元是常应变单元。4 节点四面体常应变单元是最简单的单元。为提高精度,可采用三维 Lagrange 二次或三次插值函数而得到如式(10.2.7)或式(10.2.8)的形函数,代入式(10.3.4)和式(10.3.11)得 10 节点或 20 节点四面体单元的应变矩阵。类似的,当采用其它 Lagrange 插值函数而可得到相应的形函数,代入式(10.3.4)和式(10.3.11)得到相应的单元的应变矩阵。

10.4 4 节点四面体单元刚度矩阵

10.4.1 局部坐标系中 4 节点四面体单元的线性刚度矩阵

将线性正应变矩阵和线性剪应变矩阵式(10.3.4)、弹性矩阵式(6.1.2)或弹塑性矩阵式(6.1.9)代入式(9.6.15),即

$$\boldsymbol{k}_L=\int_v\begin{bmatrix}\boldsymbol{B}_L\\ \boldsymbol{H}_L\end{bmatrix}^{\mathrm{T}}\boldsymbol{D}\begin{bmatrix}\boldsymbol{B}_L\\ \boldsymbol{H}_L\end{bmatrix}\mathrm{d}v$$

展开并逐行进行积分运算,可得在局部坐标系中的四面体单元线性刚度矩阵

$$\boldsymbol{k}_L=\begin{bmatrix}
k_{0101} & & & & & & & & & & & \\
k_{0201} & k_{0202} & & & & & & & & & & \\
k_{0301} & k_{0302} & k_{0303} & & & & & & & & & \\
k_{0401} & k_{0402} & k_{0403} & k_{0404} & & & \text{对} & & & & & \\
k_{0501} & k_{0502} & k_{0503} & k_{0504} & k_{0505} & & & & & & & \\
k_{0601} & k_{0602} & k_{0603} & k_{0604} & k_{0605} & k_{0606} & & & & & & \\
k_{0701} & k_{0702} & k_{0703} & k_{0704} & k_{0705} & k_{0706} & k_{0707} & & & & & \\
k_{0801} & k_{0802} & k_{0803} & k_{0804} & k_{0805} & k_{0806} & k_{0807} & k_{0808} & & & \text{称} & \\
k_{0901} & k_{0902} & k_{0903} & k_{0904} & k_{0905} & k_{0906} & k_{0907} & k_{0908} & k_{0909} & & & \\
k_{1001} & k_{1002} & k_{1003} & k_{1004} & k_{1005} & k_{1006} & k_{1007} & k_{1008} & k_{1009} & k_{1010} & & \\
k_{1101} & k_{1102} & k_{1103} & k_{1104} & k_{1105} & k_{1106} & k_{1107} & k_{1108} & k_{1109} & k_{1110} & k_{1111} & \\
k_{1201} & k_{1202} & k_{1203} & k_{1204} & k_{1205} & k_{1206} & k_{1207} & k_{1208} & k_{1209} & k_{1210} & k_{1211} & k_{1212}
\end{bmatrix} \tag{10.4.1}$$

式中

$$k_{0101}=[D_{11}b_i^2+D_{44}(c_i^2+d_i^2)]/(36V),\quad k_{0201}=b_ic_i(D_{12}+D_{44})/(36V)$$

$$k_{0202}=[D_{11}c_i^2+D_{44}(b_i^2+d_i^2)]/(36V)$$

其余元素从略。由于采用三维 Lagrange 线性插值函数的 4 节点四面体常应变单元，积分后可以得到线性刚度矩阵的显式。如果采用三维 Lagrange 二次或三次插值函数的 10 节点或 20 节点四面体单元，则需经数值积分方可求得单元刚度矩阵。

10.4.2　局部坐标系中 4 节点四面体单元的初应力刚度矩阵

按式(9.6.17)，即

$$\boldsymbol{k}_\sigma=\int_v \boldsymbol{G}^{\mathrm{T}}\boldsymbol{M}\boldsymbol{G}\,\mathrm{d}v$$

得 4 节点四面体单元的初应力刚度矩阵，其中

$$\boldsymbol{M}=\begin{bmatrix}\sigma_x &&&&&&&& \\ 0 & \sigma_x &&&&&&& \\ 0 & 0 & \sigma_x && \text{对} &&&& \\ \tau_{xy} & 0 & 0 & \sigma_y &&&&& \\ 0 & \tau_{xy} & 0 & 0 & \sigma_y &&&& \\ 0 & 0 & \tau_{xy} & 0 & 0 & \sigma_y & \text{称} && \\ \tau_{zx} & 0 & 0 & \tau_{zy} & 0 & 0 & \sigma_z && \\ 0 & \tau_{zx} & 0 & 0 & \tau_{zy} & 0 & 0 & \sigma_z & \\ 0 & 0 & \tau_{zx} & 0 & 0 & \tau_{zy} & 0 & 0 & \sigma_z\end{bmatrix}\tag{10.4.2}$$

$\boldsymbol{G}$ 可按式(10.3.9)计算。于是可得局部坐标系中的四面体单元初应力刚度矩阵

$$\boldsymbol{k}_\sigma=\begin{bmatrix}k_1 &&&&&&&&&&& \\ 0 & k_1 &&&&&&&&&& \\ 0 & 0 & k_1 &&& \text{对} &&&&&& \\ k_2 & 0 & 0 & k_5 &&&&&&&& \\ 0 & k_2 & 0 & 0 & k_5 &&&&&&& \\ 0 & 0 & k_2 & 0 & 0 & k_5 &&&&&& \\ k_3 & 0 & 0 & k_6 & 0 & 0 & k_8 && \text{称} &&& \\ 0 & k_3 & 0 & 0 & k_6 & 0 & 0 & k_8 &&&& \\ 0 & 0 & k_3 & 0 & 0 & k_6 & 0 & 0 & k_8 &&& \\ k_4 & 0 & 0 & k_7 & 0 & 0 & k_9 & 0 & 0 & k_{10} && \\ 0 & k_4 & 0 & 0 & k_7 & 0 & 0 & k_9 & 0 & 0 & k_{10} & \\ 0 & 0 & k_4 & 0 & 0 & k_7 & 0 & 0 & k_9 & 0 & 0 & k_{10}\end{bmatrix}\tag{10.4.3}$$

式中

$$k_1=\frac{b_i^2\sigma_x+2b_ic_i\tau_{xy}+c_i^2\sigma_y+d_i^2\sigma_z+2b_id_i\tau_{zx}+2c_id_i\tau_{zy}}{V}$$

$$k_2=-\frac{b_ib_j\sigma_x+b_jc_i\tau_{xy}+b_ic_j\tau_{xy}+c_ic_j\sigma_y+d_id_j\sigma_z+b_jd_i\tau_{zx}+b_id_j\tau_{zx}+c_jd_i\tau_{zy}+c_id_j\tau_{zy}}{V}$$

其余元素从略。

10.4.3 整体坐标系中4节点四面体单元的刚度矩阵

按式(9.6.21)可得整体坐标系中的4节点四面体单元刚度矩阵，其中变换矩阵

$$\boldsymbol{T}=\boldsymbol{T}_1\ \boldsymbol{T}_2 \tag{10.4.4}$$

这里，$\boldsymbol{T}_1$ 为材料坐标系与局部坐标系之间的变换矩阵，可按式(10.1.14)计算；$\boldsymbol{T}_2$ 为局部坐标系与整体坐标系之间的变换矩阵，可按式(10.1.18)计算。如果材料坐标系与局部坐标系一致，则$\boldsymbol{T}_1$ 为单位阵。而式(9.6.14)中的单元刚度矩阵

$$\boldsymbol{k}_t=\boldsymbol{k}_L+\boldsymbol{k}_\sigma \tag{10.4.5}$$

式中，$\boldsymbol{k}_L$ 为局部坐标系中的单元线性刚度矩阵，可按式(10.4.1)计算；$\boldsymbol{k}_\sigma$ 为局部坐标系中的四面体单元初应力刚度矩阵，按式(10.4.3)计算。

10.4.4 4节点四面体单元的质量矩阵

局部坐标系中4节点四面体单元的质量矩阵

$$\boldsymbol{m}_e=\int_v \rho\,\boldsymbol{N}^{\mathrm{T}}\boldsymbol{N}\mathrm{d}v \tag{10.4.6}$$

式中，ρ 为梁材料的密度；$\boldsymbol{N}$ 为4节点四面体单元的形函数，可按式(10.2.5)计算。

10.4.5 4节点四面体单元的荷载移置

局部坐标系中4节点四面体单元的节点力向量

$$\boldsymbol{p}_e=\int_v \boldsymbol{N}^{\mathrm{T}}\Delta\boldsymbol{p}\mathrm{d}v+\int_s \boldsymbol{N}^{\mathrm{T}}\Delta\boldsymbol{q}\mathrm{d}s \tag{10.4.7}$$

式中，$\Delta\boldsymbol{p}$，$\Delta\boldsymbol{q}$ 分别为作用在4节点四面体单元上的体力和面力集度；$\boldsymbol{N}$ 为4节点四面体单元的形函数，可按式(10.2.4)计算。

10.5 四面体单元的内力

10.5.1 4节点四面体单元的内力

求解整体坐标系中的有限元基本方程式(9.8.3)或(9.8.4)后得到四面体单元节点增量位移向量 $\Delta\boldsymbol{U}_e$，然后根据

$$\Delta\boldsymbol{u}_e=\boldsymbol{T}\Delta\boldsymbol{U}_e$$

求得局部坐标系中4节点四面体单元节点增量位移向量 $\Delta\boldsymbol{u}_e$。这里，$\boldsymbol{T}$ 可按式(10.4.4)计算。

在物理方程中引入4节点四面体单元的应变矩阵，可以得到四面体单元的增量应力矩阵

$$\Delta\boldsymbol{\sigma}=\boldsymbol{D}\Delta\boldsymbol{\varepsilon}=\boldsymbol{S}\Delta\boldsymbol{u}_e \tag{10.5.1}$$

式中，$\boldsymbol{S}$ 为应力矩阵，有

$$\boldsymbol{S}=\boldsymbol{D}(\boldsymbol{B}_L+\boldsymbol{B}_{NL})$$

将弹性矩阵 $\boldsymbol{D}$ 代入上式，应变矩阵可按式(10.3.4)和式(10.3.11)计算，可得

$$\boldsymbol{S}=\begin{bmatrix} s_{101} & s_{102} & s_{103} & s_{104} & s_{105} & s_{106} & s_{107} & s_{108} & s_{109} & s_{110} & s_{111} & s_{112} \\ s_{201} & s_{202} & s_{203} & s_{204} & s_{205} & s_{206} & s_{207} & s_{208} & s_{209} & s_{210} & s_{211} & s_{212} \\ s_{301} & s_{302} & s_{303} & s_{304} & s_{305} & s_{306} & s_{307} & s_{308} & s_{309} & s_{310} & s_{311} & s_{312} \\ s_{401} & s_{402} & s_{403} & s_{404} & s_{405} & s_{406} & s_{407} & s_{408} & s_{409} & s_{410} & s_{411} & s_{412} \\ s_{501} & s_{502} & s_{503} & s_{504} & s_{505} & s_{506} & s_{507} & s_{508} & s_{509} & s_{510} & s_{511} & s_{512} \\ s_{601} & s_{602} & s_{603} & s_{604} & s_{605} & s_{606} & s_{607} & s_{608} & s_{609} & s_{610} & s_{611} & s_{612} \end{bmatrix} \tag{10.5.2}$$

式中

$$s_{101}=D_{11}\left(\frac{b_i b_u}{72V^2}+\frac{b_i}{6V}\right)+D_{12}\left(\frac{c_i c_u}{72V^2}+\frac{d_i d_u}{72V^2}\right),\quad s_{102}=D_{12}\left(\frac{c_i c_v}{72V^2}+\frac{c_i}{6V}\right)+\frac{D_{11} b_i b_v}{72V^2}+\frac{D_{12} d_i d_v}{72V^2}$$

$$s_{103}=D_{12}\left(\frac{d_i d_w}{72V^2}+\frac{d_i}{6V}\right)+\frac{D_{11} b_i b_w}{72V^2}+\frac{D_{12} c_i c_w}{72V^2}$$

其余元素从略。将式(10.5.2)代入式(10.5.1)，可得局部坐标系中 4 节点四面体单元的应力增量。

10.5.2 4 节点四面体单元的等效节点力向量

单元初应力的等效节点力向量

$$\boldsymbol{f}_e=\int_v [\boldsymbol{B}_L \quad \boldsymbol{H}_L]^{\mathrm{T}}[\boldsymbol{\sigma}_0 \quad \boldsymbol{\tau}_0]\mathrm{d}v$$

式中，$[\boldsymbol{B}_L \quad \boldsymbol{H}_L]^{\mathrm{T}}$ 可按式(10.3.4)计算。有

$$\begin{aligned}\boldsymbol{f}_e=\Big[&\frac{1}{6}(b_i\sigma_x+c_i\tau_{xy}+d_i\tau_{zx}) \quad \frac{1}{6}(b_i\tau_{xy}+c_i\sigma_y+d_i\tau_{zy}) \quad \frac{1}{6}(d_i\sigma_z+b_i\tau_{zx}+c_i\tau_{zy}) \\ &-\frac{1}{6}(b_j\sigma_x+c_j\tau_{xy}+d_j\tau_{zx}) \quad -\frac{1}{6}(b_j\tau_{xy}+c_i\sigma_y+d_j\tau_{zy}) \quad -\frac{1}{6}(b_j\tau_{xy}+c_i\sigma_y+d_j\tau_{zy}) \\ &\frac{1}{6}(b_k\sigma_x+c_k\tau_{xy}+d_k\tau_{zx}) \quad \frac{1}{6}(b_k\tau_{xy}+c_k\sigma_y+d_k\tau_{zy}) \quad \frac{1}{6}(d_k\sigma_z+d_k\tau_{zx}+c_k\tau_{zy}) \\ &-\frac{1}{6}(b_l\sigma_x+c_l\tau_{xy}+d_l\tau_{zx}) \quad -\frac{1}{6}(b_l\tau_{xy}+c_l\sigma_y+d_l\tau_{zy}) \quad -\frac{1}{6}(b_l\sigma_z+b_l\tau_{zx}+c_l\tau_{zy})\Big]^{\mathrm{T}}\end{aligned} \tag{10.5.3}$$

10.6 二维应力单元

10.6.1 二维 Lagrange 三角形和矩形单元

具有一定的外形、边界和荷载的固体或结构有可能处于二维应力或二维应变状态。考虑到结构的形状和单元的形态，通常可将处于二维应力或二维应变状态的固体或结构剖分为平面三角形单元、曲面三角形单元、矩形单元、平面任意四边形单元或曲面任意四边形单元等。如对固体或结构进行适当的剖分，那么选取三角形单元比较合适，它可以适合不同的几何形状以及不同的边界，也比较简单。以下主要讨论平面三角形单元。对于任意二维 Lagrange 三角

形单元，考虑各次三角形单元的插值函数，有 3 节点线性单元（见图 10.6.1a）、6 节点二次单元（见图 10.6.1b）。

对于任意二维矩形单元，考虑各次矩形单元的插值函数，有 4 节点线性单元（见图 10.6.2a）、8 节点二次单元（见图 10.6.2b）、12 节点三次单元（见图 10.6.2c）和 16 节点四次单元（见图 10.6.2d）。

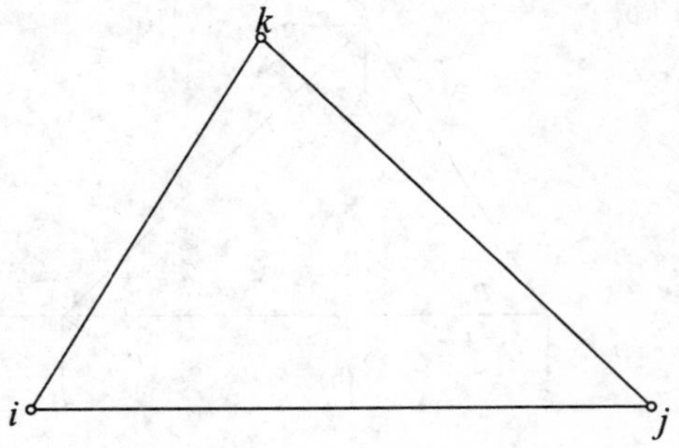

(a) 3 节点线性单元

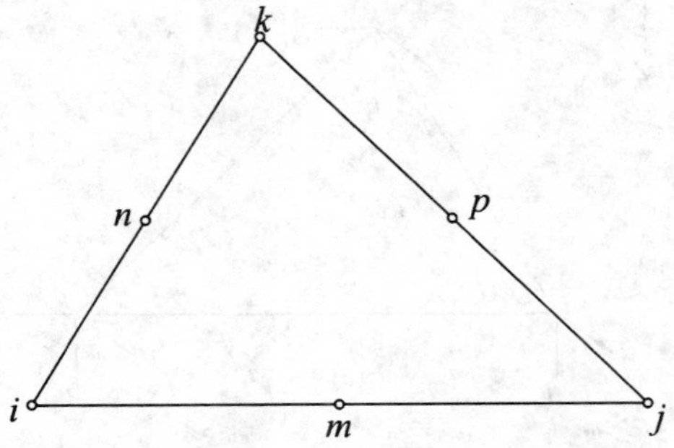

(b) 6 节点二次单元

图 10.6.1 Lagrange 三角形单元

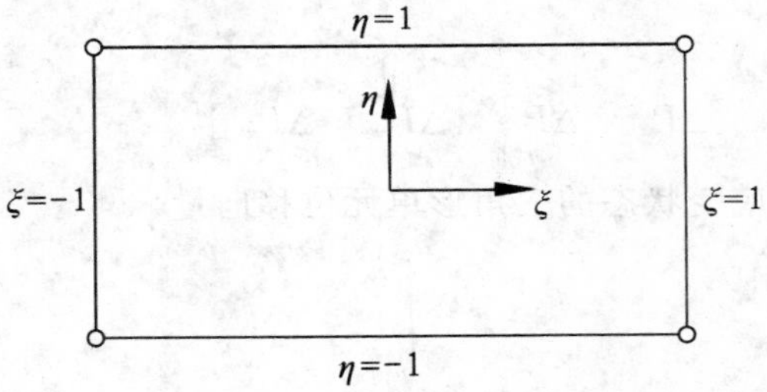

(a) 4 节点线性单元

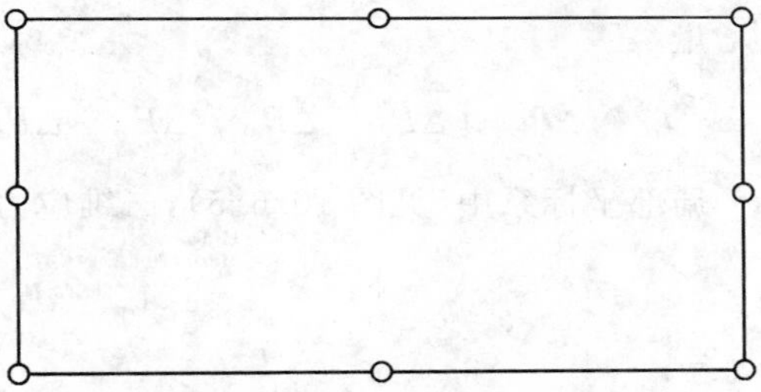

(b) 8 节点二次单元

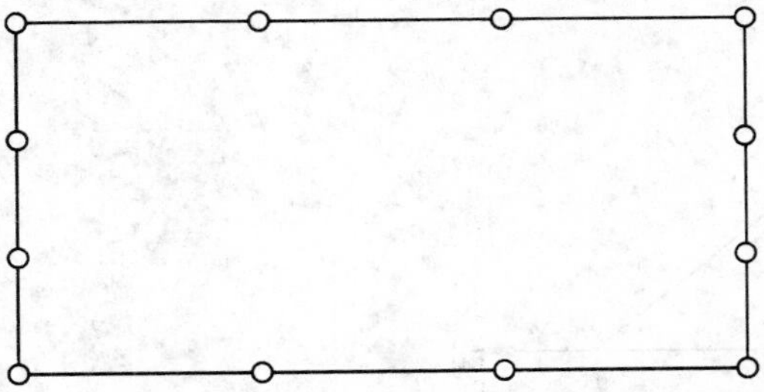

(c) 12 节点三次单元

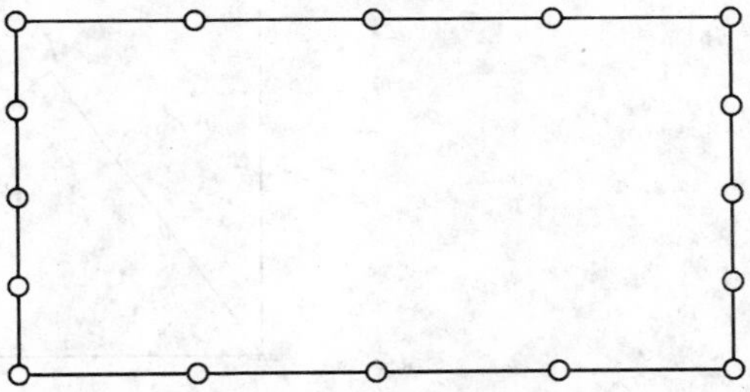

(d) 16 节点四次单元

图 10.6.2 Lagrange 矩形单元

10.6.2 二维线性 Lagrange 三角形单元的向量定义

在整体坐标系中 3 节点空间三角形单元的每个节点有 3 个自由度，即每个节点分别沿着整体坐标系的 OX,OY,OZ 坐标有 3 个线位移分量 U,V,W 和对应的 3 个节点外力。位移和节点外力与 OX,OY,OZ 坐标的正向一致为正。如图 10.6.3 所示，单元节点 i,j,k 的位移向量

$$\boldsymbol{U}_e=[U_i \quad V_i \quad W_i \quad U_j \quad V_j \quad W_j \quad U_k \quad V_k \quad W_k]^{\mathrm{T}} \tag{10.6.1}$$

及增量

$$\Delta\boldsymbol{U}_e=[\Delta U_i \quad \Delta V_i \quad \Delta W_i \quad \Delta U_j \quad \Delta V_j \quad \Delta W_j \quad \Delta U_k \quad \Delta V_k \quad \Delta W_k]^{\mathrm{T}}$$

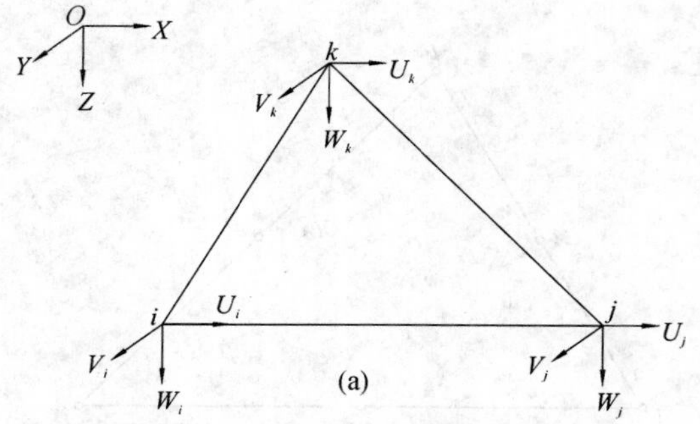

图 10.6.3　3 节点三角形单元整体坐标系中位移

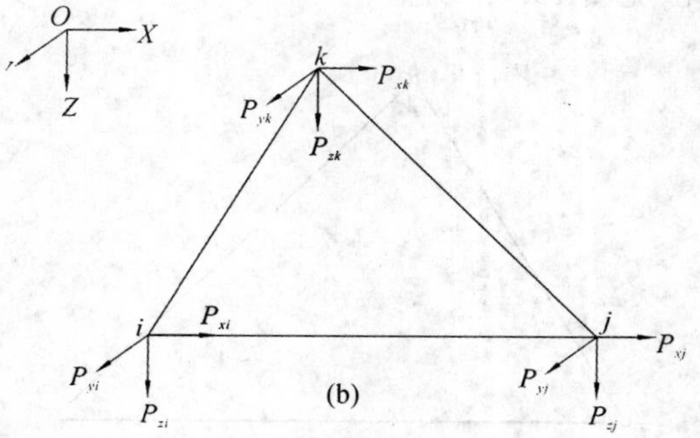

图 10.6.4　3 节点三角形单元整体坐标系中节点力

相应在整体坐标系中(见图 10.6.4),单元节点力向量

$$\boldsymbol{P}_e=[P_{xi} \quad P_{yi} \quad P_{zi} \quad P_{xj} \quad P_{yj} \quad P_{zj} \quad P_{xk} \quad P_{yk} \quad P_{zk}]^{\mathrm{T}} \tag{10.6.2}$$

及增量

$$\Delta\boldsymbol{P}_e=[\Delta P_{xi} \quad \Delta P_{yi} \quad \Delta P_{zi} \quad \Delta P_{xj} \quad \Delta P_{yj} \quad \Delta P_{zj} \quad \Delta P_{xk} \quad \Delta P_{yk} \quad \Delta P_{zk}]^{\mathrm{T}}$$

局部坐标系中(见图 10.6.5),二维应力或二维应变状态的三角形单元位移向量

$$\boldsymbol{u}=[u \quad v]^{\mathrm{T}}$$

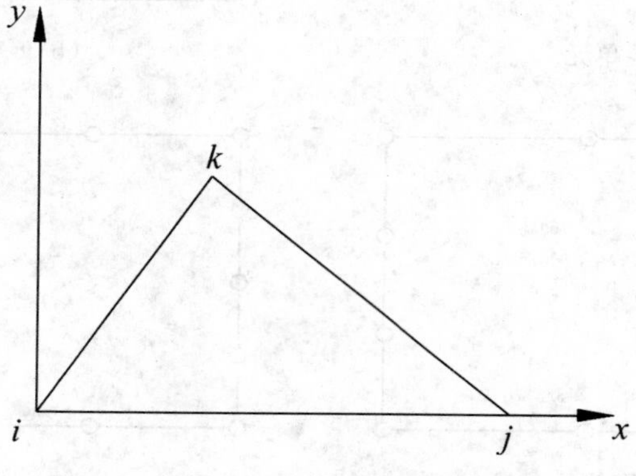

图 10.6.5　3 节点三角形单元局部坐标系

3 节点三角形单元每个节点有两个自由度,即每个节点沿局部坐标系的 x 和 y 轴有两个线位移分量 u,v,与 ix,iy 坐标的正向一致为正。如图 10.6.6 所示,三角形单元节点 i,j,k 在局部坐标系中的节点位移向量

$$\boldsymbol{u}_e=[u_i \quad v_i \quad u_j \quad v_j \quad u_k \quad v_k]^{\mathrm{T}} \tag{10.6.3}$$

及增量

$$\Delta\boldsymbol{u}_e=[\Delta u_i \quad \Delta v_i \quad \Delta u_j \quad \Delta v_j \quad \Delta u_k \quad \Delta v_k]^{\mathrm{T}}$$

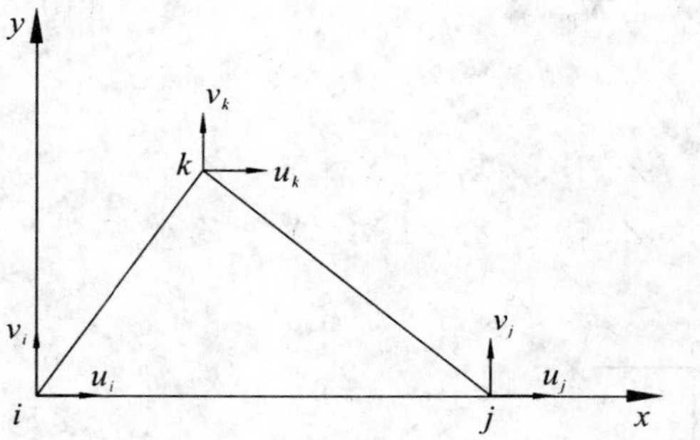

图 10.6.6　3 节点三角形单元局部坐标系中位移

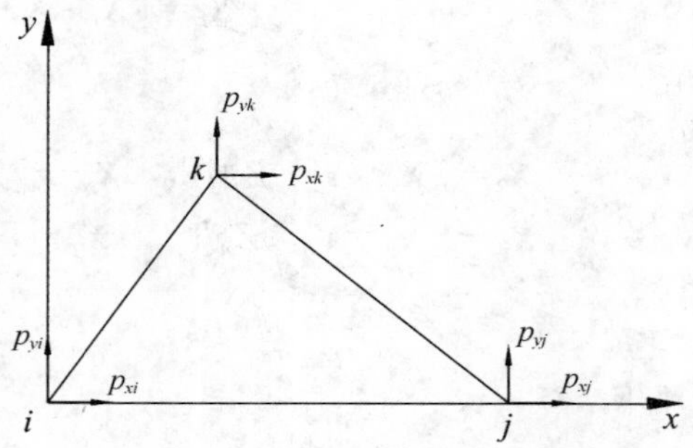

图 10.6.7　3 节点三角形单元局部坐标系中节点力

同样,局部坐标系中(见图 10.6.7),3 节点三角形单元节点 i,j,k 的节点力向量

$$\boldsymbol{p}_e=[p_{xi}\quad p_{yi}\quad p_{xj}\quad p_{yj}\quad p_{xk}\quad p_{yk}]^{\mathrm{T}} \tag{10.6.4}$$

及增量

$$\Delta\boldsymbol{p}_e=[\Delta p_{xi}\quad \Delta p_{yi}\quad \Delta p_{xj}\quad \Delta p_{yj}\quad \Delta p_{xk}\quad \Delta p_{yk}]^{\mathrm{T}}$$

材料坐标系中,3 节点三角形单元每个节点有两个自由度,即每个节点沿材料主轴有两个线位移。如图 10.6.8 所示,单元节点 i,j,k 的位移向量

$$\boldsymbol{u}'_e=[u'_i\quad v'_i\quad u'_j\quad v'_j\quad u'_k\quad v'_k]^{\mathrm{T}} \tag{10.6.5}$$

及增量

$$\Delta\boldsymbol{u}'_e=[\Delta u'_i\quad \Delta v'_i\quad \Delta u'_j\quad \Delta v'_j\quad \Delta u'_k\quad \Delta v'_k]^{\mathrm{T}}$$

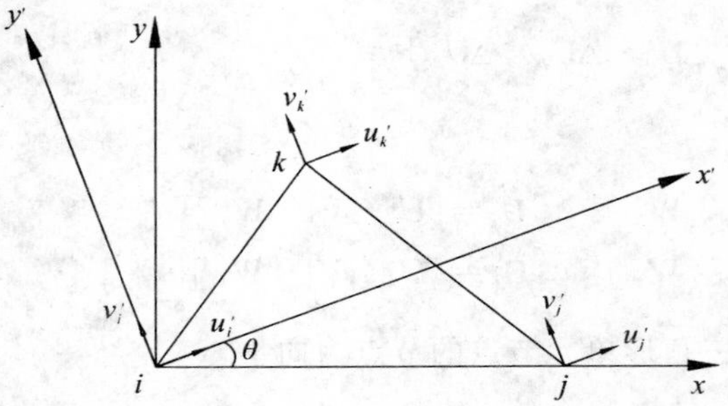

图 10.6.8　3 节点三角形单元材料坐标系中位移

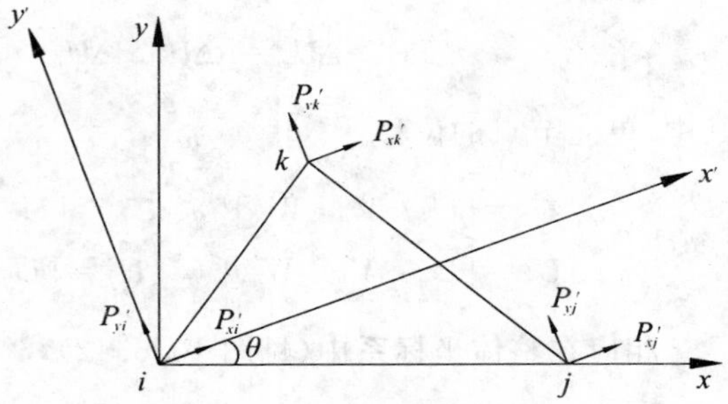

图 10.6.9　3 节点三角形单元材料坐标系中节点力

同样,材料坐标系中(见图 10.6.9),单元的节点力向量

$$\boldsymbol{p}'_e=[p'_{xi}\quad p'_{yi}\quad p'_{xj}\quad p'_{yj}\quad p'_{xk}\quad p'_{yk}]^{\mathrm{T}} \tag{10.6.6}$$

及增量

$$\Delta\boldsymbol{p}'_e=[\Delta p'_{xi}\quad \Delta p'_{yi}\quad \Delta p'_{xj}\quad \Delta p'_{yj}\quad \Delta p'_{xk}\quad \Delta p'_{yk}]^{\mathrm{T}}$$

10.6.3　二维二次 Lagrange 三角形单元的向量定义

6 节点三角形单元(见图 10.6.10)在整体坐标系中,单元坐标向量

$$\boldsymbol{X}_e=[\boldsymbol{X}_i \quad \boldsymbol{X}_m \quad \boldsymbol{X}_j \quad \boldsymbol{X}_n \quad \boldsymbol{X}_p \quad \boldsymbol{X}_k]^{\mathrm{T}} \tag{10.6.7}$$

其中

$$\boldsymbol{X}_i=[X_i \quad Y_i \quad Z_i]^{\mathrm{T}},\quad \boldsymbol{X}_m=[X_m \quad Y_m \quad Z_m]^{\mathrm{T}},\quad \boldsymbol{X}_j=[X_j \quad Y_j \quad Z_j]^{\mathrm{T}}$$
$$\boldsymbol{X}_n=[X_n \quad Y_n \quad Z_n]^{\mathrm{T}},\quad \boldsymbol{X}_p=[X_p \quad Y_p \quad Z_p]^{\mathrm{T}},\quad \boldsymbol{X}_k=[X_k \quad Y_k \quad Z_k]^{\mathrm{T}}$$

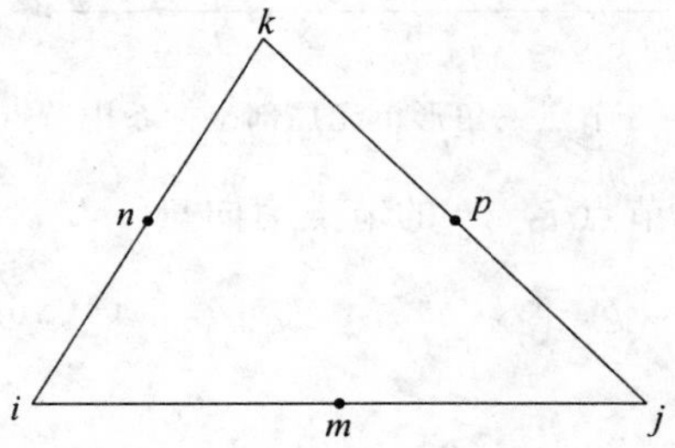

(a) 节点

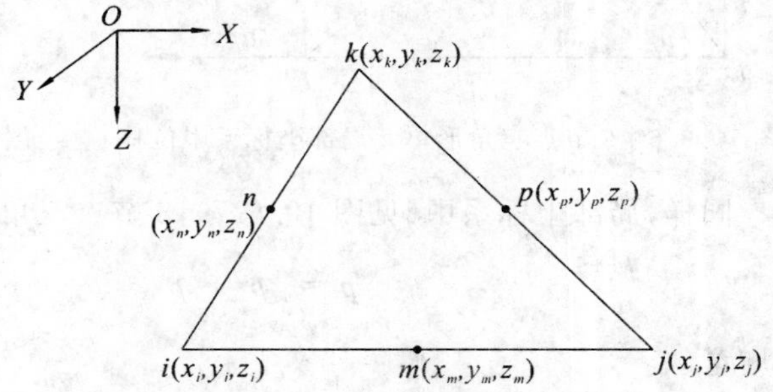

(b) 节点坐标

图 10.6.10　6 节点三角形单元

在整体坐标系中,6 节点三角形单元的每个节点有 3 个自由度,即每个节点在整体坐标中有 3 个位移分量 U,V,W 分别沿着整体坐标系的 OX,OY,OZ 坐标,与 OX,OY,OZ 坐标的正向一致为正。如图 10.6.11 所示,在整体坐标系中,6 节点三角形单元的位移向量

$$\boldsymbol{U}_e=[\boldsymbol{U}_i \quad \boldsymbol{U}_m \quad \boldsymbol{U}_j \quad \boldsymbol{U}_n \quad \boldsymbol{U}_p \quad \boldsymbol{U}_k]^{\mathrm{T}} \tag{10.6.8}$$

及增量

$$\Delta\boldsymbol{U}_e=[\Delta\boldsymbol{U}_i \quad \Delta\boldsymbol{U}_m \quad \Delta\boldsymbol{U}_j \quad \Delta\boldsymbol{U}_n \quad \Delta\boldsymbol{U}_p \quad \Delta\boldsymbol{U}_k]^{\mathrm{T}}$$

其中,单元节点的位移

$$\boldsymbol{U}_i=[U_i \quad V_i \quad W_i]^{\mathrm{T}},\quad \boldsymbol{U}_m=[U_m \quad V_m \quad W_m]^{\mathrm{T}},\quad \boldsymbol{U}_j=[U_j \quad V_j \quad W_j]^{\mathrm{T}}$$
$$\boldsymbol{U}_n=[U_n \quad V_n \quad W_n]^{\mathrm{T}},\quad \boldsymbol{U}_p=[U_p \quad V_p \quad W_p]^{\mathrm{T}},\quad \boldsymbol{U}_k=[U_k \quad V_k \quad W_k]^{\mathrm{T}}$$

相应在整体坐标系中(见图 10.6.12),6 节点三角形单元节点的节点力向量

$$\boldsymbol{P}_e=[\boldsymbol{P}_i \quad \boldsymbol{P}_m \quad \boldsymbol{P}_j \quad \boldsymbol{P}_n \quad \boldsymbol{P}_p \quad \boldsymbol{P}_k]^{\mathrm{T}} \tag{10.6.9}$$

及增量

$$\Delta\boldsymbol{P}_e=[\Delta\boldsymbol{P}_i \quad \Delta\boldsymbol{P}_m \quad \Delta\boldsymbol{P}_j \quad \Delta\boldsymbol{P}_n \quad \Delta\boldsymbol{P}_p \quad \Delta\boldsymbol{P}_k]^{\mathrm{T}}$$

在三角形单元局部坐标系中(见图 10.6.10),6 节点单元节点的坐标向量

$$\boldsymbol{x}_e=[\boldsymbol{x}_i \quad \boldsymbol{x}_m \quad \boldsymbol{x}_j \quad \boldsymbol{x}_p \quad \boldsymbol{x}_n \quad \boldsymbol{x}_k]^{\mathrm{T}} \tag{10.6.10}$$

其中,节点局部坐标

$$\boldsymbol{x}_i=[x_i \quad y_i]^{\mathrm{T}},\quad \boldsymbol{x}_m=[x_m \quad y_m]^{\mathrm{T}},\quad \boldsymbol{x}_j=[x_j \quad y_j]^{\mathrm{T}}$$
$$\boldsymbol{x}_n=[x_n \quad y_n]^{\mathrm{T}},\quad \boldsymbol{x}_p=[x_p \quad y_p]^{\mathrm{T}},\quad \boldsymbol{x}_k=[x_k \quad y_k]^{\mathrm{T}}$$

在三角形单元局部坐标系中，二维应力或二维应变状态的三角形单元位移向量

$$\boldsymbol{u}=[u \quad v]^{\mathrm{T}}$$

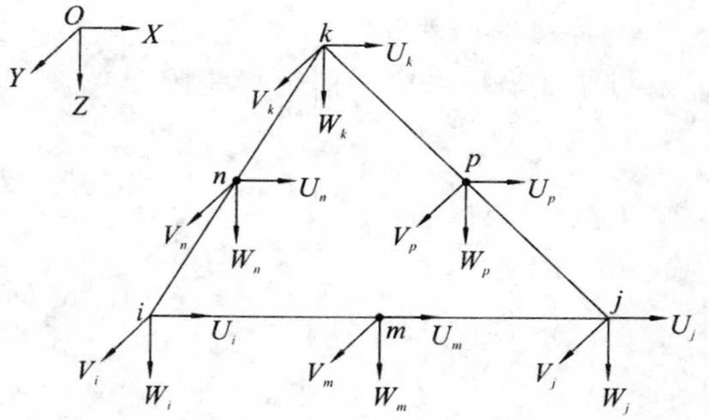

图 10.6.11　6 节点三角形单元整体坐标系中位移

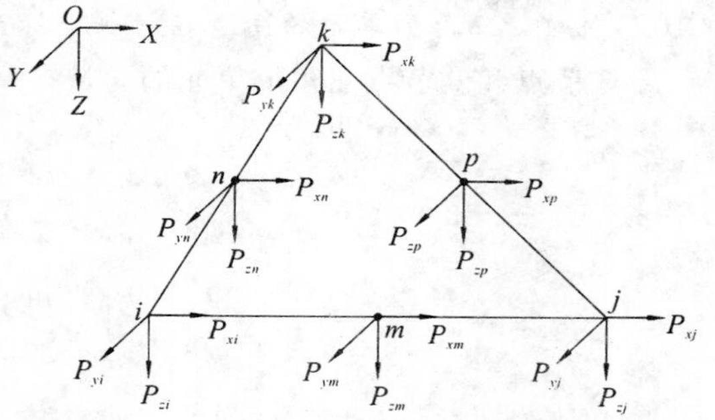

图 10.6.12　6 节点三角形单元整体坐标系中节点力

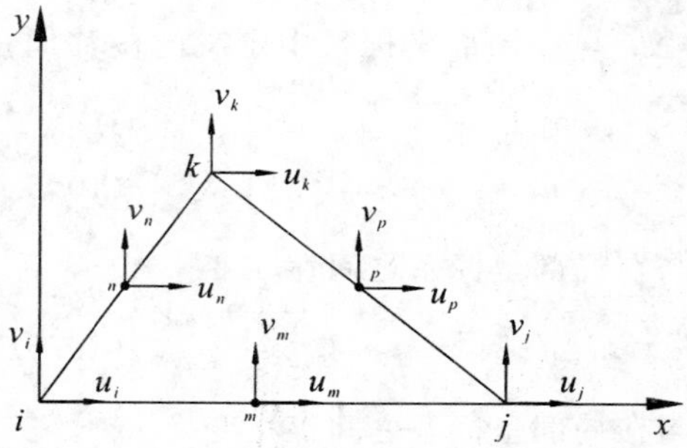

图 10.6.13　6 节点三角形单元局部坐标系中位移

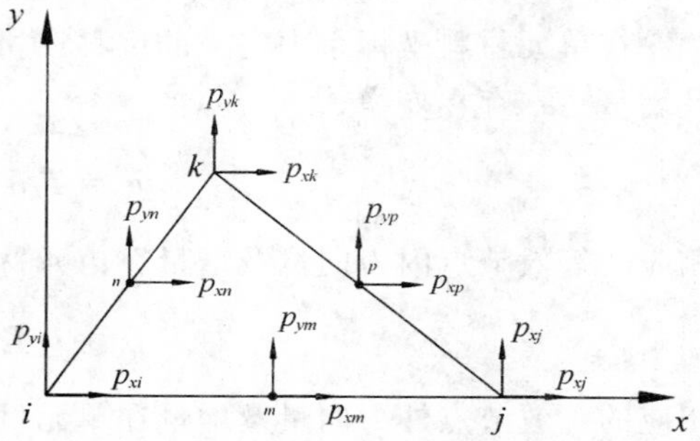

图 10.6.14　6 节点三角形单元局部坐标系中节点力

6 节点三角形单元的每个节点有两个自由度，即每个节点分别沿局部坐标 ix，iy 有两个位移分量 u，v 与 ix，iy 坐标的正向一致为正。如图 10.6.13 所示，单元节点的位移向量

$$\boldsymbol{u}_e=[\boldsymbol{u}_i \quad \boldsymbol{u}_m \quad \boldsymbol{u}_j \quad \boldsymbol{u}_n \quad \boldsymbol{u}_p \quad \boldsymbol{u}_k]^{\mathrm{T}} \tag{10.6.11}$$

及增量

$$\Delta\boldsymbol{u}_e=[\Delta\boldsymbol{u}_i \quad \Delta\boldsymbol{u}_m \quad \Delta\boldsymbol{u}_j \quad \Delta\boldsymbol{u}_n \quad \Delta\boldsymbol{u}_p \quad \Delta\boldsymbol{u}_k]^{\mathrm{T}}$$

其中，节点的位移

$$\boldsymbol{u}_i=[u_i \quad v_i]^{\mathrm{T}}, \quad \boldsymbol{u}_m=[u_m \quad v_m]^{\mathrm{T}}, \quad \boldsymbol{u}_j=[u_j \quad v_j]^{\mathrm{T}}$$
$$\boldsymbol{u}_n=[u_n \quad v_n]^{\mathrm{T}}, \quad \boldsymbol{u}_p=[u_p \quad v_p]^{\mathrm{T}}, \quad \boldsymbol{u}_k=[u_k \quad v_k]^{\mathrm{T}}$$

相应在局部坐标系中(见图 10.6.14)，6 节点三角形单元节点力向量

$$\boldsymbol{p}_e=[\boldsymbol{p}_i \quad \boldsymbol{p}_m \quad \boldsymbol{p}_j \quad \boldsymbol{p}_n \quad \boldsymbol{p}_p \quad \boldsymbol{p}_k]^{\mathrm{T}} \tag{10.6.12}$$

及增量

$$\Delta\boldsymbol{p}_e=[\Delta\boldsymbol{p}_i \quad \Delta\boldsymbol{p}_m \quad \Delta\boldsymbol{p}_j \quad \Delta\boldsymbol{p}_n \quad \Delta\boldsymbol{p}_p \quad \Delta\boldsymbol{p}_k]^{\mathrm{T}}$$

其中，节点力向量

$$\boldsymbol{p}_i=[p_{xi} \quad p_{yi}], \quad \boldsymbol{p}_m=[p_{xm} \quad p_{ym}], \quad \boldsymbol{p}_j=[p_{xj} \quad p_{yj}]$$

$$\boldsymbol{p}_n=[p_{xn}\quad p_{yn}],\quad \boldsymbol{p}_p=[p_{xp}\quad p_{yp}],\quad \boldsymbol{p}_k=[p_{xk}\quad p_{yk}]$$

10.6.4 三角形单元的向量变换

10.6.4.1 三角形单元的向量在材料坐标系与局部坐标系之间的变换

3 节点和 6 节点三角形单元的向量在材料坐标系与局部坐标系之间的变换矩阵

$$\boldsymbol{T}_1=\begin{bmatrix}\boldsymbol{t}_1 & 0 & 0\\ 0 & \boldsymbol{t}_1 & 0\\ 0 & 0 & \boldsymbol{t}_1\end{bmatrix} \quad 和 \quad \boldsymbol{T}_1=\begin{bmatrix}\boldsymbol{t}_1 & & & & & \\ 0 & \boldsymbol{t}_1 & & 对 & & \\ 0 & 0 & \boldsymbol{t}_1 & & & \\ 0 & 0 & 0 & \boldsymbol{t}_1 & & 称\\ 0 & 0 & 0 & 0 & \boldsymbol{t}_1 & \\ 0 & 0 & 0 & 0 & 0 & \boldsymbol{t}_1\end{bmatrix} \tag{10.6.13}$$

式中，$\boldsymbol{t}_1$ 为三角形单元材料坐标系与局部坐标系的变换矩阵，按式(9.2.27)计算。

在单元材料坐标系中定义的位移向量$\boldsymbol{u}'_e$及增量 $\Delta\boldsymbol{u}'_e$与在局部坐标系中定义的位移向量$\boldsymbol{u}_e$及增量 $\Delta\boldsymbol{u}_e$ 存在变换

$$\boldsymbol{u}'_e=\boldsymbol{T}_1\boldsymbol{u}_e \quad 及 \quad \Delta\boldsymbol{u}'_e=\boldsymbol{T}_1\Delta\boldsymbol{u}_e \tag{10.6.14}$$

相应的等效节点内力向量及增量在单元材料坐标系与在局部坐标系之间存在变换

$$\boldsymbol{f}'_e=\boldsymbol{T}_1\boldsymbol{f}_e \quad 及 \quad \Delta\boldsymbol{f}'_e=\boldsymbol{T}_1\Delta\boldsymbol{f}_e \tag{10.6.15}$$

相应的等效节点外力向量及增量在单元材料坐标系与在局部坐标系之间存在变换

$$\boldsymbol{p}'_e=\boldsymbol{T}_1\boldsymbol{p}_e \quad 及 \quad \Delta\boldsymbol{p}'_e=\boldsymbol{T}_1\Delta\boldsymbol{p}_e \tag{10.6.16}$$

10.6.4.2 三角形单元的向量在局部坐标系与整体坐标系之间的变换

3 节点和 6 节点三角形单元的向量在局部坐标系与整体坐标系之间的变换矩阵

$$\boldsymbol{T}_2=\begin{bmatrix}\boldsymbol{t}_2 & 0 & 0\\ 0 & \boldsymbol{t}_2 & 0\\ 0 & 0 & \boldsymbol{t}_2\end{bmatrix} \quad 和 \quad \boldsymbol{T}_2=\begin{bmatrix}\boldsymbol{t}_2 & & & & & \\ 0 & \boldsymbol{t}_2 & & 对 & & \\ 0 & 0 & \boldsymbol{t}_2 & & & \\ 0 & 0 & 0 & \boldsymbol{t}_2 & & 称\\ 0 & 0 & 0 & 0 & \boldsymbol{t}_2 & \\ 0 & 0 & 0 & 0 & 0 & \boldsymbol{t}_2\end{bmatrix} \tag{10.6.17}$$

式中，$\boldsymbol{t}_2$ 为三角形单元局部坐标系与整体坐标系的变换矩阵，按式(9.2.26)计算。

单元的位移向量及增量在局部坐标系与整体坐标系之间的变换

$$\boldsymbol{u}_e=\boldsymbol{T}_2\boldsymbol{U}_e \quad 及 \quad \Delta\boldsymbol{u}_e=\boldsymbol{T}_2\Delta\boldsymbol{U}_e \tag{10.6.18}$$

相应的单元荷载向量，即等效节点外力向量及增量在局部坐标系与整体坐系之间的变换

$$\boldsymbol{p}_e=\boldsymbol{T}_2\boldsymbol{P}_e \quad 及 \quad \Delta\boldsymbol{p}_e=\boldsymbol{T}_2\Delta\boldsymbol{P}_e \tag{10.6.19}$$

10.6.4.3 三角形单元节点在局部坐标系中的坐标

由 3 节点三角形单元的坐标向量在局部坐标系与整体坐标系之间的变换

$$\boldsymbol{x}_{ij}=\boldsymbol{t}_2\ \boldsymbol{X}_{ij}\,,\quad \boldsymbol{x}_{ik}=\boldsymbol{t}_2\ \boldsymbol{X}_{ik}$$

将上式展开,得局部坐标系中三角形单元的节点坐标

$$x_j=l_{ij} \tag{10.6.20}$$

及

$$\begin{bmatrix} x_k \\ y_k \end{bmatrix}=\begin{bmatrix} l_1(X_k-X_i)+m_1(Y_k-Y_i)+n_1(Z_k-Z_i) \\ l_2(X_k-X_i)+m_2(Y_k-Y_i)+n_2(Z_k-Z_i) \end{bmatrix} \tag{10.6.21}$$

10.6.5 二维偏线性 Lagrange 矩形单元

二维偏线性 Lagrange 单元是矩形单元(见图 10.6.15)。通常,在整体坐标系 $O-XY$ 中,对二维矩形区域进行矩形剖分,剖分为矩形单元。矩形单元有 4 个节点,即 $e(A_1,A_2,A_3,A_4)$。整体坐标系为正交坐标系。整体坐标系 OX,OY 轴的正方向为从节点 A_1 指向节点 A_2 和 A_4。节点 $A_i(i=1,2,3,4)$在整体坐标系 $O-XY$ 中的坐标为 $X_i,Y_i(i=1,2,3,4)$。

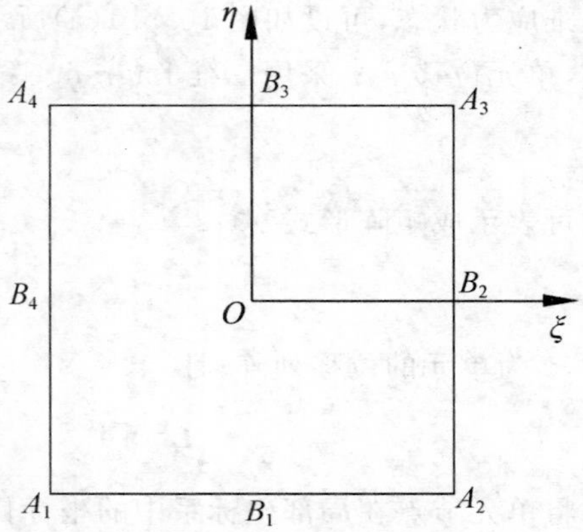

图 10.6.15 二维偏线性 Lagrange 矩形单元

现在 4 节点矩形单元 $e(A_1,A_2,A_3,A_4)$中建立局部坐标系,局部坐标系的原点设在节点 A_1,局部坐标系 A_1-xy 为正交坐标系。坐标轴 A_1x,A_1y 分别为两个局部坐标主轴,局部坐标系 A_1-xy 与整体坐标系 $O-XY$ 的方向一致。

4 节点矩形单元的每个节点有两个自由度,即每个节点沿局部坐标有两个线位移和对应的两个节点力。在局部坐标系中每个节点有两个位移分量 u,v,分别沿着局部坐标系的 A_1x,A_1y 坐标,与 A_1x,A_1y 坐标的正向一致为正。在局部坐标系中,4 节点矩形单元节点的位移向量

$$\boldsymbol{u}_e=[\boldsymbol{u}_1\quad \boldsymbol{u}_2\quad \boldsymbol{u}_3\quad \boldsymbol{u}_4]^{\mathrm{T}} \tag{10.6.22}$$

及增量

$$\Delta\boldsymbol{u}_e=[\Delta\boldsymbol{u}_1\quad \Delta\boldsymbol{u}_2\quad \Delta\boldsymbol{u}_3\quad \Delta\boldsymbol{u}_4]^{\mathrm{T}}$$

其中

$$\boldsymbol{u}_i=[u_i\quad v_i]\quad (i=1,2,3,4)$$

相应在局部坐标系中每个节点有两个节点力分量 p_x,p_y。在局部坐标系中,4 节点矩形单元的节点力向量

$$\boldsymbol{p}_e=[\boldsymbol{p}_1\quad \boldsymbol{p}_2\quad \boldsymbol{p}_3\quad \boldsymbol{p}_4]^{\mathrm{T}}$$

及增量

$$\Delta\boldsymbol{p}_e=[\Delta\boldsymbol{p}_1\quad \Delta\boldsymbol{p}_2\quad \Delta\boldsymbol{p}_3\quad \Delta\boldsymbol{p}_4]^{\mathrm{T}}$$

其中

$$\boldsymbol{p}_i=[p_{xi} \quad p_{yi}] \quad (i=1,2,3,4)$$

10.7 二维 Lagrange 三角形和矩形单元的位移插值函数

10.7.1 二维线性 Lagrange 位移插值函数

在局部坐标系中，受面内作用的二维应力平面三角形单元有两个独立的位移

$$\boldsymbol{u}=[u \quad v]^{\mathrm{T}}$$

在二维应力状态，可设如图 10.6.1(a)所示 3 节点线性单元，单元的每个节点有两个独立的自由度，单元位移 u,v 采用二维 Lagrange 线性插值函数

$$u=c_1+c_2x+c_3y \tag{10.7.1}$$

上式可表示成矩阵形式

$$\boldsymbol{u}=\boldsymbol{LC} \tag{10.7.2}$$

式中，$\boldsymbol{u}$ 为单元的位移列阵；且

$$\boldsymbol{L}=[1 \quad x \quad y], \quad \boldsymbol{C}=[c_1 \quad c_2 \quad c_3]^{\mathrm{T}}$$

将单元节点在局部坐标系中的坐标代入式(10.7.2)，得到单元节点的位移。于是有

$$\begin{cases}u_i=c_1+c_2x_i+c_3y_i,\\ u_j=c_1+c_2x_j+c_3y_j,\\ u_k=c_1+c_2x_k+c_3y_k\end{cases}$$

或

$$\boldsymbol{u}_e=\boldsymbol{L}_x\boldsymbol{C}$$

在局部坐标系中，这里

$$\boldsymbol{L}_x=\begin{bmatrix}1 & x_i & y_i\\ 1 & x_j & y_j\\ 1 & x_k & y_k\end{bmatrix}=\begin{bmatrix}1 & 0 & 0\\ 1 & x_j & 0\\ 1 & x_k & y_k\end{bmatrix}$$

于是有

$$\boldsymbol{C}=\boldsymbol{L}_x^{-1}\boldsymbol{u}_e \tag{10.7.3}$$

求解可以得到

$$c_1=\frac{1}{2A}(a_iu_i+a_ju_j+a_ku_k), \quad c_2=\frac{1}{2A}(b_iu_i+b_ju_j+b_ku_k), \quad c_3=\frac{1}{2A}(c_iu_i+c_ju_j+c_ku_k)$$

其中，A 为单元的面积，可按式(9.2.21a)计算。

将式(10.7.3)代入式(10.7.2)，得用单元节点位移表示的单元位移

$$\boldsymbol{u}=[N_i \quad N_j \quad N_k]\boldsymbol{u}_e$$

其中

$$N_i=\frac{1}{2A}(a_i+b_ix+c_iy),\quad N_j=\frac{1}{2A}(a_j+b_jx+c_jy),\quad N_k=\frac{1}{2A}(a_k+b_kx+c_ky) \tag{10.7.4}$$

所以，用单元节点位移或增量表示的 3 节点线性单元的位移或增量位移

$$\boldsymbol{u}=\boldsymbol{N}\boldsymbol{u}_e \quad 和 \quad \Delta\boldsymbol{u}=\boldsymbol{N}\Delta\boldsymbol{u}_e \tag{10.7.5}$$

式中，$\boldsymbol{N}$ 为形函数，有

$$\boldsymbol{N}=\begin{bmatrix}\boldsymbol{N}_x\\ \boldsymbol{N}_y\end{bmatrix}=\frac{1}{2A}\begin{bmatrix}N_i & 0 & N_j & 0 & N_k & 0\\ 0 & N_i & 0 & N_j & 0 & N_k\end{bmatrix} \tag{10.7.6}$$

这里，$a_i,b_i,c_i,\cdots$ 是与节点坐标有关的系数，可按式(9.2.22)计算。引入面积坐标，根据式(9.2.21b)，有

$$N_i=L_i,\quad N_j=L_j,\quad N_k=L_k \tag{10.7.7}$$

10.7.2 二维二次 Lagrange 位移插值函数

如图 10.6.1(b)所示 6 节点线性单元，单元位移的二维二次 Lagrange 插值函数

$$u=c_1+c_2x+c_3y+c_4x^2+c_5xy+c_6y^2 \tag{10.7.8}$$

经类似的运算，得到用单元节点位移或增量表示的单元位移或增量位移

$$\boldsymbol{u}=\boldsymbol{N}\boldsymbol{u}_e \quad 和 \quad \Delta\boldsymbol{u}=\boldsymbol{N}\Delta\boldsymbol{u}_e \tag{10.7.9}$$

式中，$\boldsymbol{N}$ 为形函数，有

$$\boldsymbol{N}=\begin{bmatrix}\boldsymbol{N}_x\\ \boldsymbol{N}_y\end{bmatrix}=\begin{bmatrix}N_i & 0 & N_m & 0 & N_j & 0 & N_n & 0 & N_p & 0 & N_k & 0\\ 0 & N_i & 0 & N_m & 0 & N_j & 0 & N_n & 0 & N_p & 0 & N_k\end{bmatrix} \tag{10.7.10}$$

其中，角节点及边内节点的形函数

$$\begin{aligned}&N_i=(2L_i-1)L_i,\quad N_j=(2L_j-1)L_j,\quad N_k=(2L_k-1)L_k\\ &N_m=4L_iL_j,\quad N_n=4L_iL_k,\quad N_p=4L_jL_k\end{aligned} \tag{10.7.11}$$

10.7.3 二维偏线性 Lagrange 位移插值函数

在矩形单元 $e(A_1,A_2,A_3,A_4)$ 上构造真实的位移函数 $\bar{u}$ 的插值函数

$$u(x,y)=c_1+c_2x+c_3y+c_4xy \tag{10.7.12}$$

上式应该满足这样的条件，即按上式计算所得单元节点处的位移值应等于该单元节点处真实的位移值。即

$$\begin{cases}u_1=c_1+c_2x_1+c_3y_1+c_4x_1y_1,\\ u_2=c_1+c_2x_2+c_3y_2+c_4x_2y_2,\\ u_3=c_1+c_2x_3+c_3y_3+c_4x_3y_3,\\ u_4=c_1+c_2x_4+c_3y_4+c_4x_4y_4\end{cases}$$

经过简单运算求出待定系数 $c_1\sim c_4$，得到

$$c_1=\frac{1}{A}\left(\begin{vmatrix}x_2 & y_2 & x_2y_2\\ x_3 & y_3 & x_3y_3\\ x_4 & y_4 & x_4y_4\end{vmatrix}u_1+\begin{vmatrix}y_1 & x_1 & x_1y_1\\ y_3 & x_3 & x_3y_3\\ y_4 & x_4 & x_4y_4\end{vmatrix}u_2+\begin{vmatrix}x_1 & y_1 & x_1y_1\\ x_2 & y_2 & x_2y_2\\ x_4 & y_4 & x_4y_4\end{vmatrix}u_3+\begin{vmatrix}y_1 & x_1 & x_1y_1\\ y_2 & x_2 & x_2y_2\\ y_3 & x_3 & x_3y_3\end{vmatrix}u_4\right)$$

$$c_2=\frac{1}{A}\left(\begin{vmatrix}y_2 & 1 & x_2y_2\\ y_3 & 1 & x_3y_3\\ y_4 & 1 & x_4y_4\end{vmatrix}u_1+\begin{vmatrix}1 & y_1 & x_1y_1\\ 1 & y_3 & x_3y_3\\ 1 & y_4 & x_4y_4\end{vmatrix}u_2+\begin{vmatrix}y_1 & 1 & x_1y_1\\ y_2 & 1 & x_2y_2\\ y_4 & 1 & x_4y_4\end{vmatrix}u_3+\begin{vmatrix}1 & y_1 & x_1y_1\\ 1 & y_2 & x_2y_2\\ 1 & y_3 & x_3y_3\end{vmatrix}u_4\right)$$

$$c_3=\frac{1}{A}\left(\begin{vmatrix}1 & x_2 & x_2y_2\\ 1 & x_3 & x_3y_3\\ 1 & x_4 & x_4y_4\end{vmatrix}u_1+\begin{vmatrix}x_1 & 1 & x_1y_1\\ x_3 & 1 & x_3y_3\\ x_4 & 1 & x_4y_4\end{vmatrix}u_2+\begin{vmatrix}1 & x_1 & x_1y_1\\ 1 & x_2 & x_2y_2\\ 1 & x_4 & x_4y_4\end{vmatrix}u_3+\begin{vmatrix}x_1 & 1 & x_1y_1\\ x_2 & 1 & x_2y_2\\ x_3 & 1 & x_3y_3\end{vmatrix}u_4\right)$$

$$c_4=\frac{1}{A}\left(\begin{vmatrix}x_2 & 1 & y_2\\ x_3 & 1 & y_3\\ x_4 & 1 & y_4\end{vmatrix}u_1+\begin{vmatrix}1 & x_1 & y_1\\ 1 & x_3 & y_3\\ 1 & x_4 & y_4\end{vmatrix}u_2+\begin{vmatrix}x_1 & 1 & y_1\\ x_2 & 1 & y_2\\ x_4 & 1 & y_4\end{vmatrix}u_3+\begin{vmatrix}1 & x_1 & y_1\\ 1 & x_2 & y_2\\ 1 & x_3 & y_3\end{vmatrix}u_4\right)$$

则用局部坐标来表示时插值函数

$$u=\sum_{i=1}^{4}\varphi_i(x,y)u_i \tag{10.7.13}$$

其中，φ_i 为基函数，即

$$\begin{cases}\varphi_1=\dfrac{1}{A}(x_2y_4-y_4x-x_2y+xy),\\ \varphi_2=\dfrac{1}{A}(-x_1y_4+y_4x-x_1y-xy),\\ \varphi_3=\dfrac{1}{A}(x_1y_1-y_1x-x_1y+xy),\\ \varphi_4=\dfrac{1}{A}(-x_2y_1-y_1x+x_2y-xy)\end{cases}$$

现引入自然坐标系。对 x,y 坐标系进行线性变换，建立一个新的相对坐标系 ξ,η，这样将在 x,y 坐标系中的任意矩形单元 e 变换成 ξ,η 坐标中的一个标准单元 e'。(ξ,η) 与 (x,y) 之间的变换关系是

$$\xi=\frac{1}{l_1}(2x-x_1-x_2),\quad \eta=\frac{1}{l_2}(2y-y_1-y_4) \tag{10.7.14}$$

式中，$l_1=x_2-x_1=x_3-x_4$，$l_2=y_4-y_1=y_3-y_2$。

它们之间的反变换是

$$x=\frac{1}{2}(l_1\xi+x_1+x_2),\quad y=\frac{1}{2}(l_2\eta+y_1+y_4) \tag{10.7.15}$$

单元的节点坐标在两个坐标系中有如下的一一对应关系：

$$A_1(x_1,y_1)\leftrightarrow A_1'(-1,-1),\quad A_2(x_2,y_2)\leftrightarrow A_2'(1,-1)$$
$$A_3(x_3,y_3)\leftrightarrow A_3'(1,1),\quad A_4(x_4,y_4)\leftrightarrow A_4'(-1,1)$$

(x,y)与(ξ,η)之间的微分关系，即变换式(10.7.14)的雅可比行列式为

$$\frac{\partial(x,y)}{\partial(\xi,\eta)}=\frac{1}{4}(x_2-x_1)(y_4-y_1)=\frac{1}{4}A$$

于是，单元 e 的插值函数

$$u(\xi,\eta)=\sum_{i=1}^{4}\varphi_i(\xi,\eta)u_i \tag{10.7.16}$$

式中，φ_i 是 ξ,η 坐标中的基函数或形函数，按照构造插值函数的要求，显然

$$\varphi_i(A_j)=\delta_{ij}\quad(i,j=1,2,3,4)$$

现构造形函数 φ_1。在线段 A_1A_4 上(即 $\xi=-1$)，φ_1 仅是 η 的线性函数；在线段 A_1A_2 上(即 $\eta=-1$)，φ_1 仅是 ξ 的线性函数；在线段 A_2A_3 上(即 $\xi=1$)，φ_1 恒为零，则说明 φ_1 中包括 $1-\xi$；在线段 A_3A_4 上(即 $\eta=1$)，φ_1 恒为零。所以可设

$$\varphi_1=a(1-\xi)(1-\eta)$$

它满足 $\varphi_i(A_j)=\delta_{ij}$ 的条件，按坐标$(-1,-1)$代入，即得 $\varphi_1=1$，所以，$a=\frac{1}{4}$，于是

$$\varphi_1=\frac{1}{4}(1-\xi)(1-\eta)$$

同样可得

$$\varphi_2=\frac{1}{4}(1+\xi)(1-\eta),\quad \varphi_3=\frac{1}{4}(1+\xi)(1+\eta),\quad \varphi_4=\frac{1}{4}(1-\xi)(1+\eta)$$

以上四式可简单写为

$$\varphi_i(\xi,\eta)=\frac{1}{4}(1+\xi_i\xi)(1+\eta_i\eta)\quad(i=1,2,3,4) \tag{10.7.17}$$

其中，ξ_i,η_i 是 A_i 的 ξ,η 坐标。可以看出，基函数实际上是两个彼此独立的一维线性插值函数的乘积。式(10.7.12)所示位移插值函数可以表示为

$$\boldsymbol{u}=[u\quad v]^{\mathrm{T}}=\boldsymbol{N}\boldsymbol{u}_e \tag{10.7.18}$$

或增量

$$\Delta\boldsymbol{u}=\boldsymbol{N}\Delta\boldsymbol{u}_e$$

式中，$\boldsymbol{u}_e$ 或 $\Delta\boldsymbol{u}_e$ 为 4 节点矩形单元节点在局部坐标系中的位移向量或增量；$\boldsymbol{N}$ 为形函数，有

$$\boldsymbol{N}=[\boldsymbol{N}_x\quad \boldsymbol{N}_y]^{\mathrm{T}}$$

即

$$\boldsymbol{N}=[\boldsymbol{N}_1\quad \boldsymbol{N}_2\quad \boldsymbol{N}_3\quad \boldsymbol{N}_4] \tag{10.7.19}$$

其中

$$\boldsymbol{N}_i=\begin{bmatrix} N_i & 0 \\ 0 & N_i \end{bmatrix} \quad (i=1,2,3,4)$$

这里，$N_i=\varphi_i$。

10.8 二维应力单元的应变矩阵

10.8.1 二维应力单元的应变

由式(5.3.10)得由线性部分和非线性部分组成的二维应力单元应变或应变增量

$$\boldsymbol{\varepsilon}=\boldsymbol{\varepsilon}_L+\boldsymbol{\varepsilon}_{NL} \quad 或 \quad \Delta\boldsymbol{\varepsilon}=\Delta\boldsymbol{\varepsilon}_L+\Delta\boldsymbol{\varepsilon}_{NL}$$

式中，$\Delta\boldsymbol{\varepsilon}_L$ 为应变中的线性部分，有

$$\Delta\boldsymbol{\varepsilon}_L=\begin{bmatrix} \dfrac{\partial\Delta\boldsymbol{u}}{\partial x} \\ \dfrac{\partial\Delta\boldsymbol{v}}{\partial y} \\ \dfrac{\partial\Delta\boldsymbol{v}}{\partial x}+\dfrac{\partial\Delta\boldsymbol{u}}{\partial y} \end{bmatrix} \tag{10.8.1}$$

$\Delta\boldsymbol{\varepsilon}_{NL}$ 为应变中的非线性部分有

$$\Delta\boldsymbol{\varepsilon}_{NL}=\begin{bmatrix} \dfrac{1}{2}\left(\left(\dfrac{\partial\Delta\boldsymbol{u}}{\partial x}\right)^2+\left(\dfrac{\partial\Delta\boldsymbol{v}}{\partial x}\right)^2\right) \\ \dfrac{1}{2}\left(\left(\dfrac{\partial\Delta\boldsymbol{u}}{\partial y}\right)^2+\left(\dfrac{\partial\Delta\boldsymbol{v}}{\partial y}\right)^2\right) \\ \dfrac{\partial\Delta\boldsymbol{u}}{\partial x}\dfrac{\partial\Delta\boldsymbol{u}}{\partial y}+\dfrac{\partial\Delta\boldsymbol{v}}{\partial x}\dfrac{\partial\Delta\boldsymbol{v}}{\partial y} \end{bmatrix} \tag{10.8.2}$$

10.8.2 3节点三角形单元的线性应变矩阵

将式(10.7.5)代入式(10.8.1)，得用单元节点位移表示的线性应变

$$\Delta\boldsymbol{\varepsilon}_L=\boldsymbol{B}_L\Delta\boldsymbol{u}_e$$

式中，$\boldsymbol{B}_L$ 为线性应变矩阵，有

$$\boldsymbol{B}_L=\begin{bmatrix} \dfrac{\partial}{\partial x} & 0 \\ 0 & \dfrac{\partial}{\partial y} \\ \dfrac{\partial}{\partial y} & \dfrac{\partial}{\partial x} \end{bmatrix}\boldsymbol{N} \tag{10.8.3}$$

将式(10.7.6)代入上式，则3节点三角形单元的线性应变矩阵

$$\boldsymbol{B}_L=\frac{1}{2A}\begin{bmatrix} b_i & 0 & b_j & 0 & b_k & 0 \\ 0 & c_i & 0 & c_j & 0 & c_k \\ c_i & b_i & c_j & b_j & c_k & b_k \end{bmatrix} \tag{10.8.4}$$

10.8.3 3节点三角形单元的非线性应变矩阵

式(10.8.2)所示应变中的非线性部分可表示为

$$\Delta\boldsymbol{\varepsilon}_{NL}=\frac{1}{2}\Delta\boldsymbol{A}\boldsymbol{\theta} \tag{10.8.5}$$

式中

$$\Delta\boldsymbol{A}=\begin{bmatrix} \frac{\partial\Delta\boldsymbol{u}}{\partial x} & \frac{\partial\Delta\boldsymbol{v}}{\partial x} & 0 & 0 \\ 0 & 0 & \frac{\partial\Delta\boldsymbol{u}}{\partial y} & \frac{\partial\Delta\boldsymbol{v}}{\partial y} \\ \frac{\partial\Delta\boldsymbol{u}}{\partial y} & \frac{\partial\Delta\boldsymbol{v}}{\partial y} & \frac{\partial\Delta\boldsymbol{u}}{\partial x} & \frac{\partial\Delta\boldsymbol{v}}{\partial x} \end{bmatrix} \tag{10.8.6}$$

$$\boldsymbol{\theta}=[\boldsymbol{\theta}_x \quad \boldsymbol{\theta}_y]^{\mathrm{T}} \tag{10.8.7}$$

其中，$\boldsymbol{\theta}_x=\left[\frac{\partial\Delta\boldsymbol{u}}{\partial x} \quad \frac{\partial\Delta\boldsymbol{v}}{\partial x}\right]$，$\boldsymbol{\theta}_y=\left[\frac{\partial\Delta\boldsymbol{u}}{\partial y} \quad \frac{\partial\Delta\boldsymbol{v}}{\partial y}\right]$。

进一步运算并引入式(10.7.5)所示的位移表达式，得

$$\boldsymbol{\theta}=\boldsymbol{G}\boldsymbol{u}_e \tag{10.8.8}$$

式中

$$\boldsymbol{G}=\frac{1}{2A}\begin{bmatrix} b_i & 0 & b_j & 0 & b_k & 0 \\ 0 & b_i & 0 & b_j & 0 & b_k \\ c_i & 0 & c_j & 0 & c_k & 0 \\ 0 & c_i & 0 & c_j & 0 & c_k \end{bmatrix} \tag{10.8.9}$$

于是，用单元节点位移表示的非线性应变

$$\Delta\boldsymbol{\varepsilon}_{NL}=\boldsymbol{B}_{NL}\Delta\boldsymbol{u}_e \tag{10.8.10}$$

非线性应变矩阵

$$\boldsymbol{B}_{NL}=\frac{1}{2}\Delta\boldsymbol{A}\boldsymbol{G} \tag{10.8.11}$$

而初应力为

$$\boldsymbol{\sigma}_0=[\sigma_x \quad \sigma_y \quad \tau_{xy}]^{\mathrm{T}}$$

由

$$(\Delta\boldsymbol{A})^{\mathrm{T}}\boldsymbol{\sigma}_0=\boldsymbol{M}\boldsymbol{\theta}$$

即

$$
(\Delta \boldsymbol{A})^{\mathrm{T}} \boldsymbol{\sigma}_0=\begin{bmatrix}\frac{\partial \Delta \boldsymbol{u}}{\partial x} & 0 & \frac{\partial \Delta \boldsymbol{u}}{\partial y} \\ \frac{\partial \Delta \boldsymbol{v}}{\partial x} & 0 & \frac{\partial \Delta \boldsymbol{v}}{\partial y} \\ 0 & \frac{\partial \Delta \boldsymbol{u}}{\partial y} & \frac{\partial \Delta \boldsymbol{u}}{\partial x} \\ 0 & \frac{\partial \Delta \boldsymbol{v}}{\partial y} & \frac{\partial \Delta \boldsymbol{v}}{\partial x}\end{bmatrix}\begin{bmatrix}\sigma_x \\ \sigma_y \\ \tau_{xy}\end{bmatrix}=\begin{bmatrix}\frac{\partial \Delta \boldsymbol{u}}{\partial x}\sigma_x+\frac{\partial \Delta \boldsymbol{u}}{\partial y}\tau_{xy} \\ \frac{\partial \Delta \boldsymbol{v}}{\partial x}\sigma_x+\frac{\partial \Delta \boldsymbol{v}}{\partial y}\tau_{xy} \\ \frac{\partial \Delta \boldsymbol{u}}{\partial y}\sigma_y+\frac{\partial \Delta \boldsymbol{u}}{\partial x}\tau_{xy} \\ \frac{\partial \Delta \boldsymbol{v}}{\partial y}\sigma_y+\frac{\partial \Delta \boldsymbol{v}}{\partial x}\tau_{xy}\end{bmatrix}=\begin{bmatrix}\sigma_x & 0 & \tau_{xy} & 0 \\ 0 & \sigma_x & 0 & \tau_{xy} \\ \tau_{xy} & 0 & \sigma_y & 0 \\ 0 & \tau_{xy} & 0 & \sigma_y\end{bmatrix}\begin{bmatrix}\frac{\partial \Delta \boldsymbol{u}}{\partial x} \\ \frac{\partial \Delta \boldsymbol{v}}{\partial x} \\ \frac{\partial \Delta \boldsymbol{u}}{\partial y} \\ \frac{\partial \Delta \boldsymbol{v}}{\partial y}\end{bmatrix}
$$

可得

$$
\boldsymbol{M}=\begin{bmatrix}\sigma_x & 0 & \tau_{xy} & 0 \\ 0 & \sigma_x & 0 & \tau_{xy} \\ \tau_{xy} & 0 & \sigma_y & 0 \\ 0 & \tau_{xy} & 0 & \sigma_y\end{bmatrix} \tag{10.8.12}
$$

从式(10.8.11)可得非线性应变矩阵

$$
\boldsymbol{B}_{NL}=\frac{1}{8A^2}\begin{bmatrix}b_{NL11} & b_{NL12} & b_{NL13} & b_{NL14} & b_{NL15} & b_{NL16} \\ b_{NL21} & b_{NL22} & b_{NL23} & b_{NL24} & b_{NL25} & b_{NL26} \\ b_{NL31} & b_{NL32} & b_{NL33} & b_{NL34} & b_{NL35} & b_{NL36}\end{bmatrix} \tag{10.8.13}
$$

其中

$$
\begin{cases}
b_{NL11}=b_i^2u_i+b_ib_ju_j+b_ib_ku_k, \quad b_{NL12}=b_i^2v_i+b_ib_jv_j+b_ib_kv_k, \\
b_{NL13}=b_j^2u_j+b_ib_ju_i+b_jb_ku_k, \quad b_{NL14}=b_j^2v_j+b_ib_jv_i+b_jb_kv_k, \\
b_{NL15}=b_k^2u_k+b_ib_ku_i+b_jb_ku_j, \quad b_{NL16}=b_k^2v_k+b_ib_kv_i+b_jb_kv_j, \\
b_{NL21}=c_i^2u_i+c_ic_ju_j+c_ic_ku_k, \quad b_{NL22}=c_i^2v_i+c_ic_jv_j+c_ic_kv_k, \\
b_{NL23}=c_j^2u_j+c_ic_ju_i+c_jc_ku_k, \quad b_{NL24}=c_j^2v_j+c_ic_jv_i+c_jc_kv_k, \\
b_{NL25}=c_k^2u_k+c_ic_ku_i+c_jc_ku_j, \quad b_{NL26}=c_k^2v_k+c_ic_kv_i+c_jc_kv_j, \\
b_{NL31}=2b_ic_iu_i+(b_jc_i+b_ic_j)u_j+(b_kc_i+b_ic_k)u_k, \\
b_{NL32}=2b_ic_iv_i+(b_jc_i+b_ic_j)v_j+(b_kc_i+b_ic_k)v_k, \\
b_{NL33}=2b_jc_ju_j+(b_jc_i+b_ic_j)u_i+(b_kc_j+b_jc_k)u_k, \\
b_{NL34}=2b_jc_jv_j+(b_jc_i+b_ic_j)v_i+(b_kc_j+b_jc_k)v_k, \\
b_{NL35}=2b_kc_ku_k+(b_kc_i+b_ic_k)u_i+(b_kc_j+b_jc_k)u_j, \\
b_{NL36}=2b_kc_kv_k+(b_kc_i+b_ic_k)v_i+(b_kc_j+b_jc_k)v_j
\end{cases} \tag{10.8.14}
$$

当采用二维 Lagrange 线性插值函数则得到如式(10.7.6)所示的形函数，式(10.8.4)和式(10.8.13)所示应变矩阵的元素是常数，3 节点三角形单元是常应变单元。3 节点三角形常应变单元是最简单的单元。为提高精度，可采用二维二次 Lagrange 插值函数而得到如式(10.7.10)的形函数，代入式(10.8.3)和式(10.8.11)，得 6 节点三角形单元的应变矩阵。类似的，当采用其他 Lagrange 插值函数可得到相应的形函数，代入式(10.8.3)和式(10.8.11)就得到相应的单元的应变矩阵。

10.9 3 节点三角形单元刚度矩阵

10.9.1 局部坐标系中 3 节点三角形单元的线性刚度矩阵

将应变矩阵$\boldsymbol{B}_L$、在单元材料坐标系中如式(6.2.3)或式(6.2.22)所示弹性矩阵或弹塑性矩阵 $\boldsymbol{D}$ 代入式(9.6.15),即得局部坐标系中 3 节点三角形单元的线性刚度矩阵

$$\boldsymbol{k}_L = \int_v \boldsymbol{B}_L^{\mathrm{T}} \boldsymbol{D} \, \boldsymbol{B}_L \mathrm{d}v \tag{10.9.1}$$

将式(10.8.4)代入上式,经运算得

$$\boldsymbol{k}_L = \frac{t}{4A}\begin{bmatrix} k_{11} & & & & & \\ k_{21} & k_{22} & & \text{对} & & \\ k_{31} & k_{32} & k_{33} & & & \\ k_{41} & k_{42} & k_{43} & k_{44} & \text{称} & \\ k_{51} & k_{52} & k_{53} & k_{54} & k_{55} & \\ k_{61} & k_{62} & k_{63} & k_{64} & k_{65} & k_{66} \end{bmatrix} \tag{10.9.2}$$

式中

$$k_{11} = b_i^2 D_{11} + 2b_i c_i D_{31} + c_i^2 D_{33}, \quad k_{21} = b_i^2 D_{31} + c_i^2 D_{32} + b_i c_i (D_{21} + D_{33})$$
$$k_{22} = c_i^2 D_{22} + 2b_i c_i D_{32} + b_i^2 D_{33}, \quad k_{31} = b_i b_j D_{11} + b_j c_i D_{31} + b_i c_j D_{31} + c_i c_j D_{33}$$
$$k_{32} = b_j c_i D_{21} + b_i b_j D_{31} + c_i c_j D_{32} + b_i c_j D_{33}, \quad k_{33} = b_j^2 D_{11} + 2b_j c_j D_{31} + c_j^2 D_{33}$$
$$k_{41} = b_i c_j D_{21} + b_i b_j D_{31} + c_i c_j D_{32} + b_j c_i D_{33}, \quad k_{42} = c_i c_j D_{22} + b_j c_i D_{32} + b_i c_j D_{32} + b_i b_j D_{33}$$
$$k_{43} = b_j^2 D_{31} + c_j^2 D_{32} + b_j c_j (D_{21} + D_{33}), \quad k_{44} = c_j^2 D_{22} + 2b_j c_j D_{32} + b_j^2 D_{33}$$
$$k_{51} = b_i b_k D_{11} + b_k c_i D_{31} + b_i c_k D_{31} + c_i c_k D_{33}, \quad k_{52} = b_k c_i D_{21} + b_i b_k D_{31} + c_i c_k D_{32} + b_i c_k D_{33}$$
$$k_{53} = b_j b_k D_{11} + b_k c_j D_{31} + b_j c_k D_{31} + c_j c_k D_{33}, \quad k_{54} = b_k c_j D_{21} + b_j b_k D_{31} + c_j c_k D_{32} + b_j c_k D_{33}$$
$$k_{55} = b_k^2 D_{11} + 2b_k c_k D_{31} + c_k^2 D_{33}, \quad k_{61} = b_i c_k D_{21} + b_i b_k D_{31} + c_i c_k D_{32} + b_k c_i D_{33}$$
$$k_{62} = c_i c_k D_{22} + b_k c_i D_{32} + b_i c_k D_{32} + b_i b_k D_{33}, \quad k_{63} = b_j c_k D_{21} + b_j b_k D_{31} + c_j c_k D_{32} + b_k c_j D_{33}$$
$$k_{64} = c_j c_k D_{22} + b_k c_j D_{32} + b_j c_k D_{32} + b_j b_k D_{33}, \quad k_{65} = b_k^2 D_{31} + c_k^2 D_{32} + b_k c_k (D_{21} + D_{33})$$
$$k_{66} = c_k^2 D_{22} + b_k^2 D_{33} + 2b_k c_k D_{32}$$

这里,t,A 分别为单元的厚度和面积。

由于采用二维线性 Lagrange 插值函数的 3 节点三角形常应变单元,积分后可以得到三角形单元线性刚度矩阵的显式;如果采用二维二次 Lagrange 插值函数的 6 节点三角形单元,则需经数值积分方可求得单元刚度矩阵。

10.9.2 局部坐标系中 3 节点三角形单元的初应力刚度矩阵

按式(9.6.17),即为局部坐标系中 3 节点三角形单元的初应力刚度矩阵

$$\boldsymbol{k}_\sigma = \int_v \boldsymbol{G}^{\mathrm{T}} \boldsymbol{M} \boldsymbol{G} \mathrm{d}v$$

其中,$\boldsymbol{M}$ 为初应力矩阵,可按式(10.8.12)取值;$\boldsymbol{G}$ 按式(10.8.9)取值。

将式(10.8.12)和式(10.8.9)代入上式，计算得单元初应力刚度矩阵

$$\boldsymbol{k}_\sigma=\frac{t}{4A}\begin{bmatrix} k_1 & & & & & \\ 0 & k_1 & & \text{对} & & \\ k_2 & 0 & k_3 & & & \\ 0 & k_2 & 0 & k_3 & & \text{称} \\ k_4 & 0 & k_5 & 0 & k_6 & \\ 0 & k_4 & 0 & k_5 & 0 & k_6 \end{bmatrix} \tag{10.9.3}$$

其中

$$k_1=b_i^2\sigma_x+2b_ic_i\tau_{xy}+c_i^2\sigma_y,\quad k_2=b_ib_j\sigma_x+b_jc_i\tau_{xy}+b_ic_j\tau_{xy}+c_ic_j\sigma_y$$
$$k_3=b_j^2\sigma_x+2b_jc_j\tau_{xy}+c_j^2\sigma_y,\quad k_4=b_ib_k\sigma_x+b_kc_i\tau_{xy}+b_ic_k\tau_{xy}+c_ic_k\sigma_y$$
$$k_5=b_jb_k\sigma_x+b_kc_j\tau_{xy}+b_jc_k\tau_{xy}+c_jc_k\sigma_y,\quad k_6=b_k^2\sigma_x+2b_kc_k\tau_{xy}+c_j^2\sigma_y$$

10.9.3 局部坐标系中3节点三角形膜单元的刚度矩阵

由于膜结构中采用以玻璃纤维或纺织物为基材的薄膜作为结构材料，因此膜结构所用材料应是复合材料。但是，在目前的计算分析中已经加以适当简化，分析膜结构时可作以下假定：(1) 膜结构的膜材假定是正交各向异性的；(2) 膜结构的分析是在小应变的范围内进行的；(3) 薄膜材料很薄，忽略其抗压和抗弯刚度。

按上述假定，膜单元可简化为正交异性材料的只拉单元。所谓只拉单元即是只能受拉不能受压的单元。当单元中的应力或应变趋于零，单元不贡献刚度；当单元中又存在拉应力或正应变，单元又贡献刚度。膜单元的只能受拉不能受压的特性可通过构造一个特定的应力-应变关系来实现。局部坐标系中3节点三角形膜单元的线性刚度矩阵仍然按式(10.9.2)计算，而初应力刚度矩阵仍按式(10.9.3)计算。但是，对式(6.2.4)所示在单元材料坐标系中二维应力单元的弹性矩阵还需在算法中加以考虑。对式(6.2.4)所示弹性矩阵按式(6.2.16)修正。

10.9.4 整体坐标系中3节点三角形单元的刚度矩阵

对于3节点三角形单元，整体坐标系中的有限元基本方程如式(9.6.21)，整体坐标系中定义的单元刚度矩阵如式(9.6.22)，单元等效节点力如式(9.6.24)。这里，3节点三角形单元的向量变换矩阵

$$\boldsymbol{T}=\boldsymbol{T}_1\boldsymbol{T}_2 \tag{10.9.4}$$

式中，$\boldsymbol{T}_1$为3节点和6节点三角形单元的向量在材料坐标系与局部坐标系之间的变换矩阵(如式(10.6.13)所示)；$\boldsymbol{T}_2$为3节点和6节点三角形单元的向量在局部坐标系与整体坐标系之间的变换矩阵(如式(10.6.17)所示)。

10.9.5 3节点三角形单元的质量矩阵

按质量矩阵的一般形式，局部坐标系中3节点三角形单元的质量矩阵

$$\boldsymbol{m}_e=\int_v \boldsymbol{N}^{\mathrm{T}}\rho N\,\mathrm{d}v \tag{10.9.5}$$

其中，ρ 为单元的材料密度；$\boldsymbol{N}$ 为 3 节点三角形单元的形函数。

3 节点三角形单元的团聚质量矩阵

$$\boldsymbol{m}_e=\frac{\rho A t}{3}\mathrm{Diag}[1\quad 1\quad 1\quad 1\quad 1\quad 1\quad 1\quad 1\quad 1] \tag{10.9.6}$$

当采用式(10.7.6)所示的形函数，得 3 节点三角形单元的一致质量矩阵

$$\boldsymbol{m}_e=\frac{\rho A t}{12}\begin{bmatrix} 2 & & & & & & & & \\ 0 & 2 & & & & & & & \\ 0 & 0 & 2 & & & & & & \\ 1 & 0 & 0 & 2 & & \text{对} & & & \\ 0 & 1 & 0 & 0 & 2 & & & & \\ 0 & 0 & 1 & 0 & 0 & 2 & & \text{称} & \\ 1 & 0 & 0 & 1 & 0 & 0 & 2 & & \\ 0 & 1 & 0 & 0 & 1 & 0 & 0 & 2 & \\ 0 & 0 & 1 & 0 & 0 & 1 & 0 & 0 & 2 \end{bmatrix} \tag{10.9.7}$$

整体坐标系中 3 节点三角形单元的质量矩阵

$$\boldsymbol{M}_e=\boldsymbol{T}_2^{\mathrm{T}}\ \boldsymbol{m}_e\ \boldsymbol{T}_2$$

10.10 二维应力单元的节点力

10.10.1 3 节点三角形单元的等效节点力

局部坐标系中 3 节点三角形单元与初始应力等效的节点力向量

$$\boldsymbol{f}_e=\boldsymbol{f}_{\sigma_0}+\boldsymbol{f}_{th}=\int_v \boldsymbol{B}_L^{\mathrm{T}}\boldsymbol{\sigma}_0\mathrm{d}v-\int_v \boldsymbol{B}_L^{\mathrm{T}}D\varepsilon_{th}\mathrm{d}v \tag{10.10.1}$$

式中，$\boldsymbol{f}_{\sigma_0}$ 为初始应力的等效节点力向量；$\boldsymbol{f}_{th}$ 为温度产生的等效节点力向量；$\boldsymbol{\sigma}_0$ 为初应力；ε_{th} 是温度应变；$\boldsymbol{B}_L$ 为 3 节点三角形单元的线性应变矩阵，可按式(10.8.4)计算。

将上式展开，得

$$\boldsymbol{f}_{\sigma_0}=\frac{t}{2}\begin{bmatrix} b_i\sigma_x+c_i\tau_{xy} \\ c_i\sigma_y+b_i\tau_{xy} \\ b_j\sigma_x+c_j\tau_{xy} \\ c_j\sigma_y+b_j\tau_{xy} \\ b_k\sigma_x+c_k\tau_{xy} \\ c_k\sigma_y+b_k\tau_{xy} \end{bmatrix} \tag{10.10.2}$$

局部坐标系中 3 节点三角形单元与荷载等效节点外力向量

$$\Delta\boldsymbol{p}_e=\int_v \boldsymbol{N}^{\mathrm{T}}\Delta\boldsymbol{p}\mathrm{d}v+\int_s \boldsymbol{N}^{\mathrm{T}}\Delta\boldsymbol{q}\mathrm{d}s \tag{10.10.3}$$

其中，$\Delta\boldsymbol{p}$，$\Delta\boldsymbol{q}$ 为作用在平面三角形单元上的体力和面力；$\boldsymbol{N}$ 为 3 节点三角形单元的形函数，可

按式(10.7.6)计算。

10.10.2 3 节点三角形单元等效温变节点力向量

由于温度的变化作用使三角形单元产生应变,3 节点三角形单元的等温变所产生的温度应变

$$\varepsilon_{th}=\Delta T\begin{bmatrix}\alpha_x\\ \alpha_y\\ 0\end{bmatrix} \tag{10.10.4}$$

其中,ΔT 为变化的温度;α_x,α_y 分别是材料坐标系 x',y' 方向的热膨胀系数。

因温度变化作用使平面三角形单元产生的等效节点力向量

$$\boldsymbol{f}_{th}=-\int_v \boldsymbol{B}_L^{\mathrm{T}}\boldsymbol{D}\boldsymbol{\varepsilon}_{th}\,\mathrm{d}v=-\frac{1}{2}t\Delta T\begin{bmatrix}f_{th1}\\ f_{th2}\\ f_{th3}\\ f_{th4}\\ f_{th5}\\ f_{th6}\end{bmatrix} \tag{10.10.5}$$

式中

$$\begin{aligned}f_{th1}=&b_i[D_{31}(-\alpha_x+\alpha_y)\sin(2\theta)+D_{21}(\sin^2(\theta)\alpha_x+\cos^2(\theta)\alpha_y)+D_{11}(\cos^2(\theta)\alpha_x+\sin^2(\theta)\alpha_y)]\\&+c_i[D_{33}(-\alpha_x+\alpha_y)\sin(2\theta)+D_{32}(\sin^2(\theta)\alpha_x+\cos^2(\theta)\alpha_y)+D_{31}(\cos^2(\theta)\alpha_x+\sin^2(\theta)\alpha_y)]\end{aligned}$$

$$\begin{aligned}f_{th2}=&c_i[D_{32}(-\alpha_x+\alpha_y)\sin(2\theta)+D_{22}(\sin^2(\theta)\alpha_x+\cos^2(\theta)\alpha_y)+D_{21}(\cos^2(\theta)\alpha_x+\sin^2(\theta)\alpha_y)]\\&+b_i[D_{33}(-\alpha_x+\alpha_y)\sin(2\theta)+D_{32}(\sin^2(\theta)\alpha_x+\cos^2(\theta)\alpha_y)+D_{31}(\cos^2(\theta)\alpha_x+\sin^2(\theta)\alpha_y)]\end{aligned}$$

$$\begin{aligned}f_{th3}=&b_j[D_{31}(-\alpha_x+\alpha_y)\sin(2\theta)+D_{21}(\sin^2(\theta)\alpha_x+\cos^2(\theta)\alpha_y)+D_{11}(\cos^2(\theta)\alpha_x+\sin^2(\theta)\alpha_y)]\\&+c_j[D_{33}(-\alpha_x+\alpha_y)\sin(2\theta)+D_{32}(\sin^2(\theta)\alpha_x+\cos^2(\theta)\alpha_y)+D_{31}(\cos^2(\theta)\alpha_x+\sin^2(\theta)\alpha_y)]\end{aligned}$$

$$\begin{aligned}f_{th4}=&c_j[D_{32}(-\alpha_x+\alpha_y)\sin(2\theta)+D_{22}(\sin^2(\theta)\alpha_x+\cos^2(\theta)\alpha_y)+D_{21}(\cos^2(\theta)\alpha_x+\sin^2(\theta)\alpha_y)]\\&+b_j[D_{33}(-\alpha_x+\alpha_y)\sin(2\theta)+D_{32}(\sin^2(\theta)\alpha_x+\cos^2(\theta)\alpha_y)+D_{31}(\cos^2(\theta)\alpha_x+\sin^2(\theta)\alpha_y)]\end{aligned}$$

$$\begin{aligned}f_{th5}=&b_k[D_{31}(-\alpha_x+\alpha_y)\sin(2\theta)+D_{21}(\sin^2(\theta)\alpha_x+\cos^2(\theta)\alpha_y)+D_{11}(\cos^2(\theta)\alpha_x+\sin^2(\theta)\alpha_y)]\\&+c_k[D_{33}(-\alpha_x+\alpha_y)\sin(2\theta)+D_{32}(\sin^2(\theta)\alpha_x+\cos^2(\theta)\alpha_y)+D_{31}(\cos^2(\theta)\alpha_x+\sin^2(\theta)\alpha_y)]\end{aligned}$$

$$\begin{aligned}f_{th6}=&c_k[D_{32}(-\alpha_x+\alpha_y)\sin(2\theta)+D_{22}(\sin^2(\theta)\alpha_x+\cos^2(\theta)\alpha_y)+D_{21}(\cos^2(\theta)\alpha_x+\sin^2(\theta)\alpha_y)]\\&+b_k[D_{33}(-\alpha_x+\alpha_y)\sin(2\theta)+D_{32}(\sin^2(\theta)\alpha_x+\cos^2(\theta)\alpha_y)+D_{31}(\cos^2(\theta)\alpha_x+\sin^2(\theta)\alpha_y)]\end{aligned}$$

如果 $\theta=0$,即材料坐标和局部坐标重合,则有

$$\boldsymbol{f}_{th}=-\frac{1}{2}t\Delta T\begin{bmatrix}b_i(D_{11}\alpha_x+D_{21}\alpha_y)+c_i(D_{31}\alpha_x+D_{32}\alpha_y)\\ c_i(D_{21}\alpha_x+D_{22}\alpha_y)+b_i(D_{31}\alpha_x+D_{32}\alpha_y)\\ b_j(D_{11}\alpha_x+D_{21}\alpha_y)+c_j(D_{31}\alpha_x+D_{32}\alpha_y)\\ c_j(D_{21}\alpha_x+D_{22}\alpha_y)+b_j(D_{31}\alpha_x+D_{32}\alpha_y)\\ b_k(D_{11}\alpha_x+D_{21}\alpha_y)+c_k(D_{31}\alpha_x+D_{32}\alpha_y)\\ c_k(D_{21}\alpha_x+D_{22}\alpha_y)+b_k(D_{31}\alpha_x+D_{32}\alpha_y)\end{bmatrix} \tag{10.10.6}$$

10.10.3　3节点三角形单元的不平衡力

局部坐标系中3节点三角形单元简化的赘余力即不平衡力向量

$$\boldsymbol{r}_e=\left(\frac{1}{2}\int_v \boldsymbol{B}_L^{\mathrm{T}}\boldsymbol{D}\boldsymbol{B}_{NL}\,\mathrm{d}v+\int_v \boldsymbol{B}_{NL}^{\mathrm{T}}\boldsymbol{D}\boldsymbol{B}_L\,\mathrm{d}v+\frac{1}{2}\int_v \boldsymbol{B}_{NL}^{\mathrm{T}}\boldsymbol{D}\boldsymbol{B}_{NL}\,\mathrm{d}v\right)\Delta\boldsymbol{u}_e \tag{10.10.7}$$

整体坐标系中3节点三角形单元的赘余力即不平衡力向量

$$\boldsymbol{R}_e=\boldsymbol{T}_2^{\mathrm{T}}\boldsymbol{r}_e \tag{10.10.8}$$

即

$$\boldsymbol{R}_e=\frac{1}{2}\int_v \boldsymbol{T}_2^{\mathrm{T}}\ \boldsymbol{B}_L^{\mathrm{T}}\boldsymbol{D}\boldsymbol{B}_{NL}\,\mathrm{d}v\Delta\boldsymbol{u}_e+\int_v \boldsymbol{T}_2^{\mathrm{T}}\ \boldsymbol{B}_{NL}^{\mathrm{T}}\boldsymbol{D}\boldsymbol{B}_L\,\mathrm{d}v\Delta\boldsymbol{u}_e+\frac{1}{2}\int_v \boldsymbol{T}_2^{\mathrm{T}}\ \boldsymbol{B}_{NL}^{\mathrm{T}}\boldsymbol{D}\boldsymbol{B}_{NL}\,\mathrm{d}v\Delta\boldsymbol{u}_e \tag{10.10.9}$$

将式(10.10.9)展开，可得

$$\boldsymbol{R}_e=\frac{t}{16A^2}\boldsymbol{T}_2^{\mathrm{T}}\boldsymbol{S}\Delta\boldsymbol{u}_e+\frac{t}{8A^2}\boldsymbol{T}_2^{\mathrm{T}}\boldsymbol{Q}\Delta\boldsymbol{u}_e+\frac{t}{32A^3}\boldsymbol{T}_2^{\mathrm{T}}\boldsymbol{E}\Delta\boldsymbol{u}_e \tag{10.10.10}$$

其中

$$\boldsymbol{R}_e=[R_{xi}\quad R_{yi}\quad R_{zi}\quad R_{xj}\quad R_{yj}\quad R_{zj}\quad R_{xk}\quad R_{yk}\quad R_{zk}]^{\mathrm{T}} \tag{10.10.11}$$

$\Delta\boldsymbol{u}_e$为单元在局部坐标系下位移向量，即

$$\Delta\boldsymbol{u}_e=[\Delta u_i\quad \Delta v_i\quad \Delta u_j\quad \Delta v_j\quad \Delta u_k\quad \Delta v_k]^{\mathrm{T}} \tag{10.10.12}$$

$\boldsymbol{S},\boldsymbol{Q},\boldsymbol{E}$ 均为6×6矩阵，其元素与弹性常数 d_{ij} 及三角形单元的几何尺度有关；A 为三角形单元的面积；t 为三角形单元的厚度。

10.11　二维应力单元的应力

10.11.1　3节点三角形单元的弹性应力

求解整体坐标系中的有限元基本方程式(9.8.3)或(9.8.4)后所得3节点三角形单元节点增量位移向量 $\Delta\boldsymbol{U}_e$，然后根据

$$\Delta\boldsymbol{u}_e=\boldsymbol{T}_2\Delta\boldsymbol{U}_e \quad 及 \quad \Delta\boldsymbol{u}'_e=\boldsymbol{T}_1\Delta\boldsymbol{u}_e$$

求得局部坐标系中3节点三角形单元节点增量位移向量 $\Delta\boldsymbol{u}_e$ 及材料坐标系中3节点三角形单元节点增量位移向量 $\Delta\boldsymbol{u}'_e$。这里，$\boldsymbol{T}_1,\boldsymbol{T}_2$ 可按式(10.6.13)和式(10.6.17)计算。

单元的应力向量是存在于单元的初始应力与当前应力增量的和，即

$$\boldsymbol{\sigma}=\boldsymbol{\sigma}_0+\Delta\boldsymbol{\sigma}$$

其中的 $\Delta\boldsymbol{\sigma}$ 可利用物理条件，即

$$\Delta\boldsymbol{\sigma}=\boldsymbol{D}\Delta\boldsymbol{\varepsilon}=\boldsymbol{D}(\Delta\boldsymbol{\varepsilon}_L+\Delta\boldsymbol{\varepsilon}_{NL}) \tag{10.11.1}$$

求得。单元的应力增量也分别是由应变中的线性项和非线性项所导致。如果单元的位移与单

元的几何尺度相比不是足够小，那么非线性项的影响是不容忽视。由上可得

$$\Delta\boldsymbol{\sigma}_L=\boldsymbol{D}\boldsymbol{B}_L\Delta\boldsymbol{u}'_e,\quad \Delta\boldsymbol{\sigma}_{NL}=\boldsymbol{D}\boldsymbol{B}_{NL}\Delta\boldsymbol{u}'_e \tag{10.11.2}$$

其中，$\Delta\boldsymbol{u}'_e$为材料坐标系中3节点三角形单元节点增量位移向量；$\boldsymbol{B}_L$ 如式(10.8.4)所示；$\boldsymbol{B}_{NL}$ 如式(10.8.13)所示。

如果材料坐标系与局部坐标系一致，则 $\Delta\boldsymbol{u}_e$ 为已经求得的局部坐标系即材料坐标系中单元节点位移向量。将式(10.8.4)所示的 $\boldsymbol{B}_L$ 和3节点三角形单元节点位移向量即式(10.10.12)代入式(10.11.2)，得

$$\Delta\boldsymbol{\sigma}_L=\frac{\boldsymbol{D}}{2A}\begin{bmatrix} b_i\Delta u_i+b_j\Delta u_j+b_k\Delta u_k \\ c_i\Delta v_i+c_j\Delta v_j+c_k\Delta v_k \\ c_i\Delta u_i+c_j\Delta u_j+c_k\Delta u_k+b_i\Delta v_i+b_j\Delta v_j+b_k\Delta v_k \end{bmatrix} \tag{10.11.3}$$

将式(10.8.13)所示的$\boldsymbol{B}_{NL}$和3节点三角形单元节点位移向量 $\Delta\boldsymbol{u}_e$ 代入式(10.11.2)，得 $\Delta\boldsymbol{\sigma}_{NL}$。这里，$\boldsymbol{D}$ 为单元材料坐标系中如式(6.2.3)或式(6.2.22)所示三角形单元的弹性矩阵或弹塑性矩阵。

10.11.2 3节点三角形单元的温变应力

由于温度的变化作用使三角形单元产生应力

$$\boldsymbol{\sigma}=\boldsymbol{\sigma}_{\Delta T}-\boldsymbol{\sigma}_{th} \tag{10.11.4}$$

这里，$\boldsymbol{\sigma}_{\Delta T}$ 为因温度变化作用使平面三角形单元产生的等效节点力向量$\boldsymbol{f}_{th}$ 作用而产生的应力；$\boldsymbol{\sigma}_{th}$ 为温度应力，即

$$\boldsymbol{\sigma}_{th}=\boldsymbol{D}\boldsymbol{\varepsilon}_{th} \tag{10.11.5}$$

式中，$\boldsymbol{\varepsilon}_{th}$ 为3节点三角形单元的等温变所产生的温度应变(如式(10.10.4)所示)。

所以，温度应力

$$\boldsymbol{\sigma}_{th}=\boldsymbol{D}\boldsymbol{\varepsilon}_{th}=\Delta T\begin{bmatrix} D_{11} & D_{21} & D_{31} \\ D_{21} & D_{22} & D_{32} \\ D_{31} & D_{32} & D_{33} \end{bmatrix}\begin{bmatrix} \alpha_x \\ \alpha_y \\ 0 \end{bmatrix}=\begin{bmatrix} D_{11}\alpha_x+D_{21}\alpha_y \\ D_{21}\alpha_x+D_{22}\alpha_y \\ D_{31}\alpha_x+D_{32}\alpha_y \end{bmatrix} \tag{10.11.6}$$

其中

$$D_{11}=\frac{1}{-1+v'_xv'_y}[-E'_x\cos^4(\theta)+(-4G'_{xy}-E'_yv'_x-E'_xv'_y+4G'_{xy}v'_xv'_y)\cos^2(\theta)\sin^2(\theta) -E'_y\sin^4(\theta)]$$

$$D_{21}=\frac{1}{1-v'_xv'_y}[E'_xv'_y\cos^4(\theta)+(E'_x+E'_y-4G'_{xy}+4G'_{xy}v'_xv'_y)\cos^2(\theta)\sin^2(\theta)+E'_yv'_x\sin^4(\theta)]$$

$$D_{22}=\frac{1}{-1+v'_xv'_y}[-E'_y\cos^4(\theta)+(-4G'_{xy}-E'_yv'_x-E'_xv'_y+4G'_{xy}v'_xv'_y)\cos^2(\theta)\sin^2(\theta) -E'_x\sin^4(\theta)]$$

将如式(10.10.5)所示因温度变化作用使三角形单元产生的等效节点力向量$\boldsymbol{f}_{th}$ 作为外荷载，作用下产生的应力$\boldsymbol{\sigma}_{\Delta T}$可按式(10.11.3)计算。

11　板壳的有限单元法

11.1　板壳单元

从有限元的最早发展开始，基于平板弯曲理论，根据平板弯曲问题的特性，对板、壳单元的构造进行了大量的研究。根据所要分析的结构的特点、分析的要求，发展了基于不同方法或不同变分原理的传统板壳单元。迄今为止，平板单元大体上可以分为以下几类：(1) 根据经典薄板理论，按位能泛函并以 w 为场函数的板单元。(2) 基于保持 Kirchhoff 直法线假设的其他薄板变分原理的板单元，如基于 Hellinger-Reissner 变分原理的混合板单元、修正 Hellinger-Reissner 变分原理或修正余能原理的应力杂交板单元等，以及在单元内或单元边界上的若干点，而不是到处保持 Kirchhoff 直法线假设的离散 Kirchhoff 假设单元等。(3) 基于考虑横向剪切变形的 Mindlin 平板理论的板单元。区别于经典薄板理论，此理论假设原来垂直于板中面的直线在变形后虽仍保持为直线，但因为横向剪切变形的影响，不一定再垂直于变形后的中面。按此理论的板单元中，挠度 w 和法线转动 θ_x 和 θ_y 为各自独立的函数，但 w 和 θ_x 及 θ_y 之间应满足约束条件，根据约束变分原理的方法引入能量泛函，具体做法和考虑剪切的基于 Timoshenko 梁理论的梁单元相同。

上述(2)，(3)类板单元的共同特点是将构造 $C1$ 连续性的插值函数转化为构造 $C0$ 连续性的插值函数，使问题得到了简化。特别是第(3)类板单元，表达格式比较简单，因此近年来受到人们更多的注意。

11.1.1　二维 Hermite 板壳单元

具有一定的外形、边界和受横向作用或同时受面内和横向作用的固体或结构，有可能简化为处于二维应力状态的平板。考虑到平板的形状和单元的形态，通常可将处于二维应力状态的平板剖分为平面三角形单元、矩形单元、平面任意四边形单元等。如对平板进行适当的剖分，那么选取三角形单元比较合适，它可以适合不同的几何形状以及不同的边界，也比较简单。

具有一定的曲面、边界和受横向作用或同时受面内和横向作用的固体或结构，有可能简化为处于二维应力状态的壳。考虑到壳的形状，应该将处于二维应力状态的壳剖分为曲面三角形单元或曲面任意四边形单元等。但若对壳进行适当的剖分，那么选取平面三角形单元比较合适。可用平面三角形逼近壳的曲面几何形状以及不同的边界，这也比较简单。

以下主要讨论平面三角形单元。对于任意二维 Hermite 三角形单元，由三条边构成单元的几何。三角形的顶点为 i,j,k，即 i,j,k 为 3 节点空间三角形平面单元的节点，也可在单元中加入内插点，提高单元精度。考虑各次三角形单元的插值函数，有 3 节点二维不完全三次 Hermite 单元(见图 11.1.1a)、6 节点二次单元(见图 11.1.1b)。而四边形板-壳单元如图 11.1.2 所示。

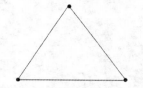

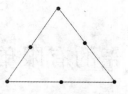

(a) 3 节点二维不完全三次 Hermite 单元　　　　(b) 6 节点二次单元

图 11.1.1　三角形板壳单元

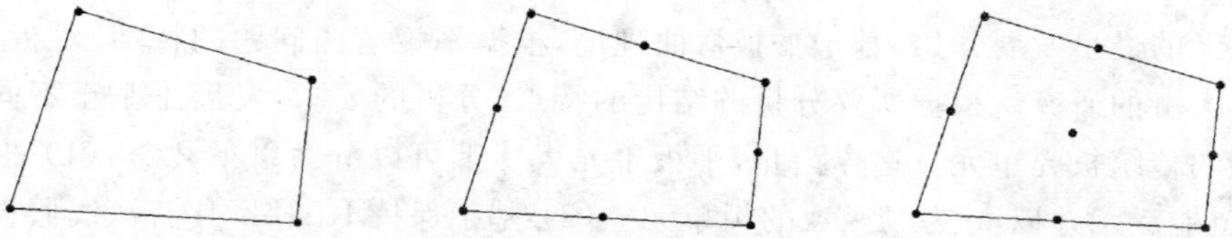

图 11.1.2　四边形板-壳单元

11.1.2　空间三角形板壳单元的向量定义

11.1.2.1　二维三角形平板单元的向量定义

在整体坐标系中 3 节点三角形平板单元的每个节点有三个自由度，即每个节点沿整体坐标有一个横向弯曲位移和两个关于整体坐标系 OX，OY 的转角（见图 11.1.3），对应三个节点外力（见图 11.1.4）。在整体坐标系中，三角形平板单元节点 i,j,k 的位移向量

$$\boldsymbol{U}_e = [\boldsymbol{W}_i \quad \theta_{Xi} \quad \theta_{Yi} \quad \boldsymbol{W}_j \quad \theta_{Xj} \quad \theta_{Yj} \quad \boldsymbol{W}_k \quad \theta_{Xk} \quad \theta_{Yk}]^{\mathrm{T}} \tag{11.1.1}$$

及增量

$$\Delta\boldsymbol{U}_e = [\Delta\boldsymbol{W}_i \quad \Delta\theta_{Xi} \quad \Delta\theta_{Yi} \quad \Delta\boldsymbol{W}_j \quad \Delta\theta_{Xj} \quad \Delta\theta_{Yj} \quad \Delta\boldsymbol{W}_k \quad \Delta\theta_{Xk} \quad \Delta\theta_{Yk}]^{\mathrm{T}}$$

相应在整体坐标系中，三角形平板单元节点力向量

$$\boldsymbol{P}_1 = [P_{Zi} \quad M_{Xi} \quad M_{Yi} \quad P_{Zj} \quad M_{Xj} \quad M_{Yj} \quad P_{Zk} \quad M_{Xk} \quad M_{Yk}]^{\mathrm{T}} \tag{11.1.2}$$

及增量

$$\Delta\boldsymbol{P}_e = [\Delta P_{Zi} \quad \Delta M_{Xi} \quad \Delta M_{Yi} \quad \Delta P_{Zj} \quad \Delta M_{Xj} \quad \Delta M_{Yj} \quad \Delta P_{Zk} \quad \Delta M_{Xk} \quad \Delta M_{Yk}]^{\mathrm{T}}$$

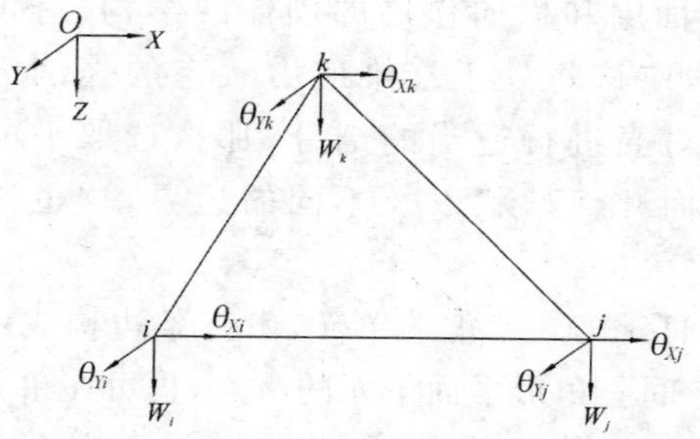

图 11.1.3　三角形平板单元整体坐标系中位移

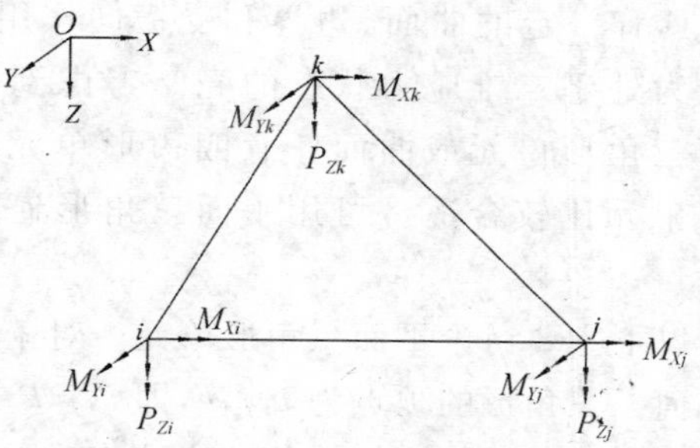

图 11.1.4　三角形平板单元整体坐标系中节点力

在局部坐标系 i-xyz 中，3 节点三角形平板单元的每个节点有三个自由度，即每个节点沿

局部坐标有一个横向弯曲位移和两个关于局部坐标系 ix,iy 的转角(见图 11.1.5),对应三个节点力(见图 11.1.6)。在局部坐标系中,三角形平板单元节点 i,j,k 的位移向量

$$\boldsymbol{u}_e=[w_i \quad \theta_{xi} \quad \theta_{yi} \quad w_j \quad \theta_{xj} \quad \theta_{yj} \quad w_k \quad \theta_{xk} \quad \theta_{yk}]^{\mathrm{T}} \tag{11.1.3}$$

及增量

$$\Delta\boldsymbol{u}_e=[\Delta w_i \quad \Delta\theta_{xi} \quad \Delta\theta_{yi} \quad \Delta w_j \quad \Delta\theta_{xj} \quad \Delta\theta_{yj} \quad \Delta w_k \quad \Delta\theta_{xk} \quad \Delta\theta_{yk}]^{\mathrm{T}}$$

相应在局部坐标系中,三角形平板单元节点力向量

$$\boldsymbol{P}_e=[p_{zi} \quad m_{xi} \quad m_{yi} \quad p_{zj} \quad m_{xj} \quad m_{yj} \quad p_{zk} \quad m_{xk} \quad m_{yk}]^{\mathrm{T}} \tag{11.1.4}$$

及增量

$$\Delta\boldsymbol{P}_e=[\Delta p_{zi} \quad \Delta m_{xi} \quad \Delta m_{yi} \quad \Delta p_{zj} \quad \Delta m_{xj} \quad \Delta m_{yj} \quad \Delta p_{zk} \quad \Delta m_{xk} \quad \Delta m_{yk}]^{\mathrm{T}}$$

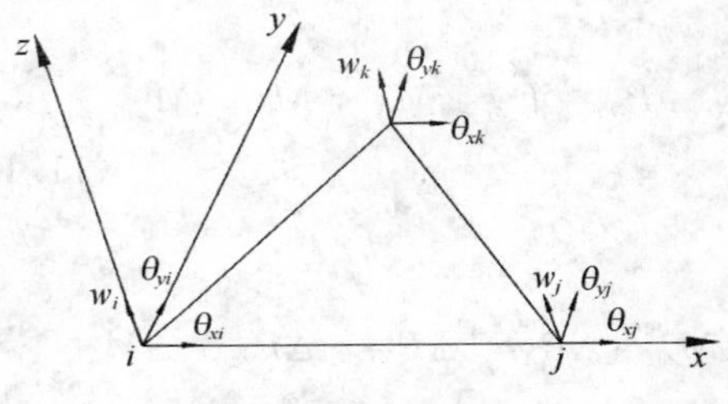

图 11.1.5 三角形平板单元局部坐标系中位移

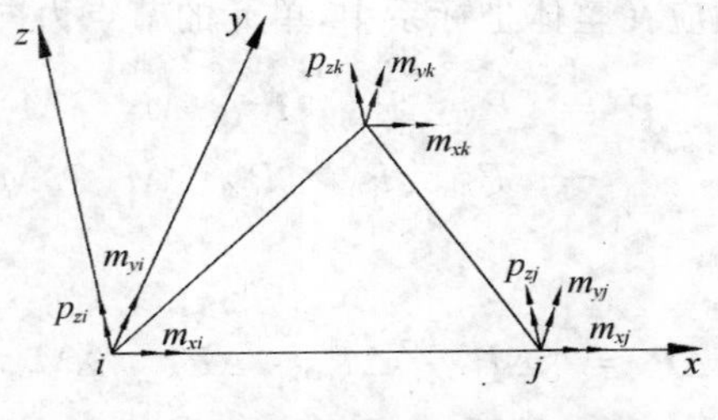

图 11.1.6 三角形平板单元局部坐标系中节点力

材料坐标系中,三角形平板单元的每个节点有三个自由度,即每个节点沿材料坐标有一个横向弯曲位移和两个关于材料坐标系 ix,iy 的转角(见图 11.1.7),对应三个节点力(见图 11.1.8)。在材料坐标系中,三角形平板单元节点 i,j,k 的位移向量

$$\boldsymbol{u}'_e=[w'_i \quad \theta'_{xi} \quad \theta'_{yi} \quad w'_j \quad \theta'_{xj} \quad \theta'_{yj} \quad w'_k \quad \theta'_{xk} \quad \theta'_{yk}]^{\mathrm{T}} \tag{11.1.5}$$

及增量

$$\Delta\boldsymbol{u}'_e=[\Delta w'_i \quad \Delta\theta'_{xi} \quad \Delta\theta'_{yi} \quad \Delta w'_j \quad \Delta\theta'_{xj} \quad \Delta\theta'_{yj} \quad \Delta w'_k \quad \Delta\theta'_{xk} \quad \Delta\theta'_{yk}]^{\mathrm{T}}$$

相应在材料坐标系中,三角形平板单元节点力向量

$$\boldsymbol{P}'_e=[p'_{zi} \quad m'_{xi} \quad m'_{yi} \quad p'_{zj} \quad m'_{xj} \quad m'_{yj} \quad p'_{zk} \quad m'_{xk} \quad m'_{yk}]^{\mathrm{T}} \tag{11.1.6}$$

及增量

$$\Delta\boldsymbol{P}'_e=[\Delta p'_{zi} \quad \Delta m'_{xi} \quad \Delta m'_{yi} \quad \Delta p'_{zj} \quad \Delta m'_{xj} \quad \Delta m'_{yj} \quad \Delta p'_{zk} \quad \Delta m'_{xk} \quad \Delta m'_{yk}]^{\mathrm{T}}$$

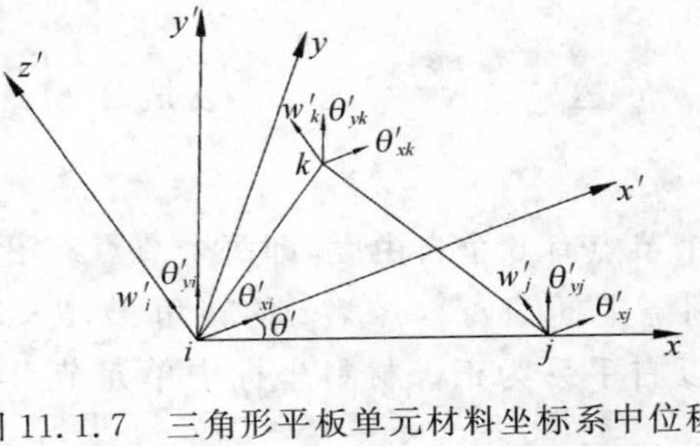

图 11.1.7 三角形平板单元材料坐标系中位移

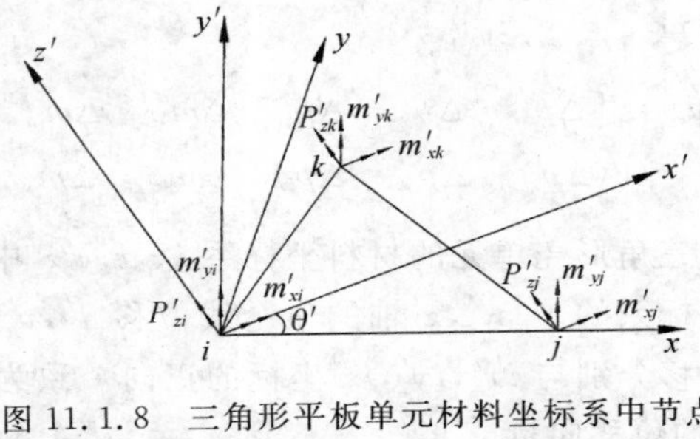

图 11.1.8 三角形平板单元材料坐标系中节点

11.1.2.2 二维三角形壳单元的向量定义

在整体坐标系中3节点三角形壳单元的每个节点有6个自由度，即每个节点沿着整体坐标系的OX,OY,OZ坐标的线位移U,V,W和分别绕坐标轴OX,OY,OZ的转角θ_X,θ_Y,θ_Z。U,V,W与OX,OY,OZ坐标的正向一致为正，θ_X,θ_Y,θ_Z分别以右手系为正，并且对应6个节点外力。在整体坐标系中，三角形壳单元节点i,j,k的位移向量

$$\boldsymbol{U}_e = [U_i \quad V_i \quad W_i \quad \theta_{Xi} \quad \theta_{Yi} \quad \theta_{Zi} \quad U_j \quad V_j \quad W_j \quad \theta_{Xj} \quad \theta_{Yj} \quad \theta_{Zj} \quad U_k \quad V_k \quad W_k \quad \theta_{Xk} \quad \theta_{Yk} \quad \theta_{Zk}]^{\mathrm{T}} \tag{11.1.7}$$

及增量

$$\Delta\boldsymbol{U}_e = [\Delta U_i \quad \Delta V_i \quad \Delta W_i \quad \Delta\theta_{Xi} \quad \Delta\theta_{Yi} \quad \Delta\theta_{Zi} \quad \Delta U_j \quad \Delta V_j \quad \Delta W_j \quad \Delta\theta_{Xj} \quad \Delta\theta_{Yj} \quad \Delta\theta_{Zj} \quad \Delta U_k \quad \Delta V_k \quad \Delta W_k \quad \Delta\theta_{Xk} \quad \Delta\theta_{Yk} \quad \Delta\theta_{Zk}]^{\mathrm{T}}$$

相应在整体坐标系中，单元的节点力向量

$$\boldsymbol{P}_e = [P_{Xi} \quad P_{Yi} \quad P_{Zi} \quad M_{Xi} \quad M_{Yi} \quad M_{Zi} \quad P_{Xj} \quad P_{Yj} \quad P_{Zj} \quad M_{Xj} \quad M_{Yj} \quad M_{Zj} \quad P_{Xk} \quad P_{Yk} \quad P_{Zk} \quad M_{Xk} \quad M_{Yk} \quad M_{Zk}]^{\mathrm{T}} \tag{11.1.8}$$

及增量

$$\Delta\boldsymbol{P}_e = [\Delta P_{Xi} \quad \Delta P_{Yi} \quad \Delta P_{Zi} \quad \Delta M_{Xi} \quad \Delta M_{Yi} \quad \Delta M_{Zi} \quad \Delta P_{Xj} \quad \Delta P_{Yj} \quad \Delta P_{Zj} \quad \Delta M_{Xj} \quad \Delta M_{Yj} \quad \Delta M_{Zj} \quad \Delta P_{Xk} \quad \Delta P_{Yk} \quad \Delta P_{Zk} \quad \Delta M_{Xk} \quad \Delta M_{Yk} \quad \Delta M_{Zk}]^{\mathrm{T}}$$

三角形壳单元的局部坐标系$i-xyz$中，单元的每个节点有6个自由度，即每个节点有分别沿着局部坐标系的ix,iy,iz坐标的三个线位移u,v,w和分别绕坐标轴ix,iy,iz的转角θ_x,θ_y,θ_z，且以右手系为正。局部坐标系中单元节点i,j,k位移向量

$$\boldsymbol{u}_e = [u_i \quad v_i \quad w_i \quad \theta_{xi} \quad \theta_{yi} \quad \theta_{zi} \quad u_j \quad v_j \quad w_j \quad \theta_{xj} \quad \theta_{yj} \quad \theta_{zj} \quad u_k \quad v_k \quad w_k \quad \theta_{xk} \quad \theta_{yk} \quad \theta_{zk}]^{\mathrm{T}} \tag{11.1.9}$$

及增量

$$\Delta\boldsymbol{u}_e = [\Delta u_i \quad \Delta v_i \quad \Delta w_i \quad \Delta\theta_{xi} \quad \Delta\theta_{yi} \quad \Delta\theta_{zi} \quad \Delta u_j \quad \Delta v_j \quad \Delta w_j \quad \Delta\theta_{xj} \quad \Delta\theta_{yj} \quad \Delta\theta_{zj} \quad \Delta u_k \quad \Delta v_k \quad \Delta w_k \quad \Delta\theta_{xk} \quad \Delta\theta_{yk} \quad \Delta\theta_{zk}]^{\mathrm{T}}$$

同样在局部坐标系中，单元节点力向量

$$\boldsymbol{p}_e = [p_{xi} \quad p_{yi} \quad p_{zi} \quad m_{xi} \quad m_{yi} \quad m_{zi} \quad p_{xj} \quad p_{yj} \quad p_{zj} \quad m_{xj} \quad m_{yj} \quad m_{zj} \quad p_{xk} \quad p_{yk} \quad p_{zk} \quad m_{xk} \quad m_{yk} \quad m_{zk}]^{\mathrm{T}} \tag{11.1.10}$$

及增量

$$\Delta\boldsymbol{p}_e = [\Delta p_{xi} \quad \Delta p_{yi} \quad \Delta p_{zi} \quad \Delta m_{xi} \quad \Delta m_{yi} \quad \Delta m_{zi} \quad \Delta p_{xj} \quad \Delta p_{yj} \quad \Delta p_{zj} \quad \Delta m_{xj} \quad \Delta m_{yj} \quad \Delta m_{zj} \quad \Delta p_{xk} \quad \Delta p_{yk} \quad \Delta p_{zk} \quad \Delta m_{xk} \quad \Delta m_{yk} \quad \Delta m_{zk}]^{\mathrm{T}}$$

三角形壳单元的材料坐标系$i-x'y'z'$中，单元每个节点有6个自由度，即每个节点有沿材料坐标系的x',y',z'轴的三个线位移u',v',w'和分别绕坐标轴ix',iy',iz'的转角$\theta_{x'}'$,$\theta_{y'}'$,$\theta_{z'}'$。线位移分别与ix',iy',iz'坐标的正向一致为正，转角以右手系为正。材料坐标中单元节点i,j,k的位移向量

$$\boldsymbol{u}'_e = [u'_i \quad v'_i \quad w'_i \quad \theta'_{x'i} \quad \theta'_{y'i} \quad \theta'_{z'i} \quad u'_j \quad v'_j \quad w'_j \quad \theta'_{x'j} \quad \theta'_{y'j} \quad \theta'_{z'j} \quad u'_k \quad v'_k \quad w'_k \quad \theta'_{x'k} \quad \theta'_{y'k} \quad \theta'_{z'k}]^{\mathrm{T}} \tag{11.1.11}$$

及增量

$$\Delta\boldsymbol{u}'_e = [\Delta u'_i \quad \Delta v'_i \quad \Delta w'_i \quad \Delta\theta'_{x'i} \quad \Delta\theta'_{y'i} \quad \Delta\theta'_{z'i} \quad \Delta u'_j \quad \Delta v'_j \quad \Delta w'_j \quad \Delta\theta'_{x'j} \quad \Delta\theta'_{y'j} \quad \Delta\theta'_{z'j} \quad \Delta u'_k \quad \Delta v'_k \quad \Delta w'_k \quad \Delta\theta'_{x'k} \quad \Delta\theta'_{y'k} \quad \Delta\theta'_{z'k}]^{\mathrm{T}}$$

相应的节点力向量

$$\boldsymbol{p}'_e = [p'_{x'i} \quad p'_{y'i} \quad p'_{z'i} \quad m'_{x'i} \quad m'_{y'i} \quad m'_{z'i} \quad p'_{x'j} \quad p'_{y'j} \quad p'_{z'j} \quad m'_{x'j} \quad m'_{y'j} \quad \Delta m'_{z'j} \quad p'_{x'k} \quad p'_{y'k} \quad p'_{z'k} \quad m'_{x'k} \quad m'_{y'k} \quad m'_{z'k}]^{\mathrm{T}} \tag{11.1.12}$$

及增量

$$\Delta\boldsymbol{p}'_e = [\Delta p'_{x'i} \quad \Delta p'_{y'i} \quad \Delta p'_{z'i} \quad \Delta m'_{x'i} \quad \Delta m'_{y'i} \quad \Delta m'_{z'i} \quad \Delta p'_{x'j} \quad \Delta p'_{y'j} \quad \Delta p'_{z'j} \quad \Delta m'_{x'j} \quad \Delta m'_{y'j} \quad \Delta m'_{z'j} \quad \Delta p'_{x'k} \quad \Delta p'_{y'k} \quad \Delta p'_{z'k} \quad \Delta m'_{x'k} \quad \Delta m'_{y'k} \quad \Delta m'_{z'k}]^{\mathrm{T}}$$

11.1.3 空间三角形板壳单元的向量变换

11.1.3.1 空间三角形板壳单元的材料坐标系与局部坐标系之间的向量变换

在单元材料坐标系中定义的位移向量$\boldsymbol{u}'_e$与在局部坐标系中定义的位移向量$\boldsymbol{u}_e$存在变换

$$\boldsymbol{u}'_e = \boldsymbol{T}_1\boldsymbol{u}_e \quad 或 \quad \Delta\boldsymbol{u}'_e = \boldsymbol{T}_1\Delta\boldsymbol{u}_e \tag{11.1.13}$$

其中，$\boldsymbol{T}_1$ 为空间三角形板壳单元的材料坐标系与局部坐标系之间的变换矩阵。

(1) 三角形平板单元

对于三角形平板单元，位移向量$\boldsymbol{u}'_e$可按式(11.1.5)计算，位移向量$\boldsymbol{u}_e$ 可按式(11.1.3)计算。而

$$\boldsymbol{T}_1 = \begin{bmatrix} \boldsymbol{t}_1 & 0 & 0 \\ 0 & \boldsymbol{t}_1 & 0 \\ 0 & 0 & \boldsymbol{t}_1 \end{bmatrix} \tag{11.1.14}$$

其中

$$\boldsymbol{t}_1 = \begin{bmatrix} 1 & 0 & 0 \\ 0 & l'_1 & m'_1 \\ 0 & l'_2 & m'_2 \end{bmatrix}$$

式中，l'_1, m'_1为三角形平面单元材料坐标系的坐标轴 ix' 与局部坐标系的坐标轴 ix, iy 之间的方向余弦，可按式(9.2.25)计算；l'_2, m'_2为三角形平面单元材料坐标系的坐标轴 iy' 与局部坐标系的坐标轴 ix, iy 之间的方向余弦，可按式(9.2.25)计算。

相应的等效节点力向量及增量在单元材料坐标系与在局部坐标系之间存在变换

$$\boldsymbol{p}'_e = \boldsymbol{T}_1\boldsymbol{p}_e \quad 或 \quad \Delta\boldsymbol{p}'_e = \boldsymbol{T}_1\Delta\boldsymbol{p}_e \tag{11.1.15}$$

(2) 三角形壳单元

对于三角形壳单元，位移向量$\boldsymbol{u}'_e$可按式(11.1.11)计算，位移向量 $\boldsymbol{u}_e$ 可按式(11.1.9)计算。而

$$\boldsymbol{T}_1=\begin{bmatrix}\boldsymbol{t}_1 & 0 & 0 & 0 & 0 & 0\\0 & \boldsymbol{t}_1 & 0 & 0 & 0 & 0\\0 & 0 & \boldsymbol{t}_1 & 0 & 0 & 0\\0 & 0 & 0 & \boldsymbol{t}_1 & 0 & 0\\0 & 0 & 0 & 0 & \boldsymbol{t}_1 & 0\\0 & 0 & 0 & 0 & 0 & \boldsymbol{t}_1\end{bmatrix}\tag{11.1.16}$$

其中

$$\boldsymbol{t}_1=\begin{bmatrix}l'_1 & m'_1 & 0\\l'_2 & m'_2 & 0\\0 & 0 & 1\end{bmatrix}$$

式中，l'_1，m'_1为三角形平面单元材料坐标系的坐标轴 ix'与局部坐标系的坐标轴 ix，iy 之间的方向余弦，可按式(9.2.25)计算；l'_2，m'_2为三角形平面单元材料坐标系的坐标轴 iy'与局部坐标系的坐标轴 ix，iy 之间的方向余弦，可按式(9.2.25)计算。

相应的等效节点力向量及增量在单元材料坐标系与在局部坐标系之间存在变换

$$\boldsymbol{p}'_e=\boldsymbol{T}_1\boldsymbol{p}_e \quad 或 \quad \Delta\boldsymbol{p}'_e=\boldsymbol{T}_1\Delta\boldsymbol{p}_e\tag{11.1.17}$$

11.1.3.2　空间三角形板壳单元的局部坐标系与整体坐标系之间的向量变换

空间三角形板壳单元局部坐标和整体坐标的转换关系可写为

$$\boldsymbol{x}=\boldsymbol{t}_2\boldsymbol{X}$$

所以

$$\begin{bmatrix}x_j-x_i\\y_j-y_i\end{bmatrix}=\begin{bmatrix}l_1(X_j-X_i)+m_1(Y_j-Y_i)+n_1(Z_j-Z_i)\\l_2(X_j-X_i)+m_2(Y_j-Y_i)+n_2(Z_j-Z_i)\end{bmatrix}$$

得 $x_j=l_{ij}$。而

$$\begin{bmatrix}x_k-x_i\\y_k-y_i\end{bmatrix}=\begin{bmatrix}x_k\\y_k\end{bmatrix}=\begin{bmatrix}l_1(X_k-X_i)+m_1(Y_k-Y_i)+n_1(Z_k-Z_i)\\l_2(X_k-X_i)+m_2(Y_k-Y_i)+n_2(Z_k-Z_i)\end{bmatrix}$$

在单元局部坐标系中定义的位移向量$\boldsymbol{u}_e$ 与在整体坐标系中定义的位移向量$\boldsymbol{U}_e$ 存在变换

$$\boldsymbol{u}_e=\boldsymbol{T}_2\boldsymbol{U}_e \quad 或 \quad \Delta\boldsymbol{u}_e=\boldsymbol{T}_2\Delta\boldsymbol{U}_e\tag{11.1.18}$$

其中，$\boldsymbol{T}_2$ 为空间三角形板壳单元的局部坐标系与整体坐标系之间的变换矩阵。

(1) 三角形平板单元

对于三角形平板单元，位移向量$\boldsymbol{U}_e$ 可按式(11.1.1)计算，位移向量$\boldsymbol{u}_e$ 可按式(11.1.3)计算。平板单元的局部坐标系与整体坐标系之间的向量变换矩阵

$$T_2 = \begin{bmatrix} \boldsymbol{t}_2 & 0 & 0 \\ 0 & \boldsymbol{t}_2 & 0 \\ 0 & 0 & \boldsymbol{t}_2 \end{bmatrix} \tag{11.1.19}$$

其中

$$\boldsymbol{t}_2 = \begin{bmatrix} l_3 & m_3 & n_3 \\ l_1 & m_1 & n_1 \\ l_2 & m_2 & n_2 \end{bmatrix}$$

式中，l_1, m_1, n_1 为三角形单元局部坐标系的坐标轴 ix 与整体坐标系的坐标轴 OX, OY, OZ 之间的方向余弦，可按式(9.2.23)计算；l_2, m_2, n_2 为三角形单元局部坐标系的坐标轴 iy 与整体坐标系的坐标轴 OX, OY, OZ 之间的方向余弦，可按式(9.2.24)计算；l_3, m_3, n_3 为三角形单元局部坐标系的坐标轴 iz 与整体坐标系的坐标轴 OX, OY, OZ 之间的方向余弦。

相应的等效节点力向量及增量在单元局部坐标系与整体坐标系之间存在变换

$$\boldsymbol{p}_e = \boldsymbol{T}_1 \boldsymbol{p}_e \quad 或 \quad \Delta \boldsymbol{p}_e = \boldsymbol{T}_1 \Delta \boldsymbol{p}_e \tag{11.1.20}$$

(2) 三角形壳单元

对于三角形壳单元，位移向量 $\boldsymbol{U}_e$ 如式(11.1.7)所示，位移向量 $\boldsymbol{u}_e$ 如式(11.1.9)所示。壳单元的局部坐标系与整体坐标系之间的向量变换矩阵

$$\boldsymbol{T}_2 = \begin{bmatrix} \boldsymbol{t}_2 & 0 & 0 & 0 & 0 & 0 \\ 0 & \boldsymbol{t}_2 & 0 & 0 & 0 & 0 \\ 0 & 0 & \boldsymbol{t}_2 & 0 & 0 & 0 \\ 0 & 0 & 0 & \boldsymbol{t}_2 & 0 & 0 \\ 0 & 0 & 0 & 0 & \boldsymbol{t}_2 & 0 \\ 0 & 0 & 0 & 0 & 0 & \boldsymbol{t}_2 \end{bmatrix} \tag{11.1.21}$$

其中

$$\boldsymbol{t}_2 = \begin{bmatrix} l_1 & m_1 & n_1 \\ l_2 & m_2 & n_2 \\ l_3 & m_3 & n_3 \end{bmatrix}$$

式中，l_1, m_1, n_1 为三角形单元局部坐标系的坐标轴 ix 与整体坐标系的坐标轴 OX, OY, OZ 之间的方向余弦，可按式(9.2.23)计算；l_2, m_2, n_2 为三角形单元局部坐标系的坐标轴 iy 与整体坐标系的坐标轴 OX, OY, OZ 之间的方向余弦，可按式(9.2.24)计算；l_3, m_3, n_3 为三角形单元局部坐标系的坐标轴 iz 与整体坐标系的坐标轴 OX, OY, OZ 之间的方向余弦。

相应的等效节点力向量及增量在单元局部坐标系与整体坐标系之间存在变换

$$\boldsymbol{p}_e = \boldsymbol{T}_2 \boldsymbol{p}_e \quad 或 \quad \Delta \boldsymbol{p}_e = \boldsymbol{T}_2 \Delta \boldsymbol{p}_e \tag{11.1.22}$$

11.1.3.3　空间三角形板壳单元内插点法向坐标系与局部坐标系之间的向量变换

现在构造单元内插点法向坐标系(如图 11.1.9 所示)。这里，n 为外法线坐标，s 为切向坐标。

(1) m 点法向坐标系 $m-nsz$

现定义三角形平面单元 m 点坐标系的切向坐标

$$\boldsymbol{s}_m = \boldsymbol{ix} = \boldsymbol{ij} = DX_{ji}\boldsymbol{e}_1 + DY_{ji}\boldsymbol{e}_2 + DZ_{ji}\boldsymbol{e}_3 \tag{11.1.23}$$

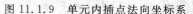

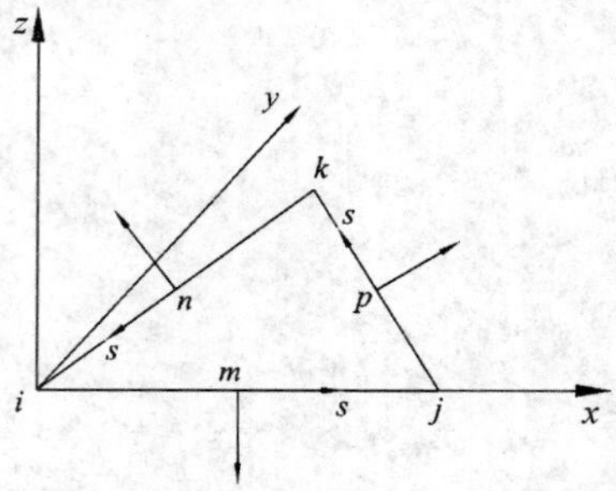

图 11.1.9　单元内插点法向坐标系

式中

$$DX_{ji} = X_j - X_i,\quad DY_{ji} = Y_j - Y_i,\quad DZ_{ji} = Z_j - Z_i$$

m 点外法线坐标 $\boldsymbol{n}_m = \boldsymbol{ix} \times \boldsymbol{iz} = -\boldsymbol{iy}$，而

$$\boldsymbol{iy} = DX_{iy}\boldsymbol{e}_1 + DY_{iy}\boldsymbol{e}_2 + DZ_{iy}\boldsymbol{e}_3 \tag{11.1.24}$$

式中

$$DX_{iy} = DY_{iz}DZ_{ji} - DZ_{iz}DY_{ji},\quad DY_{iy} = DZ_{iz}DX_{ji} - DX_{iz}DZ_{ji}$$
$$DZ_{iy} = DX_{iz}DY_{ji} - DY_{iz}DX_{ji}$$

于是可得内插点 m 法向坐标与局部坐标之间的变换矩阵

$$\boldsymbol{t}_m = \begin{bmatrix} 0 & -1 \\ 1 & 0 \end{bmatrix} \tag{11.1.25}$$

(2) $\boldsymbol{n}$ 点法向坐标系 $n-nsz$

点 n 的切向坐标

$$\boldsymbol{s}_n = \boldsymbol{ki} = DX_{ik}\boldsymbol{e}_1 + DY_{ik}\boldsymbol{e}_2 + DZ_{ik}\boldsymbol{e}_3$$

式中

$$DX_{ik} = X_i - X_k,\quad DY_{ik} = Y_i - Y_k,\quad DZ_{ik} = Z_i - Z_k$$

及

$$l_{s_n} = \sqrt{DX_{ik}^2 + DY_{ik}^2 + DZ_{ik}^2}$$

$\boldsymbol{s}_n$ 与 $\boldsymbol{ix}$ 之间的方向余弦

$$l_{s_n,x} = \frac{1}{l_{s_n} l_{ix}}(DX_{s_n}DX_{ji} + DY_{s_n}DY_{ji} + DZ_{s_n}DZ_{ji})$$

$\boldsymbol{s}_n$ 与 $\boldsymbol{iy}$ 之间的方向余弦

$$m_{s_n,y} = \frac{1}{l_{s_n} l_{iy}}(DX_{s_n}DX_{iy} + DY_{s_n}DY_{iy} + DZ_{s_n}DZ_{iy})$$

点 n 的外法线坐标

$$\boldsymbol{n}_n = \boldsymbol{s}_n \times \boldsymbol{iz} = \begin{vmatrix} \boldsymbol{e}_1 & \boldsymbol{e}_2 & \boldsymbol{e}_3 \\ DX_{ik} & DY_{ik} & DZ_{ik} \\ DX_{iz} & DY_{iz} & DZ_{iz} \end{vmatrix} = DX_{n_n}\boldsymbol{e}_1 + DY_{n_n}\boldsymbol{e}_2 + DZ_{n_n}\boldsymbol{e}_3$$

其中

$$DX_{n_n} = DY_{ik}DZ_{iz} - DY_{iz}DZ_{ik}, \quad DY_{n_n} = DZ_{ik}DX_{iz} - DX_{ik}DZ_{iz}$$

$$DZ_{n_n} = DX_{ik}DY_{iz} - DY_{ik}DX_{iz}$$

所以

$$l_{n_n} = \sqrt{DX_{n_n}^2 + DY_{n_n}^2 + DZ_{n_n}^2}$$

$\boldsymbol{n}_n$ 与 $\boldsymbol{ix}$ 之间的方向余弦

$$l_{n_n,x} = \frac{1}{l_{n_n}l_{ix}}(DX_{n_n}DX_{ji} + DY_{n_n}DY_{ji} + DZ_{n_n}DZ_{ji})$$

$\boldsymbol{n}_n$ 与 $\boldsymbol{iy}$ 之间的方向余弦

$$m_{n_n,y} = \frac{1}{l_{n_n}l_{iy}}(DX_{n_n}DX_{iy} + DY_{n_n}DY_{iy} + DZ_{n_n}DZ_{iy})$$

得内插点 n 法向坐标与局部坐标之间的变换矩阵

$$\boldsymbol{t}_n = \begin{bmatrix} l_{n_n,x} & m_{n_n,y} \\ l_{s_n,x} & m_{s_n,y} \end{bmatrix} \tag{11.1.26}$$

(3) p 点法向坐标系 p-ns

p 点的切向坐标

$$\boldsymbol{s}_p = \boldsymbol{jk} = DX_{kj}\boldsymbol{e}_1 + DY_{kj}\boldsymbol{e}_2 + DZ_{kj}\boldsymbol{e}_3$$

其中

$$DX_{kj} = X_k - X_j, \quad DY_{kj} = Y_k - Y_j, \quad DZ_{kj} = Z_k - Z_j$$

所以

$$l_{s_p} = \sqrt{DX_{kj}^2 + DY_{kj}^2 + DZ_{kj}^2}$$

$\boldsymbol{s}_p$ 与 $\boldsymbol{ix}$ 之间的方向余弦

$$l_{s_p,x} = \frac{1}{l_{s_p}l_{ix}}(DX_{kj}DX_{ji} + DY_{kj}DY_{ji} + DZ_{kj}DZ_{ji})$$

$\boldsymbol{s}_p$ 与 $\boldsymbol{iy}$ 之间的方向余弦

$$m_{s_p,y} = \frac{1}{l_{s_p}l_{iy}}(DX_{kj}DX_{iy} + DY_{kj}DY_{iy} + DZ_{kj}DZ_{iy})$$

p 点的外法线坐标

$$\boldsymbol{n}_p = \boldsymbol{jk} \times \boldsymbol{iz} = \begin{vmatrix} \boldsymbol{e}_1 & \boldsymbol{e}_2 & \boldsymbol{e}_3 \\ DX_{kj} & DY_{kj} & DZ_{kj} \\ DX_{iz} & DY_{iz} & DZ_{iz} \end{vmatrix} = DX_{n_p}\boldsymbol{e}_1 + DY_{n_p}\boldsymbol{e}_2 + DZ_{n_p}\boldsymbol{e}_3$$

即

$$DX_{n_p} = DY_{kj}DZ_{iz} - DY_{iz}DZ_{kj}, \quad DY_{n_p} = DZ_{kj}DX_{iz} - DX_{kj}DZ_{iz}$$

$$DZ_{n_p} = DX_{kj}DY_{iz} - DY_{kj}DX_{iz}$$

所以

$$l_{n_p} = \sqrt{DX_{n_p}^2 + DY_{n_p}^2 + DZ_{n_p}^2}$$

$\boldsymbol{n}_p$ 与 $\boldsymbol{ix}$ 之间的方向余弦

$$l_{n_p,x} = \frac{1}{l_{n_p} l_{ix}}(DX_{n_p}DX_{ji} + DY_{n_p}DY_{ji} + DZ_{n_p}DZ_{ji})$$

$\boldsymbol{n}_p$ 与 $\boldsymbol{iy}$ 之间的方向余弦

$$m_{n_p,y} = \frac{1}{l_{n_p} l_{iy}}(DX_{n_p}DX_{iy} + DY_{n_p}DY_{iy} + DZ_{n_p}DZ_{iy})$$

于是可得内插点 p 法向坐标与局部坐标之间的变换矩阵

$$\boldsymbol{t}_p = \begin{bmatrix} l_{n_p,x} & m_{n_p,y} \\ l_{s_p,x} & m_{s_p,y} \end{bmatrix} \tag{11.1.27}$$

在单元内插点法向坐标系中定义的位移向量与在局部坐标系中定义的位移向量 $\Delta\boldsymbol{u}_e$ 存在变换

$$\boldsymbol{u}_m = \boldsymbol{t}_m \boldsymbol{u}_e, \quad \boldsymbol{u}_n = \boldsymbol{t}_n \boldsymbol{u}_e, \quad \boldsymbol{u}_p = \boldsymbol{t}_p \boldsymbol{u}_e \tag{11.1.28}$$

或

$$\Delta\boldsymbol{u}_m = \boldsymbol{t}_m \Delta\boldsymbol{u}_e, \quad \Delta\boldsymbol{u}_n = \boldsymbol{t}_n \Delta\boldsymbol{u}_e, \quad \Delta\boldsymbol{u}_p = \boldsymbol{t}_p \Delta\boldsymbol{u}_e$$

11.2 空间板壳单元的位移插值函数

板壳的能量泛函中有二阶导数时,则要求在单元交界面上插值函数的一阶或高于一阶的导数连续,即具有 $C1$ 或更高的连续性。基于经典的薄板理论,大多数早期的板单元的能量泛函包含位移的二阶偏导数,要求位移为 $C1$ 类连续。如果将薄板的横向位移 $w(x,y)$ 作为板单元的总势能泛函中的唯一的变量,那么横向位移模式必须满足在单元的内部的一阶导数必须连续及其法向导数 $\frac{\partial w}{\partial n}$ 在单元之间必须唯一的确定等协调性要求,并要满足完备性要求。单元的位移模式 w 必须包含常数项以及 x, y, x^2, xy, y^2 此五项,以反映刚体位移及常应变。这给板单元的构造带来了困难。在经典薄板理论范围内,使板单元满足协调性要求的方法是增加节点自由度,即在节点自由度中还包含 w 的二次导数项;或是在保持每个节点有三个自由度的前提下采取如附加校正函数法或再分割法等措施。用再分割法构造协调元中比较有代表性的单元是 Clough 元。

虽然理论上是可采用既完备又协调的协调元,但在某些情况下可以放松对协调性的要求,只要这种单元能分片连续,有限元解仍然可以收敛于正确的解。这种单元称为非协调元。

11.2.1 协调板元

局部坐标系中,受横向作用的平板的二维应力平面三角形单元有一个独立横向弯曲位移 $w(x,y)$,如果要求板的位移函数 $w(x,y)$的二阶导数,即曲率也是连续的,则三角形板单元的每个节点应有 6 个位移自由度,即 $w,\frac{\partial w}{\partial x},\frac{\partial w}{\partial y},\frac{\partial^2 w}{\partial x^2},\frac{\partial^2 w}{\partial y^2},\frac{\partial^2 w}{\partial x\partial y}$。现在单元 $e(i,j,k)$上构造横向位移的二维完全五次 Hermite 插值函数,运用 Pascal 三角形(见图 9.3.1),取一个完全的五次多项式,有 21 个待定系数,而三角形单元只有 18 个自由度。所以在单元的形心处内插一个节点,该节点有 3 个位移自由度,即 $w,\frac{\partial w}{\partial x},\frac{\partial w}{\partial y}$,以增加单元的自由度。二维完全的五次 Hermite 单元为协调板元。

一般,对于三角形单元而言其形函数取为五次多项式,计算比较繁琐。若于三角形单元的形心处设置一个节点 O,再与三个角点连线,则可将三角形单元分为三个子单元,每个三角形子单元的角节点自由度是 3 个,即 $w,\frac{\partial w}{\partial x},\frac{\partial w}{\partial y}$,则每个子单元有 9 个自由度。同时,在每个子单元的外边的中点增加一个自由度$\frac{\partial w}{\partial n}$,$n$ 为外边的外法线方向。这样子单元的横向位移可采用二维完全三次 Hermite 插值函数,即为完备的三次多项式,并适当地满足了单元内部的协调性,所以这种三角形单元不但是协调的而且是完备的。单元的位移插值函数为

$$w=c_1+c_2x+c_3y+c_4x^2+c_5xy+c_6y^2+c_7x^3+c_8x^2y+c_9xy^2+c_{10}y^3$$

以上极其简单讨论了协调板元,对协调板壳单元位移插值函数的构造已进行了大量的研究[37]。

11.2.2 二维不完全三次 Hermite 位移插值函数

11.2.2.1 非协调板元

在局部坐标系中,受横向作用的平板的二维应力平面三角形单元有一个独立的横向弯曲位移 $w(x,y)$,如果容许位移函数 $w(x,y)$在角节点上有不连续的曲率,则三角形板单元的每个节点有三个位移自由度。现在单元 $e(i,j,k)$上构造横向位移的二维不完全三次 Hermite 插值函数,运用 Pascal 三角形(见图 9.3.1),取一个完全的三次多项式,有 10 个待定系数,而三角形单元只有 9 个自由度。可以在单元的形心处内插一个节点,以增加单元的自由度。但是有时为适应自由度的数目常减少一个系数,虽然求解可能发生困难,但取得的结果却比完全的三次多项式更精确。二维不完全的三次 Hermite 单元为非协调板元。

如果位移 w 的插值函数为 x 和 y 的完全的三次多项式,则应该包含 10 项,即

$$w = c_1 + c_2x + c_3y + c_4x^2 + c_5xy + c_6y^2 + c_7x^3 + c_8x^2y + c_9xy^2 + c_{10}y^3 \tag{a}$$

上式中,前六项代表刚体位移和常应变,这是保证单元收敛所必需的。但是三次项删去任何一项都不能保持 x 和 y 的对称性,为此 Tocher 提出了板的横向位移 w_b 的不完全的三次多项式

$$w_b(x,y) = c_1 + c_2x + c_3y + c_4x^2 + c_5xy + c_6y^2 + c_7x^3 + c_8(x^2y + xy^2) + c_9y^3 \tag{11.2.1}$$

但是当三角形的两边分别平行坐标轴 x 和 y 时,式(11.2.1)无法通过节点位移协调条件来确

定未知参数 c,所以必须在划分单元时设法避免单元出现上述的情况后才能采用。

参照 BICZ 三角形单元位移插值函数的选取,Adini 提出板的横向位移 w_b 的不完全的三次多项式

$$w = c_1 + c_2 x + c_3 y + c_4 x^2 + c_5 y^2 + c_6 x^3 + c_7 x^2 y + c_8 x y^2 + c_9 y^3 \tag{b}$$

但由于舍去了二次项 xy,故常扭率 $\frac{\partial^2 w}{\partial x \partial y}$ 无法得到保证,不满足收敛准则中的完备性要求。

Bell 提出的方法是对于三角形单元除了三个角节点作为节点外,还增加形心点挠度作为位移参数,从而可以取位移插值函数为完全的三次多项式。如式(a),利用 10 个位移参数条件来确定,然后建立单元的刚度矩阵、等效荷载向量等,在整体分析之前采取静力凝聚的方法消去内插点的自由度,最后获得了 9 自由度的三角形单元。但是 Zienkiewicz 指出这样得到的单元不能保证收敛。

平板横向位移 $w(x,y)$ 可以取 Tocher 提出的 x,y 的二维不完全三次多项式的 Hermite 插值函数,如式(11.2.1)来表示,而

$$\theta_x = \frac{\partial w_b}{\partial y}, \quad \theta_y = \frac{\partial w_b}{\partial x}$$

但是,当三角形的两边分别平行坐标轴 x 和 y 时,式(11.2.1)无法通过节点位移协调条件来确定未知参数 c。

11.2.2.2　*采用面积坐标的插值函数*

如果在单元 $e(i,j,k)$ 上构造采用面积坐标的横向位移二维不完全三次 Hermite 插值函数,可以克服上述的困难。由于面积坐标有三个分量 L_i, L_j, L_k,因此要构造一个含九项的多项式,并且仍然保持 L_i, L_j, L_k 的对称性是容易的。在常应变三角形中,面积坐标满足

$$L_i + L_j + L_k = 1 \tag{a}$$

$$\begin{cases} x_i L_i + x_j L_j + x_k L_k = x, \\ y_i L_i + y_j L_j + y_k L_k = y \end{cases} \tag{b}$$

现在考虑用面积坐标表示完整的一次式

$$P_1(x,y) = \alpha_1 + \alpha_2 x + \alpha_3 y \tag{c}$$

将式(a)和式(b)代入式(c),式(c)中的每一项都可以用 L_i, L_j, L_k 的线性组合表示,即

$$P_1(x,y) = \lambda_1 L_i + \lambda_2 L_j + \lambda_3 L_k$$

对于完整的二次式

$$P_2(x,y) = \alpha_1 + \alpha_2 x + \alpha_3 y + \alpha_4 x^2 + \alpha_5 xy + \alpha_6 y^2$$

同样可知 $1, x, y, x^2, xy, y^2$ 六项中每一项都可表示为 $L_i^2, L_j^2, L_k^2, L_iL_j, L_iL_k, L_jL_k$ 六项的线性组合,因此 $P_2(x,y)$ 也可表示为

$$P_2(x,y) = \beta_1 L_i^2 + \beta_2 L_j^2 + \beta_3 L_k^2 + \beta_4 L_i L_j + \beta_5 L_j L_k + \beta_6 L_i L_k$$

由式(a),有

$$L_i = L_i(L_i + L_j + L_k), \quad L_j = L_j(L_i + L_j + L_k), \quad L_k = L_k(L_i + L_j + L_k)$$

因此，L_i^2, L_j^2, L_k^2 的任意线性组合可以表示为 $L_i, L_j, L_k, L_iL_j, L_iL_k, L_jL_k$ 的线性组合。同时 L_iL_j, L_iL_k, L_jL_k 的任意线性组合也可表示为 $L_i, L_j, L_k, L_i^2, L_j^2, L_k^2$，的线性组合。因此

$$P_2(x,y) = \gamma_1 L_i + \gamma_2 L_j + \gamma_3 L_k + \gamma_4 L_i^2 + \gamma_5 L_j^2 + \gamma_6 L_k^2 \tag{d}$$

或

$$P_2(x,y) = \lambda_1 L_i + \lambda_2 L_j + \lambda_3 L_k + \lambda_4 L_iL_j + \lambda_5 L_jL_k + \lambda_6 L_iL_k \tag{e}$$

根据收敛准则的完备性要求，三角形板单元位移插值函数须包含完整的二次式 $P_2(x,y)$，此外还应补充三个三次项并保持 L_i, L_j, L_k 之间的对称性。符合上述要求的有 Bergan 模式

$$\begin{aligned} w = &(\lambda_1 L_i + \lambda_2 L_j + \lambda_3 L_k + \lambda_4 L_iL_j + \lambda_5 L_jL_k + \lambda_6 L_iL_k) \\ &+ \lambda_7 L_iL_j(L_i - L_j) + \lambda_8 L_jL_k(L_j - L_k) + \lambda_9 L_iL_k(L_k - L_i) \end{aligned}$$

龙驭球模式

$$\begin{aligned} w = &(\lambda_1 L_i + \lambda_2 L_j + \lambda_3 L_k + \lambda_4 L_iL_j + \lambda_5 L_jL_k + \lambda_6 L_iL_k) \\ &+ \lambda_7 L_i\left(L_i - \frac{1}{2}\right)(L_i - 1) + \lambda_8 L_j\left(L_j - \frac{1}{2}\right)(L_j - 1) + \lambda_9 L_k\left(L_k - \frac{1}{2}\right)(L_k - 1) \end{aligned}$$

及龙志飞模式

$$\begin{aligned} w = &(\lambda_1 L_i + \lambda_2 L_j + \lambda_3 L_k + \lambda_4 L_iL_j + \lambda_5 L_jL_k + \lambda_6 L_iL_k) \\ &+ \lambda_7 L_i^2 L_j + \lambda_8 L_j^2 L_k + \lambda_9 L_k^2 L_i \end{aligned}$$

由式(a)，可得

$$L_iL_j = L_iL_j(L_i + L_j + L_k) = \left(L_i^2 L_j + \frac{1}{2}L_iL_jL_k\right) + \left(L_j^2 L_i + \frac{1}{2}L_iL_jL_k\right)$$

因此，BICZ 选取的位移函数

$$\begin{aligned} w = &c_1 L_i + c_2 L_j + c_3 L_k + c_4\left(L_i^2 L_j + \frac{1}{2}L_iL_jL_k\right) + c_5\left(L_j^2 L_k + \frac{1}{2}L_iL_jL_k\right) + c_6\left(L_k^2 L_i + \frac{1}{2}L_iL_jL_k\right) \\ &+ c_7\left(L_j^2 L_i + \frac{1}{2}L_iL_jL_k\right) + c_8\left(L_k^2 L_j + \frac{1}{2}L_iL_jL_k\right) + c_9\left(L_i^2 L_k + \frac{1}{2}L_iL_jL_k\right) \end{aligned}$$

上式表示为矩阵形式，即

$$\boldsymbol{w} = \boldsymbol{LC}$$

上式中，$c_1, c_2, \cdots, c_9$ 共 9 个常数可根据三角形板单元的三个节点的局部坐标 $i(0,0)$，$j(x_j,0)$，$k(x_k,y_k)$ 及 3 个节点的位移，经过简单的运算唯一地确定。三角形板单元的位移

$$\boldsymbol{w}_b = \boldsymbol{N}\boldsymbol{u}_e \quad 或 \quad \Delta \boldsymbol{w}_b = \boldsymbol{N}\Delta \boldsymbol{u}_e \tag{11.2.2}$$

式中，$\boldsymbol{u}_e$ 为三角形板元节点位移向量，如式(11.1.3)所示；$\boldsymbol{N}$ 为三角形板元位移的形函数，有

$$\boldsymbol{N} = \begin{bmatrix} N_{H2i} & N_{H2\theta_x i} & N_{H2\theta_y i} & N_{H2j} & N_{H2\theta_x j} & N_{H2\theta_y j} & N_{H2k} & N_{H2\theta_x k} & N_{H2\theta_y k} \end{bmatrix} \tag{11.2.3}$$

其中

$$
\begin{cases}
N_{H2i} = L_i + L_i^2 L_j + L_i^2 L_k - L_i L_j^2 - L_i L_k^2, \\
N_{H2j} = L_j + L_j^2 L_k + L_j^2 L_i - L_j L_k^2 - L_j L_i^2, \\
N_{H2k} = L_k + L_k^2 L_i + L_k^2 L_j - L_k L_i^2 - L_k L_j^2, \\
N_{H2\theta_x i} = b_j L_i^2 L_k - b_k L_i^2 L_j + \dfrac{1}{2}(b_j - b_k) L_i L_j L_k, \\
N_{H2\theta_x j} = b_k L_j^2 L_i - b_i L_j^2 L_k + \dfrac{1}{2}(b_k - b_i) L_i L_j L_k, \\
N_{H2\theta_x k} = b_i L_k^2 L_j - b_j L_k^2 L_i + \dfrac{1}{2}(b_i - b_j) L_i L_j L_k, \\
N_{H2\theta_y i} = c_j L_i^2 L_k - c_k L_i^2 L_j + \dfrac{1}{2}(c_j - c_k) L_i L_j L_k, \\
N_{H2\theta_y j} = c_k L_j^2 L_i - c_i L_j^2 L_k + \dfrac{1}{2}(c_k - c_i) L_i L_j L_k, \\
N_{H2\theta_y k} = c_i L_k^2 L_j - c_j L_k^2 L_i + \dfrac{1}{2}(c_i - c_j) L_i L_j L_k
\end{cases}
\tag{11.2.4}
$$

这里，L_i，L_j，L_k 为三角形单元的面积坐标，如式(9.2.21b)所示；b_i，b_j，b_k，c_i，c_j，c_k 为常数，如式(9.2.22)所示。

由于薄板问题要求位移插值函数为 $C1$ 连续，从而导致了选择插值函数和构造上的困难。非协调单元非常容易构造，且在某些状态下可以得到较好的结果，但并不是所有非协调单元都能保证在所有网格划分情况下都是收敛的；协调元不仅难于构造，而且即使能构造出来，其性态也往往偏硬，精度比较差。

11.2.2.3　非协调板壳元

在局部坐标系中，同时受面内和横向作用，且考虑横向剪切的平板所采用的二维应力平面三角形单元有 4 个独立的位移，即有平面内位移 u_t，v_t，横向弯曲位移 w_b 及横向剪切位移 w_s。单元位移

$$
\boldsymbol{u} = [u_t \quad v_t \quad w_b \quad w_s]^{\mathrm{T}} \tag{11.2.5a}
$$

而同时受面内和横向作用，且考虑横向剪切的壳体所采用的二维应力平面三角形单元有 5 个独立的位移，即

$$
\boldsymbol{u} = [u_t \quad v_t \quad w_b \quad \theta_z \quad w_s]^{\mathrm{T}} \tag{11.2.5b}
$$

这里的 θ_z 为扭转角。单元的每个节点有 7 个独立的自由度，单元的面内位移 u 和 v、横向剪切位移 w_s 和扭转角 θ_z 采用如式(10.7.1)所示的二维 Lagrange 线性插值函数，其相应的形函数如式(10.7.4)所示，即

$$
N_i = \frac{1}{2A}(a_i + b_i x + c_i y), \quad N_j = \frac{1}{2A}(a_j + b_j x + c_j y), \quad N_k = \frac{1}{2A}(a_k + b_k x + c_k y)
$$

引入面积坐标，根据式(9.2.21b)，有 $N_i = L_i$，$N_j = L_j$，$N_k = L_k$。于是，同时受面内和横向作用，且考虑横向剪切的壳体的二维应力平面三角形单元位移插值函数

$$
\boldsymbol{u} = \boldsymbol{N}\boldsymbol{u}_e \quad 或 \quad \Delta\boldsymbol{u} = \boldsymbol{N}\Delta\boldsymbol{u}_e \tag{11.2.6}
$$

式中，$\boldsymbol{u}_e$ 为单元节点位移向量；$\boldsymbol{N}$ 为 3 节点 7 个自由度空间三角形板壳单元位移的形函数，有

$$\boldsymbol{N} = \begin{bmatrix} \boldsymbol{N}_x & \boldsymbol{N}_y & \boldsymbol{N}_z & \boldsymbol{N}_{\theta_z} & \boldsymbol{N}_S \end{bmatrix}^{\mathrm{T}} \tag{11.2.7}$$

其中

$$\left\{\begin{aligned}
\boldsymbol{N}_x &= [N_i \quad 0 \quad 0 \quad 0 \quad 0 \quad 0 \quad 0 \quad N_j \quad 0 \quad 0 \quad 0 \quad 0 \quad 0 \quad 0 \\
&\qquad N_k \quad 0 \quad 0 \quad 0 \quad 0 \quad 0 \quad 0], \\
\boldsymbol{N}_y &= [0 \quad N_i \quad 0 \quad 0 \quad 0 \quad 0 \quad 0 \quad 0 \quad N_j \quad 0 \quad 0 \quad 0 \quad 0 \quad 0 \\
&\qquad 0 \quad N_k \quad 0 \quad 0 \quad 0 \quad 0 \quad 0], \\
\boldsymbol{N}_z &= [0 \quad 0 \quad N_{H2i} \quad N_{H2\theta_x i} \quad N_{H2\theta_y i} \quad 0 \quad 0 \quad 0 \quad 0 \quad N_{H2j} \quad N_{H2\theta_x j} \\
&\qquad N_{H2\theta_y j} \quad 0 \quad 0 \quad 0 \quad 0 \quad N_{H2k} \quad N_{H2\theta_x k} \quad N_{H2\theta_y k} \quad 0 \quad 0], \\
\boldsymbol{N}_{\theta_z} &= [0 \quad 0 \quad 0 \quad 0 \quad 0 \quad N_i \quad 0 \quad 0 \quad 0 \quad 0 \quad 0 \quad 0 \quad N_j \\
&\qquad 0 \quad 0 \quad 0 \quad 0 \quad 0 \quad 0 \quad N_k \quad 0], \\
\boldsymbol{N}_S &= [0 \quad 0 \quad 0 \quad 0 \quad 0 \quad 0 \quad N_i \quad 0 \quad 0 \quad 0 \quad 0 \quad 0 \quad 0 \quad N_j \\
&\qquad 0 \quad 0 \quad 0 \quad 0 \quad 0 \quad 0 \quad N_k]
\end{aligned}\right. \tag{11.2.8}$$

对于形函数$\boldsymbol{N}_z$ 关于 x,y 的偏微分与关于面积坐标 L_i,L_j 的偏微分按式(9.4.15)计算。

如果不考虑横向剪切位移,即为传统的板壳单元的位移模式。

11.2.3 Mindlin 板单元

在 Reissner-Mindlin 板理论中,板的位移是通过横向位移和两个转角参数来表达的,其中两个转角代表变形前垂直于板中面的直线在变形后的转动。通常,薄板问题要求位移插值函数为 $C1$ 阶连续,Mindlin 板只要求 $C0$ 阶连续。一些成功的 3 节点 Mindlin 板单元除有按一般假设的位移模型之外还有杂交模型。与此同时,常常采用缩减积分或假设剪切应变的方法避免剪切自锁。对于 3 节点三角形单元,重新构建剪应变的常用方法是在单元的边界或离散点上满足 Mindlin 假设。如 Hughes 和 Taylor 提出的 9 自由度的 R3r 单元;Zienkiewicz 等提出的 12 自由度的三角形单元 DRM;Alto 提出的 12 自由度 DMT 三角形单元等。近来,又相继出现一些建立在 Kirchhoff 约束和平衡条件基础上的有效的 9 自由度的三角形单元,如 Batoz 和 Lardeur 的 DST－BL 单元、Batoz 和 Katili 的 DST－BK 单元和 Katili 的 DKMT 单元。这些单元随着板逐渐变薄,收敛于离散的 Kirchhoff 薄板单元。

具有多个独立位移、应变、应力等变量的杂交模型是建立在广义变分原理的基础上,如 Lee 和 Pian、Saleeb 和 Chang、Cheung 和 Chen、Ayad 等提出的单元。除此之外,还有重新构建剪切应变的 RDKTM 单元和 TRIC 单元等。这些单元可以有效地避免剪切自锁。杂交单元可以比较容易的满足剪切应变的约束。Timoshenko 梁理论可被引入到三角形薄/厚板单元。单元的边界可以看做是梁单元,引入 Timoshenko 梁模型可以得到精确的位移模式。

对于三角形板单元有 3 个角节点,除此之外每条边的中点有 1 个内插点(见图 11.2.1)。在局部坐标系中,单元的横向弯曲位移$\boldsymbol{w}_b$ 及转角 θ_x,θ_y 采用插值函数

$$w_b = [N_{wi} \quad N_{wm} \quad N_{wj} \quad N_{wn} \quad N_{wp} \quad N_{wk}]\boldsymbol{w}_e$$

$$\begin{bmatrix}\theta_x \\ \theta_y\end{bmatrix} = \begin{bmatrix} N_{\theta_x i} & 0 & N_{\theta_x m} & 0 & N_{\theta_x j} & 0 & N_{\theta_x n} & 0 & N_{\theta_x p} & 0 & N_{\theta_x k} & 0 \\ 0 & N_{\theta_y i} & 0 & N_{\theta_y m} & 0 & N_{\theta_y j} & 0 & N_{\theta_y n} & 0 & N_{\theta_y p} & 0 & N_{\theta_y k} \end{bmatrix}\boldsymbol{\theta}_e$$

其中

$$\boldsymbol{w}_e = [w_i \quad w_m \quad w_j \quad w_n \quad w_p \quad w_k]^{\mathrm{T}}$$

$$\boldsymbol{\theta}_e = [\theta_{xi} \quad \theta_{yi} \quad \theta_{xm} \quad \theta_{ym} \quad \theta_{xj} \quad \theta_{yj} \quad \theta_{xn} \quad \theta_{yn} \quad \theta_{xp} \quad \theta_{yp} \quad \theta_{xk} \quad \theta_{yk}]^{\mathrm{T}}$$

板单元边作为矩形截面的梁-柱，为了消除剪切自锁，可采用 Timoshenko 梁函数，考虑剪切的影响。在单元每边的 n-s 坐标系中梁-柱位移 w 采用一维三次 Hermite 位移插值函数，切向转角 θ_S 采用一维线性 Lagrange 插值函数。所以，单元的边界 ij 的法向及切向转角

$$\theta_n = -\frac{6L_{1i}L_{2j}\mu_1}{S_{ij}}w_i + L_{1i}(1-3\mu_1 L_{2j})\theta_{ni} + \frac{6L_{1i}L_{2j}\mu_1}{S_{ij}}w_j + L_{2j}(1-3\mu_1 L_{1i})\theta_{nj}$$

$$\theta_S = L_{1i}\theta_{Si} + L_{2j}\theta_{Sj}$$

其中，$\mu_1 = \dfrac{1}{1+12\lambda_1}$，$\lambda_1 = \dfrac{h^2}{5(1-\nu)S_{ij}^2}$；$S_{ij}$ 为边界 ij 的长度；$L_{1i} = 1-\dfrac{s}{S_{ij}}$，$L_{2j} = \dfrac{s}{S_{ij}}$。

边界 ij 的中点 m，有 $L_{1m} = L_{2m} = 0.5$。将其代入上式，可得

$$\begin{bmatrix}\theta_{nm}\\ \theta_{Sm}\end{bmatrix} = \begin{bmatrix}-\dfrac{1.5}{S_{ij}}\mu_1 & \dfrac{1}{2}(1-1.5\mu_1) & 0 & \dfrac{1.5}{S_{ij}}\mu_1 & \dfrac{1}{2}(1-1.5\mu_1) & 0\\ 0 & 0 & \dfrac{1}{2} & 0 & 0 & \dfrac{1}{2}\end{bmatrix}\begin{bmatrix}w_i\\ \theta_{ni}\\ \theta_{Si}\\ w_j\\ \theta_{nj}\\ \theta_{Sj}\end{bmatrix}$$

在 ij 边界上，将 θ_{nj} 和 θ_{Sj} 用节点处转角表示为

$$\begin{bmatrix}\theta_{ni}\\ \theta_{Si}\end{bmatrix} = \begin{bmatrix}l & m\\ -m & l\end{bmatrix}\begin{bmatrix}\theta_{xi}\\ \theta_{yi}\end{bmatrix},\quad \begin{bmatrix}\theta_{nj}\\ \theta_{Sj}\end{bmatrix} = \begin{bmatrix}l & m\\ -m & l\end{bmatrix}\begin{bmatrix}\theta_{xj}\\ \theta_{yj}\end{bmatrix}$$

其中，l 和 m 为边界上的方向余弦。

进一步变换，则有

$$\begin{bmatrix}\theta_{xm}\\ \theta_{ym}\end{bmatrix} = \boldsymbol{T}_m \boldsymbol{u}_e^{ij}$$

其中

$$\boldsymbol{u}_e^{ij} = [w_i \quad \theta_{xi} \quad \theta_{yi} \quad w_j \quad \theta_{xj} \quad \theta_{yj}]^{\mathrm{T}}$$

其他的两个边中点 n 和 p 也有类似的表达式。于是，将以上各式入回到转角插值函数的最初表达式可得用三角形板单元 3 个角节点位移表示的单元的横向弯曲位移 $\boldsymbol{w}_b$ 及转角 θ_x，θ_y 的位移插值函数。

11.2.4 基于离散 Kirchhoff 理论(DKT)的二维 Lagrange 位移插值函数

11.2.4.1 DKT 板元

基于离散 Kirchhoff 理论(DKT)，三角形板单元有 3 个角节点，除此之外，每条边的中点有 1 个内插点(见图 11.2.1)。在局部坐标系中，受横向作用的平板的二三维应力平面三角形单元有 3 个独立的位移

$$\boldsymbol{u} = [w_b \quad \theta_x \quad \theta_y]^{\mathrm{T}} \tag{11.2.9}$$

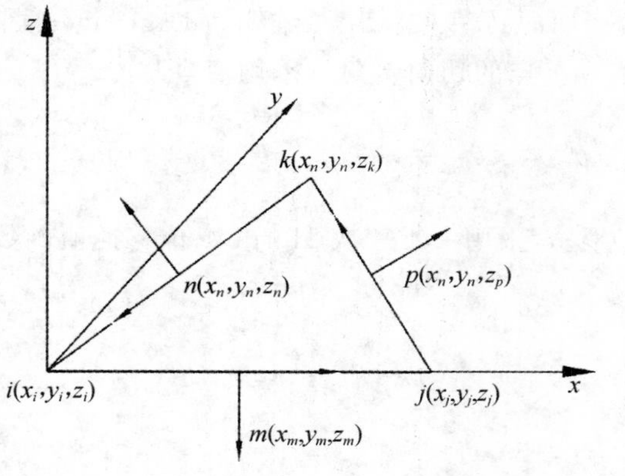

图 11.2.1　有内插点的空间板壳单元节点的坐标

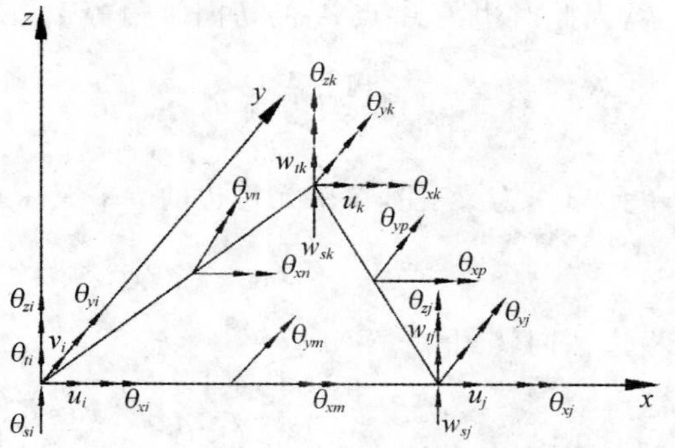

图 11.2.2　有内插点的空间板壳单元节点的位移

单元的每个角节点有 3 个独立的自由度，共有 9 个独立的自由度，每个内插点有 3 个非独立的自由度（见图 11.2.2）。单元的转角 θ_x，θ_y 及横向弯曲位移 $\boldsymbol{w}_b$ 采用如式(10.7.8)所示的二维二次 Lagrange 插值函数，其相应的形函数如式(10.7.11)所示，即角节点和边内插节点的形函数

$$N_{L2i} = (2L_i - 1)L_i, \quad N_{L2j} = (2L_j - 1)L_j, \quad N_{L2k} = (2L_k - 1)L_k$$

$$N_{L2m} = 4L_iL_j, \quad N_{L2n} = 4L_iL_k, \quad N_{L2p} = 4L_jL_k$$

所以

$$w_b = [N_{L2i} \quad N_{L2m} \quad N_{L2j} \quad N_{L2n} \quad N_{L2p} \quad N_{L2k}]\boldsymbol{w}_e \tag{11.2.10}$$

转角

$$\begin{bmatrix}\theta_x\\ \theta_y\end{bmatrix} = \begin{bmatrix} N_{L2i} & 0 & N_{L2m} & 0 & N_{L2j} & 0 & N_{L2n} & 0 & N_{L2p} & 0 & N_{L2k} & 0 \\ 0 & N_{L2i} & 0 & N_{L2m} & 0 & N_{L2j} & 0 & N_{L2n} & 0 & N_{L2p} & 0 & N_{L2k}\end{bmatrix}\boldsymbol{\theta}_e \tag{11.2.11}$$

其中

$$\boldsymbol{w}_e = [w_i \quad w_m \quad w_j \quad w_n \quad w_p \quad w_k]^{\mathrm{T}}$$
$$\boldsymbol{\theta}_e = [\theta_{xi} \quad \theta_{yi} \quad \theta_{xm} \quad \theta_{ym} \quad \theta_{xj} \quad \theta_{yj} \quad \theta_{xn} \quad \theta_{yn} \quad \theta_{xp} \quad \theta_{yp} \quad \theta_{xk} \quad \theta_{yk}]^{\mathrm{T}} \tag{11.2.12}$$

由于内插点上的转角 θ_{xm}，θ_{ym}，θ_{xn}，θ_{yn}，θ_{xp}，θ_{yp} 为非独立的自由度，应通过变换用角节点转角表示。根据在单元内插点法向坐标系中定义的转角 θ_{nm}，θ_{sm}，θ_{m}，θ_{sn}，θ_{np}，θ_{sp} 与在局部坐标系中定义的内插点转角向量 θ_e 的变换式(11.1.28)，有在局部坐标系中定义的内插点转角向量

$$\begin{bmatrix}\theta_{xm}\\ \theta_{ym}\end{bmatrix} = \begin{bmatrix}0 & 1\\ -1 & 0\end{bmatrix}\begin{bmatrix}\theta_{nm}\\ \theta_{sm}\end{bmatrix} \tag{11.2.13a}$$

$$\begin{bmatrix}\theta_{xn}\\ \theta_{yn}\end{bmatrix} = \begin{bmatrix}l_{n_n,x} & l_{s_n,x}\\ m_{n_n,y} & m_{s_n,y}\end{bmatrix}\begin{bmatrix}\theta_{nn}\\ \theta_{sn}\end{bmatrix} \tag{11.2.13b}$$

$$\begin{bmatrix}\theta_{xp}\\ \theta_{yp}\end{bmatrix} = \begin{bmatrix}l_{n_p,x} & l_{s_p,x}\\ m_{n_p,y} & m_{s_p,y}\end{bmatrix}\begin{bmatrix}\theta_{np}\\ \theta_{sp}\end{bmatrix} \tag{11.2.13c}$$

由此再确定边中内插点法向和切向转角和角节点处法向和切向转角的关系。

现按离散 Kirchhoff 理论(DKT),将单元每边作为梁-柱,在单元每边的 n-s 坐标系中建立单元每边的位移 w 和切向转角 θ_S 的位移插值函数。切向转角 θ_S 采用一维线性 Lagrange 插值函数,因此对边 ij 中点 m 的切向转角等于边端 i 点和 j 点的切向转角的平均值,即

$$\theta_{sm}=\frac{1}{2}(\theta_{si}^{ij}+\theta_{sj}^{ij}),\quad \theta_{sn}=\frac{1}{2}(\theta_{si}^{ik}+\theta_{sk}^{ik}),\quad \theta_{sp}=\frac{1}{2}(\theta_{sk}^{jk}+\theta_{sj}^{jk}) \tag{11.2.14}$$

板单元边作为梁-柱,在单元每边的 n-s 坐标系中位移 w 采用一维三次 Hermite 位移插值函数

$$w=c_1+c_2s+c_3s^2+c_4s^3 \tag{11.2.15}$$

而板边法向转角

$$\theta_n=\frac{\partial w}{\partial s}=c_2+2c_3s+3c_4s^2$$

将如图 11.2.3 所示的 i,j 点的坐标及在 n-s 坐标系中板的 i,j 节点位移

$$\boldsymbol{u}_e^{ij}=[w_i\quad \theta_{ni}^{ij}\quad w_j\quad \theta_{nj}^{ij}]^{\mathrm{T}} \tag{11.2.16}$$

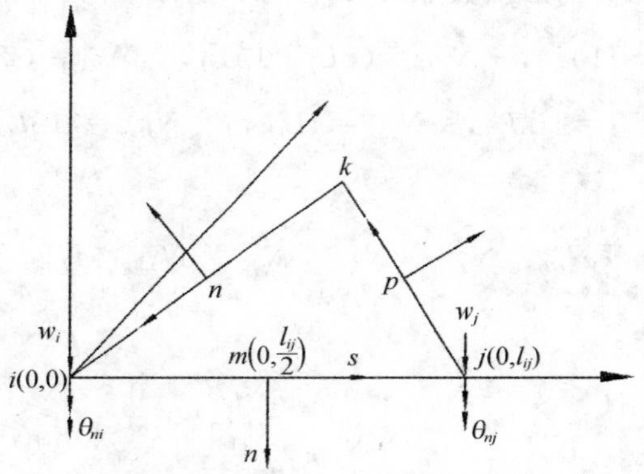

图 11.2.3 n-s 坐标系中的法向和切向转角

代入以上两式,得板单元 ij 边位移和法向转角

$$w=\left(1-\frac{3s^2}{l_{ij}^2}+\frac{2s^3}{l_{ij}^3}\right)w_i+\left(s-\frac{2s^2}{l_{ij}}+\frac{s^3}{l_{ij}^2}\right)\theta_{ni}^{ij}+\left(\frac{3s^2}{l_{ij}^2}-\frac{2s^3}{l_{ij}^3}\right)w_j+\left(-\frac{s^2}{l_{ij}}+\frac{s^3}{l_{ij}^2}\right)\theta_{nj}^{ij} \tag{11.2.17}$$

$$\theta_n^{ij}=\frac{\partial w}{\partial s}=\left[-\frac{6s}{l_{ij}^2}+\frac{6s^2}{l_{ij}^3}\quad 1-\frac{4s}{l_{ij}}+\frac{3s^2}{l_{ij}^2}\quad \frac{6s}{l_{ij}^2}-\frac{6s^2}{l_{ij}^3}\quad -\frac{2s}{l_{ij}}+\frac{3s^2}{l_{ij}^2}\right]\boldsymbol{u}_e^{ij} \tag{11.2.18}$$

其中,l_{ij} 为单元的 ij 边长。设形函数

$$N_{H1i}=1-\frac{3s^2}{l_{ij}^2}+\frac{2s^3}{l_{ij}^3},\quad N_{H1i,s}=s-\frac{2s^2}{l_{ij}}+\frac{s^3}{l_{ij}^2},\quad N_{H1j}=\frac{3s^2}{l_{ij}^2}-\frac{2s^3}{l_{ij}^3},\quad N_{H1j,s}=-\frac{s^2}{l_{ij}}+\frac{s^3}{l_{ij}^2}$$

对边 ij 中点 m 点,将 m 点的 n-s 坐标 $m\left(0,\frac{l_{ij}}{2}\right)$ 代入上式,得 m 点的位移和 m 点的法向转角

$$w_m=\frac{1}{2}w_i+\frac{l_{ij}}{8}\theta_{ni}^{ij}+\frac{1}{2}w_j-\frac{l_{ij}}{8}\theta_{nj}^{ij} \tag{11.2.19}$$

$$\theta_{nm}=-\frac{3}{2l_{ij}}w_i-\frac{1}{4}\theta_{ni}^{ij}+\frac{3}{2l_{ij}}w_j-\frac{1}{4}\theta_{nj}^{ij} \tag{11.2.20}$$

根据变换式(11.1.28),有

$$\begin{bmatrix}\theta_{ni}^{ij}\\ \theta_{si}^{ij}\end{bmatrix}=\begin{bmatrix}0 & -1\\ 1 & 0\end{bmatrix}\begin{bmatrix}\theta_{xi}\\ \theta_{yi}\end{bmatrix},\quad \begin{bmatrix}\theta_{nj}^{ij}\\ \theta_{sj}^{ij}\end{bmatrix}=\begin{bmatrix}0 & -1\\ 1 & 0\end{bmatrix}\begin{bmatrix}\theta_{xj}\\ \theta_{yj}\end{bmatrix} \tag{11.2.21}$$

所以

$$\begin{cases}\theta_{nm}=-\dfrac{3}{2l_{ij}}w_i+\dfrac{1}{4}\theta_{yi}+\dfrac{3}{2l_{ij}}w_j+\dfrac{1}{4}\theta_{yj}\,,\\ \theta_{sm}=\dfrac{1}{2}\theta_{xi}+\dfrac{1}{2}\theta_{xj}\end{cases} \tag{11.2.22}$$

将上式代入式(11.2.13a),得

$$\begin{bmatrix}\theta_{xm}\\ \theta_{ym}\end{bmatrix}=\begin{bmatrix}\dfrac{1}{2}\theta_{xi}+\dfrac{1}{2}\theta_{xj}\\ \dfrac{3}{2l_{ij}}w_i-\dfrac{1}{4}\theta_{yi}-\dfrac{3}{2l_{ij}}w_j-\dfrac{1}{4}\theta_{yj}\end{bmatrix} \tag{11.2.23}$$

及

$$w_m=\frac{1}{2}w_i-\frac{l_{ij}}{8}\theta_{yi}+\frac{1}{2}w_j+\frac{l_{ij}}{8}\theta_{yj} \tag{11.2.24}$$

类似,可得 n 和 p 点的位移及边法向和切向转角

$$w_n=\frac{1}{2}w_k+\frac{l_{ik}}{8}l_{n_n,x}\theta_{xk}+\frac{l_{ik}}{8}m_{n_n,y}\theta_{yk}+\frac{1}{2}w_i-\frac{l_{ij}}{8}l_{n_n,x}\theta_{xi}-\frac{l_{ij}}{8}m_{n_n,y}\theta_{yi}$$

$$\begin{bmatrix}\theta_{xn}\\ \theta_{yn}\end{bmatrix}=\begin{bmatrix}\dfrac{3}{2l_{ik}}l_{n_n,x}w_i+\left(\dfrac{1}{2}l_{s_n,x}l_{s_n,x}-\dfrac{1}{4}l_{n_n,x}l_{n_n,x}\right)\theta_{xi}+\left(\dfrac{1}{2}l_{s_n,x}m_{s_n,y}-\dfrac{1}{4}l_{n_n,x}m_{n_n,y}\right)\theta_{yi}\\ -\dfrac{3}{2l_{ik}}l_{n_n,x}w_k+\left(\dfrac{1}{2}l_{s_n,x}l_{s_n,x}-\dfrac{1}{4}l_{n_n,x}l_{n_n,x}\right)\theta_{xk}+\left(\dfrac{1}{2}l_{s_n,x}m_{s_n,y}-\dfrac{1}{4}l_{n_n,x}m_{n_n,y}\right)\theta_{yk}\\ \dfrac{3}{2l_{ik}}m_{n_n,y}w_i+\left(\dfrac{1}{2}l_{s_n,x}m_{s_n,y}-\dfrac{1}{4}l_{n_n,x}m_{n_n,y}\right)\theta_{xi}+\left(\dfrac{1}{2}m_{s_n,y}m_{s_n,y}-\dfrac{1}{4}m_{n_n,y}m_{n_ny}\right)\theta_{yi}\\ -\dfrac{3}{2l_{ik}}m_{n_n,y}w_k+\left(\dfrac{1}{2}l_{s_n,x}m_{s_n,y}-\dfrac{1}{4}l_{n_n,x}m_{n_n,y}\right)\theta_{xk}+\left(\dfrac{1}{2}m_{s_n,y}m_{s_n,y}-\dfrac{1}{4}m_{n_n,y}m_{n_n,y}\right)\theta_{yk}\end{bmatrix}$$

及

$$w_p=\frac{1}{2}w_j+\frac{l_{jk}}{8}l_{n_p,x}\theta_{xj}+\frac{l_{jk}}{8}m_{n_p,y}\theta_{yj}+\frac{1}{2}w_k-\frac{l_{ij}}{8}l_{n_p,x}\theta_{xk}-\frac{l_{ij}}{8}m_{n_p,y}\theta_{yk}$$

$$\begin{bmatrix}\theta_{xp}\\ \theta_{yp}\end{bmatrix}=\begin{bmatrix}-\dfrac{3}{2l_{jk}}l_{n_p,x}w_j+\left(\dfrac{1}{2}l_{s_p,x}l_{s_p,x}-\dfrac{1}{4}l_{n_p,x}l_{n_p,x}\right)\theta_{xj}+\left(\dfrac{1}{2}l_{s_p,x}m_{s_p,y}-\dfrac{1}{4}l_{n_p,x}m_{n_p,y}\right)\theta_{yj}\\ -\dfrac{3}{2l_{jk}}l_{n_p,x}w_k+\left(\dfrac{1}{2}l_{s_p,x}l_{s_p,x}-\dfrac{1}{4}l_{n_p,x}l_{n_p,x}\right)\theta_{xk}+\left(\dfrac{1}{2}l_{s_p,x}m_{s_p,y}-\dfrac{1}{4}l_{n_p,x}m_{n_p,y}\right)\theta_{yk}\\ \dfrac{3}{2l_{jk}}m_{n_p,y}w_j+\left(\dfrac{1}{2}l_{s_p,x}m_{s_n,y}-\dfrac{1}{4}l_{n_p,x}m_{n_p,y}\right)\theta_{xj}+\left(\dfrac{1}{2}m_{s_p,y}m_{s_p,y}-\dfrac{1}{4}m_{n_p,y}m_{n_p,y}\right)\theta_{yj}\\ +\dfrac{3}{2l_{jk}}m_{n_p,y}w_k+\left(\dfrac{1}{2}l_{s_p,x}m_{s_p,y}-\dfrac{1}{4}l_{n_p,x}m_{n_p,y}\right)\theta_{xk}+\left(\dfrac{1}{2}m_{s_p,y}m_{s_p,y}-\dfrac{1}{4}m_{n_p,y}m_{n_p,y}\right)\theta_{yk}\end{bmatrix}$$

将位移 w_m, w_n, w_p 及转角 $\theta_{xm}, \theta_{ym}, \theta_{xn}, \theta_{yn}, \theta_{xp}, \theta_{yp}$ 代入式(11.2.10)及式(11.2.11)，整理后得三角形平板单元位移

$$\boldsymbol{u} = [w_b \quad \theta_x \quad \theta_y]^{\mathrm{T}} = \boldsymbol{N}\boldsymbol{u}_e \quad 或 \quad \Delta\boldsymbol{u} = \boldsymbol{N}\Delta\boldsymbol{u}_e \tag{11.2.25}$$

式中，$\boldsymbol{u}_e$ 为三角形平板单元节点 i, j, k 的位移向量，如式(11.1.3)所示，有

$$\boldsymbol{u}_e = [w_i \quad \theta_{xi} \quad \theta_{yi} \quad w_j \quad \theta_{xj} \quad \theta_{yj} \quad w_k \quad \theta_{xk} \quad \theta_{yk}]^{\mathrm{T}} \tag{11.2.26}$$

$\boldsymbol{N}$ 为 DKT 三角形板单元位移的形函数，有

$$\boldsymbol{N} = \begin{bmatrix} \boldsymbol{N}_{w_b} \\ \boldsymbol{N}_{\theta_x} \\ \boldsymbol{N}_{\theta_y} \end{bmatrix} = \begin{bmatrix} N_{bwi} & N_{b\theta_{xi}} & N_{b\theta_{yi}} & N_{bwj} & N_{b\theta_{xj}} & N_{b\theta_{yj}} & N_{bwk} & N_{b\theta_{xk}} & N_{b\theta_{yk}} \\ N_{\theta_x w_i} & N_{\theta_x\theta_{xi}} & N_{\theta_x\theta_{yi}} & N_{\theta_x w_j} & N_{\theta_x\theta_{xj}} & N_{\theta_x\theta_{yj}} & N_{\theta_x w_k} & N_{\theta_x\theta_{xk}} & N_{\theta_x\theta_{yk}} \\ N_{\theta_y w_i} & N_{\theta_y\theta_{xi}} & N_{\theta_y\theta_{yi}} & N_{\theta_y w_j} & N_{\theta_y\theta_{xj}} & N_{\theta_y\theta_{yj}} & N_{\theta_y w_k} & N_{\theta_y\theta_{xk}} & N_{\theta_y\theta_{yk}} \end{bmatrix} \tag{11.2.27}$$

其中

$$N_{bwi} = (2L_i - 1)L_i + 2L_iL_j + 2L_iL_k, \quad N_{b\theta_{xi}} = -\frac{l_{ij}}{2}l_{n_n,x}L_iL_k$$

$$N_{b\theta_{yi}} = -\frac{l_{ij}}{2}L_iL_j - \frac{l_{ij}}{2}m_{n_n,y}L_iL_k, \quad N_{bwj} = (2L_j - 1)L_j + 2L_iL_j + 2L_jL_k$$

$$N_{b\theta_{xj}} = \frac{l_{jk}}{2}l_{n_p,x}L_jL_k, \quad N_{b\theta_{yj}} = \frac{l_{ij}}{2}L_iL_j + \frac{l_{jk}}{2}m_{n_p,y}L_jL_k$$

$$N_{bwk} = (2L_k - 1)L_k + 2L_iL_k + 2L_jL_k, \quad N_{b\theta_{xk}} = \frac{l_{ik}}{2}l_{n_n,x}L_iL_k - \frac{l_{ij}}{2}l_{n_p,x}L_jL_k$$

$$N_{b\theta_{yk}} = \frac{l_{ik}}{2}m_{n_n,y}L_iL_k - \frac{l_{ij}}{2}m_{n_p,y}L_jL_k$$

$$N_{\theta_x w_i} = \frac{6}{l_{ik}}L_iL_kl_{n_n,x}, \quad N_{\theta_x\theta_{xi}} = (2L_i - 1)L_i + 2L_iL_j + L_iL_k(2l_{s_n,x}l_{s_n,x} - l_{n_n,x}l_{n_n,x})$$

$$N_{\theta_x\theta_{yi}} = L_iL_k(2l_{s_n,x}m_{s_n,y} - l_{n_n,x}m_{n_n,y})$$

$$N_{\theta_x w_j} = -\frac{6}{l_{jk}}L_jL_kl_{n_p,x}, \quad N_{\theta_x\theta_{xj}} = (2L_j - 1)L_j + 2L_iL_j + L_jL_k(2L_{s_p,x}l_{s_p,x} - l_{n_p,x}l_{n_p,x})$$

$$N_{\theta_x\theta_{yj}} = L_jL_k(2l_{s_p,x}m_{s_p,y} - l_{n_p,x}m_{n_p,y})$$

$$N_{\theta_x w_k} = -\frac{6}{l_{ik}}L_iL_kl_{n_n,x} - \frac{6}{l_{jk}}L_jL_kl_{n_p,x}$$

$$N_{\theta_x\theta_{xk}} = (2L_k - 1)L_k + L_iL_k(2l_{s_n,x}l_{s_n,x} - l_{n_n,x}l_{n_n,x}) + L_jL_k(2l_{s_p,x}l_{s_p,x} - l_{n_p,x}l_{n_p,x})$$

$$N_{\theta_x\theta_{yk}} = L_iL_k(2l_{s_n,x}m_{s_n,y} - l_{n_n,x}m_{n_n,y}) + L_jL_k(2l_{s_p,x}m_{s_p,y} - l_{n_p,x}m_{n_p,y})$$

$$N_{\theta_y w_i} = \frac{6}{l_{ij}}L_iL_j + \frac{6}{l_{ik}}L_iL_km_{n_n,y}, \quad N_{\theta_y\theta_{xi}} = L_iL_k(2l_{s_n,x}m_{s_n,y} - l_{n_n,x}m_{n_n,y})$$

$$N_{\theta_y\theta_{yi}} = (2L_i - 1)L_i - L_iL_j + L_iL_k(2m_{s_n,y}m_{s_n,y} - m_{n_n,y}m_{n_n,y})$$

$$N_{\theta_y w_j} = \frac{6}{l_{jk}}L_jL_km_{n_p,y} - \frac{6}{l_{ij}}L_iL_j, \quad N_{\theta_y\theta_{xj}} = L_jL_k(2l_{s_p,x}m_{s_n,y} - l_{n_p,x}m_{n_p,y})$$

$$N_{\theta_y\theta_{yj}} = (2L_j - 1)L_j - L_iL_j + L_jL_k(2m_{s_p,y}m_{s_p,y} - m_{n_p,y}m_{n_p,y})$$

$$N_{\theta_y w_k} = \frac{6}{l_{jk}}L_jL_km_{n_p,y} - \frac{6}{l_{ik}}L_iL_km_{n_n,y}$$

$$N_{\theta_y\theta_{xk}} = L_iL_k(2l_{s_n,x}m_{s_n,y} - l_{n_n,x}m_{n_n,y}) + 4L_jL_k(2l_{s_p,x}m_{s_p,y} - l_{n_p,x}m_{n_p,y})$$

$$N_{\theta_y\theta_{yk}} = (2L_k - 1)L_k + L_iL_k(2m_{s_n,y}m_{s_n,y} - m_{n_n,y}m_{n_n,y}) + L_jL_k(2m_{s_p,y}m_{s_p,y} - m_{n_p,y}m_{n_p,y}) \tag{11.2.28}$$

11.2.4.2　DKT 板壳元

基于离散 Kirchhoff 理论(DKT),三角形板壳单元有 3 个角节点,除此之外,每条边的中点有 1 个内插点(见图 11.2.1)。在局部坐标系中,同时受面内和横向作用且考虑横向剪切位移的平板或壳的二维应力平面三角形单元有 7 个位移,即

$$\boldsymbol{u} = [u_t \quad v_t \quad w_b \quad \theta_x \quad \theta_y \quad \theta_z \quad w_s]^{\mathrm{T}} \tag{11.2.29}$$

单元的每个角节点有 7 个独立的自由度,共有 21 个独立的自由度,每个内插点有 3 个非独立的自由度。单元的面内位移 u_t 和 v_t、面内扭转角 θ_z 和横向剪切位移 w_s 采用如式(10.7.1)所示的二维 Lagrange 线性插值函数,其相应的形函数如式(10.7.4),即

$$N_i = \frac{1}{2A}(a_i + b_ix + c_iy),\quad N_j = \frac{1}{2A}(a_j + b_jx + c_jy),\quad N_k = \frac{1}{2A}(a_k + b_kx + c_ky)$$

引入面积坐标,则 $N_i = L_i, N_j = L_j, N_k = L_k$。

转角 θ_x, θ_y 及横向弯曲位移 w_b 采用如式(10.7.8)所示的二维二次 Lagrange 插值函数,其相应的形函数如式(11.2.27)所示。三角形板壳单元节点位移

$$\boldsymbol{u} = \boldsymbol{N}\boldsymbol{u}_e \quad 或 \quad \Delta\boldsymbol{u} = \boldsymbol{N}\Delta\boldsymbol{u}_e \tag{11.2.30}$$

式中,$\boldsymbol{u}_e$ 为三角形板壳单元节点 i, j, k 的位移向量,有

$$\begin{aligned}\boldsymbol{u}_e = [&u_i \quad v_i \quad w_{bi} \quad \theta_{xi} \quad \theta_{yi} \quad \theta_{zi} \quad w_{si} \quad u_j \quad v_j \quad w_{bj} \quad \theta_{xj} \quad \theta_{yj} \\ &\theta_{zj} \quad w_{sj} \quad u_k \quad v_k \quad w_{bk} \quad \theta_{xk} \quad \theta_{yk} \quad \theta_{zk} \quad w_{sk}]^{\mathrm{T}}\end{aligned} \tag{11.2.31}$$

$\boldsymbol{N}$ 为 DKT 三角形板壳单元位移的形函数,有

$$\boldsymbol{N} = [\boldsymbol{N}_x \quad \boldsymbol{N}_y \quad \boldsymbol{N}_z \quad \boldsymbol{N}_{\theta_x} \quad \boldsymbol{N}_{\theta_y} \quad \boldsymbol{N}_{\theta_z} \quad \boldsymbol{N}_{\mathrm{S}}]^{\mathrm{T}} \tag{11.2.32}$$

这里

$$\begin{cases}\boldsymbol{N}_x = [N_i \quad 0 \quad 0 \quad 0 \quad 0 \quad 0 \quad 0 \quad N_j \quad 0 \quad 0 \quad 0 \quad 0 \quad 0 \quad 0 \\ \qquad N_k \quad 0 \quad 0 \quad 0 \quad 0 \quad 0 \quad 0], \\ \boldsymbol{N}_y = [0 \quad N_i \quad 0 \quad 0 \quad 0 \quad 0 \quad 0 \quad 0 \quad N_j \quad 0 \quad 0 \quad 0 \quad 0 \quad 0 \\ \qquad 0 \quad N_k \quad 0 \quad 0 \quad 0 \quad 0 \quad 0], \\ \boldsymbol{N}_z = [0 \quad 0 \quad N_{bwi} \quad N_{b\theta_{xi}} \quad N_{b\theta_{yi}} \quad 0 \quad 0 \quad 0 \quad 0 \quad N_{bwj} \quad N_{b\theta_{xj}} \\ \qquad N_{b\theta_{yj}} \quad 0 \quad 0 \quad 0 \quad 0 \quad N_{bwk} \quad N_{b\theta_{xk}} \quad N_{b\theta_{yk}} \quad 0 \quad 0], \\ \boldsymbol{N}_{\theta_x} = [0 \quad 0 \quad N_{\theta_xw_i} \quad N_{\theta_x\theta_{xi}} \quad N_{\theta_x\theta_{yi}} \quad 0 \quad 0 \quad 0 \quad 0 \quad N_{\theta_xw_j} \quad N_{\theta_x\theta_{xj}} \\ \qquad N_{\theta_x\theta_{yj}} \quad 0 \quad 0 \quad 0 \quad 0 \quad N_{\theta_xw_k} \quad N_{\theta_x\theta_{xk}} \quad N_{\theta_x\theta_{yk}} \quad 0 \quad 0], \\ \boldsymbol{N}_{\theta_y} = [0 \quad 0 \quad N_{\theta_yw_i} \quad N_{\theta_y\theta_{xi}} \quad N_{\theta_y\theta_{yi}} \quad 0 \quad 0 \quad 0 \quad 0 \quad N_{\theta_yw_j} \quad N_{\theta_y\theta_{xj}} \\ \qquad N_{\theta_y\theta_{yj}} \quad 0 \quad 0 \quad 0 \quad 0 \quad N_{\theta_yw_k} \quad N_{\theta_y\theta_{xk}} \quad N_{\theta_y\theta_{yk}} \quad 0 \quad 0], \\ \boldsymbol{N}_{\theta_z} = [0 \quad 0 \quad 0 \quad 0 \quad 0 \quad N_i \quad 0 \quad 0 \quad 0 \quad 0 \quad 0 \quad 0 \quad N_j \quad 0 \\ \qquad 0 \quad 0 \quad 0 \quad 0 \quad 0 \quad N_k \quad 0], \\ \boldsymbol{N}_{\mathrm{S}} = [0 \quad 0 \quad 0 \quad 0 \quad 0 \quad 0 \quad N_i \quad 0 \quad 0 \quad 0 \quad 0 \quad 0 \quad 0 \quad N_j \\ \qquad 0 \quad 0 \quad 0 \quad 0 \quad 0 \quad 0 \quad N_k]\end{cases} \tag{11.2.33}$$

如果不考虑横向剪切的作用,则可消除横向剪切位移,成为传统的板壳单元位移。

11.3 空间板壳单元的应变矩阵

11.3.1 空间板壳单元的应变

式(5.4.14)或式(5.4.15)和式(5.4.16)或式(5.4.17)是板-壳中任意一点线性和非线性应变的一般表达式。如果 w_s 为线性模式,则单元的线性应变为

$$\Delta\varepsilon_{x,L}=\frac{\partial\Delta u_t}{\partial x}-z\frac{\partial\Delta\theta_y}{\partial x}-y\frac{\partial\Delta\theta_z}{\partial x} \tag{11.3.1a}$$

$$\Delta\varepsilon_{y,L}=\frac{\partial\Delta v_t}{\partial y}-z\frac{\partial\Delta\theta_x}{\partial y}+x\frac{\partial\Delta\theta_z}{\partial y} \tag{11.3.1b}$$

$$\Delta\gamma_{xy,L}=\frac{\partial\Delta u_t}{\partial y}-z\frac{\partial\Delta\theta_y}{\partial y}+\frac{\partial\Delta v_t}{\partial x}-z\frac{\partial\Delta\theta_x}{\partial x}+2\Delta\theta_z+\frac{\partial\Delta\theta_z}{\partial y}+\frac{\partial\Delta\theta_z}{\partial x} \tag{11.3.1c}$$

$$\Delta\gamma_{xz,L}=\frac{\partial\Delta w_b}{\partial x}-\Delta\theta_y+\frac{\partial\Delta w_s}{\partial x}\left(1-4\frac{z^2}{h^2}\right) \tag{11.3.1d}$$

$$\Delta\gamma_{yz,L}=\frac{\partial\Delta w_b}{\partial y}-\Delta\theta_x+\frac{\partial\Delta w_s}{\partial y}\left(1-4\frac{z^2}{h^2}\right) \tag{11.3.1e}$$

及

$$\Delta\varepsilon_{x,L}=\frac{\partial\Delta u_t}{\partial x}-z\frac{\partial^2\Delta w_b}{\partial x^2}-y\frac{\partial\Delta\theta_z}{\partial x} \tag{11.3.2a}$$

$$\Delta\varepsilon_{y,L}=\frac{\partial\Delta v_t}{\partial y}-z\frac{\partial^2\Delta w_b}{\partial y^2}+x\frac{\partial\Delta\theta_z}{\partial y} \tag{11.3.2b}$$

$$\Delta\gamma_{xy,L}=\frac{\partial\Delta u_t}{\partial y}+\frac{\partial\Delta v_t}{\partial x}-2z\frac{\partial^2\Delta w_b}{\partial x\partial y}-z^3\frac{8}{3h^2}\frac{\partial^2\Delta w_s}{\partial x\partial y}+2\Delta\theta_z+\frac{\partial\Delta\theta_z}{\partial y}+\frac{\partial\Delta\theta_z}{\partial x} \tag{11.3.2c}$$

$$\Delta\gamma_{yz,L}=\frac{\partial\Delta w_s}{\partial y}\left(1-4\frac{z^2}{h^2}\right) \tag{11.3.2d}$$

$$\Delta\gamma_{xz,L}=\frac{\partial\Delta w_s}{\partial x}\left(1-4\frac{z^2}{h^2}\right) \tag{11.3.2e}$$

单元的非线性应变为

$$\begin{aligned}\Delta\varepsilon_{x,NL}=&\frac{1}{2}\left[\left(\frac{\partial\Delta u_t}{\partial x}\right)^2+\left(\frac{\partial\Delta v_t}{\partial x}\right)^2+\left(\frac{\partial\Delta w_b}{\partial x}\right)^2+\left(\frac{\partial\Delta w_s}{\partial x}\right)^2\right]+\frac{\partial\Delta w_b}{\partial x}\frac{\partial\Delta w_s}{\partial x}\\&-z\left(\frac{\partial\Delta u_t}{\partial x}\frac{\partial\Delta\theta_y}{\partial x}+\frac{\partial\Delta v_t}{\partial x}\frac{\partial\Delta\theta_x}{\partial x}\right)+\frac{1}{2}z^2\left[\left(\frac{\partial\Delta\theta_y}{\partial x}\right)^2+\left(\frac{\partial\Delta\theta_x}{\partial x}\right)^2\right]\end{aligned} \tag{11.3.3a}$$

$$\begin{aligned}\Delta\varepsilon_{y,NL}=&\frac{1}{2}\left[\left(\frac{\partial\Delta u_t}{\partial y}\right)^2+\left(\frac{\partial\Delta v_t}{\partial y}\right)^2+\left(\frac{\partial\Delta w_b}{\partial y}\right)^2+\left(\frac{\partial\Delta w_s}{\partial y}\right)^2\right]+\frac{\partial\Delta w_b}{\partial y}\frac{\partial\Delta w_s}{\partial y}\\&-z\left(\frac{\partial\Delta u_t}{\partial y}\frac{\partial\Delta\theta_y}{\partial y}+\frac{\partial\Delta v_t}{\partial y}\frac{\partial\Delta\theta_x}{\partial y}\right)+\frac{1}{2}z^2\left[\left(\frac{\partial\Delta\theta_y}{\partial y}\right)^2+\left(\frac{\partial\Delta\theta_x}{\partial y}\right)^2\right]\end{aligned} \tag{11.3.3b}$$

$$\Delta\gamma_{xy,NL}=\frac{\partial\Delta u_t}{\partial x}\frac{\partial\Delta u_t}{\partial y}+\frac{\partial\Delta v_t}{\partial x}\frac{\partial\Delta v_t}{\partial y}+\frac{\partial w_b}{\partial x}\frac{\partial w_b}{\partial y}+\frac{\partial w_b}{\partial x}\frac{\partial w_s}{\partial y}+\frac{\partial w_s}{\partial x}\frac{\partial w_b}{\partial y}+\frac{\partial w_s}{\partial x}\frac{\partial w_s}{\partial y}$$

$$-z\left(\frac{\partial\Delta u_t}{\partial x}\frac{\partial\Delta\theta_y}{\partial y}+\frac{\partial\Delta\theta_y}{\partial x}\frac{\partial\Delta u_t}{\partial y}+\frac{\partial\Delta v_t}{\partial x}\frac{\partial\Delta\theta_x}{\partial y}+\frac{\partial\Delta\theta_x}{\partial x}\frac{\partial\Delta v_t}{\partial y}\right)\tag{11.3.3c}$$

$$+z^2\left(\frac{\partial\Delta\theta_y}{\partial x}\frac{\partial\Delta\theta_y}{\partial y}+\frac{\partial\Delta\theta_x}{\partial x}\frac{\partial\Delta\theta_x}{\partial y}\right)$$

$$\Delta\gamma_{yz,NL}=-\frac{\partial\Delta u_t}{\partial y}\Delta\theta_y-\frac{\partial\Delta v_t}{\partial y}\Delta\theta_x+z\left(\frac{\partial\Delta\theta_y}{\partial y}\Delta\theta_y+\frac{\partial\Delta\theta_x}{\partial y}\Delta\theta_x\right)$$

$$-z^2\frac{4}{h^2}\left(\frac{\partial\Delta u_t}{\partial y}\frac{\partial\Delta w_s}{\partial x}+\frac{\partial\Delta v_t}{\partial y}\frac{\partial\Delta w_s}{\partial y}\right)\tag{11.3.3d}$$

$$+z^3\frac{4}{h^2}\left(\frac{\partial\Delta\theta_y}{\partial y}\frac{\partial\Delta w_s}{\partial x}+\frac{\partial\Delta\theta_x}{\partial y}\frac{\partial\Delta w_s}{\partial y}\right)$$

$$\Delta\gamma_{xz,NL}=-\frac{\partial\Delta u_t}{\partial x}\Delta\theta_y-\frac{\partial\Delta v_t}{\partial x}\Delta\theta_x+z\left(\frac{\partial\Delta\theta_y}{\partial x}\Delta\theta_y+\frac{\partial\Delta\theta_x}{\partial x}\Delta\theta_x\right)$$

$$-z^2\frac{4}{h^2}\left(\frac{\partial\Delta u_t}{\partial x}\frac{\partial\Delta w_s}{\partial x}+\frac{\partial\Delta v_t}{\partial x}\frac{\partial\Delta w_s}{\partial y}\right)\tag{11.3.3e}$$

$$+z^3\frac{4}{h^2}\left(\frac{\partial\Delta\theta_y}{\partial x}\frac{\partial\Delta w_s}{\partial x}+\frac{\partial\Delta\theta_x}{\partial x}\frac{\partial\Delta w_s}{\partial y}\right)$$

及

$$\Delta\varepsilon_{x,NL}=\frac{1}{2}\left[\left(\frac{\partial\Delta u_t}{\partial x}\right)^2+\left(\frac{\partial\Delta v_t}{\partial x}\right)^2+\left(\frac{\partial\Delta w_b}{\partial x}\right)^2+\left(\frac{\partial\Delta w_s}{\partial x}\right)^2\right]+\frac{\partial\Delta w_b}{\partial x}\frac{\partial\Delta w_s}{\partial x}$$

$$-z\left(\frac{\partial\Delta u_t}{\partial x}\frac{\partial^2\Delta w_b}{\partial x^2}+\frac{\partial\Delta v_t}{\partial x}\frac{\partial^2\Delta w_b}{\partial x\partial y}\right)+\frac{1}{2}z^2\left[\left(\frac{\partial^2\Delta w_b}{\partial x^2}\right)^2+\left(\frac{\partial^2\Delta w_b}{\partial x\partial y}\right)^2\right]\tag{11.3.4a}$$

$$\Delta\varepsilon_{y,NL}=\frac{1}{2}\left[\left(\frac{\partial\Delta u_t}{\partial y}\right)^2+\left(\frac{\partial\Delta v_t}{\partial y}\right)^2+\left(\frac{\partial\Delta w_b}{\partial y}\right)^2+\left(\frac{\partial\Delta w_s}{\partial y}\right)^2\right]+\frac{\partial\Delta w_b}{\partial y}\frac{\partial\Delta w_s}{\partial y}$$

$$-z\left(\frac{\partial\Delta u_t}{\partial y}\frac{\partial^2\Delta w_b}{\partial x\partial y}+\frac{\partial\Delta v_t}{\partial y}\frac{\partial^2\Delta w_b}{\partial y^2}\right)+\frac{1}{2}z^2\left[\left(\frac{\partial^2\Delta w_b}{\partial x\partial y}\right)^2+\left(\frac{\partial^2\Delta w_b}{\partial y^2}\right)^2\right]\tag{11.3.4b}$$

$$\Delta\gamma_{xy,NL}=\frac{\partial\Delta u_t}{\partial x}\frac{\partial\Delta u_t}{\partial y}+\frac{\partial\Delta v_t}{\partial x}\frac{\partial\Delta v_t}{\partial y}+\frac{\partial\Delta w_b}{\partial x}\frac{\partial\Delta w_b}{\partial y}+\frac{\partial\Delta w_s}{\partial x}\frac{\partial\Delta w_b}{\partial y}+\frac{\partial\Delta w_s}{\partial x}\frac{\partial\Delta w_s}{\partial y}+\frac{\partial\Delta w_b}{\partial x}\frac{\partial\Delta w_s}{\partial y}$$

$$-z\left(\frac{\partial\Delta u_t}{\partial x}\frac{\partial^2\Delta w_b}{\partial x\partial y}+\frac{\partial\Delta u_t}{\partial y}\frac{\partial^2\Delta w_b}{\partial x^2}+\frac{\partial\Delta v_t}{\partial x}\frac{\partial^2\Delta w_b}{\partial y^2}+\frac{\partial\Delta v_t}{\partial y}\frac{\partial^2\Delta w_b}{\partial x\partial y}\right)\tag{11.3.4c}$$

$$+z^2\left(\frac{\partial^2\Delta w_b}{\partial x^2}\frac{\partial^2\Delta w_b}{\partial x\partial y}+\frac{\partial^2\Delta w_b}{\partial y^2}\frac{\partial^2\Delta w_b}{\partial x\partial y}\right)$$

$$\Delta\gamma_{yz,NL}=-\frac{\partial\Delta u_t}{\partial y}\frac{\partial\Delta w_b}{\partial x}-\frac{\partial\Delta v_t}{\partial y}\frac{\partial\Delta w_b}{\partial y}+z\left(\frac{\partial\Delta w_b}{\partial x}\frac{\partial^2\Delta w_b}{\partial x\partial y}+\frac{\partial\Delta w_b}{\partial y}\frac{\partial^2\Delta w_b}{\partial y^2}\right)$$

$$-z^2\frac{4}{h^2}\left(\frac{\partial\Delta u_t}{\partial y}\frac{\partial\Delta w_s}{\partial x}+\frac{\partial\Delta v_t}{\partial y}\frac{\partial\Delta w_s}{\partial y}\right)\tag{11.3.4d}$$

$$+z^3\frac{4}{h^2}\left(\frac{\partial^2\Delta w_b}{\partial x\partial y}\frac{\partial\Delta w_s}{\partial x}+\frac{\partial^2\Delta w_b}{\partial y^2}\frac{\partial\Delta w_s}{\partial y}\right)$$

$$\Delta\gamma_{xz,NL}=-\frac{\partial\Delta u_t}{\partial x}\frac{\partial\Delta w_b}{\partial x}-\frac{\partial\Delta v_t}{\partial x}\frac{\partial\Delta w_b}{\partial y}+z\left(\frac{\partial^2\Delta w_b}{\partial x^2}\frac{\partial\Delta w_b}{\partial x}+\frac{\partial^2\Delta w_b}{\partial x\partial y}\frac{\partial\Delta w_b}{\partial y}\right)$$
$$-z^2\frac{4}{h^2}\left(\frac{\partial\Delta u_t}{\partial x}\frac{\partial\Delta w_s}{\partial x}+\frac{\partial\Delta v_t}{\partial x}\frac{\partial\Delta w_s}{\partial y}\right) \tag{11.3.4e}$$
$$+z^3\frac{4}{h^2}\left(\frac{\partial^2\Delta w_b}{\partial x^2}\frac{\partial\Delta w_s}{\partial x}+\frac{\partial^2\Delta w_b}{\partial x\partial y}\frac{\partial\Delta w_s}{\partial y}\right)$$

对式(5.4.14)和式(5.4.16)或式(11.3.1)和式(11.3.3)所示应变的单元,宜采用 Mindlin 板单元、DKT 板壳元。对式(5.4.15)和式(5.4.17)或式(11.3.2)和式(11.3.4)所示应变的单元,宜采用协调或非协调板壳元。

由上述各式可得薄/厚板-壳应变的简化表达式。对于平板单元的线性应变为

$$\Delta\varepsilon_{x,L}=-z\frac{\partial\Delta\theta_y}{\partial x} \tag{11.3.5a}$$

$$\Delta\varepsilon_{y,L}=-z\frac{\partial\Delta\theta_x}{\partial y} \tag{11.3.5b}$$

$$\Delta\gamma_{xy,L}=-z\frac{\partial\Delta\theta_y}{\partial y}-z\frac{\partial\Delta\theta_x}{\partial x} \tag{11.3.5c}$$

$$\Delta\gamma_{yz,L}=\frac{\partial\Delta w_b}{\partial y}-\Delta\theta_x+\frac{\partial\Delta w_s}{\partial y}\left(1-4\frac{z^2}{h^2}\right) \tag{11.3.5d}$$

$$\Delta\gamma_{xz,L}=\frac{\partial\Delta w_b}{\partial x}-\Delta\theta_y+\frac{\partial\Delta w_s}{\partial x}\left(1-4\frac{z^2}{h^2}\right) \tag{11.3.5e}$$

及

$$\Delta\varepsilon_{x,L}=-z\frac{\partial^2\Delta w_b}{\partial x^2} \tag{11.3.6a}$$

$$\Delta\varepsilon_{y,L}=-z\frac{\partial^2\Delta w_b}{\partial y^2} \tag{11.3.6b}$$

$$\Delta\gamma_{xy,L}=-2z\frac{\partial^2\Delta w_b}{\partial x\partial y}-z^3\frac{8}{3h^2}\frac{\partial^2\Delta w_s}{\partial x\partial y} \tag{11.3.6c}$$

$$\Delta\gamma_{yz,L}=\frac{\partial\Delta w_s}{\partial y}\left(1-4\frac{z^2}{h^2}\right) \tag{11.3.6d}$$

$$\Delta\gamma_{xz,L}=\frac{\partial\Delta w_s}{\partial x}\left(1-4\frac{z^2}{h^2}\right) \tag{11.3.6e}$$

平板单元的非线性应变为

$$\Delta\varepsilon_{x,NL}=\frac{1}{2}\left[\left(\frac{\partial\Delta w_b}{\partial x}\right)^2+\left(\frac{\partial\Delta w_s}{\partial x}\right)^2\right]+\frac{\partial\Delta w_b}{\partial x}\frac{\partial\Delta w_s}{\partial x}$$
$$+\frac{1}{2}z^2\left[\left(\frac{\partial\Delta\theta_y}{\partial x}\right)^2+\left(\frac{\partial\Delta\theta_x}{\partial x}\right)^2\right] \tag{11.3.7a}$$

$$\Delta\varepsilon_{y,NL}=\frac{1}{2}\left[\left(\frac{\partial\Delta w_b}{\partial y}\right)^2+\left(\frac{\partial\Delta w_s}{\partial y}\right)^2\right]+\frac{\partial\Delta w_b}{\partial y}\frac{\partial\Delta w_s}{\partial y}$$
$$+\frac{1}{2}z^2\left[\left(\frac{\partial\Delta\theta_y}{\partial y}\right)^2+\left(\frac{\partial\Delta\theta_x}{\partial y}\right)^2\right] \tag{11.3.7b}$$

$$\Delta\gamma_{xy,NL}=\frac{\partial w_b}{\partial x}\frac{\partial w_b}{\partial y}+\frac{\partial w_b}{\partial x}\frac{\partial w_s}{\partial y}+\frac{\partial w_s}{\partial x}\frac{\partial w_b}{\partial y}+\frac{\partial w_s}{\partial x}\frac{\partial w_s}{\partial y}+z^2\left(\frac{\partial\Delta\theta_y}{\partial x}\frac{\partial\Delta\theta_y}{\partial y}+\frac{\partial\Delta\theta_x}{\partial x}\frac{\partial\Delta\theta_x}{\partial y}\right)\tag{11.3.7c}$$

$$\Delta\gamma_{yz,NL}=z\left(\frac{\partial\Delta\theta_y}{\partial y}\Delta\theta_y+\frac{\partial\Delta\theta_x}{\partial y}\Delta\theta_x\right)+z^3\frac{4}{h^2}\left(\frac{\partial\Delta\theta_y}{\partial y}\frac{\partial\Delta w_s}{\partial x}+\frac{\partial\Delta\theta_x}{\partial y}\frac{\partial\Delta w_s}{\partial y}\right)\tag{11.3.7d}$$

$$\Delta\gamma_{xz,NL}=z\left(\frac{\partial\Delta\theta_y}{\partial x}\Delta\theta_y+\frac{\partial\Delta\theta_x}{\partial x}\Delta\theta_x\right)+z^3\frac{4}{h^2}\left(\frac{\partial\Delta\theta_y}{\partial x}\frac{\partial\Delta w_s}{\partial x}+\frac{\partial\Delta\theta_x}{\partial x}\frac{\partial\Delta w_s}{\partial y}\right)\tag{11.3.7e}$$

及

$$\Delta\varepsilon_{x,NL}=\frac{1}{2}\left[\left(\frac{\partial\Delta w_b}{\partial x}\right)^2+\left(\frac{\partial\Delta w_s}{\partial x}\right)^2\right]+\frac{\partial\Delta w_b}{\partial x}\frac{\partial\Delta w_s}{\partial x}+\frac{1}{2}z^2\left[\left(\frac{\partial^2\Delta w_b}{\partial x^2}\right)^2+\left(\frac{\partial^2\Delta w_b}{\partial x\partial y}\right)^2\right]\tag{11.3.8a}$$

$$\Delta\varepsilon_{y,NL}=\frac{1}{2}\left[\left(\frac{\partial\Delta w_b}{\partial y}\right)^2+\left(\frac{\partial\Delta w_s}{\partial y}\right)^2\right]+\frac{\partial\Delta w_b}{\partial y}\frac{\partial\Delta w_s}{\partial y}+\frac{1}{2}z^2\left[\left(\frac{\partial^2\Delta w_b}{\partial x\partial y}\right)^2+\left(\frac{\partial^2\Delta w_b}{\partial y^2}\right)^2\right]\tag{11.3.8b}$$

$$\Delta\gamma_{xy,NL}=\frac{\partial\Delta w_b}{\partial x}\frac{\partial\Delta w_b}{\partial y}+\frac{\partial\Delta w_s}{\partial x}\frac{\partial\Delta w_b}{\partial y}+\frac{\partial\Delta w_s}{\partial x}\frac{\partial\Delta w_s}{\partial y}+\frac{\partial\Delta w_b}{\partial x}\frac{\partial\Delta w_s}{\partial y}+z^2\left(\frac{\partial^2\Delta w_b}{\partial x^2}\frac{\partial^2\Delta w_b}{\partial x\partial y}+\frac{\partial^2\Delta w_b}{\partial y^2}\frac{\partial^2\Delta w_b}{\partial x\partial y}\right)\tag{11.3.8c}$$

$$\Delta\gamma_{yz,NL}=z\left(\frac{\partial\Delta w_b}{\partial x}\frac{\partial^2\Delta w_b}{\partial x\partial y}+\frac{\partial\Delta w_b}{\partial y}\frac{\partial^2\Delta w_b}{\partial y^2}\right)+z^3\frac{4}{h^2}\left(\frac{\partial^2\Delta w_b}{\partial x\partial y}\frac{\partial\Delta w_s}{\partial x}+\frac{\partial^2\Delta w_b}{\partial y^2}\frac{\partial\Delta w_s}{\partial y}\right)\tag{11.3.8d}$$

$$\Delta\gamma_{xz,NL}=z\left(\frac{\partial^2\Delta w_b}{\partial x^2}\frac{\partial\Delta w_b}{\partial x}+\frac{\partial^2\Delta w_b}{\partial x\partial y}\frac{\partial\Delta w_b}{\partial y}\right)+z^3\frac{4}{h^2}\left(\frac{\partial^2\Delta w_b}{\partial x^2}\frac{\partial\Delta w_s}{\partial x}+\frac{\partial^2\Delta w_b}{\partial x\partial y}\frac{\partial\Delta w_s}{\partial y}\right)\tag{11.3.8e}$$

如果不考虑剪切的作用，则可以得到更加简单的平板单元的应变表达式。

11.3.2 空间板壳单元的线性应变矩阵

将平板的二维应力平面三角形单元位移插值函数式(11.2.2)及式(11.2.6)中的剪切位移插值函数代入式(11.3.6)，可得考虑横向剪切的非协调三角形平板单元的线性应变矩阵；将平板的二维应力平面三角形单元位移插值函数式(11.2.25)及式(11.2.30)中的剪切位移插值函数代入式(11.3.5)，可得考虑横向剪切的DKT三角形平板单元的线性应变矩阵。

将板壳的二维应力平面三角形单元位移插值函数式(11.2.6)代入式(11.3.2)，可得非协调三角形板板单元的考虑横向剪切的线性应变矩阵。对具有一般性的考虑横向剪切的板-壳的DKT三角形单元线性应变矩阵，可以将板-壳的二维应力平面三角形单元位移插值函数式(11.2.30)代入式(11.3.1)，得

$$\Delta\varepsilon_{x,L} = \left(\frac{\partial \boldsymbol{N}_x}{\partial x} - z\frac{\partial \boldsymbol{N}_{\theta_y}}{\partial x} - y\frac{\partial \boldsymbol{N}_{\theta_z}}{\partial x}\right)\Delta \boldsymbol{u}_e \tag{11.3.9a}$$

$$\Delta\varepsilon_{y,L} = \left(\frac{\partial \boldsymbol{N}_y}{\partial y} - z\frac{\partial \boldsymbol{N}_{\theta_x}}{\partial y} + x\frac{\partial \boldsymbol{N}_{\theta_z}}{\partial y}\right)\Delta \boldsymbol{u}_e \tag{11.3.9b}$$

$$\Delta\gamma_{xy,L} = \left(\frac{\partial \boldsymbol{N}_x}{\partial y} - z\frac{\partial \boldsymbol{N}_{\theta_y}}{\partial y} + \frac{\partial \boldsymbol{N}_y}{\partial x} - z\frac{\partial \boldsymbol{N}_{\theta_x}}{\partial x} + 2\boldsymbol{N}_{\theta_z} + \frac{\partial \boldsymbol{N}_{\theta_z}}{\partial y} + \frac{\partial \boldsymbol{N}_{\theta_z}}{\partial x}\right)\Delta \boldsymbol{u}_e \tag{11.3.9c}$$

$$\Delta\gamma_{yz,L} = \left(\frac{\partial \boldsymbol{N}_z}{\partial y} - \boldsymbol{N}_{\theta_x} + \frac{\partial \boldsymbol{N}_S}{\partial y}\left(1 - 4\frac{z^2}{h^2}\right)\right)\Delta \boldsymbol{u} \tag{11.3.9d}$$

$$\Delta\gamma_{xz,L} = \left(\frac{\partial \boldsymbol{N}_z}{\partial x} - \boldsymbol{N}_{\theta_y} + \frac{\partial \boldsymbol{N}_S}{\partial x}\left(1 - 4\frac{z^2}{h^2}\right)\right)\Delta \boldsymbol{u}_e \tag{11.3.9e}$$

即

$$\Delta\varepsilon_L = \boldsymbol{B}_L \Delta \boldsymbol{u}_e \tag{11.3.10}$$

这里，$\boldsymbol{B}_L$ 为板-壳的 DKT 三角形单元线性应变矩阵。对于二维三角形单元，引入形函数 N_t 关于 x,y 的偏微分与关于面积坐标 L_i,L_j 的偏微分的变换式(9.4.15)，有

$$\boldsymbol{B}_L = \begin{bmatrix} b_{1,1} & 0 & b_{1,3} & b_{1,4} & b_{1,5} & b_{1,6} & 0 & b_{1,8} & 0 & b_{1,10} & b_{1,11} & b_{1,12} & b_{1,13} & 0 & b_{1,15} & 0 & b_{1,17} & b_{1,18} & b_{1,19} & b_{1,20} & 0 \\ 0 & b_{2,2} & b_{2,3} & b_{2,4} & b_{2,5} & b_{2,6} & 0 & 0 & b_{2,9} & b_{2,10} & b_{2,11} & b_{2,12} & b_{2,13} & 0 & 0 & b_{2,16} & b_{2,17} & b_{2,18} & b_{2,19} & b_{2,20} & 0 \\ b_{3,1} & b_{3,2} & b_{3,3} & b_{3,4} & b_{3,5} & b_{3,6} & 0 & b_{3,8} & b_{3,9} & b_{3,10} & b_{3,11} & b_{3,12} & b_{3,13} & 0 & b_{3,15} & b_{3,16} & b_{3,17} & b_{3,18} & b_{3,19} & b_{3,20} & 0 \\ 0 & 0 & b_{4,3} & b_{4,4} & b_{4,5} & b_{4,6} & b_{4,7} & 0 & 0 & b_{4,10} & b_{4,11} & b_{4,12} & b_{4,13} & b_{4,14} & 0 & 0 & b_{4,17} & b_{4,18} & b_{4,19} & b_{4,20} & b_{4,21} \\ 0 & 0 & b_{5,3} & b_{5,4} & b_{5,5} & b_{5,6} & b_{5,7} & 0 & 0 & b_{5,10} & b_{5,11} & b_{5,12} & b_{5,13} & b_{5,14} & 0 & 0 & b_{5,17} & b_{5,18} & b_{5,19} & b_{5,20} & b_{5,21} \end{bmatrix} \tag{11.3.11}$$

式中，$b_{r,s}$ 为形函数 N_t 关于面积坐标 L_i,L_j 的偏微分。如

$$b_{1,3} = -z\frac{\partial \boldsymbol{N}_{\theta_y w_i}}{\partial x} = -z\frac{1}{2A}\left[b_i\left(\frac{6}{l_{ij}}L_j + \frac{6}{l_{ik}}m_{n_n,y}(L_k - L_i)\right) + b_j\left(\frac{6}{l_{ij}}L_i - \frac{6}{l_{ik}}m_{n_n,y}L_i\right)\right]$$

$$b_{2,3} = -z\frac{\partial \boldsymbol{N}_{\theta_x w_i}}{\partial y} = -z\frac{1}{2A}\left(\frac{6}{l_{ik}}c_i l_{n_n,x}(L_k - L_i) - \frac{6}{l_{ik}}c_j l_{n_n,x}L_i\right)$$

$$\begin{aligned} b_{3,3} &= -z\left(\frac{\partial \boldsymbol{N}_{\theta_y w_i}}{\partial y} + \frac{\partial \boldsymbol{N}_{\theta_x w_i}}{\partial x}\right) \\ &= -z\frac{1}{2A}\left[c_i\left(\frac{6}{l_{ij}}L_j + \frac{6}{l_{ik}}m_{n_n,y}(L_k - L_i)\right) + c_j\left(\frac{6}{l_{ij}}L_i - \frac{6}{l_{ik}}m_{n_n,y}L_i\right)\right. \\ &\quad \left. + \frac{6}{l_{ik}}b_i l_{n_n,x}(L_k - L_i) - \frac{6}{l_{ik}}b_j l_{n_n,x}L_i\right] \end{aligned}$$

$$b_{4,3} = \frac{1}{2A}c_i(2L_i + 2L_j + 2L_k - 1) - N_{\theta_x w_i}$$

$$b_{5,3} = \frac{1}{2A}b_i(2L_i + 2L_j + 2L_k - 1) - N_{\theta_y w_i}$$

余从略。

11.3.3 空间板壳单元的非线性应变矩阵

将平板的二维应力平面三角形单元位移插值函数式(11.2.2)及式(11.2.6)中的剪切位移插值函数代入式(11.3.8),可得考虑横向剪切的非协调三角形平板单元的非线性应变矩阵;将平板的二维应力平面三角形单元位移插值函数式(11.2.25)及式(11.2.30)中的剪切位移插值函数代入式(11.3.7),可得考虑横向剪切的 DKT 三角形平板单元的非线性应变矩阵。

将板壳的二维应力平面三角形单元位移插值函数式(11.2.6)代入式(11.3.4),可得非协调三角形平板单元的考虑横向剪切的非线性应变矩阵;对具有一般性的考虑横向剪切的板-壳的 DKT 三角形单元非线性应变矩阵,可以将板-壳的二维应力平面三角形单元位移插值函数式(11.2.30)代入式(11.3.3)而求得。有一般性的板壳单元的非线性应变

$$\Delta\boldsymbol{\varepsilon}_{NL}=\frac{1}{2}\begin{bmatrix}\frac{\partial\Delta u}{\partial x}&\frac{\partial\Delta v}{\partial x}&\frac{\partial\Delta w}{\partial x}&0&0&0&0&0\\0&0&0&\frac{\partial\Delta u}{\partial y}&\frac{\partial\Delta v}{\partial y}&\frac{\partial\Delta w}{\partial y}&0&0\\\frac{\partial\Delta u}{\partial y}&\frac{\partial\Delta v}{\partial y}&\frac{\partial\Delta w}{\partial y}&\frac{\partial\Delta u}{\partial x}&\frac{\partial\Delta v}{\partial x}&\frac{\partial\Delta w}{\partial x}&0&0\\0&0&0&\frac{\partial\Delta u}{\partial z}&\frac{\partial\Delta v}{\partial z}&0&\frac{\partial\Delta u}{\partial y}&\frac{\partial\Delta v}{\partial y}\\\frac{\partial\Delta u}{\partial z}&\frac{\partial\Delta v}{\partial z}&0&0&0&0&\frac{\partial\Delta u}{\partial x}&\frac{\partial\Delta v}{\partial x}\end{bmatrix}\cdot\begin{bmatrix}\frac{\partial\Delta u}{\partial x}\\\frac{\partial\Delta v}{\partial x}\\\frac{\partial\Delta w}{\partial x}\\\frac{\partial\Delta u}{\partial y}\\\frac{\partial\Delta v}{\partial y}\\\frac{\partial\Delta w}{\partial y}\\\frac{\partial\Delta u}{\partial z}\\\frac{\partial\Delta v}{\partial z}\end{bmatrix}\tag{11.3.12}$$

令

$$\boldsymbol{\theta}_x=\begin{bmatrix}\frac{\partial\Delta u}{\partial x}&\frac{\partial\Delta v}{\partial x}&\frac{\partial\Delta w}{\partial x}\end{bmatrix},\quad\boldsymbol{\theta}_y=\begin{bmatrix}\frac{\partial\Delta u}{\partial y}&\frac{\partial\Delta v}{\partial y}&\frac{\partial\Delta w}{\partial y}\end{bmatrix},\quad\boldsymbol{\theta}_z=\begin{bmatrix}\frac{\partial\Delta u}{\partial z}&\frac{\partial\Delta v}{\partial z}\end{bmatrix}$$

即有

$$\boldsymbol{\theta}=[\boldsymbol{\theta}_x\quad\boldsymbol{\theta}_y\quad\boldsymbol{\theta}_z]^{\mathrm{T}}\tag{11.3.13}$$

于是,非线性应变可简单地写为

$$\Delta\boldsymbol{\varepsilon}_{NL}=\frac{1}{2}\Delta\boldsymbol{A}\boldsymbol{\theta}\tag{11.3.14}$$

这里,$\Delta\boldsymbol{A}$ 是 5×8 阶矩阵,有

$$\Delta\boldsymbol{A}=\begin{bmatrix}\boldsymbol{\theta}_x&0&0\\0&\boldsymbol{\theta}_y&0\\\boldsymbol{\theta}_y&\boldsymbol{\theta}_x&0\\0&\boldsymbol{\theta}_z&\boldsymbol{\theta}_y\\\boldsymbol{\theta}_z&0&\boldsymbol{\theta}_x\end{bmatrix}\tag{11.3.15}$$

将式(11.2.30)所示形函数代入 $\boldsymbol{\theta}$,有

$$\boldsymbol{\theta} = \boldsymbol{G}\Delta\boldsymbol{u}_e \tag{11.3.16}$$

其中,$\boldsymbol{G}$ 为板-壳的 DKT 三角形单元的应变矩阵,即

$$\boldsymbol{G} = \begin{bmatrix} \dfrac{\partial \boldsymbol{N}_x}{\partial x} - z\dfrac{\partial \boldsymbol{N}_{\theta_y}}{\partial x} - y\dfrac{\partial \boldsymbol{N}_{\theta_z}}{\partial x} \\ \dfrac{\partial \boldsymbol{N}_y}{\partial x} - z\dfrac{\partial \boldsymbol{N}_{\theta_x}}{\partial x} + \boldsymbol{N}_{\theta_z} + x\dfrac{\partial \boldsymbol{N}_{\theta_z}}{\partial x} \\ \dfrac{\partial \boldsymbol{N}_z}{\partial x} + \dfrac{\partial \boldsymbol{N}_S}{\partial x} \\ \dfrac{\partial \boldsymbol{N}_x}{\partial y} - z\dfrac{\partial \boldsymbol{N}_{\theta_y}}{\partial y} - \boldsymbol{N}_{\theta_z} - y\dfrac{\partial \boldsymbol{N}_{\theta_z}}{\partial y} \\ \dfrac{\partial \boldsymbol{N}_y}{\partial y} - z\dfrac{\partial \boldsymbol{N}_{\theta_x}}{\partial y} + x\dfrac{\partial \boldsymbol{N}_{\theta_z}}{\partial y} \\ \dfrac{\partial \boldsymbol{N}_z}{\partial y} + \dfrac{\partial \boldsymbol{N}_S}{\partial y} \\ -\boldsymbol{N}_{\theta_y} - 4\dfrac{z^2}{h^2}\dfrac{\partial \boldsymbol{N}_S}{\partial x} \\ -\boldsymbol{N}_{\theta_x} - 4\dfrac{z^2}{h^2}\dfrac{\partial \boldsymbol{N}_S}{\partial y} \end{bmatrix}$$

对于二维三角形单元,引入形函数 N_t 关于 x,y 的偏微分与关于面积坐标 L_i,L_j 的偏微分的变换式(9.4.15),有

$$G=\begin{bmatrix} g_{1,1} & 0 & g_{1,3} & g_{1,4} & g_{1,5} & g_{1,6} & 0 & g_{1,8} & 0 & g_{1,10} & g_{1,11} & g_{1,12} & g_{1,13} & 0 & g_{1,15} & 0 & g_{1,17} & g_{1,18} & g_{1,19} & g_{1,20} & 0 \\ 0 & g_{2,2} & g_{2,3} & g_{2,4} & g_{2,5} & g_{2,6} & 0 & 0 & g_{2,9} & g_{2,10} & g_{2,11} & g_{2,12} & g_{2,13} & 0 & 0 & g_{2,16} & g_{2,17} & g_{2,18} & g_{2,19} & g_{2,20} & 0 \\ 0 & 0 & g_{3,3} & g_{3,4} & g_{3,5} & 0 & g_{3,7} & 0 & 0 & g_{3,10} & g_{3,11} & g_{3,12} & 0 & g_{3,14} & 0 & 0 & g_{3,17} & g_{3,18} & g_{3,19} & 0 & g_{3,21} \\ g_{4,1} & 0 & g_{4,3} & g_{4,4} & g_{4,5} & g_{4,6} & 0 & g_{4,8} & 0 & g_{4,10} & g_{4,11} & g_{4,12} & g_{4,13} & 0 & g_{4,15} & 0 & g_{4,17} & g_{4,18} & g_{4,19} & g_{4,20} & 0 \\ 0 & g_{5,2} & g_{5,3} & g_{5,4} & g_{5,5} & g_{5,6} & 0 & 0 & g_{5,9} & g_{5,10} & g_{5,11} & g_{5,12} & g_{5,13} & 0 & 0 & g_{5,16} & g_{5,17} & g_{5,18} & g_{5,19} & g_{5,20} & 0 \\ 0 & 0 & g_{6,3} & g_{6,4} & g_{6,5} & 0 & g_{6,7} & 0 & 0 & g_{6,10} & g_{6,11} & g_{6,12} & 0 & g_{6,14} & 0 & 0 & g_{6,17} & g_{6,18} & g_{6,19} & 0 & g_{6,21} \\ 0 & 0 & g_{7,3} & g_{7,4} & g_{7,5} & 0 & g_{7,7} & 0 & 0 & g_{7,10} & g_{7,11} & g_{7,12} & 0 & g_{7,14} & 0 & 0 & g_{7,17} & g_{7,18} & g_{7,19} & 0 & g_{7,21} \\ 0 & 0 & g_{8,3} & g_{8,4} & g_{8,5} & 0 & g_{8,7} & 0 & 0 & g_{8,10} & g_{8,11} & g_{8,12} & 0 & g_{8,14} & 0 & 0 & g_{8,17} & g_{8,18} & g_{8,19} & 0 & g_{8,21} \end{bmatrix} \tag{11.3.17}$$

式中,$g_{r,s}$ 为形函数 N_t 关于面积坐标 L_i,L_j 的偏微分。如

$$g_{1,3} = -\frac{1}{2A}z\left[b_i\left(\frac{6}{l_{ij}}L_j + \frac{6}{l_{ik}}m_{n_n,y}(L_k - L_i)\right) + b_j\left(\frac{6}{l_{ij}}L_i - \frac{6}{l_{ik}}m_{n_n,y}L_i\right)\right]$$

$$g_{2,3} = -z\frac{1}{2A}\frac{6}{l_{ik}}(b_i l_{n_n,x}(L_k - L_i) - b_j l_{n_n,x}L_i),\quad g_{3,3} = \frac{1}{2A}b_i(2L_i + 2L_j + 2L_k - 1)$$

$$g_{4,3} = -\frac{1}{2A}z\left[c_i\left(\frac{6}{l_{ij}}L_j + \frac{6}{l_{ik}}m_{n_n,y}(L_k - L_i)\right) + c_j\left(\frac{6}{l_{ij}}L_i - \frac{6}{l_{ik}}m_{n_n,y}L_i\right)\right]$$

$$g_{5,3} = -z\frac{1}{2A}\frac{6}{l_{ik}}(c_i l_{n_n,x}(L_k - L_i) - c_j l_{n_n,x}L_i),\quad g_{6,3} = \frac{1}{2A}c_i(2L_i + 2L_j + 2L_k - 1)$$

余从略。

于是，由式(11.3.14)可得板-壳的DKT三角形单元非线性正应变矩阵和非线性剪应变矩阵

$$[\boldsymbol{B}_{NL} \quad \boldsymbol{H}_{NL}]^{\mathrm{T}} = \frac{1}{2}\Delta\boldsymbol{A}\boldsymbol{G} \tag{11.3.18}$$

11.4 空间板壳单元刚度矩阵

11.4.1 局部坐标系中空间板壳单元的线性刚度矩阵

将板-壳单元的线性应变矩阵代入式(9.6.15)，得空间板壳单元的线性刚度矩阵。现将式(11.3.11)所示板-壳的DKT三角形单元用面积坐标表示的线性应变矩阵代入式(9.6.15)，得3节点7自由度空间板壳单元的线性刚度矩阵

$$\boldsymbol{k}_L = \int_v \boldsymbol{B}_L^{\mathrm{T}}\boldsymbol{D}\boldsymbol{B}_L \mathrm{d}v \tag{11.4.1}$$

式中，$\boldsymbol{B}_L$ 为线性应变矩阵，对DKT三角形板-壳单元按式(11.3.11)计算；$\boldsymbol{D}$ 为弹、塑性矩阵，有

$$\boldsymbol{D} = \begin{bmatrix} d_{11} & d_{21} & d_{31} & d_{41} & d_{51} \\ d_{21} & d_{22} & d_{32} & d_{42} & d_{52} \\ d_{31} & d_{32} & d_{33} & d_{43} & d_{53} \\ d_{41} & d_{42} & d_{43} & d_{44} & d_{54} \\ d_{51} & d_{52} & d_{53} & d_{54} & d_{55} \end{bmatrix}$$

在加载过程中，处于弹性区域的单元按弹性公式形成单元线弹性刚度矩阵，即

$$\boldsymbol{k}_L = \boldsymbol{k}_e = \int_v \boldsymbol{B}_L^{\mathrm{T}}\boldsymbol{D}_e\boldsymbol{B}_L \mathrm{d}v \tag{11.4.2}$$

式中，$\boldsymbol{D}_e$ 为弹性矩阵，按式(6.3.2)计算。

在加载过程中，处于塑性区域的单元按弹塑性公式形成单元弹塑性刚度矩阵，即

$$\boldsymbol{k}_L = \boldsymbol{k}_{ep} = \int_v \boldsymbol{B}_L^{\mathrm{T}}\boldsymbol{D}_{ep}\boldsymbol{B}_L \mathrm{d}v \tag{11.4.3}$$

式中，$\boldsymbol{D}_{ep}$ 为弹塑性矩阵，按式(6.3.9)计算。

将式(11.4.1)或式(11.4.2)或式(11.4.3)展开，得

$$\boldsymbol{k}_L = \begin{bmatrix} k_{1,1} & k_{2,1}^{\mathrm{T}} & k_{3,1}^{\mathrm{T}} & k_{4,1}^{\mathrm{T}} & k_{5,1}^{\mathrm{T}} & k_{6,1}^{\mathrm{T}} & k_{7,1}^{\mathrm{T}} & k_{8,1}^{\mathrm{T}} & k_{9,1}^{\mathrm{T}} \\ k_{2,1} & k_{2,2} & k_{3,2}^{\mathrm{T}} & k_{4,2}^{\mathrm{T}} & k_{5,2}^{\mathrm{T}} & k_{6,2}^{\mathrm{T}} & k_{7,2}^{\mathrm{T}} & k_{8,2}^{\mathrm{T}} & k_{9,2}^{\mathrm{T}} \\ k_{3,1} & k_{3,2} & k_{3,3} & k_{4,3}^{\mathrm{T}} & k_{5,3}^{\mathrm{T}} & k_{6,3}^{\mathrm{T}} & k_{7,3}^{\mathrm{T}} & k_{8,3}^{\mathrm{T}} & k_{9,3}^{\mathrm{T}} \\ k_{4,1} & k_{4,2} & k_{4,3} & k_{4,4} & k_{5,4}^{\mathrm{T}} & k_{6,4}^{\mathrm{T}} & k_{7,4}^{\mathrm{T}} & k_{8,4}^{\mathrm{T}} & k_{9,4}^{\mathrm{T}} \\ k_{5,1} & k_{5,2} & k_{5,3} & k_{5,4} & k_{5,5} & k_{6,5}^{\mathrm{T}} & k_{7,5}^{\mathrm{T}} & k_{8,5}^{\mathrm{T}} & k_{9,5}^{\mathrm{T}} \\ k_{6,1} & k_{6,2} & k_{6,3} & k_{6,4} & k_{6,5} & k_{6,6} & k_{7,6}^{\mathrm{T}} & k_{8,6}^{\mathrm{T}} & k_{9,6}^{\mathrm{T}} \\ k_{7,1} & k_{7,2} & k_{7,3} & k_{7,4} & k_{7,5} & k_{7,6} & k_{7,7} & k_{8,7}^{\mathrm{T}} & k_{9,7}^{\mathrm{T}} \\ k_{8,1} & k_{8,2} & k_{8,3} & k_{8,4} & k_{8,5} & k_{8,6} & k_{8,7} & k_{8,8} & k_{9,8}^{\mathrm{T}} \\ k_{9,1} & k_{9,2} & k_{9,3} & k_{9,4} & k_{9,5} & k_{9,6} & k_{9,7} & k_{9,8} & k_{9,9} \end{bmatrix} \tag{11.4.4}$$

其中

$$k_{1,1}=\begin{bmatrix}s_{1,1}&s_{2,1}&s_{3,1}\\s_{2,1}&s_{2,2}&s_{3,2}\\s_{3,1}&s_{3,2}&s_{3,3}\end{bmatrix},\quad k_{2,1}=\begin{bmatrix}s_{4,1}&s_{4,2}&s_{4,3}\\s_{5,1}&s_{5,2}&s_{5,3}\\s_{6,1}&s_{6,2}&s_{6,3}\end{bmatrix},\quad k_{2,2}=\begin{bmatrix}s_{4,4}&s_{5,4}&s_{6,4}\\s_{5,4}&s_{5,5}&s_{6,5}\\s_{6,4}&s_{6,5}&s_{6,6}\end{bmatrix}$$

$$k_{3,1}=\begin{bmatrix}s_{7,1}&s_{7,2}&s_{7,3}\end{bmatrix},\quad k_{3,2}=\begin{bmatrix}s_{7,4}&s_{7,5}&s_{7,6}\end{bmatrix},\quad k_{3,3}=\begin{bmatrix}s_{7,7}\end{bmatrix}$$

余从略。式中

$$s_{1,1}=b_{1,1}c_{1,1}+b_{3,1}c_{1,3}$$

$$s_{2,1}=b_{1,1}c_{2,1}+b_{3,1}c_{2,3},\quad s_{2,2}=b_{2,2}c_{2,2}+b_{3,2}c_{2,3}$$

$$s_{3,1}=b_{1,1}c_{3,1}+b_{3,1}c_{3,3},\quad s_{3,2}=b_{2,2}c_{3,2}+b_{3,2}c_{3,3}$$

$$s_{3,3}=b_{1,3}c_{3,1}+b_{2,3}c_{3,2}+b_{3,3}c_{3,3}+b_{4,3}c_{3,4}+b_{5,3}c_{3,5}$$

其中

$$c_{1,1}=b_{1,1}d_{11}+b_{3,1}d_{31},\quad c_{1,3}=b_{1,1}d_{31}+b_{3,1}d_{33}$$

$$c_{2,1}=b_{2,2}d_{21}+b_{3,2}d_{31},\quad c_{2,2}=b_{2,2}d_{22}+b_{3,2}d_{32},\quad c_{2,3}=b_{2,2}d_{32}+b_{3,2}d_{33}$$

$$c_{3,1}=b_{1,3}d_{11}+b_{2,3}d_{21}+b_{3,3}d_{31}+b_{4,3}d_{41}+b_{5,3}d_{51}$$

$$c_{3,2}=b_{1,3}d_{21}+b_{2,3}d_{22}+b_{3,3}d_{32}+b_{4,3}d_{42}+b_{5,3}d_{52}$$

$$c_{3,3}=b_{1,3}d_{31}+b_{2,3}d_{32}+b_{3,3}d_{33}+b_{4,3}d_{43}+b_{5,3}d_{53}$$

$$c_{3,4}=b_{1,3}d_{41}+b_{2,3}d_{42}+b_{3,3}d_{43}+b_{4,3}d_{44}+b_{5,3}d_{54}$$

$$c_{3,5}=b_{1,3}d_{51}+b_{2,3}d_{52}+b_{3,3}d_{53}+b_{4,3}d_{54}+b_{5,3}d_{55}$$

余从略。

式(11.4.4)所示考虑横向剪切的 DKT 三角形板-壳单元线性刚度矩阵是 21×21 阶矩阵。对式(11.4.4)简单变换后,采用静力凝聚法可在单元刚度矩阵和力列阵中消去横向剪切自由度,而形成如式(9.6.31)所示新的 3 节点 6 自由度空间板壳单元等效刚度矩阵

$$\boldsymbol{k}_e^*=\boldsymbol{k}_e-\boldsymbol{k}_{er}\boldsymbol{k}_r^{-1}\boldsymbol{k}_{re}\tag{11.4.5}$$

式中

$$\boldsymbol{k}_e=\begin{bmatrix}ks_{1,1}&ks_{3,1}^{\mathrm T}&ks_{5,1}^{\mathrm T}\\ks_{3,1}&ks_{3,3}&ks_{5,3}^{\mathrm T}\\ks_{5,1}&ks_{5,3}&ks_{5,5}\end{bmatrix},\quad \boldsymbol{k}_r=\begin{bmatrix}ks_{2,2}&ks_{4,2}^{\mathrm T}&ks_{6,2}^{\mathrm T}\\ks_{4,2}&ks_{4,4}&ks_{6,4}^{\mathrm T}\\ks_{6,2}&ks_{6,4}&ks_{6,6}\end{bmatrix}$$

$$\boldsymbol{k}_{er}=\begin{bmatrix}ks_{2,1}^{\mathrm T}&ks_{4,1}^{\mathrm T}&ks_{6,1}^{\mathrm T}\\ks_{3,2}&ks_{4,3}^{\mathrm T}&ks_{6,3}^{\mathrm T}\\ks_{5,2}&ks_{5,4}&ks_{6,5}^{\mathrm T}\end{bmatrix},\quad \boldsymbol{k}_{re}=\begin{bmatrix}ks_{2,1}&ks_{3,2}^{\mathrm T}&ks_{5,2}^{\mathrm T}\\ks_{4,1}&ks_{4,3}&ks_{5,4}^{\mathrm T}\\ks_{6,1}&ks_{6,3}&ks_{6,5}\end{bmatrix}$$

其中

$$ks_{1,1}=\begin{bmatrix}k_{1,1}&k_{2,1}^{\mathrm T}\\k_{2,1}&k_{2,2}\end{bmatrix}$$

$$ks_{2,1}=\begin{bmatrix}k_{3,1}&k_{3,2}\end{bmatrix},\quad ks_{2,2}=k_{3,3}$$

$$ks_{3,1}=\begin{bmatrix}k_{4,1}&k_{4,2}\\k_{5,1}&k_{5,2}\end{bmatrix},\quad ks_{3,2}=\begin{bmatrix}k_{4,3}\\k_{5,3}\end{bmatrix},\quad ks_{3,3}=\begin{bmatrix}k_{4,4}&k_{5,4}^{\mathrm T}\\k_{5,4}&k_{5,5}\end{bmatrix}$$

$$ks_{4,1}=[k_{6,1}\quad k_{6,2}],\quad ks_{4,2}=k_{6,3},\quad ks_{4,3}=[k_{6,4}\quad k_{6,5}],\quad ks_{4,4}=k_{6,6}$$

$$ks_{5,1}=\begin{bmatrix}k_{7,1} & k_{7,2}\\ k_{8,1} & k_{8,2}\end{bmatrix},\quad ks_{5,2}=\begin{bmatrix}k_{7,3}\\ k_{8,3}\end{bmatrix},\quad ks_{5,3}=\begin{bmatrix}k_{7,4} & k_{7,5}\\ k_{8,4} & k_{8,5}\end{bmatrix}$$

$$ks_{5,4}=\begin{bmatrix}k_{7,6}\\ k_{8,6}\end{bmatrix},\quad ks_{5,5}=\begin{bmatrix}k_{7,7} & k_{8,7}^{\mathrm{T}}\\ k_{8,7} & k_{8,8}\end{bmatrix}$$

$$ks_{6,1}=[k_{9,1}\quad k_{9,2}],\quad ks_{6,2}=k_{9,3},\quad ks_{6,3}=[k_{9,4}\quad k_{9,5}]$$

$$ks_{6,4}=k_{9,6},\quad ks_{6,5}=[k_{9,7}\quad k_{9,8}],\quad ks_{6,6}=k_{9,9}$$

这里，$\boldsymbol{k}_e^*$ 是 18×18 阶矩阵。

11.4.2 局部坐标系中空间板壳单元的初应力刚度矩阵

将板-壳单元的非线性应变矩阵代入式(9.6.17)，得空间板壳单元的初应力刚度矩阵。现将式(11.3.17)所示板-壳的 DKT 三角形单元用面积坐标表示的应变矩阵代入式(9.6.17)，得 3 节点 7 自由度空间板壳单元的初应力刚度矩阵

$$\boldsymbol{k}_\sigma=\int_v \boldsymbol{G}^{\mathrm{T}}\boldsymbol{M}\boldsymbol{G}\,\mathrm{d}v \tag{11.4.6}$$

其中

$$\boldsymbol{M}=\begin{bmatrix}\sigma_x & & & & & & & \\ 0 & \sigma_x & & & \text{对} & & & \\ 0 & 0 & \sigma_x & & & & & \\ \tau_{xy} & 0 & 0 & \sigma_y & & \text{称} & & \\ 0 & \tau_{xy} & 0 & 0 & \sigma_y & & & \\ 0 & 0 & \tau_{xy} & 0 & 0 & \sigma_y & & \\ \tau_{zx} & 0 & 0 & \tau_{zy} & 0 & 0 & 0 & \\ 0 & \tau_{zx} & 0 & 0 & \tau_{zy} & 0 & 0 & 0\end{bmatrix}$$

而 $\boldsymbol{G}$ 按式(11.3.17)计算。

可以采用类似的静力凝聚法求得式(11.4.6)的等效初应力刚度矩阵 $\boldsymbol{k}_\sigma^*$。这里，$\boldsymbol{k}_e^*$ 是 18×18阶矩阵。

11.4.3 局部坐标系中空间板壳单元的质量矩阵

将板-壳单元的形函数代入式(9.6.12)，得相应单元的质量矩阵。板-壳的 DKT 三角形单元的质量矩阵

$$\boldsymbol{m}_e=\int_v \boldsymbol{N}^{\mathrm{T}}\rho\boldsymbol{N}\,\mathrm{d}v \tag{11.4.7}$$

式中，$\boldsymbol{N}$ 为 DKT 三角形板-壳单元的形函数，如式(11.2.32)所示。

11.4.4 整体坐标系中空间板壳单元的刚度矩阵

按式(9.6.22)，整体坐标系中空间板壳单元的单元刚度矩阵可定义为

$$\boldsymbol{K}_t = \boldsymbol{T}^{\mathrm{T}}(\boldsymbol{k}_e^* + \boldsymbol{k}_\sigma^*)\boldsymbol{T} \tag{11.4.8}$$

或

$$\boldsymbol{K}_e = \boldsymbol{T}^{\mathrm{T}}\boldsymbol{k}_e^*\boldsymbol{T} \tag{11.4.9}$$

整体坐标系中空间板壳单元的质量矩阵定义为

$$\boldsymbol{M}_e = \boldsymbol{T}^{\mathrm{T}}\boldsymbol{m}_e\boldsymbol{T} \tag{11.4.10}$$

式中，$\boldsymbol{T}$ 为向量变换矩阵，有

$$\boldsymbol{T} = \boldsymbol{T}_1\boldsymbol{T}_2 \tag{11.4.11}$$

其中，$\boldsymbol{T}_1$ 为空间三角形板壳单元的材料坐标系中的向量与局部坐标系中的向量之间的变换矩阵，可按式(11.1.16)计算；$\boldsymbol{T}_2$ 为空间三角形板壳单元的局部坐标系中的向量与整体坐标系中的向量之间的变换矩阵，可按式(11.1.21)计算。

11.4.5 荷载的移置

局部坐标系中，DKT 三角形板-壳单元的等效节点力

$$\boldsymbol{p}_e = \int_v \boldsymbol{N}^{\mathrm{T}}\boldsymbol{p}\,\mathrm{d}v + \int_s \boldsymbol{N}^{\mathrm{T}}\boldsymbol{q}\,\mathrm{d}s \tag{11.4.12}$$

式中，$\boldsymbol{N}$ 为单元的形函数，对 DKT 三角形板-壳单元，如式(11.2.32)所示；$\boldsymbol{p}$ 和 $\boldsymbol{q}$ 分别为单元的体力和面力。

整体坐标系中定义的单元等效节点力

$$\boldsymbol{P}_e = \boldsymbol{T}\boldsymbol{p}_e \quad \text{或} \quad \Delta\boldsymbol{P}_e = \boldsymbol{T}\Delta\boldsymbol{p}_e \tag{11.4.13}$$

11.5 空间板壳单元的应力和内力

11.5.1 空间板壳单元的不平衡力

对于板-壳，如令

$$a_x = \frac{\partial \Delta u}{\partial x}, \quad a_y = \frac{\partial \Delta v}{\partial y}$$

$$b_x = \left(\frac{\partial \Delta u}{\partial x}\right)^2 + \left(\frac{\partial \Delta v}{\partial x}\right)^2 + \left(\frac{\partial \Delta w}{\partial x}\right)^2, \quad b_y = \left(\frac{\partial \Delta u}{\partial y}\right)^2 + \left(\frac{\partial \Delta v}{\partial y}\right)^2 + \left(\frac{\partial \Delta w}{\partial y}\right)^2$$

则按式(9.6.20)计算的板-壳单元的不平衡力

$$\boldsymbol{r}_e = -\int_v \left(\frac{\partial \Delta\varepsilon_{NL}^n}{\partial a}\frac{\partial a}{\partial \Delta \boldsymbol{u}_e} + \frac{\partial \Delta\varepsilon_{NL}^n}{\partial b}\frac{\partial b}{\partial \Delta \boldsymbol{u}_e}\right)^{\mathrm{T}} {}^t\sigma\,\mathrm{d}v \tag{11.5.1}$$

其中

$$\Delta\varepsilon_{x,NL}^n = -\frac{1}{2}a_x^2 - \frac{1}{2}a_x b_x + \frac{1}{2}a_x^3 + \frac{3}{4}a_x^2 b_x - \frac{1}{8}b_x^2 - \frac{5}{8}a_x^4 + \frac{3}{8}a_x b_x^2$$
$$- \frac{5}{4}a_x^3 b_x - \frac{15}{16}a_x^2 b_x^2 + \frac{1}{16}b_x^3 - \frac{5}{16}a_x b_x^3 - \frac{5}{128}b_x^4 + \cdots$$

及

$$\Delta\varepsilon_{y,NL}^{n}=-\frac{1}{2}a_y^2-\frac{1}{2}a_y b_y+\frac{a_y^3}{2}+\frac{3}{4}a_y^2 b_y-\frac{b_y^2}{8}-\frac{5}{8}a_y^4+\cdots$$

11.5.2 空间板壳单元的应力

根据物理量条件，空间板壳单元的线性应力

$$\boldsymbol{\sigma}=\boldsymbol{D\varepsilon}=\boldsymbol{DB}_L\boldsymbol{u}'_e \quad 或 \quad \boldsymbol{\sigma}=\boldsymbol{D\varepsilon}=\boldsymbol{DB}_L\boldsymbol{u}_e \tag{11.5.2}$$

非线性应力

$$\Delta\boldsymbol{\sigma}=\boldsymbol{D}\Delta\boldsymbol{\varepsilon}=\boldsymbol{D}(\boldsymbol{B}_L+\boldsymbol{B}_{NL})\Delta\boldsymbol{u}'_e \quad 或 \quad \Delta\boldsymbol{\sigma}=\boldsymbol{D}\Delta\boldsymbol{\varepsilon}=\boldsymbol{D}(\boldsymbol{B}_L+\boldsymbol{B}_{NL})\Delta\boldsymbol{u}_e \tag{11.5.3}$$

式中，$\boldsymbol{B}_L$，$\boldsymbol{B}_{NL}$ 分别为板壳单元线性和非线性应变矩阵，对 DKT 三角形板-壳单元，按式(11.3.11)和式(11.3.18)计算。$\Delta\boldsymbol{u}'_e$或 $\Delta\boldsymbol{u}_e$ 为单元材料坐标系中定义的板壳单元节点位移向量或在局部坐标系中定义的板壳单元节点位移向量，有

$$\boldsymbol{u}'_e=\boldsymbol{T}_1\boldsymbol{T}_2\boldsymbol{U}_e \quad 或 \quad \Delta\boldsymbol{u}'_e=\boldsymbol{T}_1\boldsymbol{T}_2\Delta\boldsymbol{U}_e \tag{11.5.4}$$

这里，$\Delta\boldsymbol{U}_e$ 或$\boldsymbol{U}_e$ 是解非线性代数方程式(9.8.3)或线性代数方程式(9.8.4)而得的整体坐标系中板壳单元节点位移向量；$\boldsymbol{T}_1$ 为空间三角形板壳单元的材料坐标系中的向量与局部坐标系中的向量之间的变换矩阵，可按式(11.1.16)计算；$\boldsymbol{T}_2$ 为空间三角形板壳单元的局部坐标系中的向量与整体坐标系中的向量之间的变换矩阵，可按式(11.1.21)计算。$\boldsymbol{D}$ 为弹、塑性矩阵，当为弹性矩阵，即 $\boldsymbol{D}=\boldsymbol{D}_e$，按式(6.3.2)计算，当为弹塑性矩阵，即 $\boldsymbol{D}=\boldsymbol{D}_{ep}$，按式(6.3.9)计算。

板壳单元中任意一点处的薄膜力按式(9.11.5)计算；板壳单元弯矩按式(9.11.6)计算；剪力按式(9.11.7)计算。

12 空间杆的有限单元法

12.1 空间杆单元

12.1.1 一维 Lagrange 空间杆单元

根据空杆件系统的性状，尤其是结构的变形规律，对空间杆件系统可以离散为一维 Lagrange 空间直线杆单元或空间曲线杆单元，即是一维拉压单元。

通常，空间杆单元有 2 个节点，分别记为 i 和 j。空间杆单元的每个节点有 3 个位移自由度，即每个节点有 3 个线位移，它们分别对应于 3 个节点力，即作用于节点上的 3 个方向的集中力。

12.1.2 空间杆单元的向量定义及变换

12.1.2.1 整体坐标系中单元位移向量和节点力向量

在整体坐标系中定义空间杆单元 ij 的 2 个节点 i 和 j 的位移和与荷载等效的节点力向量。整体坐标系中，2 节点 3 自由度空间杆单元每个节点有 3 个分别为沿整体坐标 X,Y,Z 方向的线位移，它们分别对应于沿整体坐标 X,Y,Z 方向的集中力。空间杆单元的位移向量

$$\boldsymbol{U}_e = \begin{bmatrix} \boldsymbol{U}_i \\ \boldsymbol{U}_j \end{bmatrix} \tag{12.1.1}$$

及增量

$$\Delta\boldsymbol{U}_e = \begin{bmatrix} \Delta\boldsymbol{U}_i \\ \Delta\boldsymbol{U}_j \end{bmatrix}$$

其中，节点 i 和 j 的位移向量

$$\boldsymbol{U}_i = [U_i \quad V_i \quad W_i]^{\mathrm{T}}, \quad \boldsymbol{U}_j = [U_j \quad V_j \quad W_j]^{\mathrm{T}}$$

及增量

$$\Delta\boldsymbol{U}_i = [\Delta U_i \quad \Delta V_i \quad \Delta W_i]^{\mathrm{T}}, \quad \Delta\boldsymbol{U}_j = [\Delta U_j \quad \Delta V_j \quad \Delta W_j]^{\mathrm{T}}$$

于是整体坐标系中，空间杆单元节点位移向量

$$\boldsymbol{U}_e = [U_i \quad V_i \quad W_i \quad U_j \quad V_j \quad W_j]^{\mathrm{T}} \tag{12.1.2}$$

及增量

$$\Delta\boldsymbol{U}_e = [\Delta U_i \quad \Delta V_i \quad \Delta W_i \quad \Delta U_j \quad \Delta V_j \quad \Delta W_j]^{\mathrm{T}}$$

其中，U,V,W 分别为节点沿整体坐标 X,Y,Z 方向的线位移（如图 12.1.1 所示）。

整体坐标系中相应的作用在空间杆单元节点上的节点力向量

$$\boldsymbol{P}_e = [P_{Xi} \quad P_{Yi} \quad P_{Zi} \quad P_{Xj} \quad P_{Yj} \quad P_{Zj}]^{\mathrm{T}}$$

及增量

$$\Delta\boldsymbol{P}_e = [\Delta P_{Xi} \quad \Delta P_{Yi} \quad \Delta P_{Zi} \quad \Delta P_{Xj} \quad \Delta P_{Yj} \quad \Delta P_{Zj}]^{\mathrm{T}} \tag{12.1.3}$$

其中，P_X，P_Y，P_Z 分别为节点沿整体坐标 X，Y，Z 方向的集中力（如图 12.1.1 所示）。

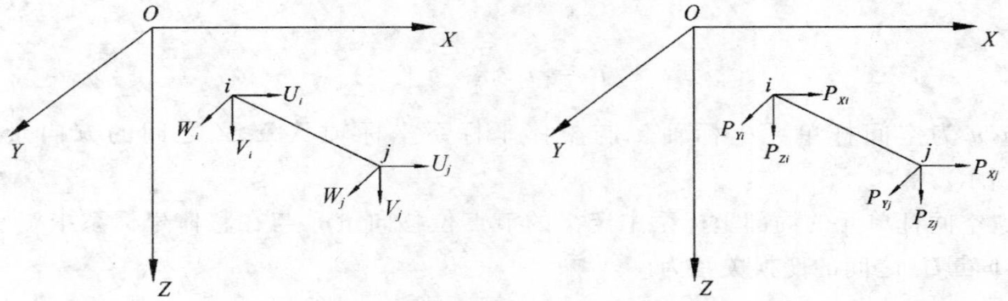

图 12.1.1　整体坐标系中节点的位移向量和节点力向量

12.1.2.2　局部坐标系中单元位移向量和节点力向量

局部坐标系中，空间杆单元每个节点有 1 个沿局部坐标 x 方向的线位移，对应于 1 个节点力，即为沿局部坐标 x 方向的集中力。线位移及节点力与局部坐标 x 轴的正方向一致时为正（如图 12.1.2 所示）。

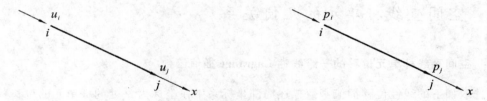

图 12.1.2　局部坐标系中节点的位移向量和节点力向量

局部坐标系中对空间杆单元节点位移向量

$$\boldsymbol{u}_e = [u_i \quad u_j]^{\mathrm{T}} \tag{12.1.4}$$

及增量

$$\Delta\boldsymbol{u}_e = [\Delta u_i \quad \Delta u_j]^{\mathrm{T}}$$

其中，u_i，u_j 为节点沿局部坐标 x 方向的线位移。

类似的作用在节点上的节点力向量

$$\boldsymbol{p}_e = [p_{xi} \quad p_{xj}]^{\mathrm{T}} \tag{12.1.5}$$

及增量

$$\Delta\boldsymbol{p}_e = [\Delta p_{xi} \quad \Delta p_{xj}]^{\mathrm{T}}$$

其中，p_{xi}，p_{xj} 为空间杆单元节点沿局部坐标 x 方向的节点力。

空间杆单元的材料坐标系和局部坐标系是一致的。

12.1.2.3 空间杆单元的局部坐标系与整体坐标系之间的向量变换

空间杆单元的局部坐标系中定义的向量与在整体坐标系中定义的向量之间的变换如式(9.2.43)所示，变换矩阵

$$\boldsymbol{T}_2=\begin{bmatrix}\boldsymbol{t}_2 & 0\\ 0 & \boldsymbol{t}_2\end{bmatrix} \tag{12.1.6}$$

其中

$$\boldsymbol{t}_2=[l \quad m \quad n]$$

这里，l,m,n 为空间杆单元坐标轴 x 与整体坐标系坐标轴 X,Y,Z 之间的方向余弦(如式(9.2.29)所示)。

所以，空间杆单元的局部坐标系中定义的节点位移向量$\boldsymbol{u}_e$ 与在整体坐标系中定义的单元节点位移向量$\boldsymbol{U}_e$ 之间的变换关系为

$$\boldsymbol{u}_e=\boldsymbol{T}_2\boldsymbol{U}_e \quad 或 \quad \Delta\boldsymbol{u}_e=\boldsymbol{T}_2\Delta\boldsymbol{U}_e \tag{12.1.7}$$

同样，空间杆单元的局部坐标系中定义的节点力向量$\boldsymbol{p}_e$ 与在整体坐标系中定义的单元节点力向量 $\boldsymbol{P}_e$ 之间的变换关系为

$$\boldsymbol{p}_e=\boldsymbol{T}_2\boldsymbol{P}_e \quad 或 \quad \Delta\boldsymbol{p}_e=\boldsymbol{T}_2\Delta\boldsymbol{P}_e \tag{12.1.8}$$

12.2 空间直线杆单元的几何关系

12.2.1 空间直线杆单元位移的一维线性 Lagrange 插值函数

现选取如下的线性位移插值函数描述局部坐标系中在坐标为 x 处的杆单元的位移：

$$u(x)=c_1+c_2x \tag{12.2.1a}$$

即

$$\boldsymbol{u}=\boldsymbol{LC}$$

其中

$$\boldsymbol{L}=[1 \quad x],\quad \boldsymbol{C}=[c_1 \quad c_2]^{\mathrm{T}}$$

式中的常数 c_1,c_2 由协调条件确定，并将局部坐标系中杆单元在坐标为 x 处的任意点的位移用单元的节点位移来表示。根据位移插值函数的构造原则，亦即解的唯一性原则，按位移插值函数所得到的单元节点的位移应等于系统中该节点真正的位移，由此可得用单元节点位移来表示的单元的位移

$$\boldsymbol{u}=\boldsymbol{N}\boldsymbol{u}_e \tag{12.2.1b}$$

式中，$\boldsymbol{u}_e$ 为单元节点位移向量；$\boldsymbol{N}$ 为直线杆单元的形函数，有

$$\boldsymbol{N}=[1 \quad x]\begin{bmatrix}1 & 0\\ -\dfrac{1}{l_{ij}} & \dfrac{1}{l_{ij}}\end{bmatrix}=[N_{1,i} \quad N_{1,j}] \tag{12.2.2}$$

其中，l_{ij} 为杆长；而

$$N_{1,i} = 1 - \frac{x}{l_{ij}}, \quad N_{1,j} = \frac{x}{l_{ij}} \tag{12.2.3}$$

12.2.2 空间直线杆单元的应变矩阵

以上讨论了根据弹性理论建立的空间直线杆中任一点在局部坐标系中的应变和位移之间的关系，并且得到应变由线性应变和非线性应变的组成关系，即如式(5.5.8)所示，有

$$\Delta\varepsilon = \Delta\varepsilon_x = \frac{\partial \Delta \boldsymbol{u}}{\partial x} + \frac{1}{2}\left(\frac{\partial \Delta \boldsymbol{u}}{\partial x}\right)^2 + \cdots$$

其中，线性应变

$$\Delta\varepsilon_L = \frac{\partial \Delta u}{\partial x} \tag{12.2.4}$$

非线性应变

$$\Delta\varepsilon_{NL} = \frac{1}{2}\left(\frac{\partial \Delta \boldsymbol{u}}{\partial x}\right)^2 + \cdots \tag{12.2.5}$$

上式可表示为

$$\Delta\varepsilon_{NL} = \frac{1}{2}\Delta \boldsymbol{A}\boldsymbol{G}\Delta \boldsymbol{u}_e \tag{12.2.6}$$

这里

$$\boldsymbol{G} = \frac{\partial \boldsymbol{N}}{\partial x}$$

其中，$\boldsymbol{N}$ 为如式(12.2.2)所示的空间直线杆单元形函数。

将空间直线杆单元的位移函数式(12.2.1b)代入线性应变式(12.2.4)，并引入相应的形函数，即式(12.2.2)，得用节点位移表示的空间直线杆单元的应变的线性部分

$$\Delta\varepsilon_L = \boldsymbol{B}_L \Delta \boldsymbol{u}_e \tag{12.2.7}$$

将空间直线杆单元的位移函数式(12.2.1b)代入非线性应变式式(12.2.5)，并引入相应的形函数，即式(12.2.2)，得用节点位移表示的空间直线杆单元的应变的非线性部分

$$\Delta\varepsilon_{NL} = \boldsymbol{B}_{NL} \Delta \boldsymbol{u}_e \tag{12.2.8}$$

式(12.2.7)中，$\boldsymbol{B}_L$ 为空间直线杆单元的线性正应变矩阵，引入相应的形函数，即式(12.2.2)，得

$$\boldsymbol{B}_L = \frac{\partial \boldsymbol{N}}{\partial x} = \begin{bmatrix} -\frac{1}{l_{ij}} & \frac{1}{l_{ij}} \end{bmatrix} \tag{12.2.9}$$

式(12.2.8)中，$\boldsymbol{B}_{NL}$ 为空间直线杆单元的非线性正应变矩阵，即

$$\boldsymbol{B}_{NL} = \frac{1}{2}\Delta \boldsymbol{A}\boldsymbol{G} \tag{12.2.10}$$

对空间直线杆单元，有

$$\boldsymbol{G}=\left[-\frac{1}{l_{ij}}\quad \frac{1}{l_{ij}}\right] \tag{12.2.11}$$

12.3 空间直线杆单元刚度矩阵

12.3.1 局部坐标系中空间直线杆单元的线性刚度矩阵

根据式(9.6.15a)可得局部坐标系中空间直线杆单元的线性刚度矩阵

$$\boldsymbol{k}_L=\int_v \boldsymbol{B}_L^{\mathrm{T}} E \boldsymbol{B}_L \mathrm{d}v \tag{12.3.1}$$

式中，E 为材料的弹性模量；$\boldsymbol{B}_L$为空间直线杆单元的线性应变矩阵。

将式(12.2.9)代入上式，得空间直线杆单元的线性刚度矩阵

$$\boldsymbol{k}_L=\frac{EA}{l_{ij}}\begin{bmatrix}1 & -1\\ -1 & 1\end{bmatrix} \tag{12.3.2}$$

式中，A 为杆件的截面积；l_{ij} 为杆件的长度。

12.3.2 局部坐标系中空间直线杆单元的初应力刚度矩阵

局部坐标系中空间直线杆单元的初应力刚度矩阵

$$\boldsymbol{k}_\sigma=\int_v \boldsymbol{G}^{\mathrm{T}}\boldsymbol{M}\boldsymbol{G}\mathrm{d}v$$

将式(12.2.11)代入上式，得空间直线杆单元的初应力刚度矩阵

$$\boldsymbol{k}_\sigma=\frac{p_0}{l_{ij}}=\begin{bmatrix}1 & -1\\ -1 & 1\end{bmatrix} \tag{12.3.3}$$

式中，p_0 为空间直线杆单元的初内力。

12.3.3 整体坐标系中空间直线杆单元的刚度矩阵

由式(9.6.22a)可得整体坐标系中空间直线杆单元的刚度矩阵

$$\boldsymbol{K}_L+\boldsymbol{K}_\sigma=\boldsymbol{T}_2^{\mathrm{T}}(\boldsymbol{k}_L+\boldsymbol{k}_\sigma)\boldsymbol{T}_2 \tag{12.3.4}$$

式中，$\boldsymbol{T}_2$ 为空间杆单元的局部坐标系中定义的向量与在整体坐标系中定义的向量之间的变换，如式(12.1.6)所示。

于是

$$\boldsymbol{K}_L=\frac{EA}{l_{ij}}\begin{bmatrix}l^2 & & & & & \\ ml & m^2 & & & \text{对} & \\ nl & nm & n^2 & & & \\ -l^2 & -lm & -ln & l^2 & & \text{称}\\ -ml & -m^2 & -mn & ml & m^2 & \\ -nl & -nm & -n^2 & nl & nm & n^2\end{bmatrix} \tag{12.3.5}$$

而整体坐标系中空间直线杆单元的初应力刚度矩阵

$$\boldsymbol{K}_\sigma = \frac{p_0}{l_{ij}}\left(\begin{bmatrix} 1 & & & & & \\ 0 & 1 & & 对 & & \\ 0 & 0 & 1 & & & \\ -1 & 0 & 0 & 1 & & 称 \\ 0 & -1 & 0 & 0 & 1 & \\ 0 & 0 & -1 & 0 & 0 & 1 \end{bmatrix} - \begin{bmatrix} l^2 & & & & & \\ ml & m^2 & & 对 & & \\ nl & nm & n^2 & & & \\ -l^2 & -lm & -ln & l^2 & & 称 \\ -ml & -m^2 & -mn & ml & m^2 & \\ -nl & -nm & -n^2 & nl & nm & n^2 \end{bmatrix}\right)$$

$$= \frac{p_0}{l_{ij}}\begin{bmatrix} 1-l^2 & & & & & \\ -ml & 1-m^2 & & 对 & & \\ -nl & -nm & 1-n^2 & & & \\ l^2-1 & lm & ln & 1-l^2 & & 称 \\ ml & m^2-1 & mn & -ml & 1-m^2 & \\ nl & nm & n^2-1 & -nl & -nm & 1-n^2 \end{bmatrix} \tag{12.3.6}$$

12.3.4 空间直线杆单元的质量矩阵

局部坐标系中空间直线杆单元的质量矩阵

$$\boldsymbol{m}_e = \int_v \rho \boldsymbol{N}^{\mathrm{T}} \boldsymbol{N} \mathrm{d}v$$

式中，ρ 为空间直线杆材料的密度；$\boldsymbol{N}$ 为空间直线杆单元的形函数。

当采用式(12.2.2)所示的形函数，则得局部坐标系中空间直线杆单元的一致质量矩阵

$$\boldsymbol{m}_e = \frac{\rho A l_{ij}}{6}\begin{bmatrix} 1 & 2 \\ 2 & 1 \end{bmatrix} \tag{12.3.7}$$

整体坐标系中空间直线杆单元的团聚质

$$\boldsymbol{M}_e = \frac{\rho A l_{ij}}{2}\begin{bmatrix} 1 & 0 & 0 & 0 & 0 & 0 \\ 0 & 1 & 0 & 0 & 0 & 0 \\ 0 & 0 & 1 & 0 & 0 & 0 \\ 0 & 0 & 0 & 1 & 0 & 0 \\ 0 & 0 & 0 & 0 & 1 & 0 \\ 0 & 0 & 0 & 0 & 0 & 1 \end{bmatrix} \tag{12.3.8}$$

整体坐标系中空间直线杆单元的一致质量矩阵

$$\boldsymbol{M}_e = \frac{\rho A l_{ij}}{6}\begin{bmatrix} 2 & 0 & 0 & 1 & 0 & 0 \\ 0 & 2 & 0 & 0 & 1 & 0 \\ 0 & 0 & 2 & 0 & 0 & 1 \\ 1 & 0 & 0 & 2 & 0 & 0 \\ 0 & 1 & 0 & 0 & 2 & 0 \\ 0 & 0 & 1 & 0 & 0 & 2 \end{bmatrix} \tag{12.3.9}$$

12.4 空间直线杆单元的内力

12.4.1 空间直线杆单元的不平衡力

空间直线杆单元的单元不平衡力向量

$$\boldsymbol{r}_e = (P_0 - EA)\left(\frac{1}{l_{ij}}\left(a - \frac{3}{2}a^2 + \frac{1}{2}b\right)\begin{bmatrix} -(\Delta u_j - \Delta u_i) \\ -(\Delta v_j - \Delta v_i) \\ -(\Delta w_j - \Delta w_i) \\ \Delta u_j - \Delta u_i \\ \Delta v_j - \Delta v_i \\ \Delta w_j - \Delta w_i \end{bmatrix} + \frac{1}{2}(b - 3a^2 - 3ab + 5a^3)\begin{bmatrix} -l \\ -m \\ -n \\ l \\ m \\ n \end{bmatrix}\right) \tag{12.4.1}$$

其中

$$a = \frac{(x_j - x_i)(\Delta u_j - \Delta u_i) + (y_j - y_i)(\Delta v_j - \Delta v_i) + (z_j - z_i)(\Delta w_j - \Delta w_i)}{(l_{ij}^0)^2}$$

$$b = \frac{(\Delta u_j - \Delta u_i)^2 + (\Delta v_j - \Delta v_i)^2 + (\Delta w_j - \Delta w_i)^2}{(l_{ij}^0)^2} \tag{12.4.2}$$

$\Delta u_i, \Delta v_i, \Delta w_i$ 及 $\Delta u_j, \Delta v_j, \Delta w_j$ 分别是节点 i 和 j 在局部坐标系下沿 x, y, z 方向的线位移。

12.4.2 空间直线杆单元的内力

根据物理关系，可以计算空间直线杆单元的应力，进而可计算空间直线杆单元的内力。这里，空间直线杆单元的正应力

$$\Delta\boldsymbol{\sigma} = E\Delta\boldsymbol{\varepsilon}_L \tag{12.4.3}$$

即

$$\Delta\boldsymbol{\sigma}_L = E\boldsymbol{B}_L\Delta\boldsymbol{u}_e \tag{12.4.4}$$

其中，$\Delta\boldsymbol{u}_e$ 为材料或局部坐标系中空间直线杆单元节点位移向量，有

$$\Delta\boldsymbol{u}_e = \boldsymbol{T}_2\Delta\boldsymbol{U}_e$$

这里，$\Delta\boldsymbol{U}_e$ 为解有限元基本方程所得的整体坐标系中空间直线杆单元节点位移向量；$\boldsymbol{T}_2$ 为空间杆单元的局部坐标系中定义的向量与在整体坐标系中定义的向量之间的变换矩阵，如式(12.1.6)所示。

将应变矩阵式(12.2.9)代入式(12.4.4)，得

$$\Delta\boldsymbol{\sigma}_L = E\begin{bmatrix} -\frac{1}{l_{ij}} & \frac{1}{l_{ij}} \end{bmatrix}\Delta\boldsymbol{u} = \frac{E}{l_{ij}}(\Delta u_j - \Delta u_i) \tag{12.4.5}$$

空间直线杆单元的内力

$$\Delta N = \frac{EA}{l_{ij}}(\Delta u_j - \Delta u_i) \tag{12.4.6}$$

12.5 空间曲线杆单元

12.5.1 空间曲线杆单元的向量定义及变换

现在空间曲线杆单元 ij 上建立空间局部坐标系 $i-xyz$，坐标系的原点为 i，坐标系 $i-xyz$ 中的 ix 轴的正向为从 i 到 j。ix 轴可表示为

$$\boldsymbol{ix} = (X_j - X_i)\boldsymbol{e}_1 + (Y_j - Y_i)\boldsymbol{e}_2 + (Z_j - Z_i)\boldsymbol{e}_3$$

通过 $\boldsymbol{ix}$ 可唯一地作一个平面 P 垂直于整体坐标系中的 XOY 平面，显然 $\boldsymbol{ix}$ 在 P 平面内，并定义局部坐标系的 iz 轴也在 P 平面内。约定 iz 轴的正向使 iz 轴和 OZ 轴正向的夹角小于 $90°$，然后定义 iy 轴，iy 轴垂直于 P 平面（见图 9.2.21）。

对于 ix 为非铅垂杆，所以有

$$\boldsymbol{iy} = -(Y_j - Y_i)\boldsymbol{e}_1 + (X_j - X_i)\boldsymbol{e}_2$$

及

$$\boldsymbol{iz} = -(X_j - X_i)(Z_j - Z_i)\boldsymbol{e}_1 - (Y_j - Y_i)(Z_j - Z_i)\boldsymbol{e}_2 + [(X_j - X_i)^2 + (Y_j - Y_i)^2]\boldsymbol{e}_3$$

对非铅垂杆，局部坐标系的坐标 ix 与整体坐标系的坐标轴 X,Y,Z 之间的方向余弦

$$l_1 = \frac{X_j - X_i}{l_{ij}},\quad m_1 = \frac{Y_j - Y_i}{l_{ij}},\quad n_1 = \frac{Z_j - Z_i}{l_{ij}} \tag{12.5.1}$$

局部坐标系的坐标 iy 与整体坐标系的坐标轴 X,Y,Z 之间的方向余弦

$$l_2 = \frac{-(Y_j - Y_i)}{S},\quad m_2 = \frac{X_j - X_i}{S},\quad n_2 = 0 \tag{12.5.2}$$

局部坐标系的坐标 iz 与整体坐标系的坐标轴 X,Y,Z 之间的方向余弦

$$l_3 = -m_2 n_1,\quad m_3 = l_2 n_1,\quad n_3 = \frac{S}{l_{ij}} \tag{12.5.3}$$

其中

$$l_{ij} = \sqrt{(X_j - X_i)^2 + (Y_j - Y_i)^2 + (Z_j - Z_i)^2},\ S = \sqrt{(X_j - X_i)^2 + (Y_j - Y_i)^2}$$

对于铅垂杆，得

$$\begin{cases} l_1 = 0, & m_1 = 0, & n_1 = 1; \\ l_2 = 0, & m_2 = 1, & n_2 = 0; \\ l_3 = -1, & m_3 = 0, & n_3 = 0 \end{cases} \tag{12.5.4}$$

空间曲线杆单元局部坐标系与整体坐标系之间的坐变换矩阵

$$\boldsymbol{t}_2 = \begin{bmatrix} l_1 & m_1 & n_1 \\ l_2 & m_2 & n_2 \\ l_3 & m_3 & n_3 \end{bmatrix} \tag{12.5.5}$$

其中，l_1, m_1, n_1 为局部坐标系的坐标轴 ix 与整体坐标系的坐标轴 X, Y, Z 之间的方向余弦，可按式(12.5.1)或式(12.5.4)计算；l_2, m_2, n_2 为局部坐标系的坐标轴 iy 与整体坐标系的坐标轴 X, Y, Z 之间的方向余弦，可按式(12.5.2)或式(12.5.4)计算；l_3, m_3, n_3 为局部坐标系的坐标轴 iz 与整体坐标系的坐标轴 X, Y, Z 之间的方向余弦，可按式(12.5.3)或式(12.5.4)计算。

12.5.2 局部坐标系中曲线杆单元位移向量和节点力向量

局部坐标系中，空间曲线杆单元每个节点有 3 个沿局部坐标 x, y, z 方向的线位移，对应于 3 个节点力，即为沿局部坐标 x, y, z 方向的集中力。线位移及节点力与坐标轴的正方向一致时为正。局部坐标系中空间曲线杆单元节点位移向量及增量分别为

$$\begin{aligned} \boldsymbol{u}_e &= [u_i \quad v_i \quad w_i \quad u_j \quad v_j \quad w_j]^{\mathrm{T}} \\ \Delta\boldsymbol{u}_e &= [\Delta u_i \quad \Delta v_i \quad \Delta w_i \quad \Delta u_j \quad \Delta v_j \quad \Delta w_j]^{\mathrm{T}} \end{aligned} \tag{12.5.6}$$

类似的作用在节点上的集中力向量及增量分别为

$$\begin{aligned} \boldsymbol{p}_e &= [p_{xi} \quad p_{yi} \quad p_{zi} \quad p_{xj} \quad p_{yj} \quad p_{zj}]^{\mathrm{T}} \\ \Delta\boldsymbol{p}_e &= [\Delta p_{xi} \quad \Delta p_{yi} \quad \Delta p_{zi} \quad \Delta p_{xj} \quad \Delta p_{yj} \quad \Delta p_{zj}]^{\mathrm{T}} \end{aligned} \tag{12.5.7}$$

12.5.3 空间曲线杆单元的局部坐标系与整体坐标系之间的向量变换

空间曲线杆单元的局部坐标系中定义的向量与在整体坐标系中定义的向量之间的变换如式(9.2.43)所示，变换矩阵

$$\boldsymbol{T}_2 = \begin{bmatrix} \boldsymbol{t}_2 & 0 \\ 0 & \boldsymbol{t}_2 \end{bmatrix} \tag{12.5.8}$$

其中，$\boldsymbol{t}_2$ 为空间曲线杆单元局部坐标系与整体坐标系之间的坐变换矩阵，如式(12.5.5)所示。

所以，空间曲线杆单元的局部坐标系中定义的节点位移向量$\boldsymbol{u}_e$ 与在整体坐标系中定义的单元节点位移向量$\boldsymbol{U}_e$ 之间的变换为

$$\boldsymbol{u}_e = \boldsymbol{T}_2 \boldsymbol{U}_e \quad 或 \quad \Delta\boldsymbol{u}_e = \boldsymbol{T}_2 \Delta\boldsymbol{U}_e \tag{12.5.9}$$

同样，空间曲线杆单元的局部坐标系中定义的节点力向量$\boldsymbol{p}_e$ 与在整体坐标系中定义的单元节点力向量$\boldsymbol{P}_e$ 之间的变换为

$$\boldsymbol{p}_e = \boldsymbol{T}_2 \boldsymbol{P}_e \quad 或 \quad \Delta\boldsymbol{p}_e = \boldsymbol{T}_2 \Delta\boldsymbol{P}_e \tag{12.5.10}$$

12.6 空间曲线杆单元的几何关系

12.6.1 空间曲线杆单元位移的一维线性 Lagrange 插值函数

局部坐标系中，空间曲线杆单元沿局部坐标 x, y, z 方向的线位移采用一维线性 Lagrange 插值函数。单元位移

$$\boldsymbol{u} = \begin{bmatrix} u \\ v \\ w \end{bmatrix} = \begin{bmatrix} \boldsymbol{N}_x \\ \boldsymbol{N}_y \\ \boldsymbol{N}_z \end{bmatrix} \boldsymbol{u}_e = \boldsymbol{N}\boldsymbol{u}_e \tag{12.6.1}$$

式中，$\boldsymbol{u}_e$为空间曲线杆单元节点位移向量，如式(12.5.6)所示；$\boldsymbol{N}$为形函数，有

$$\boldsymbol{N}=\begin{bmatrix}\boldsymbol{N}_x\\\boldsymbol{N}_y\\\boldsymbol{N}_z\end{bmatrix}=\begin{bmatrix}N_{1,i}&0&0&N_{1,j}&0&0\\0&N_{1,i}&0&0&N_{1,j}&0\\0&0&N_{1,i}&0&0&N_{1,j}\end{bmatrix}\tag{12.6.2}$$

其中，$N_{1,i}=1-\dfrac{x}{l_{ij}}$，$N_{1,j}=\dfrac{x}{l_{ij}}$，$l_{ij}$为杆长。

12.6.2 空间曲线杆单元的应变矩阵及其变分

12.6.2.1 空间曲线杆单元的应变矩阵

式(5.5.23)和式(5.5.24)给出了空间曲线杆单元线性应变和非线性应变。式中

$$a=\left(1-\frac{1}{2}\left(\frac{\mathrm{d}z}{\mathrm{d}x}\right)^2\right)\frac{\partial\Delta u}{\partial x},\quad b=\left(\left(1-\frac{1}{2}\left(\frac{\mathrm{d}z}{\mathrm{d}x}\right)^2\right)\right)^2\left(\frac{\partial\Delta u+\partial\Delta v+\partial\Delta w}{\partial x}\right)^2\tag{12.6.3}$$

于是，有

$$\Delta\varepsilon_L=\frac{\partial\Delta u}{\partial x}-\frac{1}{2}\left(\frac{\mathrm{d}z}{\mathrm{d}x}\right)^2\frac{\partial\Delta u}{\partial x}=\Delta\varepsilon_{L1}+\Delta\varepsilon_{L2}\tag{12.6.4}$$

将单元的位移式(12.6.1)代入式(12.6.4)，并引入如式(12.6.2)所示的形函数，得

$$\Delta\varepsilon_{L1}=\boldsymbol{B}_{L1}\Delta\boldsymbol{u}_e\quad\text{及}\quad\Delta\varepsilon_{L2}=\boldsymbol{B}_{L2}\Delta\boldsymbol{u}_e\tag{12.6.5}$$

式中，$\boldsymbol{B}_{L1}$为根据线性应变第一项所得线性应变矩阵，有

$$\boldsymbol{B}_{L1}=\frac{1}{l_{ij}}[-1\quad 0\quad 0\quad 1\quad 0\quad 0]\tag{12.6.6a}$$

$\boldsymbol{B}_{L2}$为根据线性应变第二项所得线性应变矩阵，有

$$\boldsymbol{B}_{L2}=-\frac{1}{2}\left(\frac{\mathrm{d}z}{\mathrm{d}x}\right)\frac{1}{l_{ij}}[-1\quad 0\quad 0\quad 1\quad 0\quad 0]\tag{12.6.6b}$$

所以，空间曲线杆单元线性应变矩阵

$$\boldsymbol{B}_L=\boldsymbol{B}_{L1}+\boldsymbol{B}_{L2}\tag{12.6.7}$$

空间曲线杆单元非线性应变

$$\Delta\varepsilon_{NL}=b\left(\frac{1}{2}-\frac{a}{2}+\frac{3}{4}a^2-\frac{5}{4}a^3-\frac{b}{8}\right)+a\left(-\frac{a}{2}+\frac{1}{2}a^2-\frac{5}{8}a^3\right)\tag{12.6.8}$$

令

$$c_1=-\frac{a}{2}+c_3,\quad c_2=\frac{1}{2}+c_4$$

式中

$$c_3=\frac{1}{2}a^2-\frac{5}{8}a^3,\quad c_4=-\frac{a}{2}+\frac{3}{4}a^2-\frac{5}{4}a^3-\frac{b}{8}$$

所以

$$\Delta\varepsilon_{NL} = -\frac{a^2}{2} + \frac{b}{2} + c_3 a + c_4 b \tag{12.6.9}$$

或

$$\Delta\varepsilon_{NL} = \boldsymbol{B}_{NL}\Delta\boldsymbol{u}_e \tag{12.6.10}$$

这里，$\boldsymbol{B}_{NL}$为空间曲线杆单元非线性应变矩阵，有

$$\begin{aligned}\boldsymbol{B}_{NL} = & c_3\left(1-\left(\frac{\mathrm{d}z}{\mathrm{d}x}\right)^2\right)\frac{1}{l_{ij}}\begin{bmatrix}-1 & 0 & 0 & 1 & 0 & 0\end{bmatrix}\\ & -\frac{1}{2}\left(1-\left(\frac{\mathrm{d}z}{\mathrm{d}x}\right)^2\right)^2\frac{1}{l_{ij}^2}\Delta\boldsymbol{u}_e^{\mathrm{T}}\begin{bmatrix}1 & 0 & 0 & -1 & 0 & 0\\ 0 & 0 & 0 & 0 & 0 & 0\\ 0 & 0 & 0 & 0 & 0 & 0\\ -1 & 0 & 0 & 1 & 0 & 0\\ 0 & 0 & 0 & 0 & 0 & 0\\ 0 & 0 & 0 & 0 & 0 & 0\end{bmatrix}\\ & +\left(\frac{1}{2}+c_4\right)\left(\left(1-\left(\frac{\mathrm{d}z}{\mathrm{d}x}\right)^2\right)\right)^2\frac{1}{l_{ij}^2}\Delta\boldsymbol{u}_e^{\mathrm{T}}\begin{bmatrix}1 & 0 & 0 & -1 & 0 & 0\\ 0 & 1 & 0 & 0 & -1 & 0\\ 0 & 0 & 1 & 0 & 0 & -1\\ -1 & 0 & 0 & 1 & 0 & 0\\ 0 & -1 & 0 & 0 & 1 & 0\\ 0 & 0 & -1 & 0 & 0 & 1\end{bmatrix}\end{aligned} \tag{12.6.11}$$

而 c_3，c_4 中

$$\begin{cases}a = \left(1-\dfrac{1}{2}\left(\dfrac{\mathrm{d}z}{\mathrm{d}x}\right)^2\right)\dfrac{1}{l_{ij}}(\Delta u_j - \Delta u_i),\\ b = \left(1-\dfrac{1}{2}\left(\dfrac{\mathrm{d}z}{\mathrm{d}x}\right)^2\right)^2\dfrac{1}{l_{ij}^2}((\Delta u_j - \Delta u_i)^2 + (\Delta v_j - \Delta v_i)^2 + (\Delta w_j - \Delta w_i)^2)\end{cases} \tag{12.6.11}$$

12.6.2.2 空间曲线杆单元应变的变分

由线性应变，得空间曲线杆单元线性应变的变分

$$\delta\Delta\varepsilon_L = \widetilde{\boldsymbol{B}}_L\delta\Delta\boldsymbol{u}_e = \boldsymbol{B}_L\delta\Delta\boldsymbol{u}_e \tag{12.6.12}$$

根据变分

$$\delta\Delta\varepsilon_{NL} = \frac{\partial\Delta\varepsilon_{NL}}{\partial a}\frac{\partial a}{\partial\Delta\boldsymbol{u}_e}\delta\Delta\boldsymbol{u}_e + \frac{\partial\Delta\varepsilon_{NL}}{\partial b}\frac{\partial b}{\partial\Delta\boldsymbol{u}_e}\delta\Delta\boldsymbol{u}_e$$

得空间曲线杆单元非线性应变的变分

$$\delta\Delta\varepsilon_{NL} = \widetilde{\boldsymbol{B}}_{NL}\delta\Delta\boldsymbol{u}_e \tag{12.6.13}$$

这里

$$\widetilde{\boldsymbol{B}}_{NL} = 2\boldsymbol{B}_{NL} \tag{12.6.14}$$

12.6.3 局部坐标系中空间曲线杆单元的线性刚度矩阵

根据式(9.6.15a)可得局部坐标系中空间曲线杆单元的线性刚度矩阵

$$\boldsymbol{k}_L = \int_v \boldsymbol{B}_L^{\mathrm{T}} E \boldsymbol{B}_L \mathrm{d}v$$

式中，E 为材料的弹性模量；$\boldsymbol{B}_L$ 为空间曲线杆单元的线性应变矩阵。

将空间曲线杆单元的线性应变矩阵式(12.6.7)代入上式，得空间曲线杆单元的线性刚度矩阵。现令

$$\nu = \int_0^{l_{ij}} \left(\frac{\mathrm{d}z}{\mathrm{d}x}\right)^2 \mathrm{d}x$$

将式(5.5.13)代入上式并简化整理，得

$$\begin{aligned}\nu = &\frac{l^2}{2l_{ij}^5 q^2}(2l_{ij}^2(h^2q^2 - 2H^2C_2^2) + Hl_{ij}^2(4hq(-\cosh(C_1) + \cosh(C_1 - 2C_2)) \\ &+ HC_2(\sinh(2C_1) - \sinh(2C_1 - 4C_2))))\end{aligned} \tag{12.6.15}$$

又设

$$\mu = \int_0^{l_{ij}} \frac{1}{4}\left(\frac{\mathrm{d}z}{\mathrm{d}x}\right)^4 \mathrm{d}x$$

将式(5.5.13)代入上式并简化整理，得

$$\begin{aligned}\mu = &\frac{l^4}{48l_{ij}^8 q^4}\{12h^4 l_{ij} q^4 - 144h^2H^2 l_{ij} q^2 C_2^2 + 72H^4 l_{ij} C_2^4 \\ &+ Hl_{ij}[16hH^2qC_2^2(9\cosh(C_1) - \cosh(3C_1) + \cosh(3C_1 - 6C_2) - 9\cosh(C_1 - 2C_2)] \\ &+ 48h^3q^3(-\cosh(C_1) + \cosh(C_1 - 2C_2)) + 36h^2Hq^2C_2[\sinh(2C_1) - \sinh(2C_1 - 4C_2)] \\ &- 3H^3C_2^3[8\sinh(2C_1) - \sinh(4C_1) - 8\sinh(2C_1 - 4C_2) + \sinh(4C_1 - 8C_2)]\}\end{aligned} \tag{12.6.16}$$

式中符号见图 5.5.2；$q = mg$ 为空间曲线杆单元单位长度的重量。利用高差、跨度与弦长的三角关系，有

$$h^2 + l^2 = l_{ij}^2$$

上式中，l 为空间曲线杆单元在整体坐标系中 XOY 平面上的投影。常数

$$C_1 = \operatorname{arcsinh}[C_2(h/l)/\sinh(C_2)] + C_2, \quad C_2 = \frac{mgl}{2H}$$

所以空间曲线杆单元线性刚度矩阵

$$\boldsymbol{k}_L = (1 - \nu + \mu)\frac{EA}{l_{ij}}\begin{bmatrix} 1 & 0 & 0 & -1 & 0 & 0 \\ 0 & 0 & 0 & 0 & 0 & 0 \\ 0 & 0 & 0 & 0 & 0 & 0 \\ -1 & 0 & 0 & 1 & 0 & 0 \\ 0 & 0 & 0 & 0 & 0 & 0 \\ 0 & 0 & 0 & 0 & 0 & 0 \end{bmatrix} \tag{12.6.17}$$

上式中，l_{ij}为单元弦长。

12.6.4 局部坐标系中空间曲线杆单元的初应力刚度矩阵

空间曲线杆单元初应力刚度矩阵

$$\boldsymbol{k}_\sigma = 2\int_v \boldsymbol{B}_{NL}\sigma_0 \mathrm{d}v$$

将空间曲线杆单元的非线性应变矩阵式(12.6.14)代入上式，得忽略应变中的高阶项的空间曲线杆单元的初应力刚度矩阵。其中，相对空间直线杆单元初应力刚度矩阵

$$\boldsymbol{k}_{\sigma 1} = \frac{P_0}{l_{ij}}\begin{bmatrix} 0 & 0 & 0 & 0 & 0 & 0 \\ 0 & 1 & 0 & 0 & -1 & 0 \\ 0 & 0 & 1 & 0 & 0 & -1 \\ 0 & 0 & 0 & 0 & 0 & 0 \\ 0 & -1 & 0 & 0 & 1 & 0 \\ 0 & 0 & -1 & 0 & 0 & 1 \end{bmatrix} \tag{12.6.18}$$

考虑初始垂度对单元刚度贡献的初应力刚度矩阵

$$\boldsymbol{k}_{\sigma 2} = -\nu\frac{P_0}{l_{ij}}\begin{bmatrix} 0 & 0 & 0 & 0 & 0 & 0 \\ 0 & 1 & 0 & 0 & -1 & 0 \\ 0 & 0 & 1 & 0 & 0 & -1 \\ 0 & 0 & 0 & 0 & 0 & 0 \\ 0 & -1 & 0 & 0 & 1 & 0 \\ 0 & 0 & -1 & 0 & 0 & 1 \end{bmatrix} \tag{12.6.19}$$

所以，空间曲线杆单元初应力刚度矩阵

$$\boldsymbol{k}_\sigma = \boldsymbol{k}_{\sigma 1} + \boldsymbol{k}_{\sigma 2}$$

$$\boldsymbol{k}_\sigma = (1-\nu)\frac{P_0}{l_{ij}}\begin{bmatrix} 0 & 0 & 0 & 0 & 0 & 0 \\ 0 & 1 & 0 & 0 & -1 & 0 \\ 0 & 0 & 1 & 0 & 0 & -1 \\ 0 & 0 & 0 & 0 & 0 & 0 \\ 0 & -1 & 0 & 0 & 1 & 0 \\ 0 & 0 & -1 & 0 & 0 & 1 \end{bmatrix} \tag{12.6.20}$$

12.6.5 整体坐标系中空间曲线杆单元的刚度矩阵

由式(9.6.22a)可得整体坐标系中空间曲线杆单元的刚度矩阵

$$\boldsymbol{K}_L + \boldsymbol{K}_\sigma = \boldsymbol{T}_2^{\mathrm{T}}(\boldsymbol{k}_L + \boldsymbol{k}_\sigma)\boldsymbol{T}_2 \tag{12.6.21}$$

式中，$\boldsymbol{T}_2$ 为空间曲线杆单元的局部坐标系中定义的向量与在整体坐标系中定义的向量之间的变换，如式(12.5.8)所示；$\boldsymbol{K}_L$ 及 $\boldsymbol{K}_\sigma$ 为局部坐标系中空间曲线杆单元线性刚度矩阵和初应力刚度矩阵，分别如式(12.6.17)和式(12.6.20)所示。

12.6.6 空间曲线杆单元的初应力向量与不平衡力向量

局部坐标系中空间曲线杆单元初应力等效节点力向量$\boldsymbol{f}_e$ 可按式(9.6.18)计算。式中的$\boldsymbol{B}_L$为空间曲线杆单元的线性应变矩阵,即

$$\boldsymbol{B}_L = \frac{1}{l_{ij}}\left(1-\frac{1}{2}\left(\frac{\mathrm{d}z}{\mathrm{d}x}\right)^2\right)[-1 \quad 0 \quad 0 \quad 1 \quad 0 \quad 0]$$

于是,相当的直线单元的初始力等效节点力向量

$$\boldsymbol{f}_{e1} = -P_0[-1 \quad 0 \quad 0 \quad 1 \quad 0 \quad 0]^{\mathrm{T}}$$

现设

$$\tilde{\omega} = \int_0^{l_{ij}} \frac{1}{2}\left(\frac{\mathrm{d}z}{\mathrm{d}x}\right)^2 \mathrm{d}x = 2\nu$$

所以考虑初始垂度影响的单元初始力等效节点力向量

$$\boldsymbol{f}_{e2} = 2\nu P_0[-1 \quad 0 \quad 0 \quad 1 \quad 0 \quad 0]^{\mathrm{T}}$$

所以

$$\boldsymbol{f}_e = \boldsymbol{f}_{e1} + \boldsymbol{f}_{e2} \tag{12.6.22}$$

而不平衡力向量是应变中的高阶项所产生,如忽略索垂度对该项的影响,则不平衡力向量是与一般的两节点直线单元的右端不平衡力向量相同。

12.7 只拉杆单元

在拉力作用下,只拉杆单元和一般的杆单元并没有差别,但是当承受压力时只拉杆单元就会松弛从而退出工作。在松弛状态下,结构的几何形状很容易被改变,即结构中这部分失去了刚度。在进行只拉杆单元刚度矩阵推导时,必须考虑这一性状。

现任取一个只拉杆单元,设单元的横截面面积为A,弹性模量为E,只拉杆单元中内力为T。当只拉杆单元处于松弛状态,则有

$$EA=0 \quad (T\leqslant 0)$$

只拉杆单元中松弛现象可以用等效的材料软化来表示,为此建立考虑松弛的只拉杆单元本构关系。只拉杆单元的本构关系包括三个要素,即松弛判断、单元的应力－应变关系、单元的软化假定。通常把只拉杆单元假定为理想的软化,即索单元处于平稳的松弛状态。根据这个假定,单元在松弛以后内力恒为零。

只拉杆单元具有图 12.7.1 所示的应力-应变关系。图中S,σ_S,ε_S分别为松弛点、松弛应力和松弛应变;Y,σ_Y,ε_Y分别代表名义屈服点、名义屈服强度和名义屈服应变。根据图中所示的只拉杆单元应力-应变关系,当在外力作用下单元受拉时,单元中的应变随着应力的增加而增加,单元节点位移也增加。此时,单元的性能符合图 12.7.1 中曲线SY所示的规律。当在外力作用下,单元中应力下降,应变也随之减小,当应力为零时,如果不考虑只拉杆单元中可能存在的残余变形,那么单元中的应变也为零。此时结构处于奇异状态,从而在分析上带来很大的困

难。当只拉杆单元卸载至应力 $\sigma \leqslant \sigma_S$ 时，只拉杆单元中张力 $T_i = 0.0$，这时只拉杆单元的应力-应变关系符合图 12.7.1 中曲线 AS 所示规律。只拉杆单元的力学行为，可表示为

$$D_e = D \times c \tag{12.7.1}$$

其中，c 是松弛系数。根据只拉杆单元的性状，当 $\sigma > \sigma_S$ 时，$c = 1.0$；当 $\sigma \leqslant \sigma_S$ 时，c 为一个极小的数。

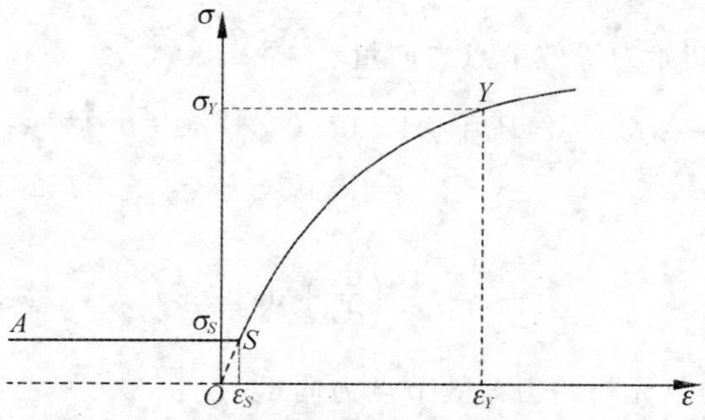

图 12.7.1　只拉杆单元的应力-应变关系

12.8　一维三次 Hermite 空间直线杆单元

在等截面空间直线杆单元中采用一维线性 Lagrange 位移插值函数，因此传统的杆单元是常应变单元。在大应变情况下，由于截面出现颈缩，杆单元不是等截面，此时单元位移不宜采用线性插值函数。沿 x 轴的轴向位移采用一维三次 Lagrange 或一维三次 Hermite 插值函数

$$u(x) = c_1 + c_2 x + c_3 x^2 + c_4 x^3 \tag{12.8.1}$$

即

$$\boldsymbol{u} = \boldsymbol{N}\boldsymbol{u}_e = [N_i \quad N_{i,x} \quad N_j \quad N_{j,x}]\boldsymbol{u}_e \tag{12.8.2}$$

式中，$\boldsymbol{N}$ 为形函数，这里

$$N_i = 1 - \frac{3x^2}{l^2} + \frac{2x^3}{l^3}, \quad N_{i,x} = x - \frac{2x^2}{l} + \frac{x^3}{l^2}, \quad N_j = \frac{3x^2}{l^2} - \frac{2x^3}{l^3}, \quad N_{j,x} = -\frac{x^2}{l} + \frac{x^3}{l^2} \tag{12.8.3}$$

而

$$\boldsymbol{u}_e = [u_i \quad \vartheta_{xi} \quad u_j \quad \vartheta_{xj}]^{\mathrm{T}} \tag{12.8.4}$$

式中，ϑ 为正应变变化率。

当采用一维三次 Lagrange 插值函数，需要在杆单元中设立 2 个内插点。

接着，可按上述过程计算杆单元的应变矩阵、刚度矩阵及内力等。但在积分计算中，积分上下限不是定值，而是与 x 有关的函数，此时沿 x 轴高斯积分点处修改积分上下限。即有

$$\begin{cases} {}^{t+\Delta t}y_{up} - {}^{t+\Delta t}y_{dn} = ({}^{t}y_{up} - {}^{t}y_{dn})(1 - \nu_x \Delta\varepsilon_x), \\ {}^{t+\Delta t}z_{up} - {}^{t+\Delta t}z_{dn} = ({}^{t}z_{up} - {}^{t}z_{dn})(1 - \nu_y \Delta\varepsilon_x) \end{cases} \tag{12.8.5}$$

式中，ν_x，ν_y 为 x，y 方向的泊桑比，且应该取拉、压状态的泊桑比，近似取 ν。

13　空间梁-柱的有限单元法

13.1　空间梁-柱单元

13.1.1　一维三次 Hermite 空间梁单元

根据空间杆件系统的性状，尤其是结构的变形规律，对空间杆件系统可以离散为一维三次 Hermite 空间梁单元及一维线性 Lagrange 空间杆单元，集成为空间梁-柱单元。

通常，空间梁-柱单元有 2 个节点，分别记为 i 和 j。一般，梁-柱单元的每个节点有 6 个位移自由度，其中 3 个为线位移，3 个为角位移。它们分别对应于 6 个节点力，其中 3 个为集中力，3 个为弯、扭矩。对于薄壁空间梁-柱单元为 2 节点 7 自由度单元，除了上述 6 个位移自由度外，还增加一个扭率。

选择空间梁-柱单元的节点自由度应考虑描述空间梁-柱的变形，同时提高求解的精度，因此可以增加节点的自由度，而同时改进位移函数。对于一般空间梁-柱单元，还可建立 2 节点 7 自由度或 2 节点 9 自由度空间梁-柱单元。对 2 节点 7 自由度空间梁-柱单元，除了上述 6 个位移自由度外，还增加 1 个正应变的变化率；对 2 节点 9 自由度空间梁-柱单元，除了上述 7 个位移自由度外，还增加 2 个剪切位移自由度。对于薄壁空间梁-柱单元，还可建立 2 节点 8 自由度或 2 节点 10 自由度空间梁-柱单元。对 2 节点 8 自由度空间梁-柱单元，除了上述 7 个位移自由度外，还增加 1 个正应变的变化率；对 2 节点 10 自由度空间梁-柱单元，除了上述 8 个位移自由度外，还增加 2 个剪切位移自由度。

13.1.2　空间梁-柱单元的向量定义

13.1.2.1　整体坐标系中单元位移向量和节点力向量

在整体坐标系中定义空间梁-柱单元 ij 的 2 个节点 i 和 j 的位移和节点荷载向量，即与荷载等效的节点外力向量。

整体坐标系中，2 节点 6 自由度空间梁-柱单元每个节点有 6 个位移自由度，其中 3 个分别为沿整体坐标 X,Y,Z 方向的线位移，3 个分别为关于整体坐标 X,Y,Z 的角位移，它们分别对应于沿整体坐标 X,Y,Z 方向的集中力和关于整体坐标 X,Y,Z 的弯、扭转角。

2 节点 6 自由度空间梁-柱单元的位移向量

$$\boldsymbol{U}_e = [U_i \quad V_i \quad W_i \quad \theta_{Xi} \quad \theta_{Yi} \quad \theta_{Zi} \quad U_j \quad V_j \quad W_j \quad \theta_{Xj} \quad \theta_{Yj} \quad \theta_{Zj}]^{\mathrm{T}} \tag{13.1.1}$$

及增量

$$\Delta\boldsymbol{U}_e = [\Delta U_i \quad \Delta V_i \quad \Delta W_i \quad \Delta\theta_{Xi} \quad \Delta\theta_{Yi} \quad \Delta\theta_{Zi} \quad \Delta U_j \quad \Delta V_j \quad \Delta W_j \quad \Delta\theta_{Xj} \quad \Delta\theta_{Yj} \quad \Delta\theta_{Zj}]^{\mathrm{T}} \tag{13.1.2}$$

其中，U,V,W 分别为节点沿整体坐标 X,Y,Z 方向的线位移；$\theta_X,\theta_Y,\theta_Z$ 分别为节点关于整体坐

标 X,Y,Z 的转角，即角位移。

2 节点 6 自由度空间梁-柱单元的节点力向量

$$\boldsymbol{P}_e=[P_{Xi}\quad P_{Yi}\quad P_{Zi}\quad M_{Xi}\quad M_{Yi}\quad M_{Zi}\quad P_{Xj}\quad P_{Yj}\quad P_{Zj}\quad M_{Xj}\quad M_{Yj}\quad M_{Zj}]^{\mathrm{T}} \tag{13.1.3}$$

及增量

$$\Delta\boldsymbol{P}_e=[\Delta P_{Xi}\quad \Delta P_{Yi}\quad \Delta P_{Zi}\quad \Delta M_{Xi}\quad \Delta M_{Yi}\quad \Delta M_{Zi}\quad \Delta P_{Xj}\quad \Delta P_{Yj}\quad \Delta P_{Zj}\quad \Delta M_{Xj}\quad \Delta M_{Yj}\quad \Delta M_{Zj}]^{\mathrm{T}}$$

其中，P_X,P_Y,P_Z 分别为节点沿整体坐标 X,Y,Z 方向的集中力；M_X,M_Y,M_Z 分别为节点关于整体坐标 X,Y,Z 的集中弯矩。

图 13.1.1 和图 13.1.2 分别显示了整体坐标系中 2 节点 6 自由度空间梁-柱单元的位移分量和节点力分量。

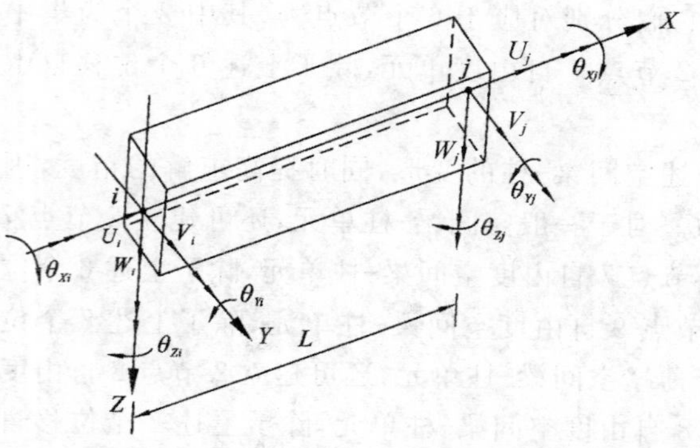

图 13.1.1　整体坐标系中 2 节点 6 自由度空间梁-柱单元的位移

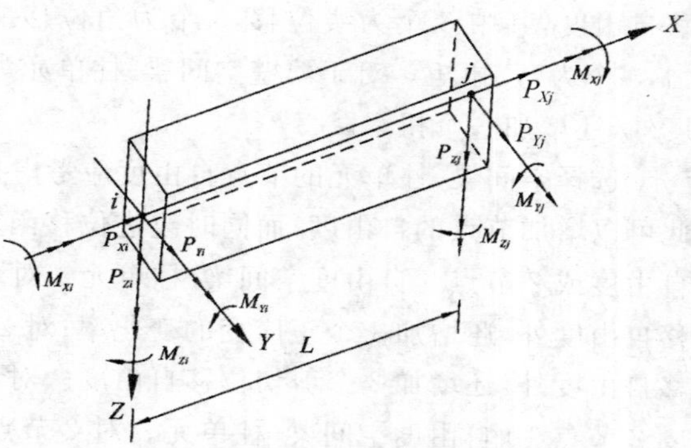

图 13.1.2　整体坐标系中 2 节点 6 自由度空间梁-柱单元的节点力

对 2 节点 7 自由度薄壁空间梁-柱单元每个节点有 7 个位移自由度，其中 6 个位移自由度与 2 节点 6 自由度空间梁-柱单元相同，1 个为扭率自由度，它们分别对应于 6 个节点和 1 个双力矩。

2 节点 7 自由度薄壁空间梁-柱单元的位移向量

$$\boldsymbol{U}_e=[U_i\quad V_i\quad W_i\quad \theta_{Xi}\quad \theta_{Yi}\quad \theta_{Zi}\quad \theta_{\omega i}\quad U_j\quad V_j\quad W_j\quad \theta_{Xj}\quad \theta_{Yj}\quad \theta_{Zj}\quad \theta_{\omega j}]^{\mathrm{T}} \tag{13.1.4}$$

及增量

$$\Delta\boldsymbol{U}_e=[\Delta U_i\quad \Delta V_i\quad \Delta W_i\quad \Delta\theta_{Xi}\quad \Delta\theta_{Yi}\quad \Delta\theta_{Zi}\quad \Delta\theta_{\omega i}\quad \Delta U_j\quad \Delta V_j\quad \Delta W_j\quad \Delta\theta_{Xj}\quad \Delta\theta_{Yj}\quad \Delta\theta_{Zj}\quad \Delta\theta_{\omega j}]^{\mathrm{T}}$$

其中，θ_ω 为关于整体坐标 X 的扭率。

2 节点 7 自由度薄壁空间梁-柱单元的节点力向量

$$\Delta\boldsymbol{P}_e=[P_{Xi}\quad P_{Yi}\quad P_{Zi}\quad M_{Xi}\quad M_{Yi}\quad M_{Zi}\quad M_{Bi}\quad P_{Xj}\quad P_{Yj}\quad P_{Zj}\quad M_{Xj}\quad M_{Yj}\quad M_{Zj}\quad M_{Bj}]^{\mathrm{T}}$$

其中，M_B 为双力矩。

类似的以增量形式表示的节点力向量

$$\Delta \boldsymbol{P}_e = [\Delta P_{Xi} \quad \Delta P_{Yi} \quad \Delta P_{Zi} \quad \Delta M_{Xi} \quad \Delta M_{Yi} \quad \Delta M_{Zi} \quad \Delta M_{Bi} \quad \Delta P_{Xj} \quad \Delta P_{Yj} \quad \Delta P_{Zj} \quad \Delta M_{Xj} \quad \Delta M_{Yj} \quad \Delta M_{Zj} \quad \Delta M_{Bj}]^{\mathrm{T}} \tag{13.1.5}$$

对 2 节点 8 自由度薄壁空间梁-柱单元每个节点有 8 个位移自由度，其中 7 个位移自由度与 2 节点 7 自由度薄壁空间梁-柱单元相同，1 个为正应变变化率，它们分别对应于 6 个节点力、1 个双力矩和 1 个双作用力。

2 节点 8 自由度薄壁空间梁-柱单元的位移向量

$$\boldsymbol{U}_e = [U_i \quad V_i \quad W_i \quad \theta_{Xi} \quad \theta_{Yi} \quad \theta_{Zi} \quad \theta_{\omega i} \quad \vartheta_{Xi} \quad U_j \quad V_j \quad W_j \quad \theta_{Xj} \quad \theta_{Yj} \quad \theta_{Zj} \quad \theta_{\omega j} \quad \vartheta_{Xj}]^{\mathrm{T}}$$

其中，ϑ_X 为关于整体坐标 X 的正应变变化率。

如以增量形式表示，即

$$\Delta \boldsymbol{U}_e = [\Delta U_i \quad \Delta V_i \quad \Delta W_i \quad \Delta\theta_{Xi} \quad \Delta\theta_{Yi} \quad \Delta\theta_{Zi} \quad \Delta\theta_{\omega i} \quad \Delta\vartheta_{Xi} \quad \Delta U_j \quad \Delta V_j \quad \Delta W_j \quad \Delta\theta_{Xj} \quad \Delta\theta_{Yj} \quad \Delta\theta_{Zj} \quad \Delta\theta_{\omega j} \quad \Delta\vartheta_{Xj}]^{\mathrm{T}} \tag{13.1.6}$$

2 节点 8 自由度薄壁空间梁-柱单元的节点力向量

$$\boldsymbol{P}_e = [P_{Xi} \quad P_{Yi} \quad P_{Zi} \quad M_{Xi} \quad M_{Yi} \quad M_{Zi} \quad M_{Bi} \quad M_{\vartheta i} \quad P_{Xj} \quad P_{Yj} \quad P_{Zj} \quad M_{Xj} \quad M_{Yj} \quad M_{Zj} \quad M_{Bj} \quad M_{\vartheta j}]^{\mathrm{T}}$$

其中，M_ϑ 为双作用力。

类似的以增量形式表示的节点力向量

$$\Delta \boldsymbol{P}_e = [\Delta P_{Xi} \quad \Delta P_{Yi} \quad \Delta P_{Zi} \quad \Delta M_{Xi} \quad \Delta M_{Yi} \quad \Delta M_{Zi} \quad \Delta M_{Bi} \quad \Delta M_{\vartheta i} \quad \Delta P_{Xj} \quad \Delta P_{Yj} \quad \Delta P_{Zj} \quad \Delta M_{Xj} \quad \Delta M_{Yj} \quad \Delta M_{Zj} \quad \Delta M_{Bj} \quad \Delta M_{\vartheta j}]^{\mathrm{T}} \tag{13.1.7}$$

对 2 节点 10 自由度薄壁空间梁-柱单元每个节点有 10 个位移自由度，其中 8 个位移自由度与 2 节点 8 自由度薄壁空间梁-柱单元相同，2 个为剪切位移自由度，它们分别对应于 6 个节点力、1 个双力矩、1 个双作用力和 2 个相应剪切位移的节点力。

2 节点 10 自由度薄壁空间梁-柱单元的位移向量

$$\boldsymbol{U}_e = [U_i \quad V_i \quad W_i \quad \theta_{Xi} \quad \theta_{Yi} \quad \theta_{Zi} \quad \theta_{X\omega i} \quad \vartheta_{Xi} \quad V_{si} \quad W_{si} \quad U_j \quad V_j \quad W_j \quad \theta_{Xj} \quad \theta_{Yj} \quad \theta_{Zj} \quad \theta_{X\omega j} \quad \vartheta_{Xj} \quad V_{sj} \quad W_{sj}]^{\mathrm{T}}$$

其中，V_s，W_s 为节点沿整体坐标 Y，Z 方向的剪切位移。

如以增量形式表示，即

$$\Delta \boldsymbol{U}_e = [\Delta U_i \quad \Delta V_i \quad \Delta W_i \quad \Delta\theta_{Xi} \quad \Delta\theta_{Yi} \quad \Delta\theta_{Zi} \quad \Delta\theta_{X\omega i} \quad \Delta\vartheta_{Xi} \quad \Delta V_{si} \quad \Delta W_{si} \quad \Delta U_j \quad \Delta V_j \quad \Delta W_j \quad \Delta\theta_{Xj} \quad \Delta\theta_{Yj} \quad \Delta\theta_{Zj} \quad \Delta\theta_{X\omega j} \quad \Delta\vartheta_{Xj} \quad \Delta V_{sj} \quad \Delta W_{sj}]^{\mathrm{T}} \tag{13.1.8}$$

2 节点 10 自由度薄壁空间梁-柱单元的节点力向量

$$\boldsymbol{P}_e = [P_{Xi} \quad P_{Yi} \quad P_{Zi} \quad M_{Xi} \quad M_{Yi} \quad M_{Zi} \quad M_{Bi} \quad M_{\vartheta i} \quad P_{Ysi} \quad P_{Zsi} \quad P_{Xj} \quad P_{Yj} \quad P_{Zj} \quad M_{Xj} \quad M_{Yj} \quad M_{Zj} \quad M_{Bj} \quad M_{\vartheta j} \quad P_{Ysj} \quad P_{Zsj}]^{\mathrm{T}}$$

其中，P_{Ys}，P_{Zs} 为相应剪切位移的节点力。

类似的以增量形式表示的节点力向量

$$\Delta \boldsymbol{P}_e = [\Delta P_{Xi} \quad \Delta P_{Yi} \quad \Delta P_{Zi} \quad \Delta M_{Xi} \quad \Delta M_{Yi} \quad \Delta M_{Zi} \quad \Delta M_{Bi} \quad \Delta M_{\vartheta i} \quad \Delta P_{Ysi} \quad \Delta P_{Zsi} \quad \Delta P_{Xj} \quad \Delta P_{Yj} \quad \Delta P_{Zj} \quad \Delta M_{Xj} \quad \Delta M_{Yj} \quad \Delta M_{Zj} \quad \Delta M_{Bj} \quad \Delta M_{\vartheta j} \quad \Delta P_{Ysj} \quad \Delta P_{Zsj}]^{\mathrm{T}} \tag{13.1.9}$$

13.1.2.2 局部坐标系中单元位移向量和节点力向量

局部坐标系中，2 节点 6 自由度空间梁-柱单元每个节点有 6 个位移自由度，其中 3 个分别为沿局部坐标 x,y,z 方向的线位移，3 个分别为关于局部坐标 x,y,z 的角位移。它们分别对应于 6 个节点力，其中 3 个分别为沿局部坐标 x,y,z 方向的集中力，3 个分别为关于局部坐标 x,y,z 的弯、扭矩。在有限单元法中规定线位移与坐标轴的正方向一致时为正，而角位移以顺时针转动时为正，按梁变形曲线的曲率及相应的符号规定，右手系所确定的 θ_{yi} 及 θ_{zj} 为负。

2 节点 6 自由度空间梁-柱单元的位移向量

$$\boldsymbol{u}_e = [u_i \quad v_i \quad w_i \quad \theta_{xi} \quad \theta_{yi} \quad \theta_{zi} \quad u_j \quad v_j \quad w_j \quad \theta_{xj} \quad \theta_{yj} \quad \theta_{zj}]^{\mathrm{T}} \tag{13.1.10a}$$

及增量

$$\Delta \boldsymbol{u}_e = [\Delta u_i \quad \Delta v_i \quad \Delta w_i \quad \Delta \theta_{xi} \quad \Delta \theta_{yi} \quad \Delta \theta_{zi} \quad \Delta u_j \quad \Delta v_j \quad \Delta w_j \quad \Delta \theta_{xj} \quad \Delta \theta_{yj} \quad \Delta \theta_{zj}]^{\mathrm{T}} \tag{13.1.10b}$$

其中，u,v,w 分别为节点沿局部坐标 x,y,z 方向的线位移；$\theta_x,\theta_y,\theta_z$ 分别为节点关于局部坐标 x,y,z 的转角，即角位移。

2 节点 6 自由度空间梁-柱单元的节点力向量

$$\boldsymbol{p}_e = [p_{xi} \quad p_{yi} \quad p_{zi} \quad m_{xi} \quad m_{yi} \quad m_{zi} \quad p_{xj} \quad p_{yj} \quad p_{zj} \quad m_{xj} \quad m_{yj} \quad m_{zj}]^{\mathrm{T}} \tag{13.1.11a}$$

及增量

$$\Delta \boldsymbol{p}_e = [\Delta p_{xi} \quad \Delta p_{yi} \quad \Delta p_{zi} \quad \Delta m_{xi} \quad \Delta m_{yi} \quad \Delta m_{zi} \quad \Delta p_{xj} \quad \Delta p_{yj} \quad \Delta p_{zj} \quad \Delta m_{xj} \quad \Delta m_{yj} \quad \Delta m_{zj}]^{\mathrm{T}} \tag{13.1.11b}$$

其中，p_x,p_y,p_z 分别为节点沿局部坐标 x,y,z 方向的集中力；$\Delta m_x,\Delta m_y,\Delta m_z$ 分别为节点关于局部坐标 x,y,z 的集中弯矩。

图 13.1.3 和图 13.1.4 分别显示了局部坐标系中 2 节点 6 自由度空间梁-柱单元的位移分量和节点力分量。

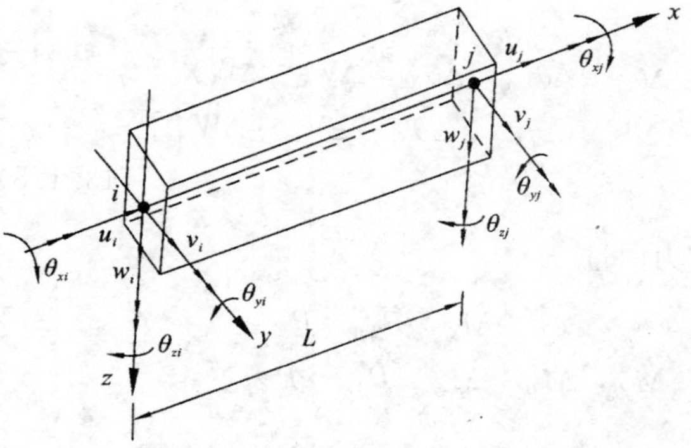

图 13.1.3 局部坐标系中 2 节点 6 自由度空间梁-柱单元的位移

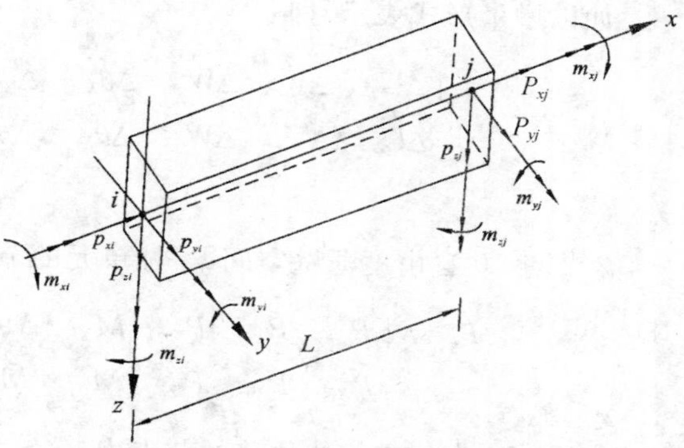

图 13.1.4 局部坐标系中 2 节点 6 自由度空间梁-柱单元的节点力

对 2 节点 7 自由度薄壁空间梁-柱单元每个节点有 7 个位移自由度，其中 3 个分别为沿局部坐标 x,y,z 方向的线位移，3 个分别为关于局部坐标 x,y,z 的角位移，以及 1 个扭率。它们分别对应于 6 个节点力，其中 3 个分别为沿局部坐标 x,y,z 方向的集中力，3 个分别为关于局部坐标 x,y,z 的弯、扭矩，以及 1 个双力矩。

2 节点 7 自由度薄壁空间梁-柱单元的位移向量

$$\boldsymbol{u}_e = [u_i \quad v_i \quad w_i \quad \theta_{xi} \quad \theta_{yi} \quad \theta_{zi} \quad \theta_{\omega i} \quad u_j \quad v_j \quad w_j \quad \theta_{xj} \quad \theta_{yj} \quad \theta_{zj} \quad \theta_{\omega j}]^{\mathrm{T}} \tag{13.1.12a}$$

及增量

$$\begin{aligned}\Delta\boldsymbol{u}_e = [&\Delta u_i \quad \Delta v_i \quad \Delta w_i \quad \Delta\theta_{xi} \quad \Delta\theta_{yi} \quad \Delta\theta_{zi} \quad \Delta\theta_{\omega i} \quad \Delta u_j \\ &\Delta v_j \quad \Delta w_j \quad \Delta\theta_{xj} \quad \Delta\theta_{yj} \quad \Delta\theta_{zj} \quad \Delta\theta_{\omega j}]^{\mathrm{T}}\end{aligned} \tag{13.1.12b}$$

其中，θ_ω 为关于局部坐标 x 的扭率。

2 节点 7 自由度薄壁空间梁-柱单元的节点力向量

$$\boldsymbol{p}_e = [p_{xi} \quad p_{yi} \quad p_{zi} \quad m_{xi} \quad m_{yi} \quad m_{zi} \quad m_{Bi} \quad p_{xj} \quad p_{yj} \quad \Delta p_{zj} \quad m_{xj} \quad m_{yj} \quad m_{zj} \quad m_{Bj}]^{\mathrm{T}} \tag{13.1.13a}$$

及增量

$$\begin{aligned}\Delta\,\boldsymbol{p}_e = [&\Delta p_{xi} \quad \Delta p_{yi} \quad \Delta p_{zi} \quad \Delta m_{xi} \quad \Delta m_{yi} \quad \Delta m_{zi} \quad \Delta m_{Bi} \quad \Delta p_{xj} \\ &\Delta p_{yj} \quad \Delta p_{zj} \quad \Delta m_{xj} \quad \Delta m_{yj} \quad \Delta m_{zj} \quad \Delta m_{Bj}]^{\mathrm{T}}\end{aligned} \tag{13.1.13b}$$

其中，m_B 为双力矩。

对 2 节点 8 自由度薄壁空间梁-柱单元每个节点有 8 个位移自由度，其中 3 个分别为沿局部坐标 x,y,z 方向的线位移，3 个分别为关于局部坐标 x,y,z 的角位移，1 个扭率和 1 个正应变变化率。它们分别对应于 6 个节点力，其中 3 个分别为沿局部坐标 x,y,z 方向的集中力，3 个分别为关于局部坐标 x,y,z 的弯、扭矩，以及 1 个双力矩和 1 个双作用力。

2 节点 8 自由度薄壁空间梁-柱单元的位移向量

$$\boldsymbol{u}_e = [u_i \quad v_i \quad w_i \quad \theta_{xi} \quad \theta_{yi} \quad \theta_{zi} \quad \theta_{\omega i} \quad \vartheta_{xi} \quad u_j \quad v_j \quad w_j \quad \theta_{xj} \quad \theta_{yj} \quad \theta_{zj} \quad \theta_{\omega j} \quad \vartheta_{xj}]^{\mathrm{T}} \tag{13.1.14a}$$

及增量

$$\begin{aligned}\Delta\boldsymbol{u}_e = [&\Delta u_i \quad \Delta v_i \quad \Delta w_i \quad \Delta\theta_{xi} \quad \Delta\theta_{yi} \quad \Delta\theta_{zi} \quad \Delta\theta_{\omega i} \quad \Delta\vartheta_{xi} \\ &\Delta u_j \quad \Delta v_j \quad \Delta w_j \quad \Delta\theta_{xj} \quad \Delta\theta_{yj} \quad \Delta\theta_{zj} \quad \Delta\theta_{\omega j} \quad \Delta\vartheta_{xj}]^{\mathrm{T}}\end{aligned} \tag{13.1.14b}$$

其中，ϑ_x 为关于局部坐标 x 的正应变变化率。

2 节点 8 自由度薄壁空间梁-柱单元的节点力向量

$$\begin{aligned}\boldsymbol{p}_e = [&p_{xi} \quad p_{yi} \quad p_{zi} \quad m_{xi} \quad m_{yi} \quad m_{zi} \quad m_{Bi} \quad m_{\vartheta i} \\ &p_{xj} \quad p_{yj} \quad p_{zj} \quad m_{xj} \quad m_{yj} \quad m_{zj} \quad m_{Bj} \quad m_{\vartheta j}]^{\mathrm{T}}\end{aligned} \tag{13.1.15a}$$

及增量

$$\begin{aligned}\Delta\boldsymbol{p}_e = [&\Delta p_{xi} \quad \Delta p_{yi} \quad \Delta p_{zi} \quad \Delta m_{xi} \quad \Delta m_{yi} \quad \Delta m_{zi} \quad \Delta m_{Bi} \quad \Delta m_{\vartheta i} \\ &\Delta p_{xj} \quad \Delta p_{yj} \quad \Delta p_{zj} \quad \Delta m_{xj} \quad \Delta m_{yj} \quad \Delta m_{zj} \quad \Delta m_{Bj} \quad \Delta m_{\vartheta j}]^{\mathrm{T}}\end{aligned} \tag{13.1.15b}$$

其中，m_{ϑ} 为双作用力。

对 2 节点 10 自由度薄壁空间梁-柱单元每个节点有 10 个位移自由度，其中 8 个自由度与 2 节点 8 自由度薄壁空间梁-柱单元相同，2 个为剪切位移自由度，它们分别对应于 6 个节点力、1 个双力矩、1 个双作用力和 2 个相应剪切位移的节点力。

2 节点 10 自由度薄壁空间梁-柱单元的位移向量

$$\begin{aligned}\boldsymbol{u}_e = [&u_i \quad v_i \quad w_i \quad \theta_{xi} \quad \theta_{yi} \quad \theta_{zi} \quad \theta_{\omega i} \quad \vartheta_{xi} \quad v_{si} \quad w_{si} \quad u_j \quad v_j \\ &w_j \quad \theta_{xj} \quad \theta_{yj} \quad \theta_{zj} \quad \theta_{\omega j} \quad \vartheta_{xj} \quad v_{sj} \quad w_{sj}]^{\mathrm{T}}\end{aligned} \tag{13.1.16a}$$

及增量

$$\begin{aligned}\Delta\boldsymbol{u}_e = [&\Delta u_i \quad \Delta v_i \quad \Delta w_i \quad \Delta\theta_{xi} \quad \Delta\theta_{yi} \quad \Delta\theta_{zi} \quad \Delta\theta_{\omega i} \quad \Delta\vartheta_{xi} \quad \Delta v_{si} \quad \Delta w_{si} \\ &\Delta u_j \quad \Delta v_j \quad \Delta w_j \quad \Delta\theta_{xj} \quad \Delta\theta_{yj} \quad \Delta\theta_{zj} \quad \Delta\theta_{\omega j} \quad \Delta\vartheta_{xj} \quad \Delta v_{sj} \quad \Delta w_{sj}]^{\mathrm{T}}\end{aligned} \tag{13.1.16b}$$

其中，v_s，w_s 为节点沿局部坐标 y，z 方向的剪切位移。

2 节点 10 自由度薄壁空间梁-柱单元的节点力向量

$$\begin{aligned}\boldsymbol{p}_e = [&p_{xi} \quad p_{yi} \quad p_{zi} \quad m_{xi} \quad m_{yi} \quad m_{zi} \quad m_{Bi} \quad m_{\vartheta i} \quad p_{ysi} \quad p_{zsi} \\ &p_{xj} \quad p_{yj} \quad p_{zj} \quad m_{xj} \quad m_{yj} \quad m_{zj} \quad m_{Bj} \quad m_{\vartheta j} \quad p_{ysj} \quad p_{zsj}]^{\mathrm{T}}\end{aligned} \tag{13.1.17a}$$

及增量

$$\begin{aligned}\Delta\boldsymbol{p}_e = [&\Delta p_{xi} \quad \Delta p_{yi} \quad \Delta p_{zi} \quad \Delta m_{xi} \quad \Delta m_{yi} \quad \Delta m_{zi} \quad \Delta m_{Bi} \quad \Delta m_{\vartheta i} \quad \Delta p_{ysi} \quad \Delta p_{zsi} \\ &\Delta p_{xj} \quad \Delta p_{yj} \quad \Delta p_{zj} \quad \Delta m_{xj} \quad \Delta m_{yj} \quad \Delta m_{zj} \quad \Delta m_{Bj} \quad \Delta m_{\vartheta j} \quad \Delta p_{ysj} \quad \Delta p_{zsj}]^{\mathrm{T}}\end{aligned} \tag{13.1.17b}$$

其中，p_{ys}，p_{zs} 为相应剪切位移的节点力。

13.1.2.3　材料坐标系中单元位移向量和节点力向量

材料坐标系中，2 节点 6 自由度空间梁-柱单元每个节点有 6 个位移自由度，其中 3 个分别为沿材料坐标 x，y'，z' 方向的线位移，3 个分别为关于材料坐标 x，y'，z' 的角位移。它们分别对应于 6 个节点力，其中 3 个分别为沿材料坐标 x，y'，z' 方向的集中力，3 个分别为关于材料坐标 x，y'，z' 的弯、扭矩。

2 节点 6 自由度空间梁-柱单元的位移向量

$$\boldsymbol{u}'_e = [u'_i \quad v'_i \quad w'_i \quad \theta'_{xi} \quad \theta'_{yi} \quad \theta'_{zi} \quad u'_j \quad v'_j \quad w'_j \quad \theta'_{xj} \quad \theta'_{yj} \quad \theta'_{zj}]^{\mathrm{T}} \tag{13.1.18a}$$

及增量

$$\Delta\boldsymbol{u}'_e = [\Delta u'_i \quad \Delta v'_i \quad \Delta w'_i \quad \Delta\theta'_{xi} \quad \Delta\theta'_{yi} \quad \Delta\theta'_{zi} \quad \Delta u'_j \quad \Delta v'_j \quad \Delta w'_j \quad \Delta\theta'_{xj} \quad \Delta\theta'_{yj} \quad \Delta\theta'_{zj}]^{\mathrm{T}} \tag{13.1.18b}$$

其中，u'，v'，w' 分别为节点沿材料坐标 x，y'，z' 方向的线位移，θ'_x，θ'_y，θ'_z 分别为节点关于材料坐标 x，y'，z' 的转角，即角位移。

2 节点 6 自由度空间梁-柱单元的节点力向量

$$\boldsymbol{p}'_e = [p'_{xi} \quad p'_{yi} \quad p'_{zi} \quad m'_{xi} \quad m'_{yi} \quad m'_{zi} \quad p'_{xj} \quad p'_{yj} \quad p'_{zj} \quad m'_{xj} \quad m'_{yj} \quad m'_{zj}]^{\mathrm{T}} \tag{13.1.19a}$$

及增量

$$\Delta \boldsymbol{p}'_e = [\Delta p'_{xi} \quad \Delta p'_{yi} \quad \Delta p'_{zi} \quad \Delta m'_{xi} \quad \Delta m'_{yi} \quad \Delta m'_{zi} \quad \Delta p'_{xj} \quad \Delta p'_{yj} \quad \Delta p'_{zj} \quad \Delta m'_{xj} \quad \Delta m'_{yj} \quad \Delta m'_{zj}]^{\mathrm{T}} \tag{13.1.19b}$$

其中，p'_x, p'_y, p'_z分别为节点沿材料坐标x, y', z'方向的集中力；$\Delta m'_x, \Delta m'_y, \Delta m'_z$分别为节点关于材料坐标$x, y', z'$的集中弯矩。

图 13.1.5 和图 13.1.6 分别显示了材料坐标系中 2 节点 6 自由度空间梁-柱单元的位移分量和节点力分量。

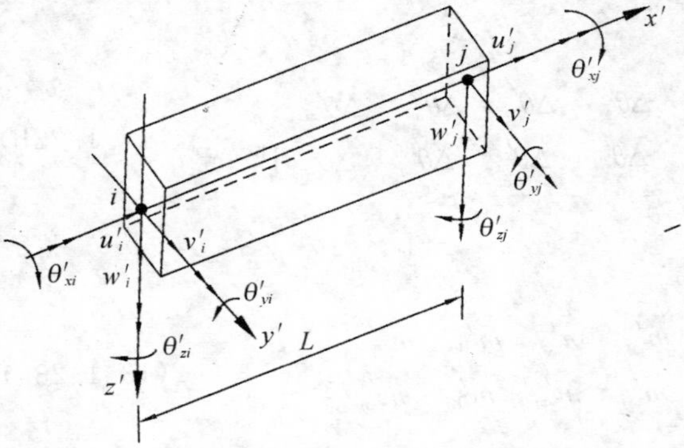

图 13.1.5　材料坐标系中 2 节点 6 自由度空间梁-柱单元的位移

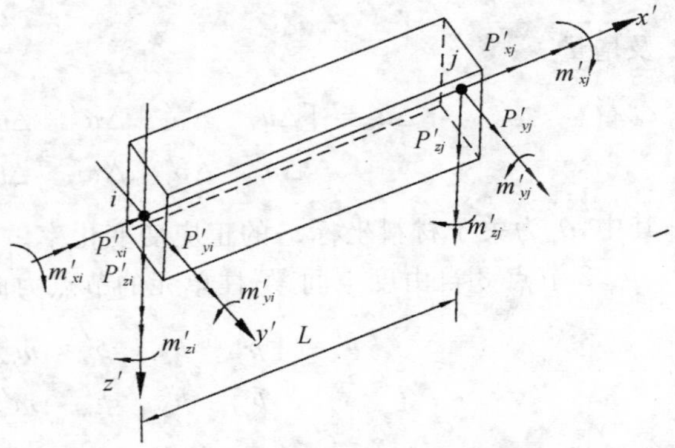

图 13.1.6　材料坐标系中 2 节点 6 自由度空间梁-柱单元的节点力

对 2 节点 7 自由度空间梁-柱单元每个节点有 7 个位移自由度，其中 3 个分别为沿材料坐标x, y', z'方向的线位移，3 个分别为关于材料坐标x, y', z'的角位移，1 个为扭率。它们分别对应于 6 个节点力，其中 3 个分别为沿材料坐标x, y', z'方向的集中力，3 个分别为关于材料坐标x, y', z'的弯、扭矩，以及 1 个双力矩。

2 节点 7 自由度空间梁-柱单元的位移向量

$$\boldsymbol{u}'_e = [u'_i \quad v'_i \quad w'_i \quad \theta'_{xi} \quad \theta'_{yi} \quad \theta'_{zi} \quad \theta'_{\omega i} \quad u'_j \quad v'_j \quad w'_j \quad \theta'_{xj} \quad \theta'_{yj} \quad \theta'_{zj} \quad \theta'_{\omega j}]^{\mathrm{T}} \tag{13.1.20a}$$

及增量

$$\Delta \boldsymbol{u}'_e = [\Delta u'_i \quad \Delta v'_i \quad \Delta w'_i \quad \Delta\theta'_{xi} \quad \Delta\theta'_{yi} \quad \Delta\theta'_{zi} \quad \Delta\theta'_{\omega i} \quad \Delta u'_j \quad \Delta v'_j \quad \Delta w'_j \quad \Delta\theta'_{xj} \quad \Delta\theta'_{yj} \quad \Delta\theta'_{zj} \quad \Delta\theta'_{\omega j}]^{\mathrm{T}} \tag{13.1.20b}$$

其中，θ'_ω为关于材料坐标x的扭率。

2 节点 7 自由度空间梁-柱单元的节点力向量

$$\boldsymbol{p}'_e = [p'_{xi} \quad p'_{yi} \quad p'_{zi} \quad m'_{xi} \quad m'_{yi} \quad m'_{zi} \quad m'_{\mathrm{B}i} \quad p'_{xj} \quad p'_{yj} \quad p'_{zj} \quad m'_{xj} \quad m'_{yj} \quad m'_{zj} \quad m'_{\mathrm{B}j}]^{\mathrm{T}} \tag{13.1.21a}$$

及增量

$$\Delta \boldsymbol{p}'_e = [\Delta p'_{xi} \quad \Delta p'_{yi} \quad \Delta p'_{zi} \quad \Delta m'_{xi} \quad \Delta m'_{yi} \quad \Delta m'_{zi} \quad \Delta m'_{\mathrm{B}i} \quad \Delta p'_{xj} \quad \Delta p'_{yj} \quad \Delta p'_{zj} \quad \Delta m'_{xj} \quad \Delta m'_{yj} \quad \Delta m'_{zj} \quad \Delta m'_{\mathrm{B}j}]^{\mathrm{T}} \tag{13.1.21b}$$

其中，m'_{B}为双力矩。

对 2 节点 8 自由度空间梁-柱单元每个节点有 8 个位移自由度，其中 3 个分别为沿材料坐标 x,y',z'方向的线位移，3 个分别为关于材料坐标 x,y',z' 的角位移，1 个扭率和 1 个正应变变化率。它们分别对应于 6 个节点力，其中 3 个分别为沿材料坐标 x,y',z'方向的集中力，3 个分别为关于材料坐标 x,y',z' 的弯、扭矩，以及 1 个双力矩和 1 个双作用力。

2 节点 8 自由度空间梁-柱单元的位移向量

$$\boldsymbol{u}'_e=[u'_i \quad v'_i \quad w'_i \quad \theta'_{xi} \quad \theta'_{yi} \quad \theta'_{zi} \quad \theta'_{\omega i} \quad \vartheta'_{xi} \quad u'_j \quad v'_j \quad w'_j \quad \theta'_{xj} \quad \theta'_{yj} \quad \theta'_{zj} \quad \theta'_{\omega j} \quad \vartheta'_{xj}]^{\mathrm{T}} \tag{13.1.22a}$$

及增量

$$\begin{aligned}\Delta\boldsymbol{u}'_e=[&\Delta u'_i \quad \Delta v'_i \quad \Delta w'_i \quad \Delta\theta'_{xi} \quad \Delta\theta'_{yi} \quad \Delta\theta'_{zi} \quad \Delta\theta'_{\omega i} \quad \Delta\vartheta'_{xi}\\ &\Delta u'_j \quad \Delta v'_j \quad \Delta w'_j \quad \Delta\theta'_{xj} \quad \Delta\theta'_{yj} \quad \Delta\theta'_{zj} \quad \Delta\theta'_{\omega j} \quad \Delta\vartheta'_{xj}]^{\mathrm{T}}\end{aligned} \tag{13.1.22b}$$

其中，ϑ'_x为关于材料坐标 x 的正应变变化率。

2 节点 8 自由度空间梁-柱单元的节点力向量

$$\begin{aligned}\boldsymbol{p}'_e=[&p'_{xi} \quad p'_{yi} \quad p'_{zi} \quad m'_{xi} \quad m'_{yi} \quad m'_{zi} \quad m'_{Bi} \quad m'_{\vartheta i}\\ &p'_{xj} \quad p'_{yj} \quad p'_{zj} \quad m'_{xj} \quad m'_{yj} \quad m'_{zj} \quad m'_{Bj} \quad m'_{\vartheta j}]^{\mathrm{T}}\end{aligned} \tag{13.1.23a}$$

及增量

$$\begin{aligned}\Delta\boldsymbol{p}'_e=[&\Delta p'_{xi} \quad \Delta p'_{yi} \quad \Delta p'_{zi} \quad \Delta m'_{xi} \quad \Delta m'_{yi} \quad \Delta m'_{zi} \quad \Delta m'_{Bi} \quad \Delta m'_{\vartheta i}\\ &\Delta p'_{xj} \quad \Delta p'_{yj} \quad \Delta p'_{zj} \quad \Delta m'_{xj} \quad \Delta m'_{yj} \quad \Delta m'_{zj} \quad \Delta m'_{Bj} \quad \Delta m'_{\vartheta j}]^{\mathrm{T}}\end{aligned} \tag{13.1.23b}$$

其中，m'_ϑ为双作用力。

对 2 节点 10 自由度空间梁-柱单元每个节点有 10 个位移自由度，其中 8 个自由度与 2 节点 8 自由度空间梁-柱单元相同，2 个为剪切位移自由度，它们分别对应于 6 个节点力、1 个双力矩、1 个双作用力和 2 个相应剪切位移的节点力。

2 节点 10 自由度空间梁-柱单元的位移向量

$$\begin{aligned}\boldsymbol{u}'_e=[&u'_i \quad v'_i \quad w'_i \quad \theta'_{xi} \quad \theta'_{yi} \quad \theta'_{zi} \quad \theta'_{\omega i} \quad \vartheta'_{xi} \quad v'_{si} \quad w'_{si}\\ &u'_j \quad v'_j \quad w'_j \quad \theta'_{xj} \quad \theta'_{yj} \quad \theta'_{zj} \quad \theta'_{\omega j} \quad \vartheta'_{xj} \quad v'_{sj} \quad w'_{sj}]^{\mathrm{T}}\end{aligned} \tag{13.1.24a}$$

及增量

$$\begin{aligned}\Delta\boldsymbol{u}'_e=[&\Delta u'_i \quad \Delta v'_i \quad \Delta w'_i \quad \Delta\theta'_{xi} \quad \Delta\theta'_{yi} \quad \Delta\theta'_{zi} \quad \Delta\theta'_{\omega i} \quad \Delta\vartheta'_{xi} \quad \Delta v'_{si} \quad \Delta w'_{si}\\ &\Delta u'_j \quad \Delta v'_j \quad \Delta w'_j \quad \Delta\theta'_{xj} \quad \Delta\theta'_{yj} \quad \Delta\theta'_{zj} \quad \Delta\theta'_{\omega j} \quad \Delta\vartheta'_{xj} \quad \Delta v'_{sj} \quad \Delta w'_{sj}]^{\mathrm{T}}\end{aligned} \tag{13.1.24b}$$

其中，v'_s，w'_s为节点沿材料坐标 y',z'方向的剪切位移。

2 节点 10 自由度空间梁-柱单元的节点力向量

$$\begin{aligned}\boldsymbol{p}'_e=[&p'_{xi} \quad p'_{yi} \quad p'_{zi} \quad m'_{xi} \quad m'_{yi} \quad m'_{zi} \quad m'_{Bi} \quad m'_{\vartheta i} \quad p'_{ysi} \quad \Delta p'_{zsi}\\ &p'_{xj} \quad p'_{yj} \quad p'_{zj} \quad m'_{xj} \quad m'_{yj} \quad m'_{zj} \quad m'_{Bj} \quad m'_{\vartheta j} \quad p'_{ysj} \quad p'_{zsj}]^{\mathrm{T}}\end{aligned} \tag{13.1.25a}$$

及增量

$$\begin{aligned}\Delta\boldsymbol{p}'_e=[&\Delta p'_{xi} \quad \Delta p'_{yi} \quad \Delta p'_{zi} \quad \Delta m'_{xi} \quad \Delta m'_{yi} \quad \Delta m'_{zi} \quad \Delta m'_{Bi} \quad \Delta m'_{\vartheta i} \quad \Delta p'_{ysi} \quad \Delta p'_{zsi}\\ &\Delta p'_{xj} \quad \Delta p'_{yj} \quad \Delta p'_{zj} \quad \Delta m'_{xj} \quad \Delta m'_{yj} \quad \Delta m'_{zj} \quad \Delta m'_{Bj} \quad \Delta m'_{\vartheta j} \quad \Delta p'_{ysj} \quad \Delta p'_{zsj}]^{\mathrm{T}}\end{aligned} \tag{13.1.25b}$$

其中，p_{ys}，p_{zs} 为相应剪切位移的节点力。

13.1.3　空间梁-柱单元主、从节点局部坐标系及向量定义

现有空间梁-柱单元 ij，其中 i 和 j 分别为梁-柱单元的两个主节点，节点 i 和 j 在整体坐标系中定义坐标。i''和 j''分别为梁-柱单元的两个从节点。如同上述，单元主节点所建立的局部坐标系为 $i-xyz$；而单元从节点所建立的局部坐标系为 $i''-x''y''z''$，该坐标系的原点为单元从节点 i''，其 $i''x''$轴方向为小端节点号 i''至大端节点号 j''。关于单元从节点所建立的材料坐标系为$i''-x''y'z'$，材料坐标系中的原点为 i''，材料坐标轴 $i''x''$与从节点局部坐标轴一致(见图 13.1.7)。从节点的材料坐标系 $i''-x''y'z'$与从节点的局部坐标系 $i''-x''y''z''$只相差绕 $i'x''$轴的一个转角 θ。对 2 节点 6 自由度空间梁-柱单元，在主节点局部坐标系中主节点位移向量及节点力向量可按式(13.1.10)及式(13.1.11)定义。

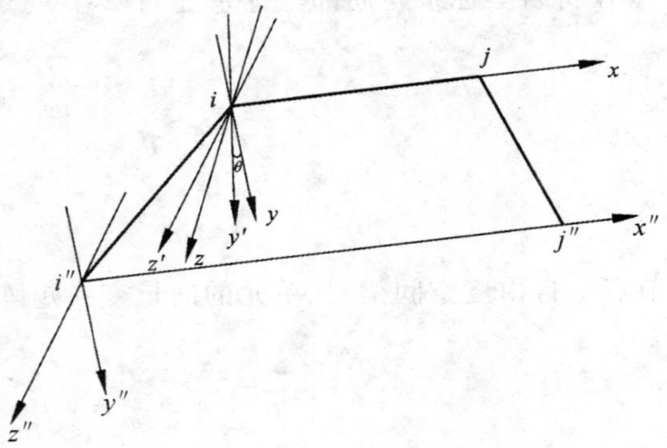

图 13.1.7　空间梁-柱单元主、从节点坐标系

2 节点 6 自由度空间梁-柱单元，在从节点局部坐标系中定义的从节点位移向量

$$\boldsymbol{u}''_e = [u''_i \quad v''_i \quad w''_i \quad \theta''_{xi} \quad \theta''_{yi} \quad \theta''_{zi} \quad u''_j \quad v''_j \quad w''_j \quad \theta''_{xj} \quad \theta''_{yj} \quad \theta''_{zj}]^{\mathrm{T}} \tag{13.1.26a}$$

及增量

$$\Delta\boldsymbol{u}''_e = [\Delta u''_i \quad \Delta v''_i \quad \Delta w''_i \quad \Delta\theta''_{xi} \quad \Delta\theta''_{yi} \quad \Delta\theta''_{zi} \quad \Delta u''_j \quad \Delta v''_j \quad \Delta w''_j \quad \Delta\theta''_{xj} \quad \Delta\theta''_{yj} \quad \Delta\theta''_{zj}]^{\mathrm{T}} \tag{13.1.26b}$$

从节点节点力向量

$$\boldsymbol{p}''_e = [p''_{xi} \quad p''_{yi} \quad p''_{zi} \quad m''_{xi} \quad m''_{yi} \quad m''_{zi} \quad p''_{xj} \quad p''_{yj} \quad p''_{zj} \quad m''_{xj} \quad m''_{yj} \quad m''_{zj}]^{\mathrm{T}} \tag{13.1.27a}$$

及增量

$$\begin{aligned}\Delta\boldsymbol{p}''_e = [&\Delta p''_{xi} \quad \Delta p''_{yi} \quad \Delta p''_{zi} \quad \Delta m''_{xi} \quad \Delta m''_{yi} \quad \Delta m''_{zi} \quad \Delta p''_{xj} \\ &\Delta p''_{yj} \quad \Delta p''_{zj} \quad \Delta m''_{xj} \quad \Delta m''_{yj} \quad \Delta m''_{zj}]^{\mathrm{T}}\end{aligned} \tag{13.1.27b}$$

2 节点 6 自由度空间梁-柱单元，在从节点材料坐标系中定义的从节点位移向量及节点力向量可按式(13.1.18)及式(13.1.19)定义。

主节点在整体坐标系中定义的坐标如式(13.1.1)。从节点坐标是在主节点局部坐标系中定义，通常亦即根据刚臂的分量来确定从节点在主节点局部坐标系中的坐标。空间梁-柱单元 ij 的 i 和 j 节点处的刚臂分别为 ii''和 jj''，即

$$\begin{cases}\boldsymbol{ii}'' = DX''_i\boldsymbol{i}_1 + DY''_i\boldsymbol{i}_2 + DZ''_i\boldsymbol{i}_3, \\ \boldsymbol{jj}'' = DX''_j\boldsymbol{i}_1 + DY''_j\boldsymbol{i}_2 + DZ''_j\boldsymbol{i}_3\end{cases} \tag{13.1.28}$$

式中，DX''_i，DY''_i，DZ''_i和 DX''_j，DY''_j，DZ''_j分别为刚臂 ii''和 jj''在主节点局部坐标系中的分量；$\boldsymbol{i}_1$，

$\boldsymbol{i}_2, \boldsymbol{i}_3$ 为主节点局部坐标系的单位向量。

由此,可在主节点局部坐标系中定义从节点坐标$(x_{i''}, y_{i''}, z_{i''})$和$(x_{j''}, y_{i''}, z_{i''})$。

13.1.4 空间梁-柱单元的向量变换

13.1.4.1 空间梁-柱单元的材料坐标系与局部坐标系之间的向量变换

在材料坐标系与局部坐标系之间,2 节点 6 自由度空间梁-柱单元的向量变换矩阵

$$\boldsymbol{T}_1 = \begin{bmatrix} \boldsymbol{t}_1 & 0 & 0 & 0 \\ 0 & \boldsymbol{t}_1 & 0 & 0 \\ 0 & 0 & \boldsymbol{t}_1 & 0 \\ 0 & 0 & 0 & \boldsymbol{t}_1 \end{bmatrix} \tag{13.1.29a}$$

2 节点 7 自由度空间梁-柱单元的向量变换矩阵

$$\boldsymbol{T}_1 = \begin{bmatrix} \boldsymbol{t}_1 & & & & & \\ & \boldsymbol{t}_1 & & & & \\ & & 1 & & & \\ & & & \boldsymbol{t}_1 & & \\ & & & & \boldsymbol{t}_1 & \\ & & & & & 1 \end{bmatrix} \tag{13.1.29b}$$

2 节点 8 自由度空间梁-柱单元的向量变换矩阵

$$\boldsymbol{T}_1 = \begin{bmatrix} \boldsymbol{t}_1 & & & & & & & \\ & \boldsymbol{t}_1 & & & & & & \\ & & 1 & & 0 & & & \\ & & & 1 & & & & \\ & & 0 & & \boldsymbol{t}_1 & & & \\ & & & & & \boldsymbol{t}_1 & & \\ & & & & & & 1 & \\ & & & & & & & 1 \end{bmatrix} \tag{13.1.29c}$$

2 节点 10 自由度空间梁-柱单元的向量变换矩阵

$$\boldsymbol{T}_1 = \begin{bmatrix} \boldsymbol{t}_1 & & & & & & & & & \\ & \boldsymbol{t}_1 & & & & & & & & \\ & & 1 & & & & & & & \\ & & & 1 & & & & & & \\ & & & & \boldsymbol{t}_1' & & 0 & & & \\ & & & & & \boldsymbol{t}_1 & & & & \\ & & & & 0 & & \boldsymbol{t}_1 & & & \\ & & & & & & & 1 & & \\ & & & & & & & & 1 & \\ & & & & & & & & & \boldsymbol{t}_1' \end{bmatrix} \tag{13.1.29d}$$

式中，t_1 和 t'_1 为单元材料坐标系与局部坐标系之间的坐标变换矩阵。t_1 可按式(9.2.37)计算，而

$$t'_1=\begin{bmatrix}\cos\theta & -\sin\theta\\ \sin\theta & \cos\theta\end{bmatrix} \tag{13.1.30}$$

2 节点空间梁-柱单元在材料坐标系中定义的位移和节点力向量与局部坐标系中定义的向量之间的变换关系为

$$\begin{cases}\boldsymbol{u}'_e=\boldsymbol{T}_1\boldsymbol{u}_e, & \Delta\boldsymbol{u}'_e=\boldsymbol{T}_1\Delta\boldsymbol{u}_e,\\ \boldsymbol{p}'_e=\boldsymbol{T}_1\boldsymbol{p}_e, & \Delta\boldsymbol{p}'_e=\boldsymbol{T}_1\Delta\boldsymbol{p}_e\end{cases} \tag{13.1.31}$$

13.1.4.2　空间梁-柱单元的局部坐标系与整体坐标系之间的向量变换

在局部坐标系与整体坐标系之间，2 节点 6 自由度空间梁-柱单元的向量变换矩阵

$$\boldsymbol{T}_2=\begin{bmatrix}\boldsymbol{t}_2 & 0 & 0 & 0\\ 0 & \boldsymbol{t}_2 & 0 & 0\\ 0 & 0 & \boldsymbol{t}_2 & 0\\ 0 & 0 & 0 & \boldsymbol{t}_2\end{bmatrix} \tag{13.1.32a}$$

2 节点 7 自由度空间梁-柱单元的向量变换矩阵

$$\boldsymbol{T}_2=\begin{bmatrix}\boldsymbol{t}_2 & & & & & \\ & \boldsymbol{t}_2 & & & & \\ & & 1 & & & \\ & & & \boldsymbol{t}_2 & & \\ & & & & \boldsymbol{t}_2 & \\ & & & & & 1\end{bmatrix} \tag{13.1.32b}$$

2 节点 8 自由度空间梁-柱单元的向量变换矩阵

$$\boldsymbol{T}_2=\begin{bmatrix}\boldsymbol{t}_2 & & & & & & & \\ & \boldsymbol{t}_2 & & & & & & \\ & & 1 & & 0 & & & \\ & & & 1 & & & & \\ & & 0 & & \boldsymbol{t}_2 & & & \\ & & & & & \boldsymbol{t}_2 & & \\ & & & & & & 1 & \\ & & & & & & & 1\end{bmatrix} \tag{13.1.32c}$$

2 节点 10 自由度空间梁-柱单元的向量变换矩阵

$$
T_2 = \begin{bmatrix}
t_2 & & & & & & & & & \\
& t_2 & & & & & & & & \\
& & 1 & & & & & & & \\
& & & 1 & & & & & & \\
& & & & t'_2 & & 0 & & & \\
& & & & & t_2 & & & & \\
& & & & 0 & & t_2 & & & \\
& & & & & & & 1 & & \\
& & & & & & & & 1 & \\
& & & & & & & & & t'_2
\end{bmatrix} \tag{13.1.32d}
$$

式中，t_2 和 t'_2为单元局部坐标系与整体坐标系之间的坐标变换矩阵。t_2 可按式(9.2.36)计算，而

$$
t'_2 = \begin{bmatrix} m_2 & n_2 \\ m_3 & n_3 \end{bmatrix} \tag{13.1.33}
$$

2 节点空间梁-柱单元在局部坐标系中定义的位移和节点力向量与整体坐标系中定义的向量之间的变换

$$
\begin{cases} u_e = T_2 U_e, & \Delta u_e = T_2 \Delta U_e, \\ p_e = T_2 P_e, & \Delta p_e = T_2 \Delta P_e \end{cases} \tag{13.1.34}
$$

13.1.4.3　空间梁-柱单元主、从节点向量的变换

2 节点空间梁-柱单元在从节点材料坐标系中定义的从节点位移向量及节点力向量与在从节点局部坐标系中定义的从节点位移向量及节点力向量之间的变换关系为

$$
\begin{cases} u'_e = T_1 u''_e, & \Delta u'_e = T_1 \Delta u''_e, \\ p'_e = T_1 p''_e, & \Delta p'_e = T_1 \Delta p''_e \end{cases} \tag{13.1.35}
$$

在从节点局部坐标系与主节点局部坐标系之间，2 节点 6 自由度空间梁-柱单元的向量变换矩阵

$$
T''_2 = \begin{bmatrix} t''_2 & 0 & 0 & 0 \\ 0 & t''_2 & 0 & 0 \\ 0 & 0 & t''_2 & 0 \\ 0 & 0 & 0 & t''_2 \end{bmatrix} \tag{13.1.36a}
$$

2 节点 7 自由度空间梁-柱单元的向量变换矩阵

$$
T''_2 = \begin{bmatrix}
t''_2 & & & & & \\
& t''_2 & & & & \\
& & 1 & & & \\
& & & t''_2 & & \\
& & & & t''_2 & \\
& & & & & 1
\end{bmatrix} \tag{13.1.36b}
$$

2 节点 8 自由度空间梁-柱单元的向量变换矩阵

$$
\boldsymbol{T}''_2 = \begin{bmatrix}
\boldsymbol{t}''_2 & & & & & & & \\
 & \boldsymbol{t}''_2 & & & & & & \\
 & & 1 & & & & & \\
 & & & 1 & & & & \\
 & & & & \boldsymbol{t}''_2 & & & \\
 & & & & & \boldsymbol{t}''_2 & & \\
 & & & & & & 1 & \\
 & & & & & & & 1
\end{bmatrix} \tag{13.1.36c}
$$

2 节点 10 自由度空间梁-柱单元的向量变换矩阵

$$
\boldsymbol{T}''_2 = \begin{bmatrix}
\boldsymbol{t}''_2 & & & & & & & & & \\
 & \boldsymbol{t}''_2 & & & & & & & & \\
 & & 1 & & & & & & & \\
 & & & 1 & & & & & & \\
 & & & & \boldsymbol{t}'''_2 & & & & & \\
 & & & & & \boldsymbol{t}''_2 & & & & \\
 & & & & & & \boldsymbol{t}''_2 & & & \\
 & & & & & & & 1 & & \\
 & & & & & & & & 1 & \\
 & & & & & & & & & \boldsymbol{t}'''_2
\end{bmatrix} \tag{13.1.36d}
$$

式中，$\boldsymbol{t}''_2$ 和 $\boldsymbol{t}'''_2$ 分别为单元从局部坐标系和主局部坐标系变换矩阵。将从节点 i''，j'' 在主局部坐标系中的坐标（$x_{i''}, y_{i''}, z_{i''}$）和（$x_{j''}, y_{j''}, z_{j''}$）代替式（9.2.36）中的坐标（$X_i, Y_i, Z_i$）和（$X_j, Y_j, Z_j$），得 $\boldsymbol{t}''_2$。

2 节点空间梁-柱单元从节点在从节点局部坐标系中定义的位移和节点力向量与在主节点局部坐标系中定义的向量之间的变换关系为

$$
\begin{cases}
\boldsymbol{u}''_e = \boldsymbol{T}''_2 \boldsymbol{u}_e, & \Delta \boldsymbol{u}''_e = \boldsymbol{T}''_2 \Delta \boldsymbol{u}_e, \\
\boldsymbol{p}''_e = \boldsymbol{T}''_2 \boldsymbol{p}_e, & \Delta \boldsymbol{p}''_e = \boldsymbol{T}''_2 \Delta \boldsymbol{p}_e
\end{cases} \tag{13.1.37}
$$

式中，$\boldsymbol{u}''_e$ 及 $\boldsymbol{p}''_e$ 分别为从节点在从局部坐标系中定义的位移向量和节点力向量；$\boldsymbol{u}_e$ 及 $\boldsymbol{p}_e$ 分别为从节点在主局部坐标系中定义的位移向量及节点力向量。

2 节点空间梁-柱单元从节点在主节点局部坐标系中定义的位移和节点力向量与在整体坐标系中定义的向量之间的变换关系为

$$
\begin{cases}
\boldsymbol{u}_e = \boldsymbol{T}_2 \boldsymbol{U}''_e, & \Delta \boldsymbol{u}_e = \boldsymbol{T}_2 \Delta \boldsymbol{U}''_e, \\
\boldsymbol{p}_e = \boldsymbol{T}_2 \boldsymbol{P}''_e, & \Delta \boldsymbol{p}_e = \boldsymbol{T}_2 \Delta \boldsymbol{P}''_e
\end{cases} \tag{13.1.38}
$$

式中，$\boldsymbol{U}''_e$ 和 $\boldsymbol{P}''_e$ 分别为从节点在整体坐标系中定义的位移向量和节点力向量；$\boldsymbol{T}_2$ 为在局部坐标系与整体坐标系之间 2 节点空间梁-柱单元的向量变换矩阵。

现讨论在整体坐标系中从节点的位移及节点力与在整体坐标系中主节点的位移及节点力向量之间的变换。主节点 i, j 处的刚臂即偏心杆向量 $\boldsymbol{ii}''$ 和 $\boldsymbol{jj}''$ 在主局部坐标系中的分量

$$r''_{xi} = x_{i''}, \quad r''_{xj} = x_{j''} - l_{ij}$$
$$r''_{yi} = y_{i''}, \quad r''_{yj} = y_{j''}$$
$$r''_{zi} = z_{i''}, \quad r''_{zj} = z_{j''}$$

式中，l_{ij} 为主节点 i 和 j 之间的长度。

因此，主节点偏心杆向量在整体坐标系中的分量为

$$\boldsymbol{r}_i = \begin{bmatrix} r_{xi} \\ r_{yi} \\ r_{zi} \end{bmatrix} = \boldsymbol{T}_2^{-1} \begin{bmatrix} r''_{xi} \\ r''_{yi} \\ r''_{zi} \end{bmatrix}, \quad \boldsymbol{r}_j = \begin{bmatrix} r_{xj} \\ r_{yj} \\ r_{zj} \end{bmatrix} = \boldsymbol{T}_2^{-1} \begin{bmatrix} r''_{xj} \\ r''_{yj} \\ r''_{zj} \end{bmatrix}$$

注意到主节点与从节点之间存在一个偏心杆作为刚臂来处理。主从节点的位移之间存在着一个相关关系，也就是需要考虑刚臂的平动和转动将影响从节点的位移。显然从节点在整体坐标系中的位移向量及节点力向量和主节点在整体坐标系中的位移向量及节点力向量的关系为

$$\begin{cases} \boldsymbol{U}''_e = \boldsymbol{U}_e + \boldsymbol{u}_\theta, & \Delta\boldsymbol{U}''_e = \Delta\boldsymbol{U}_e + \Delta\boldsymbol{u}_\theta, \\ \boldsymbol{P}''_e = \boldsymbol{P}_e + \boldsymbol{p}_\theta, & \Delta\boldsymbol{P}''_e = \Delta\boldsymbol{P}_e + \Delta\boldsymbol{p}_\theta \end{cases} \tag{13.1.39}$$

式中，$\boldsymbol{U}''_e$ 和 $\boldsymbol{P}''_e$ 分别为从节点在整体坐标系中的位移向量及节点力向量；$\boldsymbol{U}_e$ 和 $\boldsymbol{P}_e$ 分别为主节点在整体坐标系中的位移向量及节点力向量；$\boldsymbol{u}_\theta$ 和 $\boldsymbol{p}_\theta$ 分别为整体坐标系中主节点的位移向量及节点力向量的刚臂转动量。

所以在整体坐标系中，从节点 i'' 和 j'' 的位移向量及节点力向量可表示为

$$\boldsymbol{U}''_i = \boldsymbol{U}_i + \boldsymbol{\theta}_i \times \boldsymbol{r}_i, \quad \boldsymbol{U}''_j = \boldsymbol{U}_j + \boldsymbol{\theta}_j \times \boldsymbol{r}_j$$
$$\boldsymbol{P}''_i = \boldsymbol{P}_i + \boldsymbol{\theta}_i \times \boldsymbol{r}_i, \quad \boldsymbol{P}''_j = \boldsymbol{P}_j + \boldsymbol{\theta}_j \times \boldsymbol{r}_j$$

及

$$\begin{cases} \Delta\boldsymbol{U}''_i = \Delta\boldsymbol{U}_i + \boldsymbol{\theta}_i \times \boldsymbol{r}_i, & \Delta\boldsymbol{U}''_j = \Delta\boldsymbol{U}_j + \boldsymbol{\theta}_j \times \boldsymbol{r}_j, \\ \Delta\boldsymbol{P}''_i = \Delta\boldsymbol{P}_i + \boldsymbol{\theta}_i \times \boldsymbol{r}_i, & \Delta\boldsymbol{P}''_j = \Delta\boldsymbol{P}_j + \boldsymbol{\theta}_j \times \boldsymbol{r}_j \end{cases} \tag{13.1.40}$$

上式表示了在整体坐标系中，从节点的位移及节点力由主节点的位移及节点力向量的平动和刚体转动量所组成。图 13.1.8 中的向量 $\boldsymbol{\theta}_i$ 及 $\boldsymbol{r}_i$ 分别为

$$\boldsymbol{\theta}_i = \theta_{xi}\boldsymbol{e}_1 + \theta_{yi}\boldsymbol{e}_2 + \theta_{zi}\boldsymbol{e}_3$$
$$\boldsymbol{r}_i = r_{xi}\boldsymbol{e}_1 + r_{yi}\boldsymbol{e}_2 + r_{zi}\boldsymbol{e}_3$$

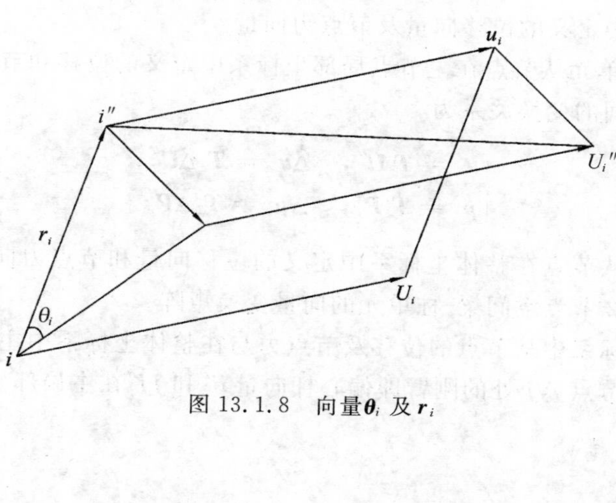

图 13.1.8　向量 $\boldsymbol{\theta}_i$ 及 $\boldsymbol{r}_i$

而

$$\boldsymbol{\theta}_j = \theta_{xj}\boldsymbol{e}_1 + \theta_{yj}\boldsymbol{e}_2 + \theta_{zj}\boldsymbol{e}_3$$

$$\boldsymbol{r}_j = r_{xj}\boldsymbol{e}_1 + r_{yj}\boldsymbol{e}_2 + r_{zj}\boldsymbol{e}_3$$

其中，$\boldsymbol{e}_1,\boldsymbol{e}_2,\boldsymbol{e}_3$ 为整体坐标系的单位向量；$\boldsymbol{r}_{xi},\boldsymbol{r}_{yi},\boldsymbol{r}_{zi}$ 为单元主节点 i 处的刚臂在整体坐标系中的分量。

于是

$$\boldsymbol{\theta}_i \times \boldsymbol{r}_i = (r_{zi}\theta_{yi} - r_{yi}\theta_{zi})\boldsymbol{e}_1 + (r_{xi}\theta_{zi} - r_{zi}\theta_{xi})\boldsymbol{e}_2 + (r_{yi}\theta_{xi} - r_{xi}\theta_{yi})\boldsymbol{e}_3$$

将上式代入式(13.1.40)并整理成矩阵形式，得在整体坐标系中定义的从节点位移向量及节点力向量和在整体坐标系中定义的主节点位移向量及节点力向量之间的变换关系为

$$\begin{cases}\boldsymbol{U}''_e = \boldsymbol{T}_3\boldsymbol{U}_e, \quad \Delta\boldsymbol{U}''_e = \boldsymbol{T}_3\Delta\boldsymbol{U}_e, \\ \boldsymbol{P}''_e = \boldsymbol{T}_3\boldsymbol{P}_e, \quad \Delta\boldsymbol{P}''_e = \boldsymbol{T}_3\Delta\boldsymbol{P}_e\end{cases} \tag{13.1.41}$$

式中，$\boldsymbol{U}_e,\boldsymbol{P}_e$ 为单元主节点在整体坐标系中的位移向量及节点力向量。

2 节点 6 自由度空间梁-柱单元的向量变换矩阵

$$\boldsymbol{T}_3 = \begin{bmatrix}\boldsymbol{t}_{3i} & \\ & \boldsymbol{t}_{3j}\end{bmatrix} \tag{13.1.42a}$$

2 节点 7 自由度空间梁-柱单元的向量变换矩阵

$$\boldsymbol{T}_3 = \begin{bmatrix}\boldsymbol{t}_{3i} & & & \\ & 1 & & \\ & & \boldsymbol{t}_{3j} & \\ & & & 1\end{bmatrix} \tag{13.1.42b}$$

2 节点 8 自由度空间梁-柱单元的向量变换矩阵

$$\boldsymbol{T}_3 = \begin{bmatrix}\boldsymbol{t}_{3i} & & & & & \\ & 1 & & & & \\ & & 1 & & & \\ & & & \boldsymbol{t}_{3j} & & \\ & & & & 1 & \\ & & & & & 1\end{bmatrix} \tag{13.1.42c}$$

2 节点 10 自由度空间梁-柱单元的向量变换矩阵

$$\boldsymbol{T}_3 = \begin{bmatrix}\boldsymbol{t}_{3i} & & & & & & & \\ & 1 & & & & & & \\ & & 1 & & & & & \\ & & & \boldsymbol{t}''_{3i} & & & & \\ & & & & \boldsymbol{t}_{3j} & & & \\ & & & & & 1 & & \\ & & & & & & 1 & \\ & & & & & & & \boldsymbol{t}''_{3j}\end{bmatrix} \tag{13.1.42d}$$

其中

$$\boldsymbol{t}_{3i} = \begin{bmatrix} \boldsymbol{I} & \boldsymbol{t}_i \\ & \boldsymbol{I} \end{bmatrix}, \quad \boldsymbol{t}_{3j} = \begin{bmatrix} \boldsymbol{I} & \boldsymbol{t}_j \\ & \boldsymbol{I} \end{bmatrix}$$

这里

$$\boldsymbol{t}_i = \begin{bmatrix} 0 & r_{zi} & -r_{yi} \\ -r_{zi} & 0 & r_{xi} \\ r_{yi} & -r_{xi} & 0 \end{bmatrix}$$

依次做变换可很容易地得到

$$\boldsymbol{u}'_e = \boldsymbol{T}_1 \boldsymbol{T}''_2 \boldsymbol{T}_2 \boldsymbol{T}_3 \boldsymbol{U}_e = \boldsymbol{T}\boldsymbol{U}_e$$
$$\boldsymbol{p}'_e = \boldsymbol{T}_1 \boldsymbol{T}''_2 \boldsymbol{T}_2 \boldsymbol{T}_3 \boldsymbol{P}_e = \boldsymbol{T}\boldsymbol{P}_e$$

$$\begin{cases} \Delta \boldsymbol{u}'_e = \boldsymbol{T}_1 \boldsymbol{T}''_2 \boldsymbol{T}_2 \boldsymbol{T}_3 \Delta \boldsymbol{U}_e = \boldsymbol{T}\Delta \boldsymbol{U}_e, \\ \Delta \boldsymbol{p}'_e = \boldsymbol{T}_1 \boldsymbol{T}''_2 \boldsymbol{T}_2 \boldsymbol{T}_3 \Delta \boldsymbol{P}_e = \boldsymbol{T}\Delta \boldsymbol{P}_e \end{cases} \tag{13.1.43a}$$

上式表示了从节点在材料坐标系的位移和节点力向量与主节点在整体坐标系中的位移和节点力向量的变换关系。

对于非偏心杆，变换为

$$\boldsymbol{u}'_e = \boldsymbol{T}_1 \boldsymbol{T}_2 \boldsymbol{U}_e = \boldsymbol{T}\boldsymbol{U}_e$$
$$\boldsymbol{p}'_e = \boldsymbol{T}_1 \boldsymbol{T}_2 \boldsymbol{P}_e = \boldsymbol{T}\boldsymbol{P}_e$$

$$\begin{cases} \Delta \boldsymbol{u}'_e = \boldsymbol{T}_1 \boldsymbol{T}_2 \Delta \boldsymbol{U}_e = \boldsymbol{T}\Delta \boldsymbol{U}_e, \\ \Delta \boldsymbol{p}'_e = \boldsymbol{T}_1 \boldsymbol{T}_2 \Delta \boldsymbol{P}_e = \boldsymbol{T}\Delta \boldsymbol{P}_e \end{cases} \tag{13.1.43b}$$

如果材料坐标系与局部坐标系一致，变换为

$$\boldsymbol{u}_e = \boldsymbol{T}_2 \boldsymbol{U}_e = \boldsymbol{T}\boldsymbol{U}_e$$
$$\boldsymbol{p}_e = \boldsymbol{T}_2 \boldsymbol{P}_e = \boldsymbol{T}\boldsymbol{P}_e$$

$$\begin{cases} \Delta \boldsymbol{u}_e = \boldsymbol{T}_2 \Delta \boldsymbol{U}_e = \boldsymbol{T}\Delta \boldsymbol{U}_e, \\ \Delta \boldsymbol{p}_e = \boldsymbol{T}_2 \Delta \boldsymbol{P}_e = \boldsymbol{T}\Delta \boldsymbol{P}_e \end{cases} \tag{13.1.43c}$$

13.2 空间梁-柱单元的几何关系

13.2.1 空间梁-柱单元的位移插值函数

13.2.1.1 一维三次 Hermite 插值函数

梁-柱在拉压、弯剪、扭和翘曲作用下产生位移。一般情况下都能在单元上对独立变量构造位移插值函数，叠加各种位移，逼近真实的位移。

一维三次 Hermite 插值函数 $u(x)$ 在插值点处与被插值函数 $U(x)$ 有相同的函数值，而且还要有相同的转角（一阶导数）乃至弯曲（二阶导数）。插值函数必须在整个结构上连续，还要在各单元之间的公共节点上转角也连续。

现在节点号为 i,j 的 2 节点单元 e 上构造真实的位移函数的一维三次 Hermite 插值函数

$$u(x)=c_1+c_2x+c_3x^2+c_4x^3 \tag{13.2.1a}$$

即

$$\boldsymbol{u}=\boldsymbol{L}\boldsymbol{C}$$

其中

$$\boldsymbol{L}=[1\quad x\quad x^2\quad x^3],\quad \boldsymbol{C}=[c_1\quad c_2\quad c_3\quad c_4]^{\mathrm{T}}$$

插值函数 $u(x)$ 必须满足这样的条件，即按式(13.2.1)计算所得的单元节点处的位移应该等于该节点处真实的位移值，而节点处的一阶导数也应该等于真实的一阶导数值，于是式(13.2.1)中的四个系数可以根据上述条件唯一地确定。按式(9.5.2)至式(9.5.4)的过程，得

$$\boldsymbol{u}=\boldsymbol{N}\boldsymbol{u}_e=[N_i\quad N_{i,x}\quad N_j\quad N_{j,x}]\boldsymbol{u}_e \tag{13.2.1b}$$

式中，$\boldsymbol{N}$ 为形函数，这里

$$N_i=1-\frac{3x^2}{l^2}+\frac{2x^3}{l^3},\quad N_{i,x}=x-\frac{2x^2}{l}+\frac{x^3}{l^2},\quad N_j=\frac{3x^2}{l^2}-\frac{2x^3}{l^3},\quad N_{j,x}=-\frac{x^2}{l}+\frac{x^3}{l^2} \tag{13.2.2}$$

而

$$\boldsymbol{u}_e=[u_i\quad \theta_i\quad u_j\quad \theta_j]^{\mathrm{T}}$$

在空间梁-柱单元中，除了采用一维三次 Hermite 插值函数外，还采用一维线性 Lagrange 插值函数。

13.2.1.2　空间梁-柱单元的位移插值函数

由于空间梁-柱因拉压、弯曲、剪切、扭和翘曲作用而产生位移，所以应在单元的材料坐标系中构造单元的沿 x 轴的轴向位移插值函数 u，沿 y 和 z 轴的横向位移插值函数 v 和 w，以及关于 x 轴的扭转角 θ_x。轴向位移 u、横向位移 v 和 w 以及扭转角 θ_x 可以描述空间梁-柱单元的材料主轴的变形规律。所以，一般空间梁-柱单元位移即独立位移为

$$\boldsymbol{u}=[u\quad v\quad w\quad \theta_x]^{\mathrm{T}}$$

或

$$\boldsymbol{u}=[u_t\quad v_b\quad w_b\quad \theta_x]^{\mathrm{T}} \tag{13.2.3}$$

其中，v_b，w_b 为沿 y 和 z 轴的横向弯曲位移；u_t 为沿 x 轴的轴向位移；θ_x 为关于 x 轴的扭转角。

通常，沿 y 和 z 轴的横向弯曲位移采用式(13.2.1)所示一维三次 Hermite 插值函数。

当沿 x 轴的轴向位移以及关于 x 轴的扭转角都采用式(12.2.1)所示一维线性 Lagrange 插值函数，那么可得 2 节点 6 个自由度空间梁-柱单元位移插值函数

$$\boldsymbol{u}=\boldsymbol{N}\boldsymbol{u}_e \tag{13.2.4}$$

式中，$\boldsymbol{u}$ 为单元位移，如式(13.2.3)所示；$\boldsymbol{u}_e$ 为 2 节点 6 个自由度空间梁-柱单元节点位移，如式(13.1.10)所示；$\boldsymbol{N}$ 为 2 节点 6 个自由度空间梁-柱单元位移的形函数，有

$$\boldsymbol{N}=[\boldsymbol{N}_x\quad \boldsymbol{N}_y\quad \boldsymbol{N}_z\quad \boldsymbol{N}_{\theta_x}]^{\mathrm{T}} \tag{13.2.5a}$$

即

$$\begin{bmatrix} \boldsymbol{N}_x \\ \boldsymbol{N}_y \\ \boldsymbol{N}_z \\ \boldsymbol{N}_{\theta_x} \end{bmatrix} = \begin{bmatrix} N_{1,i} & 0 & 0 & 0 & 0 & 0 & N_{1,j} & 0 & 0 & 0 & 0 & 0 \\ 0 & N_i & 0 & 0 & 0 & N_{i,x} & 0 & N_j & 0 & 0 & 0 & -N_{j,x} \\ 0 & 0 & N_i & 0 & -N_{i,x} & 0 & 0 & 0 & N_j & 0 & N_{j,x} & 0 \\ 0 & 0 & 0 & N_{1,i} & 0 & 0 & 0 & 0 & 0 & N_{1,j} & 0 & 0 \end{bmatrix} \tag{13.2.5b}$$

其中，$N_{1,i}$，$N_{1,j}$ 可按式(12.2.3)计算；N_i，$N_{i,x}$，N_j，$N_{j,x}$ 可按式(13.2.2)计算。

如果沿 x 轴的轴向位移采用式(13.2.1)所示一维三次 Hermite 插值函数，则可得 2 节点 7 个自由度空间梁-柱单元位移插值函数（如式(13.2.4)所示）。式中的单元位移 $\boldsymbol{u}$ 如式(13.2.3)所示；单元节点位移

$$\boldsymbol{u}_e = [u_i \quad v_i \quad w_i \quad \theta_{xi} \quad \theta_{yi} \quad \theta_{zi} \quad \vartheta_{xi} \quad u_j \quad v_j \quad w_j \quad \theta_{xj} \quad \theta_{yj} \quad \theta_{zj} \quad \vartheta_{xj}]^{\mathrm{T}} \tag{13.2.6}$$

形函数 $\boldsymbol{N}$ 如式(13.2.5a)所示，但

$$\begin{bmatrix} \boldsymbol{N}_x \\ \boldsymbol{N}_y \\ \boldsymbol{N}_z \\ \boldsymbol{N}_{\theta_x} \end{bmatrix} = \begin{bmatrix} N_i & 0 & 0 & 0 & 0 & 0 & N_{i,x} & N_j & 0 & 0 & 0 & 0 & 0 & N_{j,x} \\ 0 & N_i & 0 & 0 & 0 & N_{i,x} & 0 & 0 & N_j & 0 & 0 & 0 & -N_{j,x} & 0 \\ 0 & 0 & N_i & 0 & -N_{i,x} & 0 & 0 & 0 & 0 & N_j & 0 & N_{j,x} & 0 & 0 \\ 0 & 0 & 0 & N_{1,i} & 0 & 0 & 0 & 0 & 0 & 0 & N_{1,j} & 0 & 0 & 0 \end{bmatrix} \tag{13.2.7}$$

在以上基础上，如果考虑沿 y 和 z 轴的横向剪切位移 v_s，w_s，剪切位移可采用式(12.2.1)所示一维线性 Lagrange 插值函数，也可采用式(13.2.1)所示一维三次 Hermite 插值函数。当采用一维线性 Lagrange 插值函数，那么可得 2 节点 9 个自由度空间梁-柱单元位移插值函数（如式(13.2.4)所示）。式中的单元位移

$$\boldsymbol{u} = [u_t \quad v_b \quad w_b \quad \theta_x \quad v_s \quad w_s]^{\mathrm{T}} \tag{13.2.8}$$

单元节点位移

$$\boldsymbol{u}_e = [u_i \quad v_i \quad w_i \quad \theta_{xi} \quad \theta_{yi} \quad \theta_{zi} \quad \vartheta_{xi} \quad v_{si} \quad w_{si} \quad u_j \quad v_j \quad w_j \quad \theta_{xj} \quad \theta_{yj} \quad \theta_{zj} \quad \vartheta_{xj} \quad v_{sj} \quad w_{sj}]^{\mathrm{T}} \tag{13.2.9}$$

而形函数

$$\boldsymbol{N} = [\boldsymbol{N}_x \quad \boldsymbol{N}_y \quad \boldsymbol{N}_z \quad \boldsymbol{N}_{\theta_x} \quad \boldsymbol{N}_{v_s} \quad \boldsymbol{N}_{w_s}]^{\mathrm{T}} \tag{13.2.10}$$

即

$$\boldsymbol{N} = \begin{bmatrix} N_i & 0 & 0 & 0 & 0 & 0 & N_{i,x} & 0 & 0 & N_j & 0 & 0 & 0 & 0 & 0 & N_{j,x} & 0 & 0 \\ 0 & N_i & 0 & 0 & 0 & N_{i,x} & 0 & 0 & 0 & 0 & N_j & 0 & 0 & 0 & -N_{j,x} & 0 & 0 & 0 \\ 0 & 0 & N_i & 0 & -N_{i,x} & 0 & 0 & 0 & 0 & 0 & 0 & N_j & 0 & N_{j,x} & 0 & 0 & 0 & 0 \\ 0 & 0 & 0 & N_{1,i} & 0 & 0 & 0 & 0 & 0 & 0 & 0 & 0 & N_{1,j} & 0 & 0 & 0 & 0 & 0 \\ 0 & 0 & 0 & 0 & 0 & 0 & 0 & N_{1,i} & 0 & 0 & 0 & 0 & 0 & 0 & 0 & 0 & N_{1,j} & 0 \\ 0 & 0 & 0 & 0 & 0 & 0 & 0 & 0 & N_{1,i} & 0 & 0 & 0 & 0 & 0 & 0 & 0 & 0 & N_{1,j} \end{bmatrix} \tag{13.2.11}$$

如果剪切位移采用式(13.2.1)所示一维三次 Hermite 插值函数，那么可得 2 节点 11 个自由度空间梁-柱单元位移插值函数(如式(13.2.4)所示)。式中的单元位移 $\boldsymbol{u}$ 如式(13.2.8)；单元节点位移

$$\begin{aligned}\boldsymbol{u}_e = [&u_i \quad v_i \quad w_i \quad \theta_{xi} \quad \theta_{yi} \quad \theta_{zi} \quad \vartheta_{xi} \quad v_{si} \quad w_{si} \quad \theta_{ysi} \quad \theta_{zsi} \quad u_j \\ &v_j \quad w_j \quad \theta_{xj} \quad \theta_{yj} \quad \theta_{zj} \quad \vartheta_{xj} \quad v_{sj} \quad w_{sj} \quad \theta_{ysj} \quad \theta_{zsj}]^{\mathrm{T}}\end{aligned} \tag{13.2.12}$$

而形函数 $\boldsymbol{N}$ 如式(13.2.10)所示，但

$$\boldsymbol{N} = \begin{bmatrix} N_i & 0 & 0 & 0 & 0 & 0 & N_{i,x} & 0 & 0 & 0 & 0 & N_j & 0 & 0 & 0 & 0 & 0 & N_{j,x} & 0 & 0 & 0 & 0 \\ 0 & N_i & 0 & 0 & 0 & N_{i,x} & 0 & 0 & 0 & 0 & 0 & 0 & N_j & 0 & 0 & 0 & -N_{j,x} & 0 & 0 & 0 & 0 & 0 \\ 0 & 0 & N_i & 0 & -N_{i,x} & 0 & 0 & 0 & 0 & 0 & 0 & 0 & 0 & N_j & 0 & N_{j,x} & 0 & 0 & 0 & 0 & 0 & 0 \\ 0 & 0 & 0 & N_{1,i} & 0 & 0 & 0 & 0 & 0 & 0 & 0 & 0 & 0 & 0 & N_{1,j} & 0 & 0 & 0 & 0 & 0 & 0 & 0 \\ 0 & 0 & 0 & 0 & 0 & 0 & 0 & N_i & 0 & 0 & N_{i,x} & 0 & 0 & 0 & 0 & 0 & 0 & 0 & N_j & 0 & 0 & -N_{j,x} \\ 0 & 0 & 0 & 0 & 0 & 0 & 0 & 0 & N_i & -N_{i,x} & 0 & 0 & 0 & 0 & 0 & 0 & 0 & 0 & 0 & N_j & N_{j,x} & 0 \end{bmatrix} \tag{13.2.13}$$

除此之外，如空间梁-柱单元独立位移为

$$\boldsymbol{u} = [u \quad v \quad w \quad \theta_x \quad \theta_y \quad \theta_z]_e^{\mathrm{T}}$$

或

$$\boldsymbol{u} = [u_t \quad v_b \quad w_b \quad \theta_x \quad \theta_y \quad \theta_z]_e^{\mathrm{T}}$$

其中，v_b，w_b 为沿 y 和 z 轴的横向弯曲位移；u_t 为沿 x 轴的轴向位移；θ_x 为关于 x 轴的扭转角；θ_y 和 θ_z 分别为关于 y 轴和 z 轴的转角。

这里，沿 y 轴和 z 轴的横向弯曲位移 v_b，w_b 和转角 θ_y，θ_z 可采用一维线性或二次 Lagrange 插值函数。

选择合适的位移自由度和单元位移插值函数，才能描述空间梁-柱的变形。

13.2.1.3 薄壁空间梁-柱单元的位移插值函数

在具有式(13.2.5)所示形函数的 2 节点 6 个自由度空间梁-柱单元位移插值函数的基础上，当关于 x 轴的扭转角位移采用式(13.2.1)所示一维三次 Hermite 插值函数，那么可得 2 节点 7 个自由度薄壁空间梁-柱单元位移插值函数(如式(13.2.4)所示)。式中的单元位移 $\boldsymbol{u}$ 如式(13.2.3)所示；单元节点位移如式(13.1.12)所示；形函数 $\boldsymbol{N}$ 如式(13.2.5a)所示，但

$$\begin{bmatrix} \boldsymbol{N}_x \\ \boldsymbol{N}_y \\ \boldsymbol{N}_z \\ \boldsymbol{N}_{\theta_x} \end{bmatrix} = \begin{bmatrix} N_{1,i} & 0 & 0 & 0 & 0 & 0 & 0 & N_{1,j} & 0 & 0 & 0 & 0 & 0 & 0 \\ 0 & N_i & 0 & 0 & 0 & N_{i,x} & 0 & 0 & N_j & 0 & 0 & 0 & -N_{j,x} & 0 \\ 0 & 0 & N_i & 0 & -N_{i,x} & 0 & 0 & 0 & 0 & N_j & 0 & N_{j,x} & 0 & 0 \\ 0 & 0 & 0 & N_i & 0 & 0 & N_{i,x} & 0 & 0 & 0 & N_j & 0 & 0 & N_{j,x} \end{bmatrix} \tag{13.2.14}$$

在具有式(13.2.7)所示形函数的 2 节点 7 个自由度空间梁-柱单元位移插值函数的基础上，当关于 x 轴的扭转角位移采用式(13.2.1)所示一维三次 Hermite 插值函数，那么可得 2 节

点 8 个自由度薄壁空间梁-柱单元位移插值函数(如式(13.2.4)所示)。式中的单元位移 $\boldsymbol{u}$ 如式(13.2.3)所示;单元节点位移如式(13.1.14)所示;形函数 $\boldsymbol{N}$ 如式(13.2.5a)所示,但

$$\boldsymbol{N}=\begin{bmatrix} N_i & 0 & 0 & 0 & 0 & 0 & 0 & N_{i,x} & N_j & 0 & 0 & 0 & 0 & 0 & 0 & N_{j,x} \\ 0 & N_i & 0 & 0 & 0 & N_{i,x} & 0 & 0 & 0 & N_j & 0 & 0 & 0 & -N_{j,x} & 0 & 0 \\ 0 & 0 & N_i & 0 & -N_{i,x} & 0 & 0 & 0 & 0 & 0 & N_j & 0 & N_{j,x} & 0 & 0 & 0 \\ 0 & 0 & 0 & N_i & 0 & 0 & N_{i,x} & 0 & 0 & 0 & 0 & N_j & 0 & 0 & N_{j,x} & 0 \end{bmatrix} \tag{13.2.15}$$

在具有式(13.2.10)、式(13.2.11)所示形函数的 2 节点 9 个自由度空间梁-柱单元位移插值函数的基础上,当关于 x 轴的扭转角位移采用式(13.2.1)所示一维三次 Hermite 插值函数,那么可得 2 节点 10 个自由度薄壁空间梁-柱单元位移插值函数(如式(13.2.4)所示)。式中的单元位移 $\boldsymbol{u}$ 如式(13.2.8)所示;单元节点位移如式(13.1.16)所示;形函数 $\boldsymbol{N}$ 如式(13.2.10)所示,但

$$\boldsymbol{N}=\begin{bmatrix} N_i & 0 & 0 & 0 & 0 & 0 & 0 & N_{i,x} & 0 & 0 & N_j & 0 & 0 & 0 & 0 & 0 & 0 & N_{j,x} & 0 & 0 \\ 0 & N_i & 0 & 0 & 0 & N_{i,x} & 0 & 0 & 0 & 0 & 0 & N_j & 0 & 0 & 0 & -N_{j,x} & 0 & 0 & 0 & 0 \\ 0 & 0 & N_i & 0 & -N_{i,x} & 0 & 0 & 0 & 0 & 0 & 0 & 0 & N_j & 0 & N_{j,x} & 0 & 0 & 0 & 0 & 0 \\ 0 & 0 & 0 & N_i & 0 & 0 & N_{i,x} & 0 & 0 & 0 & 0 & 0 & 0 & N_j & 0 & 0 & N_{j,x} & 0 & 0 & 0 \\ 0 & 0 & 0 & 0 & 0 & 0 & 0 & 0 & N_{1,i} & 0 & 0 & 0 & 0 & 0 & 0 & 0 & 0 & 0 & N_{1,j} & 0 \\ 0 & 0 & 0 & 0 & 0 & 0 & 0 & 0 & 0 & N_{1,i} & 0 & 0 & 0 & 0 & 0 & 0 & 0 & 0 & 0 & N_{1,j} \end{bmatrix} \tag{13.2.16}$$

13.2.2　空间梁-柱单元的应变矩阵

把空间梁-柱单元位移,如式(13.2.3)或式(13.2.8)代入式(5.6.1)所示的等截面空间梁-柱中任意一点的位移再代入式(5.9.1)所示的一维梁-柱的应变中,得用单元节点位移表示的单元中任一点的应变。于是,可得线性应变矩阵 $\boldsymbol{B}_L$ 和按式(9.5.18)及式(9.5.23)所示的非线性应变矩阵 $\boldsymbol{B}_{NL}$ 和 $\widetilde{\boldsymbol{B}}_{NL}$。

13.2.2.1　2 节点 6 自由度空间梁-柱单元的应变矩阵

基于铁木辛柯(Timoshenko)梁理论,由空间梁-柱单应变的线性部分(如式(5.9.11)和式(5.9.28))得 2 节点 6 自由度空间梁-柱单元的线性正应变

$$\Delta\varepsilon_{x,L}=\frac{\partial \Delta u_t}{\partial x}-y(1+\beta_{ys})\frac{\partial^2 \Delta v_b}{\partial x^2}-z(1+\beta_{zs})\frac{\partial^2 \Delta w_b}{\partial x^2}$$

$$\Delta\gamma_{xy,L}=0,\quad \Delta\gamma_{xz,L}=0 \tag{13.2.17}$$

将单元位移式(13.2.3)代入式(13.2.17),并引入相应的形函数(即式(13.2.5)),得用节点位移表示的 2 节点 6 自由度空间梁-柱单元应变的线性部分。

根据定义,2 节点 6 自由度空间梁-柱单元的线性正应变和剪应变矩阵

$$
\boldsymbol{B}_L = \begin{bmatrix}
-\frac{1}{l} & 0 & 0 & 0 & 0 & 0 \\
0 & y\left(\frac{6}{l^2}-\frac{12x}{l^3}\right) & 0 & 0 & 0 & y\left(\frac{4}{l}-\frac{6x}{l^2}\right) \\
0 & 0 & z\left(\frac{6}{l^2}-\frac{12x}{l^3}\right) & 0 & z\left(-\frac{4}{l}+\frac{6x}{l^2}\right) & 0 \\
0 & 0 & 0 & -\frac{1}{l} & 0 & 0
\end{bmatrix.
$$

$$
\begin{matrix}
\frac{1}{l} & 0 & 0 & 0 & 0 & 0 \\
0 & y\left(-\frac{6}{l^2}+\frac{12x}{l^3}\right) & 0 & 0 & 0 & y\left(\frac{2}{l}-\frac{6x}{l^2}\right) \\
0 & 0 & z\left(-\frac{6}{l^2}+\frac{12x}{l^3}\right) & 0 & z\left(-\frac{2}{l}+\frac{6x}{l^2}\right) & 0 \\
0 & 0 & 0 & \frac{1}{l} & 0 & 0
\end{matrix}\right]
\tag{13.2.18}
$$

基于铁木辛柯(Timoshenko)梁理论,对空间梁-柱单元应变的非线性部分如式(5.9.14)、式(5.9.36)和式(5.9.40)简化,将单元位移式(13.2.3)代入并引入相应的形函数,得用节点位移表示的 2 节点 6 自由度空间梁-柱单元应变的非线性部分。根据几何关系,由式(9.5.12)得

$$
\Delta\boldsymbol{A} = \begin{bmatrix}
\frac{\partial\Delta\boldsymbol{u}}{\partial x} & \frac{\partial\Delta\boldsymbol{v}}{\partial x} & \frac{\partial\Delta\boldsymbol{w}}{\partial x} & 0 \\
0 & 0 & 0 & 0 \\
0 & 0 & 0 & 0 \\
0 & 0 & 0 & \rho^2\,\frac{\partial\Delta\boldsymbol{\theta}_x}{\partial x}
\end{bmatrix}
\tag{13.2.19}
$$

而

$$
\boldsymbol{\theta} = \left[\frac{\partial\Delta\boldsymbol{u}}{\partial x} \quad \frac{\partial\Delta\boldsymbol{v}}{\partial x} \quad \frac{\partial\Delta\boldsymbol{w}}{\partial x} \quad \frac{\partial\Delta\boldsymbol{\theta}_x}{\partial x}\right]^{\mathrm{T}}
\tag{13.2.20}
$$

根据 2 节点 6 自由度空间梁-柱单元的形函数(见式(13.2.5))及 $\boldsymbol{\theta}$,由式(9.5.16)得

$$
\boldsymbol{G} = \begin{bmatrix}
-g_{1,1} & g_{1,2} & g_{1,3} & 0 & g_{1,5} & g_{1,6} & g_{1,1} & -g_{1,2} & -g_{1,3} & 0 & g_{1,11} & g_{1,12} \\
0 & g_{2,2} & 0 & 0 & 0 & g_{2,6} & 0 & -g_{2,2} & 0 & 0 & 0 & g_{2,12} \\
0 & 0 & -g_{2,2} & 0 & -g_{2,6} & 0 & 0 & 0 & -g_{2,2} & 0 & -g_{2,12} & 0 \\
0 & 0 & 0 & -g_{1,1} & 0 & 0 & 0 & 0 & g_{1,1} & 0 & 0
\end{bmatrix}
\tag{13.2.21}
$$

其中

$$
g_{1,1} = \frac{1}{l},\quad g_{1,2} = \frac{6y}{l^2}-\frac{12xy}{l^3},\quad g_{1,3} = \frac{6z}{l^2}-\frac{12xz}{l^3},\quad g_{1,5} = -\frac{4z}{l}+\frac{6xz}{l^2}
$$

$$
g_{1,6} = \frac{4y}{l}-\frac{6xy}{l^2};\quad g_{1,11} = -\frac{2z}{l}+\frac{6xz}{l^2},\quad g_{1,12} = \frac{2y}{l}-\frac{6xy}{l^2}
$$

$$g_{2,2}=-\frac{6x}{l^2}+\frac{6x^2}{l^3},\quad g_{2,6}=1-\frac{4x}{l}+\frac{3x^2}{l^2},\quad g_{2,12}=-\frac{2x}{l}+\frac{3x^2}{l^2} \tag{13.2.22}$$

将式(13.2.19)和式(13.2.21)代入式(9.5.18)得 2 节点 6 自由度空间梁-柱单元的非线性应变矩阵$\boldsymbol{B}_{NL}$。

13.2.2.2 2 节点 8 自由度薄壁空间梁-柱单元的应变矩阵

将单元位移式(13.2.3)代入空间梁-柱应变的线性部分如式(5.9.11)和式(5.9.28)，并引入相应的形函数(即式(13.2.15))，得用节点位移表示的 2 节点 8 自由度薄壁空间梁-柱单元因轴力产生的正应变、弯曲和剪切产生的正应变和轴力二次效应的应变。根据式(5.9.11)，令

$$S_{L1}=(1+2y\beta_{y\Delta2}+2z\beta_{z\Delta2})\frac{\partial}{\partial x}+2\{y(-\beta_{y\Delta1}+2\beta_{y\Delta2}x)+z(-\beta_{z\Delta1}+2\beta_{z\Delta2}x)\}\frac{\partial^2}{\partial x^2}$$
$$+\{y(-\beta_{y\Delta1}x+\beta_{y\Delta2}x^2)+z(-\beta_{z\Delta1}x+\beta_{z\Delta2}x^2)\}\frac{\partial^3}{\partial x^3} \tag{13.2.23}$$

$$S_{L2}=-(1+\beta_{ys})y\eta(\sigma_v)\frac{\partial^2}{\partial x^2} \tag{13.2.24}$$

$$S_{L3}=-z(1+\beta_{zs})(I_1\eta(\sigma_v)+I_2)\frac{\partial^2}{\partial x^2} \tag{13.2.25}$$

$$S_{L4}=-\bar{\omega}\frac{\partial^2}{\partial x^2} \tag{13.2.26}$$

按式(5.9.28)，令

$$\begin{cases} t_{xy,L1}=(\beta_{y\Delta1}-2\beta_{y\Delta2}x)\dfrac{\partial}{\partial x}+(\beta_{y\Delta1}x-\beta_{y\Delta2}x^2)\dfrac{\partial^2}{\partial x^2}, \\ t_{xy,L2}=[1-\eta(\sigma_v)](1+\beta_{ys})\dfrac{\partial}{\partial x}, \\ t_{xz,L1}=(\beta_{z\Delta1}-2\beta_{z\Delta2}x)\dfrac{\partial}{\partial x}+(\beta_{z\Delta1}x-\beta_{z\Delta2}x^2)\dfrac{\partial^2}{\partial x^2}, \\ t_{xz,L3}=[1-(I_1\eta(\sigma_v)+I_2)](1+\beta_{zs})\dfrac{\partial}{\partial x} \end{cases} \tag{13.2.27}$$

于是，空间梁应变的线性部分

$$\Delta\boldsymbol{\varepsilon}_L=\begin{bmatrix} S_{L1} & S_{L2} & S_{L3} & S_{L4} \\ t_{xy,L1} & t_{xy,L2} & 0 & 0 \\ t_{xz,L1} & 0 & t_{xz,L3} & 0 \end{bmatrix}\times$$
$$\begin{bmatrix} N_i & 0 & 0 & 0 & 0 & 0 & 0 & N_{i,x} & N_j & 0 & 0 & 0 & 0 & 0 & 0 & N_{j,x} \\ 0 & N_i & 0 & 0 & 0 & N_{i,x} & 0 & 0 & 0 & N_j & 0 & 0 & 0 & -N_{j,x} & 0 & 0 \\ 0 & 0 & N_i & 0 & -N_{i,x} & 0 & 0 & 0 & 0 & 0 & N_j & 0 & N_{j,x} & 0 & 0 & 0 \\ 0 & 0 & 0 & N_i & 0 & 0 & N_{i,x} & 0 & 0 & 0 & 0 & N_j & 0 & 0 & N_{j,x} & 0 \end{bmatrix}\Delta\boldsymbol{u}_e \tag{13.2.28}$$

整理后，得 2 节点 8 自由度薄壁空间梁-柱单元正应变和剪应变的线性部分

$$\Delta \boldsymbol{\varepsilon}_L = \begin{bmatrix} a_{11} & a_{12} & a_{13} & a_{14} & a_{15} & a_{16} & a_{17} & a_{18} \\ a_{21} & a_{22} & 0 & a_{24} & a_{25} & a_{26} & 0 & a_{28} \\ a_{31} & a_{32} & 0 & a_{34} & a_{35} & a_{36} & 0 & a_{38} \end{bmatrix} \Delta \boldsymbol{u}_e \tag{13.2.29}$$

式中

$$\begin{gathered} a_{11} = S_{L1}\boldsymbol{N}_{11} + S_{L2}\boldsymbol{N}_{21} + S_{L3}\boldsymbol{N}_{31},\quad a_{12} = S_{L2}\boldsymbol{N}_{22} + S_{L3}\boldsymbol{N}_{32} + S_{L4}\boldsymbol{N}_{42} \\ a_{13} = S_{L4}\boldsymbol{N}_{43},\quad a_{14} = S_{L1}\boldsymbol{N}_{14},\quad a_{15} = S_{L1}\boldsymbol{N}_{15} + S_{L2}\boldsymbol{N}_{25} + S_{L3}\boldsymbol{N}_{35} \\ a_{16} = S_{L2}\boldsymbol{N}_{26} + S_{L3}\boldsymbol{N}_{36} + S_{L4}\boldsymbol{N}_{46},\quad a_{17} = S_{L4}\boldsymbol{N}_{47},\quad a_{18} = S_{L1}\boldsymbol{N}_{18} \\ a_{21} = t_{xy,L1}\boldsymbol{N}_{11} + t_{xy,L2}\boldsymbol{N}_{21},\quad a_{22} = t_{xy,L2}\boldsymbol{N}_{22},\quad a_{23} = 0,\quad a_{24} = t_{xy,L1}\boldsymbol{N}_{14} \\ a_{25} = t_{xy,L1}\boldsymbol{N}_{15} + t_{xy,L2}\boldsymbol{N}_{25},\quad a_{26} = t_{xy,L2}\boldsymbol{N}_{26},\quad a_{27} = 0,\quad a_{28} = t_{xy,L1}\boldsymbol{N}_{18} \\ a_{31} = t_{xz,L1}\boldsymbol{N}_{11} + t_{xz,L3}\boldsymbol{N}_{31},\quad a_{32} = t_{xz,L3}\boldsymbol{N}_{32},\quad a_{33} = 0,\quad a_{34} = t_{xz,L1}\boldsymbol{N}_{14} \\ a_{35} = t_{xz,L1}\boldsymbol{N}_{15} + t_{xz,L3}\boldsymbol{N}_{35},\quad a_{36} = t_{xz,L3}\boldsymbol{N}_{36},\quad a_{37} = 0,\quad a_{38} = t_{xz,L1}\boldsymbol{N}_{18} \end{gathered} \tag{13.2.30}$$

其中

$$\boldsymbol{N}_{11} = \left[1 - \frac{3x^2}{l^2} + \frac{2x^3}{l^3} \quad 0 \quad 0\right],\quad \boldsymbol{N}_{12} = [0 \quad 0 \quad 0],\quad \boldsymbol{N}_{13} = [0],\quad \boldsymbol{N}_{14} = \left[x - \frac{2x^2}{l} + \frac{x^3}{l^2}\right]$$

$$\boldsymbol{N}_{15} = \left[\frac{3x^2}{l^2} - \frac{2x^3}{l^3} \quad 0 \quad 0\right],\quad \boldsymbol{N}_{16} = [0 \quad 0 \quad 0],\quad \boldsymbol{N}_{17} = [0],\quad \boldsymbol{N}_{18} = \left[-\frac{x^2}{l} + \frac{x^3}{l^2}\right]$$

$$\boldsymbol{N}_{21} = \left[0 \quad 1 - \frac{3x^2}{l^2} + \frac{2x^3}{l^3} \quad 0\right],\quad \boldsymbol{N}_{22} = \left[0 \quad 0 \quad x - \frac{2x^2}{l} + \frac{x^3}{l^2}\right],\quad \boldsymbol{N}_{23} = [0],\quad \boldsymbol{N}_{24} = [0]$$

$$\boldsymbol{N}_{25} = \left[0 \quad \frac{3x^2}{l^2} - \frac{2x^3}{l^3} \quad 0\right],\quad \boldsymbol{N}_{26} = \left[0 \quad 0 \quad -\frac{x^2}{l} + \frac{x^3}{l^2}\right],\quad \boldsymbol{N}_{27} = [0],\quad \boldsymbol{N}_{28} = [0]$$

$$\boldsymbol{N}_{31} = \left[0 \quad 0 \quad 1 - \frac{3x^2}{l^2} + \frac{2x^3}{l^3}\right],\quad \boldsymbol{N}_{32} = \left[0 \quad x - \frac{2x^2}{l} + \frac{x^3}{l^2} \quad 0\right],\quad \boldsymbol{N}_{33} = [0],\quad \boldsymbol{N}_{34} = [0]$$

$$\boldsymbol{N}_{35} = \left[0 \quad 0 \quad \frac{3x^2}{l^2} - \frac{2x^3}{l^3}\right],\quad \boldsymbol{N}_{36} = \left[0 \quad -\frac{x^2}{l} + \frac{x^3}{l^2} \quad 0\right],\quad \boldsymbol{N}_{37} = [0],\quad \boldsymbol{N}_{38} = [0]$$

$$\boldsymbol{N}_{41} = [0 \quad 0 \quad 0],\quad \boldsymbol{N}_{42} = \left[1 - \frac{3x^2}{l^2} + \frac{2x^3}{l^3} \quad 0 \quad 0\right],\quad \boldsymbol{N}_{43} = \left[x - \frac{2x^2}{l} + \frac{x^3}{l^2}\right],\quad \boldsymbol{N}_{44} = [0]$$

$$\boldsymbol{N}_{45} = [0 \quad 0 \quad 0],\quad \boldsymbol{N}_{46} = \left[\frac{3x^2}{l^2} - \frac{2x^3}{l^3} \quad 0 \quad 0\right],\quad \boldsymbol{N}_{47} = \left[-\frac{x^2}{l} + \frac{x^3}{l^2}\right],\quad \boldsymbol{N}_{48} = [0]$$

根据定义，由式(13.2.29)，得 2 节点 8 自由度薄壁空间梁-柱单元的线性正应变和剪应变矩阵

$$\boldsymbol{B}_L = \begin{bmatrix} b_{1,1} & b_{1,2} & b_{1,3} & b_{1,4} & b_{1,5} & b_{1,6} & b_{1,7} & b_{1,8} & b_{1,9} & b_{1,10} & b_{1,11} & b_{1,12} & b_{1,13} & b_{1,14} & b_{1,15} & b_{1,16} \\ b_{2,1} & b_{2,2} & 0 & 0 & 0 & b_{2,6} & 0 & b_{2,8} & b_{2,9} & b_{2,10} & 0 & 0 & 0 & b_{2,14} & 0 & b_{2,16} \\ b_{3,1} & 0 & b_{3,3} & 0 & b_{3,5} & 0 & 0 & b_{3,8} & b_{3,9} & 0 & b_{3,11} & 0 & b_{3,13} & 0 & 0 & b_{3,16} \end{bmatrix} \tag{13.2.31}$$

式中

$$\begin{aligned} b_{1,1} = {} & (1 + 2y\beta_{y\Delta 2} + 2z\beta_{z\Delta 2})\left(-\frac{6x}{l^2} + \frac{6x^2}{l^3}\right) + 2[y(-\beta_{y\Delta 1} + 2\beta_{y\Delta 2}x) + z(-\beta_{z\Delta 1} + 2\beta_{z\Delta 2}x)] \\ & \cdot\left(-\frac{6}{l^2} + \frac{12x}{l^3}\right) + [y(-\beta_{y\Delta 1}x + \beta_{y\Delta 2}x^2) + z(-\beta_{z\Delta 1}x + \beta_{z\Delta 2}x^2)]\frac{12}{l^3} \end{aligned}$$

$$\begin{aligned} b_{1,8} = {} & (1 + 2y\beta_{y\Delta 2} + 2z\beta_{z\Delta 2})\left(1 - \frac{4x}{l} + \frac{3x^2}{l^2}\right) + 2[y(-\beta_{y\Delta 1} + 2\beta_{y\Delta 2}x) + z(-\beta_{z\Delta 1} + 2\beta_{z\Delta 2}x)] \\ & \cdot\left(-\frac{4}{l} + \frac{6x}{l^2}\right) + [y(-\beta_{y\Delta 1}x + \beta_{y\Delta 2}x^2) + z(-\beta_{z\Delta 1}x + \beta_{z\Delta 2}x^2)]\frac{6}{l^2} \end{aligned}$$

$$b_{1,16}=(1+2y\beta_{y\Delta 2}+2z\beta_{z\Delta 2})\left(-\frac{2x}{l}+\frac{3x^2}{l^2}\right)+2[y(-\beta_{y\Delta 1}+2\beta_{y\Delta 2}x)+z(-\beta_{z\Delta 1}+2\beta_{z\Delta 2}x)]$$
$$\cdot\left(-\frac{2}{l}+\frac{6x}{l^2}\right)+[y(-\beta_{y\Delta 1}x+\beta_{y\Delta 2}x^2)+z(-\beta_{z\Delta 1}x+\beta_{z\Delta 2}x^2)]\frac{6}{l^2}$$

$$b_{2,1}=(\beta_{y\Delta 1}-2\beta_{y\Delta 2}x)\left(-\frac{6x}{l^2}+\frac{6x^2}{l^3}\right)+(\beta_{y\Delta 1}x-\beta_{y\Delta 2}x^2)\left(-\frac{6}{l^2}+\frac{12x}{l^3}\right)$$

$$b_{3,1}=(\beta_{z\Delta 1}-2\beta_{z\Delta 2}x)\left(-\frac{6x}{l^2}+\frac{6x^2}{l^3}\right)+(\beta_{z\Delta 1}x-\beta_{z\Delta 2}x^2)\left(-\frac{6}{l^2}+\frac{12x}{l^3}\right)$$

其余从略。

如果采用式(13.2.5b)所示形函数中的$\boldsymbol{N}_x$，即沿x轴的轴向位移采用式(12.2.1)所示一维线性 Lagrange 插值函数，同时消除ϑ自由度，即得 2 节点 7 自由度薄壁空间梁-柱单元的线性正应变和剪应变矩阵。

对空间梁-柱单元应变的非线性部分如式(5.9.14)、式(5.9.36)和式(5.9.40)简化，将单元位移式(13.2.3)代入，并引入相应的形函数(即式(13.2.15))，得用节点位移表示的 2 节点 8 自由度薄壁空间梁-柱单元应变的非线性部分。根据单元的非线性正应变和剪应变，展开后得到关于位移的微分，即

$$\Delta\boldsymbol{A}=\begin{bmatrix}\frac{\partial\Delta u}{\partial x} & \frac{\partial\Delta v}{\partial x} & \frac{\partial\Delta w}{\partial x} & 0 & 0 & 0 & 0 & 0 & 0\\ \frac{\partial\Delta u}{\partial y} & \frac{\partial\Delta v}{\partial y} & \frac{\partial\Delta w}{\partial y} & \frac{\partial\Delta u}{\partial x} & \frac{\partial\Delta v}{\partial x} & \frac{\partial\Delta w}{\partial x} & 0 & 0 & 0\\ \frac{\partial\Delta u}{\partial z} & \frac{\partial\Delta v}{\partial z} & \frac{\partial\Delta w}{\partial z} & 0 & 0 & 0 & \frac{\partial\Delta u}{\partial x} & \frac{\partial\Delta v}{\partial x} & \frac{\partial\Delta w}{\partial x}\end{bmatrix}\tag{13.2.32}$$

及

$$\boldsymbol{\theta}=[\boldsymbol{\theta}_x\quad\boldsymbol{\theta}_y\quad\boldsymbol{\theta}_z]^{\mathrm{T}}\tag{13.2.33}$$

式中

$$\Delta\boldsymbol{\theta}_x=\left[\frac{\partial\Delta u}{\partial x}\quad\frac{\partial\Delta v}{\partial x}\quad\frac{\partial\Delta w}{\partial x}\right],\quad\Delta\boldsymbol{\theta}_y=\left[\frac{\partial\Delta u}{\partial y}\quad\frac{\partial\Delta v}{\partial y}\quad\frac{\partial\Delta w}{\partial y}\right],\quad\Delta\boldsymbol{\theta}_z=\left[\frac{\partial\Delta u}{\partial z}\quad\frac{\partial\Delta v}{\partial z}\quad\frac{\partial\Delta w}{\partial z}\right]\tag{13.2.34}$$

及

$$\boldsymbol{G}=\begin{bmatrix}b_{1,1} & b_{1,2} & b_{1,3} & b_{1,4} & b_{1,5} & b_{1,6} & b_{1,7} & b_{1,8} & b_{1,9} & b_{1,10} & b_{1,11} & b_{1,12} & b_{1,13} & b_{1,14} & b_{1,15} & b_{1,16}\\ b_{2,1} & b_{2,2} & 0 & 0 & 0 & b_{2,6} & 0 & b_{2,8} & b_{2,9} & b_{2,10} & 0 & 0 & 0 & b_{2,14} & 0 & b_{2,16}\\ b_{3,1} & 0 & b_{3,3} & 0 & b_{3,5} & 0 & 0 & b_{3,8} & b_{3,9} & 0 & b_{3,11} & 0 & b_{3,13} & 0 & 0 & b_{3,16}\\ b_{4,1} & b_{4,2} & 0 & 0 & 0 & b_{4,6} & 0 & b_{4,8} & b_{4,9} & b_{4,10} & 0 & 0 & 0 & b_{4,14} & 0 & b_{4,16}\\ 0 & 0 & 0 & 0 & 0 & 0 & 0 & 0 & 0 & 0 & 0 & 0 & 0 & 0 & 0 & 0\\ 0 & 0 & 0 & 0 & 0 & 0 & 0 & 0 & 0 & 0 & 0 & 0 & 0 & 0 & 0 & 0\\ b_{7,1} & 0 & b_{7,3} & 0 & b_{7,5} & 0 & 0 & b_{7,8} & b_{7,9} & 0 & b_{7,11} & 0 & b_{7,13} & 0 & 0 & b_{7,16}\\ 0 & 0 & 0 & 0 & 0 & 0 & 0 & 0 & 0 & 0 & 0 & 0 & 0 & 0 & 0 & 0\\ 0 & 0 & 0 & 0 & 0 & 0 & 0 & 0 & 0 & 0 & 0 & 0 & 0 & 0 & 0 & 0\end{bmatrix}\tag{13.2.35}$$

其中

$$b_{1,1}=(1+2y\beta_{y\Delta2}+2z\beta_{z\Delta2})\left(-\frac{6x}{l^2}+\frac{6x^2}{l^3}\right)+2[y(-\beta_{y\Delta1}+2\beta_{y\Delta2}x)+z(-\beta_{z\Delta1}+2\beta_{z\Delta2}x)]$$

$$\cdot\left(-\frac{6}{l^2}+\frac{12x}{l^3}\right)+[y(-\beta_{y\Delta1}x+\beta_{y\Delta2}x^2)+z(-\beta_{z\Delta1}x+\beta_{z\Delta2}x^2)]\frac{12}{l^3}$$

$$b_{1,2}=-(1+\beta_{ys})y\eta(\sigma_v)\left(-\frac{6}{l^2}+\frac{12x}{l^3}\right)$$

其余从略。

2 节点 8 自由度薄壁空间梁-柱单元非线性正应变和剪应变的应变矩阵

$$\boldsymbol{B}_{NL}=\begin{bmatrix} c_{1,1} & c_{1,2} & c_{1,3} & c_{1,4} & c_{1,5} & c_{1,6} & c_{1,7} & c_{1,8} & c_{1,9} & c_{1,10} & c_{1,11} & c_{1,12} & c_{1,13} & c_{1,14} & c_{1,15} & c_{1,16} \\ c_{2,1} & c_{2,2} & c_{2,3} & c_{2,4} & c_{2,5} & c_{2,6} & c_{2,7} & c_{2,8} & c_{2,9} & c_{2,10} & c_{2,11} & c_{2,12} & c_{2,13} & c_{2,14} & c_{2,15} & c_{2,16} \\ c_{3,1} & c_{3,2} & c_{3,3} & c_{3,4} & c_{3,5} & c_{3,6} & c_{3,7} & c_{3,8} & c_{3,9} & c_{3,10} & c_{3,11} & c_{3,12} & c_{3,13} & c_{3,14} & c_{3,15} & c_{3,16} \end{bmatrix} \tag{13.2.36}$$

其中

$$c_{1,1}=\frac{1}{2}\left(\frac{\partial u}{\partial x}b_{1,1}+\frac{\partial v}{\partial x}b_{2,1}+\frac{\partial w}{\partial x}b_{3,1}\right)$$

$$c_{1,2}=\frac{1}{2}\left(\frac{\partial u}{\partial x}b_{1,2}+\frac{\partial v}{\partial x}b_{2,2}\right)$$

$$c_{1,3}=\frac{1}{2}\left(\frac{\partial u}{\partial x}b_{1,3}+\frac{\partial w}{\partial x}b_{3,3}\right)$$

$$c_{1,4}=\frac{1}{2}\frac{\partial u}{\partial x}b_{1,4}$$

$$c_{1,5}=\frac{1}{2}\left(\frac{\partial u}{\partial x}b_{1,5}+\frac{\partial w}{\partial x}b_{3,5}\right)$$

$$c_{1,6}=\frac{1}{2}\left(\frac{\partial u}{\partial x}b_{1,6}+\frac{\partial v}{\partial x}b_{2,6}\right)$$

$$c_{1,7}=\frac{1}{2}\frac{\partial u}{\partial x}b_{1,7}$$

$$c_{1,8}=\frac{1}{2}\left(\frac{\partial u}{\partial x}b_{1,8}+\frac{\partial v}{\partial x}b_{2,8}+\frac{\partial w}{\partial x}b_{3,8}\right)$$

其余从略。

如果采用式(13.2.5b)所示形函数中的$\boldsymbol{N}_x$，即沿 x 轴的轴向位移采用式(12.2.1)所示一维线性 Lagrange 插值函数，同时消除 ϑ 自由度，即得 2 节点 7 自由度薄壁空间梁-柱单元的 $\Delta\boldsymbol{A}$ 和 $\boldsymbol{G}$ 矩阵以及非线性矩阵。

13.2.2.3 2 节点 10 自由度薄壁空间梁-柱单元的应变矩阵

将单元位移式(13.2.8)代入空间梁-柱应变的线性部分如式(5.9.11)和式(5.9.28)，并引入相应的形函数(即式(13.2.16))，得用节点位移表示的 2 节点 10 自由度薄壁空间梁-柱单元因轴力产生的正应变、弯曲和剪切产生的正应变和轴力二次效应的应变

$$\Delta\varepsilon_{x,L}=\frac{\partial\Delta u}{\partial x}=s_{L1}\Delta u_T+s_{L2}\Delta v_b+s_{L3}\Delta w_b+s_{L4}\Delta\theta_x$$

$$\Delta\gamma_{xy,L} = \frac{\partial \Delta u}{\partial y} + \frac{\partial \Delta v}{\partial x} = (t_{xy,L1} + s_{M1})\Delta u_T + (t_{xy,L2} + s_{M2})\Delta v_b + t_{xy,L5}\Delta v_s$$
$$= t'_{xy,L2}\Delta v_b + t_{xy,L5}\Delta v_s$$

$$\Delta\gamma_{xz,L} = \frac{\partial \Delta u}{\partial z} + \frac{\partial \Delta w}{\partial x} = (t_{xz,L1} + s_{N1})\Delta u_T + (t_{xz,L3} + s_{N3})\Delta w_b + t_{xz,L6}\Delta w_s$$
$$= t'_{xz,L3}\Delta w_b + t_{xy,L6}\Delta w_s$$

将位移函数代入上式并整理，得 2 节点 10 自由度薄壁空间梁-柱单元正应变和剪应变的线性部分

$$\begin{aligned}
\Delta\varepsilon_{x,L} = {} & (1 + 2y\beta_{y\Delta 2} + 2z\beta_{z\Delta 2})\frac{\partial \Delta u_T}{\partial x} \\
& + 2[y(-\beta_{y\Delta 1} + 2\beta_{y\Delta 2}x) + z(-\beta_{z\Delta 1} + 2\beta_{z\Delta 2}x)]\frac{\partial^2 \Delta u_T}{\partial x^2} \\
& + [y(-\beta_{y\Delta 1}x + \beta_{y\Delta 2}x^2) + z(-\beta_{z\Delta 1}x + \beta_{z\Delta 2}x^2)]\frac{\partial^3 \Delta u_T}{\partial x^3} \\
& - (1 + \beta_{ys})y\eta(\sigma_v)\frac{\partial^2 \Delta v_b}{\partial x^2} - z(1 + \beta_{zs})(I_1\eta(\sigma_v) + I_2)\frac{\partial^2 \Delta w_b}{\partial x^2} \\
& - \omega\left(\frac{\partial^2 \Delta\theta_x}{\partial x^2} + \lambda\frac{\partial^4 \Delta\theta_x}{\partial x^4}\right)
\end{aligned} \tag{13.2.37}$$

$$\Delta\gamma_{xy,L} = \frac{\partial \Delta u_T}{\partial y} + \frac{\partial \Delta u_1}{\partial y} + \frac{\partial \Delta u_\Delta}{\partial y} + \frac{\partial \Delta v_1}{\partial x} + \frac{\partial \Delta v_\Delta}{\partial x} + \frac{\partial \Delta v_s}{\partial x}$$
$$= (1 - \eta(\sigma_v))(1 + \beta_{ys})\frac{\partial \Delta v_b}{\partial x} + \frac{\partial \Delta v_s}{\partial x}$$

$$\Delta\gamma_{xz,L} = \frac{\partial \Delta u_T}{\partial z} + \frac{\partial \Delta u_1}{\partial z} + \frac{\partial \Delta u_\Delta}{\partial z} + \frac{\partial \Delta w_1}{\partial x} + \frac{\partial \Delta w_\Delta}{\partial x} + \frac{\partial \Delta w_s}{\partial x}$$
$$= (1 - I_1\eta(\sigma_v) - I_2)(1 + \beta_{zs})\frac{\partial \Delta w_b}{\partial x} + \frac{\partial \Delta w_s}{\partial x}$$

$$\Delta\gamma_{\omega,L} = \rho(s)\frac{\partial \Delta\theta_x(x)}{\partial x} - \left(\rho(s) - \frac{\psi}{t}\right)\Delta\theta_\omega(x)$$

根据定义，由式(13.2.37)，得 2 节点 10 自由度薄壁空间梁-柱单元的线性正应变和剪应变矩阵

$$\boldsymbol{B}_L = \begin{bmatrix}
b_{1,1} & b_{1,2} & b_{1,3} & b_{1,4} & b_{1,5} & b_{1,6} & b_{1,7} & b_{1,8} & 0 & 0 \\
0 & b_{2,2} & 0 & 0 & 0 & b_{2,6} & 0 & 0 & b_{2,9} & 0 \\
0 & 0 & b_{3,3} & 0 & b_{3,5} & 0 & 0 & 0 & 0 & b_{3,10} \\
0 & 0 & 0 & b_{4,4} & 0 & 0 & b_{4,7} & 0 & 0 & 0
\end{bmatrix.$$
$$\left.\begin{matrix}
b_{1,11} & b_{1,12} & b_{1,13} & b_{1,14} & b_{1,15} & b_{1,16} & b_{1,17} & b_{1,18} & 0 & 0 \\
0 & b_{2,12} & 0 & 0 & 0 & b_{2,16} & 0 & 0 & b_{2,19} & 0 \\
0 & 0 & b_{3,13} & 0 & b_{3,15} & 0 & 0 & 0 & 0 & b_{3,20} \\
0 & 0 & 0 & b_{4,14} & 0 & 0 & b_{4,17} & 0 & 0 & 0
\end{matrix}\right] \tag{13.2.38}$$

式中

$$b_{1,1}=(1+2y\beta_{y\Delta 2}+2z\beta_{z\Delta 2})\left(-\frac{6x}{l^2}+\frac{6x^2}{l^3}\right)+2[y(-\beta_{y\Delta 1}+2\beta_{y\Delta 2}x)+z(-\beta_{z\Delta 1}+2\beta_{z\Delta 2}x)]$$

$$\cdot\left(-\frac{6}{l^2}+\frac{12x}{l^3}\right)+\frac{12[y(-\beta_{y\Delta 1}x+\beta_{y\Delta 2}x^2)+z(-\beta_{z\Delta 1}x+\beta_{z\Delta 2}x^2)]}{l^3}$$

$$b_{1,2}=(1+\beta_{ys})y\eta(\sigma_v)\left(\frac{6}{l^2}-\frac{12x}{l^3}\right),\quad b_{1,3}=z(1+\beta_{zs})(I_1\eta(\sigma_v)+I_2)\left(\frac{6}{l^2}-\frac{12x}{l^3}\right)$$

$$b_{1,4}=\bar{\omega}\left(\frac{6}{l^2}-\frac{12x}{l^3}\right),\quad b_{1,5}=z(I_1\eta(\sigma_v)+I_2)(1+\beta_{zs})\left(\frac{4}{l}-\frac{6x}{l^2}\right)$$

$$b_{1,6}=y\eta(\sigma_v)(1+\beta_{ys})\left(\frac{4}{l}-\frac{6x}{l^2}\right),\quad b_{1,7}=-\bar{\omega}\left(\frac{6x}{l^2}-\frac{4}{l}\right)$$

$$b_{1,8}=(1+2y\beta_{y\Delta 2}+2z\beta_{z\Delta 2})\left(1-\frac{4x}{l}+\frac{3x^2}{l^2}\right)+2[y(-\beta_{y\Delta 1}+2\beta_{y\Delta 2}x)+z(-\beta_{z\Delta 1}+2\beta_{z\Delta 2}x)]$$

$$\cdot\left(-\frac{4}{l}+\frac{6x}{l^2}\right)+[y(-\beta_{y\Delta 1}x+\beta_{y\Delta 2}x^2)+z(-\beta_{z\Delta 1}x+\beta_{z\Delta 2}x^2)]\frac{6}{l^2}$$

$$b_{1,11}=(1+2y\beta_{y\Delta 2}+2z\beta_{z\Delta 2})\left(\frac{6x}{l^2}-\frac{6x^2}{l^3}\right)+2[y(-\beta_{y\Delta 1}+2\beta_{y\Delta 2}x)+z(-\beta_{z\Delta 1}+2\beta_{z\Delta 2}x)]$$

$$\cdot\left(\frac{6}{l^2}-\frac{12x}{l^3}\right)-\frac{12[y(-\beta_{y\Delta 1}x+\beta_{y\Delta 2}x^2)+z(-\beta_{z\Delta 1}x+\beta_{z\Delta 2}x^2)]}{l^3}$$

$$b_{1,12}=-(1+\beta_{ys})y\eta(\sigma_v)\left(\frac{6}{l^2}-\frac{12x}{l^3}\right),\quad b_{1,13}=-z(1+\beta_{zs})(I_1\eta(\sigma_v)+I_2)\left(\frac{6}{l^2}-\frac{12x}{l^3}\right)$$

$$b_{1,14}=-\bar{\omega}\left(\frac{6}{l^2}-\frac{12x}{l^3}\right),\quad b_{1,15}=z(I_1\eta(\sigma_v)+I_2)(1+\beta_{zs})\left(\frac{2}{l}-\frac{6x}{l^2}\right)$$

$$b_{1,16}=y\eta(\sigma_v)(1+\beta_{ys})\left(\frac{2}{l}-\frac{6x}{l^2}\right),\quad b_{1,17}=-\bar{\omega}\left(\frac{6x}{l^2}-\frac{2}{l}\right)$$

$$b_{1,18}=(1+2y\beta_{y\Delta 2}+2z\beta_{z\Delta 2})\left(-\frac{2x}{l}+\frac{3x^2}{l^2}\right)+2[y(-\beta_{y\Delta 1}+2\beta_{y\Delta 2}x)+z(-\beta_{z\Delta 1}+2\beta_{z\Delta 2}x)]$$

$$\cdot\left(-\frac{2}{l}+\frac{6x}{l^2}\right)+[y(-\beta_{y\Delta 1}x+\beta_{y\Delta 2}x^2)+z(-\beta_{z\Delta 1}x+\beta_{z\Delta 2}x^2)]\frac{6}{l^2}$$

$$b_{2,2}=(1-\eta(\sigma_v))(1+\beta_{ys})\left(-\frac{6x}{l^2}+\frac{6x^2}{l^3}\right),\quad b_{2,6}=(1-\eta(\sigma_v))(1+\beta_{ys})\left(1-\frac{4x}{l}+\frac{3x^2}{l^2}\right)$$

$$b_{2,9}=-\frac{1}{l},\quad b_{2,12}=(1-\eta(\sigma_v))(1+\beta_{ys})\left(\frac{6x}{l^2}-\frac{6x^2}{l^3}\right)$$

$$b_{2,16}=(1-\eta(\sigma_v))(1+\beta_{ys})\left(-\frac{2x}{l}+\frac{3x^2}{l^2}\right),\quad b_{2,19}=\frac{1}{l},$$

$$b_{3,3}=(1-(I_1\eta(\sigma_v)+I_2))(1+\beta_{zs})\left(-\frac{6x}{l^2}+\frac{6x^2}{l^3}\right)$$

$$b_{3,5}=(1-(I_1\eta(\sigma_v)+I_2))(1+\beta_{zs})\left(1-\frac{4x}{l}+\frac{3x^2}{l^2}\right),\quad b_{3,10}=-\frac{1}{l}$$

$$b_{3,13}=(1-(I_1\eta(\sigma_v)+I_2))(1+\beta_{zs})\left(\frac{6x}{l^2}-\frac{6x^2}{l^3}\right)$$

$$b_{3,15}=(1-(I_1\eta(\sigma_v)+I_2))(1+\beta_{zs})\left(-\frac{2x}{l}+\frac{3x^2}{l^2}\right),\quad b_{3,20}=\frac{1}{l}$$

$$b_{4,4}=\frac{\psi}{t}\left(-\frac{6x}{l^2}+\frac{6x^2}{l^3}\right)-\left(\rho-\frac{\psi}{t}\right)\left(\frac{12\lambda}{l^3}\right),\quad b_{4,7}=\frac{\psi}{t}\left(1-\frac{4x}{l}+\frac{3x^2}{l^2}\right)-\left(\rho-\frac{\psi}{t}\right)\left(\frac{6\lambda}{l^2}\right)$$

$$b_{4,14}=\frac{\psi}{t}\left(\frac{6x}{l^2}-\frac{6x^2}{l^3}\right)-\left(\rho-\frac{\psi}{t}\right)\left(\frac{12\lambda}{l^3}\right),\quad b_{4,17}=\frac{\psi}{t}\left(-\frac{2x}{l}+\frac{3x^2}{l^2}\right)-\left(\rho-\frac{\psi}{t}\right)\left(\frac{6\lambda}{l^2}\right)$$

对空间梁-柱单元应变的非线性部分如式(5.9.14)、式(5.9.36)和式(5.9.40)简化，将单元位移式(13.2.8)代入，并引入相应的形函数(即式(13.2.16))，得用节点位移表示的2节点10自由度薄壁空间梁-柱单元应变的非线性部分。根据单元的非线性正应变和剪应变，展开后得到关于位移的微分 $\Delta\boldsymbol{A}$，即

$$\Delta\boldsymbol{A}=\begin{bmatrix}\frac{\partial\Delta u}{\partial x} & \frac{\partial\Delta v}{\partial x} & \frac{\partial\Delta w}{\partial x} & 0 & 0 & 0 & 0 & 0 & 0\\ \frac{\partial\Delta u}{\partial y} & \frac{\partial\Delta v}{\partial y} & \frac{\partial\Delta w}{\partial y} & \frac{\partial\Delta u}{\partial x} & \frac{\partial\Delta v}{\partial x} & \frac{\partial\Delta w}{\partial x} & 0 & 0 & 0\\ \frac{\partial\Delta u}{\partial z} & \frac{\partial\Delta v}{\partial z} & \frac{\partial\Delta w}{\partial z} & 0 & 0 & 0 & \frac{\partial\Delta u}{\partial x} & \frac{\partial\Delta v}{\partial x} & \frac{\partial\Delta w}{\partial x}\end{bmatrix}\tag{13.2.39}$$

由于扭转翘曲非线性剪应变与扇形坐标 s 有关，不便于在直角坐标系中进行矩阵分解，所以在这里暂时不考虑扭转翘曲非线性剪应变的影响。

现在 $\boldsymbol{\theta}$ 中引入式(13.2.16)所示形函数，有

$$\boldsymbol{\theta}=\boldsymbol{G}\Delta\boldsymbol{u}_e$$

式中

$$\boldsymbol{G}=\begin{bmatrix}d_{1,1} & d_{1,2} & d_{1,3} & d_{1,4} & d_{1,5} & d_{1,6} & d_{1,7} & d_{1,8} & 0 & 0 & d_{1,11} & d_{1,12} & d_{1,13} & d_{1,14} & d_{1,15} & d_{1,16} & d_{1,17} & d_{1,18} & 0 & 0\\ d_{2,1} & d_{2,2} & 0 & 0 & 0 & d_{2,6} & 0 & d_{2,8} & d_{2,9} & 0 & d_{2,11} & d_{2,12} & 0 & 0 & 0 & d_{2,16} & 0 & d_{2,18} & d_{2,19} & 0\\ d_{3,1} & 0 & d_{3,3} & 0 & d_{3,5} & 0 & 0 & d_{3,8} & 0 & d_{3,10} & d_{3,11} & 0 & d_{3,13} & 0 & d_{3,15} & 0 & 0 & d_{3,18} & 0 & d_{3,20}\\ d_{4,1} & d_{4,2} & 0 & 0 & 0 & d_{4,6} & 0 & d_{4,8} & 0 & 0 & d_{4,11} & d_{4,12} & 0 & 0 & 0 & d_{4,16} & 0 & d_{4,18} & 0 & 0\\ 0 & 0 & 0 & 0 & 0 & 0 & 0 & 0 & 0 & 0 & 0 & 0 & 0 & 0 & 0 & 0 & 0 & 0 & 0 & 0\\ 0 & 0 & 0 & 0 & 0 & 0 & 0 & 0 & 0 & 0 & 0 & 0 & 0 & 0 & 0 & 0 & 0 & 0 & 0 & 0\\ d_{7,1} & 0 & d_{7,3} & 0 & d_{7,5} & 0 & 0 & d_{7,8} & 0 & 0 & d_{7,11} & 0 & d_{7,13} & 0 & d_{7,15} & 0 & 0 & d_{7,18} & 0 & 0\\ 0 & 0 & 0 & 0 & 0 & 0 & 0 & 0 & 0 & 0 & 0 & 0 & 0 & 0 & 0 & 0 & 0 & 0 & 0 & 0\\ 0 & 0 & 0 & 0 & 0 & 0 & 0 & 0 & 0 & 0 & 0 & 0 & 0 & 0 & 0 & 0 & 0 & 0 & 0 & 0\end{bmatrix}\tag{13.2.40}$$

其中

$$d_{1,1}=(1+2y\beta_{y\Delta 2}+2z\beta_{z\Delta 2})\left(-\frac{6x}{l^2}+\frac{6x^2}{l^3}\right)+2[y(-\beta_{y\Delta 1}+2\beta_{y\Delta 2}x)+z(-\beta_{z\Delta 1}+2\beta_{z\Delta 2}x)]$$
$$\cdot\left(-\frac{6}{l^2}+\frac{12x}{l^3}\right)+\frac{12[y(-\beta_{y\Delta 1}x+\beta_{y\Delta 2}x^2)+z(-\beta_{z\Delta 1}x+\beta_{z\Delta 2}x^2)]}{l^3}$$

$$d_{1,2}=(1+\beta_{ys})y\eta\left(\frac{6}{l^2}-\frac{12x}{l^3}\right)$$

$$d_{1,3}=z(1+\beta_{zs})(I_1\eta+I_2)\left(\frac{6}{l^2}-\frac{12x}{l^3}\right)$$

$$d_{1,4}=\bar{\omega}\left(\frac{6}{l^2}-\frac{12x}{l^3}\right)$$

$$d_{1,5}=z(1+\beta_{zs})(I_1\eta+I_2)\left(\frac{4}{l}-\frac{6x}{l^2}\right)$$

其余从略。

由 $\Delta\boldsymbol{A}$ 和式(13.2.40)得 2 节点 10 自由度薄壁空间梁-柱单元的非线性应变矩阵$\boldsymbol{B}_{NL}$。

13.2.2.4 薄壁空间梁-柱单元的扭转剪切应变矩阵

薄壁空间梁-柱扭转产生的剪切应变的线性部分如式(5.9.35)所示,即

$$\Delta\gamma_{\omega,L}=\rho(s)\frac{\partial\Delta\theta_x(x)}{\partial x}-\left(\rho(s)-\frac{\psi}{t}\right)\Delta\theta_{x\omega}(x)$$

当考虑闭口薄壁梁-柱自由扭转或开口薄壁梁-柱约束扭转时,因为

$$\Delta\theta_{x\omega}(x)=\Delta\theta_x(x)$$

故

$$\Delta\gamma_{\omega,L}=\left(\rho(s)\frac{\partial}{\partial x}-\left(\rho(s)-\frac{\psi}{t}\right)\right)\Delta\theta_x(x)$$

对 2 节点 7 自由度薄壁空间梁-柱单元,可将式(13.2.14)中第 4 式代入上式;而对 2 节点 8 自由度薄壁空间梁-柱单元,可将式(13.2.15)中第 4 式代入上式;对 2 节点 10 自由度薄壁空间梁-柱单元,可将式(13.2.16)中第 4 式代入上式。于是

$$\Delta\gamma_{\omega,L}=\left[\rho(s)\frac{\partial\boldsymbol{N}_{\theta_x}}{\partial x}-\left(\rho(s)-\frac{\psi}{t}\right)\boldsymbol{N}_{\theta_x}\right]\Delta\boldsymbol{u}_e \tag{13.2.41}$$

当考虑闭口薄壁梁-柱自由扭转或开口薄壁梁-柱约束扭转时,由式(13.2.41)可得线性扭转剪切应变矩阵

$$\boldsymbol{B}_{\omega L}=\left[\rho(s)\frac{\partial\boldsymbol{N}_{\theta_x}}{\partial x}-\left(\rho(s)-\frac{\psi}{t}\right)\boldsymbol{N}_{\theta_x}\right] \tag{13.2.42}$$

对 2 节点 7 自由度薄壁空间梁-柱单元,有

$$\boldsymbol{B}_{\omega L}=[0\quad 0\quad 0\quad d_4\quad 0\quad 0\quad d_7\quad 0\quad 0\quad 0\quad d_{11}\quad 0\quad 0\quad d_{14}] \tag{13.3.43}$$

式中

$$\begin{cases}d_4=\rho\left(-\dfrac{6x}{l^2}+\dfrac{6x^2}{l^3}\right)-\left(\rho-\dfrac{\psi}{t}\right)\left(1-\dfrac{3x^2}{l^2}+\dfrac{2x^3}{l^3}\right),\\ d_7=\rho\left(1-\dfrac{4x}{l}+\dfrac{3x^2}{l^2}\right)-\left(\rho-\dfrac{\psi}{t}\right)\left(x-\dfrac{2x^2}{l}+\dfrac{x^3}{l^2}\right),\\ d_{11}=\rho\left(\dfrac{6x}{l^2}-\dfrac{6x^2}{l^3}\right)-\left(\rho-\dfrac{\psi}{t}\right)\left(\dfrac{3x^2}{l^2}-\dfrac{2x^3}{l^3}\right),\\ d_{14}=\rho\left(-\dfrac{2x}{l}+\dfrac{3x^2}{l^2}\right)-\left(\rho-\dfrac{\psi}{t}\right)\left(-\dfrac{x^2}{l}+\dfrac{x^3}{l^2}\right)\end{cases} \tag{13.2.44}$$

当考虑闭口薄壁梁-柱约束扭转时,因为

$$\Delta\theta_{x\omega}(x)=\Delta\theta_\omega(x)$$

故剪切应变的线性部分如式(5.9.34)所示,即

$$\Delta\gamma_{\omega,L}=\left[\rho(s)\frac{\partial}{\partial x}-\left(\rho(s)-\frac{\psi}{t}\right)\left(\frac{\partial}{\partial x}-\lambda\frac{\partial^3}{\partial x^3}\right)\right]\Delta\theta_x(x)$$

对2节点7自由度薄壁空间梁-柱单元,可将式(13.2.14)中第4式代入上式;而对2节点8自由度薄壁空间梁-柱单元,可将式(13.2.15)中第4式代入上式;对2节点10自由度薄壁空间梁-柱单元,可将式(13.2.16)中第4式代入上式。于是

$$\Delta\gamma_{\omega,L}=\left[\rho(s)\frac{\partial \boldsymbol{N}_{\theta_x}}{\partial x}-\left(\rho(s)-\frac{\psi}{t}\right)\left(\frac{\partial \boldsymbol{N}_{\theta_x}}{\partial x}-\lambda\frac{\partial^3 \boldsymbol{N}_{\theta_x}}{\partial x^3}\right)\right]\Delta\boldsymbol{u}_e \tag{13.2.45}$$

当考虑闭口薄壁杆件约束扭转时,由式(13.2.45)可得线性扭转剪切应变矩阵

$$\boldsymbol{B}_{\omega L}=\left[\rho(s)\frac{\partial \boldsymbol{N}_{\theta_x}}{\partial x}-\left(\rho(s)-\frac{\psi}{t}\right)\left(\frac{\partial \boldsymbol{N}_{\theta_x}}{\partial x}-\lambda\frac{\partial^3 \boldsymbol{N}_{\theta_x}}{\partial x^3}\right)\right] \tag{13.2.46}$$

而对2节点8自由度薄壁空间梁-柱单元,有

$$\boldsymbol{B}_{\omega L}=[0\quad 0\quad 0\quad d_4\quad 0\quad 0\quad d_7\quad 0\quad 0\quad 0\quad 0\quad d_{12}\quad 0\quad 0\quad d_{15}\quad 0] \tag{13.2.47}$$

其中

$$d_4=\frac{\psi}{t}\left(-\frac{6x}{l^2}+\frac{6x^2}{l^3}\right)+\frac{12}{l^3}\left(\rho(s)-\frac{\psi}{t}\right)$$

$$d_7=\frac{\psi}{t}\left(1-\frac{4x}{l}+\frac{3x^2}{l^2}\right)+\frac{6}{l^2}\left(\rho(s)-\frac{\psi}{t}\right)$$

$$d_{12}=\frac{\psi}{t}\left(\frac{6x}{l^2}-\frac{6x^2}{l^3}\right)-\frac{12}{l^3}\left(\rho(s)-\frac{\psi}{t}\right)$$

$$d_{15}=\frac{\psi}{t}\left(-\frac{2x}{l}+\frac{3x^2}{l^2}\right)+\frac{6}{l^2}\left(\rho(s)-\frac{\psi}{t}\right)$$

13.3 空间梁-柱单元刚度矩阵

13.3.1 局部坐标系中空间梁-柱单元的线性刚度矩阵

按式(9.6.15)可得局部坐标系中空间梁-柱单元的线性刚度矩阵

$$\boldsymbol{k}_L=\int_v\begin{bmatrix}\boldsymbol{B}_L\\ \boldsymbol{H}_L\end{bmatrix}^{\mathrm{T}}\boldsymbol{D}\begin{bmatrix}\boldsymbol{B}_L\\ \boldsymbol{H}_L\end{bmatrix}\mathrm{d}v=\int_v\boldsymbol{B}_L^{\mathrm{T}}\boldsymbol{D}\boldsymbol{B}_L\,\mathrm{d}v \tag{13.3.1}$$

考虑闭口薄壁梁-柱自由扭转或约束扭转时

$$\boldsymbol{k}_L=\int_v\boldsymbol{B}_L^{\mathrm{T}}\boldsymbol{D}\boldsymbol{B}_L\,\mathrm{d}v+\int_v\boldsymbol{B}_{\omega L}^{\mathrm{T}}\boldsymbol{D}\boldsymbol{B}_{\omega L}\,\mathrm{d}v \tag{13.3.2}$$

式中,$\boldsymbol{D}$为空间梁-柱单元的弹性或弹塑性矩阵,有

$$
\boldsymbol{D}=\begin{bmatrix} d_{11} & d_{12} & d_{13} \\ d_{12} & d_{22} & d_{23} \\ d_{13} & d_{23} & d_{33} \end{bmatrix}
$$

对线弹性阶段，有 $d_{12}=d_{13}=d_{23}=0$。对弹性矩阵，根据广义 Hooke 定律，按式(6.5.2)计算；对弹塑性矩阵，按式(6.5.14)计算。$\boldsymbol{B}_L$ 为空间梁-柱单元的线性应变矩阵；$\boldsymbol{B}_{\omega L}$ 为空间梁-柱单元考虑约束扭转时的线性扭转应变矩阵。

13.3.1.1　2 节点 6 自由度空间梁-柱单元的线性刚度矩阵

将 2 节点 6 自由度空间梁-柱单元线性应变矩阵 $\boldsymbol{B}_L$（即式(13.2.18)）代入式(13.3.1)，于是如不考虑剪切变形的影响，局部坐标系中 2 节点 6 自由度空间梁-柱单元的线性刚度矩阵

$$
\boldsymbol{k}_L=\begin{bmatrix}
\frac{EA}{l} & & & & & & & & & & & \\
 & \frac{12EI_z}{l^3} & & & & & & & & & & \\
 & & \frac{12EI_y}{l^3} & & & & & & & & & \\
 & & & \frac{GJ}{l} & & & & & & & & \\
 & & \frac{-6EI_y}{l^2} & & \frac{4EI_y}{l} & & & & & & & \\
 & \frac{6EI_z}{l^2} & & & & \frac{4EI_z}{l} & & & & & & \\
\frac{-EA}{l} & & & & & & \frac{EA}{l} & & & & & \\
 & \frac{-12EI_z}{l^3} & & & & \frac{-6EI_z}{l^2} & & \frac{12EI_z}{l^3} & & & & \\
 & & \frac{-12EI_y}{l^3} & & \frac{6EI_y}{l^2} & & & & \frac{12EI_y}{l^3} & & & \\
 & & & \frac{-GJ}{l} & & & & & & \frac{GJ}{l} & & \\
 & & \frac{-6EI_y}{l^2} & & \frac{2EI_y}{l} & & & & \frac{6EI_y}{l^2} & & \frac{4EI_y}{l} & \\
 & \frac{6EI_z}{l^2} & & & & \frac{2EI_z}{l} & & \frac{-6EI_z}{l^2} & & & & \frac{4EI_z}{l}
\end{bmatrix} \tag{13.3.3}
$$

式中，E 和 G 分别为材料的弹性模量和剪切模量；A 为梁-柱截面面面积；l 为梁-柱长度；I_y 和 I_z 分别为梁-柱截面关于 y 轴和 z 轴的惯性矩；J 为梁-柱截面极惯性矩。

如考虑剪切变形的影响，则局部坐标系中 2 节点 6 自由度空间梁-柱单元的线性刚度矩阵

$$
\boldsymbol{k}_L=\begin{bmatrix}
\frac{EA}{l} & & & & & & & & & & & \\
0 & \frac{12EI_z}{l^3(1+\varphi_y)} & & & & & & & & & & \\
0 & 0 & \frac{12EI_y}{l^3(1+\varphi_z)} & & & & & & & & & \\
0 & 0 & 0 & \frac{GJ}{l} & & & & & & & & \\
0 & 0 & \frac{-6EI_y}{l^2(1+\varphi_z)} & 0 & \frac{(4+\varphi_z)EI_y}{l(1+\varphi_z)} & & & & & & & \\
0 & \frac{6EI_z}{l^2(1+\varphi_y)} & 0 & 0 & 0 & \frac{(4+\varphi_y)EI_z}{l(1+\varphi_y)} & & & & & & \\
-\frac{EA}{l} & 0 & 0 & 0 & 0 & 0 & \frac{EA}{l} & & & & & \\
0 & \frac{-12EI_z}{l^3(1+\varphi_y)} & 0 & 0 & 0 & \frac{-6EI_z}{l^2(1+\varphi_y)} & 0 & \frac{12EI_z}{l^3(1+\varphi_y)} & & & & \\
0 & 0 & \frac{-12EI_y}{l^3(1+\varphi_z)} & 0 & \frac{6EI_y}{l^2(1+\varphi_z)} & 0 & 0 & 0 & \frac{12EI_y}{l^3(1+\varphi_z)} & & & \\
0 & 0 & 0 & \frac{-GJ}{l} & 0 & 0 & 0 & 0 & 0 & \frac{GJ}{l} & & \\
0 & 0 & \frac{-6EI_y}{l^2(1+\varphi_z)} & 0 & \frac{EI_y(2-\varphi_z)}{l(1+\varphi_z)} & 0 & 0 & 0 & \frac{6EI_y}{l^2(1+\varphi_z)} & 0 & \frac{EI_y(4+\varphi_z)}{l(1+\varphi_z)} & \\
0 & \frac{6EI_z}{l^2(1+\varphi_y)} & 0 & 0 & 0 & \frac{EI_z(2-\varphi_y)}{l(1+\varphi_y)} & 0 & \frac{-6EI_z}{l^2(1+\varphi_y)} & 0 & 0 & 0 & \frac{EI_z(4+\varphi_y)}{l(1+\varphi_y)}
\end{bmatrix}
\tag{13.3.4}
$$

其中，φ_y 和 φ_z 分别是对 y 轴和 z 轴方向的剪切影响系数，有

$$\varphi_y = \frac{12\beta EI_z}{GA_{sy}l^2}, \quad \varphi_z = \frac{12\beta EI_y}{GA_{sz}l^2} \tag{13.3.5}$$

13.3.1.2　2节点8自由度薄壁空间梁-柱单元的线性刚度矩阵

将2节点8自由度薄壁空间梁-柱单元线性应变矩阵 $\boldsymbol{B}_L$（即式(13.2.31)）代入式(13.3.1)，得

$$\boldsymbol{B}_L^{\mathrm{T}}\boldsymbol{D}\boldsymbol{B}_L =$$

$$\begin{bmatrix}
c_{1,1} & c_{1,2} & c_{1,3} & c_{1,4} & c_{1,5} & c_{1,6} & c_{1,7} & c_{1,8} & c_{1,9} & c_{1,10} & c_{1,11} & c_{1,12} & c_{1,13} & c_{1,14} & c_{1,15} & c_{1,16} \\
c_{2,1} & c_{2,2} & c_{2,3} & c_{2,4} & c_{2,5} & c_{2,6} & c_{2,7} & c_{2,8} & c_{2,9} & c_{2,10} & c_{2,11} & c_{2,12} & c_{2,13} & c_{2,14} & c_{2,15} & c_{2,16} \\
c_{3,1} & c_{3,2} & c_{3,3} & c_{3,4} & c_{3,5} & c_{3,6} & c_{3,7} & c_{3,8} & c_{3,9} & c_{3,10} & c_{3,11} & c_{3,12} & c_{3,13} & c_{3,14} & c_{3,15} & c_{3,16} \\
c_{4,1} & c_{4,2} & c_{4,3} & c_{4,4} & c_{4,5} & c_{4,6} & c_{4,7} & c_{4,8} & c_{4,9} & c_{4,10} & c_{4,11} & c_{4,12} & c_{4,13} & c_{4,14} & c_{5,15} & c_{4,16} \\
c_{5,1} & c_{5,2} & c_{5,3} & c_{5,4} & c_{5,5} & c_{5,6} & c_{5,7} & c_{5,8} & c_{5,9} & c_{5,10} & c_{5,11} & c_{5,12} & c_{5,13} & c_{5,14} & c_{5,15} & c_{5,16} \\
c_{6,1} & c_{6,2} & c_{6,3} & c_{6,4} & c_{6,5} & c_{6,6} & c_{6,7} & c_{6,8} & c_{6,9} & c_{6,10} & c_{6,11} & c_{6,12} & c_{6,13} & c_{6,14} & c_{6,15} & c_{6,16} \\
c_{7,1} & c_{7,2} & c_{7,3} & c_{7,4} & c_{7,5} & c_{7,6} & c_{7,7} & c_{7,8} & c_{7,9} & c_{7,10} & c_{7,11} & c_{7,12} & c_{7,13} & c_{7,14} & c_{7,15} & c_{7,16} \\
c_{8,1} & c_{8,2} & c_{8,3} & c_{8,4} & c_{8,5} & c_{8,6} & c_{8,7} & c_{8,8} & c_{8,9} & c_{8,10} & c_{8,11} & c_{8,12} & c_{8,13} & c_{8,14} & c_{8,15} & c_{8,16} \\
c_{9,1} & c_{9,2} & c_{9,3} & c_{9,4} & c_{9,5} & c_{9,6} & c_{9,7} & c_{9,8} & c_{9,9} & c_{9,10} & c_{9,11} & c_{9,12} & c_{9,13} & c_{9,14} & c_{9,15} & c_{9,16} \\
c_{10,1} & c_{10,2} & c_{10,3} & c_{10,4} & c_{10,5} & c_{10,6} & c_{10,7} & c_{10,8} & c_{10,9} & c_{10,10} & c_{10,11} & c_{10,12} & c_{10,13} & c_{10,14} & c_{10,15} & c_{10,16} \\
c_{11,1} & c_{11,2} & c_{11,3} & c_{11,4} & c_{11,5} & c_{11,6} & c_{11,7} & c_{11,8} & c_{11,9} & c_{11,10} & c_{111,11} & c_{11,12} & c_{11,13} & c_{11,14} & c_{11,15} & c_{11,16} \\
c_{12,1} & c_{12,2} & c_{12,3} & c_{12,4} & c_{12,5} & c_{12,6} & c_{12,7} & c_{12,8} & c_{12,9} & c_{12,10} & c_{12,11} & c_{12,12} & c_{12,13} & c_{12,14} & c_{12,15} & c_{12,16} \\
c_{13,1} & c_{13,2} & c_{13,3} & c_{13,4} & c_{13,5} & c_{13,6} & c_{13,7} & c_{13,8} & c_{13,9} & c_{13,10} & c_{13,11} & c_{13,12} & c_{13,13} & c_{13,14} & c_{13,15} & c_{13,16} \\
c_{14,1} & c_{14,2} & c_{14,3} & c_{14,4} & c_{14,5} & c_{14,6} & c_{14,7} & c_{14,8} & c_{14,9} & c_{14,10} & c_{14,11} & c_{14,12} & c_{14,13} & c_{14,14} & c_{14,15} & c_{14,16} \\
c_{15,1} & c_{15,2} & c_{15,3} & c_{15,4} & c_{15,5} & c_{15,6} & c_{15,7} & c_{15,8} & c_{15,9} & c_{15,10} & c_{15,11} & c_{15,12} & c_{15,13} & c_{15,14} & c_{15,15} & c_{15,16} \\
c_{16,1} & c_{16,2} & c_{16,3} & c_{16,4} & c_{16,5} & c_{16,6} & c_{16,7} & c_{16,8} & c_{16,9} & c_{16,10} & c_{16,11} & c_{16,12} & c_{16,13} & c_{16,14} & c_{16,15} & c_{16,16}
\end{bmatrix} \tag{13.3.6}$$

其中

$$c_{1,1} = b_{1,1}(b_{1,1}d_{11} + b_{2,1}d_{21} + b_{3,1}d_{31}) + b_{2,1}(b_{1,1}d_{21} + b_{2,1}d_{22} + b_{3,1}d_{32}) + b_{3,1}(b_{1,1}d_{31} + b_{2,1}d_{32} + b_{3,1}d_{33})$$

$$c_{2,1} = b_{1,1}(b_{1,2}d_{11} + b_{2,2}d_{21}) + b_{2,1}(b_{1,2}d_{21} + b_{2,2}d_{22}) + b_{3,1}(b_{1,2}d_{31} + b_{2,2}d_{32})$$

$$c_{3,1} = b_{1,1}(b_{1,3}d_{11} + b_{3,3}d_{31}) + b_{2,1}(b_{1,3}d_{21} + b_{3,3}d_{32}) + b_{3,1}(b_{1,3}d_{31} + b_{3,3}d_{33})$$

$$c_{4,1} = b_{1,1}(b_{1,4}d_{11}) + b_{2,1}(b_{1,4}d_{21}) + b_{3,1}(b_{1,4}d_{31})$$

$$c_{5,1} = b_{1,1}(b_{1,5}d_{11} + b_{3,5}d_{31}) + b_{2,1}(b_{1,5}d_{21} + b_{3,5}d_{32}) + b_{3,1}(b_{1,5}d_{31} + b_{3,5}d_{33})$$

$$c_{6,1} = b_{1,1}(b_{1,6}d_{11} + b_{2,6}d_{21}) + b_{2,1}(b_{1,6}d_{21} + b_{2,6}d_{22}) + b_{3,1}(b_{1,6}d_{31} + b_{2,6}d_{32})$$

$$c_{7,1} = b_{1,1}(b_{1,7}d_{11}) + b_{2,1}(b_{1,7}d_{21}) + b_{3,1}(b_{1,7}d_{31})$$

$$c_{8,1} = b_{1,1}(b_{1,8}d_{11} + b_{2,8}d_{21} + b_{3,8}d_{31}) + b_{2,1}(b_{1,8}d_{21} + b_{2,8}d_{22} + b_{3,8}d_{32}) + b_{3,1}(b_{1,8}d_{31} + b_{2,8}d_{32} + b_{3,8}d_{33})$$

$$c_{9,1} = b_{1,1}(b_{1,9}d_{11} + b_{2,9}d_{21} + b_{3,9}d_{31}) + b_{2,1}(b_{1,9}d_{21} + b_{2,9}d_{22} + b_{3,9}d_{32}) + b_{3,1}(b_{1,9}d_{31} + b_{2,9}d_{32} + b_{3,9}d_{33})$$

$$c_{10,1} = b_{1,1}(b_{1,10}d_{11} + b_{2,10}d_{21}) + b_{2,1}(b_{1,10}d_{21} + b_{2,10}d_{22}) + b_{3,1}(b_{1,10}d_{31} + b_{2,10}d_{32})$$

$$c_{11,1} = b_{1,1}(b_{1,11}d_{11} + b_{3,11}d_{31}) + b_{2,1}(b_{1,11}d_{21} + b_{3,11}d_{32}) + b_{3,1}(b_{1,11}d_{31} + b_{3,11}d_{33})$$

$$c_{12,1} = b_{1,1}(b_{1,12}d_{11}) + b_{2,1}(b_{1,12}d_{21}) + b_{3,1}(b_{1,12}d_{31})$$

$$
\begin{aligned}
c_{13,1} &= b_{1,1}(b_{1,13}d_{11}+b_{3,13}d_{31})+b_{2,1}(b_{1,13}d_{21}+b_{3,13}d_{32})+b_{3,1}(b_{1,13}d_{31}+b_{3,13}d_{33}) \\
c_{14,1} &= b_{1,1}(b_{1,14}d_{11}+b_{2,14}d_{21})+b_{2,1}(b_{1,14}d_{21}+b_{2,14}d_{22})+b_{3,1}(b_{1,14}d_{31}+b_{2,14}d_{32}) \\
c_{15,1} &= b_{1,1}(b_{1,15}d_{11})+b_{2,1}(b_{1,15}d_{21})+b_{3,1}(b_{1,15}d_{31}) \\
c_{16,1} &= b_{1,1}(b_{1,16}d_{11}+b_{2,16}d_{21}+b_{3,16}d_{31})+b_{2,1}(b_{1,16}d_{21}+b_{2,16}d_{22}+b_{3,16}d_{32}) \\
&\quad +b_{3,1}(b_{1,16}d_{31}+b_{2,16}d_{32}+b_{3,16}d_{33})
\end{aligned}
\tag{13.3.7}
$$

其余从略。这里的系数按式(13.2.31)取值。

局部坐标系中2节点8自由度薄壁空间梁-柱单元的线性刚度矩阵 $\boldsymbol{k}_L$ 中的任意元素

$$
\boldsymbol{k}_{i,j} = \int_v c_{i,j}\mathrm{d}v \tag{13.3.8}
$$

如果沿 x 轴的轴向位移采用线性模型,同时消除 ϑ 自由度,即得2节点7自由度薄壁空间梁-柱单元的线性刚度矩阵。

当考虑闭口薄壁梁-柱自由扭转或开口薄壁杆件约束扭转时,线性扭转剪切应变矩阵 $\boldsymbol{B}_{\omega L}$ 按式(13.2.42)计算;而当考虑闭口薄壁梁-柱约束扭转时,线性扭转剪切应变矩阵 $\boldsymbol{B}_{\omega L}$ 按式(13.2.47)计算。于是局部坐标系中因考虑约束扭转的2节点8自由度薄壁空间梁-柱单元的线性扭转刚度矩阵

$$
\boldsymbol{k}_{\omega L} = \begin{bmatrix}
0 & 0 & 0 & 0 & 0 & 0 & 0 & 0 & 0 & 0 & 0 & 0 & 0 & 0 & 0 & 0 \\
0 & 0 & & 0 & & & 0 & & & & & 0 & & & 0 & 0 \\
0 & & 0 & 0 & & & 0 & & & & & 0 & & & 0 & 0 \\
0 & 0 & 0 & \int_v d_4Gd_4\mathrm{d}v & 0 & 0 & \int_v d_4Gd_7\mathrm{d}v & 0 & 0 & 0 & 0 & \int_v d_4Gd_{12}\mathrm{d}v & 0 & 0 & \int_v d_4Gd_{15}\mathrm{d}v & 0 \\
0 & & & 0 & 0 & & 0 & & & & & 0 & & & 0 & 0 \\
0 & & & 0 & 0 & 0 & 0 & & & & & 0 & & & 0 & 0 \\
0 & 0 & 0 & \int_v d_4Gd_7\mathrm{d}v & 0 & 0 & \int_v d_7Gd_7\mathrm{d}v & 0 & 0 & 0 & 0 & \int_v d_7Gd_{12}\mathrm{d}v & 0 & 0 & \int_v d_7Gd_{15}\mathrm{d}v & 0 \\
0 & & & 0 & & & 0 & 0 & & & & 0 & & & 0 & 0 \\
0 & & & 0 & & & 0 & & 0 & & & 0 & & & 0 & 0 \\
0 & & & 0 & & & 0 & & & 0 & & 0 & & & 0 & 0 \\
0 & & & 0 & & & 0 & & & & 0 & 0 & & & 0 & 0 \\
0 & 0 & 0 & \int_v d_4Gd_{12}\mathrm{d}v & 0 & 0 & \int_v d_7Gd_{12}\mathrm{d}v & 0 & 0 & 0 & 0 & \int_v d_{12}Gd_{12}\mathrm{d}v & 0 & 0 & \int_v d_{12}Gd_{15}\mathrm{d}v & 0 \\
0 & & & 0 & & & 0 & & & & & 0 & 0 & & 0 & 0 \\
0 & & & 0 & & & 0 & & & & & 0 & & 0 & 0 & 0 \\
0 & 0 & 0 & \int_v d_4Gd_{15}\mathrm{d}v & 0 & 0 & \int_v d_7Gd_{15}\mathrm{d}v & 0 & 0 & 0 & 0 & \int_v d_{12}Gd_{15}\mathrm{d}v & 0 & 0 & \int_v d_{15}Gd_{15}\mathrm{d}v & 0 \\
0 & & & 0 & & & 0 & & & & & 0 & & & 0 & 0
\end{bmatrix}
\tag{13.3.9}
$$

式(13.3.8)和式(13.3.9)构成2节点8自由度空间梁-柱单元的线性刚度矩阵。

$\boldsymbol{k}_L$ 为线性刚度矩阵,它只考虑了空间梁-柱单元应变中位移的一阶量,如果材料的本构关系 D 也近似地认为线性的,这便是符合小应变假定的空间梁-柱单元弹性刚度矩阵。

13.3.1.3 2节点10自由度薄壁空间梁-柱单元的线性刚度矩阵

将2节点10自由度薄壁空间梁-柱单元线性应变矩阵 $\boldsymbol{B}_L$(即式(13:2.38))代入式

(13.3.1)，得 2 节点 10 自由度薄壁空间梁-柱单元线性刚度矩阵

$$
\boldsymbol{K}_L=\begin{bmatrix}
k_{1,1} \\
k_{2,1} & k_{2,2} \\
k_{3,1} & k_{3,2} & k_{3,3} \\
k_{4,1} & k_{4,2} & k_{4,3} & k_{4,4} & & & & \text{对} \\
k_{5,1} & k_{5,2} & k_{5,3} & k_{5,4} & k_{5,5} \\
k_{6,1} & k_{6,2} & k_{6,3} & k_{6,4} & k_{6,5} & k_{6,6} \\
k_{7,1} & k_{7,2} & k_{7,3} & k_{7,4} & k_{7,5} & k_{7,6} & k_{7,7} \\
k_{8,1} & k_{8,2} & k_{8,3} & k_{8,4} & k_{8,5} & k_{8,6} & k_{8,7} & k_{8,8} \\
0 & k_{9,2} & 0 & 0 & 0 & 0 & 0 & 0 & k_{9,9} \\
0 & 0 & k_{10,3} & 0 & 0 & 0 & 0 & 0 & 0 & k_{10,10} & & & & \text{称} \\
k_{11,1} & k_{11,2} & k_{11,3} & k_{11,4} & k_{11,5} & k_{11,6} & k_{11,7} & k_{11,8} & 0 & 0 & k_{11,11} \\
k_{12,1} & k_{12,2} & k_{12,3} & k_{12,4} & k_{12,5} & k_{12,6} & k_{12,7} & k_{12,8} & k_{12,9} & 0 & k_{12,11} & k_{12,12} \\
k_{13,1} & k_{13,2} & k_{13,3} & k_{13,4} & k_{13,5} & k_{13,6} & k_{13,7} & k_{13,8} & 0 & k_{13,10} & k_{13,11} & k_{13,12} & k_{13,13} \\
k_{14,1} & k_{14,2} & k_{14,3} & k_{14,4} & k_{14,5} & k_{14,6} & k_{14,7} & k_{14,8} & 0 & 0 & k_{14,11} & k_{14,12} & k_{14,13} & k_{14,14} \\
k_{15,1} & k_{15,2} & k_{15,3} & k_{15,4} & k_{15,5} & k_{15,6} & k_{15,7} & k_{15,8} & 0 & 0 & k_{15,11} & k_{15,12} & k_{15,13} & k_{15,14} & k_{15,15} \\
k_{16,1} & k_{16,2} & k_{16,3} & k_{16,4} & k_{16,5} & k_{16,6} & k_{16,7} & k_{16,8} & 0 & 0 & k_{16,11} & k_{16,12} & k_{16,13} & k_{16,14} & k_{16,15} & k_{16,16} \\
k_{17,1} & k_{17,2} & k_{17,3} & k_{17,4} & k_{17,5} & k_{17,6} & k_{17,7} & k_{17,8} & 0 & 0 & k_{17,11} & k_{17,12} & k_{17,13} & k_{17,14} & k_{17,15} & k_{17,16} & k_{17,17} \\
k_{18,1} & k_{18,2} & k_{18,3} & k_{18,4} & k_{18,5} & k_{18,6} & k_{18,7} & k_{18,8} & 0 & 0 & k_{18,11} & k_{18,12} & k_{18,13} & k_{18,14} & k_{18,15} & k_{18,16} & k_{18,17} & k_{18,18} \\
0 & k_{19,2} & 0 & 0 & 0 & 0 & 0 & 0 & k_{19,9} & 0 & 0 & k_{19,12} & 0 & 0 & 0 & 0 & 0 & 0 & k_{19,19} \\
0 & 0 & k_{20,3} & 0 & 0 & 0 & 0 & 0 & 0 & k_{20,10} & 0 & 0 & k_{20,13} & 0 & 0 & 0 & 0 & 0 & 0 & k_{20,20}
\end{bmatrix}
\tag{13.3.10}
$$

其中

$$
\begin{aligned}
k_{1,1}=-k_{11,1}={}&\frac{6}{5}\frac{EA}{l}+12\beta_{y\Delta1}\frac{ES_z}{l^2}+144\beta_{y\Delta1}^2\frac{EI_z}{l^3}-\frac{36}{5}\beta_{y\Delta2}\frac{ES_z}{l}-288\beta_{y\Delta1}\beta_{y\Delta2}\frac{EI_z}{l^2}\\
&+\frac{864}{5}\beta_{y\Delta2}^2\frac{EI_z}{l}+12\beta_{z\Delta1}\frac{ES_y}{l^2}+288\beta_{y\Delta1}\beta_{z\Delta1}\frac{EI_{yz}}{l^3}-288\beta_{y\Delta2}\beta_{z\Delta1}\frac{EI_{yz}}{l^2}\\
&+144\beta_{z\Delta1}^2\frac{EI_y}{l^3}-\frac{36}{5}\beta_{z\Delta2}\frac{ES_y}{l}-288\beta_{y\Delta1}\beta_{z\Delta2}\frac{EI_{yz}}{l^2}+\frac{1728}{5}\beta_{y\Delta2}\beta_{z\Delta2}\frac{EI_{yz}}{l}\\
&-288\beta_{z\Delta1}\beta_{z\Delta2}\frac{EI_y}{l^2}+\frac{864}{5}\beta_{z\Delta2}^2\frac{EI_y}{l}
\end{aligned}
$$

$$
k_{2,1}=-k_{12,1}=\frac{36\eta(1+\beta_{ys})[(\beta_{y\Delta1}-\beta_{y\Delta2}l)EI_z+(\beta_{z\Delta1}-\beta_{z\Delta2}l)EI_{yz}]}{l^3}
$$

$$
k_{2,2}=-k_{12,2}=\frac{6(1+\beta_{ys})^2[(1-\eta)^2l^2GA+10\eta^2EI_z]}{5l^2}
$$

$$
k_{3,1}=-k_{13,1}=\frac{36(I_1\eta+I_2)(1+\beta_{zs})[(\beta_{y\Delta1}-\beta_{y\Delta2}l)EI_{yz}+(\beta_{z\Delta1}-\beta_{z\Delta2}l)EI_y]}{l^3}
$$

$$
k_{3,2}=-k_{13,2}=\frac{12\eta(I_1\eta+I_2)(1+\beta_{ys})(1+\beta_{zs})EI_{yz}}{l^3}
$$

$$
k_{3,3}=-k_{13,3}=\frac{6[l^2(1-I_1\eta-I_2)GA+10(1+\beta_{ys})^2(I_1\eta+I_2)^2]}{l^3}
$$

$$k_{4,4} = -k_{14,4} = 144\lambda^2 \frac{GI_\rho}{l^5} - 144\lambda^2 \frac{GJ_B}{l^5} + \frac{6}{5}\frac{GJ_B}{l} + 12\frac{EI_\omega}{l^3}$$

$$k_{7,1} = -\frac{ES_\omega}{l} + 12\beta_{y\Delta 1}\frac{EI_{y\omega}}{l^2} - 12\beta_{y\Delta 2}\frac{EI_{y\omega}}{l} + 12\beta_{z\Delta 1}\frac{EI_{z\omega}}{l^2} - 12\beta_{z\Delta 2}\frac{EI_{z\omega}}{l}$$

$$k_{9,2} = -k_{19,2} = k_{19,12} = \frac{(1-\eta)(1+\beta_{ys})GA}{l}, \quad k_{10,3} = -k_{20,3} = k_{20,13} = \frac{(1-I_1\eta - I_2)GA}{l}$$

其余从略。

其中，截面惯性矩

$$I_y = \int z^2 \mathrm{d}A, \quad I_z = \int y^2 \mathrm{d}A, \quad I_{yz} = \int yz \mathrm{d}A, \quad I_{y\omega} = \int y\omega \mathrm{d}A, \quad I_{z\omega} = \int z\omega \mathrm{d}A$$

$$I_\rho = \int \rho^2 \mathrm{d}A, \quad I_\omega = \int \omega^2 \mathrm{d}A$$

扭转惯性矩

$$J_S = \frac{1}{3}\int t^2 \mathrm{d}A, \quad J_B = \int \rho \frac{\varphi}{t} \mathrm{d}A = \int \frac{\varphi^2}{t^2} \mathrm{d}A$$

截面静矩

$$S_y = \int z \mathrm{d}A, \quad S_z = \int y \mathrm{d}A, \quad S_\omega = \int \omega \mathrm{d}A$$

13.3.2 局部坐标系中空间梁-柱单元的初应力刚度矩阵

局部坐标系中空间梁-柱单元的初应力刚度矩阵如式(9.6.17)所示，即

$$\boldsymbol{k}_\sigma = \int_v \boldsymbol{G}^{\mathrm{T}} \boldsymbol{M} \boldsymbol{G} \mathrm{d}v \tag{13.3.11}$$

13.3.2.1 2节点6自由度空间梁-柱单元的初应力刚度矩阵

这里，对于2节点6自由度的空间梁-柱单元 $\Delta\boldsymbol{A}$ 按式(13.2.19)计算，$\boldsymbol{G}$ 按式(13.2.21)计算。根据式(13.2.19)有 $\Delta\boldsymbol{A}^{\mathrm{T}}$，相应的初应力

$$\boldsymbol{\sigma}_0 = [\sigma_x \quad 0 \quad 0 \quad \tau_x]^{\mathrm{T}}$$

由

$$\Delta\boldsymbol{A}^{\mathrm{T}}\boldsymbol{\sigma}_0 = \begin{bmatrix} \sigma_x & & & \\ & \sigma_x & & \\ & & \sigma_x & \\ & & & \rho^2\tau_x \end{bmatrix} \begin{bmatrix} \dfrac{\partial \Delta\boldsymbol{u}}{\partial x} \\ \dfrac{\partial \Delta\boldsymbol{v}}{\partial x} \\ \dfrac{\partial \Delta\boldsymbol{w}}{\partial x} \\ \dfrac{\partial \Delta\boldsymbol{\theta}_x}{\partial x} \end{bmatrix}$$

所以有

$$\boldsymbol{M} = \begin{bmatrix} \sigma_x & & & \\ & \sigma_x & & \\ & & \sigma_x & \\ & & & \rho^2\sigma\theta_x \end{bmatrix} \tag{13.3.12}$$

将式(13.2.21)和式(13.3.12)代入(13.3.11),并且如果考虑到

$$\sigma_x = \frac{N}{A} + z\frac{M_y}{I_y} + y\frac{M_z}{I_z}$$
$$= \frac{N}{A} + \frac{M_{yi}}{I_y}\left(1-\frac{x}{l}\right)z + \frac{M_{yi}}{I_y}\frac{x}{L}z + \frac{M_{zi}}{I_z}\left(1-\frac{x}{l}\right)y + \frac{M_{zi}}{I_z}\frac{x}{L}y + \frac{N\Delta v}{I_z}y + \frac{N\Delta w}{I_y}z$$

因此,2 节点 6 自由度空间梁-柱单元的初应力刚度矩阵

$$\boldsymbol{k}_{\sigma} = \boldsymbol{k}_{\sigma N} + \boldsymbol{k}_{\sigma S} + \boldsymbol{k}_{\sigma M} + \boldsymbol{k}_{\sigma\Delta} \tag{13.3.13}$$

其中,$\boldsymbol{k}_{\sigma N}$ 为初始轴力对 2 节点 6 自由度空间梁-柱单元的刚度贡献,有

$$\boldsymbol{k}_{\sigma N} = N\begin{bmatrix} \boldsymbol{k}_{N11} & & & \\ \boldsymbol{k}_{N21} & \boldsymbol{k}_{N22} & \text{对} & \\ \boldsymbol{k}_{N31} & \boldsymbol{k}_{N32} & \boldsymbol{k}_{N33} & \text{称} \\ \boldsymbol{k}_{N41} & \boldsymbol{k}_{N42} & \boldsymbol{k}_{N43} & \boldsymbol{k}_{N44} \end{bmatrix} \tag{13.3.14}$$

矩阵中的元素

$$\boldsymbol{k}_{N21} = \boldsymbol{k}_{N41} = \boldsymbol{k}_{N32} = -\boldsymbol{k}_{N43},\quad \boldsymbol{k}_{N11} = \boldsymbol{k}_{N33},\quad \boldsymbol{k}_{N22} = \boldsymbol{k}_{N44}$$

其中

$$\boldsymbol{k}_{N11} = \begin{bmatrix} \frac{1}{l} & 0 & \\ 0 & \frac{6}{5l} & 0 \\ 0 & 0 & \frac{6}{5l} \end{bmatrix},\quad \boldsymbol{k}_{N21} = \begin{bmatrix} 0 & 0 & 0 \\ 0 & 0 & -\frac{1}{10} \\ 0 & \frac{1}{10} & 0 \end{bmatrix},\quad \boldsymbol{k}_{N22} = \begin{bmatrix} 0 & 0 & 0 \\ 0 & \frac{2l}{15} & 0 \\ 0 & 0 & \frac{2l}{15} \end{bmatrix}$$

$$\boldsymbol{k}_{N31} = \begin{bmatrix} -\frac{1}{l} & 0 & 0 \\ 0 & \frac{6}{5l} & 0 \\ 0 & 0 & \frac{6}{5l} \end{bmatrix},\quad \boldsymbol{k}_{N42} = \begin{bmatrix} 0 & 0 & 0 \\ 0 & -\frac{1}{30} & 0 \\ 0 & 0 & -\frac{1}{30} \end{bmatrix}$$

而$\boldsymbol{k}_{\sigma S}$为初始剪力对 2 节点 6 自由度空间梁-柱单元的刚度贡献,有

$$\boldsymbol{k}_{\sigma S} = S\begin{bmatrix} \boldsymbol{k}_{S11} & & & \\ \boldsymbol{k}_{S21} & \boldsymbol{k}_{S22} & \text{对} & \\ \boldsymbol{k}_{S31} & \boldsymbol{k}_{S32} & \boldsymbol{k}_{S33} & \text{称} \\ \boldsymbol{k}_{S41} & \boldsymbol{k}_{S42} & \boldsymbol{k}_{S43} & \boldsymbol{k}_{S44} \end{bmatrix}$$

矩阵中的元素

$$\boldsymbol{k}_{S11} = \boldsymbol{k}_{S21} = \boldsymbol{k}_{S31} = \boldsymbol{k}_{S32} = \boldsymbol{k}_{S41} = \boldsymbol{k}_{S42}$$
$$\boldsymbol{k}_{S22} = \boldsymbol{k}_{S44}$$

其中

$$\boldsymbol{k}_{S42} = \begin{bmatrix} \dfrac{\tau_y + \tau_z}{lA} & & \\ 0 & 0 & \\ 0 & 0 & 0 \end{bmatrix}$$

$\boldsymbol{k}_{\sigma M}$为初始弯矩对 2 节点 6 自由度空间梁-柱单元的刚度贡献，有

$$\boldsymbol{k}_{\sigma M} = \begin{bmatrix} \boldsymbol{k}_{M11} & & & \\ \boldsymbol{k}_{M21} & \boldsymbol{k}_{M22} & \text{对} & \\ \boldsymbol{k}_{M31} & \boldsymbol{k}_{M32} & \boldsymbol{k}_{M33} & \text{称} \\ \boldsymbol{k}_{M41} & \boldsymbol{k}_{M42} & \boldsymbol{k}_{M43} & \boldsymbol{k}_{M44} \end{bmatrix} \tag{13.3.15}$$

矩阵中的元素

$$\boldsymbol{k}_{M11} = \boldsymbol{k}_{M33} = -\boldsymbol{k}_{M31}, \quad \boldsymbol{k}_{M21} = -\boldsymbol{k}_{M32}^{\mathrm{T}}$$
$$\boldsymbol{k}_{M22} = \boldsymbol{k}_{M42} - \boldsymbol{k}_{M44} = 0, \quad \boldsymbol{k}_{M41} = -\boldsymbol{k}_{M43}$$

其中

$$\boldsymbol{k}_{M11} = \begin{bmatrix} 0 & 0 & \\ -\dfrac{1}{l^2}(M_{zi} + M_{zj}) & 0 & 0 \\ -\dfrac{1}{l^2}(M_{yi} + M_{yj}) & 0 & 0 \end{bmatrix}, \quad \boldsymbol{k}_{M21} = \begin{bmatrix} 0 & 0 & 0 \\ \dfrac{M_{yi}}{l} & 0 & 0 \\ -\dfrac{M_{zi}}{l} & 0 & 0 \end{bmatrix}, \quad \boldsymbol{k}_{M41} = \begin{bmatrix} 0 & 0 & 0 \\ -\dfrac{M_{yi}}{l} & 0 & 0 \\ \dfrac{M_{zi}}{l} & 0 & 0 \end{bmatrix}$$

$\boldsymbol{k}_{G\Delta}$为初始偏差对 2 节点 6 自由度空间梁-柱单元的刚度贡献，有

$$\boldsymbol{k}_{\sigma\Delta} = \begin{bmatrix} \boldsymbol{k}_{\Delta11} & & & \\ \boldsymbol{k}_{\Delta21} & \boldsymbol{k}_{\Delta22} & \text{对} & \\ \boldsymbol{k}_{\Delta31} & \boldsymbol{k}_{\Delta32} & \boldsymbol{k}_{\Delta33} & \text{称} \\ \boldsymbol{k}_{\Delta41} & \boldsymbol{k}_{\Delta42} & \boldsymbol{k}_{\Delta43} & \boldsymbol{k}_{\Delta44} \end{bmatrix}$$

矩阵中的元素

$$\boldsymbol{k}_{\Delta11} = \boldsymbol{k}_{\Delta33} = -\boldsymbol{k}_{\Delta31}, \quad \boldsymbol{k}_{\Delta21} = -\boldsymbol{k}_{\Delta32}^{\mathrm{T}}$$
$$\boldsymbol{k}_{\Delta22} = \boldsymbol{k}_{\Delta42} - \boldsymbol{k}_{\Delta44} = 0, \quad \boldsymbol{k}_{\Delta41} = -\boldsymbol{k}_{\Delta43}$$

其中

$$\boldsymbol{k}_{\Delta11} = \begin{bmatrix} 0 & 0 & 0 \\ -\dfrac{6}{5l}(\Delta v_i - \Delta v_j) - \dfrac{1}{10}(\Delta\theta_{zi} - \Delta\theta_{zj}) & 0 & 0 \\ -\dfrac{6}{5l}(\Delta w_i - \Delta w_j) + \dfrac{1}{10}(\Delta\theta_{yi} - \Delta\theta_{yj}) & 0 & 0 \end{bmatrix}$$

$$\boldsymbol{k}_{\Delta21} = \begin{bmatrix} 0 & 0 & 0 \\ \dfrac{11}{10}\Delta w_i - \dfrac{2l}{15}\Delta\theta_{yi} - \dfrac{1}{10}\Delta w_j - \dfrac{l}{30}\Delta\theta_{yj} & 0 & 0 \\ -\dfrac{11}{10}\Delta v_i - \dfrac{2l}{15}\Delta\theta_{zi} + \dfrac{1}{10}\Delta v_j - \dfrac{l}{30}\Delta\theta_{zj} & 0 & 0 \end{bmatrix}$$

$$\boldsymbol{k}_{\Delta 41}=\begin{bmatrix} 0 & 0 & 0 \\ \frac{1}{10}\Delta w_i+\frac{l}{30}\Delta\theta_{yi}-\frac{11}{10}\Delta w_j+\frac{2l}{15}\Delta\theta_{yj} & 0 & 0 \\ -\frac{1}{10}\Delta v_i+\frac{l}{30}\Delta\theta_{zi}+\frac{11}{10}\Delta v_j+\frac{2l}{15}\Delta\theta_{zj} & 0 & 0 \end{bmatrix}$$

13.3.2.2 2 节点 8 自由度薄壁空间梁-柱单元的初应力刚度矩阵

对于 2 节点 8 自由度薄壁空间梁-柱单元，$\Delta\boldsymbol{A}$ 按式(13.2.32)计算，$\boldsymbol{G}$ 按式(13.2.35)计算，相应的初应力

$$\boldsymbol{\sigma}_0=[\sigma_x \quad \tau_{xy} \quad \tau_{xz}]^{\mathrm{T}}$$

由

$$\Delta\boldsymbol{A}^{\mathrm{T}}\boldsymbol{\sigma}_0=\begin{bmatrix} \boldsymbol{\sigma}_x & \boldsymbol{\tau}_{xy} & \boldsymbol{\tau}_{xz} \\ \boldsymbol{\tau}_{xy} & 0 & 0 \\ \boldsymbol{\tau}_{xz} & 0 & 0 \end{bmatrix}\begin{bmatrix} \boldsymbol{\theta}_x \\ \boldsymbol{\theta}_y \\ \boldsymbol{\theta}_z \end{bmatrix}$$

所以有

$$\boldsymbol{M}=\begin{bmatrix} \sigma_x & & & & & & & & \\ 0 & \sigma_x & & & \text{对} & & & & \\ 0 & 0 & \sigma_x & & & & & & \\ \tau_{xy} & 0 & 0 & 0 & & & \text{称} & & \\ 0 & \tau_{xy} & 0 & 0 & 0 & & & & \\ 0 & 0 & \tau_{xy} & 0 & 0 & 0 & & & \\ \tau_{xz} & 0 & 0 & 0 & 0 & 0 & 0 & & \\ 0 & \tau_{xz} & 0 & 0 & 0 & 0 & 0 & 0 & \\ 0 & 0 & \tau_{xz} & 0 & 0 & 0 & 0 & 0 & 0 \end{bmatrix} \tag{13.3.16}$$

因此，对 2 节点 8 自由度薄壁空间梁-柱单元

$$\boldsymbol{G}^{\mathrm{T}}\boldsymbol{M}\boldsymbol{G}=\begin{bmatrix}
e_{1,1} & e_{1,2} & e_{1,3} & e_{1,4} & e_{1,5} & e_{1,6} & e_{1,7} & e_{1,8} & e_{1,9} & e_{1,10} & e_{1,11} & e_{1,12} & e_{1,13} & e_{1,14} & e_{1,15} & e_{1,16} \\
e_{2,1} & e_{2,2} & e_{2,3} & e_{2,4} & e_{2,5} & e_{2,6} & e_{2,7} & e_{2,8} & e_{2,9} & e_{2,10} & e_{2,11} & e_{2,12} & e_{2,13} & e_{2,14} & e_{2,15} & e_{2,16} \\
e_{3,1} & e_{3,2} & e_{3,3} & e_{3,4} & e_{3,5} & e_{3,6} & e_{3,7} & e_{3,8} & e_{3,9} & e_{3,10} & e_{3,11} & e_{3,12} & e_{3,13} & e_{3,14} & e_{3,15} & e_{3,16} \\
e_{4,1} & e_{4,2} & e_{4,3} & e_{4,4} & e_{4,5} & e_{4,6} & e_{4,7} & e_{4,8} & e_{4,9} & e_{4,10} & e_{4,11} & e_{4,12} & e_{4,13} & e_{4,14} & e_{4,15} & e_{4,16} \\
e_{5,1} & e_{5,2} & e_{5,3} & e_{5,4} & e_{5,5} & e_{5,6} & e_{5,7} & e_{5,8} & e_{5,9} & e_{5,10} & e_{5,11} & e_{5,12} & e_{5,13} & e_{5,14} & e_{5,15} & e_{5,16} \\
e_{6,1} & e_{6,2} & e_{6,3} & e_{6,4} & e_{6,5} & e_{6,6} & e_{6,7} & e_{6,8} & e_{6,9} & e_{6,10} & e_{6,11} & e_{6,12} & e_{6,13} & e_{6,14} & e_{6,15} & e_{6,16} \\
e_{7,1} & e_{7,2} & e_{7,3} & e_{7,4} & e_{7,5} & e_{7,6} & e_{7,7} & e_{7,8} & e_{7,9} & e_{7,10} & e_{7,11} & e_{7,12} & e_{7,13} & e_{7,14} & e_{7,15} & e_{7,16} \\
e_{8,1} & e_{8,2} & e_{8,3} & e_{8,4} & e_{8,5} & e_{8,6} & e_{8,7} & e_{8,8} & e_{8,9} & e_{8,10} & e_{8,11} & e_{8,12} & e_{8,13} & e_{8,14} & e_{8,15} & e_{8,16} \\
e_{9,1} & e_{9,2} & e_{9,3} & e_{9,4} & e_{9,5} & e_{9,6} & e_{9,7} & e_{9,8} & e_{9,9} & e_{9,10} & e_{9,11} & e_{9,12} & e_{9,13} & e_{9,14} & e_{9,15} & e_{9,16} \\
e_{10,1} & e_{10,2} & e_{10,3} & e_{10,4} & e_{10,5} & e_{10,6} & e_{10,7} & e_{10,8} & e_{10,9} & e_{10,10} & c_{10,11} & e_{10,12} & e_{10,13} & e_{10,14} & e_{10,15} & e_{10,16} \\
e_{11,1} & e_{11,2} & e_{11,3} & e_{11,4} & e_{11,5} & e_{11,6} & e_{11,7} & e_{11,8} & e_{11,9} & e_{11,10} & e_{11,11} & e_{11,12} & e_{11,13} & e_{11,14} & e_{11,15} & e_{11,16} \\
e_{12,1} & e_{12,2} & e_{12,3} & e_{12,4} & e_{12,5} & e_{12,6} & e_{12,7} & e_{12,8} & e_{12,9} & e_{12,10} & e_{12,11} & e_{12,12} & e_{12,13} & e_{12,14} & e_{12,15} & e_{12,16} \\
e_{13,1} & e_{13,2} & e_{13,3} & e_{13,4} & e_{13,5} & e_{13,6} & e_{13,7} & e_{13,8} & e_{13,9} & e_{13,10} & e_{13,11} & e_{13,12} & e_{13,13} & e_{13,14} & e_{13,15} & e_{13,16} \\
e_{14,1} & e_{14,2} & e_{14,3} & e_{14,4} & e_{14,5} & e_{14,6} & e_{14,7} & e_{14,8} & e_{14,9} & e_{14,10} & e_{14,11} & e_{14,12} & e_{14,13} & e_{14,14} & e_{14,15} & e_{14,16} \\
e_{15,1} & e_{15,2} & e_{15,3} & e_{15,4} & e_{15,5} & e_{15,6} & e_{15,7} & e_{15,8} & e_{15,9} & e_{15,10} & e_{15,11} & e_{15,12} & e_{15,13} & e_{15,14} & e_{15,15} & e_{15,16} \\
e_{16,1} & e_{16,2} & e_{16,3} & e_{16,4} & e_{16,5} & e_{16,6} & e_{16,7} & e_{16,8} & e_{16,9} & e_{16,10} & e_{16,11} & e_{16,12} & e_{16,13} & e_{16,14} & e_{16,15} & e_{16,16}
\end{bmatrix} \tag{13.3.17}$$

其中

$$e_{1,1}=b_{1,1}(b_{1,1}\sigma_x+b_{4,1}\tau_{xy}+b_{7,1}\tau_{xz})+b_{2,1}b_{2,1}\sigma_x+b_{3,1}b_{3,1}\sigma_x+b_{4,1}b_{1,1}\tau_{xy}+b_{7,1}b_{1,1}\tau_{xz}$$

$$e_{1,2}=b_{1,2}(b_{1,1}\sigma_x+b_{4,1}\tau_{xy}+b_{7,1}\tau_{xz})+b_{2,2}b_{2,1}\sigma_x+b_{4,2}b_{1,1}\tau_{xy}$$

$$e_{1,3}=b_{1,3}(b_{1,1}\sigma_x+b_{4,1}\tau_{xy}+b_{7,1}\tau_{xz})+b_{3,3}b_{3,1}\sigma_x+b_{7,3}b_{1,1}\tau_{xz}$$

$$e_{1,4}=b_{1,4}(b_{1,1}\sigma_x+b_{4,1}\tau_{xy}+b_{7,1}\tau_{xz})$$

$$e_{1,5}=b_{1,5}(b_{1,1}\sigma_x+b_{4,1}\tau_{xy}+b_{7,1}\tau_{xz})+b_{3,5}b_{3,1}\sigma_x+b_{7,5}b_{1,1}\tau_{xz}$$

$$e_{1,6}=b_{1,6}(b_{1,1}\sigma_x+b_{4,1}\tau_{xy}+b_{7,1}\tau_{xz})+b_{2,6}b_{2,1}\sigma_x+b_{4,6}b_{1,1}\tau_{xy}$$

$$e_{1,7}=b_{1,7}(b_{1,1}\sigma_x+b_{4,1}\tau_{xy}+b_{7,1}\tau_{xz})$$

$$e_{1,8}=b_{1,8}(b_{1,1}\sigma_x+b_{4,1}\tau_{xy}+b_{7,1}\tau_{xz})+b_{2,8}b_{2,1}\sigma_x+b_{3,8}b_{3,1}\sigma_x+b_{4,8}b_{1,1}\tau_{xy}+b_{7,8}b_{1,1}\tau_{xz}$$

其余从略。这里的系数按式(13.2.38)取值。

局部坐标系中2节点8自由度薄壁空间梁-柱单元的初应力刚度矩阵$\boldsymbol{k}_\sigma$中的任意元素

$$\boldsymbol{k}_{i,j}=\int_v e_{i,j}\,\mathrm{d}v \tag{13.3.18}$$

如果采用2节点7自由度薄壁空间梁-柱单元的$\Delta\boldsymbol{A}$和$\boldsymbol{G}$矩阵，同时消除ϑ自由度，即得2节点7自由度薄壁空间梁-柱单元的初应力刚度矩阵。

13.3.2.3 2节点10自由度薄壁空间梁-柱单元的初应力刚度矩阵

对于2节点10自由度薄壁空间梁-柱单元，$\Delta\boldsymbol{A}$按式(13.2.39)计算，$\boldsymbol{G}$按式(13.2.40)计算，相应的初应力

$$\boldsymbol{\sigma}_0=[\sigma_x\quad \tau_{xy}\quad \tau_{xz}]^{\mathrm{T}}$$

由

$$\Delta\boldsymbol{A}^{\mathrm{T}}\boldsymbol{\sigma}_0=\begin{bmatrix}\boldsymbol{\theta}_x & \boldsymbol{\theta}_y & \boldsymbol{\theta}_z\\ 0 & \boldsymbol{\theta}_x & 0\\ 0 & 0 & \boldsymbol{\theta}_x\end{bmatrix}\begin{bmatrix}\boldsymbol{\sigma}_x\\ \boldsymbol{\tau}_{xy}\\ \boldsymbol{\tau}_{xz}\end{bmatrix}=\begin{bmatrix}\boldsymbol{\theta}_x\boldsymbol{\sigma}_x+\boldsymbol{\theta}_y\boldsymbol{\tau}_{xy}+\boldsymbol{\theta}_z\boldsymbol{\tau}_{xz}\\ \boldsymbol{\theta}_x\boldsymbol{\tau}_{xy}\\ \boldsymbol{\theta}_x\boldsymbol{\tau}_{xz}\end{bmatrix}=\begin{bmatrix}\boldsymbol{\sigma}_x & \boldsymbol{\tau}_{xy} & \boldsymbol{\tau}_{xz}\\ \boldsymbol{\tau}_{xy} & 0 & 0\\ \boldsymbol{\tau}_{xz} & 0 & 0\end{bmatrix}\begin{bmatrix}\boldsymbol{\theta}_x\\ \boldsymbol{\theta}_y\\ \boldsymbol{\theta}_z\end{bmatrix}$$

所以有

$$\boldsymbol{M}=\begin{bmatrix}\sigma_x & 0 & 0 & \tau_{xy} & 0 & 0 & \tau_{xz} & 0 & 0\\ 0 & \sigma_x & 0 & 0 & \tau_{xy} & 0 & 0 & \tau_{xz} & 0\\ 0 & 0 & \sigma_x & 0 & 0 & \tau_{xy} & 0 & 0 & \tau_{xz}\\ \tau_{xy} & 0 & 0 & 0 & 0 & 0 & 0 & 0 & 0\\ 0 & \tau_{xy} & 0 & 0 & 0 & 0 & 0 & 0 & 0\\ 0 & 0 & \tau_{xy} & 0 & 0 & 0 & 0 & 0 & 0\\ \tau_{xz} & 0 & 0 & 0 & 0 & 0 & 0 & 0 & 0\\ 0 & \tau_{xz} & 0 & 0 & 0 & 0 & 0 & 0 & 0\\ 0 & 0 & \tau_{xz} & 0 & 0 & 0 & 0 & 0 & 0\end{bmatrix} \tag{13.3.19}$$

因此，对2节点10自由度薄壁空间梁-柱单元，有

$$G^{\mathrm{T}}MG=$$

$$\begin{bmatrix}
e_{1,1} \\
e_{2,1} & e_{2,2} \\
e_{3,1} & e_{3,2} & e_{3,3} \\
e_{4,1} & e_{4,2} & e_{4,3} & e_{4,4} & & & & & & \text{对} \\
e_{5,1} & e_{5,2} & e_{5,3} & e_{5,4} & e_{5,5} \\
e_{6,1} & e_{6,2} & e_{6,3} & e_{6,4} & e_{6,5} & e_{6,6} \\
e_{7,1} & e_{7,2} & e_{7,3} & e_{7,4} & e_{7,5} & e_{7,6} & e_{7,7} \\
e_{8,1} & e_{8,2} & e_{8,3} & e_{8,4} & e_{8,5} & e_{8,6} & e_{8,7} & e_{8,8} \\
e_{9,1} & e_{9,2} & 0 & 0 & 0 & e_{9,6} & 0 & e_{9,8} & e_{9,9} \\
e_{10,1} & 0 & e_{10,3} & 0 & e_{10,5} & 0 & 0 & e_{10,8} & 0 & e_{10,10} \\
e_{11,1} & e_{11,2} & e_{11,3} & e_{11,4} & e_{11,5} & e_{11,6} & e_{11,7} & e_{11,8} & e_{11,9} & e_{11,10} & e_{11,11} & & & & & \text{称} \\
e_{12,1} & e_{12,2} & e_{12,3} & e_{12,4} & e_{12,5} & e_{12,6} & e_{12,7} & e_{12,8} & e_{12,9} & 0 & e_{12,11} & e_{12,12} \\
e_{13,1} & e_{13,2} & e_{13,3} & e_{13,4} & e_{13,5} & e_{13,6} & e_{13,7} & e_{13,8} & 0 & e_{13,10} & e_{13,11} & e_{13,12} & e_{13,13} \\
e_{14,1} & e_{14,2} & e_{14,3} & e_{14,4} & e_{14,5} & e_{14,6} & e_{14,7} & e_{14,8} & 0 & 0 & e_{14,11} & e_{14,12} & e_{14,13} & e_{14,14} \\
e_{15,1} & e_{15,2} & e_{15,3} & e_{15,4} & e_{15,5} & e_{15,6} & e_{15,7} & e_{15,8} & 0 & e_{15,10} & e_{15,11} & e_{15,12} & e_{15,13} & e_{15,14} & e_{15,15} \\
e_{16,1} & e_{16,2} & e_{16,3} & e_{16,4} & e_{16,5} & e_{16,6} & e_{16,7} & e_{16,8} & e_{16,9} & 0 & e_{16,11} & e_{16,12} & e_{16,13} & e_{16,14} & e_{16,15} & e_{16,16} \\
e_{17,1} & e_{17,2} & e_{17,3} & e_{17,4} & e_{17,5} & e_{17,6} & e_{17,7} & e_{17,8} & 0 & 0 & e_{17,11} & e_{17,12} & e_{17,13} & e_{17,14} & e_{17,15} & e_{17,16} & e_{17,17} \\
e_{18,1} & e_{18,2} & e_{18,3} & e_{18,4} & e_{18,5} & e_{18,6} & e_{18,7} & e_{18,8} & e_{18,9} & e_{18,10} & e_{18,11} & e_{18,12} & e_{18,13} & e_{18,14} & e_{18,15} & e_{18,16} & e_{18,17} & e_{18,18} \\
e_{19,1} & e_{19,2} & 0 & 0 & 0 & e_{19,6} & 0 & e_{19,8} & e_{19,9} & 0 & e_{19,11} & e_{19,12} & 0 & 0 & 0 & e_{19,16} & 0 & e_{19,18} & e_{19,19} \\
e_{20,1} & 0 & e_{20,3} & 0 & e_{20,5} & 0 & 0 & e_{20,8} & 0 & e_{20,10} & e_{20,11} & 0 & e_{20,13} & 0 & e_{20,15} & 0 & 0 & e_{20,18} & 0 & e_{20,20}
\end{bmatrix} \tag{13.3.20}$$

其中

$$e_{1,1}=d_{1,1}(d_{1,1}\sigma_x+d_{4,1}\tau_{xy}+d_{7,1}\tau_{xz})+d_{2,1}d_{2,1}\sigma_x+d_{3,1}d_{3,1}\sigma_x+d_{4,1}d_{1,1}\tau_{xy}+d_{7,1}d_{1,1}\tau_{xz}$$

$$e_{2,1}=d_{1,1}(d_{1,2}\sigma_x+d_{4,2}\tau_{xy})+d_{2,1}b_{2,2}\sigma_x+d_{4,1}d_{1,2}\tau_{xy}+d_{7,1}d_{1,2}\tau_{xz}$$

$$e_{2,2}=d_{1,2}(d_{1,2}\sigma_x+d_{4,2}\tau_{xy})+d_{2,2}d_{2,2}\sigma_x+d_{4,2}d_{1,2}\tau_{xy}$$

其余从略。这里的系数按式(13.2.40)取值。

局部坐标系中 2 节点 10 自由度薄壁空间梁-柱单元的初应力刚度矩阵$\boldsymbol{k}_\sigma$中的任意元素

$$\boldsymbol{k}_{i,j}=\int_v e_{i,j}\,\mathrm{d}v \tag{13.3.21}$$

13.3.3 整体坐标系中空间梁-柱单元的刚度矩阵

式(9.6.21)定义整体坐标系中的单元刚度矩阵,式中的向量变换矩阵 $\boldsymbol{T}$ 可按式(13.1.43)计算,即

$$\boldsymbol{T}=\boldsymbol{T}_1\boldsymbol{T}_2''\boldsymbol{T}_2\boldsymbol{T}_3 \tag{13.3.22}$$

式中,$\boldsymbol{T}_1$ 为在材料坐标系与局部坐标系之间,梁-柱单元位移向量及节点力向量的变换矩阵,可

按式(13.1.29)计算;$\boldsymbol{T}_2''$为在从节点局部坐标系与主节点局部坐标系之间,梁-柱单元位移向量及节点力向量的变换矩阵,可按式(13.1.36)计算;$\boldsymbol{T}_2$ 为在局部坐标系与整体坐标系之间,梁-柱单元位移向量及节点力向量的变换矩阵,可按式(13.1.32)计算;$\boldsymbol{T}_3$ 为整体坐标系中定义的从节点位移向量及节点力向量和在整体坐标系中定义的主节点位移向量及节点力向量之间的变换矩阵,可按式(13.1.42)计算。

式(9.6.21)中,局部坐标系中空间梁-柱单元的线性刚度矩阵$\boldsymbol{k}_L$ 按式(13.3.1)计算,初应力刚度矩阵$\boldsymbol{k}_\sigma$ 按式(13.3.11)计算。

13.3.4 荷载的移置

整体坐标系中的空间梁-柱单元等效节点力可按式(9.6.23)计算。式中的局部坐标系中单元的等效节点荷载按式(9.6.22)计算;$\boldsymbol{N}$ 为 2 节点空间梁-柱单元的形函数;$\boldsymbol{T}$ 为 2 节点空间梁-柱单元的向量变换矩阵,如式(13.3.22)所示。

13.3.5 局部坐标系中空间梁-柱单元的质量矩阵

局部坐标系中空间梁-柱单元的质量矩阵

$$\boldsymbol{m}_e = \int_v \rho \boldsymbol{N}^{\mathrm{T}} \boldsymbol{N} \mathrm{d}v$$

式中,ρ 为梁材料的密度;$\boldsymbol{N}$ 为 2 节点空间梁-柱单元的形函数。

按式(13.2.5b)所示形函数计算得 2 节点 6 自由度空间梁-柱单元一致质量矩阵

$$\boldsymbol{m}_e = \frac{\rho A l}{420}\begin{bmatrix} 140 & & & & & & & & & & & \\ 0 & 156 & & & & & & \text{对} & & & & \\ 0 & 0 & 156 & & & & & & & & & \\ 0 & 0 & 0 & \frac{140 I_x}{A} & & & & & & & & \\ 0 & 0 & 22l & 0 & 4l^2 & & & & & \text{称} & & \\ 0 & 22l & 0 & 0 & 0 & 4l^2 & & & & & & \\ 70 & 0 & 0 & 0 & 0 & 0 & 140 & & & & & \\ 0 & 54 & 0 & 0 & 0 & 13l & 0 & 156 & & & & \\ 0 & 0 & 54 & 0 & -13l & 0 & 0 & 0 & 156 & & & \\ 0 & 0 & 0 & \frac{70 I_x}{A} & 0 & 0 & 0 & 0 & 0 & \frac{140 I_x}{A} & & \\ 0 & 0 & 13l & 0 & -3l^2 & 0 & 0 & 0 & 22l & 0 & 4l^2 & \\ 0 & -13l & 0 & 0 & 0 & -3l^2 & 0 & -22l & 0 & 0 & 0 & 4l^2 \end{bmatrix} \tag{13.3.23}$$

按梁工程弯扭理论,并忽略剪切变形的影响,得 2 节点 6 自由度空间梁-柱单元一致质量矩阵

$$
\boldsymbol{m}_e=\rho A l\begin{bmatrix}
\frac{1}{3} & & & & & & & & & & & \\
0 & \frac{13}{35}+\frac{6I_z}{5Al^2} & & & & & & & & & & \\
0 & 0 & \frac{13}{35}+\frac{6I_y}{5Al^2} & & & & \text{对} & & & & & \\
0 & 0 & 0 & \frac{J_x}{3A} & & & & & & & & \\
0 & 0 & -\frac{11l}{210}-\frac{I_y}{10Al} & 0 & \frac{l^2}{105}+\frac{2I_y}{15A} & & & & & & & \\
0 & \frac{11l}{210}+\frac{I_z}{10Al} & 0 & 0 & 0 & \frac{l^2}{105}+\frac{2I_z}{15A} & & & & \text{称} & & \\
\frac{1}{6} & 0 & 0 & 0 & 0 & 0 & \frac{1}{3} & & & & & \\
0 & \frac{9}{70}-\frac{6I_z}{5Al^2} & 0 & 0 & 0 & \frac{13l}{420}-\frac{I_z}{10Al} & 0 & \frac{13}{35}+\frac{6I_z}{5Al^2} & & & & \\
0 & 0 & \frac{9}{70}-\frac{6I_y}{5Al^2} & 0 & -\frac{13l}{420}+\frac{I_y}{10Al} & 0 & 0 & 0 & \frac{13}{35}+\frac{6I_y}{5Al^2} & & & \\
0 & 0 & 0 & \frac{J_x}{6A} & 0 & 0 & 0 & 0 & 0 & \frac{J_x}{3A} & & \\
0 & 0 & \frac{13l}{420}-\frac{I_y}{10Al} & 0 & -\frac{l^2}{140}-\frac{I_y}{30A} & 0 & 0 & 0 & \frac{11l}{210}+\frac{I_y}{10Al} & 0 & \frac{l^2}{105}+\frac{2I_y}{15A} & \\
0 & -\frac{13l}{420}+\frac{I_z}{10Al} & 0 & 0 & 0 & -\frac{l^2}{140}-\frac{I_z}{30A} & 0 & -\frac{11l}{210}-\frac{I_z}{10Al} & 0 & 0 & 0 & \frac{l^2}{105}+\frac{2I_z}{15A}
\end{bmatrix}
$$

(13.3.24)

13.3.6 局部坐标系中空间梁-柱单元温度变化、初应变的等效荷载

分析由于温度变化、初应变等影响简单的方法是将它们处理成一种荷载，一般所考虑的温度变化如下：(1) 等温差变化 Δt；(2) 空间梁-柱元 xy 平面内梁的左右缘温度差 Δt_{xy}；(3) 空间梁-柱元 xz 平面内梁的上下缘温度差 Δt_{xz}。

而通常考虑的初应变如下：(1) 梁-柱初始应变 ε；(2) 梁-柱存在初始曲率；(3) 梁-柱有初始弯折。

当将以上由于温度变化或初应变而造成的影响作为荷载后求出各单元节点的位移及节点力向量，而单元中任一截面的温度应力和初应变所产生的内力的计算也类似于求具有节间荷载时梁内各截面内力。

下面的表 13.3.1 及表 13.3.2 分别为由于温度变化和初应变所引起的固端力。

表 13.3.1　温度变化产生的固端力

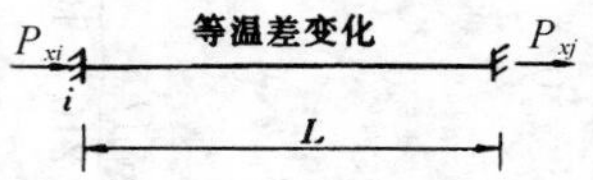 $P_{xi}=-P_{xj}=EA\alpha\cdot\Delta t$ 其中，E 为弹性模量； A 为杆件截面面积； α 为材料线胀系数； Δt 为温度变化	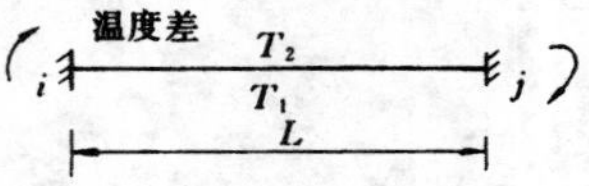 $M_j=-M_i=\frac{\alpha EI(T_1-T_2)}{h}$ 其中，I 为梁惯性矩； h 为梁的高度； T_2，T_1 分别为梁的上、下缘温度

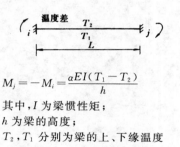

表 13.3.2　初应变产生的固端力

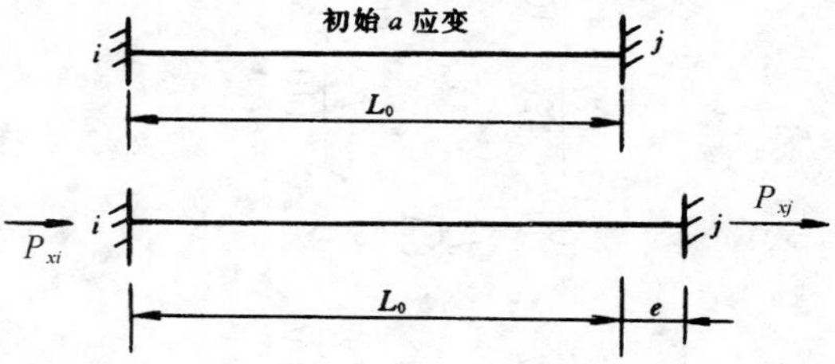	$P_{xj}=-P_{xj}=EA\cdot\varepsilon_0$ 其中，$\varepsilon_0=\frac{e}{L_0}$； A 为杆件截面面积
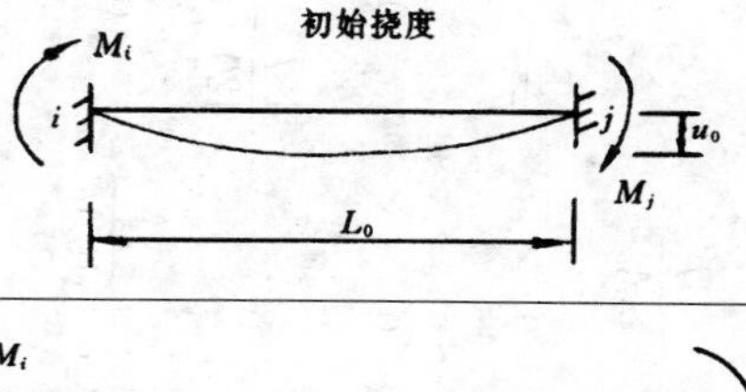	$M_j=-M_i=\frac{8EIu_0}{L_0^2}$ 其中，u_0 为杆件中点的初始挠度
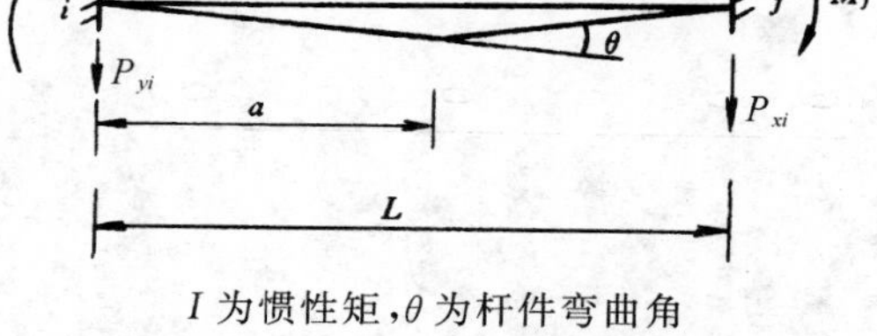 I 为惯性矩，θ 为杆件弯曲角	$M_i=-\frac{2EI\theta}{L^2}(2L-3a)$ $M_j=-\frac{2EI\theta}{L^2}(L-3a)$ $P_{yi}=-\frac{6EI\theta}{L^3}(L-2a)$ $P_{yj}=-P_{yi}$

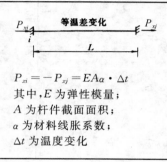

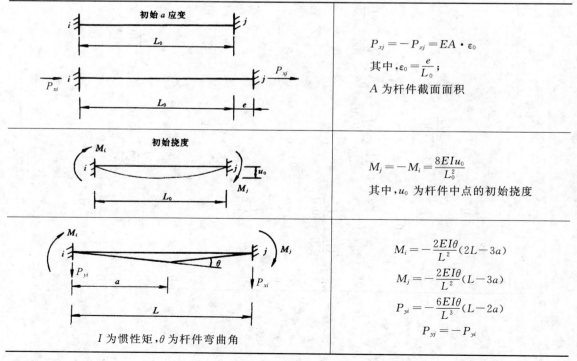

13.4 空间梁-柱单元的应力和内力

13.4.1 空间梁-柱单元的不平衡力

空间梁-柱单元的不平衡力是由于忽略了空间梁-柱应变中位移高阶量的影响而产生的，不平衡力如式(9.6.20)所示。空间梁-柱正应变中的高阶量

$$\Delta\varepsilon_{NL}^{n}=-\frac{1}{2}a_x^2-\frac{1}{2}a_xb_x+\frac{1}{2}a_x^3+\frac{3}{4}a_x^2b_x-\frac{1}{8}b_x^2-\frac{5}{8}a_x^4+\frac{3}{8}a_xb_x^2 \\ -\frac{5}{4}a_x^3b_x-\frac{15}{16}a_x^2b_x^2+\frac{1}{16}b_x^3-\frac{5}{16}a_xb_x^3-\frac{5}{128}b_x^4+\cdots \tag{13.4.1}$$

式中

$$a_x=\frac{\partial\Delta u}{\partial x},\quad b_x=\left(\frac{\partial\Delta u}{\partial x}\right)^2+\left(\frac{\partial\Delta v}{\partial x}\right)^2+\left(\frac{\partial\Delta w}{\partial x}\right)^2$$

将上式代入式(9.6.20)，得空间梁-柱单元的不平衡力。

将空间梁-柱单元的应变矩阵$\boldsymbol{B}_L$代入式(9.6.18)，得空间梁-柱单元的初应力等效节点力向量$\boldsymbol{f}_e$。

13.4.2 空间梁-柱单元的应力

根据物理关系，可以计算空间梁-柱单元的应力，进而可计算空间梁-柱单元的内力。这里，空间梁-柱单元的正应力和剪应力

$$\begin{bmatrix}\Delta\boldsymbol{\sigma}\\ \Delta\boldsymbol{\tau}\end{bmatrix}=\boldsymbol{D}\begin{bmatrix}\Delta\varepsilon_L+\Delta\varepsilon_{NL}\\ \Delta\gamma_L+\Delta\gamma_{NL}\end{bmatrix}$$

即

$$\begin{bmatrix}\Delta\boldsymbol{\sigma}_L+\Delta\boldsymbol{\sigma}_{NL}\\ \Delta\boldsymbol{\tau}_L+\Delta\boldsymbol{\tau}_{NL}\end{bmatrix}=\boldsymbol{D}(\boldsymbol{B}_L+\boldsymbol{B}_{NL})\Delta\boldsymbol{u}_e \tag{13.4.2}$$

扇性剪应力

$$\Delta\tau_\omega=G\Delta\gamma_\omega=G\boldsymbol{B}_{\omega L}\Delta\boldsymbol{u}_e \tag{13.4.3}$$

式中，$\boldsymbol{D}$为空间梁-柱单元的弹性或弹塑性矩阵，有

$$\boldsymbol{D}=\begin{bmatrix}d_{11}&d_{12}&d_{13}\\ d_{12}&d_{22}&d_{23}\\ d_{13}&d_{23}&d_{33}\end{bmatrix}$$

对线弹性阶段，有$d_{12}=d_{13}=d_{23}=0$。$\boldsymbol{B}_L$，$\boldsymbol{B}_{NL}$和$\boldsymbol{B}_{\omega L}$分别为空间梁-柱单元线性和非线性正应变和剪应变矩阵以及扇性剪应变矩阵。$\Delta\boldsymbol{u}_e$为材料或局部坐标系中空间梁-柱单元节点位移向量，有

$$\Delta\boldsymbol{u}_e=\boldsymbol{T}\Delta\boldsymbol{U}_e$$

这里，$\Delta \boldsymbol{U}_e$ 为解有限元基本方程所得的整体坐标系中空间梁-柱单元节点位移向量；$\boldsymbol{T}$ 为空间梁-柱单元向量变换矩阵，按式(13.3.22)计算。

现主要讨论2节点8自由度薄壁空间梁-柱单元的应力的计算。对2节点8自由度薄壁空间梁-柱单元，式(13.4.2)中的线性正应变和剪应变矩阵 $\boldsymbol{B}_L$ 按式(13.2.31)计算，非线性正应变和剪应变矩阵 $\boldsymbol{B}_{NL}$ 按式(13.2.36)计算，其中的 $\boldsymbol{G}$ 可按式(13.2.35)计算，$\Delta \boldsymbol{A}$ 可按式(13.2.32)计算。于是，可得线性正应力

$$\Delta\sigma_L = \Delta\sigma_{tL} + \Delta\sigma_{zL} + \Delta\sigma_{yL} + \sigma_{v\Delta} + \sigma_{w\Delta} + \Delta\sigma_{xL} + \Delta\sigma_{\omega L} + \Delta\sigma_{\vartheta L} \tag{13.4.4}$$

其中，$\Delta\sigma_{tL}$ 为沿 x 轴轴力产生的正应力，有

$$\Delta\sigma_{tL} = (d_{11}b_{1,1} + d_{12}b_{2,1} + d_{13}b_{3,1})\Delta u_i + (d_{11}b_{1,9} + d_{12}b_{2,9} + d_{13}b_{3,9})\Delta u_j$$

$\Delta\sigma_{zL}$ 为关于 z 轴的弯曲产生的正应力，有

$$\begin{aligned}\Delta\sigma_{zL} = &(d_{11}b_{1,2} + d_{12}b_{2,2})\Delta v_i + (d_{11}b_{1,10} + d_{12}b_{2,10})\Delta v_j \\ &+ (d_{11}b_{1,6} + d_{12}b_{2,6})\Delta\theta_{zi} + (d_{11}b_{1,14} + d_{12}b_{2,14})\Delta\theta_{zj}\end{aligned}$$

$\Delta\sigma_{yL}$ 为关于 y 轴的弯曲产生的正应力，有

$$\begin{aligned}\Delta\sigma_{yL} = &(d_{11}b_{1,3} + d_{13}b_{3,3})\Delta w_i + (d_{11}b_{1,11} + d_{13}b_{3,11})\Delta w_j \\ &+ (d_{11}b_{1,5} + d_{13}b_{3,5})\Delta\theta_{yi} + (d_{11}b_{1,13} + d_{13}b_{3,13})\Delta\theta_{yj}\end{aligned}$$

$\sigma_{v\Delta}$ 和 $\sigma_{w\Delta}$ 为 $p-\Delta$ 产生的正应力，有

$$\sigma_{v\Delta} = \sigma_{v\Delta 1} + \sigma_{v\Delta 2} + \sigma_{v\Delta 3} \quad \text{及} \quad \sigma_{w\Delta} = \sigma_{w\Delta 1} + \sigma_{w\Delta 2} + \sigma_{w\Delta 3}$$

这里

$$\sigma_{v\Delta 1} = d_{11}y\Psi_{v\Delta 1}\Delta u_e,\quad \sigma_{v\Delta 2} = d_{11}y\Psi_{v\Delta 2}\Delta u_e,\quad \sigma_{v\Delta 3} = d_{11}y\Psi_{v\Delta 3}\Delta u_e$$

$$\sigma_{w\Delta 1} = d_{11}z\Psi_{w\Delta 1}\Delta u_e,\quad \sigma_{w\Delta 2} = d_{11}z\Psi_{w\Delta 2}\Delta u_e,\quad \sigma_{w\Delta 3} = d_{11}z\Psi_{w\Delta 3}\Delta u_e$$

$$\Psi_{v\Delta 1} = 2\beta_{y\Delta 2}[a_1 \quad 0 \quad 0 \quad 0 \quad 0 \quad 0 \quad 0 \quad a_2 \quad a_3 \quad 0 \quad 0 \quad 0 \quad 0 \quad 0 \quad 0 \quad a_4]$$

$$\Psi_{v\Delta 2} = 2(-\beta_{y\Delta 1} + 2\beta_{y\Delta 2}x)[a_5 \quad 0 \quad 0 \quad 0 \quad 0 \quad 0 \quad 0 \quad a_6 \quad a_7 \quad 0 \quad 0 \quad 0 \quad 0 \quad 0 \quad 0 \quad a_8]$$

$$\Psi_{v\Delta 3} = (-\beta_{y\Delta 1}x + \beta_{y\Delta 2}x^2)[a_9 \quad 0 \quad 0 \quad 0 \quad 0 \quad 0 \quad 0 \quad a_{10} \quad a_{11} \quad 0 \quad 0 \quad 0 \quad 0 \quad 0 \quad 0 \quad a_{12}]$$

$$\Psi_{w\Delta 1} = 2\beta_{z\Delta 2}[a_1 \quad 0 \quad 0 \quad 0 \quad 0 \quad 0 \quad 0 \quad a_2 \quad a_3 \quad 0 \quad 0 \quad 0 \quad 0 \quad 0 \quad 0 \quad a_4]$$

$$\Psi_{w\Delta 2} = 2(-\beta_{z\Delta 1} + 2\beta_{z\Delta 2}x)[a_5 \quad 0 \quad 0 \quad 0 \quad 0 \quad 0 \quad 0 \quad a_6 \quad a_7 \quad 0 \quad 0 \quad 0 \quad 0 \quad 0 \quad 0 \quad a_8]$$

$$\Psi_{w\Delta 3} = (-\beta_{z\Delta 1}x + \beta_{z\Delta 2}x^2)[a_9 \quad 0 \quad 0 \quad 0 \quad 0 \quad 0 \quad 0 \quad a_{10} \quad a_{11} \quad 0 \quad 0 \quad 0 \quad 0 \quad 0 \quad 0 \quad a_{12}]$$

其中

$$a_1 = \frac{\partial N_i}{\partial x_i} = -\frac{6x}{l^2} + \frac{6x^2}{l^3},\quad a_2 = \frac{\partial N_{i,x}}{\partial x} = 1 - \frac{4x}{l} + \frac{3x^2}{l^2}$$

$$a_3 = \frac{\partial N_j}{\partial x} = \frac{6x}{l^2} - \frac{6x^2}{l^3},\quad a_4 = \frac{\partial N_{j,x}}{\partial x} = -\frac{2x}{l} + \frac{3x^2}{l^2}$$

$$a_5 = \frac{\partial^2 N_i}{\partial x^2} = -\frac{6}{l^2} + \frac{12x}{l^3},\quad a_6 = \frac{\partial^2 N_{i,x}}{\partial x^2} = -\frac{4}{l} + \frac{6x}{l^2}$$

$$a_7 = \frac{\partial^2 N_j}{\partial x^2} = \frac{6}{l^2} - \frac{12x}{l^3},\quad a_8 = \frac{\partial^2 N_{j,x}}{\partial x^2} = -\frac{2}{l} + \frac{6x}{l^2}$$

$$a_9 = \frac{\partial^3 N_i}{\partial x^3} = \frac{12}{l^3}, \quad a_{10} = \frac{\partial^3 N_{i,x}}{\partial x^3} = \frac{6}{l^2}$$

$$a_{11} = \frac{\partial^3 N_j}{\partial x^3} = -\frac{12}{l^3}, \quad a_{12} = \frac{\partial^3 N_{j,x}}{\partial x^3} = \frac{6}{l^2}$$

$\Delta\sigma_{xL}$ 为关于 x 轴的扭转产生的正应力,有

$$\Delta\sigma_{xL} = d_{11} b_{1,4} \Delta\theta_{xi} + d_{11} b_{1,12} \Delta\theta_{xj}$$

$\Delta\sigma_{\omega L}$ 为扇性正应力,有

$$\Delta\sigma_{\omega L} = d_{11} b_{1,7} \Delta\theta_{\omega i} + d_{11} b_{1,15} \Delta\theta_{\omega j}$$

$\Delta\sigma_{\vartheta L}$ 为轴力产生的正应力,有

$$\Delta\sigma_{\vartheta L} = (d_{11} b_{1,8} + d_{12} b_{2,8} + d_{13} b_{3,8}) \Delta\vartheta_i + (d_{11} b_{1,16} + d_{12} b_{2,16} + d_{13} b_{3,16}) \Delta\vartheta_j$$

而剪应力

$$\begin{aligned}
\tau_{xyL} = & (d_{12} b_{1,1} + d_{22} b_{2,1} + d_{23} b_{3,1}) \Delta u_i + (d_{12} b_{1,9} + d_{22} b_{2,9} + d_{23} b_{3,9}) \Delta u_j \\
& + (d_{12} b_{1,2} + d_{22} b_{2,2}) \Delta v_i + (d_{12} b_{1,10} + d_{22} b_{2,10}) \Delta v_j \\
& + (d_{12} b_{1,3} + d_{23} b_{3,3}) \Delta w_i + (d_{12} b_{1,11} + d_{23} b_{3,11}) \Delta w_j \\
& + d_{12} b_{1,4} \Delta\theta_{xi} + d_{12} b_{1,12} \Delta\theta_{xj} + (d_{12} b_{1,5} + d_{23} b_{3,5}) \Delta\theta_{yi} \\
& + (d_{12} b_{1,13} + d_{23} b_{3,13}) \Delta\theta_{yj} + (d_{12} b_{1,6} + d_{22} b_{2,6}) \Delta\theta_{zi} \\
& + (d_{12} b_{1,14} + d_{22} b_{2,14}) \Delta\theta_{zj} + d_{12} b_{1,7} \Delta\theta_{\omega i} + d_{12} b_{1,15} \Delta\theta_{\omega j} \\
& + (d_{12} b_{1,8} + d_{22} b_{2,8}) \Delta\vartheta_i + (d_{12} b_{1,16} + d_{22} b_{2,16} + d_{23} b_{3,16}) \Delta\vartheta_j
\end{aligned}$$

$$\begin{aligned}
\tau_{xzL} = & (d_{13} b_{1,1} + d_{23} b_{2,1} + d_{33} b_{3,1}) \Delta u_i + (d_{13} b_{1,9} + d_{23} b_{2,9} + d_{33} b_{3,9}) \Delta u_j \\
& + (d_{13} b_{1,2} + d_{23} b_{2,2}) \Delta v_i + (d_{13} b_{1,10} + d_{23} b_{2,10}) \Delta v_j \\
& + (d_{13} b_{1,3} + d_{33} b_{3,3}) \Delta w_i + (d_{13} b_{1,11} + d_{33} b_{3,11}) \Delta w_j \\
& + d_{13} b_{1,4} \Delta\theta_{xi} + d_{13} b_{1,12} \Delta\theta_{xj} + (d_{13} b_{1,5} + d_{33} b_{3,5}) \Delta\theta_{yi} \\
& + (d_{13} b_{1,13} + d_{33} b_{3,13}) \Delta\theta_{yj} + (d_{13} b_{1,6} + d_{23} b_{2,6}) \Delta\theta_{zi} \\
& + (d_{13} b_{1,14} + d_{23} b_{2,14}) \Delta\theta_{zj} + d_{33} b_{1,7} \Delta\theta_{\omega i} + d_{13} b_{1,15} \Delta\theta_{\omega j} \\
& + (d_{13} b_{1,8} + d_{23} b_{2,8} + d_{33} b_{3,8}) \Delta\vartheta_i + (d_{13} b_{1,16} + d_{23} b_{2,16} + d_{33} b_{3,16}) \Delta\vartheta_j
\end{aligned} \tag{13.4.5}$$

扇性剪应力

$$\Delta\tau_\omega = G(d_4 \theta_{xi} + d_7 \theta_{\omega i} + d_{12} \theta_{xj} + d_{15} \theta_{\omega j}) \tag{13.4.6}$$

其中

$$d_4 = \frac{\psi}{t}\left(-\frac{6x}{l^2} + \frac{6x^2}{l^3}\right) + \frac{12}{l^3}\left(\rho(s) - \frac{\psi}{t}\right)$$

$$d_7 = \frac{\psi}{t}\left(1 - \frac{4x}{l} + \frac{3x^2}{l^2}\right) + \frac{6}{l^2}\left(\rho(s) - \frac{\psi}{t}\right)$$

$$d_{12} = \frac{\psi}{t}\left(\frac{6x}{l^2} - \frac{6x^2}{l^3}\right) - \frac{12}{l^3}\left(\rho(s) - \frac{\psi}{t}\right)$$

$$d_{15} = \frac{\psi}{t}\left(-\frac{2x}{l} + \frac{3x^2}{l^2}\right) + \frac{6}{l^2}\left(\rho(s) - \frac{\psi}{t}\right)$$

非线性正应力和剪应力

$$[\Delta\boldsymbol{\sigma}_{NL} \quad \Delta\boldsymbol{\tau}_{xyNL} \quad \Delta\boldsymbol{\tau}_{xzNL}]^{\mathrm{T}} = \boldsymbol{D}\boldsymbol{B}_{NL}\Delta\boldsymbol{u}_e \tag{13.4.7}$$

其中，$\boldsymbol{B}_{NL}$按式(13.2.36)计算。

以上各式中的$b_{1,1}$，$b_{1,2}$，$b_{1,3}$等是如式(13.2.31)所示应变矩阵$\boldsymbol{B}_L$中的元素。

13.4.3 空间梁-柱单元的内力

根据空间梁-柱单元的应力，可以计算单元的内力和单元节点力。现主要讨论2节点8自由度薄壁空间梁-柱单元内力的计算。

(1) 轴力

$$\begin{aligned}\Delta N &= \int_A (\Delta\sigma_{tL} + \Delta\sigma_{\vartheta L})\mathrm{d}A \\ &= \int_A [(d_{11}b_{1,1} + d_{12}b_{2,1} + d_{13}b_{3,1})\Delta u_i + (d_{11}b_{1,9} + d_{12}b_{2,9} + d_{13}b_{3,9})\Delta u_j]\mathrm{d}y\mathrm{d}z \\ &\quad + \int_A [(d_{11}b_{1,8} + d_{12}b_{2,8} + d_{13}b_{3,8})\Delta\vartheta_i + (d_{11}b_{1,16} + d_{12}b_{2,16} + d_{13}b_{3,16})\Delta\vartheta_j]\mathrm{d}y\mathrm{d}z\end{aligned}$$

$p-\Delta$产生的轴力为0。

(2) 绕y轴方向的弯矩

$$M_y = \int_A \sigma_{yL} z\,\mathrm{d}y\mathrm{d}z$$

即

$$\begin{aligned}M_y = \int_A z[&(d_{11}b_{1,3} + d_{13}b_{3,3})\Delta w_i + (d_{11}b_{1,11} + d_{13}b_{3,11})\Delta w_j \\ &+ (d_{11}b_{1,5} + d_{13}b_{3,5})\Delta\theta_{yi} + (d_{11}b_{1,13} + d_{13}b_{3,13})\Delta\theta_{yj}]\mathrm{d}y\mathrm{d}z\end{aligned}$$

节点i处$x=0$和节点j处$x=l$的弯矩分别为

$$M_{yi} = -d_{11}I_y(\beta_{zs}+1)(I_1\eta(\sigma_v)+I_2)\left[\left(-\frac{6}{l^2}\right)(w_i - w_j) - \frac{4}{l}\theta_{yi} - \frac{2}{l}\theta_{yj}\right]$$

$$M_{yj} = -d_{11}I_y(\beta_{zs}+1)(I_1\eta(\sigma_v)+I_2)\left[\frac{6}{l^2}(w_i - w_j) + \frac{2}{l}\theta_{yi} + \frac{4}{l}\theta_{yj}\right]$$

$$Q_{yi} = Q_{yj} = d_{11}I_y(\beta_{zs}+1)(I_1\eta(\sigma_v)+I_2)\left[\frac{12}{l^3}(w_j - w_i) + \frac{6}{l^2}(\theta_{yi} + \theta_{yj})\right]$$

(3) 绕z轴方向的弯矩

$$M_z = \int_A \sigma_{zL} y\,\mathrm{d}y\mathrm{d}z$$

即

$$\begin{aligned}M_z = \int_A y[&(d_{11}b_{1,2} + d_{12}b_{2,2})\Delta v_i + (d_{11}b_{1,10} + d_{12}b_{2,10})\Delta v_j \\ &+ (d_{11}b_{1,6} + d_{12}b_{2,6})\Delta\theta_{zi} + (d_{11}b_{1,14} + d_{12}b_{2,14})\Delta\theta_{zj}]\mathrm{d}y\mathrm{d}z\end{aligned}$$

节点i处$x=0$和节点j处$x=l$的弯矩

$$M_{zi}=-d_{11}I_z(\beta_{ys}+1)\eta(\sigma_v)\left[\left(-\frac{6}{l^2}\right)(v_i-v_j)-\frac{4}{l}\theta_{zi}-\frac{2}{l}\theta_{zj}\right]$$

$$M_{zj}=-d_{11}I_y(\beta_{ys}+1)\eta(\sigma_v)\left[\frac{6}{l^2}(v_i-v_j)+\frac{2}{l}\theta_{zi}+\frac{4}{l}\theta_{zj}\right]$$

$$Q_{zi}=Q_{zj}=EI_y(\beta_{ys}+1)\eta(\sigma_v)\left[\frac{12}{l^3}(v_j-v_i)-\frac{6}{l^2}(\theta_{zi}+\theta_{zj})\right]$$

（4）$p-\Delta$ 产生的弯矩

$$M_{\Delta z1}=\int_A\sigma_{v\Delta 1}y\mathrm{d}A=d_{11}I_z\Psi_{v\Delta 1}\Delta u_e$$

$$M_{\Delta z2}=\int_A\sigma_{v\Delta 2}y\mathrm{d}A=d_{11}I_z\Psi_{v\Delta 2}\Delta u_e$$

$$M_{\Delta z3}=\int_A\sigma_{v\Delta 3}y\mathrm{d}A=d_{11}I_z\Psi_{v\Delta 3}\Delta u_e$$

$$M_{\Delta y1}=\int_A\sigma_{w\Delta 1}z\mathrm{d}A=d_{11}I_y\Psi_{w\Delta 1}\Delta u_e$$

$$M_{\Delta y2}=\int_A\sigma_{w\Delta 2}z\mathrm{d}A=d_{11}I_y\Psi_{w\Delta 2}\Delta u_e$$

$$M_{\Delta y3}=\int_A\sigma_{w\Delta 3}z\mathrm{d}A=d_{11}I_y\Psi_{w\Delta 3}\Delta u_e$$

节点 i 处 $x=0$ 和节点 j 处 $x=l$ 的弯矩

$$M_{z1i}=2d_{11}I_z\beta_{y\Delta 2}\Delta\vartheta_i,\quad M_{z1j}=2d_{11}I_z\beta_{y\Delta 2}\Delta\vartheta_j$$

$$M_{z2i}=2d_{11}I_z\beta_{y\Delta 1}\left[\frac{6}{l^2}(\Delta u_i-\Delta u_j)+\frac{4}{l}\Delta\vartheta_i+\frac{2}{l}\Delta\vartheta_j)\right]$$

$$M_{z2j}=2d_{11}I_z(-\beta_{y\Delta 1}+2l\beta_{y\Delta 2})\left[\frac{6}{l^2}(\Delta u_i-\Delta u_j)+\frac{2}{l}\Delta\vartheta_i+\frac{4}{l}\Delta\vartheta_j)\right]$$

$$M_{z3i}=0,\quad M_{z3j}=d_{11}I_z(-\beta_{y\Delta 1}l+l^2\beta_{y\Delta 2})\left[\frac{12}{l^3}(\Delta u_i-\Delta u_j)+\frac{6}{l^2}(\Delta\vartheta_i+\Delta\vartheta_j)\right]$$

$$M_{\Delta zi}=M_{z1i}+M_{z2i}+M_{z3i}$$

$$M_{\Delta zj}=M_{z1j}+M_{z2j}+M_{z3j}$$

$$M_{y1i}=2d_{11}I_y\beta_{z\Delta 2}\Delta\vartheta_i,\quad M_{y1j}=2d_{11}I_y\beta_{z\Delta 2}\Delta\vartheta_j$$

$$M_{y2i}=2d_{11}I_y\beta_{z\Delta 1}\left[\frac{6}{l^2}(\Delta u_i-\Delta u_j)+\frac{4}{l}\Delta\vartheta_i+\frac{2}{l}\Delta\vartheta_j)\right]$$

$$M_{y2j}=2d_{11}I_y(-\beta_{z\Delta 1}+2l\beta_{z\Delta 2})\left[\frac{6}{l^2}(\Delta u_i-\Delta u_j)+\frac{2}{l}\Delta\vartheta_i+\frac{4}{l}\Delta\vartheta_j)\right]$$

$$M_{y3i}=0,\quad M_{y3j}=d_{11}I_y(-\beta_{z\Delta 1}l+l^2\beta_{z\Delta 2})\left[\frac{12}{l^3}(\Delta u_i-\Delta u_j)+\frac{6}{l^2}(\Delta\vartheta_i+\Delta\vartheta_j)\right]$$

$$M_{\Delta yi}=M_{y1i}+M_{y2i}+M_{y3i}$$

$$M_{\Delta yj}=M_{y1j}+M_{y2j}+M_{y3j}$$

（5）扭矩

$$\Delta T_{xL}=\int_A\rho\Delta\boldsymbol{\sigma}_{xL}\mathrm{d}y\mathrm{d}z$$

即

$$\Delta T_{xL} = \int_A \rho (d_{11} b_{1,4} \Delta\theta_{xi} + d_{11} b_{1,12} \Delta\theta_{xj}) \mathrm{d}y\mathrm{d}z$$

节点 i 处 $x=0$ 和节点 j 处 $x=l$ 的扭矩

$$T_{xi} = -d_{11} I_\omega \left[-\frac{6}{l^2}(\theta_{xi} - \theta_{xj}) - \frac{4}{l}\theta_{\omega i} - \frac{2}{l}\theta_{\omega j} \right]$$

$$T_{xj} = -d_{11} I_\omega \left[\frac{6}{l^2}(\theta_{xi} - \theta_{xj}) + \frac{2}{l}\theta_{\omega i} + \frac{4}{l}\theta_{\omega j} \right]$$

(6) 双力矩

$$\Delta M_{\omega L} = \int_A \omega \Delta\sigma_{\omega L} \mathrm{d}y\mathrm{d}z$$

即

$$\Delta M_{\omega L} = \int_A \omega (d_{11} b_{1,7} \Delta\theta_{\omega i} + d_{11} b_{1,15} \Delta\theta_{\omega j}) \mathrm{d}y\mathrm{d}z$$

(7) 剪力

$$Q_{yL} = \int_A \tau_{xyL} \mathrm{d}y\mathrm{d}z$$

即

$$\begin{aligned} Q_{yL} = \int_A [& (d_{12} b_{1,1} + d_{22} b_{2,1} + d_{23} b_{3,1}) \Delta u_i + (d_{12} b_{1,9} + d_{22} b_{2,9} + d_{23} b_{3,9}) \Delta u_j \\ & + (d_{12} b_{1,2} + d_{22} b_{2,2}) \Delta v_i + (d_{12} b_{1,10} + d_{22} b_{2,10}) \Delta v_j \\ & + (d_{12} b_{1,3} + d_{23} b_{3,3}) \Delta w_i + (d_{12} b_{1,11} + d_{23} b_{3,11}) \Delta w_j \\ & + d_{12} b_{1,4} \Delta\theta_{xi} + d_{12} b_{1,12} \Delta\theta_{xj} + (d_{12} b_{1,5} + d_{23} b_{3,5}) \Delta\theta_{yi} \\ & + (d_{12} b_{1,13} + d_{23} b_{3,13}) \Delta\theta_{yj} + (d_{12} b_{1,6} + d_{22} b_{2,6}) \Delta\theta_{zi} \\ & + (d_{12} b_{1,14} + d_{22} b_{2,14}) \Delta\theta_{zj} + d_{12} b_{1,7} \Delta\theta_{\omega i} + d_{12} b_{1,15} \Delta\theta_{\omega j} \\ & + (d_{12} b_{1,8} + d_{22} b_{2,8}) \Delta\vartheta_i + (d_{12} b_{1,16} + d_{22} b_{2,16} + d_{23} b_{3,16}) \Delta\vartheta_j] \mathrm{d}y\mathrm{d}z \end{aligned}$$

$$Q_{zL} = \int_A \tau_{xzL} \mathrm{d}y\mathrm{d}z$$

即

$$\begin{aligned} Q_{zL} = \int_A [& (d_{13} b_{1,1} + d_{23} b_{2,1} + d_{33} b_{3,1}) \Delta u_i + (d_{13} b_{1,9} + d_{23} b_{2,9} + d_{33} b_{3,9}) \Delta u_j \\ & + (d_{13} b_{1,2} + d_{23} b_{2,2}) \Delta v_i + (d_{13} b_{1,10} + d_{23} b_{2,10}) \Delta v_j \\ & + (d_{13} b_{1,3} + d_{33} b_{3,3}) \Delta w_i + (d_{13} b_{1,11} + d_{33} b_{3,11}) \Delta w_j \\ & + d_{13} b_{1,4} \Delta\theta_{xi} + d_{13} b_{1,12} \Delta\theta_{xj} + (d_{13} b_{1,5} + d_{33} b_{3,5}) \Delta\theta_{yi} \\ & + (d_{13} b_{1,13} + d_{33} b_{3,13}) \Delta\theta_{yj} + (d_{13} b_{1,6} + d_{23} b_{2,6}) \Delta\theta_{zi} \\ & + (d_{13} b_{1,14} + d_{23} b_{2,14}) \Delta\theta_{zj} + d_{33} b_{1,7} \Delta\theta_{\omega i} + d_{13} b_{1,15} \Delta\theta_{\omega j} \\ & + (d_{13} b_{1,8} + d_{23} b_{2,8} + d_{33} b_{3,8}) \Delta\vartheta_i + (d_{13} b_{1,16} + d_{23} b_{2,16} + d_{33} b_{3,16}) \Delta\vartheta_j] \mathrm{d}y\mathrm{d}z \end{aligned}$$

(8) 二次扭矩

$$M_\omega = \int_A \tau_\omega \rho \mathrm{d}A = G\frac{\psi}{t}\int_A \rho \mathrm{d}A \boldsymbol{B}_{\omega 1}\Delta u_e - G\int_A \rho^2 \mathrm{d}A \boldsymbol{B}_{\omega 2}\Delta u_e + G\frac{\psi}{t}\int_A \rho \mathrm{d}A \boldsymbol{B}_{\omega 2}\Delta u_e$$

$$= -G\int_A \rho^2 \mathrm{d}A \boldsymbol{B}_{\omega 2}\Delta u_e = -GJ\boldsymbol{B}_{\omega 2}\Delta u_e$$

这里

$$\boldsymbol{B}_{\omega 2} = \left[0 \quad 0 \quad 0 \quad \lambda\frac{12}{l^3} \quad 0 \quad 0 \quad \lambda\frac{6}{l^2} \quad 0 \quad 0 \quad 0 \quad 0 \quad -\lambda\frac{12}{l^3} \quad 0 \quad 0 \quad \lambda\frac{6}{l^2} \quad 0\right]$$

所以

$$M_\omega = GJ\left[\frac{12\lambda}{l^3}(\Delta\theta_{xj} - \Delta\theta_{xi}) - \frac{6\lambda}{l^2}(\Delta\theta_{\omega i} + \Delta\theta_{\omega j})\right]$$

而

$$M_{\omega i} = M_{\omega j}$$

13.5 空间梁-柱分析模型的讨论

精确分析处于复杂应力状态中的梁-柱，应该考虑拉伸或压缩、弯曲、剪切、轴向力二阶效应和扭转、翘曲的影响，应该区分薄壁杆和一般杆，应该考虑修正伯努利-欧拉(Bernoulli-Euler)假定。对于所给出的 2 节点 8 自由度薄壁空间梁-柱单元和 2 节点 10 自由度薄壁空间梁-柱单元是比较完备的梁-柱分析模型，在此基础上既可以简化为传统的简单的分析模型，又可以得到更加精确和准确的模型。

如果在位移或者应变的表达式中以及在插值函数的构造时引入 y 和 z 方向的平面位移，就可以得到更为精确的三维薄壁空间梁-柱分析模型，这样就可能在弹塑性分析中精确和准确地计算梁-柱单元中任意一点的三维等效应力和等效应变。

如果所分析的不是薄壁杆，那么应该从相应的位移、应变矩阵和单元刚度矩阵中消除考虑约束扭转的影响的自由度，模型就简化为 7 自由度和 9 自由度模型。

如果只考虑简单的常应变，那么轴向位移的插值函数可以选择简单的一维线性 Lagrange 插值函数，这时梁柱被认为是等截面杆件，即使在拉伸时也不考虑颈缩，于是在分析模型中可以消除应变变化率的自由度。在 2 节点 8 自由度或 10 自由度薄壁空间梁-柱单元模型中，沿 x 轴高斯积分点处积分上下限应按式(12.8.5)修改。

如果在分析模型中，即使在塑性阶段依然采用伯努利-欧拉(Bernoulli-Euler)假定，那么在弯曲位移、应变矩阵和单元刚度矩阵中消除伯努利-欧拉(Bernoulli-Euler)假定的修正系数，这时模型得到进一步的简化。

同样如果忽略 $p-\Delta$ 效应影响，忽略剪切的影响，那么分析模型可以得到更进一步的简化，最后简化为传统的 2 节点 6 自由度梁-柱模型。

对于 2 节点 8 自由度、10 自由度，甚至更多的广义位移自由度的梁-柱分析模型，单元刚度矩阵可以采用自由度凝聚，这样能降低整个结构的自由度总数。

14 自锁

14.1 自锁概述

自锁是在有限元数值计算中出现的一个问题。当单元选择不当或者划分网格不妥当，将在某些情况下其计算结果远偏于真实解。如在有限元法中，关于完全线性单元，如实体的线性块体单元（Linear Element）、Timoshenko 梁单元（Beam Elements）、Mindlin 板单元（Plate Elements）都是在纯弯曲情况下体现单元过“刚”（Overly Stiff），从而导致计算值远小于理论解析解。这个现象被称为“剪力自锁”（Shear Locking）。并且不仅计算中出现剪力自锁，还有曲梁或者壳体单元出现薄膜力自锁（Membrane Locking）、体积自锁（Volumetric/Poisson's Ratio Locking）。

为了克服自锁现象，Gangan Prathap，William G Eckert (1993)，K. J. Bathe (1996)，Allan Bower (2009)，D. P. Flanagan and T. Belytschko (1981)，J. Bonet and P. Bhargava(1995)等提出了各种不同的方法，如虚拟应变法、缩减积分形式、选择性缩减积分形式、杂交单元法等等。目前，比较普遍采用各种缩减积分法。缩减积分是减小了积分点（一般是缩减一个量级），从而减少了约束条件，使计算不存在自锁。但由于减少了积分点，可能使结构“偏软”，并有可能导致刚度矩阵奇异，并进而扩散到其它部分，这个现象就称为沙漏（hourglassing）。不管是由于剪力自锁、薄膜力自锁或者不可压缩自锁，当采用线性的缩减积分，这意味着在单元大多积分点上的所有应力分量都为零。由于缩减积分将导致虚拟能量模态（Spurious Energy Modes），因此控制沙漏的缩减积分方法已经广泛采用。

14.2 剪力自锁

在有限元法中通常包括 C^0 单元和 C^1 单元（尽管也包括更高阶的 C^n 单元）[1]~[3]。C^1 单元主要是基于经典固体力学中的梁、板和壳理论，也即是 Bernoulli-Euler 梁理论、Kirchhoff-Love 板和等效的壳理论。这些理论都是忽略剪切应变而通过定义对应于中和轴的竖向位移 w 来表示变形，而对应的应变则可以通过平截面假定获得。然而，忽略剪切应变这个假定对厚度大的梁、板和壳并不成立。因此需要借助更加普遍的理论来考虑在厚度方向的剪切应变，如引入截面转角作为独立变量的 C^0 单元，其定义不同于竖向位移一阶导数，因此控制方程的阶次相应的减小。同时节点自由度将包括 3 个线位移、3 个转角位移，使得计算简化。但同时也造成了新的问题。

14.2.1 Timoshenko 梁单元

传统上，Bernoulli-Euler 梁单元的转角 dw/dx 通过采用三次积分函数来满足 C^1 连续性（其中 w 为竖向位移）。而在 Timoshenko 梁单元是直接通过引入 θ 作为独立变量，故其积分函数只是满足 C^0 连续性，由于只需采用线性积分的简单形式，因而得到广泛应用。

如考虑一个梁，其长度为 L，厚度为 t，选取 x 轴作为沿梁长度方向，而 y 轴和 z 轴分别设定为沿梁截面的横向和竖向。

Bernoulli-Euler 梁应变能

$$\Pi=\frac{1}{2}\iiint_V \sigma\varepsilon\,\mathrm{d}x\mathrm{d}y\mathrm{d}z=\frac{1}{2}\int_L EIw_{,xx}^{\mathrm{T}}w_{,xx}\,\mathrm{d}x \tag{14.2.1}$$

其中，w 为竖向位移(扰度)，而 $w_{,xx}(=\mathrm{d}^2w/\mathrm{d}x^2)$ 是竖向位移的二阶导数。

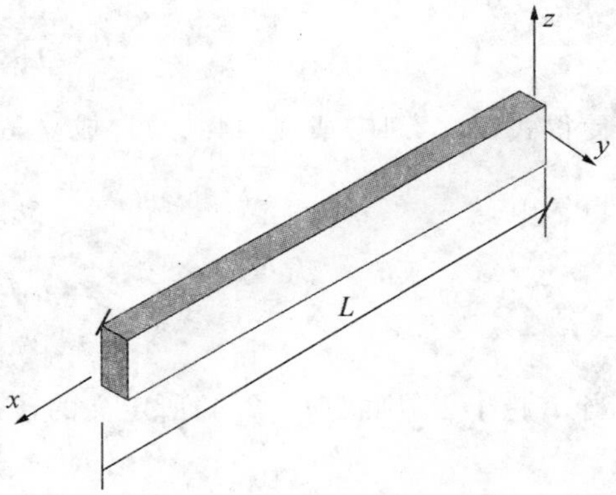

图 14.2.1　直梁单元

对应的，Timoshenko 梁的应变能

$$\Pi=\frac{1}{2}\iiint_V(\sigma\varepsilon+\tau\gamma)\mathrm{d}x\mathrm{d}y\mathrm{d}z=\frac{1}{2}\int_L\left[EI\theta_{,x}^{\mathrm{T}}\theta_{,x}+kGA(\theta-w_{,x})^{\mathrm{T}}(\theta-w_{,x})\right]\mathrm{d}x \tag{14.2.2}$$

其中，E 和 G 分别为材料的弹性模量和剪切模量；θ 为绕 y 轴的截面转角($\neq\mathrm{d}w/\mathrm{d}x$)，$\theta_{,x}$ 是转角的一阶导数；$\theta-w_{,x}$ 定义为竖向截面的剪应变；k 是 Timoshenko 剪切修正系数。

14.2.1.1　线性 Timoshenko 梁单元和缩减积分形式

如果采用线性函数来表示位移 w 和 θ，有

$$w=a_1+a_2x \tag{14.2.3}$$

$$\theta=a_3+a_4x \tag{14.2.4}$$

其中，$a_1,\cdots,a_4$ 为待定常数。对应的位移取一阶变分，则应变分量

$$\varepsilon=z\frac{\partial\theta}{\partial x}=za_4 \tag{14.2.5}$$

$$\gamma=\theta-\frac{\partial w}{\partial x}=a_3-a_2+a_4x \tag{14.2.6}$$

把式(14.2.5)和(14.2.6)代入式(14.2.2)中，为便于说明概念，在此并没有采用数值积分，而采用完全连续积分。应变能分为弯曲应变能和剪切应变能，即

$$\Pi=\Pi_b+\Pi_s \tag{14.2.7}$$

其中，弯曲应变能

$$\Pi_b=\frac{1}{2}EILa_4^2 \tag{14.2.8}$$

剪切应变能

$$\Pi_s=\frac{1}{2}kGAL\left[(a_3-a_2)^2+a_4L(a_3-a_2)+\frac{a_4^2L^2}{3}\right] \tag{14.2.9}$$

考虑构件其厚度 t 远小于其跨度，类似或者薄板壳，如定义 $t<L/20$ 为薄梁，式(14.2.9)所定义的剪切应变能必须趋于零，即

$$\Pi_s\rightarrow 0 \tag{14.2.10}$$

或者式(14.2.6)趋于零，即

$$\theta-\frac{\partial w}{\partial x}=a_3-a_2+a_4x=0 \tag{14.2.11}$$

要使得式(14.2.10)或式(14.2.11)成立,式中常数同时必须满足

$$a_3-a_2\to 0 \tag{14.2.12}$$

和

$$a_4\to 0 \tag{14.2.13}$$

而当 a_4 趋于零,则式(14.2.4)所定义的转角位移为常数,因此对应的弯曲应变分量

$$\frac{\partial\theta}{\partial x}\to 0 \tag{14.2.14}$$

式(14.2.14)的物理意义是中和轴不允许弯曲,从而导致虚拟的强约束"刚化"。即当 a_4 趋于零,式(14.2.8)所定义的弯曲应变能必然趋于零,则明显有悖于事实——当梁厚度很小时,梁将存在相对很大弯曲,其弯曲应变能不仅不为零,应该是主要的应变能成分。这个虚拟约束导致的结构刚化被称为"剪力自锁"。由于剪力自锁,所计算的位移远小于真实值,并由此导致单元上的剪力也存在严重的波动。

上述证明,当采用完全积分形式,要满足剪切应变能为零,这必然导致转角 θ 为一个常数,从而导致自锁。不少学者采用两个积分点,如两点 Gauss-Legende 规则或更多积分点的数值积分。然而研究表明,通过缩减积分形式可以自动满足在薄梁情况下剪切应变能趋于零。在采用线性函数得到式(14.2.5)和式(14.2.6),然后代入式(14.2.2),而其中的剪切应变能为

$$\Pi_s=\frac{kGA}{2}\int_L[(a_3-a_2)^2+2(a_3-a_2)a_4x+a_4^2x^2]\mathrm{d}x \tag{14.2.15}$$

当采用一点缩减的 Gauss-Legende 规则对上式进行数值积分,则剪切应变能

$$\Pi_s=\frac{kGA}{2}(a_3-a_2)^2L \tag{14.2.16}$$

明显,当厚度 t 趋于零,为使剪切应变能趋于零,则只需满足

$$a_3-a_2\to 0$$

相比完全积分形式的式(14.2.13)和式(14.2.14),在缩减积分形式的情况下无需满足式(14.2.13),故不存在由于其导致的虚拟刚化作用,因此不存在剪力自锁。

14.2.1.2　二次 Timoshenko 梁单元

现对位移 w 和 θ 采用二次函数来表示,即

$$w=a_1+a_2x+a_3x^2 \tag{14.2.17}$$

$$\theta=a_4+a_5x+a_6x^2 \tag{14.2.18}$$

其中,$a_1,\cdots,a_6$ 为待定常数。根据位移和应变几何关系,应变分量

$$\varepsilon=z(a_5+a_6x) \tag{14.2.19}$$

$$\gamma=(a_4-a_2)+(a_5-2a_3)x+a_6x^2 \tag{14.2.20}$$

类似的,把式(14.2.17)和(14.2.18)代入式(14.2.2)中,并把应变能分为弯曲应变能和剪

切应变能，其弯曲应变能

$$\Pi_b=\frac{1}{2}EIL\left(a_4^2+La_5a_6+\frac{a_6^2L^2}{3}\right) \tag{14.2.21}$$

考虑梁的厚度 t 远小于其跨度，式(14.2.20)所定义的剪切应变必须趋于零，式中常数必同时满足

$$a_4-a_2\rightarrow 0 \tag{14.2.22}$$

$$a_5-2a_3\rightarrow 0 \tag{14.2.23}$$

$$a_6\rightarrow 0 \tag{14.2.24}$$

当式(14.2.22)，(14.2.23)和(14.2.24)同时满足时，梁的剪切应变能将趋于零，而对应的由式(14.2.21)所定义的弯曲应变能并不为零，也即不存在剪力自锁现象(Free Of Locking)。

进一步分析可以得出，式(14.2.20)和(14.2.21)并没有施加任何额外约束在应变能中，而在式(14.2.24)中的 a_6 趋于零，则式(14.2.21)所定义的弯曲应变能为趋于常数，即

$$\Pi_b=\frac{1}{2}EIL\left(a_4^2+La_5a_6+\frac{a_6^2L^2}{3}\right)\rightarrow\frac{1}{2}EILa_4^2 \tag{14.2.25}$$

式(14.2.25)的物理意义是由于 a_6 趋于零，也就是转角式(14.2.18)的二阶导数为零，导致了一个附加的虚拟约束使得这类二次 Timoshenko 单元仅局限于薄梁中只有常弯曲能力。

14.2.2 Mindlin 板单元

14.2.2.1 板的自锁现象

Mindlin 板单元是主要用于中厚板的板单元。而板单元呈现出与 Timoshenko 梁单元类似的剪力自锁现象，根据上文提到的缩减积分并不能完全解决问题。如 2×2 积分或者是 2×3 积分形式无法消除 8 节点 Serendipity 板单元的剪力自锁；尽管 2×2 积分形式可消除 9 节点 Lagrange 板单元的剪力自锁，但同时又引入了零能量模态；同时 2×3 积分形式仅适合于完全矩形 9 节点 Lagrange 板单元而无法适应一般的四边形单元。并且，不仅板单元出现剪力自锁现象，由板单元所演化的壳单元又出现薄膜力自锁。

在 Kirchhoff-Love 薄板理论中，单元内任意点的变形是通过板中面的纵向位移来描述，而并没有考虑纵向剪切应变。类似于 Timoshenko 梁单元，为了考虑纵向剪切应变的影响，Mindlin 提出了转角作为独立变量。这个假定被广泛接受。Mindlin 板理论主要通过中面上分别关于 x 和 y 轴的转角 θ_x 和 θ_y，以及横向位移 w 来描述板上任意点的变形。由于转角作为独立变量，因此其应变定义为转角的一阶导数，因其积分函数只是满足 C^0 连续性，只需线性积分，使位移构造相对简单。而对应的纵向剪切应变则定义为

$$\gamma_{xz}=\theta_x-\frac{\partial w}{\partial x} \tag{14.2.26}$$

$$\gamma_{yz}=\theta_y-\frac{\partial w}{\partial y} \tag{14.2.27}$$

如图 14.2.2 所示，考虑各向同性板，其尺寸为 $a\times b$，厚度为 t，选取 z 轴作为沿板厚度方

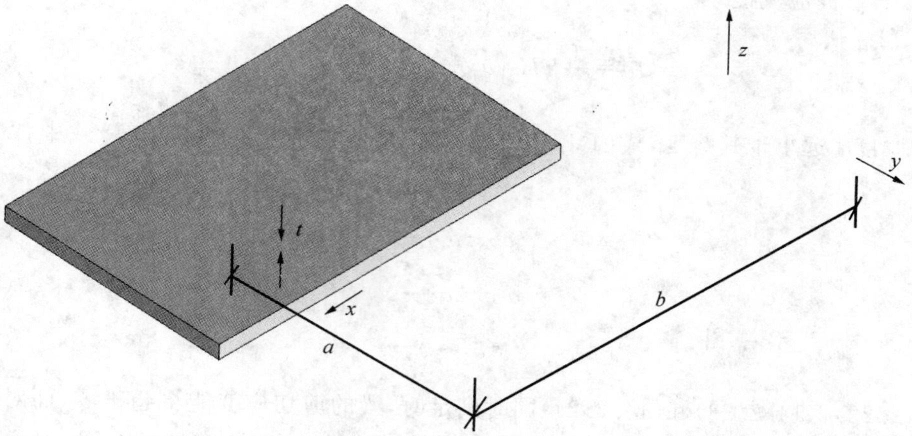

图 14.2.2　板单元

向，而 x 轴和 y 轴分别为板面的两个纵向。Mindlin 板的应变能

$$
\begin{aligned}
\Pi &= \frac{1}{2}\iiint_V (\sigma\varepsilon + \tau\gamma)\,\mathrm{d}x\mathrm{d}y\mathrm{d}z \\
&= \frac{Et^2}{24(1-v^2)}\left\{\iint_A \left[(\theta_{,x})^{\mathrm{T}}\theta_{,x} + (\theta_{,y})^{\mathrm{T}}\theta_{,y} + 2v\,\theta_{,x}\theta_{,y} + \frac{1-v}{2}(\theta_{x,y}+\theta_{y,x})\right]\mathrm{d}x\mathrm{d}y \right. \\
&\quad \left. + \frac{6k(1-v)}{t^2}\iint_A \left[(\theta_x - w_{,x})^2 + (\theta_y - w_{,y})^2\right]\mathrm{d}x\mathrm{d}y \right\}
\end{aligned}
\tag{14.2.28}
$$

其中，E 和 $G\left(=\frac{E}{2}(1+v)\right)$ 分别为材料的弹性模量和剪切模量；θ 为绕 y 轴的截面转角，而 $\theta_{,x}$ 和 $\theta_{,y}$ 分别是沿 x 和 y 方向转角的一阶导数；$\theta_x - w_{,x}$ 和 $\theta_y - w_{,y}$ 分别为沿 x 和 y 方向的剪应变；k 是剪切修正系数。

14.2.2.2　线性 Mindlin 板单元和缩减积分形式

4 节点线性板单元是最简单的 Mindlin 板单元，采用一次函数来表示位移 w 和 θ。即

$$w = a_1 + a_2 x + a_3 y + a_4 xy \tag{14.2.29}$$

$$\theta = a_5 + a_6 x + a_7 y + a_8 xy \tag{14.2.30}$$

其中，$a_1, \cdots, a_8$ 为待定常数。根据位移和应变几何关系，应变分量为

$$\varepsilon_x = z(a_6 + a_8 y) \tag{14.2.31}$$

$$\varepsilon_y = z(a_7 + a_8 x) \tag{14.2.32}$$

$$\gamma_{xz} = (a_5 - a_2) + (a_7 - a_4)y + a_6 x + a_8 xy \tag{14.2.33}$$

$$\gamma_{yz} = (a_5 - a_3) + (a_6 - a_4)x + a_7 y + a_8 xy \tag{14.2.34}$$

当板元厚度 t 趋于零，式(14.2.33)和式(14.2.34)所定义的剪切应变必须趋于零，则常数必须同时满足

$$a_5 - a_2 \to 0 \tag{14.2.35}$$

$$a_7 - a_4 \to 0 \tag{14.2.36}$$

$$a_5 - a_3 \to 0 \tag{14.2.37}$$

$$a_6 - a_4 \to 0 \tag{14.2.38}$$

$$a_6 \to 0 \tag{14.2.39}$$

$$a_7 \to 0 \tag{14.2.40}$$

$$a_8 \to 0 \tag{14.2.41}$$

式(14.2.35)～(14.2.38)定义了 Kirchhoff 薄板约束条件。然而，式(14.2.39)～(14.2.41)所附加的虚拟约束，使得在式(14.2.30)中采用一次函数来表示的转角位移 θ 为常数。因此，对应的弯曲应变分量为

$$\frac{\partial\theta}{\partial x} \to 0 \tag{14.2.42}$$

$$\frac{\partial\theta}{\partial y} \to 0 \tag{14.2.43}$$

也即中面不允许弯曲，从而导致虚拟的强约束"刚化"，即剪力自锁。由于剪力自锁，同梁的剪力自锁一样，所计算的位移将远小于真实值。

当采用连续积分，则式(14.2.28)中的剪切应变能

$$\begin{aligned}\Pi_s = &\frac{kGt}{2}\left[ab\,(a_5-a_2)^2 + a\frac{b^3}{3}(a_5-a_4)^2 + a_6 b\frac{a^3}{3} + a_8\,\frac{a^3b^3}{9}\right] \\ &+ \frac{kGt}{2}\left[ab\,(a_5-a_3)^2 + a\frac{b^3}{3}(a_6-a_4)^2 + a_7 a\frac{b^3}{3} + a_8\,\frac{a^3b^3}{9}\right]\end{aligned} \tag{14.2.44}$$

当板元厚度 t 趋于零，式(14.2.44)所定义的剪切应变能必须趋于零，为使常数满足则可以得到与式(14.2.35)～(14.2.41)相同的结论。剪力自锁不可避免。

当采用完全数值积分，如 2×2 Gauss-Legende 规则积分形式，其剪切应变能简化为

$$\begin{aligned}\Pi_s = &\frac{kGtab}{2}\left[(a_5-a_2)^2 + \frac{b^2}{12}(a_5-a_4)^2 + a_6\,\frac{a^2}{12} + a_8\,\frac{a^2b^2}{144}\right] \\ &+ \frac{kGtab}{2}\left[(a_5-a_3)^2 + \frac{a^2}{12}(a_6-a_4)^2 + a_7\,\frac{b^2}{12} + a_8\,\frac{a^2b^2}{144}\right]\end{aligned} \tag{14.2.45}$$

同样，为使剪切应变能趋于零，则式(14.2.35)～(14.2.41)必须同时满足，从而导致剪力自锁。如 1×2 Gauss-Legende 规则积分对剪切应变能数值积分，其剪切应变能简化为

$$\begin{aligned}\Pi_s = &\frac{kGtab}{2}\left[(a_5-a_2)^2 + \frac{b^2}{12}(a_5-a_4)^2\right] \\ &+ \frac{kGtab}{2}\left[(a_5-a_3)^2 + \frac{a^2}{12}(a_6-a_4)^2\right]\end{aligned} \tag{14.2.46}$$

上式显示不仅无需满足式(14.2.39)～(14.2.41)，从而消除了虚拟附加约束(导致自锁的原因)，并且保留了式(14.2.35)～(14.2.38)所定义的 Kirchhoff 薄板约束条件。因此，该积分形式能准确描述薄板情况而不存在剪力自锁现象。

当采用 1×1 缩减的 Gauss-Legende 规则对剪切应变能进行数值积分，则剪切应变能为

$$\Pi_s=\frac{kGtab}{2}(a_5-a_2)^2+\frac{kGtab}{2}(a_5-a_3)^2 \tag{14.2.47}$$

明显，当厚度 t 趋于零，剪切应变能趋于零，只需满足

$$a_5-a_2\to 0$$

$$a_5-a_3\to 0$$

相比 2×2 Gauss-Legende 积分，当采用 1×1 缩减积分，无需满足式(14.2.39)～(14.2.41)，故不存在由于其导致的虚拟刚化作用，因此不存在剪力自锁，同时也消除了由式(14.2.36)和式(14.2.38)所定义的 Kirchhoff 薄板约束条件，从而引入了两个零能量模态(Zero Energy Modes)，进而导致单元在此缩减积分形式下无法准确模拟厚板情况。

14.2.3 实体单元

目前，三维实体单元包括 Tetrahedral，Triangular Prism 和 Hexahedral 等单元。而 8 节点或 27 节点 Hexahedral 单元适用于规则体系，而 8 节点 Hexahedral 单元作为线性单元同样遭遇到剪力自锁现象。

如图 14.2.3 所示，考虑各向同性实体，其尺寸为 $a\times b\times c$，z 轴为沿实体厚度方向，而 x 轴和 y 轴分别为沿实体的两个横向。8 节点块体单元在三个方向的位移 u，v 和 w，采用一次函数，有

$$u=a_1+a_2x+a_3y+a_4z+a_5xy+a_6yz+a_7xz+a_8xyz \tag{14.2.48}$$

$$v=a_9+a_{10}x+a_{11}y+a_{12}z+a_{13}xy+a_{14}yz+a_{15}xz+a_{16}xyz \tag{14.2.49}$$

$$w=a_{17}+a_{18}x+a_{19}y+a_{20}z+a_{21}xy+a_{22}yz+a_{23}xz+a_{24}xyz \tag{14.2.50}$$

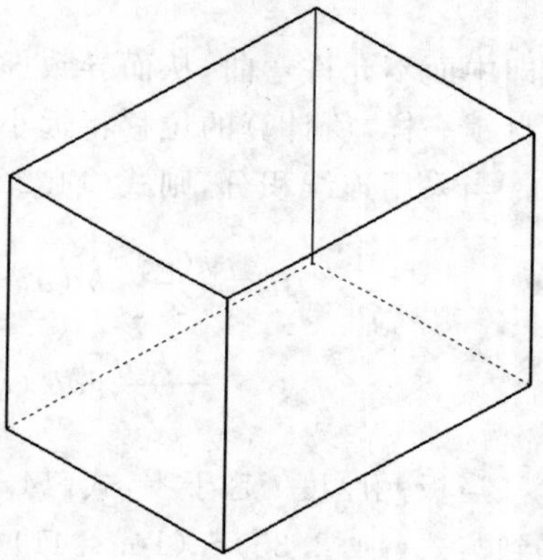

图 14.2.3 实体单元

其中，a_1，…，a_{24} 为待定常数。当考虑实体承受一个纯弯曲，则其剪切应变必须为零，也即

$$\gamma_{xz}=(a_{18}+a_4)+(a_6+a_{21})y+a_7x+a_{23}z+a_8xy+a_{24}yz \tag{14.2.51}$$

$$\gamma_{yz}=(a_{12}+a_{19})+a_{14}y+a_{22}z+(a_{15}+a_{21})x+a_{16}xy+a_{24}xz \tag{14.2.52}$$

$$\gamma_{xy}=(a_3+a_{10})+(a_5x+a_{13}y)+(a_6+a_{15})z+a_8xz+a_{16}yz \tag{14.2.53}$$

则常数必须同时满足

$$a_{18}+a_4\to 0 \tag{14.2.54}$$

$$a_6+a_{21}\to 0 \tag{14.2.55}$$

$$a_{12}+a_{19}\to 0 \tag{14.2.56}$$

$$a_{15}+a_{21}\to 0 \tag{14.2.57}$$

$$a_3+a_{10}\to 0 \tag{14.2.58}$$

$$a_6 + a_{15} \to 0 \tag{14.2.59}$$

同时，有

$$a_5 \to 0 \tag{14.2.60}$$

$$a_7 \to 0 \tag{14.2.61}$$

$$a_8 \to 0 \tag{14.2.62}$$

$$a_{13} \to 0 \tag{14.2.63}$$

$$a_{14} \to 0 \tag{14.2.64}$$

$$a_{16} \to 0 \tag{14.2.65}$$

$$a_{22} \to 0 \tag{14.2.66}$$

$$a_{23} \to 0 \tag{14.2.67}$$

$$a_{24} \to 0 \tag{14.2.68}$$

因此，对应节点位移的一阶导数

$$\frac{\partial u}{\partial x} = a_2 \tag{14.2.69}$$

$$\frac{\partial v}{\partial y} = a_{11} \tag{14.2.70}$$

$$\frac{\partial w}{\partial z} = a_{20} \tag{14.2.71}$$

式(14.2.69)～(14.2.71)产生了附加虚拟约束，使得各个方向的正应变为常数，也即是中面不允许弯曲，从而导致剪力自锁。

14.3 薄膜力自锁和不可压缩自锁

以上讨论了在厚度趋于零的情况下的自锁现象，在曲梁或者壳体单元中出现了类似的薄膜力自锁现象以及不可压缩自锁(当泊松比 $v \to 0.5$)。

薄膜力自锁现象是指曲梁或壳体单元在弯曲下过“刚”，在纯弯曲情况下节点位移必须只有弯曲效应，但是由于薄膜力自锁，则变形将受到虚拟薄膜力约束，从而导致结果远小于真实值。其本质是由于薄膜应变中不同项存在不同的阶次导致薄膜力自锁。

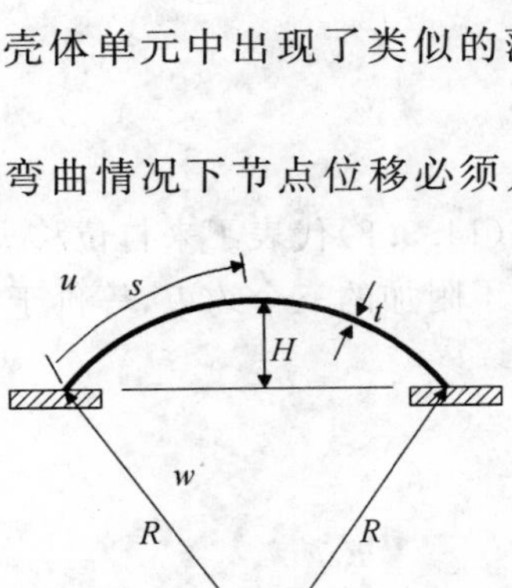

图 14.3.1　曲梁单元

14.3.1　经典曲线薄梁单元和薄膜力自锁

考虑如图 14.3.1 所示简单的曲线薄梁。梁厚度为 t，其跨度为 $2L$，曲率半径为 R，矢高为 H。沿切向和径向建立坐标，故任意点位移可通过切向位移 u 和正交的径向位移 w 表示。根据 Reissner 假定，任意点的应变

$$\varepsilon=\varepsilon_0+z\chi \tag{14.3.1}$$

对应的薄膜力应变和弯曲应变

$$\varepsilon_0=u_{,s}+\frac{w}{R} \tag{14.3.2}$$

$$\chi=\frac{u_{,s}}{R}-w_{,ss} \tag{14.3.3}$$

根据式(14.3.1)和式(14.3.2)，则切向位移 u 可采用 C^0 描述，而径向位移 w 可采用 C^1 描述，即

$$u=a_1+a_2\ \frac{s}{L} \tag{14.3.4}$$

$$w=a_3+a_4\ \frac{s}{L}+a_5\left(\frac{s}{L}\right)^2+a_6\left(\frac{s}{L}\right)^3 \tag{14.3.5}$$

其中，$a_1,\cdots,a_6$ 为待定常数。将式(14.3.4)和式(14.3.5)代入式(14.3.1)和式(14.3.3)，则薄膜应变

$$\varepsilon_0=\frac{a_2}{L}+\frac{a_3}{R}+\frac{a_4 s}{LR}+\frac{a_5 s^2}{L^2 R}+\frac{a_6 s^3}{L^3 R} \tag{14.3.6}$$

而弯曲应变

$$\chi=-\frac{2a_5}{L^2}+\frac{a_2}{LR}-\frac{6a_6 s}{L^3} \tag{14.3.7}$$

假定曲梁的跨厚比远大于1(即 $L/t\gg 1$，薄壁)并且矢高对应曲率半径比很大(深拱)时，曲梁将出现不可延伸的弯曲而对应的薄膜力必须趋于零(纯弯曲)。也就是式(14.3.6)所定义的薄膜应变趋于零，则对应的常数必须满足

$$a_2+a_3\rightarrow 0 \tag{14.3.8}$$

$$a_4\rightarrow 0 \tag{14.3.9}$$

$$a_5\rightarrow 0 \tag{14.3.10}$$

$$a_6\rightarrow 0 \tag{14.3.11}$$

式(14.3.8)代表了来自位移 u 和 w 的约束，是真实的约束条件。而式(14.3.9)～(14.3.11)代表了附加的三个约束，等价于

$$\frac{\partial w}{\partial s}\rightarrow 0 \tag{14.3.12}$$

$$\frac{\partial^2 w}{\partial s^2}\rightarrow 0 \tag{14.3.13}$$

$$\frac{\partial^3 w}{\partial s^3}\rightarrow 0 \tag{14.3.14}$$

这导致曲梁在其中线上刚化，无法在其径向发生弯曲和转动，这虚拟的刚化称为薄膜力自锁。

14.3.2 Mindlin 曲梁单元和薄膜力自锁

考虑一个简单的 Mindlin 曲线薄梁单元，厚度为 t，其跨度为 $2L$，而曲率半径为 R，矢高为 H。坐标定义同上，任意点的应变

$$\varepsilon=\varepsilon_0+z\chi \tag{14.3.15}$$

$$\gamma=\theta-w_{,s} \tag{14.3.16}$$

其中

$$\varepsilon_0=u_{,s}+\frac{w}{R} \tag{14.3.17}$$

$$\chi=\frac{u_{,s}}{R}-w_{,ss} \tag{14.3.18}$$

因此，对应的应变能

$$\begin{aligned}\Pi &=\Pi_b+\Pi_m+\Pi_s \\ &=\frac{EI}{2}\int_L\left(\frac{u_{,s}}{R}-\theta_{,s}\right)^2\mathrm{d}s+\frac{kGA}{2}\int_L(\theta-w_{,s})^2\mathrm{d}x\end{aligned} \tag{14.3.19}$$

式(14.3.19)分别代表了弯曲应变能、薄膜应变能和剪切应变能。

采用线性 Mindlin 曲线薄梁单元，位移只需 C^0 描述，即

$$u=a_1+a_2\frac{s}{L} \tag{14.3.20}$$

$$w=a_3+a_4\frac{s}{L} \tag{14.3.21}$$

$$\theta=a_5+a_6\frac{s}{L} \tag{14.3.22}$$

其中，$a_1,\cdots,a_6$ 为待定常数。薄膜应变

$$\varepsilon_0=\frac{a_2}{L}+\frac{a_3}{R}+\frac{a_4S}{LR} \tag{14.3.23}$$

为使得在薄壁构件中薄膜力应变趋于零，则

$$\frac{a_2}{L}+\frac{a_3}{R}\rightarrow 0 \tag{14.3.24}$$

$$a_4\rightarrow 0 \tag{14.3.25}$$

而式(14.3.25)导致了单元存在

$$w_{,s}\rightarrow 0 \tag{14.3.26}$$

这导致曲梁在其曲线中面刚化，无法在其径向发生弯曲和转动。

类似，如果采用二次 Mindlin 曲线薄梁单元，位移需 C^1 描述，即

$$u=a_1+a_2\frac{s}{L}+a_3\left(\frac{s}{L}\right)^2 \tag{14.3.27}$$

$$w=a_4+a_5\frac{s}{L}+a_6\left(\frac{s}{L}\right)^2 \tag{14.3.28}$$

$$\theta=a_7+a_8\frac{s}{L}+a_9\left(\frac{s}{L}\right)^2 \tag{14.3.29}$$

其中，$a_1,\cdots,a_9$ 为待定常数。对应的薄膜应变

$$\varepsilon_0=\left(\frac{a_2}{L}+\frac{a_4}{R}\right)+\left(2\frac{a_3}{L}+\frac{a_5}{R}\right)\frac{s}{L}+\frac{a_6}{R}\left(\frac{s}{L}\right)^2 \tag{14.3.30}$$

为使得在薄壁构件中薄膜应变趋于零，则

$$\frac{a_2}{L}+\frac{a_4}{R}\to 0 \tag{14.3.31}$$

$$2\frac{a_3}{L}+\frac{a_5}{R}\to 0 \tag{14.3.32}$$

$$a_6\to 0 \tag{14.3.33}$$

而式(14.3.33)导致了单元存在

$$w_{,ss}\to 0 \tag{14.3.34}$$

由于 $w_{,ss}$ 趋于零，也就是导致了中面转角的一阶导数为零。导致了一个附加的虚拟约束使得这类二次单元由于薄膜力自锁，仅局限于常弯曲能力。

14.3.3 不可压缩自锁

当泊桑比 v 趋于 0.5 时，常规的二维平面应变单元和三维弹性单元往往求解失败。由于材料无法压缩，导致计算位移自锁，进而导致相应的应力发生振荡。这类问题主要在模拟粘性土、塑料材料、橡胶材料、不可压缩流体和塑性不可压缩流动等等中出现。

14.3.3.1 一维不可压缩空心球体

如图 14.3.2 所示，考虑一个弹性空心球体，其外径为 r_2，而内径为 r_1（厚度为 r_2-r_1）。球体承受内压为 P。根据经典弹性力学，空心球体壁上任意点上的径向位移

$$u(r)=\frac{Pr_1^3}{2E(r_2^3-r_1^3)}\frac{2(1-2v)r^3+(1+v)r_2^3}{r^2} \tag{14.3.35}$$

其中，E 和 v 分别为材料的弹性模量和泊桑比；r 为从球心到此点距离。

在获得位移后，根据如图 14.3.2(a)所示球坐标系，即可计算三个方向的应变

$$\varepsilon_r=u_{,r},\quad \varepsilon_\theta=\frac{u}{r},\quad \varepsilon_\varphi=\frac{u}{r} \tag{14.3.36}$$

故其体积应变(Volumetric Strain)为

$$\varepsilon_v=\varepsilon_r+\varepsilon_\theta+\varepsilon_\varphi=u_{,r}+2\frac{u}{r} \tag{14.3.37}$$

相应的平均应力(Mean Stress)为

$$\sigma=K\varepsilon_v \tag{14.3.38}$$

其中，K 是体积模量(Bulk Modulus)，其定义为

$$K=\frac{E}{3(1-2v)} \quad 或 \quad K=\frac{2G(1+v)}{3(1-2v)} \tag{14.3.39}$$

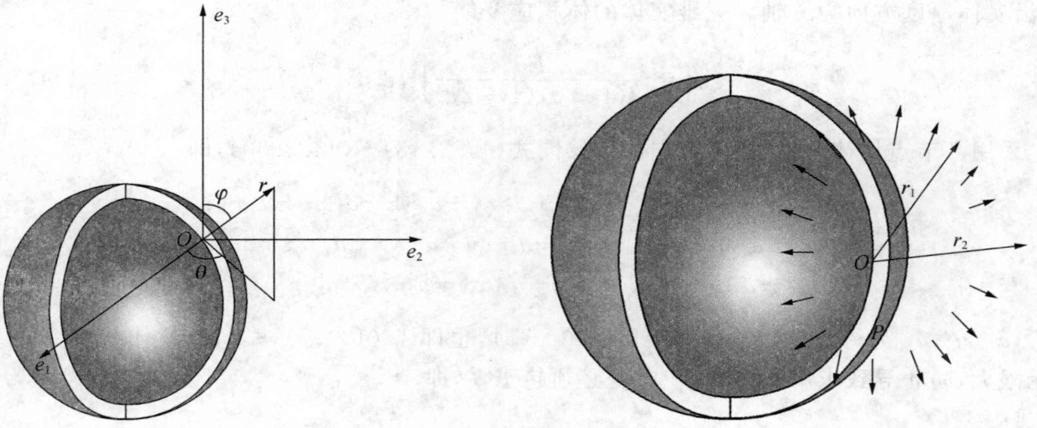

(a) 球坐标系　　　　(b) 几何参数

图 14.3.2　空心球体

对应的应变能

$$\Pi=\int_{r_1}^{r_2}\left(\frac{E}{2}\varepsilon_r^2+\frac{E}{2}\varepsilon_\theta^2+\frac{E}{2}\varepsilon_\varphi^2+\frac{E}{6(1-2v)}\varepsilon_v^2\right)r^2\,\mathrm{d}r \tag{14.3.40}$$

从应变能看出，体积应变能将由泊桑比 $v\to0.5$ 时，也即 $E/(6-2v)\to\infty$，因此导致应变能趋于无限大，从而导致求解失败。

现通过线性单元来进一步说明。假定位移 u 和径向距离 r 通过线性表示为

$$r=0.5(r_1+r_2)+0.5(r_2-r_1)\xi \tag{14.3.41}$$

$$u=0.5(u_1+u_2)+0.5(u_2-u_1)\xi \tag{14.3.42}$$

其中，单元的节点为 r_1 和 r_2。

体积应变能

$$\int\varepsilon_v^2r^2\,\mathrm{d}r=\int(ru_{,r}+2u)^2\,\mathrm{d}r \tag{14.3.43}$$

其中，把式(14.3.41)和式(14.3.42)代入到应变能项，即

$$(ru_{,r}+2u)=\left[\frac{(r_1+r_2)}{2(r_2-r_1)}(u_2-u_1)+(u_1+u_2)\right]+\frac{3}{2}(u_2-u_1)\xi \tag{14.3.44}$$

体积应变能项由泊桑比 $v\to0.5$ 时，有

$$\frac{(r_1+r_2)}{2(r_2-r_1)}(u_2-u_1)+(u_1+u_2)\to0 \tag{14.3.45}$$

$$u_2-u_1\to0 \tag{14.3.46}$$

显然,式(14.3.46)的物理意义是 $u_{,r}\to 0$,导致了一个附加约束,也即在长度方向不可压缩,并继而导致压力求解振荡,这个附加虚拟约束即为不可压缩自锁。

14.3.3.2　不可压缩三维实体

考虑如图 14.2.3 的各向同性实体,其尺寸为 $a\times b\times c$,沿实体的两个横向分别为 x 轴和 y 轴,沿实体厚度方向为 z 轴。三维实体的体积应变能

$$\Pi=\frac{E}{2(1+v)(1-2v)}\int\varepsilon_v^{\mathrm{T}}\varepsilon_v\mathrm{d}V \tag{14.3.47}$$

采用 8 节点块体单元,三个方向的位移同式(14.2.48)~(14.2.50),即

$$\begin{aligned}u&=a_1+a_2x+a_3y+a_4z+a_5xy+a_6yz+a_7xz+a_8xyz\\v&=a_9+a_{10}x+a_{11}y+a_{12}z+a_{13}xy+a_{14}yz+a_{15}xz+a_{16}xyz\\w&=a_{17}+a_{18}x+a_{19}y+a_{20}z+a_{21}xy+a_{22}yz+a_{23}xz+a_{24}xyz\end{aligned}$$

其中,$a_1,\cdots,a_{24}$ 为待定常数。当泊桑比 $v\to 0.5$ 时,也即 $1/(1-2v)\to\infty$,为使体积应变能不趋于无限大,防止导致求解失败,体积应变必须趋于零,即

$$\varepsilon_v=u_{,x}+v_{,y}+w_{,z}\to 0 \tag{14.3.48}$$

也即

$$\begin{aligned}\varepsilon_v=&(a_2+a_{11}+a_{20})+(a_{13}+a_{23})x+(a_5+a_{22})y+(a_7+a_{14})z\\&+(a_8yz+a_{16}xz+a_{24}xy)\to 0\end{aligned} \tag{14.3.49}$$

为使式(14.3.49)成立,必须同时满足

$$a_2+a_{11}+a_{20}\to 0 \tag{14.3.50}$$

$$a_{13}+a_{23}\to 0 \tag{14.3.51}$$

$$a_5+a_{22}\to 0 \tag{14.3.52}$$

$$a_7+a_{14}\to 0 \tag{14.3.53}$$

$$a_8\to 0 \tag{14.3.54}$$

$$a_{16}\to 0 \tag{14.3.55}$$

$$a_{24}\to 0 \tag{14.3.56}$$

式(14.3.50)~(14.3.56)附加了虚拟约束使得这类单元产生不可压缩自锁。

14.4　防止自锁的方法

14.4.1　选择性缩减积分技术

缩减积分技术是最简单的避免自锁方法,前面已经引入并且讨论。可是,不管是由于剪力自锁、薄膜力自锁或者不可压缩自锁,当采用线性的缩减积分,这意味着在单元大多积分点上的所有应力分量都为零。由于单元变形没有产生应变能,刚度矩阵可能发生奇异,所以这是零能量模式。在粗网格中,这种零能量模式会通过网格扩展出去,从而导致错误的结果,也即所

谓的沙漏现象。

现在原有缩减技术基础上发展了可避免沙漏现象的方法。把在虚功原理中的体积积分分解成偏应变能和体积应变能，即

$$\int \sigma_{ij}\delta\varepsilon_{ij}\,\mathrm{d}V = \int\left(\sigma_{ij}\delta\varepsilon_{ij} - \frac{\sigma_{kk}}{3}\delta\varepsilon_{qq}\right)\mathrm{d}V + \int \frac{\sigma_{kk}}{3}\delta\varepsilon_{qq}\,\mathrm{d}V \tag{14.4.1}$$

代入线性形函数和本构关系，则单元刚度矩阵为

$$k_{aibk}^{l} = \int\left(C_{ijkl}\frac{\partial N}{\partial x_j}\frac{\partial N}{\partial x_l} - \frac{1}{3}C_{ppkl}\frac{\partial N}{\partial x_i}\frac{\partial N}{\partial x_l}\right)\mathrm{d}V + \int\frac{1}{3}C_{ppkl}\frac{\partial N}{\partial x_i}\frac{\partial N}{\partial x_l}\mathrm{d}V \tag{14.4.2}$$

对刚度矩阵不是采用完全数值积分，也不是缩减技术。选择性缩减积分技术是对刚度矩阵(14.4.2)的第一项进行完全数值积分，而第二项进行缩减积分，这个方法可以避免自锁，同时也避免由于完全缩减积分技术导致的奇异沙漏现象。

14.4.2 "B-Bar"方法

类似于缩减积分技术，B-Bar 方法也是把刚度矩阵分解成偏应变部分和体积应变部分。选择性缩减积分技术通过分解体积积分，而 B-Bar 方法是通过修正单元的应变定义。此方法的优点是很适应有限应变问题。虚功原理中的应变能

$$\Pi = \int \sigma_{ij}\left[\varepsilon_{ij}(u_k)\right]\delta\varepsilon_{ij}\,\mathrm{d}V \tag{14.4.3}$$

在 B-Bar 方法中，定义体积应变为

$$\omega = \frac{1}{3V_e}\int \varepsilon_{kk}\,\mathrm{d}V = B_{bk}^{vol}u_k^b \tag{14.4.4}$$

其中

$$B_{bk}^{vol} = \frac{1}{3V_e}\int\frac{\partial N}{\partial x_k}\mathrm{d}V \tag{14.4.5}$$

因此，定义单元应变

$$\bar{\varepsilon}_{ij} = \varepsilon_{ij} + \left(\omega - \frac{\varepsilon_{kk}}{3}\right)\delta_{ij} \tag{14.4.6}$$

则虚功原理中的应变能可修改为

$$\Pi = \int \sigma_{ij}\left[\bar{\varepsilon}_{ij}(u_k)\right]\delta\bar{\varepsilon}_{ij}\,\mathrm{d}V \tag{14.4.7}$$

因此，根据位移形函数和本构关系，则刚度矩阵

$$\boldsymbol{k}_{aibk}^{l} = \int C_{pjql}\bar{B}_{pji}^{a}\bar{B}_{qlk}^{b}\,\mathrm{d}V \tag{14.4.8}$$

其中

$$\bar{B}_{pji}^{a} = \frac{\partial N}{\partial x_j}\delta_{ip} + \left(\bar{B}_{ia}^{vol} - \frac{1}{3}\frac{\partial N}{\partial x_i}\right)\delta_{pj} \tag{14.4.9}$$

对此刚度矩阵可直接采用完全数值积分，这个方法不仅可以避免自锁，同时也避免了由于完全缩减积分所导致的奇异-沙漏现象。

14.4.3 控制沙漏的缩减积分技术

由于缩减积分，导致刚度矩阵“偏软”进而扩展到周边单元发生沙漏现象。为了防止沙漏现象，在 4 节点平面单元和 8 节点块体单元中，一般是通过引入人为的虚拟刚度来防止沙漏。方法主要是通过定义沙漏基向量 $\Gamma^{a(i)}$，这个基向量是指在第 i 个沙漏模态的第 a 个节点位移。通常，4 节点平面单元只有 1 个沙漏模态，而 8 节点块体单元存在 4 个沙漏模态。

按沙漏模态，则沙漏形状向量定义为

$$\gamma^{a(i)} = \Gamma^{a(i)} - \frac{\partial N(\xi=0)}{\partial x_i} \sum_{b=1}^{n_e} \Gamma^{b(i)} x_j^b \tag{14.4.10}$$

其中，n_e 是单元节点数。

因此，单元刚度矩阵修正为

$$\boldsymbol{k}_{aibk}^l = \int \boldsymbol{C}_{ijkl} \frac{\partial N^a}{\partial x_j} \frac{\partial N^b}{\partial x_l} \mathrm{d}V + \kappa V_e^l \sum_m \gamma^{a(m)} \gamma^{b(m)} \tag{14.4.11}$$

其中，V_e 是单元体积；κ 是人为的控制沙漏的刚度修正系数，通常采用

$$\kappa = 0.01G \frac{\partial N^a}{\partial x_j} \frac{\partial N^b}{\partial x_l} \tag{14.4.12}$$

其中，G 为材料的剪切模量。通过这个系数可以适用大部分情况，但如果 κ 太大，则有可能导致刚度过刚情况。本方法已经证明是有效的，但在有限应变问题或者动力分析中，控制沙漏方法可能失效，因为由于控制沙漏引入的低刚度可能产生虚拟低频振荡和低频微波。

15 有限单元法的实施

15.1 总刚矩阵和方程组求解中的图及其算法

结构节点编号决定了总刚矩阵中非零元位置和分布，而总刚矩阵的稀疏结构决定了直接求解器所需的储存空间和计算量，决定了预条件共轭梯度迭代求解器的某些预条件效果、迭代求解的收敛速度。因此，希望通过适当的节点编号处理改变总刚矩阵的稀疏结构，使其具备良好性质，而使用以图论为基础的稀疏矩阵重排序技术可以达到这一目的。通过把结构总刚矩阵的稀疏结构抽象为图，以图论探讨它们的性质。采用重排序技术，使结构总刚矩阵的稀疏结构获得良好性质。而通过以图模型模拟高斯消去的过程，减少了总刚矩阵三角分解的填充量和计算量的重排序算法，对稀疏直接求解有重要意义。

15.1.1 图的基本概念和算法

图(graph)是一种数据结构[35]。图的数据元素通常称为顶点(vertex)。图由若干顶点和边(edge)组成，顶点之间的关系是任意的，通过边来体现。图中任意两个元素都可能相关。图 G 由两个集合 V 和 E 组成，记为

$$G=(V,E)$$

其中，V 是顶点的非空有限集；E 是边的有限集合，边是顶点的无序对或有序对。

图分有向图和无向图。有向图中的边是顶点的有序对，若 u,v 为顶点，则从 u 到 v 的边记为 (u,v)。无向图中的边是顶点的无序对，顶点 u 和 v 之间的边记为 (u,v) 或 (v,u)，且有 $(u,v)=(v,u)$。按图的逻辑结构，图的顶点之间不存在次序，即无法将图的顶点排列成一个线性序列。图的任何一个顶点都可以看成是第一个顶点，任意顶点的邻接点之间也不存在次序。但在实际应用中，需要将图的顶点按某个次序排列。

若图有 n 个顶点、e 条边，且不考虑顶点到其自身的边。对于无向图，e 的取值范围是 0 至 $\frac{1}{2}n(n-1)$，有 $\frac{1}{2}n(n-1)$ 条边的无向图称为无向完全图(Complete Graph)。对于有向图，e 的取值范围是 0 至 $n(n-1)$，有 $n(n-1)$ 条边的有向图称为有向完全图。边很少(如 $e<n\log n$)的图称为稀疏图(Sparse Graph)，反之称为稠密图(Dense Graph)。

在图 G 中，若 (u,v) 为边，则称顶点 u 和 v 是相邻的。顶点 v 相邻的顶点的集合称为 v 的相邻集，记为 $Adj(v)$。与每个顶点相连的边数称为该顶点的度(degree)。若从顶点 v_1 出发，沿一些边经过顶点 $v_2,v_3,\cdots,v_{n-1}$ 到顶点 v_n，称顶点序列 $(v_1,v_2,v_3,\cdots,v_{n-1},v_n)$ 为从 v_1 到 v_n 的路径(path)。对于有向图，路径也是有向的，其方向是由起点到终点且与它经过的每条边的方向相一致。沿路径上边的数目称为路径长度。如果从顶点 x 到 y 存在一条路径 $(x,v_1,\cdots,v_k,y)$，其中 $v_i\in S(1\leqslant i\leqslant k)$，则称 y 从 x 经过 S 是可达的(reachable)。从 x 经 S 可达的顶点的集合记为 $Reach(x,S)$。需要注意的是 x 本身并不属于 $Reach(x,S)$。

如果图 G 中任意两个顶点之间都有路径相连接，则称该图是一个连通图（Connected Graph）。而一个不连通图由两个或两个以上的连通构件组成。如果在删去图中某些顶点以及与这些顶点相关联的边后，能把图的一个连通构件分割成两个或两个以上的连通构件，则称这些顶点的集合为隔离子（separator）。如果隔离子没有自己的子集，则称该隔离子是最小的。如果隔离子只有一个顶点，则称该顶点为割点。可以将一个图的顶点分割成互不相交的子集、相邻等级结构或简单结构。

在许多与图相关的算法中，常需要按某种顺序访问图的顶点和边，并找出顶点和边的性质。这种依次访问图所有的顶点的过程称为图的遍历（Traversing Graph）。图的遍历算法是许多图论相关算法的基础，通常有深度优先算法（Depth First Search）和广度优先算法（Breath First Search）。

深度优先搜索可从图中某个顶点 v_0 出发，先访问该顶点，然后依次从 v_0 的未被访问的邻接点出发遍历图，直至图中所有和 v_0 有路径相通的顶点都被访问。若此时图中仍有顶点未被访问，则另选图中一个未曾被访问的顶点作为起始点，重复上述过程，直至图中所有顶点都被访问。

广度优先搜索是从图中某个顶点 v_0 出发，依次访问各个未曾访问过的 v_0 的邻接点，然后从这些邻接点出发遍历图，直至图中所有已访问过的顶点的邻接点都已被访问到。若此时图中仍有顶点未被访问，则另选图中未曾被访问的顶点作为起始点，重复上述过程，直至图中所有顶点都已访问。广度优先遍历的算法如下：(1) 访问起始顶点 v_0，把 v_0 加入到队列 Q 的队尾；(2) Q 的队头元素 v 出队；(3) 依次访问未曾访问过的 v 的邻接点，并将其到加入到 Q 的队尾；(4) 若 Q 非空，转至(2)；(5) 结束。

在图 G 中，顶点 u 和 v 的最短距离为 $d(u,v)$。若选定顶点 v，把图的其它顶点按它们到 v 的距离大小分等级，得到以 v 为根节点的等级结构 $\mathcal{L}(v)$。显然，第一等级就是 v 的邻接点。一般第 i 等级记为 $L_i(v)$，且 $\mathcal{L}(v)=\{L_0(v),L_1(v),\cdots,L_{l(v)}(v)\}$，其中 $l(v)$ 表示最后一级的顶点到 v 的距离。在 $\mathcal{L}(v)$ 中，显然每一个等级结构 $L_i(v)$ 就是图的一个隔离子。等级结构在图的许多算法中有重要意义。显然，可以通过广度优先搜索算法来划分图的等级结构。

当给定顶点 u，u 和图中其它任何顶点之间的最大距离称为顶点 u 的偏心距 $e(u)$。图中所有顶点的偏心距的最大值称为图的直径。偏心距等于图的直径的顶点称为图的周边顶点。很多算法的效率与起始顶点的选择关系极大，最好以周边顶点作为起始顶点。但是没有能找出图的周边顶点的有效算法，只有找出偏心率接近于图的直径的伪周边顶点的算法。Gibbs 等给出了通过划分等级结构找出图的伪周边顶点的算法。若 u 是一个根为 v 的等级结构的最后一级的顶点，则有 $e(v)\leqslant e(u)$，Gibbs 算法如下：(1) 找一个最小度顶点 v；(2) 生成根在 v 的等级结构

$$\mathcal{L}(v)=\{L_0(v),L_1(v),\cdots,L_{l(v)}(v)\}$$

(3) 找出 $L_{l(v)}(v)$ 中所有的连通结构；(4) 对 $L_{l(v)}(v)$ 中每一个连通结构 C，找出 C 中的最小度顶点 x，并生成它的等级结构 $\mathcal{L}(x)$，若 $l(x)>l(v)$，则 $v\leftarrow x$，并转至(3)，否则转至(5)；(5) v 是一个伪周边顶点。

15.1.2 有限元分析中的图

图可以和任意矩阵 $\boldsymbol{A}$ 相联系。一个对称方阵可以和一个无向图相联系，而一个非对称方阵可以和一个有向图相联系。

如 $\boldsymbol{A}$ 为 n 阶对称方阵，a_{ij} 为元素，对角元 a_{ii} 不等于 0，那么 $\boldsymbol{A}$ 对应的图是无向的，而且包含 n 个被标记顶点 $v_1, v_2, \cdots, v_n$，以及 (v_i, v_j) 为图的一条边，当且仅当 $a_{ij} \neq 0$。这一联系如图15.1.1所示，图中⊗表示非零元。

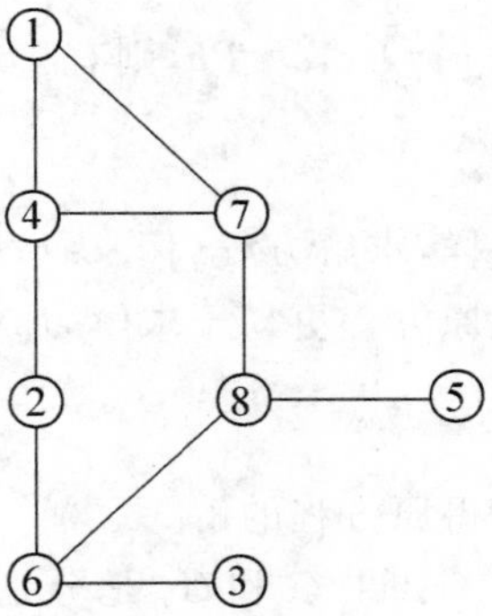

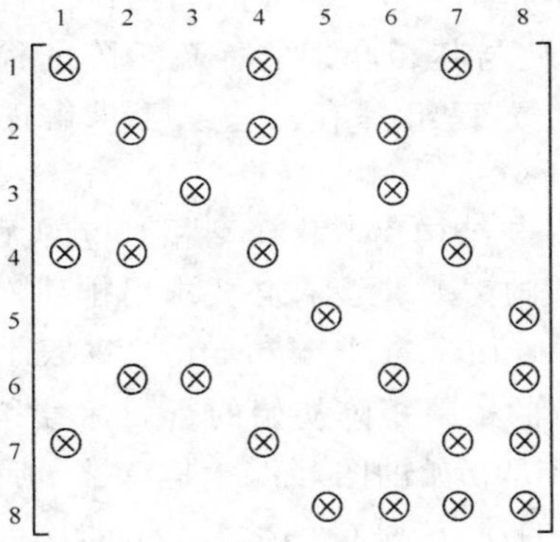

图 15.1.1 对称方阵和对应标记的无向图

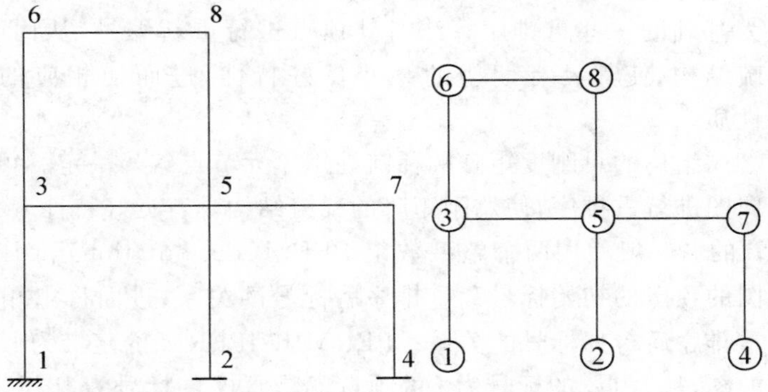

图 15.1.2 二层刚架和对应标记的无向图

离散化后的结构也可以和一个无向图相联系。假如结构节点数为 n，则对应的无向图也包含 n 个被标记顶点 $v_1, v_2, \cdots, v_n$。同样，(v_i, v_j) 为图的一条边，当且仅当标号为 i 和 j 的节点属于同一个单元。图15.1.2 直观地表示这一联系。与结构总刚度矩阵相对应的图都是稀疏图。若结构节点 i 和 j 相邻，则对应的无向图顶点 i 和 j 之间有边相连，对应的总刚矩阵 $\boldsymbol{K}$ 中 k_{ij} 为非零子块。如图15.1.3所示，图中⊗表示与各节点对应的非零子块。

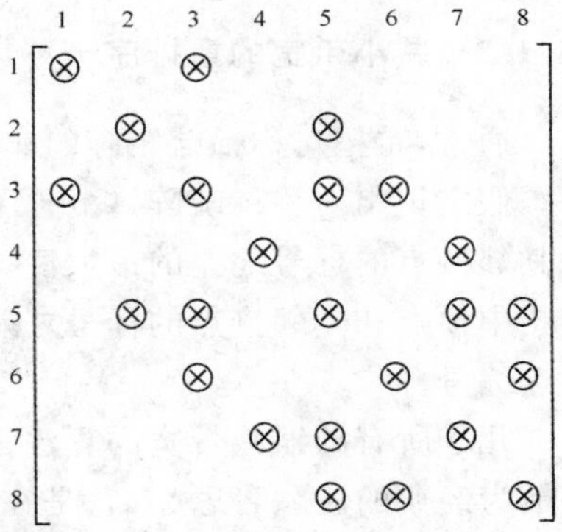

图 15.1.3 图 15.1.2 所示结构的总刚矩阵

对于给定的对称正定稀疏矩阵 $\boldsymbol{A}$，可任意交换 $\boldsymbol{A}$ 的行和列，从而改变 $\boldsymbol{A}$ 的稀疏结构。如果 $\boldsymbol{P}$ 为排列矩阵，则 $\boldsymbol{P}^{\mathrm{T}}\boldsymbol{P}=\boldsymbol{I}$，令$\boldsymbol{A}^*=\boldsymbol{P}\boldsymbol{A}\boldsymbol{P}^{\mathrm{T}}$，则$\boldsymbol{A}^*$ 为 $\boldsymbol{A}$ 的变换形式，并且也同样对称正定。$\boldsymbol{A}^*$ 和 $\boldsymbol{A}$ 除非零元的位置不同(即稀疏结构

不同)外,是等价的。这样,线性方程组

$$\boldsymbol{A}\boldsymbol{x}=\boldsymbol{b} \tag{15.1.1}$$

可改写为

$$\boldsymbol{P}\boldsymbol{A}\boldsymbol{P}^{\mathrm{T}}\boldsymbol{P}\boldsymbol{x}=\boldsymbol{P}\boldsymbol{b}$$

或

$$\boldsymbol{A}^{*}\boldsymbol{P}\boldsymbol{x}=\boldsymbol{P}\boldsymbol{b}$$

令 $\boldsymbol{y}=\boldsymbol{P}\boldsymbol{x}$,$\boldsymbol{c}=\boldsymbol{P}\boldsymbol{b}$,则有

$$\boldsymbol{A}^{*}\boldsymbol{y}=\boldsymbol{c} \tag{15.1.2}$$

这样,求解方程(15.1.1)等价于求解方程(15.1.2)。如果通过对 $\boldsymbol{A}$ 的变换使得方程(15.1.2)比原方程更易于求解,那么就可以先由方程(15.1.2)解得 $\boldsymbol{y}$ 后,再由

$$\boldsymbol{x}=\boldsymbol{P}^{\mathrm{T}}\boldsymbol{y} \tag{15.1.3}$$

求得原方程的解。

如果 G 和 G^{*} 是分别与 $\boldsymbol{A}$ 和 $\boldsymbol{A}^{*}$ 相联系的图,那么 G 和 G^{*} 除它们的顶点标记不同外是等价的。这一不变性在稀疏矩阵技术中非常重要。对于任意给定的一个图,可以利用以图论为基础的一些重排序算法对其顶点进行重新编号,从而改变使与其相联系的稀疏矩阵的稀疏结构,使其具有期望的某些良好特性,进而使相应的线性方程组具有某些易于求解的性质。

结构的总刚度矩阵的稀疏性由单元节点编号决定。可以对与结构离散化模型相对应的无向图进行重排序,使总刚矩阵的稀疏结构具有良好特性。在重排序中,是没有必要求出排列阵 $\boldsymbol{P}$ 的。一般使用两个整型数组 PERM(Permutation)和 IPERM(Inverse Permutation)来表示图的顶点的初始标号和重排序后标号的关系,进而得出相对应的稀疏矩阵初始的行列标号和重排序后行列标号的关系。PERM 和 IPERM 的定义为假定 G 是初始的图,而 G^{*} 是重排序后的图,那么 G^{*} 的标号为 i 的顶点就是原 G 的标号为 PERM(i)的顶点,原 G 的标号为 i 的顶点就是 G^{*} 的标号为 IPERM(i)的顶点。

假定 $\boldsymbol{A}$ 是初始的稀疏矩阵,而 $\boldsymbol{A}^{*}$ 是重排序后的稀疏矩阵,那么 $\boldsymbol{A}^{*}$ 的第 i 行(或列)就是原来 $\boldsymbol{A}$ 的第 PERM(i)行(或列),原 $\boldsymbol{A}$ 的第 i 行(或列)就是 $\boldsymbol{A}^{*}$ 的第 IPERM(i)行(或列)。

15.1.3 减小带宽的重排序

通常,希望对称稀疏矩阵的非零元尽量集中在对角线附近,使得矩阵的带宽或轮廓越小越好。假定记与对称稀疏阵 $\boldsymbol{A}$ 相联系的无向图为 G,$\boldsymbol{A}$ 第 i 行的行宽相当于 G 中顶点 v_i 的标号 i 与其邻接点的标号之差的最大值。要对 $\boldsymbol{A}$ 重排序使其带宽减小,相当于对 G 的顶点重新标号使图中顶点和其邻接点的标号之差尽量小。也就是说,对任一个顶点 v 编号后,应尽快对其邻接点编号。

几乎所有的缩减带宽的算法都是 Cuthill-Mckee 算法的变型,其中 Reverse Cuthill-Mckee 是最为经典的。顾名思义,它是在 Cuthill-Mckee 算法的基础上再反向排序。1969 年,Cuthill 和 Mckee 发表了缩减矩阵带宽的算法。而后,Geodge 发现在经 Cuthill-Mckee 算法排序后再反向排序,矩阵带宽保持不变,而轮廓决不会增加。这就是 Reverse Cuthill-Mckee 算法的

由来。

对于给定的有 n 个顶点的无向图 G，Reverse Cuthill-Mckee 算法如下：如图 15.1.3 所示，(1) 确定一个伪周边顶点，重新编号为 1，记为 v_1，$i=1$；(2) 对 $i=1,2,\cdots,n$，找出所有尚未重新编号的 v_i 的相邻顶点，重新编号使它们按升序排列；(3) 对所有已重排序的顶点再进行反向排序。

近年来，已出现了比 Reverse Cuthill-Mckee 算法更好的缩减带宽或轮廓的重排序算法，如 Sloan 算法、Spectral 算法和 Hybrid 算法等。

15.1.4 减小填充率的重排序

稀疏矩阵的结构模式对其三角分解所需的储存量和运算量有重大影响。以高斯消元法作用于对称正定稀疏矩阵 $\boldsymbol{A}$，对矩阵进行三角因子分解，得

$$\boldsymbol{A}=\boldsymbol{L}\boldsymbol{L}^{\mathrm{T}}$$

或

$$\boldsymbol{A}=\boldsymbol{L}\boldsymbol{D}\boldsymbol{L}^{\mathrm{T}}$$

在分解过程中计算 $\boldsymbol{L}$ 的元素时，新的非零元将在 $\boldsymbol{A}$ 的非零元相应于 $\boldsymbol{L}$ 的位置上产生，这种情况称为“填充”。当然，理论上也有可能出现非零元相消的情况，但在实际的数值计算中这种情况是极少的，通常予以忽略。因而，$\boldsymbol{A}$ 中每个非零元素在 $\boldsymbol{L}$ 中的相应位置也为非零元素，加上填充产生的大量非零元，$\boldsymbol{L}$ 的非零元数量远比 $\boldsymbol{A}$ 多。在实际的数值计算中，总是希望填充量越小越好，因为随着填充量的增加，所需的储存单元也大大增加；随着填充量的增加，完成因子分解所需的运算量增加很快；随着填充量的增加，计算误差也会增大。

填充量与稀疏矩阵的稀疏结构密切相关。人们关心的是如何找到一个有效的排序，使得稀疏矩阵的稀疏结构经重排序改变后填充量和运算量能大大减小。

如果一个排序的总填充量最小，则称该排序关于填充最优；如果一个排序的运算量最小，这该排序关于运算量最优。对于一个 n 阶矩阵，共有 $n!$ 种不同排序，其中有一种或多种是关于填充量近似最优的，有一种或多种是关于运算量近似最优的。实际上要找到完全最优的排序是不可能的，通常希望能找到两者都近似最优的排序，并且是在可接受的时间内；否则，重排序所带来的好处将被重排序所带来的额外工作所抵消掉。

当前常用的有最小度算法(Minimum Degree Method)和嵌套剖分算法(Nested Dissection Ordering Method)。这里仅讨论算法的原理和思想以及一些例子，而要理解这些算法，必须先了解对称高斯消去法的图论背景。

15.1.5 对称高斯消去法中的图

高斯消去法在图论中可用消去图模型(Elimination Graph Model)来解释。高斯消去法或三角分解的每一步可相对应从图中消去一个顶点。设图 G 是与对称正定稀疏阵 $\boldsymbol{A}$ 相联系的无向图，对 $\boldsymbol{A}$ 逐步进行三角分解(即相当于高斯消元)，有 $\boldsymbol{A}=\boldsymbol{L}\boldsymbol{L}^{\mathrm{T}}$。则与之相联系的消去图可描述如下。

假定图 $G_0=G=(V,E)$，$G_0\rightarrow G_1\rightarrow\cdots\rightarrow G_{n-1}$ 是一个消去图序列，则该序列中第 i 个消去图由以下两个步骤生成：(1) 消去顶点 v_i 和与它相连的边；(2) 增加边使属于 $Adj(v_i)$ 的顶点两两相邻。

上述消去图序列的生成过程中增加的边就对应于分解中增加的非零元。与消去图 G_i 相联系的填充图(Filled Graph)$G^F=(V^F,E^F)$，其中 E^F 包括了 E^A 中所有的边和消去过程中增加的边，有 $E^F=\{(v_i,v_j)\mid v_j\in Reach(v_i,\{v_1,v_2,\cdots,v_{i-1}\})\}$。消去图 G_i 中任意顶点 u 的相邻集 $Adj(u)=Reach(u,\{v_1,v_2,\cdots,v_i\})$。

图 15.1.4 显示了一个无向图的消去过程。其中，(a) 为原无向图，(b) 首先消去顶点 1，(c) 其次消去顶点 2，(d) 再消去顶点 3，(e) 最后消去顶点 4。图中的虚线表示消去过程中增加的边。

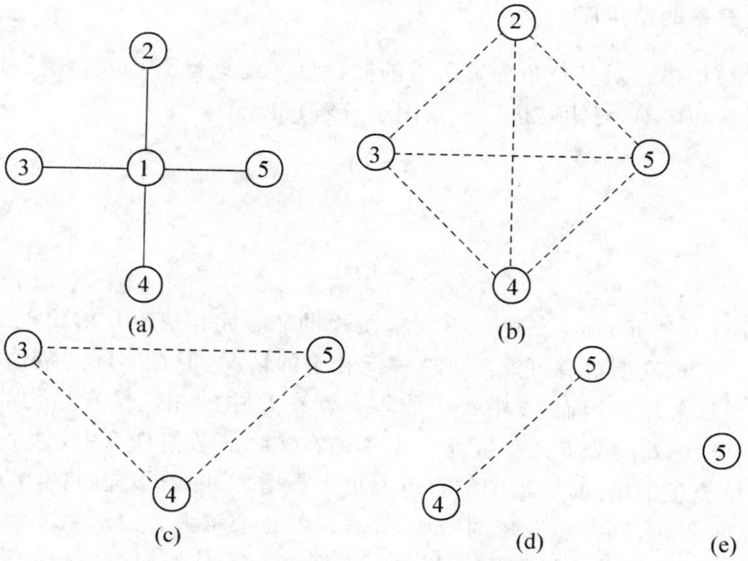

图 15.1.4　一个无向图的消去过程

从无向图 G 中消去一个顶点 v 导致边的增加，从而使该顶点的邻接点两两相连。这些两两相连的顶点就称为团(clique)。在有限单元法中，团又可以称为广义单元(Generalized Element)。图 15.1.4(b)就是一个团。由图的基本概念可知，团就是 G 的完全无向子图。团的顶点必是两两相邻的，因而一个团可以只用它的顶点的集合来表示。而在计算机中储存团时也只需储存它的顶点即可，而不必储存它的边。

在稀疏矩阵相关算法中，团是一个重要概念。可以把图 G 看成是团的集合。例如，图 15.1.4(a)所示的图可以用团的集合表示为$\{\{1,2\},\{1,3\},\{1,4\},\{1,5\}\}$。显然，图 G 中团的数量边决不会比 G 中边的数量多。而消去图模型也可以用团的概念来表达。初始时，可以简单地把图 G 看成由与其边数数量相同的团组成的集合。假定当前图 G 是团的集合 K，$K=\{K_1,K_2,\cdots,K_q\}$；而 v 是待消去的顶点，它属于 K 的子集 K_S，$K_S=\{K_{S_1},K_{S_2},\cdots,K_{S_t}\}$。由团表示的消去图由以下两个步骤生成：(1) 从团的集合 K 中删去团 $K_{S_1},K_{S_2},\cdots,K_{S_t}$；(2) 向团的集合 K 中增添新的团 K_{new}，$K_{new}=(K_{S_1}\cup K_{S_2}\cup\cdots\cup K_{S_t})-\{v\}$。这样，图 15.1.4 所示的一个无向图的消去过程可以用上述团的概念表达如下：初始时，图 G 表示为团的集合 K，$K=\{\{1,2\},\{1,3\},\{1,4\},\{1,5\}\}$。消去顶点 1，则先从 K 中删去包含顶点 1 的团$\{1,2\}$，$\{1,3\}$，$\{1,4\}$和$\{1,5\}$，再向 K 中增加新的团$\{1,2\}\cup\{1,3\}\cup\{1,4\}\cup\{1,5\}-\{1\}$，得 $K=\{\{2,3,4,5\}\}$；同样，消去顶点 2，可得 $K=\{\{3,4,5\}\}$；消去顶点 3，可得 $K=\{\{4,5\}\}$；最后消去顶点 4，可得 $K=\{\{5\}\}$。

假如用$|K|$表示团K中顶点的数量，则在由团表示的消去图生成过程的第(2)步中，恒有

$$|K_{new}| < \sum_{i=1}^{t} |K_{S_i}|$$

在由团表示的消去图生成过程中，所需要的储存空间决不会比由团表示的初始状态的图所需要的储存空间多。由于团可以只表示为顶点的集合，所以上述过程就表现为顶点的增删。

15.1.6 最小度

由消去图模型可知，填充率的大小即填充图G^F中边的多少，与先消去哪一个顶点密切相关。要减小填充率，就要先消去当前消去图G_i中相邻顶点少的顶点，即当前度最小的顶点。这就要求度越小的顶点越先编号。

现按最小度的思想给出一个经典例子。图15.1.4(a)中的十字形无向图中度最大的顶点标号为1，它的度为4。其它标号为2,3,4和5的顶点的度都是1。这样，原顶点1应最后编号，重标号为5，顶点5重新标号为1，顶点2,3,4的标号可不变。这样，重排序前的矩阵如图15.1.5(a)所示，重排序后的矩阵如图15.1.5(b)所示。其中，⊗表示原有非零元，×表示填充产生的非零元。可见，原矩阵分解后全部填满，而重排序后矩阵分解没有产生任何填充。

	1	2	3	4	5
1	⊗	⊗	⊗	⊗	⊗
2	⊗	⊗	×	×	×
3	⊗	×	⊗	×	×
4	⊗	×	×	⊗	×
5	⊗	×	×	×	⊗

(a)

	1	2	3	4	5
1	⊗				⊗
2		⊗			⊗
3			⊗		⊗
4				⊗	⊗
5	⊗	⊗	⊗	⊗	⊗

(b)

图15.1.5 最小度重排序前后矩阵填充量的对比

最小度算法就是利用上述思想而得到的一种重排序算法。对于给定的有n个顶点的无向图G，基本的最小度算法如下：(1) 令$i=1$，从图G中选定一个度最小的顶点v，重新编号为i；(2) 从图G中消去顶点v，得到消去图G_v，$G \leftarrow G_v$；(3) 令$i=i+1$，若$i<n$，转至(1)，否则结束。

在基本的最小度算法中，第(2)步是最重要的一个步骤。如前所述，这一顶点的消去过程可以用图的另一种表现形式——团的集合的实现。同时，这一步骤还要重新计算v的相邻顶点的度。最小度算法的计算量主要集中在消去过程中顶点度的更新。实际上常会遇到许多顶点的度相同的情况，这些顶点称为难区分顶点。最小度算法重排序的质量主要取决于难区分顶点问题的处理策略。

当今实用的算法都是在最小度算法的基础上做一些改进而成的。Joseph W. H. Liu 和 P. Armestoy 等人在这方面做了大量卓有成效的工作。现在已有不少很有效的方法，如难区分顶点的批量消去、度的不完全更新、多重消去(Multiple Elimination)和用外部度(External

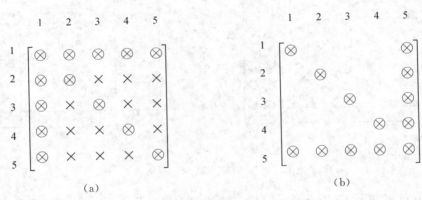

Degree)代替真正的度等。

15.1.7 嵌套剖分

嵌套剖分算法实际上只是一个稀疏矩阵重排序算法的框架，它可以看作是一个递归的过程。嵌套剖分算法的核心在于图的隔离子对图的分割。

从一个图中移去隔离子 S 中的顶点，可以将图分离成两个部分 G_1 和 G_2，分别属于 G_1 和 G_2 的任意两个顶点之间没有路径相连。如先对 G_1 和 G_2 中的顶点编号后再对 S 中的顶点编号，则由前面对消去图的讨论可知，在相对应的矩阵的高斯消去过程中，总是先消去子图中的顶点再消去隔离子中的顶点。而消去任一子图中的顶点不会在另一子图中增加新的边，也就是说不会引起填充，这样填充就被限制在该子图本身和隔离子的范围内。如能找到很小的隔离子，那么在隔离子范围内的填充也会很小。如果继续在子图中找出很小的隔离子，再使隔离子编号，则填充可以继续被限制在更小的范围内。

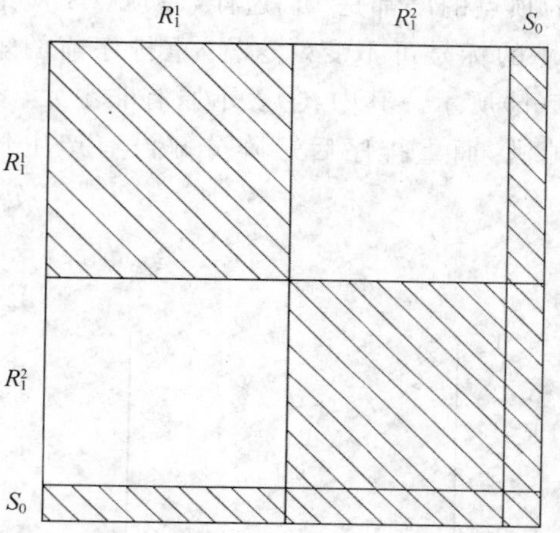

(a)

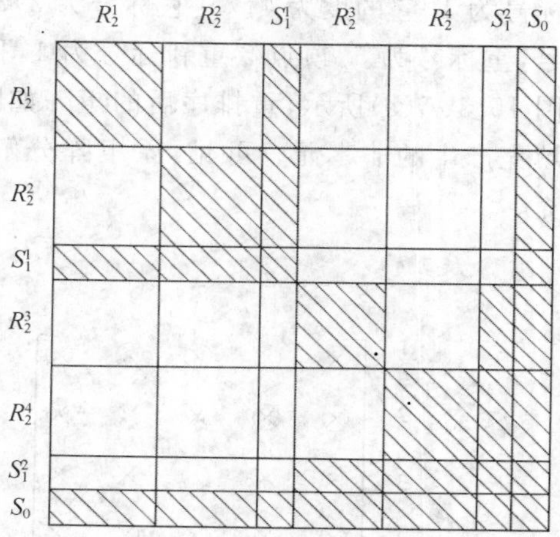

(b)

图 15.1.6 嵌套剖分过程图解

嵌套剖分过程如图 15.1.6 所示。假定原始顶点集合为 R_0，而 S_0 为它的隔离子，则移去 S_0 中的顶点可以将 R_0 分为两个子图 R_1^1 和 R_1^2。首先对 R_1^1 和 R_1^2 的顶点编号，最后对 S_0 的顶点编号。这时，相应矩阵的非零元及填充被限制在图 15.1.6(a)的阴影部分。重复上述过程，用隔离子 S_1^1 和 S_1^2 分别将 R_1^1 和 R_1^2 分割成 R_2^1，R_2^2 以及 R_2^3，R_2^4。根据 R_2^1，R_2^2，S_1^1，R_2^3，R_2^4，S_1^2 的顺序对每个集合的顶点重新排序，这样非零元和填充限制在图 15.1.6(b)所示的更小的阴影范围内。由以上图解过程易得嵌套剖分算法：对一个给定的无向图 G，(1) 在图 G 中找出一个尽可能小的隔离子 S，将图分为大致相等的两个子图；(2) 先对两个子图中的顶点编号后再对 S 中的顶点编号；(3) 分别对这两个子图应用最小度算法。

以上算法并未涉及什么样的隔离子才算是好的隔离子、如何找到它们，以及子图和隔离子的顶点该如何编号、递归过程应该在什么时候停止等细节。这些细节的不同处理方法就形成了不同的嵌套剖分算法，而嵌套剖分算法重排序的质量也与这些细节的处理方法密切相关。

一般来说隔离子 S 可以通过在待分割的连通结构 R 中划分以伪周边顶点 v 为根的等级

结构$\mathcal{L}(v)=\{L_0(v),L_1(v),\cdots,L_{l(v)}(v)\}$得到。若 $l(v)\leqslant 2$,则 R 不再分割;否则选取中间等级 $m=(1+l(v))/2$,再取等级结构 L_m 的某个子集作为 R 的最小隔离子 S,对 R 进行分割处理。

现在已经有了很好的处理方法,使嵌套剖分算法比最小度算法更为有效。另外,还有一种趋势是把嵌套剖分算法和最小度算法结合起来。具体可参阅 B. Hendrickson, E. Rothberg, C. Ashcraft, Joseph W. H. Liu 和 A. Gupta 等人在这方面的论文。

15.2 总刚度矩阵的一维变带宽紧密储存

指标并积法可得到以二维数组储存的总刚度矩阵 $\boldsymbol{K}$。显然总刚度矩阵是稀疏、带状的对称矩阵。对于具有上述特性的总刚度矩阵可以采用二维储存,即用一个二维数组来储存总刚度矩阵中的各个元素。这种储存方法最简单、直观。总刚度矩阵中第 i 行第 j 列的元素 K_{ij} 正好位于地址下标分别为 i,j 的二维数组的相应单元中。但是,这种储存方式须耗费大量的内存。所以作为一种改进,可以采用二维等带宽储存。这种储存方法有改进,然而在最大半带宽范围内还存在不少零元素。因此应当采用以一维数组形式的变带宽紧凑储存。于是,现在的问题是如何建立二维的总刚度矩阵与一维的储存形式之间的关系,也就是根据单元的节点号求得单元刚度矩阵中的各元素在总刚度矩阵中的地址 i,j,然后确定总刚度矩阵中第 i 行第 j 列的元素在储存总刚度矩阵的一维数组中的相对位置。为此必须根据各个系统的拓扑特性形成两个数组。现设一维数组 KIi 指示总刚度矩阵中第 i 行元素中第一个非零元素的列号,从而形象地指示了总刚度矩阵的形状和大小,可以使矩阵分解中剔除无效的零元素的长操作;一维数组 KJi 为总刚度矩阵中第 i 行元假想的第 0 列元素在储存总刚元素的一维数组中的序号。显然对指示假想的第 0 列元素序号的 KJ 与指示某行第一个非零元素位置的 KI 数组之间存在如下关系:

$$KJ(i)=KJ(i-1)+i-KI(i) \tag{15.2.1}$$

KJ 可以实现单刚矩阵

$$\boldsymbol{k}=\begin{bmatrix} k_{11} & & & & & \\ k_{21} & k_{22} & & & & \\ k_{31} & k_{32} & k_{33} & & & \\ k_{41} & k_{42} & k_{43} & k_{44} & & \\ k_{51} & k_{52} & k_{53} & k_{54} & k_{55} & \\ k_{61} & k_{62} & k_{63} & k_{64} & k_{65} & k_{66} \end{bmatrix}$$

某个元素 $k_{i,j}$ 在一维数组中的地址运算,即如 $k_{i,j}$ 在刚度矩阵中的两维地址为 i 和 j,那么该元素在一维数组中的地址为

$$L=KJ(i)+j \tag{15.2.2}$$

按此地址可集成总刚度矩阵

$$
\begin{array}{c}
\\ 1 \\ 2 \\ \vdots \\ I1 \\ I2 \\ I3 \\ \vdots \\ \vdots \\ J1 \\ J2 \\ J3 \\ \vdots
\end{array}
\boldsymbol{K}=
\begin{array}{cccccccccccc}
1 & 2 & \cdots & I^1 & I^2 & I^3 & \cdots & & J^1 & J^2 & J^3 & \cdots \\
\ddots & & & & & & & & & & & \\
 & \ddots & & & & & & & & & & \\
 & & \ddots & & & & & & & & & \\
 & & \ddots & k_{I1,I1} & & & & & & & & \\
 & & & k_{I2,I1} & k_{I2,I2} & & & & & & & \\
 & & & k_{I3,I1} & k_{I3,I2} & k_{I3,I3} & & & & & & \\
 & & & \vdots & & & \ddots & & & & & \\
 & & & \vdots & & & & \ddots & & & & \\
 & & & k_{J1,I1} & k_{J1,I2} & k_{J1,I3} & \cdots & \cdots & k_{J1,J1} & & & \\
 & & & k_{J2,I1} & k_{J2,I2} & k_{J2,I3} & & & k_{J2,J1} & k_{J2,J2} & & \\
 & & & k_{J3,I1} & k_{J3,I2} & k_{J3,I3} & & & k_{J3,J1} & k_{J3,J2} & k_{J3,J3} & \\
 & & & & & & & & & & & \ddots
\end{array}
$$

一维数组中的地址计算不仅储存刚度矩阵的元素，并且在进行矩阵分解和回代的方程求解过程中提取元素。

15.3 有限元线性代数方程组的求解

15.3.1 算法的数值稳定性

所谓算法，简单地说是某一计算方法的具体实现，确切地说就是对一些事先给定的或是计算过程中产生的数据，按照规定的顺序进行运算的序列。

在组织算法时，应当注意原始数据和中间数据的储存、长操作次数，避免计算过程中舍入误差的积累，即算法的数值稳定性。如果算法使用不当，即使是良态问题也可以使计算结果完全破坏。现使用 Gauss 消去法解良态线性方程组

$$
\begin{cases}0.0001x+y=1,\\ x+y=2\end{cases}
$$

按照自然顺序选主元进行计算。以第一式中 x 的系数 0.0001 为主元，消去第二式中 x，得 $-10000y=-10000$，即有 $y=1$。代入第一式得 $0.0001x+1=1$，即得 $x=0$。而当以第二式中 y 的系数 1 为主元，从第一式中消去 y，得 $x=1$，代入第二式就得到 $y=1$。而准确解为 $x=1.0001, y=0.9999$。

此外应当明白，由于计算机字长有限，所谓数学上的等价表达式在实际计算中是并不等价，不同表达式的计算结果可能会有很大差异。

和问题的病态性一样，算法的数值稳定性都是相对而言的，判断一个算法的数值稳定性需

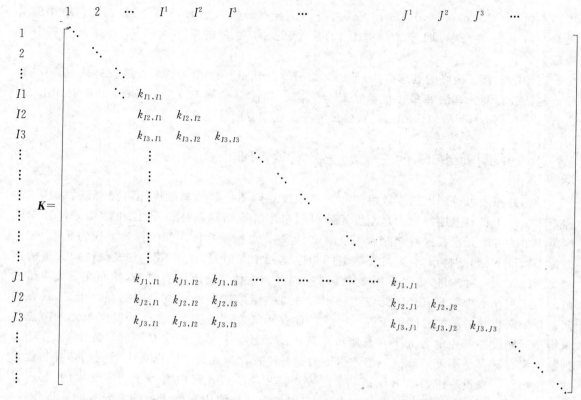

要应用舍入误差分析。

现采用 Wilkinson 提出的向后误分析方法，讨论一般的线性问题算法数值稳定性的判断方法。现用 Gauss 主元消去法求解线性方程组

$$\boldsymbol{KU}=\boldsymbol{P} \tag{a}$$

得式(a)的近似解 $\tilde{\boldsymbol{U}}$。当根据浮点运算的误差传播规律加以分析，可以发现近似解 $\tilde{\boldsymbol{U}}$ 是某摄动方程

$$(\boldsymbol{K}+\delta\boldsymbol{K})\tilde{\boldsymbol{U}}=\boldsymbol{P}+\delta\boldsymbol{P} \tag{b}$$

的准确解。$\delta\boldsymbol{K}$ 的大小在这里起重要作用。算法不同，所产生的摄动 $\delta\boldsymbol{K}$ 也不同。$\|\delta\boldsymbol{K}\|$ 愈小，所用算法的数值稳定性就愈好。

15.3.2 因子分解法

因子分解法的基本概念是将线性方程组的系数矩阵即结构的总刚度矩阵 $\boldsymbol{K}$ 表示为

$$\boldsymbol{K}=\boldsymbol{LDL}^{\mathrm{T}}$$

其中，$\boldsymbol{L}$ 是下三角矩阵，$\boldsymbol{D}$ 是对角阵，即有

$$\boldsymbol{L}=\begin{bmatrix} L_{11} & & & & & \\ L_{21} & L_{22} & & & & \\ \vdots & \vdots & \ddots & & & \\ L_{i1} & L_{i2} & \cdots & L_{ii} & & \\ \vdots & \vdots & & \vdots & \ddots & \\ L_{n1} & L_{n2} & \cdots & \cdots & \cdots & L_{nn} \end{bmatrix},\quad \boldsymbol{D}=\begin{bmatrix} D_1 & & & & & \\ & D_2 & & & & \\ & & \ddots & & & \\ & & & D_i & & \\ & & & & \ddots & \\ & & & & & D_n \end{bmatrix}$$

总刚度矩阵 $\boldsymbol{K}$ 就化为 $\boldsymbol{L}$，$\boldsymbol{D}$ 及$\boldsymbol{L}^{\mathrm{T}}$ 这三个矩阵因子的乘积。形似 $\boldsymbol{KU}=\boldsymbol{P}$ 的线性方程组可以改写为

$$\boldsymbol{LDL}^{\mathrm{T}}\boldsymbol{U}=\boldsymbol{P} \tag{15.3.1}$$

方程组的解 $\boldsymbol{U}$ 可简单地分成两步求得。首先设

$$\boldsymbol{DL}^{\mathrm{T}}\boldsymbol{U}=\boldsymbol{Y} \tag{15.3.2}$$

于是

$$\boldsymbol{LDL}^{\mathrm{T}}\boldsymbol{U}=\boldsymbol{P} \tag{15.3.3}$$

将上式展开为

$$\begin{cases} L_{11}Y_1=P_1, \\ L_{21}Y_1+L_{22}Y_2=P_2, \\ \quad\vdots \\ L_{i1}Y_1+L_{i2}Y_2+\cdots+L_{ii}Y_i=P_i, \\ \quad\vdots \\ L_{n1}Y_1+L_{n2}Y_2+\cdots+L_{nn}Y_n=P_n \end{cases} \tag{15.3.4}$$

由式(15.3.4)中第一个方程可立即得到 Y_1，然后将 Y_1 代入第二个方程式求得 Y_2，这样依此进

行，可以很方便地求得 Y。即

$$\begin{cases} Y_1=\dfrac{P_1}{L_{11}}, \\ Y_2=\dfrac{1}{L_{22}}(P_2-L_{21}Y_1), \\ Y_3=\dfrac{1}{L_{33}}(P_3-L_{31}Y_1-L_{32}Y_2), \\ \vdots \end{cases} \tag{15.3.5}$$

由上式可得到求 $\boldsymbol{Y}$ 的一般式

$$Y_i=\frac{1}{L_{ii}}\left(P_i-\sum_{j=1}^{i-1}L_{ij}Y_j\right) \quad (i=2,3,\cdots,n) \tag{15.3.6}$$

以上这个过程称之为向前代换，由前代公式(15.3.6)求得 $\boldsymbol{Y}$ 后接着可求解方程组(15.3.2)得解向量 $\boldsymbol{U}$。

注意到矩阵 $\boldsymbol{D}$ 是对角矩阵，因此方程组(15.3.2)可很方便地变换为

$$\boldsymbol{L}^{\mathrm{T}}\boldsymbol{U}=\boldsymbol{D}^{-1}\boldsymbol{Y} \tag{15.3.7}$$

将上式展开，得

$$\begin{cases} L_{11}U_1+L_{21}U_2+\cdots+L_{n1}U_n=Y_1/D_1, \\ L_{22}U_2+\cdots+L_{n2}U_n=Y_2/D_2, \\ \vdots \\ L_{nn}U_n=Y_n/D_n \end{cases} \tag{15.3.8}$$

于是求方程组(15.3.8)的解可以从第 n 行开始，即

$$\begin{cases} U_n=\dfrac{Y_n/D_n}{L_{nn}}, \\ U_{n-1}=\left(\dfrac{Y_{n-1}}{D_{n-1}}-L_{n,n-1}U_n\right)\bigg/L_{n-1,n-1}, \\ \vdots \end{cases} \tag{15.3.9}$$

解的一般式可表示为

$$U_i=\frac{1}{L_{ii}}\left(\frac{Y_i}{D_i}-\sum_{j=i+1}^{n}L_{ji}U_j\right) \quad (i=n-1,n-2,\cdots,1) \tag{15.3.10}$$

以上这个求解 $\boldsymbol{U}$ 的过程称之为向后代换。至此，就得到了线性方程组的解。在结构分析中采用三角因子的解法还有一个明显的好处是这种解法尤其适宜于多工况时的分析。

接下来的问题是如何将方程组的系数矩阵分解为三角矩阵 $\boldsymbol{L}$ 及对角阵 $\boldsymbol{D}$。为了求解三角矩阵 $\boldsymbol{L}$ 及对角矩阵 $\boldsymbol{D}$，根据系数矩阵 $\boldsymbol{K}$ 的分解定义 $\boldsymbol{K}=\boldsymbol{LDL}^{\mathrm{T}}$，将系数矩阵展开为

$$\begin{cases} K_{11}=L_{11}D_1L_{11}, \\ K_{21}=L_{21}D_1L_{11},\ K_{22}=L_{21}D_1L_{21}+L_{22}D_2L_{22}, \\ K_{31}=L_{31}D_1L_{11},\ K_{32}=L_{31}D_1L_{21}+L_{32}D_2L_{22}, \\ \quad\vdots \qquad\qquad\qquad \vdots \\ K_{n1}=L_{n1}D_1L_{11},\ K_{n2}=L_{n1}D_1L_{21}+L_{n2}D_2L_{22} \end{cases} \tag{15.3.11}$$

一般有

$$K_{ij} = \sum_{l=1}^{j} L_{il} D_l L_{jl} \quad (j \leqslant i; i = 1,2,\cdots,n) \tag{15.3.12}$$

对于对称矩阵 $\boldsymbol{K}$ 有 $K_{ij}=K_{ji}$，所以在式(15.3.12)中有 $n(n+1)/2$ 个独立的方程。而同时却需要求 $n(n+1)/2$ 个 L_{ij} 和 n 个 D_i 项的值，因此在确定 L_{ij} 及 D_i 的值时至少有 n 个自由选取的办法，然而通常最常用的有 Cholesky 法和三重因子分解法。

15.3.3 Cholesky(平方根)法

Cholesky 法是一种常用的求解线性方程组的方法，这个方法是使所有的 n 个对角阵的元素都为 1，即 $D_i=1$，这时由式(15.3.11)得

$$\begin{cases} L_{11}=(K_{11})^{1/2}, \\ L_{21}=\dfrac{K_{21}}{L_{11}}, L_{22}=(K_{22}-L_{21}L_{21})^{1/2}, \\ L_{31}=\dfrac{K_{31}}{L_{11}}, L_{32}=\dfrac{1}{L_{22}}(K_{32}-L_{31}L_{21}), L_{33}=(K_{33}-(L_{31}L_{31}+L_{32}L_{32}))^{1/2}, \\ \vdots \\ L_{n1}=\dfrac{K_{n1}}{L_{11}}, L_{n2}=\dfrac{1}{L_{22}}(K_{n2}-L_{n1}L_{21}) \end{cases} \tag{15.3.13}$$

于是得一般式为

$$\begin{cases} L_{jj} = \left(K_{jj} - \sum\limits_{l=1}^{j-1} L_{jl} L_{jl}\right)^{1/2}, \\ L_{ij} = \dfrac{1}{L_{jj}}\left(K_{ij} - \sum\limits_{l=1}^{j-1} L_{il} L_{jl}\right) \end{cases} \quad (i = 2,3,\cdots,n; j = 1,2,\cdots,i-1) \tag{15.3.14}$$

所以采用 Cholesky 法解线性方程组是首先利用式(15.3.14)计算求得三角因子 L_{ij}，L_{ii}，然后利用前代公式(15.3.6)及后代公式(15.3.10)求得方程组的解。注意到在这个解法中 $D_i=1$，因此实际上只需要储存三角元素 L_{ij} 即可。Cholesky 法的分解，前代及后代过程中长操作次数，按式(15.3.13)及式(15.3.14)因子分解为 $\left(\dfrac{n^3}{6}+\dfrac{n^2}{2}-\dfrac{n}{2}\right)$ 次，按式(15.3.6)向前代换为 $\dfrac{n(n+1)}{2}$ 次，按式(15.3.10)向后代换为 $\dfrac{n(n+1)}{2}$ 次，总计为 $\left(\dfrac{n^3}{6}+\dfrac{3n^2}{2}+\dfrac{n}{2}\right)$ 次。

15.3.4 三重因子分解法

这个方法是使所有的下三角矩阵 $\boldsymbol{L}$ 中对角项 $L_{ii}=1$，于是根据式(15.3.11)方程组系数矩阵的因子可分解为

$$\begin{array}{ll} K_{11}=D_1 & \\ K_{21}=L_{21}D_1 & K_{22}=L_{21}D_1L_{21}+D_2 \\ K_{31}=L_{31}D_1 & K_{32}=L_{31}D_1L_{21}+L_{32}D_2 \\ \vdots & \vdots \\ K_{n1}=L_{n1}D_1 & K_{n2}=L_{n1}D_1L_{21}+L_{n2}D_2 \end{array}$$

于是

$$D_1=K_{11},\quad L_{21}=K_{21}/D_1,\quad \cdots,\quad L_{n1}=K_{n1}/D_1$$

$$D_2=K_{22}-L_{21}^2D_1,\quad L_{32}=\frac{K_{32}-L_{31}D_1L_{21}}{D_2},\quad L_{42}=\frac{K_{42}-L_{41}D_1L_{21}}{D_2},\quad \cdots$$

$$\vdots$$

其一般式为

$$\begin{cases} D_j = K_{jj} - \sum_{l=1}^{j-1} L_{jl}D_lL_{jl}, \\ L_{ij} = \frac{1}{D_j}\left(K_{ij} - \sum_{l=1}^{j-1} L_{il}D_lL_{jl}\right) \end{cases} \quad (i=1,2,\cdots,n;j=1,2,\cdots,i-1) \tag{15.3.15}$$

利用上式求得各因子后同样仍利用前代公式(15.3.6)及后代公式(15.3.10)求解方程组。注意到在这个方法中三角因子 $\boldsymbol{L}$ 的对角项 $L_{ii}=1$,所以也不必储存,而在对角项的相应位置里存储 D_i。

三重因子分法的分解,前代及后代过程中的长操作次数,按式(15.3.15)因子分解为 $\left(\frac{n^3}{6}+n^2+n\right)$次,按式(15.3.6)向前代换为$\frac{n(n-1)}{2}$次,按式(15.3.10)向后代换为$\frac{n(n-1)}{2}$次,总计为$\left(\frac{n^3}{6}+2n^2\right)$次。可见在运算速度上 Cholesky 较三重因子法略逊一筹。这些在求解大型线性方程组时都必须加以考虑的。因此下面将就三重因子分解法在具体应用中如何进一步的改进作出探讨。

15.3.5 减少长操作的方法

根据因子分解公式(15.3.15),从矩阵 $\boldsymbol{K}$ 的下三角矩阵 $\boldsymbol{L}$ 及对角阵 $\boldsymbol{D}$ 的计算公式

$$\begin{cases} D_j = K_{jj} - \sum_{l=1}^{j-1} L_{jl}D_lL_{jl}, \\ L_{ij} = \frac{1}{D_j}\left(K_{ij} - \sum_{l=1}^{j-1} L_{il}D_lL_{jl}\right) \end{cases} \quad (i=1,2,\cdots,n;j=1,2,\cdots,i-1)$$

中可以看到,如果开辟一个中间的工作数组 $\boldsymbol{U}$,则可以减少大量的乘法运算。为形象地说明这个数组 $\boldsymbol{U}$ 的作用,可试将式(15.3.15)展开,并取任意第 i 行各下三角元素 L_{ij} 的计算公式。这里如取 $i=14$,显然

$$L_{14,1}=K_{14,1}/D_1$$
$$U(1)=K_{14,1}$$
$$L_{14,1}=U(1)/D_1$$
$$U(1)=L_{14,1}\times D_1$$

于是

$$L_{14,2}=(K_{14,2}-L_{14,1}D_1L_{21})/D_2$$
$$=(K_{14,2}-U(1)L_{21})/D_2$$

令 $U(2)=K_{14,2}-U(1)L_{21}$，则 $L_{14,2}=U(2)/D_2$，于是 $U(2)=L_{14,2}D_2$。又

$$L_{14,3}=(K_{14,3}-L_{14,1}D_1L_{31}-L_{14,2}D_2L_{32})/D_3$$

令 $U(3)=K_{14,3}-U(1)L_{31}-U(2)L_{32}$，则

$$L_{14,3}=U(3)/D_3$$
$$\vdots$$

上述过程可以很明显地归纳为一个简单的公式，对第 i 行下三角元素的计算为

$$\begin{cases}U(1)=K_{i1}, \\ U(2)=K_{i2}-U(1)L_{j1}, \\ U(3)=K_{i3}-(U(1)L_{j1}+U(2)L_{j2}), \\ U(4)=K_{i4}-(U(1)L_{j1}+U(2)L_{j2}+U(3)L_{j3}), \\ \quad\vdots \\ U(j)=K_{ij}-(U(1)L_{j1}+U(2)L_{j2}+\cdots+U(j-1)L_{j,j-1})\end{cases} \tag{a}$$

当计算求得 $U(j)$ 后，可按完全相同的计算格式(a)很方便地计算出下三角元 L_{ij} 和对角元 D_j。在计算第 i 行各列元素时，仅当 $j=i$ 时计算所得即为对角元 D_j，而其余皆是与下三角元 L_{ij} 相对应的工作单元 $U(j)$，而下三角元 L_{ij} 可按式(b)计算求得。这里可以看出在设立工作数组时减少了 LD 的运算，由式(a)，(b)，(c)可得三角因子的分解公式(15.3.15)的算法

$$U_j = K_{ij} - \sum_{l=1}^{j-1} U_l L_{jl} \quad (i = 1,2,\cdots,n) \tag{15.3.16}$$

其中，$U_l=L_{il}D_l$。于是

$$L_{il}=\frac{U_j}{D_j} \quad (j=1,2,\cdots,i-1) \tag{b}$$

$$D_j=U_j \quad (i=j) \tag{c}$$

采用式(15.3.16)计算时在程序中还需设置一个累加器，即令

$$W = \sum_{l=1}^{j-1} U_l L_{jl}$$

这样可以进一步减少长操作次数，从而有效地提高运算速度。至此，可以把三角因子分解的算法简单地归纳成以下几个步骤

$$\begin{cases}W = \sum\limits_{l=1}^{j-1} U_l L_{jl}, \\ U_j = K_{ij} - W\end{cases} \quad (i=1,2,\cdots n;j=1,2,\cdots,i) \tag{15.3.17}$$

其中，$U_l=L_{il}D_l$，且

$$L_{il}=\frac{U_j}{D_j} \quad (j=1,2,\cdots,i-1), \quad D_j=U_j \quad (i=j)$$

由于三角因子分解所需的运算时间约是解一次线性方程组所需时间的 75%，因此提高因子分解的速度是很有意义的。

15.3.6 剔除了与零元素相乘的三重因子分解法

对于具有带状、稀疏等特点的线性方程组的系数矩阵，采用式(15.3.15)进行因子分解，式(15.3.6)的前代公式和式(15.3.10)的后代公式来求解线性方程组无疑其计算量是极大的，因为其中进行了大量的不必要的运算，且主要是与第一类零元素相乘的运算。在总刚度矩阵中第一类零元素经分解后所生成的三角因子 L_{ij} 仍然为零，故很必然当采用式(15.3.15)进行分解时并不需从第一个元素开始(如果第一个元素是零元素)，而是可以从第一个非零元素开始。于是式(15.3.15)可改写为

$$\begin{cases} D_j = K_{ij} - \sum\limits_{l=KI_j}^{j-1} L_{jl} D_l L_{jl}, \\ L_{il} = \dfrac{1}{D_j}\left(K_{ij} - \sum\limits_{l=KI_j}^{j-1} L_{jl} D_l L_{jl}\right), \\ \boldsymbol{KI} = \max(\boldsymbol{KI}_i, \boldsymbol{KI}_j) \end{cases} \quad (i=1,2,\cdots,n; j=KI_i, KI_i+1,\cdots,i) \tag{15.3.18}$$

上式中 $\boldsymbol{KI}_i$，$\boldsymbol{KI}_j$ 是线性方程组的系数矩阵，即总刚度矩阵 $\boldsymbol{K}$ 中任意一个元素 K_{ij} 所在的第 i 行中第一个非零元素的列号及其所在的第 j 列相当的第 j 行元素的第一个非零元素的列号。为了更形象地看出 $\boldsymbol{KI}_i$ 的意义，现分析一个具有带状分布的稀疏矩阵。当对第 i 行第 j 列元素 K_{ij} 进行三角分解时，由公式(15.3.16)可见在求和计算时不仅与 i 和 j 列元素之前的$(j-1)$列各个已被分解的元素 L_{il} 有关，且亦与第 j 行各已被分解的因子 L_{jl} 有关。因此当系数矩阵为一稀疏矩阵时，矩阵中的第一个零元素经分解后仍为零。根据这个特点，只需计算稀疏矩阵中的非零元素的三角因子，而可以完全剔除与第一类零元素相乘的运算，于是分解可以从第一个非零元素开始。所以，对于具有稀疏带状特性的系数矩阵的分解的算法可表示为

$$\begin{cases} W = \sum\limits_{l=KI}^{j-1} U_l L_{jl}, \\ U_j = K_{ij} - W \end{cases} \quad (i=1,2,\cdots,n; j=KI, KI+1,\cdots,i) \tag{15.3.19}$$

其中

$$U_l = L_{il} D_l$$

$$L_{ij} = \frac{U_j}{D_j} \quad (j=KI, KI+1,\cdots,i-1)$$

$$D_j = U_j \quad (j=i)$$

总刚度矩阵的元素 k_{ij} 在一维数组 R 中的地址 L 按式(15.2.2)计算，系数矩阵中的元素 k_{ij} 储存在 $R(L)$，分解后仍然储存在 $R(L)$内。这时，只需要将因子分解的公式(15.3.18)稍加以改写。总刚度矩阵元素以一维变带宽紧密储存的因子分解的算法为

$$\begin{cases} W = \sum_{l=KI}^{j-1} U_l R_{KJ_i+j} \quad (i = 1,2,\cdots,n), \\ U_j = R_{KJ_i+j} - W \quad (j = KI, KI+1,\cdots,i) \end{cases} \tag{15.3.20}$$

其中

$$KI = \max\ (KI_i, KI_j)$$

$$R_{KJ_i+j} = \frac{U_j}{R_{KJ_j+j}} \quad (j = KI, KI+1,\cdots,i-1)$$

$$R_{KJ_i+i} = U_j \quad (j = i)$$

由向前代换公式(15.3.6)可见，当采用三重因子分解法时，令 $L_{ii}=1$，因此前代公式可改写为

$$Y_i = P_i - \sum_{j=1}^{i-1} L_{ij} Y_j \quad (i = 2,3,\cdots,n) \tag{15.3.21}$$

现设一维数组 Q 存储方程组的右端项，经式(15.3.20)前代后所得中间结果 Y 仍存储于 Q 数组。算法中求内积依然可以剔除与零元素相乘的运算，而以第一个非零元素开始运算。所以前代算法为

$$\begin{cases} W = \sum_{j=KI_i}^{j-1} R_{KJ_i+j} Q_j, \\ Q_i = Q_i - W \end{cases} \quad (i = 2,3,\cdots,n) \tag{15.3.22}$$

注意到后代公式(15.3.8)中右端项的运算 Y_i/D_i 可在前代过程中完成，所以前代公式可改为

$$\begin{cases} W = \sum_{j=KI_i}^{j-1} R_{KJ_i+j} Q_j, \\ Q_i = Q_i - W, \\ U_i = \dfrac{Q_i}{R_{KJ_i+i}} \end{cases} \quad (i=2,3,\cdots,n) \tag{15.3.23}$$

而同时向后代换的公式(15.3.10)可改写为

$$U_i = U_i - \sum_{j=i+1}^{n} L_{ji} U_j \quad (i = n-1, n-2,\cdots,1) \tag{15.3.24}$$

事实上在实际的代换中并不需要计算内积，只需要求出第 i 个解 U_i 时，将 U_i 代入第$(i-1)$至1个方程式中，旋即在右端项 U_{i+1} 中减去 $L_{mi} U_i$，得到一个新的右端项 U_{i1}，此亦即为第$(i-1)$个解。同样考虑到总刚度矩阵的特点，后代算法在如下循环中完成：

$$U_j = U_j - R_{KJ_i+j} U_j \quad (i=n,n-1,\cdots,1; j=KI,KI+1,\cdots,i-1) \tag{15.3.25}$$

U 即为方程组的解向量。

15.3.7 大型线性方程组的分块解法

由于总刚度矩阵过大或者受到计算机内存的限制，采用通常的方法无法解决总刚度矩阵的储存问题，这时可以采用分块解法。具体过程如下：首先对整个结构扫描一次，进行符号分解，形成指示总刚度矩阵稀疏特性的数据结构，以 MI 表示；根据总刚度矩阵的稀疏状态和计算机内存容量进行自动分块，将总刚度矩阵分成若干个子块，子块亦是按一维变带宽紧凑储存；通过对结构进行虚拟分块后就知道了每子块的大小，为了分解本块中的元素需要保留在内存中的上一块部分有关的元素个数，这部分元素是在上一块中已经分解了，以及各子块在总刚度矩阵中的相对位置，子块中各行元素与总刚度矩阵中对应行之间的相应关系。图 15.3.1 为总刚度矩阵的分块。这些关系可以用五个一维整数组表示。(1) MG(IO)为表示与第 IO 块元素分解有关的上一块即第(IO−1)块中部分元素的个数，也即图 15.3.1 中斜线范围内的元素个数；(2) JG(IO)为第 IO 块中形成的元素个数；(3) KG(IO)为第 IO 块中各行元素的第一个非零元素在总刚度矩阵中的列号；(4) IG(IO)为第 IO 块中最后一行元素在总刚度矩阵中的行号；(5) MOD(IO)为第 IO 块中包含的最后一个节点的节点号。显然在该块中所包含的第一个节点的节点号为 NOD(IO−1)−1。显然第 IO 块中元素总数为 I6＝MG(IO)＋JG(IO)。这个元素的总数不能超过计算机内内存中分配给储存总刚度矩阵元素的一维数组 R 的最大容量。以上对总刚度矩阵虚拟分块是十分必要的。

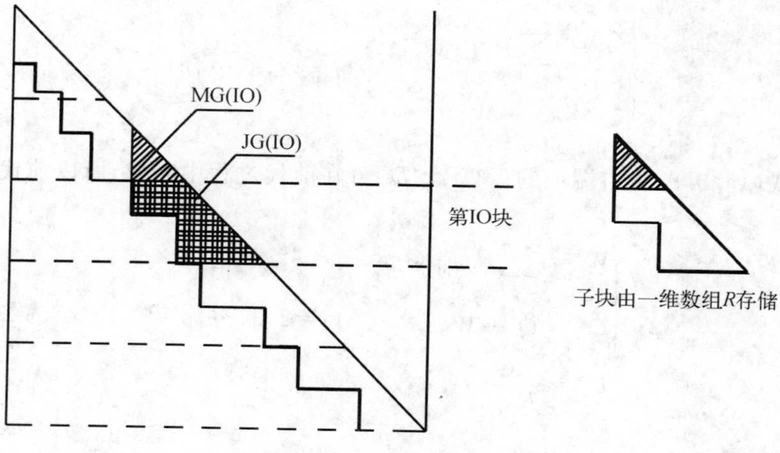

图 15.3.1 总刚度矩阵的分块

接着可以逐块装配总刚度矩阵，当总刚度矩阵的某子块形成后，根据边界条件修正该子块内的总刚度矩阵并进行 $\boldsymbol{LDL}^{\mathrm{T}}$ 三角分解，然后将本块已分解的元素写入外部设备(如磁盘中)。为了接着分解下一块元素，利用子块在总刚度矩阵中的相对关系，形成指示该子块中的总刚度矩阵元素的稀疏特性的数据结构。以 KI 表示，与 MI 具有相同的作用，所不同之处仅在于它们分别指示子矩阵和总刚度矩阵的稀疏性。MI 在结构扫描后形成不变，而 KI 逐块形成(如图 15.3.2 所示)。

按照前面介绍的因子分解，然后进行回代运算。考虑到逐块分解并写入外部设备的过程，因此回代运算的过程同样采用逐块回代。

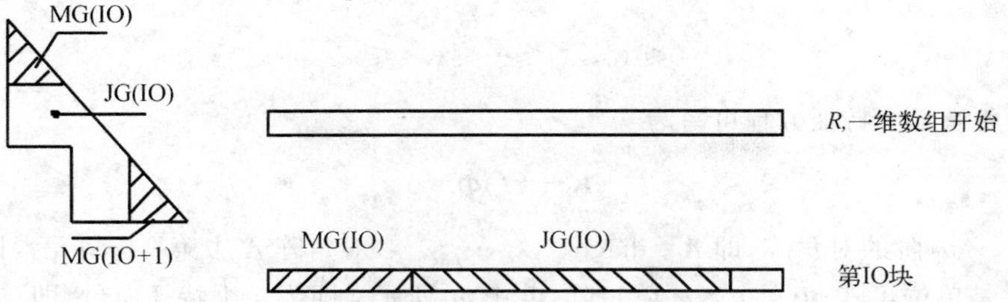

(a) 第 IO 块数组 SM 共有(MG(IO)＋JG(IO))个元素分解后写入外部设备

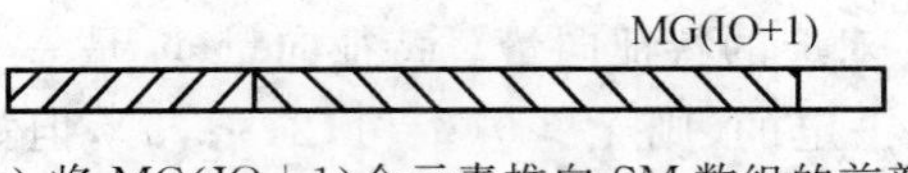

(b) 将 MG(IO＋1)个元素推向 SM 数组的前部

MG(IO＋1)为与分解第(IO＋1)块元素有关的上一块即第 IO 块中部分元素的个数

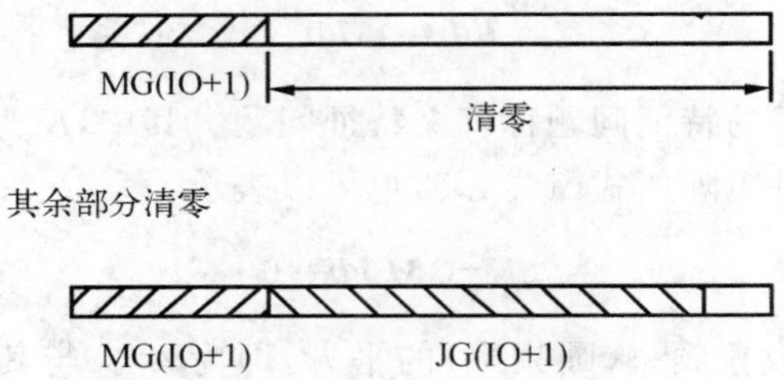

(c) 形成第(IO＋1)块,其中新形成的元素有 JG(IO＋1)个

图 15.3.2　分块过程

15.4　广义特征值问题

15.4.1　概述

在结构的动力分析或屈曲荷载计算时都会遇到特征问题。这里,结合结构的特征问题依次给出各种解法,并不试图将此作为一个纯数学问题来研究。因为问题中每个矩阵都具有特殊的性质,例如矩阵呈稀疏、带状和正定的或矩阵阶数很高,因此在研究这类特征问题的求解技术时应当充分考虑和利用这些性质。

关于特征问题,其中最简单的问题是标准的特征问题

$$\boldsymbol{K}\Phi=\lambda\Phi \tag{15.4.1}$$

其中,$\boldsymbol{K}$ 是结构的刚度矩阵,是对称正定的 n 阶方阵。它具有满足式(15.4.1)的 n 个特征值和对应的特征向量。特征值和特征向量总称为特征对。稍加变化式(15.4.1)可表示为

$$(\boldsymbol{K}-\lambda\boldsymbol{I})\Phi=0 \tag{15.4.2}$$

其中,$\boldsymbol{I}$ 是单位阵。于是,求满足式(15.4.2)的标量 λ 和非零向量 Φ 的问题,称为标准的特征值问题。在 n 个特征值和对应的特征向量中第 i 个特征对表示为(λ_i,Φ_i),其中特征值按其大小

排列符合

$$0\leqslant\lambda_1\leqslant\lambda_2\leqslant\cdots\leqslant\lambda_{n-1}\leqslant\lambda_n \tag{15.4.3}$$

m 对特征对所满足的特征方程可写为

$$(\boldsymbol{K}-\boldsymbol{\Lambda I})\boldsymbol{\Phi}=0 \tag{15.4.4}$$

其中,$\boldsymbol{\Lambda}$ 是 $m\times m$ 阶的对角阵,即 $\boldsymbol{\Lambda}=\mathrm{diag}[\lambda_1,\lambda_2,\cdots,\lambda_m]$,对角阵 $\boldsymbol{\Lambda}$ 中第 i 行主元素即为第 i 个特征值 λ_i;$\boldsymbol{I}$ 是单位矩阵;$\boldsymbol{\Phi}$ 是 $n\times m$ 阶矩阵,$\boldsymbol{\Phi}$ 中 m 列元素即为 n 个特征向量,即

$$\boldsymbol{\Phi}=[\Phi_1\quad\Phi_2\quad\cdots\quad\Phi_m]$$

这里 Φ_i 是与第 i 个特征值 λ_i 对应的特征向量。特征向量 Φ_i 是一个 n 维列向量。

当结构的刚度矩阵 $\boldsymbol{K}$ 是正定的,则 $\lambda_i>0(i=1,2,\cdots,n)$,但如果 $\boldsymbol{K}$ 是半正定的,则 $\lambda_i\geqslant 0(i=1,2,\cdots,n)$,其中零特征值数目等于结构中刚体位移的数目。

然而在结构的动力计算中或者结构的屈曲分析中经常遇到具有如

$$\boldsymbol{K}\Phi=\lambda\boldsymbol{M}\Phi \tag{15.4.5}$$

形式的特征问题。这种形式的特征问题称广义特征问题。其中,$\boldsymbol{K}$ 为结构的总刚度矩阵;$\boldsymbol{M}$ 为结构经离散化假定后的质量矩阵。式(15.4.5)也可以表示为

$$(\boldsymbol{K}-\lambda\boldsymbol{M})\Phi=0 \tag{15.4.6}$$

这时的特征值 λ_i 是结果的自振频率(圆频率)的平方,即为 ω_i^2。与其对应的是特征向量 Φ_i,也就是振型向量。质量矩阵可能是与刚度矩阵具有相同的形状,亦可能是对角阵。通常团聚质量阵总是正定的,而对角质量矩阵一般是半正定的。

类似于式(15.4.4),具 m 个特征值和特征向量解的特征方程亦可写为

$$\boldsymbol{K\Phi}=\boldsymbol{M\Phi\Lambda} \tag{15.4.7}$$

其中,$\boldsymbol{\Phi}$ 是 $n\times m$ 阶矩阵,其各列向量就是振型向量;$\boldsymbol{\Lambda}$ 是 $m\times m$ 阶对角阵,各对角元即为特征值。广义特征值问题(15.4.6)有特征值 $\lambda_i\geqslant 0(i=1,2,\cdots,n)$,其中零特征值数目就是该结构中存在的刚体位移的数目。

在结构的屈曲分析中常遇到计算临界荷载和屈曲模态的问题,这个特征问题在非线性稳定跟踪分析中判断极限点时亦经常用到。屈曲分析的特征问题是

$$\boldsymbol{K}_E\Phi=\lambda\boldsymbol{K}_\sigma\Phi \tag{15.4.8}$$

其中,$\boldsymbol{K}_\sigma$ 为结构的非线性(几何)刚度矩阵;$\boldsymbol{K}_E$ 是结构的线性刚度矩阵。一般几何刚度矩阵与弹性刚度矩阵具有相同的形状,但几何刚度矩阵是不定的。而屈曲分析中的特征值可正可负,它们表示了该结构的屈曲荷载,最大特征值为最小临界荷载,与此相应的特征向量为屈曲模态。

利用刚度矩阵的三角分解可以将广义特征问题化为标准特征问题,这种情况下总刚度矩阵 $\boldsymbol{K}$ 必须是正定的。但是不幸的是经变换后所得到新的刚度矩阵一般不再是带状矩阵,只有当质量矩阵 $\boldsymbol{M}$ 是对角阵时,新的刚度矩阵才仍然保持原先的形状。

15.4.2 特征向量的性质

如前所述,对于特征问题,当总刚度矩阵 $\boldsymbol{K}$ 是正定的或是半正定的矩阵时,则具有 n 个实

的特征值，并且有

$$0\leqslant\lambda_1<\lambda_2<\cdots<\lambda_{n-1}<\lambda_n$$

如果刚度矩阵 $\boldsymbol{K}$ 是正定的，则 $\lambda_1>0$；而当刚度矩阵 $\boldsymbol{K}$ 是半定的，那么 $\lambda_1=0$。

由广义特征向量的特征方程式(15.4.6)，即

$$\boldsymbol{K\Phi}_i=\lambda_i\boldsymbol{M\Phi}_i \tag{15.4.9}$$

可见，如一个特征向量 $\boldsymbol{\Phi}_i$ 乘以一个不等于零的常数 α 后，则 $\alpha\boldsymbol{\Phi}_i$ 也是特征向量。也就是其满足方程

$$\boldsymbol{K}(\alpha\boldsymbol{\Phi}_i)=\lambda_i\boldsymbol{M}(\alpha\boldsymbol{\Phi}_i)$$

以后对于广义特征问题的特征向量 $\boldsymbol{\Phi}_i$ 规定除了满足动力方程之外，尚需满足关系

$$\boldsymbol{\Phi}_i^{\mathrm{T}}\boldsymbol{M\Phi}_i=1 \tag{15.4.10}$$

这意味着规定了特征向量的长度，也就是规定了每个特征向量中各元素的绝对值。显然，特征向量在乘子为 1 时仍有意义。而经这样规定以后，称为规格化的特征向量。

广义特征问题的特征向量所满足的另一个重要关系是正交性。

由式(15.4.1)所示的标准特征问题，若满足该方程的两个特征值为 λ_i 和 λ_j，则与特征值相应的特征向量为 $\boldsymbol{\Phi}_i$ 和 $\boldsymbol{\Phi}_j$，显然有

$$\boldsymbol{K\Phi}_i=\lambda_i\boldsymbol{\Phi}_i \tag{a}$$

和

$$\boldsymbol{K\Phi}_j=\lambda_j\boldsymbol{\Phi}_j \tag{b}$$

将上两式的两边分别乘以 $\boldsymbol{\Phi}_j^{\mathrm{T}}$ 及 $\boldsymbol{\Phi}_i^{\mathrm{T}}$，则得

$$\boldsymbol{\Phi}_j^{\mathrm{T}}\boldsymbol{K\Phi}_i=\lambda_i\boldsymbol{\Phi}_j^{\mathrm{T}}\boldsymbol{\Phi}_i \tag{c}$$

和

$$\boldsymbol{\Phi}_i^{\mathrm{T}}\boldsymbol{K\Phi}_j=\lambda_j\boldsymbol{\Phi}_i^{\mathrm{T}}\boldsymbol{\Phi}_j \tag{d}$$

将式(d)转置，得

$$\boldsymbol{\Phi}_j^{\mathrm{T}}\boldsymbol{K\Phi}_i=\lambda_j\boldsymbol{\Phi}_j^{\mathrm{T}}\boldsymbol{\Phi}_i \tag{e}$$

这里必须注意总刚度矩阵是对称矩阵。将式(c)减去式(e)，得

$$(\lambda_i-\lambda_j)\boldsymbol{\Phi}_j^{\mathrm{T}}\boldsymbol{\Phi}_i=0$$

由于假定 $\lambda_i\neq\lambda_j$，故必然是 $\boldsymbol{\Phi}_j^{\mathrm{T}}\boldsymbol{\Phi}_i=0$，即 $\boldsymbol{\Phi}_i$ 和 $\boldsymbol{\Phi}_j$ 是正交的。

类似地可以得到广义特征向量的特征值 λ_i 和 λ_j 相对应的特征向量 $\boldsymbol{\Phi}_i$ 和 $\boldsymbol{\Phi}_j$ 关于 $\boldsymbol{M}$ 是正交的这一重要性质，即

$$\boldsymbol{\Phi}_i^{\mathrm{T}}\boldsymbol{M\Phi}_j=\delta_{ij} \tag{15.4.11}$$

式中，δ_{ij} 是 Kronecker 符号。

将式(15.4.9)左乘 $\boldsymbol{\Phi}_j^{\mathrm{T}}$，考虑到式(15.4.11)，于是可得

$$\boldsymbol{\Phi}_i^{\mathrm{T}}\boldsymbol{K}\boldsymbol{\Phi}_j=\lambda_i\delta_{ij} \tag{15.4.12}$$

上式说明了特征向量也是以 $\boldsymbol{K}$ 矩阵为权正交。

至于重特征值和对应的特征向量，由于重特征值所对应的特征向量不是唯一确定的，但它们的线性组合仍旧是这一特征值所对应的特征向量。例如，设 λ_i 是 m 重的，即 $\lambda_i=\lambda_{i+1}=\cdots\lambda_{i+m-1}$，那么总可以选择 m 个特征向量 $\boldsymbol{\Phi}_i,\boldsymbol{\Phi}_{i+1},\cdots,\boldsymbol{\Phi}_{i+m-1}$，从中选出一组或一个向量组经线性组合后满足正交条件和动力平衡条件。顺便提一下，在屈曲分析中，上面所讨论的特征向量的正交关系也适用，即

$$\boldsymbol{\Phi}_i^{\mathrm{T}}\boldsymbol{K}\boldsymbol{\Phi}_j=\delta_{ij} \quad 及 \quad \boldsymbol{\Phi}_i^{\mathrm{T}}\boldsymbol{K}_\sigma\boldsymbol{\Phi}_j=\lambda_i\delta_{ij}$$

广义特征向量的特征值的一个重要性质是该特征值就是特征多项式

$$p(\lambda)=\det(\boldsymbol{K}-\lambda\boldsymbol{M})=0 \tag{15.4.13}$$

的根。上式可直接由式(15.4.6)求得，由式(15.4.6)可知如果满足特征方程式(15.4.6)的特征向量 $\boldsymbol{\Phi}_i$ 是非平凡的，即 $\boldsymbol{\Phi}_i$ 不是零向量，那么矩阵 $\boldsymbol{K}-\lambda\boldsymbol{M}$ 是奇异的，则其系数的行列式必然等于零。

当采用三角因子分解的办法将矩阵 $\boldsymbol{K}-\lambda\boldsymbol{M}$ 分解为下三角矩阵 $\boldsymbol{L}$、对角矩阵 $\boldsymbol{D}$ 和上三角矩阵 $\boldsymbol{L}^{\mathrm{T}}$ 的乘积时，式(15.4.13)的特征多项式可表示为

$$p(\lambda)=\det(\boldsymbol{L}\boldsymbol{D}\boldsymbol{L}^{\mathrm{T}})=\prod_{i=1}^{n}d_i \tag{15.4.14}$$

15.4.3 广义特征问题和标准特征问题之间的变换

标准特征问题的解法作为一个一般的数值方法已得到了比较充分的研究，从而已获得了许多求解的算法。同时，标准特征问题的特征值、特征向量和特征多项式的性质也是比较容易确定的。因此如果一个广义特征问题变换成为一个标准特征问题，其重要性和优越之处是显而易见的。这时不仅可以援引各种适于标准特征问题的算法来求解广义特征问题，而且广义特征问题的性质也能由标准特征问题的各对应量的性质推断出来。

现有如式(15.4.6)所示的广义特征问题，假定 $\boldsymbol{M}$ 是正定的，则可将质量矩阵 $\boldsymbol{M}$ 按下式分解，即

$$\boldsymbol{M}=\boldsymbol{L}\boldsymbol{L}^{\mathrm{T}}$$

将上式代入式(15.4.6)，得

$$\boldsymbol{K}\boldsymbol{\Phi}=\lambda\boldsymbol{L}\boldsymbol{L}^{\mathrm{T}}\boldsymbol{\Phi} \tag{15.4.15}$$

将式(15.4.15)两端左乘 $\boldsymbol{L}^{-1}$ 即得

$$\boldsymbol{L}^{-1}\boldsymbol{K}\boldsymbol{\Phi}=\lambda\boldsymbol{L}^{\mathrm{T}}\boldsymbol{\Phi} \tag{15.4.16}$$

令

$$\overline{\boldsymbol{\Phi}}=\boldsymbol{L}^{\mathrm{T}}\boldsymbol{\Phi} \tag{15.4.17}$$

就可得到标准特征问题

$$\overline{\boldsymbol{K}\boldsymbol{\Phi}}=\lambda\overline{\boldsymbol{\Phi}} \tag{15.4.18}$$

其中

$$\bar{K}=L^{-1}KL^{-T} \tag{15.4.19}$$

如果刚度矩阵 K 是正定的，采用类似的变换步骤可得到标准特征问题

$$\bar{M}\bar{\Phi}=\mu\bar{\Phi},\quad \bar{K}\bar{\Phi}=\mu\Phi \tag{15.4.20}$$

其中

$$K=LL^{T},\quad \bar{M}=L^{-1}ML^{-T},\quad \mu=\lambda^{-1},\quad \bar{\Phi}=L^{T}\Phi$$

然而遗憾的是通常经过上述变换之后 K 和 M 虽然仍是对称的，但一般不再是带状的了，而几乎变成满阵，因而变换没有多大效果。仅当质量矩阵 M 为对角阵时，$\bar{K}$ 才能保持原来的 K 所具有的形状。

15.4.4 移位

被广泛应用于广义特征值问题的解法中的一个重要技术是移位。移位的作用或目的主要是加速对应的特征值问题的求解过程，利用移位来计算刚体振型及当已计算出某些特征值和特征向量后利用移位可计算其余特征值和特征向量。对广义特征值问题

$$(K-\lambda M)\Phi=0 \tag{15.4.21}$$

可以在刚度矩阵 K 上作一移位 μ，计算新的刚度矩阵

$$\dot{K}=K-\mu M \tag{15.4.22}$$

然后考虑新的特征问题

$$(\dot{K}-\rho M)\psi=0 \tag{15.4.23}$$

将式(15.4.22)代入式(15.4.23)得

$$(K-(\mu+\rho)M)\psi=0 \tag{15.4.24}$$

可见事实上式(15.4.24)所示的特征问题与式(15.4.21)是一样的，这时可得

$$\Phi_i=\Psi_i \tag{15.4.25}$$

对于存在刚体振型的结构，采用通常的方法求解这类结构的特征值问题将会失败，这是由于刚度矩阵在经过高斯消元后在某些没有约束的自由度方向上的主元为零。

现以一个未加约束的平面梁为例，梁的刚度矩阵及质量矩阵分别取为

$$K=\begin{bmatrix}12 & & & \\ -6 & 4 & & \\ -12 & 6 & 12 & \\ -6 & 2 & 6 & 4\end{bmatrix},\quad M=\begin{bmatrix}1 & & & \\ & 1 & & \\ & & 1 & \\ & & & 1\end{bmatrix}$$

当经三角分解后，$K=LDT^{T}$，得

$$D=\begin{bmatrix}12 & & & \\ & 1 & & \\ & & 0 & \\ & & & 0\end{bmatrix}$$

可见 det $|\boldsymbol{K}|=0$。现对刚度矩阵 $\boldsymbol{K}$ 移位，取 $\mu=-6$，则

$$\mathring{\boldsymbol{K}}=\boldsymbol{K}-\mu\boldsymbol{M}=\begin{bmatrix}18 & & & \\ -6 & 10 & & \\ -12 & 6 & 18 & \\ -6 & 2 & 6 & 10\end{bmatrix}$$

则可求得 $\rho=6$，及

$$\boldsymbol{\Psi}=\begin{bmatrix}0.73784\\0.42165\\0.31625\\0.42165\end{bmatrix}$$

于是有 $\lambda=\mu+\rho=0.0$，及 $\boldsymbol{\Phi}=\boldsymbol{\Psi}$。

15.4.5 零质量

当出于分析简便的原因而采用团聚质量矩阵时，团聚质量矩阵是对角矩阵，其对角元中的某些元素有可能为零。譬如，空间梁元的团聚质量矩阵中对应于转角自由度的主元即是零元素。然而，若 $\boldsymbol{M}$ 的某些对角元为零，那么可以肯定对于如下的广义特征问题

$$\boldsymbol{K\Phi}-\lambda\boldsymbol{M\Phi}=0 \tag{15.4.26}$$

最后 r 个特征值为无穷大，即 $\lambda_n=\lambda_{n-1}=\cdots=\lambda_{n-r+1}=\infty$。并可由观察而构造出所对应的特征向量。在对角质量矩阵 $\boldsymbol{M}$ 中，如有 r 个零质量，则可以立刻确定 r 个特征值及相应的特征向量。为此，只需将特征问题(15.4.26)改写为

$$\boldsymbol{M\Phi}=\mu\boldsymbol{K\Phi} \tag{15.4.27}$$

其中，$\mu=\lambda^{-1}$。

如对应于第 i 个自由度的 $m_{ii}=0$ 时，则有特征对 $(\mu_i,\boldsymbol{\Phi}_i)$，即

$$\mu_i=0,\quad \boldsymbol{\Phi}_i^{\mathrm{T}}=[\underset{1}{0}\quad \underset{2}{0}\quad \underset{3}{0}\quad \cdots\quad \underset{i}{1}\quad \cdots\quad \underset{n}{0}]^{\mathrm{T}}$$

由此可得 $\lambda_i=\infty$。应当注意，由于 λ_r 是一个 r 重特征值，那么它对应的特征向量是不唯一的。

15.4.6 矩阵收缩和 Gram-Schmidt 正交化

在利用向量迭代法计算特征值时，当已经算出某一个特征对 $(\lambda_k,\boldsymbol{\Phi}_k)$，进而要求另一个特征对，为了保证另一个特征对不收敛于已计算出的特征对 $(\lambda_k,\boldsymbol{\Phi}_k)$，这就需要收缩矩阵或收缩迭代向量。

现在只考虑标准特征问题 $\boldsymbol{K\Phi}=\lambda\boldsymbol{\Phi}$ 的收缩，而当考虑广义特征问题 $\boldsymbol{K\Phi}=\lambda\boldsymbol{M\Phi}$ 的收缩时可以将广义特征问题变换为标准特征问题。

矩阵的收缩是通过寻找一个正交矩阵 $\boldsymbol{P}$ 来实现，有

$$\boldsymbol{P}=[\boldsymbol{\Phi}_k\quad \boldsymbol{p}_2\quad \cdots\quad \boldsymbol{p}_n] \tag{15.4.28}$$

即正交矩阵 $\boldsymbol{P}$ 的第一列是已经求得的特征向量 $\boldsymbol{\Phi}_k$。对于其余各列，当 $i=2,3,\cdots,n$ 时，需要有 $\boldsymbol{\Phi}_k^{\mathrm{T}}\boldsymbol{p}_i=0$，且具有正交性 $\boldsymbol{\Phi}_n^{\mathrm{T}}\boldsymbol{K}\boldsymbol{\Phi}_j=\lambda_i\delta_{ij}$。现构造如下矩阵

$$\boldsymbol{P}^{\mathrm{T}}\boldsymbol{K}\boldsymbol{P}=\begin{bmatrix}\boldsymbol{\Phi}_k^{\mathrm{T}}\boldsymbol{K}\boldsymbol{\Phi}_k & \boldsymbol{\Phi}_k^{\mathrm{T}}\boldsymbol{K}\boldsymbol{p}_2 & \cdots & \boldsymbol{\Phi}_k^{\mathrm{T}}\boldsymbol{K}\boldsymbol{p}_n \\ \boldsymbol{p}_2^{\mathrm{T}}\boldsymbol{K}\boldsymbol{\Phi}_k & \boldsymbol{p}_2^{\mathrm{T}}\boldsymbol{K}\boldsymbol{p}_2 & \cdots & \boldsymbol{p}_2^{\mathrm{T}}\boldsymbol{K}\boldsymbol{p}_n \\ \vdots & \vdots & & \vdots \\ \boldsymbol{p}_n^{\mathrm{T}}\boldsymbol{K}\boldsymbol{P}_1 & \cdots & \cdots & \boldsymbol{p}_n^{\mathrm{T}}\boldsymbol{K}\boldsymbol{p}_n\end{bmatrix} \tag{15.4.29}$$

上式可以简单地表示为

$$\boldsymbol{P}^{\mathrm{T}}\boldsymbol{K}\boldsymbol{P}=\begin{bmatrix}\lambda_k & 0 \\ 0 & \boldsymbol{K}_c\end{bmatrix} \tag{15.4.30}$$

应该指出的是$\boldsymbol{P}^{\mathrm{T}}\boldsymbol{K}\boldsymbol{P}$ 与 $\boldsymbol{K}$ 具有相同的特征值，所以矩阵$\boldsymbol{K}_c$ 具有除 λ_k 以外的 $\boldsymbol{K}$ 的全部其余的特征值。而矩阵$\boldsymbol{P}^{\mathrm{T}}\boldsymbol{K}\boldsymbol{P}$ 的特征向量$\overline{\boldsymbol{\Phi}}_i$ 经变换后可用以表示矩阵 $\boldsymbol{K}$ 的特征向量，即

$$\boldsymbol{\Phi}_i=\boldsymbol{P}\overline{\boldsymbol{\Phi}}_i \tag{15.4.31}$$

困难之处在于变换矩阵 $\boldsymbol{P}$ 不是唯一的，可采用不同的方法来构造。由于刚度矩阵 $\boldsymbol{K}$ 是稀疏带状的矩阵，从计算角度来看希望能使经变换后得到的这个被收缩的矩阵$\boldsymbol{K}_c$ 仍具有稀疏和带状的特性。

当利用经收缩的矩阵$\boldsymbol{K}_c$ 算出了下一个特征对时就可继续利用 $\boldsymbol{K}_c$ 而不是 $\boldsymbol{K}$ 来重复此收缩过程，直至算出全部所要求的特征对。

显而易见，矩阵收缩对特征向量的精确要求很高，以免产生过大的积累误差。

另一个避免所欲计算的特征向量收敛于已计算出的特征向量的方法是收缩迭代向量，这个方法被广泛地采用着。向量收缩的原理是为了使一个迭代向量在正向或逆向迭代过程中确能收敛于一个所欲求的特征向量，而此迭代向量与所欲求的特征向量必须是不正交的。假如迭代向量与已经计算出的特征向量正交，则就消除了迭代向量收敛于这些已经算出的任意一个特征向量的可能性，而会收敛于另一个所欲求的特征向量。

一个广泛地被采用的迭代向量正交化过程是 Gram-Schmidt 方法。Gram-Schmidt 正交变化的原理是假设特征向量 $\boldsymbol{\Phi}_1,\boldsymbol{\Phi}_2,\cdots,\boldsymbol{\Phi}_m$ 是已经计算出来的特征向量，而 $\boldsymbol{x}_i$ 是求下个特征向量时的迭代向量，为此需要将 $\boldsymbol{x}_i$ 与这些已算出的特征向量进行以 $\boldsymbol{M}$ 为权的正交化。在 Gram-Schmidt 正交化过程中与特征向量 $\boldsymbol{\Phi}_i\,(i=1,2,\cdots,m)$关于 $\boldsymbol{M}$ 正交的向量 $\bar{\boldsymbol{x}}_i$ 可由下式计算求得，即

$$\bar{\boldsymbol{x}}_i=\boldsymbol{x}_i-\sum_{i=1}^{m}\alpha_i\boldsymbol{\Phi}_i \tag{15.4.32}$$

其中，系数 α_i 可利用正交条件 $\boldsymbol{\Phi}_i^{\mathrm{T}}\boldsymbol{M}\bar{\boldsymbol{x}}_i=0\,(i=1,2,\cdots,m)$及 $\boldsymbol{\Phi}_i^{\mathrm{T}}\boldsymbol{K}\boldsymbol{\Phi}_j=\delta_{ij}$ 来计算。将上式左右两端乘以 $\boldsymbol{\Phi}_i^{\mathrm{T}}\boldsymbol{M}$ 即得

$$\alpha_i=\boldsymbol{\Phi}_i^{\mathrm{T}}\boldsymbol{M}\boldsymbol{x}_1 \tag{15.4.33}$$

式中，$\boldsymbol{x}_1$ 是在迭代法中原来构造的迭代向量。

$\bar{\boldsymbol{x}}_1$ 即为经正交化后得到更新的初始迭代向量，以后的迭代中由 $\bar{\boldsymbol{x}}_1$ 来取代 $\boldsymbol{x}_1$。

例如，利用 Gram-Schmidt 方法计算特征问题

$$K\boldsymbol{\Phi}=\lambda M\boldsymbol{\Phi} \tag{15.4.34}$$

的一个初始迭代向量。现已知

$$K=\begin{bmatrix}5 & -4 & 1 & 0\\ -4 & 6 & -4 & 1\\ 1 & -4 & 6 & -4\\ 0 & 1 & -4 & 5\end{bmatrix},\quad M=\begin{bmatrix}2 & & & \\ & 2 & & \\ & & 1 & \\ & & & 1\end{bmatrix}$$

并设特征对$(\lambda_1,\boldsymbol{\Phi}_1)$及$(\lambda_4,\boldsymbol{\Phi}_4)$是已知的，分别为

$$\lambda_1=0.09654,\quad \boldsymbol{\Phi}_1=\begin{bmatrix}0.3126\\0.4955\\0.4791\\0.2898\end{bmatrix},\quad \lambda_4=10.6385,\quad \boldsymbol{\Phi}_4=\begin{bmatrix}-0.10731\\0.25537\\-0.72827\\0.56227\end{bmatrix}$$

而初始迭代向量 $\boldsymbol{x}_1$ 为

$$x_1=[1\quad 1\quad 1\quad 1]^{\mathrm{T}}$$

由式(15.4.33)可求 $\alpha_1=\boldsymbol{\Phi}_1^{\mathrm{T}}M\boldsymbol{x}_1$，即

$$\alpha_1=[0.3126\quad 0.4955\quad 0.4791\quad 0.2898]\begin{bmatrix}2 & & & \\ & 2 & & \\ & & 1 & \\ & & & 1\end{bmatrix}\begin{bmatrix}1\\1\\1\\1\end{bmatrix}=2.3855$$

而 $\alpha_4=\boldsymbol{\Phi}_4^{\mathrm{T}}M\boldsymbol{x}_1$，则

$$\alpha_4=[-0.10731\quad 0.25537\quad -0.72827\quad 0.56227]\begin{bmatrix}2 & & & \\ & 2 & & \\ & & 1 & \\ & & & 1\end{bmatrix}\begin{bmatrix}1\\1\\1\\1\end{bmatrix}=0.13012$$

由 Gram-Schmidt 正交化得新的迭代向量 $\bar{\boldsymbol{x}}_1$，有

$$\begin{aligned}\bar{\boldsymbol{x}}_1&=\boldsymbol{x}_1-\alpha_1\boldsymbol{\Phi}_1-\alpha_4\boldsymbol{\Phi}_4\\&=\begin{bmatrix}1\\1\\1\\1\end{bmatrix}-2.3855\begin{bmatrix}0.3126\\0.4955\\0.4791\\0.2898\end{bmatrix}-0.13012\begin{bmatrix}-0.10731\\0.25537\\-0.72827\\0.56227\end{bmatrix}\\&=\begin{bmatrix}1\\1\\1\\1\end{bmatrix}-\begin{bmatrix}0.7457\\1.1820\\1.1429\\0.6913\end{bmatrix}-\begin{bmatrix}-0.01396\\0.03323\\-0.09476\\0.07316\end{bmatrix}=\begin{bmatrix}0.26826\\-0.21523\\-0.04814\\0.23554\end{bmatrix}\end{aligned}$$

15.4.7 Sturm 序列性质

在求特征问题时，鉴别求解过程中是否遗漏特征对的方法就是基于 Sturm 序列性质。根据 Sturm 序列性质，假定由给出的移位 μ_k 得到的 $\boldsymbol{K}-\mu_k\boldsymbol{M}$ 的三角分解因子 $\boldsymbol{LDL}^{\mathrm{T}}$ 中的 $\boldsymbol{D}$ 的负元素个数为 q 个，则存在着 q 个比 μ_k 小的特征值。

现假定对一个广义特征问题 $\boldsymbol{K\Phi}=\lambda\boldsymbol{M\Phi}$ 已求出特征值 λ_l 和 λ_k，现需求出 λ_l 和 λ_k 之间所有可能的特征值，也就是需求出以 λ_k 为上限的全部特征值。求解的过程如下：

(1) 以 λ_l 为移位，分解 $\boldsymbol{K}-\lambda_l\boldsymbol{M}$，并利用 Sturm 序列性质确定小于 λ_l 的特征值个数 q_l；

(2) 以 λ_k 为移位，分解 $\boldsymbol{K}-\lambda_k\boldsymbol{M}$，并利用 Sturm 序列性质确定小于 λ_k 的特征值个数 q_k，则 λ_l 与 λ_k 之间还有 q_k-q_l 个特征值；

(3) 对各特征值区间使用简单的对分格式，并用 Sturm 序列性质检查，直至把所有特征值分离出来；

(4) 算出所要求的特征值的精确值及相应特征向量。

15.5 特征问题的解法

特征问题一般性的求解方法经研究已很完备的有不少了。特征问题的所有解法都具有一定的迭代性质，这是由于特征问题 $\boldsymbol{K\Phi}=\lambda\boldsymbol{M\Phi}$ 的解法基本上等价于求特征多项式 $\boldsymbol{P}(\lambda)$的根，而 $\boldsymbol{P}(\lambda)$是一个高阶多项式，它的阶数等于刚度矩阵 $\boldsymbol{K}$ 的阶数。显然求多项式 $\boldsymbol{P}(\lambda)$的根是没有显式的，而必须采用迭代法。话虽如此，当求得特征对$(\lambda_i,\boldsymbol{\Phi}_i)$中的一个量后，可不用迭代法即可求得另一个量。通常当已经迭代算出 λ_i 后，就可直接由特征方程求出特征向量 $\boldsymbol{\Phi}_i$；反之，若已通过迭代算出特征向量 $\boldsymbol{\Phi}_i$ 后，就可利用特征向量的正交性求得特征值 λ_i。

事实上并不存在一个适于所有情况的有效办法，因此考虑刚度矩阵 $\boldsymbol{K}$ 和质量矩阵 $\boldsymbol{M}$ 的性质就显得非常必要。

15.5.1 Rayleigh-Ritz 法

Rayleigh-Ritz 法是求广义特征值问题

$$\boldsymbol{K\Phi}=\lambda\boldsymbol{M\Phi} \tag{15.5.1}$$

的最小几个近似特征值和特征向量的常用技术。如同一般，首先假定刚度矩阵 $\boldsymbol{K}$ 和质量矩阵 $\boldsymbol{M}$ 都是正定的。

Ritz 法分析的实质是对问题所定义的空间作一次变换。设一组向量$\bar{\boldsymbol{\Phi}}$是 Ritz 基向量 $\boldsymbol{\Psi}_i$ $(i=1,2,\cdots,q)$的线性组合，即其中一个向量可表示为

$$\bar{\boldsymbol{\Phi}}=\sum_{i=1}^{q}x_i\boldsymbol{\Psi}_i \tag{15.5.2}$$

式中，x_i 是 Ritz 坐标。

因为 $\bar{\boldsymbol{\Phi}}$ 是 Ritz 基向量的线性组合，故其必须属于 Ritz 基向量所张成的子空间中，记这个子空间为 $E_q(q<n)$。必须注意，基向量 $\boldsymbol{\Psi}_i(i=1,2,\cdots,q)$必须是线性无关的。子空间 E_q 包含于定义矩阵 $\boldsymbol{K}$ 和 $\boldsymbol{M}$ 的 n 维向量空间 E_n 中。Rayleigh-Ritz 分析的目的是确定向量 $\boldsymbol{\Phi}_i$

$(i=1,2,\cdots,q)$，并且希望其能是所求特征向量的最佳近似。

Rayleigh-Ritz 法的根据是 Rayleigh 商极值原理。任意一个向量 $\boldsymbol{X}$ 的 Rayleigh 商

$$\rho(\boldsymbol{X})=\frac{\boldsymbol{X}^{\mathrm{T}}\boldsymbol{K}\boldsymbol{X}}{\boldsymbol{X}^{\mathrm{T}}\boldsymbol{M}\boldsymbol{X}} \tag{15.5.3}$$

Rayleigh 商极值原理表明当向量 $\boldsymbol{X}$ 取广义特征值问题(15.5.1)的特征向量 $\boldsymbol{\Phi}_i$ 时，Rayleigh 商达到它的一个极值，这个极值就是 $\boldsymbol{\Phi}_i$ 所对应的特征值 λ_i。

现简单证明这一原理。设任意向量可表示为 Ritz 基向量的线性组合

$$\boldsymbol{X}=\boldsymbol{\Phi}\boldsymbol{A}$$

其中，$\boldsymbol{\Phi}$ 为广义特征值问题(15.5.1)的特征向量，$\boldsymbol{A}$ 是 Ritz 坐标。将上式代入式(15.5.3)得

$$\rho(\boldsymbol{X})=\frac{\boldsymbol{A}^{\mathrm{T}}\boldsymbol{\Phi}^{\mathrm{T}}\boldsymbol{K}\boldsymbol{\Phi}\boldsymbol{A}}{\boldsymbol{A}^{\mathrm{T}}\boldsymbol{\Phi}^{\mathrm{T}}\boldsymbol{M}\boldsymbol{\Phi}\boldsymbol{A}} \tag{15.5.4}$$

由特征向量的正交性可得

$$\rho(\boldsymbol{X})=\frac{\boldsymbol{A}^{\mathrm{T}}\boldsymbol{\Lambda}\boldsymbol{A}}{\boldsymbol{A}^{\mathrm{T}}\boldsymbol{A}} \tag{15.5.5}$$

其中，$\boldsymbol{\Lambda}$ 为特征值 λ_i 组成的对角阵。将上式展开后得

$$\rho(\boldsymbol{X})=\rho(\boldsymbol{A})=\frac{\sum_{i=1}^{n}a_i^2\lambda_i}{\sum_{i=1}^{n}a_i^2} \tag{15.5.6}$$

由此可得

$$\lambda_1\leqslant\rho(\boldsymbol{X})$$

并且当 $\boldsymbol{X}=\boldsymbol{\Phi}_1$ 时，$\rho(\boldsymbol{X})=\rho(\boldsymbol{\Phi}_1)=\lambda_1\leqslant\lambda_n$；而当 $\boldsymbol{X}=\boldsymbol{\Phi}_n$ 时，则有 $\rho(\boldsymbol{X})=\rho(\boldsymbol{\Phi}_n)=\lambda_n$。

不难看出，当 $\boldsymbol{X}=\boldsymbol{\Phi}_i$ 时则 $\rho(\boldsymbol{X})=\rho(\boldsymbol{\Phi}_i)=\lambda_i$。这就意味着当 $\boldsymbol{X}$ 取问题(15.5.1)的第一阶特征向量 $\boldsymbol{\Phi}_1$ 时，Rayleigh 商取极小值 λ_1，且也是最小值；而当向量 $\boldsymbol{X}$ 取问题(15.5.1)的第 i 阶特征向量 $\boldsymbol{\Phi}_i$ 时，Rayleigh 商达到极小值 λ_i，不过这时极小值 λ_i 是向量 $\boldsymbol{X}$ 与前$(i-1)$阶特征向量正交条件下的极值。所以求解广义特征值问题与求解 Rayleigh-Ritz 法可以将一个 n 阶特征值问题(15.5.1)变换为一个 $q(q<n)$阶特征问题来求解。

现将广义特征值问题(15.5.1)前 p 个特征向量 $\boldsymbol{\Phi}_1,\boldsymbol{\Phi}_2,\cdots,\boldsymbol{\Phi}_p$ 组成的空间记为 $E_p(p<n)$，它应是全部特征空间中的一个子空间。在 E_p 中任意选择一组线性无关的向量 $\boldsymbol{\Psi}_i(i=1,2,\cdots,q)$ 作为 Ritz 基向量。这样在 E_p 子空间中任意的一个向量可表示为

$$\overline{\boldsymbol{\Phi}}=\sum_{i=1}^{p}x_i\boldsymbol{\Psi}_i \tag{15.5.7}$$

其中，$\boldsymbol{\psi}_i$ 为 $n\times1$ 阶矩阵，$\boldsymbol{x}_i$ 是 p 维向量。现在$\overline{\boldsymbol{\Phi}}$上引用 Rayleigh 极小值原理计算 Rayleigh 商，有

$$\rho(\boldsymbol{\Phi})=\frac{\boldsymbol{X}^{\mathrm{T}}\ \boldsymbol{\psi}^{\mathrm{T}}\boldsymbol{K}\boldsymbol{\psi}\boldsymbol{X}}{\boldsymbol{X}^{\mathrm{T}}\ \boldsymbol{\psi}^{\mathrm{T}}\boldsymbol{M}\boldsymbol{\psi}\boldsymbol{X}}$$

并令

$$\overline{K}=\psi^{\mathrm{T}}K\psi,\quad \overline{M}=\psi^{\mathrm{T}}M\psi$$

则

$$\rho(\overline{\Phi})=\rho(X)=\frac{X^{\mathrm{T}}\overline{K}X}{X^{\mathrm{T}}\overline{M}X}$$

由于变量只有 X,对 $\rho(X)$ 取极值得

$$\frac{\partial\rho(\overline{\Phi})}{\partial X}=\frac{2(X^{\mathrm{T}}\overline{M}X)\overline{K}X-2\overline{M}X(X^{\mathrm{T}}\overline{K}X)}{(X^{\mathrm{T}}\overline{M}X)^2}=0$$

并注意到式(15.4.6),则 $\rho(\overline{\Phi})$ 取极小值的条件为

$$(\overline{K}-\rho\,\overline{M})X=0$$

于是得到与原问题等价的在子空间 E_p 内的特征值问题

$$\overline{K}X=\rho\,\overline{M}X \tag{15.5.8}$$

其中,K 和 M 是 $p\times p$ 阶矩阵,它是结构系统刚度举证和质量矩阵的投影;而 X 是所求的 Ritz 坐标向量,有

$$X^{\mathrm{T}}=[x_1\quad x_2\quad \cdots\quad x_n]$$

解式(15.5.8)就可得 p 个特征值 $\rho_1,\rho_2,\cdots,\rho_p$,它们应是原问题的特征值 $\lambda_1,\lambda_2,\cdots,\lambda_p$ 的近似值,以及可得到 p 个特征向量 $x_1^{\mathrm{T}},x_2^{\mathrm{T}},\cdots,x_p^{\mathrm{T}}$。然后由式(15.5.7)可得特征向量 $\overline{\Phi}_1,\overline{\Phi}_2,\cdots,\overline{\Phi}_p$,它们是原问题的前 p 个特征向量 $\Phi_1,\Phi_2,\cdots,\Phi_p$ 的近似值。

最后需要说明的是在实际的动力分析中 Ritz 基函数 ψ 是从静力平衡方程的右端项 R 中指定 p 个静荷载向量后求解得到的。即解方程

$$K\psi=R \tag{15.5.9}$$

其中,ψ 是 $p\times p$ 阶矩阵,即 $\psi=(\psi_1,\psi_2,\cdots,\psi_p)$ 为 Ritz 基向量。

Rayleigh-Ritz 法的一个缺点是如果子空间的基底选择得好,那么近似解的精度就较高;反之,基底选择得不好,解的精度很低。不言而喻,对于复杂结构基底的选择是很困难的。

15.5.2 静力凝聚

静力凝聚的实质是高斯消去法的一种应用,即在静力凝聚中消去那些不必要出现在整体有限元集合体上的某些自由度。譬如,消去单元内部节点上的位移自由度而对单元之间的连续没有什么影响。在动力计算中,也就是在计算结构系统的特征值和特征向量时,静力凝聚考虑的基本出发点是假定结构的质量可以只集中在某些自由度上。而对具有零质量的团聚质量阵虽然已有一些对角元为零,亦即已对质量进行了集中,但通常还需要再进行质量集中。若质量集中的越多,那么求解时所耗费的计算就越少。一般情况下可能使质量的自由度数为总自由度数的 $\frac{1}{10}\sim\frac{1}{2}$,而经这样的凝聚之后对所欲求的特征值和特征向量的精度不应有较大的影响。

质量经过集中之后，将刚度矩阵 $\boldsymbol{K}$ 和质量矩阵 $\boldsymbol{M}$ 分块，于是特征值问题 $\boldsymbol{K\Phi}=\lambda\boldsymbol{M\Phi}$ 可以写成

$$\begin{bmatrix}\boldsymbol{K}_{aa} & \boldsymbol{K}_{ac}\\ \boldsymbol{K}_{ca} & \boldsymbol{K}_{cc}\end{bmatrix}\begin{bmatrix}\Phi_a\\ \Phi_c\end{bmatrix}=\lambda\begin{bmatrix}\boldsymbol{M}_a & 0\\ 0 & 0\end{bmatrix}\begin{bmatrix}\Phi_a\\ \Phi_c\end{bmatrix} \tag{15.5.10}$$

其中，$\boldsymbol{M}_a$ 是一个对角质量矩阵，而 Φ_a 和 Φ_c 分别为相应于有质量和无质量自由度上的振型位移。将上式展开后可得

$$\boldsymbol{K}_{ca}\Phi_a+\boldsymbol{K}_{cc}\Phi_c=0 \tag{15.5.11}$$

于是可得

$$\Phi_c=-\boldsymbol{K}_{cc}^{-1}\boldsymbol{K}_{ca}\Phi_a \tag{15.5.12}$$

又从式(15.5.10)中可得

$$\boldsymbol{K}_{aa}\Phi_a+\boldsymbol{K}_{ac}\Phi_c=\lambda\boldsymbol{M}_a\Phi_a \tag{15.5.13}$$

将式(15.5.12)代入式(15.5.13)并经整理后得

$$\boldsymbol{K}_a\Phi_a=\lambda\boldsymbol{M}_a\Phi_a \tag{15.5.14}$$

其中

$$\boldsymbol{K}_a=\boldsymbol{K}_{aa}-\boldsymbol{K}_{ac}\boldsymbol{K}_{cc}^{-1}\boldsymbol{K}_{ca} \tag{15.5.15}$$

动力分析中的静力凝聚和静力分析中的静力凝聚区别在于荷载项。在静力分析中的静力凝聚荷载是明显地给出的。而如式(15.5.14)所示，在 Φ_a 自由度上的荷载与特征值和特征向量都有关系，事实上这个荷载可以表示为

$$\boldsymbol{R}=\lambda\boldsymbol{M}_a\Phi_a$$

静力凝聚的过程在计算矩阵$\boldsymbol{K}_a$ 时要耗费较多机时。然而可以不计算$\boldsymbol{K}_{cc}$的逆，而是将矩阵$\boldsymbol{K}_{cc}$进行三角因子分解，即

$$\boldsymbol{K}_{cc}=\boldsymbol{L}_c\boldsymbol{D}_c\boldsymbol{L}_c^{\mathrm{T}} \tag{15.5.16}$$

将式(15.5.16)代入式(15.5.15)后，其中式(15.5.15)的右端第二项可以表示为

$$\boldsymbol{K}_{ac}\boldsymbol{K}_{cc}^{-1}\boldsymbol{K}_{ca}=\boldsymbol{K}_{ca}^{\mathrm{T}}(\boldsymbol{L}_c^{\mathrm{T}})^{-1}\boldsymbol{D}^{-1}\boldsymbol{L}_c^{-1}\boldsymbol{K}_{ca} \tag{15.5.17}$$

设

$$\boldsymbol{L}_c\boldsymbol{Y}=\boldsymbol{K}_{ca} \tag{15.5.18}$$

由上式解出 $\boldsymbol{Y}$，于是式(15.5.15)可表示为

$$\boldsymbol{K}_a=\boldsymbol{K}_{aa}-\boldsymbol{Y}^{\mathrm{T}}\boldsymbol{Y} \tag{15.5.19}$$

上述运算中表明经变换之后的刚度矩阵 $\boldsymbol{K}_a$ 一般是个满阵，因此除非$\boldsymbol{K}_a$ 是低阶矩阵，不然求解依然是比较困难的。

在实际运算中也可以不计算矩阵$\boldsymbol{K}_a$，而是求出柔度矩阵$\boldsymbol{F}_a=\boldsymbol{K}_a^{-1}$，然后再进行约化。柔度矩阵的运算可按下式进行，即

$$\begin{bmatrix} \boldsymbol{K}_{aa} & \boldsymbol{K}_{ac} \\ \boldsymbol{K}_{ca} & \boldsymbol{K}_{cc} \end{bmatrix} \begin{bmatrix} \boldsymbol{F}_{a} \\ \boldsymbol{F}_{c} \end{bmatrix} = \begin{bmatrix} \boldsymbol{I} \\ 0 \end{bmatrix} \tag{15.5.20}$$

其中，$\boldsymbol{I}$ 是自由度与$\boldsymbol{K}_{aa}$相同的单位阵。可是事实上也可以不对刚度矩阵进行分块，而是直接求解方程 $\boldsymbol{KV}=\boldsymbol{P}$，其中荷载向量 $\boldsymbol{P}$ 是由相应于质量矩阵 $\boldsymbol{M}$ 中不为零的对角元的列向量构成，而 $\boldsymbol{V}$ 则是由$\boldsymbol{F}_a$ 和$\boldsymbol{F}_c$ 构成。下面通过一个数字例子来说明。

设

$$\boldsymbol{K}=\begin{bmatrix} 3 & & & & \\ -1 & 2 & & & \\ & 1 & 4 & & \\ & 2 & -1 & 5 & \\ & & 2 & 0 & 7 \end{bmatrix}, \quad \boldsymbol{M}=\begin{bmatrix} 0 & & & & \\ & 2 & & & \\ & & 1 & & \\ & & & 0 & \\ & & & & 3 \end{bmatrix}$$

于是

$$\boldsymbol{P}=\begin{bmatrix} 0 & 0 & 0 \\ 1 & 0 & 0 \\ 0 & 1 & 0 \\ 0 & 0 & 0 \\ 0 & 0 & 1 \end{bmatrix}$$

进而可解得 $\boldsymbol{V}$。

其中由相应于质量矩阵非零对角元所在行的元素构成$\boldsymbol{F}_a$，解出$\boldsymbol{F}_a$ 后由式(15.5.10)可得替代的特征值问题

$$\frac{1}{\lambda}\boldsymbol{\Phi}_a=\boldsymbol{F}_a\boldsymbol{M}_a\boldsymbol{\Phi}_a \tag{15.5.21}$$

现令

$$\overline{\boldsymbol{\Phi}}_a=(\boldsymbol{M}_a)^{\frac{1}{2}}\boldsymbol{\Phi}_a \tag{15.5.22}$$

其中，$(\boldsymbol{M}_a)^{\frac{1}{2}}$是一个对角阵，它的对角元素等于$\boldsymbol{M}_a$ 对角元素的平方根。现在式(15.5.21)的左右两端乘以$(\boldsymbol{M}_a)^{\frac{1}{2}}$，注意到式(15.5.22)，于是可得

$$\overline{\boldsymbol{F}}_a\overline{\boldsymbol{\Phi}}_a=\frac{1}{\lambda}\overline{\boldsymbol{\Phi}}_a \tag{15.5.23}$$

其中

$$\overline{\boldsymbol{F}}_a=(\boldsymbol{M}_a)^{\frac{1}{2}}\boldsymbol{F}_a(\boldsymbol{M}_a)^{\frac{1}{2}} \tag{15.5.24}$$

式(15.5.23)为一个标准的特征值问题，求出$\overline{\boldsymbol{\Phi}}_a$后即可由式(15.5.22)计算 $\boldsymbol{\Phi}_a'$，而

$$\boldsymbol{\Phi}_c=\boldsymbol{F}_c\boldsymbol{K}_a\boldsymbol{\Phi}_a \tag{15.5.25}$$

上式表明作用在零质量自由度上产生位移为 $\boldsymbol{\Phi}_c$的力是$\boldsymbol{K}_a\boldsymbol{\Phi}_a$。

最后应当指出的是静力凝聚法实际上也是一种 Ritz 分析。

15.5.3 逆迭代法

逆迭代法是同时能算出特征值和特征向量的一种行之有效的方法。现假定矩阵 $\boldsymbol{K}$ 是正定的，根据特征问题的基本性质，有

$$\boldsymbol{K\Phi}_i=\lambda_i\boldsymbol{M\Phi}_i \tag{15.5.26}$$

上式可以写为

$$\boldsymbol{K}\frac{1}{\lambda_i}\boldsymbol{\Phi}_i=\boldsymbol{M\Phi}_i$$

如设 $\bar{\boldsymbol{x}}_i=\frac{1}{\lambda_i}\boldsymbol{\Phi}_i$，则式(15.5.26)可写为

$$\boldsymbol{K}\bar{\boldsymbol{x}}_i=\boldsymbol{M\Phi}_i \tag{15.5.27}$$

若当取任意一个初始向量 $\boldsymbol{x}^1$ 代入式(15.5.27)，得

$$\boldsymbol{K}\bar{\boldsymbol{x}}=\boldsymbol{Mx}^1$$

上式的解记为 $\bar{\boldsymbol{x}}^2$，显然如果 $\boldsymbol{x}^1$ 不是特征向量，则 $\bar{\boldsymbol{x}}^2$ 也不会是特征向量。然而可以下列的迭代格式进行迭代计算，即解

$$\boldsymbol{K}\bar{\boldsymbol{x}}^{k+1}=\boldsymbol{Mx}^k \tag{15.5.28}$$

得 $\bar{\boldsymbol{x}}^{k+1}$，然后计算

$$\boldsymbol{x}^{k+1}=\frac{\bar{\boldsymbol{x}}^{k+1}}{((\bar{\boldsymbol{x}}^{k+1})^{\mathrm{T}}\boldsymbol{M}\bar{\boldsymbol{x}}^{k+1})^{\frac{1}{2}}} \tag{15.5.29}$$

式(15.5.28)的计算是为了要使 $\boldsymbol{x}^{k+1}$ 满足关于 $\boldsymbol{M}$ 正交条件，当 $k\to\infty$ 则有 $\boldsymbol{x}^{k+1}\to\boldsymbol{\Phi}_1$。在迭代过程中按式(15.5.29)的标准化是为了避免让迭代向量中的元素在迭代过程中增大，而迭代向量不收敛于 $\boldsymbol{\Phi}_1$ 而是收敛于 $\boldsymbol{\Phi}_1$ 的一个倍数。

初始迭代向量 $\boldsymbol{x}^1$ 的选择将直接影响到迭代次数。如果所假定的初始迭代向量 $\boldsymbol{x}^1$ 越接近 $\boldsymbol{\Phi}_1$，则达到一定精度的迭代次数就越少。同样的道理，若 $\boldsymbol{x}^1$ 中所包含的 $\boldsymbol{\Phi}_1$ 的成分越少，那么所需的迭代次数也就越多。不过不论怎样，即使所选的初始迭代向量不包含 $\boldsymbol{\Phi}_1$ 的成分，几经迭代之后总会产生 $\boldsymbol{\Phi}_1$ 的成分，最后总将收敛到 $\boldsymbol{\Phi}_1$。

初始向量 $\boldsymbol{x}^1$ 的构造很大程度上依赖于经验。经验表明在大多数场合选择一个分量皆为 1 的初始迭代向量是好的。

逆迭代法用以求解广义特征值问题的最小特征值 λ_1 是非常有效的。

在实际计算中采用如下的迭代格式以代替上述式(15.5.28)和式(15.5.29)是更为有效的，这里为了减少矩阵乘积 $\boldsymbol{Mx}^k$ 的运算而设置了中间变量 $\boldsymbol{Y}^k$。

(1) 设初始迭代向量 $\boldsymbol{x}^1$，并计算

$$\boldsymbol{Y}^1=\boldsymbol{Mx}^1$$

(2) 解方程

$$\boldsymbol{K}\bar{\boldsymbol{x}}^{k+1}=\boldsymbol{Y}^k \tag{15.5.30}$$

得 $\bar{\boldsymbol{x}}^{k+1}$。

(3) 计算

$$\bar{\boldsymbol{Y}}^{k+1}=\boldsymbol{M}\,\bar{\boldsymbol{x}}^{k+1} \tag{15.5.31}$$

(4) 计算特征值的近似值以及下次迭代的初向量的近似值，即

$$\rho(\bar{\boldsymbol{x}}^{k+1})=\frac{(\bar{\boldsymbol{x}}^{k+1})^{\mathrm{T}}\boldsymbol{Y}^{k}}{(\bar{\boldsymbol{x}}^{k+1})^{\mathrm{T}}\bar{\boldsymbol{Y}}^{k+1}} \tag{15.5.32}$$

若

$$\frac{\rho(\bar{\boldsymbol{x}}^{k+1})-\rho(\bar{\boldsymbol{x}}^{k})}{\rho(\bar{\boldsymbol{x}}^{k+1})}\leqslant\varepsilon \tag{15.5.33}$$

则转向步骤(5)计算特征向量，否则计算下次迭代的初始向量

$$\boldsymbol{Y}^{k+1}=\frac{\bar{\boldsymbol{Y}}^{k+1}}{((\bar{\boldsymbol{x}}^{k+1})^{\mathrm{T}}\bar{\boldsymbol{Y}}^{k+1})^{\frac{1}{2}}} \tag{15.5.34}$$

然后再转入步骤(2)重新进行迭代。

(5) 计算特征值和特征向量

$$\boldsymbol{\Phi}_1=\frac{\bar{\boldsymbol{x}}^{k+1}}{((\bar{\boldsymbol{x}}^{k+1})^{\mathrm{T}}\bar{\boldsymbol{Y}}^{k+1})^{\frac{1}{2}}} \tag{15.5.35}$$

15.5.4 广义雅可比(Jacobi)法

如前所述，根据由广义特征值问题的 n 个特征向量所组成的特征矩阵

$$\boldsymbol{\Phi}=[\boldsymbol{\Phi}_1 \quad \boldsymbol{\Phi}_2 \quad \cdots \quad \boldsymbol{\Phi}_n] \tag{15.5.36}$$

的性质则有

$$\boldsymbol{\Phi}^{\mathrm{T}}\boldsymbol{M}\boldsymbol{\Phi}=\boldsymbol{I} \tag{15.5.37}$$

$$\boldsymbol{\Phi}^{\mathrm{T}}\boldsymbol{K}\boldsymbol{\Phi}=\boldsymbol{\Lambda} \tag{15.5.38}$$

其中，$\boldsymbol{I}$ 是单位矩阵；$\boldsymbol{\Lambda}$ 为相应各特征值组成的对角阵，即

$$\boldsymbol{\Lambda}=\begin{bmatrix}\omega_1^2 & & & & & \\ & \omega_2^2 & & & & \\ & & \ddots & & & \\ & & & \omega_i^2 & & \\ & & & & \ddots & \\ & & & & & \omega_n^2\end{bmatrix} \tag{15.5.39}$$

广义雅可比法是标准的雅可比法的推广。这个方法的优点是简单且稳定。它适用于对称矩阵 $\boldsymbol{K}$ 而对特征值并无限制，所以能用来计算负的、零或正的特征值。广义雅各比法的基本思想是出于以上所回顾的特征向量 $\boldsymbol{\Phi}$ 的正定性质，采用迭代的方法来逐步构成特征矩阵 $\boldsymbol{\Phi}$。

具体地说，这个变换过程就是找一个变换矩阵$\boldsymbol{P}^k$ 序列，使得刚度矩阵 $\boldsymbol{K}$ 和质量矩阵 $\boldsymbol{M}$ 作

一系列变换

$$K^{k+1}=(P^k)^{\mathrm{T}}K^kP^k \tag{15.5.40}$$

及

$$M^{k+1}=(P^k)^{\mathrm{T}}M^kP^k \tag{15.5.41}$$

不过这一系列变换后刚度矩阵 $\boldsymbol{K}$ 和质量矩阵 $\boldsymbol{M}$ 逐渐变换成对角矩阵。那么可以取 $(k+1)$ 次的迭代结果作为广义特征问题的近似解，即

$$\boldsymbol{\Lambda}=\operatorname{diag}\left[\frac{k_{ii}^{k+1}}{m_{ii}^{k+1}}\right]\quad(i=1,2,\cdots,n) \tag{15.5.42}$$

$$\boldsymbol{\Phi}\approx\boldsymbol{P}^0\boldsymbol{P}^1\cdots\boldsymbol{P}^k\operatorname{diag}\left[\frac{1}{\sqrt{m_{ii}^{k+1}}}\right] \tag{15.5.43}$$

式中，k_{ii}^{k+1}，m_{ii}^{k+1} 分别为第 $(k+1)$ 次迭代过程中刚度矩阵 $\boldsymbol{K}$ 和质量矩阵 $\boldsymbol{M}$ 中第 i 行主元。

现在可以看出广义雅可比法的关键是寻找一组广义雅可比矩阵 $\boldsymbol{P}^0,\boldsymbol{P}^1,\cdots,\boldsymbol{P}^{k+1}$，并用广义雅可比矩阵作为变换矩阵，而与此同时将 $\boldsymbol{K}$ 和 $\boldsymbol{M}$ 矩阵中的非对角元素逐渐消去，从而可使 $\boldsymbol{K}$ 和 $\boldsymbol{M}$ 趋向于变成对角阵。广义雅可比矩阵可取为

$$\boldsymbol{P}^k=\begin{bmatrix}1 & & & & & & \\ & \ddots & & & & & \\ & & 1 & & \alpha & \cdots & \cdots \\ & & & \ddots & & & \\ & & \beta & & 1 & \cdots & \cdots \\ & & & & & \ddots & \\ & & \vdots & & \vdots & & 1\end{bmatrix}\begin{matrix}\\ \\ i\text{ 行}\\ \\ j\text{ 行}\\ \\ \\ \end{matrix} \tag{15.5.44}$$

i 列　　j 列

广义雅可比矩阵 $\boldsymbol{P}^k$ 中，主元素等于 1，第 i 行第 j 列元素为 α，而第 j 行第 i 列为 β，其他元素都等于 0。α，β 的选择原则是使矩阵 $\boldsymbol{K}^{k+1}$ 和矩阵 $\boldsymbol{M}^{k+1}$ 中的非对角元素 k_{ij}^{k+1} 和 m_{ij}^{k+1} 都等于或趋于零。于是由式(15.5.40)和式(15.5.41)可得到方程

$$\begin{cases}\alpha k_{ii}^k+(1+\alpha\beta)k_{ij}^k+\beta k_{jj}^k=0,\\ \alpha m_{ii}^k+(1+\alpha\beta)m_{ij}^k+\beta m_{jj}^k=0\end{cases} \tag{15.5.45}$$

解上述方程组，得

$$\begin{cases}\alpha=\dfrac{\bar{k}_{jj}^k}{x},\\[2ex] \beta=-\dfrac{\bar{k}_{ii}^k}{x}\end{cases} \tag{15.5.46}$$

其中

$$\bar{k}_{ii}^k=k_{ii}^km_{ij}^k-m_{ii}^kk_{ij}^k$$

$$\bar{k}_{jj}^k=k_{jj}^km_{ij}^k-m_{jj}^kk_{ij}^k$$

$$x=\frac{\bar{k}^k}{2}+\operatorname{sign}(\bar{k}^k)\sqrt{\left(\frac{\bar{k}^k}{2}\right)^2+\bar{k}_{ii}^k\bar{k}_{jj}^k}$$

$$\bar{k}^k=k_{ii}^k m_{jj}^k-k_{jj}^k m_{ii}^k$$

若在式(15.5.45)中满足

$$\frac{k_{ii}^k}{m_{ii}^k}=\frac{k_{jj}^k}{m_{jj}^k}=\frac{k_{ij}^k}{m_{ij}^k}$$

的条件,则式(15.5.45)的解为

$$\begin{cases}\alpha=0,\\ \beta=-\dfrac{k_{ij}^k}{k_{jj}^k}\end{cases}\tag{15.5.47}$$

按照上述的雅可比变换后将一个非对角元素化为零之后,在以后另一次变换后这个元素又会重新变为非零元素。可是在反复进行雅可比变换之后,非对角元素的绝对值将逐步地趋向于零。

在进行雅可比变换时需按行或按列依次轮番地使各个非对角元化为零。但是有些非对角元素几经变换后已经很小了,为了避免进行徒劳的且并无价值的计算,在实际的运算中采取所谓的"过关"法。也就是设置一个宽容度10^{-2m}为第 m 次雅可比变换时的过关标准。如果表示自由度 i 和 j 的耦合程度的耦合因子满足如下关系:

$$\frac{(k_{ij}^k)^2}{k_{ii}^k k_{jj}^k}\leqslant 10^{-2m},\quad \frac{(m_{ij}^k)^2}{m_{ii}^k m_{jj}^k}\leqslant 10^{-2m}$$

则位于第 i 行第 j 列的非对角元素认为已趋于很小而已过关。而对于仍未满足要求的元素需再次进行广义雅可比变换使它变成零,直至达到精度要求为止,即

$$\frac{|\Delta_i^{k+1}-\Delta_i|}{\Delta_i^{k+1}}\leqslant\varepsilon\quad(i=1,2,\cdots,n)$$

其中

$$\Delta_i^k=\frac{k_{ii}^k}{m_{ii}^k},\quad \Delta_i^{k+1}=\frac{k_{ii}^{k+1}}{m_{ii}^{k+1}}$$

通常取 $\varepsilon=10^{-5}$,以及

$$\left(\frac{(k_{ij}^{k+1})^2}{k_{ii}^{k+1}k_{jj}^{k+1}}\right)^{\frac{1}{2}}\leqslant 10^{-5},\quad \left(\frac{(m_{ij}^{k+1})^2}{m_{ii}^{k+1}m_{jj}^{k+1}}\right)^{\frac{1}{2}}\leqslant 10^{-5}$$

对于所有 i 和 j,$i<j$,其中10^{-5}是收敛容许值。

如上所说,广义雅可比法的关键是构造一系列雅可比变换矩阵,也就是确定雅可比矩阵中的待定系数 α 和 β。上述关于求 α 和 β 的关系式主要是针对质量矩阵 $\boldsymbol{M}$ 是正定的、满的或带状矩阵。可以证明

$$\left(\frac{\bar{k}^k}{2}\right)^2+\bar{k}_{ii}^k\bar{k}_{jj}^k>0$$

因而 X 总是不为零。

同时由式(15.5.44)所示的广义雅可比变换矩阵可知

$$\det(\boldsymbol{P}^k)=1-\alpha\beta$$

当 α 和 β 取自式(15.5.47)时有

$$\det(\boldsymbol{P}^k)=1$$

当 α 和 β 取自式(15.5.46)时可有

$$\det(\boldsymbol{P}^k)\neq 0$$

由此可以说明,广义雅可比变换是确实可行的。

广义雅可比法用于一致质量矩阵中,但是也可以用于团聚质量矩阵中。值得指出的是当质量矩阵 $\boldsymbol{M}$ 是团聚质量矩阵且某些自由度方向上是零质量时,广义雅可比法也是适用的。

广义雅可比法是求全部特征值的方法,但在结构的动力分析中往往只需要求少数几个低阶的特征对,因此这个方法就不经济了。由于这个原因,广义雅可比法主要用于子空间迭代法中。

最后简单归纳雅可比法的步骤如下。

(1) 计算耦合因子,将元素 k_{ij}^{k+1} 和 m_{ij}^{k+1} 化为零。检查

$$\frac{(k_{ij}^k)^2}{k_{ii}^k k_{jj}^k},\quad \frac{(m_{ij}^k)^2}{m_{ii}^k m_{jj}^k}$$

是否过关。如未过关,则计算

$$\bar{k}_{ii}^k=k_{ii}^k m_{ij}^k-m_{ii}^k k_{ij}^k$$

$$\bar{k}_{jj}^k=k_{jj}^k m_{ij}^k-m_{jj}^k k_{ij}^k$$

$$\bar{k}^k=k_{ii}^k m_{jj}^k-k_{jj}^k m_{ii}^k$$

$$x=\frac{\bar{k}^k}{2}+\mathrm{sign}(\bar{k}^k)\sqrt{\left(\frac{\bar{k}^k}{2}\right)^2+\bar{k}_{ii}^k\bar{k}_{jj}^k}$$

$$\alpha=\frac{\bar{k}_{jj}^k}{x},\quad \beta=-\frac{\bar{k}_{ii}^k}{x}$$

$$\boldsymbol{K}^{k+1}=(\boldsymbol{P}^k)^{\mathrm{T}}\boldsymbol{K}^k\boldsymbol{P}^k$$

$$\boldsymbol{M}^{k+1}=(\boldsymbol{P}^k)^{\mathrm{T}}\boldsymbol{M}^k\boldsymbol{P}^k$$

(2) 计算特征向量和特征值,有

$$\boldsymbol{\Phi}=\boldsymbol{P}^0\boldsymbol{P}^1\boldsymbol{P}^2\cdots\boldsymbol{P}^k\,\mathrm{diag}\left[\frac{1}{\sqrt{m_{ii}^{k+1}}}\right]$$

15.6 大型特征问题的解法

15.6.1 行列式搜索法

广义特征问题 $\boldsymbol{K\Phi}=\lambda\boldsymbol{M\Phi}$ 的特征值就是下列特征多项式

$$P(\lambda)=\det(\boldsymbol{K}-\lambda\boldsymbol{M}) \tag{15.6.1}$$

的根。

上述结论是显而易见的,因为如将广义特征问题改写为

$$(\boldsymbol{K}-\lambda\boldsymbol{M})\boldsymbol{\Phi}=0 \tag{15.6.2}$$

如果特征向量 $\boldsymbol{\Phi}$ 是非平凡的,则 $\boldsymbol{K}-\lambda\boldsymbol{M}$ 是奇异的,即

$$P(\lambda)=\det(\boldsymbol{K}-\lambda\boldsymbol{M})=0$$

而行列式搜索法则是综合运用特征多项式 $P(\lambda)$ 和其 Sturm 序列性及向量逆迭代技术的一种求大型特征问题的方法。这里应当认识到,在行列式搜索法中运用的那些基本方法都可直接用于求解广义特征问题,而不必变换为标准特征问题。于是可以避免因矩阵的病态而可能遇到的困难或由于变换而加大带宽。

行列式搜索法的基本思想是首先将问题简化为寻找相应特征值的近似值或相应特征向量的近似值,然后则利用向量迭代法或 Rayleigh 商迭代化精确地求出特征值。一般来说,如果已经计算出一个特征值或者一个特征向量,则可立即计算出特征对中另一个量。即如已知 λ_i,则可通过求解 $(\boldsymbol{K}-\lambda\boldsymbol{M})\boldsymbol{\Phi}=0$ 得到特征向量 $\boldsymbol{\Phi}_i$;如已知 $\boldsymbol{\Phi}_i$,则可通过 Rayleigh 商

$$\lambda_i=\frac{\boldsymbol{\Phi}_i^{\mathrm{T}}\boldsymbol{K\Phi}_i}{\boldsymbol{\Phi}_i^{\mathrm{T}}\boldsymbol{M\Phi}_i}$$

求得相应特征值。

采用行列式搜索法可以有效地计算最小的部分特征值及特征向量,且具有计算快、精度高等特点。行列式搜索法的算法步骤,首先是采用加速的割线迭代公式

$$\mu_{k+1}=\mu_k-\eta\frac{P(\mu_k)}{P(\mu_k)-P(\mu_{k-1})}(\mu_k-\mu_{k-1}) \tag{15.6.3}$$

求特征方程

$$P(\lambda)=\det(\boldsymbol{K}-\lambda\boldsymbol{M})=0$$

的第一个特征值 λ_1 的近似值,以作为下一步向量逆迭代的移位量。式(15.6.3)中,k 是迭代步;μ_{k-1} 和 μ_k 是 λ_1 的两个近似值,且 $\mu_{k-1}<\mu_k<\lambda_1$(见图 15.6.1);$\eta$ 是常数,如 $\eta=1$ 则是标准的割线迭代,为了加快收敛,在上述算法中取 $\eta\geqslant2$,一般开始迭代时取 $\eta=2$(见图 15.6.2)。在上述迭代中当 $k\to\infty$ 时 $\mu_{k+1}\to\lambda_1$。然而采用了加速迭代的措施后可能越过根。为此在算法中还利用了 Sturm 序列性质,即在 μ_{k+1} 处当 $\boldsymbol{K}-\mu_{k+1}\boldsymbol{M}$ 进行三角分解时负对角元素的个数与遗漏的根的个数,即小于 μ_{k+1} 的特征值的个数相等。因此不需要限制 $\eta=2$,而当每一步迭代时都没有改变多于两个有效数时,即当 $|\mu_{k+1}-\mu_k|<10^{-4}\mu_k$ 时,取 $\eta=2\eta$,进一步加速。

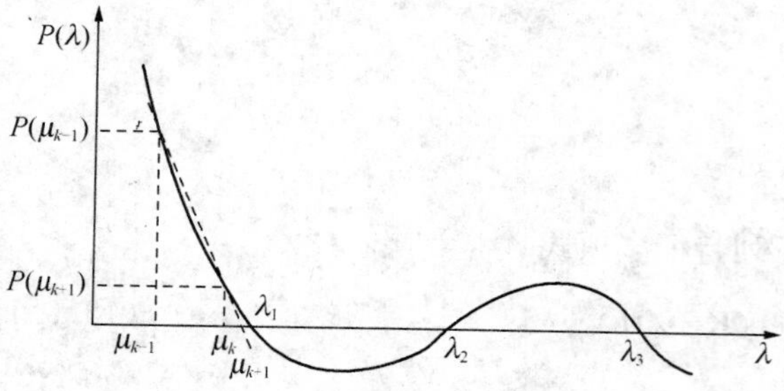

图 15.6.1　μ_{k+1} 和 μ_k

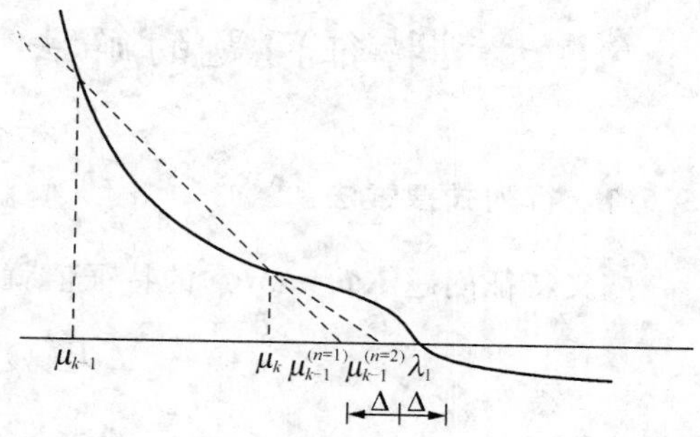

图 15.6.2　$\eta=2$

具体地说，在求 λ_1 时取迭代初值 $\mu_0=0$，而 μ_1 则由向量逆迭代来确定，然后用 Sturm 序列性质来检查以保证 $\mu_1<\lambda_1$。如三角分解后对角元中有 J 个负元，说明有 J 个根被跳过，这时需按下式重新确定 μ_1，即

$$\mu_1=\frac{\mu_1}{J+1} \tag{15.6.4}$$

然后再进行检查，直至对角元皆为正。接着继续按式(15.6.3)进行迭代，直至得到下一个未知特征值的近似值以作为下一步迭代的移位。

由于割线迭代的目的只是欲求得下一个未知特征值的近似值，通常这个 $\mu_{k+1}<\lambda_1$ 出现在任何越过根发生之前，如在跳跃之前 $|\mu_{k+1}-\mu_k|<10^{-5}\mu_k$ 时，则转入向量逆迭代。同时，一旦用 Sturm 序列性质检验确定割线迭代已越过一个或多个未知特征值时也转入向量逆迭代。

其次采用向量逆迭代进一步求 μ 附近的精确的特征值 λ_1 以及相应的特征向量 $\boldsymbol{\Phi}_1$。这时以 μ 作为移位量。

以上阐述的是第一个特征对的求解方法。由式(15.6.3)所示的迭代格式可见单侧逼近特征值的优点，因此也可以适用于求其他任何特征对。但是为了避免在以后迭代中所得的特征对 $(\lambda_{j+1},\boldsymbol{\Phi}_{j+1})$ 收敛于已得到的特征值 $(\lambda_j,\boldsymbol{\Phi}_j)$，需要将多项式 $P(\lambda)$ 紧缩，而采用紧缩的多项式 $P_j(\lambda)$，即用

$$P_j(\lambda)=\frac{P(\lambda)}{\prod_{i=1}^{j}(\lambda-\lambda_i)} \tag{15.6.5}$$

来代替式(15.6.3)中的 $P(\lambda)$。其中，j 为已求得的特征值的个数；λ_i 为已求得的第 i 个特征值。式(15.6.5)是用来从两个预先求得的多项式(15.6.3)初始值 μ_{k-1} 和 μ_k 中删去所有已算出的特征值。

一般而言特征方程会有重根，对于结构来说重根数 $r\leqslant 6$，这意味着有 r 个相互关于 $\boldsymbol{M}$ 正交的特征向量，为了在重根处由逆迭代法计算全部 r 个向量，就必须采用 Gram-Schmidt 正交化。在计算中当进行第 i 个特征值迭代时，初始迭代向量 $\boldsymbol{x}_i^l$ 和逆迭代过程中每个新迭代向量 $\boldsymbol{x}_i^k$ 都要正交化处理，这样才能保证出现重根时不会收敛于前面所求得的特征向量。为了减少运算量，根据 $r\leqslant 6$ 的原理，所以只需用前面最后 6 个向量去对新向量作正交化处理。

15.6.2 子空间迭代法

子空间迭代法是求大型结构前 $p(p \ll n)$ 个特征对的一个有效地方法，这里 n 是结构的总自由度。子空间迭代法是 Rayleigh-Ritz 法和逆迭代法的结合。利用 Rayleigh-Ritz 法可以将 n 阶特征值问题降为一个 p 阶特征值问题来求解；而利用逆迭代法可以使选择的基底不断地得到改善，从而使近似的特征向量不断地改善精度而逼近精确解。

子空间迭代法由以下三个步骤组成。首先确定 q 个初始迭代向量，且 $q>p$，而 p 是所欲求的特征向量和特征值的个数；其次在 q 个向量上使用逆迭代法得到特征向量和特征值的最佳近似；最后在迭代结束后利用 Sturm 序列检验证实得到的特征对就是所要求的特征对。

采用子空间迭代法计算大型特征值问题的前 p 阶特征对时首先需选一组 q 个线性无关的向量

$$\boldsymbol{x}=\begin{bmatrix} x_1^0 & x_2^0 & \cdots & x_q^0 \end{bmatrix} \tag{15.6.6}$$

如果 p 是所需要求的低阶特征对的个数，那么为了保证这个 p 个低阶特征对有较好的近似，应使 $q>p$，一般 $q=\min(2p,p+8)$。迭代向量 $\boldsymbol{x}_i^0(i=1,2,\cdots,q)$ 构成一个 q 维子空间 E_q^0，它是 q 个低阶特征向量 $\boldsymbol{\Phi}_i(i=1,2,\cdots,q)$ 构成的子空间 E_q 的初始近似。然后进行如下迭代。

(1) 用上次迭代得到的向量按逆迭代法

$$\boldsymbol{K}\overline{\boldsymbol{X}}^{k+1}=\boldsymbol{M}\boldsymbol{X}^k \tag{15.6.7}$$

求得新的迭代向量 $\overline{\boldsymbol{X}}^{k+1}$，向量 $\overline{\boldsymbol{X}}^{k+1}$ 张成子空间 E_q^{k+1}。

(2) 计算刚度矩阵 $\boldsymbol{K}$ 和质量矩阵 $\boldsymbol{M}$ 在子空间 E_q^{k+1} 上的投影，即有

$$\begin{cases} \boldsymbol{K}^{k+1}=(\overline{\boldsymbol{X}}^{k+1})^{\mathrm{T}}\boldsymbol{K}\overline{\boldsymbol{X}}^{k+1}, \\ \boldsymbol{M}^{k+1}=(\overline{\boldsymbol{X}}^{k+1})^{\mathrm{T}}\boldsymbol{M}\overline{\boldsymbol{X}}^{k+1} \end{cases} \tag{15.6.8}$$

(3) 在子空间 E_q^{k+1} 内求 q 阶特征值问题

$$\boldsymbol{K}^{k+1}\boldsymbol{\Phi}=\boldsymbol{\Lambda}\boldsymbol{M}^{k+1}\boldsymbol{\Phi} \tag{15.6.9}$$

其中

$$\boldsymbol{\Lambda}=\begin{bmatrix} \omega_1^2 & & & & & \\ & \omega_2^2 & & & & \\ & & \ddots & & & \\ & & & \omega_i^2 & & \\ & & & & \ddots & \\ & & & & & \omega_n^2 \end{bmatrix} \tag{15.6.10}$$

求解 q 阶特征值问题(15.6.9)可采用广义雅可比法，而得到的是第 $(k+1)$ 次迭代的特征向量 $\boldsymbol{\Phi}^{k+1}$ 和特征值 λ。

(4) 由所求的 q 阶特征向量 $\boldsymbol{\Phi}^{k+1}$ 和迭代向量 $\overline{\boldsymbol{X}}^{k+1}$ 算得第 $(k+1)$ 次改进的特征向量

$$\boldsymbol{X}^{k+1}=\overline{\boldsymbol{X}}^{k+1}\boldsymbol{\Phi}^{k+1} \tag{15.6.11}$$

可以期望当 $k\to\infty$ 时迭代结果 λ^{k+1}，$\boldsymbol{X}^{k+1}$ 和子空间 E_q^{k+1} 趋近于问题的特征值 λ、特征向量 $\boldsymbol{\Phi}$ 和子空间 E_q。

构成初始迭代向量是子空间迭代法的很重要的一个环节。若线性无关的初始迭代向量刚

好是子空间的一个基底，那么用子空间迭代法一次就能获得精确解。

一个比较有成效的构成初始迭代向量的方法是直接写出质量矩阵 $\boldsymbol{M}$ 和 $\boldsymbol{x}^0$ 的积。现取质量矩阵 $\boldsymbol{M}$ 的对角元素构成的向量作为矩阵 $\boldsymbol{MX}^0$ 的第一列。而其余各列的元素是这样确定的，即先形成一个对角矩阵 $\mathrm{diag}\left[\frac{m_{ii}}{k_{ii}}\right]$，然后将此对角矩阵的列按对角元素的大小重新排列，而元素 $\frac{m_{ii}}{k_{ii}}$ 用 +1 代替。这样的做法其物理意义是很明确的，由于矩阵的积 $\boldsymbol{MX}^0$ 的第一列是质量矩阵 $\boldsymbol{M}$ 的对角元素，这样就保证能激发全部质量自由度。第一列元素好比是各自由度都被激发时的近似振型，而后面各列则好比是将 $\boldsymbol{K}$ 和 $\boldsymbol{M}$ 都认为是 $\mathrm{diag}[k_{ii}]$ 和 $\mathrm{diag}[m_{ii}]$ 时的振型。为了说明初始迭代向量的构成，现通过一个具体的数字例子来加以说明。

设刚度矩阵为

$$\boldsymbol{K}=\begin{bmatrix}6 & & & & & \\ 4 & 8 & & & & \\ 2 & 0 & 4 & & & \\ & 3 & 2 & 5 & & \\ & 4 & 0 & 2 & 4 & \\ & & & 6 & 7 & 9\end{bmatrix}$$

质量矩阵为

$$\boldsymbol{M}=\begin{bmatrix}3 & & & & & \\ & 2 & & & & \\ & & 6 & & & \\ & & & 4 & & \\ & & & & 5 & \\ & & & & & 6\end{bmatrix}$$

则

$$\mathrm{diag}\left[\frac{m_{ii}}{k_{ii}}\right]=\begin{bmatrix}0.5 & & & & & \\ & 0.25 & & & & \\ & & 1.5 & & & \\ & & & 0.8 & & \\ & & & & 1.25 & \\ & & & & & 0.66\end{bmatrix}$$

将 $\mathrm{diag}\left[\frac{m_{ii}}{k_{ii}}\right]$ 各列按对角元素的大小重新排列，得

$$\boldsymbol{Y}^1=\begin{bmatrix}0 & 0 & 0 & 0 & 0 & 0.5\\ 0.25 & 0 & 0 & 0 & 0 & 0\\ 0 & 1.5 & 0 & 0 & 0 & 0\\ 0 & 0 & 0 & 0.8 & 0 & 0\\ 0 & 0 & 1.25 & 0 & 0 & 0\\ 0 & 0 & 0 & 0 & 0.66 & 0\end{bmatrix}$$

于是可得

$$
\boldsymbol{Y}^1 = \boldsymbol{M}\boldsymbol{X}^0 = \begin{bmatrix} 3 & 0 & 0 & 0 & 0 & 1 \\ 2 & 0 & 0 & 0 & 0 & 0 \\ 6 & 1 & 0 & 0 & 0 & 0 \\ 4 & 0 & 0 & 1 & 0 & 0 \\ 5 & 0 & 1 & 0 & 0 & 0 \\ 6 & 0 & 0 & 0 & 1 & 0 \end{bmatrix}
$$

另一个较有成效的构造初始迭代向量的办法是 Lanczos 法，采用此法构造初始迭代向量的基本步骤如下。

选取初始向量$\boldsymbol{x}^1$，即

$$
\boldsymbol{x}^1 = [1 \quad 1 \quad \cdots \quad 1]_{n\times 1}^{\mathrm{T}}
$$

且令 $\beta_1 = 0$，对 $k=1,2,\cdots,q$ 进行如下计算：

$$
\boldsymbol{Y}^k = \boldsymbol{M}\boldsymbol{X}^k
$$

$$
\boldsymbol{K}\boldsymbol{X}^{k+1} = \boldsymbol{Y}^k
$$

$$
\alpha_k = (\boldsymbol{X}^{k+1})^{\mathrm{T}}\boldsymbol{Y}^k
$$

$$
\boldsymbol{X}^{k+1} = \boldsymbol{X}^{k+1} - \alpha_k\boldsymbol{X}^k - \beta_k\boldsymbol{X}^{k-1}
$$

$$
\beta_{k+1}^2 = (\boldsymbol{X}^{k+1})^{\mathrm{T}}\boldsymbol{M}\boldsymbol{X}^{k+1}
$$

$$
\boldsymbol{X}^{k+1} = \frac{\boldsymbol{X}^{k+1}}{\beta_{k+1}}
$$

第 k 个初始向量$\boldsymbol{X}^k$ 是由一个任意向量使它与$\boldsymbol{X}^1,\cdots,\boldsymbol{X}^{k-1}$正交化得到的。

15.6.3　兰索斯(Lanczos)法

Lanczos 法是近年来被重新得到认识且被认为是求解大型矩阵特征值问题的最有效的方法之一。它的计算量比子空间迭代少得多，因而能获得工程界的欢迎。兰索斯法与其说是一种算法，还不如称之为一种计算策略。从某种意义上说计算策略的研究和实施是一种现代科技思想的反映，是将经典的理论在现代技术手段和条件下的重新应用。兰索斯法可以认为是由三部分组成的。首先，通过向量迭代得到具有正交性的 Ritz 基向量；接着由 Ritz 变换将原广义特征值问题变换成具有低阶的三对角矩阵的标准的特征值问题；最后求解此三对角矩阵特征值，这也是原特征值问题的近似特征值，而同时可将三对角矩阵的特征向量变换为原问题的特征向量。所以，兰索斯法实际上是由向量迭代、Ritz 变换和求解三对角矩阵特征问题等三部分构成的。

设广义特征问题

$$
(\boldsymbol{K} - \boldsymbol{\Lambda}\boldsymbol{M})\boldsymbol{\Phi} = 0 \tag{15.6.12}
$$

其中，$\boldsymbol{K}$ 为 $n\times n$ 阶实对称正定矩阵，即总刚度矩阵；$\boldsymbol{M}$ 是质量矩阵，亦为对称矩阵。

求解上述广义特征问题的兰索斯法的算法如下。

(1) 选取适当的初始迭代向量$\boldsymbol{U}_1$ 并进行正交化，即使$\boldsymbol{U}_1^{\mathrm{T}}\boldsymbol{M}\boldsymbol{U}_1 = \boldsymbol{I}$，由此而得到经关于 $\boldsymbol{M}$ 正交归一后的初始迭代向量$\boldsymbol{U}_1$，并计算

$$\boldsymbol{u}_1 = \boldsymbol{K}^{-1}\boldsymbol{M}\boldsymbol{U}_1$$

且令 $\beta_1 = 0$，依次求

$$\alpha_i = \boldsymbol{U}_i^{\mathrm{T}}\boldsymbol{M}\boldsymbol{u}_i \tag{15.6.13a}$$

$$\omega_i = \boldsymbol{u}_i - \alpha_i \boldsymbol{U}_i \tag{15.6.13b}$$

$$\beta_{i+1}^2 = \omega_i^{\mathrm{T}}\boldsymbol{M}\omega_i \tag{15.6.13c}$$

$$\boldsymbol{U}_{i+1} = \frac{\omega_i}{\beta_{i+1}} \tag{15.6.13d}$$

$$\boldsymbol{u}_{i+1} = \boldsymbol{K}^{-1}\boldsymbol{M}\boldsymbol{U}_{i+1} - \beta_{i+1}\boldsymbol{U}_i \tag{15.6.13e}$$

得到由所有的 α_i 和 β_i 构成的一个 p 阶三对角矩阵 $\boldsymbol{T}$，p 即是原广义特征值问题所欲求的最小的特征对数。$\boldsymbol{T}$ 有如下形式：

$$\boldsymbol{T} = \begin{bmatrix} \alpha_1 & \beta_2 & & & & & & & \\ \beta_2 & \alpha_2 & \beta_3 & & & & & & \\ & \beta_3 & \alpha_3 & \beta_4 & & & & & \\ & & \ddots & \ddots & \ddots & & & & \\ & & & & \alpha_i & \beta_{i+1} & & & \\ & & & & \beta_{i+1} & \alpha_{i+1} & \beta_{i+2} & & \\ & & & & & \ddots & \ddots & \ddots & \\ & & & & & & & \alpha_{p-1} & \beta_p \\ & & & & & & & \beta_p & \alpha_p \end{bmatrix} \tag{15.6.14}$$

(2) 求解具有如式(15.6.14)的三对角矩阵的标准特征值问题

$$\left(\boldsymbol{T} - \frac{1}{\boldsymbol{\Lambda}}\right)\boldsymbol{X} = 0 \tag{15.6.15}$$

全部 p 个特征值，而求三对角矩阵的标准特征值问题可以采用二分法或 QR 法等。

在上述广义兰索斯算法中，对 Lanczos 向量 ω_i 的再正交化处理是必需的，最简单的正交化方法是 Gram-Schmidt 正交化方法。这时式(15.6.13b)可改为

$$\bar{\omega}_i = \boldsymbol{u} - \alpha_i \boldsymbol{U}_i \tag{15.6.13b$'$}$$

$$\omega_i = \bar{\omega}_i - \sum_{j=1}^{i} \gamma_j \boldsymbol{U}_i \tag{15.6.13b$''$}$$

其中 $\gamma_j = \boldsymbol{U}_j^{\mathrm{T}}\bar{\omega}_i$。这样保证了 $\bar{\omega}_i$ 与前 i 个兰索斯向量的正交性。为了减少运算，一般来说并不需要对每个兰索斯向量都进行正交化处理。

15.7 快速有限元(FFE)概述

美国 SRAC(1993)推出的快速有限元(Fast Finite Element，简称 FFE)技术已经应用在大型结构的有限元分析。FFE 技术是在有限元理论的基础上，结合计算机科学、计算机图形学和计算数学等相关学科，能在计算机硬件不变的情况下使大型结构的有限元分析的效率提高一

个甚至两个数量级的一系列技术的综合。它主要包括快速有限元前处理技术、快速有限元求解器技术和快速有限元后处理技术等。国外一些学者在有限元算法的论文中也使用了这个概念。另外，许多有限元相关文献中虽然未提到 FFE，但它们所讨论的算法也属于 FFE 的范畴。

快速有限元前处理程序应能与 CAD 系统无缝结合，能够交互式的快速建立结构模型并根据结构模型的几何信息自动进行有限元离散化处理。在 CAD 系统中任何对结构的修改能自动反映到有限元分析程序上。

快速有限元技术的核心是求解器，快速有限元求解器充分利用了结构有限元离散化模型的拓扑结构和所采用的单元类型等，采用了特定的数值算法。尽管这些算法并不一定适用于一般的线性方程组，但对于有限元方程组或特定类型的结构的有限元方程组却非常有效。

快速有限元的后处理程序同样应与图形系统相结合，以便快速直观的以图形的方式显示计算结果。现在许多有限元软件已能做到这一点。

1981 年，Alan George 和 Joseph W. H. Liu 对大型稀疏对称正定线性方程组的各种直接解法作了深入讨论，特别是对稀疏直接法的思想和算法作了详细论述。这些思想和算法成为日后日益发展壮大的稀疏直接求解器的基础，并开始应用到有限元分析中来。

稀疏直接求解器得以发展的一个根本原因，是以现代图论为基础的稀疏矩阵重排序技术的飞速发展。1969 年，Cuthill 和 Mckee 发表了他们缩减矩阵带宽的算法。而后，George 在他的研究中发现，在经 Cuthill-Mckee 算法排序后再反向排序，带宽保持不变，而轮廓决不会增加。此后，Reverse Cuthill-Mckee 重排序技术被用于以总刚矩阵一维变带宽储存为基础的传统的直接求解器中。这是稀疏矩阵重排序技术在有限元分析的第一个应用。

以最小度算法为代表的缩减三角分解的填充量和计算量的重排序技术的出现，使稀疏直接求解器真正展现出相对于传统直接求解器的优势。Joseph W. H. Liu，Timothy A. Davis 和 P. Armestoy 等人为最小度算法的实用化做了大量卓有成效的工作。

嵌套剖分算法是另一种减小填充量和计算量的重排序算法。B. Hendrickson，E. Rothberg，C. Ashcraft，Joseph W. H. Liu 和 A. Gupta 等人为嵌套剖分算法的完善和提高做了大量工作，使得嵌套剖分算法的效果超过了最小度算法。

此外，还有其他一些新的重排序算法可以获得比经典的最小度算法更好的重排序效果。这些算法为稀疏直接求解器的应用和发展奠定了坚实的基础。

另一方面，Multi-Frontal 技术的出现，使得稀疏直接求解器的浮点运算速度大大提高。该方法的详细论述，可见诸于 Joseph W. H. Liu 以及 Manoj Gupta 等人的论文。

在国内，北京大学的陈璞和袁明武等为提高微机结构有限元分析的效率做了大量工作，并建议了一种基于总体刚度矩阵的“稀疏细胞索引储存”技术和循环展开优化技术的稀疏直接快速求解器。

然而，对于超大型结构的快速有限元分析而言，好的迭代求解器与稀疏直接求解器相比有更大的优势。人们一直试图找到一种能保证收敛的迭代算法。预条件共轭梯度法是一种适用于大型对称正定稀疏线性方程组的迭代解法，而对该方法的收敛速度起关键作用的预条件技术则是研究的热点。

20 世纪 70 年代中期，荷兰数学家 Meijerink 和 Van der Vorst 最先提出了稀疏矩阵不完全三角分解预条件技术。它的问世被认为是求解大型稀疏线性方程组方法的重要突破。人们对原有方法即进行改进和扩展，陆续提出不同的不完全分解预条件技术，其中提高不完全分解的稳定性和加速收敛的效果成为研究的热点。

Meijerink 和 Van der Vorst 最早给出的不完全分解要求分解所得三角因子的稀疏性和原矩阵一致。Ajiz M. A. 和 Jennings A. 提出了一种舍弃过小的非零元同时修改相应对角元的稳定的不完全 Cholesky 分解算法，但其加速收敛的效果不佳。而 Tismenetsky M. 则给出了另一种同样只保留较大非零元，但加速效果更好的稳定的不完全 Cholesky 分解算法，然而这种方法过于复杂且需耗费大量内存，从而失去了迭代法的优点。Mark T. Jones 和 Paul E. Plassmann 则另辟蹊径，给出了一种只保留较大非零元但限定三角因子每列的非零元数量和原矩阵一样的相对简单的算法。而 Chih-Jen Lin 和 Jorge J. More 提出了针对有限内存计算机实现的预先限定非零元数量的不完全分解算法，这种方法可以看做是 Mark T. Jones 和 Paul E. Plassmann 的方法的扩展。

在实际应用方面，F. Augeler，V. Sonnad 和 K. J. Bathe 等早在 1989 年就对预条件共轭梯度迭代求解器在结构有限元分析方面的应用作了尝试和探讨。随后，Pascal Saint-Georges，Guy Warzee 和 Yvan Notay 等也在结构有限元分析中应用了 PCG 求解器，并尝试求解一些较难收敛的问题。Michele Benzi，Reijo Kouhia 和 Miloslav Tuma 等则对不完全 Cholesky 分解预条件技术在一些高度病态的结构的分析中的加速收敛的效果作了详细讨论。Made Suarjana 对不完全分解预条件的共轭梯度迭代求解器和直接求解器在结构有限元分析上的性能作了比较。

在许多病态结构中，不完全分解预条件技术往往显得力不从心。而多重网格法由于具备了使超大型病态结构有限元方程组的迭代求解快速收敛的潜力，因此成为目前研究的前沿课题。多重网格法是用于求解物理和工程领域中边值问题的相关方程组的一种高效迭代法，它的常见应用是在流体力学中对来自于规则网格的有限差分方程的求解。E. Bank，Fuchs 和 Hemker 等对经典多重网格的应用做了大量工作。而 V. E. Buglakov，J. Fish，V. Belsky 和 P. Vanek 等为多重网格法在非规则网格下的应用做了大量研究。他们的成果为多重网格法在有限元分析方面的应用提供了可能，以多重网格预条件器为基础的预条件共轭梯度迭代法已经开始得到应用。

有限元分析的一个重要领域是结构的动力分析。动力分析往往涉及结构自振频率，即大型对称稀疏矩阵的特征值的计算。Roger G. Grimes，John G. Lewis 和 Horst D. Simon 等对块 Lanczos 方法在求解大型特征值问题上的应用做了大量研究，他们在 1994 年的经典论文中给出的实用的块 Lanczos 算法成为目前国际上有限元结构动力分析中求解结构模态的通用算法。近年来，Andrew V. Knyazev 等学者对求解超大型稀疏特征值问题的预条件迭代法，特别是预条件共轭梯度迭代法做了大量研究。目前，处于求解超大型结构自振频率算法研究最前沿的是多重网格预条件的快速迭代算法。

这里，有关快速有限元技术的资料主要来自参考文献[35]。

15.8 快速有限元中大型稀疏矩阵的数据结构

15.8.1 Coordinate 储存

Coordinate 储存用两个辅助数组储存非零元的行号和列号，记录非零元在稀疏矩阵中的坐标。Coordinate 储存 N 阶，NNZ 个非零元的稀疏矩阵的方案中需分配：一维实型数组 A(1:

NNZ)储存稀疏矩阵非零元素；一维整型数组 IROW(1:NNZ)中的 IROW(i)指示了非零元 A(i)在稀疏矩阵中的行号。一维整型数组 ICOL(1:NNZ)中的 ICOL(i)指示了非零元 A(i)在稀疏矩阵中的列号。

15.8.2 列(行)压缩储存

列压缩储存(Compressed Column Storage,简称 CCS)或行压缩储存(Compressed Row Storage,简称 CRS)是一种适用于储存大型稀疏矩阵的数据结构。CCS 储存 N 阶，NNZ 个非零元的稀疏矩阵的方案中需分配：一维实型数组 A(1: NNZ)，按列储存稀疏矩阵非零元。对于对称正定稀疏阵，用实型数组 DA(1: N)单独储存对角元，DA(i)表示第 i 个对角元。而数组 A 仅储存其严格下三角部分非零元，此时 NNZ 表示严格下三角部分的非零元数。一维整型数组 ICOLPOS(1: N+1)，ICOLPOS(i)为第 i 列非零元在数组 A 中的起始地址，规定 ICOLPOS(N+1)=NNZ+1，稀疏矩阵第 i 列非零元的个数等于 ICOLPOS(i+1)−ICOLPOS(i)，其中 $i=1,2,\cdots,N$。一维整型数组 IROW(1:NNZ)，IROW(i)指示了非零元 A(i)在稀疏矩阵中的行号。

图 15.8.1 为一对称方阵的 CCS 数据结构的图例，矩阵阶数 $N=6$，其严格下三角部分非零元个数 $NNZ=7$。其对角元和严格下三角部分非零元按 CCS 数据结构的格式储存如图 15.8.2 所示。

$$\begin{bmatrix} a & b & 0 & c & 0 & 0 \\ b & d & e & 0 & f & 0 \\ 0 & e & g & 0 & 0 & h \\ c & 0 & 0 & i & j & 0 \\ 0 & f & 0 & j & k & l \\ 0 & 0 & h & 0 & l & m \end{bmatrix}$$

图 15.8.1 对称方阵

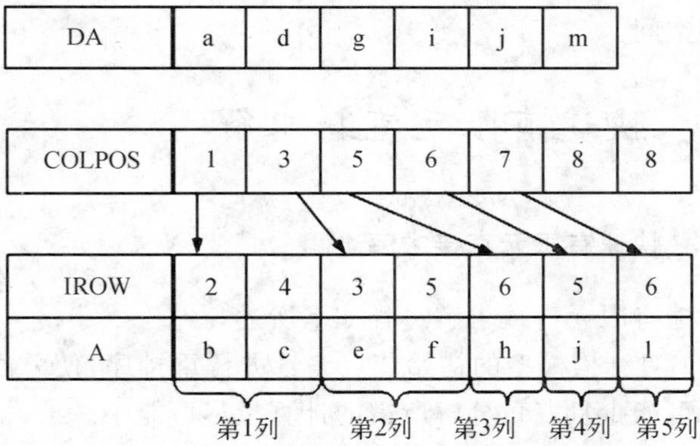

图 15.8.2 图 15.8.1 所示矩阵的 CCS 储存结构

CCS 数据结构因只储存非零元，能大大减少储存量，避免了带宽范围内零元素的无谓运算，大大减少运算量；对于任意第 i 行第 j 列的非零元，不能通过某种简单的地址换算来直接存取。

任何矩阵计算均涉及矩阵元素的存取操作，越是简单的数据结构，存取操作越是简单，效率越高。由于 CCS 结构按列储存稀疏矩阵非零元，因而存取任意一列非零元的操作是高效的。但如果要取任意一行，CCS 储存结构的效率极低下。所以与 CCS 储存相关的算法在编程时，计算顺序总是希望能按列进行。对于 CRS 储存结构，情况刚好相反，它可以高效地存取任意一行非零元，相应的，与 CRS 储存相关的算法的计算顺序必须按行进行。

15.8.3 分块列(行)压缩储存

在许多情况下，稀疏矩阵是由许多规则的小型稠密方阵组成，例如总刚矩阵是由许多阶数等于节点自由度的小型稠密方阵组成。若利用这一点，对列(行)压缩储存稍作修改，就可以得到更适于储存这类稀疏矩阵的数据结构，即分块列压缩储存(Block Compressed Column Storage，简称 BCCS)或分块行压缩储存(Block Compressed Row Storage，简称 BCRS)。

BCCS(或 BCRS)储存结构也由三个数组组成。对 N 阶，有 $NNZB$ 个非零子块的矩阵，每个子块为 $NB\times NB$ 阶小型方阵，令 $ND=N/NB$ 为对角子块数，则 BCCS 储存 N 阶，NNZ 个非零元的稀疏矩阵的方案中先分配：(1) 三维实型数组 A(1:NB, 1:NB, 1:NNZB)，按列储存稀疏矩阵非零子块。对于对称正定的分块稀疏阵，可另设一个二维实型数组 DA(1:NB×(NB+1)/2, 1:ND)储存对角子块。由于对角子块是对称的，所以只需储存其下三角部分，$NB(NB+1)/2$ 正是每个对角子块下三角部分元素的数量。这样，DA(:, i)储存的是第 i 个对角子块的下三角元素。而数组 A 仅按列储存其严格下三角部分的非零子块，此时 $NNZB$ 表示严格下三角部分的非零子块数。(2) 一维整型数组 ICOLPOS(1:ND+1)，ICOLPOS(i)为稀疏矩阵第 i 列非零块矩阵在 A 中的起始地址，规定 ICOLPOS(N+1)$=NNZB+1$，则有稀疏矩阵第 i 列非零子块的个数为 ICOLPOS(i+1)−ICOLPOS(i)，其中 $i=1,2,\cdots,N$。(3) 一维整型数组 IROW(1:NNZB)，IROW(i)指示了非零块矩阵 A(:, :, i)处于分块稀疏矩阵中的哪一行。

BCCS 数据结构和 CCS 数据结构的特点是类似的。假如把图 15.8.1 所示矩阵中的 $a,b,c,\cdots,m$ 等看做是非零子矩阵，则该分块矩阵的 BCCS 储存结构和图 15.8.2 所示的 CCS 储存结构一样。另外，假如分块矩阵的非零子块较大，BCCS 数据结构比 CCS 数据结构节省约 33% 的储存空间。

15.9 快速有限元直接求解

15.9.1 快速有限元直接求解过程

快速有限元直接求解过程如下所述。

(1) 对结构模型的初始节点编号进行重排序，使总刚度矩阵 $\boldsymbol{K}$ 三角分解后所得的 $\boldsymbol{L}$ 的非零元尽可能少且三角分解所需的计算量尽可能小。

对与总刚矩阵相联系的无向图，或在分析程序的前处理阶段，对与结构离散化模型相联系的无向图，通过最小度算法或嵌套剖分算法等重排序技术处理后，可以大幅度减少填充率和计算量[87]。两者可以得到近似的效果。

(2) 对总刚矩阵 $\boldsymbol{K}$ 进行符号分解(Symbolic Factorization)以确定 $\boldsymbol{L}$ 的稀疏结构。

符号分解就是确定稀疏矩阵在数值分解过程中在哪些位置会产生非零元，确定 $\boldsymbol{L}$ 的稀疏结构，并把非零元的地址和数量记录下来。这一步骤实际上只需作与稀疏储存结构相关的整数运算，而不做任何浮点运算。

符号分解可以和数值分解同时进行，但实际上通常把这两者分开。因为这样可以在符号分解确定了非零元具体数量之后，再为非零元素分配所需的储存空间。

符号分解需要用到图的概念。给定一个与总刚度矩阵相对应的图，通过引入由图表示的消去图模型，可以高效的实现符号分结算法。

(3) 对总刚矩阵 $\boldsymbol{K}$ 进行数值分解(Numeric Factorization)以求得 $\boldsymbol{L}$。

(4) 回代求解。

15.9.2 数值分解

15.9.2.1 基本分解算法

符号分解确定 L 的稀疏结构后,就可以准确的知道 L 的实际大小。这时就可以为 L 的非零元分配足够的储存空间,置 L 的初值为零,然后进行总刚矩阵的装配并引入边界条件后,就可数值分解。

CCS 储存的稀疏对称正定阵的 Cholesky 分解,是基于按列分解的 Cholesky 法。按列分解的 Cholesky 算法为

$$\begin{cases} L_{ij} = L_{ij} - \sum_{l=1}^{j-1} L_{il} L_{jl}, \\ L_{jj} = (L_{jj})^{1/2}, \\ L_{ij} = \dfrac{L_{ij}}{L_{jj}}, \\ L_{ii} = L_{ii} - L_{ii}^2 \end{cases} \qquad (j=1,2,\cdots,n; i=j+1, j+2,\cdots,n) \qquad (15.9.1)$$

由于有 3 层关于 n 的循环,以上算法的时间复杂度是 $O(n^3)$,显然不可接受的。

15.9.2.2 改进的分解算法

注意到总刚矩阵天然具有分块结构,假定单元节点自由度为 $Nfrree$,则 $N \times N$ 的对称正定阵总刚矩阵由 $Nfrree \times Nfrree$ 的方阵组成,且 $nd=N/Nfrree$。集成总体刚度矩阵和引入边界条件时作特殊处理,以保持总刚矩阵的分块特性。这样,总刚矩阵可以采用 BCCS 储存并以分块 Cholesky 分解算法进行分解。则按列进行的分块 Cholesky 分解算法如下:按 $j=1$,$2,\cdots,nd$,对每个子块进行

$$\boldsymbol{L}_{ij} = \boldsymbol{L}_{ij} - \sum_{l=1}^{j-1} \boldsymbol{L}_{il} \boldsymbol{L}_{jl}^{\mathrm{T}} \quad (i=j+1, j+2,\cdots,nd)$$

按 $i=j+1,\cdots,nd$,对子块 $\boldsymbol{L}_{jj}$ 进行标准的 Cholesky 分解,用子块 $\boldsymbol{L}_{jj}$ 更加新子块 $\boldsymbol{L}_{ij}$,有

$$\boldsymbol{L}_{ii} = \boldsymbol{L}_{ii} - \boldsymbol{L}_{ij} \boldsymbol{L}_{ij}^{\mathrm{T}} \quad (i=j+1,\cdots,nd) \qquad (15.9.2)$$

结束对块的操作。

把上述算法中涉及小型稠密子矩阵操作的循环完全展开,其中最关键的是最内层循环的子块运算 $\boldsymbol{L}_{ij} = \boldsymbol{L}_{ij} - \sum_{l=1}^{j-1} \boldsymbol{L}_{il} \boldsymbol{L}_{jl}^{\mathrm{T}}$ 所需的循环展开。这一运算本来可以用关于 $Nfrree$ 的 3 层循环完成,现把这 3 层循环全部展开后,则共需写 $Nfrree^2$ 个关于子矩阵元素的表达式。每个表达式涉及 $Nfrree$ 个乘法和 $Nfrree$ 个减法的浮点运算。为简单起见,不妨把上式中的 $\boldsymbol{L}_{il}$ 记为 $\boldsymbol{A}$,$\boldsymbol{L}_{jl}$ 记为 $\boldsymbol{B}$,$\boldsymbol{L}_{ij}$ 记为 $\boldsymbol{C}$,则上式展开为

$$\begin{cases} \boldsymbol{C}_{1,1} = \boldsymbol{C}_{1,1} - \boldsymbol{A}_{1,1}\boldsymbol{B}_{1,1} - \boldsymbol{A}_{1,2}\boldsymbol{B}_{1,2} - \cdots - \boldsymbol{A}_{1,Nfrree}\boldsymbol{B}_{1,Nfrree}, \\ \boldsymbol{C}_{2,1} = \boldsymbol{C}_{2,1} - \boldsymbol{A}_{2,1}\boldsymbol{B}_{1,1} - \boldsymbol{A}_{2,2}\boldsymbol{B}_{1,2} - \cdots - \boldsymbol{A}_{2,Nfrree}\boldsymbol{B}_{1,Nfrree}, \\ \quad \vdots \\ \boldsymbol{C}_{i,j} = \boldsymbol{C}_{i,j} - \boldsymbol{A}_{i,1}\boldsymbol{B}_{j,1} - \boldsymbol{A}_{i,2}\boldsymbol{B}_{j,2} - \cdots - \boldsymbol{A}_{i,Nfrree}\boldsymbol{B}_{j,Nfrree}, \\ \quad \vdots \\ \boldsymbol{C}_{Nfrree,Nfrree} = \boldsymbol{C}_{Nfrree,Nfrree} - \boldsymbol{A}_{Nfrree,1}\boldsymbol{B}_{Nfrree,1} - \cdots - \boldsymbol{A}_{Nfrree,Nfrree}\boldsymbol{B}_{Nfrree,Nfrree} \end{cases} \qquad (15.9.3)$$

15.10 快速有限元迭代求解

15.10.1 概述

迭代求解器是由给定的初值开始，通过若干迭代步而求得满足一定精度要求的近似解。早期较简单的，如 Jacobi，Gauss-Seidel，SOR，SSOR 等迭代法的第 k 步迭代格式为

$$\boldsymbol{x}_k = \boldsymbol{B}\boldsymbol{x}_{k-1} + \boldsymbol{c} \tag{15.10.1}$$

其中 $\boldsymbol{B}$ 和 $\boldsymbol{c}$ 在迭代过程中保持不变，故这类迭代法又称 Stationary Iterative Method。这些经典迭代求解简单方便，但收敛速度过慢或没有保证。

而以预条件共轭梯度法（Preconditioned Conjugate Gradient Method，简称为 PCG）为代表的现代迭代解法的每一步迭代计算利用了先前迭代步计算的一些信息，以寻求最佳的迭代方向。这类方法又称 Non-Stationary Iterative Method。

15.10.2 预条件共轭梯度（PCG）迭代法

15.10.2.1 基本的共轭梯度迭代法

预条件共轭梯度迭代法[41]（PCG）的基础是共轭梯度法（Conjugate Gradient Method，简称 CG）。共轭梯度法是由求二次泛函

$$\boldsymbol{\varphi} = \frac{1}{2}\boldsymbol{x}^{\mathrm{T}}\boldsymbol{A}\boldsymbol{x} - \boldsymbol{b}^{\mathrm{T}}\boldsymbol{x} \tag{15.10.2}$$

极小值的最速下降法演变发展而来，其可只储存方程的系数矩阵非零元。该算法简单，每次迭代主要是向量运算。若方程的系数矩阵为良态，则收敛速度很快。对于线性方程组 $\boldsymbol{A}\boldsymbol{x}=\boldsymbol{b}$，$\boldsymbol{A}\in\mathbf{R}^{n\times n}$ 且对称正定，$\boldsymbol{x}\in\mathbf{R}^n$，$\boldsymbol{b}\in\mathbf{R}^n$，CG 算法如下。

（1）选定初值 $\boldsymbol{x}_0\in\mathbf{R}^n$，计算

$$\boldsymbol{r}_0 = \boldsymbol{d}_0 = \boldsymbol{b} - \boldsymbol{A}\boldsymbol{x}_0$$

（2）计算

$$\alpha_k = \frac{(\boldsymbol{r}_k, \boldsymbol{r}_k)}{(\boldsymbol{d}_k, \boldsymbol{A}\boldsymbol{d}_k)}$$

$$\boldsymbol{x}_{k+1} = \boldsymbol{x}_k + \alpha_k \boldsymbol{A}\boldsymbol{d}_k$$

$$\boldsymbol{r}_{k+1} = \boldsymbol{r}_k - \alpha_k \boldsymbol{A}\boldsymbol{d}_k$$

$$\beta_k = \frac{(\boldsymbol{r}_{k+1}, \boldsymbol{r}_{k+1})}{(\boldsymbol{r}_k, \boldsymbol{r}_k)}$$

$$\boldsymbol{d}_{k+1} = \boldsymbol{r}_{k+1} + \beta_k \boldsymbol{d}_k$$

（3）对 $k=0,1,2,\cdots$，重复步骤（2）直至 x_k 精度满足要求。

CG 算法中，对 $1\leqslant k\leqslant n$，如迭代产生的向量序列 $\boldsymbol{r}_0,\boldsymbol{r}_1,\cdots,\boldsymbol{r}_k$ 均不为零，则 $\boldsymbol{d}_0,\boldsymbol{d}_1,\cdots,\boldsymbol{d}_k$ 亦不为零，从而 $\alpha_0,\alpha_1,\cdots,\alpha_k$ 与 $\beta_1,\beta_2,\cdots,\beta_{k-1}$ 都不为零，并且

$$(\boldsymbol{r}_i,\boldsymbol{r}_j)=0,\quad (\boldsymbol{r}_i,\boldsymbol{d}_j)=0,\quad (\boldsymbol{d}_i,\boldsymbol{A}\boldsymbol{d}_j)=0\quad (0\leqslant j\leqslant i\leqslant k)$$

可以证明，对于有对称正定的 n 阶系数矩阵的线性方程组，若 x_k 为 CG 算法计算产生的迭代序列，矩阵 $\boldsymbol{A}$ 的条件数 $\mathrm{Cond}_2(\boldsymbol{A})$

$$\kappa=\frac{\lambda_{\max}(\boldsymbol{A})}{\lambda_{\min}(\boldsymbol{A})}$$

其中，$\lambda_{\max}(\boldsymbol{A})$和 $\lambda_{\min}(\boldsymbol{A})$分别为 $\boldsymbol{A}$ 的最大、最小特征值。那么，用不超过 n 次的迭代，CG 算法就可求得精确解。对于每步的迭代值$\boldsymbol{x}_k$，有误差估计

$$\|\boldsymbol{x}_k-\boldsymbol{x}^*\|_A\leqslant 2\left(\frac{\sqrt{\kappa}-1}{\sqrt{\kappa}+1}\right)^k\|\boldsymbol{x}_0-\boldsymbol{x}^*\|_A$$

其中，$\boldsymbol{x}^*$ 为方程组的精确解，范数 $\|\boldsymbol{x}\|_A=(\boldsymbol{A}\boldsymbol{x},\boldsymbol{x})$。

15.10.2.2　预条件共轭梯度迭代算法

由于计算机字长有限而导致计算误差不断积累，剩余向量序列之间的正交性会随着迭代的进行而逐渐。CG 方法的收敛速率取决于条件数 $\mathrm{Cond}_2(\boldsymbol{A})$。$\mathrm{Cond}_2(\boldsymbol{A})$越大，收敛越慢。迭代次数 N 通常与 $\mathrm{Cond}_2(\boldsymbol{A})$有如下近似关系：

$$N\approx\sqrt{\mathrm{Cond}_2(\boldsymbol{A})}$$

为提高收敛速度，有必要使用预条件(Preconditioning)技术。

预条件就是把原先的方程组转换成一个等价的，系数矩阵条件数更小、更易于收敛的方程组。起着这种转换作用的矩阵称为预条件器(Preconditioner)。

假定对称正定阵 $\boldsymbol{M}$ 正是这样的一个预条件器。设 $\boldsymbol{M}=\boldsymbol{W}^{\mathrm{T}}\boldsymbol{W}(\boldsymbol{W}\in\mathbf{R}^{n\times n}$，且非奇异)，如果令 $\hat{\boldsymbol{A}}=(\boldsymbol{W}^{-1})^{\mathrm{T}}\boldsymbol{A}\boldsymbol{W}^{-1}$，则 $\hat{\boldsymbol{A}}$ 也是对称正定。再令 $\hat{\boldsymbol{x}}=\boldsymbol{W}\boldsymbol{x}$，$\hat{\boldsymbol{b}}=(\boldsymbol{W}^{-1})^{\mathrm{T}}\boldsymbol{b}$，则求解 $\boldsymbol{A}\boldsymbol{x}=\boldsymbol{b}$ 就等价于求解 $\hat{\boldsymbol{A}}\hat{\boldsymbol{x}}=\hat{\boldsymbol{b}}$。对于更易于收敛的方程组 $\hat{\boldsymbol{A}}\hat{\boldsymbol{x}}=\hat{\boldsymbol{b}}$，由于 $\hat{\boldsymbol{A}}$ 对称正定，可运用 CG 算法求解。对对称正定线性方程组 $\boldsymbol{A}\boldsymbol{x}=\boldsymbol{b}$，$\boldsymbol{A}\in\mathbf{R}^{n\times n}$，$\boldsymbol{x}\in\mathbf{R}^n$，$\boldsymbol{b}\in\mathbf{R}^n$，给定预条件器 $\boldsymbol{M}$，PCG 算法如下。

(1) 选定初值$\boldsymbol{x}_0\in\mathbf{R}^n$，计算$\boldsymbol{r}_0=\boldsymbol{b}-\boldsymbol{A}\boldsymbol{x}_0$，求解 $\boldsymbol{M}\boldsymbol{h}_0=\boldsymbol{r}_0$，$\boldsymbol{d}_0=\boldsymbol{h}_0$。

(2) 计算

$$\alpha_k=\frac{(\boldsymbol{r}_k,\boldsymbol{r}_k)}{(\boldsymbol{d}_k,\boldsymbol{A}\boldsymbol{d}_k)}$$

$$\boldsymbol{x}_{k+1}=\boldsymbol{x}_k+\alpha_k\boldsymbol{A}\boldsymbol{d}_k$$

$$\boldsymbol{r}_{k+1}=\boldsymbol{r}_k-\alpha_k\boldsymbol{A}\boldsymbol{d}_k$$

求解

$$\boldsymbol{M}\boldsymbol{h}_{k+1}=\boldsymbol{r}_{k+1}$$

$$\beta_k=\frac{(\boldsymbol{h}_{k+1},\boldsymbol{r}_{k+1})}{(\boldsymbol{h}_k,\boldsymbol{r}_k)}$$

$$\boldsymbol{d}_{k+1}=\boldsymbol{h}_{k+1}+\beta_k\boldsymbol{d}_k$$

(3) 对 $k=0,1,2,\cdots$，重复步骤(2)，直至$\boldsymbol{x}_k$ 精度满足要求。

15.10.3 预条件技术

15.10.3.1 概述

由 PCG 算法可以看出：(1) 线性方程组 $\boldsymbol{Mh}=\boldsymbol{r}$ 应易于求解，即 $\boldsymbol{M}$ 应具有某些特殊形状，如三角矩阵的乘积、对角阵等；(2) 设 $\boldsymbol{M}=\boldsymbol{W}^{\mathrm{T}}\boldsymbol{W}(\boldsymbol{W}\in\mathbf{R}^{n\times n}$，且非奇异)，矩阵 $\hat{\boldsymbol{A}}=(\boldsymbol{W}^{-1})^{\mathrm{T}}\boldsymbol{A}\boldsymbol{W}^{-1}$ 的条件数应满足 $\mathrm{Cond}_2(\hat{\boldsymbol{A}})\ll\mathrm{Cond}_2(\boldsymbol{A})$，即 $\hat{\boldsymbol{A}}$ 的特征值分布集中。

通常系数矩阵 $\boldsymbol{A}$ 的近似矩阵能很好地满足上面第(2)个要求，因为这时 $\hat{\boldsymbol{A}}$ 近似于单位阵 $\boldsymbol{I}$，而单位阵 $\boldsymbol{I}$ 的条件数 $\mathrm{Cond}_2(\boldsymbol{I})=1$。当然如果能显式的得到$\boldsymbol{A}^{-1}$的近似矩阵，就可以避免线性方程组 $\boldsymbol{Mh}=\boldsymbol{r}$ 的求解，而以矩阵和向量的乘法运算取而代之。

构造一个预条件器，就是围绕着构造一个系数矩阵 $\boldsymbol{A}$ 或者$\boldsymbol{A}^{-1}$的近似矩阵。常见的预条件器如下：(1) 基于经典迭代法的预条件器；(2) 基于多项式加速的预条件器；(3) 基于系数矩阵的近似逆阵的预条件器；(4) 基于系数矩阵的不完全 Cholesky 分解的预条件器；(5) 多重网格预条件器。

15.10.3.2 不完全 Cholesky 分解预条件器

所谓不完全 Cholesky 分解，就是将对称正定矩阵 $\boldsymbol{A}$ 分解成

$$\boldsymbol{A}=\boldsymbol{L}\boldsymbol{L}^{\mathrm{T}}+\boldsymbol{R}$$

其中，$\boldsymbol{L}$ 是下三角阵，$\boldsymbol{R}$ 称为剩余矩阵。由于 $\boldsymbol{R}$ 可以变化，因而可预先规定 $\boldsymbol{L}$ 中哪些元素为零。不完全 Cholesky 分解即 IC 分解的算法和完全 Cholesky 分解类似，不同之处仅仅在于 IC 分解仅在 $\boldsymbol{L}$ 中保留了部分非零元素。需要指出的是，对给定的一个对称正定矩阵，总有其 Cholesky 分解，但其不完全 Cholesky 分解并不一定存在。IC 分解之所以有可能进行不下去，是因为分解过程中舍弃了大量非零元，造成在后续分解过程中对角元素有可能出现不大于零的情况。矩阵 $\boldsymbol{A}$ 存在一个不完全分解所需要满足的前提条件，比存在一个完全分解所需满足的条件要严格得多。

不完全 Cholesky 分解完成后所得三角阵的乘积 $\boldsymbol{L}\boldsymbol{L}^{\mathrm{T}}$ 称为 IC 预条件器。采用 IC 预条件器的 PCG 迭代求解器简称 ICCG 迭代求解器。通常只希望由 IC 分解得到不完全分解因子 $\boldsymbol{L}$，而不必保留 $\boldsymbol{R}$。

对称正定矩阵 $\boldsymbol{A}$，有 $\boldsymbol{A}=\boldsymbol{L}\boldsymbol{L}^{\mathrm{T}}+\boldsymbol{R}$，则首先对 $j=1$，IC 算法如下：

(1) 如$\boldsymbol{L}_{j,j}>0$，则 $\boldsymbol{L}_{j,j}=\sqrt{\boldsymbol{A}_{j,j}-\sum\limits_{k=1}^{j-1}\boldsymbol{L}_{j,k}^2}$，否则分解失败，退出。$i=j+1$。

(2) 计算 $\xi_{i,j}=\dfrac{\boldsymbol{A}_{i,j}-\sum\limits_{k=1}^{j-1}\boldsymbol{L}_{i,k}\boldsymbol{L}_{j,k}}{\boldsymbol{L}_{j,j}}$，判断是否应舍弃该非零元。若是，则令$\boldsymbol{L}_{i,j}=0$；否则 $\boldsymbol{L}_{i,j}=\xi_{i,j}$。

(3) $i=i+1$，若 $i\leqslant n$，转至(2)。

(4) $j=j+1$，若 $j\leqslant n$，转至(1)；否则，分解结束。

有不同的策略取舍 $\boldsymbol{L}$ 中的非零元。根据非零元的取舍原则，IC 分解预条件方法可分类如下：(1) 无填充(No-Fill)的不完全分解方法。该法要求 $\boldsymbol{L}$ 保持与 $\boldsymbol{A}$ 完全相同的稀疏性，即$\boldsymbol{A}_{i,j}$为零，则$\boldsymbol{L}_{i,j}$也应为零，否则反之。(2) 填充级别(Level k Fill)方法，简称 IC(k)。该法对系数矩阵的每个元素$\boldsymbol{A}_{i,j}$都赋予一个 Level of Fill 属性 $lev_{i,j}$。初始的 Level of Fill 属性定义为若

$A_{i,j}\neq 0$，或 $i=j$，则 $lev_{i,j}=1$，否则 $lev_{i,j}=\infty$。在第 k 步分解过程中，若 $A_{i,j}$ 被更新了，则 $lev_{i,j}$ 也相应调整为 $lev_{i,j}=\min(lev_{i,j},lev_{i,k}+lev_{j,k}+1)$。在分解过程中若 $\mathrm{lev}_{i,j}>k$，则舍弃$A_{i,j}$。显然，IC(0)等价于无填充的 IC 分解法。(3) 取大弃小(Drop Tolerance)法。该法认为非零元素的大小比其在矩阵中的地址对预条件器的质量贡献更大，因而提出分解过程中舍弃绝对值小于某事先规定值的元素。通常是预先选定参数 $\varepsilon(0\leqslant\varepsilon\leqslant 1)$，在分解过程中，若$A_{i,j}^2<\varepsilon A_{i,i}A_{j,j}$，则舍弃$A_{i,j}$。

上述各类方法中，无填充的 IC(0)是最简单、所需储存空间最少、分解速度最快的方法，且该法避免了破坏系数矩阵的稀疏性的缺点，但也是最不稳定、加速效果最差的方法。对于极端病态的方程组，该方法往往收敛过慢。对于 Level k Fill 方法，若选取 $k>0$，IC(k)方法的加速效果比无填充的 IC(0)有很大提高。IC(k)方法分解后最终的非零元个数可通过预处理方法预先确定。一般认为该法对于对角占优矩阵较为有效。对于大多数问题，基于 Drop Tolerance 不完全分解通常有比 Level k Fill 方法更好的加速效果，其缺点是最后保留的非零元个数不能预先确定。基于 Drop Tolerance 的不完全分解的计算工作量以及所需储存量取决于事先规定的 ε 值。

假定 IC 预条件器所保留的非零元数为 $NNZL$，而总刚矩阵 K 的非零元数为 $NNZK$，两者的比值记为 $\xi=\dfrac{NNZL}{NNZK}$，则无论采取哪种舍弃非零元的策略，收敛速度都可以看做是关于 ξ 的函数。保留的非零元越多，ξ 越大，收敛速度也往往越快，不过并不存在一个单调上升的关系。有时增加非零元后收敛速度先下降，然后才上升。但收敛速度上升是总的趋势。

如上所述，为了提高收敛速度，往往要在分解过程中保留更多的非零元，即提高 ξ 的值。但保留的非零元越多，需占用的内存也越多，分解所需的运算量和每一步迭代的运算量也越大。因而，迭代次数虽然很有可能减少，但总的求解时间未必减少。而选取 k 或 ε 往往依赖于经验。在计算中，合适的 ξ 值必须在预条件器占用的内存空间和预条件效果之间做出取舍并取得平衡。一般，在内存允许的情况下通常选择 ξ 为 2～4。

对于 Level k Fill 方法，ξ 的大小与 k 值直接相关。对于 Drop Tolerance 法，ξ 的大小与 ε 直接相关。但无论是 Level k Fill 法还是 Drop Tolerance 法都没有简单的途径表示 ξ 和 k 或 ε 之间的关系，而 Drop Tolerance 法更无法预先由选定的 ε 确定最后保留的非零元数。通过适当选取 k 或 ε 确定合适的 ξ 是很困难的。

为了综合无填充法和基于 Drop Tolerance 法的优点，避免选取 ε 的困难，Jones 和 Plassmann 提出了折中方案。即不规定 L 的稀疏性和原稀疏矩阵 A 保持一致，但规定 L 的每列(或行)的非零元个数和 A 中相对应的列(或行)一样。这样，就可以事先确定 L 的大小和 A 一样。同时，若某一列(或行)分解所得非零元超出预先的规定，则只保留 A 中前 N 个相应列或行的最大的非零元，舍弃其他的。这样无需事先给定任何参数。

Lin 和 More 给出了另一种可事先确定 L 的大小的上限的不完全分解方法，称为 ICP，其中 P 即 Plus，意为增加部分非零元。该法规定 L 的每一列(或行)的非零元个数最多只能比 A 中相应列(或行)多 P 个。对有 $NNZK$ 个非零元的 N 阶刚矩阵 K，ICP 预条件器中的非零元数恒满足 $NNZL\leqslant NNZK+N\cdot P$。对于经缩减带宽处理的总刚矩阵，ICP 预条件器实际保留的非零元数 $NNZL$ 一般为$(NNZK+N\cdot P)$的 97%以上。ICP 若选取 $P=0$，就为 Jones 和 Plassmann 的方法；若选取 $P>0$，则得到的预条件器的加速效果较 $P=0$ 时有较大提高。但如何选取最优的 P 值也只能依赖于经验。按前面的定义，对于 ICP 预条件器，有

$$\xi \leqslant \frac{NNZK + N \cdot P}{NNZK}$$

故 $P \geqslant (\xi - 1) \cdot \dfrac{NNZK}{N}$。若要使 ξ 约为 3,则 P 应略大于 $2NNZK/N$。

需要注意的是,以上的 IC 分解方法大都是不稳定的。因此需要提高不完全分解的稳定性,防止分解过程中由于对角元素不大于零而导致分解失败,提出解决方法。

Ajiz 和 Jennings 提出一种基于 Drop Tolerance 的稳定的方法。在分解过程中,若 $\boldsymbol{A}_{i,j}^2 < \varepsilon \boldsymbol{A}_{i,i} \boldsymbol{A}_{j,j}$ $(0 \leqslant \varepsilon \leqslant 1)$,则舍弃 $A_{i,j}$。同时取 $\boldsymbol{A}_{i,i} = \boldsymbol{A}_{i,i} + |\boldsymbol{A}_{i,j}|$,$\boldsymbol{A}_{j,j} = \boldsymbol{A}_{j,j} + |\boldsymbol{A}_{i,j}|$。对于对称正定阵,该方法总是稳定可靠的。

Tismenetsky 则提出另一种更复杂的基于 Drop Tolerance 的稳定的不完全 Cholesky 分解法。该法保存了被舍弃的非零元,用于后续的分解。Cholesky 分解的第 $k+1$ 步为

$$\begin{bmatrix} \boldsymbol{A}_k & \boldsymbol{v}_k \\ \boldsymbol{v}_k^{\mathrm{T}} & \alpha_{k+1} \end{bmatrix} = \begin{bmatrix} \boldsymbol{L}_k & 0 \\ \boldsymbol{y}_k^{\mathrm{T}} & \delta_{k+1} \end{bmatrix} \begin{bmatrix} \boldsymbol{L}_k^{\mathrm{T}} & \boldsymbol{y}_k \\ 0 & \delta_{k+1} \end{bmatrix}$$

其中

$$\boldsymbol{A}_k = \boldsymbol{L}_k \boldsymbol{L}_k^{\mathrm{T}}, \quad \boldsymbol{y}_k = \boldsymbol{L}_k^{-1} \boldsymbol{v}_k, \quad \delta_{k+1} = \sqrt{\alpha_{k+1} - \boldsymbol{y}_k^{\mathrm{T}} \boldsymbol{y}_k}$$

显然,对于不完全分解,有可能出现 $\boldsymbol{y}_k^{\mathrm{T}} \boldsymbol{y}_k \geqslant \alpha_{k+1}$ 的情况,造成分解失败。

在 Tismenetsky 的方法中

$$\delta_{k+1} = \sqrt{\alpha_{k+1} - 2\boldsymbol{y}_k^{\mathrm{T}} \boldsymbol{y}_k + \boldsymbol{y}_k^{\mathrm{T}} \boldsymbol{L}_k^{-1} \boldsymbol{A} \boldsymbol{L}_k^{-\mathrm{T}} \boldsymbol{y}_k}$$

开方符内的表达式可表示为

$$\begin{bmatrix} \boldsymbol{y}_k^{\mathrm{T}} \boldsymbol{L}_k^{-1} & -1 \end{bmatrix} \begin{bmatrix} \boldsymbol{A}_k & \boldsymbol{v}_k \\ \boldsymbol{v}_k^{\mathrm{T}} & \alpha_{k+1} \end{bmatrix} \begin{bmatrix} \boldsymbol{L}_k^{-\mathrm{T}} \boldsymbol{y}_k \\ -1 \end{bmatrix}$$

可见,对于对称正定阵,它总是大于零的。当 δ_{k+1} 计算完毕后,就可以舍弃 y_k 中的非零元而不会造成分解失败。对于对称正定阵,该方法也总是稳定可靠的。

一种改进的方法是把 Tismenetsky 法与 Ajiz 和 Jennings 法结合起来,采用两个 Drop Tolerance,即 ε_1 和 ε_2 $(0 \leqslant \varepsilon_1 \leqslant \varepsilon_2 \leqslant 1)$。首先按 Ajiz 和 Jennings 法舍弃满足 $\boldsymbol{A}_{i,j}^2 < \varepsilon_1 \boldsymbol{A}_{i,i} \boldsymbol{A}_{j,j}$ 的非零元 $\boldsymbol{A}_{i,j}$,并修改相应对角元素;然后按 Tismenetsky 法,对于满足 $\boldsymbol{A}_{i,j}^2 < \varepsilon_2 \boldsymbol{A}_{i,i} \boldsymbol{A}_{j,j}$ 的非零元 $\boldsymbol{A}_{i,j}$,不保留在分解后的矩阵中,但临时存放起来用于后续的分解;最后,只保留满足 $\boldsymbol{A}_{i,j}^2 > \varepsilon_2 \boldsymbol{A}_{i,i} \boldsymbol{A}_{j,j}$ 的非零元 $\boldsymbol{A}_{i,j}$。这样做能节省部分运算量及内存。但即使如此,该法需占用的内存往往达到完全 Cholesky 分解的 50%以上。

需要指出的是,在结构分析中,IC 分解的稳定性和效率与结构类型以及采用的单元类型有很大关系。对于一般的良态结构,IC 分解是很稳定的,即使分解失败,增加少量非零元后分解也能顺利进行下去,且所得到的 IC 预条件器加速效果非常好。若通过增大对角元来增加分解的稳定性,则所得到的 IC 预条件器效率虽有下降,但仍能保证收敛且有不错的收敛速度。对于过于病态的结构,所得到的 IC 预条件器的效果是不理想的。

一般,经 Reverse Cuthill-Mckee 重排序算法以及其它缩减矩阵带宽或轮廓的算法重排序后,可提高 IC 预条件器的迭代收敛速度。而最小度算法和嵌套剖分算法等降低填充量和计算量的重排序算法,则往往会降低 *IC* 预条件器的质量。通过重排序使矩阵的带宽和轮廓越小,

非零元的分布越靠近对角线,在保留了相同数量的非零元的情况下,IC 预条件器的加速效果就越好。因此,在生成 IC 预条件器前对总刚矩阵应作减小带宽和轮廓处理。

15.10.4 多重网格预条件器

对于极端病态的线性方程组,IC 预条件器的性能和可靠性仍有待提高,但提高的余地已经不大。对于这些高度病态的问题,需寻找其他更好的预条件器,如多重网格预条件器。

多重网格法出现在 20 世纪 60 年代,是用来求解物理和工程领域中的边值问题相关方程组的数值方法。该法极其复杂,具有与未知量个数 n 成正比的复杂度 $O(n)$,又有很高效的收敛速度。特别是当离散化更加精细时,收敛速度也不降低。多重网格法既是单独的迭代解法,也可和 CG 法互补,作为 PCG 方法的预条件器。

对网格方程进行迭代求解时,源于相邻网格点的相互耦合的高频震荡误差是局部行为,而源于边界信息的低频光滑误差是全局行为。多重网格法是在求解域上划分一系列粗细不同的网格。在细网格上求解消除高频误差后,将网格方程的剩余部分即残差限制在下一层更粗的网格上进行求解,称为细网格松弛。如此下去,直到最高层的粗网格,此时网格点很少,可直接精确求解。在粗网格上精确求解后,将解延拓到上一层更精细的网格上,与原来的近似解组合形成网格方程的近似解,称为粗网格校正。粗网格校正起的是迅速将边界信息传递到所有网格点的作用。迭代计算就是在这一系列不同层次的网格上来回递归进行,最后在最细的网格上形成一个近似解,这称为套迭代技术。细网格松弛、粗网格校正和套迭代技术构成了多重网格法的基础。细网格主要负责消除高频误差,粗网格负责消除低频误差,套迭代技术负责连接所有不同层次的网格,共同求解原边值问题。E. Bank Fuchs 和 Hemker 等学者对经典多重网格的应用做了大量工作。

粗细网格的划分涉及求解域的几何信息,一般只适用于规则的网格,这影响了它的应用范围,多局限于求解有限差分方程。为提高其适用范围,出现了代数多重网格方法(Algebraic Multigrid,简称 AMG),考虑了系数矩阵元素的数值大小,粗网格校正在所谓的强系数(Strong Coefficient)方向上进行,使多重网格法有可能用在结构有限元分析中。V. E. Buglakov,J. Fish,V. Belsky 和 P. Vanek 等为多重网格法在非规则网格下的应用做了大量工作。

15.10.5 终止迭代

迭代求解器所求得的是近似解。通过迭代不断减少误差,直到出现下列情况:(1) 当解的误差已足够小,应停止迭代;(2) 若误差不再减小或减小太慢,应停止迭代;(3) 当迭代超过最大迭代次数,应停止迭代。

可见,迭代的终止并不意味迭代求解的成功,因为有可能达到最大迭代次数时近似解也未达到精度要求。因而,迭代求解器必须给出本次实际迭代的次数和当前近似解的误差。

终止迭代的关键是解的误差估计。对于有限元方程组 $\boldsymbol{KU}=\boldsymbol{P}$,若第 i 迭代步所得的近似位移解记为 $\boldsymbol{U}^i$,而真实位移解记为 $\boldsymbol{U}^*$,则第 i 迭代步解的误差

$$\boldsymbol{e}^i \equiv \boldsymbol{U}^i - \boldsymbol{U}^*$$

然而真实解 $\boldsymbol{U}^*$ 是未知的,实际上不可能按上式计算解的误差。实际数值计算中常利用向量和矩阵的范数来估计方程组解的误差。根据上式的定义,有

$$\boldsymbol{e}^i = \boldsymbol{U}^i - \boldsymbol{U}^* = \boldsymbol{K}^{-1}(\boldsymbol{KU}^i - \boldsymbol{P}) = \boldsymbol{K}^{-1}\boldsymbol{r}^i$$

根据向量和矩阵范数的基本性质，由上式可得

$$\| \boldsymbol{e}^i \| \leqslant \| \boldsymbol{K}^{-1} \| \cdot \| \boldsymbol{r}^i \|$$

可见，上式右端项是对解的误差的上限的很好的估计。假如能够得到 $\| \boldsymbol{K}^{-1} \|$ 的值或一个关于 $\| \boldsymbol{K}^{-1} \|$ 的近似估计，规定当残差 $\| \boldsymbol{r}^i \| \leqslant tol \cdot \| \boldsymbol{U}^i \| / \| \boldsymbol{K}^{-1} \|$ 时迭代停止，则可以保证此时近似解的相对误差满足 $\frac{\| \boldsymbol{e}^i \|}{\| \boldsymbol{U}^i \|} \leqslant tol$。然而，通常连 $\| \boldsymbol{K}^{-1} \|$ 的近似估计也无法得到。这时，常规定当残差 $\| \boldsymbol{r}^i \| \leqslant tol \cdot \| \boldsymbol{P} \|$ 时停止迭代，这样可以保证 $\| \boldsymbol{e}^i \| \leqslant tol \cdot \| \boldsymbol{K}^{-1} \| \cdot \| \boldsymbol{P} \|$。

应注意的是，该判别准则所保证的误差与 $\| \boldsymbol{K}^{-1} \|$ 的大小密切相关。当结构的刚度矩阵 $\boldsymbol{K}$ 过于病态时，$\| \boldsymbol{K}^{-1} \|$ 往往很大，这时必须取比较小的 tol 才能保证近似解的精度。

16 固体和结构几何非线性分析

16.1 非线性方程及解法

几何非线性分析涉及具有强非线性性状结构的强度分析及因几何软化而导致的屈曲分析和松弛分析。通常，屈曲发生在刚性结构中，松弛发生在柔性结构中。在弹性范围内，强非线性性状结构的强度分析可简单地采用荷载增量法、牛顿-拉斐逊法，或结合牛顿-拉斐逊法的荷载增量法。在众多的非线性方程的解法中，荷载增量法是常用的方法。但是，采用荷载增量法只能判断是否可能发生屈曲，而不能分析屈曲后的行为。屈曲分析将在屈曲分析理论的专著中详细介绍。

16.1.1 荷载增量法

由于在单荷载系统中只有广义位移作为势能函数的变量，而荷载参数往往不参与变分，从而在根据能量原理得到的方程中，荷载被认为是一个已知值。在分析强度问题时，按照有限个线性步去逼近方程的非线性解的想法似乎是理所当然的。即只要将一个已知的荷载值，根据经验或某种方法确定增量荷载水平或增量荷载长度。但在屈曲分析时，不仅希望在临界点时求出系统的变形或几何，也希望求出在临界点时的荷载，即临界荷载。在合理的情况下荷载参数也应该作为一个未知量参与变分。然而至今为止对于单参数系统来说，不论是按照严格的非线性分析理论，还是将非线性方程线性化，荷载参数都未被作为一个变量。在这种情况下采用荷载增量法，不仅要求得位移，还需要求得满足极值条件的荷载水平或荷载长度。所以，通过有限个线性步去逼近方程的非线性解也不失为一种方法。所以，荷载增量法至今仍被用于系统的强度和屈曲分析中。

然而，同样采用荷载增量法如何进行系统的强度分析和屈曲分析呢？虽然在单参数系统的强度分析和屈曲分析中，至今的方程有相同的形式，但是系统破坏形式可能是强度破坏或屈曲破坏，所以只有通过在增量过程中所描述出的结构的性态才能区别系统的破坏形式。很多文献讨论过结构系统的屈曲定义、屈曲特征和屈曲的机理，在增量过程中应该反映出系统的屈曲特征，并且根据屈曲的定义来判断可能出现的屈曲。具体地说，通过增量过程中所描绘的荷载-位移曲线可以分析出系统的破坏形态，以及如果出现屈曲即可分析出临界荷载，虽然这个临界荷载是按线性理论得到的。

16.1.2 荷载增量法的一般过程

如果忽略了位移的高阶量，用有限个线性步去逼近非线性解。从能量原理经过变分得到的线性化的非线性有限元基本方程为

$$(\boldsymbol{K}_L+\boldsymbol{K}_\sigma+\boldsymbol{K}_\varepsilon)\Delta\boldsymbol{U}=\boldsymbol{K}_t\Delta\boldsymbol{U}=\lambda\boldsymbol{P}-\boldsymbol{F} \tag{16.1.1}$$

式中，$\boldsymbol{P}$ 在强度分析中是已知的荷载，在屈曲分析中为参考荷载 $\boldsymbol{P}_{ref}$；λ 为荷载增量长度或荷载

因子，在强度分析中是已知的常量，在屈曲分析中是待求的变量。

上式可以简化增量迭代格式，通过逐步增加荷载量逐步求解方程，实现有限个线性分析步。荷载增量法求解方程的过程如图 16.1.1 所示。整个求解步骤如下。

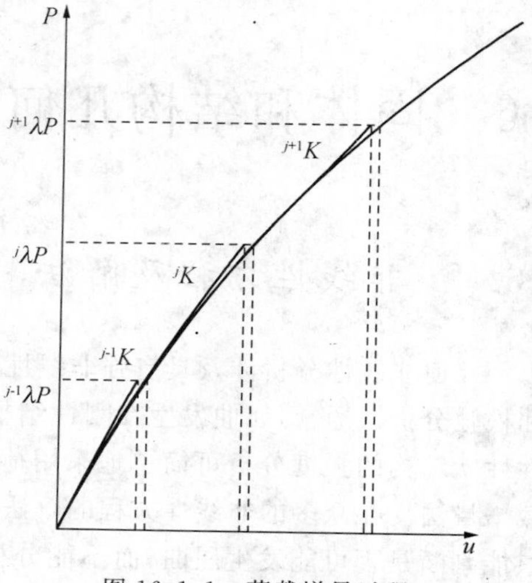

图 16.1.1 荷载增量过程

(1) 初始状态

初始状态即为第 $j=0$ 增量步时能量零状态。在初始状态时，系统的的几何 ${}^{0}\boldsymbol{X}=\boldsymbol{X}_0$，$\boldsymbol{X}_0$ 为系统的初始几何；系统的的应力 ${}^{0}\sigma=\sigma_0$，σ_0 为系统的初始应力；系统的的位移 ${}^{0}\boldsymbol{U}=\boldsymbol{U}_0$，$\boldsymbol{U}_0$ 为系统的初始位移；系统的的荷载水平 ${}^{0}\lambda=\lambda_0$，λ_0 为系统的初始荷载水平。此外，${}^{0}\Delta\boldsymbol{U}=0$，${}^{0}\Delta\lambda=0$，其中 ${}^{0}\Delta\boldsymbol{U}$ 表示增量位移；${}^{0}\Delta\lambda$ 表示增量荷载水平。

(2) 第 1 增量步，即 $j=1$ 时

当给出第一步增量荷载水平 ${}^{1}\Delta\lambda$ 后，有 ${}^{1}\lambda={}^{0}\lambda+{}^{1}\Delta\lambda$，解方程

$$({}^{0}\boldsymbol{K}_L+{}^{0}\boldsymbol{K}_\sigma+{}^{0}\boldsymbol{K}_\varepsilon){}^{1}\Delta\boldsymbol{U}={}^{1}\lambda\boldsymbol{P}-{}^{0}\boldsymbol{F}_e \tag{16.1.2}$$

得增量位移 ${}^{1}\Delta\boldsymbol{U}$，接着可计算第一增量步时系统几何、系统的的增量应变和应力以及应变和应力总量等。

(3) 第 j 增量步

当给出第 j 步增量荷载水平 ${}^{j}\Delta\lambda$ 后，有 ${}^{j}\lambda={}^{j-1}\lambda+{}^{j}\Delta\lambda$，解方程

$$({}^{j-1}\boldsymbol{K}_L+{}^{j-1}\boldsymbol{K}_\sigma+{}^{j-1}\boldsymbol{K}_\varepsilon){}^{j}\Delta\boldsymbol{U}={}^{j}\lambda\boldsymbol{P}-{}^{j-1}\boldsymbol{F}_e \tag{16.1.3}$$

得增量位移 ${}^{j}\Delta\boldsymbol{U}$，接着可计算第 j 增量步时系统几何

$${}^{j}\boldsymbol{X}={}^{j-1}\boldsymbol{X}+{}^{j}\Delta\boldsymbol{U}$$

系统的增量应变

$${}^{j}\Delta\boldsymbol{\varepsilon}=(\boldsymbol{B}_L+\boldsymbol{B}_{NL}){}^{j}\Delta\boldsymbol{U}$$

这里，$\boldsymbol{B}_L$，$\boldsymbol{B}_{NL}$ 为应变矩阵。系统的的增量应力

$${}^{j}\Delta\boldsymbol{\sigma}=\boldsymbol{D}{}^{j}\Delta\varepsilon$$

这里，$\boldsymbol{D}$ 为弹性矩阵。系统的应变和应力的向量和

$${}^{j}\boldsymbol{\varepsilon}={}^{j-1}\boldsymbol{\varepsilon}+{}^{j}\Delta\boldsymbol{\varepsilon},\quad {}^{j}\boldsymbol{\sigma}={}^{j-1}\boldsymbol{\sigma}+{}^{j}\Delta\boldsymbol{\sigma}$$

(4) 继续上述增量过程

(5) 增量过程的中止条件

对于强度问题，当增量步的荷载参数 $\sum_{j=1}^{j}\Delta\lambda=1$ 时，增量荷载全过程结束。对于屈曲问题，增量过程的中止条件与分析目的有关。

虽然在进行系统的强度分析和屈曲分析时采用同样的荷载增量法，但是存在本质上的区

别。强度分析不需要计算在平衡路线中系统能量的二阶变分，只要增量步的荷载参数 $\sum_{j=1}^{j}\Delta\lambda=1$。屈曲分析则不然，因其涉及极值的计算。能量极值是荷载因子 λ 及 $\Delta\boldsymbol{u}_e$ 的函数。采用荷载增量法是为同时求得满足极值条件的荷载因子 λ 及 $\Delta\boldsymbol{u}_e$。

在荷载增量法中，荷载参数的选取主要凭经验，显然在初始阶段，结构尚未软化，这时荷载参数可以取得稍大一些，以后逐渐减少。目前，在非线性全过程分析中采用的是自动荷载增量过程，根据前次迭代的收敛情况由一个基于一定准则建立起来的约束方程的解来确定下一个增量长度，从而计算下一个增量步中的荷载参数。

虽然荷载增量法能够解决大多数非线性问题，但是对于一些强的非线性问题，或者在结构的稳定分析中需要对平衡图形进行跟踪，这时如果简单的采用荷载增量法仍然不能够得到满意的解，此时可以在每一个荷载迭代步中把 Newton-Raphson 方法结合起来，对每一荷载步的有限元方程进行求解。

事实上，并不是所有非线性方程都可以采用线性化以后的近似逼近来求解的，线性化以后的近似解是否能被接受，取决于系统的非线性程度。对于一个强非线性问题，采用线性逼近的办法是得不到真实的解的，在这种情况下即使采用荷载增量法事实上也求不出分枝点，如果一个非线性方程中的解存在分枝点，也只能通过对这个非线性方程求解的过程才能确定。事实上这个结论在以往几十年的研究中都已经不言而喻了，虽然在经典理论研究中所选用的分析算例是比较简单的。

16.1.3 平衡路线

系统在加载的历史过程中，把每个平衡状态的荷载和相应的结构响应之间的变化曲线称为平衡路线。结构的平衡路线或称平衡图形就是结构的荷载-位移曲线。结构的平衡图形反映了结构在受力变形的过程中结构平衡状态随变形过程的变化情况。如果从荷载-位移空间的起点出发，平衡点沿着稳定的基本平衡路线移动。平衡路线既光滑又连续，随着荷载的增加位移也增加。如果结构的荷载-位移曲线的曲率较大，通常可以说明结构呈相对较大的非线性性能。

既然结构的荷载-位移曲线能反映结构平衡状态的变化情况，那么从平衡图形中也能反映结构发生屈曲时状态的变化（如果结构发生屈曲的话）。虽然研究表明不同的结构会发生不同类型的屈曲，而且反映不同屈曲类型的平衡图形也不尽相同，但是屈曲类型不像结构类型那样繁多，这就意味着某些形式迥异的结构却存在相似的屈曲规律。

（1）平衡路线上分枝点

从上可见，系统的势能函数应该包括广义位移的高阶量，这可以通过在应变的表达式中保留广义位移的高阶量取得。对于一个具有位移 n 阶高阶量的非线性方程组必然有从原点开始的 n 条平衡路线，如果这些不同的平衡路线在荷载-位移空间中的某一点分叉，那么分叉点就是分枝点，或者在数学上称为分岔点，与分枝点相应的荷载为分枝荷载。平衡路线上的分枝点是不同平衡路线在空间中的交点，应该根据数学上的分岔理论来求得。对于一个简单结构采用经典理论研究的结果显示在分枝点之前往往具有相同的平衡路线，而从分枝点开始分出两个以上的平衡路线。从分枝点开始分叉以后的平衡路线有不同的斜率，也有不同的图形，所以根据这些图形的对称性和斜率又可区别这些平衡路线。

对非线性方程的求解就涉及分岔理论。不过至今为止，在结构分析中非线性分析方法较多的仍采用通过有限的线性步逼近非线性解的近似方法，所以平衡路线的跟踪也就是线性逼近的过程。这时对于一个实际上的多值问题，简化为单值问题，跟踪也就是在一条平衡路线上进行。当对非线性控制方程线性化以后，增量过程实际上是一种线性叠加，对线性化的方程进行跟踪只能描述出一条平衡路线。由此希望寻找分枝点是极其困难的。

不过国外的学者都已注意到解的分岔这个事实，他们在屈曲分析中根据这些平衡路线，把不同平衡路线的分岔归结为不同的屈曲类型。

(2) 极值点、临界点及临界荷载

对于一个具有位移 n 阶高阶量的非线性方程组必然有 n 条平衡路线，一般，由荷载-位移曲线表示的平衡路线具有一定的斜率和曲率。按照平衡稳定性判别准则，有

$$\delta V^2=0$$

那么在平衡路线中存在极值，该点称为极值点。在极值点处系统处于临界平衡状态。所以在屈曲分析中，极值点即为临界点。极值是数学概念，临界是物理概念。荷载-位移曲线上的极值点是奇点，如果平衡方程奇异，则

$$\det|\boldsymbol{K}|=0$$

其中，$\boldsymbol{K}$ 为系统的刚度矩阵。

但是，上式对于屈曲的判断并不充分，因为任何几何软化或材料软化都有上式。

与极值点相应的荷载称为极值荷载或临界荷载。极值荷载或临界荷载可能是极限荷载，也可能不是极限荷载。

在球壳或圆柱壳体的屈曲分析中，曾经分别采用过线性和非线性理论，按照线性理论所获得的临界点或临界荷载被称为上临界点或上临界荷载，而按照非线性理论所获得的临界点或临界荷载被称为下临界点或下临界荷载。因为按非线性理论所获得的临界点或临界荷载低于按线性理论所获得的临界点或临界荷载，所以实际上上、下临界点并不位于同一条荷载-位移曲线。而对其他类型的结构，并不尽然。所以在定义上临界点或下临界点时，尚应注意所分析的对象。

在一种很特殊的情况下结构发生跳跃变形，使结构的一部分或全部翻面，那么在平衡路线中出现两个极值点 a 和 b，其中 a 通常称为上临界点或前临界点，b 通常称为下临界点或后临界点。应该注意到这是一种非常特殊的变形情况。

临界点的确定可根据平衡稳定的能量原理来确定，这同样也适用于非线性方程的多值解。对于一个多值问题，任意一条平衡路线如果存在极值，那么相应该点就是多值问题中某一个临界点。

16.2 牛顿法

16.2.1 牛顿-拉斐逊(Newton-Raphson)法

牛顿-拉斐逊法(以后简称 NR 法)是一个极为广泛采用的逐步线性化方法，这个方法的实质是将非线性方程组线性化。设非线性方程组

$$F(u)=0 \tag{16.2.1}$$

具有 m 阶导数，且 $m \leqslant n$。于是将式(16.2.1)在 $u=0$ 处按 Taylor 级数展开，得

$$F(0)+\frac{\partial F}{\partial u}x+\frac{\partial^2 F}{\partial u^2}u^2+\cdots+\frac{\partial^m F}{\partial u^m}u^m+\cdots=0 \tag{16.2.2}$$

取一级近似得非线性方程组 $F(u)=0$ 在 $u=0$ 处的线性近似公式

$$F(0)+\frac{\partial F}{\partial u}\boldsymbol{u}=0 \tag{16.2.3}$$

令 $\boldsymbol{K}^0=\frac{\partial F}{\partial u}$，则上式可表示为

$$\boldsymbol{K}^0\boldsymbol{u}^0=\boldsymbol{P} \tag{16.2.4}$$

这样得非线性方程组(16.2.1)的近似解为

$$\boldsymbol{u}^0=(\boldsymbol{K}^0)^{-1}\boldsymbol{P} \tag{a}$$

将所求得近似解(a)代入非线性方程组(16.2.1)后，显然具有相当的误差。设近似解(a)的误差为 $\boldsymbol{R}$，显然该误差是由于线性化过程中忽略了位移的高阶量的影响所造成的。即

$$\boldsymbol{R}^1=\left(\frac{\partial^2 F}{\partial u^2}u^2+\frac{\partial^3 F}{\partial u^3}u^3+\cdots+\frac{\partial^m F}{\partial u^m}u^m+\cdots\right)\bigg|_{u=0} \tag{b}$$

也就是

$$F(\boldsymbol{u}^0)=\boldsymbol{R}^1 \tag{c}$$

接着，可以继续将方程组(16.2.1)在 $\boldsymbol{u}=\boldsymbol{u}^0$ 处按 Taylor 级数展开，并取一级近似，得非线性方程组(16.2.1)在 $\boldsymbol{u}=\boldsymbol{u}^0$ 处的线性近似公式

$$F(\boldsymbol{u}^0)+\frac{\partial F}{\partial u}\bigg|_{u=x^0}(\boldsymbol{u}-\boldsymbol{u}^0)=0 \tag{d}$$

将式(b)代入上式，得

$$\frac{\partial F}{\partial u}\bigg|_{u=u^0}\Delta\boldsymbol{u}=-\boldsymbol{R}^1 \tag{e}$$

令 $\boldsymbol{K}^1=\frac{\partial F}{\partial u}\Big|_{u=u^0}$，则上式可表示为

$$\boldsymbol{K}^1\Delta\boldsymbol{u}=-\boldsymbol{R}^1 \tag{16.2.5}$$

其中，$\boldsymbol{K}^1$ 为系统在 $\boldsymbol{u}=\boldsymbol{u}^0$ 处的切线刚度。

解式(d)得位移向量的增量，即

$$\Delta\boldsymbol{u}=-(\boldsymbol{K}^1)^{-1}\boldsymbol{R}^1$$

而系统真正的位移向量为初始位移向量 $\boldsymbol{u}^0$ 加上位移增量 $\Delta\boldsymbol{u}^1$，即

$$\boldsymbol{u}^1=\boldsymbol{u}^0+\Delta\boldsymbol{u}^1 \tag{16.2.6}$$

同样系统的几何方程也应该改变，即

$$\boldsymbol{X}^1=\boldsymbol{X}^0+\Delta\boldsymbol{u}^1 \tag{16.2.7}$$

当将解向量 $\Delta\boldsymbol{u}$ 代入非线性方程组(16.2.1)在 $\boldsymbol{u}=\boldsymbol{u}^0$ 处的 Taylor 展开式中时，如果 $\Delta\boldsymbol{u}^1$ 并不很小，则方程组依然存在一定的误差$\boldsymbol{R}^i$，这时只需重复上述过程。倘经过$(i+1)$次线性化过程后，解得的位移增量 $\Delta\boldsymbol{u}^{i+1}\to 0$，亦即误差$\boldsymbol{R}^{i+1}\to 0$，这时即可认为

$$\boldsymbol{u}^{i+1}=\boldsymbol{u}^0+\sum_{k=1}^{i+1}\Delta\boldsymbol{u}^k \tag{16.2.8}$$

为非线性方程组(16.2.1)的解。

在实际运算过程中，可以用下列条件进行判断，即当误差 $\boldsymbol{R}$ 的模 $\|\boldsymbol{R}\|$ 与外荷载向量 $\boldsymbol{P}$ 的模 $\|\boldsymbol{P}\|$ 之比小于某个给定的小数时，即认为迭代收敛。当然也可以直接以 $\|\boldsymbol{R}\|<\delta$ 或者 $\|\Delta\boldsymbol{u}\|<\Delta$ 作为判别条件，这里 δ 或 Δ 是任意给定的小数。计算表明，当非线性方程组(16.2.1)的一阶导数$\dfrac{\partial \boldsymbol{F}}{\partial u}$存在时，采用牛顿-拉斐逊法求解非线性方程组的收敛还是比较快的。在这个线性化过程中，刚度矩阵 $\boldsymbol{K}=\dfrac{\partial F}{\partial u}$的正定性是方程组(16.2.1)有解的必要条件。

采用牛顿-拉斐逊法求解非线性方程组(16.2.1)的整个过程可以简单地用一个单自由度系统的分析过程来说明。图16.2.1所示的就是典型的单自由度系统的非线性反应。

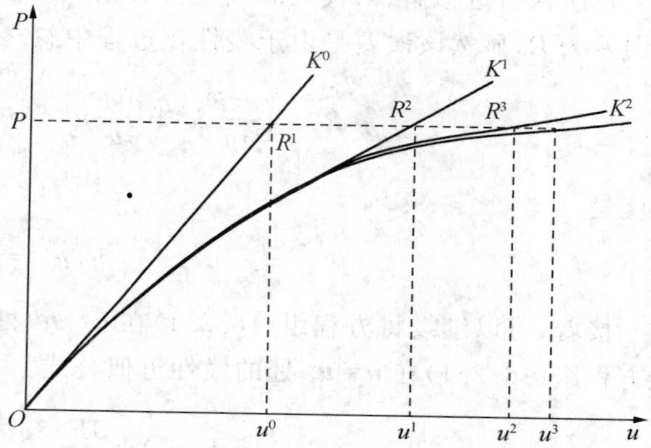

图 16.2.1　单自由度系统的非线性反应(NR)

图16.2.1中，$\boldsymbol{K}^0$ 为系统的初始切线刚度，在外荷载向量作用下按线性化理论计算得到的位移向量为$\boldsymbol{u}^0$，系统在位移向量 $\boldsymbol{u}=\boldsymbol{u}^0$ 时处于不平衡状态，因此根据初始计算所得的位移向量 $\boldsymbol{x}$ 就可以计算不平衡力 $\boldsymbol{R}^1$，并且使系统在新的几何位置$\boldsymbol{U}^1=\boldsymbol{U}^0+\boldsymbol{u}^0$ 上重新形成切线刚度$\boldsymbol{K}^1$，这时将不平衡力向量 $\boldsymbol{R}^1$ 作为外荷载反向作用于系统。同样按线性化理论计算得到位移增量 $\Delta\boldsymbol{u}^1$，这时系统的实际位移为$\boldsymbol{u}^1=\boldsymbol{u}^0+\Delta\boldsymbol{u}^1$，同样系统的新的几何位置为$\boldsymbol{X}^2=\boldsymbol{X}^1+\Delta\boldsymbol{u}^1$。重复以上步骤直至 $\Delta\boldsymbol{u}^i\to 0$。由上述过程可知，牛顿-拉斐逊法实质上也就是切线刚度法。

综上所述，现在可以给出牛顿-拉斐逊法解非线性方程组(16.2.1)的迭代步骤：

(1) 假定$\boldsymbol{R}^0=0$；

(2) 解线性方程组$\boldsymbol{K}^0\boldsymbol{u}^0=\boldsymbol{P}$，得位移向量 $\Delta\boldsymbol{u}^0=\boldsymbol{u}^0$；

(3) 根据初始位移向量$\boldsymbol{u}^0$ 计算不平衡力向量$\boldsymbol{R}^1$；

(4) 修正系统各节点坐标$\boldsymbol{X}^i=\boldsymbol{X}^{i-1}+\Delta\boldsymbol{u}^{i-1}$，并且重新形成新的弹性刚度矩阵$\boldsymbol{K}_L^i$ 以及几何刚度矩阵$\boldsymbol{K}_\sigma^i$，则系统的刚度矩阵为

$$\boldsymbol{K}^i=\boldsymbol{K}_L^i+\boldsymbol{K}_\sigma^i$$

解线性方程组$\boldsymbol{K}^i\Delta\boldsymbol{u}^i=-\boldsymbol{R}^{i-1}$得第$(i+1)$次线性化过程的位移向量的增量 $\Delta\boldsymbol{u}^i$；

(5) 根据位移向量的增量 $\Delta\boldsymbol{u}^i$ 计算新的不平衡力向量 $\boldsymbol{R}^i$；

(6) 计算系统各节点的位移向量$\boldsymbol{U}^{i+1}=\boldsymbol{U}^i+\Delta\boldsymbol{u}^i$。

(7) 判别收敛条件，如果$\dfrac{\|\boldsymbol{R}^i\|}{\|\boldsymbol{P}\|}\leqslant\varepsilon$ 或 $\|\Delta\boldsymbol{u}^i\|\leqslant\delta$，则解收敛，否则转(4)。

从以上迭代格式中可见，牛顿-拉斐逊法的基本迭代方程是

$$\boldsymbol{K}^{i}\Delta\boldsymbol{u}^{i}=-\boldsymbol{R}^{i-1} \tag{16.2.9}$$

及

$$\boldsymbol{U}^{i+1}=\boldsymbol{U}^{i}+\Delta\boldsymbol{u}^{i} \tag{16.2.10}$$

作为一种数值分析方法，从牛顿-拉斐逊法的逐次线性化过程可以看到，不平衡力 $\boldsymbol{R}$ 是由于将非线性方程组线性化时忽略了方程中未知数的高阶量的影响而带来的误差；另一方面，从单元刚度矩阵的推导过程中可以清楚地看到，不平衡力 $\boldsymbol{R}$ 实质上是单元应变表达式中位移高阶量的影响。

牛顿-拉斐逊法要求每个迭代过程中都要在系统新的几何坐标位置上重新形成切线刚度矩阵。因此对于很大的系统，即具有很多单元和自由度的系统，每个线性化的分析过程就极为可观了。

16.2.2 修正的牛顿-拉斐逊法

修正的牛顿-拉斐逊法(MNR)的基本迭代方程是

$$\boldsymbol{K}^{0}\Delta\boldsymbol{u}^{i}=\boldsymbol{P}-\boldsymbol{R}^{i-1} \tag{16.2.11}$$

及

$$\boldsymbol{U}^{i}=\boldsymbol{U}^{i-1}+\Delta\boldsymbol{u}^{i} \tag{16.2.12}$$

它与完全的牛顿迭代的区别就在于，刚度矩阵只在每次加载步开始时重新计算，甚至在几个加载步中都保持不变，而在迭代过程中刚度矩阵不再重新形成。这样刚度矩阵被形成、分解后保存起来，在每次迭代中只需计算右端项及回代。

图 16.2.2 表示了在一个自由度的情况下修正的牛顿迭代法的迭代过程，此时切线刚度 $\boldsymbol{K}$ 保持不变，每次迭代只需计算右端项，逐步逼近。

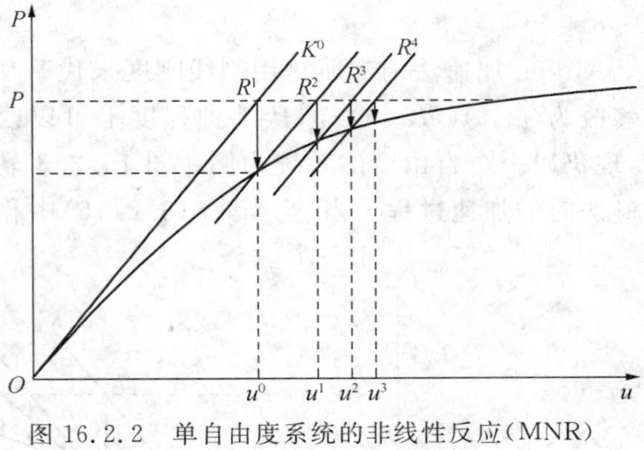

图 16.2.2　单自由度系统的非线性反应(MNR)

下面给出非线性方程组式(16.2.1)的修正的牛顿-拉斐逊法的迭代步骤：

(1) 假定 $\boldsymbol{R}^{0}=\boldsymbol{U}^{0}=0$；

(2) 解线性方程组 $\boldsymbol{K}^{0}\boldsymbol{U}^{0}=\boldsymbol{P}$，得位移向量 $\boldsymbol{U}^{0}$；

(3) 根据初始位移向量 $\boldsymbol{U}^{0}$，计算不平衡力向量 $\boldsymbol{R}^{1}$；

(4) 解线性方程组 $\boldsymbol{K}^{0}\Delta\boldsymbol{u}^{i}=\boldsymbol{P}-\boldsymbol{R}^{i-1}$ 得新的位移向量 $\Delta\boldsymbol{u}^{i}$；

(5) 重复(3)，(4)两步直到解达到一定的精度。

修正的牛顿迭代法有两种极端的类型：

(1) $\boldsymbol{K}=\boldsymbol{K}^{0}$，即在所有的加载步中刚度矩阵都保持不变，就取为系统的初始状态的弹性刚度矩阵，在计算过程中只修正右端项，这就是通常所说的初应力法。

(2) 刚度矩阵进行修正，但不迭代，这样求解的方程就变为

$$^{j}\boldsymbol{K}\Delta\boldsymbol{u}={}^{j+1}\boldsymbol{P}-{}^{j}\boldsymbol{R} \tag{16.2.13}$$

及

$$^{j+1}\boldsymbol{U}={}^{j}\boldsymbol{U}+\Delta\boldsymbol{u} \tag{16.2.14}$$

16.2.3 修正的牛顿-拉斐逊法的加速迭代

在非线性结构分析中，应用修正的牛顿迭代法求解，在实践中最常遇到的问题就是收敛速度慢和发散的问题。因为在用修正的牛顿法时，在一个加载步中就使用该步开始时计算的$^{j}\boldsymbol{K}$，在迭代过程中刚度系数$^{j}\boldsymbol{K}$保持不变，因此如果在这一步中材料性质有较大的变化，就会带来严重的问题。例如材料软化(由弹性变为塑性)，为了收敛就需要大量的迭代；或者载荷增量$\Delta\lambda\boldsymbol{P}$很大时，迭代的次数就变得非常多，即表现出收敛速度慢的问题。

对此，常采用的加速方案是 Aitken 在解特征值问题中所采用的方法，因此称为 Aitken 加速。在 Aitken 加速法中基本迭代方程式(16.2.14)改为

$$\boldsymbol{U}^{i}=\boldsymbol{U}^{i-1}+\alpha^{i-1}\Delta\boldsymbol{u}^{i} \tag{16.2.15}$$

其中，α^{k-1}是由加速因子组成的$n\times n$阶的对角阵，n是自由度数。

对应于第i个自由度的加速因子

$$\alpha^{i-1}=\frac{\Delta u_i^{i}}{\Delta u_i^{i-1}-\Delta u_i^{i}} \tag{16.2.16}$$

Aitken 加速法的实质是用割线刚度来代替切线刚度，这相当于在第i次迭代时将刚度矩阵修改为$(\alpha^{i-1})^{-1}\boldsymbol{K}$。这样，从某种程度上可以改善迭代的收敛速度。为了说明 Aitken 加速法，现仍以一个自由度的系统为例。图 16.2.3 显示了一个单自由度系统采用修正的牛顿-拉斐逊法时的加速过程。当然，当式(16.2.16)中相应于某些自由度的分母很小时，Aitken 加速

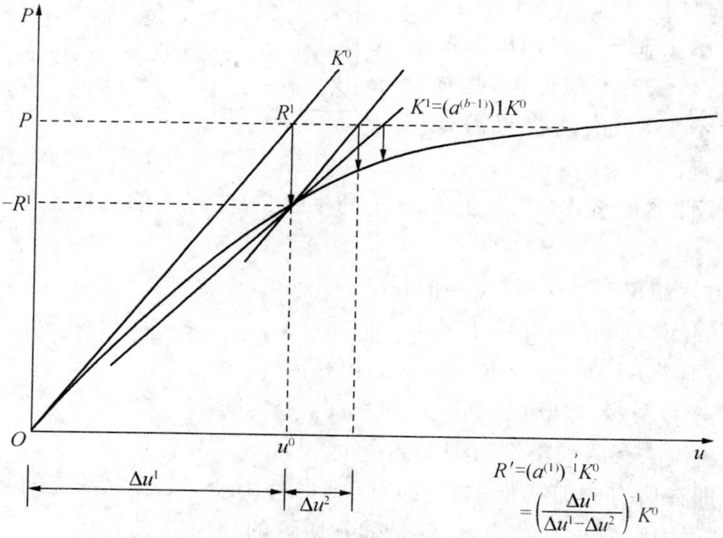

图 16.2.3 Aitken 加速

便不能执行了。

16.2.4 发散处理

在非线性问题的增量迭代过程中，当结构在越过平衡图形中的反弯点后会出现慢硬化的现象，即结构系统的刚度增大（如图 16.2.4 所示）。而在材料非线性问题中，在卸载时又可能会出现突然硬化的情况（如图 16.2.5 所示）。

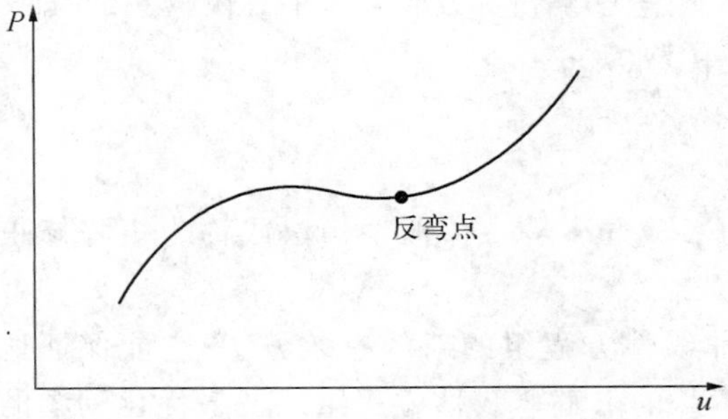

图 16.2.4 慢硬化

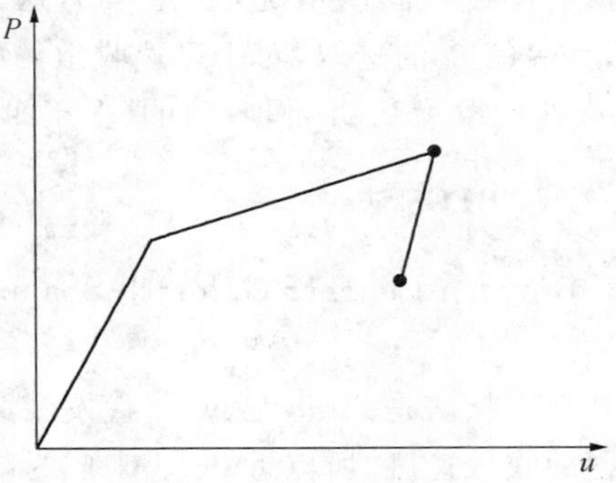

图 16.2.5 突然硬化

对于慢硬化的情况，只要选择较小的荷载增量，使在荷载参数为${}^{j+1}\lambda$时的刚度矩阵用${}^{j}\lambda$时的刚度矩阵来近似即认为已经足够精确，并足以保证收敛了。至于突然硬化的情况，它在动态分析中只要时间增量 Δt 足够小，解就收敛；而在静力分析中，较小的荷载步长还不足以保证收敛，此时必须按${}^{j}\lambda$ 时的弹性材料特性重新形成刚度矩阵。

根据上述的情况，在采用修正的牛顿-拉斐逊法中可进行如下的发散处理。

当发觉发散时，迭代停止，然后计算以 t 时刻的几何性质为基础的弹性刚度矩阵${}^{t}\boldsymbol{K}$ 来代替原迭代中的刚度矩阵${}^{t}\boldsymbol{K}$，这样就能处理突然硬化的问题，同时将荷载步长缩小，即将荷载增量按因子 $\beta_1(\beta_1\leqslant 1)$换算，这样就能处理慢硬化的问题。

此时迭代方程为

$$\begin{aligned}{}^{t}\boldsymbol{K}\Delta u^{k} &= {}^{t+\Delta t}\boldsymbol{P}-{}^{t+\beta_1\Delta t}\boldsymbol{R}^{i-1}-(1-\beta_1)({}^{t+\Delta t}\boldsymbol{P}-{}^{t}\boldsymbol{R})\\ &= {}^{t+\beta_1\Delta t}\boldsymbol{P}-{}^{t+\beta_1\Delta t}\boldsymbol{R}^{i-1}\end{aligned} \tag{16.2.17}$$

式中

$${}^{t+\beta_1\Delta t}\boldsymbol{P}={}^{t+\Delta t}\boldsymbol{P}-(1-\beta_1)({}^{t+\Delta t}\boldsymbol{P}-{}^{t}\boldsymbol{R})$$

式(16.2.17)为动态分析中的迭代方程，而静态的荷载增量迭代中，迭代方程则只需将式中左上标的 t 和 $t+\Delta t$ 改为 j 和 $j+1$ 即可。这里 j 为第 j 个增量过程。

按方程(16.2.17)进行迭代，直到求出 $t+\beta_1\Delta t$ 时的解，如果仍然出现发散，β_1 就继续减小，直到收敛为止。

$t+\beta_1\Delta t$ 时的解得到后，就选择第二个因子 β_2 按 $t+\beta_1\Delta t$ 时状态重新形成刚度矩阵，用类似的方法求出 $t+(\beta_1+\beta_2)\Delta t$ 时的位移。这时的求解方程为

$${}^{t+\beta_1\Delta t}\boldsymbol{K}\Delta\boldsymbol{u}^{i}={}^{t+\Delta t}\boldsymbol{P}-{}^{t+(\beta_1+\beta_2)\Delta t}\boldsymbol{R}^{i-1}-(1-\beta_1-\beta_2)({}^{t+\Delta t}\boldsymbol{P}-{}^{t}\boldsymbol{R}) \tag{16.2.18}$$

将这样的解一直继续下去，直到 $\sum_{i=1}^{m}\beta_i=1$，就求得了 $t+\Delta t$ 时的位移。

这里还有一点需要说明的是，在发觉发散的情况下将迭代的刚度矩阵改换成弹性刚度矩阵，这对于突然硬化的情况来说，它是保证收敛性所必要的，而对于慢硬化的情况，它虽不是必要的，但却对加速收敛有所帮助，因而不需要对这两种情况进行区分。不过在实际分析中，“硬化”和“软化”的判断不是那么容易的。

最后，关于荷载增量的缩减因子 β_i 的选择是采用经验方法。一般可以依据满足收敛条件的迭代次数来确定下一个缩减因子。至于初值 β_1，对于如果出现弹性卸载和为了收敛必须重新形成刚度矩阵的情况，取为 0.5，这样可以尽量减少中间求解的次数，如果不收敛可继续缩小；其后的 β_i 的选取，对于迅速收敛的(即少于 4 次迭代)情况，取为 0.5，中等快收敛的，即 4～12 次迭代取为 0.25，慢收敛的(多于 12 次迭代)取为 0.062 5。

16.2.5 BFGS 法

Broyden-Fletcher-Goldfarb-Shanno(简称 BFGS)方法是一种拟牛顿法或称为矩阵修正迭代法。

拟牛顿法是 20 世纪 60 年代发展起来的解非线性方程组的新的有效方法，它能保证迭代过程的收敛速度，所以近 20 年来成为颇受人们青睐的求解非线性方程组以及最优化问题的计算方法之一。

拟牛顿法的特点是在迭代过程中对系数矩阵(更确切地说是它的逆阵)进行修正，为 $i-1$ 次到 i 次迭代提供一个割线近似值。完全的牛顿法在迭代中刚度矩阵完全重新形成，修正的牛顿法在迭代过程中始终使用一个预定状态的刚度矩阵，而拟牛顿法是介于它们两者之间的一种折中的方法。此外，在拟牛顿法中还有一个“线性搜索”的问题。

线性搜索就是当给出非线性方程的一个近似值后去求解此方程。线性搜索由以下两步组成。

(1) 求位移向量的增量，即有

$$\overline{\Delta \boldsymbol{u}}=(\boldsymbol{K}^{i-1})^{-1}(\boldsymbol{P}-\boldsymbol{R}^{i-1}) \tag{16.2.19}$$

此位移向量对求真正的位移增量确定了一个“搜索方向”。

(2) 在方向 $\overline{\Delta \boldsymbol{u}}$ 进行线性搜索以满足在该方向上的平衡条件。

在这个线性搜索中求位移向量

$$\boldsymbol{u}^i=\boldsymbol{u}^{i-1}+\beta\,\overline{\Delta \boldsymbol{u}} \tag{16.2.20}$$

这里 β 是个标量因子，且 β 是在变化的直至沿 $\overline{\Delta \boldsymbol{u}}$ 方向的不平衡荷载 $(\boldsymbol{P}-\boldsymbol{R}^i)$ 的分量很小时为止。设 $\overline{\Delta \boldsymbol{u}}$ 方向的不平衡荷载的分量由内积 $(\overline{\Delta \boldsymbol{u}})^{\mathrm{T}}(\boldsymbol{P}-\boldsymbol{R}^i)$ 所定义。于是，可以按照下式来选择 β，即

$$(\overline{\Delta \boldsymbol{u}})^{\mathrm{T}}(\boldsymbol{P}-\boldsymbol{R}^i)=0 \tag{16.2.21}$$

实际运算中，当

$$(\overline{\Delta \boldsymbol{u}})^{\mathrm{T}}(\boldsymbol{P}-\boldsymbol{R}^i)\leqslant\varepsilon(\overline{\Delta \boldsymbol{u}})^{\mathrm{T}}(\boldsymbol{P}-\boldsymbol{R}^{i-1}) \tag{16.2.22}$$

时即可确定 β。这里 ε 为任意小数，一般取 ε 为 0.5。

拟牛顿法需要对系数矩阵进行修正，但是进行这种修正可以有各种各样的方法，只要满足以下四个要求的修正方法都是可行的。

（1）新的矩阵$\boldsymbol{K}^i$应满足拟牛顿方程

$$\boldsymbol{K}^i(\boldsymbol{u}^i-\boldsymbol{u}^{i-1})=f(\boldsymbol{u}^{i-1})-f(\boldsymbol{u}^i) \tag{16.2.23}$$

其中 $f(\boldsymbol{u}^i)=\boldsymbol{P}-\boldsymbol{R}^i$，而 $f(\boldsymbol{u}^{i-1})=\boldsymbol{P}-\boldsymbol{R}^{i-1}$。

（2）如果$\boldsymbol{K}^{i-1}$是对称的，那么新的$\boldsymbol{K}^i$也应是对称的。

（3）如果$\boldsymbol{K}^{i-1}$是正定的，那么新的$\boldsymbol{K}^i$也应是正定的。

（4）新的搜索方向，式(16.2.23)的计算不应耗费太多。因此，只要通过一个低秩的矩阵来进行修正，即从$\boldsymbol{K}^{i-1}$得到$\boldsymbol{K}^i$。

所以，拟牛顿迭代法的基本迭代公式与牛顿-拉斐逊法的基本迭代公式是相同的，所不同之处仅在于下一次迭代中的刚度矩阵不是重新形成的，而是根据前一次迭代的刚度矩阵加以修正而得到的。下面具体地讨论在 BFGS 法中所采用的矩阵修正公式。

现先定义位移增量为

$$\boldsymbol{\delta}^i=\boldsymbol{u}^i-\boldsymbol{u}^{i-1} \tag{16.2.24}$$

以及不平衡荷载增量为

$$\boldsymbol{\gamma}^i=(\boldsymbol{P}-\boldsymbol{R}^{i-1})-(\boldsymbol{P}-\boldsymbol{R}^i) \tag{16.2.25}$$

则修正矩阵可以乘积的形式表示为

$$(\boldsymbol{K}^i)^{-1}=(\boldsymbol{A}^i)^{\mathrm{T}}(\boldsymbol{K}^{i-1})^{-1}\boldsymbol{A}^k \tag{16.2.26}$$

其中$\boldsymbol{A}^i$是一个$n\times n$阶矩阵，其形式为

$$\boldsymbol{A}^i=\boldsymbol{I}+\boldsymbol{V}^i(\boldsymbol{W}^i) \tag{16.2.27}$$

这里，向量$\boldsymbol{V}^i$和$\boldsymbol{W}^i$由已知的节点力和节点位移求得，即

$$\boldsymbol{V}^i=-\left[\frac{(\boldsymbol{\delta}^i)^{\mathrm{T}}\boldsymbol{\gamma}^i}{(\boldsymbol{\delta}^i)^{\mathrm{T}}\boldsymbol{K}^{i-1}\boldsymbol{\delta}^i}\right]^{\frac{1}{2}}\boldsymbol{K}^{i-1}\boldsymbol{\delta}^i-\boldsymbol{\gamma}^i \tag{16.2.28}$$

以及

$$\boldsymbol{W}^i=\frac{\boldsymbol{\delta}^i}{(\boldsymbol{\delta}^i)^{\mathrm{T}}\boldsymbol{\gamma}^i} \tag{16.2.29}$$

式(16.2.28)中的向量$\boldsymbol{K}^{i-1}\boldsymbol{\delta}^i=\beta(\boldsymbol{P}-\boldsymbol{R}^{i-1})$且已计算求得。

由于式(16.2.26)定义的积是正定对称的，现可以计算修正矩阵 $\boldsymbol{A}$ 的条件数C^i，即有

$$C^i=\left[\frac{(\boldsymbol{\delta}^i)^{\mathrm{T}}\boldsymbol{\gamma}^i}{(\boldsymbol{\delta}^i)^{\mathrm{T}}\boldsymbol{K}^{i-1}\boldsymbol{\delta}^i}\right]^{\frac{1}{2}} \tag{16.2.30}$$

然后，将此条件数与预置的容许误差，譬如说10^5加以比较，如果条件数超过这个容许值则不再修正，即保持$\boldsymbol{K}^i=\boldsymbol{K}^{i-1}$。

采用了以上所定义的修正矩阵后，式(16.2.19)所定义的搜索方向可表示为

$$\begin{aligned}\overline{\Delta\boldsymbol{u}}=&[\boldsymbol{I}+\boldsymbol{W}^{i-1}(\boldsymbol{V}^{i-1})^{\mathrm{T}}]\cdots[\boldsymbol{I}+\boldsymbol{W}^i(\boldsymbol{V}^i)^{\mathrm{T}}]\cdot\boldsymbol{K}^{-1}\\&\cdot[\boldsymbol{I}+\boldsymbol{V}^1(\boldsymbol{W}^1)^{\mathrm{T}}]\cdots[\boldsymbol{I}+\boldsymbol{V}^{i-1}(\boldsymbol{W}^{i-1})^{\mathrm{T}}]\cdot(\boldsymbol{P}-\boldsymbol{R}^{i-1})\end{aligned} \tag{16.2.31}$$

计算时可按下述次序进行并以第一次迭代为例。

现先计算内积，记

$$\boldsymbol{f}^1=\boldsymbol{P}-\boldsymbol{R}^1$$

则内积为

$$(\boldsymbol{W}^1)^{\mathrm{T}}\boldsymbol{f}^1$$

得到

$$\boldsymbol{b}_1=\boldsymbol{f}^1+\boldsymbol{V}^1(\boldsymbol{W}^1)^{\mathrm{T}}\boldsymbol{f}^1$$

解方程

$$\boldsymbol{K}\boldsymbol{C}=\boldsymbol{b}_1$$

由于总刚度矩阵 $\boldsymbol{K}$ 分解以后保存起来，在系数矩阵修正时并不改变而只需进行回代。计算内积

$$(\boldsymbol{V}^1)^{\mathrm{T}}\boldsymbol{C}$$

于是新的搜索方向 $\Delta\boldsymbol{u}=\boldsymbol{C}+\boldsymbol{W}^1(\boldsymbol{V}^1)^{\mathrm{T}}\boldsymbol{C}$。

至于要进行 i 次迭代时，搜索方向 $\Delta\boldsymbol{u}$ 可按类似的过程计算。

现在可简单地综合一下采用 BFGS 法在第 i 次迭代时所进行的步骤。

(1) 按式(16.2.31)计算确定线性搜索的方向$\overline{\Delta\boldsymbol{u}}$。

(2) 在方向$\overline{\Delta\boldsymbol{u}}$进行线性搜索，确定因子 β，这里因子 β 的计算可按式(16.2.31)进行。

(3) 求得 β 后即可按式(16.2.24)和式(16.2.25)计算$\boldsymbol{\delta}^i$ 和$\boldsymbol{\gamma}^i$，以提供下一次迭代时采用修正系数矩阵，从而计算新的搜索方向。

在以迭代法为基础的增量求解过程中，每次迭代结束后应检查得到的解是否收敛到误差范围之内或者迭代是否发散。如果收敛误差太松，便会得到不确切的解；如果误差太紧，就会为不必要的精度而进行太多的计算。同样，不适当地发散检查会造成在求解实际上不发散时去终止迭代或者迫使迭代去搜索不能达到的解，因此适当的收敛准则对于增量求解的策略是否有效是至关重要的。

在收敛准则中所用的求解变量有三种，即位移、不平衡力和增量能量。对于不同类型的非线性分析问题使用各种收敛性检查时，可反映出不同的特性。例如一弹塑性杆进入塑性区，带有很小的应变强化模量，在此情况下不平衡荷载可以很小，而位移仍然差得很远；反之，对于“硬化”结构，往往在位移达到收敛要求时不平衡荷载还很大。由于这些特性使得难以推荐一种收敛性检查适用于所有的非线性问题。但是，将力的检查与能量检查结合起来则提供了最有效的收敛准则，因为当这两项的增量都趋于零时，就接近了真正的解。

这里，力和位移的收敛准则在前面已经介绍。能量检查准则为

$$(\Delta\boldsymbol{u}^i)^{\mathrm{T}}(\boldsymbol{P}-\boldsymbol{F}^i)<\boldsymbol{\varepsilon}\,(\Delta\boldsymbol{u}^i)^{\mathrm{T}}(\boldsymbol{P}-\boldsymbol{F}^t) \tag{16.2.32}$$

如果上述收敛准则不满足，可以认为迭代发散，要采取发散处理的措施。

16.2.6 纯粹增量近似与牛顿-拉斐逊近似的关系

通过使用牛顿-拉斐逊平衡迭代，迫使在每一个载荷增量的末端解在某个容许限度范围内达到平衡收敛。图 16.2.6(b)描述了在单自由度非线性分析中牛顿-拉斐逊平衡迭代的过程。

在每次求解前，NR方法估算出产生单元应力的载荷和所加载荷的差值。然后使用非平衡载荷进行线性求解，且检查收敛性。如果不满足收敛准则，重新估算非平衡载荷，修改刚度矩阵，获得新解。持续这种迭代过程直到问题收敛。此外还可以通过一系列其他方法增强问题的收敛性，如自适应下降、线性搜索、自动加载等。

牛顿-拉斐逊法是一个广泛采用的逐步线性方法，作为一种数值分析方法，从牛顿-拉斐逊法的逐次线性化过程中可以看到，不平衡力是由于将非线性方程组线性化时忽略了方程中未知数的高阶量的影响而带来的误差。另一方面，从单元刚度矩阵的推导过程中可以清楚地看到，不平衡力实质上是由于单元应变表达式中位移高阶量的影响。

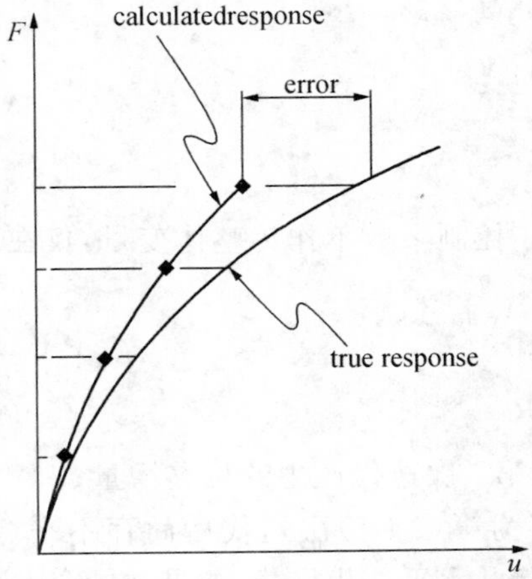

(a) 纯粹增量式解

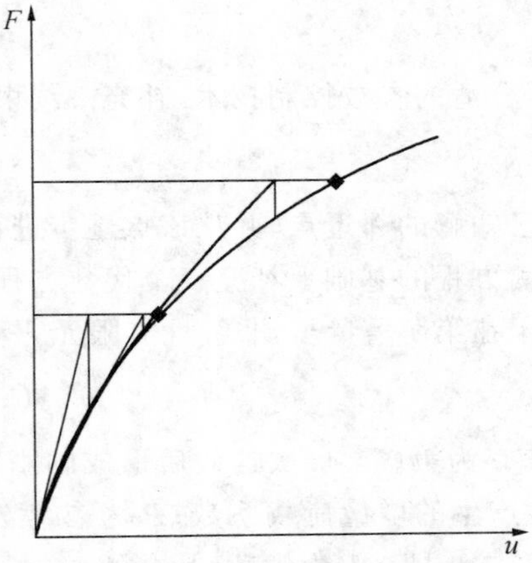

(b) 全牛顿-拉斐逊迭代求解(2个载荷增量)

图 16.2.6 纯粹增量近似与牛顿-拉斐逊近似的关系

16.3 Riks 法(弧长法)

要保证牛顿-拉斐逊(NR)、MNR法、QNR法收敛，除非系统的非线性程度并不十分严重，在初始点可以逼近精确解，否则就可能出现发散。为避免出现这种情况，常常把整个加载过程分成若干步，在增量加载过程中进行求解，在增量过程中结合牛顿-拉斐逊(NR)、MNR法、QNR法。

用牛顿-拉斐逊(NR)增量迭代法求解结构的非线性问题，对于结构受力的上升段，该法是一种很好的方法；如果迭代初始点靠近真实路线，该法会有较好的收敛性。但当平衡路线出现分枝和极值点时，由于切线刚度矩阵趋于奇异，常规的NR法常常得不到收敛的结果，因而无法反映结构在加载过程中可能出现的软化和硬化，及由此引起的跳跃(Snap-Through)、回弹(Snap-Back)现象，更不能求得结构反应的下降段。产生这些问题的原因并不是NR方法本身的问题，而是如何合理地确定每个阶段的增量长度。

对此，各国学者如Argyris、Bergan、Wright、Gaylord等围绕跟踪结构静力加载路线、临界状态的确定及越过临界点的方法进行了大量研究，但最为有效的要算Riks和Wempner提出的，经Ramm和Crisfield等人改进的弧长法(Arc Length Method)。弧长法自Riks和Wempner建立以来，广泛应用于结构非线性分析之中，譬如采用柱面弧长法为加载策略，引入扰动位移以实现从基本路线向分枝路线的转移，求得结构的分枝路线；采用法平面约束法与柱面约束法相结合的方法，同时考虑当前刚度系数与上次增量步迭代次数；通过对 Riks 切线弧长法和 Crisfield 圆弧长法的综合及改进，提出分析结构跳跃问题的自适应参数增量迭代方法；在曲面弧长法中考虑迭代路线搜寻和单因子加速的简单实用方法等。

总之，应用弧长法能够在迭代求解过程中自动调节增量步长，跟踪各种复杂的非线性平衡路线全过程。该法是目前结构非线性分析中数值计算最稳定、计算效率最高且最为可靠的迭代控制方法。

16.3.1 弧长法的概念及方法

弧长法基本思想是将在 N 维空间中描述的结构在平衡路线

$$\boldsymbol{K}\Delta \boldsymbol{U}=\lambda \boldsymbol{P}-\boldsymbol{F}$$

中，根据合适的参数控制技术，补充一约束条件

$$s(\Delta U,\Delta\lambda)=0$$

选定一已知解的邻近点，并从该点逐步进行路线的跟踪。控制参数不作为整体变量，仅在原有结构平衡方程的基础上补充一个代数方程。

对于在第 j 增量步，非线性有限元方程

$$^{j}\boldsymbol{K}^{i-1}(^{j}\delta)\boldsymbol{u}^{i}={}^{j}\delta\lambda^{i}\boldsymbol{P}+{}^{j}\boldsymbol{R}^{i-1} \tag{16.3.1}$$

式中，$^{j}\boldsymbol{K}^{i-1}$ 为第 $(i-1)$ 次迭代后形成的刚度矩阵；$^{j}\delta\boldsymbol{u}^{i}$ 为第 i 次迭代产生的位移增量；$^{j}\delta\lambda^{i}$ 为第 i 次迭代产生的增量荷载系数；$\boldsymbol{P}$ 为参考外荷向量；$^{j}\boldsymbol{R}^{i-1}$ 为第 $(i-1)$ 次迭代后尚存不平衡力。如果给定 $\delta\lambda^{i}$，即 $\delta\lambda^{1}$ 为常数，其余的 $\delta\lambda^{i}=0$，便成为固定荷载水平迭代格式；如果 $\delta\lambda^{i}$ 不固定，就需要附加另外的约束条件，以调整并且确定增量荷载系数 $\delta\lambda^{i}$。弧长法便是一种把荷载水平看成一个变量，通过同时调整且确定荷载水平和位移向量来逼近非线性解的一种方法。根据荷载-位移向量约束条件的不同，弧长法有多种不同的形式。

通常，具有一般意义曲面弧长法，其约束方程

$$\beta(\Delta\lambda^{i})^{2}\,\|\boldsymbol{P}\|^{2}+\alpha\,\|\Delta\boldsymbol{u}^{i}\|^{2}=(\Delta l)^{2} \tag{16.3.2}$$

式中，$\|\boldsymbol{P}\|$ 和 $\|\Delta\boldsymbol{u}\|$ 分别是参考荷载向量和位移增量向量的二范数；β,α 为尺度因子；Δl 为弧长半径。式(16.3.2)中左边两项分别代表了荷载的影响和位移的影响。

β,α 的不同便决定了不同形式的弧长法。当 $\beta=1,\alpha=1$ 时，式(16.3.2)便为 Crisfield 的等弧长的球面弧长法。此法比较直观，其约束面是以 m 点为球心，以 Δl 为半径的球面(见图 16.3.1)。由于式中包括了参考荷载向量，有明显的尺度效应，不容易收敛。

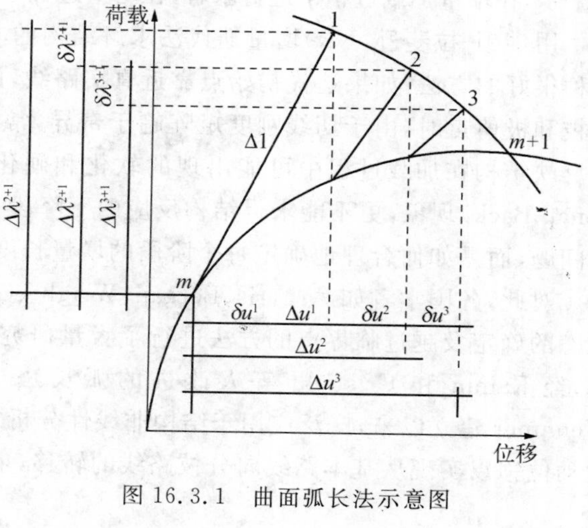

图 16.3.1 曲面弧长法示意图

当 $\beta=0,\alpha=1$ 时，式(16.3.2)变为

$$(\Delta\boldsymbol{u}^{i})^{\mathrm{T}}\cdot\Delta\boldsymbol{u}^{i}=(\Delta l)^{2} \tag{16.3.3a}$$

式中，$i=1,2,\cdots$。这就是 Crisfield 提出的著名的柱面弧长法。此法忽略了荷载的

影响。

Ramm 改进了球面弧长法和柱面弧长法，令

$$\alpha=1,\quad \beta=\frac{1}{\|\boldsymbol{P}\|^2}$$

得约束条件

$$(\Delta\lambda^i)^2+(\Delta\boldsymbol{u}^i)^{\mathrm{T}}\cdot\Delta\boldsymbol{u}^i=(\Delta l)^2 \tag{16.3.3b}$$

为了消除尺度效应影响，可令

$$\alpha=\frac{l}{(\Delta\boldsymbol{u}^1)^{\mathrm{T}}\Delta\boldsymbol{u}^1},\quad \beta=\frac{1}{\|\boldsymbol{P}\|^2}$$

其中，$\Delta\boldsymbol{u}^1$ 是第一步增量产生的位移增量，从而得

$$(\Delta\lambda^i)^2+\frac{\|\Delta\boldsymbol{u}^i\|^2}{\|\Delta\boldsymbol{u}^1\|^2}=(\Delta l)^2 \tag{16.3.3c}$$

通常跟踪时，到极值点附近时跟踪技术趋于变形控制。基于此，K. C. Park 等曾提出过使用 P. G. Bergan 的当前刚度参数的椭圆弧长法，也就是设 $\alpha=1,\beta=S_p$，这里 S_p 为 Bergan 的当前刚度参数。按当前刚度参数法，对平衡路线上每一跟踪步的刚度大小进行判断，并适时地调整弧长，由此产生的加载面为椭球面。

以上都是曲面弧长法，Riks 和 Ramm 等人还提出平面弧长法，即

$$(\delta\lambda^1)^2+(\delta\boldsymbol{u}^1)^{\mathrm{T}}\cdot\delta\boldsymbol{u}^1=(\Delta l)^2\quad(i=1) \tag{16.3.4a}$$

$$\delta\lambda^1\cdot\delta\lambda^i+(\delta\boldsymbol{u}^1)^{\mathrm{T}}\cdot\delta\boldsymbol{u}^i=0\quad(i>1) \tag{16.3.4b}$$

如果每次迭代中都更新控制平面，便成了更新的平面弧长法，即

$$\delta\lambda^{i-1}\cdot\delta\lambda^i+(\delta\boldsymbol{u}^{i-1})^{\mathrm{T}}\cdot\delta\boldsymbol{u}^i=0\quad(i>1) \tag{16.3.4c}$$

有了式(16.3.1)～(16.3.4)的荷载-位移控制条件，便可根据系统的基本方程求得非线性解。值得注意的是，如果控制条件和基本方程同时求解，将破坏刚度矩阵的对称性和带状性，使得求解非常困难。这时需引入 Datoz 和 Dhatt 的双位移向量的同时求解技术，即将第 i 次迭代后产生的位移增量分为如下两部分：

$$\delta\boldsymbol{u}^i=\delta\lambda^i\delta\boldsymbol{u}_{\mathrm{I}}^i+\delta\boldsymbol{u}_{\mathrm{II}}^i \tag{16.3.5a}$$

$$\delta\boldsymbol{u}_{\mathrm{I}}^i=(\boldsymbol{K}^{i-1})^{-1}\boldsymbol{P},\quad \delta\boldsymbol{u}_{\mathrm{II}}^i=(\boldsymbol{K}^{i-1})^{-1}\boldsymbol{R} \tag{16.3.5b}$$

于是有

$$\Delta\boldsymbol{u}^i=\Delta\boldsymbol{u}^{i-1}+\delta\boldsymbol{u}^i\cdot\eta^i \tag{16.3.5c}$$

$$\boldsymbol{u}^i=\boldsymbol{u}^{i-1}+\Delta\boldsymbol{u}^i \tag{16.3.5d}$$

式中，η^i 为位移修正参数，主要目的是为了减少迭代次数，加速收敛过程。

一旦式(16.3.5a)中的荷载增量系数 $\delta\lambda^i$ 由荷载-位移约束条件求得，便可利用式(16.3.5a)～(16.3.5d)进行迭代(见图 16.3.1)，直到满足收敛条件为止，这在图 16.3.1 上可看成是到达了$(m+1)$点。从 m 点到$(m+1)$点便完成了一次增量过程。

根据约束条件，增量荷载系数 $\delta\lambda^i$ 有不同的求法。对如式(16.3.3a)所示柱面弧长法，当

$i>1$ 时，将式(16.3.5c)代入式(16.3.3a)，注意到

$$(\Delta \boldsymbol{u}^{i-1})^{\mathrm{T}} \Delta \boldsymbol{u}^{i-1}=(\Delta l)^2$$

并记

$$a_1=\eta^i(\delta \boldsymbol{u}_{\mathrm{I}}^i)^{\mathrm{T}} \delta \boldsymbol{u}_{\mathrm{I}}^i, \quad a_2=(\Delta \boldsymbol{u}^{i-1})^{\mathrm{T}} \delta \boldsymbol{u}_{\mathrm{I}}^i+\eta^i(\delta \boldsymbol{u}_{\mathrm{I}}^i)^{\mathrm{T}} \delta \boldsymbol{u}_{\mathrm{II}}^i$$
$$a_3=\eta^i(\delta \boldsymbol{u}_{\mathrm{II}}^i)^{\mathrm{T}} \delta \boldsymbol{u}_{\mathrm{II}}^i+2(\Delta \boldsymbol{u}^{i-1})^{\mathrm{T}} \delta \boldsymbol{u}_{\mathrm{II}}^i$$

即可得到一元二次方程

$$a_1 \cdot(\delta \lambda^i)^2+2 a_2 \cdot \delta \lambda^i+a_3=0 \tag{16.3.6a}$$

上式一般会有两个实根，可选择使 $\Delta \boldsymbol{u}^{i-1}$ 和 $\Delta \boldsymbol{u}^i$ 所成"夹角"最小的那个解作为 $\delta\lambda^i$。当 $i=1$ 时，从式(16.3.3a)可得

$$(\Delta \boldsymbol{u}^1)^{\mathrm{T}} \Delta \boldsymbol{u}^1=(\delta \lambda^1)^2(\delta \boldsymbol{u}_{\mathrm{I}}^i)^{\mathrm{T}} \delta \boldsymbol{u}_{\mathrm{I}}^i$$

故

$$\delta \lambda^1= \pm \frac{\Delta l}{\sqrt{(\delta \boldsymbol{u}_{\mathrm{I}}^i)^{\mathrm{T}} \delta \boldsymbol{u}_{\mathrm{I}}^i}} \tag{16.3.6b}$$

上式中，$\delta\lambda^1$ 取正代表加载，取负表示卸载。$\delta\lambda^1$ 的正负号可根据刚度矩阵行列式的正负号或当前刚度参数进行判断。

16.3.2 球面弧长法

采用比例加载求解标准非线性静力平衡方程时有

$$\boldsymbol{R}(u, \lambda)=\boldsymbol{Q}(u)-\lambda \boldsymbol{P}_{ref}=0 \tag{16.3.7}$$

采用牛顿增量迭代时的平衡方程为

$$\boldsymbol{K}_t \Delta \boldsymbol{u}=\lambda \boldsymbol{P}_{ref}-\boldsymbol{F}(u) \tag{16.3.8}$$

这里，$\Delta \boldsymbol{u}$ 是结构的变形向量；λ 是荷载参数；$\boldsymbol{P}_{ref}$ 是外荷载向量；$\boldsymbol{F}(u)$ 是变形产生的内力等效节点力向量；$\boldsymbol{K}_t$ 是切线刚度矩阵。

弧长法就是找到平衡路线与曲面 $s=\text{constant}$ 的交点，这里 s 为弧长，有

$$s=\int \mathrm{d} s, \quad \text{其中 } \mathrm{d} s=\sqrt{\mathrm{d} \boldsymbol{u}^{\mathrm{T}} \mathrm{d} \boldsymbol{u}+\mathrm{d} \lambda^2 \beta^2 \boldsymbol{P}_{ref}^{\mathrm{T}} \boldsymbol{P}_{ref}} \tag{16.3.9}$$

式中，β 的引进是由于荷载的分配与它和变形之间的比例有关。在引进弧长后，通常使用预测，即修正技术解方程

$$\boldsymbol{R}(s)=\boldsymbol{F}(\boldsymbol{u}(s))-\lambda(s) \boldsymbol{P}_{ref}=0 \tag{16.3.10}$$

因此，弧长法的本质就是使荷载参数 λ 成为变量，假定结构自由度为 N，未知数就有($N+1$)个，则式(16.3.7)的 n 个平衡方程加一个约束方程就可求解。

如图 16.3.2 所示，在同一增量步内，设预测荷载-位移向量为

$$\boldsymbol{t}^{i-1}=(\Delta \boldsymbol{u}^{i-1}, \Delta \lambda^{i-1} \beta \boldsymbol{P}_{ref})$$

其长度即为增量形式的弧长 s；迭代向量为

$$\boldsymbol{n}^i=(\delta \boldsymbol{u}^i, \delta\lambda^i\beta \boldsymbol{P}_{ref})$$

迭代向量 $\boldsymbol{n}$ 与预测向量 $\boldsymbol{t}$ 的空间关系为

$$(\boldsymbol{t}^{i-1})^{\mathrm{T}}\boldsymbol{n}^i=a_0 \tag{16.3.11}$$

展开后可得到补充的弧长约束方程

$$(\Delta\boldsymbol{u}^{i-1})^{\mathrm{T}}\delta\boldsymbol{u}+\delta\lambda(\Delta\lambda^{i-1}\beta^2\boldsymbol{P}_{ref}^{\mathrm{T}}\boldsymbol{P}_{ref})=a_0 \tag{16.3.12}$$

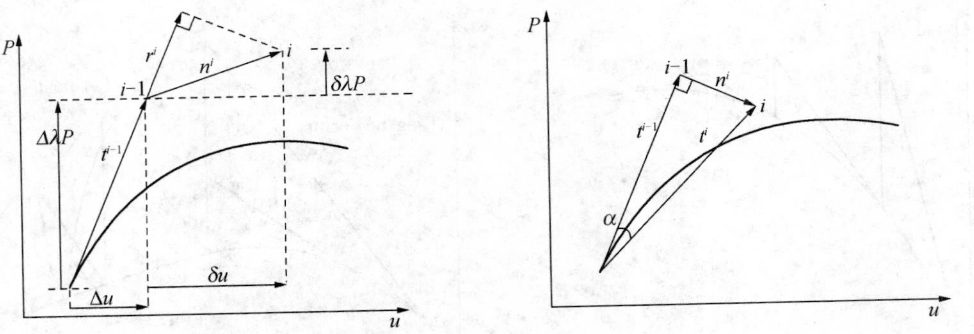

图 16.3.2　两向量正交关系

为了不影响刚度矩阵的对称性和带宽特性，λ 并不作为整体变量。将迭代变形 $\delta\boldsymbol{u}$ 可分成两部分，在新的荷载水平 $\lambda_n=\lambda_0+\delta\lambda$ 时

$$\delta\boldsymbol{u}=-\boldsymbol{K}_t^{-1}\boldsymbol{R}(\boldsymbol{u}_0,\lambda)=-\boldsymbol{K}_t^{-1}(\boldsymbol{R}(\boldsymbol{u}_0,\lambda_0)-\delta\lambda\boldsymbol{P}_{ref}) \tag{16.3.13}$$

最后形式可表达为

$$\delta\boldsymbol{u}=\delta\lambda\boldsymbol{K}_t^{-1}\boldsymbol{P}_{ref}-\boldsymbol{K}_t^{-1}\boldsymbol{R}_0=\delta\lambda\delta\boldsymbol{u}^{\mathrm{I}}+\delta\boldsymbol{u}^{\mathrm{II}} \tag{16.3.14}$$

新的变形增量

$$\Delta\boldsymbol{u}^i=\Delta\boldsymbol{u}^{i-1}+\delta\boldsymbol{u}=\Delta\boldsymbol{u}^{i-1}+\delta\lambda\delta\boldsymbol{u}^{\mathrm{I}}+\delta\boldsymbol{u}^{\mathrm{II}} \tag{16.3.15}$$

方程通解为

$$\delta\lambda^i=\frac{-\boldsymbol{a}_0-(\Delta\boldsymbol{u}^{i-1})^{\mathrm{T}}\delta\boldsymbol{u}^{\mathrm{II}}}{(\Delta\boldsymbol{u}^{i-1})^{\mathrm{T}}\delta\boldsymbol{u}^{\mathrm{I}}+\Delta\lambda^{i-1}\beta^2\boldsymbol{P}_{ref}^{\mathrm{T}}\boldsymbol{P}_{ref}} \tag{16.3.16}$$

$$\delta\boldsymbol{u}^i=\delta\lambda^i\delta\boldsymbol{u}^{\mathrm{I}}+\delta\boldsymbol{u}^{\mathrm{II}} \tag{16.3.17}$$

可见关键是求得 a_0，Riks-Wempner 使预测向量 $\boldsymbol{t}^0$ 与迭代向量 $\boldsymbol{n}^i$（$i>0$）正交（如图 16.3.3a 所示），此时 a_0 为零，即迭代点沿与预测切线向量垂直的平面进行，弧长仅在第一迭代步施加，在迭代过程中，弧长沿垂面变化。但该法的收敛较慢，且遇到刚度变化较大时易发散。Ramm 改进了 Riks-Wempner 的方法，使每一迭代步的迭代向量 $\boldsymbol{n}^i$ 与预测向量 $\boldsymbol{t}^{i-1}$ 正交，该法在极值点附近收敛性较好，又称更新的法平面法或 Riks-Wempner-Ramm 法（RWRM）（见图 16.3.3(b)）。

但为满足预测向量等长的关系，这两向量之间不可能完全是正交关系，$\boldsymbol{a}_0\boldsymbol{n}^i\neq 0$，而应该是锐角，此时两向量空间关系描述由迭代向量 $\boldsymbol{n}$ 和向量 $\boldsymbol{t}$ 上的投影长度 $r^i=\|\boldsymbol{t}^{i-1}\|-s$ 来控制，其中，$\|\boldsymbol{t}^{i-1}\|$ 是预测向量的长度，s 是固定的增量弧长。这时有

$$(\boldsymbol{t}^{i-1})^{\mathrm{T}} \cdot \boldsymbol{n}^{i} = -\parallel \boldsymbol{t}^{i-1} \parallel \cdot \parallel \boldsymbol{n}^{i} \parallel \cos\alpha = -\parallel \boldsymbol{t}^{i-1} \parallel \cdot \boldsymbol{r}^{i} = a_0 \tag{16.3.18}$$

其中

$$\parallel \boldsymbol{t}^{i-1} \parallel = \sqrt{(\Delta \boldsymbol{u}^{i-1})^{\mathrm{T}} \Delta \boldsymbol{u}^{i-1} + (\Delta\lambda^{i-1}\beta \boldsymbol{P}_{ref})^2} \tag{16.3.19}$$

所以此时有

$$a_0 = -\parallel \boldsymbol{t}^{i-1} \parallel \cdot (\parallel \boldsymbol{t}^{i-1} \parallel - s) \tag{16.3.20}$$

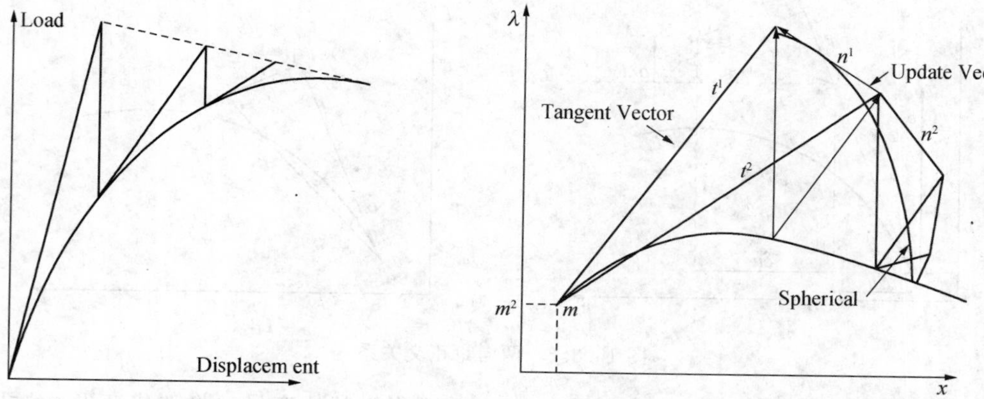

(a) Riks-Wempner　　(b) Updated normal plane method

图 16.3.3　线性弧长法的两种形式

在此基础上，修正下一步预测向量的长度，得到新的迭代点，直到与真实平衡路线相交。该迭代点处，两向量的内积

$$(\boldsymbol{t}^{i})^{\mathrm{T}} \boldsymbol{r}^{i+1} = -\parallel \boldsymbol{t}^{i} \parallel \cdot \parallel \boldsymbol{r}^{i+1} \parallel \cos\alpha = -s(\parallel \boldsymbol{t}^{i+1} \parallel - s)\frac{s}{\parallel \boldsymbol{t}^{i+1} \parallel} = a_0 \tag{16.3.21}$$

其中

$$\parallel \boldsymbol{r}^{i+1} \parallel = \parallel \boldsymbol{t}^{i+1} \parallel - \parallel \boldsymbol{t}^{i} \parallel = \parallel \boldsymbol{t}^{i+1} \parallel - s \tag{16.3.22}$$

这里

$$\parallel \boldsymbol{t}^{i+1} \parallel = (\parallel \boldsymbol{t}^{i} \parallel^2 + (\Delta \boldsymbol{u})^{\mathrm{T}} \Delta \boldsymbol{u} + \beta^2 \Delta\lambda^2)^{\frac{1}{2}} \tag{16.3.23}$$

可见，完成一级荷载迭代步至少需要两步，即预测步和修正步。首先根据更新的法平面法，按照正交原则预测迭代点，得到预测弧长；然后根据球面弧长法的原则，修正预测弧长长度，得到下一步迭代点；再以该迭代点为起点，沿着预测-修正的关系循环，直到修正值或迭代步满足要求，进入下一级荷载值。

16.3.3　增量迭代型球面显式弧长法进行几何非线性分析过程

根据以上分析，将牛顿迭代荷载增量法和球面弧长迭代法加以联合，调整每一迭代步上的载荷增量系数，即采用增量/迭代型等弧长法，实现了由前屈曲状态到后屈曲路线的快速自然过渡(见图 16.3.4)。

牛顿增量迭代公式为

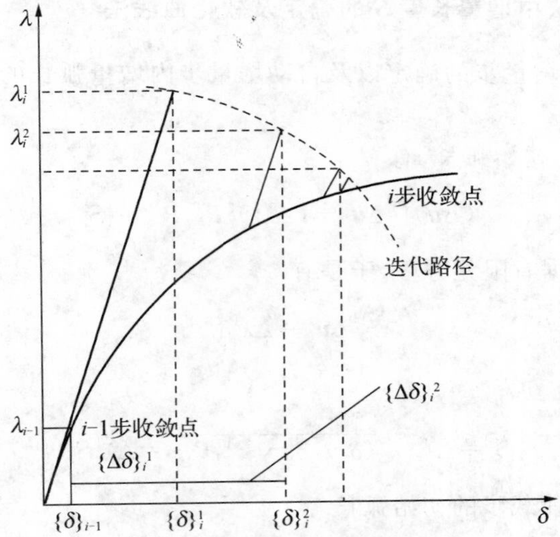

图 16.3.4 球面显式迭代法

$$\mathrm{d}\boldsymbol{u}^{j+1}=\mathrm{d}\boldsymbol{u}^{j}+(\Delta\boldsymbol{u}^{i})^{j+1},\quad \Delta\boldsymbol{u}^{i}=\Delta\boldsymbol{u}^{i-1}+\delta\boldsymbol{u}^{i} \tag{16.3.24}$$

其中，i 为弧长迭代步数；j 为荷载迭代步数。

球面显式迭代法的步骤如下：

(1) 假定在起点，根据更新的法平面法计算预测的荷载向量，有

$$\Delta\lambda=\frac{-(\boldsymbol{u}^{i})^{\mathrm{T}}\Delta\boldsymbol{u}^{\mathrm{II}}}{\beta^{2}\lambda^{i}+(\boldsymbol{u}^{i})^{\mathrm{T}}\Delta\boldsymbol{u}^{\mathrm{I}}} \tag{16.3.25}$$

(2) 计算相应的增量位移向量，有

$$\Delta\boldsymbol{u}=\Delta\boldsymbol{u}^{\mathrm{I}}\Delta\lambda+\Delta\boldsymbol{u}^{\mathrm{II}} \tag{16.3.26}$$

(3) 根据正交关系计算预测弧长，有

$$\boldsymbol{t}^{(i+1)}=((\boldsymbol{t}^{(i)})^{2}+(\Delta\boldsymbol{u})^{\mathrm{T}}\Delta\boldsymbol{u}+\beta^{2}(\Delta\lambda)^{3})^{\frac{1}{2}} \tag{16.3.27}$$

(4) 计算将该弧长修正以满足球面迭代时的余量，有

$$\boldsymbol{R}^{(i)}=-\frac{s^{2}}{\boldsymbol{t}^{i+1}}(\boldsymbol{t}^{i+1}-s) \tag{16.3.28}$$

(5) 将余量代回到一般的荷载向量公式，重新计算下一次的迭代点，有

$$\Delta\lambda=\frac{\boldsymbol{R}^{i}-(\boldsymbol{u}^{i})^{\mathrm{T}}\Delta\boldsymbol{u}^{\mathrm{II}}}{\beta^{2}\lambda^{i}+(\boldsymbol{u}^{i})^{\mathrm{T}}\Delta\boldsymbol{u}^{\mathrm{I}}} \tag{16.3.29}$$

(6) 计算此时相应的位移增量，有

$$\Delta\boldsymbol{u}=\Delta\boldsymbol{u}^{\mathrm{I}}\Delta\lambda+\Delta\boldsymbol{u}^{\mathrm{II}} \tag{16.3.30}$$

以上(1)～(6)步完成一次弧长迭代，以此时经过修正过弧长向量作为下一弧长迭代步的预测弧长，继续进行弧长迭代循环，直到余量满足或迭代次数满足，进入下一级荷载增量步循环。对于同一增量步的所有迭代，弧长增量是相同的，避免了解的不收敛问题。

16.3.4 球面显式弧长法中增量长度 S 的确定及软化曲线法

在上面分析中，初始增量步的确定以及自动增量步内增量弧长的确定一般是人为的，因而参考已有的资料，确定：

（1）每一增量步内的初始弧长，有

$$(\Delta \boldsymbol{u}_i^1)^{\mathrm{T}}\Delta \boldsymbol{u}_i^1+(\Delta\lambda_i^1)^2\boldsymbol{P}_{ref}^{\mathrm{T}}\boldsymbol{P}_{ref}=S_i^2 \tag{16.3.31}$$

假设 $\delta_i^1=(\boldsymbol{K}_{ti}^1)^{-1}\boldsymbol{P}_{ref}$，根据有限元方程，于是有

$$\Delta \boldsymbol{u}_i^1=\Delta\lambda_i^1\delta_i^1 \tag{16.3.32}$$

所以

$$S_i=\Delta\lambda_i^1\sqrt{(\delta_i^1)^{\mathrm{T}}\delta_i^1+\boldsymbol{P}_{ref}^{\mathrm{T}}\boldsymbol{P}_{\mathrm{ref}}}=\Delta\lambda_i^1 SA_i \tag{16.3.33}$$

（2）同理，在下一级荷载步的初始弧长

$$S_{i+1}=\Delta\lambda_{i+1}^1\sqrt{(\delta_{i+1}^1)^{\mathrm{T}}\delta_{i+1}^1+\boldsymbol{P}_{ref}^{\mathrm{T}}\boldsymbol{P}_{ref}}=\Delta\lambda_{i+1}^1 SA_{i+1} \tag{16.3.34}$$

（3）在第一次取增量长度时可以猜想初始荷载水平计算，而在随后的增量迭代中，Crisfield 原则这样认为：即使每个荷载增量步内需要大致相等的迭代次数。为此，提出两种估算下一增量步长度的公式，即

$$S_{i+1}=\sqrt{\frac{I_d}{I_i}}S_i \quad 和 \quad S_{i+1}=\sqrt[4]{\frac{I_d}{I_i}}S_i \tag{16.3.35a,b}$$

其中，I_i 为第 i 次增量步中达到平衡时所需的迭代次数；I_d 为任意的迭代次数，一般取 4；S_i 为第 i 次增量步中的增量长度。

（4）考虑到有可能的卸载情况，于是下一个增量步开始时，增量荷载的首次估计可取为

$$\Delta\lambda^{i+1}=\mathrm{sign}(|\boldsymbol{K}_{t,i+1}^1|)\frac{S_{i+1}}{\sqrt{(\delta_{i+1}^1)^{\mathrm{T}}\delta_{i+1}^1+\boldsymbol{P}_{ref}^{\mathrm{T}}\boldsymbol{P}_{ref}}}=\mathrm{sign}(|\boldsymbol{K}_{t,i+1}^1|)\frac{S_{i+1}}{SA_{i+1}} \tag{16.3.36}$$

此外，在软化曲线法中引进稳定判断因子 K_s 及准则 $K_s=0$ 判断结构是否达到奇异点，有

$$K_s=\mathrm{sign}(d_{i,\min})\frac{|d_i|_{\min}}{\bar{d}_i^1}\cdot\left|\frac{\bar{d}_i^1}{\bar{d}_i^k}\right| \tag{16.3.37}$$

上式中各量的含义定义如下：首先将切线刚度矩阵$\boldsymbol{K}_t$ 进行三角分解得到对角阵 $\boldsymbol{D}$，$\boldsymbol{D}$ 的第 i 个自由度方向的主元为 d_i；矩阵 $\boldsymbol{D}$ 对角元素 d_i 的平均值为 $\bar{d}_i$；$d_{i,\min}$ 为矩阵 $\boldsymbol{D}$ 中最小的对角元素；$\bar{d}_i^1$，$\bar{d}_i^k$ 分别为第 1 次和第 k 次迭代中矩阵 D 对角元素的平均值。

引进参数 $\alpha=\left|\frac{K_s^{i+1}}{K_s^i}\right|$，表示非线性跟踪过程前后两增量步内结构刚度的变化程度，并对上面传统的弧长增量长度的计算进行改进，其原则是随结构刚度的减小而降低增量荷载，并尽量不增加迭代次数。可以将式(16.3.35)表达为

$$S_{i+1}=\sqrt{\alpha}S_i, \tag{16.3.38a}$$

$$S_{i+1}=\sqrt[4]{\alpha}S_i, \tag{16.3.38b}$$

$$S_{i+1}=\sqrt{\alpha}\sqrt{\frac{I_d}{I_i}}S_i \tag{16.3.38c}$$

参数 α 中的 K_s 为稳定判断因子。

16.3.5 改进的弧长法

理想的方法是能跟踪结构静力加载路线的完全前、后临界状态，包括软化和硬化性状，并能处理荷载极值点和变形极值点。但是，在极值点时荷载控制法失效，位移控制法又不能处理跳回现象，且选择合适的位移控制点比较困难。目前，弧长法是解决非线性极值问题的最有效方法。弧长法将结构的平衡路线描述在 N 维空间，控制参数不作为整体变量，仅在原有结构平衡方程的基础上追加一约束条件。各类弧长法名称的不同就缘于所加约束条件的不同，如等弧长法、球面等弧长法以及各种改进的弧长法。在弧长控制法中球面显式弧长法避免了解二次方程和进行根的选择，其计算效率和解的精度都是很高的。

弧长法导致 NR 平衡迭代沿一段弧收敛，从而即使当正切刚度矩阵的倾斜为零或负值时，也往往阻止发散。这种迭代方法可用如图 16.3.5 所示图形表示。

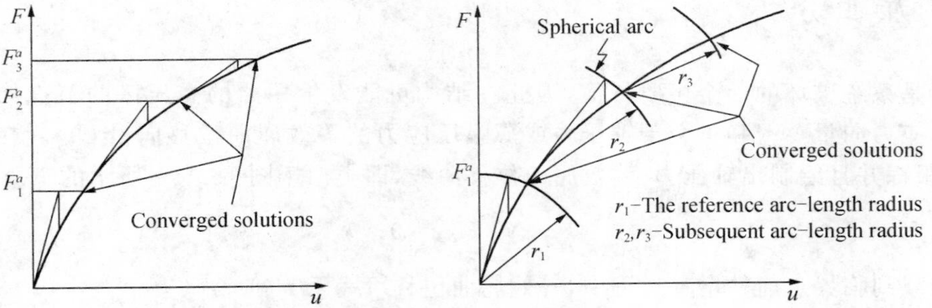

图 16.3.5 传统的 NR 方法与弧长方法的比较

16.4 松弛分析

与屈曲分析相类似，结构是否发生松弛需通过荷载-位移曲线的跟踪来判断，因为荷载-位移曲线能反映结构在加载历史过程中的性状及其性状的变化，从而调整加载步的步长，所以松弛分析主要采用动态荷载增量法，或结合牛顿-拉斐逊法的动态荷载增量法。但是与屈曲分析不同的是在增量过程中需要判断松弛条件，从而确定结构或结构中的部分的松弛状态，以及确定结构中的部分单元是否从张紧状态进入松弛，或者从松弛状态返回张紧状态，结构中的这些单元因松弛而退出工作，或因张紧又参与工作。松弛分析的另一个目的是分析结构是否因松弛而发生溃坏，如果结构中的某些单元因松弛导致结构奇异或已松弛的结构单元无法再次张紧而参与工作，结构被认为是因几何软化而失去承载能力。

由于柔性结构必须借助预应力而获得刚度，所以在松弛分析的开始需要确定结构单元的松弛的折减系数，然后按动态荷载增量过程分析。这里，动态过程为在不变荷载的基础上可变荷载的加载、卸载过程。但是在每次形成刚度矩阵的过程中根据松弛折减系数修正单元的刚度，而在计算单元的内力后又必须重新确定单元的松弛折减系数。此外在计算单元的内力过程中应首先以无应力状态时的单元原长构成协调条件加以判断。松弛分析的具体过程如下。

在初始时刻 $j=0$，确定结构单元的初始松弛的折减系数 c，并根据第 i 单元的应力 σ_i，如果 $\sigma_i>\sigma_s$，则定义 $c=1.0$，否则，$c=\Delta$。这里，σ_s 为松弛应力。

然后，按动态荷载增量过程分析。一般，在第 j 增量步，集成结构的刚度矩阵${}^{j}\boldsymbol{K}_c$，采用只拉单元，集成松弛结构的刚度矩阵${}^{j}\boldsymbol{K}_s$ 及系统的耦合矩阵${}^{j}\boldsymbol{K}_{cs}$ 和${}^{j}\boldsymbol{K}_{sc}$。

解方程

$$\begin{bmatrix} {}^{j-1}\boldsymbol{K}_c & {}^{j-1}\boldsymbol{K}_{cs} \\ {}^{j-1}\boldsymbol{K}_{sc} & {}^{j-1}\boldsymbol{K}_s \end{bmatrix}\begin{bmatrix} {}^{j}\Delta\boldsymbol{u}_c \\ {}^{j}\Delta\boldsymbol{u}_s \end{bmatrix}=\begin{bmatrix} {}^{j}\Delta\boldsymbol{p}_c \\ {}^{j}\Delta\boldsymbol{p}_s \end{bmatrix}$$

得第 j 增量步系统的结构节点位移增量${}^{j}\Delta\boldsymbol{u}_c$ 和松弛结构节点的位移增量${}^{j}\Delta\boldsymbol{u}_s$。

计算系统几何、系统的增量应变及满足松弛几何条件的系统的增量应力，以及系统的应变和应力向量。这里，如果结构单元松弛，该单元无应力，如果判断松弛单元满足协调条件，单元参与工作。

然后，确定结构单元的松弛的折减系数并转第$(j+1)$增量步。

16.5 屈曲分析

变形是系统破坏的一个主要特征，因此在结构可能发生屈曲的受压区的节点构造轴压力或薄膜压应力向量 N_{axi} 和正交于轴压力或薄膜压应力的等效屈曲位移向量 U'_{bkl}。在上述增量过程中，跟踪并且绘制出轴压力-等效屈曲位移曲线，即类似于图 16.5.1 所示的 $N_{axi}-U'_{bkl}$ 曲线

$$N_{axi}U'_{bkl}=0 \tag{16.5.1}$$

在加载到临界点前的增量过程中，等效屈曲位移可表示为

$$U'_{bkl}=U_i\cos\alpha+V_i\cos\beta+W_i\cos\gamma \tag{16.5.2}$$

式中，U'_{bkl} 为在系统节点 i 处的等效屈曲位移；U_i，V_i，W_i 分别为系统节点 i 在整体坐标系中的弹性位移分量；$\cos\alpha$，$\cos\beta$，$\cos\gamma$ 分别为等效屈曲位移向量关于整体坐标系 X，Y，Z 轴的方向余弦。

由于轴压力或薄膜压应力 $N_{axi}\neq 0$，如果 $U'_{bkl}=0$，则式(16.5.1)成立，系统可能屈曲。屈曲后系统的屈曲位移仍可按式(16.5.1)计算，但需采用几何位移分析理论。如果 $U'_{bkl}\neq 0$，则式(16.5.1)不成立。在增量过程中可得如图 16.5.2 所示的轴压力-等效屈曲位移曲线，系统不可能屈曲。如果系统可能屈曲，与临界状态相应的轴压力为临界轴压力。临界轴压力才是系统可能屈曲的极限。

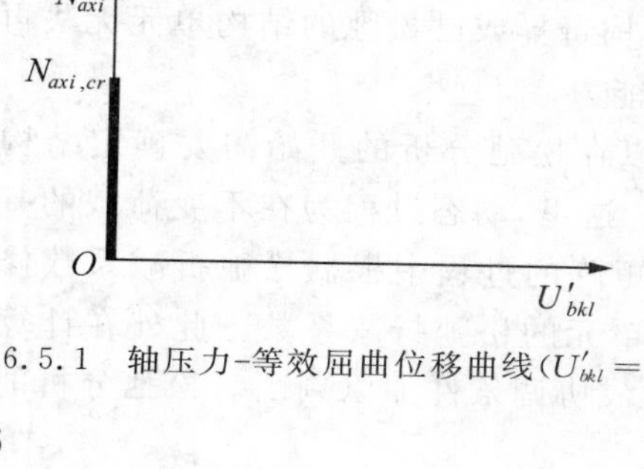

图 16.5.1　轴压力-等效屈曲位移曲线($U'_{bkl}=0$)

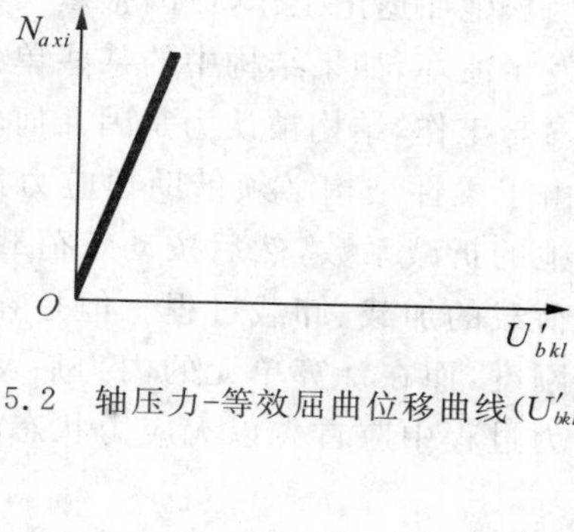

图 16.5.2　轴压力-等效屈曲位移曲线($U'_{bkl}\neq 0$)

16.6 算例

现对图 16.6.1 所示的单层球面网壳进行屈曲可能性分析。图 16.6.1(a)为网壳的平面图,图 16.6.1(b)为网壳的立面图,网壳的跨度为 48 m,杆件采用 Q235 的圆钢管,网壳周边支承,水平约束为弹性约束,约束刚度为 20 kN/cm,竖向约束为固定。网壳的整体坐标系的原点设在球心处。

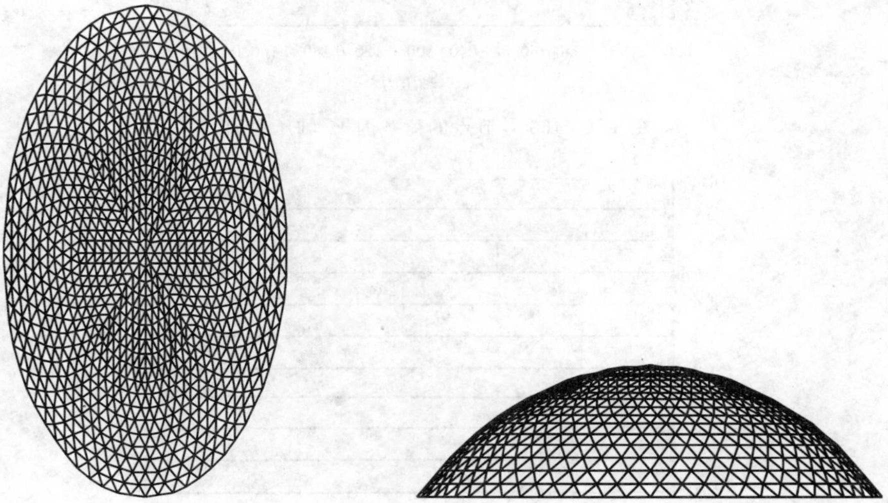

(a) 平面　　　　(b) 立面

图 16.6.1　单层球面网壳

采用荷载增量法对式(16.1.1)所示的方程进行求解,并且按式(16.5.1)判断网壳的屈曲可能,对于球面网壳节点可能发生屈曲的方向应为该节点的外法线方向。为了判断网壳屈曲的可能性,在增量过程中计算每个节点的等效屈曲位移。当网壳矢高 f=22.1 m 时,根据 463,797,878 和 887 等号节点的轴压力-等效屈曲位移可以判断该点可能发生屈曲。图16.6.2,16.6.3,16.6.4 分别为 463 号节点的荷载因子-位移向量长度曲线、荷载因子-轴压力曲线、荷载因子-等效屈曲位移曲线。图 16.6.5 为 463 号节点的轴压力-等效屈曲位移曲线。

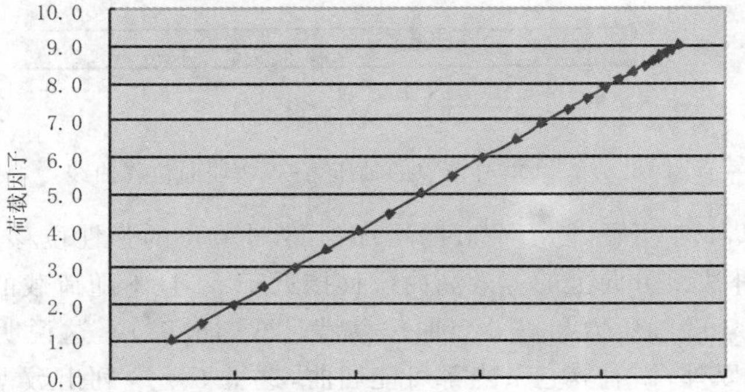

图 16.6.2　463 号节点的荷载因子-位移向量长度曲线

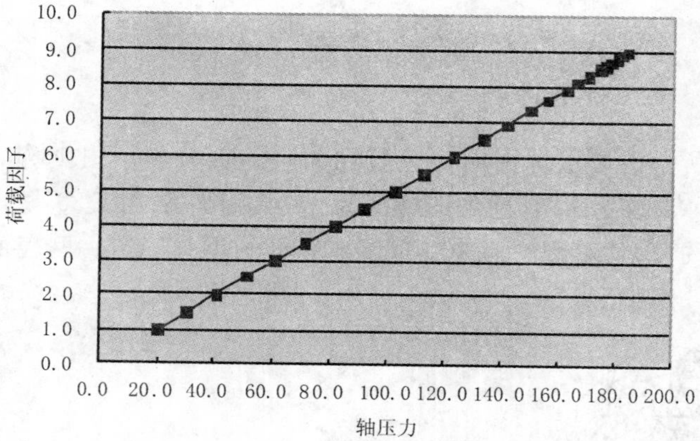

图 16.6.3　463 号节点的荷载因子-轴压力曲线

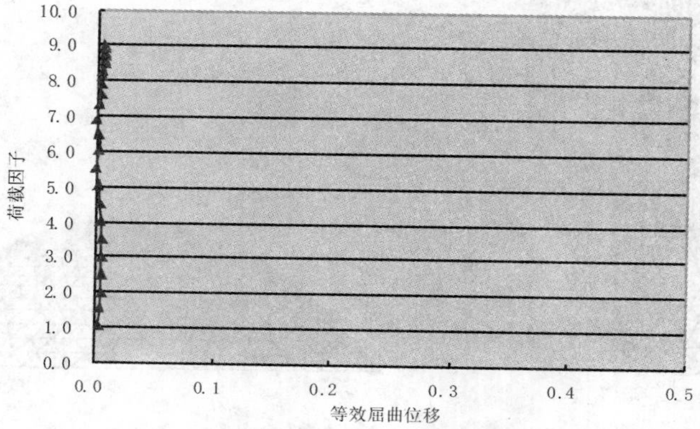

图 16.6.4　463 号节点的荷载因子-等效屈曲位移曲线

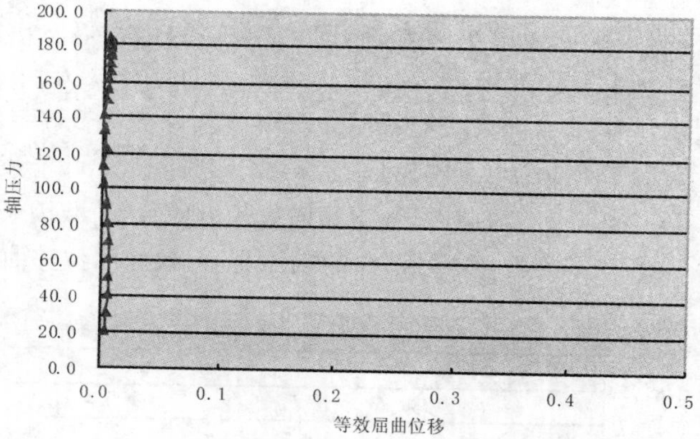

图 16.6.5　463 号节点的轴压力-等效屈曲位移曲线

由图 16.6.2～16.6.4 可见，随着荷载的增加，463 号节点的弹性位移逐渐增加，轴压力也逐渐增加，而该节点外法线方向上的等效屈曲位移接近于零，且不随荷载的增加而增加。而由图 16.6.5 可知，节点 463 轴压力和等效屈曲位移满足式(16.5.1)，这说明该结构在 463 号节点处可能屈曲。除此以外，尚有其它节点都可能屈曲，这里不一一列出数据。在通过数值分析证明结构可能发生屈曲以后再对结构屈曲性状进行分析，进一步求出临界荷载。

17 固体和结构材料非线性分析

17.1 固体和结构弹塑性分析一般过程

17.1.1 弹塑性分析一般过程

在简单加载、卸载条件下，结构系统的弹塑性分析可按荷载增量法进行。试验表明在加载过程，固体或结构中任意一点的应力-应变关系如图 17.1.1 所示，可以明显地分为五个阶段，即弹性阶段（如图中 *AB* 段）、由弹性进入屈服的过渡阶段（如图中 *ABC* 段）、进入屈服后强化阶段（如图中 *BCDE* 段）、由强化进入软化的过渡阶段（如图中 *DEF* 段）及软化的阶段（如图中 *EF* 段）。

系统的弹塑性分析过程中，必须根据加载或卸载过程中的屈服条件、强化条件及单向拉伸的应力和应变之间的关系，分析体内任意一点的复杂应力状态和应变状态。

由于 Mises 条件不需要事先判定三个主应力的次序，给结构分析带来很大方便，且其形式简单，因此通常采用 Mises 屈服条件作为初始屈服条件，主要是适用于延性金属材料。在复杂应力状态下，可以折算到单向的“应力强度”σ_i 按简单应力状态下的加载准则来判断加载或卸载。对初始屈服，采用 Mises 屈服条件下相应的等向强化条件。此外，在刚度矩阵

$$\boldsymbol{k}_L = \int_v \boldsymbol{B}^{\mathrm{T}} \boldsymbol{D} \boldsymbol{B} \, \mathrm{d}v$$

的计算中，由于弹塑性矩阵 $\boldsymbol{D}$ 是应力的函数，往往采用数值积分，当采用高斯积分时，以上判断都在高斯点上进行。

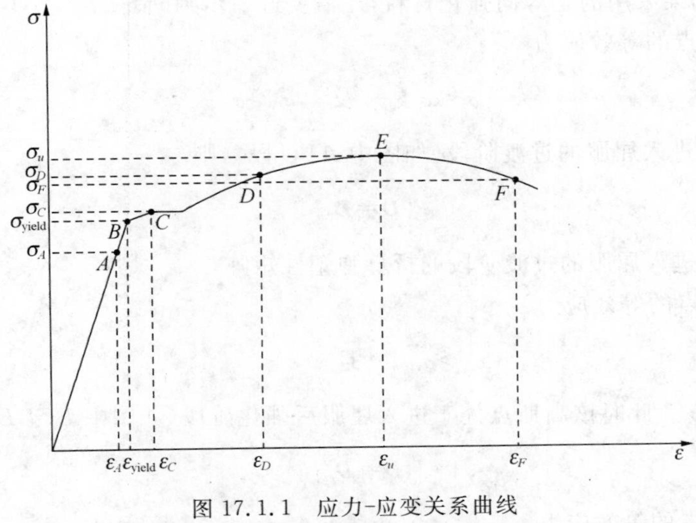

图 17.1.1 应力-应变关系曲线

基于以上条件和前提，按荷载增量法进行的系统弹塑性分析中，在第 j 增量步：

当给出第 j 步增量荷载水平 ${}^{j}\Delta\lambda$ 后，有

$$ {}^{j}\lambda = {}^{j-1}\lambda + {}^{j}\Delta\lambda $$

以下判断：

(1) 如果高斯点的等效应力

$$ {}^{j-1}\sigma_i \leqslant \sigma_{\text{yield}} \quad \text{及} \quad {}^{j}\sigma_i \leqslant \sigma_{\text{yield}} $$

则该高斯点处于弹性阶段(如图中 AB 段)，于是

$$ \boldsymbol{D} = \boldsymbol{D}_e $$

式中，$\boldsymbol{D}_e$ 为弹性矩阵。

(2) 如果高斯点的等效应力

$$ {}^{j}\sigma_i > \sigma_{\text{yield}} $$

则该高斯点处材料进入塑性状态，此时进行加载、卸载判断。

(3) 如果该高斯点的等效应力的增量

$$ {}^{j}\sigma_i^{j}\,\mathrm{d}\sigma_i < 0 $$

则处于卸载状态，于是

$$ \boldsymbol{D} = \boldsymbol{D}_e $$

反之，有

$$ {}^{j}\sigma_i^{j}\,\mathrm{d}\sigma_i > 0 $$

则处于加载状态，且已进入塑性状态。

(4) 如果采用的是理想弹塑性材料，则

$$ \boldsymbol{D} = \delta $$

式中，δ 为小量。如果采用的是等向强化材料，还需要进一步判断。

(5) 如果高斯点的等效应力

$$ {}^{j-1}\sigma_i < \sigma_{\text{yield}} \quad \text{及} \quad {}^{j}\sigma_i > \sigma_{\text{yield}} $$

则该高斯点由弹性进入屈服的过渡阶段(如图中 ABC 段)，则

$$ \boldsymbol{D} = \boldsymbol{D}_{em} $$

式中，$\boldsymbol{D}_{em}$ 为由弹性进入屈服的过渡阶段的折算弹塑性矩阵。

(6) 如果高斯点的等效应力

$$ {}^{j}\sigma_i > \sigma_{\text{yield}} \quad \text{且} \quad {}^{j}\sigma_i < \sigma_u $$

式中，σ_u 为极限强度。此时该高斯点处于进入屈服后强化阶段(如图中 $BCDE$ 段)，则

$$ \boldsymbol{D} = \boldsymbol{D}_{ep} $$

(7) 如果高斯点的等效应力

$$ {}^{j-1}\sigma_i > \sigma_{\text{yield}} \quad \text{且} \quad {}^{j}\sigma_i > \sigma_u $$

此时该高斯点处于由强化进入软化的过渡阶段，如图中 DEF 段，则

$$\boldsymbol{D}=\boldsymbol{D}_{um}$$

式中，$\boldsymbol{D}_{um}$ 为由强化进入软化过渡阶段的折算弹塑性矩阵。

解方程式(16.1.3)得增量位移 ${}^{j}\Delta\boldsymbol{U}$，接着可计算第 j 增量步时系统几何

$${}^{j}\boldsymbol{X}={}^{j-1}\boldsymbol{X}+{}^{j}\Delta\boldsymbol{U}$$

接着计算系统的增量应变

$${}^{j}\Delta\boldsymbol{\varepsilon}=(\boldsymbol{B}_{L}+\boldsymbol{B}_{NL})\,{}^{j}\Delta\boldsymbol{U}$$

这里，$\boldsymbol{B}_{L}$，$\boldsymbol{B}_{NL}$ 为应变矩阵。

仍然按判断(1)～(7)确定弹性或弹塑性矩阵 $\boldsymbol{D}$，计算系统的的增量应力

$${}^{j}\Delta\boldsymbol{\sigma}=\boldsymbol{D}\,{}^{j}\Delta\boldsymbol{\varepsilon}$$

以及系统的应变和应力的向量和为

$${}^{j}\boldsymbol{\varepsilon}={}^{j-1}\boldsymbol{\varepsilon}+{}^{j}\Delta\boldsymbol{\varepsilon},\quad {}^{j}\boldsymbol{\sigma}={}^{j-1}\boldsymbol{\sigma}+{}^{j}\Delta\boldsymbol{\sigma}$$

17.1.2 弹塑性有限元中的本构分析

17.1.2.1 过渡阶段的折算弹塑性矩阵

当高斯点由弹性进入屈服的过渡阶段(如图 17.1.2 所示)，则由弹性进入屈服的过渡阶段的折算弹塑性矩阵

$$\boldsymbol{D}_{em}=m\,\boldsymbol{D}_{e}+(1-m)\boldsymbol{D}_{ep} \tag{17.1.1}$$

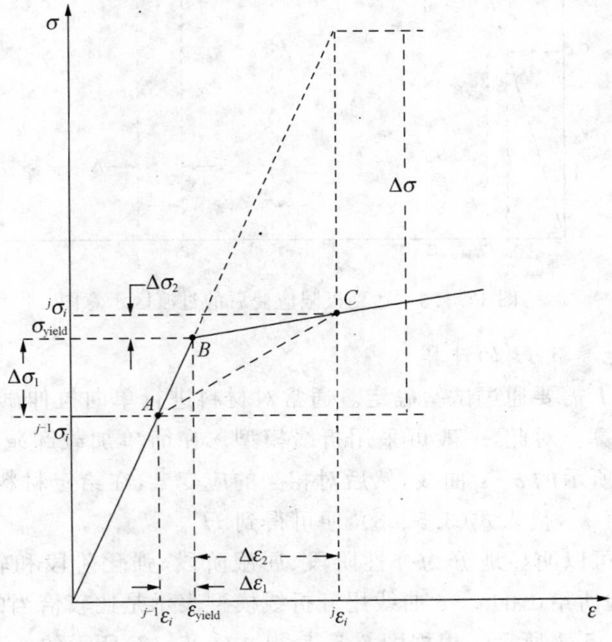

图 17.1.2 过渡区示意图

根据分别对应于图 17.1.2 中的 A,C 两点的第($j-1$)步的等效应变${}^{j-1}\varepsilon_i$ 和第 j 步的等效应变${}^{j}\varepsilon_i$,计算出该高斯点的等效应变的增量

$$\Delta\varepsilon_i = {}^{j}\varepsilon_i - {}^{j-1}\varepsilon_i$$

用 B 点的屈服应变 $\varepsilon_{\text{yield}}$ 减去 A 点的第($j-1$)步的等效应变,即

$$\Delta\varepsilon_e = \varepsilon_{\text{yield}} - {}^{j-1}\varepsilon_i$$

则有

$$m = \frac{\Delta\varepsilon_e}{\Delta\varepsilon_i} = \frac{\varepsilon_{\text{yield}} - {}^{j-1}\varepsilon_i}{\varepsilon_i - {}^{j-1}\varepsilon_i} \quad (0 \leqslant m \leqslant 1) \tag{17.1.2}$$

如果高斯点处于由强化进入软化的过渡阶段(如图 17.1.3 所示),则

$$\boldsymbol{D}_{um} = m_u^{j-1}\boldsymbol{D}_{ep} + (1-m_u)^{j}\boldsymbol{D}_{ep} \tag{17.1.3}$$

其中,$\boldsymbol{D}_{um}$ 为由强化进入软化过渡阶段的折算弹塑性矩阵;而

$$m_u = \frac{\varepsilon_u - {}^{j-1}\varepsilon_i}{\varepsilon_i - {}^{j-1}\varepsilon_i} \quad (0 \leqslant m \leqslant 1) \tag{17.1.4}$$

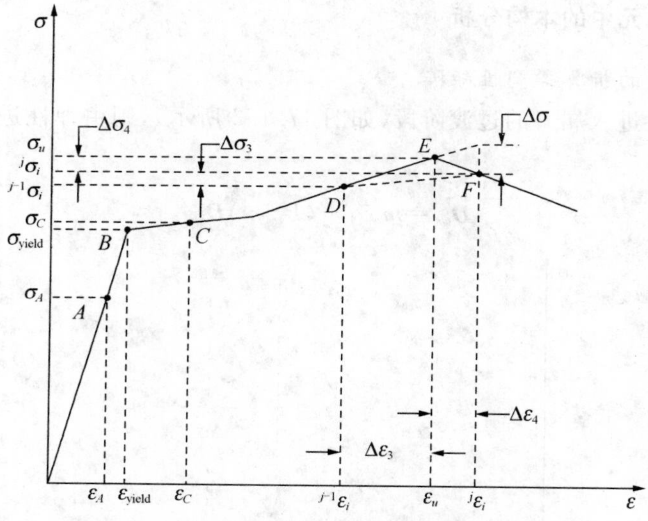

图 17.1.3　达到极限应变后的过渡区示意图

17.1.2.2　硬化性能参数 H'的计算

硬化性能参数 H'需要通过试验确定。通常对材料进行单向拉伸试验,将试验结果抽象为近似表示,以便于计算。对此,一般可采用折线模型。在简单加载卸载条件下,单向拉伸试验可给出如图 3.5.11 所示的 σ-ε 曲线,然后对相当的应变 ε_i,在给定材料的 σ-ε 曲线求得该点所对应的曲线斜率值 f',代入式(3.5.88),便可得到 H'。

应力-应变曲线可以明显地分为弹性阶段、屈服阶段、强化阶段和软化阶段,如图 17.1.4 所示。单向拉伸试验所给出的 σ-ε 曲线用五折线模型表示是比较恰当的。以五折线表示的强化段强化模型如图 6.5.1 所示。根据图 6.5.1,得式(6.5.17)所示的 $f(\varepsilon_i)$。将式(6.5.17)对 ε 求导,即可以得到强化段的 f'。H'可由式(3.5.88)得到。

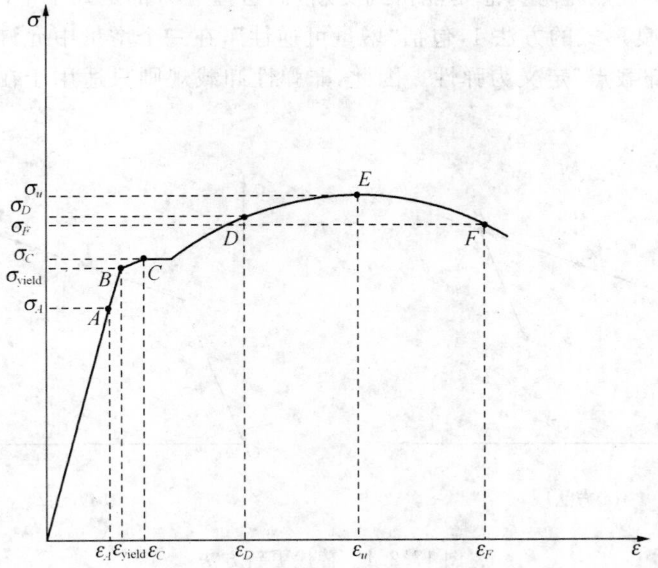

图 17.1.4 单向拉伸的应力-应变关系曲线

17.2 应力更新

增量过程中需要不断应力更新[92][110]。由于流动法则的增量性质，基于预估/校正的增量法几乎是不可避免将导致某些错误。这种错误与一体化的流动法则及其与完整增量-迭代求解程序的错误相关，而和平衡不充分没有关系。即使在一个增量中开始及结束平衡都是满意的，在一个增量里大多数假设线性应变。而分段增是用来帮助集成应变，该解决方案是将增量本身切割成若干规模较小的增量。

17.2.1 应力更新的方案

增量法中的问题与更新应力应变密切相关，增量/迭代有两种截然不同方法。方法 1[110] 为迭代应变，过程如下：(1) 计算迭代位移 $\delta\boldsymbol{u}$；(2) 由 $\delta\boldsymbol{u}$ 计算迭代应变 $\delta\boldsymbol{\varepsilon}$；(3) 计算迭代应力，即 $\delta\boldsymbol{\sigma}=\boldsymbol{D}_t(\boldsymbol{\sigma})\delta\boldsymbol{\varepsilon}$，其中 $\boldsymbol{D}_t$ 为切线模量矩阵；(4) 更新应力，即 $\boldsymbol{\sigma}_n=\boldsymbol{\sigma}_0+\delta\boldsymbol{\sigma}$，其中 $\boldsymbol{\sigma}_0$ 是当前迭代以前的应力。

方法 2[110] 为用应力增量，过程如下：(1) 计算迭代位移 $\delta\boldsymbol{u}$；(2) 计算增量位移，有 $\Delta\boldsymbol{u}_n=\Delta\boldsymbol{u}_0+\delta\boldsymbol{u}$，其中 $\Delta\boldsymbol{u}_0$ 指上次迭代最后的增量位移；(3) 由位移增量计算应变增量 $\Delta\boldsymbol{\varepsilon}$；(4) 计算应力增量，即 $\Delta\boldsymbol{\sigma}=\boldsymbol{D}_t(\boldsymbol{\sigma})\Delta\boldsymbol{\varepsilon}$，最好通过集成应变率方程；(5) 更新应力，即 $\boldsymbol{\sigma}_n=\boldsymbol{\sigma}_0+\Delta\boldsymbol{\sigma}$，其中 $\boldsymbol{\sigma}_0$ 指上次迭代最后的应力。

方法 1 并不推荐，因为在迭代期间可能导致“假性卸载”，这一现象在图 17.2.1(a)中得到说明，其中 A 点代表一个融合的平衡状态。切向增量使应力到达 B 点，在目前这个阶段迭代过程产生负迭代位移，从而产生负的迭代应变。因此，应力会卸载至 C 点。

在复合材料及几何非线性的背景下，可把几何非线性从弹塑性形成中分离出来，或从几何效应中消除材料的影响。采用方法 2，“真正的”平衡路径将会随之得出。应力增量可以从应变增量中简单的求出，如图 17.2.1(b)所示，应变增量仍然是正的，因此应力-应变变化从 A 点到

B 点。方法 2 的主要优点是应力总是能得到更新，而这些应力都是处于平衡中的。

Nyssen 主张改良形式的方法 1，包括“增量可逆性”，在一个增量中允许塑性卸载。为下一个增量，只是一个“卸载点”定义为弹性。因此，非弹性卸载规则只适用于在一个分段渐进的方式中。

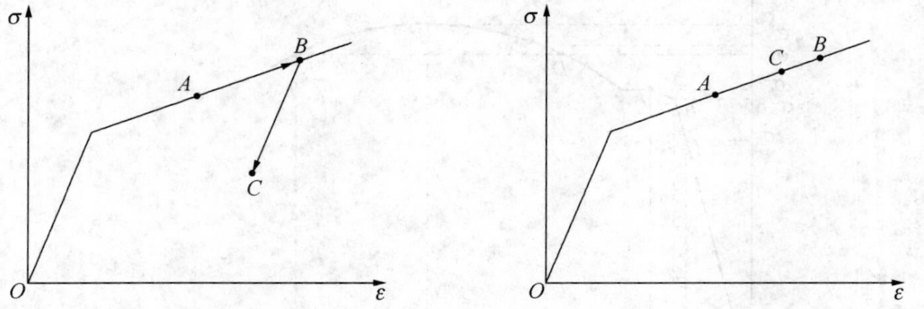

(a)方法1　　(b)方法2

图 17.2.1　替代更新方法

17.2.2　集成应变率方程

增量过程中如果应力和应变增量已经很小，可以有效地计算，然而应变和随后的应力变化将不会是无穷小的，因此误差会累积，在 Euler 公式中误差使高斯点从“屈服面”导致不安全的漂移。同时，在高斯点处的应力水平导致违反屈服准则[110]。此外，应该注意到即使应变率增量为无穷小，利用切线模量矩阵$\boldsymbol{D}_t$ 来计算应力率的计算效率不高。如二维应力各向同性应变强化问题，单独使用式(3.4.22)，不用式(3.4.23)，从式(3.4.12)的一般形式计算 λ，然后知道 $\boldsymbol{a}=\dfrac{\partial f}{\partial \boldsymbol{\sigma}}$ 来计算 $\boldsymbol{\sigma}$ 是更有效的。对无穷小应变递增量，在下一个增量之前用

$$\boldsymbol{\varepsilon}_p=\sum \delta \boldsymbol{\varepsilon}_p=\int \dot{\boldsymbol{\varepsilon}}_p$$

和式(3.4.17)或式(3.4.20)，便只需要更新等效塑性应变就可以。然而，应变增量不会无穷小，所以不能用 $\Delta \boldsymbol{\varepsilon}$ 代换 $\boldsymbol{\varepsilon}$，但可用 $\delta \boldsymbol{\varepsilon}$，因它是无穷小的。对 Mises 屈服准则添加高阶量，而用

$$\Delta \boldsymbol{f}=\boldsymbol{a}^{\mathrm{T}} \Delta \boldsymbol{\sigma}+\frac{1}{2}(\Delta \boldsymbol{\sigma})^{\mathrm{T}} \frac{\partial \boldsymbol{\alpha}}{\partial \boldsymbol{\sigma}} \Delta \boldsymbol{\sigma} \tag{17.2.1}$$

更换式(3.4.13)。由式(3.4.31)得

$$\frac{\partial \boldsymbol{a}}{\partial \boldsymbol{\sigma}}=\frac{1}{2 \sigma_i}\begin{bmatrix} 2 & -1 & -1 & & & \\ -1 & 2 & -1 & & & \\ -1 & -1 & 2 & & & \\ & & & 6 & & \\ & & & & 6 & \\ & & & & & 6 \end{bmatrix}-\frac{1}{\sigma_i} \boldsymbol{a} \boldsymbol{a}^{\mathrm{T}}=\frac{1}{2 \sigma_i} \boldsymbol{A}-\frac{1}{\sigma_i} \boldsymbol{a} \boldsymbol{a}^{\mathrm{T}} \tag{17.2.2}$$

如果式(17.2.1)中遗漏了二阶量将导致误差。如只是在增量开始计算了 $\boldsymbol{a}=\frac{\partial f}{\partial \boldsymbol{\sigma}}$,并利用式(3.4.22)计算 $\Delta\dot{\lambda}$,当采用 Euler 公式必然导致在增量最后的屈服面的应力存在积累误差(见图 17.2.2)。为减少误差积累,使应力返回到屈服面或确保应力至少很接近屈服面,并使计算的破坏荷载不会偏高,可以单独或组合采用如下方法:(1) 增加一个返回到屈服面的过程;(2) 采用分段递增过程;(3) 使用落后或中间点欧拉过程等方法。其目的是在已知旧的应力应变和等效塑性应变以及新的应变时更新高斯点的应力。所有过程中,首要的一步是用弹性的关系更新应力。如果这些更新后应力在屈服面之内,高斯点的材料保持弹性或从屈服面弹性卸下,就可如常进行,但如果弹性应力在屈服面之外,需要采用其中一种过程。

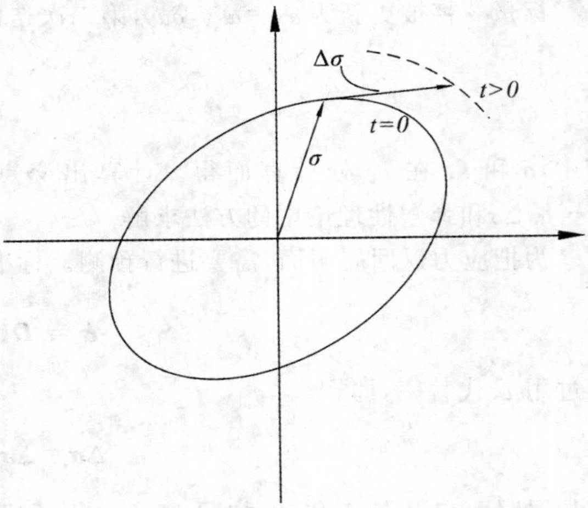

图 17.2.2 Euler 公式的积累误差

17.2.3 贯穿屈服面和返回到屈服面

增量过程中弹性应力向量随着屈服面交汇[110],如图 17.2.3(a)所示,在交汇的地点要求

$$f(\boldsymbol{\sigma}_x+\alpha\Delta\boldsymbol{\sigma}_i)=0 \tag{17.2.3}$$

$$f(\boldsymbol{\sigma}_x)=f_x<0 \tag{17.2.4}$$

同时,当 $\alpha=1$ 时,弹性应力给出

$$f(\boldsymbol{\sigma}_B)=f(\boldsymbol{\sigma}_x+\Delta\boldsymbol{\sigma}_i)>0 \tag{17.2.5}$$

这个问题可以针对一些屈服函数具体解决。如 Mises 屈服函数,可以利用式(17.2.2)中的一个矩阵 $\boldsymbol{A}$,用平方形式重新表达如式(3.2.15)的三维应力状态情况下 Mises 屈服准则为

$$f_2=\sigma_i^2-\sigma_{\text{yield}}^2=\frac{1}{2}\boldsymbol{\sigma}^{\mathrm{T}}\boldsymbol{A}\boldsymbol{\sigma}-\sigma_{\text{yield}}^2=0 \tag{17.2.6}$$

把 $\boldsymbol{\sigma}_x+\alpha\Delta\boldsymbol{\sigma}_i$ 代入式(17.2.6)得

$$f_2=\alpha^2\sigma_i(\Delta\sigma_i)^2+\alpha(\Delta\sigma_i)^{\mathrm{T}}\boldsymbol{A}\sigma_x+\sigma_i(\sigma_x)^2-\sigma_{\text{yield}}^2=0 \tag{17.2.7}$$

其中,σ_i 是式(3.2.15)中的等效应力,需要式(17.2.7)的正根。

对于一般的屈服函数,可以用 Taylor 级数以 α 为唯一的变量建立迭代过程。这样一个过程开始于估算的初始步

$$\alpha_0=\frac{-f_x}{f_B-f_x} \tag{17,2.8}$$

然后,用 Taylor 级数

$$f_B = f_0 + \frac{\partial \boldsymbol{f} \partial \boldsymbol{\sigma}}{\partial \boldsymbol{\sigma} \partial \boldsymbol{\alpha}} \delta\alpha = f_0 + \boldsymbol{a}^{\mathrm{T}} \Delta\sigma_i \delta\alpha = 0 \tag{17.2.9}$$

给出了 α 及 $\delta\alpha$ 的第一次改变。在应用式(17.2.9)时，f_0 通过 $\sigma = \sigma_x + \alpha_0 \delta\sigma_i$ 计算得出。

标量 α 将被更新为 $\alpha_1 = \alpha_0 + \delta\alpha_0$，第二次迭代包括

$$\delta\alpha_1 = \frac{-f_1}{\boldsymbol{a}^{\mathrm{T}} \Delta\sigma_i} a \tag{17.2.10}$$

其中，$\boldsymbol{a}$ 和 f_1 在 α_1 处计算而得。计算出交点处 $\sigma_x + \alpha\Delta\sigma_i$，而应变增量的其余部分可以用 $(1-\alpha)\Delta\sigma$ 和弹塑性理论中的方法求解。

为把应力返回屈服面，需要进行预测。标准预估是前 Euler 公式，如

$$\dot{\boldsymbol{\sigma}} = \boldsymbol{D}(\dot{\varepsilon} - \dot{\lambda}\boldsymbol{a})$$

不过用 Δ 代替率，即

$$\Delta\boldsymbol{\sigma} = \Delta\boldsymbol{\sigma}_i - \Delta\lambda \boldsymbol{D}\boldsymbol{a} \tag{17.2.11}$$

从与屈服面交汇点 A 移动，如图 17.2.3(b)所示，在到达屈服面 $\Delta\boldsymbol{\sigma}_i$ 是弹性增量。而

$$\boldsymbol{\sigma}_C = \boldsymbol{\sigma}_A + \Delta\boldsymbol{\sigma}_i - \Delta\lambda \boldsymbol{D}\boldsymbol{a} = \boldsymbol{\sigma}_B - \Delta\lambda \boldsymbol{D}\boldsymbol{a} \tag{17.2.12}$$

由此可见，从与屈服面相交点 A 到 B 为一个弹性步，然后有一个塑性步，它在 A 点和屈服面是正交的。

如图 17.2.4 所示，另一个预测值用正交的“弹性试验点”B，从而避免了计算交汇点。屈服面在点 B 的一阶 Taylor 展开为

$$f = f_B + \frac{\partial f^{\mathrm{T}}}{\partial \boldsymbol{\sigma}} \Delta\boldsymbol{\sigma} + \frac{\partial f}{\partial \boldsymbol{\varepsilon}_p} \Delta\boldsymbol{\varepsilon}_p = f_B - \Delta\lambda\, \boldsymbol{a}_B^{\mathrm{T}} \boldsymbol{D} \boldsymbol{a}_B - \Delta\lambda A' \tag{17.2.13}$$

其中，A' 为硬化参数，有

$$A' = H' = \frac{\partial \sigma_0}{\partial \varepsilon_p} = \frac{\partial \sigma_x}{\partial \varepsilon_{px}} = \frac{E_t}{1 - E_t / E}$$

式(17.2.13)使用了增量形式的公式，此外从点 X 到点 B 的移动时采用了全应变，因此 $\Delta\boldsymbol{\varepsilon} = 0$。如果新的屈服函数值是 0，式(17.2.13)为

$$\Delta\lambda = \frac{f_B}{\boldsymbol{a}_B^{\mathrm{T}} \boldsymbol{D} \boldsymbol{a}_B + A'_B} \tag{17.2.14}$$

其中，$\boldsymbol{a}$ 和 A'_B 在点 B 处计算。最后的应力

$$\boldsymbol{\sigma}_C = \boldsymbol{\sigma}_B - \Delta\lambda \boldsymbol{D} \boldsymbol{a}_B \tag{17.2.15}$$

这是一种特殊形式的后 Euler 公式。一种被推荐的后 Euler 预测的扩展技术是认为过程中其总应变保持不变，但是引入额外的塑性应变，“放松”应力到屈服面。为此在 C 点，如图 17.2.3(b)或图 17.2.4 所示，由式(17.2.15)使

$$\boldsymbol{\sigma}_D = \boldsymbol{\sigma}_C - \delta\lambda_C \boldsymbol{D} \boldsymbol{a}_C \tag{17.2.16}$$

其中

$$\delta\lambda_C = \left.\frac{f_c}{\boldsymbol{a}^{\mathrm{T}}\boldsymbol{D}\boldsymbol{a}+A}\right|_C \tag{17.2.17}$$

如果由此屈服函数在 D 还不够小，就需要进一步放松，最后进程得

$$\Delta\boldsymbol{\sigma} = \boldsymbol{D}\Delta\boldsymbol{\varepsilon} - \Delta\lambda_0\boldsymbol{D}\boldsymbol{a}_0 - \delta\lambda_B\boldsymbol{D}\boldsymbol{a}_B - \delta\lambda_c\boldsymbol{D}\boldsymbol{a}_C \tag{17.2.18}$$

其中，$\boldsymbol{a}_0$ 对于前 Euler 公式，如图 17.2.3(b)所示，是在交点 A 正交的；对后 Euler 预估，是在 B 处正交的，如图 17.2.4 所示。

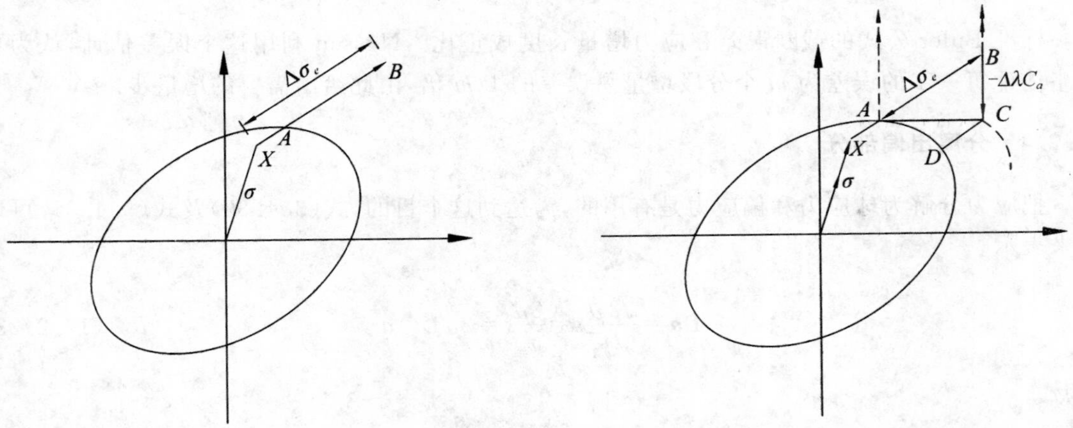

(a) 查找交汇点 A　　　(b) 沿切线方向从 A 至 C 至 D 移动

图 17.2.3　前 Euler 公式

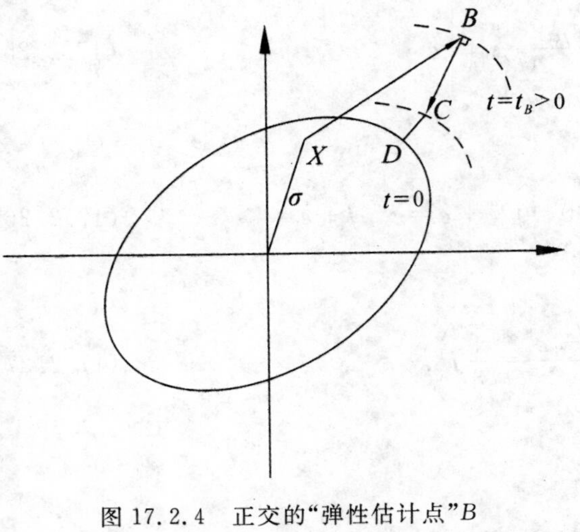

图 17.2.4　正交的"弹性估计点"B

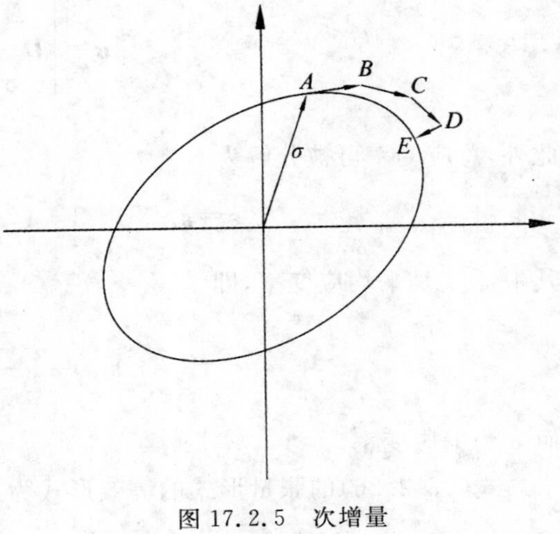

图 17.2.5　次增量

为减少前 Euler 公式的积累误差，可采用分段增量法。分段增量法中，见图 17.2.5，应变增量 $\Delta\varepsilon$ 被分成 m 个次增量，每个次增量都应用标准前 Euler 公式。

一般，分段增量由两步过程实现。首先计算

$$\boldsymbol{\sigma}_{B1} = \boldsymbol{\sigma}_A + \boldsymbol{D}_{1A}\Delta\boldsymbol{\varepsilon} = \boldsymbol{\sigma}_A + \Delta\,\boldsymbol{\sigma}_1 \tag{17.2.19}$$

然后用平均切线模量矩阵再计算

$$\Delta\boldsymbol{\sigma}_{B2}=\boldsymbol{\sigma}_A+\frac{1}{2}(\boldsymbol{D}_{1A}+\boldsymbol{D}_{1A1})\Delta\boldsymbol{\varepsilon}=\boldsymbol{\sigma}_A+\frac{1}{2}(\Delta\boldsymbol{\sigma}_1+\Delta\boldsymbol{\sigma}_2) \tag{17.2.20}$$

其中

$$\Delta\boldsymbol{\sigma}_2=\boldsymbol{\sigma}_A+\boldsymbol{D}_{1A}\Delta\boldsymbol{\varepsilon}=\boldsymbol{\sigma}_A+\Delta\boldsymbol{\sigma}_1 \tag{17.2.21}$$

由此，估计误差

$$\delta\boldsymbol{\sigma}=\boldsymbol{\sigma}_{B2}-\boldsymbol{\sigma}_{B1}=\frac{1}{2}(\Delta\boldsymbol{\sigma}_2-\Delta\boldsymbol{\sigma}_1) \tag{17.2.22}$$

标准 Euler 公式的截断误差和应力增量长度成正比。Nyssen 利用这个误差估计，认为可粗略估计每一步的误差为 m 个分段增量总误差的 $1/m$ 倍，由此给出需要的增量步。

17.2.4 分离出偏部分

把应力分解为球应力和偏应力是有用的，为达到这个目的，式(3.4.30)及式(3.4.31)可以用来表示

$$\boldsymbol{D}\boldsymbol{a}=\frac{\sqrt{3}\mu}{\sqrt{J_2}}\boldsymbol{s}=\frac{3\mu}{\sigma_i}\boldsymbol{s}=2\mu\boldsymbol{L}^{-1}\boldsymbol{a} \tag{17.2.23}$$

以及

$$\boldsymbol{a}^{\mathrm{T}}\boldsymbol{D}\boldsymbol{a}=3\mu \tag{17.2.24}$$

代入式(3.4.23)得

$$\dot{\boldsymbol{\sigma}}=\left[\boldsymbol{D}\frac{3\mu}{\boldsymbol{\sigma}_i^2\left(1+\dfrac{A'}{3\mu}\right)}\boldsymbol{s}\boldsymbol{s}^{\mathrm{T}}\right]\dot{\boldsymbol{\varepsilon}} \tag{17.2.25}$$

此外，总应变率可被分解为

$$\dot{\boldsymbol{\varepsilon}}=\dot{\boldsymbol{\varepsilon}}_{\text{aver}}[1\quad 1\quad 1\quad 0\quad 0\quad 0]^{\mathrm{T}}+\dot{\boldsymbol{e}}=\dot{\boldsymbol{\varepsilon}}_{\text{aver}}\boldsymbol{j}+\dot{\boldsymbol{e}} \tag{17.2.26}$$

其中，$\dot{\boldsymbol{\varepsilon}}_{\text{aver}}$是平均应变率，即

$$\dot{\boldsymbol{\varepsilon}}_{\text{aver}}=\frac{\dot{\boldsymbol{\varepsilon}}_x+\dot{\boldsymbol{\varepsilon}}_y+\dot{\boldsymbol{\varepsilon}}_z}{3}=\frac{1}{3}\boldsymbol{j}^{\mathrm{T}}\dot{\boldsymbol{\varepsilon}} \tag{17.2.27}$$

而 $\dot{e}$ 为偏应变率。

式(17.2.26)的张量形式的等效形式为

$$\dot{\boldsymbol{\varepsilon}}=\dot{\boldsymbol{\varepsilon}}_{\text{aver}}\cdot 1+\dot{\boldsymbol{e}} \tag{17.2.28}$$

其中，1 为二阶单位张量。如用矩阵及向量形式，式(3.4.30)可以用来表示，即

$$\boldsymbol{D}\dot{\boldsymbol{\varepsilon}}=3k\dot{\boldsymbol{\varepsilon}}_m\boldsymbol{j}+2\mu\boldsymbol{L}^{-1}\dot{\boldsymbol{e}} \tag{17.2.29a}$$

或用等效张量形式写为

$$\boldsymbol{D}\dot{\boldsymbol{\varepsilon}}=3k\cdot 1+2\mu\dot{\boldsymbol{e}} \tag{17.2.29b}$$

其中，k 是指体积模量。此外，由式(3.4.31)中定义的 $\boldsymbol{s}$ 和在式(17.2.26)定义的 $\boldsymbol{j}$ 和 $\boldsymbol{e}$，有

$$\boldsymbol{s}^{\mathrm{T}}\boldsymbol{j}=0 \tag{17.2.30}$$

而式(17.2.25)可改为矩阵和向量形式，即

$$\dot{\boldsymbol{\sigma}}=\dot{\boldsymbol{\sigma}}_{\text{aver}}+\dot{\boldsymbol{s}}=3k\dot{\boldsymbol{\varepsilon}}_{\text{aver}}\boldsymbol{j}+2\mu\left[\boldsymbol{L}^{-1}\frac{3}{2\boldsymbol{\sigma}_i^2\left(1+\dfrac{A'}{3\mu}\right)}\boldsymbol{s}\boldsymbol{s}^{\mathrm{T}}\right]\dot{\boldsymbol{e}}=\boldsymbol{D}_t\dot{\boldsymbol{\varepsilon}} \tag{17.2.31}$$

张量形式是

$$\dot{\boldsymbol{\sigma}}=\dot{\boldsymbol{\sigma}}_{\text{aver}}\cdot 1+\dot{\boldsymbol{s}}=3k\dot{\boldsymbol{\varepsilon}}_{\text{aver}}\cdot 1+2\mu\left[1\cdot\frac{3}{2\boldsymbol{\sigma}_i^2\left(1+\dfrac{A'}{3\mu}\right)}\boldsymbol{s}\boldsymbol{s}\right]:\dot{\boldsymbol{e}}=\boldsymbol{D}_t\dot{\boldsymbol{\varepsilon}} \tag{17.2.32}$$

根据式(17.2.31)，可得$\boldsymbol{D}_t$ 的矩阵和向量形式为

$$\boldsymbol{D}_t=\left(k-\frac{2\mu}{3}\right)\boldsymbol{j}\boldsymbol{j}^{\mathrm{T}}+2\mu\left[\boldsymbol{L}^{-1}\frac{3}{2\boldsymbol{\sigma}_i^2\left(1+\dfrac{A'}{3\mu}\right)}\boldsymbol{s}\boldsymbol{s}^{\mathrm{T}}\right] \tag{17.2.33}$$

17.3 Euler 公式

17.3.1 基本 Euler 公式

从屈服面的 A(前)点出发，到 C(后)点，如图 17.3.1(a)。融合许多不同算法的基本 Euler 公式[92][110]为

$$\boldsymbol{\sigma}_C=\boldsymbol{\sigma}_A+\boldsymbol{D}(\Delta\boldsymbol{\varepsilon}-\Delta\boldsymbol{\varepsilon}_p)=\boldsymbol{\sigma}_B-\boldsymbol{D}\Delta\boldsymbol{\varepsilon}_p \tag{17.3.1}$$

其中，$\boldsymbol{\sigma}_B$ 是弹性预测的试应力；$\Delta\boldsymbol{\varepsilon}_p$ 是塑性应变的修正量；$-\boldsymbol{D}\Delta\boldsymbol{\varepsilon}_p$ 为沿着结束点处塑性流动方向的塑性应力的修正量，这里

$$\Delta\boldsymbol{\varepsilon}_p=\Delta\lambda[(1-\eta)\boldsymbol{a}_A+\eta\boldsymbol{a}_C] \tag{17.3.2a}$$

或

$$\Delta\boldsymbol{\varepsilon}_p=\Delta\lambda[\boldsymbol{a}((1-\eta)\boldsymbol{\sigma}_A+\eta\boldsymbol{\sigma}_C)] \tag{17.3.2b}$$

应该满足集成的应变率屈服方程(如图 17.3.1c)

$$f_C=\sigma_{iC}(\sigma_C)-\sigma_{\text{yield}C}(\varepsilon_{pC})=\sigma_{iC}(\sigma_C)-\sigma_{\text{yield}C}(\varepsilon_{pB}+\Delta\varepsilon_p(\Delta\varepsilon_p)) \tag{17.3.3}$$

如果 $\eta=0$，式(17.3.2a)和式(17.3.2b)就不谋而合，并得到前 Euler 公式

$$\Delta\boldsymbol{\varepsilon}_p=\Delta\lambda\boldsymbol{a}_A$$

然而，如上所述，这公式并不直接得到满足屈服准则的应力，因此就不能满足式(17.3.3)。

如果 $\eta=1$，可得后 Euler 公式[110]

$$\Delta\boldsymbol{\varepsilon}_p = \Delta\lambda \boldsymbol{a}_C$$

和图 17.2.3 所示的前 Euler 公式对比，后 Euler 公式包括垂直于屈服面 C 点的流动向量 $\boldsymbol{a}_C$，见图17.3.1(b)。在特殊情况下，$\boldsymbol{a}_C$ 不能直接从 A 和 B 的数据计算得出。因此非线性方程组(17.3.1)～(17.3.3)必须迭代求解。

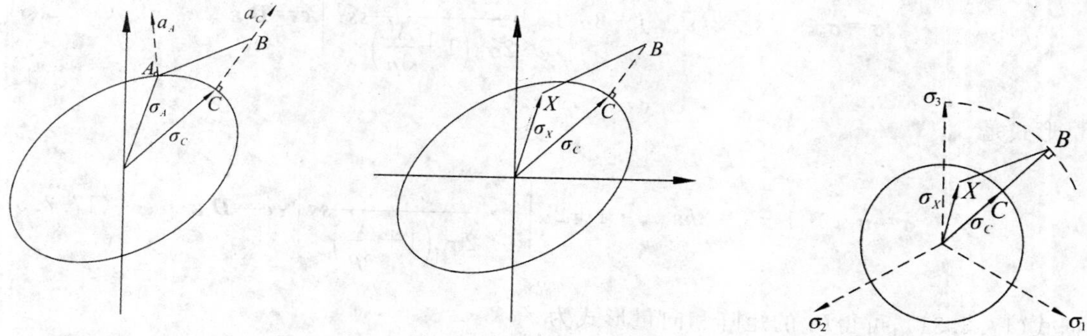

(a) 流动向量 a_A 和 a_C　　(b) 从屈服面内部的后 Euler 返回　　(c) 三维后 Euler 返回集成的应变率屈服方程(17.3.3)

图 17.3.1　一般和后 Euler 返回

因为 $0<\eta<1$，无论是式(17.3.2a)或式(17.3.2b)都可用于塑性流动。基本 Euler 公式是梯形公式，而 $\eta=0.5$ 给出了中点公式。这可用于理想塑性的三维 Mises 屈服准则。这也是对基本 Euler 公式的简单修正，即

$$\Delta\varepsilon_p = 0.5\Delta\lambda(\boldsymbol{a}_A + \boldsymbol{a}_B) \tag{17.3.4}$$

其中，$\boldsymbol{a}_B$ 为垂直于"扩大"的屈服面 B 点的流动向量。对于理想塑性的三维 Mises 屈服准则，这个公式确保最后应力在屈服面上，不需要在高斯点水平的迭代。对于线性硬化的 Mises 屈服准则，如式(17.3.2a)所示梯形公式和中点公式相吻合。只有 $\eta=1$ 时，计算弹性预测值和屈服面交点才是不必要的。

对于 $\eta<1$，式(17.3.1)中的 σ_A 必须在屈服面上；对 $\eta=1$，σ_A 是不需要的，见图 17.3.1(b)。

由上，基于在 $\eta=1$ 时，由式(17.3.1)和式(17.3.2)可得到的公式为

$$\boldsymbol{\sigma}_C = \boldsymbol{\sigma}_B - \Delta\lambda \boldsymbol{D}\boldsymbol{a}_C \tag{17.3.5}$$

通常，在完全隐式的后 Euler(Backward-Euler)公式的算法中，当过程结束时计算塑性应变和变量的增量，同时强化屈服条件。

17.3.2　后 Euler 返回算法

17.3.2.1　返回算法

采用后 Euler 公式的应力返回屈服面上的算法是基于式(17.3.5)。该式中 σ_C 的开始值可由以上被推荐的后 Euler 预测的扩展技术预估。一般，这个开始的预估值不满足屈服函数，需要进一步迭代，而且一般正常的 B 点的值将不等于最后值。

现设反映当前应力和后 Euler 应力区别的向量 $\boldsymbol{r}$，有

$$\boldsymbol{r} = \boldsymbol{\sigma} - (\boldsymbol{\sigma}_B - \Delta\lambda \boldsymbol{D}\boldsymbol{a}_C) \tag{17.3.6}$$

现引进新的迭代以减少 $\boldsymbol{r}$。如塑性应力$\boldsymbol{\sigma}_B$ 保持不变,对式(17.3.6)按 Taylor 公式展开,得新的残余

$$\boldsymbol{r}_n=\boldsymbol{r}_0+\dot{\boldsymbol{\sigma}}+\dot{\lambda}\boldsymbol{D}\boldsymbol{a}+\Delta\lambda\boldsymbol{D}\frac{\partial\boldsymbol{a}}{\partial\boldsymbol{\sigma}}\dot{\boldsymbol{\sigma}} \tag{17.3.7}$$

这里,$\dot{\boldsymbol{\sigma}}$ 是 $\boldsymbol{\sigma}$ 的改变;$\dot{\lambda}$ 是 $\Delta\lambda$ 的改变。令 $\boldsymbol{r}_n=0$,得

$$\dot{\boldsymbol{\sigma}}=-\boldsymbol{Q}^{-1}\boldsymbol{r}_0-\dot{\lambda}\,\boldsymbol{Q}^{-1}\boldsymbol{D}\boldsymbol{a} \tag{17.3.8}$$

其中,$\boldsymbol{Q}=\boldsymbol{I}+\Delta\lambda\boldsymbol{D}\dfrac{\partial\boldsymbol{a}}{\partial\boldsymbol{\sigma}}$。同时,屈服函数(17.3.3)的截断 Taylor 展开

$$\boldsymbol{f}_{Cn}=\boldsymbol{f}_{C0}+\frac{\partial\boldsymbol{f}^{\mathrm{T}}}{\partial\boldsymbol{\sigma}}\dot{\boldsymbol{\sigma}}+\frac{\partial\boldsymbol{f}}{\partial\boldsymbol{\varepsilon}_{ps}}\dot{\boldsymbol{\varepsilon}}_p=\boldsymbol{f}_{C0}+\boldsymbol{a}_C^{\mathrm{T}}\dot{\boldsymbol{\sigma}}+A'_C\dot{\lambda}=0 \tag{17.3.9}$$

有

$$\dot{\lambda}=\frac{\boldsymbol{f}_0-\boldsymbol{a}^{\mathrm{T}}\boldsymbol{Q}^{-1}\boldsymbol{r}_0}{\boldsymbol{a}^{\mathrm{T}}\boldsymbol{Q}^{-1}\boldsymbol{D}\boldsymbol{a}+A'} \tag{17.3.10}$$

因此,由式(17.3.8)可迭代解得应力变化 $\dot{\boldsymbol{\sigma}}$。等效塑性应变的迭代变化

$$\dot{\boldsymbol{\varepsilon}}_p=B(\boldsymbol{\sigma})\dot{\lambda} \tag{17.3.11}$$

很多屈服函数,$B(\boldsymbol{\sigma})=1$。

17.3.2.2　两相交屈服面的后 Euler 公式的返回算法

两个屈服面相交会得到一个角点,如图 17.3.2 所示。等量屈服函数 $f=0$ 和 $g=0$。第一、二个屈服面上的向量分别为 $\boldsymbol{a}$ 和 $\boldsymbol{b}$,其中 $\boldsymbol{a}=\partial\boldsymbol{f}/\partial\boldsymbol{\sigma}$,$\boldsymbol{b}=\partial\boldsymbol{g}/\partial\boldsymbol{\sigma}$。后 Euler 公式(17.3.5)被替代为

$$\boldsymbol{\sigma}_C=\boldsymbol{\sigma}_B-\Delta\lambda\boldsymbol{D}\boldsymbol{a}_C-\Delta\eta\boldsymbol{D}\boldsymbol{b}_C \tag{17.3.12}$$

同上,B 为预估的弹性点,而 C 为最后的返回点。如不采用式(17.3.12),而引进残余应力

$$\boldsymbol{r}=\boldsymbol{\sigma}_C-(\boldsymbol{\sigma}_B-\Delta\lambda\boldsymbol{D}\boldsymbol{a}_C-\Delta\eta\boldsymbol{D}\boldsymbol{b}_C) \tag{17.3.13}$$

运用 Newton-Raphson 迭代,按 Taylor 展开,得

$$\boldsymbol{r}_n=\boldsymbol{r}_0+\dot{\boldsymbol{\sigma}}+\dot{\lambda}\boldsymbol{D}\boldsymbol{a}+\dot{\eta}\boldsymbol{D}\boldsymbol{b}+\Delta\lambda\boldsymbol{D}\frac{\partial\boldsymbol{a}}{\partial\boldsymbol{\sigma}}\dot{\boldsymbol{\sigma}}+\Delta\eta\boldsymbol{D}\frac{\partial\boldsymbol{b}}{\partial\boldsymbol{\sigma}}\dot{\boldsymbol{\sigma}} \tag{17.3.14}$$

令$\boldsymbol{r}_n$ 为零,得

$$\dot{\boldsymbol{\sigma}}=-\left(\boldsymbol{I}+\Delta\lambda\boldsymbol{D}\frac{\partial\boldsymbol{a}}{\partial\boldsymbol{\sigma}}+\Delta\eta\boldsymbol{D}\frac{\partial\boldsymbol{b}}{\partial\boldsymbol{\sigma}}\right)^{-1}(\boldsymbol{r}_0+\dot{\lambda}\boldsymbol{D}\boldsymbol{a}+\dot{\eta}\boldsymbol{D}\boldsymbol{b}) \tag{17.3.15}$$

为考虑硬化,这两种屈服函数可按 Taylor 展开,得 $\dot{\lambda}$ 和 $\dot{\eta}$ 的联立方程

$$\begin{cases}\boldsymbol{f}_{Cn}=\boldsymbol{f}_{C0}-\boldsymbol{a}_C^{\mathrm{T}}\boldsymbol{Q}^{-1}\boldsymbol{r}_0-\dot{\lambda}\boldsymbol{a}_C^{\mathrm{T}}\boldsymbol{Q}^{-1}\boldsymbol{D}\boldsymbol{a}_C-\dot{\eta}\boldsymbol{a}_C^{\mathrm{T}}\boldsymbol{Q}^{-1}\boldsymbol{D}\boldsymbol{b}_C=0,\\ \boldsymbol{g}_{Cn}=\boldsymbol{g}_{C0}-\boldsymbol{b}_C^{\mathrm{T}}\boldsymbol{Q}^{-1}\boldsymbol{r}_0-\dot{\lambda}\boldsymbol{b}_C^{\mathrm{T}}\boldsymbol{Q}^{-1}\boldsymbol{D}\boldsymbol{a}_C-\dot{\eta}\boldsymbol{b}_C^{\mathrm{T}}\boldsymbol{Q}^{-1}\boldsymbol{D}\boldsymbol{b}_C=0\end{cases} \tag{17.3.16}$$

这样,$\Delta\lambda$ 和 $\Delta\eta$ 的值可以得到修正,对初始应力$\boldsymbol{\sigma}_C$ 加上 $\dot{\boldsymbol{\sigma}}$,使应力得到修正。

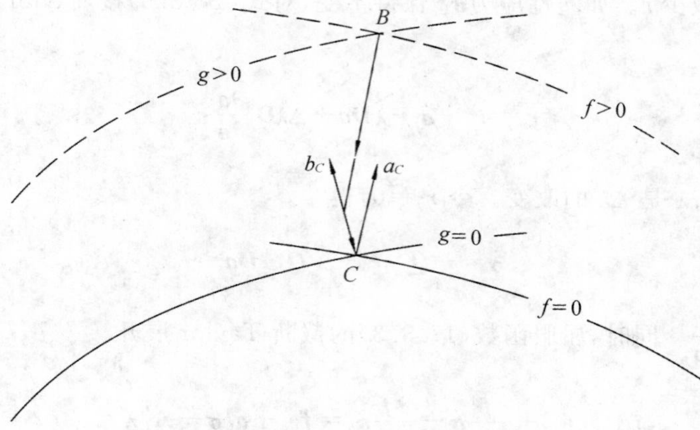

图 17.3.2　两相交屈服面交点的后 Euler 返回

17.3.2.3　Mohr-Coulomb 屈服函数的后 Euler 公式的返回算法

Crisfield 对 Mohr-Coulomb 屈服函数的后 Euler 公式的返回算法进行了研究[110]。通常计算开始于预测，根据图 17.3.3(a)，因为$\boldsymbol{a}_B=\boldsymbol{a}_C$，所以 Mohr-Coulomb 屈服函数返回相当明显。然而，根据图 17.3.3(b)，应力$\boldsymbol{\sigma}_D$ 存在于屈服面 $\boldsymbol{g}=0$ 上。如果采用返回的标准方法对单一向量迭代，可将应力返回至 E 点，见图 17.3.3(b)。运用包括流动向量$\boldsymbol{a}_C$ 和$\boldsymbol{a}_B$ 的两相交屈服面，可以得到双向量迭代返回。对于 Mohr-Coulomb 屈服函数而言，可以修正这个方法而用到向量$\boldsymbol{a}_B$ 和$\boldsymbol{b}_B$ 见图 17.3.3(c)。在任一种情况下，必须知道是否处在角区之中。很多学者都提出一系列方法来区分这些情况。

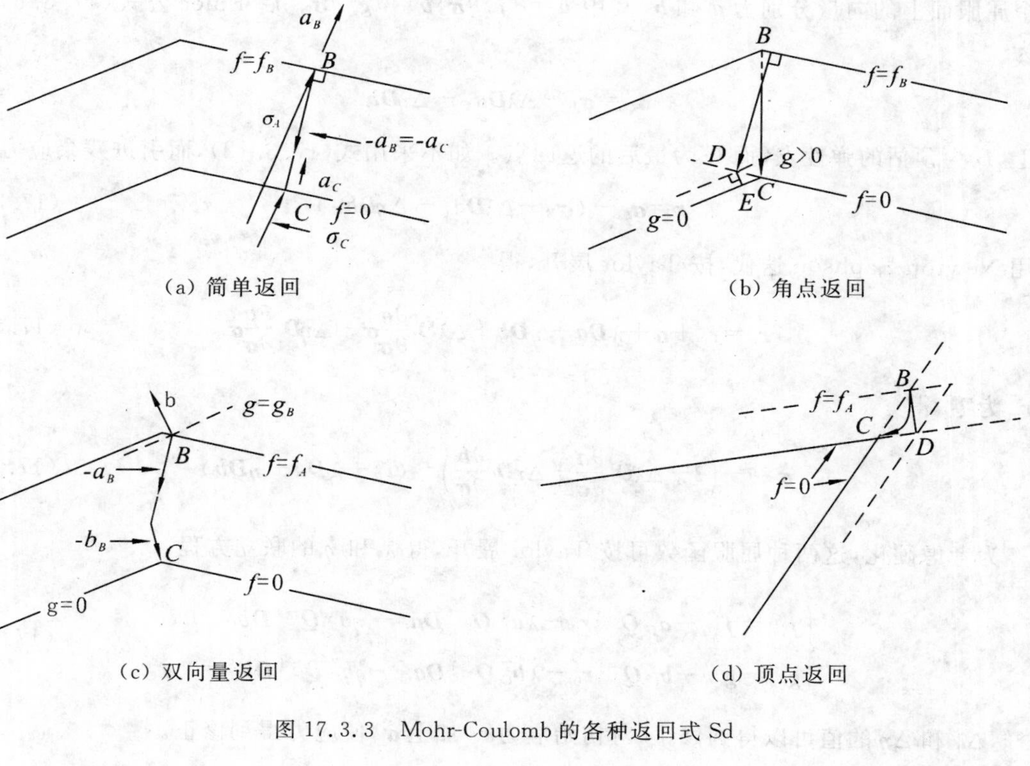

图 17.3.3　Mohr-Coulomb 的各种返回式 Sd

Crisfield 计算了 D 点的各个常量[110]。如图 17.3.3(b)所示，$\boldsymbol{a}_B$ 和$\boldsymbol{a}_D$ 之间的

$$\cos\beta=\frac{\boldsymbol{a}_B^{\mathrm{T}}\boldsymbol{a}_D}{\|\boldsymbol{a}_B\|\ \|\boldsymbol{a}_D\|} \tag{17.3.17}$$

当角度为零或者接近零时，应该用图 17.3.3(a)中的简单返回。如果角度大于 90°，则应力将返回到顶点下面的点，因此将进而直接返回到顶点，见图 17.3.3(d)，顶点返回。如果角度有意义但小于 90°，则可以用双向量返回，见图 17.3.3(c)，即

$$\boldsymbol{\sigma}_C=\boldsymbol{\sigma}_B-\Delta\lambda\boldsymbol{D}\boldsymbol{a}_B-\Delta\eta\boldsymbol{D}\boldsymbol{b}_B \tag{17.3.18}$$

其中，$\boldsymbol{b}_B$ 表示 g，即第二个屈服面上 B 点的常量。

接下来需要知道角点是什么形式，最后计算当角 θ 从 B 点到 D 点时的第一步估计值

$$\Delta\boldsymbol{\theta}=\frac{\partial\boldsymbol{\theta}^{\mathrm{T}}}{\partial\boldsymbol{\sigma}}\Delta\boldsymbol{\sigma}=-\Delta\lambda\,\boldsymbol{c}_B^{\mathrm{T}}\boldsymbol{D}\boldsymbol{a}_B \tag{17.3.19}$$

其中向量

$$\boldsymbol{c}=\frac{\partial\theta}{\partial\boldsymbol{\sigma}}=\boldsymbol{D}_2\boldsymbol{a}_2+\boldsymbol{D}_3\boldsymbol{a}_3 \tag{17.3.20}$$

及

$$\boldsymbol{D}_2=\frac{-\tan 3\theta}{2J_2},\quad \boldsymbol{D}_3=\frac{-\sqrt{3}}{2J_2^{3/2}\cos 3\theta} \tag{17.3.21}$$

如果 $\Delta\theta$ 是正数，角区在 $\theta=+30°$ 处被交叉，此角点处$\boldsymbol{\sigma}_1=\boldsymbol{\sigma}_2$；如果 $\Delta\theta$ 是负数，角区在 $\theta=-30°$ 处被交叉，此角点处$\boldsymbol{\sigma}_2=\boldsymbol{\sigma}_3$。

对此，Pankaj 和 Bicanic 等也给出一个较为折中的方法[110]。

Ilyushin 屈服面中包含一个“角区”，在这个角区内有两个相交的屈服面[110]。在角区对 C 应力预测为

$$\boldsymbol{\sigma}_C=\boldsymbol{\sigma}_B-\Delta\lambda\boldsymbol{D}\boldsymbol{a}_B \tag{17.3.22}$$

其中，$\boldsymbol{\sigma}_B$ 是预测弹性点 B 的估计值；而

$$\Delta\lambda=\frac{f_B}{\boldsymbol{a}_B^{\mathrm{T}}\boldsymbol{D}\boldsymbol{a}_B} \tag{17.3.23}$$

其中，f_B 是 B 点的屈服值。

17.3.2.4 单向量返回和双向量返回

在图 17.3.3(a)中的单向量返回可以写为

$$\boldsymbol{\sigma}_C=\boldsymbol{\sigma}_B-\Delta\lambda\boldsymbol{D}\boldsymbol{a}_C \tag{17.3.24a}$$

或

$$\boldsymbol{\sigma}_C=\boldsymbol{\sigma}_B-\Delta\lambda\boldsymbol{D}\boldsymbol{a}_B \tag{17.3.24b}$$

式(17.3.24b)是式(17.3.22)和式(17.3.23)的预测形式。因$\boldsymbol{a}_C=\boldsymbol{a}_B$，也可以用式(17.3.24a)的后 Euler 返回公式的习惯形式。那样的话，一般方法加到式(17.3.24a)，再对结果运用相关切线模量矩阵，此时最后一点 C 的向量 $\boldsymbol{a}$ 从式(3.2.37)得到。

上面讨论了双向量返回。如果预测点被交叉，则可用式(17.3.18)的双向量返回。在这种情况下，也需要知道哪种角点被交叉。如果“12”角点被交叉，见图 3.2.3，则“第二屈服准则”为

$$\boldsymbol{g}=\frac{1}{2}(\boldsymbol{\sigma}_2-\boldsymbol{\sigma}_3)+\frac{1}{2}(\boldsymbol{\sigma}_2+\boldsymbol{\sigma}_3)\sin\varphi-\boldsymbol{c}\cos\varphi=0 \tag{17.3.25a}$$

如果“23”角点被交叉，则“第二屈服准则”为

$$\boldsymbol{g}=\frac{1}{2}(\boldsymbol{\sigma}_1-\boldsymbol{\sigma}_2)+\frac{1}{2}(\boldsymbol{\sigma}_1+\boldsymbol{\sigma}_2)\sin\varphi-\boldsymbol{c}\cos\varphi=0 \tag{17.3.25b}$$

这些屈服准则可以重新表达，其中角点“12”的 $A(\theta)$ 重新定义为

$$A(\theta)=\frac{1}{2}\cos\theta(1-\sin\varphi)+\frac{\sin\theta}{2\sqrt{3}}(3+\sin\varphi) \tag{17.3.26a}$$

角点“23”的 $A(\theta)$ 重新定义为

$$A(\theta)=\frac{1}{2}\cos\theta(1+\sin\varphi)+\frac{\sin\theta}{2\sqrt{3}}(\sin\varphi-3) \tag{17.3.26b}$$

在角区 B 中的第二个法向量 $\boldsymbol{b}_B$ 可根据式(3.2.37)和表 3.2.1 中的系数 $C_1 \sim C_3$ 简单计算而得。

根据式(17.3.18)，返回式的定义已经完全与标量 $\Delta\lambda$ 和 $\Delta\eta$ 无关。为了得到这些标量，将屈服函数 $\boldsymbol{f}$ 和第二屈服函数用 Taylor 展开，得不包括硬化的展开式

$$0=\boldsymbol{f}_B-(\boldsymbol{a}_B^{\mathrm{T}}\boldsymbol{D}\boldsymbol{a}_B)\Delta\lambda-(\boldsymbol{a}_B^{\mathrm{T}}\boldsymbol{D}\boldsymbol{b}_B)\Delta\eta=\boldsymbol{f}_B-\boldsymbol{a}_{11}\Delta\lambda-\boldsymbol{a}_{12}\Delta\eta \tag{17.3.27a}$$

$$0=\boldsymbol{g}_B-(\boldsymbol{b}_B^{\mathrm{T}}\boldsymbol{D}\boldsymbol{a}_B)\Delta\lambda-(\boldsymbol{b}_B^{\mathrm{T}}\boldsymbol{D}\boldsymbol{b}_B)\Delta\eta=\boldsymbol{g}_B-\boldsymbol{a}_{21}\Delta\lambda-\boldsymbol{a}_{22}\Delta\eta \tag{17.3.27b}$$

这里

$$\Delta\lambda=\frac{1}{q}(\boldsymbol{a}_{22}\boldsymbol{f}_B-\boldsymbol{a}_{12}\boldsymbol{g}_B),\quad \Delta\eta=\frac{1}{q}(\boldsymbol{a}_{11}\boldsymbol{g}_B-\boldsymbol{a}_{12}\boldsymbol{f}_B) \tag{17.3.28}$$

其中

$$\boldsymbol{a}_{11}=\boldsymbol{a}_B^{\mathrm{T}}\boldsymbol{D}\boldsymbol{a}_B,\quad \boldsymbol{a}_{22}=\boldsymbol{b}_B^{\mathrm{T}}\boldsymbol{D}\boldsymbol{b}_B,\quad \boldsymbol{a}_{12}=\boldsymbol{a}_{21}=\boldsymbol{a}_B^{\mathrm{T}}\boldsymbol{D}\boldsymbol{b}_B,\quad q=\boldsymbol{ab}-\boldsymbol{d}^2 \tag{17.3.29}$$

17.3.2.5 角点或顶点返回

如果预测点 B 刚好发生在角点上，系数 θ 刚好为 30°，就不能用上述的双向量返回公式。虽然事实上这很少发生。在这种情况下不能准确计算出表 3.2.1 中的系数 C_2 和 C_3，因为 $\tan 3\theta$ 和 $1/\cos 3\theta$ 是无穷大。Drucker-Prager 的返回公式对系数 $C_1 \sim C_3$ 进行了简化，且与单向量返回相对应。Crisfield 对于当 $|\theta|>29.990$ 时采用该种方法处理。

如果预测点 B 刚好到达顶点，见图 17.3.3(d)和式(3.2.30)。在这些情况下需要施加多向量返回。然而，如果未硬化时返回式从顶区得到，可以对顶点应力作简化，有

$$\boldsymbol{\sigma}^{\mathrm{T}}=\boldsymbol{c}\cot\varphi[1\quad 1\quad 1\quad 0\quad 0\quad 0] \tag{17.3.30}$$

Crisfield 用式(17.3.17)中的角 β 来判断，β 可以有单向量返回得到。如果 β 大于 90°则需要考虑顶点返回。

17.3.3 径向返回算法

径向返回(Radial Return)首先由威尔金斯提出，随后重新定义。径向返回是一种后 Euler 公式的特殊形式，或是完全隐式积分公式。对于线性硬化的 Mises 屈服准则，后 Euler 公式不需要迭代，前面应力预测的第二种方法给出了确切的解决办法。通过分解预测应力为球部分和偏部分，式(17.2.12)可以重新表述为

$$\boldsymbol{\sigma}_C = \boldsymbol{\sigma}_{\text{aver}C} j + \boldsymbol{s}_B - \Delta\lambda \boldsymbol{D}\boldsymbol{a}_B = \boldsymbol{\sigma}_{\text{aver}B} j + \boldsymbol{s}_C \tag{17.3.31}$$

这里，B 处的塑性应力$\boldsymbol{\sigma}_B$ 分解为成球应力$\boldsymbol{\sigma}_{\text{aver}B}$及偏应力$\boldsymbol{s}_B$。由 $\boldsymbol{D}\boldsymbol{a} = \frac{3\mu}{\boldsymbol{\sigma}_i} s$，式(17.3.31)变为

$$\boldsymbol{\sigma}_C = \boldsymbol{\sigma}_{\text{aver}C} j + \boldsymbol{s}_C = \boldsymbol{\sigma}_{\text{aver}C} j + \left(1 - \frac{3\mu\Delta\lambda}{\boldsymbol{\sigma}_{iB}}\right)\boldsymbol{s}_B \tag{17.3.32}$$

由于 $\boldsymbol{s}_B$ 在 j 方向已经没有分量，因此$\boldsymbol{\sigma}_{\text{aver}B} = \boldsymbol{\sigma}_{\text{aver}C}$，并且

$$\boldsymbol{s}_C = \alpha \boldsymbol{s}_B = \left(1 - \frac{3\mu\Delta\lambda}{\boldsymbol{\sigma}_{iB}}\right)\boldsymbol{s}_B \tag{17.3.33}$$

这些偏应力必须满足式(17.3.3)的屈服准则，所以

$$f_C = \sigma_{iC}(s_C) - \sigma_{0C}(\varepsilon_{pC}) = \alpha\sigma_{iB} - \sigma_{0C}(\varepsilon_{pC}) \tag{17.3.34}$$

对于线性硬化，按式(17.3.33)得 α，式(17.3.34)简化为

$$f_C = \sigma_{iB} - 3\mu\Delta\lambda - (\sigma_{0B} + A'\varepsilon_p) = f_B - (3\mu + A')\Delta\lambda = 0 \tag{17.3.35}$$

由上得线性硬化的 $\Delta\lambda$，即

$$\Delta\lambda = \frac{f_B}{3\mu + A'} \tag{17.3.36}$$

目前的目的是为了在最后位置满足屈服函数，这和上述基于 B 点的屈服函数的 Taylor 级数的预测值是相吻合的。原因是式(17.3.33)在偏张量空间定义了一个径向返回，如果$\boldsymbol{s}_C = \alpha\boldsymbol{s}_B$，根据屈服函数有$\boldsymbol{s}_{iC} = \alpha\boldsymbol{s}_{iB}$，同时，根据三维应力状态下的 Mises 塑性理论得

$$\boldsymbol{a}_C = \boldsymbol{a}_B \tag{17.3.37}$$

从式(17.3.31)、式(17.3.33)及式(17.3.36)，得更简单完全的应力更新是

$$\boldsymbol{\sigma}_C = \boldsymbol{\sigma}_{\text{aver}B} j + \alpha\boldsymbol{s}_B, \quad 其中\ \alpha = 1 - \frac{3\mu f_B}{(3\mu + A')\boldsymbol{\sigma}_{iB}} \tag{17.3.38}$$

该张量形没有考虑硬化，需要简单地把式(17.3.38)中的 j 用 1 替换。对于非线性硬化，仍然在偏空间中径向返回，并且再次和式(17.3.33)相关。但是，不再用式(17.3.36)求 $\Delta\lambda$，尽管当 $A' = A'_B = A'_A$时，它可以得出一个 Newton-Raphson 迭代的初始值。迭代中要满足式(17.3.31)，其中 $\Delta\lambda$ 是唯一的变量。f 的截断 Taylor 级数为

$$f_{Cn} = f_{C0} + \frac{\partial \boldsymbol{f}}{\partial \Delta\lambda}\dot{\lambda} = f_{C0} + (3\mu + A'_{C0})\dot{\lambda} = 0 \tag{17.3.39}$$

其中，下标 n 指“新”的，0 指“旧”的。$A'_{C0} = H'_{C0}$，是等效塑性应变的旧值处单轴应力-塑性应变的关系。

17.4 一致切线模量矩阵

应用一致切线模量矩阵大大提高了整体平衡迭代的收敛性[110]。标准方法将利用式(3.4.23)中的模量矩阵 D,这和后 Euler 公式是“不一致”的,因此破坏了 Newton-Raphson 迭代中的“二次收敛”性。

17.4.1 径向返回的一致切线模量矩阵

式(17.3.36)给出式(17.3.33)的基本返回中线性硬化的 $\Delta\lambda$。为了得到一致切线模量矩阵,区分式(17.3.33)得

$$\dot{\boldsymbol{s}}_C=\alpha\dot{\boldsymbol{s}}_B+\dot{\alpha}\boldsymbol{s}_B=2\mu\alpha\dot{\boldsymbol{e}}_B+\dot{\alpha}\boldsymbol{s}_B=2\mu\alpha\dot{\boldsymbol{e}}_C+\dot{\alpha}\boldsymbol{s}_B \tag{17.4.1a}$$

或者由矩阵和向量

$$\dot{\boldsymbol{s}}_C=2\mu\alpha\boldsymbol{L}^{-1}\dot{\boldsymbol{e}}_C+\dot{\alpha}\boldsymbol{s}_B \tag{17.4.1b}$$

对上式,如用式(17.2.29)的线弹性关系以及式(17.3.5)的基本返回算法,得到关系 $\dot{\boldsymbol{e}}_C=\dot{\boldsymbol{e}}_B$,以及

$$\dot{\alpha}=\frac{-3\mu\dot{\lambda}}{\boldsymbol{\sigma}_{iB}}+\frac{3\mu\Delta\lambda}{\boldsymbol{\sigma}_{iB}^2}\dot{\boldsymbol{\sigma}}_{iB}=\frac{1-\alpha}{\Delta\lambda}\dot{\lambda}+\frac{1-\alpha}{\boldsymbol{\sigma}_{iB}}\dot{\boldsymbol{\sigma}}_{iB} \tag{17.4.2}$$

同时,根据式(3.2.15),经简单运算得

$$\dot{\boldsymbol{\sigma}}_{iB}=\frac{3\mu}{\boldsymbol{\sigma}_{iB}}\boldsymbol{s}_B^{\mathrm{T}}\dot{\boldsymbol{e}}_C \tag{17.4.3}$$

现必须确保在 C 点仍然在屈服面上,区别(17.3.34)得

$$\dot{f}_C=\dot{\alpha}_C\sigma_{iB}+\alpha\dot{\sigma}_{iB}-A_C'\dot{\lambda}=0 \tag{17.4.4}$$

这里 A_C' 是在 C 点处的切线硬化参数。将式(17.4.2)代入到式(17.4.4)得到

$$\dot{\sigma}_{eB}-(3\mu+A_C')\dot{\lambda}=0 \tag{17.4.5}$$

从式(17.4.5)解出 $\dot{\lambda}$,并从式(17.4.3)解出 $\dot{\boldsymbol{\sigma}}$,然后代入式(17.4.2)得

$$\dot{\alpha}=2\mu\beta\boldsymbol{s}_B^{\mathrm{T}}\dot{\boldsymbol{e}}_B \tag{17.4.6}$$

其中

$$\beta=\frac{2}{2\boldsymbol{\sigma}_{iB}^2}(1-\alpha)\left(1-\frac{\boldsymbol{\sigma}_{iB}}{\Delta\lambda(3\mu+A_C')}\right)=\frac{3}{2\boldsymbol{\sigma}_{iB}^2}\frac{(1-\alpha)(3\mu+A_C')-3\mu}{3\mu+A_C'} \tag{17.4.7}$$

把式(17.4.6)代入式(17.4.1),有

$$\dot{\boldsymbol{s}}_C=2\mu(\alpha\boldsymbol{L}^{-1}+\beta\boldsymbol{s}_B\boldsymbol{s}_B^{\mathrm{T}})\dot{\boldsymbol{e}}_C \tag{17.4.8}$$

根据式(17.3.33)有 $\boldsymbol{s}_C=\alpha\boldsymbol{s}_B$,所以 $\boldsymbol{s}_{iC}=\alpha\boldsymbol{s}_{iB}$,由式(17.4.7)和式(17.4.8)可容易再得到 $\boldsymbol{s}_C$ 和 $\boldsymbol{\sigma}_{iC}$。把体积的贡献和式(17.4.8)的偏应力结合,得矩阵和向量形式的一致切线模量

$$\boldsymbol{D}_t=\left(k-\frac{2\mu}{3}\right)\boldsymbol{j}^{\mathrm{T}}+2\mu(\alpha\boldsymbol{L}^{-1}-\beta\boldsymbol{s}_B\boldsymbol{s}_B^{\mathrm{T}}) \tag{17.4.9}$$

对照式(17.4.8)与式(17.2.31)，相当于"不符一致"的关系，从而可得到启发。为简化计算，考虑没有硬化的情形，即使 $A'=0$，不一致的形式如式(17.2.31)，张量形式的偏应力变化

$$\dot{\boldsymbol{s}}=2\mu\left(\boldsymbol{I}-\frac{3}{2\boldsymbol{\sigma}_i^2}\boldsymbol{s}\otimes\boldsymbol{s}\right):\dot{\boldsymbol{e}}=2\mu\left(\boldsymbol{I}-\frac{\boldsymbol{s}\otimes\boldsymbol{s}}{\boldsymbol{s}:\boldsymbol{s}}\right):\dot{\boldsymbol{e}} \tag{17.4.10}$$

根据式(17.4.8)，一致形式的偏应力变化张量

$$\dot{\boldsymbol{s}}=2\mu\alpha\left(\boldsymbol{I}-\frac{\boldsymbol{s}\otimes\boldsymbol{s}}{\boldsymbol{s}:\boldsymbol{s}}\right):\dot{\boldsymbol{e}} \tag{17.4.11}$$

对于式(17.3.33)的径向返回，不一致关系略微不同一致的形式，从而破坏了 Newton-Raphson 迭代的有利的二次收敛的特性。但是，这种不一致不会影响到最终的答案，仅影响收敛速度。为了得到"一致切线"潜在的优点，Crisfield 认为对于早期迭代利用"线搜索"是重要的。在这些早期的迭代中，结构模型决定哪些高斯点是弹性的，哪些是卸载的，哪些仍然是塑性以及哪些变为塑性。

17.4.2 一般形式的一致切线模量矩阵

不把应力应变分解为偏的部分和体积的部分，就可以得到一致切线模量矩阵。即使后 Euler 算法在偏空间中不退化到径向返回，也可以得到这个矩阵。于是，推导更一般形式的一致切线模量矩阵就和更广泛屈服准则相关。

采用传统的矩阵表示的标准后 Euler 公式

$$\boldsymbol{\sigma}=\boldsymbol{\sigma}_B-\Delta\lambda\boldsymbol{D}\boldsymbol{a} \tag{17.4.12}$$

如果去掉后缀 $\boldsymbol{D}$，从而一个变量没有后缀，便被认为与该结构相关。式(17.4.12)中的 $\boldsymbol{\sigma}_B$ 是弹性应力。由式(17.4.12)得

$$\dot{\boldsymbol{\sigma}}=\boldsymbol{D}\dot{\boldsymbol{\varepsilon}}-\dot{\lambda}\boldsymbol{D}\boldsymbol{a}-\Delta\lambda\boldsymbol{D}\frac{\partial\boldsymbol{a}}{\partial\boldsymbol{\sigma}}\dot{\boldsymbol{\sigma}} \tag{17.4.13}$$

上式中的最后一项在推导标准一致切线模量矩阵时被省略了。由式(17.4.13)，得

$$\dot{\boldsymbol{\sigma}}=\boldsymbol{Q}^{-1}\boldsymbol{D}(\dot{\boldsymbol{\varepsilon}}-\dot{\lambda}\boldsymbol{a})=\boldsymbol{R}(\dot{\boldsymbol{\varepsilon}}-\dot{\lambda}\boldsymbol{a}) \tag{17.4.14}$$

其中，$\boldsymbol{Q}=\boldsymbol{I}+\Delta\lambda\boldsymbol{D}\dfrac{\partial\boldsymbol{a}}{\partial\boldsymbol{\sigma}}$，矩阵 $\boldsymbol{Q}$ 在与后 Euler 返回相关之前就已经出现。

为了保持应力在屈服面上应使 f 为零，因此对于各向同性应变强化(硬化)，由

$$\dot{f}=\boldsymbol{a}^{\mathrm{T}}\dot{\boldsymbol{\sigma}}-A'\dot{\lambda}=0 \tag{17.4.15}$$

得

$$\boldsymbol{a}^{\mathrm{T}}\dot{\boldsymbol{\sigma}}-A'\dot{\lambda}=\boldsymbol{a}^{\mathrm{T}}\boldsymbol{R}\dot{\boldsymbol{\varepsilon}}-\dot{\lambda}\boldsymbol{a}^{\mathrm{T}}\boldsymbol{R}\boldsymbol{a}-A'\dot{\lambda}=0 \tag{17.4.16}$$

因此

$$\dot{\boldsymbol{\sigma}}=\boldsymbol{D}_{ct}\dot{\boldsymbol{\varepsilon}} \tag{17.4.17}$$

其中，$D_{\alpha}=R-\dfrac{Raa^{\mathrm{T}}R^{\mathrm{T}}}{a^{\mathrm{T}}RaA'}$，而 R 是对称的。

在对比了一致切线矩阵后，标准切线模块矩阵可由令式(17.4.13)中 $\Delta\lambda=0$ 得出。在这种情况下，矩阵大大闲置。

17.5 弹塑性分析中应修正基本假定

弹塑性分析中应对某些传统的基本假定加以修正，使之更加符合和接近实际的应力状态。

对处于复杂应力状态的受弯构件，材料的受拉区和受压区的弹性模量不应相等；相应的其它材料常数也不应相等；材料的硬化参数也不应相等；同时，材料的受拉区和受压区的应力应变关系也不相同；即使对于宏观上是各向同性的材料，塑性流动的特性也不会相同。

对于受弯构件，如梁、板壳在截面进入塑性后，中和轴或中面与材料主轴分离，即使不考虑横截面变形而引起的中和轴的改变，材料主轴已经不可能与中和轴重合了，这时截面上各高斯点应力的计算就必须注意修正，并且考虑局部卸载。

18 固体和结构动力分析

18.1 振型叠加法解运动方程

18.1.1 振型叠加法

一个多自由度体系的运动平衡方程为

$$\boldsymbol{M}\ddot{\boldsymbol{U}}+\boldsymbol{C}\dot{\boldsymbol{U}}+\boldsymbol{K}\boldsymbol{U}=\boldsymbol{R} \tag{18.1.1}$$

其中,$\boldsymbol{M}$ 是体系的质量矩阵;$\boldsymbol{C}$ 是体系的阻尼矩阵;$\boldsymbol{K}$ 是刚度矩阵;$\boldsymbol{R}$ 为外荷载向量;$\boldsymbol{U}$, $\dot{\boldsymbol{U}}$,$\ddot{\boldsymbol{U}}$ 分别是结构体系单元节点的位移、速度和加速度向量。

上述动力平衡方程实则上是与加速度有关的惯性力 $\boldsymbol{M}\ddot{\boldsymbol{U}}$ 和与速度有关的阻尼力 $\boldsymbol{C}\dot{\boldsymbol{U}}$ 及与位移有关的弹性力 $\boldsymbol{K}\boldsymbol{U}$ 在时刻 t 的静力平衡。式(18.1.1)是一个二阶线性微分方程组,原则上可以用求解常系数微分方程组的标准过程来求解。但是当矩阵的阶数很高,常规的求解就必须付出极高的代价。因此针对系数矩阵 $\boldsymbol{M}$, $\boldsymbol{C}$ 和 $\boldsymbol{K}$ 的特性,在实际上采用一些特殊的求解方法。

动力分析中线性强迫振动方程式的解法有振型叠加法和直接解法。这里所谓的振型叠加法是把多自由度体系的结构的整体振动分解为与振型次数相对应的单自由度体系,求得各个单自由度体系的反应后,然后再进行叠加得出结构整体反应。由于涉及结构反应的叠加,因而振型叠加法仅适用于线性振动体系。与此相反,直接解法是对振动方程进行直接积分而求解结构在一定时程内各个时刻的反应。这个求解方法与振动的结构是呈线性的或是非线性的是毫无关系的。

振型叠加法是利用结构无阻尼自由振动的振型矩阵作为变换矩阵,从而按照有限单元法的一般规则,使经过边界条件的约束处理之后所得到的结构在强迫振动时的动力学方程式(18.1.1)变换成一组非耦合的微分方程。逐个的求解这些方程,并将这些解叠加即可得到动力方程的解。

体系单元节点的位移向量可变换为

$$\boldsymbol{U}(t)=\boldsymbol{\Phi}\boldsymbol{X}(t) \tag{18.1.2}$$

式中,$\boldsymbol{\Phi}$ 为变换矩阵,由动力方程对应的无阻尼自由振动方程解出的前 m 阶特征对中的振型矩阵

$$\boldsymbol{\Phi}=[\boldsymbol{\Phi}_1 \quad \boldsymbol{\Phi}_2 \quad \cdots \quad \boldsymbol{\Phi}_m]$$

$\boldsymbol{X}(t)$是与时间有关的 m 阶广义位移向量。

将式(18.1.2)代入动力方程式(18.1.1)并左乘以 $\boldsymbol{\Phi}^{\mathrm{T}}$,则可得以广义位移为未知数的方程

$$\overline{\boldsymbol{M}}\ddot{\boldsymbol{X}}(t)+\overline{\boldsymbol{C}}\dot{\boldsymbol{X}}(t)+\overline{\boldsymbol{K}}\boldsymbol{X}(t)=\overline{\boldsymbol{R}} \tag{18.1.3}$$

式中

$$\overline{\boldsymbol{M}}=\boldsymbol{\Phi}^{\mathrm{T}}\boldsymbol{M}\boldsymbol{\Phi},\quad \overline{\boldsymbol{C}}=\boldsymbol{\Phi}^{\mathrm{T}}\boldsymbol{C}\boldsymbol{\Phi},\quad \overline{\boldsymbol{K}}=\boldsymbol{\Phi}^{\mathrm{T}}\boldsymbol{K}\boldsymbol{\Phi},\quad \overline{\boldsymbol{R}}=\boldsymbol{\Phi}^{\mathrm{T}}\boldsymbol{R} \tag{18.1.4}$$

通过以上变换可得到新的系统及其刚度、质量和阻尼矩阵 $\overline{\boldsymbol{K}}$, $\overline{\boldsymbol{M}}$ 和 $\overline{\boldsymbol{C}}$,使它们的带宽比原来系统矩阵的带宽小。考虑到特征向量的正交性,即

$$\boldsymbol{\Phi}^{\mathrm{T}}\boldsymbol{M}\boldsymbol{\Phi}=\mathbf{I},\quad \boldsymbol{\Phi}^{\mathrm{T}}\boldsymbol{K}\boldsymbol{\Phi}=\boldsymbol{\Lambda} \tag{18.1.5}$$

于是,对应于振型广义位移的平衡方程(18.1.3)可改写为

$$\ddot{\boldsymbol{X}}(t)+\boldsymbol{\Phi}^{\mathrm{T}}\boldsymbol{C}\boldsymbol{\Phi}\,\dot{\boldsymbol{X}}(t)+\boldsymbol{\Lambda}\boldsymbol{X}(t)=\boldsymbol{\Phi}^{\mathrm{T}}\boldsymbol{R} \tag{18.1.6}$$

其中

$$\boldsymbol{\Lambda}=\begin{bmatrix}\omega_1^2 & & & & & \\ & \omega_2^2 & & & & \\ & & \ddots & & & \\ & & & \omega_i^2 & & \\ & & & & \ddots & \\ & & & & & \omega_m^2\end{bmatrix} \tag{18.1.7}$$

将式(18.1.2)两边左乘 $\boldsymbol{\Phi}^{\mathrm{T}}\boldsymbol{M}$,即得用有限元位移表示的广义位移

$$\boldsymbol{X}=\boldsymbol{\Phi}^{\mathrm{T}}\boldsymbol{M}\boldsymbol{U} \tag{18.1.8}$$

用式(18.1.8)可得式(18.1.6)在 $t=0$ 时的初始条件

$$\begin{cases}\boldsymbol{X}_0=\boldsymbol{\Phi}^{\mathrm{T}}\boldsymbol{M}\boldsymbol{U}_0,\\ \dot{\boldsymbol{X}}_0=\boldsymbol{\Phi}^{\mathrm{T}}\boldsymbol{M}\dot{\boldsymbol{U}}_0\end{cases} \tag{18.1.9}$$

式(18.1.6)表明,当利用系统的自由振动的振型向量作为变换矩阵时,则该方程组是不耦合的。不过在大多数情况下阻尼矩阵不能明确而仅可能是近似的考虑到阻尼的影响,因此阻尼矩阵的形式应尽可能有利于动力平衡方程组的求解。

18.1.2 忽略阻尼的分析

若在动力分析中将阻尼略去不计,则方程式(18.1.6)可简化为

$$\ddot{\boldsymbol{X}}(t)+\boldsymbol{\Lambda}\boldsymbol{X}(t)=\boldsymbol{\Phi}^{\mathrm{T}}\boldsymbol{R} \tag{18.1.10}$$

在某个振型 i,上式即可表示为如下的独立方程

$$\begin{cases}x_i(t)+\omega_i^2 x_i(t)=r_i(t),\\ r_i(t)=\boldsymbol{\Phi}_i^{\mathrm{T}}\boldsymbol{R}(t)\end{cases}\quad (i=1,2,\cdots,m) \tag{18.1.11}$$

在式(18.1.11)中的第 i 个典型方程是一个具有单位质量和刚度为 ω_i^2 的单自由度体系的平衡方程,该单自由度体系运动时的初始条件可根据式(18.1.9)求得。即

$$\begin{cases}x_i|_{t=0}=\boldsymbol{\Phi}_i^{\mathrm{T}}\boldsymbol{M}\boldsymbol{U}_0,\\ \dot{x}_i|_{t=0}=\boldsymbol{\Phi}_i^{\mathrm{T}}\boldsymbol{M}\dot{\boldsymbol{U}}_0\end{cases} \tag{18.1.12}$$

求解式(18.1.11)中的每一个方程一般可用 Duhamel 积分,即

$$x_i(t)=\frac{1}{\omega_i}\int_0^t r_i(t)\sin\omega_i(t-\tau)\mathrm{d}\tau+\alpha_i\sin\omega_i t+\beta_i\cos\omega_i t \tag{18.1.13}$$

其中,α_i 和 β_i 为系数,由初始条件(18.1.12)确定。式(18.1.13)的 Duhamel 积分必须采用数值积分。当算出所有式(18.1.11)中的方程式的解后,将每一振型的响应叠加起来就得到体系单元节点的位移。由式(18.1.2)可得

$$\boldsymbol{U}(t)=\sum_{i=1}^{m}\boldsymbol{\Phi}_i x_i(t) \tag{18.1.14}$$

至此可简单概括分析动力响应的步骤:首先求出结构体系在无阻尼自由振动时所相应的特征值和特征向量;然后采用直接积分法或数值积分法求解不耦合的平衡方程组(18.1.11);最后将每一个特征向量的响应进行叠加。

最后应当提出的是振型叠加法和直接积分法之间并无什么根本的区别。而唯一的不同之处在于振型叠加法是在时间积分前进行了基的变换,即从有限元坐标基变换到广义特征问题 $\boldsymbol{K\Phi}=\omega^2\boldsymbol{M\Phi}$ 的特征向量基,从数学上看这两种分析的结果应是相同的,或者说是趋于相同的。但振型叠加法仅是在空间 $\boldsymbol{x}\in\mathbf{R}^m\ (m\ll n)$ 中进行,但是为了满足一定的精度必须包含足够的振型。

18.1.3 有阻尼分析

经过变换后以结构体系无阻尼自由振动时的特征向量 $\boldsymbol{\Phi}_i\ (i=1,\ 2,\ \cdots,\ m)$ 为基的平衡方程的一般式如式(18.1.6)所示。从该式中可知,当忽略了阻尼的影响之后则平衡方程就互不耦合。于是可以对每个方程逐个的进行时间积分。出于相同的考虑,在对有阻尼的体系进行分析时仍希望采用相同的计算过程去求解互不耦合的平衡方程式。但问题的另一方面是式(18.1.6)中所示的阻尼矩阵 $\boldsymbol{C}$ 通常是不能像体系的刚度矩阵和质量矩阵那样由单元的刚度矩阵和质量矩阵装配而成。那么阻尼矩阵 $\boldsymbol{C}$ 仅是表示结构体系在响应期间能量的耗散。不过当如果假定阻尼是成比例的,即假定

$$\boldsymbol{\Phi}_i^{\mathrm{T}}\boldsymbol{C}\boldsymbol{\Phi}_i=2\omega_i\xi_i\delta_{ij} \tag{18.1.15}$$

式中,ξ_i 是振型阻尼参数;δ_{ij} 是 Kronecker 符号。这时式(18.1.6)可简化为若干形如

$$\ddot{x}_i(t)+2\omega_i\xi_i\dot{x}_i(t)+\omega_i^2x_i(t)=r_i(t) \tag{18.1.16}$$

的方程式,其中,$x_i(t)$ 的初始条件仍由式(18.1.12)确定。而式(18.1.16)表示了一个具有单位质量和刚度为 ω_i^2 的单自由度体系当阻尼比为 ξ_i 时的运动平衡控制方程。这个平衡方程的求解过程与无阻尼时的情况相同,只是每个振型的响应从式(18.1.16)中解得。平衡方程式(18.1.16)的求解可以采用直接积分法或通过计算 Duhamel 积分

$$x_i(t)=\frac{1}{\bar{\omega}_i}\int_0^t r_i(t)\mathrm{e}^{-\xi_i\omega_i(t-\tau)}\sin\bar{\omega}_i(t-\tau)\mathrm{d}\tau+\mathrm{e}^{-\xi_i\omega_i t}(\alpha_i\sin\bar{\omega}_i t+\beta_i\cos\bar{\omega}_i t) \tag{18.1.17}$$

求得。其中

$$\bar{\omega}_i=\omega_i\sqrt{1-\xi_i^2} \tag{18.1.18}$$

当利用式(18.1.15)来考虑阻尼的影响时意味着假定结构的总阻尼是每个振型的阻尼之和，而每个振型上的阻尼是能够测量的。在大多数情况下结构的阻尼比更易于测量，因而用阻尼比来近似的反映结构体系的阻尼特性，同时在计算上也避免计算阻尼矩阵而只需计算刚度矩阵和质量矩阵。

然而当采用直接积分法更为有效时需要计算出阻尼矩阵 $\boldsymbol{C}$，如果假定阻尼

$$\boldsymbol{C} = \alpha\boldsymbol{M} + \beta\boldsymbol{K} \tag{18.1.19}$$

其中，α 和 β 是常数，由对应于两个不同振动频率的两个给定的阻尼比来确定。由式(18.1.19)所给出的阻尼矩阵称为 Rayleigh 阻尼。

常数 α 和 β 的确定是很简单的，如有一个多自由度体系，ω_1 和 ω_2 是该体系的第一和第二圆频率，且与第二个圆频率对应的阻尼比分别为 ξ_1 和 ξ_2。将式(18.1.19)代入式(18.1.15)得

$$\boldsymbol{\Phi}_i^{\mathrm{T}}(\alpha\boldsymbol{M} + \beta\boldsymbol{K})\boldsymbol{\Phi}_i = 2\omega_i\xi_i \tag{18.1.20}$$

注意到振型的正交性条件，上式可简化为

$$\alpha + \beta\omega_i^2 = 2\omega_i\xi_i$$

将 ω_1，ξ_1 和 ω_2，ξ_2 分别代入上式得以 α 和 β 为未知数的两个方程，解方程即可得 α 和 β。然后由式(18.1.19)可计算求得阻尼矩阵。而由式(18.1.20)则可求得对应于所有 ω_i 的阻尼比

$$\xi_i = \frac{\alpha + \beta\omega_i^2}{2\omega_i} \tag{18.1.21}$$

Rayleigh 阻尼的假定为大多数在采用直接积分法时所接受，但是 Rayleigh 阻尼存在的一个缺点是高振型衰减大于低振型，这是因为 Rayleigh 常数是由低振型所选定的。

18.2 直接积分法解运动方程

直接积分法是在没有对运动方程进行基变换而对方程(18.1.1)逐步进行积分的方法。事实上直接积分法的思想是并不试图在任意一个时刻 t 满足平衡方程(18.1.1)，而只是在相隔 Δt 的一些离散的时间区间上满足平衡条件。这也就意味着平衡是在求解区间上一些离散的时刻点上满足的。与此同时还假定位移、速度和加速度在每一个时间区间 Δt 内按某种假定的规律变化。

现在假设初始时刻($t=0$)的位移 $\boldsymbol{U}_0$、速度 $\dot{\boldsymbol{U}}$ 和加速度向量是已知的。为了要求出方程(18.1.1)在整个时程 T(即从 $t=0$ 起到 $t=T$ 为止)的解，需将整个时程 T 划分为 n 个相等的时间区间 Δt，则 $\Delta t = \dfrac{T}{n}$。于是在时刻 $0, \Delta t, 2\Delta t, \cdots, t, t+\Delta t, \cdots, T$ 上求方程的近似解。

直接积分法有中心差分法、Houbolt 法、线性加速度法、Wilson-θ 法和 Newmark 法等，这里主要介绍常用的 Wilson-θ 法和 Newmark 法，其它的方法可以参阅有关的著作。

18.2.1 Wilson-θ 法

Wilson-θ 法实质上是线性加速度法的推广。顾名思义，线性加速度法是假定加速度在时

刻 t 到 $t+\Delta t$ 的时间区间内的变化是线性的，而 Wilson-θ 法则是假定在时刻 t 到 $t+\Delta t$ 的时间区间内加速度是线性变化的。当 $\theta=1.0$ 时，这个方法就是线性加速度法。为了使解法达到无条件稳定，则必须使 $\theta\geqslant 1.37$，通常取 $\theta=1.4$。

设 τ 表示时间增量，其中 $0\leqslant\tau\leqslant\theta\Delta t$，可得

$$\ddot{\boldsymbol{U}}_{t+\tau}=\ddot{\boldsymbol{U}}_t+\frac{\tau}{\theta\Delta t}(\ddot{\boldsymbol{U}}_{t+\theta\Delta t}-\ddot{\boldsymbol{U}}_t) \tag{18.2.1}$$

对上式进行积分得到

$$\dot{\boldsymbol{U}}_{t+\tau}=\dot{\boldsymbol{U}}_t+\ddot{\boldsymbol{U}}_t\tau+\frac{\tau^2}{2\theta\Delta t}(\ddot{\boldsymbol{U}}_{t+\theta\Delta t}-\ddot{\boldsymbol{U}}_t) \tag{18.2.2}$$

及

$$\boldsymbol{U}_{t+\tau}=\boldsymbol{U}_t+\dot{\boldsymbol{U}}_t\tau+\frac{1}{2}\ddot{\boldsymbol{U}}_t\tau^2+\frac{\tau^3}{6\theta\Delta t}(\ddot{\boldsymbol{U}}_{t+\theta\Delta t}-\ddot{\boldsymbol{U}}_t) \tag{18.2.3}$$

于是在时刻 $t+\theta\Delta t$ 上有

$$\dot{\boldsymbol{U}}_{t+\theta\Delta t}=\dot{\boldsymbol{U}}_t+\ddot{\boldsymbol{U}}_t\theta\Delta t+\frac{\theta\Delta t}{2}(\ddot{\boldsymbol{U}}_{t+\theta\Delta t}-\ddot{\boldsymbol{U}}_t)$$

所以

$$\dot{\boldsymbol{U}}_{t+\theta\Delta t}=\dot{\boldsymbol{U}}_t+\frac{\theta\Delta t}{2}(\ddot{\boldsymbol{U}}_{t+\theta\Delta t}+\ddot{\boldsymbol{U}}_t) \tag{18.2.4}$$

$$\boldsymbol{U}_{t+\theta\Delta t}=\boldsymbol{U}_t+\theta\Delta t\,\dot{\boldsymbol{U}}_t+\frac{\theta^2(\Delta t)^2}{6}(\ddot{\boldsymbol{U}}_{t+\theta\Delta t}+2\,\ddot{\boldsymbol{U}}_t) \tag{18.2.5}$$

将式(18.2.5)改写后可得 $\ddot{\boldsymbol{U}}_{t+\theta\Delta t}$ 用$\boldsymbol{U}_{t+\theta\Delta t}$来表示的表达式，即

$$\ddot{\boldsymbol{U}}_{t+\theta\Delta t}=\frac{6}{\theta^2\Delta t^2}(\boldsymbol{U}_{t+\theta\Delta t}-\boldsymbol{U}_t)-\frac{6}{\theta\Delta t}\dot{\boldsymbol{U}}_t-2\,\ddot{\boldsymbol{U}}_t \tag{18.2.6}$$

及$\dot{\boldsymbol{U}}_{t+\theta\Delta t}$用$\boldsymbol{U}_{t+\theta\Delta t}$表示的表达式为

$$\dot{\boldsymbol{U}}_{t+\theta\Delta t}=\frac{3}{\theta\Delta t}(\boldsymbol{U}_{t+\theta\Delta t}-\boldsymbol{U}_t)-2\,\dot{\boldsymbol{U}}_t-\frac{\theta\Delta t}{2}\ddot{\boldsymbol{U}}_t \tag{18.2.7}$$

由于假定加速度是线性变化的，故这时运动平衡方程中的荷载向量也是线性变化的，即

$$\overline{\boldsymbol{R}}_{t+\theta\Delta t}=\boldsymbol{R}_t+\theta(\boldsymbol{R}_{t+\Delta t}-\boldsymbol{R}_t) \tag{18.2.8}$$

而在 $t+\theta\Delta t$ 时刻体系所需要满足的运动平衡方程为

$$\boldsymbol{M}\ddot{\boldsymbol{U}}_{t+\theta\Delta t}+\boldsymbol{C}\dot{\boldsymbol{U}}_{t+\theta\Delta t}+\boldsymbol{K}\boldsymbol{U}_{t+\theta\Delta t}=\overline{\boldsymbol{R}}_{t+\theta\Delta t} \tag{18.2.9}$$

将式(18.2.6)和式(18.2.7)代入式(18.2.9)得以$\boldsymbol{U}_{t+\theta\Delta t}$为未知数的方程

$$\boldsymbol{K}\boldsymbol{U}_{t+\theta\Delta t}=\overline{\boldsymbol{R}}$$

解此方程得$\boldsymbol{U}_{t+\theta\Delta t}$，然后将$\boldsymbol{U}_{t+\theta\Delta t}$代入式(18.2.6)求得 $\ddot{\boldsymbol{U}}_{t+\theta\Delta t}$，再将 $\ddot{\boldsymbol{U}}_{t+\theta\Delta t}$ 代入式(18.2.1)、式

(18.2.2)及式(18.2.3),分别求得时刻 τ 时的加速度 $\ddot{\boldsymbol{U}}_{t+\tau}$、速度 $\dot{\boldsymbol{U}}_{t+\tau}$ 以及位移 $\boldsymbol{U}_{t+\tau}$。当取 $\tau=\Delta t$ 时即可求得时刻 $t+\Delta t$ 时的加速度 $\ddot{\boldsymbol{U}}_{t+\Delta t}$、速度 $\dot{\boldsymbol{U}}_{t+\Delta t}$ 及位移 $\boldsymbol{U}_{t+\Delta t}$。

下面列出采用 Wilson-θ 法逐步求解的计算格式。

(1) 初始参数的计算

① 计算加速度、速度及位移的初值 $\ddot{\boldsymbol{U}}_0$, $\dot{\boldsymbol{U}}_0$ 及 $\boldsymbol{U}_0$。

② 选取时间步长 Δt,并且设 $\theta=1.4$,计算系数:

$$a_0=\frac{6}{(\theta\Delta t)^2},\quad a_1=\frac{3}{\theta\Delta t},\quad a_2=2a_1,\quad a_3=\frac{\theta\Delta t}{2},\quad a_4=\frac{a_0}{\theta},$$

$$a_5=-\frac{a_2}{\theta},\quad a_6=1-\frac{3}{\theta},\quad a_7=\frac{\Delta t}{2},\quad a_8=\frac{(\Delta t)^2}{6},$$

③ 形成有效刚度矩阵 $\overline{\boldsymbol{K}}$,即有

$$\overline{\boldsymbol{K}}=\boldsymbol{K}+a_0\boldsymbol{M}+a_1\boldsymbol{C}$$

(2) 计算等代平衡方程组

$$\overline{\boldsymbol{K}}\boldsymbol{U}_{t+\theta\Delta t}=\overline{\boldsymbol{R}}_{t+\theta\Delta t}$$

在每个时刻 $t+\theta\Delta t$ 上求解上述方程组。

① 计算时刻 $t+\theta\Delta t$ 的有效荷载向量

$$\overline{\boldsymbol{R}}_{t+\theta\Delta t}=\boldsymbol{R}_t+\theta(\boldsymbol{R}_{t+\Delta t}-\boldsymbol{R}_t)+M(a_0\boldsymbol{U}_t+a_2\dot{\boldsymbol{U}}_t+2\ddot{\boldsymbol{U}}_t)+C(a_1\boldsymbol{U}_t+2\dot{\boldsymbol{U}}_t+a_3\ddot{\boldsymbol{U}}_t)$$

② 求解在时刻 $t+\theta\Delta t$ 的位移

$$\boldsymbol{U}_{t+\theta\Delta t}=\overline{\boldsymbol{K}}^{-1}\,\overline{\boldsymbol{R}}_{t+\theta\Delta t}$$

③ 计算在时刻 $t+\Delta t$ 的位移、速度和加速度,即有

$$\boldsymbol{U}_{t+\Delta t}=\boldsymbol{U}_t+\Delta t\dot{\boldsymbol{U}}_t+a_8(\ddot{\boldsymbol{U}}_{t+\Delta t}+2\ddot{\boldsymbol{U}}_t)$$

$$\dot{\boldsymbol{U}}_{t+\Delta t}=\dot{\boldsymbol{U}}_t+a_7(\ddot{\boldsymbol{U}}_{t+\Delta t}+\ddot{\boldsymbol{U}}_t)$$

$$\ddot{\boldsymbol{U}}_{t+\Delta t}=a_4(\boldsymbol{U}_{t+\theta\Delta t}-\boldsymbol{U}_t)+a_5\dot{\boldsymbol{U}}_t+a_6\ddot{\boldsymbol{U}}_t$$

在振型叠加分析中在时间积分之前就将结构单元节点的位移向量以广义特征问题

$$\boldsymbol{K\Phi}=\omega^2\boldsymbol{M\Phi}\tag{18.2.10}$$

的特征向量 $\boldsymbol{\Phi}$ 为基变换为广义位移向量 $\boldsymbol{x}$,即

$$\boldsymbol{U}(t)=\boldsymbol{\Phi x}(t)$$

于是可以得到如下形式的运动方程

$$\ddot{\boldsymbol{X}}(t)+\Delta\dot{\boldsymbol{X}}(t)+\boldsymbol{\Omega}^2\boldsymbol{X}(t)=\boldsymbol{\Phi}^{\mathrm{T}}\boldsymbol{R}(t)\tag{18.2.11}$$

其中,$\Delta=\mathrm{diag}(2\omega_i\xi_i)$,这里 ξ_i 是第 i 个振型的阻尼比;$\boldsymbol{\Omega}^2=\mathrm{diag}(\omega_i^2)$。式(18.2.11)是一个不耦合的微分方程组。于是为了求解这个方程组只需研究其中一个典型方程

$$\ddot{\boldsymbol{x}}+2\xi_i\omega_i\dot{\boldsymbol{x}}+\omega_i^2\boldsymbol{x}=\boldsymbol{r}_i\tag{18.2.12}$$

的解法即可。而求解这个典型方程的方法除了采用 Duhamel 积分之外，直接积分法也是有效的方法之一。

令 τ 为时间增量，对于时间区间 $(t,\ t+\theta\Delta t)$ 有

$$\ddot{\boldsymbol{x}}_{t+\tau} = \ddot{\boldsymbol{x}}_t + (\ddot{\boldsymbol{x}}_{t+\Delta t} - \ddot{\boldsymbol{x}}_t)\frac{\tau}{\Delta t} \tag{18.2.13}$$

对上式积分得时刻 $t+\tau$ 时的速度

$$\dot{\boldsymbol{x}}_{t+\tau} = \dot{\boldsymbol{x}}_t + \ddot{\boldsymbol{x}}_t\tau + \frac{\tau^2}{2\Delta t}(\ddot{\boldsymbol{x}}_{t+\Delta t} - \ddot{\boldsymbol{x}}_t) \tag{18.2.14}$$

$$\boldsymbol{x}_{t+\tau} = \boldsymbol{x}_t + \dot{\boldsymbol{x}}_t\tau + \frac{1}{2}\ddot{\boldsymbol{x}}_t\tau^2 + \frac{\tau^3}{6\Delta t}(\ddot{\boldsymbol{x}}_{t+\Delta t} - \ddot{\boldsymbol{x}}_t) \tag{18.2.15}$$

将 $\tau=\Delta t$ 代入上式得到 $t+\Delta t$ 时刻时的速度

$$\dot{\boldsymbol{x}}_{t+\Delta t} = \dot{\boldsymbol{x}}_t + \frac{\Delta t}{2}(\ddot{\boldsymbol{x}}_{t+\Delta t} + \ddot{\boldsymbol{x}}_t) \tag{18.2.16}$$

$$\boldsymbol{x}_{t+\Delta t} = \boldsymbol{x}_t + \dot{\boldsymbol{x}}_t\Delta t + (2\ddot{\boldsymbol{x}}_t + \ddot{\boldsymbol{x}}_{t+\Delta t})\frac{(\Delta t)^2}{6} \tag{18.2.17}$$

而当将 $\tau=\theta\Delta t$ 代入式(18.2.13)～(18.2.15)并且将 $t+\theta\Delta t$ 时刻的位移、速度和加速度代入同一时刻的运动方程

$$\ddot{\boldsymbol{x}}_{t+\theta\Delta t} + 2\xi_i\omega_i\,\dot{\boldsymbol{x}}_{t+\theta\Delta t} + \omega_i^2\,\boldsymbol{x}_{t+\theta\Delta t} = \boldsymbol{r}_{t+\theta\Delta t} \tag{18.2.18}$$

得一个含未知量为 $\ddot{\boldsymbol{x}}_{t+\Delta t}$ 的方程，解出 $\ddot{\boldsymbol{x}}_{t+\Delta t}$ 并且代入式(18.2.16)和式(18.2.17)得如下用矩阵表示的关系：

$$\begin{bmatrix}\ddot{\boldsymbol{x}}_{t+\Delta t}\\ \dot{\boldsymbol{x}}_{t+\Delta t}\\ \boldsymbol{x}_{t+\Delta t}\end{bmatrix} = \boldsymbol{A}\begin{bmatrix}\ddot{\boldsymbol{x}}_t\\ \dot{\boldsymbol{x}}_t\\ \boldsymbol{x}_t\end{bmatrix} + \boldsymbol{L}\boldsymbol{r}_{t+\theta\Delta t} \tag{18.2.19}$$

其中

$$\boldsymbol{A} = \begin{bmatrix} 1-\dfrac{\beta\theta^2}{3}-\dfrac{1}{\theta}-\boldsymbol{K}\theta & \dfrac{1}{\Delta t}(-\beta\theta-2\boldsymbol{K}) & \dfrac{1}{\Delta t^2}(-\beta) \\ \Delta t\left(1-\dfrac{1}{2\theta}-\dfrac{\beta\theta^2}{6}-\dfrac{\boldsymbol{K}\theta}{2}\right) & 1\quad\dfrac{\beta\theta}{2}-\boldsymbol{K} & \dfrac{1}{\Delta t}\left(-\dfrac{\beta}{2}\right) \\ \Delta t^2\left(\dfrac{1}{2}-\dfrac{1}{6\theta}-\dfrac{\beta\theta^2}{18}-\dfrac{\boldsymbol{K}\theta}{6}\right) & \Delta t\left(1-\dfrac{\beta\theta}{6}-\dfrac{\boldsymbol{K}}{3}\right) & 1-\dfrac{\beta}{6} \end{bmatrix} \tag{18.2.20}$$

$$\beta=\left[\frac{\theta}{\omega_i^2(\Delta t)^2}+\frac{\xi_i\theta^2}{\omega_i\Delta t}+\frac{\theta^3}{6}\right]^{-1}$$

而

$$\boldsymbol{K} = \frac{\xi_i\beta}{\omega_i\Delta t} \tag{18.2.21}$$

$$\boldsymbol{L} = \begin{bmatrix}\dfrac{\beta}{\omega_i^2(\Delta t)^2}\\ \dfrac{\beta}{2\omega_i^2\Delta t}\\ \dfrac{\beta}{6\omega_i^2}\end{bmatrix}$$

18.2.2 Newmark 法

Newmark 法也可以认为是线性加速度法的推广。这个方法是基于在时刻 $t+\tau$ 时加速度 $\ddot{\boldsymbol{U}}_{t+\tau}$ 满足以下关系：

$$\ddot{\boldsymbol{U}}_{t+\tau}=\ddot{\boldsymbol{U}}_t+\alpha(\ddot{\boldsymbol{U}}_{t+\Delta t}-\ddot{\boldsymbol{U}}_t)=(1-\alpha)\ddot{\boldsymbol{U}}_t+\alpha\ddot{\boldsymbol{U}}_{t+\Delta t} \tag{18.2.22}$$

而在时刻 $t+\tau$ 时速度的 Taylar 级数展开式为

$$\dot{\boldsymbol{U}}_{t+\tau}=\dot{\boldsymbol{U}}_t+\ddot{\boldsymbol{U}}_{t+\tau}\tau=\dot{\boldsymbol{U}}_t+[(1-\alpha)\ddot{\boldsymbol{U}}_t+\alpha\ddot{\boldsymbol{U}}_{t+\Delta t}]\tau \tag{18.2.23}$$

则当 $\tau=\Delta t$ 时，就可得 $t+\Delta t$ 时刻的速度

$$\dot{\boldsymbol{U}}_{t+\Delta t}=\dot{\boldsymbol{U}}_t+[(1-\alpha)\ddot{\boldsymbol{U}}_t+\alpha\ddot{\boldsymbol{U}}_{t+\Delta t}]\Delta t \tag{18.2.24}$$

同样在时刻 $t+\tau$ 时位移的 Taylar 级数展开式为

$$\boldsymbol{U}_{t+\tau}=\boldsymbol{U}_t+\dot{\boldsymbol{U}}_t\tau+\frac{1}{2}\ddot{\boldsymbol{U}}_{t+\tau}\tau^2 \tag{18.2.25}$$

式中加速度 $\ddot{\boldsymbol{U}}_{t+\tau}$ 可采用类似于式(18.2.22)的假定，即

$$\ddot{\boldsymbol{U}}_{t+\tau}=(1-2\beta)\ddot{\boldsymbol{U}}_t+2\beta\ddot{\boldsymbol{U}}_{t+\Delta t} \tag{18.2.26}$$

将式(18.2.26)代入式(18.2.25)得到位移的近似表达式

$$\boldsymbol{U}_{t+\tau}=\boldsymbol{U}_t+\dot{\boldsymbol{U}}_t\tau+\left[\left(\frac{1}{2}-\beta\right)\ddot{\boldsymbol{U}}_t+\beta\ddot{\boldsymbol{U}}_{t+\Delta t}\right]\tau^2 \tag{18.2.27}$$

则当 $\tau=\Delta t$ 时，就可得 $t+\Delta t$ 时刻的位移

$$\boldsymbol{U}_{t+\Delta t}=\boldsymbol{U}_t+\dot{\boldsymbol{U}}_t\Delta t+\left[\left(\frac{1}{2}-\beta\right)\ddot{\boldsymbol{U}}_t+\beta\ddot{\boldsymbol{U}}_{t+\Delta t}\right](\Delta t)^2 \tag{18.2.28}$$

上式中采用了两个参数 α 和 β，这两个参数的确定是根据积分的精度和稳定性的要求确定的。当取 $\alpha=\frac{1}{2}$ 和 $\beta=\frac{1}{6}$ 时，式(18.2.24)、式(18.2.28)相当于线性加速度法，而线性加速度法亦可由 Wilson-θ 法得到，仅取 $\theta=1$ 即可；而当取 $\alpha=\frac{1}{2}$，$\beta=\frac{1}{4}$ 时即为平均加速度法(见图 18.2.1)。

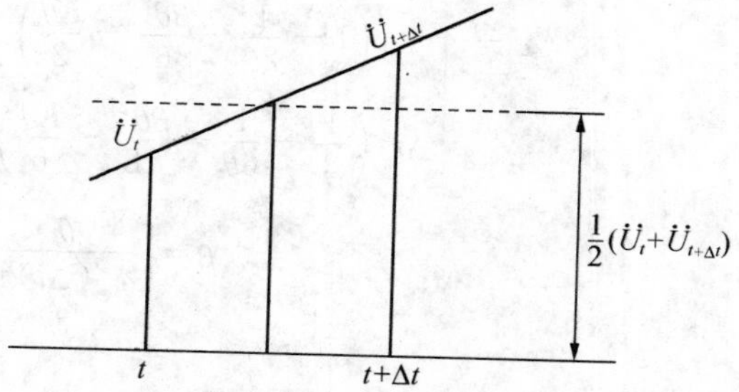

图 18.2.1　Newmark 法

式(18.2.24)和式(18.2.28)给了速度和位移的近似表达式，而为了求得在 $t+\Delta t$ 时刻的加速度就必须考虑在时刻 $t+\Delta t$ 时的运动方程

$$\boldsymbol{M}\ddot{\boldsymbol{U}}_{t+\Delta t}+\boldsymbol{C}\dot{\boldsymbol{U}}_{t+\Delta t}+\boldsymbol{K}\boldsymbol{U}_{t+\Delta t}=\boldsymbol{R}_{t+\Delta t} \tag{18.2.29}$$

将式(18.2.28)的位移表达式改写为在时刻 $t+\Delta t$ 时的加速度 $\ddot{\boldsymbol{U}}_{t+\Delta t}$ 表达式，然后将此加速度

$\ddot{\boldsymbol{U}}_{t+\Delta t}$ 表达式代入运动方程式(18.2.29)中，同时亦将(18.2.24)所示的时刻 $t+\Delta t$ 时的速度表达式消去式中的加速度 $\ddot{\boldsymbol{U}}_{t+\Delta t}$ 变量之后也代入运动方程式(18.2.29)中，则得以时刻 $t+\Delta t$ 时的位移 $\boldsymbol{U}_{t+\Delta t}$ 为未知数的方程，从而可求得位移$\boldsymbol{U}_{t+\Delta t}$，再利用式(18.2.24)和式(18.2.28)求得速度和加速度$\dot{\boldsymbol{U}}_{t+\Delta t}$，$\ddot{\boldsymbol{U}}_{t+\Delta t}$ 。求解过程中在时段 Δt 的初值亦就是时刻 t 时的位移、速度和加速度 $\boldsymbol{U}_t$，$\dot{\boldsymbol{U}}_t$，$\ddot{\boldsymbol{U}}_t$ 作为已知值。

下面列出采用 Newmark 法逐步求解的计算格式。

(1) 初始参数的计算

① 计算加速度、速度及位移的初值 $\ddot{\boldsymbol{U}}_0$ ，$\dot{\boldsymbol{U}}_0$ 及$\boldsymbol{U}_0$。

② 选取时间步长 Δt、参数 α 和 β 以及积分常数，即有

$$\alpha \geqslant 0.5, \quad \beta = 0.25(0.5+\alpha)^2$$

$$a_0 = \frac{1}{\beta(\Delta t)^2}, \quad a_1 = \frac{\alpha}{\beta\Delta t}, \quad a_2 = \frac{1}{\beta\Delta t}, \quad a_3 = \frac{1}{2\beta} - 1$$

$$a_4 = \frac{\alpha}{\beta} - 1, \quad a_5 = \frac{\Delta t}{2}\left(\frac{\alpha}{\beta} - 2\right), \quad a_6 = \Delta t(1-\alpha), \quad a_7 = \alpha\Delta t$$

③ 形成有效刚度矩阵$\overline{\boldsymbol{K}}$，即有

$$\overline{\boldsymbol{K}} = \boldsymbol{K} + a_0\boldsymbol{M} + a_1\boldsymbol{C}$$

(2) 计算等代平衡方程组

$$\overline{\boldsymbol{K}}\,\boldsymbol{U}_{t+\Delta t} = \overline{\boldsymbol{R}}_{t+\Delta t}$$

在每个时刻 $t+\Delta t$ 上求解上述方程组。

① 计算时刻 $t+\Delta t$ 的有效荷载向量

$$\overline{\boldsymbol{R}}_{t+\Delta t} = \boldsymbol{R}_{t+\Delta t} + \boldsymbol{M}(a_0\boldsymbol{U}_t + a_2\dot{\boldsymbol{U}}_t + a_3\ddot{\boldsymbol{U}}_t) + \boldsymbol{C}(a_1\boldsymbol{U}_t + a_4\dot{\boldsymbol{U}}_t + a_5\ddot{\boldsymbol{U}}_t)$$

② 求解在时刻 $t+\Delta t$ 的位移

$$\boldsymbol{U}_{t+\Delta t} = \overline{\boldsymbol{K}}^{-1}\overline{\boldsymbol{R}}_{t+\Delta t}$$

③ 计算在时刻 $t+\Delta t$ 的加速度和速度，即有

$$\ddot{\boldsymbol{U}}_{t+\Delta t} = a_0(\boldsymbol{U}_{t+\Delta t} - \boldsymbol{U}_t) - a_2\dot{\boldsymbol{U}}_t - a_3\ddot{\boldsymbol{U}}_t$$

$$\dot{\boldsymbol{U}}_{t+\Delta t} = \boldsymbol{U}_t + a_6\ddot{\boldsymbol{U}}_t + a_7\ddot{\boldsymbol{U}}_{t+\Delta t}$$

类似的，Newmark 法可以应用于经过变换后的运动方程式(18.2.11)的求解中。在时刻 $t+\Delta t$时的速度和位移可表示为

$$\dot{\boldsymbol{x}}_{t+\Delta t} = \dot{\boldsymbol{x}}_t + [(1-\alpha)\ddot{\boldsymbol{x}}_t + \alpha\ddot{\boldsymbol{x}}_{t+\Delta t}]\Delta t \tag{18.2.30}$$

$$\boldsymbol{x}_{t+\Delta t} = \boldsymbol{x}_t + \dot{\boldsymbol{x}}_t\Delta t + \left[\left(\frac{1}{2} - \beta\right)\ddot{\boldsymbol{x}}_t + \beta\ddot{\boldsymbol{x}}_{t+\Delta t}\right](\Delta t)^2 \tag{18.2.31}$$

将上两式代入运动方程式(18.2.11)得加速度 $\ddot{\boldsymbol{x}}_{t+\Delta t}$ 为未知数的方程，解这个方程后得时刻 $t+\Delta t$ 时的加速度 $\ddot{\boldsymbol{x}}_{t+\Delta t}$ ，将 $\ddot{\boldsymbol{x}}_{t+\Delta t}$ 代入式(18.2.27)和式(18.2.28)就可计算时刻 $t+\Delta t$ 时的位移 $\boldsymbol{x}_{t+\Delta t}$和速度$\dot{\boldsymbol{x}}_{t+\Delta t}$。于是可以建立如下关系式：

$$\begin{bmatrix} \ddot{x}_{t+\Delta t} \\ \dot{x}_{t+\Delta t} \\ x_{t+\Delta t} \end{bmatrix} = A \begin{bmatrix} \ddot{x}_t \\ \dot{x}_t \\ x_t \end{bmatrix} + L r_{t+\Delta t} \tag{18.2.32}$$

其中

$$A = \begin{bmatrix} -\left(\frac{1}{2}-\beta\right)\gamma - 2(1-\alpha)\delta & \frac{1}{\Delta t}(-\gamma - 2\delta) & \frac{1}{(\Delta t)^2}(-\gamma) \\ \Delta t\left[1-\alpha-\left(\frac{1}{2}-\beta\right)\gamma - 2(1-\alpha)\alpha\delta\right] & 1-\gamma\alpha-2\alpha\delta & \frac{1}{\Delta t}(-\gamma\alpha) \\ (\Delta t)^2\left[-\left(\frac{1}{2}-\beta\right)\beta\gamma - 2(1-\alpha)\beta\delta\right] & \Delta t(1-\beta\gamma-2\beta\delta) & 1-\beta\gamma \end{bmatrix} \tag{18.2.33}$$

$$\gamma = \left[\frac{1}{\omega_i^2(\Delta t)^2} + \frac{2\xi\alpha}{\omega_i \Delta t} + \beta\right]^{-1}$$

$$\delta = \frac{\xi\gamma}{\omega \Delta t} \tag{18.2.34}$$

$$L = \begin{bmatrix} \frac{\gamma}{\omega_i^2(\Delta t)^2} \\ \frac{\gamma\delta}{\omega \Delta t} \\ \frac{\beta\gamma}{\omega_i^2} \end{bmatrix} \tag{18.2.35}$$

19 固体和结构中接触和摩擦的分析

19.1 概述

目前,关于分析求解接触和摩擦问题的可供采用的方法很多[110],但是主要是 Peric, D. & Owen, D. R. J. , Heegard. J.-H. & Curnier, A. 等等研究的罚单元法(Penalty Approach)和 Michalowski, R. & Mroz, Z. 等等研究的拉格朗日乘子法(Lagrange Multiplier)。Penalty Approach 主要试图引入接触区的真正刚度,尽管很有可能具有很强的非线性,也可能会涉及与热力学的耦合;而 Lagrange Multiplier 涉及自由度降维,可认为是一种非线性主从方法。

有限元接触问题与约束优化的数学规划方法之间有着很强的联系。事实上,由于问题通常涉及关系到接触区域变化的不等约束(Inequality Constraints),数学上会联系到变分不等式方法(Method Of Variational Inequalities)。但在工程应用中,这种方法常使用设定的活动域(Active Set Method)工程等效法处理,其中等效约束应用于不断变化的设定的活动域。许多产生于数学规划方法的概念被用来与有限元算法,特别是增量拉格朗日法(Augmented Lagrange Technique)相结合,还有其它方法如扰动拉格朗日法(Perturbed Lagrange Method)或障碍法(Barrier Method)等。

在有限元法中,最近最主要的进展之一在于改变几何接触关系的持续线性化(Consistent Liberalization),借助塑性理论应用于摩擦问题。Michalewski 和 Mroz 做出了关于摩擦与塑性相近联系的观察结论,导出与塑性分析方法有着相似的形式。但是,一般引入一套不相关联的流动准则(A Non-Associative Flow Rule)会导致切线刚度矩阵(Tangent Stiffness Matrix)的非对称。

对于一般的非线性有限元,分析求解接触和摩擦问题主要在于探测接触(Contact Detection)。而接触通常只与低阶元相联系。在接触环境(Contact Environment)中,低阶几何近似(Lower-Order Faceted Geometric Approximations)问题是显而易见存在的。而在其它方面,为了引入必要的一般二次收敛连续性,Etervoic 和 Bathe 考虑到高阶插补(High Order Interpolations)问题。应强调不可避免的非光滑性理论研究的重要性。

许多低阶接触问题的公式表示源于 Hallquist 等最先提出的非线性"滑移线过程(Slide Line Procedure)"理论。这些技术的关键在于单通路(One-Pass Algorithm)与双通路算法(Two-Path Algorithm)的应用。Taylor 和 Papadopoulous 认为:若要通过"接触路径的探测",则双通路采用公式表示是必要的。

19.2 二维接触问题的罚方法

19.2.1 引言

对线性接触问题,罚方法一般会得出一阶刚度矩阵的最后结果。但是对几何非线性问题,连续方程会导致几何上的变化。在二维情况下，可由一协同旋转的线元简单表示，其中接触区域设置的接触单元或旋转或平移，并因此形成局部框架，以表示接触与摩擦关系。为此，定义接触表面上沿着旋转角切于接触单元的切向单位向量 $\boldsymbol{e}_1$ 和沿着接触表面法向的单位向量 $\boldsymbol{e}_2$，见图 19.2.1，故

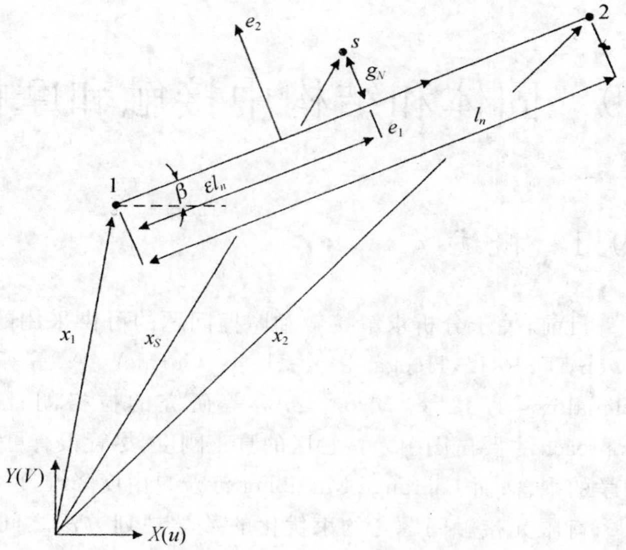

图 19.2.1　二维接触单元

$$\boldsymbol{e}_1^{\mathrm{T}} = [\cos\beta \quad \sin\beta]$$
$$\boldsymbol{e}_2 = [-\sin\beta \quad \cos\beta] \tag{19.2.1}$$

以下，用下标 N 表示接触表面法向，用下标 T 表示接触表面切向。接触单元采用 Hallquist 提出的形式，这涉及一个"主片"（节点 1,2）和"从片"冲击节点（节点 s）。对此，可以采用单通道方法，也可采用双通道方法，即对第二条通道沿着"滑移线"或现在的接触区反换主从片。这里将重点讨论单通道过程。

19.2.2　切向自由（无摩擦）的法向接触问题

现考虑二维切向自由（无摩擦）的法向接触问题，定义法向间隙 g_N，符号"g"通常表示残余向量。从图 19.2.1 可得间隙为

$$g_N = (\boldsymbol{x}_s - \boldsymbol{x}_1)^{\mathrm{T}}\,\boldsymbol{e}_2 = \boldsymbol{x}_{s1}^{\mathrm{T}}\,\boldsymbol{e}_2 \tag{19.2.2}$$

如果接触的两方中有一方穿入另外一方时 g_N 为负值，图中所示情况为没有穿入的正向间隙。

由以上关于协旋转公式模型的工作，需要知道局部变量（这里 g_N）变化与整体变量变化之间的关系。后者为

$$\boldsymbol{u}^{\mathrm{T}} = [\boldsymbol{d}_s^{\mathrm{T}} \quad \boldsymbol{d}_1^{\mathrm{T}} \quad \boldsymbol{d}_2^{\mathrm{T}}] \tag{19.2.3}$$

式中，$\boldsymbol{d}_1^{\mathrm{T}}$，$\boldsymbol{d}_2^{\mathrm{T}}$ 为节点位移。为得到 g_N 的变化，需要求[110]

$$\delta\boldsymbol{e}_2 = \begin{bmatrix} -\cos\beta \\ -\sin\beta \end{bmatrix}\delta\beta = \frac{1}{l_n}\,\boldsymbol{e}_1\boldsymbol{b}^{\mathrm{T}}\delta\boldsymbol{u} \tag{19.2.4}$$

和

$$\boldsymbol{b}^{\mathrm{T}} = [0 \quad \boldsymbol{e}_2^{\mathrm{T}} \quad -\boldsymbol{e}_2^{\mathrm{T}}] \tag{19.2.5}$$

所以，对式(19.2.2)，有

$$\delta g_N = \delta\boldsymbol{d}_{s1}^{\mathrm{T}}\boldsymbol{e}_2 + \boldsymbol{x}_{s1}^{\mathrm{T}}\delta\boldsymbol{e}_2 = \boldsymbol{a}^{\mathrm{T}}\delta\boldsymbol{u} \tag{19.2.6}$$

其中，$\boldsymbol{e}_1$，$\boldsymbol{e}_2$ 为二维情况的切向与法向的单位向量；而

$$\boldsymbol{a}^{\mathrm{T}} = \begin{bmatrix} \boldsymbol{e}_2^{\mathrm{T}} & -(1-\varepsilon)\boldsymbol{e}_2^{\mathrm{T}} & -\varepsilon\boldsymbol{e}_2^{\mathrm{T}} \end{bmatrix} \tag{19.2.7}$$

其中

$$\varepsilon = \frac{1}{l_n}\boldsymbol{x}_{s1}^{\mathrm{T}}\,\boldsymbol{e}_1 \tag{19.2.8}$$

式中，l_n 是节点 1,2 之间的接触单元的当前长度。从图 19.2.1 中，ε 为节点 1 与节点 s 在 $\boldsymbol{e}_1$ 上投影的无量纲切向距离。若接触力为 t_N，穿入时 t_N 为负，其它时 t_N 为 0。考虑到接触单元上的节点，虚功可表示为

$$V = V_b + V_c = V_b + t_N\delta g_N = \boldsymbol{q}_{ib}^{\mathrm{T}}\delta\boldsymbol{u} + \boldsymbol{q}_{ic}^{\mathrm{T}}\delta\boldsymbol{u} = \boldsymbol{g}^{\mathrm{T}}\delta\boldsymbol{u} \tag{19.2.9}$$

这里，下标 b 表示周围互不接触的单元，即"无接触单元"；下标 c 则表示接触单元；t_N 为罚力；q_{ib} 为标准内部力向量，对主体由节点 1,2 的非接触单元推得，对从体则由节点 s 的非接触单元推得。为简单起见，假定式(19.2.9)中接触区域中无外部作用力。

现在求$\boldsymbol{q}_{ic}$，由式(19.2.6)和式(19.2.9)可得

$$\boldsymbol{q}_{ic} = t_N\boldsymbol{a} \tag{19.2.10}$$

由一般的罚方法，可处理为

$$t_N = S_N g_N \quad (g_N < 0) \tag{19.2.11a}$$

$$t_N = 0 \quad (g_N \geqslant 0) \tag{19.2.11b}$$

这里，正标量 S_N 可以理解为接触单元的罚刚度参数(罚因子)。

现在求对从式(19.2.10)变分得出的切线刚度矩阵。变分可表示为

$$\delta\boldsymbol{q}_{ic} = \boldsymbol{K}_{tc}\delta\boldsymbol{u} = \delta t_N\boldsymbol{a} + t_N\delta\boldsymbol{a} = S_N\boldsymbol{a}\boldsymbol{a}^{\mathrm{T}}\delta\boldsymbol{u} + \boldsymbol{K}_{tc\sigma}\delta\boldsymbol{u} = (\boldsymbol{K}_{tc1} + \boldsymbol{K}_{tc\sigma})\delta\boldsymbol{u} \tag{19.2.12}$$

其中，$\boldsymbol{K}_{tc\sigma}$ 为接触单元初应力矩阵；$\boldsymbol{K}_{tc1}$ 为一般线性一阶接触刚度。

考虑到初始应力矩阵的计算，有

$$\delta\boldsymbol{e}_1 = \begin{bmatrix} -\sin\beta \\ \cos\beta \end{bmatrix}\delta\beta = \frac{1}{l_n}\,\boldsymbol{e}_2\boldsymbol{e}_2^{\mathrm{T}}\delta\,\boldsymbol{d}_{21} = -\frac{1}{l_n}\,\boldsymbol{e}_2\boldsymbol{b}^{\mathrm{T}}\delta\boldsymbol{u} \tag{19.2.13}$$

且[110]

$$\delta l_n = \boldsymbol{e}_1^{\mathrm{T}}\delta\,\boldsymbol{d}_{21} = -\begin{bmatrix} 0 & \boldsymbol{e}_1^{\mathrm{T}} & -\boldsymbol{e}_1^{\mathrm{T}} \end{bmatrix}\delta\boldsymbol{u} = -\,\boldsymbol{b}_1^{\mathrm{T}}\delta\boldsymbol{u} \tag{19.2.14}$$

则得式(19.2.8)中标量 ε 的变分

$$\delta\varepsilon = \frac{1}{l_n}(\boldsymbol{e}_1^{\mathrm{T}}\delta\,\boldsymbol{d}_{s1} - \varepsilon\,\boldsymbol{e}_1^{\mathrm{T}}\delta\,\boldsymbol{d}_{21}) + \frac{1}{l_n}\boldsymbol{x}_{s1}^{\mathrm{T}}\delta\,\boldsymbol{e}_1 = \frac{1}{l_n}\,\boldsymbol{c}^{\mathrm{T}}\delta\boldsymbol{u} - g_N\,\frac{1}{l_n^2}\,\boldsymbol{b}^{\mathrm{T}}\delta\boldsymbol{u} \tag{19.2.15}$$

其中

$$\boldsymbol{c}^{\mathrm{T}} = \begin{bmatrix} \boldsymbol{e}_1^{\mathrm{T}} & -(1-\varepsilon)\,\boldsymbol{e}_1^{\mathrm{T}} & -\varepsilon\boldsymbol{e}_1^{\mathrm{T}} \end{bmatrix} \tag{19.2.16}$$

由式(19.2.4)和式(19.2.15)可得式(19.2.7)中向量 $\boldsymbol{a}$ 的变分

$$\delta \boldsymbol{a}=\frac{1}{l_n}\left[\boldsymbol{b}\boldsymbol{c}^{\mathrm{T}}+\boldsymbol{c}\boldsymbol{b}^{\mathrm{T}}-\left(\frac{g_N}{l_n}\right)\boldsymbol{b}\boldsymbol{b}^{\mathrm{T}}\right]\delta \boldsymbol{u} \tag{19.2.17}$$

所以，式(19.2.12)中初应力矩阵

$$\boldsymbol{K}_{tc\sigma}(t_N)=t_N\delta \boldsymbol{u}=\frac{t_N}{l_n}\left[\boldsymbol{b}\boldsymbol{c}^{\mathrm{T}}+\boldsymbol{c}\boldsymbol{b}^{\mathrm{T}}-\left(\frac{g_N}{l_n}\right)\boldsymbol{b}\boldsymbol{b}^{\mathrm{T}}\right]\delta \boldsymbol{u} \tag{19.2.18}$$

这里，将$\boldsymbol{t}_N$ 项加入括号中以区别将讨论的由粘性摩擦导出的$\boldsymbol{t}_N$。

19.2.3 减小接触力跳跃的修正

但是在发生接触时，因为接触点穿越一个节点并从一个主单元移至另一个单元，在计算中存在接触力跳跃的问题。一些研究通过使在给定节点之间的刚度参数 ε_N 线性变化以修正前述公式，从而减小接触力跳跃。现设

$$S_N(\varepsilon)=(1-\varepsilon)S_1+\varepsilon S_2=S_1+(S_2-S_1)\varepsilon=S_1+S_{21}\varepsilon \tag{19.2.19}$$

其中，ε 为式(19.2.8)中定义的无量纲长度参数。

现采用如式(19.2.10)所示内力向量，采用如式(19.2.11)所示的接触力 t_N，以及采用如式(19.2.19)所示的 $S_N(\varepsilon)$。但是这样无法得出对称的切线刚度矩阵。为得到对称的切线刚度矩阵，现给出加入接触单元的应变能的总势能

$$E=E_b+\frac{1}{2}S_N(\varepsilon)g_N^2=E_b+E_c \tag{19.2.20}$$

这里，E_c 为接触单元的应变能。

由式(19.2.20)可得

$$\boldsymbol{q}_{ic}=\frac{\partial E_c}{\partial \boldsymbol{u}}=S_N(\varepsilon)g_N\frac{\partial g_N}{\partial \boldsymbol{u}}+\frac{1}{2}g_N^2S_{21}\frac{\partial \varepsilon}{\partial \boldsymbol{u}} \tag{19.2.21}$$

利用式(19.2.6)和式(19.2.15)可得

$$\boldsymbol{q}_{ic}=S_N(\varepsilon)g_N\boldsymbol{a}+\frac{1}{2}g_N^2S_{21}\left(\frac{1}{l_n}\boldsymbol{c}-\frac{g_N}{l_n}\boldsymbol{b}\right) \tag{19.2.22}$$

其中，$\boldsymbol{a}$，$\boldsymbol{b}$ 和 $\boldsymbol{c}$ 如式(19.2.7)、式(19.2.5)和式(19.2.16)所示。对式(19.2.22)求变分，得切线刚度矩阵

$$\boldsymbol{K}_{tc}=\boldsymbol{K}_{tc1}+\boldsymbol{K}_{tc\sigma}+\boldsymbol{K}_{tc2} \tag{19.2.23}$$

其中，$\boldsymbol{K}_{tc1}$ 已在式(19.2.12)中定义过；以 $S_N(\varepsilon)$替代 S_N，$\boldsymbol{K}_{tc\sigma}$ 由式(19.2.18)给出；而新矩阵

$$\begin{aligned}\boldsymbol{K}_{tc2}=&S_{21}\left(\frac{g_N}{l_n}\right)(\boldsymbol{a}\boldsymbol{c}^{\mathrm{T}}+\boldsymbol{c}\boldsymbol{a}^{\mathrm{T}})+\frac{S_{21}}{2}\left(\frac{g_N}{l_n}\right)^2\\&\cdot\left[-3\boldsymbol{a}\boldsymbol{b}^{\mathrm{T}}-3\boldsymbol{b}\boldsymbol{a}^{\mathrm{T}}+2\boldsymbol{c}\boldsymbol{b}_1^{\mathrm{T}}+2\boldsymbol{b}_1\boldsymbol{c}^{\mathrm{T}}-2\left(\frac{g_N}{l_n}\right)(\boldsymbol{b}\boldsymbol{b}_1^{\mathrm{T}}+\boldsymbol{b}_1\boldsymbol{b}^{\mathrm{T}})\right]\end{aligned} \tag{19.2.24}$$

如果只考虑竖向力，见图 19.2.2 和图 19.2.3，从式(19.2.10)可知接触单元的内部作用力

$$\boldsymbol{q}_i=\begin{bmatrix}q_{is}\\q_{i1}\\q_{i2}\end{bmatrix}=t_N\begin{bmatrix}1\\\varepsilon-1\\-\varepsilon\end{bmatrix}=\boldsymbol{S}_g\begin{bmatrix}1\\\varepsilon-1\\-\varepsilon\end{bmatrix}=-\boldsymbol{c}\begin{bmatrix}1\\\varepsilon-1\\-\varepsilon\end{bmatrix} \tag{19.2.25}$$

如果接触的双方中有一方穿入另一方，间隙为负值，而 c 为正值，见图 19.2.3。式(19.2.25)中的力可由简单的静力平衡求得。

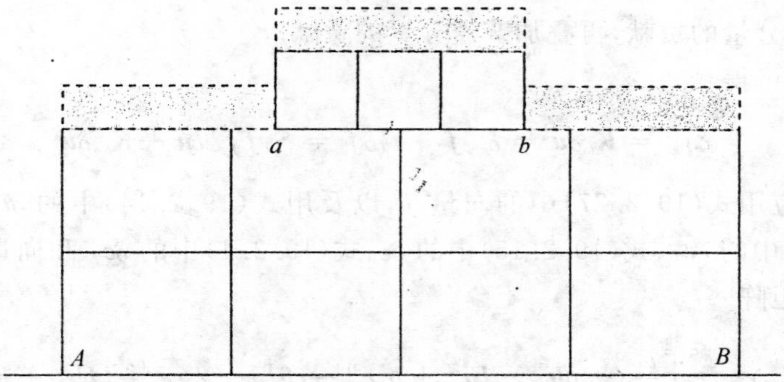

图 19.2.2 接触实验

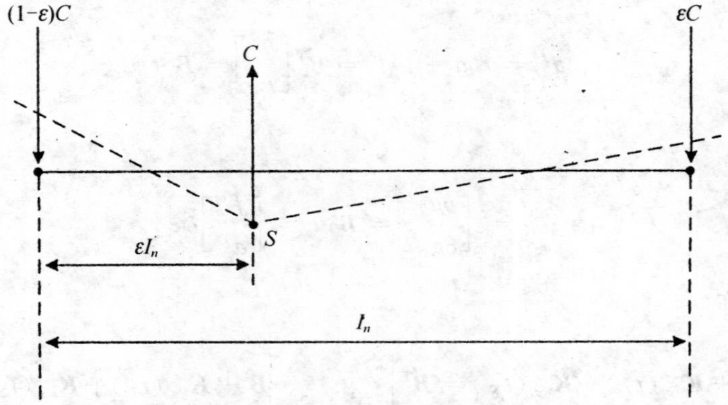

图 19.2.3 接触内力

19.2.4 切向粘性摩擦的法向接触问题

现在切向无摩擦的法向接触问题的基础上考虑切向粘性摩擦的法向接触问题。按一般接触问题的类似结论，有切向粘性摩擦的切向间隙

$$g_T = \varepsilon l_0 - \varepsilon_0 l_0 = \frac{l_0}{l_n} \boldsymbol{x}_{s1}^{\mathrm{T}} \boldsymbol{e}_1 - \varepsilon_0 l_0 \tag{19.2.26}$$

其中，ε_0 为无量纲长度参数。这里可以考虑以 l_n 代替式(19.2.26)中的 l_0，但结果导致切向刚度非对称。

按式(19.2.15)，可得

$$\delta g_T = \frac{l_0}{l_n} \boldsymbol{e}_1^{\mathrm{T}} \delta \boldsymbol{d}_{s1} - \varepsilon \boldsymbol{e}_1^{\mathrm{T}} \delta \boldsymbol{d}_{21} + \frac{l_0}{l_n} \boldsymbol{x}_{s1}^{\mathrm{T}} \delta \boldsymbol{e}_1 = \frac{l_0}{l_n} \boldsymbol{c}^{\mathrm{T}} \delta \boldsymbol{u} - g_N \frac{l_0}{l_n^2} \boldsymbol{b}^{\mathrm{T}} \delta \boldsymbol{u} = \boldsymbol{f}^{\mathrm{T}} \delta \boldsymbol{u} \tag{19.2.27}$$

应用虚功原理，接触单元内力的贡献

$$\boldsymbol{q}_{ic} = t_T \boldsymbol{f} \tag{19.2.28}$$

由一般的罚方法，有

$$t_T = S_T g_T \quad (g_N < 0) \tag{19.2.29a}$$

$$t_T = 0 \quad (g_N \geqslant 0) \tag{19.2.29b}$$

然后，确定“粘滞”分量的贡献，再叠加普通分量的贡献。

由上述方法，可得

$$\delta \boldsymbol{q}_{ic} = \boldsymbol{K}_{tc}\delta \boldsymbol{u} = \delta t_T \boldsymbol{f} + t_T \delta \boldsymbol{f} = S_T \boldsymbol{f}\boldsymbol{f}^{\mathrm{T}}\delta \boldsymbol{u} + \boldsymbol{K}_{tc\sigma}\delta \boldsymbol{u} \tag{19.2.30}$$

式中的变分必须应用式(19.2.27)中的向量 $\boldsymbol{f}$，以及用式(19.2.14)中的 δl_n、式(19.2.6)中的 δg_N、式(19.2.13)中的 δe_1、式(19.2.15)中的 $\delta \varepsilon$、式(19.2.4)中的 δe_2 和向量 $\boldsymbol{b}$ 的变分，于是可得对称的初应力矩阵

$$\boldsymbol{K}_{tc\sigma}(t_T) = t_T\left[\frac{l_0}{l_n}(-\boldsymbol{a}\boldsymbol{b}^{\mathrm{T}} - \boldsymbol{b}\boldsymbol{a}^{\mathrm{T}} + \boldsymbol{b}_1\boldsymbol{c}^{\mathrm{T}} + \boldsymbol{c}\boldsymbol{b}_1^{\mathrm{T}}) - 2g_N \frac{l_0}{l_n^2}(\boldsymbol{b}\boldsymbol{b}_1^{\mathrm{T}} + \boldsymbol{b}_1\boldsymbol{b}^{\mathrm{T}})\right] \tag{19.2.31}$$

由于“粘性摩擦”不可避免地与“法向接触”耦合，综合式(19.2.10)和式(19.2.28)可得

$$\boldsymbol{q}_{ic} = t_N\boldsymbol{a} + t_T\boldsymbol{f} = \boldsymbol{B}^{\mathrm{T}}\begin{bmatrix} t_T \\ t_N \end{bmatrix} = \boldsymbol{B}^{\mathrm{T}}\boldsymbol{t} \tag{19.2.32}$$

而

$$\delta \boldsymbol{g} = \begin{bmatrix} \delta g_T \\ \delta g_N \end{bmatrix} = \boldsymbol{B}\delta \boldsymbol{u} = \begin{bmatrix} \boldsymbol{f}^{\mathrm{T}} \\ \boldsymbol{a}^{\mathrm{T}} \end{bmatrix}\delta \boldsymbol{u} \tag{19.2.33}$$

组合切向刚度矩阵

$$\boldsymbol{K}_t = \boldsymbol{B}^{\mathrm{T}}\boldsymbol{C}\boldsymbol{B} + \boldsymbol{K}_{tc\sigma}(t_T) + \boldsymbol{K}_{tc\sigma}(t_N) = \boldsymbol{B}^{\mathrm{T}}\begin{bmatrix} S_T & 0 \\ 0 & S_N \end{bmatrix}\boldsymbol{B} + \boldsymbol{K}_{tc\sigma}(t_T) + \boldsymbol{K}_{tc\sigma}(t_N) \tag{19.2.34}$$

其中，$\boldsymbol{K}_{tc\sigma}(t_T)$ 如式(19.2.31)所示，$\boldsymbol{K}_{tc\sigma}(t_N)$ 如式(19.2.18)所示。

19.2.5 Coulomb 滑移摩擦

考虑滑移摩擦时，可借助“塑性算法”得到如图 19.2.4 所示的屈服函数，即

$$f = |t_T| + \mu t_N = st_T + \mu t_N = 0 \quad (t_N < 0) \tag{19.2.35}$$

其中，μ 为摩擦系数；且

$$s = \frac{t_T}{|t_T|} \quad (=\pm 1) \tag{19.2.36}$$

而法向和切向接触力分别为

$$t_N = S_N g_N \tag{19.2.37a}$$

$$t_T = t_{TA} + S_T(\Delta g_T - \Delta g_{Tp}) = t_{TA} + S_T(\Delta g_T - \Delta \eta_s) \tag{19.2.37b}$$

式(19.2.37a)中，g_N 为法向间隙，如式(19.2.2)所示。式(19.2.37b)中，Δg_T 为切向间隙增量，是 g_T 当前值与增量过程最后 g_T 值之差；t_{TA} 为 t_T 在增量过程的终值；Δg_{Tp} 为“塑性切向滑移”，Δg_{Tp} 与“塑性理论”有关；$\Delta \eta$ 为增量塑性应变率乘子。

式(19.2.35)可进一步写为

$$f = \bar{\boldsymbol{a}}^{\mathrm{T}} \boldsymbol{t} = \begin{bmatrix} s \\ \mu \end{bmatrix}^{\mathrm{T}} \begin{bmatrix} t_T \\ t_N \end{bmatrix} = 0 \tag{19.2.38}$$

但由非关联流动准则，得

$$\dot{\boldsymbol{g}}_p = \begin{bmatrix} \dot{g}_T \\ \dot{g}_N \end{bmatrix}_p = \dot{\eta} \begin{bmatrix} \dfrac{\partial f}{\partial t_T} \\ 0 \end{bmatrix} = \dot{\eta} \begin{bmatrix} s \\ 0 \end{bmatrix} = \dot{\eta}\, \bar{\boldsymbol{b}} \tag{19.2.39}$$

若采用关联准则 $\bar{\boldsymbol{b}} = \dfrac{\partial f}{\partial \boldsymbol{t}} = \bar{\boldsymbol{a}}$，切向将出现“塑性流动”，见图 19.2.4，但实际上这是不现实的。

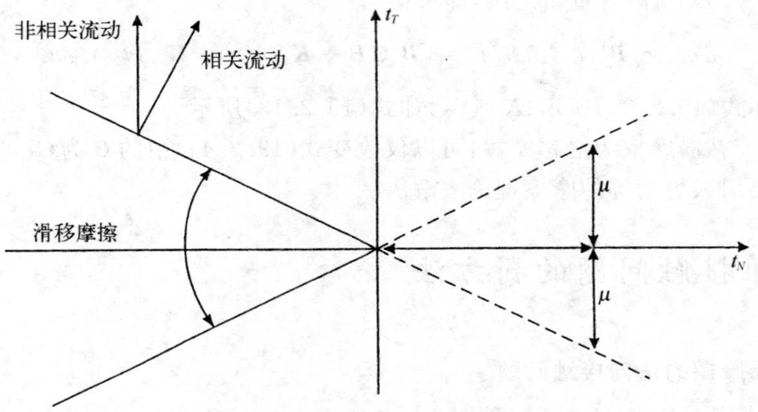

图 19.2.4 二维 Coulomb 滑移摩擦的“屈服函数”

式(19.2.37b)中标量 $\Delta\eta$ 为式(19.2.39)中 $\dot{\eta}$ 的增量。对于早期塑性发展可采用“后欧拉法”得出非常简单的“返回变换”。式(19.2.37)可表示为

$$\boldsymbol{t}_C = \boldsymbol{t}_A + \boldsymbol{C}(\Delta\boldsymbol{g} - \Delta\boldsymbol{g}_p) = \boldsymbol{t}_A + \boldsymbol{C}\left(\Delta\boldsymbol{g} - \Delta\eta \begin{bmatrix} s \\ 0 \end{bmatrix}\right) = \boldsymbol{t}_B - \Delta\eta \boldsymbol{C} \begin{bmatrix} s_B \\ 0 \end{bmatrix} = \boldsymbol{t}_B - \Delta\eta \boldsymbol{C} \bar{\boldsymbol{b}}_B \tag{19.2.40}$$

其中，$\boldsymbol{C}$ 已在式(19.2.34)中定义过；$\boldsymbol{t}_B$ 为弹性点处值。对采用简化屈服函数，式(19.2.40)中已用 s_B 替代 s_C，C 点参见第 17 章返回算法。将式(19.2.40)代入式(19.2.38)或(19.2.35)表示的屈服函数可得到的简化形式

$$\Delta\eta = \frac{s_B t_{TB} + \mu t_{NB}}{S_T} = \frac{f_B}{S_T} \tag{19.2.41}$$

其中，$\Delta\eta$ 为(增量)塑性应变率乘子；f_B 为接触试探点 B 处的屈服函数。结合式(19.2.37)和式(19.2.41)可得内力。

采用传统的返回算法先计算弹性试探力(Elastic Trial Force)$\boldsymbol{t}_B$，然后检验所得结果即屈服函数标量是否有 $f_B \geqslant 0$。若 $f_B < 0$，则可设最终力 $\boldsymbol{t}_C$ 为 $\boldsymbol{t}_B$，可得粘性摩擦；但若 $f_B \geqslant 0$，则由式(19.2.40)和式(19.2.41)得到返回力。

为得到切向刚度矩阵，可对式(19.2.40)微分，得

$$\dot{t}_C = C\dot{g} - \dot{\eta} C \bar{b}_B \tag{19.2.42}$$

其中，$\dot{\eta}$为塑性应变率。由式(19.2.41)微分可得

$$\dot{\eta} = s_B \dot{g}_T + \frac{\mu}{S_T} S_N \dot{g}_N = \frac{1}{\bar{a}^{\mathrm{T}} C \bar{b}} \bar{a}^{\mathrm{T}} C \dot{g} \tag{19.2.43}$$

和

$$\dot{t}_C = C_t \dot{g} = C\left(I - \frac{\bar{b}\,\bar{a}^{\mathrm{T}} C}{\bar{a}^{\mathrm{T}} C b}\right)\dot{g} = S_N \begin{bmatrix} 0 & -\mu s \\ 0 & 1 \end{bmatrix} \dot{g} \tag{19.2.44}$$

由于采用了非关联准则，C_t 非对称。

将式(19.2.32)对 t 微分重新定义，即可得

$$\delta q_{ic} = B^{\mathrm{T}} \delta t + \delta B^{\mathrm{T}} t = [B^{\mathrm{T}} C_t B + K_{tc\sigma}(t_T) + K_{tc\sigma}(t_N)] \delta u \tag{19.2.45}$$

其中，$K_{tc\sigma}(t_T)$如式(19.2.31)所示；$K_{tc\sigma}(t_N)$如式(19.2.18)所示。

由此，为改变粘滞摩擦为滑移摩擦，可以仅改变式(19.2.44)中的 C 为 C_1，当然也就引入了非对称。这需要引入更高等的摩擦理论去解决。

19.3 三维接触问题的罚方法

19.3.1 切向无摩擦的法向接触问题

Parisch、Laursen 和 Simo 分别给出无摩擦、有摩擦三维接触问题的模型，他们都引入了协同变化和反向变化分量。现讨论无此分量的无摩擦三维接触问题的模型。对一般三维 4 节点接触表面，见图 19.3.1，表面可由一般的等参形函数表示，即

$$r(\xi, \eta) = \sum \varphi(\xi, \eta)_i x_i \tag{19.3.1}$$

其中，ξ, η 为三维问题中接触点无量纲化坐标；x_i 为节点的当前坐标，为 3×1 向量，接触表面一般不在同一平面上。在图 19.3.1 中，x_s 为从节点的 3×1 坐标向量，假定从节点与主表面有关。这里，采用 x_s 及相关 x_i 的准确定义；还假定图 19.3.1 中点 $r(\xi, \eta)$ 的初始值 ξ, η 已知。

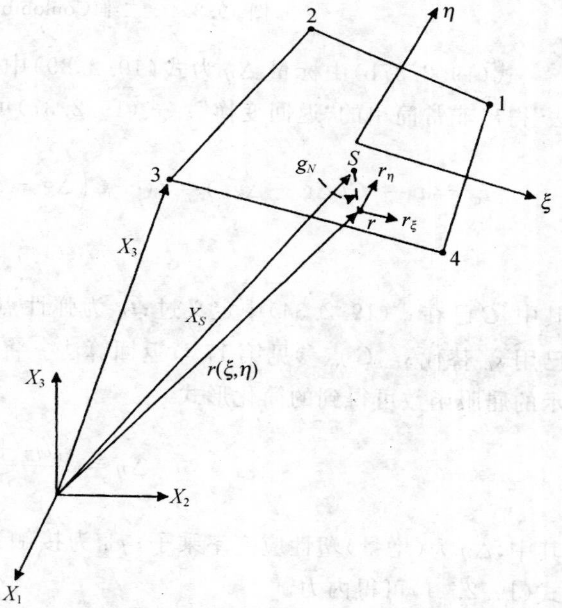

图 19.3.1 三维 4 节点接触表当前坐标

相对于一维和二维的情况，找到接触区所需 ξ, η 值并不繁琐。对二维接触问题，等价于计算 ε 的方程式(19.2.8)。现讨论求 (ξ, η) 的迭代方程，与此同时还可以得出与产生内力向量和切线刚度矩阵相关的数据。对三

维问题,定义$\boldsymbol{e}_3=\boldsymbol{n}$作为表面上接触点的法向向量。如图 19.3.1 所示,假定(ξ,η)预估值已知,则可计算向量

$$\boldsymbol{x}_{sr}=\boldsymbol{x}_s-\boldsymbol{r}(\xi,\eta)=\boldsymbol{x}_s-\sum\varphi_i\boldsymbol{x}_i \tag{19.3.2}$$

若知$(\xi,\ \eta)$的真值,则向量$\boldsymbol{x}_{sr}$法向于$\boldsymbol{r}_\xi$,$\boldsymbol{r}_\eta$二向量(见图 19.3.1),$\boldsymbol{r}_\xi$,$\boldsymbol{r}_\eta$位于主表面上,则确定$(\xi,\ \eta)$的方程为

$$a=\boldsymbol{r}_\xi^{\mathrm{T}}\boldsymbol{x}_{sr}=\left(\frac{\partial\boldsymbol{r}}{\partial\xi}\right)^{\mathrm{T}}\boldsymbol{x}_{sr} \tag{19.3.3a}$$

$$b=\boldsymbol{r}_\eta^{\mathrm{T}}\boldsymbol{x}_{sr}=\left(\frac{\partial\boldsymbol{r}}{\partial\eta}\right)^{\mathrm{T}}\boldsymbol{x}_{sr} \tag{19.3.3b}$$

二式合并,则

$$\boldsymbol{a}=\begin{bmatrix}a\\b\end{bmatrix}=\boldsymbol{A}^{\mathrm{T}}=[\boldsymbol{r}_\xi\quad\boldsymbol{r}_\eta]^{\mathrm{T}}\boldsymbol{x}_{sr}=\boldsymbol{J}\boldsymbol{x}_{sr} \tag{19.3.3c}$$

其中,$\boldsymbol{J}$为$(\xi,\ \eta)$点 Jacobian 矩阵。

为进一步分析须知δr,由式(19.3.1)给出

$$\delta\boldsymbol{r}=\boldsymbol{A}\begin{bmatrix}\delta\xi\\\delta\eta\end{bmatrix}+\sum\varphi_i\boldsymbol{I}\delta\boldsymbol{d}_i=\boldsymbol{A}\delta\boldsymbol{\xi}+\sum\varphi_i\boldsymbol{I}\delta\boldsymbol{d}_i \tag{19.3.4}$$

其中,$\boldsymbol{I}$为 3×3 单位阵;$\delta\boldsymbol{d}_i$为节点i位移向量差。

所涉及的接触单元的位移向量

$$\boldsymbol{u}^{\mathrm{T}}=[\boldsymbol{d}_s^{\mathrm{T}}\quad\boldsymbol{d}_1^{\mathrm{T}}\quad\boldsymbol{d}_2^{\mathrm{T}}\quad\boldsymbol{d}_3^{\mathrm{T}}\quad\boldsymbol{d}_4^{\mathrm{T}}] \tag{19.3.5}$$

而节点等效当前坐标向量

$$\boldsymbol{x}^{\mathrm{T}}=[\boldsymbol{x}_s^{\mathrm{T}}\quad\boldsymbol{x}_1^{\mathrm{T}}\quad\boldsymbol{x}_2^{\mathrm{T}}\quad\boldsymbol{x}_3^{\mathrm{T}}\quad\boldsymbol{x}_4^{\mathrm{T}}] \tag{19.3.6}$$

而对于所需要的式(19.3.2)中$\boldsymbol{x}_{sr}$的变分可由式(19.3.4)得出,即有

$$\delta\boldsymbol{x}_{sr}=[\boldsymbol{I}\quad-\varphi_1\boldsymbol{I}\quad-\varphi_2\boldsymbol{I}\quad-\varphi_3\boldsymbol{I}\quad-\varphi_4\boldsymbol{I}]\delta\boldsymbol{u}-\boldsymbol{A}\delta\boldsymbol{\xi}=\boldsymbol{F}\delta\boldsymbol{u}-\boldsymbol{A}\delta\boldsymbol{\xi} \tag{19.3.7}$$

除此之外,还需求$\delta\boldsymbol{r}_\xi$和$\delta\boldsymbol{r}_\eta$。由式(19.3.1),可得

$$\delta\boldsymbol{r}_\xi=[0\quad\varphi_{\xi1}\boldsymbol{I}\quad\varphi_{\xi2}\boldsymbol{I}\quad\varphi_{\xi3}\boldsymbol{I}\quad\varphi_{\xi4}\boldsymbol{I}]\delta\boldsymbol{u}+\boldsymbol{r}_{\xi\eta}\delta\eta=\boldsymbol{C}_\xi\delta\boldsymbol{u}+\left(\sum\varphi_{\xi\eta i}\boldsymbol{x}_i\right)\delta\eta \tag{19.3.8a}$$

$$\delta\boldsymbol{r}_\eta=[0\quad\varphi_{\eta1}\boldsymbol{I}\quad\varphi_{\eta2}\boldsymbol{I}\quad\varphi_{\eta3}\boldsymbol{I}\quad\varphi_{\eta4}\boldsymbol{I}]\delta\boldsymbol{u}+\boldsymbol{r}_{\xi\eta}\delta\xi=\boldsymbol{C}_\eta\delta\boldsymbol{u}+\left(\sum\varphi_{\xi\eta i}\boldsymbol{x}_i\right)\delta\xi \tag{19.3.8b}$$

对图 19.3.1 所示 4 节点接触表面,式(19.3.2)及式(19.3.8)中形函数及其导数为

$$\begin{aligned}\boldsymbol{\varphi}^{\mathrm{T}}&=[\varphi_1\quad\varphi_2\quad\varphi_3\quad\varphi_4]\\&=\frac{1}{4}[(1+\xi)(1+\eta)\quad(1-\xi)(1+\eta)\quad(1-\xi)(1-\eta)\quad(1+\xi)(1-\eta)]\end{aligned} \tag{19.3.9a}$$

$$\boldsymbol{\varphi}_\xi^{\mathrm{T}}=[\varphi_{\xi1}\quad\varphi_{\xi2}\quad\varphi_{\xi3}\quad\varphi_{\xi4}]=\frac{1}{4}[(1+\eta)\quad-(1+\eta)\quad-(1-\eta)\quad(1-\eta)] \tag{19.3.9b}$$

$$\boldsymbol{\varphi}_\eta^{\mathrm{T}}=[\varphi_{\eta1}\quad\varphi_{\eta2}\quad\varphi_{\eta3}\quad\varphi_{\eta4}]=\frac{1}{4}[(1+\xi)\quad(1-\xi)\quad-(1-\xi)\quad-(1+\xi)] \tag{19.3.9c}$$

$$\boldsymbol{\varphi}_{\xi\eta}^{\mathrm{T}}=\boldsymbol{\varphi}_{\eta\xi}^{\mathrm{T}}=[\varphi_{\xi\eta1}\quad\varphi_{\xi\eta2}\quad\varphi_{\xi\eta3}\quad\varphi_{\xi\eta4}]=\frac{1}{4}[1\quad-1\quad1\quad-1] \tag{19.3.9d}$$

又由式(19.3.3),可得

$$\delta a = \boldsymbol{r}_{\xi}^{\mathrm{T}}(\boldsymbol{F}\delta\boldsymbol{u} - \boldsymbol{A}\delta\boldsymbol{\xi}) + \boldsymbol{x}_{sr}^{\mathrm{T}}\boldsymbol{C}_{\xi}\delta\boldsymbol{u} + (\boldsymbol{x}_{sr}^{\mathrm{T}}\boldsymbol{r}_{\xi\eta})\delta\eta \tag{19.3.10a}$$

$$\delta b = \boldsymbol{r}_{\eta}^{\mathrm{T}}(\boldsymbol{F}\delta\boldsymbol{u} - \boldsymbol{A}\delta\boldsymbol{\xi}) + \boldsymbol{x}_{sr}^{\mathrm{T}}\boldsymbol{C}_{\eta}\delta\boldsymbol{u} + (\boldsymbol{x}_{sr}^{\mathrm{T}}\boldsymbol{r}_{\xi\eta})\delta\xi \tag{19.3.10b}$$

于是,可估计(ξ, η)。为此可固定节点坐标使 $\delta\boldsymbol{u}=0$,则可用式(19.3.3)和式(19.3.10)以获得一截断 Taylor 级数

$$0 = \boldsymbol{a}_{\mathrm{old}} + \boldsymbol{D}\delta\boldsymbol{\xi} \tag{19.3.11}$$

和

$$\boldsymbol{D} = -\boldsymbol{A}^{\mathrm{T}}\boldsymbol{A} + (\boldsymbol{x}_{sr}^{\mathrm{T}}\boldsymbol{r}_{\xi\eta})\begin{bmatrix}0 & 1\\1 & 0\end{bmatrix} \tag{19.3.12}$$

其中,$\boldsymbol{D}$ 为对称矩阵。

于是可用 Newton-Raphson 法解式(19.3.11),求增量 $\delta\boldsymbol{\xi}$,并可进一步更新(ξ, η)的初始估计值。

许多前述向量和矩阵将会在确定切向刚度矩阵时起到重要作用。为确定切向刚度矩阵,通常先考虑求法向间隙

$$g_N^2 = \boldsymbol{x}_{sr}^{\mathrm{T}}\boldsymbol{x}_{sr} \tag{19.3.13}$$

则单位法向向量$\boldsymbol{e}_3 = \boldsymbol{n}$ 可表示为

$$\boldsymbol{e}_3 = \boldsymbol{n} = \frac{\boldsymbol{x}_{sr}}{\|\boldsymbol{x}_{sr}\|} \tag{19.3.14}$$

为考虑到虚功的计算,对式(19.3.13)求变分,有

$$\delta g_N = \left(\frac{1}{g_N}\boldsymbol{x}_{sr}\right)^{\mathrm{T}}\delta\boldsymbol{x}_{sr} = \boldsymbol{n}^{\mathrm{T}}(\boldsymbol{F}\delta\boldsymbol{u} - \boldsymbol{A}\delta\boldsymbol{\xi}) \tag{19.3.15}$$

这里需用式(19.3.7)和式(19.3.14)。由式(19.3.3)和式(19.3.14)可得

$$\boldsymbol{A}^{\mathrm{T}}\boldsymbol{n} = 0 \tag{19.3.16}$$

则可将式(19.3.15)简化为

$$\delta g_N = \boldsymbol{n}^{\mathrm{T}}\boldsymbol{F}\delta\boldsymbol{u} = \delta\boldsymbol{u}^{\mathrm{T}}\boldsymbol{F}^{\mathrm{T}}\boldsymbol{n} \tag{19.3.17}$$

由虚功原理,可得

$$\boldsymbol{q}_{ic} = t_N\boldsymbol{F}^{\mathrm{T}}\boldsymbol{n} = S_N g_N\boldsymbol{F}^{\mathrm{T}}\boldsymbol{n} \tag{19.3.18}$$

式中,$g_N < 0$(由式(19.3.13)可得)。

19.3.2 切向初应力刚度矩阵

由式(19.3.17)及式(19.3.18)的变分

$$\delta\boldsymbol{q}_{ic} = S_N\boldsymbol{F}^{\mathrm{T}}\boldsymbol{n}\boldsymbol{n}^{\mathrm{T}}\boldsymbol{F}\delta\boldsymbol{u} + \boldsymbol{K}_{t\sigma c}\delta\boldsymbol{u} = \boldsymbol{K}_{tc1}\delta\boldsymbol{u} + \boldsymbol{K}_{t\sigma c}(t_N)\delta\boldsymbol{u} \tag{19.3.19}$$

其中

$$\boldsymbol{K}_{t\sigma c}(t_N)\delta\boldsymbol{u} = t_N \boldsymbol{F}^{\mathrm{T}}\delta\boldsymbol{n} + t_N\delta\boldsymbol{F}^{\mathrm{T}}\boldsymbol{n} \tag{19.3.20}$$

对式(19.3.14)变分,有

$$\delta\boldsymbol{n} = \frac{1}{g_N}(\boldsymbol{I} - \boldsymbol{n}\boldsymbol{n}^{\mathrm{T}})\delta\boldsymbol{x}_{sr} \tag{19.3.21}$$

其中,$\delta\boldsymbol{x}_{sr}$ 由式(19.3.7)给出。但要消去式中的 $\delta\boldsymbol{\xi}$,为此可用式(19.3.10)中条件 $\delta\boldsymbol{a}=0$,得

$$[\boldsymbol{A}^{\mathrm{T}}\boldsymbol{F} + g_N\boldsymbol{\varepsilon}(\boldsymbol{n})]\delta\boldsymbol{u} + \boldsymbol{D}\delta\boldsymbol{\xi} = 0 \tag{19.3.22}$$

且

$$\boldsymbol{\varepsilon}(\boldsymbol{n}) = \begin{bmatrix}\boldsymbol{\varepsilon}_{\xi} \\ \boldsymbol{\varepsilon}_{\eta}\end{bmatrix},\text{其中 } \boldsymbol{\varepsilon}_{\xi} = \boldsymbol{C}_{\xi}^{\mathrm{T}}\boldsymbol{n},\boldsymbol{\varepsilon}_{\eta} = \boldsymbol{C}_{\eta}^{\mathrm{T}}\boldsymbol{n} \tag{19.3.23}$$

求解式(19.3.22)得

$$\delta\boldsymbol{\xi} = -\boldsymbol{D}^{-1}[\boldsymbol{A}^{\mathrm{T}}\boldsymbol{F} + g_N\boldsymbol{\varepsilon}(\boldsymbol{n})]\delta\boldsymbol{u} = \boldsymbol{D}^{-1}\boldsymbol{Y}^{\mathrm{T}}\delta\boldsymbol{u} \tag{19.3.24}$$

代入式(19.3.7),得

$$\delta\boldsymbol{x}_{sr} = [\boldsymbol{F} + \boldsymbol{A}\boldsymbol{D}^{-1}[\boldsymbol{A}^{\mathrm{T}}\boldsymbol{F} + g_N\boldsymbol{\varepsilon}(\boldsymbol{n})]]\delta\boldsymbol{u} = (\boldsymbol{F} - \boldsymbol{A}\boldsymbol{D}^{-1}\boldsymbol{Y}^{\mathrm{T}})\delta\boldsymbol{u} \tag{19.3.25}$$

代入式(19.3.21),得

$$\delta\boldsymbol{n} = \frac{1}{g_N}[\boldsymbol{F} + \boldsymbol{A}\boldsymbol{D}^{-1}(\boldsymbol{A}^{\mathrm{T}}\boldsymbol{F} + g_N\boldsymbol{\varepsilon}(n))]\delta\boldsymbol{u} - \frac{1}{g_N}\boldsymbol{n}\boldsymbol{n}^{\mathrm{T}}\boldsymbol{F}\delta\boldsymbol{u} \tag{19.3.26}$$

这里引入了式(19.3.16)。根据式(19.3.26),式(19.3.20)右边第一项为

$$t_N\boldsymbol{F}^{\mathrm{T}}\delta\boldsymbol{n} = \frac{t_N}{g_N}[\boldsymbol{F}^{\mathrm{T}}\boldsymbol{F} - \boldsymbol{F}^{\mathrm{T}}\boldsymbol{n}\boldsymbol{n}^{\mathrm{T}}\boldsymbol{F} + \boldsymbol{F}^{\mathrm{T}}\boldsymbol{A}\boldsymbol{D}^{-1}(\boldsymbol{A}^{\mathrm{T}}\boldsymbol{F} + g_N\boldsymbol{\varepsilon}(\boldsymbol{n}))]\delta\boldsymbol{u} \tag{19.3.27}$$

现在考虑式(19.3.20)中项 $\delta\boldsymbol{F}^{\mathrm{T}}\boldsymbol{n}$ 及 $\boldsymbol{F}$。按式(19.3.10)及式(19.3.23)中的定义,可得

$$\begin{aligned}\delta\boldsymbol{F}^{\mathrm{T}}\boldsymbol{n} &= -\delta\xi\,\boldsymbol{C}_{\xi}^{\mathrm{T}}\boldsymbol{n} - \delta\eta\,\boldsymbol{C}_{\eta}^{\mathrm{T}}\boldsymbol{n} = -[\boldsymbol{\varepsilon}(\boldsymbol{n})]^{\mathrm{T}}\delta\boldsymbol{\xi} \\ &= [\boldsymbol{\varepsilon}(n)]^{\mathrm{T}}\boldsymbol{D}^{-1}[\boldsymbol{A}^{\mathrm{T}}\boldsymbol{F} + g_N\boldsymbol{\varepsilon}(\boldsymbol{n})]\delta\boldsymbol{u}\end{aligned} \tag{19.3.28}$$

最后,根据式(19.3.10)、式(19.3.27)、式(19.3.28),可得初应力刚度矩阵

$$\begin{aligned}\boldsymbol{K}_{t\sigma c}(t_N) = \frac{t_N}{g_N}[&\boldsymbol{F}^{\mathrm{T}}\boldsymbol{F} - \boldsymbol{F}^{\mathrm{T}}\boldsymbol{n}\boldsymbol{n}^{\mathrm{T}}\boldsymbol{F} + \boldsymbol{F}^{\mathrm{T}}\boldsymbol{A}\boldsymbol{D}^{-1}\boldsymbol{A}^{\mathrm{T}}\boldsymbol{F} + g_N\boldsymbol{F}^{\mathrm{T}}\boldsymbol{A}\boldsymbol{D}^{-1}\boldsymbol{\varepsilon}(\boldsymbol{n}) \\ &+ g_N(\boldsymbol{\varepsilon}(\boldsymbol{n}))^{\mathrm{T}}\boldsymbol{D}^{-1}\boldsymbol{A}^{\mathrm{T}}\boldsymbol{F} + g_N^2(\boldsymbol{\varepsilon}(\boldsymbol{n}))^{\mathrm{T}}\boldsymbol{D}^{-1}\boldsymbol{\varepsilon}(\boldsymbol{n})]\end{aligned} \tag{19.3.29}$$

19.3.3 考虑滑移摩擦

以下所考虑滑移摩擦的接触问题,与 Laursen 和 Simo 提出的模型有密切关系。毫无疑问,希望采用类似二维中的方法,如式(19.2.26)和图 19.3.2 定义切线间隙 $g_T(2\times1)$。在二维情况下,引入初始构形 εl_0。现采用相似的概念,先有 $\boldsymbol{\xi}_0^{\mathrm{T}}=[\xi_0 \quad \eta_0]$(见图 19.3.3),以及 $\boldsymbol{r}_{\xi 0}$,$\boldsymbol{r}_{\eta 0}$ 和 $\boldsymbol{e}_{30}=\boldsymbol{n}_0$。用三个向量可生成法向的三维系统

$$\boldsymbol{E}_0 = [\boldsymbol{e}_{10} \quad \boldsymbol{e}_{20} \quad \boldsymbol{e}_{30}] \tag{19.3.30}$$

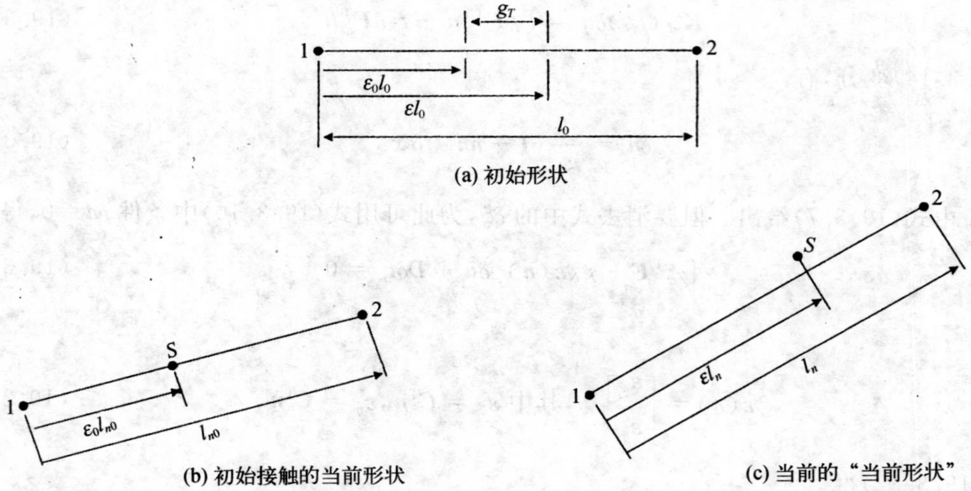

(a) 初始形状

(b) 初始接触的当前形状

(c) 当前的“当前形状”

图 19.3.2　二维接触和切向间隙

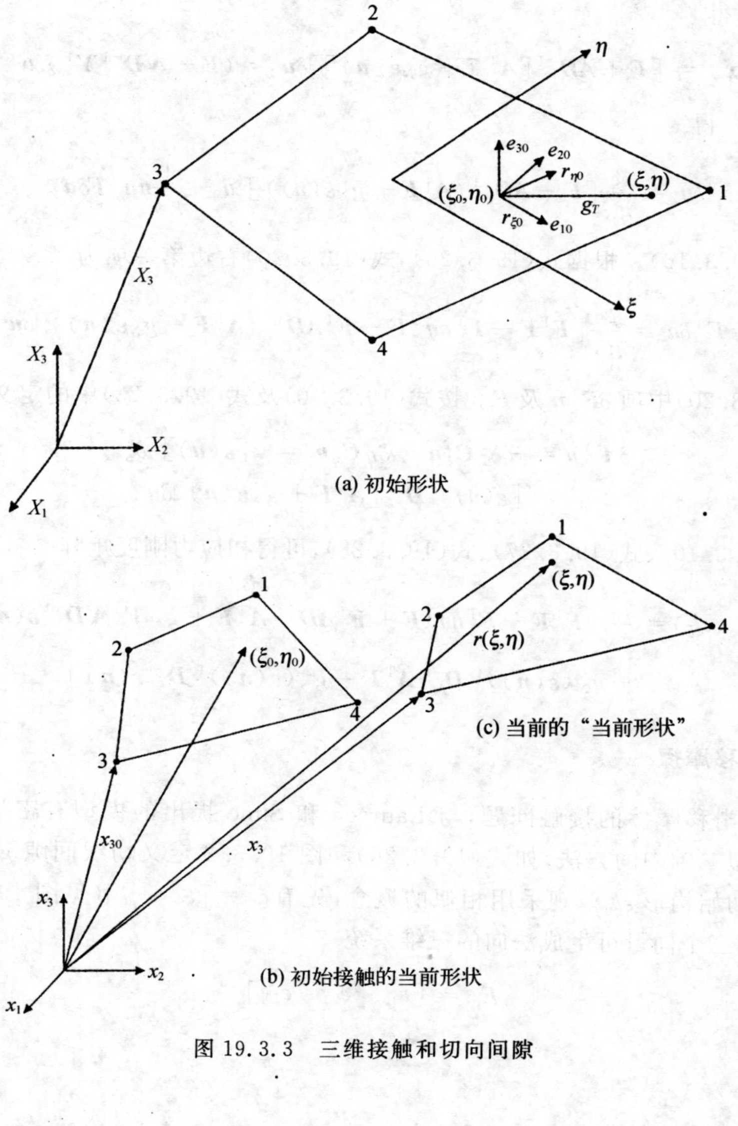

(a) 初始形状

(b) 初始接触的当前形状

(c) 当前的“当前形状”

图 19.3.3　三维接触和切向间隙

这里设

$$\boldsymbol{e}_{10} = \frac{\boldsymbol{r}_{\xi 0}}{\| \boldsymbol{r}_{\xi 0} \|}, \quad \boldsymbol{e}_{20} = \boldsymbol{e}_{30} \times \boldsymbol{e}_{10} \tag{19.3.31}$$

现定义接触点初始坐标向量

$$\boldsymbol{X}_0 = \sum \varphi_i(\xi_0, \eta_0)\boldsymbol{X}_i \tag{19.3.32}$$

其中,$\boldsymbol{X}_i$ 为主接触表面的节点初始坐标。对当前接触点(ξ, η),主接触表面

$$\boldsymbol{X} = \sum \varphi_i(\xi, \eta)\boldsymbol{X}_i \tag{19.3.33}$$

最后确定切线间隙

$$\boldsymbol{g}_T = \begin{bmatrix} g_{T1} \\ g_{T2} \end{bmatrix} = [\boldsymbol{e}_{10} \quad \boldsymbol{e}_{20}]^{\mathrm{T}}(\boldsymbol{X} - \boldsymbol{X}_0) \tag{19.3.34}$$

这等效于式(19.2.26)中的二维标量间隙 g_T。考虑到建立虚功方程需要式(19.3.34)的变分,即有

$$\delta\boldsymbol{g}_T = [\boldsymbol{e}_{10} \quad \boldsymbol{e}_{20}]^{\mathrm{T}}[\boldsymbol{X}_\xi \quad \boldsymbol{X}_\eta]\mathrm{d}\boldsymbol{\xi} = -\overline{\boldsymbol{A}}_X \boldsymbol{D}^{-1}[\boldsymbol{A}^{\mathrm{T}}\boldsymbol{F} + g_N\boldsymbol{\varepsilon}(\boldsymbol{n})]\delta\boldsymbol{u} = \overline{\boldsymbol{A}}_X \boldsymbol{D}^{-1}\boldsymbol{Y}^{\mathrm{T}}\delta\boldsymbol{u} \tag{19.3.35}$$

其中,用到了式(19.3.24)。应用虚功原理,可得含有粘滞摩擦力的单元内力为

$$\boldsymbol{q}_{ic} = \boldsymbol{Y}\boldsymbol{D}^{-1}\overline{\boldsymbol{A}}_X^{\mathrm{T}}\begin{bmatrix} t_{T1} \\ t_{T2} \end{bmatrix} = \boldsymbol{Y}\boldsymbol{D}^{-1}\overline{\boldsymbol{A}}_X^{\mathrm{T}}\begin{bmatrix} S_T g_{T1} \\ S_T g_{T2} \end{bmatrix} = \boldsymbol{Y}\boldsymbol{D}^{-1}\overline{\boldsymbol{A}}_X^{\mathrm{T}}\boldsymbol{t}_T = \boldsymbol{Y}\boldsymbol{D}^{-1}\bar{\boldsymbol{t}} = \boldsymbol{Y}\boldsymbol{t}^* \tag{19.3.36}$$

对式(19.3.36)变分可得

$$\delta\boldsymbol{q}_{ic} = S_T\boldsymbol{Y}\boldsymbol{D}^{-1}\overline{\boldsymbol{A}}_X^{\mathrm{T}}\overline{\boldsymbol{A}}_X\boldsymbol{D}^{-1}\boldsymbol{Y}^{\mathrm{T}}\delta\boldsymbol{u} + \boldsymbol{K}_{t\sigma c}(\boldsymbol{t}_T)\delta\boldsymbol{u} \tag{19.3.37}$$

其中

$$\boldsymbol{K}_{t\sigma c}(\boldsymbol{t}_T)\delta\boldsymbol{u} = \delta\boldsymbol{Y}\boldsymbol{t}_T^* - \boldsymbol{Y}\boldsymbol{D}^{-1}\delta\boldsymbol{D}\boldsymbol{t}_T^* + \boldsymbol{Y}\boldsymbol{D}^{-1}\delta\boldsymbol{A}_X^{\mathrm{T}}\boldsymbol{t}_T \tag{19.3.38}$$

为求上式变分,可引入辅助列向量

$$\boldsymbol{t}_i^* = \begin{bmatrix} 0 & 1 \\ 1 & 0 \end{bmatrix}\boldsymbol{t}^*, \quad \boldsymbol{t}_A^* = \boldsymbol{A}\boldsymbol{t}^*, \quad \boldsymbol{t}_{e0} = [\boldsymbol{e}_{10} \quad \boldsymbol{e}_{20}]\boldsymbol{t}_T \tag{19.3.39}$$

及辅助矩阵

$$\boldsymbol{C}_{\xi\eta} = [0 \quad \varphi_{\xi\eta 1}\boldsymbol{I} \quad \varphi_{\xi\eta 2}\boldsymbol{I} \quad \varphi_{\xi\eta 3}\boldsymbol{I} \quad \varphi_{\xi\eta 4}\boldsymbol{I}] \tag{19.3.40}$$

和

$$\boldsymbol{\varepsilon}(\boldsymbol{t}_A^*) = \begin{bmatrix} \boldsymbol{\varepsilon}_\xi(\boldsymbol{t}_A^*)^{\mathrm{T}} \\ \boldsymbol{\varepsilon}_\eta(\boldsymbol{t}_A^*)^{\mathrm{T}} \end{bmatrix}, \quad 其中\ \boldsymbol{\varepsilon}_\xi(\boldsymbol{t}_A^*) = \boldsymbol{C}_\xi^{\mathrm{T}}\boldsymbol{t}_A^*, \boldsymbol{\varepsilon}_\eta(\boldsymbol{t}_A^*) = \boldsymbol{C}_\eta^{\mathrm{T}}\boldsymbol{t}_A^* \tag{19.3.41}$$

令

$$\boldsymbol{Z} = \boldsymbol{t}^*(1)\boldsymbol{C}_\xi + \boldsymbol{t}^*(2)\boldsymbol{C}_\eta \tag{19.3.42}$$

和辅助行向量

$$\boldsymbol{\varepsilon}_{\xi\eta}(\boldsymbol{n})=\boldsymbol{n}^{\mathrm{T}}\boldsymbol{C}_{\xi\eta} \tag{19.3.43}$$

式(19.3.41)的矩阵 $\boldsymbol{\varepsilon}(\boldsymbol{t}_A^*)$ 与式(19.3.23)中矩阵 $\boldsymbol{\varepsilon}(\boldsymbol{n})$ 具有类似形式。

式(19.3.38)的初应力矩阵可表示为

$$\boldsymbol{K}_{\sigma c}(\boldsymbol{t}_T)=\boldsymbol{K}_1+\boldsymbol{K}_1^{\mathrm{T}}+\boldsymbol{Y}\boldsymbol{D}^{-1}\boldsymbol{W}\boldsymbol{D}^{-1}\boldsymbol{Y}^{\mathrm{T}} \tag{19.3.44}$$

其中

$$\boldsymbol{K}_1=-\boldsymbol{F}^{\mathrm{T}}\boldsymbol{Z}+\boldsymbol{Y}\boldsymbol{D}^{-1}[\boldsymbol{A}^{\mathrm{T}}\boldsymbol{Z}+\boldsymbol{\varepsilon}(\boldsymbol{t}_A^*)-\boldsymbol{t}_i^*\boldsymbol{r}_{\xi\eta}^{\mathrm{T}}\boldsymbol{F}-g_N\boldsymbol{t}_i^*(\boldsymbol{\varepsilon}_{\xi\eta}(\boldsymbol{n}))^{\mathrm{T}}] \tag{19.3.45}$$

和

$$\boldsymbol{W}=\boldsymbol{A}^{\mathrm{T}}\boldsymbol{r}_{\xi\eta}(\boldsymbol{t}_i^*)^{\mathrm{T}}+\boldsymbol{t}_i^*\boldsymbol{r}_{\xi\eta}^{\mathrm{T}}\boldsymbol{A}+[(\boldsymbol{t}_A^*)^{\mathrm{T}}\boldsymbol{r}_{\xi\eta}+(\boldsymbol{t}_{e0})^{\mathrm{T}}\boldsymbol{X}_{\xi\eta}]\begin{bmatrix}0&1\\1&0\end{bmatrix} \tag{19.3.46}$$

19.3.4 考虑 Coulomb 滑移摩擦

为考虑库仑滑移摩擦，式(19.2.38)所示屈服函数应改写为

$$f=\|\boldsymbol{t}_T\|+\mu t_N=0 \tag{19.3.47a}$$

$$\boldsymbol{t}_T^{\mathrm{T}}=[t_{T1}\quad t_{T2}] \tag{19.3.47b}$$

而力向量 $\boldsymbol{t}$ 的分量 $\boldsymbol{t}_T$，t_N 可表示为

$$\begin{aligned}\boldsymbol{t}_{TC}&=\boldsymbol{t}_{TA}+S_T(\Delta\boldsymbol{g}_T-\Delta\boldsymbol{g}_{pC})\\&=\boldsymbol{t}_{TB}-S_T\Delta\boldsymbol{g}_{pB}=\left(1-\frac{S_T\Delta\lambda}{\|\boldsymbol{t}_{TB}\|}\right)\boldsymbol{t}_B=\varepsilon\boldsymbol{t}_{TB}\end{aligned} \tag{19.3.48a}$$

$$t_{NC}=t_{NA}+S_N\Delta g_N \tag{19.3.48b}$$

在式(19.3.48a)中，用一不相关流动准则，则 $\Delta\boldsymbol{g}_p$ 法向于柱体；$\|\boldsymbol{t}_T\|$ 为常数，由此可得 $\Delta\boldsymbol{g}_{pC}=\Delta\boldsymbol{g}_{pB}$。为完全确定 $\boldsymbol{t}_C$ 力，必须通过满足屈服条件 $f_C=0$，从

$$\varepsilon=\frac{-\mu t_{NB}}{\|\boldsymbol{t}_{TB}\|} \tag{19.3.49}$$

得内力向量

$$\boldsymbol{q}_{ic}=\boldsymbol{B}^{\mathrm{T}}\boldsymbol{t}_C \tag{19.3.50}$$

结合式(19.3.17)与式(19.3.35)得

$$\delta\boldsymbol{g}=\begin{bmatrix}\delta\boldsymbol{g}_T\\\delta\boldsymbol{g}_N\end{bmatrix}=\begin{bmatrix}\overline{\boldsymbol{A}}_X\boldsymbol{D}^{-1}\boldsymbol{Y}^{\mathrm{T}}\\\boldsymbol{n}^{\mathrm{T}}\boldsymbol{F}\end{bmatrix}\delta\boldsymbol{u}=\boldsymbol{B}\delta\boldsymbol{u} \tag{19.3.51}$$

由式(19.3.48)和式(19.3.49)得

$$\dot{\boldsymbol{t}}_{TC}=\varepsilon S_T\left(\boldsymbol{I}-\frac{\boldsymbol{t}_{TB}\boldsymbol{t}_{TB}^{\mathrm{T}}}{\boldsymbol{t}_{TB}^{\mathrm{T}}\boldsymbol{t}_{TB}}\right)\dot{\boldsymbol{g}}_T-\varepsilon S_N\dot{g}_N \tag{19.3.52a}$$

$$\dot{\boldsymbol{t}}_{NC}=S_N\dot{g}_N \tag{19.3.52b}$$

结合上式可得 $\dot{t}_C = C_t \dot{g}$，其中模量矩阵 C_t 是非对称。

采用类似二维问题中过程，可得接触单元的切线刚度矩阵

$$K_t = B^T C_t B + K_{tc\sigma}(t_N) + K_{tc\sigma}(t_T) \tag{19.3.53}$$

其中，$K_{tc\sigma}(t_N)$ 如式(19.3.29)；$K_{tc\sigma}(t_T)$ 如式(19.3.44)。

以上讨论了 4 节点或 3 节点接触表面上单一从节点。显然该法可推广至高阶单元，现 Laursen 和 Simo 已进行了这方面工作。

19.3.5 避免刚度的突然改变

早期罚方法的一个缺点是在迭代中当节点在接触面上下移动时，收敛性很差。在此条件下，使用直线搜索或类似过程是必要的。求解数值问题的另一问题是当先前的接触节点脱离接触状态时要避免刚度的突然改变，而这可用 Zavarise 等提供的方法解决。该法将罚单元和障碍单元结合在一起。如图 19.3.4 所示，法向接触力

$$t_N = \hat{t}_N + S_N g_N \quad (g_N < 0) \tag{19.3.54a}$$

或

$$t_N = \hat{t}_N \exp\left[\frac{S_N}{\hat{t}_N} g_N\right] \quad (g_N \geqslant 0) \tag{19.3.54b}$$

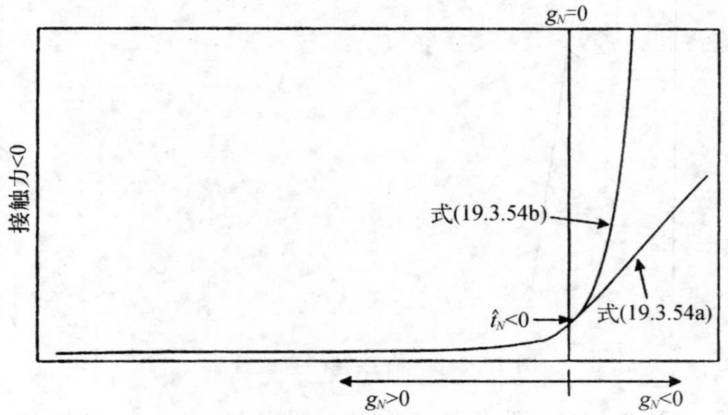

图 19.3.4 接触力/间隙关系

其中，S_N 为罚刚度；$\hat{t}_N$ 为输入的估计接触力。从式(19.3.54b)和图 19.3.4 中可显而易见 $\hat{t}_N$ 是间隙为零时的力。当间隙为正时，总力带有跨越地迅速趋向于零。根据线性刚度 S_N，从式(19.3.54)，切向刚度

$$S_{\tan} = S_N g_N \quad (g_N < 0) \tag{19.3.55a}$$

$$S_{\tan} = S_N \exp\left(\frac{S_N}{\hat{t}_N} g_N\right) \quad (g_N \geqslant 0) \tag{19.3.55b}$$

如果给定 $\hat{t}_N$，考虑到简单的二维法向接触模型，首先以式(19.3.54)取代式(19.2.11)，而式(19.2.12)和式(19.2.18)中的切向刚度矩阵不变，除了式(19.3.55)中 $S_{\tan}$ 替代式(19.2.12)中的 k_{tc1} 的 S_N。

为获得 $\hat{t}_N$ 的估计,可用临近接触单元的信息。该法与扩张拉格朗日法类似的"增量过程"结合使用。带 t_N 时获得收敛,可简化设置 $\hat{t}_N = t_N$ 并开始新的迭代循环。使用这种办法,可收敛至无穿透解。利用罚法及增量拉格朗日法有利于逐步增加罚参数 S_N。

19.3.6 求解过程的扩展

虽然一些早期方法涉及基于类牛顿(Newton-Like)过程,但是还有些关系到接触问题的特殊考虑。

现在先考虑一节点的简单接触问题。假定在增量步的结尾,节点处于接触状态,但在当前迭代步的结尾仍未接触。与罚刚度相关的迭代位移向量 $\delta\boldsymbol{u}$ 相对于需要保持接触的位移大得多,这导致最小步长必须被设置为一很小的数,或者采用图 19.3.5 中描述的形式。采用传统算法,在检查误差之前需要大量残余估计。

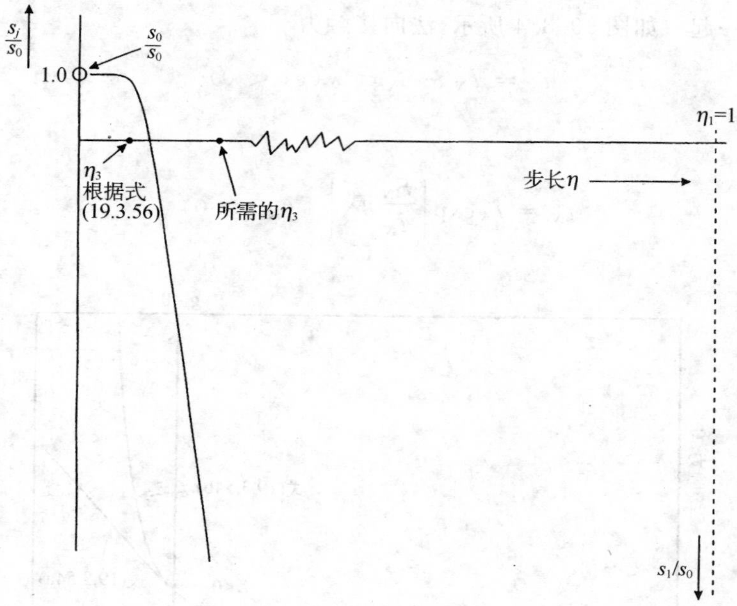

图 19.3.5 有接触的直线搜索

通过应用间隙尺寸相关信息可降低该工作量。假定在 $\eta = \eta_0 = 0$ 时有正间隙 g_0,而在 $\eta = 1$, $g_1(\eta_1)$为具有较大绝对值的负值,因为未提供大罚刚度,因此存在较大跨越。为保持间隙为零,可简单估计步长

$$\eta_2 = \frac{-g_0}{g_1 - g_0} \tag{19.3.56}$$

上式可用来替代能量倾斜上插值[110]。此时,若能量倾斜 $s_2(\eta_2)$为负,可简单地用能量倾斜的一般方法。但若 $s_2(\eta_2) > 0$,仍需一负值倾斜比 $s_1(\eta_1 = 1)$更逼近 η_2。结果是可设 $\eta_3 = 2\eta_2$,持续直到获得负能量倾斜。或者可在 η_1 与 η_2 之间插值,需要暂时采用压缩算法,作一小变动使

$$\eta_3 = \eta_2 + 0.2(\eta_1 - \eta_2) \approx 0.2$$

实际中会存在大量接触节点,此时可采用前述方法,即在 $\eta = 1$ 时对含最大穿透的节点应用间隙处理,还可用于 $\eta = 0$ 时的正间隙。借助于弧长法,该思想可扩展至增量而非迭代。将

该法引入一般算法是可能的，其中在任何增量过程中可选间隙与节点相联系，指示求解中穿透时候最大值而在前一增量无接触。

19.4 Lagrange 乘子法

19.4.1 概述

现采用经典优化技术形成 Lagrange 乘子

$$L = E + \sum \lambda_N g_N \tag{19.4.1}$$

其中，E 为总势能；λ_N 为一系列相关于各接触单元的 Lagrange 乘子。对上式变分可得

$$\delta L = \bar{\boldsymbol{g}}^{\mathrm{T}} \delta \boldsymbol{u} + \sum \lambda_N \delta g_N + \sum \delta \lambda_N g_N \tag{19.4.2}$$

其中，$\bar{\boldsymbol{g}}$包含了非接触单元的总势能梯度。为满足一阶条件，必须使任意变分 $\delta\boldsymbol{u}$ 以及与 $\delta\boldsymbol{u}$ 相关的 δg_N 和 $\delta\lambda_N$ 消失，并且应用初始接触约束条件可得

$$\bar{\boldsymbol{g}}^{\mathrm{T}} \delta \boldsymbol{u} + \sum \lambda_N \delta g_N (\delta \boldsymbol{u}) = 0 \tag{19.4.3}$$

和

$$g_N \geqslant 0 \tag{19.4.4a}$$

$$\lambda_N \leqslant 0 \tag{19.4.4b}$$

$$g_N \lambda_N = 0 \tag{19.4.4c}$$

若式(19.4.3)中将 λ 看作界面上的拖力，则式(19.4.3)可以认为是与式(19.2.9)具有类似形式的虚功表达式，虽然在后者采用罚力 t_N 而现在采用拉格朗日乘子 λ_N。方程式(19.4.4)适用于各种接触条件，如 Kuhn-Tucker 条件。

式(19.4.4a)确保不发生穿透，式(19.4.4b)确保压缩接触力，同时条件(19.4.4c)保证无接触时 $\lambda_N=0$，间隙为零。但若有接触 $g_N=0$，则接触力非零。λ 为偏离活动接触区的零偏移，可定义"设定的活动域"以包括所有现在的活动接触单元并以

$$L = E + \sum_a \lambda_N g_N \tag{19.4.5}$$

替代式(19.4.1)。式中，a 为与"设定的活动域"相联系的部分。由与设定的活动域相关可得

$$g_N = 0 \quad (\text{在 } a \text{ 上}) \tag{19.4.6}$$

现引入粘性摩擦以修正式(19.4.3)，得

$$\bar{\boldsymbol{g}}^{\mathrm{T}} \delta \boldsymbol{u} + \sum_a \lambda_N \delta g_N (\delta \boldsymbol{u}) + \sum_a \lambda_T \delta g_T (\delta \boldsymbol{u}) = \bar{\boldsymbol{g}}^{\mathrm{T}} \delta \boldsymbol{u} + \boldsymbol{q}_{ic}^{\mathrm{T}} \delta \boldsymbol{u} = 0 \tag{19.4.7}$$

若考虑设定的活动域的单一接触单元，可以用与罚方法中同样的精确方法定义 g_N 与 g_T，得式(19.2.33)，或有

$$\delta \boldsymbol{g} = \begin{bmatrix} \delta g^{\mathrm{T}} \\ \delta g_N \end{bmatrix} = \boldsymbol{B} \delta \boldsymbol{u} = \begin{bmatrix} \boldsymbol{f}^{\mathrm{T}} \\ \boldsymbol{a}^{\mathrm{T}} \end{bmatrix} \delta \boldsymbol{u} \tag{19.4.8}$$

由上式推得接触单元内力

$$\boldsymbol{q}_{ic} = \boldsymbol{B}^{\mathrm{T}}\lambda = \boldsymbol{B}^{\mathrm{T}}\begin{bmatrix}\lambda_T \\ \lambda_N\end{bmatrix} \tag{19.4.9}$$

上式与式(19.2.32)类似。现再次考虑单接触单元，平衡方程式(19.4.9)必须补充以如下接触约束，即

$$\boldsymbol{g} = \begin{bmatrix}g_T \\ g_N\end{bmatrix} = 0 \tag{19.4.10}$$

对于一般的迭代过程只考虑到位移 $\boldsymbol{u}$ 和拉格朗日乘子 λ，但无法满足方程 $\boldsymbol{g}=0$，以及包括活动接触单元中的 $\boldsymbol{q}_{ic}$ 和式(19.4.10)所示位于接触单元的约束条件。为提高解的精度可应用 Taylor 级数得平衡方程

$$-\boldsymbol{g}_{\mathrm{old}} = \overline{\boldsymbol{K}}_t\delta\boldsymbol{u} + \sum_a \boldsymbol{B}^{\mathrm{T}}\delta\lambda + \sum_a \delta\boldsymbol{B}^{\mathrm{T}}\lambda \tag{19.4.11}$$

其中，$\overline{\boldsymbol{K}}_t$ 为非接触区的切线刚度模量。对于接触区的单元，式(19.4.11)中最后一项提供了与罚方法中同样精度的初应力矩阵，不过现在以 λ 替代 $\boldsymbol{t}$。式(19.4.11)可重写为

$$-\boldsymbol{g}_{\mathrm{old}} = \overline{\boldsymbol{K}}_t\delta\boldsymbol{u} + \sum_a (\boldsymbol{K}_{tc\sigma}(\lambda_T) + \boldsymbol{K}_{tc\sigma}(\lambda_N))\delta\boldsymbol{u} + \sum_a \boldsymbol{B}^{\mathrm{T}}\delta\lambda \tag{19.4.12}$$

同样利用截断 Taylor 级数于式(19.4.10)并结合(19.4.8)，可得

$$-\boldsymbol{g}_{\mathrm{old}} = \boldsymbol{B}\delta\boldsymbol{u} \tag{19.4.13}$$

若跳过不同单元贡献，结合式(19.4.12)和式(19.4.13)则可得 Newton-Raphson 迭代形式

$$-\begin{bmatrix}\boldsymbol{K}_t & \boldsymbol{B}^{\mathrm{T}} \\ \boldsymbol{B} & 0\end{bmatrix}^{-1}\begin{bmatrix}\boldsymbol{g}_{\mathrm{old}} \\ \boldsymbol{g}_{\mathrm{old}}\end{bmatrix} = \begin{bmatrix}\delta\boldsymbol{u} \\ \delta\lambda\end{bmatrix} \tag{19.4.14}$$

解得位移变化及拉格朗日乘子的变化。对接触单元，式(19.4.14)包含了前述式(19.4.12)中“初应力项”的贡献。

较前述罚方法，新的方法确保所需约束的精确满足，但在实际中有不少缺陷。首先，需要通过 Lagrange 乘子增加较多变量；其次，必须慎重选择求解过程的方程次序。但是，有可能结合 Lagrange 乘子法与罚方法以得到二者优点，下节将介绍这种方法。

19.4.2 增量 Lagrange 法

把活动接触单元中的应变能加入到系统的总势能，系统的能量泛函

$$E = E_b + \sum_a \frac{1}{2}g^{\mathrm{T}}\boldsymbol{C}g \tag{19.4.15}$$

下面忽略求和符号，由上式可得

$$\delta E = \delta E_b + \boldsymbol{g}^{\mathrm{T}}\boldsymbol{C}\delta g = \delta\boldsymbol{u}^{\mathrm{T}}\bar{\boldsymbol{g}} + \delta\boldsymbol{u}^{\mathrm{T}}\boldsymbol{B}^{\mathrm{T}}\boldsymbol{C}g = \delta\boldsymbol{u}^{\mathrm{T}}\bar{\boldsymbol{g}} + \delta\boldsymbol{u}^{\mathrm{T}}\boldsymbol{B}^{\mathrm{T}}\boldsymbol{t} = \delta\boldsymbol{u}^{\mathrm{T}}\bar{\boldsymbol{g}} + \delta\boldsymbol{u}^{\mathrm{T}}\boldsymbol{q}_{ic} \tag{19.4.16}$$

这里用到了式(19.4.8)中的 $\delta\boldsymbol{g}$，而内力向量 $\boldsymbol{q}_{ic}$ 与前述罚方法中的一致。

现对 Lagrange 乘子法加以推广，有

$$A = L + \sum_{a} \frac{1}{2}\boldsymbol{g}^{\mathrm{T}}\boldsymbol{C}\boldsymbol{g} = E_b + \sum_{a}\boldsymbol{g}^{\mathrm{T}}\boldsymbol{\lambda} + \sum_{a} \frac{1}{2}\boldsymbol{g}^{\mathrm{T}}\boldsymbol{C}\boldsymbol{g} \tag{19.4.17a}$$

在进一步推导增量 Lagrange 乘子法之前，注意到扰动 Lagrange 乘子法，有

$$P = E_b + \sum_{a}\boldsymbol{g}^{\mathrm{T}}\boldsymbol{\lambda} - \sum_{a} \frac{1}{2}\boldsymbol{\lambda}^{\mathrm{T}}\boldsymbol{C}^{-1}\boldsymbol{\lambda} \tag{19.4.17b}$$

回到增量 Lagrange 乘子法，对式(19.4.17a)求变分，有

$$\delta A = \delta\boldsymbol{u}^{\mathrm{T}}\bar{\boldsymbol{g}} + \delta\boldsymbol{u}^{\mathrm{T}}\boldsymbol{B}^{\mathrm{T}}(\boldsymbol{C}\boldsymbol{g}+\boldsymbol{\lambda}) + \delta\boldsymbol{\lambda}^{\mathrm{T}}\boldsymbol{g} = \delta\boldsymbol{u}^{\mathrm{T}}\bar{\boldsymbol{g}} + \delta\boldsymbol{u}^{\mathrm{T}}\boldsymbol{B}^{\mathrm{T}}(\boldsymbol{t}+\boldsymbol{\lambda}) + \delta\boldsymbol{\lambda}^{\mathrm{T}}\boldsymbol{g} \tag{19.4.18}$$

这里分解了设定的活动域的求和符号，但隐含在其中。当一阶条件满足时，对任意 $\delta\boldsymbol{u}$ 和 δg，δA 消失，所以

$$\boldsymbol{g} = \bar{\boldsymbol{g}} + \boldsymbol{q}_{ic} = \bar{\boldsymbol{g}} + \boldsymbol{B}^{\mathrm{T}}(\boldsymbol{t}+\boldsymbol{\lambda}) = \bar{\boldsymbol{g}} + \boldsymbol{B}^{\mathrm{T}}(\boldsymbol{C}\boldsymbol{g}+\boldsymbol{\lambda}) = 0 \tag{19.4.19}$$

和

$$\boldsymbol{g} = 0 \tag{19.4.20}$$

上两式同时满足时，可得一般的 Lagrange 乘子解，因为式(19.4.18)中的 $\boldsymbol{C}\boldsymbol{g}$ 将会消失。

应用结合方法中的优点的一种方案是在保持 Lagrange 乘子的同时加入罚项，这样会有效的应用上述的修正形式。现在关键的方程为式(19.4.19)和式(19.4.20)，按导出式(19.4.14)的方法，所得 Newton-Raphson 迭代格式为

$$\begin{bmatrix}\delta\boldsymbol{u}\\ \delta\boldsymbol{\lambda}\end{bmatrix} = -\begin{bmatrix}\boldsymbol{K}_t & \boldsymbol{B}^{\mathrm{T}}\\ \boldsymbol{B} & 0\end{bmatrix}\begin{bmatrix}\boldsymbol{g}_{\mathrm{old}}\\ \boldsymbol{g}_{\mathrm{old}}\end{bmatrix} \tag{19.4.21}$$

其中接触单元的切线刚度

$$\boldsymbol{K}_T = \boldsymbol{B}^{\mathrm{T}}\boldsymbol{C}\boldsymbol{B} + \boldsymbol{K}_{tc\sigma}(\lambda_T + S_T g_T) + \boldsymbol{K}_{tc\sigma}(\lambda_N + S_N g_N) \tag{19.4.22}$$

式中，$\boldsymbol{K}_T$ 为接触单元。上式中第一项得自式(19.4.19)中右边最后一项中 $\boldsymbol{g}$ 的变分，$\boldsymbol{K}_{tc\sigma}$ 得自同一式中 $\boldsymbol{B}$ 的变分。这些初应力矩阵具有与式(19.2.18)和式(19.2.31)中的矩阵相同形式。

增加罚项的优点在于由于方法本身的非奇异性求解顺序的难题已解决，所用罚参数无须很大，因此接触条件可由 Lagrange 乘子有效满足。但是，额外 Lagrange 乘子向量在方程求解中存在的缺点依然存在。

克服这一限制的另一个办法是采用“乘子方法”，这里有一个术语名称问题，即该法还常称为“扩展 Lagrange 法”，但与“增量 Lagrange 法”截然不同。在乘子法中，Lagrange 乘子在活动接触单元中保持变量，但仅为单元级的变量，并不进入全局求解过程；而后者仅涉及传统位移向量，这有点类似于罚方法。求解的 Powell 算法过程如下。

(1) 从上一增量，设 $\boldsymbol{\lambda}=\boldsymbol{\lambda}+\boldsymbol{C}\boldsymbol{g}$，并定义设定的活动域。

(2) 令 $k=k+1$，用 Newton-Raphson 法或等效 Newton-Raphson 法求解

$$\bar{\boldsymbol{g}}_b + \boldsymbol{q}_{ic} = 0 \tag{19.4.23}$$

且随着 $\boldsymbol{u}$ 的变化，λ 固定，有

$$\boldsymbol{q}_{ic} = \boldsymbol{B}^{\mathrm{T}}(\boldsymbol{C}\boldsymbol{g}(\boldsymbol{u}) + \boldsymbol{\lambda}) \tag{19.4.24}$$

(3) 在设定的活动域中令

$$\boldsymbol{\lambda} = \boldsymbol{\lambda}_{\text{old}} + \boldsymbol{C}\boldsymbol{g} \tag{19.4.25}$$

且更新 **C** 内罚参数，但若 $\lambda > 0$，设 $\lambda = 0$ 并从设定的活动域中移走该单元。加入设定的活动域所有 $g_N \leqslant 0$ 并存贮 ε_0 值。见式(19.2.6)和图 19.3.2。

(4) 检验设定的活动域中 $|g_N|$ 是否小于误差，以确保接触收敛。若满足，开始下一增量，继续(1)；若否，至(2)，应用新的 Newton-Raphson 法。

Fletcher 和 Luenberger 等分别给出式(19.4.25)中验证 Lagrange 乘子的方法。Powell 算法似乎为 Simo 和 Laursen 所推崇。在第二步 Newton-Raphson 迭代中，λ 和设定的活动域固定。结果是期望每一步用二次收敛(Quadratic Convergence)。因为设定的活动域固定，似乎即使 λ_N 为正也要计算切线刚度。

较之罚方法，乘子法的主要优点之一在于罚刚度选择的敏感性大大降低。若罚参数过高，会导致非常差的收敛率甚至根本就不收敛。Nour-Omid 和 Wriggers 建议罚参数应加下述限制，即

$$S \leqslant S_{\max} = \frac{k}{\sqrt{Nt}} \tag{19.4.26}$$

其中，k 为邻接单元特征刚度参数；N 为未知数总个数；t 为计算机精度。

减小罚参数仍然不可避免穿透(penetration)会导致与实际物理情况的偏离。但是，使用乘子法时，无须以很大刚度开始，因为约束条件会由 Lagrange 乘子条件满足。

式(19.4.26)给出了可用罚刚度最大值的参考。若问题有足够好的条件，应用罚方法可得到有效解，则与增量 Lagrange 解法相比，显然只涉及较少的工作量。问题是何时需引入“增量”。实际中，估计高罚刚度的病态效应是困难的，因为它不是导致弱收敛的唯一因素。对于线性“牵连滑移线解”(Tied Slide-Line Solution)，可用残基(residual)的 $\|\boldsymbol{g}\|$ 范数为病态污染(Ill-Conditioning Contamination)，作为非线性解法的一部分，还可用周期检查上述主导接触单元的范数。为此，需用线性假设计算残基(g_t)，无须更新几何条件等。上述方法是由 Asghar 提出的。

结合前述算法，第(3)步中罚刚度更新可大大改善乘子法的性能。Bertselkas 建议根据下值更新 S，即

$$S^k = \beta S^{k-1} \tag{19.4.27}$$

其中，k 为平衡迭代循环数，且若

$$|S^k| > \gamma |S^{k-1}|, \quad \text{则 } \beta = \bar{\beta} \tag{19.4.28a}$$

$$|S^k| < \gamma |S^{k-1}|, \quad \text{则 } \beta = 1 \tag{19.4.28b}$$

上式中 $\bar{\beta}$ 可能为 10 而 γ 可能为 1/4。Wriggers 采纳了这一方法，也采纳了式(19.4.26)，当间隙减小时，S 的下限为 1 且只引入式(19.4.28b)。

19.4.3 有 Coulomb 滑移摩擦的 Lagrange 法

Laursen 和 Simo 描述了应用乘子与 Coulomb 滑移摩擦相结合的方法。对于罚方法，内力定义于式(19.2.32)，耦合于式(19.2.40)中向量 $\boldsymbol{t}$。对增量 Lagrange 模型，这些方程修正为

$$\boldsymbol{q}_{ic} = \boldsymbol{B}^{\mathrm{T}} \begin{bmatrix} \lambda_N + S_N g_N \\ \lambda_T + S_T(\Delta g_T - \Delta\eta s_B) \end{bmatrix} = \boldsymbol{B}^{\mathrm{T}} \begin{bmatrix} t_N \\ t_T \end{bmatrix} = \boldsymbol{B}^{\mathrm{T}} \boldsymbol{t} \tag{19.4.29a}$$

$$\boldsymbol{q}_{ic} = (\lambda_N + S_N g_N)\boldsymbol{a} + (\lambda_T + S_T(\Delta g_T - \Delta\eta s_B))\boldsymbol{f} = \boldsymbol{t}_N\boldsymbol{a} + \boldsymbol{t}_T\boldsymbol{f} \tag{19.4.29b}$$

在式(19.4.29b)中，将式(19.2.32)和式(19.2.33)中的 $\boldsymbol{B}$ 分成两子向量 $\boldsymbol{a}$(见式(19.2.7))和 $\boldsymbol{f}$(见式(19.2.27))。式(19.4.29)中的未知标量 $\Delta\eta$ 需满足式(19.2.35)所示屈服准则，仍可由式(19.2.41)给定，虽然在式(19.4.29)中重新定义了 $\boldsymbol{t}$，利用这些新定义，仍可应用式(19.2.45)的切线刚度矩阵写出与乘子方法相关算法的前几个步骤，具体如下。

(1) 设定活动域，令 $\lambda=\lambda$，即为上次增量过程，$k=0$；

(2) 令 $k=k+1$，使用 Newton-Raphson 法求解

$$\bar{\boldsymbol{g}}_b + \boldsymbol{q}_{ic} = 0 \tag{19.4.30}$$

其中，$\boldsymbol{u}$ 为变化的量；λ 固定；$\boldsymbol{q}_{ic}=\boldsymbol{B}^{\mathrm{T}}\boldsymbol{t}$；$\Delta\eta$ 如式(19.2.41)所示；$\boldsymbol{K}_t$ 为接触单元刚度，如式(19.2.45)所示；$\boldsymbol{t}$ 如式(19.4.29)所示。

(3) 在设定的活动域内，令

$$\lambda = t \tag{19.4.31}$$

在前述算法中，切线刚度矩阵由于式(19.2.45)中$\boldsymbol{C}_t$ 的非对称而非对称。为避免该非对称性，Laursen 和 Simo 建议一修正方法。这时，式(19.4.29)仍适用，但由于式(19.4.29)中 $\boldsymbol{t}$ 重新定义，$\Delta\eta$ 不再适用。取而代之的是选择 $\Delta\eta$ 以满足屈服式(19.2.35)，即

$$f = s_B(t_{TB} - \Delta\eta S_T s_B) + \mu\lambda_N \tag{19.4.32}$$

关键的区别在于现由 λ_N 取代了 t_N。乘子 λ_N 固定，作为结果，仍从式(19.2.41)得到 $\Delta\eta$，但现在

$$f_B = s_B t_{TB} + \mu\lambda_N \tag{19.4.33}$$

为得到切线模量矩阵 $\boldsymbol{C}_t$，采用

$$\dot{\eta} = s_B \dot{g}_T \tag{19.4.34}$$

代替式(19.2.43)。随之而来的是为替代式(19.2.44)，采用

$$\begin{cases} \dot{t}_{TC} = S_T\dot{g}_T - S_T\dot{g}_T = 0, \\ \dot{t}_{NC} = S_N\dot{g}_N \end{cases} \tag{19.4.35}$$

所以

$$\boldsymbol{C}_t = S_N\begin{bmatrix} 0 & 0 \\ 0 & 1 \end{bmatrix} \tag{19.4.36}$$

则切线刚度矩阵为对称矩阵。但现在必须采用新过程更新式(19.4.31)中的 Lagrange 乘子，为此设

$$\lambda_N^k = \lambda_N^{k-1} + S_N g_N \tag{19.4.37a}$$

$$\lambda_T^k = \lambda_T^{k-1} + S_T(\Delta g_T - \Delta\eta s_B) \tag{19.4.37b}$$

如式(19.4.37b)，$\Delta\eta$ 已不再是乘子算法第(2)步结束时的 $\Delta\eta$，而是由满足

$$f(\lambda_N^k, \lambda_T^k) = 0 \tag{19.4.38}$$

计算而得。

20 固体和结构中的几何位移分析

20.1 概述

20.1.1 几何软化和现象

由于固体或结构中存在约束,故质点(节点)之间不会产生相对位置的移动,而约束是指一种相对位移的限制。如果约束不充分或被消除,使其失去了两质点间位置改变的限制而产生几何变形,或者通俗地讲是机构运动,这个现象即为几何软化。约束的不充分可能是拓扑的原因,约束的消除可能是几何也可能是由于材料软化所致。几何软化的表现是几何变形或几何位移,几何变形不产生应力。

20.1.2 广义失稳问题

结构体系因几何软化而发生从平衡到不平衡的转移,即稳定的体系失稳。稳定或不稳定是结构系统所处的一种平衡状态。从本质上来说结构失稳可分为五类,第一类是结构系统因几何欠约束而发生结构的几何可变;第二类是结构系统因外部约束不充分而产生的刚体位移或瞬变,使结构产生有限运动;第三类是内部几何稳定且外部约束也充分的结构系统,在外荷载作用下产生的弹性或弹塑性屈曲;第四类是结构系统的倾覆;第五类是结构可能发生的松弛。这五个问题构成了广义稳定问题。结构失稳都可以归结为因几何软化所导致。结构体系因几何软化成为几何体系或部分成为几何体系。

20.1.3 结构和机构

传统上所谓结构是指具有几何和力学属性的体系。几何是指有特定的拓扑和外形,必须为稳定的几何,譬如对于杆系而言,结构几何的稳定性可以采用 Maxwell 准则进行判断。结构的力学属性是指具有承受荷载能力,在荷载作用下会产生弹性或弹塑性变形,结构从材料中获取强度和刚度。但是,结构的概念应该延伸,如果体系是几何不稳定,经过有限的几何变形后体系的几何稳定了,这类体系也应认为是结构。

机构是一个存在相对运动的构件组合,它并不仅仅指机械体系中简单的连杆机构,更广泛指的是一个没有刚度的体系,在微小扰动下都可能产生机构位移,也就是几何位移。如图 20.1.1 和图 20.1.2 所示,体系存在几何位移。机构是几何体系,不具有承受荷载能力。

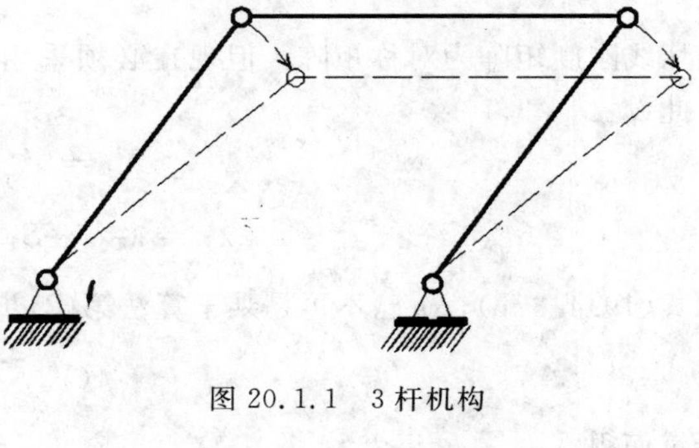

图 20.1.1　3 杆机构

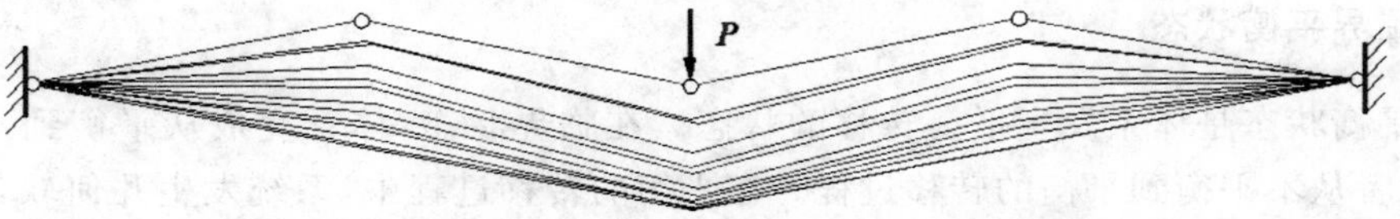

图 20.1.2　4 杆机构

20.1.4　结构松弛和松弛结构

在传统的结构理论中，结构是不允许松弛的，一旦结构发生松弛，反映在刚度矩阵奇异。而事实上结构在集成或者工作态下，某些结构单元可能发生几何软化，因失去了定量约束而退出工作，这些存在单元发生软化的结构称为结构松弛。定量约束的丧失有可能是刚度的退化，也可能是几何上的病态。松弛了的结构单元是没有应力的，但在随后的工作态中由于几何变化，这部分可能再次参与工作，重新获得刚度和应力。

简言之，结构松弛是指结构的一部分可以退出工作又可以再次参与工作。

如果固体或者结构中的一部分始终处于几何软化的状态，则这类结构称为松弛结构。结构的部分失去了固有的约束，在整个工作过程中这部分始终是松弛的，也没有内力。

从概念来说，松弛结构强调的是整个计算阶段此部分都不将参与计算，始终为松弛。对于结构松弛，反映了单元的属性以及几何变形的因素，该部分在整个计算阶段可能退出工作又可能重新进入工作。

20.1.5　弹性位移和几何位移

几何位移是结构体系几何软化或各类失稳问题中所产生的机构位移、刚体位移、弹性屈曲位移和松弛位移的总称。几何位移是几何体系或结构中部分几何体系的几何变形。

结构体系在弹性变形阶段服从弹性力学基本原理，如应力-应变关系和应变-位移关系，结构体系的弹性变形(位移)与作用在体系上的荷载存在唯一的对应关系，体系的初始状态是能量零状态，一旦荷载作用在结构上，结构体系即发生弹性变形并产生弹性应力。弹性变形的大小和方向与荷载有关，同时体系发生弹性变形是可逆的，如果把荷载撤除，则弹性变形会恢复。结构体系发生的弹性变形是一个由小到大或由大到小的渐变过程，通常所谓的几何非线性是指考虑存在的弹性位移的一阶量以上的高阶量。

体系的几何变形(位移)与弹性力学基本原理无关，不服从弹性力学的基本原理，在荷载作用下与荷载不存在对应关系，不产生弹性变形，也不产生应力。体系的初始状态是平衡的临界状态，一旦有任意微小的扰动，体系就会发生几何位移。几何位移的大小与荷载无关，几何位移是不可逆的，如果把荷载撤除，则几何变形不会恢复。体系发生几何位移不是一个由小到大或由大到小的渐变过程，而是一个突变过程。

在实际应用中令人感兴趣的是体系发生几何位移的过程，即运动的轨迹、在过程中可能发生的中性(随遇)平衡状态以及体系的稳定性判别。

结构如果因约束不充分而发生运动或因几何变形，其对几何变形值即几何位移的计算是不能采用弹性力学基本理论及其有限单元法的，应采用各种运动分析的方法。有不少分析几何位移的方法，在机械上针对机构运动采用的是基于多体动力学的方法，近期国外还研究了一些不同的计算方法，而这里所提出的正交原理是适用于各类几何位移分析的方法。

20.1.6 临界平衡状态

临界平衡状态是体系发生平衡转移的状态。在临界状态,体系完成从平衡到不平衡的转移过程,或者从不平衡到平衡的转移过程。在平衡的转移过程中,系统发生几何软化而产生几何位移,虽然临界状的几何位移是无穷小量,但是如果"坚持"几何位移必须满足必要的定量连接条件,那么体系的几何难以连续。所以临界状态的几何位移产生几何应变虽然也是无穷小量,但起了弹性变形的作用,使临界状态的体系几何发生微小变化,从而使体系从一个"弹性体系"瞬间转换成"几何体系",完成平衡转移的过程。因此从某种意义上,瞬变可理解为临界状态的几何位移的发生;几何应变可理解为临界状态的因几何的变化引起的弹性应变;几何应力可理解为因几何应变引起的弹性应力,不言而喻,也是无穷小量。

20.2 结构体系的平衡和协调

20.2.1 体系节点的平衡方程和平衡矩阵

参考有限单元法,将结构体系离散为单元,单元之间由节点相连接。对于一个稳定平衡体系(如图 20.2.1 所示),对于体系中的任一节点 i,有 k, …, n 个节点通过构件与其直接相连。在整体坐标系下,对于任一节点 i 建立单元等效节点内力与等效节点外力的平衡方程

$$\begin{bmatrix} & \vdots & & \vdots & \\ \cdots & \dfrac{(X_i - X_j)}{L_l} & \cdots & \dfrac{(X_i - X_n)}{L_m} & \cdots \\ \cdots & \dfrac{(Y_i - Y_j)}{L_l} & \cdots & \dfrac{(Y_i - Y_n)}{L_m} & \cdots \\ \cdots & \dfrac{(Z_i - Z_j)}{L_l} & \cdots & \dfrac{(Z_i - Z_n)}{L_m} & \cdots \\ & \vdots & & \vdots & \end{bmatrix} \begin{bmatrix} \vdots \\ f_l \\ \vdots \\ f_m \\ \vdots \end{bmatrix} = \begin{bmatrix} \vdots \\ P_{ix} \\ P_{iy} \\ P_{iz} \\ \vdots \end{bmatrix} \tag{20.2.1}$$

即

$$\boldsymbol{A}\boldsymbol{f} = \boldsymbol{P} \tag{20.2.2}$$

其中,$\boldsymbol{A}$ 为整体坐标系下结构平衡方程的系数矩阵,Pellegrino 称其为平衡矩阵,但是它更具有几何意义,反映了一个结构应具备的几何属性。矩阵的病态度和奇异性反映了结构的病态度和奇异性。平衡矩阵是一个长方阵,矩阵中任意一个元素 A_{st} 这里 A_{st} 中的 s 为对应体系的节点自由度序号,是通过记录各节点自由度序号数组 Nfr 计算得到的,t 为对应体系的单元序号。$\boldsymbol{f}$ 为整体坐标系下与单元内力等效的节点内力列向量。$\boldsymbol{P}$ 为与节点荷载等效的节点外力列向量。

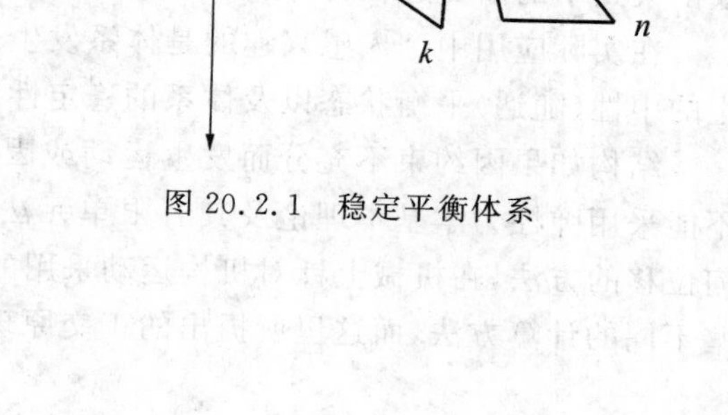

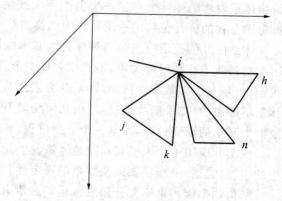

图 20.2.1 稳定平衡体系

式(20.2.2)是结构体系的系的平衡方程。在外荷载作用下，结构发生弹性或者弹塑性变形。当进行奇异值分解(SVD)，可知此时体系属于行满秩，即所谓的动定体系。

20.2.2 体系的协调方程和协调矩阵

假设体系中的任一节点 i 有 k，…，n 个节点通过构件与其直接相连(如图 20.2.1 所示)，对于任一节点 i 建立以位移为未知量的协调方程

$$
\begin{cases}
\vdots \\
\dfrac{(X_i - X_j)}{L_l}(U_{ix} - U_{jx}) + \dfrac{(Y_i - Y_j)}{L_l}(U_{iy} - U_{jy}) + \dfrac{(Z_i - Z_j)}{L_l}(U_{iz} - U_{jz}) + \cdots = \Omega_l, \\
\vdots \\
\dfrac{(X_i - X_k)}{L_m}(U_{ix} - U_{kx}) + \dfrac{(Y_i - Y_k)}{L_m}(U_{iy} - U_{ky}) + \dfrac{(Z_i - Z_k)}{L_m}(U_{iz} - U_{kz}) + \cdots = \Omega_m, \\
\vdots
\end{cases}
$$

故整体结构的协调矩阵为

$$
\begin{bmatrix}
 & \vdots & \vdots & \vdots & \\
\cdots & \dfrac{(X_i - X_j)}{L_l} & \dfrac{(Y_i - Y_j)}{L_l} & \dfrac{(Z_i - Z_j)}{L_l} & \cdots \\
 & \vdots & \vdots & \vdots & \\
\cdots & \dfrac{(X_i - X_k)}{L_m} & \dfrac{(Y_i - Y_k)}{L_m} & \dfrac{(Z_i - Z_k)}{L_m} & \cdots \\
 & \vdots & \vdots & \vdots &
\end{bmatrix}
\begin{bmatrix} \vdots \\ U_{ix} \\ U_{iy} \\ U_{iz} \\ \vdots \end{bmatrix}
=
\begin{bmatrix} \vdots \\ \Omega_l \\ \vdots \\ \Omega_m \\ \vdots \end{bmatrix}
\tag{20.2.3}
$$

即

$$
\boldsymbol{BU} = \boldsymbol{\Omega} \tag{20.2.4}
$$

其中，$\boldsymbol{U}$ 为节点位移列向量；$\boldsymbol{\Omega}$ 为整体结构的单元伸缩向量；$\boldsymbol{B}$ 为整体结构的协调矩阵。

式(20.2.4)是结构体系的协调方程，弹性或弹塑性平衡状态必须满足协调方程式(20.2.4)。

运用虚功原理，可推导出平衡矩阵和协调矩阵的关系为

$$
\boldsymbol{B} = \boldsymbol{A}^{\mathrm{T}} \tag{20.2.5}
$$

20.2.3 几何方程

在微小位移和微小变形的情况下，体系的单元伸缩量是以节点位移 U_{1x}，U_{1y}，U_{1z}，…为未知量的函数，即

$$
\boldsymbol{\Omega} = f(U_{1x}, U_{1y}, U_{1z}, \cdots) \tag{20.2.6}
$$

根据泰勒展开，则式(20.2.6)可写为

$$
\boldsymbol{\Omega} = \frac{\partial f}{\partial \boldsymbol{U}}\boldsymbol{U} + \frac{\partial^2 f}{\partial \boldsymbol{U}^2}\boldsymbol{U}^2 + \cdots \tag{20.2.7}
$$

略去位移高次幂，则上式改写为

$$\boldsymbol{\Omega} = \frac{\partial f}{\partial \boldsymbol{U}} \boldsymbol{U} \tag{20.2.8}$$

上式为单元伸缩量与节点位移关系，即体系的几何方程。其中，$\boldsymbol{U}$ 为节点位移列向量；而

$$\frac{\partial f}{\partial \boldsymbol{U}} = \begin{bmatrix} & \vdots & \vdots & \vdots & \\ \cdots & \frac{\partial f}{\partial U_{ix}} & \frac{\partial f}{\partial U_{iy}} & \frac{\partial f}{\partial U_{iz}} & \cdots \\ \cdots & \frac{\partial f}{\partial U_{jx}} & \frac{\partial f}{\partial U_{jy}} & \frac{\partial f}{\partial U_{jz}} & \cdots \\ & \vdots & \vdots & \vdots & \end{bmatrix} \tag{20.2.9}$$

20.2.4 物理方程

结构体系符合弹性力学基本原理，而单元杆件的伸缩量和体系内力满足物理关系，故对于各向同性的弹性材料，体系满足

$$\begin{bmatrix} \cdots & \cdots & \cdots & \cdots & \\ & F_{u} & & & \vdots \\ & \text{对} & \ddots & & \vdots \\ & & \text{称} & F_{mm} & \vdots \\ & & & & \ddots \end{bmatrix} \begin{bmatrix} \vdots \\ f_l \\ \vdots \\ f_m \\ \vdots \end{bmatrix} = \begin{bmatrix} \vdots \\ \Omega_l \\ \vdots \\ \Omega_m \\ \vdots \end{bmatrix} \tag{20.2.10}$$

即

$$\boldsymbol{F f} = \boldsymbol{\Omega} \tag{20.2.11}$$

是体系的物理方程，其中 $\boldsymbol{F}$ 是柔度系数矩阵。

20.2.5 杆系结构平衡方程、协调方程和物理方程

对于杆系结构，根据节点力的平衡(如图 20.2.1 所示)关系并依次循环单元，最后集合成总体结构在整体坐标下平衡方程，即有

$$\begin{bmatrix} & \vdots & & \vdots & \\ \cdots & \frac{(X_i - X_j)}{L_l} & \cdots & \frac{(X_i - X_n)}{L_m} & \cdots \\ \cdots & \frac{(Y_i - Y_j)}{L_l} & \cdots & \frac{(Y_i - Y_n)}{L_m} & \cdots \\ \cdots & \frac{(Z_i - Z_j)}{L_l} & \cdots & \frac{(Z_i - Z_n)}{L_m} & \cdots \\ & \vdots & & \vdots & \end{bmatrix}_{(3j-k)\times b} \begin{bmatrix} \vdots \\ \vdots \\ f_l \\ \vdots \\ f_m \\ \vdots \\ f_b \end{bmatrix}_{b\times 1} = \begin{bmatrix} \vdots \\ \vdots \\ P_{ix} \\ P_{iy} \\ P_{iz} \\ \vdots \\ \vdots \end{bmatrix}_{(3j-k)\times 1}$$

即

$$\boldsymbol{A}_{(3j-k)\times b}\, \boldsymbol{f}_{b\times 1} = \boldsymbol{P}_{(3j-k)\times 1} \tag{20.2.12}$$

其中，$\boldsymbol{A}$ 为 $(3j-k)\times b$ 维长方阵，为杆系结构在整体坐标系下的平衡矩阵。对于第 i 个单元的单元平衡矩阵为

$$\boldsymbol{A}_{e,i}=\begin{bmatrix}\vdots\\-l\\-m\\-n\\\vdots\\l\\m\\n\\\vdots\end{bmatrix}_{(3j-k)\times 1} \tag{20.2.13}$$

其中，$l=\dfrac{x_j-x_s}{l_i}$，$m=\dfrac{y_j-y_s}{l_i}$，$n=\dfrac{z_j-z_s}{l_i}$。

同理，依次循环单元，最后集成总体结构在整体坐标下协调方程，即有

$$\begin{bmatrix} & \vdots & \vdots & \vdots & \\ \cdots & \dfrac{(X_i-X_j)}{L_l} & \dfrac{(Y_i-Y_j)}{L_l} & \dfrac{(Z_i-Z_j)}{L_l} & \cdots \\ & \vdots & \vdots & \vdots & \\ \cdots & \dfrac{(X_i-X_n)}{L_m} & \dfrac{(Y_i-Y_n)}{L_m} & \dfrac{(Z_i-Z_n)}{L_m} & \cdots \\ & \vdots & \vdots & \vdots & \end{bmatrix}_{b\times(3j-k)}\begin{bmatrix}\vdots\\\vdots\\U_{ix}\\U_{iy}\\U_{iz}\\\vdots\\\vdots\\\vdots\end{bmatrix}_{(3j-k)\times 1}=\begin{bmatrix}\vdots\\\vdots\\\Omega_l\\\vdots\\\Omega_m\\\vdots\\\vdots\\\vdots\end{bmatrix}_{b\times 1}$$

即

$$\boldsymbol{B}_{b\times(3j-k)}\boldsymbol{U}_{(3j-k)\times 1}=\boldsymbol{\Omega}_{b\times 1} \tag{20.2.14}$$

对于第 i 个单元的单元协调矩阵为

$$\boldsymbol{B}_{e,i}=[\cdots \quad -l \quad -m \quad -n \quad \cdots \quad l \quad m \quad n \quad \cdots]_{1\times b} \tag{20.2.15}$$

而总体结构的柔度系数矩阵

$$\boldsymbol{F}=\begin{bmatrix}l_1/(E_1A_1) & & & \\ & \ddots & & \\ & & \ddots & \\ & & & \ddots \\ & & & & l_b/(E_bA_b)\end{bmatrix}_{b\times b} \tag{20.2.16}$$

对于杆系结构，其柔度系数矩阵是一个 $b\times b$ 维的对角矩阵。

20.2.6 梁的平衡方程、协调方程

20.2.6.1 整体坐标系下平面梁的平衡方程、协调方程

根据节点力平衡关系并依次循环单元节点，最后集成总体平衡方程，即有

$$\boldsymbol{A}_{(6j-k)\times 3b}\boldsymbol{f}_{3b\times 1}=\boldsymbol{P}_{(6j-k)\times 1} \tag{20.2.17}$$

其中，第 i 个单元对应的平衡矩阵

$$\boldsymbol{A}_{e,i}=\begin{bmatrix} \vdots & \vdots & \vdots \\ -c_i & \frac{s_i}{l_i} & -\frac{s_i}{l_i} \\ -s_i & -\frac{c_i}{l_i} & \frac{c_i}{l_i} \\ 0 & -1 & 0 \\ \vdots & \vdots & \vdots \\ c_i & -\frac{s_i}{l_i} & \frac{s_i}{l_i} \\ s_i & \frac{c_i}{l_i} & -\frac{c_i}{l_i} \\ 0 & 0 & 1 \\ \vdots & \vdots & \vdots \end{bmatrix}_{(6j-k)\times 3} \tag{20.2.18}$$

其中，$c_i=\frac{x_j-x_s}{l_i}$，$s_i=\frac{y_j-y_s}{l_i}$。

同理，建立在整体坐标系下的协调方程为

$$\boldsymbol{B}_{3b\times(6j-k)}\boldsymbol{U}_{(6j-k)\times 1}=\boldsymbol{\Omega}_{3b\times 1} \tag{20.2.19}$$

其中，第 i 个单元对应的协调矩阵

$$\boldsymbol{B}_{e,i}=\begin{bmatrix} \cdots & -c_i & -s_i & 0 & \cdots & c_i & s_i & 0 & \cdots \\ \cdots & \frac{s_i}{l_i} & -\frac{c_i}{l_i} & -1 & \cdots & -\frac{s_i}{l_i} & \frac{c_i}{l_i} & 0 & \cdots \\ \cdots & -\frac{s_i}{l_i} & \frac{c_i}{l_i} & 0 & \cdots & \frac{s_i}{l_i} & -\frac{c_i}{l_i} & 1 & \cdots \end{bmatrix}_{3\times(6j-k)} \tag{20.2.20}$$

体系的物理方程为

$$\boldsymbol{F}_{3b\times 3b}\boldsymbol{f}_{3b\times 1}=\boldsymbol{\Omega}_{3b\times 1} \tag{20.2.21}$$

其中，第 i 个单元对应的物理方程为

$$\boldsymbol{F}_{e,i}=\begin{bmatrix} \cdots & \frac{l_i}{E_iA_i} & 0 & 0 & \cdots \\ \cdots & 0 & \frac{l_i}{3E_iI_i} & \frac{l_i}{6E_iI_i} & \cdots \\ \cdots & 0 & \frac{l_i}{6E_iI_i} & \frac{l_i}{3E_iI_i} & \cdots \end{bmatrix}_{3\times 3b} \tag{20.2.22}$$

20.2.6.2 整体坐标系下空间梁的协调方程和平衡方程

根据节点力平衡，建立在整体坐标系下节点力的平衡方程

$$\boldsymbol{A}_{(12j-k)\times 6b}\boldsymbol{f}_{6b\times 1}=\boldsymbol{P}_{(12j-k)\times 1} \tag{20.2.23}$$

其中，第 i 个单元对应的平衡矩阵

$$
\boldsymbol{A}_{e,i}=\begin{bmatrix}
\vdots & \vdots & \vdots & \vdots & \vdots & \vdots \\
-t_{11} & \frac{t_{31}}{l_i} & -\frac{t_{21}}{l_i} & -\frac{t_{31}}{l_i} & \frac{t_{21}}{l_i} & 0 \\
-t_{12} & \frac{t_{32}}{l_i} & -\frac{t_{22}}{l_i} & -\frac{t_{32}}{l_i} & \frac{t_{22}}{l_i} & 0 \\
-t_{13} & \frac{t_{33}}{l_i} & -\frac{t_{23}}{l_i} & -\frac{t_{33}}{l_i} & \frac{t_{23}}{l_i} & 0 \\
0 & -t_{21} & -t_{31} & 0 & 0 & -t_{11} \\
0 & -t_{22} & -t_{32} & 0 & 0 & -t_{12} \\
0 & -t_{23} & -t_{33} & 0 & 0 & -t_{13} \\
t_{11} & -\frac{t_{31}}{l_i} & \frac{t_{21}}{l_i} & \frac{t_{31}}{l_i} & -\frac{t_{21}}{l_i} & 0 \\
t_{12} & -\frac{t_{32}}{l_i} & \frac{t_{22}}{l_i} & \frac{t_{32}}{l_i} & -\frac{t_{22}}{l_i} & 0 \\
t_{13} & -\frac{t_{33}}{l_i} & \frac{t_{23}}{l_i} & \frac{t_{33}}{l_i} & -\frac{t_{23}}{l_i} & 0 \\
0 & 0 & 0 & t_{21} & t_{31} & t_{11} \\
0 & 0 & 0 & t_{22} & t_{32} & t_{12} \\
0 & 0 & 0 & t_{23} & t_{33} & t_{13} \\
\vdots & \vdots & \vdots & \vdots & \vdots & \vdots
\end{bmatrix}_{(12j-k)\times 6} \tag{20.2.24}
$$

其中，$t_{11}=\frac{x_j-x_s}{l_i}$；$t_{12}=\frac{y_j-y_s}{l_i}$；$t_{13}=\frac{z_j-z_s}{l_i}$；$s=\sqrt{(x_j-x_s)^2+(y_j-y_s)^2}$；$t_{21}=-\frac{y_j-y_s}{l_i}$；$t_{22}=\frac{x_j-x_s}{s_i}$；$t_{23}=0$；$t_{31}=-t_{13}t_{22}$；$t_{32}=t_{23}t_{31}-t_{21}t_{23}=t_{21}t_{13}$；$t_{33}=s/l$。

同理，建立在整体坐标系下的协调方程

$$
\boldsymbol{B}_{6b\times(12j-k)}\boldsymbol{U}_{(12j-k)\times 1}=\boldsymbol{\Omega}_{6b\times 1} \tag{20.2.25}
$$

其中，第 i 个单元对应的协调矩阵

$$
\boldsymbol{B}_{e,i}=\begin{bmatrix}
\cdots & -t_{11} & -t_{12} & -t_{13} & 0 & 0 & 0 & \cdots & t_{11} & t_{12} & t_{13} & 0 & 0 & 0 & \cdots \\
\cdots & \frac{t_{31}}{l_i} & \frac{t_{32}}{l_i} & \frac{t_{33}}{l_i} & -t_{21} & -t_{22} & -t_{23} & \cdots & -\frac{t_{31}}{l_i} & -\frac{t_{32}}{l_i} & -\frac{t_{33}}{l_i} & 0 & 0 & 0 & \cdots \\
\cdots & -\frac{t_{21}}{l_i} & -\frac{t_{22}}{l_i} & -\frac{t_{23}}{l_i} & -t_{31} & -t_{32} & -t_{33} & \cdots & \frac{t_{21}}{l_i} & \frac{t_{22}}{l_i} & \frac{t_{23}}{l_i} & 0 & 0 & 0 & \cdots \\
\cdots & -\frac{t_{31}}{l_i} & -\frac{t_{32}}{l_i} & -\frac{t_{33}}{l_i} & 0 & 0 & 0 & \cdots & \frac{t_{31}}{l_i} & \frac{t_{32}}{l_i} & \frac{t_{33}}{l_i} & t_{21} & t_{22} & t_{23} & \cdots \\
\cdots & \frac{t_{21}}{l_i} & \frac{t_{22}}{l_i} & \frac{t_{23}}{l_i} & 0 & 0 & 0 & \cdots & -\frac{t_{21}}{l_i} & -\frac{t_{22}}{l_i} & -\frac{t_{23}}{l_i} & t_{31} & t_{32} & t_{33} & \cdots \\
\cdots & 0 & 0 & 0 & -t_{11} & -t_{12} & -t_{13} & \cdots & 0 & 0 & 0 & t_{11} & t_{12} & t_{13} & \cdots
\end{bmatrix}_{6\times(12j-k)} \tag{20.2.26}
$$

体系的物理方程为

$$
\boldsymbol{F}_{6b\times 6b}\boldsymbol{f}_{6b\times 1}=\boldsymbol{\Omega}_{6b\times 1} \tag{20.2.27}
$$

其中，第 i 个单元对应的物理方程为

$$
\boldsymbol{F}_{e,i}=\begin{bmatrix}
\cdots & \frac{l_i}{E_iA_i} & 0 & 0 & 0 & 0 & 0 & \cdots \\
\cdots & 0 & \frac{l_i}{3E_iI_{iy}} & 0 & \frac{l_i}{6E_iI_{iy}} & 0 & 0 & \cdots \\
\cdots & 0 & 0 & \frac{l_i}{3E_iI_{iz}} & 0 & \frac{l_i}{6E_iI_{iz}} & 0 & \cdots \\
\cdots & 0 & \frac{l_i}{6E_iI_{iy}} & 0 & \frac{l_i}{3E_iI_{iy}} & 0 & 0 & \cdots \\
\cdots & 0 & 0 & \frac{l_i}{6E_iI_{iz}} & 0 & \frac{l_i}{3E_iI_{iz}} & 0 & \cdots \\
\cdots & 0 & 0 & 0 & 0 & 0 & \frac{l_i}{G_iJ_i} & \cdots
\end{bmatrix}_{6\times 6b} \tag{20.2.28}
$$

20.2.7 采用力的平衡方法分析结构

首先必须明确采用力的平衡方法来分析结构不等于力法。

传统所谓的结构属于动定体系，而动定体系又包括静定动定体系和静不定动定体系，分别如图 20.2.2(a)和(b)所示。

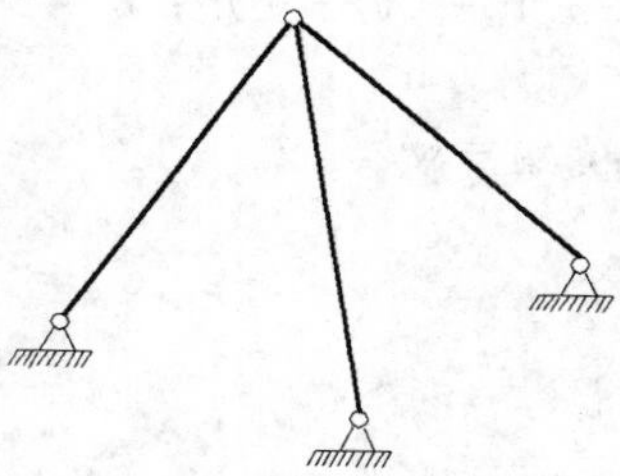

(a) 静定动定体系

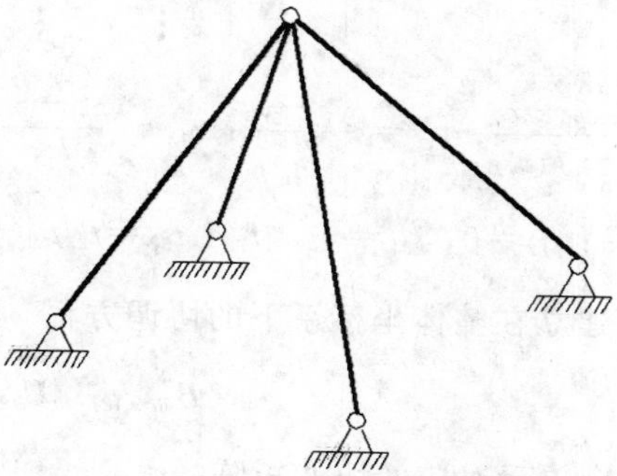

(b) 静不定动定体系

图 20.2.2 动定体系

所谓动定体系是指不存在几何变形的体系，即对体系平衡矩阵进行奇异值分解，其几何位移模态数 $m=0$，即 $r=3j-k$。此时平衡矩阵为行满秩矩阵，协调矩阵为列满秩矩阵，体系在假想的任意微小干扰下不产生几何位移。故传统结构是几何稳定的动定体系。

而所谓的静定或者静不定是指通过体系的自应力模态数来区分。当自应力模态数 $s=0$ 的体系为静定体系，而自应力模态数 $s>0$ 的体系为静不定体系。故结构是几何位移模态数 $m=0$ 和自应力模态数 $s\geqslant 0$ 的静定或静不定动定体系。传统的结构不仅可采用基于弹性力学的有限单元法中的力法或者位移法来求解，也可采用上述的体系节点力的平衡方法分析。

根据平衡方程式(20.2.2)，协调方程式(20.2.4)和物理方程式(20.2.11)，迭代求解

$$
{}^{i}\boldsymbol{A}(\boldsymbol{f}_0+{}^{i+1}\boldsymbol{f})={}^{i}\boldsymbol{P} \tag{20.2.29}
$$

$$
{}^{i+1}\boldsymbol{\Omega}=\boldsymbol{F}^{i+1}\boldsymbol{f} \tag{20.2.30}
$$

$$ {}^{i}\boldsymbol{B}^{i+1}\boldsymbol{U} = {}^{i+1}\boldsymbol{\Omega} \tag{20.2.31} $$

对任意给定微小值 ε,收敛准则

$$ \frac{\| {}^{i+1}\boldsymbol{f} \|}{\| {}^{1}\boldsymbol{f} \|} \leqslant \varepsilon \tag{20.2.32} $$

或

$$ \frac{\| {}^{i+1}\boldsymbol{U} \|}{\| {}^{0}\boldsymbol{U} \|} \leqslant \varepsilon \tag{20.2.33} $$

$$ {}^{i+1}\boldsymbol{f} = {}^{i}\boldsymbol{f} + {}^{i+1}\boldsymbol{f} \tag{20.2.34} $$

$$ {}^{i+1}x = {}^{i}x + {}^{i+1}\boldsymbol{U} \tag{20.2.35} $$

20.3 几何体系中几何位移的正交原理和分析方法

20.3.1 几何位移的求解

几何位移是指几何体系或结构体系中处于几何软化的部分,其几何形状的改变的度量。结构的几何软化描述了几何形状的改变而不是弹性或者弹塑性变形,但是几何位移并不是质点间的任意运动,它同样必须满足协调条件和各种约束条件。

虽然几何位移并不能通过传统的弹性或弹塑性力学来求解,几何体系不满足力的平衡,但是几何体系也不是几何,而是一种软化的结构体系。力的平衡是一个结构体系的重要特征,而几何体系没有承载能力,所以也无所谓平衡,力的不平衡是一个几何体系的重要特征。对于结构的平衡稳定与否可以通过刚度矩阵行列式、稳定因子或平衡矩阵的奇异值来判断,实际上这些判断已经是几何属性的判断了,所以在一个体系几何变形或运动过程中一旦经上述判断可以反过来确定几何体系是否成为可以平衡或中性平衡,进而判断几何体系是否成为结构体系。

令人感兴趣的是几何体系的几何变形或几何运动的轨迹,以及经变形或运动后体系的稳定和平衡判别即奇异性判别。

几何体系是不能通过平衡原理来建立力和位移的关系,发生几何位移过程中体系不产生应变能,外力在几何位移上也不做功,也就是外力和几何位移正交,因此正交原理是确定几何位移的基础,而几何位移的大小则与体系的约束有关,与外力无关,外力则是一个方向向量。几何位移分析是一个逆过程。

20.3.2 体系的控制方程

参考有限单元法基本理论,结构可离散为单元,节点之间通过单元相连接,考虑静态条件下,结构体系在局部坐标系下的基本方程可根据虚功原理来建立,即

$$ \int_{v} [\delta\boldsymbol{\varepsilon} \quad \delta\boldsymbol{\varepsilon}_{g}]^{\mathrm{T}} [\boldsymbol{\sigma} \quad \boldsymbol{\sigma}_{g}] \mathrm{d}v = [\delta\boldsymbol{u}_{e} \quad \delta\boldsymbol{u}_{e,g}]^{\mathrm{T}} [\boldsymbol{p}_{e} \quad \boldsymbol{p}_{e,g}] \tag{20.3.1} $$

式中,$\boldsymbol{\varepsilon}$ 为单元弹性或弹塑性应变;$\boldsymbol{\varepsilon}_g$ 为单元几何应变;$\boldsymbol{\sigma}$ 为单元弹性或弹塑性应力;$\boldsymbol{\sigma}_g$ 为单元几何应力;$\boldsymbol{u}_e$ 为单元节点弹性或弹塑性位移向量;$\boldsymbol{u}_{e,g}$ 为单元节点几何位移向量;$\boldsymbol{p}_e$ 为单元节点荷载向量;$\boldsymbol{p}_{e,g}$ 为单元节点广义荷载向量。

整理式(20.3.1)得

$$\int_v \begin{bmatrix} \delta\boldsymbol{\varepsilon}^{\mathrm{T}}\boldsymbol{\sigma} & \delta\boldsymbol{\varepsilon}^{\mathrm{T}}\boldsymbol{\sigma}_g \\ \delta\boldsymbol{\varepsilon}_g^{\mathrm{T}}\boldsymbol{\sigma} & \delta\boldsymbol{\varepsilon}_g^{\mathrm{T}}\boldsymbol{\sigma}_g \end{bmatrix} \mathrm{d}v = \begin{bmatrix} \delta\boldsymbol{u}_e^{\mathrm{T}}\boldsymbol{p}_e & \delta\boldsymbol{u}_e^{\mathrm{T}}\boldsymbol{p}_{e,g} \\ \delta\boldsymbol{u}_{e,g}^{\mathrm{T}}\boldsymbol{p}_e & \delta\boldsymbol{u}_{e,g}^{\mathrm{T}}\boldsymbol{p}_{e,g} \end{bmatrix} \tag{20.3.2}$$

根据式(20.3.2)得到四个基本方程

$$\int_v \delta\boldsymbol{\varepsilon}^{\mathrm{T}}\boldsymbol{\sigma}\mathrm{d}v = \delta\boldsymbol{u}_e^{\mathrm{T}}\boldsymbol{p}_e \tag{20.3.3}$$

$$\int_v \delta\boldsymbol{\varepsilon}_g^{\mathrm{T}}\boldsymbol{\sigma}_g\mathrm{d}v = \delta\boldsymbol{u}_{e,g}^{\mathrm{T}}\boldsymbol{p}_{e,g} \tag{20.3.4}$$

$$\int_v \delta\boldsymbol{\varepsilon}^{\mathrm{T}}\boldsymbol{\sigma}_g\mathrm{d}v = \delta\boldsymbol{u}_e^{\mathrm{T}}\boldsymbol{p}_{e,g} \tag{20.3.5}$$

$$\int_v \delta\boldsymbol{\varepsilon}_g^{\mathrm{T}}\boldsymbol{\sigma}\mathrm{d}v = \delta\boldsymbol{u}_{e,g}^{\mathrm{T}}\boldsymbol{p}_e \tag{20.3.6}$$

其中式(20.3.3)和(20.3.4)为等价的平衡方程，它们分别对应于结构体系的弹性或弹塑性平衡状态和临界平衡状态；而式(20.3.5)和(20.3.6)为耦合方程。

20.3.3 平衡方程

式(20.3.3)是等价于弹性或者弹塑性问题的平衡方程，它表现为荷载在虚位移上做的功等于结构的弹性应力或者弹塑性应力在虚应变上做的功。该方程描写了材料软化问题，其几何关系和物理关系根据弹性或者弹塑性理论确定，并可按传统的有限单元法中的位移法或者力法求解。该方程是结构体系的基本平衡方程。对弹性或弹塑性平衡状态，引入结构的几何关系，则可进一步把式(20.3.3)转换为如式(9.6.9)所示有限元基本方程。

20.3.4 耦合方程及临界平衡方程

式(20.3.5)和式(20.3.6)都是耦合方程。式(20.3.5)表现为广义荷载在单元节点的位移上做的功等于单元几何应力在单元应变上做的功，而式(20.3.6)表现为荷载在单元节点的几何位移上做的功等于单元应力在单元几何应变上做的功。两者都反映了弹性变形或者弹塑性变形与几何变形之间的耦合效应，它们体现了弹性变形与几何变形同时存在时的耦合效应，或者说是弹性变形转化到几何变形或者几何变形转化到弹性变形的过渡产物。

式(20.3.4)等价于临界状态下的平衡方程，该方程是在体系的平衡态建立的，但是获得的是不平衡解。方程描述了这个临界状态的从平衡到不平衡的过程，或者从不平衡到平衡的过程。在临界状态时由于系统发生几何软化，其几何关系不能根据弹性或者弹塑性理论求得，即应变与位移之间的关系由于位移的规律无法确定而难以表示，但物理关系仍可根据弹性或者弹塑性理论确定。公式的物理意义很清楚，它是广义荷载在单元节点的几何位移上做的功等于单元几何应力在单元几何应变上做的功。

20.3.5 正交原理和几何体系的不平衡方程

式(20.3.4)是建立求解几何位移基本方程的基点。对于几何软化的结构体系，由于它满足必要的定量连接条件，所以不产生几何应变，从而也不产生几何应力，故由式(20.3.4)可得

$$\boldsymbol{u}_{e,g}^{\mathrm{T}} \boldsymbol{p}_{e,g} = 0 \tag{20.3.7}$$

这就是几何体系的不平衡方程。求解几何位移的基本方程，通过坐标变换得整体坐标系下的控制方程

$$\boldsymbol{U}_g^{\mathrm{T}} \boldsymbol{P}_g = 0 \tag{20.3.8}$$

式(20.3.8)是一个齐次方程，广义荷载是对几何位移的一种作用，也可以认为是方向向量。广义荷载与几何位移没有唯一对应的关系。式(20.3.8)的物理意义亦很明确，即在不平衡状态任何作用对几何位移都不做功。广义荷载向量与几何位移向量正交。这个正交原理是计算几何位移的理论基础。

由上可见，式(20.3.3)是结构体系的基本平衡方程，式(20.3.4)是结构体系的临界平衡方程，而式(20.3.8)是几何体系的不平衡方程，即是几何体系的变形方程或运动方程。

20.3.6 几何体系的协调方程

式(20.2.4)为结构体系的协调方程。根据几何体系的特点，得几何体系的协调方程为

$$\boldsymbol{B}\boldsymbol{U}_{gg} = 0 \tag{20.3.9}$$

参考式(20.2.14)，在整体坐标下杆件几何体系的协调方程为

$$\begin{bmatrix} & \vdots & \vdots & \vdots & \\ \cdots & \dfrac{(X_i - X_j)}{L_l} & \dfrac{(Y_i - Y_j)}{L_l} & \dfrac{(Z_i - Z_j)}{L_l} & \cdots \\ & \vdots & \vdots & \vdots & \\ \cdots & \dfrac{(X_i - X_n)}{L_m} & \dfrac{(Y_i - Y_n)}{L_m} & \dfrac{(Z_i - Z_n)}{L_m} & \cdots \\ & \vdots & \vdots & \vdots & \end{bmatrix}_{b\times(3j-k)} \begin{bmatrix} \vdots \\ U_{ix,g} \\ U_{iy,g} \\ U_{iz,g} \\ \vdots \end{bmatrix}_{(3j-k)\times 1} = \begin{bmatrix} \vdots \\ 0 \\ \vdots \\ 0 \\ \vdots \end{bmatrix}_{b\times 1}$$

即

$$\boldsymbol{B}_{b\times(3j-k)} \boldsymbol{U}_{(3j-k)\times 1} = 0 \tag{20.3.10}$$

对于第 i 个单元的单元协调矩阵同式(20.2.15)。

20.4 几何体系控制方程的求解

20.4.1 几何位移向量的构造

由式(20.3.8)可知几何位移向量并不能直接求解，而是需要一个迭代序列。这里几何位移向量可采用基函数的线性组合来构造，即

$$\boldsymbol{U}_g = \varphi_i \boldsymbol{\beta} \quad (i = 1, \cdots, q) \tag{20.4.1}$$

其中，$\boldsymbol{\beta}$ 为待定系数向量，有 $\boldsymbol{\beta} = [\beta_1 \quad \beta_2 \quad \cdots \quad \beta_q]^{\mathrm{T}}$；$\varphi_i$ 为基函数。

基函数可以采用三角函数、周期函数，也可采用多项式，譬如切比雪夫多项式等，以及一组离散数组来表达，譬如采用特征向量。现选取几何位移模态

$$\varphi = \boldsymbol{U}_{\mathrm{mech}} = [\boldsymbol{u}_{r+1} \quad \cdots \quad \boldsymbol{u}_{r+q}]$$

作为几何位移的基函数。所谓几何位移模态，即体系中各个节点的相对位移值，它是描述体系可能产生的变形的形状(几何变形)即刚体位移的可能性。几何位移是体系发生的真实位移的量值，它是反映体系成形后的形状。而几何位移反映各个节点的位移模态值对满足几何协调的体系最终形状的贡献。

20.4.2 方程的求解

将式(20.4.1)代入式(20.3.8)，得

$$\boldsymbol{\beta}^{\mathrm{T}} \varphi_i^{\mathrm{T}} \boldsymbol{P}_g = 0 \tag{20.4.2}$$

解式(20.4.2)得到的解是对应某个广义荷载向量的几何形状。在广义外荷载向量与几何位移向量不断逼近正交的过程中，只有几何位移向量和广义荷载向量达到正交，就求得了对应广义荷载的几何位移向量。

理论上式(20.4.2)的求解属于多值问题。经过变换可归结为求解非线性方程组，需要引入分叉理论，当满足定解约束条件即可求得式(20.4.2)的唯一解。

20.4.3 定解约束条件

约束是对运动的约束，即是对几何位移的限制。对于几何位移限制的理解是指质点(节点)之间存在连接。如果存在很大刚度的连接，即对位移施加了一个强制，节点几何位移的限制很大；如果刚度不大，则可能对节点的几何位移是弱限制或者认为是弹性限制；如果刚度为零，则不存在限制。约束不仅限制位移量也限制位移方向或运动方向，所以约束可分为定量约束和定向约束或称为方向约束。体系中有些约束因其拓扑和外形而固有的，有些则依赖于外部作用。有些约束在体系的工作全过程必须满足，则称为强制约束，或称为必要约束条件，主要是几何约束，如通常所说的位移边界条件、连接条件等。有些约束在体系的工作全过程中可以满足也可以放松，则称为弱约束。如果没有任何约束，则质点(节点)之间的相对位置可以自由改变。

根据约束的性质又可以把约束分为几何约束和物理约束。对于几何约束，譬如给定约束坐标向量作为几何约束，又譬如将质点间相对位置的约束作为必要条件；而物理约束，譬如外荷载定量约束。

关于定解约束条件，有

(1) 松弛条件，记为 C_1。根据松弛结构和结构松弛的概念，如果分析的对象是一个松弛结构，那么结构系统中被松弛的那部分始终不参与计算。如果所分析的系统中某些指定的部分可能松弛也可能从松弛重新再参与工作，则定义这部分结构松弛。结构松弛主要根据单元的长度和内力判定，当给定微小值 ε、单元的当前应力 σ、松弛应力值 σ_S、单元长度为 l 和初始原长 l_0，若

$$\| \sigma - \sigma_S \| \leqslant \varepsilon \quad 或 \quad \left\| \frac{l - l_0}{l} \right\| \leqslant \varepsilon$$

则认为该单元是结构松弛，记录松弛信息。

(2) 定量约束，记为 C_2。定量约束可分为：边界约束，譬如固定边界或者指定边界位移量，

记为 C_{21}；连接约束，譬如指定定长条件，记为 C_{22}；几何约束，譬如几何位置约束，记为 C_{23}；定量自重，记为 C_{24}；定量伸缩，记为 C_{25}；定量作用，记为 C_{26}。定量约束十分重要，有些定量约束条件是存在几何位移的必要条件。

(3) 定向约束，或者称为方向约束，记为 C_3。定向约束可分为：定向位移边界条件，记为 C_{31}；定向作用，记为 C_{32}；定向伸缩，记为 C_{33}。

引入恰当、必要的约束以修正式(20.4.1)和式(20.4.2)中的系数，降低基函数 φ_i 的阶次或待定系数向量 $\boldsymbol{\beta}$ 的阶次或者排除不希望的几何位移向量，保留满足约束条件的根。

这些约束不能矛盾，但可以并存。其中必要约束是必须满足的。如果系统中可能因无法满足必要条件而出现“犯规”，说明结构的拓扑或几何不满足要求，即几何不可能协调。如果接受这个不协调的几何，则将其松弛处理，同时记录不符合要求的部分。

最后，应当注意到解的类型。虽然上述各类约束的充分组合给定了解的类型，但无论如何都可以得到求得几何位移和消除几何位移的目标。约束的组合给定的解的具体类型将另作讨论。

20.4.4 迭代中的条件判断

式(20.4.2)的求解序列中必须引入三类条件判断。第一类是几何判断，判断体系是否存在几何位移或机构位移，并判断其机构类型，除此之外还有满足消除机构位移的判断。第二类是迭代收敛判断，即正交判断，也就是定向约束条件以及满足定量约束条件的判断。第三类则是几何变形或几何运动目标判断，包括：① 状态目标，即工作起始条件，如果预定的分析目标是体系的几何位移或者运动轨迹，则判断是否满足几何位移运动轨迹；② 工作终止目标，譬如目标是满足物理条件，需判断当达到消除机构位移是否进一步进入弹塑性分析，又譬如无应力求解，它的目标向量就是应力为零；③ 工作状态目标，它是描述工作的过程。

这里，第一类是结构体系或几何体系的判断；第二类是几何体系的几何变形或几何运动过程中达到中性平衡，即临界平衡状态的判断；第三类是几何体系的几何变形或几何运动过程中的目标判断。

20.4.5 初始条件

计算的初始条件主要包括初始几何、初内力、初始荷载和自重等条件，通过这些条件来修正式(20.4.1)。设 $\boldsymbol{x}=\boldsymbol{x}_0$ 描述体系的初始几何形状，几何形状的改变将影响到平衡矩阵 $\boldsymbol{A}$ 和协调矩阵 $\boldsymbol{B}$，从而修正了体系的基函数 φ。同时初始几何条件也可以作为几何位移分析中的几何中止条件，当体系几何满足要求时则运算中止。

初内力是在初始几何基础上导入的初始内力，即有

$$\boldsymbol{T}=\boldsymbol{T}_0,\quad \boldsymbol{T}_0=\begin{bmatrix}\vdots\\ T_l\\ \vdots\\ T_m\\ \vdots\end{bmatrix}、$$

其中，$\boldsymbol{T}_0$ 是 $b\times 1$ 维单元内力列向量，而 b 是体系单元总数。同样它不仅可作为强度分析的内力条件，也可以作为计算的中止条件。

初始荷载是在初始几何基础上导入体系的荷载向量,即有

$$\boldsymbol{P} = \boldsymbol{P}_0, \quad \boldsymbol{P}_0 = \begin{bmatrix} \vdots \\ P_{0,ix} \\ P_{0,iy} \\ P_{0,iz} \\ \vdots \end{bmatrix}$$

其中,$\boldsymbol{P}_0$ 是 $m \times 1$ 维荷载列向量,而 m 是体系节点总自由度。则初始荷载条件修正了方程中的 $\boldsymbol{P}$ 向量。在分析中,初始荷载是作为一种作用,初始荷载的选取必须结合体系的约束条件来确定。而自重条件是指在几何位移分析中是否需要考虑自重的影响。自重作为一种特殊的荷载条件在几何位移分析中同样是作为一种作用,但自重的方向是确定且不变的。自重是通过把每个单元的自重都引入到 $\boldsymbol{P}$,即有

$$\boldsymbol{P} = \boldsymbol{P} + \boldsymbol{P}_{sw}$$

其中,$\boldsymbol{P}_{sw}$ 是 $m \times 1$ 维体系自重产生的节点列向量。一般自重的方向设定与整体坐标系的坐标轴相同。

20.4.6 体系几何位移计算

式(20.4.2)中 $\varphi_i^{\mathrm{T}} \boldsymbol{P}_g$ 为广义荷载与几何位移模态的乘积,广义荷载和对应的与广义荷载正交的几何位移模态的乘积将为零。设

$$f(\beta, \varphi_i) = \boldsymbol{\beta}^{\mathrm{T}} \varphi_i^{\mathrm{T}} \boldsymbol{P}_g \qquad (20.4.3)$$

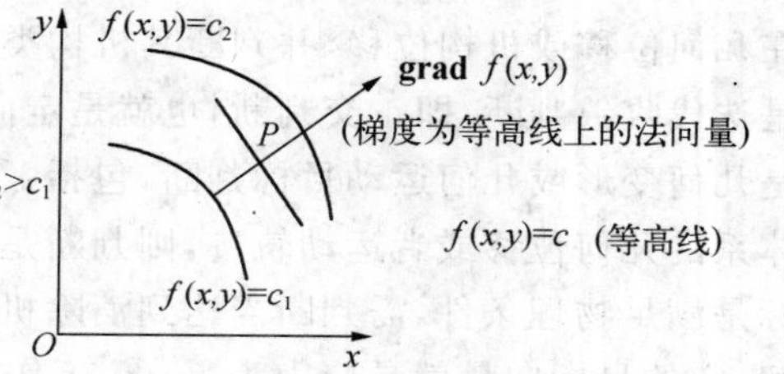

图 20.4.1 函数 $f(\beta, \varphi_i)$ 的梯度

如图 20.4.1 所示,函数 $f(\beta, \varphi_i)$ 的梯度

$$\textbf{grad}(f(\beta, \varphi_i)) = \frac{\partial f}{\partial \boldsymbol{\beta}} i + \frac{\partial f}{\partial \varphi_i} j = (\varphi_i^{\mathrm{T}} \boldsymbol{P}_g) i + (\boldsymbol{\beta}^{\mathrm{T}} \boldsymbol{P}_g) j \qquad (20.4.4)$$

及梯度的模

$$|\textbf{grad}(f(\beta, \varphi_i))| = \sqrt{\left(\frac{\partial f}{\partial \boldsymbol{\beta}}\right)^2 + \left(\frac{\partial f}{\partial \varphi_i}\right)^2} \qquad (20.4.5)$$

根据梯度定义,梯度的方向就是函数 $f(\beta, \varphi_i)$ 在这点增长最快的方向,梯度的模为方向导数的最大值,它表示了函数 $f(\beta, \varphi_i)$ 增加率的方向及最大值。

对于任意点的梯度,几何位移模态可直接确定,因此函数 $f(\beta, \varphi_i) \Rightarrow f(\boldsymbol{\beta})$,故函数 $f(\boldsymbol{\beta})$ 的梯度

$$\textbf{grad}(f(\beta)) = \frac{\partial f}{\partial \boldsymbol{\beta}} i = (\varphi_i^{\mathrm{T}} \boldsymbol{P}_g) i \qquad (20.4.6)$$

故几何位移的待定系数可假定为梯度方向

$$\boldsymbol{\beta} = \varphi_i^{\mathrm{T}} \boldsymbol{P}_g \qquad (20.4.7)$$

因此几何位移

$$\boldsymbol{U}_g = {}^t\varphi_i\boldsymbol{\beta} = \varphi_i\varphi_i^{\mathrm{T}}\boldsymbol{P}_g \tag{20.4.8}$$

求解几何位移的方程

$$^{t+\Delta t}\boldsymbol{\beta}^{\mathrm{T}}({}^t\varphi_i)^{\mathrm{T}\,t}\boldsymbol{P}_g = {}^{t+\Delta t}\boldsymbol{r}_g \tag{20.4.9}$$

的算法如下:求解几何位移待定系数

$$^{t+\Delta t}\boldsymbol{\beta} = (t\varphi_i)^{\mathrm{T}\,t}\boldsymbol{P}_g \tag{20.4.10}$$

几何位移为

$$^{t+\Delta t}\boldsymbol{U}_g = {}^t\varphi_i{}^{t+\Delta t}\boldsymbol{\beta} \tag{20.4.11}$$

仅当 $\| {}^{t+\Delta t}\boldsymbol{r}_g \| \leqslant \varepsilon$,迭代结束。

然后把几何位移迭加到节点坐标上,即有

$$^{t+\Delta t}X = {}^tX + {}^{t+\Delta t}\boldsymbol{U}_g \tag{20.4.12}$$

求解待定系数 $\boldsymbol{\beta}$ 是一个逼近过程。先通过每个子步得到的待定系数 $\boldsymbol{\beta}$ 求得几何位移,然后修正几何位移模态 φ_i,重新迭代,直到满足正交条件。

由上可知广义荷载的作用就是限制几何位移。广义荷载的量值为一个相对值而非绝对量,故可对其规格化,即有

$$\overline{\boldsymbol{P}}_g = \frac{\boldsymbol{P}_g}{\| \boldsymbol{P}_g \|} \tag{20.4.13}$$

因而 $\overline{\boldsymbol{P}}_g$ 是反映各自由度的广义荷载的单位向量,其幅值反映了各向量之间的相对关系。

几何位移模态体现了所有可能的几何位移的运动路径,故其幅值和路线方向的确定非常重要。从当前迭代序列 i 到下一个序列 $i+1$,令

$$\boldsymbol{\beta} = \cos(x_i,\ x_{i+1}) = \frac{\varphi^{\mathrm{T}}\boldsymbol{P}_g}{\|\varphi\|\ \|\boldsymbol{P}_g\|} = \varphi^{\mathrm{T}}\overline{\boldsymbol{P}}_g \tag{20.4.14}$$

体现了运动方向的选择。而每个迭代序列下的几何位移

$$\boldsymbol{U}_g = \varphi\beta = \varphi\varphi^{\mathrm{T}}\overline{\boldsymbol{P}}_g \tag{20.4.15}$$

其中

$$U_{gi} = \sum_{k=1}^{q}\sum_{j=1}^{m}\varphi_{ik}\varphi_{kj}^{\mathrm{T}}P_j \quad (i = 1, \cdots, m) \tag{20.4.16}$$

当前迭代序列下的状态为 x_i,叠加几何位移后得到新的迭代序列下状态(如式(20.4.12)所示)。然后对体系进行协调验证,叠加几何位移后的几何必须满足协调方程。但是几何位移的幅值大小是一个相对量,因此假定由于几何位移幅值过大从而单元产生了变化,其值为 $\boldsymbol{\Omega}$。为消除这部分单元变化,求解这部分位移

$$\boldsymbol{U} = -\boldsymbol{U}_r\boldsymbol{\Sigma}^{-1}\boldsymbol{V}_r^{\mathrm{T}}\boldsymbol{\Omega} \tag{20.4.17}$$

其中,$\boldsymbol{U}_r = [\boldsymbol{u}_1\quad \boldsymbol{u}_2\quad \cdots\quad \boldsymbol{u}_r]$; $\boldsymbol{V}_r = [\boldsymbol{v}_1\quad \boldsymbol{v}_2\quad \cdots\quad \boldsymbol{v}_r]$;$\boldsymbol{\Sigma}$ 为协调矩阵 $\boldsymbol{B}$ 的奇异值,有

$$\boldsymbol{\Sigma} = \mathrm{diag}[\sigma_1\quad \sigma_2\quad \cdots\quad \sigma_r\quad \cdots] \quad 即 \quad \boldsymbol{\Sigma} = \begin{bmatrix} \boldsymbol{\Sigma}_r & 0 \\ 0 & 0 \end{bmatrix}$$

故新的迭代序列下状态为

$$x'_{i+1} = x_{i+1} - \boldsymbol{U}_r \boldsymbol{\Sigma}^{-1} \boldsymbol{V}_r^{\mathrm{T}} \boldsymbol{\Omega} \tag{20.4.18}$$

上式是一个迭代的过程，如图 20.4.2 所示。

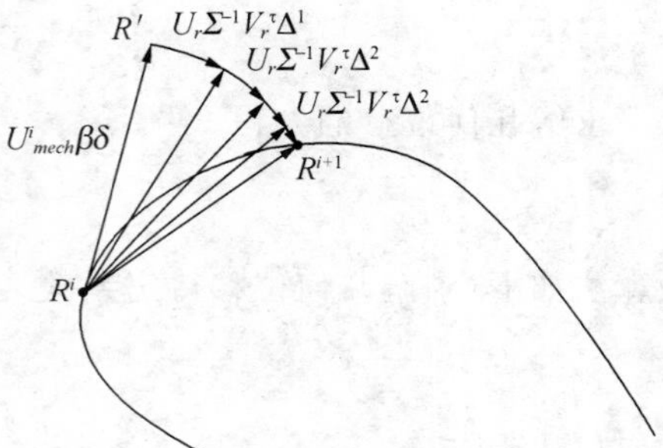

图 20.4.2　迭代过程

20.4.7　几何应力

因为式(20.3.4)是临界平衡方程，由方程得到的是不平衡解，所以计算应力，必须先按式(20.3.8)求得几何位移，然后按弹性或者弹塑性理论计算几何应力。设

$$\boldsymbol{\varepsilon}_g^{\mathrm{T}} = \boldsymbol{B}_g^{\mathrm{T}} \boldsymbol{u}_g^{\mathrm{T}} = \boldsymbol{B}_g^{\mathrm{T}} \boldsymbol{\beta}^{\mathrm{T}} \varphi_i^{\mathrm{T}} \tag{20.4.19}$$

由物理关系并由于不存在初始几何应力，所以

$$\boldsymbol{\sigma}_g = \boldsymbol{D}\boldsymbol{\varepsilon}_g = \boldsymbol{D}\boldsymbol{B}_g \varphi_i \boldsymbol{\beta} \tag{20.4.20}$$

将上式代入式(20.3.4)，得

$$\int_v \boldsymbol{\beta}^{\mathrm{T}} \varphi_i^{\mathrm{T}} \boldsymbol{B}_g^{\mathrm{T}} \boldsymbol{D} \boldsymbol{B}_g \varphi_i \boldsymbol{\beta} \mathrm{d}v = 0 \tag{20.4.21}$$

解式(20.4.21)，并由式(20.4.20)求几何应力。

20.5　几何体系分析

20.5.1　降落伞的下降模拟

考虑一个初始为平面形状的理想的降落伞，假定降落伞由索网构成，几何参数如图 20.5.1 所示。下降分析中忽略弹性变形，即 $EA = \infty$，并考虑最理想的向上的等效均布风荷载。

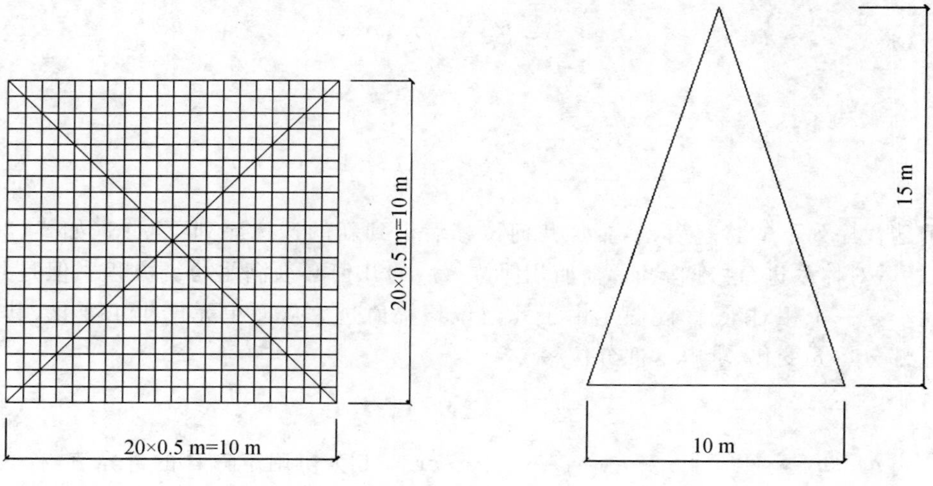

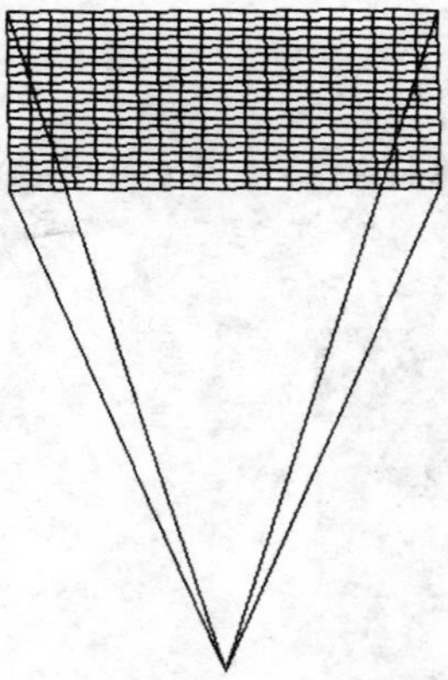

图 20.5.1 降落伞几何参数

根据机构类型判定，该体系属于动不定体系，在均布荷载作用下，将产生几何位移直至趋于稳定（见图 20.5.2a～d）。

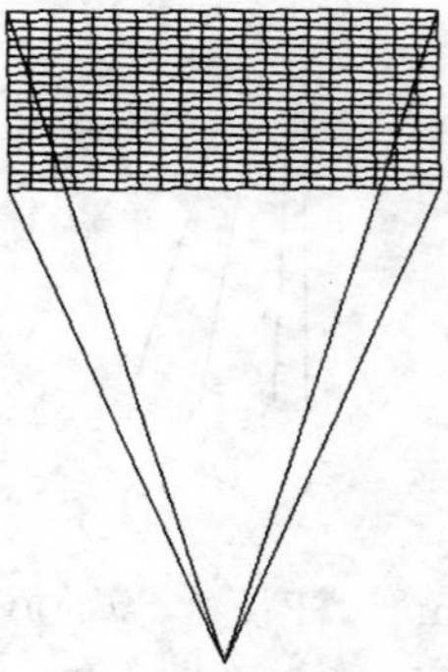

(a) 初始形状

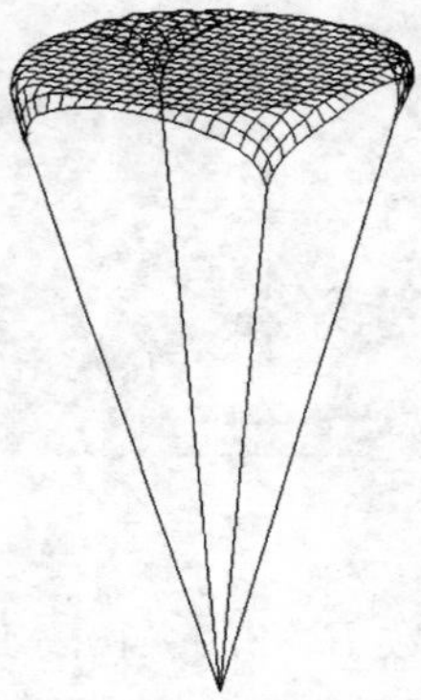

(b) 第 30 迭代步

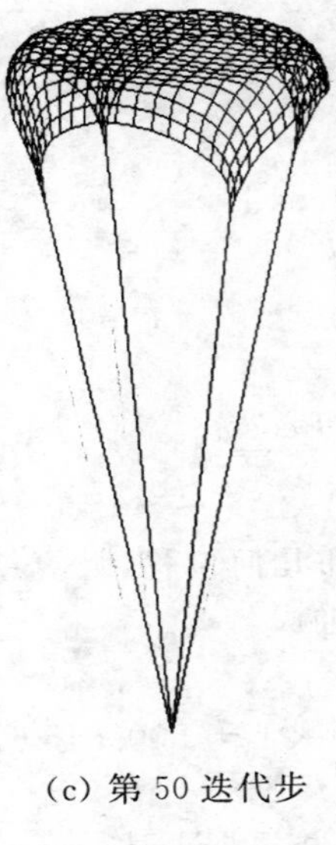

(c) 第 50 迭代步

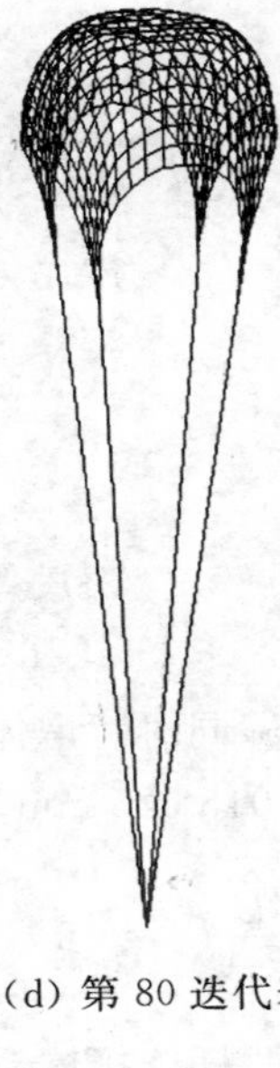

(d) 第 80 迭代表

图 20.5.2 降落伞成型过程

20.5.2 钟摆

一个非常简单的钟摆可简化为单杆铰接体系(如图 20.5.3 所示),忽略杆自重,端部作用一个荷载,分析其运动轨迹以及内力。

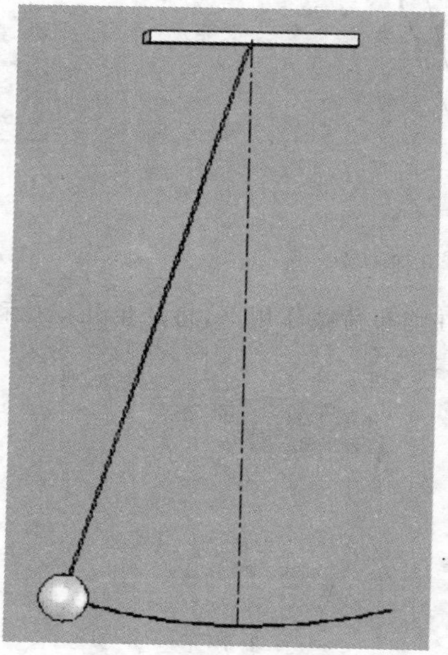

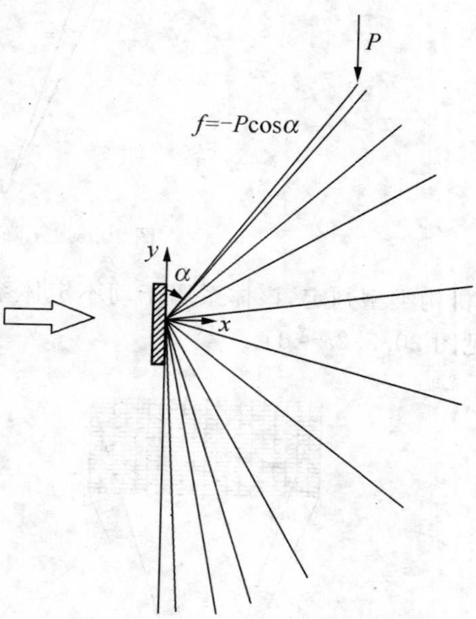

图 20.5.3 钟摆

假定杆的材料参数 $E=2.0\times10^5$ Mpa, $A=0.16\ \text{mm}^2$,杆长 l_0 为 500 mm。杆在外荷载作用下发生几何位移,直到达到稳定,即杆件垂直于 x 轴。由于荷载分量作用于杆轴向方向,因此将产生内力

$$f=-P\cos\alpha$$

故杆件的伸缩量

$$\Delta=\frac{l}{EA}f=-\frac{Pl\cos\alpha}{EA}$$

因此,新的杆件长度为

$$l'=l+\Delta=\frac{EA-P\cos\alpha}{EA}l$$

根据上文的计算步骤同时考虑体系的弹性变形和几何位移,计算结果如图 20.5.4 所示,并且最终杆长度是 500.015 625 mm,等于理论计算,即

$$l=l_0+\frac{L}{EA}P=500+\frac{500}{2\times10^5\times0.16}\times1=500.015\,625(\text{mm})$$

如果把钟摆简化为两杆铰接体系(见图 20.5.5),并根据上述公式得到体系的运动轨迹如图 20.5.6,而杆的弹性变形、内力以及长度变化规律如图 20.5.7~20.5.10 所示。

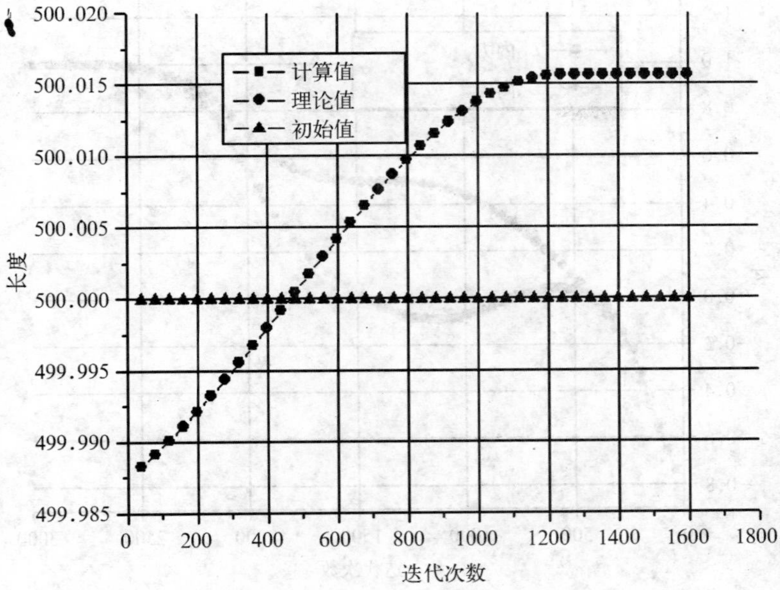

图 20.5.4　计算结果

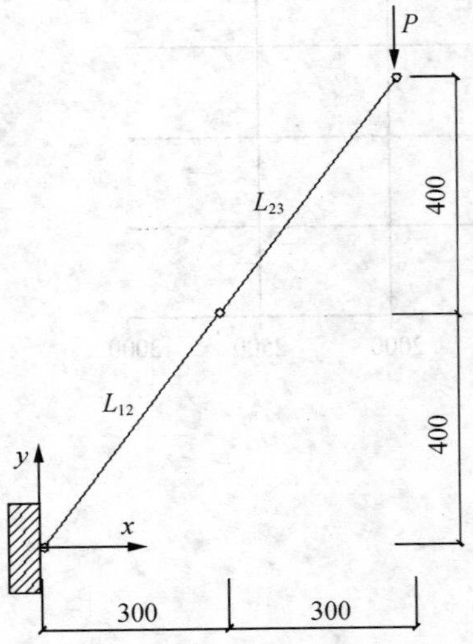

图 20.5.5　两杆铰接体系

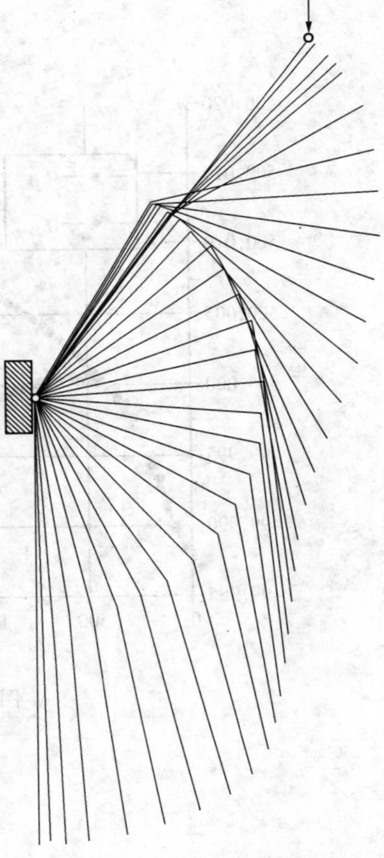

图 20.5.6　运动轨迹

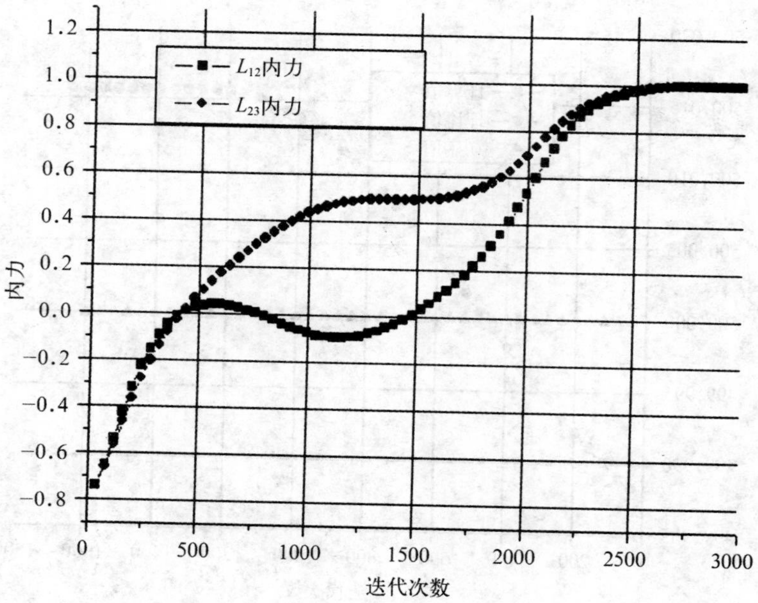

图 20.5.7 内力

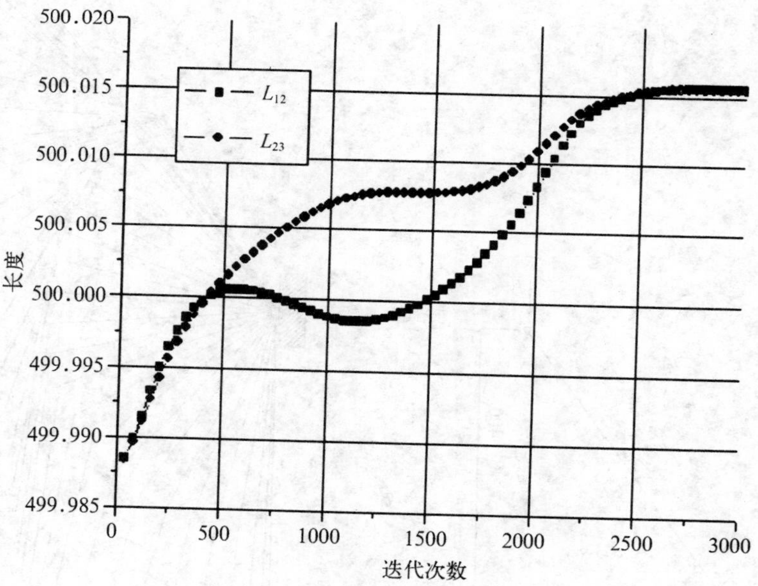

图 20.5.8 长度

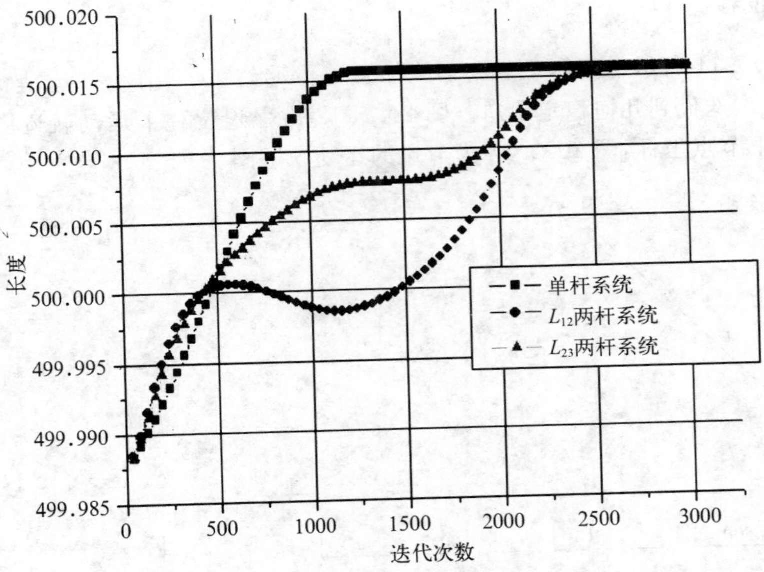

图 20.5.9 长度

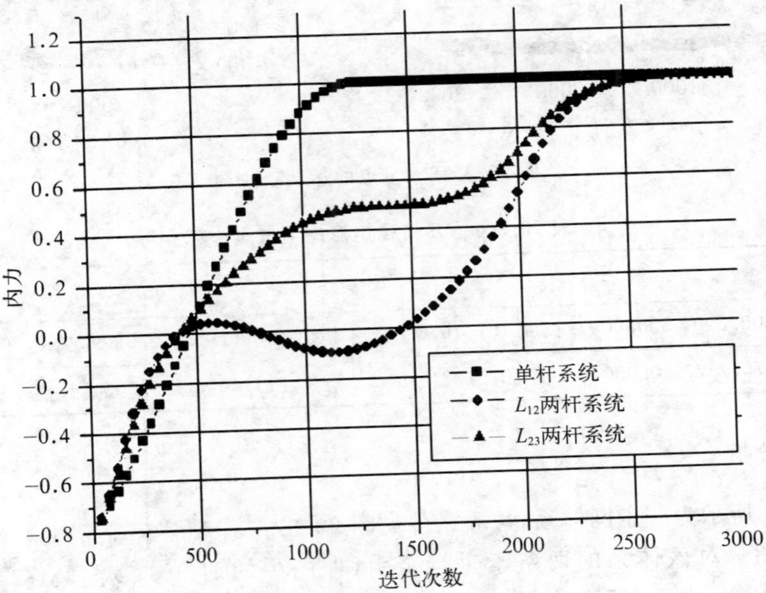

图 20.5.10 内力

如以上图所示，两杆与一杆体系内力和长度变化规律不同，但是最终都将趋于相同。区别的原因主要是当剖分后增加了节点，同时增加了节点几何位移模态，因此杆系在荷载约束下运动并不能一直保持是直线。但是体系达到稳定，必须满足正交性，因此最终长度和内力都将趋于相同。

20.5.3 强迫位移

如对图 20.5.11 所示平面体系节点 3 施加强迫位移约束$\bar{u}_0$，分析其运动轨迹及其稳定位置。经过 2550 次迭代到几何稳定状态。图 20.5.12 为强迫位移下运动轨迹图，表 20.5.1 为几何稳定形态下节点坐标，图 20.5.13 为节点的运动轨迹图。

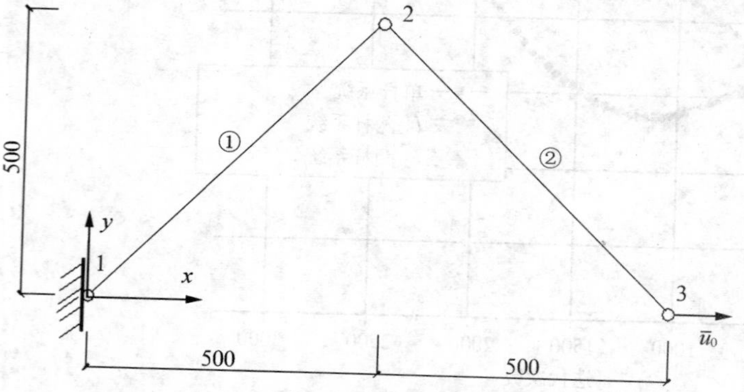

图 20.5.11 平面体系

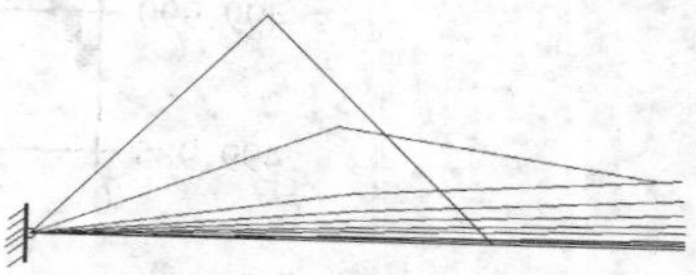

图 20.5.12 强迫位移下运动轨迹图

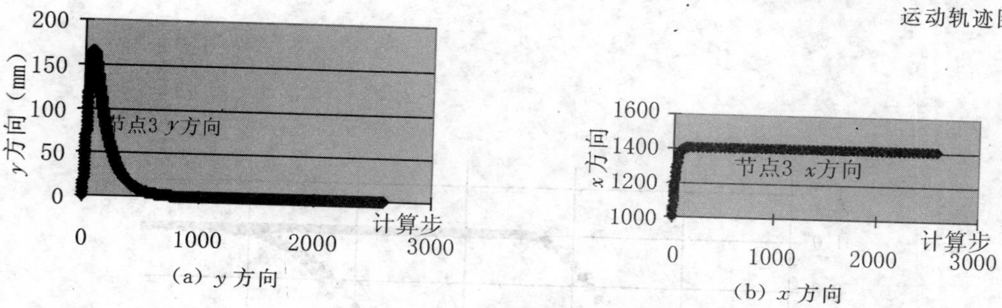

图 20.5.13 节点的运动轨迹图

表 20.5.1 几何稳定形态下节点坐标

节点号	2(x, y)	误差%	3(x, y)	误差%
初始位形	(500.000, 500.000)，长度 707.107	0.002	(1000.000, 0.000)，长度 707.107	0.004
最终位形	(707.123, 0.000)，长度 707.123		(1414.256, 0.000)，长度 707.133	

20.5.4 松弛分析

图 20.5.14 所示为一索网体系，边界条件见图 20.5.14a，六根索端部固定；图 20.5.14b 为体系的三维视图。对该体系的两条索进行牵引，即图中的两红实线。最终牵引就位，如图 20.5.14c和 d 所示。由于牵引的结构不对称，故由分析可知，只有如图 20.5.14c 中黑粗实线局部形成了一个稳定几何，而其余的实线为松弛的，这部分就是第三类结构的松弛。

20.5.5 单元伸缩

如图 20.5.15 所示的索网结构，虚线为松弛结构，对松弛结构的对应单元施加伸缩约束，分析其几何变形规律。

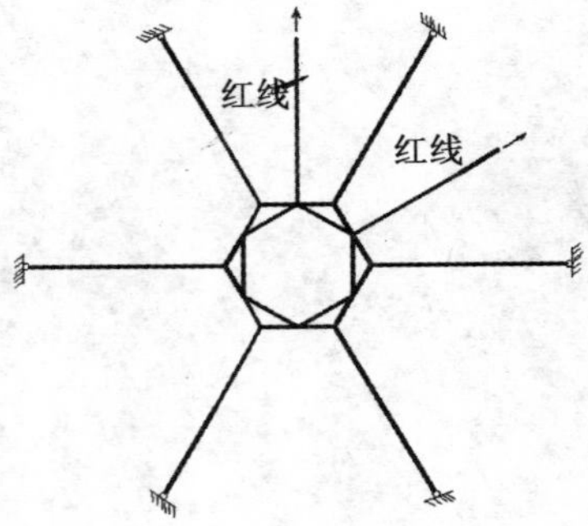

(a) 牵引前平面图

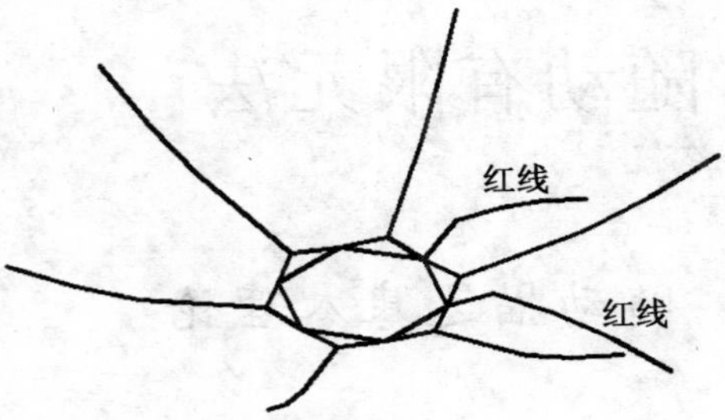

(b) 牵引前三维图

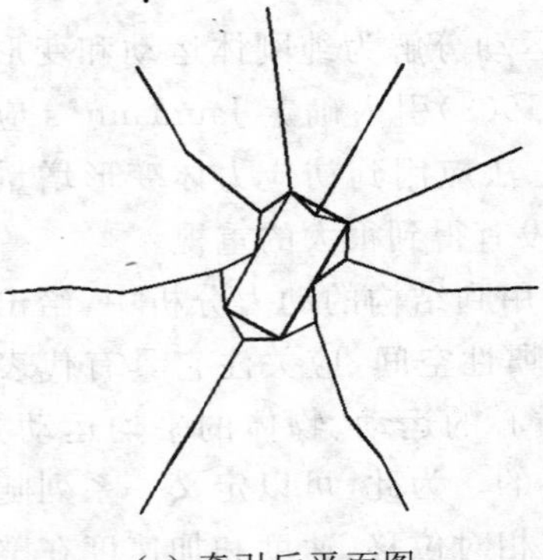

(c) 牵引后平面图

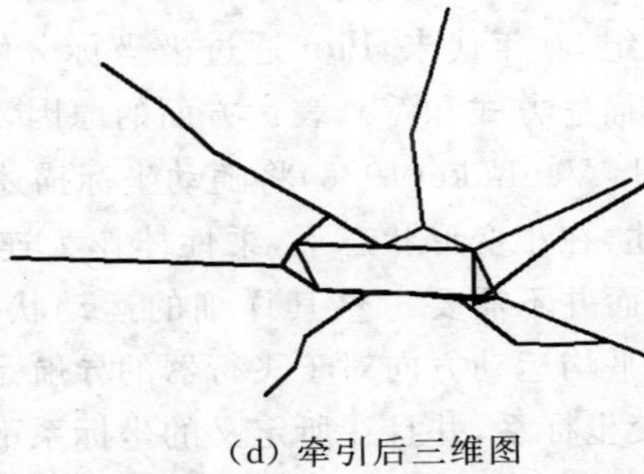

(d) 牵引后三维图

图 20.5.14　体系发生第三类结构的松弛

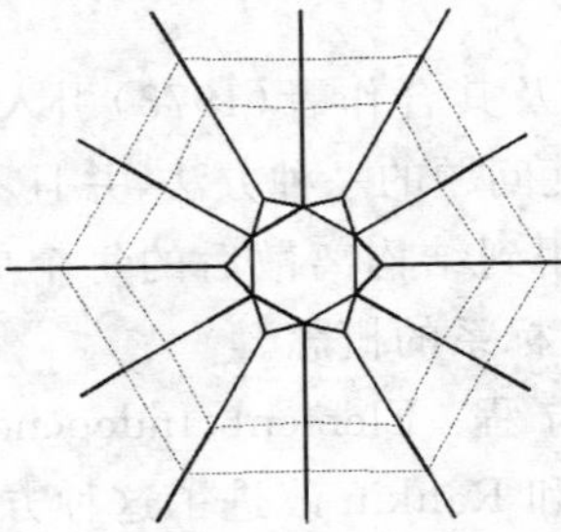

(a) 索网结构平面图

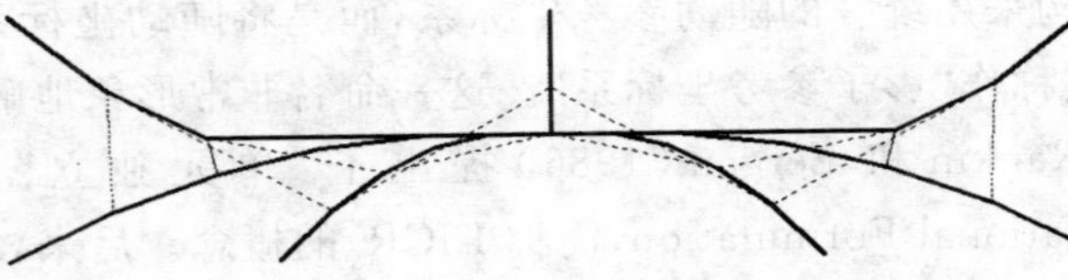

(b) 索网结构立面图

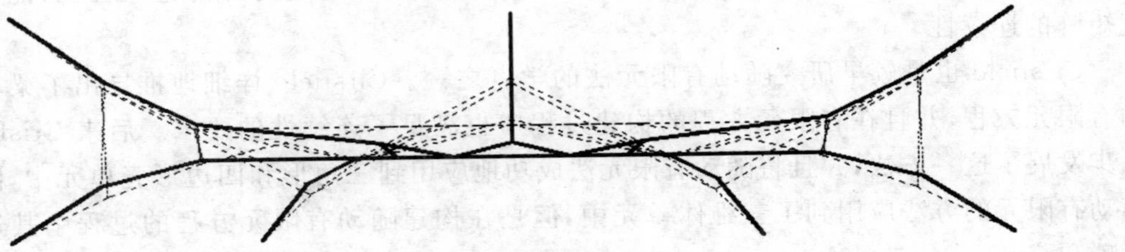

(c) 索网结构最终成形立面图

图 20.5.15　索网结构的单元伸缩约束下几何变形

根据单元伸缩约束定义，当给松弛结构部分单元施加伸缩，则索网结构对应的脊索不断向下凹，而谷索则愈发凸起，最终索网结构到达一个稳定的几何（如图 20.5.15c 所示）。

21 随动有限元法

21.1 随动描述基本理论

21.1.1 随动有限元法的起源和发展

随动(Corotational Formulation)坐标描述起源于将运动分解为纯刚体运动和变形的古老的概念。这种方法最早由 Cauchy(1827)提出,Zaremba(1903)引入确定 Jaumann's 应力流动率。在 20 世纪 30 年代末,Biot 通过极坐标分解将这种方法应用到初应力体变形增量的分析中,但是由于描述方式和符号表达方面的原因,这一工作没有得到很大的重视。

Fraeijs de Veubuke(1976)将随动坐标描述的概念应用到结构的动力分析中,给出了一个概括性的论述:在小变形状态下,柔性体作为连续体通过惯性空间,应关注它具有代表性特征的运动状态,而并不需要考察其详细的运动状态,例如质心的运动、物体的平均运动方向等。其中,物体的平均运动方向对于飞行器的导航是至关重要的。为此,可以定义一系列随物体一起运动的正交坐标系,并且在所定义的坐标系下材料点的相对位移、速度和加速度在整体坐标系中为最小值。如果物体不发生任何的变形,那么随物体一起运动的坐标系就自然成为动态参考坐标系。他的这一系统化的论述虽然是从航空器的角度出发,却也完全阐述了对结构应用同一个随动参考坐标系的方法。

有限元中的随体转动方程是由 Wempner(1969)、Belytschko 及其合作者(1973)引入,从 20 世纪 80 年代开始在有限元中发展成为分析大位移小变形非线性问题的一种方法,并且不再对结构采用统一的随动参考坐标系,而是将随动坐标系的概念应用到结构离散后的每个单元中,被称作"影子参考坐标系"。这一命名非常形象地解释了随动坐标系的概念。

Rankin 和 Bergan(1986)提出了"单元独立"随体转动方程(Element Independent Corotational Formulation,简称 EICR)的概念。后来,Nour-Omid 和 Rankin 改进了这种方法。他们没有直接采用"影子单元构型"的概念,但是提取变形位移的方法却类似于 Bergan 和 Nygard 提出的方法。在他们的文献中,切线刚度矩阵直接通过内力构建,因此保证了切线刚度矩阵的连续性。

Crisfield 也是较早研究随动有限元法的学者之一。Cirsfield 详细地推导出了梁单元的随动有限元方程,并且在有限元方程的构建过程中也满足了连续性的要求。后来 Crisfield 又进一步发展了这一方法,并且将随动有限元法成功地应用到三角形和四边形壳单元中,随后又将随动有限元的方法应用到了三维体单元中,但是在构建随动有限元方程的过程中其过程比较繁琐和复杂。

Argyris 从自然应变的角度出发,应用随动描述的概念成功地构建出了采用随动描述的一系列单元。虽然在他的文献中没有明确的提出随动描述这一概念,但是其基本思想是属于随动描述范畴。

Simo 等应用了刚体转动的概念来描述梁单元的变形,给出了一种精确梁单元模型。而刚体转动这一概念是随动有限元法的基石，因此在某种程度上来说这一类梁单元的概念也属于随动有限元法的范畴。但是他所给出单元的不同之处在于他从梁单元的几何变形角度来分析梁单元的真实变形性态，而不是在随动构型中假设梁单元的变形性态。

Haugen 和 Fellipa 总结了随动有限元法的基本分析过程，并且在其文献中详细介绍了随动有限元方程在推导过程中所涉及的一些数学理论和方法。在 Haugen 的博士论文中，他基于随动有限元法给出了假设应变场的三角形和四边形壳单元，并成功的将其应用到稳定问题的分析中；而 Felippa 将随动描述应用到二维问题中，并且基于这一思想构建出了一些列角点具有面内转动自由度的三角形膜单元，在他随后提出的高性能单元构建的框架中也应用到了刚体转动的概念。因此，Haugen 和 Fellipa 为随动有限元法的进一步发展做出了很大的贡献。

Battini 和 Pacoste 等讨论了随动构型的确定问题，并且比较了不同构建方法的优缺点。Abrahimbegovi 对转动参数进行了简化，并且详细讨论了转动参数和随动构型的确定问题，更加丰富了随动有限元法理论，促进了随动有限元的灵活应用。Battini 提出了一种修正形式的随动分析框架，在这一框架中将壳单元每个节点自由度简化为五个，其给出的算例显示这一简化对结果的精度没有影响，却提高了计算的效率。

将随动有限元法应用到动力问题的分析在国内外的文献中并不多见，Crisfield 和 Simo 等可以说是其中的开创者。Simo 从梁单元的角度出发，提出了能量守恒的动力问题求解方法，他引入了角动量，并且给出了角动量守恒方程，将其应用到动力问题的分析中，但是在它的文献中只是应用到了刚体转动的概念，没有明确的提出随动有限元法。Crisfield 在他所发表的文献中明确提出了随动有限元的动力分析方法，给出了满足能量守恒的二维梁单元的动力分析方法，在其随后所发表的文献中，他将这种方法延伸到了三维的梁单元。其他学者相继发表了一些将随动有限元应用到动力分析的文章，从数值结果的角度，所提出的方法可以很好解决大位移问题的动力分析，但是由于转动矩阵需要参与变分，公式推导相当繁琐，需要引入转动自由度以外的其它与转动有关的参数，从而影响了数值效率。

随动有限元法同传统的非线性有限元方法的相比主要有两个优点：第一，有良好的分析大位移小变形问题的能力，特别是对于一些具有较大刚体转动的问题，有时这类问题自身的变形很小，但是由于位移较大，它仍然属于非线性问题的范畴；第二，对于现有的线性单元，不需要改动可以直接将其应用到几何非线性问题的分析中。因此，随动有限元得到了学者们的广泛关注。能够直接将现有优良的线性单元应用于非线性问题分析的这一优点可以避免单元繁琐的推导过程，另外只要单元具有相同的几何形状及相同数目的自由度，不需要改变随动分析框架就可以直接将线性单元的刚度矩阵代入，因此可以形成新的非线性分析单元。

机械结构的转动轴、可展结构以及索、膜等柔性结构等具有较大刚体位移又伴随较小变形，其位移由刚体位移和结构变形引起的位移组合而成，若应用常规的有限元法，其位移的增量也同时包括了刚体位移和变形位移两个部分，有时求解的变形增量很大，造成求解的失败；对于大转动问题，结构的变形相对于刚体变形很小，但是有时会转动很多圈，当出现这种情况时应用常规的有限元法求解就有了一定的困难。由上所述，随动有限元法对于这类问题的求解具有很好的潜力，只要采用优良的求解器加上随动有限元法自身的能力，针对这类问题可以给出良好的解答。

这里，简单的讨论随动有限元法，并引述了参考文献[1]中给出的关于随动有限元法的大量内容。

21.1.2 空间向量的刚体转动

21.1.2.1 转动矩阵

向量$\boldsymbol{r}_0$发生刚体转动形成一新向量$\boldsymbol{r}_n$，假设转角虚向量为$\boldsymbol{\theta}$，并用这一虚向量来表述从$\boldsymbol{r}_0$到$\boldsymbol{r}_n$的转动。虚向量的表达式为

$$\boldsymbol{\theta} = [\theta_1 \quad \theta_2 \quad \theta_3]^{\mathrm{T}} = \theta_1\boldsymbol{e}_1 + \theta_2\boldsymbol{e}_2 + \theta_3\boldsymbol{e}_3 = \theta\boldsymbol{e} \tag{21.1.1}$$

其中，$\boldsymbol{e}$为转角旋转轴的单位向量，如图 21.1.1(a)所示；而

$$\theta = \|\boldsymbol{\theta}\| = (\theta_1^2 + \theta_2^2 + \theta_3^2)^{\frac{1}{2}} = (\boldsymbol{\theta}^{\mathrm{T}}\boldsymbol{\theta})^{\frac{1}{2}} \tag{21.1.2}$$

由图 21.1.1(b)可得

$$\Delta\boldsymbol{r} = \Delta\boldsymbol{a} + \Delta\boldsymbol{b} \tag{21.1.3}$$

其中，$\Delta\boldsymbol{a}$垂直于$\Delta\boldsymbol{b}$。向量$\Delta\boldsymbol{b}$的长度可表达为

$$\Delta b = R\sin\theta \tag{21.1.4}$$

因此有

$$\Delta\boldsymbol{b} = \frac{\Delta b}{\|\boldsymbol{e}\times\boldsymbol{r}_0\|}(\boldsymbol{e}\times\boldsymbol{r}_0) = \frac{R\sin\theta}{\|\boldsymbol{e}\times\boldsymbol{r}_0\|}(\boldsymbol{e}\times\boldsymbol{r}_0) \tag{21.1.5}$$

由图 21.1.1(a)可知

$$\|\boldsymbol{e}\times\boldsymbol{r}_0\| = r_0\sin\alpha = R \tag{21.1.6}$$

因此，式(21.1.5)可改写为

$$\Delta\boldsymbol{b} = \sin\theta(\boldsymbol{e}\times\boldsymbol{r}_0) = \frac{\sin\theta}{\theta}(\boldsymbol{\theta}\times\boldsymbol{r}_0) \tag{21.1.7}$$

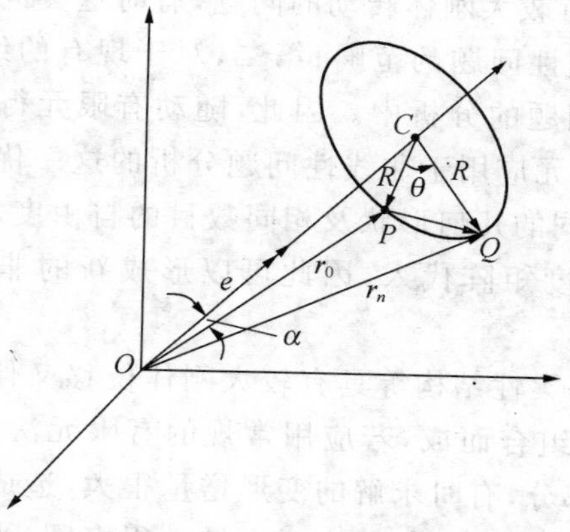

(a) 绕 CO 旋转

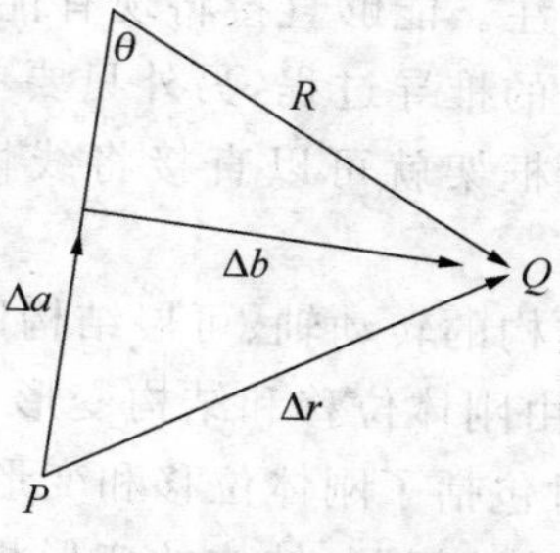

(b) 细节

图 21.1.1 三维空间转动

而向量$\Delta\boldsymbol{a}$垂直于$\boldsymbol{e}$和$\Delta\boldsymbol{b}$，因此

$$\Delta\boldsymbol{a} = \frac{\Delta a}{\|\boldsymbol{e}\times\boldsymbol{r}_0\|}(\boldsymbol{e}\times(\boldsymbol{e}\times\boldsymbol{r}_0)) = \frac{\Delta a}{R}(\boldsymbol{e}\times(\boldsymbol{e}\times\boldsymbol{r}_0)) \tag{21.1.8}$$

又有关系

$$\Delta a = R(1-\cos\theta) \tag{21.1.9}$$

因此,式(21.1.8)可改写为

$$\Delta \boldsymbol{a} = (1-\cos\theta)(\boldsymbol{e}\times(\boldsymbol{e}\times\boldsymbol{r}_0)) = \frac{1-\cos\theta}{\theta^2}(\boldsymbol{\theta}\times(\boldsymbol{\theta}\times\boldsymbol{r}_0)) \tag{21.1.10}$$

由式(21.1.10)、(21.1.7)和(21.1.3)可得

$$\boldsymbol{r}_n = \boldsymbol{r}_0 + \Delta\boldsymbol{r} = \boldsymbol{r}_0 + \frac{\sin\theta}{\theta}(\boldsymbol{\theta}\times\boldsymbol{r}_0) + \frac{1-\cos\theta}{\theta^2}(\boldsymbol{\theta}\times(\boldsymbol{\theta}\times\boldsymbol{r}_0)) \tag{21.1.11}$$

设一反对称矩阵,其表达形式为

$$\boldsymbol{S}(\boldsymbol{\theta}) = \begin{bmatrix} 0 & -\theta_3 & \theta_2 \\ \theta_3 & 0 & -\theta_1 \\ -\theta_2 & \theta_1 & 0 \end{bmatrix} \tag{21.1.12}$$

利用反对称矩阵的性质,则有

$$\boldsymbol{\theta}\times\boldsymbol{r}_0 = \boldsymbol{S}(\boldsymbol{\theta})\boldsymbol{r}_0 \tag{21.1.13}$$

因此,可得转动关系的简写形式

$$\boldsymbol{r}_n = \boldsymbol{R}\boldsymbol{r}_0 \tag{21.1.14}$$

其中

$$\begin{aligned} \boldsymbol{R} &= \boldsymbol{I} + \frac{\sin\theta}{\theta}\boldsymbol{S}(\boldsymbol{\theta}) + \frac{1-\cos\theta}{\theta^2}\boldsymbol{S}(\boldsymbol{\theta})\boldsymbol{S}(\boldsymbol{\theta}) \\ &= \boldsymbol{I} + \sin\theta\boldsymbol{S}(\boldsymbol{e}) + (1-\cos\theta)\boldsymbol{S}(\boldsymbol{e})\boldsymbol{S}(\boldsymbol{e}) \end{aligned} \tag{21.1.15}$$

其中,$\boldsymbol{e}$ 为虚向量 $\boldsymbol{\theta}$ 的单位向量。这里矩阵 $\boldsymbol{R}$ 就是今后我们要经常用到的代表向量刚体转动的转动矩阵。

21.1.2.2 转动矩阵的自然对数形式

利用反对称矩阵的自身性质(见式(21.1.12))可以推导出下述关系:

$$[\boldsymbol{S}(\boldsymbol{\theta})]^{2n-1} = (-1)^{n-1}\theta^{2(n-1)}\boldsymbol{S}(\boldsymbol{\theta}),\quad [\boldsymbol{S}(\boldsymbol{\theta})]^{2n} = (-1)^{n-1}\theta^{2(n-1)}[\boldsymbol{S}(\boldsymbol{\theta})]^2 \tag{21.1.16}$$

将 $\sin\theta$,$\cos\theta$ 项分别用级数展开可得

$$\sin\theta = \theta - \frac{\theta^3}{3!} + \frac{\theta^5}{5!} + \cdots \tag{21.1.17}$$

$$\cos\theta = 1 - \frac{\theta^2}{2!} + \cdots \tag{21.1.18}$$

将 $\sin\theta$, $\cos\theta$ 的级数形式代入式(21.1.15),可得

$$\boldsymbol{R} = \exp(\boldsymbol{S}(\boldsymbol{\theta})) = \boldsymbol{I} + \boldsymbol{S}(\boldsymbol{\theta}) + \frac{[\boldsymbol{S}(\boldsymbol{\theta})]^2}{2!} + \frac{[\boldsymbol{S}(\boldsymbol{\theta})]^3}{3!} + \cdots \tag{21.1.19}$$

式(21.1.19)给出了转动矩阵的自然对数形式,这一形式也是今后随动有限元法推导过程

中经常要用到的。

21.1.2.3　通过转动矩阵近似获得转角虚向量

由式(21.1.15)并利用反对称矩阵的性质，转动矩阵 $\boldsymbol{R}$ 的反对称部分可以通过下式计算：

$$\boldsymbol{R}^a = \frac{1}{2}(\boldsymbol{R}-\boldsymbol{R}^{\mathrm{T}}) = \sin\theta\boldsymbol{S}(\boldsymbol{e}) = \frac{\sin\theta}{\theta}\boldsymbol{S}(\boldsymbol{\theta}) \tag{21.1.20}$$

利用反对称矩阵自身的特性，可得

$$\sin\theta\boldsymbol{e} = \frac{\sin\theta}{\theta}\boldsymbol{\theta} = \frac{1}{2}\begin{bmatrix} R_{32}-R_{23} \\ R_{13}-R_{31} \\ R_{21}-R_{12} \end{bmatrix} \tag{21.1.21}$$

由于在结构分析中，变形通常很小(相对于刚体位移)，因此，可将式(21.1.21)简化为下述形式：

$$\boldsymbol{\theta} \approx \frac{1}{2}\begin{bmatrix} R_{32}-R_{23} \\ R_{13}-R_{31} \\ R_{21}-R_{12} \end{bmatrix} \tag{21.1.22}$$

21.1.2.4　转动矩阵与坐标转换矩阵之间的关系

转动矩阵为一空间向量发生刚体转动时新旧向量的转换矩阵。向量发生刚体转动后，向量与整体坐标系各坐标轴之间的夹角发生了变化，因此发生刚体转动后形成的新向量在整体坐标系中的分量也发生了变化，但向量的这一转动是刚体转动，向量本身并没有被拉长或缩短。空间中一向量在整体坐标系中用符号 $\boldsymbol{v}$ 来表示(其一端在整体坐标系的原点处)，另设一局部正交坐标系，则同一向量在不同坐标系中的坐标轴上投影不同。设整体坐标系与局部坐标系之间的坐标转换矩阵为$\boldsymbol{T}_0$，则下述关系成立：

$$\boldsymbol{v}_0 = \boldsymbol{T}_0\boldsymbol{v} \Rightarrow \boldsymbol{v} = \boldsymbol{T}_0^{\mathrm{T}}\boldsymbol{v}_0 \tag{21.1.23}$$

现局部坐标系与向量 $\boldsymbol{v}$ 共同发生刚体转动到达了新的位置，在整体坐标系中这一向量的转动可以表达为

$$\boldsymbol{v}_n = \boldsymbol{R}\boldsymbol{v} = \boldsymbol{R}\boldsymbol{T}_0^{\mathrm{T}}\boldsymbol{v}_0 \tag{21.1.24}$$

由于是刚体转动，则在新的局部坐标系中这一向量在坐标系中各个轴的投影不变。设新的局部坐标系与整体坐标系的转换矩阵为$\boldsymbol{T}_n$，则有关系

$$\boldsymbol{v}_0 = \boldsymbol{T}_n\boldsymbol{R}\,\boldsymbol{T}_0^{\mathrm{T}}\boldsymbol{v}_0 \Rightarrow \boldsymbol{T}_n\boldsymbol{R}\boldsymbol{T}_0^{\mathrm{T}} = \boldsymbol{I} \tag{21.1.25}$$

由式(21.1.25)可知下述关系成立：

$$\boldsymbol{R} = \boldsymbol{T}_n^{\mathrm{T}}\,\boldsymbol{T}_0 \tag{21.1.26}$$

如果令最初局部坐标系与整体坐标系重合，那么转动矩阵又可以写成如下的形式：

$$\boldsymbol{R} = \boldsymbol{T}_n^{\mathrm{T}} \tag{21.1.27}$$

这一关系往往用来描述整体坐标系直接转动到随动坐标系时的情形，这时的转动矩阵与转换矩阵之间的关系是互为转置的关系。

21.1.2.5　变形转动

后面的论述经常应用三元矩阵(Triad)来表述转角变化，实际上三元矩阵就是在一点处局

部正交坐标系三个坐标轴在整体坐标系中方向向量所组成的矩阵。任意一点处的三元矩阵可以有无限多个，但是出于简化计算的目的，选择对计算有利的三元矩阵。由 21.1.24 节所述的转动矩阵和坐标转换矩阵之间的关系可知，任意一点的转动可以用不同坐标系之间的刚体转动来描述，结构未发生变形时，其任意两点之间没有相对转动，因此在结构的初始构形中可令任意点的三元矩阵都相同，并与随动坐标系平行。当结构发生变形，运动到当前构形，在这一过程中由于结构中任意两点之间发生了相对的运动，则结构任意一点的变形转动就可以通过结构变形后任意一点的三元矩阵相对于随动坐标系的变化来获得（由于在随动构形中结构没有发生变形，所以随动构形中任意一点的三元矩阵都是相等的）。如图 21.1.2 所示，初始构形

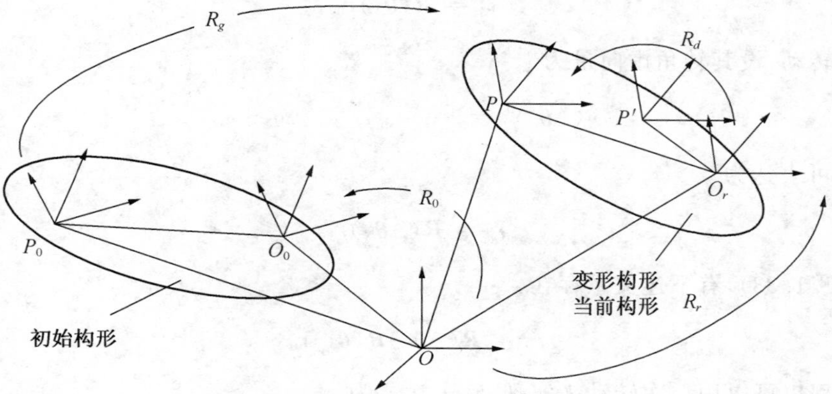

图 21.1.2　结构的变形

中的点 P_0 运动到点 P 时，其三元矩阵的转动可以用矩阵$\boldsymbol{R}_P^g$ 来描述。从整体坐标系转动到初始构形中的基本坐标系的转动矩阵为$\boldsymbol{R}_0$，则初始构形中点 P 发生转动后到达的新的位置，其三元矩阵的转动相对于整体坐标系可以表达为

$$\boldsymbol{T}_P = \boldsymbol{R}_P^g T_0^{\mathrm{T}} \tag{21.1.28}$$

式(21.1.28)中的转换也可以通过另一种方式获得，即将整体转动矩阵转换到随动坐标系，然后随动坐标系再转动到当前点 P 的三元矩阵，则有

$$\boldsymbol{T}_P = \boldsymbol{R}_r \overline{\boldsymbol{R}}_P^g \tag{21.1.29}$$

利用式(21.1.28)可得

$$\overline{\boldsymbol{R}}_P^e = \boldsymbol{R}_r^{\mathrm{T}} \boldsymbol{R}_P^g \boldsymbol{R}_0 \tag{21.1.30}$$

式(21.1.30)中，$\overline{\boldsymbol{R}}_P^e$ 是相对于随动坐标系的，它由随动构形中的 P'点转动到变形构形中的 P 点所发生的刚体转角 $\overline{\boldsymbol{\vartheta}}_P$ 构成的。由上面的论述可知，$\overline{\boldsymbol{\vartheta}}_P$ 即为点 P'相对于随动坐标系所发生的变形转角。通过利用转动矩阵的性质，可以得出这一变形转角虚向量

$$\overline{\boldsymbol{\vartheta}}_P = \mathbf{axial}[\log_e(\boldsymbol{R}_r^{\mathrm{T}} \boldsymbol{R}_P^g \boldsymbol{R}_0)] \tag{21.1.31}$$

其中符号 **axial** 中表达的意义可以看作是对反对称矩阵的逆过程，也就是将式(21.1.31)所示的矩阵形式重新形成向量的过程。

需要强调的是，变形转角是代表结构发生变形后剔除刚体转角的转角，但是变形转动矩阵却仍然描述刚体转动的概念，这一转动矩阵却并不是真正使结构发生了变形，它描述的仍然是

一刚体转动，表述的是结构中每一点的三元矩阵相对于随动坐标系所发生的相对转角。令人感兴趣的是，经过推导这一转角却代表了结构的变形转动，因此可用刚体转动矩阵来表述结构剔除刚体转角后的转动。

21.1.2.6 空间向量的连续转动

对于空间向量$\boldsymbol{r}_0$连续发生两次转动形成一新向量$\boldsymbol{r}_n$，设其第一次转动时虚转角向量为

$$\boldsymbol{\theta}_0^{\mathrm{T}} = [\theta_1 \quad \theta_2 \quad \theta_3] \tag{21.1.32}$$

则第一次转动形成的空间向量$\boldsymbol{r}_1$可以表达为

$$\boldsymbol{r}_1 = \boldsymbol{R}(\boldsymbol{\theta}_0)\boldsymbol{r}_0 \tag{21.1.33}$$

对于第二次转动，设其转角虚向量为

$$(\Delta\boldsymbol{\theta}_0)^{\mathrm{T}} = [\Delta\theta_1 \quad \Delta\theta_2 \quad \Delta\theta_3] \tag{21.1.34}$$

新的向量$\boldsymbol{r}_n$可表达为

$$\boldsymbol{r}_n = \boldsymbol{R}(\Delta\boldsymbol{\theta}_0)\boldsymbol{r}_1 \tag{21.1.35}$$

由式(21.1.33)，有下述关系存在：

$$\boldsymbol{r}_n = \boldsymbol{R}(\Delta\boldsymbol{\theta}_0)\boldsymbol{R}(\boldsymbol{\theta}_0)\boldsymbol{r}_0 \tag{21.1.36}$$

这一转动过程也可以用一次转动来实现，其表达式为

$$\boldsymbol{r}_n = \boldsymbol{R}(\boldsymbol{\theta}')\boldsymbol{r}_0 \tag{21.1.37}$$

考虑到转动矩阵$\boldsymbol{R}$的表达式，可知

$$\boldsymbol{R}(\boldsymbol{\theta}') = \boldsymbol{R}(\Delta\boldsymbol{\theta}_0)\boldsymbol{R}(\boldsymbol{\theta}_0) \neq \boldsymbol{R}(\Delta\boldsymbol{\theta}_0 + \boldsymbol{\theta}_0) \tag{21.1.38}$$

因此对于两次连续转动，将各自的转角虚向量进行简单叠加并不能正确的得出代表连续转动的转动矩阵，也就是说转动矩阵中虚转角向量是不能简单叠加的。但是可叠加转角的形式是存在的，也就是我们可以找到一个转角虚向量$\Delta\boldsymbol{\theta}'$，使它满足下述关系：

$$\boldsymbol{R}(\boldsymbol{\theta}') = \boldsymbol{R}(\Delta\boldsymbol{\theta}_0)\boldsymbol{R}(\boldsymbol{\theta}_0) = \boldsymbol{R}(\Delta\boldsymbol{\theta}' + \boldsymbol{\theta}_0) \tag{21.1.39}$$

在随动有限元法中，直接求解出$\Delta\boldsymbol{\theta}'$是没有必要的，我们关心的是它与$\Delta\boldsymbol{\theta}_0$之间的变分关系式。关于它们之间的变分关系，将在后面的章节中着重论述。

21.2 转动矩阵的变分

21.2.1 转动矩阵的变分形式

在有限元方程的建立过程中，变分原理是一种常用的方法。在应用变分原理的过程中，需要对变量进行变分运算。为了便于以后在有限元法中引入随动坐标描述的概念，构建转动矩阵的变分形式是非常必要的。这是由于结构在变形过程中，结构中任意一点的位置向量是不断变化的，因此应用随动坐标描述概念时其转动矩阵也是不断变化的，同样要参与变分。

由式(21.1.19)所示的转动矩阵的对数形式可直接获得转动矩阵的变分形式，变分后转动

矩阵可表达为

$$\delta\boldsymbol{R} = \delta[\exp(\boldsymbol{S}(\boldsymbol{\theta}))] = \delta\boldsymbol{S}(\boldsymbol{\theta})\exp(\boldsymbol{S}(\boldsymbol{\theta})) \tag{21.2.1}$$

21.2.2 坐标转换矩阵的变分

利用转动矩阵与坐标转换矩阵之间的关系，由式(21.2.1)所示的转动矩阵的变分，则有

$$\delta(\boldsymbol{T}_n^{\mathrm{T}}) = \delta\boldsymbol{R}_r = \delta\boldsymbol{S}(\boldsymbol{\theta}_r)\boldsymbol{R}_r = \delta\boldsymbol{S}(\boldsymbol{\theta}_r)\boldsymbol{T}_n^{\mathrm{T}} \tag{21.2.2}$$

其中，$\boldsymbol{R}_r$ 为整体坐标系刚体转动到局部坐标系时的转动矩阵；$\boldsymbol{T}_n$ 为整体坐标系与当前局部坐标系之间的坐标转换矩阵；$\boldsymbol{\theta}_r$ 为刚体转动中的转角虚向量，其分量分别代表局部坐标系坐标轴与整体坐标系坐标轴之间的夹角。

由式(21.2.2)进一步推导可得

$$\delta(\boldsymbol{T}_n) = -\boldsymbol{T}_n\delta\boldsymbol{S}(\boldsymbol{\theta}_r) \tag{21.2.3}$$

利用坐标转换矩阵的特性，可将式(21.2.3)改写为

$$\delta(\boldsymbol{T}_n) = -\delta\boldsymbol{S}(\boldsymbol{\theta}_r^e)\boldsymbol{T}_n \tag{21.2.4}$$

式中，$\boldsymbol{\theta}_r^e$ 为局部坐标系下度量的转角虚向量。

21.2.3 可叠加转角虚向量与其不可叠加形式之间变分关系

在应用变分原理建立有限元方程的过程中，首先假设在变形后的构形上又发生了无限小的转动，结构如果处于平衡状态，那么这一无限小的位移满足相容条件，也处于平衡状态。变形构形转角的变分为不可叠加转动，在应用随动坐标描述到有限元法的过程中我们需要可叠加转角虚向量来构建有限元方程，因此建立可叠加转角与不可叠加转角之间的变分关系是十分必要的。

设结构在变形构形基础上又发生了无限小的转动 $\delta\boldsymbol{\theta}$，空间向量的连续转动关系可知，这一过程的转动矩阵可表达为 $\boldsymbol{R}(\boldsymbol{\theta})\boldsymbol{R}(\delta\boldsymbol{\theta})$，这一转动过程又可以视为直接发生转动 $\boldsymbol{\theta}'$，这一过程的转动矩阵可以表达为 $\boldsymbol{R}(\boldsymbol{\theta}')$，由于它们描述的是同一过程，则有

$$\boldsymbol{R}(\boldsymbol{\theta})\boldsymbol{R}(\delta\boldsymbol{\theta}) = \boldsymbol{R}(\boldsymbol{\theta}') \tag{21.2.5}$$

其中，转动虚向量 $\boldsymbol{\theta}'$ 可表达为

$$\boldsymbol{\theta}' = \boldsymbol{\theta} + \delta\boldsymbol{\theta}_a \tag{21.2.6}$$

显然

$$\delta\boldsymbol{\theta} \neq \delta\boldsymbol{\theta}_a \tag{21.2.7}$$

经推导，可叠加转角虚向量 $\delta\boldsymbol{\theta}_a$ 与不可叠加转角虚向量 $\delta\boldsymbol{\theta}$ 之间有下述函数关系：

$$\delta\boldsymbol{\theta} = \boldsymbol{H}(\boldsymbol{\theta})\delta\boldsymbol{\theta}_a \tag{21.2.8}$$

其中

$$\boldsymbol{H}(\boldsymbol{\theta}) = \left\{\frac{\sin\theta}{\theta}\boldsymbol{I} + \frac{1}{\theta^2}\left(1 - \frac{\sin\theta}{\theta}\right)\boldsymbol{\theta}\boldsymbol{\theta}^{\mathrm{T}} + \frac{1}{2}\left[\frac{\sin\left(\dfrac{\theta}{2}\right)}{\left(\dfrac{\theta}{2}\right)}\right]^2\boldsymbol{S}(\boldsymbol{\theta})\right\} \tag{21.2.9}$$

由式(21.2.9)可以看出，当 θ 趋向于零时 $\boldsymbol{H}(\boldsymbol{\theta})$ 等于 3×3 的单位矩阵 $\boldsymbol{I}$。它的逆变换的形式可以表达为

$$\delta\boldsymbol{\theta}_a = [\boldsymbol{H}(\boldsymbol{\theta})]^{-1}\delta\boldsymbol{\theta} \tag{21.2.10}$$

其中

$$[\boldsymbol{H}(\boldsymbol{\theta})]^{-1} = \left\{\frac{\theta}{2}\cot\left(\frac{\boldsymbol{\theta}}{2}\right)\boldsymbol{I} - \boldsymbol{S}\left(\frac{\boldsymbol{\theta}}{2}\right) + \left[1 - \frac{\theta}{2}\cot\left(\frac{\theta}{2}\right)\right]\frac{\boldsymbol{\theta}\boldsymbol{\theta}^{\mathrm{T}}}{\theta^2}\right\} \tag{21.2.11}$$

在后面的论述和推导中，矩阵 $\boldsymbol{H}(\boldsymbol{\theta})$ 的微分形式常常也是要用到的，这里给出其变分表达式，即有

$$\begin{aligned}\delta\boldsymbol{H}(\boldsymbol{\theta}) = & \left(\cos\theta - \frac{\sin\theta}{\theta}\right)\frac{\boldsymbol{\theta}^{\mathrm{T}}\delta\boldsymbol{\theta}}{\theta^2}\boldsymbol{I} + \left(1 - \frac{\sin\theta}{\theta}\right)\left(\frac{\boldsymbol{\theta}\delta\boldsymbol{\theta}^{\mathrm{T}} + \delta\boldsymbol{\theta}\boldsymbol{\theta}^{\mathrm{T}}}{\theta^2}\right) \\ & + \left(3\,\frac{\sin\theta}{\theta} - \cos\theta - 2\right)\frac{\boldsymbol{\theta}^{\mathrm{T}}\delta\boldsymbol{\theta}}{\theta^2}\left(\frac{\boldsymbol{\theta}\boldsymbol{\theta}^{\mathrm{T}}}{\theta^2}\right) \\ & - \left[\left(\frac{\sin\dfrac{\theta}{2}}{\dfrac{\theta}{2}}\right)^2 - \frac{\sin\theta}{2}\right]\frac{\boldsymbol{\theta}^{\mathrm{T}}\delta\boldsymbol{\theta}}{\theta^2}\boldsymbol{S}(\boldsymbol{\theta}) + \frac{1}{2}\left(\frac{\sin\dfrac{\theta}{2}}{\dfrac{\theta}{2}}\right)^2\boldsymbol{S}(\delta\boldsymbol{\theta})\end{aligned} \tag{21.2.12}$$

21.3 随动描述中的运动学

21.3.1 随动坐标描述中的构形

在随动坐标描述中，根据结构变形前后的不同状态可分为三种构形，即初始构形、随体构形、变形构形。如图 21.3.1 所示。初始构形一般指结构初始状态下的构形，也就是在结构分析开始时的构形；随动构形就是指结构发生刚体转动和平动后未变形的构形；变形构形是指结构发生变形后的状态。

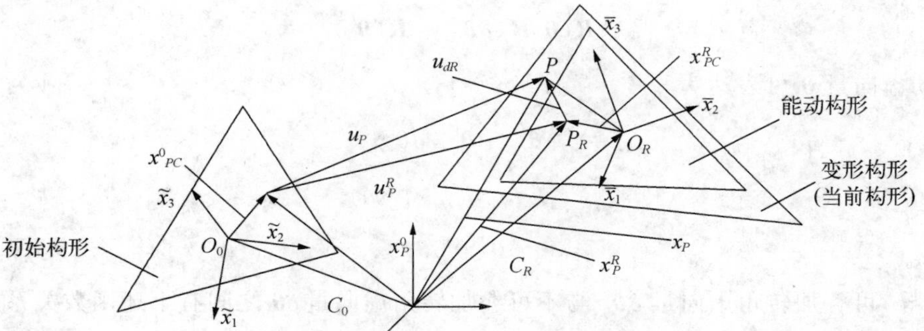

图 21.3.1 随动坐标描述中的构形

21.3.2 坐标系

在结构分析中，构形和坐标系之间往往容易混淆。坐标系是用来对构形进行空间定位的，

与构形无关。不同的构形可以采用同一坐标系描述，但是往往为了计算方便，通过选择恰当的局部坐标系(Local Coordinate System)又能达到简化几何关系的目的，所以局部坐标系又与构形有关。在随动描述中往往针对不同的构形采用不同的局部坐标系。对于初始构形，我们定义一个初始的坐标系(Initial Coordinate System)来描述；对于随动构形，我们定义随动坐标系(Co-rotational Coordinate System)来描述。不同的构形通过整体坐标系(Global Coordinate System)进行关联，而整体坐标系是所有计算最终都要参考的。

21.3.3 变形位移

如图 21.3.1 所示，初始构形中的任意一点 P_0 在发生位移后到达新的位置 P，设随动坐标系与整体坐标系之间的转换矩阵为 $\boldsymbol{T}$，则点 P 的变形位移在随动坐标系中可以表达为

$$\boldsymbol{u}_{dP} = \boldsymbol{T}(\boldsymbol{x}_P^0 + \boldsymbol{u}_P - C_0 - \boldsymbol{u}_0) - \boldsymbol{x}_{Pc}^R \tag{21.3.1}$$

应用式(21.1.27)则有

$$\boldsymbol{u}_{dP} = \boldsymbol{R}^{\mathrm{T}}(\boldsymbol{x}_P^0 + \boldsymbol{u}_P - C_0 - \boldsymbol{u}_0) - \boldsymbol{x}_{Pc}^R \tag{21.3.2}$$

其中，$\boldsymbol{u}_{dP} = [u_{dP} \quad v_{dP} \quad w_{dP}]^{\mathrm{T}}$ 为在随动坐标系中度量的变形位移；$\boldsymbol{x}_P^0$ 为在初始构形中 P 点在初始坐标系中的位置向量，由于局部坐标系选用正交的笛卡儿坐标系，这一向量在发生刚体转动后在随动坐标中的分量保持不变，因此 $\boldsymbol{x}_{Pc}^R = \boldsymbol{x}_{Pc}^0$。

21.3.4 随动坐标描述中的变分

将随动描述的思想应用到非线性有限元法中，需要给出相应变量的变分形式，以便于建立有限元方程。在这一过程中，主要是求解位移和转动矩阵的变分。

21.3.4.1 转动矩阵及转角的变分

在 21.1 节中已经叙述了转动矩阵的推导以及其基本意义，由于在 CR 描述中随动构形及在其基础上定义的坐标系是不断转动的，它在求解过程中是不断变化的，不是一常量，所以转动矩阵也参与变分。

由 21.2.1 节的叙述可知，转动矩阵的变分为

$$\boldsymbol{R} = \exp[\boldsymbol{S}(\boldsymbol{\theta})] \Rightarrow \delta\boldsymbol{R} = \delta[\boldsymbol{S}(\boldsymbol{\theta})]\boldsymbol{R} \tag{21.3.3}$$

其中

$$\delta[\boldsymbol{S}(\boldsymbol{\theta}_r^g)] = \begin{bmatrix} 0 & -\delta\theta_{r3}^g & \delta\theta_{r2}^g \\ \delta\theta_{r3}^g & 0 & -\delta\theta_{r1}^g \\ -\delta\theta_{r2}^g & \delta\theta_{r1}^g & 0 \end{bmatrix} \tag{21.3.4}$$

对式(21.1.30)进行变分，并应用式(21.3.3)给出的关系可得

$$\begin{aligned}\delta\boldsymbol{R}_P^e &= \{-\boldsymbol{R}_r^{\mathrm{T}}\delta[\boldsymbol{S}(\boldsymbol{\theta}_r^e)]\boldsymbol{R}_P^g + \boldsymbol{R}_r^{\mathrm{T}}\delta[\boldsymbol{S}(\boldsymbol{\theta}_P^e)]\boldsymbol{R}_P^g\}\boldsymbol{R}_0 \\ &= \{\delta[\boldsymbol{S}(\boldsymbol{\theta}_P^e)] - \delta[\boldsymbol{S}(\boldsymbol{\theta}_r^e)]\}\boldsymbol{R}_r^{\mathrm{T}}\boldsymbol{R}_P^g\boldsymbol{R}_0 = \{\delta[\boldsymbol{S}(\boldsymbol{\theta}_P^e)] - \delta[\boldsymbol{S}(\boldsymbol{\theta}_r^e)]\}\overline{\boldsymbol{R}}_P^e\end{aligned} \tag{21.3.5}$$

其中，$\boldsymbol{\theta}_r^e$ 为整体坐标系转动到随动坐标所需的空间转角在随动坐标系中表达的形式；$\boldsymbol{\theta}_P^e$ 为点 P 转动到当前构形中点 P'' 所需的空间转角在随动坐标系中的表达形式。

由转动矩阵的变分形式，式(21.3.5)所表述的关系也可以写成如下的形式：

$$\delta\bar{\boldsymbol{\theta}}_P^e = \delta\boldsymbol{\theta}_P^e - \delta\boldsymbol{\theta}_r^e \tag{21.3.6}$$

其中，$\delta\bar{\boldsymbol{\theta}}_P^e$ 为随动坐标系中度量的对结构内能有贡献的“变形”转动。

21.3.4.2　位移变分

对式(21.3.1)变分运算，可得

$$\delta\boldsymbol{u}_{dP} = \delta\boldsymbol{R}_r^{\mathrm{T}}(\boldsymbol{x}_P^0 + \boldsymbol{u}_P - C_0 - \boldsymbol{u}_0) + \boldsymbol{R}_r^{\mathrm{T}}(\delta\boldsymbol{u}_P - \delta\boldsymbol{u}_0) \tag{21.3.7}$$

利用式(21.3.5)，可得

$$\begin{aligned}\delta\boldsymbol{u}_{dR} &= -\boldsymbol{R}_r^{\mathrm{T}}[\delta(\boldsymbol{S}(\boldsymbol{\theta}_r^g))(\boldsymbol{x}_P^0 + \boldsymbol{u}_P - C_0 - \boldsymbol{u}_0) - (\delta\boldsymbol{u}_P - \delta\boldsymbol{u}_0)] \\ &= -\boldsymbol{R}_r^{\mathrm{T}}\delta[\boldsymbol{S}(\boldsymbol{\theta}_r^g)]\boldsymbol{R}_r\boldsymbol{R}_r^{\mathrm{T}}(\boldsymbol{x}_P^0 + \boldsymbol{u}_P - C_0 - \boldsymbol{u}_0) + \boldsymbol{R}_r^{\mathrm{T}}(\delta\boldsymbol{u}_P - \delta\boldsymbol{u}_0) \\ &= -\delta[\boldsymbol{S}(\tilde{\boldsymbol{\theta}}_r^e)]\boldsymbol{R}_r^{\mathrm{T}}(\boldsymbol{u}_P + \boldsymbol{r}_P^0) + (\delta\boldsymbol{u}_P^e - \boldsymbol{R}_r^{\mathrm{T}}\delta\boldsymbol{u}_0)\end{aligned} \tag{21.3.8}$$

在有限元分析中刚体位移对结构应变能不做任何贡献，因此在构建内能方程的过程中可以将其忽略，所以省略(21.3.8)中的$\boldsymbol{R}_r^{\mathrm{T}}\delta\boldsymbol{u}_0$，式(21.3.8)变为

$$\begin{cases}\delta\boldsymbol{u}_{dR} = -\delta\tilde{\boldsymbol{\theta}}_r^e\boldsymbol{r}_P^e + \delta\boldsymbol{u}_P^e = \tilde{\boldsymbol{r}}_P^e\delta\boldsymbol{\theta}_r^e + \delta\boldsymbol{u}_P^e, \\ \boldsymbol{r}_P^0 = \boldsymbol{x}_P^0 - C_0 - \boldsymbol{u}_0\end{cases} \tag{21.3.9}$$

在式(21.3.9)中有下述关系：

$$\begin{cases}\boldsymbol{r}_P^e = \boldsymbol{u}_P^e + \boldsymbol{r}_P^0, \\ \tilde{\boldsymbol{r}}_P^e = \boldsymbol{S}(\boldsymbol{r}_P^e)\end{cases} \tag{21.3.10}$$

其中，$\boldsymbol{r}_P^e$ 为点 P 在随动坐标系中的位置向量。

21.4　杆单元的随动有限元方程

由杆单元的假设，杆单元在局部坐标系中只承受轴向力的作用，因此杆单元随动有限元方程与梁单元和板壳单元的随动有限元方程有所不同，杆单元不需要额外关于转角的变换关系。但是由随动有限元本身的特性，构建杆单元的随动分析转换矩阵时，又需要引入随动坐标系与初始坐标系之间在结构变形后的夹角，但是这一夹角可以通过杆端位移的形式来表述，因此最终杆单元的随动有限元方程中没有出现转角项。

本节分别介绍平面杆单元和空间杆单元随动有限元方程的构建过程，出于简化的目的，在本节中，对于随动坐标系中的单元插值函数都选用线性插值函数，不再另行强调。

21.4.1　平面杆单元随动有限元方程

如图 21.4.1 所示，一二维杆单元在整体坐标系中的位移可以表达为

$$\boldsymbol{u}^g = [u_1 \quad u_2 \quad v_1 \quad v_2]^{\mathrm{T}} \tag{21.4.1}$$

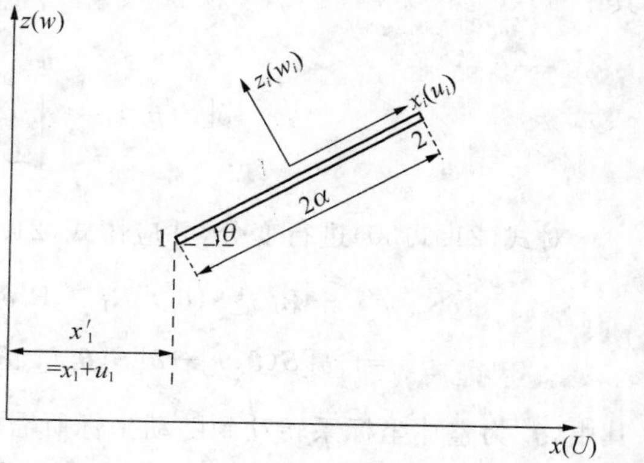

图 21.4.1　随动坐标系下的位移

杆件在局部坐标系中位移如图 21.4.1 所

示，将杆单元在局部坐标系中的位移进行重新的排列，则它可以表达为

$$\boldsymbol{u}^e = [u_1^e \quad u_2^e \quad 0 \quad 0]^{\mathrm{T}} \tag{21.4.2}$$

则在局部坐标系中，单元内的应变表达式为

$$\begin{aligned}\varepsilon_e &= \frac{1}{l_0}[-1 \quad 1 \quad 0 \quad 0][u_1^e \quad u_2^e \quad 0 \quad 0]^{\mathrm{T}} \\ &= \frac{1}{l_0}\boldsymbol{C}_e^{\mathrm{T}}\boldsymbol{u}^e\end{aligned} \tag{21.4.3}$$

二维杆单元局部坐标系中的内力可以表达为

$$\boldsymbol{f}_i^e = \int_V \frac{\sigma^e}{l_0}\boldsymbol{C}_e \mathrm{d}\boldsymbol{V}_0 = A_0\sigma^e\boldsymbol{C}_e \tag{21.4.4}$$

式中，σ^e 为局部坐标系中杆单元的内力；A_0 为初始构形中杆单元的截面面积；l_0 为杆单元初始长度，其表达式为

$$l_0 = \sqrt{x_{21}^2 + z_{21}^2} \quad \text{，其中 } x_{21} = x_2 - x_1,\ z_{21} = z_2 - z_1 \tag{21.4.5}$$

在式(21.4.5)中，$(x_1,\ z_1)$和$(x_2,\ z_2)$分别为杆单元初始构形中两个节点在整体坐标系中的坐标。

由随动坐标系的定义可知，随动坐标系中的位移和整体坐标系中位移的关系为

$$\boldsymbol{u}^e = \boldsymbol{T}\boldsymbol{u}^g = \begin{bmatrix} c & 0 & s & 0 \\ 0 & c & 0 & s \\ -s & 0 & c & 0 \\ 0 & -s & 0 & c \end{bmatrix}\boldsymbol{u}^g = \frac{1}{l_n}\begin{bmatrix} x'_{21} & 0 & z'_{21} & 0 \\ 0 & x'_{21} & 0 & z'_{21} \\ -z'_{21} & 0 & x'_{21} & 0 \\ 0 & -z'_{21} & 0 & x'_{21} \end{bmatrix}\boldsymbol{u}^g \tag{21.4.6}$$

式中，c，s 分别为 $\cos\theta$，$\sin\theta$，且有下述关系：

$$c = \cos\theta = \frac{x'_{21}}{l_n}, \quad s = \sin\theta = \frac{z'_{21}}{l_n} \tag{21.4.7}$$

而 l_n 为杆单元发生变形后的单元长度，其表达式为

$$l_n = \sqrt{(x'_{21})^2 + (z'_{21})^2}, \quad \text{其中 } x'_{21} = x'_2 - x'_1, z'_{21} = z'_2 - z'_{21} \tag{21.4.8}$$

式(21.4.8)中，$(x'_1,\ z'_1)$和$(x'_2,\ z'_2)$分别为杆单元变形后两个节点在整体坐标系中的坐标。

因此整体坐标系中的位移和局部坐标系中的位移之间的变分关系可以表达为

$$\delta\boldsymbol{u}^e = \boldsymbol{T}\delta\boldsymbol{u}^g \tag{21.4.9}$$

应用虚功原理，参考上一章的叙述可知整体坐标系内力和局部坐标系内力之间的关系可以表达为

$$\delta(\boldsymbol{u}^g)^{\mathrm{T}}\boldsymbol{f}_i^g = \delta(\boldsymbol{u}^e)^{\mathrm{T}}\boldsymbol{f}_l^e \tag{21.4.10}$$

由式(21.4.9)可得

$$\boldsymbol{f}_i^g = \boldsymbol{T}^{\mathrm{T}}\boldsymbol{f}_l^e \tag{21.4.11}$$

则整体坐标系中的切线刚度矩阵可以通过对式(21.4.11)的微分获得，即有

$$\boldsymbol{\delta f}_i^g = \boldsymbol{T}^{\mathrm{T}}\frac{\partial \boldsymbol{f}_l^e}{\partial \boldsymbol{u}^e}\boldsymbol{\delta u}^e + \boldsymbol{\delta T}^{\mathrm{T}}\boldsymbol{f}_l^e = \boldsymbol{K}_t\boldsymbol{\delta u}_i^g \tag{21.4.12}$$

由式(21.4.4)可知杆单元的局部线性刚度矩阵为

$$\boldsymbol{K}_l^e = \frac{\partial \boldsymbol{f}_l^e}{\partial \boldsymbol{u}^e} = \boldsymbol{EA}_0\boldsymbol{C}_e\frac{\partial \varepsilon^e}{\partial \boldsymbol{u}^e} = \frac{\boldsymbol{EA}_0}{2l_0}\boldsymbol{C}_e\boldsymbol{C}_e^{\mathrm{T}} \tag{21.4.13}$$

利用式(21.4.9)所示的关系，式(21.4.12)中等式右端第一项可以表达为

$$\boldsymbol{T}^{\mathrm{T}}\frac{\partial \boldsymbol{f}_l^e}{\partial \boldsymbol{u}^e}\delta\boldsymbol{u}^e = \boldsymbol{T}^{\mathrm{T}}\boldsymbol{K}_l^e\boldsymbol{T}\delta\boldsymbol{u}_i^g \tag{21.4.14}$$

式(21.4.12)中的第二项需要对坐标转换矩阵进行微分，由上一章所述的转动矩阵和坐标转换矩阵之间的关系以及转动矩阵变分的形式可得

$$\delta\boldsymbol{T}^{\mathrm{T}} = \begin{bmatrix} -s & 0 & -c & 0 \\ 0 & -s & 0 & -c \\ c & 0 & -s & 0 \\ 0 & c & 0 & -s \end{bmatrix}\delta\boldsymbol{\theta} \tag{21.4.15}$$

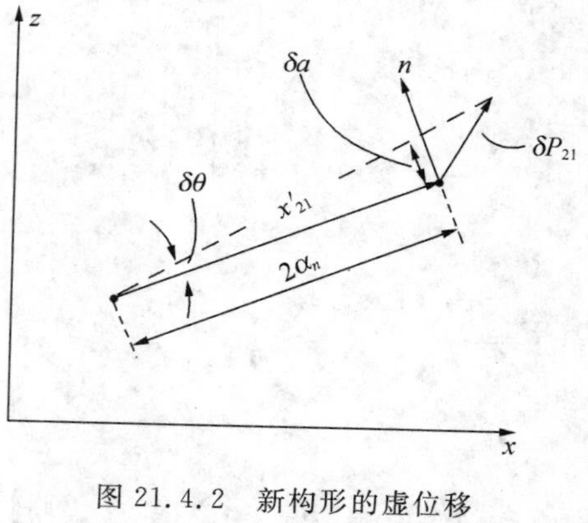

图 21.4.2　新构形的虚位移

由图 21.4.2 所示，垂直于随动构形的单位向量可以表达为

$$\boldsymbol{n} = \frac{1}{l_n}\begin{bmatrix} -z'_{21} \\ x'_{21} \end{bmatrix} \tag{21.4.16}$$

而无限小的位移向量可以表达为

$$\delta\boldsymbol{u}_{21} = \begin{bmatrix} \delta u_{21} \\ \delta w_{21} \end{bmatrix} \tag{21.4.17}$$

则沿着法线 $\boldsymbol{n}$ 方向所发生的无限小长度为

$$\delta\boldsymbol{a} = \boldsymbol{n}^{\mathrm{T}}\delta\boldsymbol{u}_{21} = \boldsymbol{n}^{\mathrm{T}}\begin{bmatrix} \delta u_{21} \\ \delta w_{21} \end{bmatrix} = \frac{1}{l_n}\begin{bmatrix} -z'_{21} \\ x'_{21} \end{bmatrix}^{\mathrm{T}}\begin{bmatrix} \delta u_{21} \\ \delta w_{21} \end{bmatrix} \tag{21.4.18}$$

由于虚位移无限小，因此有

$$\begin{aligned} \delta\theta &= \frac{\delta\boldsymbol{a}}{l_n} = \frac{1}{l_n^2}\begin{bmatrix} -z'_{21} \\ x'_{21} \end{bmatrix}^{\mathrm{T}}\begin{bmatrix} \delta u_{21} \\ \delta w_{21} \end{bmatrix} \\ &= \frac{1}{l_n^2}[z'_{21} \quad -z'_{21} \quad x'_{21} \quad -x'_{21}]\delta\boldsymbol{u}^g = \frac{1}{l_n^2}\boldsymbol{z}^{\mathrm{T}}\delta\boldsymbol{u}^g \end{aligned} \tag{21.4.19}$$

应用式(21.4.4)和(21.4.15)，式(21.4.12)中第二项可以表达为

$$\delta \boldsymbol{T}^{\mathrm{T}} \boldsymbol{f}_i^e = \frac{\mathbf{A}_0 \sigma}{l_n^3} \begin{bmatrix} -z'_{21} & 0 & -x'_{21} & 0 \\ 0 & -z'_{21} & 0 & -x'_{21} \\ x'_{21} & 0 & -z'_{21} & 0 \\ 0 & x'_{21} & 0 & -z'_{21} \end{bmatrix} \boldsymbol{C}_e \boldsymbol{z}^{\mathrm{T}} \delta \boldsymbol{u}^g \tag{21.4.20}$$

因此,平面杆单元几何刚度矩阵可以表达为

$$\boldsymbol{K}_{t\sigma} \delta \boldsymbol{u}^g = \frac{\mathbf{A}_0 \sigma}{8 l_n^3} \begin{bmatrix} (z'_{21})^2 & -x'_{21} z'_{21} & -(z'_{21})^2 & z'_{21} x'_{21} \\ -(z'_{21})^2 & z'_{21} x'_{21} & (z'_{21})^2 & -x'_{21} z'_{21} \\ -x'_{21} z'_{21} & (x'_{21})^2 & z'_{21} x'_{21} & -(x'_{21})^2 \\ z'_{21} x'_{21} & -(x'_{21})^2 & -x'_{21} z'_{21} & (x'_{21})^2 \end{bmatrix} \delta \boldsymbol{u}^g \tag{21.4.21}$$

最后,平面杆单元在整体坐标系中的切线刚度矩阵可以表达为

$$\boldsymbol{K}_t \delta \boldsymbol{u}^g = \boldsymbol{T}^{\mathrm{T}} \boldsymbol{K}_l \boldsymbol{T} \delta \boldsymbol{u}^g + \boldsymbol{K}_{t\sigma} \delta \boldsymbol{u}^g = (\boldsymbol{T}^{\mathrm{T}} \boldsymbol{K}_l \boldsymbol{T} + \boldsymbol{K}_{t\sigma}) \delta \boldsymbol{u}^g \tag{21.4.22}$$

21.4.2 三维杆单元随动有限元方程

上一小节详细论述了二维杆单元随动有限元方程的推导过程,而对于空间杆单元的随动有限元方程,可以很容易的通过二维杆单元的有限元方程拓展获得。三维杆单元中,任意一点 i 的位置向量及位移向量在整体坐标系中可以表达为

$$\boldsymbol{r}_i^g = [x_i^g \quad y_i^g \quad z_i^g]^{\mathrm{T}} \tag{21.4.23}$$

$$\boldsymbol{u}_i^g = [u_i^g \quad v_i^g \quad w_i^g]^{\mathrm{T}} \tag{21.4.24}$$

对于随动方程,如上一节所示,整体坐标系中内力和局部坐标系中内力之间的关系为

$$\boldsymbol{f}_i^g = \boldsymbol{T}^{\mathrm{T}} \boldsymbol{f}_i^e = \mathbf{A}_0 \sigma^e \, \boldsymbol{T}^{\mathrm{T}} \, \boldsymbol{C}_e \tag{21.4.25}$$

式中,坐标转换矩阵 $\boldsymbol{T}$ 的表达式拓展为

$$\boldsymbol{T} = \begin{bmatrix} \boldsymbol{e}_1(1) & 0 & \boldsymbol{e}_2(1) & 0 & \boldsymbol{e}_3(1) & 0 \\ 0 & \boldsymbol{e}_1(1) & 0 & \boldsymbol{e}_2(1) & 0 & \boldsymbol{e}_3(1) \\ \boldsymbol{e}_1(2) & 0 & \boldsymbol{e}_1(2) & 0 & \boldsymbol{e}_3(2) & 0 \\ 0 & \boldsymbol{e}_1(2) & 0 & \boldsymbol{e}_1(2) & 0 & \boldsymbol{e}_3(2) \\ \boldsymbol{e}_1(3) & 0 & \boldsymbol{e}_2(3) & 0 & \boldsymbol{e}_3(3) & 0 \\ 0 & \boldsymbol{e}_1(3) & 0 & \boldsymbol{e}_2(3) & 0 & \boldsymbol{e}_3(3) \end{bmatrix} \tag{21.4.26}$$

而矩阵 $\boldsymbol{C}_e$ 拓展为

$$\boldsymbol{C}_e = [-1 \quad 1 \quad 0 \quad 0 \quad 0 \quad 0]^{\mathrm{T}} \tag{21.4.27}$$

对于三维杆单元,参看式(21.4.12),整体坐标系中内力与局部坐标系中内力之间的变分关系与二维情形类似,因此可得

$$\delta \boldsymbol{f}_i^g = \boldsymbol{T}^{\mathrm{T}} \boldsymbol{K}_l^e \boldsymbol{T} \delta \boldsymbol{u}_i^g + \delta \boldsymbol{T}^{\mathrm{T}} \boldsymbol{f}_i^e = \boldsymbol{K}_t \delta \boldsymbol{u}_i^g \tag{21.4.28}$$

考虑到上式中的矩阵是对于三维杆单元的表达形式,因此,式中右端第二项的表达式可以改写为

$$\delta \boldsymbol{T}^{\mathrm{T}} f_l^e = A_0 \sigma \delta \boldsymbol{T}^{\mathrm{T}} \boldsymbol{C}_e \tag{21.4.29}$$

利用式(21.4.28)，参考上一节中关于 $\delta \boldsymbol{T}^{\mathrm{T}}$ 的论述，式(21.4.29)进一步改写为

$$\delta \boldsymbol{T}^{\mathrm{T}} \boldsymbol{f}_l^e = [-\delta \boldsymbol{e}_1(1) \quad \delta \boldsymbol{e}_1(1) \quad -\delta \boldsymbol{e}_1(2) \quad \delta \boldsymbol{e}_1(2) \quad -\delta \boldsymbol{e}_1(3) \quad \delta \boldsymbol{e}_1(3)]^{\mathrm{T}}$$
$$= A_0 \sigma \begin{bmatrix} -1 & 1 & 0 & 0 & 0 & 0 \\ 0 & 0 & -1 & 1 & 0 & 0 \\ 0 & 0 & 0 & 0 & -1 & 1 \end{bmatrix}^{\mathrm{T}} \delta \boldsymbol{e}_1 = A_0 \sigma \boldsymbol{F} \begin{bmatrix} \delta \boldsymbol{e}_1(1) \\ \delta \boldsymbol{e}_1(2) \\ \delta \boldsymbol{e}_1(3) \end{bmatrix} = A_0 \sigma \boldsymbol{F} \delta \boldsymbol{e}_1 \tag{21.4.30}$$

如式(21.4.17)所示的无限小位移 $\delta \boldsymbol{u}_{21}$ 可以表达为

$$\delta \boldsymbol{u}_{21} = \boldsymbol{F}^{\mathrm{T}} \delta \boldsymbol{u}_i^g \tag{21.4.31}$$

方向向量 $\boldsymbol{e}_1$ 可以表达为

$$\boldsymbol{e}_1 = \frac{x_{21} + \boldsymbol{u}_{21}}{l_n} = \frac{\boldsymbol{x}'_{21}}{l_n} \tag{21.4.32}$$

因此，其微分表达式为

$$\delta \boldsymbol{e}_1 = \frac{\delta \boldsymbol{u}_{21}}{l_n} - \boldsymbol{e}_1 \frac{\delta l_n}{l_n} \tag{21.4.33}$$

引入矩阵 **A**，其表达式为

$$\boldsymbol{A} = \frac{1}{4} \begin{bmatrix} 1 & -1 & 0 & 0 & 0 & 0 \\ -1 & 1 & 0 & 0 & 0 & 0 \\ 0 & 0 & 1 & -1 & 0 & 0 \\ 0 & 0 & -1 & 1 & 0 & 0 \\ 0 & 0 & 0 & 0 & 1 & -1 \\ 0 & 0 & 0 & 0 & -1 & 1 \end{bmatrix} \tag{21.4.34}$$

则

$$l_n \delta l_n = [\boldsymbol{Q}(\boldsymbol{x}')]^{\mathrm{T}} \boldsymbol{A} \delta \boldsymbol{u}_i^g = \frac{1}{4} [\boldsymbol{Q}(\boldsymbol{x}')]^{\mathrm{T}} \delta \boldsymbol{u}_i^g \tag{21.4.35}$$

式(21.4.35)中，$\boldsymbol{Q}(\boldsymbol{x}')$ 可表达为

$$\boldsymbol{Q}(\boldsymbol{x}') = [-x'_{21} \quad x'_{21} \quad -y'_{21} \quad y'_{21} \quad -z'_{21} \quad z'_{21}]^{\mathrm{T}} \tag{21.4.36}$$

因此，应用式(21.4.33)可得

$$\delta \boldsymbol{e}_1 = \frac{\delta \boldsymbol{u}_{21}}{2 l_n} - \frac{\boldsymbol{e}_1 [\boldsymbol{Q}(\boldsymbol{x}')]^{\mathrm{T}}}{4 l_n^2} \delta \boldsymbol{u}_i^g = \frac{1}{2 l_n} (\boldsymbol{I} - \boldsymbol{e}_1 \boldsymbol{e}_1^{\mathrm{T}}) \delta \boldsymbol{u}_{21} \tag{21.4.37}$$

将(21.4.37)代入到式(21.4.30)中并应用式(21.4.31)，则整体坐标系下几何刚度矩阵可以表达为

$$\boldsymbol{K}_{t\sigma} \delta \boldsymbol{u}_i^g = \frac{A_0 \sigma}{2 l_n} [\boldsymbol{F} \boldsymbol{F}^{\mathrm{T}} - (\boldsymbol{F} \boldsymbol{e}_1)(\boldsymbol{F} \boldsymbol{e}_1)^{\mathrm{T}}] \delta \boldsymbol{u}_i^g = \frac{A_0 \sigma}{2 l_n} \left[\boldsymbol{A} - \frac{\boldsymbol{Q}(\boldsymbol{x}')(\boldsymbol{Q}(\boldsymbol{x}'))^{\mathrm{T}}}{4 l_n^2} \right] \delta \boldsymbol{u}_i^g \tag{21.4.38}$$

21.5 梁单元的随动有限元方程

梁单元与壳单元的随动有限元方程有很多相似之处，它们都需要确定其转动自由度在不同坐标系之间的转换关系。就公式推导和通用性而言，两节点的12自由度的梁单元与三节点18自由度的壳单元之间的不同之处在于节点数目不同以及随动坐标系确定方法不同，它可以通过对壳单元随动有限元方程做很少的改动而获得。因此，对于梁单元随动有限元方程这里不进行详细的叙述，只详细的介绍梁单元随动坐标系的确定。

两节点随动梁单元的推导需要多个参考坐标系，第一个为整体坐标系 $e_\alpha(\alpha=1,2,3)$；第二个为随动坐标系，这一坐标系随着单元发生连续的转动和平移，这一正交局部坐标系统为$\boldsymbol{r}_\alpha(\alpha=1,2,3)$。在初始构形中(未变形构形中)，随动坐标系的三元矩阵定义为 $\boldsymbol{e}_\alpha^0(\alpha=1,2,3)$。另外，$\boldsymbol{t}_\alpha^1$ 和 $\boldsymbol{t}_\alpha^2$ 为分别依附于两个节点的单位三元矩阵。

根据随动描述的思想，单元从初始构形到最终变形构形的运动可以分解为刚体运动和变形运动。刚体位移是指随动构形的刚体平移和转动。在发生刚体转动后，新的参考坐标系可以通过正交矩阵$\boldsymbol{R}_r$ 来定义，即有

$$\boldsymbol{R}_r=[\boldsymbol{r}_1\quad \boldsymbol{r}_2\quad \boldsymbol{r}_3] \tag{21.5.1}$$

其第一个坐标轴沿着1和2两个节点连线的方向，表达式为

$$\boldsymbol{r}_1=\frac{\boldsymbol{x}_2^g+\boldsymbol{u}_2^g-\boldsymbol{x}_1^g-\boldsymbol{u}_1^g}{l_n} \tag{21.5.2}$$

其中，$\boldsymbol{x}_i^g(i=1,2)$指在初始构形中两个节点在整体坐标系中的坐标；$\boldsymbol{u}_i^g(i=1,2)$指单元节点的整体位移(包括节点的刚体位移和变形位移两部分)；l_n 指梁单元的当前长度，对应于变形后的构形，其表达式为

$$l_n=\|\boldsymbol{x}_2^g+\boldsymbol{u}_2^g-\boldsymbol{x}_1^g-\boldsymbol{u}_1^g\| \tag{21.5.3}$$

式(21.5.2)确定了随动坐标系第一个坐标轴的方向向量$\boldsymbol{r}_1$，对于其它两个坐标轴的方向向量$\boldsymbol{r}_2$ 和$\boldsymbol{r}_3$ 的确定，需要引入一辅助向量 $\boldsymbol{q}$，它通过下式获得：

$$\boldsymbol{q}=\frac{1}{2}(\boldsymbol{q}_1+\boldsymbol{q}_2),\quad \boldsymbol{q}_i=\boldsymbol{R}_i^g\boldsymbol{R}_0[0\quad 1\quad 0]^{\mathrm{T}}\quad (i=1,2) \tag{21.5.4}$$

其中，$\boldsymbol{R}_1^g$ 和$\boldsymbol{R}_2^g$ 为正交转动矩阵，它们用来确定节点的三元矩阵中对应轴向量的变化；$\boldsymbol{R}_0$ 用来确定初始构形的局部坐标系，有$\boldsymbol{R}_0=[\boldsymbol{e}_1^0\quad \boldsymbol{e}_2^0\quad \boldsymbol{e}_3^0]$。

引入辅助向量 $\boldsymbol{q}$ 的目的实际上是通过对单元两个节点的三元矩阵中的第二个坐标轴的平均来对梁单元随动坐标系的第二个坐标轴进行定位，例如对于节点1，当前三元矩阵的第二个轴向量通过对整体坐标系的第二个坐标轴方向向量进行连续两次刚体转动获得。相关的转动过程可以参看21.1节中的有关内容。

通过上面的论述，随动坐标系单位向量$\boldsymbol{r}_2$ 和$\boldsymbol{r}_3$ 可以通过向量积来获得，即

$$\boldsymbol{r}_3=\frac{\boldsymbol{r}_1\times\boldsymbol{q}}{\|\boldsymbol{r}_1\times\boldsymbol{q}\|},\quad \boldsymbol{r}_2=\boldsymbol{r}_3\times\boldsymbol{r}_1 \tag{21.5.5}$$

通过式(21.5.2)和式(21.5.5)，可以最终确定转动矩阵$\boldsymbol{R}_r$。

21.6 随动有限元方程

21.6.1 壳单元随动有限元方程

为了表述方便，用 $\boldsymbol{\omega}$ 来表示可叠加形式的转动虚向量，$\boldsymbol{\theta}$ 为不可叠加的转动虚向量，相应的上标 e 表示在随动坐标系中表示的变量，$\bar{\boldsymbol{\omega}}$表示局部坐标系中变形转动的可叠加量，$\bar{\boldsymbol{\theta}}$表示变形转动的不可叠加量。

由于单元的内力为单元应变能对于平动和转动的一阶导数，则单元的内力可以表达为

$$\boldsymbol{f}_a^e(\boldsymbol{u},\boldsymbol{\theta})=\begin{bmatrix}\dfrac{\partial\varphi}{\partial\boldsymbol{u}_a^e}\\ \dfrac{\partial\varphi}{\partial\boldsymbol{\theta}_a^e}\end{bmatrix}=\sum_b^{N_{\text{nodes}}}\boldsymbol{J}_{ab}^e\begin{bmatrix}\dfrac{\partial\varphi}{\partial\bar{\boldsymbol{u}}_a^e}\\ \dfrac{\partial\varphi}{\partial\bar{\boldsymbol{\theta}}_a^e}\end{bmatrix}\quad \text{及}\quad \boldsymbol{J}_{ab}^e=\begin{bmatrix}\dfrac{\partial\bar{\boldsymbol{u}}_b^e}{\partial\boldsymbol{u}_a^e} & \dfrac{\partial\bar{\boldsymbol{\theta}}_b^e}{\partial\boldsymbol{u}_a^e}\\ \dfrac{\partial\bar{\boldsymbol{u}}_b^e}{\partial\boldsymbol{\theta}_a^e} & \dfrac{\partial\bar{\boldsymbol{\theta}}_b^e}{\partial\boldsymbol{\theta}_a^e}\end{bmatrix}\tag{21.6.1}$$

对$\boldsymbol{J}_{ab}^e$应用复合求导规则，有

$$\boldsymbol{J}_{ab}^e=\begin{bmatrix}\dfrac{\partial\bar{\boldsymbol{u}}_b^e}{\partial\boldsymbol{u}_a^e} & \dfrac{\partial\bar{\boldsymbol{\theta}}_b^e}{\partial\boldsymbol{u}_a^e}\\ \dfrac{\partial\bar{\boldsymbol{u}}_b^e}{\partial\boldsymbol{\theta}_a^e} & \dfrac{\partial\bar{\boldsymbol{\theta}}_b^e}{\partial\boldsymbol{\theta}_a^e}\end{bmatrix}=\begin{bmatrix}\dfrac{\partial\bar{\boldsymbol{u}}_b^e}{\partial\boldsymbol{u}_a^e} & \dfrac{\partial\bar{\boldsymbol{\omega}}_b^e}{\partial\boldsymbol{u}_a^e}\dfrac{\partial\bar{\boldsymbol{\theta}}_b^e}{\partial\bar{\boldsymbol{\omega}}_b^e}\\ \dfrac{\partial\boldsymbol{\omega}_a^e}{\partial\boldsymbol{\theta}_a^e}\dfrac{\partial\bar{\boldsymbol{u}}_b^e}{\partial\boldsymbol{\omega}_a^e} & \dfrac{\partial\boldsymbol{\omega}_a^e}{\partial\boldsymbol{\theta}_a^e}\dfrac{\partial\bar{\boldsymbol{\omega}}_b^e}{\partial\boldsymbol{\omega}_a^e}\dfrac{\partial\bar{\boldsymbol{\theta}}_b^e}{\partial\bar{\boldsymbol{\omega}}_b^e}\end{bmatrix}\tag{21.6.2}$$

写成矩阵相乘的形式，令

$$\boldsymbol{L}(\boldsymbol{\theta}_a^e)=\begin{bmatrix}\boldsymbol{I} & 0\\ 0 & \boldsymbol{H}(\boldsymbol{\theta}_a^e)\end{bmatrix},\quad \boldsymbol{L}(\bar{\boldsymbol{\theta}}_b^e)=\begin{bmatrix}\boldsymbol{I} & 0\\ 0 & \boldsymbol{H}(\bar{\boldsymbol{\theta}}_b^e)\end{bmatrix},\quad \boldsymbol{P}_{ab}=\begin{bmatrix}\dfrac{\partial\bar{\boldsymbol{u}}_a^e}{\partial\boldsymbol{u}_b^e} & \dfrac{\partial\bar{\boldsymbol{u}}_a^e}{\partial\boldsymbol{\omega}_b^e}\\ \dfrac{\partial\bar{\boldsymbol{\omega}}_a^e}{\partial\boldsymbol{u}_b^e} & \dfrac{\partial\bar{\boldsymbol{\omega}}_a^e}{\partial\boldsymbol{\omega}_b^e}\end{bmatrix}\tag{21.6.3}$$

则雅可比矩阵的分量可以表达为

$$\boldsymbol{J}_{ab}^e=[\boldsymbol{L}(\boldsymbol{\theta}_a^e)]^{-1}\boldsymbol{P}_{ab}^{\mathrm{T}}\boldsymbol{L}(\bar{\boldsymbol{\theta}}_b^e)\tag{21.6.4}$$

由式(21.6.1)，(21.6.2)和(21.6.3)，映射 $\boldsymbol{P}$ 可以表达为

$$\boldsymbol{P}_{ab}=\begin{bmatrix}\boldsymbol{I}\delta_{ab}+\mathrm{Spin}(\boldsymbol{x}_a^e)\dfrac{\partial\boldsymbol{\omega}_r^e}{\partial\boldsymbol{u}_b^e} & \mathrm{Spin}(\boldsymbol{x}_a^e)\dfrac{\partial\boldsymbol{\omega}_r^e}{\partial\boldsymbol{\omega}_b^e}\\ -\dfrac{\partial\boldsymbol{\omega}_r^e}{\partial\boldsymbol{u}_b^e} & \boldsymbol{I}\delta_{ab}-\dfrac{\partial\boldsymbol{\omega}_r^e}{\partial\boldsymbol{\omega}_b^e}\end{bmatrix}=\boldsymbol{I}\delta_{ab}-\boldsymbol{\Psi}_a\boldsymbol{\Gamma}_b^{\mathrm{T}}\tag{21.6.5}$$

其中

$$\boldsymbol{\Psi}_a=\begin{bmatrix}-\mathrm{Spin}(\boldsymbol{x}_a^e)\\ \boldsymbol{I}_{3\times3}\end{bmatrix},\quad \boldsymbol{\Gamma}_b=\begin{bmatrix}\dfrac{\partial\boldsymbol{\omega}_r^e}{\partial\boldsymbol{u}_b^e} & \dfrac{\partial\boldsymbol{\omega}_r^e}{\partial\boldsymbol{\omega}_b^e}\end{bmatrix}^{\mathrm{T}}\tag{21.6.6}$$

写成矩阵形式，对于三角形壳单元可以表达为

$$\boldsymbol{P}=\begin{bmatrix}\boldsymbol{I}_{3\times3} & 0 & 0\\ 0 & \boldsymbol{I}_{3\times3} & 0\\ 0 & 0 & \boldsymbol{I}_{3\times3}\end{bmatrix}-\begin{bmatrix}\boldsymbol{\psi}_1\\ \boldsymbol{\psi}_2\\ \boldsymbol{\psi}_3\end{bmatrix}\begin{bmatrix}\boldsymbol{\Gamma}_1^{\mathrm{T}} & \boldsymbol{\Gamma}_2^{\mathrm{T}} & \boldsymbol{\Gamma}_3^{\mathrm{T}}\end{bmatrix} \tag{21.6.7}$$

对于两节点梁单元，矩阵 $\boldsymbol{P}$ 可以表达为

$$\boldsymbol{P}=\begin{bmatrix}\boldsymbol{I}_{3\times3} & 0\\ 0 & \boldsymbol{I}_{3\times3}\end{bmatrix}-\begin{bmatrix}\boldsymbol{\psi}_1\\ \boldsymbol{\psi}_2\end{bmatrix}\begin{bmatrix}\boldsymbol{\Gamma}_1^{\mathrm{T}} & \boldsymbol{\Gamma}_2^{\mathrm{T}}\end{bmatrix} \tag{21.6.8}$$

变形位移的变分表达式为

$$\delta\bar{\boldsymbol{d}}^{e}=\boldsymbol{P}\delta\boldsymbol{d}^{e} \tag{21.6.9}$$

其中，对于三角形壳单元有

$$\begin{cases}\delta\bar{\boldsymbol{d}}^{e}=\begin{bmatrix}\delta\bar{\boldsymbol{u}}_1^{e} & \delta\bar{\boldsymbol{\theta}}_1^{e} & \delta\bar{\boldsymbol{u}}_2^{e} & \delta\bar{\boldsymbol{\theta}}_2^{e} & \delta\bar{\boldsymbol{u}}_3^{e} & \delta\bar{\boldsymbol{\theta}}_3^{e}\end{bmatrix}^{\mathrm{T}},\\ \delta\boldsymbol{d}^{e}=\begin{bmatrix}\delta\boldsymbol{u}_1^{e} & \delta\boldsymbol{\theta}_1^{e} & \delta\boldsymbol{u}_2^{e} & \delta\boldsymbol{\theta}_2^{e} & \delta\boldsymbol{u}_3^{e} & \delta\boldsymbol{\theta}_3^{e}\end{bmatrix}^{\mathrm{T}}\end{cases} \tag{21.6.10}$$

对于梁单元则有

$$\begin{cases}\delta\bar{\boldsymbol{d}}^{e}=\begin{bmatrix}\delta\bar{\boldsymbol{u}}_1^{e} & \delta\bar{\boldsymbol{\theta}}_1^{e} & \delta\bar{\boldsymbol{u}}_2^{e} & \delta\bar{\boldsymbol{\theta}}_2^{e}\end{bmatrix}^{\mathrm{T}},\\ \delta\boldsymbol{d}^{e}=\begin{bmatrix}\delta\boldsymbol{u}_1^{e} & \delta\boldsymbol{\theta}_1^{e} & \delta\boldsymbol{u}_2^{e} & \delta\boldsymbol{\theta}_2^{e}\end{bmatrix}^{\mathrm{T}}\end{cases} \tag{21.6.11}$$

利用复合求导规则，可以给出

$$\boldsymbol{f}^{e}(\boldsymbol{u},\ \boldsymbol{\omega})=\boldsymbol{P}^{\mathrm{T}}\boldsymbol{f}^{e}(\bar{\boldsymbol{u}},\ \bar{\boldsymbol{\omega}}) \tag{21.6.12}$$

考虑到

$$\delta\bar{\boldsymbol{d}}^{e}=\boldsymbol{P}\boldsymbol{G}^{\mathrm{T}}\delta\boldsymbol{d}^{g} \tag{21.6.13}$$

其中

$$\boldsymbol{G}=\begin{bmatrix}\boldsymbol{R}_r & & & & & \\ & \boldsymbol{R}_r & & & & \\ & & \boldsymbol{R}_r & & & \\ & & & \boldsymbol{R}_r & & \\ & & & & \boldsymbol{R}_r & \\ & & & & & \boldsymbol{R}_r\end{bmatrix} \tag{21.6.14}$$

则通过应用虚功原理，整体坐标系中的单元内力与局部坐标中单元内力之间的关系可以表达为

$$\boldsymbol{f}^{g}=\boldsymbol{G}\boldsymbol{P}^{\mathrm{T}}\bar{\boldsymbol{f}}^{e} \tag{21.6.15}$$

整体坐标系中的内力和随动坐标系中的内力之间的变分关系可以表达为

$$\delta\boldsymbol{f}^{g}=\boldsymbol{G}\boldsymbol{P}^{\mathrm{T}}(\delta\bar{\boldsymbol{f}}^{e})+\boldsymbol{G}(\delta\boldsymbol{P}^{\mathrm{T}})\bar{\boldsymbol{f}}^{e}+(\delta\boldsymbol{G})\boldsymbol{P}^{\mathrm{T}}\bar{\boldsymbol{f}}^{e} \tag{21.6.16}$$

其中

$$\boldsymbol{G}\boldsymbol{P}^{\mathrm{T}}(\delta \bar{\boldsymbol{f}}^{e}) = \boldsymbol{G}\boldsymbol{P}^{\mathrm{T}} \frac{\partial \bar{\boldsymbol{f}}^{e}}{\partial \bar{\boldsymbol{d}}^{e}} \delta \bar{\boldsymbol{d}}^{e} = \boldsymbol{G}\boldsymbol{P}^{\mathrm{T}}\boldsymbol{K}(\bar{\boldsymbol{u}}^{e}, \bar{\boldsymbol{\omega}}^{e})\boldsymbol{P}\boldsymbol{G}^{\mathrm{T}}\delta \boldsymbol{d}^{g} \tag{21.6.17a}$$

$$\boldsymbol{G}(\delta \boldsymbol{P}^{\mathrm{T}})\bar{\boldsymbol{f}}^{e} = -\boldsymbol{G}\boldsymbol{\Gamma}\widetilde{\boldsymbol{F}}^{\mathrm{T}}\boldsymbol{P}\delta \boldsymbol{d}^{e} = -\boldsymbol{G}\boldsymbol{\Gamma}\widetilde{\boldsymbol{F}}^{\mathrm{T}}\boldsymbol{P}\boldsymbol{G}^{\mathrm{T}}\delta \boldsymbol{d}^{g} \tag{21.6.17b}$$

$$(\delta \boldsymbol{G})\boldsymbol{P}^{\mathrm{T}}\bar{\boldsymbol{f}}^{e} = -\boldsymbol{G}\bar{\boldsymbol{F}}\boldsymbol{\Gamma}^{\mathrm{T}}\delta \boldsymbol{d}^{e} = -\boldsymbol{G}\bar{\boldsymbol{F}}\boldsymbol{\Gamma}^{\mathrm{T}}\boldsymbol{G}^{\mathrm{T}}\delta \boldsymbol{d}^{g} \tag{21.6.17c}$$

式(21.6.17)中

$$\begin{cases} \widetilde{\boldsymbol{F}}^{\mathrm{T}} = [\boldsymbol{S}(\boldsymbol{n}_1^e) \quad \boldsymbol{0}_{3\times3} \quad \boldsymbol{S}(\boldsymbol{n}_2^e) \quad \boldsymbol{0}_{3\times3} \quad \boldsymbol{S}(\boldsymbol{n}_3^e) \quad \boldsymbol{0}_{3\times3}], \\ \bar{\boldsymbol{F}} = [\boldsymbol{S}(\boldsymbol{n}_1^e) \quad \boldsymbol{S}(\boldsymbol{m}_1^e) \quad \boldsymbol{S}(\boldsymbol{n}_2^e) \quad \boldsymbol{S}(\boldsymbol{m}_2^e) \quad \boldsymbol{S}(\boldsymbol{n}_3^e) \quad \boldsymbol{S}(\boldsymbol{m}_3^e)]^{\mathrm{T}} \end{cases} \tag{21.6.18}$$

而在式(21.6.18)中

$$\begin{cases} \boldsymbol{n}_a^e = [\boldsymbol{f}_a^e(1) \quad \boldsymbol{f}_a^e(2) \quad \boldsymbol{f}_a^e(3)]^{\mathrm{T}}, \\ \boldsymbol{m}_a^e = [\boldsymbol{f}_a^e(4) \quad \boldsymbol{f}_a^e(5) \quad \boldsymbol{f}_a^e(6)]^{\mathrm{T}} \end{cases} \tag{21.6.19}$$

在式(21.6.18)及(21.6.19)的推导中用到了反对称矩阵的置换性质，即

$$\boldsymbol{S}(\boldsymbol{a})\boldsymbol{b} = -\boldsymbol{S}(\boldsymbol{b})\boldsymbol{a} \tag{21.6.20}$$

式中，$\boldsymbol{a}$，$\boldsymbol{b}$ 为任意向量。

因此对于两节点的梁单元和三角形壳单元，它们整体坐标系中的切线刚度矩阵的通用形式可以表达为

$$\boldsymbol{K}^{g} = \boldsymbol{G}[\boldsymbol{P}^{\mathrm{T}}\boldsymbol{K}(\bar{\boldsymbol{u}}^{e},\bar{\boldsymbol{\omega}}^{e})\boldsymbol{P} - \boldsymbol{\Gamma}\widetilde{\boldsymbol{F}}^{\mathrm{T}}\boldsymbol{P} - \bar{\boldsymbol{F}}\boldsymbol{\Gamma}^{\mathrm{T}}]\boldsymbol{G}^{\mathrm{T}} \tag{21.6.21}$$

21.6.2 薄壁杆件翘曲自由度的引入

随着工程设计方法的发展，现代工程设计中对构件的计算越来越精细，往往需要考虑薄壁杆件在约束扭转时的翘曲自由度的影响。对于翘曲自由度及由其引起的翘曲剪应力的计算有多种数值计算方法，例如边界元法[1]、有限元法等，目前求解此类的问题的主要方法是有限元法。常规的有限元法中对翘曲自由度的计算这里不再赘述，这里主要讨论如何在随动有限元法中引入翘曲自由度，并将其应用于计算分析中。

将翘曲自由度引入到梁单元中，则梁单元的自由度在随动坐标系下可以表达为

$$\delta \bar{\boldsymbol{d}}^{e} = [\delta \bar{\boldsymbol{u}}_1^e \quad \delta \bar{\boldsymbol{\theta}}_1^e \quad \delta \bar{\boldsymbol{u}}_2^e \quad \delta \bar{\boldsymbol{\theta}}_2^e \quad \alpha_1 \quad \alpha_2]^{\mathrm{T}} \tag{21.6.22}$$

这里将翘曲自由度视为独立的变量，也就是不考虑它与梁单元其他自由度之间的耦合关系。通过将式(21.6.8)直接改写成如式(21.6.23)所示的形式，则可将翘曲自由度直接引入到随动梁单元中，即

$$\boldsymbol{P}^{*} = \begin{bmatrix} \boldsymbol{P} & \boldsymbol{0} \\ \boldsymbol{0} & \boldsymbol{I}_2 \end{bmatrix} \tag{21.6.23}$$

式(21.6.23)中，$\boldsymbol{0}$ 为 12×2 的零矩阵；$\boldsymbol{I}_2$ 为二阶单位矩阵。由式(21.6.23)可见，对于翘曲自由度，可直接对梁单元在随动坐标系下的刚度矩阵中引入与翘曲自由度有关的参数，对梁单元的局部刚度矩阵做很少的改动即可。

21.7 $\boldsymbol{\Gamma}$ 矩阵的推导

由上一节所述的壳单元和梁单元的随动有限元方程的推导过程可以看出，矩阵 $\boldsymbol{\Gamma}$ 是随动坐标系中转角虚向量对于变形转角虚向量的变分形式，而构建随动有限元方程关键步骤之一就在于确定矩阵 $\boldsymbol{\Gamma}$ 的具体表达式。下面分别论述梁单元和壳单元的矩阵 $\boldsymbol{\Gamma}$ 的确定方法和显式表达式。

21.7.1 梁单元 $\boldsymbol{\Gamma}$ 矩阵

由于文中采用两节点线性空间梁单元来推导随动有限元方程，因此 $\boldsymbol{\Gamma}$ 矩阵的确定相对比较单一，主要根据梁单元随动坐标系来确定。矩阵 $\boldsymbol{\Gamma}$ 的表达式可由式(21.6.6)求得，下面论述其详细的求解方法。

由前文的讨论，有下述关系存在：

$$\delta\widetilde{\boldsymbol{\theta}}_r^g = \delta\boldsymbol{R}_r\boldsymbol{R}_r^{\mathrm{T}} \tag{21.7.1}$$

其中，$\delta\widetilde{\boldsymbol{\theta}}_r^g$ 为结构刚体转角虚向量 $\delta\boldsymbol{\theta}_r^g$ 所构成的反对称矩阵，其表达形式为

$$\delta\widetilde{\boldsymbol{\theta}}_r^g = \begin{bmatrix} 0 & -\delta\theta_{r3}^g & \delta\theta_{r2}^g \\ \delta\theta_{r3}^g & 0 & -\delta\theta_{r1}^g \\ -\delta\theta_{r2}^g & \delta\theta_{r1}^g & 0 \end{bmatrix} \tag{21.7.2}$$

利用转动矩阵$\boldsymbol{R}_r$ 的正交特性，可得其在随动坐标系中的表达式，即有

$$\delta\widetilde{\boldsymbol{\theta}}_r^e = \boldsymbol{R}_r^{\mathrm{T}}\delta\boldsymbol{R}_r \tag{21.7.3}$$

式(21.7.3)中，又有

$$\delta\widetilde{\boldsymbol{\theta}}_r^e = \boldsymbol{R}_r^{\mathrm{T}}\widetilde{\boldsymbol{\theta}}_r^g\boldsymbol{R}_r \tag{21.7.4}$$

由式(21.7.3)和式(21.5.1)，可以得出下述关系：

$$\delta\boldsymbol{\theta}_r^e = \begin{bmatrix} \delta\boldsymbol{\theta}_{r1}^e \\ \delta\boldsymbol{\theta}_{r2}^e \\ \delta\boldsymbol{\theta}_{r3}^e \end{bmatrix} = \begin{bmatrix} -\boldsymbol{r}_2^{\mathrm{T}}\delta\boldsymbol{r}_3 \\ -\boldsymbol{r}_3^{\mathrm{T}}\delta\boldsymbol{r}_1 \\ \boldsymbol{r}_2^{\mathrm{T}}\delta\boldsymbol{r}_1 \end{bmatrix} \tag{21.7.5}$$

引入符号$\boldsymbol{u}_i^g = [u_{i1}^g \quad u_{i2}^g \quad u_{i3}^g]^{\mathrm{T}}$，式(21.5.2)取变分可得

$$\delta\boldsymbol{r}_1^g = \frac{1}{l_n}(\boldsymbol{I}-\boldsymbol{r}_1\boldsymbol{r}_1^{\mathrm{T}})\begin{bmatrix} \delta u_{21}^g - \delta u_{11}^g \\ \delta u_{22}^g - \delta u_{12}^g \\ \delta u_{23}^g - \delta u_{13}^g \end{bmatrix} \tag{21.7.6}$$

将上式转换到局部坐标系，可得

$$\delta\boldsymbol{r}_1^e = \frac{1}{l_n}\begin{bmatrix} \delta u_{21}^e - \delta u_{11}^e \\ \delta u_{22}^e - \delta u_{12}^e \\ \delta u_{23}^e - \delta u_{13}^e \end{bmatrix} \tag{21.7.7}$$

由于在局部坐标系中，$\boldsymbol{r}_3$ 和$\boldsymbol{r}_2$ 分别为$[0 \quad 1 \quad 0]^{\mathrm{T}}$ 和$[0 \quad 0 \quad 1]^{\mathrm{T}}$，由此可得如下等式：

$$\delta \boldsymbol{\theta}_{r2}^{e} = \frac{1}{l_n}(\delta u_{13}^{e} - \delta u_{23}^{e}) \tag{21.7.8}$$

$$\delta \boldsymbol{\theta}_{r3}^{e} = \frac{1}{l_n}(\delta u_{22}^{e} - \delta u_{12}^{e}) \tag{21.7.9}$$

对式(21.5.4)求变分可得

$$\begin{aligned} \delta \boldsymbol{q} &= \frac{1}{2}(\delta \boldsymbol{R}_1^g + \delta \boldsymbol{R}_2^g)\boldsymbol{R}_0 \, [0 \quad 1 \quad 0]^{\mathrm{T}} \\ &= \frac{1}{2}(\delta \tilde{\boldsymbol{\theta}}_1^g \boldsymbol{R}_1^g + \delta \tilde{\boldsymbol{\theta}}_2^g \boldsymbol{R}_2^g)\boldsymbol{R}_0 \, [0 \quad 1 \quad 0]^{\mathrm{T}} \\ &= \frac{1}{2}(\delta \tilde{\boldsymbol{\theta}}_1^g \boldsymbol{q}_1 + \delta \tilde{\boldsymbol{\theta}}_2^g \boldsymbol{q}_2) \end{aligned} \tag{21.7.10}$$

式中，$\boldsymbol{q}, \boldsymbol{q}_1, \boldsymbol{q}_2$ 在局部坐标系中可以分别表达为

$$\boldsymbol{R}_r^{\mathrm{T}} \boldsymbol{q} = \begin{bmatrix} \boldsymbol{q}_1 \\ \boldsymbol{q}_2 \\ 0 \end{bmatrix}, \quad \boldsymbol{R}_r^{\mathrm{T}} \boldsymbol{q}_1 = \begin{bmatrix} \boldsymbol{q}_{11} \\ \boldsymbol{q}_{12} \\ \boldsymbol{q}_{13} \end{bmatrix}, \quad \boldsymbol{R}_r^{\mathrm{T}} \boldsymbol{q}_2 = \begin{bmatrix} \boldsymbol{q}_{21} \\ \boldsymbol{q}_{22} \\ \boldsymbol{q}_{23} \end{bmatrix} \tag{21.7.11}$$

由于 $\boldsymbol{q}$ 与$\boldsymbol{r}_3$ 垂直，因此$\boldsymbol{R}_r^{\mathrm{T}} \boldsymbol{q}$ 的最后一项为零。故式(21.7.10)在局部坐标系中的表达为

$$\delta \boldsymbol{q}^{e} = \frac{1}{2}\delta \tilde{\boldsymbol{\theta}}_1^{e} \begin{bmatrix} \boldsymbol{q}_{11} \\ \boldsymbol{q}_{12} \\ \boldsymbol{q}_{13} \end{bmatrix} + \frac{1}{2}\delta \tilde{\boldsymbol{\theta}}_2^{e} \begin{bmatrix} \boldsymbol{q}_{21} \\ \boldsymbol{q}_{22} \\ \boldsymbol{q}_{23} \end{bmatrix} \tag{21.7.12}$$

最后，可得

$$\delta \boldsymbol{q}^{e} = \frac{1}{2}\begin{bmatrix} -q_{12}\delta\theta_{13}^{e} + q_{13}\delta\theta_{12}^{e} - q_{22}\delta\theta_{23}^{e} + q_{23}\delta\theta_{22}^{e} \\ q_{11}\delta\theta_{13}^{e} - q_{13}\delta\theta_{11}^{e} + q_{21}\delta\theta_{23}^{e} - q_{23}\delta\theta_{21}^{e} \\ -q_{11}\delta\theta_{12}^{e} + q_{12}\delta\theta_{11}^{e} - q_{21}\delta\theta_{22}^{e} + q_{22}\delta\theta_{21}^{e} \end{bmatrix} \tag{21.7.13}$$

引入下列符号表达，即

$$\eta = \frac{q_1}{q_2}, \quad \eta_{11} = \frac{q_{11}}{q_2}, \quad \eta_{12} = \frac{q_{12}}{q_2}, \quad \eta_{21} = \frac{q_{21}}{q_2}, \quad \eta_{22} = \frac{q_{22}}{q_2} \tag{21.7.14}$$

注意到$\| \boldsymbol{r}_1 \times \boldsymbol{q} \| = q_2$，则式(21.7.8)可以重新改写为

$$\delta\theta_{r1}^{e} = -\frac{\boldsymbol{r}_2^{\mathrm{T}}}{q_2}\delta r_1^{e} \times \boldsymbol{q} - \frac{\boldsymbol{r}_2^{\mathrm{T}}}{q_2} r_1 \times \delta \boldsymbol{q} - \delta\left(\frac{1}{q_2}\right)\boldsymbol{r}_2^{\mathrm{T}}(r_1 \times \boldsymbol{q}) \tag{21.7.15}$$

$$\delta\theta_{r1}^{e} = \frac{\eta}{l_n}(\delta w_1^{e} - \delta w_2^{e}) - \frac{\eta_{11}}{2}\delta\theta_{12}^{e} + \frac{\eta_{12}}{2}\delta\theta_{11}^{e} - \frac{\eta_{21}}{2}\delta\theta_{22}^{e} + \frac{\eta_{22}}{2}\delta\theta_{21}^{e} \tag{21.7.16}$$

最后，经过整理，矩阵 $\boldsymbol{\Gamma}$ 表达式为

$$\boldsymbol{\Gamma}^{\mathrm{T}} = \begin{bmatrix} 0 & 0 & \frac{\eta}{l_n} & \frac{\eta_{12}}{2} & -\frac{\eta_{12}}{2} & 0 & 0 & 0 & -\frac{\eta}{l_n} & \frac{\eta_{22}}{2} & -\frac{\eta_{21}}{2} & 0 \\ 0 & 0 & \frac{1}{l_n} & 0 & 0 & 0 & 0 & 0 & -\frac{1}{l_n} & 0 & 0 & 0 \\ 0 & -\frac{1}{l_n} & 0 & 0 & 0 & 0 & 0 & \frac{1}{l_n} & 0 & 0 & 0 & 0 \end{bmatrix} \tag{21.7.17}$$

21.7.2 壳单元 $\boldsymbol{\Gamma}$ 矩阵

对于随动三角形壳单元，由于单元有三个节点，其局部随动坐标系的确定有多种选择。由上面随动有限元法的推导过程可以看出，单元随动坐标系的选择直接影响到矩阵 $\boldsymbol{\Gamma}$ 的确定，矩阵 $\boldsymbol{\Gamma}$ 的确定是随动坐标描述思想引入到壳单元分析中的一个关键步骤，因此如何选择一个不受节点编号影响的随动坐标系是一个令人关注的问题，这是因为在稳定问题的分析中，不受节点编号影响的切线刚度矩阵对分析结果和平衡路径追踪是非常重要的。下面将论述壳单元随动坐标系的确定方法及相应的 $\boldsymbol{\Gamma}$ 矩阵的表达形式，进而构建出与单元编号方式的选择无关的切线刚度矩阵。

对于三角形随动壳单元，主要有三种随动参考坐标系的确定方法。这三种随动坐标系（$\boldsymbol{e}_1$　$\boldsymbol{e}_2$　$\boldsymbol{e}_3$）都将坐标原点选择在单元的中心上，并且$\boldsymbol{e}_1$和$\boldsymbol{e}_2$ 轴在单元三个节点所确定的平面内。根据坐标轴方向的确定方法可以给出三种不同形式的 $\boldsymbol{\Gamma}$ 矩阵，后面的章节中将详细论述。

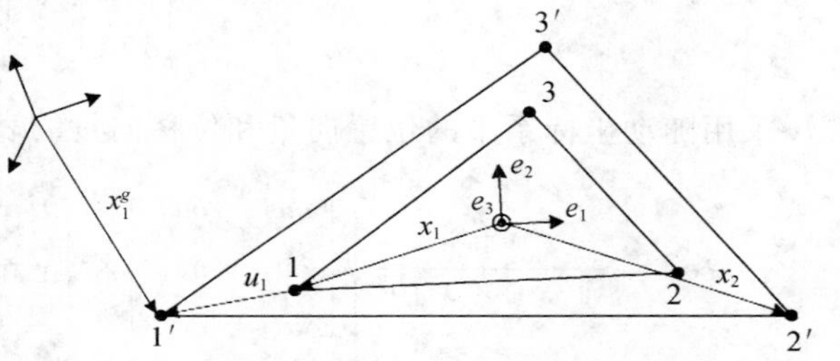

图 21.7.1　单元的运动描述及局部随动坐标系

如图 21.7.1 所示，$\boldsymbol{x}_i^g$ 为在整体坐标系中点 i 的位置向量；$\boldsymbol{x}_i$ 为 i 在随动坐标系中的位置向量；$\boldsymbol{X}_i$ 对应于随动构形，它在随动参考坐标系中未变形时的位置向量也就是发生刚体位移后在新的参考构形中的位置向量。随动参考坐标系中节点 i 的变形位移向量可表达为

$$\bar{\boldsymbol{u}}_i = [u_i \quad v_i \quad w_i]^{\mathrm{T}} = \boldsymbol{x}_i - \boldsymbol{X}_i = [x_i \quad y_i \quad z_i]^{\mathrm{T}} - [X_i \quad Y_i \quad Z_i]^{\mathrm{T}} \tag{21.7.18}$$

21.7.2.1　一般方法

当$\boldsymbol{e}_1$与边 12 平行时，随动参考坐标系可通过下式确定：

$$\boldsymbol{e}_1 = \frac{\boldsymbol{x}_{12}^g}{\|\boldsymbol{x}_{12}^g\|},\quad \boldsymbol{e}_2 = \frac{\boldsymbol{x}_{12}^g \times \boldsymbol{x}_{13}^g}{\|\boldsymbol{x}_{12}^g \times \boldsymbol{x}_{13}^g\|},\quad \boldsymbol{e}_1 = \boldsymbol{e}_3 \times \boldsymbol{e}_1,\quad \boldsymbol{x}_{12}^g = \boldsymbol{x}_2^g - \boldsymbol{x}_1^g \tag{21.7.19}$$

对于转动矩阵$\boldsymbol{R}_r = [\boldsymbol{e}_1 \quad \boldsymbol{e}_2 \quad \boldsymbol{e}_3]$的变分，其在随动坐标系中可以表达为

$$\delta \boldsymbol{R}_r = \mathrm{Spin}(\delta \widetilde{\boldsymbol{\theta}}_r)\boldsymbol{R}_r \tag{21.7.20}$$

将式(21.7.20)转换到整体坐标系，可得

$$\delta \boldsymbol{R}_r = \boldsymbol{R}_r \mathrm{Spin}(\delta \boldsymbol{\theta}_r) \tag{21.7.21}$$

应用转动矩阵的正交性，可得

$$\mathrm{Spin}(\delta \boldsymbol{\theta}_r) = \boldsymbol{R}_r^{\mathrm{T}} \delta \boldsymbol{R}_r \tag{21.7.22}$$

上式中

$$\mathrm{Spin}(\delta \boldsymbol{\theta}_r) = \begin{bmatrix} 0 & -\delta\theta_{r3} & \delta\theta_{r2} \\ \delta\theta_{r3} & 0 & -\delta\theta_{r1} \\ -\delta\theta_{r2} & \delta\theta_{r1} & 0 \end{bmatrix} \tag{21.7.23}$$

式(21.7.22)中

$$\boldsymbol{R}_r^{\mathrm{T}}\delta\boldsymbol{R}_r=\begin{bmatrix}\boldsymbol{e}_1^{\mathrm{T}}\delta\boldsymbol{e}_1 & \boldsymbol{e}_1^{\mathrm{T}}\delta\boldsymbol{e}_2 & \boldsymbol{e}_1^{\mathrm{T}}\delta\boldsymbol{e}_3\\ \boldsymbol{e}_2^{\mathrm{T}}\delta\boldsymbol{e}_1 & \boldsymbol{e}_2^{\mathrm{T}}\delta\boldsymbol{e}_2 & \boldsymbol{e}_2^{\mathrm{T}}\delta\boldsymbol{e}_3\\ \boldsymbol{e}_3^{\mathrm{T}}\delta\boldsymbol{e}_1 & \boldsymbol{e}_3^{\mathrm{T}}\delta\boldsymbol{e}_2 & \boldsymbol{e}_3^{\mathrm{T}}\delta\boldsymbol{e}_3\end{bmatrix}\tag{21.7.24}$$

由于式(21.7.22)中对应项相等,并考虑到下列关系:

$$\begin{cases}\boldsymbol{e}_3^{\mathrm{T}}\delta\boldsymbol{e}_1=-\boldsymbol{e}_1^{\mathrm{T}}\delta\boldsymbol{e}_3,\\ \boldsymbol{e}_2^{\mathrm{T}}\delta\boldsymbol{e}_1=-\boldsymbol{e}_1^{\mathrm{T}}\delta\boldsymbol{e}_2\end{cases}\tag{21.7.25}$$

可以得出

$$\delta\boldsymbol{\theta}_r=\begin{bmatrix}\delta\theta_{r1}\\ \delta\theta_{r2}\\ \delta\theta_{r3}\end{bmatrix}=\begin{bmatrix}-\boldsymbol{e}_2^{\mathrm{T}}\delta\boldsymbol{e}_1\\ \boldsymbol{e}_1^{\mathrm{T}}\delta\boldsymbol{e}_3\\ \boldsymbol{e}_1^{\mathrm{T}}\delta\boldsymbol{e}_2\end{bmatrix}\tag{21.7.26}$$

采用随动坐标系中的位置向量和位移向量的表达形式,可得下列变分形式:

$$\delta\boldsymbol{e}_3=\frac{1}{\|\boldsymbol{x}_{12}\times\boldsymbol{x}_{13}\|}\left(\begin{bmatrix}\delta u_2-\delta u_1\\ \delta v_2-\delta v_1\\ \delta w_2-\delta w_1\end{bmatrix}\times\begin{bmatrix}x_3-x_1\\ y_3-x_1\\ 0\end{bmatrix}+\begin{bmatrix}x_2-x_1\\ y_2-x_1\\ 0\end{bmatrix}\times\begin{bmatrix}\delta u_3-\delta u_1\\ \delta v_3-\delta v_2\\ \delta w_3-\delta w_2\end{bmatrix}\right)+\delta\left(\frac{1}{\|\boldsymbol{x}_{12}\times\boldsymbol{x}_{13}\|}\right)\boldsymbol{x}_{12}^{g}\times\boldsymbol{x}_{13}^{g}\tag{21.7.27}$$

$$\delta\boldsymbol{e}_1=\frac{1}{\|\boldsymbol{x}_{12}\|}\begin{bmatrix}\delta u_2-\delta u_1\\ \delta v_2-\delta v_1\\ \delta w_2-\delta w_1\end{bmatrix}+\delta\left(\frac{1}{\|\boldsymbol{x}_{12}\|}\right)\boldsymbol{x}_{12}\tag{21.7.28}$$

将式(21.7.27)、式(21.7.28)和式(21.7.19)代入式(21.7.26)中,可得 $\boldsymbol{\Gamma}$ 矩阵中的非零项为

$$\delta\theta_{r1}=\frac{(x_3-x_2)\delta w_1+(x_1-x_3)\delta w_2+(x_2-x_1)\delta w_3}{\|\boldsymbol{x}_{12}\times\boldsymbol{x}_{13}\|}\tag{21.7.29a}$$

$$\delta\theta_{r2}=\frac{(y_3-y_2)\delta w_1+(y_1-y_3)\delta w_2+(y_2-y_1)\delta w_3}{\|\boldsymbol{x}_{12}\times\boldsymbol{x}_{13}\|}\tag{21.7.29b}$$

$$\delta\theta_{r3}=\frac{\delta v_2-\delta v_1}{\|\boldsymbol{x}_{12}\|}\tag{21.7.29c}$$

21.7.2.2　节点位移的极小值法

假设一转角 $\theta_{r3}=\theta$,并假设在这一转角下节点位移为最小值。当转动 θ 角后,在随动坐标系中的节点 i 的坐标变为

$$\begin{cases}x_{in}=x_i\cos\theta+y_i\sin\theta,\\ y_{in}=-x_i\sin\theta+y_i\cos\theta\end{cases}\tag{21.7.30}$$

要使其位移满足极小值,应用最小二乘法,有

$$\sum_{i=1}^{3}\left[(x_i\cos\theta+y_i\sin\theta-X_i)^2+(-x_i\sin\theta+y_i\cos\theta-Y_i)^2\right] \tag{21.7.31}$$

将式(21.7.31)取极小值，则有下式存在：

$$\varphi=\sum_{i=1}^{3}\left[(x_i\sin\theta-y_i\cos\theta)X_i+(x_i\cos\theta+y_i\sin\theta)Y_i\right]=0 \tag{21.7.32}$$

最后，经过推导可以给出

$$\tan\theta=\frac{\sum_{i=1}^{3}(y_iX_i-x_iY_i)}{\sum_{i=1}^{3}(x_iX_i+y_iY_i)} \tag{21.7.33}$$

则新的坐标轴可以确定为

$$e_{1n}=e_1\cos\theta+e_2\sin\theta,\quad e_{2n}=-e_1\sin\theta+e_2\cos\theta \tag{21.7.34}$$

由此确定新的随动坐标系。经推导，θ_{r1}，θ_{r2} 的变分与式(21.7.28)中的形式相同。对于 θ_{r3} 项，其推导过程如下：应用式(21.7.18)、式(21.7.32)及式(21.7.30)可以给出

$$\varphi=\sum_{i=1}^{3}(x_{in}Y_i-y_{in}X_i),\quad \boldsymbol{x}_{in}=\boldsymbol{u}_i+\boldsymbol{X}_i \tag{21.7.35}$$

应用复合求导法则，有

$$\begin{cases}\dfrac{\partial\varphi}{\partial\theta_{r3}}\dfrac{\partial\theta_{r3}}{\partial u_i}+\dfrac{\partial\varphi}{\partial u_i}=0\Rightarrow\dfrac{\partial\varphi}{\partial\theta_{r3}}\dfrac{\partial\theta_{r3}}{\partial u_i}\dfrac{\partial u_i}{\partial\varphi}=-1,\\[2ex]\dfrac{\partial\varphi}{\partial\theta_{r3}}\dfrac{\partial\theta_{r3}}{\partial v_i}+\dfrac{\partial\varphi}{\partial v_i}=0\Rightarrow\dfrac{\partial\varphi}{\partial\theta_{r3}}\dfrac{\partial\theta_{r3}}{\partial v_i}\dfrac{\partial v_i}{\partial\varphi}=-1\end{cases} \tag{21.7.36}$$

进一步推导，可得 $\boldsymbol{\Gamma}$ 矩阵中的非零项为

$$\frac{\partial\theta_{r3}}{\partial u_i}=\frac{-Y_i}{\sum_{i=1}^{3}(x_{in}X_i+y_{in}Y_i)} \tag{21.7.37a}$$

$$\frac{\partial\theta_{r3}}{\partial v_i}=\frac{X_i}{\sum_{i=1}^{3}(x_{in}X_i+y_{in}Y_i)} \tag{21.7.37b}$$

21.7.2.3 中心转动置零法

假定 $\theta_{r3}=\theta$，通过令单元中心处的转动为零，则有

$$\frac{\partial u}{\partial Y}-\frac{\partial v}{\partial X}=0 \tag{21.7.38}$$

对局部的三角形单元采用线性插值并代入式(21.7.38)中，可得

$$\frac{\partial u}{\partial Y}=\frac{1}{2A}\sum_{ijk}X_{ji}u_k,\quad \frac{\partial v}{\partial X}=\frac{1}{2A}\sum_{ijk}Y_{ji}v_k\quad(ijk=123,231,312) \tag{21.7.39}$$

其中

$$u_k = x_{kn} - X_k,\quad v_k = y_{kn} - Y_k,\quad X_{ji} = X_j - X_i,\quad Y_{ij} = Y_i - Y_j \tag{21.7.40}$$

通过应用式(21.7.18)、式(21.7.30),并代入式(21.7.40),经过推导可得

$$\tan\theta = \frac{\sum\limits_{ijk}(Y_{ij}y_k - X_{ji}x_k)}{\sum\limits_{ijk}(X_{ji}y_k + Y_{ij}x_k)} \tag{21.7.41}$$

将式(21.7.40)代入式(21.7.38)中,可得

$$\varphi = \sum_{ijk} X_{ji}u_k - \sum_{ijk} Y_{ji}v_k = 0 \tag{21.7.42}$$

利用式(21.7.41),采用与(21.7.37)类似的过程可得

$$\begin{cases} \dfrac{\partial\theta_{r3}}{\partial u_i} = \dfrac{-X_{kj}}{\sum\limits_{ijk}(X_{ji}y_{kn} + Y_{ij}x_{kn})}, \\ \dfrac{\partial\theta_{r3}}{\partial v_i} = \dfrac{-Y_{kj}}{\sum\limits_{ijk}(X_{ji}y_{kn} + Y_{ij}x_{kn})} \end{cases} \tag{21.7.43}$$

21.8 随动有限元法在动力学问题中的应用

21.8.1 动力学中的数值方法概述

随着科学技术的飞速发展,许多轻型、大跨度柔性结构不断涌现,这些结构大多质量轻、刚度小,这使得结构对风荷载的敏感性增强,对风荷载用静力学分析方法已经不能满足实际工程的需要,使得柔性结构的动力学问题越来越受到工程界的关注。在结构工程中,动力分析的目的在于确定结构在动力载荷作用下产生的最大内力和最大位移,为设计提供可靠的依据,此外还需要求出结构在动力载荷作用下产生的最大速度和加速度,用以判别所设计的结构是否超过规范中的允许值。

结构动力分析方法主要有三种,即实验方法、解析方法、数值方法。实验方法可直接获得已建结构的动力性能,同时它为数值计算可靠度的验证提供了必要的依据;解析方法直接寻求对描述结构动力响应的偏微分方程的解析解答,但由于结构形状和边界条件的复杂性,只能对于少数简单结构可以直接求得解析解,因此应用范围受到了限制;数值方法通过将结构近似离散为数学模型,通过数值分析手段反映结构的动力响应,其不受边界条件和结构形状的限制,应用非常广泛,是现在动力学分析中的主要手段。文中主要介绍和研究结构动力学的数值计算方法。

结构动力学问题的数值方法主要有两种,即振型叠加法和直接积分法。振型叠加法是适用于线性体系的一种数值方法,它研究的本质是大型矩阵特征值问题的求解。振型叠加法利用振型的正交特性,将离散后并且各个自由度之间相互耦合的运动方程变为非耦合形式,求解后将结构响应表示为各阶振型的叠加。振型叠加法的优点是理论基础深,具有明确的物理意义;缺点是只适用于线性体系。

直接积分法既适用于线性体系,也适用于非线性体系。直接积分法直接对运动偏微分方

程进行时间离散和空间离散，并在离散后的时间步内直接对方程进行数值求解。其优点是不需计算结构的振型和频率，可以直接求得结构的响应；缺点是在下一个时间步求解之前需要知道上一个时间步的计算结果，对于比较复杂的结构，如弹塑性转换比较突然的结构以及质量和刚度改变很大且出现的时间和位置均不可预料的结构，容易造成数值计算的不稳定。

基于流-固耦合问题的非线性特性，文中选用直接积分法来求解结构域的动力响应，并提出了预测-校正隐式直接积分算法，通过这一算法可以直接将随动有限元法应用到动力学问题的分析中。

21.8.1.1 直接积分法

常用的直接积分法可分为显式积分法和隐式积分法。中心差分法属于显式积分法，Wilson-θ 法和 Newmark 法属于隐式积分法。显式积分法的含义是指 $t+\Delta t$ 时刻的响应是通过 t 时刻的平衡方程得到的，不需要利用 t 时刻以后的平衡条件，此时平衡方程中的系数都是已知的，即显式的。显式积分法的优点是每一时间步长的求解速度快、计算效率高；其缺点是它一般为条件稳定，为满足计算的稳定性要求，必须用很小的时间步长。

隐式积分法的含义是指 $t+\Delta t$ 时刻结构的响应需要利用 $t+\Delta t$ 时刻的平衡方程得到，此时平衡方程中的系数都是未知的，即隐含的。隐式积分法的优点是大多数隐式积分算法都可以做到无条件稳定，时间步长是由精度要求控制的，因此可以取得大些；其缺点是时间步长虽然可以取得较大，但当动载幅值变化很快时，为了提高精度时间步长仍需严格控制。

21.8.1.2 中心差分法

对一描述结构运动的微分方程离散后，无论它是一个线性系统还是非线性系统都可以写成如下形式的动力平衡方程：

$$\boldsymbol{M}\ddot{\boldsymbol{U}} + \boldsymbol{C}\dot{\boldsymbol{U}} + \boldsymbol{K}\boldsymbol{U} = \boldsymbol{F} \tag{21.8.1}$$

式中，$\ddot{\boldsymbol{U}}$ 为结构自由度对时间的二阶导数；$\dot{\boldsymbol{U}}$ 为结构自由度对时间的一阶导数；$\boldsymbol{U}$ 代表结构的自由度。

差分法的基本思想是将结构自由度对于时间的导数利用离散后节点自由度在相邻时刻的差值与时间步长的比值来近似表达。理论上有多种有限差分格式，其中一种简单有效方法的就是中心差分法。下面主要介绍中心差分法的基本求解过程。

假设结构自由度对时间的二阶导数可以表达成如下的近似形式：

$$\ddot{\boldsymbol{U}}_t = \frac{1}{(\Delta t)^2}(\boldsymbol{U}_{t+\Delta t} - 2\boldsymbol{U}_t + \boldsymbol{U}_{t-\Delta t}) \tag{21.8.2}$$

式(21.8.2)中的误差是$(\Delta t)^2$ 量级的。为了使速度具有同样的误差量级，假设

$$\dot{\boldsymbol{U}}_t = \frac{1}{2\Delta t}(\boldsymbol{U}_{t+\Delta t} - \boldsymbol{U}_{t-\Delta t}) \tag{21.8.3}$$

将式(21.8.2)和式(21.8.3)代入到 t 时刻的平衡方程，可得

$$\left[M\frac{1}{(\Delta t)^2} + C\frac{1}{2\Delta t}\right]X_{t+\Delta t} = \boldsymbol{F}_i - \left[K - \frac{1}{(\Delta t)^2}M\right]X_t - \left[M\frac{1}{(\Delta t)^2} - C\frac{1}{2\Delta t}\right]X_{t-\Delta t} \tag{21.8.4}$$

由式(21.8.4)可求得 $t+\Delta t$ 时刻的位移$\boldsymbol{U}_{t+\Delta t}$，再由式(21.8.2)和式(21.8.3)求得前一时

刻 t 的速度和加速度向量。

由式(21.8.4)可以看出,$\boldsymbol{U}_{t+\Delta t}$ 的计算需要已知 t 时刻和 $t-\Delta t$ 的位移 $\boldsymbol{U}_t$ 和 $\boldsymbol{U}_{t-\Delta t}$,但一般初始条件只给出 $\boldsymbol{U}_0$ 和 $\dot{\boldsymbol{U}}_0$(代入初始时刻的微分方程可得出 $\ddot{\boldsymbol{U}}_0$),因此在求解开始时需要首先获得 $-\Delta t$ 时刻的初值。它可先由式(21.8.4)解出 $\boldsymbol{U}_{t+\Delta t}$,并将其代入式(21.8.2)获得

$$\boldsymbol{U}_{t-\Delta t}=\boldsymbol{U}_0-\Delta t\dot{\boldsymbol{U}}_0+\frac{(\Delta t)^2}{2}\ddot{\boldsymbol{U}}_0 \qquad (21.8.5)$$

中心差分法要求足够小的时间步长,这样才能保证条件稳定。其计算主要步骤如下。

(1) 计算结构的初始系数矩阵

① 形成刚度矩阵 $\boldsymbol{K}$、质量矩阵 $\boldsymbol{M}$ 和阻尼矩阵 $\boldsymbol{C}$;

② 确定初始值 $\boldsymbol{U}_0$,$\dot{\boldsymbol{U}}_0$,$\ddot{\boldsymbol{U}}_0$;

③ 选择时间步长 Δt,使其满足 $\Delta t<\Delta t_{cr}$,并计算基本时间系数

$$a_0=\frac{1}{(\Delta t)^2},\quad a_1=\frac{1}{2\Delta t},\quad a_2=2a_0,\quad a_3=\frac{1}{a_2}$$

④ 计算 $-\Delta t$ 时刻的初始值,即有

$$\boldsymbol{U}_{-\Delta t}=\boldsymbol{U}_0-\Delta t\dot{\boldsymbol{U}}_0+a_3\ddot{\boldsymbol{U}}_0$$

⑤ 形成等效质量矩阵

$$\hat{\boldsymbol{M}}=a_0\boldsymbol{M}+a_1\boldsymbol{C}$$

(2) 在每个时间步内

① 计算时刻 t 的等效荷载

$$\hat{\boldsymbol{F}}_t=\boldsymbol{F}_t-(\boldsymbol{K}-a_2\boldsymbol{M})\boldsymbol{U}_t-(a_0\boldsymbol{M}-a_1\boldsymbol{C})\boldsymbol{U}_{t-\Delta t}$$

② 求解 $t+\Delta t$ 时刻的位移

$$\boldsymbol{U}_{t+\Delta t}=\hat{\boldsymbol{M}}^{-1}\hat{\boldsymbol{F}}_t$$

③ 如果需要,计算 t 时刻的速度和加速度值,即有

$$\begin{cases}\ddot{\boldsymbol{U}}_t=a_0(\boldsymbol{U}_{t+\Delta t}-2\boldsymbol{U}_t+\boldsymbol{U}_{t-\Delta t}),\\ \dot{\boldsymbol{U}}_t=a_t(\boldsymbol{U}_{t+\Delta t}-\boldsymbol{U}_{t-\Delta t})\end{cases}$$

如果系统的矩阵 $\boldsymbol{M}$ 和 $\boldsymbol{C}$ 均为对角阵,则计算可进一步简化。此时中心差分法的程序简练的优点是非常明显的。

21.8.1.3 Wilson-θ 法

Wilson-θ 法假设在 $[t,t+\theta\Delta t]$ 区间内加速度为线性变化,其中 $\theta\geqslant1.0$。当 $\theta=1.0$ 时,Wilson-θ 就变为线性加速度法。由算法稳定性可知,为使算法无条件稳定,需要使 $\theta\geqslant1.37$,通常取 $\theta=1.40$,θ 的优化值为 1.420 815.

设 τ 为时间增量,其中 $0\leqslant\tau\leqslant\theta\Delta t$,则

$$\ddot{\boldsymbol{U}}_{t+\tau}=\ddot{\boldsymbol{U}}_t+\frac{\tau}{\theta\Delta t}(\ddot{\boldsymbol{U}}_{t+\theta\Delta t}-\ddot{\boldsymbol{U}}_t) \qquad (21.8.6)$$

对式(21.8.6)积分得

$$\dot{\boldsymbol{U}}_{t+\tau}=\dot{\boldsymbol{U}}_t+\ddot{\boldsymbol{U}}_t\tau+\frac{\tau^2}{2\theta\Delta t}(\ddot{\boldsymbol{U}}_{t+\theta\Delta t}-\ddot{\boldsymbol{U}}_t) \tag{21.8.7}$$

及

$$\boldsymbol{U}_{t+\tau}=\boldsymbol{U}_t+\dot{\boldsymbol{U}}_t\tau+\frac{1}{2}\ddot{\boldsymbol{U}}_t\tau^2+\frac{\tau^3}{6\theta\Delta t}(\ddot{\boldsymbol{U}}_{t+\theta\Delta t}-\ddot{\boldsymbol{U}}_t) \tag{21.8.8}$$

于是在时刻 $t+\theta\Delta t$ 上有

$$\dot{\boldsymbol{U}}_{t+\theta\Delta t}=\dot{\boldsymbol{U}}_t+\ddot{\boldsymbol{U}}_t\theta\Delta t+\frac{\theta\Delta t}{2}(\ddot{\boldsymbol{U}}_{t+\theta\Delta t}-\ddot{\boldsymbol{U}}_t) \tag{21.8.9}$$

所以

$$\dot{\boldsymbol{U}}_{t+\theta\Delta t}=\dot{\boldsymbol{U}}_t+\frac{\theta\Delta t}{2}(\ddot{\boldsymbol{U}}_{t+\theta\Delta t}+\ddot{\boldsymbol{U}}_t) \tag{21.8.10}$$

$$\boldsymbol{U}_{t+\tau}=\boldsymbol{U}_t+\theta\Delta t\,\dot{\boldsymbol{U}}_t+\frac{\theta^2(\Delta t)^2}{6}(\ddot{\boldsymbol{U}}_{t+\theta\Delta t}+\ddot{\boldsymbol{U}}_t) \tag{21.8.11}$$

将式(21.8.11)改写后可得

$$\ddot{\boldsymbol{U}}_{t+\theta\Delta t}=\frac{6}{\theta^2(\Delta t)^2}(\boldsymbol{U}_{t+\theta\Delta t}-\boldsymbol{U}_t)-\frac{6}{\theta\Delta t}\dot{\boldsymbol{U}}_t-2\ddot{\boldsymbol{U}}_t \tag{21.8.12}$$

以及

$$\dot{\boldsymbol{U}}_{t+\theta\Delta t}=\frac{3}{\theta\Delta t}(\boldsymbol{U}_{t+\theta\Delta t}-\boldsymbol{U}_t)-2\dot{\boldsymbol{U}}_t-\frac{\theta\Delta t}{2}\ddot{\boldsymbol{U}}_t \tag{21.8.13}$$

由于假定加速度是线性变化的，故此时运动平衡方程中的荷载向量也是线性变化的，即

$$\overline{\boldsymbol{R}}_{t+\theta\Delta t}=\boldsymbol{R}_t+\theta(\boldsymbol{R}_{t+\Delta t}-\boldsymbol{R}_t) \tag{21.8.14}$$

而在 $t+\theta\Delta t$ 时刻，体系所满足的运动平衡方程为

$$\boldsymbol{M}\ddot{\boldsymbol{U}}_{t+\theta\Delta t}+\boldsymbol{C}\dot{\boldsymbol{U}}_{t+\theta\Delta t}+\boldsymbol{K}\boldsymbol{U}_{t+\theta\Delta t}=\overline{\boldsymbol{R}}_{t+\theta\Delta t} \tag{21.8.15}$$

将式(21.8.12)和(21.8.13)代入式(21.8.15)得到以$\boldsymbol{U}_{t+\theta\Delta t}$为未知数的方程，即

$$\overline{\boldsymbol{K}}\boldsymbol{U}_{t+\theta\Delta t}=\overline{\boldsymbol{R}} \tag{21.8.16}$$

解此方程得$\boldsymbol{U}_{t+\theta\Delta t}$，再将$\boldsymbol{U}_{t+\theta\Delta t}$代入式(21.8.12)得$\ddot{\boldsymbol{U}}_{t+\theta\Delta t}$，再将$\ddot{\boldsymbol{U}}_{t+\theta\Delta t}$代入式(21.8.6)、式(21.8.7)及(21.8.8)可分别求得时刻 τ 的加速度$\ddot{\boldsymbol{U}}_{t+\tau}$、速度$\dot{\boldsymbol{U}}_{t+\tau}$及位移$\boldsymbol{U}_{t+\tau}$。当 $\tau=\Delta t$ 时即可得到时刻 $t+\Delta t$ 时的加速度$\ddot{\boldsymbol{U}}_{t+\Delta t}$、速度$\dot{\boldsymbol{U}}_{t+\Delta t}$及位移$\boldsymbol{U}_{t+\Delta t}$。

下面列出采用 Wilson-θ 法求解的计算步骤。

(1) 初始参数的计算

① 计算加速度、速度及位移的初值$\ddot{\boldsymbol{U}}_0$，$\dot{\boldsymbol{U}}_0$ 及$\boldsymbol{U}_0$；

② 选取时间步长 Δt，并设 $\theta=1.4$，计算系数 $a_0=\frac{6}{(\theta\Delta t)^2}$，$a_1=\frac{3}{\theta\Delta t}a_2=2a_1$，$a_3=\frac{\theta\Delta t}{2}$，$a_4=$

$\frac{a_0}{\theta}a_5=-\frac{a_2}{\theta}$，$a_6=1-\frac{3}{\theta}$，$a_7=\frac{\Delta t}{2}$，$a_8=\frac{(\Delta t)^2}{6}$；

③ 形成有效刚度矩阵

$$\overline{\boldsymbol{K}}=\boldsymbol{K}+a_0\boldsymbol{M}+a_1\boldsymbol{C}$$

（2）求解平衡方程组

① 计算时刻 $t+\theta\Delta t$ 的有效荷载向量

$$\overline{\boldsymbol{R}}_{t+\theta\Delta t}=\boldsymbol{R}_t+\theta(\boldsymbol{R}_{t+\Delta t}+\boldsymbol{R}_t)+\boldsymbol{M}(a_0\boldsymbol{U}_t+a_2\dot{\boldsymbol{U}}_t+2\ddot{\boldsymbol{U}}_t)$$
$$+\boldsymbol{C}(a_1\boldsymbol{U}_t+2\dot{\boldsymbol{U}}_t+a_3\ddot{\boldsymbol{U}}_t)$$

② 求解在时刻 $t+\theta\Delta t$ 的位移

$$\boldsymbol{U}_{t+\theta\Delta t}=\overline{\boldsymbol{K}}^{-1}\overline{\boldsymbol{R}}_{t+\theta\Delta t}$$

③ 计算在时刻 $t+\Delta t$ 的位移、速度、加速度

$$\boldsymbol{U}_{t+\Delta t}=\boldsymbol{U}_t+\Delta t\dot{\boldsymbol{U}}_t+a_8(\ddot{\boldsymbol{U}}_{t+\Delta t}+2\ddot{\boldsymbol{U}}_t)$$
$$\dot{\boldsymbol{U}}_{t+\Delta t}=\dot{\boldsymbol{U}}_t+a_7(\ddot{\boldsymbol{U}}_{t+\Delta t}+\ddot{\boldsymbol{U}}_t)$$
$$\boldsymbol{U}_{t+\Delta t}=a_4(\boldsymbol{U}_{t+\theta\Delta t}-\boldsymbol{U}_t)+a_5\dot{\boldsymbol{U}}_t+a_6\ddot{\boldsymbol{U}}_t$$

21.8.1.4 Newmark 法

Newmark 法可以看做是线性加速度法的一种修正形式。这个方法假设时刻 $t+\tau$ 时的加速度满足如下关系：

$$\ddot{\boldsymbol{U}}_{t+\tau}=\ddot{\boldsymbol{U}}_t+\alpha(\ddot{\boldsymbol{U}}_{t+\Delta t}-\ddot{\boldsymbol{U}}_t)=(1-\alpha)\ddot{\boldsymbol{U}}_t+\alpha\ddot{\boldsymbol{U}}_{t+\Delta t} \quad (21.8.17)$$

而在时刻 $t+\tau$ 时，速度的泰勒级数展开式为

$$\dot{\boldsymbol{U}}_{t+\tau}=\dot{\boldsymbol{U}}_t+\ddot{\boldsymbol{U}}_{t+\tau}\tau=\dot{\boldsymbol{U}}_t+[(1-\alpha)\ddot{\boldsymbol{U}}_t+\alpha\ddot{\boldsymbol{U}}_{t+\Delta t}]\tau \quad (21.8.18)$$

则当 $\tau=\Delta t$ 时即可得到 $t+\Delta t$ 时刻的速度

$$\dot{\boldsymbol{U}}_{t+\Delta t}=\dot{\boldsymbol{U}}_t+[(1-\alpha)\ddot{\boldsymbol{U}}_t+\alpha\ddot{\boldsymbol{U}}_{t+\Delta t}]\Delta t \quad (21.8.19)$$

同样在时刻 $t+\tau$ 时，位移的泰勒级数展开式为

$$\boldsymbol{U}_{t+\tau}=\boldsymbol{U}_t+\dot{\boldsymbol{U}}_t\tau+\frac{1}{2}\ddot{\boldsymbol{U}}_{t+\tau}\tau^2 \quad (21.8.20)$$

上式中加速度 $\ddot{\boldsymbol{U}}_{t+\tau}$ 可采用类似于式(21.8.17)的假定，有

$$\ddot{\boldsymbol{U}}_{t+\tau}=(1-2\beta)\ddot{\boldsymbol{U}}_t+2\beta\ddot{\boldsymbol{U}}_{t+\Delta t} \quad (21.8.21)$$

将式(21.8.21)代入式(21.8.20)得位移的近似表达式

$$\boldsymbol{U}_{t+\tau}=\boldsymbol{U}_t+\dot{\boldsymbol{U}}_t\tau+\left[\left(\frac{1}{2}-\beta\right)\ddot{\boldsymbol{U}}_t+\beta\ddot{\boldsymbol{U}}_{t+\Delta t}\right]\tau^2 \quad (21.8.22)$$

当 $\tau=\Delta t$ 时就可得到 $t+\Delta t$ 时刻的位移

$$\boldsymbol{U}_{t+\tau}=\boldsymbol{U}_t+\dot{\boldsymbol{U}}_t\Delta t+\left[\left(\frac{1}{2}-\beta\right)\ddot{\boldsymbol{U}}_t+\beta\ddot{\boldsymbol{U}}_{t+\Delta t}\right](\Delta t)^2 \qquad (21.8.23)$$

上述公式中采用了两个参数 α 和 β。这两个参数的确定是根据积分的精度和稳定性要求选择的。

式(21.8.18)和式(21.8.20)给出了速度和位移的近似表达式,而为了求在 $t+\Delta t$ 时刻的加速度就必须考虑在时刻 $t+\Delta t$ 的运动方程

$$\boldsymbol{M}\ddot{\boldsymbol{U}}_{t+\Delta t}+\boldsymbol{C}\dot{\boldsymbol{U}}_{t+\Delta t}+\boldsymbol{K}\boldsymbol{U}_{t+\Delta t}=\boldsymbol{R}_{t+\Delta t}$$

将式(21.8.20)的位移表达式改写成在时刻 $t+\Delta t$ 的加速度 $\ddot{\boldsymbol{U}}_{t+\Delta t}$ 的表达式,然后将此加速度表达式 $\ddot{\boldsymbol{U}}_{t+\Delta t}$ 代入运动方程(21.8.1)中,同时将式(21.8.20)所示的时刻 $t+\Delta t$ 时的速度表达式消去式中的加速度 $\ddot{\boldsymbol{U}}_{t+\Delta t}$ 变量之后也代入运动方程式(21.8.1)中,则得以时刻 $t+\Delta t$ 时的位移$\boldsymbol{U}_{t+\Delta t}$为未知数的方程,从而求解出位移$\boldsymbol{U}_{t+\Delta t}$,再利用式(21.8.19)和(21.8.17)求得速度$\dot{\boldsymbol{U}}_{t+\Delta t}$和加速度 $\ddot{\boldsymbol{U}}_{t+\Delta t}$ 。

下面列出 Newmark 法逐步求解的计算格式。

(1) 初始参数的计算

① 计算加速度、速度及位移的初值 $\ddot{\boldsymbol{U}}_0$,$\dot{\boldsymbol{U}}_0$ 及$\boldsymbol{U}_0$;

② 选取时间步长、参数 α 和 β 以及积分常数,即有 $\alpha\geqslant 0.5$, $\beta=0.25\ (0.5+\alpha)^2$, $a_0=\dfrac{1}{\beta(\Delta t)^2}$, $a_1=\dfrac{\alpha}{\beta\Delta t}$, $a_2=\dfrac{1}{\beta\Delta t}$, $a_3=\dfrac{1}{2\beta}-1$, $a_4=\dfrac{\alpha}{\beta}-1$, $a_5=\dfrac{\Delta t}{2}\left(\dfrac{\alpha}{\beta}-2\right)$, $a_6=\Delta t\ (1-\alpha)$, $a_7=\alpha\Delta t$;

③ 形成有效刚度矩阵 $\overline{\boldsymbol{K}}$,即有

$$\overline{\boldsymbol{K}}=\boldsymbol{K}+a_0\boldsymbol{M}+a_1\boldsymbol{C}$$

(2) 求解平衡方程

① 计算时刻 $t+\Delta t$ 的有效荷载向量

$$\overline{\boldsymbol{R}}_{t+\Delta t}=\boldsymbol{R}_t+\boldsymbol{M}(a_0\boldsymbol{U}_t+a_2\dot{\boldsymbol{U}}_t+a_3\ddot{\boldsymbol{U}}_t)+\boldsymbol{C}(a_1\boldsymbol{U}_t+a_4\dot{\boldsymbol{U}}_t+a_5\ddot{\boldsymbol{U}}_t)$$

② 求解在时刻 $t+\Delta t$ 的位移

$$\boldsymbol{U}_{t+\Delta t}=\overline{\boldsymbol{K}}^{-1}\,\overline{\boldsymbol{R}}_{t+\Delta t}$$

③ 计算在时刻 $t+\Delta t$ 的加速度和速度

$$\ddot{\boldsymbol{U}}_{t+\Delta t}=a_0(\boldsymbol{U}_{t+\Delta t}-\boldsymbol{U}_t)-a_2\dot{\boldsymbol{U}}_t-a_3\ddot{\boldsymbol{U}}_t$$

$$\dot{\boldsymbol{U}}_{t+\Delta t}=\boldsymbol{U}_t+a_6\ddot{\boldsymbol{U}}_t+a_7\ddot{\boldsymbol{U}}_{t+\Delta t}$$

21.8.2 预测-校正隐式求解算法

预测-校正隐式求解方法是基于 Nemark 法的一种隐式直接积分算法,对 Nemark 算法中的速度、加速度更新表达式中的常数 β,γ 分别取为$\dfrac{1}{4}$,$\dfrac{1}{2}$,则可以得出下述的更新方程:

$$\begin{cases} \boldsymbol{U}_{n+1} = \boldsymbol{d}_n + \Delta t\,\dot{\boldsymbol{U}}_n + \dfrac{(\Delta t)^2}{4}(\ddot{\boldsymbol{U}}_n + \ddot{\boldsymbol{U}}_{n+1}), \\ \dot{\boldsymbol{U}}_{n+1} = \dot{\boldsymbol{U}}_n + \dfrac{\Delta t}{2}(\ddot{\boldsymbol{U}}_n + \ddot{\boldsymbol{U}}_{n+1}) \end{cases} \tag{21.8.24}$$

进一步推导可得

$$\boldsymbol{U}_{n+1} = \boldsymbol{U}_n + \frac{\Delta t}{2}(\dot{\boldsymbol{U}}_n + \dot{\boldsymbol{U}}_{n+1}) \tag{21.8.25}$$

由式(21.8.24)和(21.8.25)可以得出下面的公式:

$$\ddot{\boldsymbol{U}}_{n+1} = \frac{4}{(\Delta t)^2}\Delta\boldsymbol{U} - \frac{4}{\Delta t}\dot{\boldsymbol{U}}_n - \ddot{\boldsymbol{U}}_n \tag{21.8.26}$$

以及

$$\dot{\boldsymbol{U}}_{n+1} = \frac{2}{\Delta t}\Delta\boldsymbol{U} - \dot{\boldsymbol{U}}_n \tag{21.8.27}$$

对于位移的更新,则有

$$\boldsymbol{U}_{n+1} = \boldsymbol{U}_n + \Delta\boldsymbol{U} \tag{21.8.28}$$

则由式(21.8.26)、式(21.8.27)和式(21.8.28)可以给出计算第($n+1$)步变量所有需要的信息,代入 $n+1$ 时刻的动力平衡方程,则可以给出下述广义形式的平衡方程:

$$\boldsymbol{F}_{n+1}(\boldsymbol{U}_{n+1}) = \boldsymbol{F}_{n+1}[\boldsymbol{f}_{i,n+1}(\boldsymbol{U}_{n+1}), \boldsymbol{U}_{n+1}] = 0 \tag{21.8.29}$$

与静态非线性平衡方程类似,式(21.8.29)也是非线性的。

21.8.2.1 预测步

将内力应用 Taylor 级数展开,可得

$$\boldsymbol{f}_{i,n+1} = \boldsymbol{f}_{i,n} + \left.\frac{\partial \boldsymbol{f}_i}{\partial \boldsymbol{U}}\right|_n (\boldsymbol{U}_{n+1} - \boldsymbol{U}_n) = \boldsymbol{f}_{i,n} + \boldsymbol{K}_{t,n}\Delta\boldsymbol{U} \tag{21.8.30}$$

其中,$\boldsymbol{K}_{t,n}$ 为第 n 个时间步时常规的静态切线刚度矩阵。将用式(21.8.30)表达的 $\boldsymbol{f}_{i,n+1}$、式(21.8.26)所表达的 $\ddot{\boldsymbol{U}}_{n+1}$ 和式(21.8.27)所表达的 $\dot{\boldsymbol{U}}_{n+1}$ 代入到 $n+1$ 时刻的动力平衡方程中,可得

$$\boldsymbol{f}_{i,n} - \boldsymbol{f}_{e,n+1} + \boldsymbol{K}_{t,n}\Delta\boldsymbol{U} + \boldsymbol{M}\left(\frac{4}{(\Delta t)^2}\Delta\boldsymbol{U} - \frac{4}{\Delta t}\dot{\boldsymbol{U}}_n - \ddot{\boldsymbol{U}}_n\right) + \boldsymbol{C}\left(\frac{2}{\Delta t}\Delta\boldsymbol{U} - \dot{\boldsymbol{U}}_n\right) = 0 \tag{21.8.31}$$

由式(21.8.1)可得

$$\Delta\boldsymbol{f} = \overline{\boldsymbol{K}}_{t,n}\Delta\boldsymbol{d} \tag{21.8.32}$$

其中

$$\overline{\boldsymbol{K}}_{t,n} = \boldsymbol{K}_{t,n} + \frac{4}{(\Delta t)^2}\boldsymbol{M} + \boldsymbol{C}\frac{2}{\Delta t} \tag{21.8.33}$$

$$\Delta\bar{\boldsymbol{f}}_e = \boldsymbol{f}_{e,n+1} - \boldsymbol{f}_{i,n} + \boldsymbol{M}\left(\frac{4}{\Delta t}\dot{\boldsymbol{U}}_n + \ddot{\boldsymbol{U}}_n\right) + \boldsymbol{C}\dot{\boldsymbol{U}}_n \tag{21.8.33}$$

式(21.8.33)又可以改写为

$$\Delta\bar{\boldsymbol{f}}_e = \Delta\boldsymbol{f}_e + \boldsymbol{M}\left(\frac{4}{\Delta t}\dot{\boldsymbol{U}}_n + 2\ddot{\boldsymbol{U}}_n\right) + 2\boldsymbol{C}\dot{\boldsymbol{U}}_n \tag{21.8.34}$$

上式是通过假定在第 n 个时间步内,在如式(21.8.30)所示的方程精确成立的条件下推导出来的简化形式。

21.8.2.2 校正步

通过式(21.8.32)求得了位移增量后,第($n+1$)个时间步的位移可以通过式(21.8.28)获得,然后通过式(21.8.27)和式(21.8.26)获得$\dot{\boldsymbol{U}}_{n+1}$和$\ddot{\boldsymbol{U}}_{n+1}$ 。求得$\boldsymbol{U}_{n+1}$后,即可得第($n+1$)个时间步的内力$\boldsymbol{f}_{i,n+1}$。将预测步计算的结果代入到 $n+1$ 时刻的动力平衡方程,可以求得 $n+1$ 时刻的不平衡力,如果这一不平衡力不满足允许误差,那么我们在 $n+1$ 时刻内用 Newton-Rapshon 方法进行非线性迭代,直到满足误差要求为止,然后进行下一个时间步的计算。整个校正步的过程实际上是可以看做一个静力非线性迭代过程,下面叙述这一过程。

应用泰勒级数展开,可得在第($n+1$)时刻内有

$$\boldsymbol{f}_{n+1,\text{new}} = \boldsymbol{f}_{n+1,\text{old}} + \frac{\partial \boldsymbol{f}}{\partial \boldsymbol{U}}\delta\boldsymbol{U}_{n+1} = \boldsymbol{f}_{n+1,\text{old}} + \boldsymbol{K}_{t,n+1}\delta\boldsymbol{U}_{n+1} \tag{21.8.35}$$

由式(21.8.27)可得

$$\delta\dot{\boldsymbol{U}}_{n+1} = \frac{2}{\Delta t}\delta\boldsymbol{U}_{n+1} \tag{21.8.36}$$

应用式(21.8.24)和式(21.8.26)可得

$$\delta\ddot{\boldsymbol{U}}_{n+1} = \frac{4}{(\Delta t)^2}\delta\boldsymbol{U}_{n+1} \tag{21.8.37}$$

将式(21.8.35)~(21.8.37)代入到动力平衡方程中可得

$$\bar{\boldsymbol{f}}_{n+1,\text{new}} = \bar{\boldsymbol{f}}_{n+1,\text{old}} + \overline{\boldsymbol{K}}_{t,n+1}\delta\boldsymbol{U}_{n+1} \tag{21.8.38}$$

上式中,$\overline{\boldsymbol{K}}_{t,n+1}$通过下式计算:

$$\overline{\boldsymbol{K}}_{t,n+1} = \boldsymbol{K}_{t,n+1} + \frac{4}{(\Delta t)^2}\boldsymbol{M} + \frac{2}{\Delta t}\boldsymbol{C} \tag{21.8.39}$$

如果$\bar{\boldsymbol{f}}_{n+1,\text{old}}$不为零,那么我们可以假设$\bar{\boldsymbol{f}}_{n+1,\text{new}}$为零,因此有

$$\delta\boldsymbol{U}_{n+1} = -\overline{\boldsymbol{K}}_{t,n+1}^{-1}\,\bar{\boldsymbol{f}}_{n+1,\text{old}} \tag{21.8.40}$$

通过上述过程,就可以获得第($n+1$)时间步$\boldsymbol{U}_{n+1}$的改进结果,即

$$\boldsymbol{U}_{n+1} = \boldsymbol{U}_{n+1} + \delta\boldsymbol{U}_{n+1} \tag{21.8.41}$$

循环进行上述的校正过程,直到满足容许误差为止,然后进入下一个时间步的计算。

21.8.2.3 直接积分法的稳定性和精度分析

直接积分法求解动力平衡方程的关键在于如何能够保证求解的稳定性和精度。为了得到高精度的解,时间步长必须足够小,但时间步长又不能太小,不然会增加不必要的计算量,而且可能得到非真实解。要合理选择时间步长就要对积分格式的稳定性和精度进行分析。

稳定性是指在计算过程中方程离散的误差不至于被人为地放大，并且在任意时刻的位移、速度、加速度在计算过程中，计算机的舍入误差在后续计算中不会持续增长和放大，从而使数值解能够迅速收敛于一个稳定值。精度是指与精确的解析解相比数值解的误差程度。就稳定性和精度的关系而言，稳定性不能保证精度，而精度高则能保证稳定性。

稳定性与所假定的阻尼性质、受到的动荷载特性、所选用的离散方式以及时间步长等因素有关。经研究发现，算法的稳定性取决于其逼近算子的性质，即逼近算子的谱半径 $\rho(A)$ 的大小。当$\rho(A)\leqslant 1$时，算法是稳定的。通过这个稳定性准则可以决定算法稳定临界时间步长，当算法中带有积分参数时，可以用这个准则合理选择积分参数。计算精度的影响因素较多，除了阻尼的性质、受到的动载荷特性、所选用的离散方式以及时间步长等因素外，还与计算机舍入误差有关。计算精度可以通过对一些具有解析解的算例进行数值计算，然后与其精确解进行对比来获得。

21.8.3 随动梁单元和壳单元的动力分析

21.8.3.1 动力平衡方程

假设在第$(n+1)$时刻的动力平衡方程为

$$\boldsymbol{f}_{\mathrm{mas},\, n+1} + \boldsymbol{f}_{\mathrm{damp},\, n+1} + \boldsymbol{f}_{i,\, n+1} - \boldsymbol{f}_{e,\, n+1} = 0 \tag{21.8.42}$$

式中，$\boldsymbol{f}_{\mathrm{mas},\, n+1}$为惯性力；$\boldsymbol{f}_{\mathrm{damp},\, n+1}$由阻尼引起的耗散力；$\boldsymbol{f}_{i,\, n+1}$为内力；$\boldsymbol{f}_{e,\, n+1}$为外力。

21.8.3.2 惯性项

对于随动梁单元和壳单元动力分析中的质量矩阵，由于单元局部随动分析框架的是不断运动的，这对质量矩阵的引入带来了困难，出于简便，并且更好的体现随动有限元法的优良性质，文中对质量矩阵采用常规有限元动力分析中的质量矩阵。

在随动构型中应用常规方法建立起质量矩阵后，直接用随动坐标系与整体坐标系之间的坐标转换矩阵将其转换到整体坐标系的形式，参与动力分析。

21.8.3.3 内力矩阵

对于梁单元和壳单元的内力矩阵，引入前述的静力随动分析过程，则 $n+1$ 时刻和 n 时刻的内力关系可以用下式近似的表达：

$$\boldsymbol{f}_{i,\, n+1} \approx \boldsymbol{f}_{i,\, n} + \boldsymbol{K}_{t,\, n}\Delta\boldsymbol{U} \tag{21.8.43}$$

由式(21.8.43)可以看出，对于切线刚度矩阵的建立可以采用不同的方法，即可采用常规非线性分析方法的切线刚度矩阵，也可以将随动有限元法建立的切线刚度矩阵应用到其中，这是将随动有限元法应用到动力分析中非常关键的一步。

21.8.3.4 阻尼矩阵

对于阻尼矩阵的选用，可采用常规形式的选择，这里不再赘述。

21.8.3.5 非线性求解

通过前述方法建立惯性力、内力以及阻尼力和外力向量后，则可以采用第 16 章所述的方法进行非线性动力分析。需要强调的是，随动梁单元和壳单元在动力分析中的应用主要反映在内力切线刚度矩阵的建立上，由此可见对常规的动力非线性分析方法来说，不用做非常大的改动就可以将随动有限元法直接应用于动力分析。

参考文献

[1] 安新.风与结构耦合作用的理论及数值模拟研究[D].上海:同济大学,2009

[2] R G巴德纳斯著;西安交通大学材料力学教研室翻译组译.高等材料力学及实用应力分析[M].北京:机械工业出版社,1983

[3] 包世华,周坚.薄壁杆件结构力学[M].北京:中国建筑工业出版社,1991

[4] 卞学鐄等著;张相麟,樊大钧,薛大为等译校.有限元法论文选[M].北京:国防工业出版社,1980

[5] 崔世杰,张清杰.应用塑性力学[M].郑州:河南科学技术出版社,1992

[6] 陈伯真.薄壁结构力学[M].上海:上海交通大学出版社,1988

[7] 陈军明,吴代华.三维梁单元的弹塑性切线刚度矩阵[J].华中理工大学学报,2000(2)

[8] 董石麟,钱若军.空间网格结构分析理论和计算方法[M].北京:中国建筑工业出版社,2000

[9] 冯元桢;李松年,马和中译.连续介质力学导论[M].北京:科学出版社,1984

[10] 范元勋,蒋友谅.曲边等参单元的数值积分和插值矩阵[J].计算力学学报,1985(4)

[11] 郭在田.薄壁杆件的弯曲与扭转[M].北京:中国建筑工业出版社,1989

[12] 郭仲衡.非线性弹性理论[M].北京:科学出版社,1980

[13] вз伏拉索夫著;滕智明译.薄壁空间体系的建筑力学[M].北京:中国工业出版社,1962

[14] 干洪.梁的弹塑性大挠度数值分析[J].应用数学和力学,2000(6)

[15] 胡海昌.弹性力学的变分原理及其应用[M].北京:科学出版社,1981

[16] 胡毓仁,陈伯真.一种新的薄壁杆件单元扭转刚度矩阵[J].计算力学学报,1988(3)

[17] 黄克智.非线性连续介质力学[M].北京:清华大学出版社,北京大学出版社,1989

[18] 黄筑平.连续介质力学基础[M].北京:高等教育出版社,2004

[19] 何裕民,黄文彬.薄壁截面梁轴向位移协调性的研究[J].北京农业工程大学学报,1991(3)

[20] 蒋友谅.有限元法基础[M].北京:国防工业出版社,1980

[21] 蒋友谅.非线性有限元法[M].北京:北京理工大学出版社,1988

[22] 嵇醒,殷家驹.弹塑性大应变问题的等参数有限单元分析[J].西安交通大学学报,1979(3)

[23] 姜晋庆,张铎.结构弹塑性有限元分析法[M]:北京:宇航出版社,1990

[24] 江晓俐,杨永谦.箱梁弯扭、翘曲、畸变、剪滞的综合分析[J].武汉交通科技大学学报,2000(2)

[25] 鹫津久一郎;老亮,郝松林译.弹性和塑性力学中的变分法[M].北京:科学出版社,1984

[26] R 克拉夫,J 彭津;王光远等译.结构动力学[M].2版.北京:高等教育出版社,2006

[27] Л M 卡恰诺夫;周承倜,唐照千译.塑性理论基础[M].北京:高等教育出版社,1959

[28] 李大潜等.有限元素法续讲[M].北京:科学出版社,1979

[29] 李灏,陈树坚.连续体力学[M].武汉:华中工学院出版社,1982

[30] 李国琛,M 耶纳.塑性大应变微结构力学[M].北京:科学出版社,1993

[31] 李明昭,周竞欧.薄壁杆结构计算[M].北京:高等教育出版社,1992

[32] 龙志飞,岑松.有限元法新论——原理·程序·进展[M].北京:中国水利水电出版社,2001

[33] 吕和祥,蒋和洋.非线性有限元[M].北京:化学工业出版社,1992

[34] 刘北辰主编.工程计算力学——理论与应用[M].北京:机械工业出版社,1994

[35] 刘正兴,吴连元,冯太华.柔性梁与柔韧板的有限元分析[J].应用数学和力学,1985(9)

[36] 梁峰.大型空间结构的快速有限元分析技术[D].上海:同济大学,2003

[37] 陆楸,汤国栋.薄壁杆件[M].北京:人民交通出版社,1986

[38] 龙驭球,龙志飞,岑松.新型有限元论[M].北京:清华大学出版社,2004

[39] 马文华,吴新炳.约束、罚单元及其在接触问题中的应用[J].上海力学,1984(4)
[40] 孟凡中.弹塑性有限变形理论和有限元方法[M].北京:清华大学出版社,1985
[41] 聂国隽,钱若军.考虑约束扭转的薄壁梁单元刚度矩阵[J].计算力学学报,2002(3)
[42] G H 戈卢布,C F 范洛恩;袁亚湘等译.矩阵计算[M].北京:科学出版社,2001
[43] 聂国隽.空间杆系钢结构非线性分析力学模型及分析方法的研究[D].上海:同济大学,2002
[44] B 诺沃日洛夫;朱兆祥译.非线性弹性力学基础[M].北京:科学出版社,1958
[45] A C 沃耳密尔著;卢文达,黄择言,卢鼎霍译.柔韧板与柔韧壳[M].北京:科学出版社,1959
[46] J S 普齐米尼斯基;王德荣等译.矩阵结构分析理论[M].北京:国防工业出版社,1974
[47] W 普拉格,P G 霍奇;陈森译.理想塑性固体理论[M].北京:科学出版社,1964
[48] 钱伟长.变分法及有限元(上册)[M].北京:科学出版社,1980
[49] 钱伟长.有限元法的最新发展[J].力学与实践,1980(4)
[50] 钱若军,杨联萍.张力结构的分析、设计、施工[M].南京:东南大学出版社,2003
[51] 山田嘉昭著;钱仁耕,乔端译.非线性有限元法基础[M].北京:清华大学出版社,1988
[52] 宋天霞等.非线性结构有限元计算[M].武汉:华中理工大学出版社,1996
[53] Ted Belytschko 等著;庄茁译.连续体和结构的非线性有限元[M].北京:清华大学出版社,2002
[54] S 铁摩辛柯著;张福范译.弹性稳定理论[M].北京:科学出版社,1958
[55] 王仁,熊祝华,黄文彬.塑性力学基础[M].北京:科学出版社,1998
[56] 王仁,黄文彬,黄筑平.塑性力学引论[M].北京:北京大学出版社,1992
[57] 王自强.塑性大变形的基本方程及有限元公式[J].力学学报,1981(特刊)
[58] 王德人.非线性方程组解法与最优化方法[M].北京:高等教育出版社,1985
[59] 王勖成,邵敏.有限单元法基本原理和数值方法[M].北京:清华大学出版社,1997
[60] 王勖成.有限单元法[M].北京:清华大学出版社,2002
[61] 王建.空间结构中的接触与摩擦问题研究[D].上海:同济大学,2003
[62] 王建,钱若军,王人鹏等.接触问题本构模型探讨[C]//第三届全国现代结构工程学术研讨会论文集.工业建筑,2003(增刊)
[63] 吴亚平,赖远明,王步云.考虑剪滞效应的薄壁钢箱梁的弹塑性极限强度分析[C]//第六届全国结构工程学术会议论文集(第一卷).工程力学,1997(增刊)
[64] 万正权,徐秉汉,朱邦俊.弹塑性板壳结构非线性有限元分析[J].船舶力学,1997(1)
[65] 伍小强,余同希.悬臂梁弹塑性大挠度全过程的分析[J].力学学报,1986(6)
[66] 夏志皋.塑性力学[M].上海:同济大学出版社,1991
[67] 熊祝华,杨德品.连续体力学概论[M].长沙:湖南大学出版社,1986
[68] 熊祝华.结构塑性分析[M].北京:人民交通出版社,1987
[69] 徐芝纶.弹性力学[M].北京:高等教育出版社,1992
[70] 徐次达,华伯浩.固体力学有限元理论、方法及程序[M].北京:水利电力出版社,1983
[71] 徐美惠.薄壁箱梁的约束扭转分析[J].青海大学学报(自然科学版),2000(3)
[72] 徐树方.矩阵计算的理论与方法[M].北京:北京大学出版社,1995
[73] 徐秉业,刘信声.应用弹塑性力学[M].北京:清华大学出版社,1995
[74] 谢贻权,何福保.弹性和塑性力学中的有限单元法[M].北京:机械工业出版社,1981
[75] 谢旭,黄剑源.薄壁箱型梁桥约束扭转下翘曲、畸变和剪滞效应的空间分析.土木工程学报,1995(4)
[76] 严宗达.塑性力学[M].天津:天津大学出版社,1988
[77] 奚绍中,郑世瀛.应用弹性力学[M].北京:中国铁道出版社,1981
[78] 叶开沅,顾淑贤.均布载荷作用下圆底扁薄球壳的非线性稳定性[C].全国计算力学论文集,1980
[79] 余同希,章亮炽.塑性弯曲理论及其应用[M].北京:科学出版社,1992
[80] 殷有泉.固体力学非线性有限元引论[M].北京:北京大学出版社,清华大学出版社,1987

[81] 尹泽勇，刘修禾. 用有限元素法分析弹性固体接触问题[J]. 力学与实践，1980(4)
[82] 诸德超，王寿梅. 结构分析中的有限元素法[M]. 北京：国防工业出版社，1981
[83] 严蔚敏，吴伟民编著. 数据结构[M]. 2 版. 北京：清华大学出版社，1992
[84] 赵红华，钱若军，聂国隽. $P-\Delta$ 影响下的空间梁精确模型的建立[C]//第二届全国现代结构工程学术研讨会论文集. 工业建筑，2002
[85] 赵红华，钱若军，尹德钰. 梁精确模型影响因素的耦合分析[C]//第十届空间结构学术会议论文集，2002
[86] 赵红华，钱若军. 考虑多因素共同作用的空间梁分析模型[J]. 太原理工大学学报，2003(4)
[87] 赵红华，钱若军. 多因素耦合影响下的杆系结构几何非线性分析[J]. 同济大学学报(自然科学版)，2004(7)
[88] 周贤彪，陈荣波. 开口薄壁杆件单元刚度矩阵在形心坐标系下的表达形式[J]. 哈尔滨建筑工程学院学报，1987(1)
[89] Alan George and Joseph W H Liu. Computer Solution of Large Sparse Positive Definite Systems. Prentice Hall Inc., 1981
[90] K J Bathe. Finite Element Procedures[M]. Englewood Cliffs, New Jersey: Prentice Hall, 1996
[91] Bathe K J, Bolourcbi S. Large displacement analysis of three-dimensional beam structures[J]. Int. J. Num, Meth. Eng., 1979, 14: 961-986
[92] Bathe K J. Finite element procedures in engineering analysis. Prentice-Hall, Inc., 1982
[93] Barsoum R S, Gallagher R H. Finite element analysis of torsional and torsional-flexural stability problems [J]. Int. J. Num, Methods in Engng, 1970, 2(3): 335-352
[94] Berman, T, and Hodge Jr., P G. A General Theory of Piecewise Linear Plasticity for Initially Anisotropic Materials. Arch. Mechan, Stosow. XI, 5, 1959
[95] Boewell L F, Zhang Shuhui. The effect of distortion in thin-walled box-spine beams[J]. Int. J. of Solids and Structures, 1984, 20(9-10): 845-862
[96] P Bergan. Solution algorithms for nonlinear structural problems[J]. Comput Struct, 1979, 12: 497-509
[97] P X Bellini. An Improved automatic incremental algorithm for the efficient solution of nonlinear finite element equations[J]. Comput Struct, 1987, 26(1/2): 99-110
[98] Bruce W R Forde and Siegfried F Stiemer. Improved arc length orthogonality methods for nonlinear finite element analysis[J]. Comput Struct, 1987, 27(5): 625-630
[99] F Bleich. Buckling Strength of Metal Structures[M]. McGraw-Hill Book Company, 1952
[100] P P Bijlaard and G P Fisher. Column Strength of H-Section and Square Tubers in Post-Buckling Range of Component Plates. Technical Note 2994, NACA, 1953
[101] Capurso, M. Principi di Minino per la Soluzione Incrementale dci Problemi Elastic-Plastic. Acc. Naz. Lincei, Rendic., Sci., April-May 1969
[102] Capurso, M, and Maier G. Incremental elastoplastic analysis and quadratic optimization[J]. Meccanica, 1970, 5(2): 107-116
[103] E Carrera. A study of arc-length-type methods and their operation failures illustrated by a simple method [J]. Comput Struct, 1994, 50(2): 217-229
[104] Ceradini, G. A maximum peinciple for the analysis of elastic-plastic system[J]. Meccanica, 1966, 1(4): 77-82
[105] Chan S L, Zhou H Z. Pointwise equilibrating polynomial element for nonlinear analysis of frames[J]. J. Struct. Engng, ASCE, 1994, 120(6): 1703-1717
[106] Chu K H, Rampetstreiter R H. Lop deflection buckling of space frames[J]. J. Struct. Div., ASCE 98 (Deccmber 1972): 2701-2722
[107] Chen W F and Arsuta T. Theory of Beam-column[M]. McGraw-Hill Book Company, 1977
[108] Chandra R. Elastic plastic analysis of steel space structure[J]. Journal of Structural Engineering,

ASCE, 1990, 116(4)
[109] Crisfield. Finite Element Method in Solid and Structure[M]. John Wilcy & Sons Ltd. , 2001
[110] De Donato, O. On Piecewise Linear Laws I Plasticity Technical Report. ISTC, Politecnico of Milano, 1974
[111] De Donato O, Pranchi A, and Paterlini F. A comparative study of vatious QP approaches to inelastic analysis of reinforced concretr frames Italian National Congress AIME TA, Naples, Oct 1974
[112] De Donato O, and Pranchi A. A modified grdient method for finite element elastoplasttic analysis by QO [J]. Comp. Meth. In Appl. Mech. Eng, 1959,2(2). 107 - 131.
[113] H R Evans, W N Al-Rifaie. An experimental and theoretical investigation of the behavior of box girders curved in plan[J]. Proc. Instn. Civ. Engrs. , 1975,Part 2, V59:323 - 352
[114] Frish-Fay R. Flexible Bars[M]. Washington, DC: Butterworths, 1962
[115] L B Freund. Constitutive equations for elasto-plastic materials at finite strain[J]. Int. J. Solids & Struct. , 1970,6
[116] E Gal, R Levy. The geometric stiffness of triangular composite-materials shell elements[J]. Computers and Structures, 2005,83:2318 - 2333
[117] Gendy, A S. Generalized thin—walled beam models for flexural torsional analysis[J]. Computers and Structure, 1992, 12(4): 531 - 550
[118] Gjelsvlk Atle. The Theory of Thin Walled Bars[M]. Toronto, Canada: John Willey & Sons, 1981: 100 -115
[119] Goto Y, Chen W F. Second-order elastic analysis for frame design[J]. J. Struct. Engng, ASCE, 1987, 113(7):1501 - 1519
[120] Herakovich, C T. On the Application of Minimum Rate Principles to Inelastic Materials. Variational Methods in Engineering, Brebbia and Tottenham, eds. , Vol. 2, Southampton University Press, Southampton, England, 1973:2/28 - 2/43
[121] Herakovich. T, and Itani, Y. Elastic-Plastic Torsion of Non Homogeneous Bars. Proc. ASCE, Mech. , Div. , Oct. 1976:757 - 769
[122] Hodge, P G. Numerical Application of Minimum Principles in Plasticity Proceedings. Conference on Engineering Plasticity. Cambridge, England, April 1968:237 - 256
[123] Hodge P G. Plastic Analysis of Structures[M]. New York, N. Y. : McGraw-Hill, 1959.
[124] R Hill. Some basic principles in the mechanics of Solids without a natural time[J]. J. Mech. Phys. Solids, 1959,7
[125] N G R Iyengar, Arindam Chakraborty. Study of interaction curves for composite laminate subjected to in-plane uniaxial and shear loadings[J]. Composite Structures, 2004,64:307 - 315
[126] B A Izzuddin and D Lloyd Smith. Efficient nonlinear analysis of elasto-plastic 3D R/C frames using adaptive techniques[J]. Computers and Structures, 2000,78:549 - 573
[127] Kawai K and Toi Y. A new element in discrete analysis of plane strain problems. Journal of the "Seisan Kenkyu", Institute of Industrial Science University of Tokyo, 1977, 29(4)
[128] Kermani B, Waldeon P. Analysis of continuous box girder bridges including the effects of distortion[J]. Computer and Structures, 1993, 47(3):427 - 435
[129] Koiter, W T, Stress-strain Relations. Uniqueness and variational theorems for elastic-plastic materials with a singular yield surface[J]. Quart. , Appl. Math. , 1953,11,(3):330 - 354
[130] Kunzi, M P, and Krelle, W. Nonlinear Programming. Waltham, Mass: Blaisdell, 1966
[131] W T Koiter and A Van der Neut. Interaction Between Local and Overall Buckling of Stiffened Compression Panels//J Phodes and A C Walker ed. Thin-Walled Structures. Granada, 1980. 61 -85
[132] Kristek V. Theory of Box Gird Ens[M]. Prague: John Willey & Sons, 1979

[133] E H Lee. Elastic-plastic deformation at finite strains[J]. J. Appl. Mech, 1969, 36

[134] Lo, G and Varadan, T K. The inelastic large deformation of beams[J]. J. Appl. Mech. Trans. ASME, 1978, 45: 213 - 215

[135] Maier, G. Mathematical Programming Methods in Structural Analysis Proc. Int. Conf. On Variational Methods in Engineering. Southanpton Univ. Press, 1973, Vol. Ⅱ, 8: 8/1 - 8/32

[136] Maier, G. Piecewise Linearization of Yield Criteria in Structural Plasticity. S. M. Archieves. Oct. 1996, 1: 239 - 281

[137] Maier, G. A matrix structural theory of piecewise linear elastoplasticity with interacting yield planes[J]. Meccanica, 1970, 5(1): 54 - 66

[138] Maier, G. A quadratic programming approach for cortain classes of nonlinear structural problems[J]. Meccanica, 1968, 3(2): 1 - 9

[139] Maier, G. A method for approximate solutions of stationary creep problems[J]. Meccanica, 1969, 4(1): 36 - 47

[140] Monasa F E. Deflections and stability behabiour of elasto-plastic flecible bars[J]. J. Appl. Mech. Trans. ASME, 1994, 41: 537 - 538

[141] Monasa F E. Deflections of postbucked unloaded elasto-plastic thin vertical columns[J]. Int. J. Solids Structures, 1980, 16: 757 - 765

[142] J L Meek and H S Tan. Geometrically non-linear analysis of space frames by an incremental iterative technique[J]. J. Comp. Meth. Appl. Mech. Eng., 1984, 47: 261 - 282

[143] R M McMeeking, J R Rice. Finite element formulation for problems of large elastic-plastic deformation [J]. Int. J. Solids & Struct, 1975, 11

[144] Oden J T. Buckling and postbuckling of a nonlinearly elastica bar[J]. J. Appl. Mech., 1970, 37: 48 - 52

[145] J T Oden. Finite Elemets of Nonliner Continua[M]. McGraw-Hill, 1972

[146] Orbison J G, Meguire W ans Abel F. Yield surface application in nonlinear steel frame analysis[J]. Computer Methods on Applied Mechanics and Engineering, 1982, 33: 557 - 573

[147] C Oran. Tangent stiffness matrix for space frames. ASCE99, June 1973: 987 - 1001

[148] Przemieniecki J S. Theory of Matrix Structural Analysis[M]. New York: McGraw-Hill Book Company, 1968

[149] Parathap, G and Varadan, T K. The inelastica large deformation of beams[J]. J. Appl. Mech. Trans. ASME, 1976, 43: 689 - 690

[150] Qiang Shizhong, Li Qiao. Review of some restrained torsion theories for thin-walled bars of closed cross section//Proc of Int Symposlum on Geomechanics, Bridges and Structures. Lanzhou: Lanzhou Railway College, Sep. 1987: 219 - 223

[151] Ramm, E. "The Riks/Wempner approach—an extension of the displacement control method in nonlinear analysis". Nonlinear computational mechanics, ed. E. Hinton, Pineridge, Swansea, 1982. 63 - 86

[152] Riks E & Rankin C C. Bordered Equations in Continuation Methods: An Improved Solution Technique, Nat. Aero Lab. Report NLR MP 82057 U, 1987

[153] So A W, Chan S L. Buckling and geometrically nonlinear analysis of frames using one element/member [J]. Journal of Construction Steel Research, 1991, 20: 271 - 289

[154] K H Schweizerhof and P Wriggers. Consistent linearization for path following methods in nonlinear FEM analysis[J]. Comp. Meth. Appl. Mech. Engng., 1986, 59: 261 - 279

[155] Shen Wul, Guangyao Li, Ted Belytschko. A DKT shell element for dynamic large deformation analysis [J]. Commun. Numer. Meth. Engng, 2005, 21: 651 - 674

[156] Shi G and Atluri S N. Elasto-plastic large deformation analysis of space frame: A plastic_hinge and stress-based explicit derivation of tangent stiffness[J]. Int. J. Num. Methods Engng, 1988, 26

[157] S Sridharan. Doubly symmetric interactive buckling of plate structures[J]. Int. J. Solids Structures, 1983,19:625-641

[158] S Sridharan and M A Ali. Behavior and design of thin-walled columns[J]. J. Structure Division, ASCE, 1988,114(1):103-120

[159] S S Tezcan and B C Mahapatra(June 1969). Tangent stiffness matrix for space frames. ASCE,1995. 1257-1270

[160] Toma. S and Chen W F. European calibration frames for second-order inelastic analysis[J]. Engineering Structure, 1992,14(1)

[161] Toi and Yang Y B. Finite element crash analysis of framed structures[J]. Computers and Structres, 1991, 41(1)

[162] N Vassart, R Motro, et al. Determination of mechanism's order for kinematically and statically indetermined systems[J]. Int. J. Solids and Structures, 2000, 37:3807-3839

[163] Van der. Neut. The Interaction of Local Buckling And Column Failure of Thin-Walled Compression. Members, Proc, 12th Int. Congress Appl. Mechanics, Springer-Verlay, 1969

[164] Waldron P. Elastic analysis of curved thin-walled girders including the effects of warping restraint[J]. Endineering Structures, April 1985, 7(1):93-104

[165] Waldron P. Stiffness analysis of thin-walled girders[J]. Journal of Structural Engineering, ASCE,1986, 112(6):1366-1384

[166] Wang C Y, Waston L T. On the large deformations of C-shaped springs[J]. Int. J. Mech. Sci., 1980, 22(7): 395-400

[167] Wang C Y, Folding of elastica, similarity solutions[J]. J. Appl. Mech., 1981, 48(1):199-200

[168] Wang C Y, Waston L T. The elastic catenary[J]. Int. J. Mech. Sci., 1982, 24(6):349-357

[169] Williams F S. An approach to the nonlinear behaviour of the members of a rigid plane framework with the finite deflections[J]. Quart. J. Mech. Math., 1964, 17:451-469.

[170] Yu, T X and Johnson, W. The plastica: the latge elstic-plastic deflection of a strut[J]. Int. J. Non-Linear Mech., 1982,17:195-209

[171] M S Zarghamee and J M Shah(April 1968). Stability of Space Frames. ASCE,1994:371-384

[172] O C Zienkiewicz, R L Taylor. The Finite Element Method[M]. 5th ed. Oxford; Boston: Butterworth-Heinemann, 2000